T0224803

Antennen und Strahlungsfelder

Klaus W. Kark

Antennen und Strahlungsfelder

Elektromagnetische Wellen auf Leitungen,
im Freiraum und ihre Abstrahlung

9., vollständig überarbeitete und aktualisierte Auflage

Mit 428 Abbildungen, 132 Tabellen
sowie 211 Übungsaufgaben und Lösungen

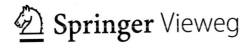 Springer Vieweg

Klaus W. Kark
Fakultät Elektrotechnik und Informatik
Hochschule Ravensburg-Weingarten
Weingarten, Deutschland

ISBN 978-3-658-38594-1   ISBN 978-3-658-38595-8   (eBook)
https://doi.org/10.1007/978-3-658-38595-8

Die Deutsche Nationalbibliothek verzeichnet diese Publikation in der Deutschen Nationalbibliografie; detaillierte
bibliografische Daten sind im Internet über http://dnb.d-nb.de abrufbar.

© Springer Fachmedien Wiesbaden GmbH, ein Teil von Springer Nature 2004, 2006, 2010, 2011, 2014, 2017,
2018, 2020, 2022

Planung/Lektorat: Reinhard Dapper
Springer Vieweg ist ein Imprint der eingetragenen Gesellschaft Springer Fachmedien Wiesbaden GmbH und ist
ein Teil von Springer Nature.
Die Anschrift der Gesellschaft ist: Abraham-Lincoln-Str. 46, 65189 Wiesbaden, Germany

Vorwort

Die moderne Informationsgesellschaft zeigt einen zunehmenden Bedarf an schneller Verarbeitung und Übertragung großer Datenmengen. So ist z. B. die dynamische Entwicklung im Bereich des Mobilfunks und bei den Funknetzwerken noch lange nicht abgeschlossen. Notwendige hohe Datenraten bedingen breitbandige Spektren der beteiligten Signale, die sich als elektromagnetische Wellen entlang von Leitungen oder im Funkfeld ausbreiten. Mit dem weiteren Vordringen der drahtlosen Nachrichtentechnik in immer höhere Frequenzbereiche und in neue Anwendungsgebiete muss auch eine Fülle neuer Antennenformen entwickelt werden, wobei man sich die enormen Fortschritte bei den Berechnungsmethoden mit Hilfe rechnergestützter Simulationsverfahren zu Nutze macht. Verschiedene **Anwendungsbereiche** der modernen Kommunikationstechnik wie z. B. Ortung, Navigation, Mobilfunk, Richtfunk, Satellitenfunk, Raumfahrt sowie das autonome Fahren wären ohne eine weit entwickelte Antennentechnik undenkbar. Erfolgreiches Antennendesign geht aber weit über die numerische Berechnung von Strahlungsfeldern hinaus. Es gibt immer wieder große Überschneidungen mit der Hochfrequenztechnik, Digitaltechnik, Übertragungstechnik, Optik und der Systemtheorie.

Dieses Buch basiert auf dreisemestrigen Vorlesungen, die für Studierende der Elektrotechnik und Informationstechnik an der Hochschule Ravensburg-Weingarten (RWU) seit nunmehr 29 Jahren gehalten werden. Es wendet sich auch an Studierende verwandter Fachgebiete sowie an Ingenieure, Naturwissenschaftler und Funkamateure, die mit Fragestellungen zur Abstrahlung und Ausbreitung elektromagnetischer Wellen betraut sind. Das Buch eignet sich zum vertiefenden Selbststudium neben der Vorlesung, zur Prüfungsvorbereitung oder als praktisches Nachschlagewerk für alle Funkanwender. Sein Inhalt gliedert sich in 28 Kapitel.

Elektrodynamik	Antennentechnik	Techn. Anwendungen
(1) Frequenzbereiche	(10) Antennengrundlagen	(9) Dispersion
(2) Vektoranalysis	(15) Elementarantennen	(13) Radartechnik
(3) Maxwellsche Theorie	(16) Lineare Antennen	(25) Schwarzer Strahler
(4-6) Funkwellen	(17-19) Gruppenantennen	(26) Rauschen
(7-8) Leitungswellen	(20) Breitbandantennen	
(11) Relativitätstheorie	(21-24) Aperturantennen	
(12) Bewegte Ladungen	(27) Streifenleitungsantennen	
(14) Strahlungsfelder	(28) Spezielle Antennen	

In den **Kapiteln 1 bis 9** wird eine solide mathematische Basis für die Theorie elektromagnetischer Felder und Wellen gelegt und daraus werden die Methoden der Elektrodynamik ausführlich entwickelt. An einfachen Beispielen (TEM-Wellen im Freiraum und auf Leitungen, Hohlleiterwellen) werden erste Feldlösungen hergeleitet. Wer in der Elektrodynamik bereits ausreichende Erfahrungen mitbringt, kann diese Einführung zunächst überblättern oder dort gegebenenfalls einzelne Details wiederauffrischen, um dann direkt in **Kapitel 10** einzusteigen, wo die Grundbegriffe der Antennentechnik behandelt werden.

Die **Kapitel 13 sowie 15 bis 28** können weitgehend unabhängig voneinander bearbeitet werden. In diesen Kapiteln wird der Leser an praxisorientierte Fragestellungen bei der Abstrahlung elektromagnetischer Wellen durch verschiedenste Antennentypen herangeführt. Ein benutzerfreundlicher **Anhang,** stellt wichtige Formeln kompakt zusammen und erleichtert das Nachschlagen häufig gebrauchter Ergebnisse. Die **Kapitel 11, 12 und 14** bieten eine Vertiefung für mathematisch orientierte Leser und können von eher technisch Interessierten zunächst übersprungen werden.

Es wurde neben einer nachvollziehbaren Ausarbeitung der mathematischen Methoden großer Wert auf die physikalische Interpretation und Visualisierung der Ergebnisse gelegt, wozu 428 Abbildungen und 132 Tabellen wesentlich beitragen. Viele durch **numerische Simulationen** mit modernen 3D-Gitterverfahren berechnete Feldbilder und Richtdiagramme machen die Elektrodynamik anschaulich begreifbar und ermöglichen ein tiefergehendes Verständnis.

Die komplett überarbeitete **neunte Auflage** ist um drei weitere Kapitel mit 108 zusätzlichen Seiten erweitert worden. Außerdem wurden im gesamten Text – im Sinne größerer Klarheit – an vielen Stellen kleinere Änderungen und Ergänzungen vorgenommen, die zum besseren Verständnis beitragen. Mit nunmehr 211 anwendungsbezogenen Übungen und Aufgaben wird eine noch bessere Vertiefung ermöglicht. Bei weiterführenden Fragen helfen jetzt 427 Literaturangaben, die auf den neuesten Stand gebracht wurden. Außerdem wurde das Sachwortverzeichnis erweitert. In 98 Kurzbiografien, die über das Personenverzeichnis am Ende des Buchs leicht gefunden werden können, werden bahnbrechende Arbeiten bekannter Wissenschaftler gewürdigt, die maßgeblich zur Entwicklung der Elektrodynamik und der Antennentechnik beigetragen haben.

Besonders hervorzuheben ist die Entwicklung eines völlig neuartigen Designprozesses für **Yagi-Uda-Antennen,** der mittels umfangreicher Computersimulationen an mehreren Zehntausend Testantennen gefunden wurde. Dazu gibt man sich in Kapitel 19 einfach den gewünschten Antennengewinn und den Drahtdurchmesser vor und kann mit einfachen Gleichungen die Anzahl, die Längen und die Orte aller Dipole mitsamt der zu erwartenden Bandbreite der Antenne errechnen. Somit wird für alle praktisch genutzten Frequenzen erstmals ein einfacher Entwurf und Nachbau von Yagi-Uda-Antennen ermöglicht. Außerdem hat in Kapitel 6 die **Totalreflexion** an dielektrischen Oberflächen mit Anwendungen bei Lichtwellenleitern und Prismen mehr Raum erhalten und bei den Gruppenantennen werden in Kapitel 18 die **Phasensteuerung** und die **Dolph-Tschebyscheff-Belegung** nun wesentlich ausführlicher behandelt. Schließlich ist noch ein neuer Anhang mit farbigen **Bildtafeln** hinzugekommen, auf denen typische Antennenformen gezeigt werden.

Ich danke dem Verlag Springer Vieweg für die sehr gute Zusammenarbeit und dafür, dass auf meine Änderungs- und Ergänzungswünsche für die vorliegende neunte Auflage verständnisvoll eingegangen wurde. Ein besonderer **Dank** gilt meinen Studierenden und allen Lesern, die wertvolle Anregungen und Verbesserungsvorschläge gemacht haben. Insbesondere habe ich mich über das seit der Erstauflage im Jahr 2004 konstant hohe Interesse durch die Leserschaft sehr gefreut. Ein ausdrücklicher Dank gilt wieder meiner lieben Frau, Elisabeth Höbner-Kark, die meine Bemühungen um die sehr umfangreichen Arbeiten für diese Neuauflage in jeder Weise unterstützt hat.

Bad Wurzach, im Juni 2022
E-Mail: kark@rwu.de   *Klaus W. Kark*
Internet: https://www.rwu.de/kark

Inhaltsverzeichnis

Formelzeichen und Abkürzungen

Naturkonstanten

c_0	$2,997\,924\,58 \cdot 10^8$ m/s
μ_0	$4\pi \cdot 10^{-7}$ Vs/(Am)
ε_0	$1/(\mu_0 c_0^2) \approx 8,8542 \cdot 10^{-12}$ As/(Vm)
Z_0	$\sqrt{\mu_0/\varepsilon_0} = 376,730\,313\,668\ \Omega$
h	$6,626\,070\,15 \cdot 10^{-34}$ Js
$\hbar$	$h/(2\pi) = 1,054\,571\,817 \cdot 10^{-34}$ Js
k	$1,380\,649 \cdot 10^{-23}$ J/K
σ	$5,670\,374\,419 \cdot 10^{-8}$ W m^{-2} K^{-4}
e	$1,602\,176\,634 \cdot 10^{-19}$ C
m_e	$9,109\,383\,7015 \cdot 10^{-31}$ kg
m_p	$1,672\,621\,923\,69 \cdot 10^{-27}$ kg
m_μ	$1,883\,531\,627 \cdot 10^{-28}$ kg
m_p/m_e	$1836,152\,673\,43$
m_μ/m_e	$206,768\,2830$
e/m_e	$1,758\,820\,010\,76 \cdot 10^{11}$ C/kg
θ_0	$-273,15°$ C
G	$9,806\,65$ m/s^2

Allgemeines

$\underline{A}$	komplexe Amplitude
Im$\{\underline{A}\}$	Imaginärteil
Re$\{\underline{A}\}$	Realteil
$\mathbf{A}$	Vektor
$|\mathbf{A}| = A$	Betrag eines Vektors
A_i	Vektorkomponente
A_n, A_t	normale, tangentiale Komponente
$A_\parallel$	parallele Komponente
$A_\perp$	senkrechte Komponente
$\underline{\mathbf{A}}$	komplexer Vektor
$\underline{\mathbf{A}}^*$	konjugiert komplexer Vektor
$\mathbf{A} \cdot \mathbf{B}$	Skalarprodukt
$\mathbf{A} \times \mathbf{B}$	Vektorprodukt
$[\mathbf{A}]$	Matrix
$[\mathbf{A}]^T$	transponierte Matrix
$[\mathbf{A}]^{-1}$	inverse Matrix
$[\mathbf{A}]^*$	konjugiert komplexe Matrix
$\varepsilon * \mathbf{E}$	Faltungsintegral $\int \varepsilon(\tau)\, \mathbf{E}(t-\tau)\, d\tau$
∂	partielle Ableitung
δ_{mn}	Kronecker-Symbol
ε_{ij}	Tensor
$\in$	Elementzeichen

$d\Phi$	totales Differenzial
div	Divergenz
grad	Gradient
rot	Rotation
lim	Limes (Grenzwert)
$\lceil x \rceil$	obere Gaußklammer (aufrunden)
∇	Nabla-Operator
Δ_t	transversaler Laplace-Operator
Δ, ∇^2	Laplace-Operator
$\Box^2$	d'Alembert-Operator
$\langle S \rangle$	Mittelwert
$\parallel$	parallel
$\perp$	senkrecht
$\angle$	Winkel
$=$	gleich
$\equiv$	identisch gleich
$\approx$	ungefähr gleich
$\triangleq$	entspricht
$\propto$	proportional
∞	unendlich
$\oint, \oiint$	Kontur- und Hüllintegrale

Vektoren

$\mathbf{A}$	magnetisches Vektorpotenzial, A
$\mathbf{B}$	magnet. Flussdichte, T = Vs/m^2
$\mathbf{D}$	elektrische Flussdichte, As/m^2
$d\mathbf{A}$	Flächenelement, m^2
$d\mathbf{r}, d\mathbf{s}$	Wegelement, m
$\mathbf{E}$	elektrische Feldstärke, V/m
$\underline{\mathbf{E}}_A$	elektrische Aperturfeldstärke, V/m
$\mathbf{e}_i$	Einheitsvektor
$\mathbf{F}$	Kraft, N
$\underline{\mathbf{F}}$	elektrisches Vektorpotenzial, V
$\mathbf{H}$	magnetische Feldstärke, A/m
$\underline{\mathbf{H}}_A$	magnetische Aperturfeldstärke, A/m
$\mathbf{J}$	elektrische Stromdichte, A/m^2
$\mathbf{J}_E$	eingeprägte Stromdichte, A/m^2
$\mathbf{J}_F$	elektr. Flächenstromdichte, A/m
$\mathbf{J}_K$	Konvektionsstromdichte, A/m^2
$\mathbf{J}_L$	Leitungsstromdichte, A/m^2
$\mathbf{J}_W$	Wirbelstromdichte, A/m^2
$\mathbf{J}_n$	normalleitende Stromdichte, A/m^2
$\mathbf{J}_s$	Suprastromdichte, A/m^2

$\mathbf{M}$	magnetische Stromdichte, V/m²	$C_V(\vartheta)$	vertikales Richtdiagramm
$\mathbf{M}_F$	magnet. Flächenstromdichte, V/m	C_{co}	kopolare Richtcharakteristik
$\underline{\mathbf{m}}$	magnetisches Dipolmoment, Am²	C_{xp}	kreuzpolare Richtcharakteristik
$\mathbf{n}$	normaler Einheitsvektor	$C(x)$	Fresnelsches Integral
$\underline{\mathbf{P}}$	E-Feld-Aperturintegral, Vm	$Ci(x)$	Integralkosinus
$\underline{\mathbf{p}}$	elektrisches Dipolmoment, Cm	c	Lichtgeschwindigkeit, m/s
$\mathbf{p}$	Impuls, Ns	c_0	Vakuumlichtgeschwindigkeit, m/s
$\mathbf{p}_V$	Impulsdichte, Ns/m³	D	Durchmesser einer Apertur, m
$\underline{\mathbf{Q}}$	H-Feld-Aperturintegral, Am	D	Richtfaktor (Direktivität)
$\underline{\mathbf{R}}$	Abstandsvektor, m	$D(\vartheta,\varphi)$	richtungsabhängiger Richtfaktor
$\mathbf{r}$	Ortsvektor zum Beobachter, m	D_E	Richtfaktor des E-Sektorhorns
$\mathbf{r}'$	Ortsvektor zum Quellpunkt, m	D_H	Richtfaktor des H-Sektorhorns
$\underline{\mathbf{S}}$	komplexer Poyntingvektor, W/m²	D_K	Richtfaktor des Kegelhorns
$\mathbf{S}_R$	reeller Poyntingvektor, W/m²	D_P	Richtfaktor des Pyramidenhorns
$\mathbf{t}$	tangentialer Einheitsvektor	D_R	Richtfaktor des Rillenhorns
$\mathbf{v}$	Geschwindigkeit, m/s	d	Durchmesser, Dicke, Länge m
$\dot{\mathbf{v}}$	Beschleunigung, m/s²	$\underline{d}$	Durchlassfaktor
		dV	Volumenelement, m³

Lateinische Buchstaben

		E	Bestrahlungsstärke, W m⁻²
A	Aperturabmessung, m	E_v	Beleuchtungsstärke, lx
A_W	Wirkfläche, m²	$\hat{E}$	reelle Amplitude, V/m
A_{geo}	geometrische Aperturfläche, m²	$\underline{E}_0$	komplexe Amplitude, V/m
a	Längenabmessung, m	$\underline{E}_{co}$	kopolare Feldstärke, V/m
a_0	Grundübertragungsdämpfung, dB	E_d	Durchbruchfeldstärke, V/m
a_F	Funkfelddämpfung, dB	$\underline{E}_{xp}$	kreuzpolare Feldstärke, V/m
a_L	Leitungsdämpfungsmaß, dB	e	elektrische Elementarladung, C
a_N	Nebenkeulendämpfung, dB	e	lineare Exzentrizität
$\underline{a}_n$	Wellenamplitude	erfc	komplement. Error-Function $1-\Phi$
B	Aperturabmessung, m	F	Brennweite, m
B	absolute Bandbreite $f_o - f_u$, Hz	F	Rauschfaktor
B	Bandbreitenverhältnis f_o/f_u	F'	Rauschzahl $F' = 10 \lg F$ dB
B_r	relative Bandbreite $(f_o - f_u)/f_m$	F_Z	Zusatzrauschfaktor
B_E	Eingangssuszeptanz, S	$\underline{F}$	Gruppenfaktor bei Patch-Antennen
B_s	Strukturbandbreite (LPDA)	$\underline{F}(x)$	Fresnelsches Integral
b	Längenabmessung, m	F_{eff}	effektive Brennweite, m
bei(y)	Kelvinfunktion	$\underline{F}_{Gr}$	Gruppenfaktor
ber(y)	Kelvinfunktion	f	Frequenz, Hz
$\underline{b}_i, \underline{b}_n$	Wellenamplituden	$f(x)$	Separationsfunktion
C	Kapazität, F	$f_{1,2}$	Brennweiten, m
C'	Kapazitätsbelag, F/m	f_c	Grenzfrequenz im Hohlleiter, Hz
$C = \ln \gamma$	Eulersche Konstante	f_d	Doppler-Frequenz, Hz
$C(\vartheta,\varphi)$	Richtcharakteristik	f_e	Empfangsfrequenz, Hz
C_E	Elementcharakteristik	f_m	Frequenzbandmitte $(f_o + f_u)/2$, Hz
C_{Gr}	Gruppencharakteristik	f_o	obere Frequenzbandgrenze, Hz
$C_{Gr}^H(\varphi)$	Horizontalschnitt von C_{Gr}	f_R	Resonanzfrequenz, Hz
$C_H(\varphi)$	horizontales Richtdiagramm	f_s	Sendefrequenz, Hz
		f_u	untere Frequenzbandgrenze, Hz

G	elektrischer Leitwert, S	j_{mn}	n-te Nullstelle von J_m
G	Gewinn über Kugelstrahler	j'_{mn}	n-te Nullstelle von J'_m
G	Leistungsverstärkung	K	Eigenwert im Rundhohlleiter, 1/m
G	Newtonsche Gravitationskonstante, $\mathrm{m/s^2}$	K	Lichtausbeute, lm/W
		K_m	photometrisches Strahlungsäquivalent, lm/W
G'	Ableitungsbelag, S/m		
G'_0	Ableitungsbelag bei $f = 0$, S/m	$K_{E,H}$	Korrekturfaktoren im Sektorhorn
$\overline{G}$	Gruppenfaktor bei Patch-Antennen	k	Boltzmann-Konstante, J/K
G_D	Gewinn über Halbwellendipol	k	Wellenzahl in Materie, 1/m
G_E	Eingangsleitwert, S	k_0	Wellenzahl im Vakuum, 1/m
G_H	Gewinn über Hertzschen Dipol	k_c	Grenzwellenzahl im Hohlleiter, 1/m
G_R	realisierter Gewinn über Kugelstrahler $G_R = G(1-r^2)$	k_x, k_y	Eigenwerte Rechteckhohlleiter, 1/m
		k_p	pattern factor
G_S	Gesamtstrahlungsleitwert, S	$\underline{k}_z$	Ausbreitungskonstante, 1/m
G_n	Strahlungsleitwert <u>eines</u> non-radiating slots, S	L	Strahldichte, $\mathrm{W\,sr^{-1}\,m^{-2}}$
		L_v	Leuchtdichte, $\mathrm{cd\,m^{-2}}$
G_r	Strahlungsleitwert <u>eines</u> radiating slots, S	L	Drehimpuls, Js
		L	Verlustfaktor $L = 1/G$
$G_r^{(s)}$	Selbstleitwert <u>eines</u> radiating slots, S	L	Induktivität, H
		L'	Induktivitätsbelag, H/m
$G_r^{(k)}$	Koppelleitwert <u>eines</u> radiating slots, S	L'_a	äußerer Induktivitätsbelag, H/m
		L'_i	innerer Induktivitätsbelag, H/m
$\underline{G}(\mathbf{r},\mathbf{r}')$	Greensche Funktion, 1/m	L, l	Längenabmessung, m
g	Speisespalt, Ganghöhe, m	L_eff	effektive Patchlänge, m
g	logarithmierter Gewinn in dBi	L_p	relativer Leistungspegel, dB
g_d	logarithmierter Gewinn in dBd	L_u	relativer Spannungspegel, dB
$g(y)$	Separationsfunktion	ΔL	elektrische Verlängerung, m
H, h_E	Höhe über Erde, m	l_m	mechanische Dipollänge, m
$\hat{\underline{H}}_n^{(2)}(x)$	Riccati-Hankelfunktion	M	Anzahl der Gruppenelemente
h	Längenabmessung, Substrathöhe, m	M	Rauschmaß
h	Plancksche Konstante, Js	M	Vergrößerung F_eff/F
$\hbar$	$h/(2\pi) = 1{,}054\,571\,817\cdot10^{-34}$ Js	M	spezifische Ausstrahlung, $\mathrm{W\,m^{-2}}$
h_i	Metrikkoeffizient	M_v	spez. Lichtausstrahlung, $\mathrm{lm\,m^{-2}}$
Δh	elektrische Verlängerung, m	$\underline{M}_{mn}$	Lommelsche Hilfsintegrale
I, i	elektrischer Strom, A	m	Masse, kg
I	Strahlungsintensität, $\mathrm{W\,sr^{-1}}$	m	Modenindex
I_v	Lichtstärke, cd	m_e	Elektronenruhemasse, kg
$\hat{\underline{I}}$	Stromamplitude, A	m_p	Protonenruhemasse, kg
$\underline{I}_0$	Speisestrom, A	m_μ	Myonenruhemasse, kg
I_max	Maximalstrom, A	N	Anzahl der Gruppenelemente
$I_m(\underline{z})$	modifizierte Besselfunktion 1. Art	N	Normierungsfaktor
i_r	Rauschstrom, A	N	Windungsanzahl
$J_m(x)$	Besselfunktion	N	Noise Power, W
$J'_m(x)$	Ableitung nach dem Argument	N_Z	Zusatzrauschleistung, W
$\hat{J}_{\mu_i}(x)$	Riccati-Besselfunktion	$N_m(x)$	Neumannfunktion
j	imaginäre Einheit $= \sqrt{-1}$	$N'_m(x)$	Ableitung nach dem Argument

n	Modenindex, Brechungsindex $\sqrt{\varepsilon_r}$		s	normierter Gangunterschied
n_{mn}'	n-te Nullstelle von N_m		s	Schlankheitsgrad
n_{mn}	n-te Nullstelle von N_m'		s	Stehwellenverhältnis
P	Beobachterpunkt		$si(x)$	si-Funktion
P	Wirkleistung, W		T	absolute Temperatur, K
P_E	Empfangsleistung, W		T_A	Antennenrauschtemperatur, K
P_G	Generatorleistung, W		T_C	Sprungtemperatur, K
P_r	Rauschleistung, W		T_Q	Quellenrauschtemperatur, K
P_S	Strahlungsleistung, W		T_S	Systemrauschtemperatur, K
P_V	Verlustleistung, W		T_U	Umgebungstemperatur, K
$P_n(x)$	Legendre-Polynom		T_0	Bezugstemperatur 290 K
$P_{\mu_i}(x)$	Kugelfunktion erster Art		t	Zeitvariable, s
p	Modenindex		t	Leiterbahndicke, m
p_s	Strahlungsdruck, Pa		t_r	retardierte Zeitvariable, s
Q	Blindleistung, VA, Resonatorgüte		U	Umfang, m
$Q(\rho)$	Aperturbelegung		$\underline{U}_0$	Speisespannung, V
Q, q	elektrische Ladungsmenge, C		$U_n(w,z)$	Lommelsche Funktion
$Q_{\mu_i}(x)$	Kugelfunktion zweiter Art		u	elektrische Spannung, V
q	Flächenwirkungsgrad		u_m	magnetische Spannung, A
q_m	magnetische Ladungsmenge, Vs		u_r	Rauschspannung, V
R	Abstand, m		V	Verkürzungsfaktor
R	elektrischer Widerstand, Ω		$V(\lambda)$	spektrale Tagesempfindlichkeit
R'	Widerstandsbelag, Ω/m		$V'(\lambda)$	spektrale Nachtempfindlichkeit
R_0'	Widerstandsbelag bei $f = 0$, Ω/m		v	Geschwindigkeit, m/s
R	Krümmungsradius, m		v_E	Energiegeschwindigkeit, m/s
R	Reflexionskoeffizient		v_F	Frontgeschwindigkeit, m/s
R_0	Gleichstromwiderstand, Ω		v_g	Gruppengeschwindigkeit, m/s
R_E	Eingangswiderstand, Ω		v_p	Phasengeschwindigkeit, m/s
R_L	Leitungswellenwiderstand, Ω		W	Patchbreite, m
R_S	Strahlungswiderstand, Ω		W_{eff}	effektive Patchbreite, m
R_V	Verlustwiderstand, Ω		w	Rauschleistungs-Dichtespektrum, W/Hz
R_{nm}	Kopplungswiderstand, Ω			
R_{max}	Leistungsreichweite, m		w_i	spektrale Leistungsdichte (strombe- zogen), A^2/Hz
r	Radius, m			
$\underline{r}$	Reflexionsfaktor		w_u	spektrale Leistungsdichte (span- nungsbezogen), V^2/Hz
$\underline{r}_A$	Ausgangsreflexionsfaktor			
$\underline{r}_E$	Eingangsreflexionsfaktor		w	Gesamtenergiedichte, J/m^3
r_g	Grenzradius, m		w_e	elektrische Energiedichte, J/m^3
S	Inertialsystem		w_m	magnetische Energiedichte, J/m^3
S	Signal Power, W		X	Reaktanz, Ω
S	Strahlungsdichte, W/m^2		X_E	Eingangsreaktanz, Ω
S	Solarkonstante, W/m^2		X_L	Leitungswellenreaktanz, Ω
$S(x)$	Fresnelsches Integral		X_S	Strahlungsreaktanz, Ω
$Si(x)$	Integralsinus		X_{nm}	Kopplungsreaktanz, Ω
$\underline{S}_{ij}$	Streuparameter		x, y, z	kartesische Koordinaten, m
$\underline{S}_{11}$	Reflexionsfaktor		x_s	Speisepunkt, m
$\underline{S}_{21}$	Transmissionsfaktor		$\underline{Y}$	Admittanz, S

$\underline{Y}_A$	Abschlussadmittanz, S		ε_M	beam efficiency
$\underline{Y}_A$	Aperturadmittanz, S		η	Integrationsvariable, 1/s
$\underline{Y}_E$	Eingangsadmittanz, S		η	Antennenwirkungsgrad
y_s	Speisepunkt, m		η	optischer Wirkungsgrad
$\underline{Z}$	Impedanz, Ω		η	Strahlungswirkungsgrad
$\underline{Z}_A$	Abschlussimpedanz, Ω		η_B	Bandbreitenwirkungsgrad
$\underline{Z}_A$	Aperturimpedanz, Ω		η_P	Polarisationswirkungsgrad
$\underline{Z}_E$	Eingangsimpedanz, Ω		Θ_E	Halbwertsbreite in E-Ebene
$\underline{Z}_F$	Feldwellenimpedanz, Ω		Θ_H	Halbwertsbreite in H-Ebene
$\underline{Z}_L$	Leitungswellenimpedanz, Ω		$\Theta_{0,E}$	Nullwertsbreite in E-Ebene
$\underline{Z}_S$	Strahlungsimpedanz, Ω		$\Theta_{0,H}$	Nullwertsbreite in H-Ebene
$\underline{Z}_{nm}$	Kopplungsimpedanz, Ω		$\Theta_{E,10}$	10-dB-Breite in E-Ebene
Z_0	Feldwellenwiderstand des freien Raums, Ω		$\Theta_{H,10}$	10-dB-Breite in H-Ebene
			ϑ_0	Nullwertswinkel $\Theta_0/2$
			$\vartheta_{1/2}$	Halbwertswinkel $\Theta/2$

Griechische Buchstaben

			$\vartheta_{1/10}$	10-dB-Winkel $\Theta_{10}/2$
α	Dämpfungskonstante, 1/m		θ	Winkel
α	Hornsteigungswinkel		θ_B	Brewster-Winkel
α	Steigungswinkel (LPDA)		θ_c	Grenzwinkel der Totalreflexion
β	Phasenkonstante, 1/m		θ_i	Einfallswinkel
β	normierte Geschwindigkeit v/c_0		θ_m	Haupreflektorwinkel
$\dot{\beta}$	zeitliche Ableitung, 1/s		θ_r	Reflexionswinkel
$\Gamma(x)$	Gammafunktion		θ_s	Subreflektorwinkel
$\underline{\gamma}$	Ausbreitungskonstante, 1/m		θ_t	Brechungswinkel
γ	Linsenrandwinkel		θ_0	absoluter Temperaturnullpunkt, °C
$\gamma(\beta)$	relativistischer Parameter		θ_0	Aspektwinkel der Reflektorkante
$\Delta\vartheta$	Halbwertsbreite (3-dB-Breite)		κ	Korrekturfaktor (Reflektorantenne)
$\Delta\vartheta_0$	Nullwertsbreite		κ	elektrische Leitfähigkeit, S/m
$\Delta\varphi$	Halbwertsbreite (3-dB-Breite)		κ_n	normale Leitfähigkeit, S/m
$\Delta\varphi_0$	Nullwertsbreite		κ_s	Supraleitfähigkeit, S/m
δ	Eindringtiefe beim Skineffekt, m		$\kappa(t_r)$	Ableitung der Zeit nach der retardierten Zeit
δ	Gangunterschied, m		$\Lambda(T)$	Londonsche Konstante, Ωms
δ	Phasenverschiebung		λ	Wellenlänge in Materie, m
δ_L	Londonsche Eindringtiefe, m		λ_0	Vakuumwellenlänge, m
δ_ε	dielektrischer Verlustwinkel		λ_L	Leitungswellenlänge, m
δ_μ	magnetischer Verlustwinkel		λ_c	Grenzwellenlänge im Hohlleiter, m
δ_n	Phasengang in Gruppenantennen		λ_{eff}	effektive Wellenlänge, m
$\delta(\mathbf{r})$	Diracsche Deltafunktion, $1/m^3$		μ	Permeabilität $\mu_0\mu_r$, Vs/(Am)
ε	numerische Exzentrizität		$\underline{\mu}$	komplexe Permeabilität
ε	Reflektortoleranzen, m			$\mu(1-j\tan\delta_\mu)$, Vs/(Am)
ε	Permittivität $\varepsilon_0\varepsilon_r$, As/(Vm)		μ_0	magnet. Feldkonstante, Vs/(Am)
$\underline{\varepsilon}$	komplexe Permittivität		μ_i	Eigenwerte im Doppelkonus
	$\varepsilon(1-j\tan\delta_\varepsilon)$, As/(Vm)		μ_r	relative Permeabilität
ε_0	elektr. Feldkonstante, As/(Vm)		$\mu_{r,eff}$	effektive, relative Permeabilität
ε_r	relative Permittivität		$\mu_{r,Fe}$	relative Permeabilität von Ferrit
$\varepsilon_{r,eff}$	effektive, relative Permittivität		ν	Frequenz, Hz

ξ	Streufaktor einer Spule	ET	Randabfall: Edge Taper
π	Kreiskonstante	FBR	Front-to-Back-Ratio
r, ϑ, φ	Kugelkoordinaten	FDTD	Methode der Finiten Differenzen
ρ, φ, z	Zylinderkoordinaten	FCC	Future Circular Collider
ρ	elektr. Raumladungsdichte, C/m^3	FEM	Methode der Finiten Elemente
ρ	Horntiefe, m	FRR	Front-to-Rear-Ratio
ρ_M	magnet. Raumladungsdichte, Vs/m^3	GPS	Satellitennavigationssystem
σ	Radarquerschnitt, m^2	GSM	Mobilfunkstandard 2. Generation
σ	Stefan-Boltzmann-Konstante, $W/(m^2 K^4)$	GTD	Geometrical Theory of Diffraction
		IEC	International Electrical Commission
σ	Abstandsfaktor (LPDA)	IL	Einfügungsdämpf.: Insertion Loss
σ'	mittlerer Abstandsfaktor (LPDA)	GO	Geometrische Optik
τ	Integrationsvariable	LEP	Large Electron-Positron Collider
τ	Polarisationswinkel	LHC	Large Hadron Collider
τ	Relaxationszeit, s	LHC	Left Hand Circular (Polarisation)
τ	Skalierungsfaktor (LPDA)	LPDA	Logarithmisch-periodische Dipol-
Φ	Gaußsches Fehlerintegral $1 - \mathrm{erfc}$		antenne
Φ	magnetischer Fluss, Wb = Vs	LTE	Mobilfunkstandard 4. Generation
Φ	Strahlungsleistung, W	PO	Physikalische Optik
Φ_v	Lichtstrom, lm	RHC	Right Hand Circular (Polarisation)
$\Phi(\mathbf{r})$	skalare Ortsfunktion, V oder A	RL	Rückflussdämpfung: Return Loss
φ, ϕ	Winkel	SLAC	Stanford Linear Accelerator Center
φ_S	Schwenkwinkel	SLL	Nebenkeulenhöhe: Side Lobe Level
$\varphi_{1/2, L}$	linker Winkel am Niveau $-3\,\mathrm{dB}$	SLS	Side Lobe Suppression $= -\mathrm{SLL}$
$\varphi_{1/2, R}$	rechter Winkel am Niveau $-3\,\mathrm{dB}$	UMTS	Mobilfunkstandard 3. Generation
Ψ	elektrischer Fluss, As	VSWR	Voltage Standing Wave Ratio
ψ	Hornöffnungswinkel $2\,\alpha$	WLAN	drahtloses lokales Netzwerk
Ω	gesamter Raumwinkel, sr = rad^2	XP	Kreuzpolarisationsmaß
Ω_M	Hauptkeulenraumwinkel, sr = rad^2	5G	Mobilfunkstandard 5. Generation
ω	Kreisfrequenz $2\,\pi\,f$, 1/s		

Abkürzungen

ANT +	Funkübertragung über kurze Distanzen
AR	Achsenverhältnis: Axial Ratio
Blue-tooth	Funkübertragung über kurze Distanzen
CERN	Europ. Kernforschungszentrum
CIE	Internationale Beleuchtungskommission
DECT	Standard für Schnurlostelefone
DESY	Deutsches Elektronen-Synchrotron
DVB-S	Digitales Satellitenfernsehen
DVB-T	Digitales terrestrisches Fernsehen
EIRP	Äquivalente isotrope Strahlungsleistung

Technische Anwendungen

DECT	1900 MHz
GSM	900 MHz
UMTS	2100 MHz
LTE	1800 MHz und 2600 MHz
5G	2000 MHz und 3600 MHz
Bluetooth	2400 MHz
ANT+	2400 MHz
WLAN	2400 MHz und 5500 MHz
DVB-T2	470 MHz bis 690 MHz
DVB-S	12000 MHz
GPS	1575 MHz

SI-Basiseinheiten

Länge	Meter	m
Masse	Kilogramm	kg
Zeit	Sekunde	s
elektr. Stromstärke	Ampere	A
Temperatur	Kelvin	K
Stoffmenge	Mol	mol
Lichtstärke	Candela	cd

SI-verträgliche Einheiten

Ebener Winkel	Grad	°
Pegel	Bel	B
Pegel	Neper	Np

Metrische SI-Vielfache

10^{-24}	Yocto	y
10^{-21}	Zepto	z
10^{-18}	Atto	a
10^{-15}	Femto	f
10^{-12}	Piko	p
10^{-9}	Nano	n
10^{-6}	Mikro	µ
10^{-3}	Milli	m
10^{-2}	(Zenti)	c
10^{-1}	(Dezi)	d
10^{1}	(Deka)	da
10^{2}	(Hekto)	h
10^{3}	Kilo	k
10^{6}	Mega	M
10^{9}	Giga	G
10^{12}	Tera	T
10^{15}	Peta	P
10^{18}	Exa	E
10^{21}	Zetta	Z
10^{24}	Yotta	Y

Abgeleitete SI-Einheiten mit eigenen Symbolen

Kraft	Newton	$N = kg \cdot m/s^2$
Arbeit, Energie	Joule	$J = N \cdot m = W \cdot s = kg \cdot m^2/s^2$
Leistung	Watt	$W = J/s = V \cdot A = kg \cdot m^2/s^3$
Druck	Pascal	$Pa = N/m^2 = kg/(m \cdot s^2)$
Frequenz	Hertz	$Hz = 1/s$
elektr. Ladung	Coulomb	$C = A \cdot s$
elektr. Spannung	Volt	$V = J/C = kg \cdot m^2/(A \cdot s^3)$
elektr. Widerstand	Ohm	$\Omega = V/A = kg \cdot m^2/(A^2 \cdot s^3)$
elektr. Leitwert	Siemens	$S = A/V = A^2 \cdot s^3/(kg \cdot m^2)$
elektr. Kapazität	Farad	$F = C/V = A^2 \cdot s^4/(kg \cdot m^2)$
magn. Flussdichte	Tesla	$T = V \cdot s/m^2 = kg/(A \cdot s^2)$
magn. Fluss	Weber	$Wb = V \cdot s = kg \cdot m^2/(A \cdot s^2)$
Induktivität	Henry	$H = V \cdot s/A = kg \cdot m^2/(A^2 \cdot s^2)$
ebener Winkel	Radiant	rad
Raumwinkel	Steradiant	sr
Lichtstrom	Lumen	$lm = cd \cdot sr$
Beleuchtungsstärke	Lux	$lx = lm/m^2 = cd \cdot sr/m^2$

Nicht-SI-Einheiten mit eigenen Symbolen

magn. Flussdichte	Gauß	$Gs = 10^{-4}\ T$
spektr. Flussdichte	Jansky	$Jy = 10^{-26}\ W/(m^2 \cdot Hz)$

Amateurfunkbänder (mit primärer Funkzuweisung) in Deutschland

Wellenlänge	Frequenzbereich
160 m	1810 – 1850 kHz
80 m	3,5 – 3,8 MHz
40 m	7,0 – 7,1 MHz
20 m	14,00 – 14,35 MHz
17 m	18,068 – 18,168 MHz
15 m	21,00 – 21,45 MHz
12 m	24,89 – 24,99 MHz
10 m	28,0 – 29,7 MHz

Wellenlänge	Frequenzbereich
2 m	144 – 146 MHz
70 cm	430 – 440 MHz
12 mm	24,00 – 24,05 GHz
6 mm	47,0 – 47,2 GHz
4 mm	75,5 – 76,0 GHz
2 mm	134 – 136 GHz
1 mm	248 – 250 GHz

ISM-Bänder (Industrial, Scientific, Medical) in Deutschland

Wellenlänge	Frequenzbereich
44 m	6,765 – 6,795 MHz
22 m	13,553 – 13,567 MHz
11 m	26,957– 27,283 MHz
7 m	40,660 – 40,700 MHz
2 m	149,995–150,005 MHz

Wellenlänge	Frequenzbereich
70 cm	433,05 – 434,79 MHz
12 cm	2,400 – 2,500 GHz
5 cm	5,725 – 5,875 GHz
12 mm	24,000 – 24,250 GHz
5 mm	61,000 – 61,500 GHz

Sichtbares Spektrum

Farbe	Wellenlängen λ_0 [nm]	Frequenzen $f = c_0/\lambda_0$ [THz]	Energien $E = h\,f$	
			[eV]	[10^{-21} J]
Rot	780 – 640	384 – 468	1,59 – 1,94	255 – 310
Orange	640 – 600	468 – 500	1,94 – 2,07	310 – 331
Gelb	600 – 570	500 – 526	2,07 – 2,18	331 – 348
Grün	570 – 490	526 – 612	2,18 – 2,53	348 – 405
Blau	490 – 430	612 – 697	2,53 – 2,88	405 – 462
Violett	430 – 380	697 – 789	2,88 – 3,26	462 – 523

1 Einleitung

1.1 Frequenzbereiche

In der Hochfrequenztechnik werden elektromagnetische Wellen mit Frequenzen zwischen etwa 30 kHz und 300 GHz eingesetzt. Dieser Bereich erstreckt sich in Bild 1.1 über sieben Zehnerpotenzen. Die Ausbreitungsgeschwindigkeit im Vakuum des freien Raums ist eine Naturkonstante und für alle Frequenzen gleich. Sie hängt mit den elektrischen und magnetischen Feldkonstanten $\varepsilon_0 \approx 8,854 \cdot 10^{-12}$ As/Vm bzw. $\mu_0 = 4\pi \cdot 10^{-7}$ Vs/Am wie folgt zusammen:

$$c_0 = \frac{1}{\sqrt{\mu_0 \, \varepsilon_0}} = \lambda_0 \, f = 2,99792458 \cdot 10^8 \, \frac{\text{m}}{\text{s}} \; . \tag{1.1}$$

Ist der Raum mit einem Dielektrikum der Permittivitätszahl ε_r erfüllt, so verringert sich die Ausbreitungsgeschwindigkeit. In der als homogen angenommenen Standardatmosphäre ($0°\,\text{C}$, auf Meeresniveau) gilt angenähert $\varepsilon_r \approx 1,0006$ und man erhält $c = c_0 / \sqrt{\varepsilon_r} \approx 2,9970 \cdot 10^8$ m/s.

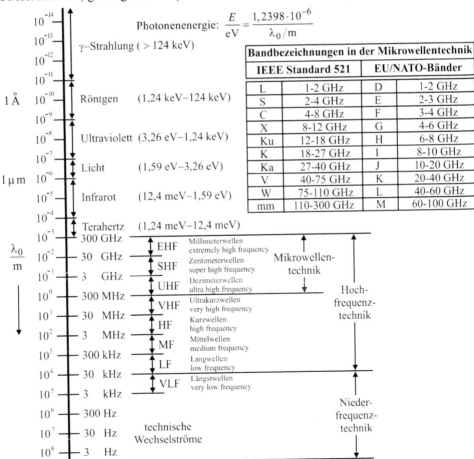

Bild 1.1 Spektrum elektromagnetischer Wellen und gebräuchliche Bandbezeichnungen

© Springer Fachmedien Wiesbaden GmbH, ein Teil von Springer Nature 2022
K. W. Kark, *Antennen und Strahlungsfelder*,
https://doi.org/10.1007/978-3-658-38595-8_1

1.2 Elektromagnetische Grundgrößen

Jedes theoretische Modell zur Beschreibung physikalischer Erscheinungen muss sich in seinen Vorhersagen an experimentellen Beobachtungen in der Natur messen lassen. Solange kein Widerspruch zwischen Theorie und Messungen erkennbar wird, gilt ein solches Modell als allgemein akzeptiert. Für die Modellbildung geht man üblicherweise in fünf Schritten vor:

- Definition von Observablen (messbaren physikalischen Größen),
- Vernachlässigen unwesentlicher Aspekte durch Einführung sinnvoller Vereinfachungen,
- Entwurf einer mathematischen Verknüpfung der Grundgrößen,
- Ableiten grundlegender Zusammenhänge und Gesetze und
- Überprüfung durch Experimente unter reproduzierbaren Versuchsbedingungen.

Als bekanntes Beispiel soll hier die **„Theorie elektrischer Schaltungen"** genannt werden [Küp05]. In einem vereinfachten Modell für reale Schaltungen werden die konzentrierten Bauelemente Widerstand (R), Spule (L) und Kondensator (C) betrachtet, die von idealen Spannungs- oder Stromquellen gespeist werden. Die Ströme und Spannungen sind in solchen RLC-Schaltungen (Bild 1.2) durch Differenzialgleichungen miteinander verknüpft.

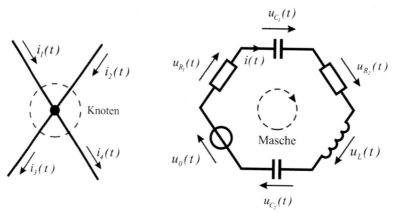

Bild 1.2 Stromverzweigung an einem Knoten und Spannungsaufteilung in einer Masche

Mit Hilfe der Kirchhoffschen[1] Knoten- und Maschengleichungen [Phi89]

$$\sum_{\mu=1}^{m} i_{\mu}^{zu}(t) = \sum_{\nu=1}^{n} i_{\nu}^{ab}(t) \qquad \text{bzw.} \qquad \sum_{\nu=1}^{n} u_{\nu}(t) = 0 \tag{1.2}$$

können die wesentlichen Gesetzmäßigkeiten in elektrischen Netzwerken beschrieben und das Verhalten von Strom und Spannung an Zwei- und Vierpolen untersucht werden. Die gute Genauigkeit und die relativ einfachen mathematischen Zusammenhänge dieses Modells konzentrierter Schaltungen haben zu seiner hohen Akzeptanz und weiten Verbreitung beigetragen.

Die Beschreibung elektromagnetischer Felder erfordert ein ähnlich strukturiertes Modell. Wir wollen die physikalischen Größen, mit denen wir arbeiten werden, in zwei Gruppen einteilen. Einerseits sind dies **<u>Quellen</u>** und andererseits die von diesen Quellen erzeugten **<u>Felder.</u>**

---

[1] Gustav Robert **Kirchhoff** (1824-1887): dt. Physiker (Elektrizität, Strahlung, Spektralanalyse, Beugung)

Die Quellen elektromagnetischer Felder sind ruhende oder bewegte elektrische **Ladungen,** die makroskopisch als ganzzahlige Vielfache der Elementarladung des Elektrons $-e$ auftreten:

$$e \approx 1{,}6022 \cdot 10^{-19} \, \text{C} \; . \tag{1.3}$$

Dabei ist $1\,\text{C} = 1\,\text{As}$ die Abkürzung für die Einheit der elektrischen Ladung, das Coulomb[2]. Das Prinzip von der Erhaltung der Ladung ist wie der Impuls- oder der Energieerhaltungssatz ein fundamentales Naturgesetz, das nicht aus anderen Beziehungen abgeleitet werden kann. Bewegte elektrische Ladungen bilden einen **elektrischen Strom:**

$$I = \frac{\Delta Q}{\Delta t} \, , \tag{1.4}$$

wobei ΔQ diejenige Ladungsmenge ist, die während des Zeitintervalls Δt eine Kontrollfläche passiert. Verläuft der Ladungstransport nicht gleichförmig, so benutzt man den Momentanwert der zeitabhängigen Stromstärke

$$i(t) = \frac{dQ(t)}{dt} \, . \tag{1.5}$$

Wir definieren damit eine vektorielle **Stromdichte J,** als Maß für den senkrechten Stromfluss durch eine Einheitsfläche. Der Betrag dieses Vektors wird in A/m^2 gemessen, seine Richtung weist in Richtung des Stromflusses. Neben den Quellgrößen gibt es in der Elektrodynamik vier **Vektorfelder,** die in Tabelle 1.1 zusammengestellt sind.

Tabelle 1.1 Elektrische und magnetische Feldgrößen

Feldgröße	Symbol	Einheit
Elektrische Feldstärke	E	V/m
Elektrische Flussdichte	D	$\text{A}\,\text{s}/\text{m}^2$
Magnetische Flussdichte	B	$\text{T} = \text{V}\,\text{s}/\text{m}^2$
Magnetische Feldstärke	H	A/m

Die prinzipielle Messvorschrift des elektromagnetischen Feldes erfolgt mittels seiner Kraftwirkung auf Punktladungen im **Lorentzschen**[3] Kraftgesetz [Pur89]:

$$\mathbf{F} = q \left(\mathbf{E} + \mathbf{v} \times \mathbf{B} \right). \tag{1.6}$$

Dabei ist $\mathbf{v}$ die Geschwindigkeit der Punktladung. In der **Elektrostatik** wird $\mathbf{v} = 0$; deswegen ist die elektrische Feldstärke $\mathbf{E}$ das einzige Vektorfeld, das im freien Raum benötigt wird. Dagegen ist die elektrische Flussdichte $\mathbf{D}$ ein rechnerisches Hilfsfeld, mit dem man die Polarisierbarkeit von Materie beschreibt. In ruhenden, linearen und isotropen Medien gilt dann:

$$\mathbf{D} = \varepsilon \, \mathbf{E} = \varepsilon_0 \, \varepsilon_r \, \mathbf{E} \, . \tag{1.7}$$

---

[2] Charles Augustin de **Coulomb** (1736-1806): frz. Physiker und Ingenieur, der 1785 das Coulombsche Gesetz über die gegenseitige elektrische Kraftwirkung zweier Punktladungen formulierte

[3] Hendrik Antoon **Lorentz** (1853-1928): niederld. Physiker (Thermodynamik, Elektronentheorie, Lorentz-Transformation, Nobelpreis f. Physik 1902)

Analog der Bedeutung des $\mathbf{E}$-Feldes für die Elektrostatik ist in der **Magnetostatik** im freien Raum zur Beschreibung aller Phänomene nur die magnetische Flussdichte $\mathbf{B}$ notwendig, die man aus heutiger Sicht besser als magnetische Feldstärke bezeichnen sollte. Doch ist dieser Name historisch bereits für das rechnerische Hilfsfeld $\mathbf{H}$ vergeben, das in magnetisierbarer Materie von Bedeutung ist. In ruhenden, linearen und isotropen Medien gilt:

$$\mathbf{H} = \mu^{-1}\mathbf{B} = (\mu_0\,\mu_r)^{-1}\mathbf{B}\,. \tag{1.8}$$

Die primär durch die Quellen angeregten Felder sind also das $\mathbf{E}$- und das $\mathbf{B}$-Feld, während $\mathbf{D}$- und $\mathbf{H}$-Felder als abgeleitete Größen zu gelten haben. Magnetische Elementarladungen – sogenannte **Monopole** – konnten bisher im Experiment noch nicht nachgewiesen werden [Reb99]. Das (1.6) entsprechende Kraftgesetz für ruhende oder bewegte magnetische Punktladungen müsste

$$\mathbf{F} = q_m\left(\mathbf{H} + \mathbf{v} \times \mathbf{D}\right) \tag{1.9}$$

lauten, wobei die hypothetische, magnetische Ladungsmenge q_m in der Einheit $\mathrm{V\,s}$ zu messen wäre. Bei magnetischen Ladungen müssten das $\mathbf{H}$- und das $\mathbf{D}$-Feld als Primärfelder und das $\mathbf{E}$- und das $\mathbf{B}$-Feld als abgeleitete Größen betrachtet werden.

Bei zeitlich veränderlichen Ladungs- und Stromverteilungen treten miteinander verkoppelte elektrische und magnetische Felder auf. Dabei entsteht eine elektromagnetische **Strahlung,** die sich mit Lichtgeschwindigkeit von den Quellen wegbewegt. Im freien Raum läuft diese Strahlung bis ins Unendliche; sie transportiert Energie und Impuls.

1.3 Antennen und Strahlungsfelder im Überblick

Antennen, als Quellen oder Empfänger elektromagnetischer Strahlung, können je nach Frequenz verschiedene Form und Größe haben (Bild 1.3). Antennen sind **Wellentypwandler** – als Sendeantennen sollen sie leitungsgeführte elektromagnetische Wellen in solche Wellen umformen, die sich im freien Raum ausbreiten. Dagegen nehmen Empfangsantennen Energie aus dem Raum auf und wandeln diese in leitungsgebundene Wellen um. Die Umformung der Wellen soll mit möglichst wenig Verlusten und Reflexionen vor sich gehen. Außerdem soll meistens eine bestimmte Richtungsabhängigkeit der Strahlung bzw. des Empfangs eingehalten werden.

Im Prinzip ist jede Antenne sowohl als Sende- als auch als Empfangsantenne geeignet. Die Auswahl des **Antennentyps** hängt vom speziellen Anwendungsfall ab. Außer den gewünschten Strahlungseigenschaften spielen Gewicht, Volumen und mechanische Stabilität eine wichtige Rolle. Antennen müssen Abmessungen in der Größenordnung einer halben Wellenlänge haben oder größer sein, um effektiv zu arbeiten. Deshalb kommen für den niederfrequenten Bereich des elektromagnetischen Spektrums (bei den Mittel- und Langwellen des Rundfunks) nur lineare Antennen in Betracht. Sie bestehen aus Drähten oder Stäben mit – im Verhältnis zu ihrer Länge – geringen Querschnittsabmessungen. Eine wesentliche Bündelung der Strahlung ist mit größeren Strahlergruppen möglich, die vom Kurzwellenbereich $\left(f > 3\,\mathrm{MHz}\right)$ an mit erträglichem Aufwand realisiert werden können. Stark bündelnde Antennen wie Hornstrahler und Reflektorantennen sind erst im Mikrowellenbereich $\left(f > 1\,\mathrm{GHz}\right)$ ausführbar (Bild 1.3).

Wir wollen einen kurzen **Überblick** zu den nachfolgenden Kapiteln geben. Nach Bereitstellung elementarer Hilfsmittel der Vektorrechnung beschäftigen wir uns mit den Grundlagen der Elektrodynamik. Als einfachste Lösung der Feldgleichungen betrachten wir ebene Wellen im freien Raum und ihre gestörte Ausbreitung bei Anwesenheit von Hindernissen. Nach der Untersuchung wichtiger Speiseleitungen geben wir charakteristische Kenngrößen von Antennen an und betrachten den Zusammenhang zwischen den Strömen auf der Antennenoberfläche und ihrem zugehörigen Strahlungsfeld. In der zweiten Hälfte des Buches beschäftigen wir uns mit weitergehenden Untersuchungen zum Themenkreis der Analyse und Synthese verschiedenster Antennenformen mit ihren vielfältigen Anwendungen.

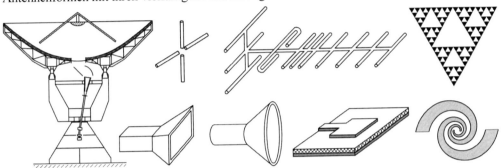

Bild 1.3 Verschiedene Antennenformen: Aperturantennen [Sie92], Drahtantennen und Planarantennen

Die folgende tabellarische Zusammenstellung gibt einen auszugsweisen Überblick einiger bedeutender historischer Ereignisse auf dem Gebiet der Mikrowellen- und Antennentechnik.

Tabelle 1.2 Historische Zeittafel

1618	**Snellius** findet das Gesetz der Lichtbrechung an ebenen Trennflächen.
1650	**Fermat** beweist, dass Licht immer den Weg wählt, auf dem seine Laufzeit minimal wird.
1663	**Gregory** erfindet das Spiegelteleskop.
1668	Erster erfolgreicher Aufbau eines Spiegelteleskops durch **Newton.**
1672	**Cassegrain** schlägt ein optisches Teleskop mit Haupt- und Subreflektor vor.
1690	**Huygens** veröffentlicht die erste Wellentheorie des Lichts.
1785	**Coulomb** findet das elektrische Kraftgesetz zwischen zwei Punktladungen.
1800	**Volta** baut die erste Batterie (Voltasche Säule). **Herschel** entdeckt die Infrarotstrahlung.
1801	**Ritter** entdeckt das ultraviolette Licht.
1814	**Fraunhofer** entdeckt dunkle Absorptionslinien im Sonnenspektrum.
1815	**Brewster** entdeckt, dass an Glasflächen reflektiertes Licht linear polarisiert sein kann.
1817	**Fresnel** findet seine Formeln zu Reflexion und Transmission an Trennflächen.
1820	Gesetz von **Biot** und **Savart**. **Oersted** entdeckt die magnetische Wirkung elektrischer Ströme.
1820/26	Durchflutungsgesetz von **Ampère.**
1826	**Ohm** findet das Ohmsche Gesetz.
1831	Induktionsgesetz von **Faraday.**
1842	Entdeckung des **Doppler**-Effektes.
1845	**Kirchhoff** formuliert Regeln für die Ströme und Spannungen in elektrischen Netzwerken. Entdeckung des **Faraday**-Effekts: Magnetfelder beeinflussen die Polarisationsebene von Licht.
1849	**Fizeau** bestimmt den Wert der Lichtgeschwindigkeit in Luft.
1853	**Helmholtz** formuliert das Superpositionsprinzip.
1865	**Maxwell** veröffentlicht seine Theorie über den Elektromagnetismus.
1879	**Stefan** misst die gesamte Strahlungsleitung eines Schwarzen Körpers.
1880	**Pierre und Jacques Curie** entdecken die Piezoelektrizität.
1883	**Lamb** entdeckt den Skineffekt.
1884	**Boltzmann** findet eine theoretische Begründung der Messungen von Stefan.
1886	**Hertz** experimentiert mit elektromagnetischen Wellen bei $\lambda \approx 8$ m und später bei $\lambda \approx 30$ cm .
1892	**Tesla** baut die erste Elektronenröhre zum Einsatz in Funksystemen.
1893	**Wiensches** Verschiebungsgesetz der Schwarzkörperstrahlung.
1894	**Lodge** demonstriert eine drahtlose Nachrichtenübertragung.
1895	**Popow** weist Blitze in Gewittern mit einer Drahtantenne nach. **Röntgen**-Strahlung entdeckt.

1896	**Wiensches** Strahlungsgesetz der Schwarzkörperstrahlung.
1897	**Tesla** überträgt Funksignale bei $f = 2$ MHz über eine Strecke von 40 km.
	Lord Rayleigh untersucht Hohlleiterwellen als Randwertproblem.
1898	**Marconi** und **Jackson** übertragen ein Signal drahtlos über eine Strecke von 100 km.
1899	**Sommerfeld** untersucht die Ausbreitung längs verlustbehafteter Drähte.
1900	**Rayleigh-Jeans** Gesetz der Schwarzkörperstrahlung.
	Planck formuliert sein Strahlungsgesetz für den Schwarzen Körper.
1901	Transatlantik-Funkverbindung (**Marconi**) mittels eines 200 m langen Drahtstücks.
1904	**Hülsmeyer** patentiert sein Telemobiloskop (Vorläufer moderner Radargeräte).
1906	Drahtlose Telefonie (**Poulsen**).
1907	**Harms** untersucht die Wellenausbreitung auf dielektrisch beschichteten Drähten.
1909	**Hondros** und **Debye**: Oberflächenwellen längs dielektrischer Drähte. **Hilpert**: Ferrite
1918	Die Großfunkstation Nauen bei Berlin sendet um die Erde.
1920	**Hull** entwickelt einen Vorläufer des Magnetrons (für 30 GHz).
1922	Hinweis auf die Verwendung von Funkwellen zu Ortungszwecken (**Marconi**).
1923	Öffentlicher Rundfunk in Deutschland durch **Bredow**.
1924	Erste **Richtantennen** aus mehreren Halbwellendipolen.
1926	**Yagi-Uda**-Antenne. Einweihung des **Berliner Funkturmes**.
	Watson-Watt schlägt den Begriff Ionosphäre vor.
1930	**Ardenne** gelingt die erste elektronische Fernsehübertragung.
1932	**Jansky** weist bei $\lambda = 14,6$ m Radiostrahlung aus dem Zentrum unserer Galaxis nach.
	Southworth untersucht die H$_{11}$-Welle im Rundhohlleiter.
1933	**Armstrong** erhält ein Patent auf das Verfahren der Breitband-Frequenzmodulation.
1934	**Schelkunoff** und **Meade** entdecken die dämpfungsarme H$_{01}$- Rundhohlleiterwelle.
1935	Eröffnung des ersten **Fernseh-Programmdienstes** in Berlin. **Pulsradar** bei 60 MHz (USA).
1936	Erste Richtfunkstrecken. **Brillouin**: Hohlleiter-Eigenwellen. **Barrow**: Hornantennen.
1937	**Schelkunoff** untersucht Rechteckhohlleiter mit Verlusten. Erstes Klystron durch Gebr. **Varian**.
1938	**Chu** untersucht den Hohlleiter mit elliptischem Querschnitt.
	Radiokarte des Himmels mit der ersten Parabolantenne ($D = 9$ m, $\lambda = 2$ m) durch **Reber**.
1939	**Barrow** entwickelt Hohlleiterschaltungen (Magisches T). **Smith**: Smith-Diagramm.
	Barrow und **Lewis** entwickeln die Sektorhorn-Antenne. Erstes Flugzeug-Bordradar (England).
1940	**Schwinger** und **Marcuvitz** untersuchen Diskontinuitäten in Hohlleitern.
1942	**Kompfner** entwickelt die Wanderfeldröhre.
1943	**Bethe** entwickelt erste Richtkoppler.
1944	**Luneburg** entwickelt sphärische Linsenantennen. **Friis** definiert die Rauschzahl.
1945	Ausnutzung des Doppler-Effekts in Radaranlagen zur Festzielunterdrückung.
	Clarke schlägt geostationäre Kommunikationssatelliten vor.
1946	**Brillouin**: Wellenausbreitung in periodischen Strukturen. **Kraus**: Wendelantenne.
	Erster Empfang von Radarechos vom Mond.
1947	**Bardeen, Brattain** und **Shockley** entwickeln den Transistor.
1950	**Goubau** untersucht Oberflächenwellenleiter.
1953	Entwicklung von **Streifenleitungen** und ersten **Patch-Antennen** durch **Deschamps**.
1956	Erste radioastronomische Messung der Oberflächentemperatur von Venus, Jupiter und Mars.
1957	Erster Satellit (**Sputnik I**). Doppler-Navigation im Flugverkehr.
1958	**Kilby** und **Noyce** entwickeln die erste Integrierte Schaltung (IC).
1959	Erste Funkbilder von der Rückseite des Mondes (**Lunik III**).
1960	Erster Nachrichtensatellit (**Echo I**).
1963	Erster geostationärer Satellit (**Syncom**). Arecibo Radioteleskop (305 m) geht in Betrieb.
1964	Erdefunkstelle **Raisting** am Ammersee geht in Betrieb.
1965	**Penzias** und **Wilson**: kosmische Hintergrundstrahlung bei $T \approx 2,7$ K (Hornparabolantenne).
	Kurokawa beschreibt Mehrtore mittels Leistungswellen und Streumatrizen (S-Parameter).
1966	**Yee** entwickelt die Methode der Finiten Differenzen (FDTD), numerische Feldberechnung.
1969	Die ersten Menschen betreten im Verlauf der Raumfahrtmission **Apollo 11** den Mond.
	Das **Arpanet** startet als früher Vorläufer des Internets.
1970	**Silvester** wendet die Methode der Finiten Elemente (FEM) auf Hohlleiterwellen an.
1971	Erste Raumsonde auf Mars. Erste Raumstation (**Saljut I**).

	Itoh und **Mittra** untersuchen Eigenmoden auf Streifenleitungen.
1972	Ehemals größtes frei bewegliches Radioteleskop der Erde (100 m) in **Effelsberg** (Eifel). Die NASA startet **Pioneer 10.**
1974	**Streifenleitungsantennen** werden einsetzbar. Sonnensonde **Helios I.**
1975	**Phased-Array-Antennen** mit elektronischer Strahlschwenkung.
1977	Die NASA startet **Voyager 1.**
1980	Fernerkundung der Erde mit Radar **(remote sensing)**. Mit **GaAs-Feldeffekttransistoren** werden Ausgangsleistungen von 10 Watt bei Frequenzen von 10 GHz erzeugt.
1981	Wieder verwendbarer Raumtransporter **(space shuttle).**
1985	Satellitennavigation – global positioning system **(GPS).**
1986	Naher Vorbeiflug der Raumsonde **Giotto** am Halleyschen Kometen.
1987	**Taga** entwickelt eine spezielle Patch-Antenne, die Planar Inverted F-Shaped Antenna (PIFA).
1989	Inbetriebnahme des **Large Electron-Positron Colliders** LEP am CERN bei Genf (bis 2000).
1990	**Supraleitende** Antennen. **Fraktale** Breitbandantennen. **Satellitenfernsehen.** Antennen mit intelligenter Signalverarbeitung **(smart antennas). Hubble** Weltraumteleskop.
1991	Start des digitalen **GSM**-Mobilfunksystems in Deutschland.
1992	**DECT** wird zum europäischen Standard für digitale schnurlose Telekommunikation. Erste Kurznachricht **(SMS)** gesendet.
1997	**Digitales** Fernsehen, **WLAN**-Standard bei 2,4 GHz.
1998	Mobiles satellitengestütztes Kommunikationssystem **Iridium.**
1999	Start der internationalen Raumstation **ISS. Bluetooth** Nahbereichsfunktechnologie (2,4 GHz).
2000	**Abstandsradar** für PKW. Derzeit größtes frei bewegliches Radioteleskop der Erde (100 m × 110 m) in **Green Bank.**
2002	**WLAN**-Standard bei 5,5 GHz.
2003	Unbemannte Missionen **Mars Rover** und **Mars Express.** Letzter Kontakt zu **Pioneer 10.**
2006	Die NASA startet die unbemannte Mission **New Horizons** zu Pluto.
2008	Inbetriebnahme des **Large Hadron Colliders** LHC am CERN bei Genf.
2010	Start des digitalen **LTE**-Mobilfunksystems in Deutschland.
2012	Unbemannte Mission **Curiosity** landet auf dem Mars. Die Raumsonde **Voyager 1** verlässt unser Sonnensystem und erreicht den interstellaren Raum.
2014	**Copernicus** Erdbeobachtungsprogramm der EU mit 5 Sentinel-Satelliten.
2014	Mission **Rosetta** landet auf dem Kometen Tschurjumow-Gerassimenko.
2015	Mission **New Horizons** passiert Pluto.
2016	**Radioteleskop FAST** mit einem Aperturdurchmesser von 520 m in China.
2018	NASA Sonde **InSight** landet auf dem Mars.
2019	**Event Horizon Telescope:** globaler Verbund von Radioteleskopen zur Beobachtung des Ereignishorizonts von supermassiven Schwarzen Löchern.
2019	Start des digitalen **5G**-Mobilfunksystems in Deutschland.
2020	Sonnensonde **Solar Orbiter** gestartet.
2021	Vollausbau des europäischen Satellitennavigationssystems **Galileo. James Webb Weltraumteleskop** für Infrarotastronomie gestartet.
2023	Geplante volle Betriebsbereitschaft des **Square Kilometre Arrays.**
2024	Geplanter Endausbau des **NOEMA Millimeter-Interferometers** mit zwölf 15m-Reflektoren.
2040	Geplante Inbetriebnahme des **Future Circular Colliders** (FCC) am CERN bei Genf.

Mit dem heute noch nicht abgeschlossenen Vordringen der drahtlosen Nachrichtentechnik in immer höhere Frequenzbereiche und in neue Anwendungsgebiete wurde eine Fülle neuer **Antennenformen** entwickelt, so zum Beispiel Reflektor-, Horn- und Linsenantennen, Wendel- und Spiralantennen, Schlitz- und Fraktalantennen, planare Antennen und viele andere. Verschiedene Anwendungsbereiche der modernen Nachrichtentechnik, wie z. B. Ortung, Navigation, Richtfunk-, Satellitenfunk- und Mobilfunktechnik sowie die Raumfahrt wären ohne eine weit entwickelte Antennentechnik undenkbar. Insbesondere durch enorme Fortschritte bei den Berechnungsmethoden mit Hilfe rechnergestützter Simulationsverfahren können heute neue Antennenformen mit hohem Gewinn, geringen Nebenkeulen und niedriger Kreuzpolarisation wesentlich einfacher entwickelt werden als in früheren Jahren.

2 Mathematische Grundlagen

2.1 Vektoralgebra

Ein **Vektor** ist eine gerichtete Größe (z. B. Geschwindigkeit, Beschleunigung, Kraft, elektrische und magnetische Feldstärke usw.). Im Gegensatz dazu wird jede durch eine Zahlenangabe bestimmte Größe als **Skalar** bezeichnet (z. B. Temperatur, Arbeit, elektrische Spannung usw.).

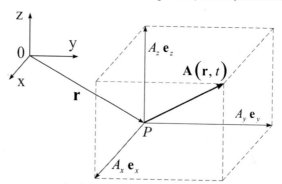

Bild 2.1 Zerlegung eines Vektors $\mathbf{A}(\mathbf{r}, t)$ in seine kartesischen Komponenten

In Bild 2.1 ist ein Vektor $\mathbf{A}$ zusammen mit seinen Projektionen auf die drei Achsen eines rechtshändigen, kartesischen Koordinatensystems dargestellt. Für die Nomenklatur gelte:

$\mathbf{A}(\mathbf{r}, t)$ Vektor mit kartesischen Komponenten,

x, y, z kartesisches Koordinatensystem (Rechtssystem),

$\mathbf{e}_x, \mathbf{e}_y, \mathbf{e}_z$ Einheitsvektoren in Richtung x, y bzw. z und

$\mathbf{r} = \mathbf{e}_x\, x + \mathbf{e}_y\, y + \mathbf{e}_z\, z$ Aufpunktsvektor.

Der Vektor $\mathbf{A} = \mathbf{A}(\mathbf{r}, t)$ hängt im Allgemeinen vom Ort $\mathbf{r}$ _und_ von der Zeit t ab. Mit Hilfe der Einheitsvektoren kann er in seine Komponenten zerlegt werden:

$$\mathbf{A} = \begin{pmatrix} A_x \\ A_y \\ A_z \end{pmatrix} = A_x\, \mathbf{e}_x + A_y\, \mathbf{e}_y + A_z\, \mathbf{e}_z \qquad \text{Komponentendarstellung,}$$

$$\left| \mathbf{e}_x \right| = \left| \mathbf{e}_y \right| = \left| \mathbf{e}_z \right| = 1 \qquad \text{Einheitsvektoren der Länge eins und}$$

$$\left| \mathbf{A} \right| = A = \sqrt{A_x^2 + A_y^2 + A_z^2} \qquad \text{Vektorlänge.}$$

Neben Addition und Subtraktion bildet die Multiplikation eine der wichtigsten Verknüpfungen zwischen zwei Vektoren. Bei dem Produkt zweier Vektoren kann das Ergebnis wieder ein Vektor sein – dann spricht man vom Vektorprodukt – das Ergebnis kann aber auch ein Skalar sein.

© Springer Fachmedien Wiesbaden GmbH, ein Teil von Springer Nature 2022
K. W. Kark, *Antennen und Strahlungsfelder*,
https://doi.org/10.1007/978-3-658-38595-8_2

2.1.1 Skalarprodukt

Wir betrachten zunächst das Skalarprodukt zweier Vektoren **A** und **B**, das als Summe der Produkte der gleichartigen Komponenten definiert wird [Spi77]:

$$\boxed{\mathbf{A} \cdot \mathbf{B} = \mathbf{B} \cdot \mathbf{A} = A_x B_x + A_y B_y + A_z B_z = A B \cos\left(\angle \mathbf{A}\,\mathbf{B}\right) = A B \cos\varphi} \quad \text{mit} \quad 0 \le \varphi \le \pi. \quad (2.1)$$

Als eingeschlossener Winkel φ wird dabei der <u>kleinere</u> der zwischen **A** und **B** liegenden Winkel bezeichnet (Bild 2.2).

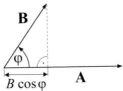

Bild 2.2 Eingeschlossener Winkel φ beim Skalarprodukt und Projektion von **B** auf **A**

Das Skalarprodukt (2.1) wird positiv, wenn der eingeschlossene Winkel φ spitz ist; ein stumpfer Winkel führt zu einem negativen Zahlenwert. Das Skalarprodukt verschwindet, wenn die Vektoren **A** und **B** <u>senkrecht</u> aufeinander stehen, d. h. wenn der eingeschlossene Winkel gerade $\varphi = \pi/2$ beträgt. Insbesondere gelten für die kartesischen Einheitsvektoren folgende wichtige Beziehungen:

$$\mathbf{e}_x \cdot \mathbf{e}_x = \mathbf{e}_y \cdot \mathbf{e}_y = \mathbf{e}_z \cdot \mathbf{e}_z = 1 \qquad (2.2)$$

und

$$\mathbf{e}_x \cdot \mathbf{e}_y = \mathbf{e}_x \cdot \mathbf{e}_z = \mathbf{e}_y \cdot \mathbf{e}_z = 0. \qquad (2.3)$$

Übung 2.1: Skalarprodukt

- Beweisen Sie mit Hilfe des Skalarproduktes den Kosinussatz für ebene Dreiecke:

$$C = \sqrt{A^2 + B^2 - 2 A B \cos\varphi}. \qquad (2.4)$$

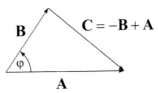

Bild 2.3 Schiefwinkliges Dreieck, dessen Seiten als Vektoren dargestellt werden

- <u>Lösung:</u>

Werden die Seiten des Dreieckes wie in Bild 2.3 als Vektoren **A**, **B** und **C** definiert und bildet man mit $C = |\mathbf{C}|$ das Skalarprodukt

$$C^2 = \mathbf{C} \cdot \mathbf{C} = (\mathbf{A} - \mathbf{B}) \cdot (\mathbf{A} - \mathbf{B}), \qquad (2.5)$$

so gilt nach der zweiten binomischen Formel und wegen $\mathbf{A} \cdot \mathbf{B} = \mathbf{B} \cdot \mathbf{A}$:

$$C^2 = \mathbf{A} \cdot \mathbf{A} - 2\,\mathbf{A} \cdot \mathbf{B} + \mathbf{B} \cdot \mathbf{B}, \qquad (2.6)$$

woraus sofort die Behauptung folgt:

$$C^2 = A^2 - 2AB\cos\varphi + B^2 . \quad \square$$

(2.7)

2.1.2 Vektorprodukt

Das Vektorprodukt zweier Vektoren **A** und **B** ist ein Vektor, der auf der von **A** und **B** aufgespannten Ebene senkrecht steht und einen Betrag gleich dem Flächeninhalt des von **A** und **B** gebildeten Parallelogramms besitzt. Das Vektorprodukt **A** × **B** zeigt in die Richtung, in der sich eine *rechtsgängige* Schraube bewegt, wenn man den ersten Vektor auf dem *kürzesten* Weg in die Richtung des zweiten Vektors dreht. Daher ist das Vektorprodukt nicht kommutativ, d. h. es gilt:

$$\mathbf{A} \times \mathbf{B} = -\mathbf{B} \times \mathbf{A} .$$

(2.8)

Den Betrag des Vektorproduktes erhalten wir aus Bild 2.4.

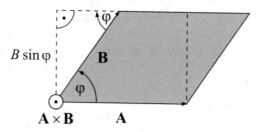

Bild 2.4 Zur Berechnung des Betrags beim Vektorprodukt

Es gilt: $\boxed{|\mathbf{A} \times \mathbf{B}| = AB\sin(\angle \mathbf{A}\mathbf{B}) = AB\sin\varphi}$ mit $0 \le \varphi \le \pi$.

(2.9)

Das Vektorprodukt zweier verschiedenartiger Einheitsvektoren ergibt den dritten Einheitsvektor:

$$\mathbf{e}_x \times \mathbf{e}_y = \mathbf{e}_z \qquad \mathbf{e}_y \times \mathbf{e}_z = \mathbf{e}_x \qquad \mathbf{e}_z \times \mathbf{e}_x = \mathbf{e}_y .$$

(2.10)

Das richtige Vorzeichen erhält man aus der *zyklischen Vertauschungsregel.* Entspricht die Reihenfolge im Vektorprodukt der in Bild 2.5 dargestellten Umlaufrichtung, so wird das Vektorprodukt positiv – im umgekehrten Falle negativ.

Bild 2.5 Zyklische Vertauschungsregel zur Festlegung des Vorzeichens beim Vektorprodukt

Das Vektorprodukt zweier paralleler Vektoren ist stets null; insbesondere gilt:

$$\mathbf{e}_x \times \mathbf{e}_x = \mathbf{e}_y \times \mathbf{e}_y = \mathbf{e}_z \times \mathbf{e}_z = \mathbf{0} = 0 .$$

(2.11)

Anstelle des Nullvektors (fettgedruckt) schreibt man zugunsten einer einfacheren Notation häufig eine skalare Null. Mit Hilfe dieser Beziehungen ergibt sich folgende Komponentendarstellung des Vektorprodukts:

$$\mathbf{A} \times \mathbf{B} = \left(A_x \mathbf{e}_x + A_y \mathbf{e}_y + A_z \mathbf{e}_z\right) \times \left(B_x \mathbf{e}_x + B_y \mathbf{e}_y + B_z \mathbf{e}_z\right) =$$
$$= \mathbf{e}_x \left(A_y B_z - A_z B_y\right) + \mathbf{e}_y \left(A_z B_x - A_x B_z\right) + \mathbf{e}_z \left(A_x B_y - A_y B_x\right). \tag{2.12}$$

Das Ergebnis kann – als Merkhilfe – in Determinantenform geschrieben werden:

$$\mathbf{A} \times \mathbf{B} = \begin{vmatrix} \mathbf{e}_x & \mathbf{e}_y & \mathbf{e}_z \\ A_x & A_y & A_z \\ B_x & B_y & B_z \end{vmatrix}. \tag{2.13}$$

Vertauscht man in einer Determinante die Reihenfolge zweier Zeilen, so ändert diese ihr Vorzeichen; damit wird die Beziehung $\mathbf{A} \times \mathbf{B} = -\mathbf{B} \times \mathbf{A}$ sofort klar.

Übung 2.2: Vektor- und Skalarprodukt

● Berechnen Sie den Ausdruck

$$C = \left(\mathbf{A} \times \mathbf{B}\right)^2 + \left(\mathbf{A} \cdot \mathbf{B}\right)^2. \tag{2.14}$$

● **Lösung:**

Aus

$$\left(\mathbf{A} \times \mathbf{B}\right)^2 = \left(\mathbf{A} \times \mathbf{B}\right) \cdot \left(\mathbf{A} \times \mathbf{B}\right) \tag{2.15}$$

folgt sofort:

$$C = \left|\mathbf{A} \times \mathbf{B}\right|^2 + \left(\mathbf{A} \cdot \mathbf{B}\right)^2, \tag{2.16}$$

d. h. es gilt:

$$C = \left(A B \sin \varphi\right)^2 + \left(A B \cos \varphi\right)^2 \tag{2.17}$$

mit φ als Winkel zwischen $\mathbf{A}$ und $\mathbf{B}$. Mit $\sin^2 \varphi + \cos^2 \varphi = 1$ wird schließlich:

$$\left(\mathbf{A} \times \mathbf{B}\right)^2 + \left(\mathbf{A} \cdot \mathbf{B}\right)^2 = A^2 B^2. \quad \square \tag{2.18}$$

2.1.3 Spatprodukt

Neben dem Skalar- und dem Vektorprodukt treten in den Anwendungen auch mehrfache Produkte zwischen Vektoren auf, wobei auf sinnvolle Kombinationen zu achten ist – so sind z. B. Ausdrücke der Form $\mathbf{A} \cdot \left(\mathbf{B} \cdot \mathbf{C}\right)$ oder $\mathbf{A} \times \left(\mathbf{B} \cdot \mathbf{C}\right)$ nicht zulässig, weil jeweils der Klammerausdruck kein Vektor mehr ist. Der Skalar $\mathbf{A} \cdot \left(\mathbf{B} \times \mathbf{C}\right)$ stellt allerdings eine sinnvolle Verknüpfung dreier Vektoren dar und wird <u>Spatprodukt</u> der drei Vektoren $\mathbf{A}$, $\mathbf{B}$ und $\mathbf{C}$ genannt. Das Ergebnis des Spatprodukts ist ein Skalar, dessen Betrag den Rauminhalt V desjenigen Prismas angibt, das von den drei Vektoren $\mathbf{A}$, $\mathbf{B}$ und $\mathbf{C}$ aufgespannt wird (Bild 2.6):

$$V = \left|\mathbf{A} \cdot \left(\mathbf{B} \times \mathbf{C}\right)\right|. \tag{2.19}$$

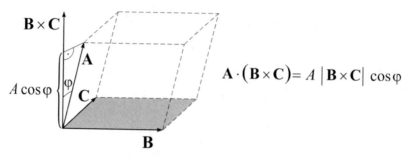

$$\mathbf{A} \cdot (\mathbf{B} \times \mathbf{C}) = A \, |\mathbf{B} \times \mathbf{C}| \, \cos\varphi$$

Bild 2.6 Prisma, dessen Volumen durch den Betrag des Spatprodukts seiner drei Kantenvektoren gegeben ist

In Determinantenform erhält man:

$$\mathbf{A} \cdot (\mathbf{B} \times \mathbf{C}) = \begin{vmatrix} A_x & A_y & A_z \\ B_x & B_y & B_z \\ C_x & C_y & C_z \end{vmatrix}. \tag{2.20}$$

Bei zyklischer Vertauschung der Vektoren gilt:

$$\boxed{\mathbf{A} \cdot (\mathbf{B} \times \mathbf{C}) = \mathbf{B} \cdot (\mathbf{C} \times \mathbf{A}) = \mathbf{C} \cdot (\mathbf{A} \times \mathbf{B})}, \tag{2.21}$$

da das Volumen eines Prismas auf drei verschiedene Arten berechnet werden kann:

$$\textit{Grundfläche} \times \textit{Höhe} = \textit{Seitenfläche} \times \textit{Breite} = \textit{Stirnfläche} \times \textit{Tiefe} . \tag{2.22}$$

Für das *Vorzeichen* des Spatproduktes (2.20) können wir folgende Regel aufstellen: Das Produkt $\mathbf{A} \cdot (\mathbf{B} \times \mathbf{C})$ ist dann positiv, wenn die drei Vektoren $\mathbf{A}$, $\mathbf{B}$ und $\mathbf{C}$ zueinander wie die Achsen eines rechtshändigen Koordinatensystems orientiert sind.

Das Hintereinanderausführen zweier Vektorprodukte kann man mit Hilfe des **Graßmann-schen**[1] Entwicklungssatzes („bac–cab" Regel) als Differenz zweier einfacher Vektoren ausdrücken:

$$\boxed{\mathbf{A} \times (\mathbf{B} \times \mathbf{C}) = \mathbf{B} (\mathbf{A} \cdot \mathbf{C}) - \mathbf{C} (\mathbf{A} \cdot \mathbf{B}) \neq (\mathbf{A} \times \mathbf{B}) \times \mathbf{C}}. \tag{2.23}$$

Ferner gelten für mehrfache Produkte folgende Formeln der Vektoralgebra (**Lagrange**[2] - **Identitäten**)

$$\boxed{\begin{aligned} (\mathbf{A} \times \mathbf{B}) \cdot (\mathbf{C} \times \mathbf{D}) &= (\mathbf{A} \cdot \mathbf{C})(\mathbf{B} \cdot \mathbf{D}) - (\mathbf{A} \cdot \mathbf{D})(\mathbf{B} \cdot \mathbf{C}) \\ (\mathbf{A} \times \mathbf{B}) \times (\mathbf{C} \times \mathbf{D}) &= [(\mathbf{A} \times \mathbf{B}) \cdot \mathbf{D}] \mathbf{C} - [(\mathbf{A} \times \mathbf{B}) \cdot \mathbf{C}] \mathbf{D} \end{aligned}}. \tag{2.24}$$

Der Vorteil dieser Umformungen besteht darin, dass sich die Anzahl der zu berechnenden Vektorprodukte reduziert, die natürlich aufwändiger zu berechnen wären als einfachere Skalarprodukte.

---

[1] Hermann Günther **Graßmann** (1809-1877): dt. Mathematiker, Physiker und Philologe (Begründer der Vektor- und Tensorrechnung)

[2] Joseph Louis de **Lagrange** (1736-1813): it.-frz. Mathematiker, Physiker und Astronom (Variationsrechnung, Differenzialgleichungen, Wahrscheinlichkeitsrechnung)

2.2 Vektoranalysis

Die Vektoranalysis, deren Ursprung in der Mitte des neunzehnten Jahrhunderts liegt, ist heute zu einem wesentlichen mathematischen Werkzeug in den Ingenieur- und Naturwissenschaften geworden. Die mathematische Formulierung von Gesetzen elektromagnetischer – wie auch anderer – Vektorfelder wird durch vektoranalytische Hilfsmittel einfacher und prägnanter. Insbesondere die <u>Differenziation</u> und <u>Integration</u> von Vektorfeldern wird uns in diesem einführenden Kapitel noch näher beschäftigen [Spi77, Stra03, Schr09].

2.2.1 Differenziation von skalaren Feldern

Ist eine skalare Größe, z. B. eine Temperatur oder ein Potenzial, als Funktion des Ortes gegeben, so sprechen wir von einem **skalaren Feld**. An einem bestimmten Punkt habe diese skalare Ortsfunktion den Wert $\Phi(x, y, z)$, für den wir mit dem Ortsvektor $\mathbf{r} = \mathbf{e}_x x + \mathbf{e}_y y + \mathbf{e}_z z$ abgekürzt $\Phi(\mathbf{r})$ schreiben wollen. Beim Fortschreiten um eine infinitesimal kleine Wegstrecke $d\mathbf{r} = \mathbf{e}_x dx + \mathbf{e}_y dy + \mathbf{e}_z dz$ stellt sich ein neuer Wert $\Phi(\mathbf{r} + d\mathbf{r})$ ein. Die Änderung $d\Phi = \Phi(\mathbf{r} + d\mathbf{r}) - \Phi(\mathbf{r})$ entwickeln wir in eine Taylor-Reihe bis zum linearen Glied:

$$d\Phi = \frac{\partial \Phi}{\partial x} dx + \frac{\partial \Phi}{\partial y} dy + \frac{\partial \Phi}{\partial z} dz . \tag{2.25}$$

Wir erhalten dadurch das sogenannte **totale Differenzial**[3] $d\Phi$ der Ortsfunktion $\Phi(\mathbf{r})$. Dessen Wert können wir formal durch ein Skalarprodukt ausdrücken:

$$d\Phi = \left(\mathbf{e}_x \frac{\partial \Phi}{\partial x} + \mathbf{e}_y \frac{\partial \Phi}{\partial y} + \mathbf{e}_z \frac{\partial \Phi}{\partial z} \right) \cdot \left(\mathbf{e}_x dx + \mathbf{e}_y dy + \mathbf{e}_z dz \right). \tag{2.26}$$

Die Größe

$$\boxed{\operatorname{grad} \Phi = \mathbf{e}_x \frac{\partial \Phi}{\partial x} + \mathbf{e}_y \frac{\partial \Phi}{\partial y} + \mathbf{e}_z \frac{\partial \Phi}{\partial z}} \tag{2.27}$$

ist ein Vektor und wird <u>**Gradient**</u> der skalaren Ortsfunktion $\Phi(\mathbf{r})$ genannt. Damit können wir für das totale Differenzial (2.26) auch schreiben:

$$d\Phi = \operatorname{grad} \Phi \cdot d\mathbf{r} . \tag{2.28}$$

Der Betrag des Gradientenvektors ist:

$$\left| \operatorname{grad} \Phi \right| = \sqrt{ \left(\frac{\partial \Phi}{\partial x} \right)^2 + \left(\frac{\partial \Phi}{\partial y} \right)^2 + \left(\frac{\partial \Phi}{\partial z} \right)^2 } . \tag{2.29}$$

Der Vektor $\operatorname{grad} \Phi$ steht stets senkrecht auf den Niveau- oder Äquipotenzialflächen $\Phi = \text{const.}$ und zeigt daher in Richtung des *lokal steilsten Anstieges* der Ortsfunktion $\Phi(\mathbf{r})$. Er weist keinesfalls immer – sondern nur an manchen Orten – in Richtung eines lokalen oder globalen Maximums (Bild 2.7).

---

[3] Das totale Differenzial muss um den Term $\dfrac{\partial \Phi}{\partial t} dt$ ergänzt werden, falls die Funktion $\Phi(\mathbf{r}, t)$ sowohl vom Ort $\mathbf{r}$ als auch von der Zeit t abhängt.

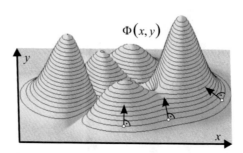

$$\Phi(x, y)$$

Bild 2.7 Potenzialgebirge $\Phi(x,y)$ mit Höhenlinien und drei Gradientenrichtungen

Die Vektoroperation „Gradient" hat differenzierenden Charakter auf die rechts – direkt daneben – stehende skalare Ortsfunktion. Dem tragen wir durch Einführung eines vektoriellen **Differenzialoperators**

$$\vec{\nabla} = \nabla = \mathbf{e}_x \frac{\partial}{\partial x} + \mathbf{e}_y \frac{\partial}{\partial y} + \mathbf{e}_z \frac{\partial}{\partial z} \tag{2.30}$$

Rechnung. Die formale Rechengröße ∇ wird nach Hamilton[4] **Nabla-Operator** genannt. Sie
hat nur Sinn als Rechenvorschrift, differenzierend angewandt auf den unmittelbar rechts stehenden Ausdruck. Der Nabla-Operator ist ein Vektor – der Vektorpfeil über dem ∇ wird meist
weggelassen. Als Differenzialoperator hat ∇ alleine noch keine physikalische Bedeutung. Erst
in Verbindung mit einer zu differenzierenden Funktion – rechts von ihm – entsteht eine sinnvolle physikalische Größe. Angewandt auf eine skalare Ortsfunktion ergibt sich deren Gradient:

$$\nabla \Phi = \operatorname{grad} \Phi = \mathbf{e}_x \frac{\partial \Phi}{\partial x} + \mathbf{e}_y \frac{\partial \Phi}{\partial y} + \mathbf{e}_z \frac{\partial \Phi}{\partial z} = \sum_{i=1}^{3} \frac{\mathbf{e}_i}{h_i} \frac{\partial \Phi}{\partial x_i} \ . \tag{2.31}$$

In anderen als kartesischen Koordinatensystemen hat der Nabla-Operator erwartungsgemäß
eine kompliziertere Gestalt; in Tabelle 2.1 sind die wichtigsten drei zusammengestellt [Str07].

Tabelle 2.1 Der ∇ - Operator in verschiedenen Koordinatensystemen mit den **Metrikkoeffizienten** h_i

kartesisch	zylindrisch	sphärisch
$x_1 = x$ $\quad$ $P(x,y,z)$ $x_2 = y$ $x_3 = z$	$x_1 = \rho$ $\quad$ $P(\rho,\varphi,z)$ $x_2 = \varphi$ $x_3 = z$	$x_1 = r$ $\quad$ $P(r,\vartheta,\varphi)$ $x_2 = \vartheta$ $x_3 = \varphi$
$\mathbf{e}_x \dfrac{\partial}{\partial x} + \mathbf{e}_y \dfrac{\partial}{\partial y} + \mathbf{e}_z \dfrac{\partial}{\partial z}$	$\mathbf{e}_\rho \dfrac{\partial}{\partial \rho} + \mathbf{e}_\varphi \dfrac{1}{\rho} \dfrac{\partial}{\partial \varphi} + \mathbf{e}_z \dfrac{\partial}{\partial z}$	$\mathbf{e}_r \dfrac{\partial}{\partial r} + \mathbf{e}_\vartheta \dfrac{1}{r} \dfrac{\partial}{\partial \vartheta} + \mathbf{e}_\varphi \dfrac{1}{r\sin\vartheta} \dfrac{\partial}{\partial \varphi}$
$h_1 = h_2 = h_3 = 1$	$h_1 = 1, \quad h_2 = \rho, \quad h_3 = 1$	$h_1 = 1, \quad h_2 = r, \quad h_3 = r\sin\vartheta$

[4] Sir William Rowan **Hamilton** (1805-1865): irischer Mathematiker, Physiker und Astronom (Wellentheorie des Lichts, geometrische Optik, analytische Mechanik)

Übung 2.3: Elektrostatisches Potenzialfeld

- Das Potenzial einer ruhenden elektrischen Punktladung q ist [Blu82]:

$$\Phi(r) = \frac{q}{4\pi\varepsilon r}.$$
(2.32)

Dabei ist $r = \sqrt{x^2 + y^2 + z^2}$ der radiale Abstand von der Punktladung, wenn sich die Punktladung im Koordinatenursprung befindet. Bestimmen Sie mit Hilfe der Vorschrift

$$\mathbf{E} = -\mathrm{grad}\,\Phi = -\nabla\Phi$$
(2.33)

das die Punktladung umgebende elektrostatische Feld.

- **Lösung:**
Die Berechnung würde wegen der Kugelsymmetrie zweckmäßig in sphärischen Koordinaten erfolgen, doch wollen wir aus didaktischen Gründen mit kartesischen Koordinaten weiter-rechnen:

$$\Phi(r) = \Phi(x, y, z) = \frac{q}{4\pi\varepsilon\sqrt{x^2 + y^2 + z^2}}.$$
(2.34)

Mit den partiellen Ableitungen nach x, y und z

$$\frac{\partial}{\partial x}\frac{1}{\sqrt{x^2 + y^2 + z^2}} = \frac{-2x}{2\left(x^2 + y^2 + z^2\right)^{3/2}} = -\frac{x}{r^3}$$
(2.35)

bzw. $\quad\dfrac{\partial}{\partial y}\dfrac{1}{r} = -\dfrac{y}{r^3}\quad$ und $\quad\dfrac{\partial}{\partial z}\dfrac{1}{r} = -\dfrac{z}{r^3}$
(2.36)

können wir das elektrische Feld sofort bestimmen. Aus (2.33) wird:

$$\mathbf{E} = -\nabla\Phi = -\left(\mathbf{e}_x\frac{\partial}{\partial x} + \mathbf{e}_y\frac{\partial}{\partial y} + \mathbf{e}_z\frac{\partial}{\partial z}\right)\frac{q}{4\pi\varepsilon\sqrt{x^2 + y^2 + z^2}}$$
(2.37)

und damit folgt:

$$\mathbf{E} = \frac{q}{4\pi\varepsilon r^3}\left(\mathbf{e}_x\,x + \mathbf{e}_y\,y + \mathbf{e}_z\,z\right) = \frac{q}{4\pi\varepsilon}\frac{\mathbf{r}}{r^3}.$$
(2.38)

Mit $\mathbf{r} = r\,\mathbf{e}_r$ erhalten wir schließlich das bekannte Ergebnis:

$$\boxed{\mathbf{E} = \mathbf{e}_r\frac{q}{4\pi\varepsilon r^2}}.$$
(2.39)

Die quadratische Abhängigkeit (2.39) wurde bereits 1785 als **Coulombsches Gesetz** experimentell entdeckt. Als nützliche Beziehung wollen wir uns merken:

$$\nabla\left(\frac{1}{r}\right) = -\frac{\mathbf{r}}{r^3} = -\frac{\mathbf{e}_r}{r^2}.\quad\square$$
(2.40)

2.2.2 Differenziation von Vektorfeldern

Wir können außer der Gradientenbildung einer skalaren Ortsfunktion noch andere algebraische Operationen mit dem Vektoroperator ∇ ausführen. Die Kombination mit einem rechts stehenden *Vektor* $\mathbf{A}$ kann nach Art eines Skalarproduktes oder eines Vektorproduktes erfolgen. Untersuchen wir zunächst die Operation $\nabla \cdot \mathbf{A}$, so finden wir die Komponentendarstellung:

$$\nabla \cdot \mathbf{A} = \left(\mathbf{e}_x \frac{\partial}{\partial x} + \mathbf{e}_y \frac{\partial}{\partial y} + \mathbf{e}_z \frac{\partial}{\partial z} \right) \cdot \left(A_x \mathbf{e}_x + A_y \mathbf{e}_y + A_z \mathbf{e}_z \right), \tag{2.41}$$

für die wir sofort schreiben können:

$$\boxed{\nabla \cdot \mathbf{A} = \frac{\partial A_x}{\partial x} + \frac{\partial A_y}{\partial y} + \frac{\partial A_z}{\partial z}} \quad . \quad \text{Beispielsweise gilt } \nabla \cdot \mathbf{r} = 3. \tag{2.42}$$

Diese skalare Größe wird Divergenz des Vektors $\mathbf{A}$ genannt [Mo61b]:

$$\boxed{\operatorname{div} \mathbf{A} = \nabla \cdot \mathbf{A}} \quad . \tag{2.43}$$

> Die **Divergenz** eines Vektorfeldes an einem Feldpunkt P hat große physikalische Bedeutung. Sie ist ein Maß für die *Ergiebigkeit* dieses Vektorfeldes und gibt an, wie viel Fluss pro Volumeneinheit in einer infinitesimalen Umgebung des Feldpunktes P entsteht oder verschwindet.

Verschwindet in einem Vektorfeld innerhalb eines Bereiches die Divergenz, so liegen dort weder Quellen noch Senken vor. Das Vektorfeld ist in diesem Bereich quellenfrei, anderenfalls ist es ein Quellenfeld. Bei Quellenfreiheit haben die Feldlinien weder Anfang noch Ende; sie verlaufen dann in sich geschlossen oder sie treten unverändert durch das betrachtete Volumen hindurch. In einem Quellenfeld entspringen dagegen an den Quellen neue Feldlinien, die an den Senken wieder münden.

- Das **stationäre Magnetfeld** eines Gleichstroms I ist ein quellenfreies Vektorfeld; Magnetfeldlinien bilden im Allgemeinen geschlossene Kurven (Bild 2.8).

- Das **elektrostatische Feld** einer ruhenden Punktladung q ist dagegen ein Quellenfeld. Elektrische Feldlinien entspringen definitionsgemäß an positiven Ladungen und enden an negativen (Bild 2.8). Ist die Divergenz an einem gewissen Punkt des Raumes *positiv,* so befindet sich dort eine Quelle – es beginnen Feldlinien. Ist dagegen die Divergenz *negativ,* so ist der betrachtete Punkt eine Senke – es enden dort Feldlinien. Eine negative Divergenz kann man deswegen auch als Konvergenz bezeichnen.

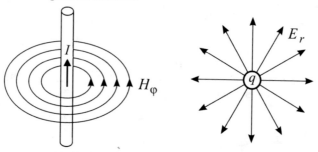

Bild 2.8 Wirbelfeld eines Gleichstroms I und Quellenfeld einer Punktladung q

Übung 2.4: Divergenz in Zylinderkoordinaten

- Ein *Gleichstrom* I fließe geradlinig in z-Richtung eines zylindrischen Koordinatensystems (Bild 2.8). Das magnetische Feld in seiner Umgebung ist bekanntermaßen durch

$$\mathbf{B}(\rho) = B_\varphi(\rho)\,\mathbf{e}_\varphi = \mu\,\frac{I}{2\,\pi\,\rho}\,\mathbf{e}_\varphi \tag{2.44}$$

gegeben mit ρ als radialem Abstand von der z-Achse. Berechnen Sie die Divergenz $\operatorname{div}\mathbf{B}$.

- **Lösung:**

Den Nabla-Operator in zylindrischen Koordinaten entnehmen wir Tabelle 2.1. Damit wird die Divergenz eines in Zylinderkoordinaten gegebenen Vektorfelds $\mathbf{B}(\rho,\varphi,z)$:

$$\operatorname{div}\mathbf{B} = \nabla\cdot\mathbf{B} = \left(\mathbf{e}_\rho\,\frac{\partial}{\partial\rho} + \mathbf{e}_\varphi\,\frac{1}{\rho}\,\frac{\partial}{\partial\varphi} + \mathbf{e}_z\,\frac{\partial}{\partial z}\right)\cdot\left(B_\rho\,\mathbf{e}_\rho(\varphi) + B_\varphi\,\mathbf{e}_\varphi(\varphi) + B_z\,\mathbf{e}_z\right). \tag{2.45}$$

Bevor die Skalarprodukte ausgeführt werden können, müssen zuerst die partiellen Ableitungen berechnet werden. Wegen der **Ortsabhängigkeit** des radialen Einheitsvektors $\mathbf{e}_\rho(\varphi)$ und des azimutalen Einheitsvektors $\mathbf{e}_\varphi(\varphi)$, die in Bild 2.9 näher erläutert wird, müssen die Differenziationen nach der **Produktregel** vorgenommen werden, woraus zunächst folgt:

$$\operatorname{div}\mathbf{B} = \mathbf{e}_\rho\cdot\left(\frac{\partial B_\rho}{\partial\rho}\,\mathbf{e}_\rho + \frac{\partial B_\varphi}{\partial\rho}\,\mathbf{e}_\varphi + \frac{\partial B_z}{\partial\rho}\,\mathbf{e}_z\right) + \mathbf{e}_z\cdot\left(\frac{\partial B_\rho}{\partial z}\,\mathbf{e}_\rho + \frac{\partial B_\varphi}{\partial z}\,\mathbf{e}_\varphi + \frac{\partial B_z}{\partial z}\,\mathbf{e}_z\right) +$$

$$+\frac{1}{\rho}\,\mathbf{e}_\varphi\cdot\left(\frac{\partial B_\rho}{\partial\varphi}\,\mathbf{e}_\rho + B_\rho\,\frac{\partial\mathbf{e}_\rho}{\partial\varphi} + \frac{\partial B_\varphi}{\partial\varphi}\,\mathbf{e}_\varphi + B_\varphi\,\frac{\partial\mathbf{e}_\varphi}{\partial\varphi} + \frac{\partial B_z}{\partial\varphi}\,\mathbf{e}_z\right). \tag{2.46}$$

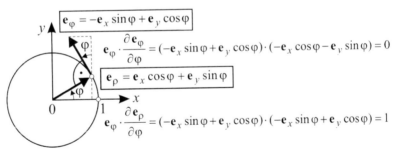

$$\mathbf{e}_\varphi = -\mathbf{e}_x\sin\varphi + \mathbf{e}_y\cos\varphi$$

$$\mathbf{e}_\varphi\cdot\frac{\partial\mathbf{e}_\varphi}{\partial\varphi} = (-\mathbf{e}_x\sin\varphi + \mathbf{e}_y\cos\varphi)\cdot(-\mathbf{e}_x\cos\varphi - \mathbf{e}_y\sin\varphi) = 0$$

$$\mathbf{e}_\rho = \mathbf{e}_x\cos\varphi + \mathbf{e}_y\sin\varphi$$

$$\mathbf{e}_\varphi\cdot\frac{\partial\mathbf{e}_\rho}{\partial\varphi} = (-\mathbf{e}_x\sin\varphi + \mathbf{e}_y\cos\varphi)\cdot(-\mathbf{e}_x\sin\varphi + \mathbf{e}_y\cos\varphi) = 1$$

Bild 2.9 Ortsabhängige Einheitsvektoren $\mathbf{e}_\rho(\varphi)$ und $\mathbf{e}_\varphi(\varphi)$ in zylindrischen Koordinaten

Aus (2.46) erhalten wir unter Beachtung der Beziehungen von Bild 2.9

$$\boxed{\operatorname{div}\mathbf{B} = \frac{\partial B_\rho}{\partial\rho} + \frac{B_\rho}{\rho} + \frac{1}{\rho}\,\frac{\partial B_\varphi}{\partial\varphi} + \frac{\partial B_z}{\partial z} = \frac{1}{\rho}\,\frac{\partial}{\partial\rho}(\rho B_\rho) + \frac{1}{\rho}\,\frac{\partial B_\varphi}{\partial\varphi} + \frac{\partial B_z}{\partial z}}, \tag{2.47}$$

was man mit Hilfe der Metrikkoeffizienten aus Tabelle 2.1 noch eleganter schreiben kann:

$$\boxed{\operatorname{div}\mathbf{B} = \frac{1}{h_1\,h_2\,h_3}\sum_{i=1}^{3}\frac{\partial}{\partial x_i}\left(\frac{h_1\,h_2\,h_3}{h_i}\,B_i\right)}. \tag{2.48}$$

Da $B_\varphi(\rho)$ aus (2.44) nur von ρ aber *nicht* von φ abhängt, wird hier sofort $\operatorname{div}\mathbf{B} = 0$, weswegen die magnetische Flussdichte in der Umgebung eines von Gleichstrom durchflossenen Drahtes quellenfrei ist. B-Linien schließen sich daher im Allgemeinen in sich selbst. □

Für die Divergenz des Gradienten einer skalaren Ortsfunktion erhält man unter Einführung des Nabla-Operators und bei Vertauschung der Reihenfolge der Klammern:

$$\operatorname{div}\operatorname{grad}\Phi = \nabla \cdot (\nabla\Phi) = (\nabla\cdot\nabla)\Phi \ .$$

(2.49)

Das Skalarprodukt des Nabla-Operators mit sich selbst wird als **Laplace-Operator**[5] bezeichnet und mit einem großen Delta abgekürzt [Schw90]. Der Laplace-Operator Δ ist ein skalarer Differenzialoperator zweiter Ordnung. In kartesischen Koordinaten gilt:

$$\nabla\cdot\nabla = \nabla^2 = \Delta = \frac{\partial^2}{\partial x^2} + \frac{\partial^2}{\partial y^2} + \frac{\partial^2}{\partial z^2} \ .$$

(2.50)

Für andere Koordinatensysteme finden wir den Laplace-Operator in Tabelle 2.2 bzw. mit

$$\Delta = \frac{1}{h_1 h_2 h_3} \sum_{i=1}^{3} \frac{\partial}{\partial x_i} \left(\frac{h_1 h_2 h_3}{h_i^2} \frac{\partial}{\partial x_i} \right) \ .$$

(2.51)

Tabelle 2.2 Der skalare Δ - Operator in verschiedenen Koordinatensystemen

kartesisch	zylindrisch	sphärisch
$\dfrac{\partial^2}{\partial x^2} + \dfrac{\partial^2}{\partial y^2} + \dfrac{\partial^2}{\partial z^2}$	$\dfrac{1}{\rho}\dfrac{\partial}{\partial\rho}\left(\rho\dfrac{\partial}{\partial\rho}\right) + \dfrac{1}{\rho^2}\dfrac{\partial^2}{\partial\varphi^2} + \dfrac{\partial^2}{\partial z^2}$	$\dfrac{1}{r^2}\dfrac{\partial}{\partial r}\left(r^2\dfrac{\partial}{\partial r}\right) +$ $+\dfrac{1}{r^2\sin\vartheta}\dfrac{\partial}{\partial\vartheta}\left(\sin\vartheta\dfrac{\partial}{\partial\vartheta}\right) +$ $+\dfrac{1}{r^2\sin^2\vartheta}\dfrac{\partial^2}{\partial\varphi^2}$

Der Laplace-Operator $\Delta = \nabla^2 = \nabla\cdot\nabla = \operatorname{div}\operatorname{grad}$ wird in dieser Form nur auf *skalare* Ortsfunktionen Φ angewandt, also in folgender Weise:

$$\Delta\Phi = \operatorname{div}\operatorname{grad}\Phi \ .$$

(2.52)

Die ebenfalls nützliche Operation

$$\nabla^2\mathbf{A} \ ,$$

(2.53)

also die Anwendung auf ein *Vektorfeld* $\mathbf{A}$, soll erst nach Einführung des Begriffs „Rotation" besprochen werden.

---

[5] Pierre Simon Marquis de **Laplace** (1749-1827): frz. Mathematiker, Physiker und Astronom (Himmelsmechanik, Differenzialgleichungen, Wahrscheinlichkeitsrechnung)

Als weitere sinnvolle Verknüpfung des Nabla-Operators mit einem rechts davon stehenden Vektor untersuchen wir nun das Vektorprodukt

$$\nabla \times \mathbf{A} = \left(\mathbf{e}_x \frac{\partial}{\partial x} + \mathbf{e}_y \frac{\partial}{\partial y} + \mathbf{e}_z \frac{\partial}{\partial z} \right) \times \left(A_x \mathbf{e}_x + A_y \mathbf{e}_y + A_z \mathbf{e}_z \right), \tag{2.54}$$

für das wir in kartesischen Komponenten erhalten:

$$\nabla \times \mathbf{A} = \mathbf{e}_x \left(\frac{\partial A_z}{\partial y} - \frac{\partial A_y}{\partial z} \right) + \mathbf{e}_y \left(\frac{\partial A_x}{\partial z} - \frac{\partial A_z}{\partial x} \right) + \mathbf{e}_z \left(\frac{\partial A_y}{\partial x} - \frac{\partial A_x}{\partial y} \right). \tag{2.55}$$

Der *Vektor* $\nabla \times \mathbf{A}$ hat erwartungsgemäß eine kompliziertere Darstellung als der *Skalar* $\nabla \cdot \mathbf{A}$. Wie bei Vektorprodukten üblich, kann man sich auch hier das Ergebnis (2.55) in Form einer Determinante merken:

$$\nabla \times \mathbf{A} = \begin{vmatrix} \mathbf{e}_x & \mathbf{e}_y & \mathbf{e}_z \\ \partial/\partial x & \partial/\partial y & \partial/\partial z \\ A_x & A_y & A_z \end{vmatrix}. \tag{2.56}$$

Diese vektorielle Größe wird **Rotation** des Vektors $\mathbf{A}$ genannt [Stra03]:

$$\text{rot}\,\mathbf{A} = \nabla \times \mathbf{A}\,; \tag{2.57}$$

andere Bezeichnungen für die Rotation sind auch „*Rotor*" oder „*Wirbeldichte*". In englischsprachiger Literatur ist auch die Notation $\text{rot}\,\mathbf{A} \equiv \text{curl}\,\mathbf{A}$ gebräuchlich. In krummlinigen orthogonalen Koordinatensystemen kann (2.55) verallgemeinert werden (siehe Anhang A.12):

$$\text{rot}\,\mathbf{A} = \frac{1}{h_1 h_2 h_3} \sum_{i=1}^{3} \mathbf{e}_i\, h_i \left[\frac{\partial (h_k A_k)}{\partial x_j} - \frac{\partial (h_j A_j)}{\partial x_k} \right], \tag{2.58}$$

wobei die Indizes i, j und k zyklisch vertauscht sind, d. h. es gilt: $ijk = 123, 231$ oder 312.

> Die **Rotation** gibt die punktweise Verteilung von Wirbeln in einem Vektorfeld an. Ist die Rotation im gesamten betrachteten Gebiet null, so wird das Feld wirbelfrei genannt – dann muss es sich um ein Quellenfeld handeln.

Übung 2.5: Rotation

- Bestimmen Sie mit Hilfe des Entwicklungssatzes (2.23) für zweifache Vektorprodukte einen einfacheren Ausdruck für das Vektorfeld $\text{rot}\,\text{rot}\,\mathbf{H}$.

- **Lösung:**
  Mit Hilfe des Nabla-Operators schreiben wir:

$$\text{rot}\,\text{rot}\,\mathbf{H} = \nabla \times (\nabla \times \mathbf{H}). \tag{2.59}$$

  Um den Entwicklungssatz (2.23) anzuwenden, ersetzen wir $\mathbf{A}$ und $\mathbf{B}$ durch den Operator ∇ und setzen $\mathbf{C} = \mathbf{H}$. Offenbar gilt:

$$\mathbf{A} \times (\mathbf{B} \times \mathbf{C}) = \mathbf{B}(\mathbf{A} \cdot \mathbf{C}) - \mathbf{C}(\mathbf{A} \cdot \mathbf{B}) \quad \Rightarrow \quad \nabla \times (\nabla \times \mathbf{H}) = \nabla(\nabla \cdot \mathbf{H}) - \mathbf{H}(\nabla \cdot \nabla). \tag{2.60}$$

  Das Ergebnis muss noch etwas umgeformt werden, denn dem Differenzialoperator $(\nabla \cdot \nabla)$ fehlt auf seiner rechten Seite der zu differenzierende Term.

Bei anderer Schreibweise des Entwicklungssatzes umgehen wir die Problematik. Mit

$$\mathbf{A} \times (\mathbf{B} \times \mathbf{C}) = \mathbf{B}(\mathbf{A} \cdot \mathbf{C}) - (\mathbf{A} \cdot \mathbf{B})\mathbf{C} \tag{2.61}$$

erhalten wir so das korrekte – einzig sinnvolle – Ergebnis:

$$\nabla \times (\nabla \times \mathbf{H}) = \nabla(\nabla \cdot \mathbf{H}) - (\nabla \cdot \nabla)\mathbf{H} . \tag{2.62}$$

Indem wir die Schreibweise mit dem Nabla-Operator schließlich reinterpretieren, folgt

$$\text{rot rot}\,\mathbf{H} = \text{grad div}\,\mathbf{H} - \nabla^2\mathbf{H} . \quad \square \tag{2.63}$$

Die in Übung 2.5 abgeleitete Gleichung (2.63) liefert eine Vorschrift dafür, wie der Laplace-Operator auf einen *Vektor* anzuwenden ist (siehe auch Anhang A.12):

$$\boxed{\nabla^2\mathbf{A} = \text{grad div}\,\mathbf{A} - \text{rot rot}\,\mathbf{A}} . \tag{2.64}$$

Diese Formel verknüpft alle wesentlichen Operationen der Vektoranalysis und hat daher grundlegende Bedeutung für die Feldtheorie. Die nahe liegende Vermutung, dass man $\nabla^2\mathbf{A}$ berechnen kann, indem man den skalaren Laplace-Operator Δ auf die einzelnen Vektorkomponenten von $\mathbf{A}$ anwendet, gilt nur für **kartesische Komponenten** – dann wird nämlich:

$$\boxed{\nabla^2\mathbf{A} = \Delta\mathbf{A} = \Delta\left(A_x\,\mathbf{e}_x + A_y\,\mathbf{e}_y + A_z\,\mathbf{e}_z\right) = \mathbf{e}_x\,\Delta A_x + \mathbf{e}_y\,\Delta A_y + \mathbf{e}_z\,\Delta A_z} , \tag{2.65}$$

weil wir die *ortsunabhängigen* Einheitsvektoren $\mathbf{e}_x, \mathbf{e}_y$ und $\mathbf{e}_z$ nicht differenzieren müssen. In *krummlinigen* Koordinatensystemen (z. B. mit zylindrischen oder sphärischen Komponenten) ist dagegen Vorsicht geboten! Dort müssen die dann *ortsabhängigen* Einheitsvektoren (etwa $\mathbf{e}_\varphi(\varphi) = -\mathbf{e}_x\sin\varphi + \mathbf{e}_y\cos\varphi$, siehe Übung 2.4) mit differenziert werden. Da dies umständlich ist, berechnet man den Ausdruck $\nabla^2\mathbf{A}$ in solchen Fällen am sichersten über die Vorschrift (2.64) und erhält damit für **Zylinder-** bzw. **Kugelkoordinaten** [Mor53, Some98, Leh06]:

$$\boxed{\nabla^2\mathbf{A} = \mathbf{e}_\rho\left(\Delta A_\rho - \frac{A_\rho}{\rho^2} - \frac{2}{\rho^2}\frac{\partial A_\varphi}{\partial\varphi}\right) + \mathbf{e}_\varphi\left(\Delta A_\varphi - \frac{A_\varphi}{\rho^2} + \frac{2}{\rho^2}\frac{\partial A_\rho}{\partial\varphi}\right) + \mathbf{e}_z\,\Delta A_z} \tag{2.66}$$

$$\boxed{\begin{aligned}\nabla^2\mathbf{A} = \mathbf{e}_r&\left(\Delta A_r - \frac{2A_r}{r^2} - \frac{2}{r^2\sin\vartheta}\frac{\partial}{\partial\vartheta}(A_\vartheta\sin\vartheta) - \frac{2}{r^2\sin\vartheta}\frac{\partial A_\varphi}{\partial\varphi}\right) +\\[2mm] +\,\mathbf{e}_\vartheta&\left(\Delta A_\vartheta - \frac{A_\vartheta}{r^2\sin^2\vartheta} + \frac{2}{r^2}\frac{\partial A_r}{\partial\vartheta} - \frac{2\cos\vartheta}{r^2\sin^2\vartheta}\frac{\partial A_\varphi}{\partial\varphi}\right) +\\[2mm] +\,\mathbf{e}_\varphi&\left(\Delta A_\varphi - \frac{A_\varphi}{r^2\sin^2\vartheta} + \frac{2}{r^2\sin\vartheta}\frac{\partial A_r}{\partial\varphi} + \frac{2\cos\vartheta}{r^2\sin^2\vartheta}\frac{\partial A_\vartheta}{\partial\varphi}\right) .\end{aligned}} \tag{2.67}$$

2.2.3 Rechnen mit dem Nabla-Operator

Die Verwendung des Nabla-Operators ist von Vorteil, wenn komplizierte vektoranalytische Ausdrücke auszuwerten sind. Dabei ist zu beachten, dass der Nabla-Operator sowohl *differenzierend* wirkt als auch *Vektorcharakter* hat. Zur Verdeutlichung betrachten wir ein Beispiel.

Übung 2.6: Nabla-Operator

• Berechnen Sie mit $\Phi(\mathbf{r})$ und $\mathbf{A}(\mathbf{r})$ den Ausdruck $\text{div}(\Phi\mathbf{A})$.

- **Lösung:**

Mit Hilfe des Nabla-Operators erhalten wir zunächst $\mathrm{div}\left(\Phi\,\mathbf{A}\right)=\nabla\cdot\left(\Phi\,\mathbf{A}\right)$. Nach der Produktregel für Differenziationen, bei der jeweils einer der beiden Faktoren konstant gehalten wird, schreiben wir formal:

$$\nabla\cdot\left(\Phi\,\mathbf{A}\right)=\nabla_{\Phi}\cdot\left(\Phi\,\mathbf{A}\right)+\nabla_{\mathbf{A}}\cdot\left(\Phi\,\mathbf{A}\right), \tag{2.68}$$

wobei der Index am Nabla-Operator nach Feynman[6] anzeigen soll, auf welchen der beiden Faktoren Φ oder $\mathbf{A}$ er differenzierend einwirkt. Die dabei jeweils konstant gehaltene Größe kann *vor* die Differenziation gezogen werden, allerdings unter strenger Beachtung der Regeln der Vektoralgebra. So folgt aus (2.68):

$$\nabla\cdot\left(\Phi\,\mathbf{A}\right)=\left(\nabla_{\Phi}\Phi\right)\cdot\mathbf{A}+\Phi\left(\nabla_{\mathbf{A}}\cdot\mathbf{A}\right), \tag{2.69}$$

wobei auf zulässige Vektoroperationen und insbesondere auf die sinnvolle „Anordnung" des Punktes im Skalarprodukt zu achten ist. Der Nabla-Operator kann nämlich auf den Skalar Φ nur in Form des Gradienten einwirken – bei der Differenziation des Vektors $\mathbf{A}$ kann hier nur die Divergenz gemeint sein. Nach Reinterpretation der erhaltenen Größen erhält man:

$$\boxed{\mathrm{div}\left(\Phi\,\mathbf{A}\right)=\mathbf{A}\cdot\mathrm{grad}\,\Phi+\Phi\,\mathrm{div}\,\mathbf{A}}\,. \qquad \Box \tag{2.70}$$

Die allgemeine **Vorgehensweise** fassen wir noch einmal zusammen:

Man wendet zunächst die *Produktregel* für Differenziationen formal an. Dabei wird der Nabla-Operator zunächst nur als *Vektor* behandelt. Dann sortiert man unter Beachtung der Regeln der Vektoralgebra die erhaltenen Ergebnisse solange um, bis die einzig sinnvolle Verknüpfung unter Beachtung der *differenzierenden* Eigenschaft des Nabla-Operators gefunden wurde. Schließlich führt man wieder die bekannten Operatoren „rot", „grad" und „div" ein.

Zur Verdeutlichung betrachten wir ein weiteres Beispiel.

Übung 2.7: Nabla-Operator

- Berechnen Sie mit $\mathbf{A}(\mathbf{r})$ und $\mathbf{B}(\mathbf{r})$ den Ausdruck $\mathrm{div}\left(\mathbf{A}\times\mathbf{B}\right)$.

- **Lösung:**

Mit Hilfe des Nabla-Operators schreiben wir:

$$\mathrm{div}\left(\mathbf{A}\times\mathbf{B}\right)=\nabla\cdot\left(\mathbf{A}\times\mathbf{B}\right)=\nabla_{\mathbf{A}}\cdot\left(\mathbf{A}\times\mathbf{B}\right)+\nabla_{\mathbf{B}}\cdot\left(\mathbf{A}\times\mathbf{B}\right). \tag{2.71}$$

Die beiden Spatprodukte können wir nach (2.21) zyklisch vertauschen:

$$\begin{aligned}\nabla_{\mathbf{A}}\cdot\left(\mathbf{A}\times\mathbf{B}\right)&=\mathbf{B}\cdot\left(\nabla_{\mathbf{A}}\times\mathbf{A}\right)\\ \nabla_{\mathbf{B}}\cdot\left(\mathbf{A}\times\mathbf{B}\right)&=\mathbf{A}\cdot\left(\mathbf{B}\times\nabla_{\mathbf{B}}\right)=-\mathbf{A}\cdot\left(\nabla_{\mathbf{B}}\times\mathbf{B}\right),\end{aligned} \tag{2.72}$$

wobei auf die Reihenfolge der Faktoren und die Nichtkommutativität des Vektorproduktes besonders zu achten ist. Damit folgt schließlich:

$$\boxed{\mathrm{div}\left(\mathbf{A}\times\mathbf{B}\right)=\mathbf{B}\cdot\mathrm{rot}\,\mathbf{A}-\mathbf{A}\cdot\mathrm{rot}\,\mathbf{B}}\,. \qquad \Box \tag{2.73}$$

---

[6] Richard Phillips **Feynman** (1918-1988): amerik. Physiker (Quantenelektrodynamik, Elementarteilchen, Nobelpreisträger für Physik 1965)

Einige wichtige **Rechenregeln** für zusammengesetzte Ausdrücke der Vektoranalysis und weitere nützliche Beziehungen sind in Tabelle 2.3 zusammengestellt.

Tabelle 2.3 Umformung zusammengesetzter Ausdrücke und weitere Beziehungen der Vektoranalysis[7]

$\operatorname{grad}(\Phi + \Psi) = \operatorname{grad}\Phi + \operatorname{grad}\Psi$ $\operatorname{grad}(\Phi\,\Psi) = \Phi\,\operatorname{grad}\Psi + \Psi\,\operatorname{grad}\Phi$ $\operatorname{grad}(\mathbf{A}\cdot\mathbf{B}) = (\mathbf{A}\cdot\nabla)\mathbf{B} + (\mathbf{B}\cdot\nabla)\mathbf{A} + \mathbf{A}\times\operatorname{rot}\mathbf{B} + \mathbf{B}\times\operatorname{rot}\mathbf{A}$	$d\Phi = d\mathbf{r}\cdot\operatorname{grad}\Phi$ $d\mathbf{A} = (d\mathbf{r}\cdot\nabla)\mathbf{A}$
$\operatorname{div}(\mathbf{A} + \mathbf{B}) = \operatorname{div}\mathbf{A} + \operatorname{div}\mathbf{B}$ $\operatorname{div}(\Phi\,\mathbf{A}) = \Phi\,\operatorname{div}\mathbf{A} + \mathbf{A}\cdot\operatorname{grad}\Phi$ $\operatorname{div}(\mathbf{A}\times\mathbf{B}) = \mathbf{B}\cdot\operatorname{rot}\mathbf{A} - \mathbf{A}\cdot\operatorname{rot}\mathbf{B}$	$\operatorname{div}\mathbf{e}_\rho = 1/\rho$ $\operatorname{div}\mathbf{e}_\varphi = 0$ $\operatorname{div}\mathbf{e}_r = 2/r$ $\operatorname{div}\mathbf{e}_\vartheta = \cot\vartheta/r$
$\operatorname{rot}(\mathbf{A} + \mathbf{B}) = \operatorname{rot}\mathbf{A} + \operatorname{rot}\mathbf{B}$ $\operatorname{rot}(\Phi\,\mathbf{A}) = \Phi\,\operatorname{rot}\mathbf{A} - \mathbf{A}\times\operatorname{grad}\Phi$ $\operatorname{rot}(\mathbf{A}\times\mathbf{B}) = \mathbf{A}\,\operatorname{div}\mathbf{B} - \mathbf{B}\,\operatorname{div}\mathbf{A} + (\mathbf{B}\cdot\nabla)\mathbf{A} - (\mathbf{A}\cdot\nabla)\mathbf{B}$ $\operatorname{rot}(\Phi_1\operatorname{grad}\Phi_2) - \operatorname{rot}(\Phi_2\operatorname{grad}\Phi_1) = 2\,(\operatorname{grad}\Phi_1)\times(\operatorname{grad}\Phi_2)$	$\operatorname{rot}\mathbf{e}_\rho = 0$ $\operatorname{rot}\mathbf{e}_\varphi = \mathbf{e}_z/\rho$ $\operatorname{rot}\mathbf{e}_r = 0$ $\operatorname{rot}\mathbf{e}_\vartheta = \mathbf{e}_\varphi/r$
$\Delta\Phi = (\nabla\cdot\nabla)\Phi = \operatorname{div}\operatorname{grad}\Phi$ $\Delta(\Phi\,\Psi) = \operatorname{div}\operatorname{grad}(\Phi\,\Psi) = \Phi\,\Delta\Psi + \Psi\,\Delta\Phi + 2\,\operatorname{grad}\Phi\cdot\operatorname{grad}\Psi$ $\nabla^2\mathbf{A} = \operatorname{grad}\operatorname{div}\mathbf{A} - \operatorname{rot}\operatorname{rot}\mathbf{A}$ $\nabla^2(\Phi\,\mathbf{A}) = \Phi\,\nabla^2\mathbf{A} + \mathbf{A}\,\Delta\Phi + 2\,(\operatorname{grad}\Phi\cdot\nabla)\mathbf{A}$	$\nabla^2\mathbf{e}_\rho = -\mathbf{e}_\rho/\rho^2$ $\nabla^2\mathbf{e}_\varphi = -\mathbf{e}_\varphi/\rho^2$ $\nabla^2\mathbf{e}_r = -2\mathbf{e}_r/r^2$ $\nabla^2\mathbf{e}_\vartheta = -\dfrac{\mathbf{e}_\vartheta + \mathbf{e}_r\sin(2\vartheta)}{r^2\sin^2\vartheta}$
$\operatorname{rot}\operatorname{grad}\Phi = \nabla\times(\nabla\Phi) = 0$ (Quellenfelder sind wirbelfrei!) $\operatorname{div}\operatorname{rot}\mathbf{A} = \nabla\cdot(\nabla\times\mathbf{A}) = 0$ (Wirbelfelder sind quellenfrei!)	

Durch zweimaliges Hintereinanderausführen der Operationen grad, div und rot erhalten wir in Tabelle 2.4 im Prinzip neun mögliche Verknüpfungen als Differenzialoperatoren zweiter Ordnung, von denen allerdings nur fünf einen Sinn ergeben. Die Einschränkungen folgen aus der Tatsache, dass die Operation Gradient nur auf Skalare angewendet werden darf, während Rotation und Divergenz nur für Vektoren definiert sind. Die Anwendung von zwei der fünf sinnvollen Operatoren führt stets zu einem Ergebnis vom Wert null. Man kann nämlich allgemein zeigen, dass der Gradient eines Potenzialfeldes niemals Wirbel aufweist. Ebenso schließen sich die Feldlinien eines Wirbelfeldes stets in sich selbst und dieses Feld ist daher quellenfrei.

Tabelle 2.4 Zulässige Differenzialoperatoren zweiter Ordnung nach [Zin95]

	grad	**div**	**rot**
grad		$\operatorname{grad}\operatorname{div}\mathbf{A}$	
div	$\operatorname{div}\operatorname{grad}\Phi = \Delta\Phi$		$\operatorname{div}\operatorname{rot}\mathbf{A} \equiv 0$
rot	$\operatorname{rot}\operatorname{grad}\Phi \equiv 0$		$\operatorname{rot}\operatorname{rot}\mathbf{A}$

---

[7] Ein Ausdruck der Form $(\mathbf{A}\cdot\nabla)\mathbf{B}$ ist wie $\left(A_x\dfrac{\partial}{\partial x} + A_y\dfrac{\partial}{\partial y} + A_z\dfrac{\partial}{\partial z}\right)\mathbf{B}$ auszuwerten.

2.2.4 Integralsätze der Vektoranalysis

Einige Integralbeziehungen der Vektoranalysis sind für praktische Umformungen oft recht hilfreich und werden hier kurz zusammengestellt.

Linienintegral einer Vektorfunktion

Durch den Ausdruck (2.33)

$$\boxed{\mathbf{E} = -\operatorname{grad}\Phi = -\nabla\Phi}$$
(2.74)

wird jeder skalaren Ortsfunktion $\Phi(\mathbf{r})$, die stetig und differenzierbar sein muss, ein Vektorfeld $\mathbf{E}$ mit den Komponenten

$$\mathbf{E} = \begin{pmatrix} E_x \\ E_y \\ E_z \end{pmatrix} = -\begin{pmatrix} \partial\Phi/\partial x \\ \partial\Phi/\partial y \\ \partial\Phi/\partial z \end{pmatrix}$$
(2.75)

zugeordnet. Umgekehrt lässt sich zu einem gegebenen Vektorfeld $\mathbf{E}$ nur dann eine zugehörige Potenzialfunktion bestimmen, wenn die Integrabilitätsbedingungen

$$\frac{\partial E_x}{\partial y} - \frac{\partial E_y}{\partial x} = 0, \quad \frac{\partial E_y}{\partial z} - \frac{\partial E_z}{\partial y} = 0, \quad \frac{\partial E_z}{\partial x} - \frac{\partial E_x}{\partial z} = 0$$
(2.76)

erfüllt sind. Diese Bedingungen sind dann und nur dann erfüllt, wenn das Vektorfeld $\mathbf{E}$ _wirbelfrei_ ist. Das erkennt man sofort aus der Identität

$$\operatorname{rot}\mathbf{E} = -\operatorname{rot}\operatorname{grad}\Phi = 0.$$
(2.77)

In diesem Fall wird $\mathbf{E}$ als konservatives Vektorfeld bezeichnet und es gilt der Zusammenhang:

$$\boxed{\Phi(\mathbf{r}) - \Phi(\mathbf{r}_0) = -\int_{\mathbf{r}_0}^{\mathbf{r}} \mathbf{E}\cdot d\mathbf{s} = \int_{\mathbf{r}_0}^{\mathbf{r}} \operatorname{grad}\Phi\cdot d\mathbf{s} = \int_C \operatorname{grad}\Phi\cdot d\mathbf{s}}.$$
(2.78)

Die Integrationsgrenze $\mathbf{r}_0$ ist ein willkürlicher, aber fester Anfangspunkt. Das Linienintegral längs der Kontur C ist unabhängig von ihrer speziellen Form und wird daher wegunabhängig genannt (Bild 2.10). Es stellt die Umkehrfunktion der Gradientenbildung dar. Bezeichnet C eine in sich selbst geschlossene Kurve, so gilt stets:

$$\oint_C \operatorname{grad}\Phi\cdot d\mathbf{s} = 0.$$
(2.79)

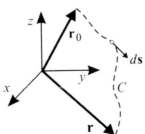

Bild 2.10 Wegunabhängiges Linienintegral entlang der Kontur C in einem konservativen Vektorfeld

Satz von Stokes[8]

Das Umlaufintegral eines Vektors $\mathbf{H}$ über eine geschlossene Kurve C ist gleich dem Oberflächenintegral von $\mathrm{rot}\,\mathbf{H}$ über eine beliebige von C berandete Fläche A [Wun89]:

$$\oint_C \mathbf{H} \cdot d\mathbf{s} = \iint_A \mathrm{rot}\,\mathbf{H} \cdot d\mathbf{A} \; . \tag{2.80}$$

Der Flächenvektor $d\mathbf{A}$, der stets in Richtung der lokalen Flächennormalen $\mathbf{n}$ weist, und der Umlaufsinn der Randkurve C, dargestellt durch das Linienelement $d\mathbf{s}$, sind einander im Sinne einer *Rechtsschraube* zugeordnet.

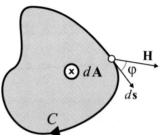

Bild 2.11 Flächenintegral und Linienintegral über den Rand der Fläche im Satz von Stokes

Lässt man die betrachtete Integrationsfläche A infinitesimal klein werden, so erhält man aus dem Stokesschen Satz (2.80) die koordinatenfreie Darstellung der Rotation:

$$\mathbf{n} \cdot \mathrm{rot}\,\mathbf{H} = \lim_{A \to 0} \frac{\oint_C \mathbf{H} \cdot d\mathbf{s}}{A} \; . \tag{2.81}$$

Damit ist die Rotation die Wirbelstärke (Zirkulation) pro Fläche, die um ein infinitesimales Flächenelement entlang seines Randes auftritt.

Übung 2.8:   Satz von Stokes

- Das Durchflutungsgesetz im stationären Strömungsfeld lautet in Integralform:

$$\oint_C \mathbf{H} \cdot d\mathbf{s} = I \; , \tag{2.82}$$

wobei I der gesamte durch die Kontur C eingeschlossene elektrische Gleichstrom bedeutet und $\mathbf{H}$ diejenige magnetische Feldstärke ist, die durch I angeregt wird. Schreiben Sie mit Hilfe des Stokesschen Satzes das Durchflutungsgesetz in differenzieller Form.

- **Lösung:**

Mit $\oint_C \mathbf{H} \cdot d\mathbf{s} = \iint_A \mathrm{rot}\,\mathbf{H} \cdot d\mathbf{A}$ und dem Gesamtstrom $I = \iint_A \mathbf{J} \cdot d\mathbf{A}$ folgt unmittelbar

$$\mathrm{rot}\,\mathbf{H} = \mathbf{J} \; . \tag{2.83}$$

Mit $\mathbf{J}$ wird dabei die Stromdichte innerhalb der Querschnittsfläche A bezeichnet.   □

---

[8] Sir George Gabriel **Stokes** (1819-1903): britischer Physiker und Mathematiker (Differenzial- und Integralgleichungen, Hydrodynamik, Optik)

Im zeitlich konstanten – stationären – Strömungsfeld[9] gilt also nach Übung 2.8

$$\oint_C \mathbf{H} \cdot d\mathbf{s} = \iint_A \mathbf{J} \cdot d\mathbf{A}. \tag{2.84}$$

Die Zirkulation der magnetischen Feldstärke längs der Berandung C einer Fläche A ist gleich dem von der Kontur umfassten elektrischen *Gesamtstrom,* der durch die Fläche hindurchfließt. Wir wollen diese Gesetzmäßigkeit benutzen, um die magnetische Feldstärke auf einer koaxialen Leitung zu berechnen [Leu05]. In Übung 7.1 werden wir dieses Ergebnis wieder aufgreifen.

Übung 2.9: Magnetfeld einer Koaxialleitung

- Eine Koaxialleitung werde mit Gleichstrom betrieben. Die Ströme I im Innenleiter und im Außenleiter sind vom Betrage her gleich und entgegengesetzt orientiert.

  Berechnen Sie das Magnetfeld $\mathbf{H}$ im Innenleiter, im Dielektrikum und im Außenleiter.

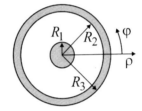

Bild 2.12 Koaxialleitung

- **Lösung:**

Bei Zylindersymmetrie hat das Magnetfeld $\mathbf{H} = H(\rho)\,\mathbf{e}_\varphi$ nur eine polare Komponente, die vom Winkel φ unabhängig ist. Wir integrieren das gesuchte Magnetfeld entlang einer kreisförmigen Feldlinie bei beliebigem Radius $0 \le \rho < \infty$:

$$\oint_C \mathbf{H} \cdot d\mathbf{s} = \int_{\varphi=0}^{2\pi} H(\rho)\,(\mathbf{e}_\varphi \cdot \mathbf{e}_\varphi)\,\rho\,d\varphi = H(\rho)\,2\pi\rho. \tag{2.85}$$

Mit (2.84) erhalten wir im **Innenleiter** mit $0 \le \rho \le R_1$:

$$H_1(\rho)\,2\pi\rho = \int_{\varphi=0}^{2\pi} \int_{R=0}^{\rho} \frac{I}{\pi R_1^2}\,(\mathbf{e}_z \cdot \mathbf{e}_z)\,R\,dR\,d\varphi = I\left(\frac{\rho}{R_1}\right)^2, \tag{2.86}$$

im **Dielektrikum** mit $R_1 \le \rho \le R_2$:

$$H_2(\rho)\,2\pi\rho = I \tag{2.87}$$

und im **Außenleiter** mit $R_2 \le \rho \le R_3$, in dem der Strom *entgegengesetzt* fließt:

$$H_3(\rho)\,2\pi\rho = I - \int_{\varphi=0}^{2\pi} \int_{R=R_2}^{\rho} \frac{I}{\pi(R_3^2 - R_2^2)}\,(\mathbf{e}_z \cdot \mathbf{e}_z)\,R\,dR\,d\varphi = I\,\frac{R_3^2 - \rho^2}{R_3^2 - R_2^2}. \tag{2.88}$$

Der **Außenraum** des Kabels mit $\rho \ge R_3$ ist natürlich feldfrei, denn dort gilt $H_4(\rho) = 0$. Stromführende oder geladene geschlossene Oberflächen erzeugen in ihrem *Inneren* keine Felder. Das ist eine Folge des **Huygensschen Prinzips,** das wir in Abschnitt 14.6.1 noch ausführlich behandeln werden. Darum spielt für die Erzeugung des Magnetfeldes im Bereich $0 \le \rho \le R_2$ der Strom im Außenleiter keine Rolle. □

---

[9] Zur Erweiterung von (2.84) auf die nichtstationären Felder der Elektrodynamik siehe Übung 3.1.

Gaußscher Satz[10]

Der Gaußsche Satz ist eine der wichtigsten Umrechnungsbeziehungen der Vektoranalysis, die es erlaubt, Flächenintegrale in Volumenintegrale umzuwandeln [Wun89]:

$$\oiint_A \mathbf{D} \cdot d\mathbf{A} = \iiint_V \operatorname{div} \mathbf{D} \, dV \;.$$ (2.89)

Das Hüllintegral des Vektors $\mathbf{D}$ über eine geschlossene Oberfläche A ist gleich dem Volumenintegral von $\operatorname{div} \mathbf{D}$ über das von der Oberfläche eingeschlossene Volumen V. Lässt man in (2.89) die betrachtete Integrationsvolumen V infinitesimal klein werden, so erhält man aus dem Gaußschen Satz die koordinatenfreie Darstellung der Divergenz:

$$\operatorname{div} \mathbf{D} = \lim_{V \to 0} \frac{\oiint_A \mathbf{D} \cdot d\mathbf{A}}{V} \;.$$ (2.90)

Damit ist die Divergenz der Fluss pro Volumen, der aus einem infinitesimalen Volumenelement ausströmt.

Übung 2.10:   Gaußscher Satz

- Gegeben sei ein Vektorfeld in kartesischen Koordinaten:

$$\mathbf{D} = \mathbf{e}_x \, 4xz - \mathbf{e}_y \, y^2 + \mathbf{e}_z \, yz \;.$$ (2.91)

Bestimmen Sie das Hüllintegral von $\mathbf{D}$ über der Oberfläche A des Einheitswürfels, der durch die Koordinaten $0 \le x \le 1$, $0 \le y \le 1$ sowie $0 \le z \le 1$ begrenzt wird.

- **Lösung:**

Anstelle des komplizierten Oberflächenintegrals – über die sechs Teilflächen des Würfels – bestimmen wir nach dem Gaußschen Satz besser ein einfacheres Volumenintegral. Dazu berechnen wir zunächst die Divergenz:

$$\operatorname{div} \mathbf{D} = \left(\mathbf{e}_x \frac{\partial}{\partial x} + \mathbf{e}_y \frac{\partial}{\partial y} + \mathbf{e}_z \frac{\partial}{\partial z} \right) \cdot \left(\mathbf{e}_x \, 4xz - \mathbf{e}_y \, y^2 + \mathbf{e}_z \, yz \right) = 4z - 2y + y = 4z - y \;.$$ (2.92)

Das Integral über das Volumen des Einheitswürfels wird damit:

$$\iiint_V \operatorname{div} \mathbf{D} \, dV = \int_{x=0}^{1} \int_{y=0}^{1} \int_{z=0}^{1} (4z - y) \, dz \, dy \, dx = \int_{x=0}^{1} \int_{y=0}^{1} \left(2z^2 - yz \right)\Big|_{z=0}^{1} dy \, dx =$$

$$= \int_{x=0}^{1} \int_{y=0}^{1} (2 - y) \, dy \, dx = \int_{x=0}^{1} \left(2y - y^2/2 \right)\Big|_{y=0}^{1} dx = \int_{x=0}^{1} 3/2 \, dx = 3/2 \;.$$ (2.93)

Das gesuchte Oberflächenintegral ist nach (2.89) ebenfalls:

$$\oiint_A \mathbf{D} \cdot d\mathbf{A} = 3/2 \;. \quad \square$$ (2.94)

---

[10] Carl Friedrich **Gauß** (1777-1855): dt. Mathematiker, Physiker und Astronom (Zahlentheorie, Ausgleichsrechnung, Differenzialgeometrie, Elektromagnetismus, Mechanik)

2.2.5 Helmholtzsches Theorem

Ein Vektorfeld, das *im ganzen Raum* weder Quellen noch Wirbel aufweist, kann nur das triviale Nullfeld sein. Deshalb muss jedes nichtverschwindende Vektorfeld Quellen- oder Wirbelcharakter aufweisen – oder auch beides. Im Allgemeinen kann ein Vektorfeld **A** somit aus der Überlagerung eines Quellen- und eines Wirbelfeldes bestehen:

$$\mathbf{A}(\mathbf{r}) = \mathbf{A}_Q(\mathbf{r}) + \mathbf{A}_W(\mathbf{r}). \tag{2.95}$$

- **Quellenfelder sind wirbelfrei!**

Darum gilt:

$$\operatorname{rot} \mathbf{A}_Q(\mathbf{r}) = 0. \tag{2.96}$$

- **Wirbelfelder sind quellenfrei!**

Darum gilt:

$$\operatorname{div} \mathbf{A}_W(\mathbf{r}) = 0. \tag{2.97}$$

Für das superponierte Gesamtfeld folgt deswegen:

$$\operatorname{div} \mathbf{A}(\mathbf{r}) = \operatorname{div} \mathbf{A}_Q(\mathbf{r}) = s(\mathbf{r}) \tag{2.98}$$

und

$$\operatorname{rot} \mathbf{A}(\mathbf{r}) = \operatorname{rot} \mathbf{A}_W(\mathbf{r}) = \mathbf{C}(\mathbf{r}). \tag{2.99}$$

Das <u>**Helmholtzsche Theorem**</u>[11] besagt nun [Leh06]:

- Ein Vektorfeld **A** wird vollständig bestimmt (bis auf eine additive Konstante) durch die Angabe seiner **Quellen** $s(\mathbf{r})$ und seiner **Wirbel** $\mathbf{C}(\mathbf{r})$ im gesamten Raum.

Bei *offenen* Gebieten sollen dabei alle Quellen und Wirbel im Unendlichen verschwinden, während in *räumlich begrenzten* Gebieten die Normalkomponente von **A** auf der begrenzenden Oberfläche zusätzlich gegeben sein muss, um Eindeutigkeit zu erzielen.

- Ein Vergleich mit der **Hydrodynamik** macht das Ganze etwas anschaulicher:

  In einem Volumen beliebiger Ausdehnung soll sich eine zunächst ruhende Flüssigkeit befinden. Durch <u>Quellen</u> fügt man nun weitere Flüssigkeit hinzu bzw. vermindert den Füllstand mit Hilfe von <u>Senken</u> (negativen Quellen). Außerdem lassen sich leicht <u>Wirbel</u> erzeugen. Das Zusammenwirken von Quellen und Wirbeln legt – gemeinsam mit den an der Oberfläche herrschenden Randbedingungen – das sich einstellende Strömungsfeld eindeutig fest.

In den Maxwellschen Gleichungen zur Beschreibung von elektromagnetischen Feldern – mit denen wir uns in Kapitel 3 eingehend beschäftigen werden – führt tatsächlich die Vorgabe von Quellen, Wirbeln und Randbedingungen jeweils zu einer eindeutigen Lösung.

---

[11] Hermann Ludwig Ferdinand von **Helmholtz** (1821-1894): dt. Physiker und Physiologe (Nervenleitung, Optik, Akustik, Aerodynamik, Hydrodynamik, Thermodynamik, Elektrizitätslehre)

2.3 Koordinatensysteme

In den meisten Anwendungen kommt man mit den drei einfachsten Koordinatensystemen aus. Die geometrischen und vektoranalytischen Grundlagen für kartesische, kreiszylindrische und sphärische Koordinaten werden in den Tabellen 2.5 und 2.6 kurz zusammengefasst. Setzt man in Tabelle 2.5 an Stelle der Einheitsvektoren die jeweiligen Vektorkomponenten ein – also z. B. A_x für $\mathbf{e}_x$ usw. – so erhält man den Zusammenhang zwischen den Vektorkomponenten in den verschiedenen Koordinatensystemen.

Tabelle 2.5 Kartesische[12], kreiszylindrische und sphärische Koordinaten [Wol68] sowie ihre Einheitsvektoren

Rechtssysteme	kartes. Koordinaten ⇔ Zylinderkoordinaten ⇔ Kugelkoordinaten
$P(x,y,z)$	$x = \rho \cos\varphi = r \sin\vartheta \cos\varphi$ $y = \rho \sin\varphi = r \sin\vartheta \sin\varphi$ $z = z \quad = r \cos\vartheta$
	$\mathbf{e}_x = \mathbf{e}_\rho \cos\varphi - \mathbf{e}_\varphi \sin\varphi = \mathbf{e}_r \sin\vartheta \cos\varphi + \mathbf{e}_\vartheta \cos\vartheta \cos\varphi - \mathbf{e}_\varphi \sin\varphi$ $\mathbf{e}_y = \mathbf{e}_\rho \sin\varphi + \mathbf{e}_\varphi \cos\varphi = \mathbf{e}_r \sin\vartheta \sin\varphi + \mathbf{e}_\vartheta \cos\vartheta \sin\varphi + \mathbf{e}_\varphi \cos\varphi$ $\mathbf{e}_z = \mathbf{e}_z \quad = \mathbf{e}_r \cos\vartheta - \mathbf{e}_\vartheta \sin\vartheta$
$P(\rho,\varphi,z)$ $0 \le \varphi < 2\pi$	$\sqrt{x^2 + y^2} = \boxed{\rho} = r \sin\vartheta$ $\arctan \dfrac{y}{x} = \boxed{\varphi} = \varphi$ $z = \boxed{z} = r \cos\vartheta$
	$\mathbf{e}_x \cos\varphi + \mathbf{e}_y \sin\varphi = \boxed{\mathbf{e}_\rho} = \mathbf{e}_r \sin\vartheta + \mathbf{e}_\vartheta \cos\vartheta$ $-\mathbf{e}_x \sin\varphi + \mathbf{e}_y \cos\varphi = \boxed{\mathbf{e}_\varphi} = \mathbf{e}_\varphi$ $\mathbf{e}_z = \boxed{\mathbf{e}_z} = \mathbf{e}_r \cos\vartheta - \mathbf{e}_\vartheta \sin\vartheta$
$P(r,\vartheta,\varphi)$ $0 \le \varphi < 2\pi$ $0 \le \vartheta \le \pi$	$\sqrt{x^2 + y^2 + z^2} = \sqrt{\rho^2 + z^2} = \boxed{r}$ $\arctan \dfrac{\sqrt{x^2 + y^2}}{z} = \arctan \dfrac{\rho}{z} = \boxed{\vartheta}$ $\arctan \dfrac{y}{x} = \varphi = \boxed{\varphi}$
	$\mathbf{e}_x \sin\vartheta \cos\varphi + \mathbf{e}_y \sin\vartheta \sin\varphi + \mathbf{e}_z \cos\vartheta = \mathbf{e}_\rho \sin\vartheta + \mathbf{e}_z \cos\vartheta = \boxed{\mathbf{e}_r}$ $\mathbf{e}_x \cos\vartheta \cos\varphi + \mathbf{e}_y \cos\vartheta \sin\varphi - \mathbf{e}_z \sin\vartheta = \mathbf{e}_\rho \cos\vartheta - \mathbf{e}_z \sin\vartheta = \boxed{\mathbf{e}_\vartheta}$ $-\mathbf{e}_x \sin\varphi + \mathbf{e}_y \cos\varphi = \mathbf{e}_\varphi = \boxed{\mathbf{e}_\varphi}$

---

[12] René **Descartes** (1596-1650), lat. Renatus Cartesius: frz. Philosoph, Mathematiker und Naturwissenschaftler (Begründer der neueren Philosophie und der analytischen Geometrie)

Tabelle 2.6 Vektoranalytische Ausdrücke in verschiedenen Koordinatensystemen [Pie77]

	kartes. Koordinaten	Zylinderkoordinaten	Kugelkoordinaten
∇	$\mathbf{e}_x \dfrac{\partial}{\partial x} + \mathbf{e}_y \dfrac{\partial}{\partial y} + \mathbf{e}_z \dfrac{\partial}{\partial z}$	$\mathbf{e}_\rho \dfrac{\partial}{\partial \rho} + \mathbf{e}_\varphi \dfrac{1}{\rho} \dfrac{\partial}{\partial \varphi} + \mathbf{e}_z \dfrac{\partial}{\partial z}$	$\mathbf{e}_r \dfrac{\partial}{\partial r} + \mathbf{e}_\vartheta \dfrac{1}{r} \dfrac{\partial}{\partial \vartheta} + \mathbf{e}_\varphi \dfrac{1}{r \sin\vartheta} \dfrac{\partial}{\partial \varphi}$
grad Φ $\nabla\Phi$	$\mathbf{e}_x \dfrac{\partial \Phi}{\partial x} + \mathbf{e}_y \dfrac{\partial \Phi}{\partial y} + \mathbf{e}_z \dfrac{\partial \Phi}{\partial z}$	$\mathbf{e}_\rho \dfrac{\partial \Phi}{\partial \rho} + \mathbf{e}_\varphi \dfrac{1}{\rho} \dfrac{\partial \Phi}{\partial \varphi} + \mathbf{e}_z \dfrac{\partial \Phi}{\partial z}$	$\mathbf{e}_r \dfrac{\partial \Phi}{\partial r} + \mathbf{e}_\vartheta \dfrac{1}{r} \dfrac{\partial \Phi}{\partial \vartheta} + \mathbf{e}_\varphi \dfrac{1}{r \sin\vartheta} \dfrac{\partial \Phi}{\partial \varphi}$
div $\mathbf{A}$ $\nabla\cdot\mathbf{A}$	$\dfrac{\partial A_x}{\partial x} + \dfrac{\partial A_y}{\partial y} + \dfrac{\partial A_z}{\partial z}$	$\dfrac{1}{\rho} \dfrac{\partial}{\partial \rho}\left(\rho A_\rho\right) + \dfrac{1}{\rho} \dfrac{\partial A_\varphi}{\partial \varphi} + \dfrac{\partial A_z}{\partial z}$	$\dfrac{1}{r^2} \dfrac{\partial}{\partial r}\left(r^2 A_r\right) + $ $+ \dfrac{1}{r\sin\vartheta} \dfrac{\partial}{\partial \vartheta}\left(A_\vartheta \sin\vartheta\right) + $ $+ \dfrac{1}{r\sin\vartheta} \dfrac{\partial A_\varphi}{\partial \varphi}$
rot $\mathbf{A}$ $\nabla\times\mathbf{A}$	$\mathbf{e}_x \left(\dfrac{\partial A_z}{\partial y} - \dfrac{\partial A_y}{\partial z}\right) + $ $+ \mathbf{e}_y \left(\dfrac{\partial A_x}{\partial z} - \dfrac{\partial A_z}{\partial x}\right) + $ $+ \mathbf{e}_z \left(\dfrac{\partial A_y}{\partial x} - \dfrac{\partial A_x}{\partial y}\right)$	$\mathbf{e}_\rho \left(\dfrac{1}{\rho} \dfrac{\partial A_z}{\partial \varphi} - \dfrac{\partial A_\varphi}{\partial z}\right) + $ $+ \mathbf{e}_\varphi \left(\dfrac{\partial A_\rho}{\partial z} - \dfrac{\partial A_z}{\partial \rho}\right) + $ $+ \mathbf{e}_z \left(\dfrac{1}{\rho} \dfrac{\partial}{\partial \rho}\left(\rho A_\varphi\right) - \dfrac{1}{\rho} \dfrac{\partial A_\rho}{\partial \varphi}\right)$	$\mathbf{e}_r \dfrac{1}{r\sin\vartheta} \left[\dfrac{\partial}{\partial \vartheta}\left(A_\varphi \sin\vartheta\right) - \dfrac{\partial A_\vartheta}{\partial \varphi}\right] + $ $+ \mathbf{e}_\vartheta \dfrac{1}{r} \left[\dfrac{1}{\sin\vartheta} \dfrac{\partial A_r}{\partial \varphi} - \dfrac{\partial}{\partial r}\left(r A_\varphi\right)\right] + $ $+ \mathbf{e}_\varphi \dfrac{1}{r} \left[\dfrac{\partial}{\partial r}\left(r A_\vartheta\right) - \dfrac{\partial A_r}{\partial \vartheta}\right]$
$\Delta\Phi$	$\dfrac{\partial^2 \Phi}{\partial x^2} + \dfrac{\partial^2 \Phi}{\partial y^2} + \dfrac{\partial^2 \Phi}{\partial z^2}$	$\dfrac{1}{\rho} \dfrac{\partial}{\partial \rho}\left(\rho \dfrac{\partial \Phi}{\partial \rho}\right) + \dfrac{1}{\rho^2} \dfrac{\partial^2 \Phi}{\partial \varphi^2} + $ $+ \dfrac{\partial^2 \Phi}{\partial z^2}$	$\dfrac{1}{r^2} \dfrac{\partial}{\partial r}\left(r^2 \dfrac{\partial \Phi}{\partial r}\right) + $ $+ \dfrac{1}{r^2 \sin\vartheta} \dfrac{\partial}{\partial \vartheta}\left(\sin\vartheta \dfrac{\partial \Phi}{\partial \vartheta}\right) + $ $+ \dfrac{1}{r^2 \sin^2\vartheta} \dfrac{\partial^2 \Phi}{\partial \varphi^2}$
$\nabla^2 \mathbf{A}$	siehe Gl. (2.65)	siehe Gl. (2.66)	siehe Gl. (2.67)
$d\mathbf{s}$	$\mathbf{e}_x\, dx + \mathbf{e}_y\, dy + \mathbf{e}_z\, dz$	$\mathbf{e}_\rho\, d\rho + \mathbf{e}_\varphi\, \rho\, d\varphi + \mathbf{e}_z\, dz$	$\mathbf{e}_r\, dr + \mathbf{e}_\vartheta\, r\, d\vartheta + \mathbf{e}_\varphi\, r\sin\vartheta\, d\varphi$
dV	$dx\, dy\, dz$	$\rho\, d\rho\, d\varphi\, dz$	$r^2 \sin\vartheta\, dr\, d\vartheta\, d\varphi$

2.4 Aufgaben

2.4.1 Zeigen Sie, dass gilt: $\mathbf{A} \times (\mathbf{B} \times \mathbf{C}) + \mathbf{B} \times (\mathbf{C} \times \mathbf{A}) + \mathbf{C} \times (\mathbf{A} \times \mathbf{B}) = 0$.

2.4.2 Lösen Sie folgendes Gleichungssystem nach $\mathbf{y}$ auf:

$$\mathbf{y} \cdot \mathbf{a} = \alpha$$
$$\mathbf{y} \times \mathbf{b} = \mathbf{c}.$$

Verwenden Sie zur Lösung den Graßmannschen Entwicklungssatz. Es gelte $\mathbf{a} \cdot \mathbf{b} \neq 0$.

2.4.3 Welchen Wert hat die Divergenz des Vektorfeldes

$$\mathbf{A} = \mathbf{e}_x\, 5\, x^2 \sin \frac{\pi x}{2}$$

an der Stelle $x = 1$?

2.4.4 Welchen Wert hat die Divergenz des Vektorfeldes

$$\mathbf{A} = x^2\, \mathbf{e}_x + e^{xy}\, \mathbf{e}_y + x\, y\, z\, \mathbf{e}_z$$

an der Stelle $\mathbf{r} = (-1, 1, 2)$?

2.4.5 Welchen Wert hat die Rotation des Vektorfeldes

$$\mathbf{A} = x^2 y^2\, \mathbf{e}_x + 2\, x\, y\, z\, \mathbf{e}_y + z^2\, \mathbf{e}_z$$

an der Stelle $\mathbf{r} = (1, -2, 1)$?

2.4.6 Welchen Wert hat die Rotation des Vektorfeldes

$$\mathbf{A} = \big(y \cos(a\, x) \big) \mathbf{e}_x + (y + e^x)\, \mathbf{e}_z$$

am Koordinatenursprung $\mathbf{r} = (0, 0, 0)$?

2.4.7 Berechnen Sie den Ausdruck rot rot $\mathbf{A}$ für das Vektorfeld

$$\mathbf{A} = 3\, x\, z^2\, \mathbf{e}_x - y\, z\, \mathbf{e}_y + (x + 2\, z)\, \mathbf{e}_z\ .$$

Lösungen:

2.4.2 $\mathbf{y} = \dfrac{\mathbf{a} \times \mathbf{c} + \alpha\, \mathbf{b}}{\mathbf{a} \cdot \mathbf{b}}$

2.4.3 div $\mathbf{A} = 10$

2.4.4 div $\mathbf{A} = -3 - e^{-1}$

2.4.5 rot $\mathbf{A} = 4\, \mathbf{e}_x$

2.4.6 rot $\mathbf{A} = \mathbf{e}_x - \mathbf{e}_y - \mathbf{e}_z$

2.4.7 rot rot $\mathbf{A} = -6\, x\, \mathbf{e}_x + (6\, z - 1)\, \mathbf{e}_z$

3 Grundlagen der Elektrodynamik

3.1 Energieerhaltungssatz

3.1.1 Darstellung im Zeitbereich

Wie in allen Teilbereichen der Physik muss auch in der Elektrodynamik der Energieerhaltungssatz als fundamentales Naturprinzip stets erfüllt sein. Jede Theorie elektromagnetischer Felder muss daher mit dem Prinzip der Energieerhaltung verträglich sein. Man kann darum die Maxwellschen Feldgleichungen – wie wir in diesem Abschnitt zeigen werden – aus dem Energieerhaltungssatz tatsächlich ableiten [Joos89]. Hierzu benutzen wir folgende Grundüberlegungen:

- Die Primärfelder der Elektrodynamik $(\mathbf{E}, \mathbf{B})$ werden durch elektrische Generatorströme verursacht. Diese Quellströme stellen wir durch eine eingeprägte Stromdichte $\mathbf{J}_E$ dar.

- Trifft ein solches elektromagnetisches Primärfeld auf eine ruhende oder sich mit der Geschwindigkeit $\mathbf{v}$ bewegende Punktladung q, so wird auf diese eine Lorentz-Kraft ausgeübt:

$$\mathbf{F} = q\left(\mathbf{E} + \mathbf{v} \times \mathbf{B}\right). \tag{3.1}$$

- Diesen sekundären Ladungstransport können wir durch weitere Stromdichten beschreiben. Die Bewegung freier Raumladungen im Vakuum stellt eine Konvektionsstromdichte $\mathbf{J}_K$ dar, während die Leitungselektronen in einem materiellen Medium eine Leitungsstromdichte $\mathbf{J}_L = \kappa \mathbf{E}$ bilden. Die umgesetzte Leistung in $\mathrm{W/m^3}$ folgt dem Ohmschen Gesetz:

$$\mathbf{E} \cdot \mathbf{J} = \mathbf{E} \cdot (\mathbf{J}_E + \mathbf{J}_L + \mathbf{J}_K). \tag{3.2}$$

- Die räumliche Energiedichte im elektromagnetischen Feld in $\mathrm{Ws/m^3}$ ist gegeben durch

$$w = w_{\mathrm{e}} + w_{\mathrm{m}} = \frac{1}{2}\left(\mathbf{E} \cdot \mathbf{D} + \mathbf{H} \cdot \mathbf{B}\right). \tag{3.3}$$

- In ruhenden, linearen und isotropen Medien gelten die Beziehungen $\mathbf{D} = \varepsilon\, \mathbf{E}$ und $\mathbf{B} = \mu\, \mathbf{H}$.

- Die Richtung der Energieströmung einer fortschreitenden elektromagnetischen Welle steht senkrecht auf den Vektoren der elektrischen und magnetischen Feldstärke – also senkrecht auf einer Phasenfront – und ist durch den Vektor

$$\mathbf{S} = \mathbf{E} \times \mathbf{H} \tag{3.4}$$

gegeben. Der Vektor $\mathbf{S}$ wird Poyntingscher[1] Vektor genannt – er beschreibt den Leistungstransport der Welle pro Flächeneinheit und hat die Einheit $\mathrm{W/m^2}$. Natürlich transportiert eine elektromagnetische Welle auch Impuls und ihre räumliche Impulsdichte in $\mathrm{Ns/m^3}$ ist

$$\mathbf{p}_V = \mathbf{D} \times \mathbf{B} = \mu\, \varepsilon\, \mathbf{E} \times \mathbf{H} = \mathbf{S}/c^2 . \tag{3.5}$$

Nach dem **Poyntingschen Satz** (3.6) ist nun die zeitliche Abnahme der in einem Volumen V enthaltenen elektromagnetischen Energie gleich der Summe der im Volumen pro Zeiteinheit verrichteten Arbeit und der aus dem Volumen durch seine Oberfläche A abgestrahlten Leistung:

$$\boxed{\; -\frac{\partial}{\partial t} \iiint\limits_{V} \left(w_{\mathrm{e}} + w_{\mathrm{m}}\right) dV = \iiint\limits_{V} \mathbf{E} \cdot \mathbf{J}\, dV + \oiint\limits_{A} \left(\mathbf{E} \times \mathbf{H}\right) \cdot d\mathbf{A} \;} . \tag{3.6}$$

---

[1] John Henry **Poynting** (1852 - 1914): engl. Physiker (Gravitation und Elektrodynamik – Energiestrom, Strahlungsdruck)

© Springer Fachmedien Wiesbaden GmbH, ein Teil von Springer Nature 2022
K. W. Kark, *Antennen und Strahlungsfelder*,
https://doi.org/10.1007/978-3-658-38595-8_3

Der Poyntingsche Satz garantiert die **Energieerhaltung** in der Elektrodynamik. Der Poyntingsche Vektor $\mathbf{S} = \mathbf{E} \times \mathbf{H}$ bezieht sich dabei auf die Oberfläche des betrachteten Volumenelements. Er gibt die Energie pro Zeiteinheit – also die Leistung – an, die pro Flächeneinheit in Richtung von $\mathbf{S}$ aus dem Volumen ausströmt. Man spricht daher bei $\mathbf{S}$ auch von der Energiestromdichte. Bei positiver Normalkomponente ($S_n > 0$) erfolgt eine Abnahme der im Volumen V gespeicherten elektromagnetischen Energie durch Strahlung nach außen (Bild 3.1).

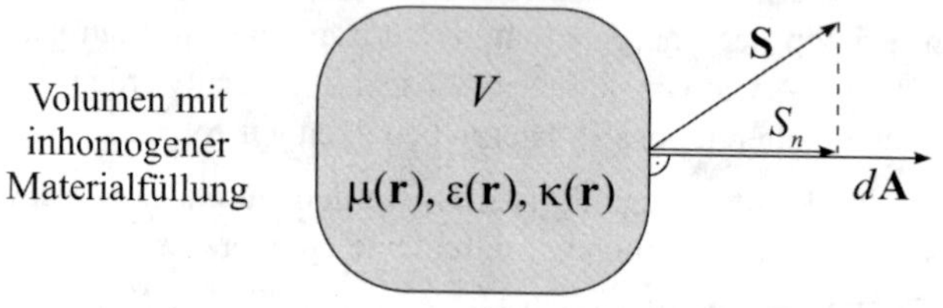

Volumen mit
inhomogener
Materialfüllung

V

$\mu(\mathbf{r}), \varepsilon(\mathbf{r}), \kappa(\mathbf{r})$

$\mathbf{S}$

S_n

$d\mathbf{A}$

Bild 3.1 Poyntingscher Vektor $\mathbf{S}$ und seine Normalkomponente S_n an der Oberfläche eines materialgefüllten Volumengebietes mit Permeabilität μ, Permittivität ε und elektrischer Leitfähigkeit κ

Aus dem Poyntingschen Satz (3.6) erhält man durch Einsetzen der elektromagnetischen Gesamtenergiedichte (3.3) die Beziehung [Joos89]:

$$-\frac{1}{2}\frac{\partial}{\partial t}\iiint\limits_V (\mathbf{E}\cdot\mathbf{D}+\mathbf{H}\cdot\mathbf{B})\,dV = \iiint\limits_V \mathbf{E}\cdot\mathbf{J}\,dV + \oiint\limits_A (\mathbf{E}\times\mathbf{H})\cdot d\mathbf{A} . \tag{3.7}$$

Das Oberflächenintegral für die Strahlungsleistung können wir mit dem Gaußschen Satz (2.89) in ein Volumenintegral umformen:

$$\oiint\limits_A (\mathbf{E}\times\mathbf{H})\cdot d\mathbf{A} = \iiint\limits_V \operatorname{div}(\mathbf{E}\times\mathbf{H})\,dV = \iiint\limits_V (\mathbf{H}\cdot\operatorname{rot}\mathbf{E}-\mathbf{E}\cdot\operatorname{rot}\mathbf{H})\,dV . \tag{3.8}$$

Man kann nun im Poyntingschen Satz die Volumenintegration und die zeitliche Ableitung vertauschen, wodurch man mit Hilfe der Produktregel erhält:

$$-\frac{1}{2}\iiint\limits_V \left[\frac{\partial\mathbf{E}}{\partial t}\cdot\mathbf{D}+\mathbf{E}\cdot\frac{\partial\mathbf{D}}{\partial t}+\frac{\partial\mathbf{H}}{\partial t}\cdot\mathbf{B}+\mathbf{H}\cdot\frac{\partial\mathbf{B}}{\partial t}\right]dV = \iiint\limits_V (\mathbf{E}\cdot\mathbf{J}+\mathbf{H}\cdot\operatorname{rot}\mathbf{E}-\mathbf{E}\cdot\operatorname{rot}\mathbf{H})\,dV . \tag{3.9}$$

Mit $\mathbf{D} = \varepsilon\,\mathbf{E}$ und $\mathbf{B} = \mu\,\mathbf{H}$ folgt für *zeitinvariante* Materialkonstanten nach Ausklammern gleichartiger Terme:

$$\iiint\limits_V \left[\mathbf{E}\cdot\left(\frac{\partial\mathbf{D}}{\partial t}+\mathbf{J}-\operatorname{rot}\mathbf{H}\right)+\mathbf{H}\cdot\left(\frac{\partial\mathbf{B}}{\partial t}+\operatorname{rot}\mathbf{E}\right)\right]dV = 0 . \tag{3.10}$$

- Wenn das Integral für jedes beliebige Volumen V verschwinden soll, dann muss bereits der Integrand verschwinden.

- Aus der Erfahrungstatsache, dass elektromagnetische Felder linear superponiert werden dürfen, folgert man, dass die Feldgleichungen *linear* sein müssen.

Unter diesen beiden Voraussetzungen gibt es nur eine einzige *nichttriviale* Möglichkeit, den Integranden in (3.10) verschwinden zu lassen. Es muss nämlich gelten:

$$\boxed{\frac{\partial\mathbf{D}}{\partial t}+\mathbf{J}-\operatorname{rot}\mathbf{H} = 0} \quad \text{und} \quad \boxed{\frac{\partial\mathbf{B}}{\partial t}+\operatorname{rot}\mathbf{E} = 0} . \tag{3.11}$$

Damit haben wir die **Maxwellschen Feldgleichungen**[2] für zeitinvariante, lineare Medien – welche man auch als LTI-Systeme (**l**inear **t**ime-**i**nvariant) bezeichnet – aus dem Energieerhaltungssatz unter Hinzunahme sehr allgemeiner Annahmen hergeleitet. Wir betonen ausdrücklich, dass die Maxwellschen Gln. (3.11) ungeachtet ihrer Herleitung auch für zeitveränderliche bzw. nichtlineare Medien exakte Gültigkeit besitzen [Leh06]. In diesem Kapitel werden wir noch einige Folgerungen aus diesem gekoppelten Differenzialgleichungssystem ableiten, um danach für vielfältige praktische Fragestellungen nach anwendungsbezogenen Lösungen zu suchen.

3.1.2 Darstellung im Frequenzbereich

In den Maxwellschen Gleichungen (3.11) treten vektorielle ortsabhängige Zeitfunktionen auf, die man mit Hilfe der **Fourier-Transformation** in vektorielle ortsabhängige Frequenzfunktionen überführen kann. Beispielsweise können wir der elektrischen Feldstärke $\mathbf{E}(\mathbf{r}, t)$ ihre zugehörige **Spektralfunktion** $\underline{\mathbf{E}}(\mathbf{r}, \omega)$ zuordnen. Diese Zuordnung ist umkehrbar eindeutig:

$$\underline{\mathbf{E}}(\mathbf{r}, \omega) = \int_{t = -\infty}^{\infty} \mathbf{E}(\mathbf{r}, t)\, e^{-j\omega t} dt \quad \text{bzw.} \quad \mathbf{E}(\mathbf{r}, t) = \frac{1}{2\pi} \int_{\omega = -\infty}^{\infty} \underline{\mathbf{E}}(\mathbf{r}, \omega)\, e^{j\omega t} d\omega . \quad (3.12)$$

Nach den Rechenregeln der Fourier-Transformation [Bra86] entspricht einer Differenziation $\partial/\partial t$ im Zeitbereich eine Multiplikation mit $j\omega$ im Frequenzbereich (siehe auch Anhang F). Wenn wir also die kompletten Maxwellschen Gleichungen der Fourier-Transformation unterziehen, dann erhalten wir:

$$\boxed{\operatorname{rot} \underline{\mathbf{H}} = j\omega\, \underline{\mathbf{D}} + \underline{\mathbf{J}}} \quad \text{und} \quad \boxed{\operatorname{rot} \underline{\mathbf{E}} = -j\omega\, \underline{\mathbf{B}}} . \quad (3.13)$$

Zwischen den Flussdichten und den Feldstärken bestehen **im Vakuum** folgende Beziehungen:

$$\begin{aligned}\mathbf{D}(\mathbf{r}, t) &= \varepsilon_0\, \mathbf{E}(\mathbf{r}, t) \\ \mathbf{B}(\mathbf{r}, t) &= \mu_0\, \mathbf{H}(\mathbf{r}, t).\end{aligned} \quad \text{bzw.} \quad \begin{aligned}\underline{\mathbf{D}}(\mathbf{r}, \omega) &= \varepsilon_0\, \underline{\mathbf{E}}(\mathbf{r}, \omega) \\ \underline{\mathbf{B}}(\mathbf{r}, \omega) &= \mu_0\, \underline{\mathbf{H}}(\mathbf{r}, \omega).\end{aligned} \quad (3.14)$$

Bei der Ausbreitung elektromagnetischer Wellen **in materiellen Körpern** treten frequenzabhängige Polarisationseffekte hinzu, die nur in der Spektraldarstellung durch eine simple Proportionalität beschrieben werden können [Pie77, Poz05]:

$$\boxed{\begin{aligned}\underline{\mathbf{D}}(\mathbf{r}, \omega) &= \left(\varepsilon'(\omega) - j\,\varepsilon''(\omega)\right) \underline{\mathbf{E}}(\mathbf{r}, \omega) \\ \underline{\mathbf{B}}(\mathbf{r}, \omega) &= \left(\mu'(\omega) - j\,\mu''(\omega)\right) \underline{\mathbf{H}}(\mathbf{r}, \omega).\end{aligned}} \quad (3.15)$$

Die Realteile $\varepsilon'(\omega) = \varepsilon_0\, \varepsilon_r(\omega)$ und $\mu'(\omega) = \mu_0\, \mu_r(\omega)$ bilden eine frequenzabhängige Permittivität bzw. Permeabilität und verursachen **Dispersionseffekte**, während **Absorptionseffekte** durch $\varepsilon''(\omega)$ (Polarisationsverluste) bzw. $\mu''(\omega)$ (Magnetisierungsverluste) erfasst werden.

Ein Produkt im Frequenzbereich (3.15) entspricht nach den Regeln der Fourier-Transformation (Anhang F) einem **Faltungsintegral** im Zeitbereich. So gilt für die elektrischen Feldgrößen:

$$\boxed{\mathbf{D}(\mathbf{r}, t) = \varepsilon(t) * \mathbf{E}(\mathbf{r}, t) = \int_{\tau = -\infty}^{\infty} \varepsilon(\tau)\, \mathbf{E}(\mathbf{r}, t - \tau)\, d\tau} \quad (3.16)$$

---

[2] James Clerk **Maxwell** (1831-1879): brit. Physiker (Begründer der Elektrodynamik durch Vereinheitlichung des elektromagnetischen Feldes: „Treatise on electricity and magnetism" 1873; außerdem Arbeiten zur kinetischen Gastheorie und zur Farbenlehre)

mit der zeitabhängigen Permittivität

$$\varepsilon(t) = \frac{1}{2\pi} \int_{\omega=-\infty}^{\infty} \left(\varepsilon'(\omega) - j\,\varepsilon''(\omega) \right) e^{j\omega t} d\omega \,. \tag{3.17}$$

Nur bei **Schmalbandsignalen,** wo man die Frequenzabhängigkeiten von ε' und ε'' vernachlässigen kann, reduziert sich das Faltungsintegral (3.16) wieder auf eine der Vakuumgleichung (3.14) entsprechende Beziehung. Bezeichnen wir mit ω_0 die Mittenfrequenz des schmalen Frequenzbandes, dann folgt nach Aufgabe 3.7.1 auch im Zeitbereich näherungsweise wieder ein proportionaler Zusammenhang:

$$\mathbf{D}(\mathbf{r}, t) = \varepsilon_0\, \varepsilon_r(\omega_0)\, \mathbf{E}(\mathbf{r}, t) \quad \text{bzw.} \quad \mathbf{B}(\mathbf{r}, t) = \mu_0\, \mu_r(\omega_0)\, \mathbf{H}(\mathbf{r}, t) \,. \tag{3.18}$$

Die **Verschiebungspolarisation** in Dielektrika beruht auf der Verschiebung von Elektronenwolken und den zugehörigen Atomrümpfen (Ionen) relativ zu ihrer Gleichgewichtslage. Wegen der größeren Massenträgheit können Ionen nur bis zum Infrarotbereich, die leichteren Elektronen bis hin zu ultravioletten Frequenzen zu periodischen Schwingungen angeregt werden [Fey91]. Noch schwerere permanente molekulare Dipole sind nur bis in den Mikrowellenbereich zu Schwingungen fähig **(Orientierungspolarisation).**

$\varepsilon'(\omega)$ hat aufgrund der kombinierten Wirkung von molekularer, ionischer und elektronischer Polarisation einen plateauförmigen Verlauf und ist über weite Frequenzbereiche nahezu konstant bis sich im Bereich gewisser Resonanzfrequenzen (oberhalb derer einer der drei genannten Effekte vernachlässigbar wird) jeweils ein steiler Abfall einstellt. $\varepsilon''(\omega)$ besitzt hier jedes Mal ein lokales Maximum mit starken Verlusten. Oberhalb der Resonanzen stabilisiert sich $\varepsilon'(\omega)$ wieder auf niedrigerem Niveau. Zur Beschreibung der frequenzabhängigen Eigenschaften von Materie kommen verschiedene Modelle zum Einsatz. Neben dem Lorentzschen Dispersionsmodell für die höheren Resonanzen im IR- und UV-Bereich, verwendet man für die Mikrowellenresonanz häufig das **Debyesche[3] Dispersionsmodell** 1. Ordnung [Ina11]:

$$\boxed{\frac{\varepsilon' - j\varepsilon''}{\varepsilon_0} = \varepsilon_r(\infty) + \frac{\varepsilon_r(0) - \varepsilon_r(\infty)}{1 + j\omega\tau}} \,, \tag{3.19}$$

welches auf nur drei Parametern basiert. Dabei ist $\varepsilon_r(0)$ die statische relative Permittivität, also der Wert des Niveaus unterhalb der Resonanz. $\varepsilon_r(\infty)$ ist der Wert des neuen Niveaus oberhalb der Resonanz, wo nur noch die Verschiebungspolarisation alleine wirksam ist.

Der dritte Parameter ist die **Relaxationszeit** τ bzw. die **Relaxationsfrequenz** $f_{rel} = 1/(2\pi\tau)$ mit der die zeitlich verzögerte Reaktion der molekularen Dipole auf Anregung durch ein äußeres Wechselfeld beschrieben wird. Dadurch kommt es zu einer Phasenverschiebung zwischen $\mathbf{D}(\mathbf{r}, t)$ und $\mathbf{E}(\mathbf{r}, t)$, die für die Polarisationsverluste ursächlich verantwortlich ist. Nach Trennung in Real- und Imaginärteil folgt aus (3.19):

$$\boxed{\frac{\varepsilon'(\omega)}{\varepsilon_0} = \varepsilon_r(\omega) = \varepsilon_r(\infty) + \frac{\varepsilon_r(0) - \varepsilon_r(\infty)}{1 + (\omega\tau)^2}} \quad \text{und} \quad \boxed{\frac{\varepsilon''(\omega)}{\varepsilon_0} = \omega\tau\, \frac{\varepsilon_r(0) - \varepsilon_r(\infty)}{1 + (\omega\tau)^2}} \,. \tag{3.20}$$

Nach (3.20) verringert sich $\varepsilon'(\omega)/\varepsilon_0$ mit zunehmender Frequenz von dem statischen Wert $\varepsilon_r(0)$ auf den Wert $\varepsilon_r(\infty)$, der alleine durch Verschiebungspolarisation bedingt ist, und weist

---

[3] Peter Joseph Wilhelm **Debye** (1884-1966): niederld.-amerik. Physiker und Chemiker (Quantenphysik, Molekularphysik, Elektrochemie, Röntgenstrukturanalyse, Nobelpreis f. Chemie 1936)

im Bereich um $\omega\tau = 1$ eine steil abfallende Flanke auf (Bild 3.2). Die Verluste sind bei derjenigen Frequenz maximal, wo $\varepsilon''(\omega)/\varepsilon_0$ sein Maximum einnimmt, was bei $\omega\tau = 1$ der Fall ist.

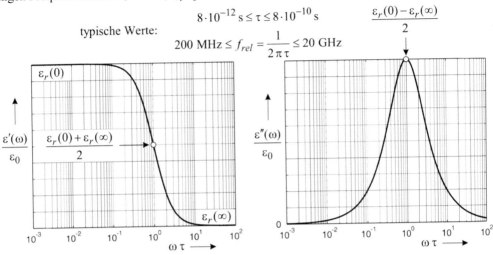

$$8\cdot 10^{-12}\,\text{s} \le \tau \le 8\cdot 10^{-10}\,\text{s}$$

typische Werte:

$$200\,\text{MHz} \le f_{rel} = \frac{1}{2\pi\tau} \le 20\,\text{GHz}$$

$$\frac{\varepsilon_r(0) - \varepsilon_r(\infty)}{2}$$

Bild 3.2 Realteil $\varepsilon'(\omega)/\varepsilon_0$ und negativer Imaginärteil $\varepsilon''(\omega)/\varepsilon_0$ des Debye-Dispersionsmodells (3.20)

Man kann das Debye-Modell 1. Ordnung z. B. zur Bestimmung der komplexen Permittivität von reinem (destilliertem) **flüssigem Wasser** mit $\kappa = 0$ anwenden und erhält aus [Lieb91]:

$$\varepsilon_r(0) = 77,66 - 103,3\,\theta \quad \text{mit} \quad \theta = 1 - \frac{300}{273,15 + T/°\text{C}} \quad \text{und} \quad \varepsilon_r(\infty) = 0,066\,\varepsilon_r(0)$$

$$\text{sowie} \quad f_{rel} = 1/(2\pi\tau) = (20,27 + 146,5\,\theta + 314\,\theta^2)\,\text{GHz}$$

(3.21)

als beste numerische Anpassung an viele Messwerte im Frequenzbereich $f \le 100\,\text{GHz}$ bei Temperaturen $-20°\,\text{C} \le T \le 60°\,\text{C}$. Für $f = 3\,\text{GHz}$ und $T = 17°\,\text{C}$ folgen hiermit aus (3.20) die Werte $\varepsilon_r = \varepsilon'/\varepsilon_0 = 78,5$ und $\tan\delta_\varepsilon = \varepsilon''/\varepsilon' = 0,179$, die auch in Anhang D zu finden sind.

Da zwischen der Flussdichte $\underline{D}(r,\omega)$ und der Feldstärke $\underline{E}(r,\omega)$ ein kausaler Zusammenhang bestehen muss, hängen $\varepsilon'(\omega)$ und $\varepsilon''(\omega)$ in bestimmter Weise voneinander ab. Sie müssen nämlich die **Kramers[4]-Kronig[5]-Relationen** erfüllen [Jac02], die sehr eng mit der Hilbert-Transformation analytischer Signale verwandt sind (siehe Abschnitt 16.2.3).

Auch bei magnetischen Werkstoffen, die sich aus sogenannten **Weiss[6]-Bezirken** zusammensetzen tritt eine frequenzabhängige Permeabilität auf. Die dort vorhandenen Elementarmagnete sind auch ohne äußeres Magnetfeld lokal parallel ausgerichtet. Deren Ummagnetisierung im Wechselfeld kann wegen der Massenträgheit des beteiligten Materials nicht beliebig schnell – sondern nur zeitverzögert – erfolgen [Mei65], wodurch $\mu' - j\mu''$ bei Ferromagnetika eine starke Frequenzabhängigkeit aufweist. Spätestens für Frequenzen $f > 100\,\text{GHz}$ kann man bei den meisten Ferromagnetika von $\mu' = \mu_0$ und $\mu'' = 0$ ausgehen.

---

4 Hendrik Anthony **Kramers** (1894-1952): niederld. Physiker (Quantentheorie, Spektralanalyse)

5 Ralph **Kronig** (1904-1995): dt.-amerik. Physiker (Elektronenspin, Quantentheorie, Festkörperphysik)

6 Pierre Ernest **Weiss** (1865-1940): frz. Physiker (Para- und Ferromagnetismus, Temperaturabhängigkeit der Magnetisierung, Hypothese kleinster Elementarmagnete)

3.1.3 Komplexer Poyntingscher Satz

Bei *harmonischer Zeitabhängigkeit* der Felder ($e^{j\omega t}$) benutzen wir die komplexe Phasoren-schreibweise und erhalten analog zu (3.4) den komplexen Poyntingschen Vektor:

$$\underline{\mathbf{S}} = \frac{1}{2}\,\underline{\mathbf{E}} \times \underline{\mathbf{H}}^{*}\,. \tag{3.22}$$

Hierin ist $\underline{\mathbf{H}}^{*}$ der konjugiert komplexe Wert von $\underline{\mathbf{H}}$. Der Faktor 1/2 rührt daher, dass $\underline{\mathbf{E}}$ und $\underline{\mathbf{H}}$ Amplituden und keine Effektivwerte sind. Für den zeitlichen Mittelwert der je Flächenein-heit transportierten Wirkleistung erhält man dann durch Bildung des Realteils:

$$\mathbf{S}_R = \frac{1}{2}\,\mathrm{Re}\{\underline{\mathbf{E}} \times \underline{\mathbf{H}}^{*}\}\,. \tag{3.23}$$

Diese Definition entspricht der in der Netzwerkanalyse aus den komplexen Effektivwerten $\underline{U}$ und $\underline{I}$ gebildeten komplexen Leistung

$$\underline{S} = P + j\,Q = \underline{U}\,\underline{I}^{*}\,, \tag{3.24}$$

deren Realteil die Wirkleistung, also den zeitlichen Mittelwert $\mathrm{Re}\{\underline{U}\,\underline{I}^{*}\}$ liefert. Der komple-xe Poyntingsche Satz für harmonische Zeitabhängigkeit folgt in Analogie zur Darstellung im Reellen [Sim93, Poz05]. Mit $\underline{\mathbf{J}}_K = 0$ wird die Gesamtstromdichte $\underline{\mathbf{J}} = \underline{\mathbf{J}}_E + \kappa\,\underline{\mathbf{E}}$ und es gilt:

$$j\,\omega \iiint\limits_V \left(\underline{\mathbf{E}} \cdot \underline{\mathbf{D}}^{*} - \underline{\mathbf{B}} \cdot \underline{\mathbf{H}}^{*}\right) dV = \iiint\limits_V \underline{\mathbf{E}} \cdot \underline{\mathbf{J}}_E^{*}\, dV + \iiint\limits_V \kappa\,\underline{\mathbf{E}} \cdot \underline{\mathbf{E}}^{*}\, dV + \oiint\limits_A \left(\underline{\mathbf{E}} \times \underline{\mathbf{H}}^{*}\right) \cdot d\mathbf{A}\,. \tag{3.25}$$

Definiert man analog zu (3.3) die elektrischen und magnetischen Energiedichten für Felder mit harmonischer Zeitabhängigkeit wie folgt

$$\underline{w}_e = \frac{1}{4}\,\underline{\mathbf{E}} \cdot \underline{\mathbf{D}}^{*} \quad \text{und} \quad \underline{w}_m = \frac{1}{4}\,\underline{\mathbf{B}} \cdot \underline{\mathbf{H}}^{*}\,, \tag{3.26}$$

so lässt sich der **komplexe Poyntingsche Satz** auch in der Form

$$2\,j\,\omega \iiint\limits_V \left(\underline{w}_e - \underline{w}_m\right) dV = \frac{1}{2} \iiint\limits_V \underline{\mathbf{E}} \cdot \underline{\mathbf{J}}_E^{*}\, dV + \frac{1}{2} \iiint\limits_V \kappa\,|\underline{\mathbf{E}}|^2\, dV + \oiint\limits_A \underline{\mathbf{S}} \cdot d\mathbf{A} \tag{3.27}$$

angeben. Der Realteil dieser Gleichung beschreibt die Energieerhaltung für die zeitgemittelten Felder, während der Imaginärteil die Blindleistung mit ihrem sich ändernden Fluss verknüpft. Man vergleiche (3.27) mit dem reellen Poyntingschen Satz (3.6) für Zeitfunktionen.

Wir suchen nun nach Schlussfolgerungen aus dem komplexen Poyntingschen Satz. Dazu multi-plizieren wir (3.25) mit dem Faktor 1/2 und erhalten nach kurzem Umsortieren:

$$-\frac{1}{2} \iiint\limits_V \underline{\mathbf{E}} \cdot \underline{\mathbf{J}}_E^{*}\, dV = \frac{1}{2} \oiint\limits_A \left(\underline{\mathbf{E}} \times \underline{\mathbf{H}}^{*}\right) \cdot d\mathbf{A} + \frac{1}{2} \iiint\limits_V \kappa\,|\underline{\mathbf{E}}|^2\, dV - \frac{j\,\omega}{2} \iiint\limits_V \left(\underline{\mathbf{E}} \cdot \underline{\mathbf{D}}^{*} - \underline{\mathbf{B}} \cdot \underline{\mathbf{H}}^{*}\right) dV\,. \tag{3.28}$$

(3.28) beschreibt die Leistungsbilanz in einem Volumen V, das von der Oberfläche A beran-det ist. Dabei ist die eingeprägte Stromdichte $\underline{\mathbf{J}}_E$ der Quellterm, aus dem alle Felder hervorge-hen. Die linke Seite von (3.28) stellt also die eingespeiste komplexe **Generatorleistung** $P_G + j\,Q_G$ dar, die sich aus einem Wirk- und einem Blindanteil zusammensetzt. Das Oberflä-chenintegral auf der rechten Seite ist die komplexe **Strahlungsleistung** $P_S + j\,Q_S$, die aus dem Volumen herausströmt.

Befinden sich nun im betrachteten Raumgebiet V verlustbehaftete Stoffe, dann treten dort einerseits **Ohmsche Verluste** auf, die proportional zur elektrischen Leitfähigkeit κ sind. Andererseits gelten in diesen Medien nach (3.15) folgende **Materialgleichungen:**

$$\underline{D} = (\varepsilon' - j\,\varepsilon'')\,\underline{E} \quad \text{und} \quad \underline{B} = (\mu' - j\,\mu'')\,\underline{H}. \tag{3.29}$$

Die Realteile $\varepsilon' = \varepsilon = \varepsilon_0\,\varepsilon_r$ und $\mu' = \mu = \mu_0\,\mu_r$ beschreiben Permittivität und Permeabilität, während durch ε'' **Polarisationsverluste** bzw. durch μ'' **Magnetisierungsverluste**[7] erfasst werden. Im Allgemeinen hängen alle vier Parameter ε', ε'', μ' und μ'' von der Frequenz ab. In Metallen überwiegen stets die Ohmschen Verluste, während in Dielektrika bei höheren Frequenzen die Polarisationsverluste dominieren.

Wir setzen zunächst die Materialgleichungen (3.29) in (3.28) ein:

$$P_G + j\,Q_G = P_S + j\,Q_S + \frac{1}{2}\iiint\limits_V \kappa\,|\underline{E}|^2\,dV - \frac{j\,\omega}{2}\iiint\limits_V \left((\varepsilon' + j\,\varepsilon'')\,|\underline{E}|^2 - (\mu' - j\,\mu'')\,|\underline{H}|^2\right)dV \tag{3.30}$$

und sortieren dann die rechte Gleichungsseite nach reellen und imaginären Anteilen:

$$P_G + j\,Q_G = P_S + j\,Q_S + 2\,\omega\iiint\limits_V \left(\frac{\varepsilon''}{4}|\underline{E}|^2 + \frac{\mu''}{4}|\underline{H}|^2\right)dV + \frac{1}{2}\iiint\limits_V \kappa\,|\underline{E}|^2\,dV +$$
$$+ 2\,j\,\omega\iiint\limits_V \left(\frac{\mu'}{4}|\underline{H}|^2 - \frac{\varepsilon'}{4}|\underline{E}|^2\right)dV, \tag{3.31}$$

woraus wir zwei **Bilanzgleichungen** für die Wirk- und die Blindleistung ableiten können:

$$\boxed{\begin{aligned} P_G &= P_S + 2\,\omega\iiint\limits_V \left(\frac{\varepsilon''}{4}|\underline{E}|^2 + \frac{\mu''}{4}|\underline{H}|^2\right)dV + \frac{1}{2}\iiint\limits_V \kappa\,|\underline{E}|^2\,dV \quad \text{(Verluste)}\\[2mm] Q_G &= Q_S + 2\,\omega\iiint\limits_V \left(\frac{\mu'}{4}|\underline{H}|^2 - \frac{\varepsilon'}{4}|\underline{E}|^2\right)dV. \quad \text{(Energiespeicherung)} \end{aligned}} \tag{3.32}$$

Dabei sind

$$W_\mathrm{m} = \iiint\limits_V \frac{\mu'}{4}|\underline{H}|^2\,dV \quad \text{bzw.} \quad W_\mathrm{e} = \iiint\limits_V \frac{\varepsilon'}{4}|\underline{E}|^2\,dV \tag{3.33}$$

die im zeitlichen Mittel im Volumen V gespeicherte elektrische bzw. magnetische Energie. Ohmsche und Polarisationsverluste kombinieren wir zu einer frequenzabhängigen Leitfähigkeit:

$$\boxed{\kappa_\varepsilon = \kappa + \omega\,\varepsilon''}. \tag{3.34}$$

Die Ohmschen Verlustanteile eines Dielektrikums können daher der **komplexen Permittivität**

$$\boxed{\underline{\varepsilon} = \varepsilon' - j\,\varepsilon'' - j\,\kappa/\omega = \varepsilon'\,(1 - j\,\tan\delta_\varepsilon)} \tag{3.35}$$

zugeschlagen werden, woraus sich schließlich der **dielektrische Verlustfaktor** ergibt:

$$\boxed{\tan\delta_\varepsilon = \frac{\kappa_\varepsilon}{\omega\,\varepsilon'} = \frac{\kappa + \omega\,\varepsilon''}{\omega\,\varepsilon'}} \quad \text{(siehe hierzu das Beispiel in Bild 7.3).} \tag{3.36}$$

---

[7] Mit Ausnahme ferromagnetischer Materialien, bei denen $\mu_r \gg 1$ ist, gilt im Allgemeinen $\mu'' \ll \mu'$.

Wir wollen zwei für die Anwendungen besonders wichtige Spezialfälle betrachten. Einmal sei das Volumen V gleichmäßig mit einem guten elektrischen Leiter gefüllt und andererseits wollen wir als Füllung ein verlustarmes Dielektrikum betrachten [Pie77, Poz05].

1. Fall: guter elektrischer Leiter

Bei metallischen Leitern mit $\varepsilon_r = 1$ kann man Polarisationsverluste vernachlässigen und es gilt:

$$\mu'' \ll \mu' = \mu = \mu_0 \mu_r \quad \text{und} \quad \omega \varepsilon'' \ll \omega \varepsilon' = \omega \varepsilon = \omega \varepsilon_0 \ll \kappa . \tag{3.37}$$

Wenn wir in (3.32) nur die dominanten Terme mit κ und μ' berücksichtigen, dann folgt:

$$P_G = P_S + \iiint\limits_V \frac{\kappa}{2} |\underline{E}|^2 \, dV$$

$$Q_G = Q_S + 2\omega \iiint\limits_V \frac{\mu_0 \mu_r}{4} |\underline{H}|^2 \, dV \qquad \text{und} \quad \underline{\varepsilon} = -j\frac{\kappa}{\omega} \quad \text{sowie} \quad \tan\delta_\varepsilon \gg 1 . \tag{3.38}$$

Wegen $W_e \approx 0$ besitzt ein metallischer Leiter praktisch keine innere Kapazität. Hingegen kann man seine Ohmschen Verluste und seine gespeicherte magnetische Energie als **Ohmschen Widerstand** R und als **innere Induktivität** L_i auffassen:

$$\boxed{\frac{1}{2}|\underline{I}|^2 R = \iiint\limits_V \frac{\kappa}{2}|\underline{E}|^2 \, dV} \quad \text{und} \quad \boxed{\frac{1}{4}|\underline{I}|^2 L_i = \iiint\limits_V \frac{\mu_0 \mu_r}{4}|\underline{H}|^2 \, dV} . \tag{3.39}$$

2. Fall: verlustarmes Dielektrikum

Bei dielektrischen Isolierstoffen mit $\mu_r = 1$ gilt im Allgemeinen:

$$\mu'' \ll \mu' = \mu = \mu_0 \quad \text{und} \quad \varepsilon'' \ll \varepsilon' = \varepsilon = \varepsilon_0 \varepsilon_r . \tag{3.40}$$

Bei Vernachlässigung der Magnetisierungsverluste folgt aus (3.32):

$$P_G = P_S + \iiint\limits_V \frac{\kappa + \omega\varepsilon''}{2} |\underline{E}|^2 \, dV$$

$$Q_G = Q_S + 2\omega \iiint\limits_V \left(\frac{\mu_0}{4} |\underline{H}|^2 - \frac{\varepsilon_0 \varepsilon_r}{4} |\underline{E}|^2 \right) dV \qquad \begin{array}{l} \text{mit } \underline{\varepsilon} = \varepsilon' - j\,(\varepsilon'' + \kappa/\omega) \\ \text{und } \kappa_\varepsilon = \kappa + \omega\varepsilon''. \end{array} \tag{3.41}$$

Die Verluste und die gespeicherten magnetischen und elektrischen Energien können wir als **Leitwert** G, als **äußere Induktivität** L_a und als **äußere Kapazität** C auffassen. (3.39) und (3.42) sind zur Beschreibung **konzentrierter Bauelemente** (R, L, C) in elektronischen Schaltungen wichtig und werden auch bei der Analyse von **TEM-Leitungen** benötigt (Kapitel 7).

$$\boxed{\frac{1}{2}|\underline{U}|^2 G = \iiint\limits_V \frac{\kappa_\varepsilon}{2} |\underline{E}|^2 \, dV}$$

Bei *hohen* Frequenzen wird der Verlustfaktor von Dielektrika

$$\boxed{\frac{1}{4}|\underline{I}|^2 L_a = \iiint\limits_V \frac{\mu_0}{4} |\underline{H}|^2 \, dV}$$

$$\tan\delta_\varepsilon = \frac{\kappa_\varepsilon}{\omega \varepsilon_0 \varepsilon_r} \ll 1 \tag{3.42}$$

$$\boxed{\frac{1}{4}|\underline{U}|^2 C = \iiint\limits_V \frac{\varepsilon_0 \varepsilon_r}{4} |\underline{E}|^2 \, dV} .$$

und damit gilt auch

$$G \ll \omega C .$$

3.2 Maxwellsche Gleichungen

3.2.1 Grundgleichungen

Die Vektorfelder $\mathbf{E}$ und $\mathbf{B}$ sind die fundamentalen Größen der Elektrodynamik, da sie direkt die messbare Kraftwirkung auf eine freie Ladung q bestimmen. Mit $\mathbf{v}$ als Geschwindigkeit der elektrischen Punktladung ergibt sich nämlich das **Lorentzsche Kraftgesetz:**

$$\boxed{\mathbf{F} = q\left(\mathbf{E} + \mathbf{v} \times \mathbf{B}\right)} \,. \tag{3.43}$$

Zur Beschreibung der elektrischen und magnetischen Polarisation in Materie führt man gewöhnlich zwei rechnerische Hilfsfelder $\mathbf{D}$ und $\mathbf{H}$ ein, die in ruhenden, linearen und isotropen Medien mit den fundamentalen Feldern durch die **Materialgleichungen**

$$\boxed{\mathbf{D} = \varepsilon\,\mathbf{E}} \quad \text{und} \quad \boxed{\mathbf{H} = \mu^{-1}\,\mathbf{B}} \tag{3.44}$$

verknüpft sind. Die Verallgemeinerung von (3.44) auf *bewegte* Medien erfolgt in Übung 11.4, während der *anisotrope* Fall in Abschnitt 3.5 behandelt wird. Es setzen sich *Permittivität* ε und *Permeabilität* μ aus dem jeweiligen Vakuumwert und einem relativen Faktor zusammen, d. h. es gilt $\varepsilon = \varepsilon_0\,\varepsilon_r$ bzw. $\mu = \mu_0\,\mu_r$. Die relativen Zahlen $\varepsilon_r(\omega)$ und $\mu_r(\omega)$ können nach (3.20) bei breitbandigen Signalen eine spürbare Frequenzabhängigkeit aufweisen. Für die Feldkonstanten des Vakuums gilt:

$$\varepsilon_0 \approx 8{,}854 \cdot 10^{-12}\ \text{As/Vm} \quad \text{und} \quad \mu_0 = 4\,\pi \cdot 10^{-7}\ \text{Vs/Am} \,. \tag{3.45}$$

Alle *makroskopischen* elektromagnetischen Vorgänge können durch die vier Vektorfelder $\mathbf{E}$, $\mathbf{B}$, $\mathbf{D}$ und $\mathbf{H}$, die durch die Maxwellschen Gleichungen miteinander verknüpft sind, vollständig beschrieben werden. Eine wichtige Eigenschaft elektromagnetischer Felder *im Vakuum* ist die Tatsache, dass die beiden Feldvektoren $\mathbf{E}$ und $\mathbf{B}$ senkrecht aufeinander stehen und darum $\mathbf{E} \cdot \mathbf{B} = 0$ wird. In *anisotroper* Materie (siehe Abschnitt 3.5) gilt diese Orthogonalität im Allgemeinen nicht mehr.

> Die Maxwellschen Gleichungen beschreiben den Zusammenhang und die Wechselwirkung zwischen elektrischen und magnetischen **Feldern**, **Ladungen** und **Strömen**.

Sie bilden ein System gekoppelter partieller Differenzialgleichungen, das vom Ort $\mathbf{r} = x\,\mathbf{e}_x + y\,\mathbf{e}_y + z\,\mathbf{e}_z$ und der Zeit t abhängt. In Verbindung mit notwendigen Rand- und Anfangsbedingungen kann stets eine eindeutige Lösung gefunden werden. Die **Maxwellschen Gleichungen** wurden im vorherigen Abschnitt mit Hilfe des Energieerhaltungssatzes begründet. Sie sollen hier nochmals angegeben werden:

$$\boxed{\operatorname{rot}\mathbf{H} = \frac{\partial \mathbf{D}}{\partial t} + \mathbf{J}} \quad \text{und} \quad \boxed{\operatorname{rot}\mathbf{E} = -\frac{\partial \mathbf{B}}{\partial t}} \,. \tag{3.46}$$

Die erste Gleichung wird als erweitertes **Durchflutungsgesetz**[8] bezeichnet und die zweite als **Induktionsgesetz**[9]. Das vektorielle Gleichungspaar (3.46) bildet ein gekoppeltes partielles

---

[8] André Marie **Ampère** (1775-1836): frz. Mathematiker und Physiker (entwickelte 1822 nach Anregung durch die Experimente von Oersted seine Theorie zur magnetischen Wirkung bewegter Ladungen)

[9] Michael **Faraday** (1791-1867): engl. Physiker und Chemiker (entdeckte 1831 das Gesetz der Induktion, einer der Wegbereiter des Feldbegriffes – Feldlinien und Nahwirkungstheorie)

Differenzialgleichungssystem von erster Ordnung. Geht man zu einer Darstellung in Komponenten über, so erhält man sechs gekoppelte skalare Differenzialgleichungen. Zusammen mit den Materialgleichungen (3.44) hat man damit ein gekoppeltes System von vier Vektorgleichungen, d. h. von zwölf skalaren Gleichungen, für ebenso viele Unbekannte zu lösen. Die Stromdichte $\mathbf{J}$ in der ersten Maxwellschen Gleichung wird in A/m^2 gemessen und kann sich aus drei physikalisch unterschiedlichen Anteilen zusammensetzen, siehe auch (3.2):

- eingeprägte Quellstromdichte $\mathbf{J}_E$ als Ursache oder Quelle elektromagnetischer Felder,

- bewegte Elektronen in Körpern der elektrischen Leitfähigkeit κ, die dem **Ohmschen Gesetz** $\mathbf{J}_L = \kappa\,\mathbf{E}$ gehorchen und

- konvektive Strömungen $\mathbf{J}_K = \rho\,\mathbf{v}$ freier Ladungen in einer Raumladungswolke (z. B. beim Elektronenstrahl). Daher gilt:

$$\boxed{\mathbf{J} = \mathbf{J}_E + \mathbf{J}_L + \mathbf{J}_K}\ . \tag{3.47}$$

Für die physikalische Anschauung ist es nützlich, neben der differenziellen Schreibweise (3.46) auch die Integraldarstellung der Maxwellschen Gleichungen zu betrachten. Den Übergang wollen wir in Übung 3.1 durchführen.

Übung 3.1: Maxwellsche Gleichungen

- Transformieren Sie die Maxwellschen Gleichungen von der differenziellen in die integrale Schreibweise, indem Sie den <u>Satz von Stokes</u> sinnvoll einsetzen.

- **Lösung:**

  Der Satz von Stokes für ein beliebiges Vektorfeld $\mathbf{F}$ lautet nach (2.80):

$$\iint_A \operatorname{rot}\mathbf{F}\cdot d\mathbf{A} = \oint_C \mathbf{F}\cdot d\mathbf{s}\ . \tag{3.48}$$

Bilden wir nun das Flächenintegral der Maxwellschen Gleichungen (3.46)

$$\iint_A \operatorname{rot}\mathbf{H}\cdot d\mathbf{A} = \iint_A \left(\frac{\partial \mathbf{D}}{\partial t} + \mathbf{J}\right)\cdot d\mathbf{A} \quad \text{und} \quad \iint_A \operatorname{rot}\mathbf{E}\cdot d\mathbf{A} = -\iint_A \frac{\partial \mathbf{B}}{\partial t}\cdot d\mathbf{A}\ , \tag{3.49}$$

so können die linken Gleichungsseiten mit Hilfe des Stokesschen Satzes in einfachere Linienintegrale entlang der Berandung C der Fläche A umgeformt werden:

$$\boxed{\begin{aligned} \oint_C \mathbf{H}\cdot d\mathbf{s} &= \iint_A \frac{\partial \mathbf{D}}{\partial t}\cdot d\mathbf{A} + \iint_A \mathbf{J}\cdot d\mathbf{A} \\ \oint_C \mathbf{E}\cdot d\mathbf{s} &= -\iint_A \frac{\partial \mathbf{B}}{\partial t}\cdot d\mathbf{A} \end{aligned}} \quad \text{bzw.} \quad \boxed{\begin{aligned} u_m &= \frac{d\Psi}{dt} + I \\ u &= -\frac{d\Phi}{dt}\ . \end{aligned}} \tag{3.50}$$

Dieses miteinander verkoppelte Gleichungssystem bildet die **Maxwellschen Gleichungen in Integralform.** Die Zirkulation der $\mathbf{H}$ - und $\mathbf{E}$ -Felder längs der Berandung C einer Fläche A (also die magnetische Spannung u_m bzw. die elektrische Spannung u) ist mit der zeitlichen Änderung des durch diese Fläche hindurch tretenden elektrischen Flusses Ψ bzw. magnetischen Flusses Φ verknüpft (siehe 11.33). Die Zirkulation des $\mathbf{H}$ -Feldes hängt zusätzlich noch vom eingeschlossenen elektrischen Strom I ab.   □

3.2.2 Einteilung der elektromagnetischen Felder

Bei vielen elektromagnetischen Problemen ist es nicht erforderlich, die vollständigen Maxwellschen Gleichungen zu lösen. Sie können mit voller Strenge oder mit hinreichender Genauigkeit durch vereinfachte Gleichungen ersetzt werden. Die Theorie elektromagnetischer Felder kann man – wie in Tabelle 3.1 – in fünf klassische Spezialgebiete unterteilen. Wir werden uns überwiegend mit schnell veränderlichen, nichtstationären Feldern beschäftigen. Einen wesentlichen Schwerpunkt bildet die Untersuchung von Phänomenen der Wellenausbreitung.

Tabelle 3.1 Teilgebiete des Elektromagnetismus und ihre Grundgleichungen mit $\mathbf{D} = \varepsilon\,\mathbf{E}$ und $\mathbf{B} = \mu\,\mathbf{H}$

Quellenfelder → Skalarpotenzial		Wirbelfelder → Vektorpotenzial		
Elektrostatik	stationäre Gleichströme	Magnetostatik	quasistationär $\left\|\partial\mathbf{D}/\partial t\right\| \ll \left\|\mathbf{J}\right\| = \left\|\kappa\,\mathbf{E}\right\|$	allgemeine Wellenausbreitung
$\operatorname{rot}\mathbf{E} = 0$	$\operatorname{rot}\mathbf{E} = 0$	$\operatorname{rot}\mathbf{H} = \mathbf{J}$	$\operatorname{rot}\mathbf{H} = \kappa\,\mathbf{E}$	$\operatorname{rot}\mathbf{H} = \dfrac{\partial\mathbf{D}}{\partial t} + \mathbf{J}$
$\operatorname{div}\mathbf{D} = \rho$	$\operatorname{div}\mathbf{J} = 0$	$\operatorname{div}\mathbf{B} = 0$	$\operatorname{rot}\mathbf{E} = -\dfrac{\partial\mathbf{B}}{\partial t}$	$\operatorname{rot}\mathbf{E} = -\dfrac{\partial\mathbf{B}}{\partial t}$
	$\mathbf{J} = \kappa\,\mathbf{E}$		$\operatorname{div}\mathbf{D} = 0$	$\operatorname{div}\mathbf{D} = \rho$
			$\operatorname{div}\mathbf{B} = 0$	$\operatorname{div}\mathbf{B} = 0$
$\mathbf{E} = -\operatorname{grad}\Phi$	$\mathbf{E} = -\operatorname{grad}\Phi$	$\mathbf{B} = \operatorname{rot}\mathbf{A}$	$\mathbf{B} = \operatorname{rot}\mathbf{A}\,,\ \ \operatorname{div}\mathbf{A} = 0$	zur Lösung siehe
$\Delta\Phi = -\rho/\varepsilon$	$\Delta\Phi = 0$	$\nabla^2\mathbf{A} = -\mu\,\mathbf{J}$	$\nabla^2\mathbf{A} - \mu\kappa\,\partial\mathbf{A}/\partial t = 0$	Abschnitt 14.2
		$\operatorname{div}\mathbf{A} = 0$	$\mathbf{E} = -\partial\mathbf{A}/\partial t$	

3.2.3 Prinzip von der Ladungserhaltung

Die Ursache aller elektromagnetischen Erscheinungen sind ruhende oder bewegte elektrische Ladungen. Im Gegensatz zur elektrischen Ladung q konnte bisher noch keine entsprechende magnetische Ladung q_m gefunden werden.

- Ruhende elektrische Ladungen sind die Ursache von *Quellenfeldern*. Diese werden durch das Coulombsche Gesetz der Elektrostatik beschrieben, das in den Maxwellschen Gleichungen bereits implizit enthalten ist.

- Bewegte elektrische Ladungen sind die Ursache von *Wirbelfeldern*.

Neben dem Energieerhaltungssatz (3.6) gibt es als weiteres fundamentales Naturprinzip den Ladungserhaltungssatz. Für seine Herleitung betrachten wir ein beliebiges Volumen V, das wie in Bild 3.3 von der Oberfläche A umschlossen sei. Innerhalb des Volumens V sollen sich elektrische Ladungen mit der Raumladungsdichte $\rho(\mathbf{r}, t)$ befinden mit $[\rho] = \mathrm{C}/\mathrm{m}^3$. Die gesamte in V enthaltene zeitabhängige Ladungsmenge $Q(t)$ errechnet sich somit aus:

$$\iiint\limits_{V} \rho(\mathbf{r}, t)\,dV = Q(t)\,. \tag{3.51}$$

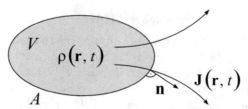

Bild 3.3 Zur Herleitung der Kontinuitätsgleichung (Satz von der Erhaltung der Ladung)

Ist $\mathbf{J}(\mathbf{r}, t)$ der Vektor der Stromdichte, dessen Richtung definitionsgemäß die Bewegungsrichtung der *positiven* Ladungsträger ist, dann stellt das Hüllintegral

$$\oiint_A \mathbf{J}(\mathbf{r}, t) \cdot d\mathbf{A} = \oiint_A \mathbf{J}(\mathbf{r}, t) \cdot \mathbf{n} \, dA = \oiint_A J_n(\mathbf{r}, t) \, dA = I(t) \tag{3.52}$$

den Gesamtstrom $I(t)$ durch die Oberfläche des Volumens dar. Ein *Ausströmen* von Ladungen muss nach dem **Satz von der Erhaltung der Ladung** mit einer zeitlichen *Abnahme* der eingeschlossenen Ladungsmenge verbunden sein, denn die Gesamtmenge elektrischer Ladungen in einem abgeschlossenen System ist konstant. Es gilt somit:

$$\boxed{\frac{dQ(t)}{dt} + I(t) = 0} \quad \begin{array}{l} I > 0 \text{ und } dQ/dt < 0, \text{ falls positive Ladungen ausströmen} \\ I < 0 \text{ und } dQ/dt > 0, \text{ falls negative Ladungen ausströmen} \end{array} \tag{3.53}$$

oder in integraler Schreibweise nach Einsetzen von (3.51) und (3.52):

$$\frac{\partial}{\partial t} \iiint_V \rho(\mathbf{r}, t) \, dV + \oiint_A \mathbf{J}(\mathbf{r}, t) \cdot d\mathbf{A} = 0 . \tag{3.54}$$

Mit dem Gaußschen Satz (2.89) folgt:

$$\oiint_A \mathbf{J}(\mathbf{r}, t) \cdot d\mathbf{A} = \iiint_V \operatorname{div} \mathbf{J}(\mathbf{r}, t) \, dV \tag{3.55}$$

und damit wird (3.54) zu:

$$\iiint_V \left(\frac{\partial \rho(\mathbf{r}, t)}{\partial t} + \operatorname{div} \mathbf{J}(\mathbf{r}, t) \right) dV = 0 . \tag{3.56}$$

Diese Relation gilt für beliebige Volumina V, was nur bei

$$\boxed{\frac{\partial \rho(\mathbf{r}, t)}{\partial t} + \operatorname{div} \mathbf{J}(\mathbf{r}, t) = 0} \tag{3.57}$$

erfüllt sein kann. Dieser fundamentale Zusammenhang zwischen der zeitlichen Änderung der Raumladungsdichte und den Quellen der Stromdichte drückt die Ladungserhaltung in differenzieller lokaler Form aus und wird als **Kontinuitätsgleichung** bezeichnet [Schi75].

- Die Kontinuitätsgleichung (3.57) als Ausdruck des Ladungserhaltungssatzes bildet zusammen mit den ersten beiden Maxwellschen Gleichungen (3.46), den Materialgleichungen (3.44) und dem Lorentzschen Kraftgesetz (3.43) das physikalisch-mathematische Gerüst zur Berechnung aller makroskopischen elektromagnetischen Phänomene.

3.2.4 Quellen der Vektorfelder

Aus den Maxwellschen Gleichungen wollen wir in Übung 3.2 unter Zuhilfenahme der Kontinuitätsgleichung zwei weitere Beziehungen ableiten, die für das physikalische Verständnis sehr anschaulich sind.

Übung 3.2: Quellen der Felder

- Leiten Sie aus den Maxwellschen Gleichungen (3.46) die Beziehung $\operatorname{div} \mathbf{D} = \rho$ her.

- **Lösung:**

  Wir bilden die Divergenz der ersten Maxwellschen Gleichung:

$$\operatorname{div} \operatorname{rot} \mathbf{H} = \operatorname{div} \frac{\partial \mathbf{D}}{\partial t} + \operatorname{div} \mathbf{J} \, . \tag{3.58}$$

Wegen der Quellenfreiheit von Wirbelfeldern (Tabelle 2.3) folgt sofort:

$$\operatorname{div} \frac{\partial \mathbf{D}}{\partial t} + \operatorname{div} \mathbf{J} = 0 \, . \tag{3.59}$$

Mit der Kontinuitätsgleichung $\frac{\partial \rho}{\partial t} + \operatorname{div} \mathbf{J} = 0$ können wir aber auch schreiben:

$$\operatorname{div} \frac{\partial \mathbf{D}}{\partial t} - \frac{\partial \rho}{\partial t} = 0 \, , \tag{3.60}$$

d. h. es folgt:

$$\frac{\partial}{\partial t} \left(\operatorname{div} \mathbf{D} - \rho \right) = 0 \, . \tag{3.61}$$

Da diese Beziehung zu *allen* Zeiten gelten soll, folgt sofort die Behauptung:

$$\boxed{\operatorname{div} \mathbf{D} = \rho} \, . \quad \square \tag{3.62}$$

Das Ergebnis dieser Übungsaufgabe kann noch weiter umgeformt werden. Bilden wir nämlich das Volumenintegral von (3.62)

$$\iiint\limits_{V} \operatorname{div} \mathbf{D} \, dV = \iiint\limits_{V} \rho \, dV \, , \tag{3.63}$$

so erhalten wir mit dem Gaußschen Satz eine (3.62) entsprechende integrale Formulierung:

$$\boxed{\oiint\limits_{A} \mathbf{D} \cdot d\mathbf{A} = \iiint\limits_{V} \rho \, dV = Q} \, , \tag{3.64}$$

die als **Gaußsches Gesetz** bezeichnet wird. Die Summe der in einem Volumen V durch seine Oberfläche A eingeschlossenen elektrischen Ladungen ist somit durch das Hüllintegral der elektrischen Flussdichte $\mathbf{D}$ gegeben. Das Gaußsche Gesetz ist für die einfache Berechnung *elektrostatischer* Felder sehr nützlich. Aus dem Gaußschen Gesetz kann man z. B. sehr leicht das kugelsymmetrische Coulombfeld um eine ruhende Punktladung ableiten:

$$\mathbf{D} = \mathbf{e}_r \frac{Q}{4 \pi r^2} \, . \tag{3.65}$$

Aufgrund der Nichtexistenz magnetischer Elementarladungen – sogenannter Monopole – folgt völlig analog:

$$\boxed{\operatorname{div}\mathbf{B} = 0} \quad \text{bzw.} \quad \boxed{\oint_A \mathbf{B}\cdot d\mathbf{A} = 0}\,. \tag{3.66}$$

Diese Gleichungen drücken die **Quellenfreiheit des Magnetfeldes** aus. Die so gefundenen „Divergenzgleichungen" $\operatorname{div}\mathbf{D} = \rho$ bzw. $\operatorname{div}\mathbf{B} = 0$ werden als dritte und vierte Maxwellsche Gleichung bezeichnet. Man beachte, dass aus der Quellenfreiheit des $\mathbf{B}$-Feldes im Allgemeinen *nicht* die Quellenfreiheit des $\mathbf{H}$-Feldes folgt, wie Übung 3.3 zeigen wird.

Übung 3.3: Feldliniendivergenz

• Berechnen Sie den Ausdruck

$$\operatorname{div}\mathbf{H} = \operatorname{div}\left(\mathbf{B}/\mu\right). \tag{3.67}$$

• **Lösung:**
  Mit Hilfe der vektoranalytischen Identität $\operatorname{div}\left(\Phi\,\mathbf{A}\right) = \Phi\operatorname{div}\mathbf{A} + \mathbf{A}\cdot\operatorname{grad}\Phi$ folgt:

$$\operatorname{div}\left(\frac{1}{\mu}\mathbf{B}\right) = \frac{1}{\mu}\operatorname{div}\mathbf{B} + \mathbf{B}\cdot\operatorname{grad}\frac{1}{\mu}. \tag{3.68}$$

Wegen $\operatorname{div}\mathbf{B} = 0$ und $\operatorname{grad}\mu^{-1} = -\mu^{-2}\operatorname{grad}\mu$ erhält man daraus:

$$\boxed{\operatorname{div}\mathbf{H} = -\frac{\mathbf{B}}{\mu^2}\cdot\operatorname{grad}\mu = -\frac{1}{\mu}\mathbf{H}\cdot\operatorname{grad}\mu}\,. \tag{3.69}$$

Die Divergenz von $\mathbf{H}$ ist also dann ungleich null, wenn $\mu = \mu_0\,\mu_r$ ortsabhängig ist, d. h. wenn gilt: $\mu_r = \mu_r(\mathbf{r})$. Das ist z. B. am Luftspalt in einem magnetischen Kreis der Fall. Im Luftspalt stellt sich nämlich ein viel stärkeres $\mathbf{H}$-Feld als im Eisen ein. Im Feldbild stellt man sich diese höhere Feldstärke durch eine vergrößerte Anzahl von Feldlinien vor, die an der Grenzschicht Eisen-Luft entstehen. Mit anderen Worten muss es also Feldquellen für $\mathbf{H}$-Linien geben. Deswegen spricht man bei $\operatorname{div}\mathbf{H}$ von einer **Feldliniendivergenz.**   □

Während die Größen $\operatorname{div}\mathbf{D} = \rho$ und $\operatorname{div}\mathbf{B} = 0$ unmittelbar Aussagen über die kontinuierlich im Raume verteilten elektrischen Ladungen und über das Fehlen magnetischer Ladungen machen, gibt es Feldliniendivergenzen $\operatorname{div}\mathbf{E}$ und $\operatorname{div}\mathbf{H}$, die beide von null verschieden sein können, aber keine Beziehung zu „wahren Ladungen" haben. Ohne Beweis sei hier noch angegeben:

$$\boxed{\operatorname{div}\mathbf{E} = \frac{\rho}{\varepsilon} - \frac{1}{\varepsilon}\mathbf{E}\cdot\operatorname{grad}\varepsilon}\,. \tag{3.70}$$

Für Probleme der Elektrostatik folgt hieraus mit $\mathbf{E} = -\operatorname{grad}\Phi$ sofort die sogenannte **Poisson-Gleichung**[10] für inhomogene Dielektrika [Mo61b]:

$$\boxed{\Delta\Phi + \frac{1}{\varepsilon}\operatorname{grad}\varepsilon\cdot\operatorname{grad}\Phi = -\frac{\rho}{\varepsilon}}\,, \tag{3.71}$$

die sich in homogenen, quellenfreien Gebieten auf die **Laplace-Gleichung** $\Delta\Phi = 0$ reduziert.

---

[10] Siméon Denis **Poisson** (1781-1840): frz. Mathematiker und Physiker (Potenzialtheorie, Elastizitätstheorie, Wellenlehre, Akustik, Thermodynamik, Wahrscheinlichkeitsrechnung)

3.3 Wellengleichung

Aus den Maxwellschen Gleichungen

$$\text{rot } \mathbf{H} = \frac{\partial \mathbf{D}}{\partial t} + \mathbf{J}$$

$$\text{rot } \mathbf{E} = -\frac{\partial \mathbf{B}}{\partial t}, \tag{3.72}$$

deren heutige Schreibweise auf Heaviside, Gibbs und Hertz zurückgeht, lassen sich weitere Gleichungen herleiten, in denen jeder der Vektoren $\mathbf{E}$ und $\mathbf{B}$ _alleine_ auftritt. Wir suchen nach Lösungen in _quellenfreien_ Gebieten, die weit von allen Quellströmen entfernt und frei von Raumladungen seien. Es gelte dort also $\mathbf{J}_E = 0$ und $\rho = 0$, woraus auch $\mathbf{J}_K = 0$ folgt. Mit den Materialgleichungen für _ruhende, lineare_ und _isotrope_ Medien

$$\mathbf{D} = \varepsilon\, \mathbf{E} \quad \text{und} \quad \mathbf{B} = \mu\, \mathbf{H} \tag{3.73}$$

folgt zunächst aus der ersten Maxwellschen Gleichung

$$\text{rot } \mathbf{B} = \mu\, \varepsilon\, \frac{\partial \mathbf{E}}{\partial t} + \mu\, \mathbf{J}, \tag{3.74}$$

wobei wir _homogene_ und _zeitinvariante_ Medien voraussetzen wollen, d. h. es gilt $\text{grad}\,\varepsilon = 0$, $\text{grad}\,\mu = 0$ und $\partial \varepsilon / \partial t = 0$. Bildet man nun in der zweiten Maxwellgleichung die Rotation

$$\text{rot rot } \mathbf{E} = -\frac{\partial}{\partial t}\,\text{rot } \mathbf{B}, \tag{3.75}$$

so kann man mit $\partial \mu / \partial t = 0$ den soeben für $\text{rot } \mathbf{B}$ gefundenen Ausdruck (3.74) dort einsetzen:

$$\text{rot rot } \mathbf{E} = -\mu\, \varepsilon\, \frac{\partial^2 \mathbf{E}}{\partial t^2} - \mu\, \frac{\partial \mathbf{J}}{\partial t}. \tag{3.76}$$

Mit $\mathbf{J} = \mathbf{J}_L = \kappa\, \mathbf{E}$ und den Beziehungen $\text{rot rot } \mathbf{E} = \text{grad div } \mathbf{E} - \nabla^2 \mathbf{E}$ und $\partial \kappa / \partial t = 0$ folgt:

$$\text{grad div } \mathbf{E} - \nabla^2 \mathbf{E} = -\mu\, \varepsilon\, \frac{\partial^2 \mathbf{E}}{\partial t^2} - \mu\, \kappa\, \frac{\partial \mathbf{E}}{\partial t}. \tag{3.77}$$

Bei _Quellenfreiheit_ ($\rho = 0$) muss in homogenen Medien mit $\text{div } \mathbf{E} = 0$ der elektrische Feldstärkevektor also folgende homogene Differenzialgleichung erfüllen:

$$\boxed{\nabla^2 \mathbf{E} - \mu\, \varepsilon\, \frac{\partial^2 \mathbf{E}}{\partial t^2} - \mu\, \kappa\, \frac{\partial \mathbf{E}}{\partial t} = 0}. \tag{3.78}$$

Für das $\mathbf{B}$-Feld gilt analog [Weis83]:

$$\boxed{\nabla^2 \mathbf{B} - \mu\, \varepsilon\, \frac{\partial^2 \mathbf{B}}{\partial t^2} - \mu\, \kappa\, \frac{\partial \mathbf{B}}{\partial t} = 0}. \tag{3.79}$$

Diese beiden Gleichungen werden auch **Telegrafengleichungen** genannt, da sie u. a. in der Theorie der Ausbreitung elektromagnetischer Wellen längs Drähten eine Rolle spielen. Liegt ein _verlustfreies_ Medium vor, d. h. ein nichtleitender Isolator mit $\kappa = 0$, so können (3.78) und (3.79) weiter vereinfacht werden:

$$\left(\nabla^2 - \mu \, \varepsilon \, \frac{\partial^2}{\partial t^2} \right) \mathbf{E} = 0 \qquad \text{bzw.} \qquad \left(\nabla^2 - \mu \, \varepsilon \, \frac{\partial^2}{\partial t^2} \right) \mathbf{B} = 0 \, . \tag{3.80}$$

Diese sogenannten **Wellengleichungen** sind partielle Differenzialgleichungen von zweiter Ordnung mit jeweils drei Feldkomponenten. Sie beschreiben elektromagnetische Wellen, die sich z. B. im freien Raum mit Lichtgeschwindigkeit $c = c_0 = 1/\sqrt{\mu_0 \varepsilon_0}$ ausbreiten. Da hier nun die beiden **E**- und **B**-Felder _entkoppelt_ vorkommen, lässt sich eine Lösung – im Allgemeinen durch Bernoullischen[11] Produktansatz und Separation [Pös56] – wesentlich leichter als mit Hilfe der Maxwellschen Gleichungen finden. Der vierdimensionale Laplace-Operator

$$\Box^2 = \nabla^2 - \frac{1}{c^2} \frac{\partial^2}{\partial t^2} \quad \text{mit} \quad \Box^2 \mathbf{E} = 0 \, , \tag{3.81}$$

der die zweiten Orts- _und_ Zeitableitungen enthält, ist charakteristisch für jede Wellenausbreitung und wird **d'Alembert-Operator**[12] genannt. Auch im Sonderfall eines leitfähigen stark dämpfenden Mediums kann die Telegrafengleichung (3.78) in guter Näherung vereinfacht werden. Dann können wir die Verschiebungsstromdichte $\partial \mathbf{D}/\partial t = \varepsilon \, \partial \mathbf{E}/\partial t$ gegenüber der viel größeren Leitungsstromdichte $\mathbf{J}_L = \kappa \, \mathbf{E}$ vernachlässigen und erhalten (siehe Abschnitt 4.2.1)

$$\nabla^2 \mathbf{E} - \mu \, \kappa \, \frac{\partial \mathbf{E}}{\partial t} = 0 \, , \tag{3.82}$$

die sogenannte **Wärmeleitungs**- oder **Diffusionsgleichung,** die bei der Behandlung der Stromverdrängung und Dämpfung in metallischen Leitern eine wichtige Rolle spielt [Mo61b].

3.4 Helmholtz-Gleichung

Wenn, wie wir annehmen wollen, die zu untersuchenden Vorgänge linear sind, so kann man alle Feldlösungen aufgrund des Helmholtzschen Superpositionsprinzips (1853) durch Fourier-Reihen[13] oder Fourier-Integrale darstellen. Im Prinzip ist es somit ausreichend, sich ausschließlich mit zeitharmonischen Feldern zu befassen. Wenn alle Feldgrößen wie $\cos(\omega t)$ von der Zeit abhängen, d. h. in komplexer Schreibweise proportional zu $e^{j \omega t}$ sind, sodass $\partial/\partial t \equiv j \, \omega$ gesetzt werden kann, dann lauten die **Maxwellschen Gleichungen** (3.72) im Frequenzbereich:

$$\begin{aligned} \text{rot} \, \underline{\mathbf{H}} &= j \, \omega \, \underline{\mathbf{D}} + \underline{\mathbf{J}} \\ \text{rot} \, \underline{\mathbf{E}} &= -j \, \omega \, \underline{\mathbf{B}} \, . \end{aligned} \tag{3.83}$$

Die ortsabhängigen Felder $\underline{\mathbf{E}}$, $\underline{\mathbf{B}}$ usw. werden als komplexe Amplituden oder Phasoren bezeichnet, die in Anlehnung an die komplexe Wechselstromrechnung aus Amplitude und Nullphasenwinkel der zugehörigen reellen Schwingung gebildet werden. Ihr komplexer Charakter

---

[11] Johann **Bernoulli** (1667-1748): schweizerischer Mathematiker (Variationsrechnung, Differenzialgleichungen, Hydrodynamik)

[12] Jean le Rond **d'Alembert** (1717-1783): frz. Physiker und Aufklärungsphilosoph (Akustik, Optik, Himmelsmechanik, Differenzialgleichungen und Integralrechnung)

[13] Jean-Baptiste Joseph Baron de **Fourier** (1768-1830): frz. Mathematiker und Physiker (Fourier-Reihen, Wärmeleitung, Statistik)

wird im Allgemeinen durch _Unterstreichen_ zum Ausdruck gebracht. Mit **r** als Ortsvektor zum betrachteten Raumpunkt erhält man die entsprechenden reellen Größen im Zeitbereich aus

$$\mathbf{E}(\mathbf{r}, t) = \mathrm{Re}\left\{\underline{\mathbf{E}}(\mathbf{r}, \omega)\, e^{j\omega t}\right\} \quad \text{bzw.} \quad \mathbf{E}(\mathbf{r}, t) = \sum_{n=-\infty}^{\infty} \underline{\mathbf{E}}(\mathbf{r}, n\omega_1)\, e^{jn\omega_1 t}. \tag{3.84}$$

Bei periodischer Anregung mit der Grundfrequenz $\omega_1 = 2\pi/T$ verwendet man Fourier-Reihen, während aperiodische Zeitsignale durch ihr kontinuierliches Spektrum beschrieben werden:

$$\mathbf{E}(\mathbf{r}, t) = \frac{1}{2\pi} \int_{\omega = -\infty}^{\infty} \underline{\mathbf{E}}(\mathbf{r}, \omega)\, e^{j\omega t}\, d\omega. \tag{3.85}$$

Der komplexe Vektor $\underline{\mathbf{E}}(\mathbf{r}, \omega)$, unter dem wir – je nach Bedarf – einen Phasor oder eine Fourier-Transformierte (Anhang F) verstehen wollen, hat im Allgemeinen drei Feldkomponenten. Jeder dieser drei Raumkomponenten wird ein Zeiger in der komplexen Ebene zugeordnet. Im Folgenden soll überwiegend nur noch die komplexe Schreibweise benutzt werden. So wollen wir anstelle der Telegrafengleichung für quellenfreie Gebiete (mit $\mathbf{J} = \mathbf{J}_L = \kappa\, \mathbf{E}$)

$$\nabla^2 \mathbf{E} - \mu\,\varepsilon\, \frac{\partial^2 \mathbf{E}}{\partial t^2} - \mu\,\kappa\, \frac{\partial \mathbf{E}}{\partial t} = 0 \tag{3.86}$$

ihr Äquivalent im Frequenzbereich betrachten:

$$\boxed{\nabla^2 \underline{\mathbf{E}} + \omega^2 \mu\,\varepsilon\, \underline{\mathbf{E}} - j\,\omega\mu\,\kappa\, \underline{\mathbf{E}} = 0}. \tag{3.87}$$

Spielen Polarisationsverluste eine Rolle, muss man nach (3.34) κ durch $\kappa_\varepsilon = \kappa + \omega\varepsilon''$ ersetzen:

$$\nabla^2 \underline{\mathbf{E}} + \omega^2 \mu\,\varepsilon \left(1 + \frac{\kappa + \omega\varepsilon''}{j\,\omega\varepsilon}\right) \underline{\mathbf{E}} = 0. \tag{3.88}$$

Mit der **komplexen Permittivität** $\underline{\varepsilon}$ und dem **dielektrischen Verlustfaktor** $\tan\delta_\varepsilon$

$$\boxed{\underline{\varepsilon} = \varepsilon \left(1 - j\, \frac{\kappa + \omega\varepsilon''}{\omega\varepsilon}\right) = \varepsilon\left(1 - j\tan\delta_\varepsilon\right)} \quad \text{(für } \tan\delta_\varepsilon \text{ siehe Anhang D)} \tag{3.89}$$

ist eine kompaktere Notation möglich:

$$\nabla^2 \underline{\mathbf{E}} + \omega^2 \mu\,\underline{\varepsilon}\, \underline{\mathbf{E}} = 0. \tag{3.90}$$

In einem verlustfreien Nichtleiter mit $\tan\delta_\varepsilon = 0$ vereinfacht sich diese Beziehung zur sogenannten homogenen **Helmholtz-Gleichung:**

$$\boxed{\left(\nabla^2 + \omega^2 \mu\,\varepsilon\right) \underline{\mathbf{E}} = 0} \quad \text{bzw.} \quad \boxed{\left(\nabla^2 + k^2\right) \underline{\mathbf{E}} = 0}. \tag{3.91}$$

Die Größe

$$\boxed{k = \omega\, \sqrt{\mu\,\varepsilon} = \frac{\omega}{c}} \tag{3.92}$$

wird als _Wellenzahl_ bezeichnet und gerne als bequeme Abkürzung verwendet. Die Wellenzahl k ist durch die Frequenz ω der Strahlung und durch die Materialeigenschaften μ und ε des Raumes festgelegt. Die Helmholtz-Gleichung (3.91), die in der Elektrodynamik eine zentrale Bedeutung besitzt, kann auch direkt aus den komplexen Maxwellschen Gleichungen durch gegenseitiges Einsetzen gewonnen werden. Im Folgenden werden wir uns noch häufig mit Lösungen der homogenen Helmholtz-Gleichung beschäftigen.

3.5 Wellenausbreitung in anisotropen Medien

Wird in das elektromagnetische Feld des Vakuums ein im Allgemeinen verlustbehaftetes Medium mit den frequenzabhängigen Eigenschaften Permeabilität $\mu(\omega)$ und Permittivität $\underline{\varepsilon}(\omega)$ eingeführt, so treten Polarisationseffekte auf, die mit den Materialgleichungen $\underline{\mathbf{D}} = \underline{\varepsilon}\,\underline{\mathbf{E}}$ und $\underline{\mathbf{B}} = \mu\,\underline{\mathbf{H}}$ beschrieben werden können. In *anisotropen* Medien hängen die Materialparameter jedoch von der Richtung der Wellenausbreitung und von der Ausrichtung der Feldvektoren ab. In diesem Fall müssen für die Vektorkomponenten **Tensorgleichungen** verwendet werden [LaLi90], weswegen Feldstärken und zugehörige Flussdichten nicht mehr parallel sind:

$$\boxed{\underline{D}_i = \sum_{j=1}^{3} \underline{\varepsilon}_{ij}\,\underline{E}_j} \quad \text{und} \quad \boxed{\underline{B}_i = \sum_{j=1}^{3} \underline{\mu}_{ij}\,\underline{H}_j} \, . \tag{3.93}$$

Der Index $i = 1,2,3$ steht für die kartesischen Vektorkomponenten in x-, y- oder z-Richtung. Bei symmetrischen Materialtensoren ($\underline{\varepsilon}_{ij} = \underline{\varepsilon}_{ji}$) hat man ein reziprokes Medium – als Beispiel mag die Wellenausbreitung in einem **Kristall** dienen (mit skalarem μ), wo man den reellen ε-Tensor durch eine Hauptachsentransformation auf Diagonalgestalt bringen kann [Born85]:

$$(\varepsilon_{ij}) = \begin{pmatrix} \varepsilon_{11} & \varepsilon_{12} & \varepsilon_{13} \\ \varepsilon_{21} & \varepsilon_{22} & \varepsilon_{23} \\ \varepsilon_{31} & \varepsilon_{32} & \varepsilon_{33} \end{pmatrix} \Rightarrow \begin{pmatrix} \varepsilon_{\mathrm{I}} & 0 & 0 \\ 0 & \varepsilon_{\mathrm{II}} & 0 \\ 0 & 0 & \varepsilon_{\mathrm{III}} \end{pmatrix} \quad \text{mit} \begin{cases} \varepsilon_{\mathrm{I}} = \varepsilon_{\mathrm{II}} = \varepsilon_{\mathrm{III}} & \text{isotrop} \\ \varepsilon_{\mathrm{I}} = \varepsilon_{\mathrm{II}} \neq \varepsilon_{\mathrm{III}} & \text{uniaxial} \\ \varepsilon \neq \varepsilon_{\mathrm{II}} \neq \varepsilon_{\mathrm{III}} & \text{biaxial} \, . \end{cases} \tag{3.94}$$

Bei absorbierenden Kristallen muss neben ε_{ij} zusätzlich noch ein Tensor der elektrischen Leitfähigkeit κ_{ij} betrachtet werden – die Hauptachsen beider Tensoren müssen nicht übereinstimmen. Ein nichtreziprokes Medium ist dagegen durch einen hermiteschen Tensor $\underline{\varepsilon}_{ij} = \underline{\varepsilon}_{ji}^{*}$ gekennzeichnet. Gyrotrope Medien sind ein Spezialfall nichtreziproker Medien, bei denen die Matrix des Permittivitäts- bzw. Permeabilitätstensors folgende Gestalt aufweist [Pol49]:

$$(\underline{\varepsilon}_{ij}) = \begin{pmatrix} \underline{\varepsilon}_{11} & \underline{\varepsilon}_{12} & 0 \\ \underline{\varepsilon}_{21} & \underline{\varepsilon}_{22} & 0 \\ 0 & 0 & \underline{\varepsilon}_{33} \end{pmatrix} \quad \text{bzw.} \quad (\underline{\mu}_{ij}) = \begin{pmatrix} \underline{\mu}_{11} & \underline{\mu}_{12} & 0 \\ \underline{\mu}_{21} & \underline{\mu}_{22} & 0 \\ 0 & 0 & \underline{\mu}_{33} \end{pmatrix} , \tag{3.95}$$

falls die Welle sich längs der dritten Koordinatenachse ausbreitet und eine Vormagnetisierung $\mathbf{B}_0 = B_0\,\mathbf{e}_3$ mit $B_0 \gg |B_3|$ in Richtung der Wellenausbreitung vorliegt. Einen ε-Tensor der Form (3.95) findet man z. B. in einem **Plasma,** wie es in der Ionosphäre im Magnetfeld der Erde vorkommt – während ein μ-Tensor nach (3.95) in vormagnetisierten **Ferriten** auftritt [Cha89, Käs91, Poz05]. Für die Wellenausbreitung im Satellitenfunk spielt der Fall des ionosphärischen Plasmas eine besondere Rolle; die im Plasma gültigen Feldgleichungen lauten:

$$\mathrm{rot}\,\underline{\mathbf{E}} = -j\,\omega\,\mu\,\underline{\mathbf{H}} \quad \text{sowie} \quad \mathrm{div}\left(\mu\,\underline{\mathbf{H}}\right) = 0 \tag{3.96}$$

$$\mathrm{rot}\,\underline{\mathbf{H}} = j\,\omega\left[\mathbf{e}_1\left(\underline{\varepsilon}_{11}\,\underline{E}_1 + \underline{\varepsilon}_{12}\,\underline{E}_2\right) + \mathbf{e}_2\left(\underline{\varepsilon}_{21}\,\underline{E}_1 + \underline{\varepsilon}_{22}\,\underline{E}_2\right) + \mathbf{e}_3\,\underline{\varepsilon}_{33}\,\underline{E}_3\right] \tag{3.97}$$

$$\mathrm{div}\left[(\varepsilon_{ij})\,\underline{\mathbf{E}}\right] = \varepsilon_{11}\frac{\partial \underline{E}_1}{\partial x_1} + \varepsilon_{12}\frac{\partial \underline{E}_2}{\partial x_1} + \varepsilon_{21}\frac{\partial \underline{E}_1}{\partial x_2} + \varepsilon_{22}\frac{\partial \underline{E}_2}{\partial x_2} + \varepsilon_{33}\frac{\partial \underline{E}_3}{\partial x_3} = 0 \, . \tag{3.98}$$

Aus diesen Gleichungen können interessante Effekte wie z. B. Doppelbrechung und Faraday-Rotation (Drehung der Polarisationsebene linearer Polarisation) abgeleitet werden [Pie77].

3.6 Rand- und Stetigkeitsbedingungen

An der Grenzfläche zwischen zwei Medien mit den Permittivitäten ε_1 und ε_2, den Permeabilitäten μ_1 und μ_2 und den Leitfähigkeiten κ_1 und κ_2 müssen die Feldvektoren gewisse Stetigkeitsbedingungen erfüllen (Bild 3.4). Dabei ist $\mathbf{n}$ der Normaleneinheitsvektor auf der Trennfläche und soll vom Medium 1 in Richtung Medium 2 zeigen. Die Bedingungen der Stetigkeit bzw. des Sprungs der Felder an Trennflächen können mit Hilfe der Maxwellschen Gleichungen hergeleitet werden. Wir wollen hier nur die Ergebnisse zusammenstellen [Bal89].

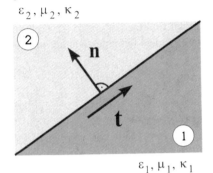

$\varepsilon_2, \mu_2, \kappa_2$

Einheitsvektoren:

$$|\mathbf{n}| = |\mathbf{t}| = 1 \quad \text{und} \quad \mathbf{n} \cdot \mathbf{t} = 0$$

normale und tangentiale Komponenten:

$$\mathbf{n} \cdot \underline{E} = \underline{E}_n$$

$$\mathbf{t} \cdot \underline{E} = \underline{E}_t$$

$\varepsilon_1, \mu_1, \kappa_1$

Bild 3.4 Trennfläche zwischen zwei verschiedenen Medien mit Normalen- und Tangentenrichtung

- Zunächst beschränken wir uns auf den Fall, dass innerhalb der infinitesimal dünnen Grenzschicht keine flächenhaft verteilten Ströme fließen. Dann sind die Stetigkeitsbedingungen an der Trennfläche für alle vier Vektorfelder in Tabelle 3.2 zusammengestellt.

Tabelle 3.2 Ohne Flächenströme sind tangentiale Feldstärken und normale Flussdichten stetig.

	Elektrische Feldstärken	Magnetische Feldstärken	Elektrische Flussdichten	Magnetische Flussdichten
Tangential-komponenten	$\underline{E}_{t,2} = \underline{E}_{t,1}$	$\underline{H}_{t,2} = \underline{H}_{t,1}$	$\varepsilon_1 \underline{D}_{t,2} = \varepsilon_2 \underline{D}_{t,1}$	$\mu_1 \underline{B}_{t,2} = \mu_2 \underline{B}_{t,1}$
Normal-komponenten	$\varepsilon_2 \underline{E}_{n,2} = \varepsilon_1 \underline{E}_{n,1}$	$\mu_2 \underline{H}_{n,2} = \mu_1 \underline{H}_{n,1}$	$\underline{D}_{n,2} = \underline{D}_{n,1}$	$\underline{B}_{n,2} = \underline{B}_{n,1}$

- Für die Anwendungen interessiert auch besonders der Spezialfall, dass eines der beiden Medien – sagen wir Medium 1 – ein idealer *elektrischer* Leiter sei, d. h. es gelte $\kappa_1 \to \infty$. Ein solches Medium ist vollkommen feldfrei. Die Randbedingungen an der Oberfläche eines elektrisch idealen Leiters finden wir in Tabelle 3.3.

Tabelle 3.3 Randbedingungen an der Oberfläche eines elektrisch idealen Leiters ($\kappa_1 \to \infty$)

	Elektrische Feldstärken	Magnetische Feldstärken	Elektrische Flussdichten	Magnetische Flussdichten
Medium 1	$\underline{E}_{t,1} = 0$	$\underline{H}_{t,1} = 0$	$\underline{D}_{n,1} = 0$	$\underline{B}_{n,1} = 0$
Medium 2	$\underline{E}_{t,2} = 0$	$\mathbf{n} \times \underline{H}_{t,2} = \underline{J}_F$	$\underline{D}_{n,2} = \underline{\rho}_F$	$\underline{B}_{n,2} = 0$

Dabei ist $\underline{\mathbf{J}}_F$ eine in der Grenzfläche induzierte elektrische Flächenstromdichte, die in A/m gemessen wird und ρ_F ist eine in C/m^2 gemessene influenzierte elektrische Flächenladungsdichte. An der Oberfläche eines idealen elektrischen Leiters stehen also elektrische Feldlinien <u>senkrecht,</u> während magnetische Feldlinien <u>parallel</u> verlaufen müssen, sodass auf einer metallischen Wand stets $\underline{\mathbf{E}}_2 \cdot \underline{\mathbf{B}}_2 = 0$ gilt. Diese Tatsache kann mit Hilfe der lokalen Flächennormalen $\mathbf{n}$ wie folgt ausgedrückt werden:

$$\boxed{\begin{aligned} \mathbf{n} \times \underline{\mathbf{E}}_2 &= 0 \\ \mathbf{n} \cdot \underline{\mathbf{B}}_2 &= 0 \, . \end{aligned}} \tag{3.99}$$

Die Maxwellschen Gleichungen definieren zusammen mit den Randbedingungen (3.99) ein sogenanntes **Randwertproblem.** Die Bedingungen auf elektrisch ideal leitenden Rändern lauten:

Dirichlet-Randbedingung[14] $\quad E_{t,2} = 0$ $\qquad\qquad\qquad\qquad\qquad$ (3.100)

Neumann-Randbedingung[15] $\quad \underline{B}_{n,2} = 0 \;\; \rightarrow \;\; \dfrac{\partial \underline{B}_{t,2}}{\partial n} = 0 \, .$ $\qquad\qquad$ (3.101)

- Ferner interessiert uns noch der Spezialfall, bei dem Medium 1 ein idealer *magnetischer* Leiter mit $\mu_1 \rightarrow \infty$ sei. Auch ein solches Medium ist vollkommen feldfrei. Die Randbedingungen an der Oberfläche eines solchen Leiters finden wir in Tabelle 3.4.

Tabelle 3.4 Randbedingungen an der Oberfläche eines magnetisch idealen Leiters ($\mu_1 \rightarrow \infty$)

	Elektrische Feldstärken	Magnetische Feldstärken	Elektrische Flussdichten	Magnetische Flussdichten
Medium 1	$\underline{E}_{t,1} = 0$	$\underline{H}_{t,1} = 0$	$\underline{D}_{n,1} = 0$	$\underline{B}_{n,1} = 0$
Medium 2	$\mathbf{n} \times \underline{\mathbf{E}}_{t,2} = -\underline{\mathbf{M}}_F$	$\underline{H}_{t,2} = 0$	$\underline{D}_{n,2} = 0$	$\underline{B}_{n,2} = -\underline{\rho}_{M,F}$

Ein magnetisch idealer Leiter ist genauso fiktiv wie eine magnetische Flächenstromdichte $\underline{\mathbf{M}}_F$ oder eine magnetische Flächenladungsdichte $\underline{\rho}_{M,F}$. Trotz fehlender physikalischer Realität können diese Hilfsgrößen jedoch manche Berechnungen wesentlich erleichtern.

- Falls beide Medien weder ideal elektrisch noch ideal magnetisch leiten, sich aber in der Trennfläche trotzdem elektrische oder magnetische Ladungen befinden, sind die Feldstärken und Flussdichten unstetig. Der jeweilige Sprungwert ist von den vorhandenen Flächenstromdichten und Flächenladungsdichten abhängig [Isk92]:

$$\boxed{\begin{aligned} \mathbf{n} \times \left(\underline{\mathbf{H}}_2 - \underline{\mathbf{H}}_1 \right) &= \underline{\mathbf{J}}_F \\ \mathbf{n} \times \left(\underline{\mathbf{E}}_1 - \underline{\mathbf{E}}_2 \right) &= \underline{\mathbf{M}}_F \\ \mathbf{n} \cdot \left(\underline{\mathbf{D}}_2 - \underline{\mathbf{D}}_1 \right) &= \underline{\rho}_F \\ \mathbf{n} \cdot \left(\underline{\mathbf{B}}_1 - \underline{\mathbf{B}}_2 \right) &= \underline{\rho}_{M,F} \, . \end{aligned}} \tag{3.102}$$

---

[14] Johann Peter Gustav **Lejeune-Dirichlet** (1805-1859): dt. Mathematiker frz. Abstammung (Zahlentheorie, Reihentheorie, Variationsrechnung, Randwertprobleme, Potenzialtheorie, Integralrechnung)

[15] Franz Ernst **Neumann** (1798-1895): dt. Physiker und Mineraloge (mathematische Physik, Optik, Elektrodynamik, Kristallphysik)

3.7 Aufgaben

3.7.1 In der Materialgleichung $\underline{\mathbf{D}}(\mathbf{r}, \omega) = \left(\varepsilon'(\omega) - j\,\varepsilon''(\omega)\right)\underline{\mathbf{E}}(\mathbf{r}, \omega)$ nach (3.15) tritt eine frequenzabhängige Permittivität auf. Betrachten Sie im Zeitbereich das zugehörige Faltungsintegral (3.16) bei schmalbandiger Anregung $\underline{\mathbf{E}}(\mathbf{r}, \omega) \approx \underline{\mathbf{E}}(\mathbf{r}, \omega_0)$.

3.7.2 Im Vakuum soll der magnetische Feldstärkephasor $\underline{\mathbf{H}}(z, \omega) = \underline{H}_0\,\mathbf{e}_y\,e^{-j\,\omega\,z/c_0}$ vorliegen. Zeigen Sie mit Hilfe der Maxwellschen Gleichungen, dass daraus folgt

$$\underline{\mathbf{E}}(z, \omega) = \sqrt{\frac{\mu_0}{\varepsilon_0}}\,\underline{H}_0\,\mathbf{e}_x\,e^{-j\,\omega\,z/c_0} \quad \text{mit} \quad c_0 = 1/\sqrt{\mu_0\,\varepsilon_0}\;.$$

3.7.3 Zeigen Sie mit Hilfe des komplexen Poyntingschen Satzes (3.27), dass in einem geschlossenen verlustlosen Hohlraumresonator die zeitlichen Mittelwerte der elektrischen und der magnetischen Feldenergie übereinstimmen.

3.7.4 Betrachten Sie die ebene stromfreie Trennfläche zwischen zwei homogenen permeablen Halbräumen mit $\mu_1 = 100\,\mu_0$ und $\mu_2 = \mu_0$. Die Trennfläche falle bei $z = 0$ mit der x-y-Ebene zusammen. Bestimmen Sie für $B_{x,1}(z = 0_-) = 10^{-3}$ T die Felder $B_{x,2}(z = 0_+)$ sowie $H_{x,1}(z = 0_-)$ und $H_{x,2}(z = 0_+)$.

Lösungen:

3.7.1 Bei _schmalbandiger_ Anregung wird $\varepsilon' - j\,\varepsilon''$ von der Frequenz unabhängig. Mit _konstantem_ $\varepsilon' = \varepsilon_0\,\varepsilon_r(\omega_0)$ wird $\varepsilon(t)$ dann nach (3.17) zu einer Diracschen Deltafunktion:

$$\varepsilon(t) = \frac{1}{2\pi} \int\limits_{\omega = -\infty}^{\infty} (\varepsilon' - j\,\varepsilon'')\,e^{j\omega t}\,d\omega = \frac{1}{2\pi} \int\limits_{\omega = -\infty}^{\infty} (\varepsilon' - j\,\varepsilon'')\,(\cos\omega t + j\sin\omega t)\,d\omega =$$

$$= \frac{1}{2\pi} \int\limits_{\omega = -\infty}^{\infty} (\varepsilon'\cos\omega t + \varepsilon''\widehat{\sin\omega t})\,d\omega = \varepsilon'\,\delta(t)\,.$$

Der ε''-Term ist ungerade und verschwindet, somit folgt die Schmalbanddarstellung:

$$\mathbf{D}(\mathbf{r}, t) = \int\limits_{\tau = -\infty}^{\infty} \varepsilon'\,\delta(\tau)\,\mathbf{E}(\mathbf{r}, t - \tau)\,d\tau = \varepsilon_0\,\varepsilon_r(\omega_0)\,\mathbf{E}(\mathbf{r}, t)\,.$$

3.7.3 Im komplexen Poyntingschen Satz

$$2\,j\,\omega \iiint\limits_{V} \left(\underline{w}_{\mathrm{e}} - \underline{w}_{\mathrm{m}}\right) dV = \frac{1}{2} \iiint\limits_{V} \underline{\mathbf{E}} \cdot \underline{\mathbf{J}}_E^*\,dV + \frac{1}{2} \iiint\limits_{V} \kappa\,|\underline{\mathbf{E}}|^2\,dV + \oiint\limits_{A} \underline{\mathbf{S}} \cdot d\mathbf{A}$$

verschwinden auf der rechten Gleichungsseite alle drei Integrale. Einerseits gibt ein geschlossener Hohlraum keine Strahlung ab. Da es zudem keine Verluste gibt, muss die Quelle – im stationären Zustand – auch keine Leistung nachliefern ($\mathbf{J}_E = 0$), d. h.

$$2\,j\,\omega \iiint\limits_{V} \left(\underline{w}_{\mathrm{e}} - \underline{w}_{\mathrm{m}}\right) dV = 0 \quad \text{bzw.} \quad \iiint\limits_{V} \underline{w}_{\mathrm{e}}\,dV = \iiint\limits_{V} \underline{w}_{\mathrm{m}}\,dV\,.$$

3.7.4 $B_{x,2}(z = 0_+) = 10^{-5}$ T und $H_{x,1}(z = 0_-) = H_{x,2}(z = 0_+) = B_{x,1}(z = 0_-)/\mu_1 = 7{,}96$ A/m

4 Ebene Wellen

Durch die beschleunigte Bewegung von Ladungsträgern können elektromagnetische Wellen erzeugt werden, die sich von ihren Quellen ablösen und sich im Raum mit Lichtgeschwindigkeit ausbreiten. Die Felder einer solchen Welle sind einerseits mathematische Hilfsgrößen zur Beschreibung der Wechselwirkung zwischen geladenen Teilchen, andererseits transportieren sie Energie und Impuls und haben dadurch eine eigenständige physikalische Realität.

4.1 Ebene Wellen im Dielektrikum

4.1.1 Lösung der Helmholtz-Gleichung

Es soll der einfachste Fall der Wellenausbreitung in einem unbegrenzten und quellenfreien ruhenden Medium untersucht werden, dessen Materialeigenschaften linear und zeitinvariant sind. Außerdem sollen sie von Ort und Richtung unabhängig sein – das Medium sei also homogen und isotrop. Für eingeschwungene harmonische Zeitabhängigkeit $e^{j\omega t}$ können wir in kartesischen Koordinaten die Ausbreitung elektromagnetischer Wellen in einem leitfähigen Dielektrikum nach (3.87) durch die **homogene vektorielle Helmholtz-Gleichung** beschreiben:

$$\left(\frac{\partial^2}{\partial x^2} + \frac{\partial^2}{\partial y^2} + \frac{\partial^2}{\partial z^2} + \omega^2 \mu \, \varepsilon - j \, \omega \, \mu \, \kappa \right) \underline{\mathbf{E}} = 0 \, . \tag{4.1}$$

Nach (3.34) müssen wir, falls Polarisationsverluste eine Rolle spielen, κ durch $\kappa_\varepsilon = \kappa + \omega \varepsilon''$ ersetzen, womit sich **Ohmsche und Polarisationsverluste** bequem zusammenfassen lassen.

Mit dem komplexen Vektor $\underline{\mathbf{E}} = \underline{E}_x \, \mathbf{e}_x + \underline{E}_y \, \mathbf{e}_y + \underline{E}_z \, \mathbf{e}_z$ muss also *jede* der drei kartesischen Komponenten eine homogene skalare Helmholtz-Gleichung erfüllen. Für $\underline{E}_x$ gilt:

$$\frac{\partial^2 \underline{E}_x}{\partial x^2} + \frac{\partial^2 \underline{E}_x}{\partial y^2} + \frac{\partial^2 \underline{E}_x}{\partial z^2} - \underline{\gamma}^2 \, \underline{E}_x = 0 \, , \tag{4.2}$$

wobei wir mit (3.89) die bequeme Abkürzung

$$\underline{\gamma}^2 = -\omega^2 \, \mu \, \varepsilon + j \, \omega \, \mu \, \kappa = -\omega^2 \, \mu \, \underline{\varepsilon} = -\omega^2 \, \mu \, \varepsilon \left(1 - j \, \tan \delta_\varepsilon \right) \tag{4.3}$$

eingeführt haben. Bevor wir in Kapitel 8 am Beispiel des Rechteckhohlleiters die allgemeinste Lösung von (4.2) suchen, wollen wir zunächst einen einfacheren Spezialfall betrachten.

Die einfachsten und fundamentalsten elektromagnetischen Wellen sind **transversale ebene Wellen,** die sich geradlinig ausbreiten und in Ebenen quer zu ihrer Ausbreitungsrichtung keine Feldabhängigkeit aufweisen, also homogen sind.

Wir wollen annehmen, dass sich die gesuchte Welle längs der z-Achse eines kartesischen Koordinatensystems ausbreitet und drücken ihre Homogenität im Querschnitt wie folgt aus:

$$\frac{\partial}{\partial x} = \frac{\partial}{\partial y} = 0 \, . \tag{4.4}$$

© Springer Fachmedien Wiesbaden GmbH, ein Teil von Springer Nature 2022
K. W. Kark, *Antennen und Strahlungsfelder,*
https://doi.org/10.1007/978-3-658-38595-8_4

Damit vereinfacht sich die zu lösende Differenzialgleichung (4.2) beträchtlich:

$$\frac{d^2 \underline{E}_x}{d z^2} - \underline{\gamma}^2 \, \underline{E}_x = 0 \, . \tag{4.5}$$

Diese gewöhnliche Differenzialgleichung zweiter Ordnung mit konstanten Koeffizienten hat die bekannte Lösung:

$$\boxed{\underline{E}_x(z) = \underline{E}_{x,h} \, e^{-\underline{\gamma} z} + \underline{E}_{x,r} \, e^{\underline{\gamma} z}} \, . \tag{4.6}$$

Durch Wahl der beiden komplexen Konstanten $\underline{E}_{x,h} = \hat{E}_{x,h} \, e^{j \varphi_h}$ und $\underline{E}_{x,r} = \hat{E}_{x,r} \, e^{j \varphi_r}$ muss diese Lösung noch an eventuell vorhandene Randbedingungen angepasst werden. Das noch fehlende Magnetfeld erhalten wir nach (3.83) direkt aus der zweiten Maxwellschen Gleichung:

$$\operatorname{rot} \underline{\mathbf{E}} = - j \omega \, \underline{\mathbf{B}} \, . \tag{4.7}$$

Mit Hilfe von Tabelle 2.6 kann die Rotation berechnet werden und wir finden zunächst:

$$\underline{B}_y = \frac{1}{-j \omega} \frac{d \underline{E}_x}{d z} \, , \tag{4.8}$$

womit wir schließlich nach Einsetzen von (4.6) und Differenziation erhalten:

$$\boxed{\underline{B}_y(z) = \frac{\underline{\gamma}}{j \omega} \left(\underline{E}_{x,h} \, e^{-\underline{\gamma} z} - \underline{E}_{x,r} \, e^{\underline{\gamma} z} \right) = \underline{B}_{y,h} \, e^{-\underline{\gamma} z} + \underline{B}_{y,r} \, e^{\underline{\gamma} z}} \, . \tag{4.9}$$

Wegen $\underline{\mathbf{B}} = \mu \, \underline{\mathbf{H}}$ können wir auch schreiben:

$$\boxed{\underline{H}_y(z) = \frac{\underline{\gamma}}{j \omega \mu} \left(\underline{E}_{x,h} \, e^{-\underline{\gamma} z} - \underline{E}_{x,r} \, e^{\underline{\gamma} z} \right) = \underline{H}_{y,h} \, e^{-\underline{\gamma} z} + \underline{H}_{y,r} \, e^{\underline{\gamma} z}} \, . \tag{4.10}$$

Aus der positiven Wurzel von (4.3) erhalten wir die komplexe Größe

$$\boxed{\underline{\gamma} = \alpha + j \beta = \sqrt{- \omega^2 \mu \varepsilon + j \omega \mu \kappa}} \, , \tag{4.11}$$

die als **Ausbreitungs-** oder **Fortpflanzungskonstante** bezeichnet wird. In der komplexen Zahlenebene wird ihr ein Zeiger im I. Quadranten zugeordnet. Die Dämpfungskonstante $\alpha \geq 0$ gibt die Amplitudenabnahme je Länge in Ausbreitungsrichtung und die Phasenkonstante $\beta = 2 \pi / \lambda > 0$ die Phasenänderung in Ausbreitungsrichtung der Welle an. Die Freiraumwellenlänge wird wie üblich mit λ bezeichnet.

Aus dem Verhältnis der komplexen Amplituden der elektrischen und magnetischen Querfeldstärken (4.6) und (4.10) jeweils der hinlaufenden bzw. rücklaufenden Welle folgt die **Feldwellenimpedanz,** die im verlustfreien Fall gleich $Z_F = Z = \sqrt{\mu / \varepsilon}$ wird:

$$\boxed{\underline{Z}_F = \frac{\underline{E}_{x,h}}{\underline{H}_{y,h}} = - \frac{\underline{E}_{x,r}}{\underline{H}_{y,r}} = \frac{j \omega \mu}{\underline{\gamma}} = \sqrt{\frac{j \omega \mu}{\kappa + j \omega \varepsilon}} = \frac{\sqrt{\mu / \varepsilon}}{\sqrt{1 - j \dfrac{\kappa}{\omega \varepsilon}}}} \, . \tag{4.12}$$

Die Gleichungen (4.6) und (4.10) für $\underline{E}_x(z)$ und $\underline{H}_y(z)$ beschreiben die Überlagerung einer in positiver z-Richtung fortschreitenden elektromagnetischen Welle (Index „h" für hinlaufende

Welle) mit einer sich in negativer z-Richtung ausbreitenden Welle (Index „r" für rücklaufende oder reflektierte Welle). Die Richtung der Wellenausbreitung

$$\text{„h"} \propto e^{-\underline{\gamma} z} = e^{-\alpha z} e^{-j\beta z}: \qquad \textit{positive z-Richtung bzw.} \tag{4.13}$$

$$\text{„r"} \propto e^{\underline{\gamma} z} = e^{\alpha z} e^{j\beta z}: \qquad \textit{negative z-Richtung} \tag{4.14}$$

bestimmt man aus der Forderung, dass die Welle in passiver Materie, d. h. für $\alpha \geq 0$, aus energetischen Gründen jeweils nur abklingen kann. Im Zeitbereich folgt die Darstellung z. B. der elektrischen Feldstärke direkt aus (4.6) mit (4.11):

$$\boxed{\begin{aligned} E_x(z,t) &= \text{Re}\left\{\underline{E}_x(z)\,e^{j\omega t}\right\} = \text{Re}\left\{\underline{E}_{x,h}\,e^{-\underline{\gamma} z}e^{j\omega t}\right\} + \text{Re}\left\{\underline{E}_{x,r}\,e^{\underline{\gamma} z}e^{j\omega t}\right\} = \\ &= \text{Re}\left\{\hat{E}_{x,h}\,e^{j\varphi_h}e^{-\alpha z}e^{-j\beta z}e^{j\omega t}\right\} + \text{Re}\left\{\hat{E}_{x,r}\,e^{j\varphi_r}e^{\alpha z}e^{j\beta z}e^{j\omega t}\right\} = \\ &= \hat{E}_{x,h}\,e^{-\alpha z}\cos\left(\omega t - \beta z + \varphi_h\right) + \hat{E}_{x,r}\,e^{\alpha z}\cos\left(\omega t + \beta z + \varphi_r\right). \end{aligned}} \tag{4.15}$$

Übung 4.1: Ausbreitungskonstante

- Zerlegen Sie die Ausbreitungskonstante

$$\underline{\gamma} = \alpha + j\beta = \sqrt{-\omega^2 \mu\varepsilon + j\omega\mu\kappa} \tag{4.16}$$

in ihren Real- und Imaginärteil.

- **Lösung:**

    Man quadriert die Beziehung (4.16) und erhält [Edm84]:

$$\alpha^2 + 2j\alpha\beta - \beta^2 = -\omega^2\mu\varepsilon + j\omega\mu\kappa. \tag{4.17}$$

Die komplexe Gl. (4.17) kann in Form zweier reeller Gln. geschrieben werden:

$$\alpha^2 - \beta^2 = -\omega^2\mu\varepsilon \tag{4.18}$$

$$2\alpha\beta = \omega\mu\kappa. \tag{4.19}$$

Wir lösen (4.19) nach α auf:

$$\alpha = \frac{\omega\mu\kappa}{2\beta} \tag{4.20}$$

und setzen das Ergebnis in (4.18) ein. Dadurch folgt eine quadratische Gleichung für β^2:

$$\beta^4 - \omega^2\mu\varepsilon\,\beta^2 - \frac{(\omega\mu\kappa)^2}{4} = 0, \tag{4.21}$$

deren Lösung wir mit $k = \omega\sqrt{\mu\varepsilon}$ direkt angeben können:

$$\boxed{\beta = \frac{k}{\sqrt{2}}\sqrt{1 + \sqrt{1 + \frac{\kappa^2}{\omega^2\varepsilon^2}}} = \frac{2\pi}{\lambda}}. \tag{4.22}$$

Aus (4.18) folgt $\alpha = \sqrt{\beta^2 - k^2}$ und damit wird die noch fehlende Dämpfungskonstante

$$\alpha = \frac{k}{\sqrt{2}} \sqrt{-1 + \sqrt{1 + \frac{\kappa^2}{\omega^2 \varepsilon^2}}} .$$ (4.23)

In einem Medium mit _schwachen_ Verlusten, d. h. bei $\kappa/(\omega \varepsilon) \ll 1$, kann man durch Entwickeln der Wurzeln in Taylor-Reihen folgende Näherungen erhalten:

$$\alpha \approx \frac{\kappa}{2} \sqrt{\frac{\mu}{\varepsilon}} \left(1 - \frac{\kappa^2}{8\,\omega^2 \varepsilon^2}\right) \quad \text{und} \quad \beta \approx \omega \sqrt{\mu \varepsilon} \left(1 + \frac{\kappa^2}{8\,\omega^2 \varepsilon^2}\right) .$$ (4.24)

Die Dämpfung ist also in erster Näherung proportional zur Leitfähigkeit des Mediums. □

Bei einer Welle mit den Feldkomponenten $\left(\underline{E}_x, \underline{H}_y\right)$ und Ausbreitung in $\pm$ z-Richtung stehen elektrische und magnetische Feldstärkevektoren _senkrecht_ aufeinander und ihrerseits _senkrecht_ zur Ausbreitungsrichtung. Es gibt also nur transversale Feldkomponenten. Eine solche Welle wird **t**ransversale **e**lektro**m**agnetische Welle oder **TEM-Welle** genannt. Die Flächen konstanter Phase, die als Wellen- oder Phasenfronten bezeichnet werden, bilden Ebenen senkrecht zur Ausbreitungsrichtung. Eine ebene Welle erfüllt im theoretischen Sinn den gesamten unbegrenzten Raum und ist daher in der Praxis nicht realisierbar, da sie eine unendlich große Energiemenge transportieren würde. Reale elektromagnetische Wellen im freien Raum und längs der Erdoberfläche haben dagegen **sphärische Phasenfronten** mit (im Fernfeld) vernachlässigbarer Krümmung. Darum kann man eine globale Kugelwelle lokal durch eine TEM-Welle annähern.

Die Orientierung der Feldstärken bei einer verlustfreien, ebenen Welle mit $\alpha = 0$, die sich in die positive z-Richtung bewegt, zeigt Bild 4.1. Wir betrachten dort die räumliche Verteilung der Felder zum willkürlich gewählten Zeitpunkt $\omega t = \pi/2$. Nach (4.15) ergibt sich bei einer Startphase von $\varphi_h = 0$ folgendes Momentanbild der räumlichen Abhängigkeit:

$$E_x(z) = \hat{E}_x \cos\left(\omega t - \beta z\right)\big|_{\omega t = \pi/2} = \hat{E}_x \sin\left(\beta z\right).$$ (4.25)

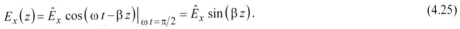

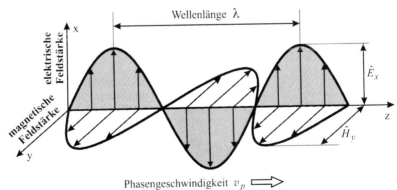

Bild 4.1 Ortsdarstellung der Felder einer TEM-Welle zu einem festen Zeitpunkt. Bei Variation der Zeit bewegen sich Bäuche und Knoten mit der Phasengeschwindigkeit v_p nach rechts.

● Den Abstand zweier benachbarter Ebenen gleicher Schwingungsphase bezeichnet man als Wellenlänge λ.

● Das Bild der Feldverteilung verschiebt sich mit der Phasengeschwindigkeit v_p nach rechts. In Übung 4.2 werden wir die Phasengeschwindigkeit einer ebenen Welle berechnen.

4.1.2 Dämpfung und Eindringtiefe

Bei der Ausbreitung in einem homogenen Medium $(\mu, \varepsilon, \kappa)$ in die positive z-Richtung erfährt eine ebene elektromagnetische Welle mit ihrer Ausbreitungskonstanten $\underline{\gamma} = \alpha + j\,\beta$ gemäß

$$\underline{E}_x(z) = \underline{E}_{x,h}\, e^{-\underline{\gamma}\,z} = \underline{E}_{x,h}\, e^{-\alpha z}\, e^{-j\beta z} \tag{4.26}$$

also Dämpfung und Phasendrehung. Die Weglänge $z = \delta$, nach der ihre Feldstärke um den Faktor $e^{-\alpha\delta} = e^{-1} \approx 0{,}368$ kleiner geworden ist, wird als **Eindringtiefe** δ definiert. Den Spezialfall metallischer Medien findet man in Abschnitt 4.2.1 Mit (4.23) folgt δ als Kehrwert von α

$$\delta = \frac{1}{\alpha} = \left[\frac{k}{\sqrt{2}}\sqrt{-1 + \sqrt{1 + \frac{\kappa^2}{\omega^2 \varepsilon^2}}}\,\right]^{-1}. \tag{4.27}$$

Mit $k = \omega\sqrt{\mu\varepsilon}$ können wir (4.27) noch umformen:

$$\delta = \frac{1}{\dfrac{\omega\sqrt{\mu\varepsilon}}{\sqrt{2}}\dfrac{\sqrt{\varepsilon}}{\kappa}\dfrac{\kappa}{\sqrt{\varepsilon}}\sqrt{-1 + \sqrt{1 + \dfrac{\kappa^2}{\omega^2 \varepsilon^2}}}} = \frac{\sqrt{\varepsilon/\mu}}{\kappa}\frac{\sqrt{2}}{\dfrac{\omega\,\varepsilon}{\kappa}\sqrt{-1 + \sqrt{1 + \dfrac{\kappa^2}{\omega^2 \varepsilon^2}}}}. \tag{4.28}$$

Unterhalb der **kritischen Frequenz** [Par01] mit

$$\frac{\omega_{\text{crit}}\,\varepsilon}{\kappa} = 1 \quad\Rightarrow\quad \boxed{\omega_{\text{crit}} = \frac{\kappa}{\varepsilon}} \tag{4.29}$$

zeigt nach Bild 4.2 die Eindringtiefe eine starke Frequenzabhängigkeit proportional zu $1/\sqrt{\omega}$, während sich bei $\omega > \omega_{\text{crit}}$ nahezu frequenzkonstantes Verhalten einstellt. Es gilt

$$\boxed{\frac{\delta}{\delta_{\text{crit}}} = \frac{\sqrt{-1 + \sqrt{2}}}{\dfrac{\omega}{\omega_{\text{crit}}}\sqrt{-1 + \sqrt{1 + \left(\dfrac{\omega_{\text{crit}}}{\omega}\right)^2}}}} \quad \text{mit} \quad \delta_{\text{crit}} = \frac{\sqrt{2}}{\sqrt{-1 + \sqrt{2}}}\frac{\sqrt{\varepsilon/\mu}}{\kappa}. \tag{4.30}$$

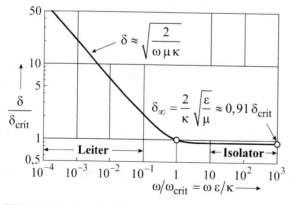

Im Bereich $\omega < \omega_{\text{crit}}$ dringt die Welle mit steigender Frequenz immer schlechter in das Medium ein. Die geringste Eindringtiefe ist der für hohe Frequenzen sich einstellende asymptotische Endwert δ_∞. Für $\omega\varepsilon/\kappa \ll 1$ wirkt das Medium wie ein **Leiter** mit dominanten Leitungsströmen $J_L \gg \partial D/\partial t$, während bei $\omega\varepsilon/\kappa \gg 1$ die Verschiebungsströme mit $\partial D/\partial t \gg J_L$ dominieren und das Medium zum **Isolator** wird [Sim93].

Bild 4.2 Normierte Eindringtiefe (4.30) als Funktion der normierten Frequenz $\omega/\omega_{\text{crit}}$. Der Wert von $\delta_\infty = 1/\alpha_\infty$ folgt aus (4.24) mit $\alpha_\infty = 0{,}5\,\kappa\sqrt{\mu/\varepsilon}$.

Zur Untersuchung von Strukturen im Erdboden werden häufig **Georadare** eingesetzt, die von der Erdoberfläche in den Erdboden im Frequenzbereich von ca. 20 MHz bis 2 GHz einstrahlen und Echos aus dem Untergrund auswerten. Die in Tabelle 4.1 für verschiedene Böden angegebenen Werte von ε_r und κ basieren auf [Zuh53] und sind als Richtwerte zu verstehen. Die tatsächliche Bodenbeschaffenheit kann zu spürbaren Abweichungen führen. Beispielhaft für die Frequenz $f = 30$ MHz findet man in Tabelle 4.1 auch die bodenabhängigen Eindringtiefen δ.

Tabelle 4.1 Relative Permittivität ε_r und elektrische Leitfähigkeit κ verschiedener Bodenarten. Ein Georadar hat je nach Sendeleistung und Empfindlichkeit typische **Ortungstiefen** von ca. 4δ bis 5δ.

Bodenart (siehe auch Abschnitt 5.3.4)	relative Permittivität ε_r	elektrische Leitfähigkeit κ in $\left[10^{-3}\,\mathrm{S/m}\right]$	kritische Frequenz $f_{\mathrm{crit}} = \dfrac{\kappa}{2\,\pi\,\varepsilon_r\,\varepsilon_0}$ nach (4.29) in [MHz]	Eindringtiefe δ in [m] nach (4.30) bei $f = 30$ MHz
Antarktiseis	3,2	0,01	0,056	950
Süßwassereis	3,2	0,16	0,9	59
Süßwasser	80	4	0,9	12
Sand (trocken)	4	2	9	5,4
Erdboden (trocken)	8	10	22	1,6
Erdboden (nass)	20	100	90	0,34
Meerwasser	80	4000	900	0,05
Kupfer	1	$58 \cdot 10^9$	$1,04 \cdot 10^{12}$	$12 \cdot 10^{-6}$

Mit Georadaren können z. B. verborgene Hohlräume, Kabel, Landminen oder Feuchtezonen aufgespürt werden. Eine bessere Auflösung erreicht man mit höheren Trägerfrequenzen, doch ist dort die Eindringtiefe und damit die Reichweite des Radars geringer (Bild 4.3).

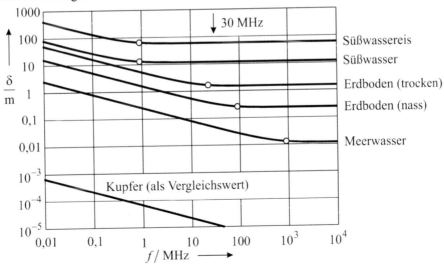

Bild 4.3 Eindringtiefe δ im Frequenzbereich von 10 kHz bis 10 GHz für verschiedene Bodenarten nach Tabelle 4.1. Die kritischen Frequenzen f_{crit} sind durch Kreise markiert.

4.1.3 Geschwindigkeitsdefinitionen

Wenn die Phasenkonstante $\beta(\omega)$ wie in (4.22) nichtlinear von der Frequenz ω abhängt, dann spricht man von einem dispersiven Medium. Bei Vorliegen von **Dispersion** wird die Geschwindigkeit der Wellenausbreitung frequenzabhängig, was bei der Übertragung breitbandiger Signale zu linearen Verzerrungen führt. In einem idealen Medium ohne Dispersion, d. h. im Vakuum mit $\beta = \omega \sqrt{\mu_0 \varepsilon_0} = \omega / c_0$, werden alle im Folgenden definierten Geschwindigkeiten gleich der **Vakuumlichtgeschwindigkeit** $c_0 = 2{,}99792458 \cdot 10^8$ m/s .

Zunächst wollen wir uns mit dem Begriff der Phasengeschwindigkeit beschäftigen. Wir setzen dazu eine monochromatische Welle von unendlicher Dauer und Ausdehnung voraus. Die Phasengeschwindigkeit beschreibt dann die Geschwindigkeit, mit der sich ein Zustand konstanter Phase im Raum ausbreitet. Eine solche Welle ist nur angenähert realisierbar und im Sinne der Informationstheorie eigentlich wertlos, da ihr der unvorhersehbare, statistische Charakter einer Nachricht fehlt. Als Baustein kontinuierlicher Spektren ist sie allerdings von großer Bedeutung.

Übung 4.2: Phasengeschwindigkeit

- Bestimmen Sie die Geschwindigkeit, mit der sich bei einer TEM-Welle ein Zustand gleicher Phase, d. h. eine Phasenfront, im Raume ausbreitet.

- **Lösung:**

Die Geschwindigkeit, mit der sich ein bestimmter Phasenzustand ausbreitet, erhält man aus folgendem Gedankenexperiment. Während sich für einen *ruhenden* Beobachter „Knoten" und „Bäuche" mit Phasengeschwindigkeit an ihm vorbei bewegen, bleibt für einen *mitbewegten* Beobachter, der gleichsam auf einem Wellenberg mit reitet, die Phase konstant. Nach (4.15) stellen wir also die Forderung:

$$\Phi(t, z) = \omega\, t \mp \beta\, z + \varphi_0 = \text{const} .$$

$$(4.31)$$

(4.31) kann als totales Differenzial geschrieben werden:

$$d\Phi = \frac{\partial \Phi}{\partial t} dt + \frac{\partial \Phi}{\partial z} dz = 0 .$$

$$(4.32)$$

Nach Bilden der Ableitungen erhalten wir zunächst $\omega\, dt \mp \beta\, dz = 0$, woraus sofort die gesuchte **Phasengeschwindigkeit** folgt:

$$\boxed{v_p = \frac{dz}{dt} = \pm \frac{\omega}{\beta(\omega)} = \pm \frac{2\,\pi\, f}{2\,\pi / \lambda} = \pm \lambda\, f} .$$

$$(4.33)$$

Das positive Vorzeichen gehört dabei zu einer Welle, die in die positive z-Richtung läuft, während das negative Vorzeichen die Phasengeschwindigkeit einer Welle in negativer z-Richtung beschreibt. Nach (4.22) gilt:

$$\beta(\omega) = \omega \sqrt{\mu \varepsilon / 2} \sqrt{1 + \sqrt{1 + \frac{\kappa^2}{\omega^2 \varepsilon^2}}}$$

$$(4.34)$$

und damit ist in *leitfähigen* Medien die Phasengeschwindigkeit von der Frequenz abhängig:

$$v_p(\omega) = \frac{\omega}{\beta(\omega)} = \frac{\sqrt{2}}{\sqrt{\mu\,\varepsilon}\,\sqrt{1+\sqrt{1+\frac{\kappa^2}{\omega^2\varepsilon^2}}}} \leq c \;.$$

(4.35)

Damit ist *bei TEM-Wellen* v_p stets kleiner oder gleich der Lichtgeschwindigkeit und erreicht für hohe Frequenzen den Grenzwert

$$v_F = \lim_{\omega\to\infty} v_p(\omega) = \lim_{\omega\to\infty} 1\big/\sqrt{\mu(\omega)\,\varepsilon(\omega)} = 1\big/\sqrt{\mu_0\varepsilon_0} = c_0 \;.$$

(4.36)

Da bei genügend schneller Änderung der Felder ($\omega \to \infty$), die Polarisationsprozesse in materiellen Körpern diesen Änderungen aufgrund der Trägheit der Ladungsträger nicht mehr folgen können (Relaxation). Nach den Ausführungen in Abschnitt 3.1.2 kann man bei Dielektrika von Werten $\varepsilon_r(\omega) \approx 1$ und damit $\varepsilon(\omega) \approx \varepsilon_0$ ausgehen, sobald man sich *oberhalb* des ultravioletten Spektralbereichs befindet. Nach plötzlichem Einschalten eines Generators wird sich die erste Wellenfront als Diskontinuität mit der für $\omega \to \infty$ gültigen Phasengeschwindigkeit ausbreiten. Darum wird diese Geschwindigkeit auch **Frontgeschwindigkeit** v_F genannt. Die Front eines Signals pflanzt sich daher – unabhängig vom Medium – stets mit der Vakuumlichtgeschwindigkeit c_0 fort, da für unendliche Frequenzen alle Einflüsse des Mediums auf die Wellenausbreitung vernachlässigbar sind. □

Für einen *monochromatischen* Wellenzug fester gegebener Frequenz – also ein zeitlich unendlich andauerndes Sinussignal – ist nur die Phasengeschwindigkeit von Bedeutung. In der Praxis sendet aber keine Quelle monochromatisch, sondern mehr oder weniger scharfe Frequenzbündel, die den dominanten Anteil ihres kontinuierlichen Spektrums bilden. Es überlagern sich hier also Wellen von verschiedener – aber benachbarter – Frequenz zu einer sogenannten Wellengruppe. Ein solches Wellenpaket breitet sich nicht mit der Phasengeschwindigkeit v_p, sondern vielmehr mit der Gruppengeschwindigkeit v_g aus. Als Beispiel soll nach *Stokes* (siehe [Som92]) die Summe zweier Wellen gleicher Amplitude, aber von etwas verschiedener Frequenz betrachtet werden. Die Frequenzdifferenz $\Delta\omega$ hat dann auch eine Änderung der Phasenkonstanten um $\Delta\beta$ zur Folge. Die zu untersuchende **Wellengruppe** lautet:

$$f(z,t) = A\cos[\omega t - \beta z] + A\cos[(\omega+\Delta\omega)t - (\beta+\Delta\beta)z] \;.$$

(4.37)

Diese Summe können wir leicht umformen:

$$f(z,t) = 2A\cos\left[\frac{\Delta\omega\,t - \Delta\beta\,z}{2}\right]\cos\left[\left(\omega+\frac{\Delta\omega}{2}\right)t - \left(\beta+\frac{\Delta\beta}{2}\right)z\right] \;.$$

(4.38)

- Für *kleine* Frequenzänderungen $|\Delta\omega| \ll \omega$ oszilliert das Summensignal in $f(z,t)$ nahezu mit der Frequenz ω.

- Der hochfrequente Schwingungsanteil $\cos[(\omega+\Delta\omega/2)t - (\beta+\Delta\beta/2)z]$ wird durch den langsam oszillierenden Faktor $\cos[(\Delta\omega\,t - \Delta\beta\,z)/2]$ in der Amplitude verändert.

- Es kommt zu periodischen *Interferenzen* mit Verstärkung und Auslöschung.

- Das somit entstehende Signal (4.38) hat den Charakter einer **Schwebung.** In Bild 4.4 wurde ein Verhältnis $\omega/\Delta\omega = 6$ angenommen. Durch Interferenz formen sich einzelne Impulse oder Gruppen deutlich heraus.

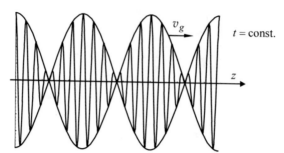

Bild 4.4 Schwebung (4.38) durch Überlagerung zweier Schwingungen (entspricht Einseitenband-Amplitudenmodulation mit Modulationsgrad $m = 2$). Die Einhüllende des Wellenzugs bewegt sich mit der Gruppengeschwindigkeit v_g.

Im Grenzfall $\Delta\omega \to 0$ ist die **Phasengeschwindigkeit** des zusammengesetzten Signals

$$v_p = \lim_{\Delta\omega \to 0} \frac{\omega + \Delta\omega/2}{\beta + \Delta\beta/2} = \frac{\omega}{\beta} \approx c \left[1 - \frac{1}{2}\left(\frac{\kappa}{2\omega\varepsilon}\right)^2 + \frac{7}{8}\left(\frac{\kappa}{2\omega\varepsilon}\right)^4 \right] \le c \quad , \tag{4.39}$$

während sich die Einhüllende mit der **Gruppengeschwindigkeit** ausbreitet:

$$v_g = \lim_{\Delta\omega \to 0} \frac{\Delta\omega/2}{\Delta\beta/2} = \frac{d\omega}{d\beta} \approx c \left[1 + \frac{1}{2}\left(\frac{\kappa}{2\omega\varepsilon}\right)^2 - \frac{13}{8}\left(\frac{\kappa}{2\omega\varepsilon}\right)^4 \right] \ge c \quad . \tag{4.40}$$

Die Reihenentwicklungen gelten bei _schwachen_ Verlusten, d. h. für $\kappa/(\omega\varepsilon) \ll 1$.

Einem Wellenzug endlicher Länge, d. h. einem Information tragenden Signal, wird durch die Fourier-Transformation ein kontinuierliches Spektrum zugeordnet, das sich im Allgemeinen aus einer Superposition aller Frequenzen $-\infty < \omega < \infty$ zusammensetzt. In einem dispersiven Medium bewegt sich jede dieser Harmonischen mit der ihr eigenen Phasengeschwindigkeit. Für den Impuls als Ganzes verliert daher der Begriff der Phasengeschwindigkeit seine Bedeutung und wird bei schmalbandigen Signalen durch die Gruppengeschwindigkeit ersetzt, die man sich anschaulich als Schwerpunktgeschwindigkeit des Wellenzuges vorstellen kann und bei geringer Dispersion mit der Geschwindigkeit der Einhüllenden übereinstimmt (Bild 4.4). Während der Ausbreitung verbreitert sich allerdings der Impuls und fließt allmählich auseinander. Bei starker Dispersion unterliegt die ursprünglich lokalisierte Wellengruppe daher einer baldigen Verschmierung, sodass dann auch die Gruppengeschwindigkeit ihren Sinn verliert. Nach (4.39) und (4.40) gilt folgender Zusammenhang zwischen Gruppen- und Phasengeschwindigkeit:

$$v_g = \frac{1}{\dfrac{d\beta}{d\omega}} = \frac{1}{\dfrac{d(\omega/v_p)}{d\omega}} = \frac{1}{\left(v_p - \omega\dfrac{dv_p}{d\omega} \right)\Big/ v_p^2} = \frac{v_p}{1 - \dfrac{\omega}{v_p}\dfrac{dv_p}{d\omega}} \quad . \tag{4.41}$$

Wenn die Phasengeschwindigkeit linear von der Frequenz abhängt ($v_p \propto \omega$), muss nach (4.41) die Gruppengeschwindigkeit den Wert unendlich annehmen. Bei überproportionalem Anstieg von v_p mit der Frequenz wird sogar $v_g < 0$. Neben (4.41), wo v_g als Funktion von ω und v_p dargestellt wurde, ist zuweilen auch folgende Darstellung von Nutzen:

$$v_g = \frac{d\omega}{d\beta} = \frac{d}{d\beta}\left(\beta v_p \right) = v_p + \beta\frac{dv_p}{d\beta} \quad . \tag{4.42}$$

Übung 4.3: Gruppengeschwindigkeit

- Untersuchen Sie nach (4.40) die Gruppengeschwindigkeit, mit der sich die Einhüllende einer Schwebung im Raume ausbreitet.

- **Lösung:**

Mit $1/v_g = d\beta/d\omega$ und $\beta(\omega)$ nach (4.34) machen wir folgenden Ansatz:

$$\frac{1}{v_g} = \frac{d}{d\omega}\left\{\frac{\omega}{c\sqrt{2}}\sqrt{1+\sqrt{1+\frac{\kappa^2}{\omega^2\varepsilon^2}}}\right\}. \tag{4.43}$$

Wir differenzieren (4.43) und multiplizieren das Ergebnis mit $2c^2/v_p$ nach (4.35):

$$\frac{2c^2}{v_g v_p} = 1 + \sqrt{1+\frac{\kappa^2}{\omega^2\varepsilon^2}} - \frac{\kappa^2}{2\omega^2\varepsilon^2}\frac{1}{\sqrt{1+\frac{\kappa^2}{\omega^2\varepsilon^2}}}. \tag{4.44}$$

Gewöhnlich gilt (außer bei Metallen) $\kappa/(\omega\varepsilon) \ll 1$ und wir können die Wurzelausdrücke aus (4.44) in Taylor-Reihen entwickeln. Da sich die linearen Terme wegheben, müssen wir die Entwicklung bis zum quadratischen Term durchführen und erhalten:

$$\frac{2c^2}{v_g v_p} \approx 2 + \frac{1}{8}\left(\frac{\kappa^2}{\omega^2\varepsilon^2}\right)^2, \tag{4.45}$$

woraus sofort die sogenannte **Borgnis-Beziehung** [Borg41] für schwach dispersive Medien folgt:

$$\boxed{v_g v_p \approx \frac{c^2}{1+\left(\frac{\kappa}{2\omega\varepsilon}\right)^4} \approx c^2\left[1-\left(\frac{\kappa}{2\omega\varepsilon}\right)^4\right]} \tag{4.46}$$

Im verlustfreien Fall – ohne Dispersion – wird $v_g v_p = c^2$ und es gilt $v_g = v_p = c$. □

Bemerkungen zur Dispersion bei TEM-Wellen:

- In *dispersionsfreien* Medien sind Gruppen- und Phasengeschwindigkeit identisch.

- Keine Dispersion liegt z. B. im *verlustlosen* Isolator oder im Vakuum vor.

- Nur im *dispersionsfreien* Fall kann eine isolierte Wellengruppe ohne Formänderung fortschreiten. Im allgemeinen Fall fließt sie auseinander (siehe Bild 9.1).

- Breitet sich eine TEM-Welle in einem Medium mit Verlusten aus ($\kappa > 0$), dann gilt:

$$v_p < c < v_g. \tag{4.47}$$

- Wenn eine merkliche *Absorption* eintritt, kann der Begriff der Gruppengeschwindigkeit überhaupt nicht eingeführt werden, weil sich in einem absorbierenden Medium die Wellenpakete nicht formgetreu ausbreiten, sondern einer schnellen „Verschmierung" unterliegen.

Neben Phasen-, Gruppen- und Frontgeschwindigkeit wollen wir schließlich noch die **Energiegeschwindigkeit** $\mathbf{v}_E$ einführen [Str07, Col91]. Sie gibt die Geschwindigkeit eines Energiepakets $E = h\,f = \hbar\,\omega$ mit harmonischer Zeitabhängigkeit der Frequenz ω als Quotient aus dem reellen Poyntingschen Vektor $\mathbf{S}_R$ der Wirkleistungsdichte in $\mathrm{W/m^2}$ und der räumlichen Gesamtenergiedichte $w = w_e + w_m$ in $\mathrm{Ws/m^3}$ an und ist stets verträglich mit den Forderungen der speziellen Relativitätstheorie. Mit Hilfe von (3.23) und (3.26) finden wir:

$$\mathbf{v}_E(\omega) = \frac{\mathbf{S}_R}{w} = \frac{\dfrac{1}{2}\,\mathrm{Re}\{\underline{\mathbf{E}} \times \underline{\mathbf{H}}^*\}}{\dfrac{\varepsilon}{4}\,\underline{\mathbf{E}} \cdot \underline{\mathbf{E}}^* + \dfrac{\mu}{4}\,\underline{\mathbf{H}} \cdot \underline{\mathbf{H}}^*} \; . \tag{4.48}$$

Man kann allgemein zeigen, dass für alle Frequenzkomponenten stets $v_E(\omega) \leq c$ gilt. Kein Signal, d. h. keine Energie und keine Information, kann daher schneller als mit Lichtgeschwindigkeit übertragen werden. Mit $c = 1/\sqrt{\mu\,\varepsilon}$ und $Z_F = \sqrt{\mu/\varepsilon}$ können wir den Quotienten in (4.48) noch umformen:

$$\mathbf{v}_E(\omega) = c\,\frac{2\,\mathrm{Re}\{\underline{\mathbf{E}} \times Z_F\,\underline{\mathbf{H}}^*\}}{|\underline{\mathbf{E}}|^2 + Z_F^2\,|\underline{\mathbf{H}}|^2} \; . \tag{4.49}$$

Bei einer ebenen Welle im verlustfreien Isolator gilt stets $|\underline{\mathbf{E}}| = Z_F|\underline{\mathbf{H}}|$, weswegen hier die Energiegeschwindigkeit dem Betrage nach gleich der Lichtgeschwindigkeit wird, d. h. $v_E = c$.

Schlussbemerkung:

In dispersiven Medien ist die Geschwindigkeit jeder Wellenausbreitung abhängig von der Frequenz. Man kann – wie in Tabelle 4.2 – drei verschiedene Spezialfälle unterscheiden.

Tabelle 4.2 Einteilung dispersiver Medien und ihre Wellengeschwindigkeiten

keine Dispersion	$v_E = v_g = v_p = c$	TEM-Welle im Freiraumvakuum
anomale Dispersion	$v_E = v_p < c < v_g$	TEM-Welle in Medium mit Verlusten
normale Dispersion	$v_E = v_g < c < v_p$	Hohlleiterwellen – siehe Kapitel 8

Die Übertragung von Informationen ist stets an den Transport einer messbaren Energiemenge gebunden. Ein in seiner Empfindlichkeit gesteigerter Empfänger kann ein ankommendes Signal daher zeitlich früher detektieren, jedoch nicht bevor die allererste Wellenfront eingetroffen ist. Die Frontgeschwindigkeit v_F eines jeden Signals ist nach (4.36) immer gleich der Vakuumlichtgeschwindigkeit c_0. Zur Überbrückung einer räumlichen Distanz Δx ist daher mindestens eine Zeit $\Delta t = \Delta x/c_0$ nötig. Phasengeschwindigkeit v_p und Gruppengeschwindigkeit v_g, können durchaus größere Werte als die Vakuumlichtgeschwindigkeit annehmen oder sogar negativ werden (siehe Bild 15.7). In diesen Fällen verlieren diese Geschwindigkeitsdefinitionen ihren Sinn und verleiten zu falschen Schlussfolgerungen, denn niemals erscheint die Wirkung vor der Ursache **(Kausalität)**. Einzig die Energiegeschwindigkeit v_E, die man auch als Signalgeschwindigkeit bezeichnet, wird niemals superluminal (schneller als das Licht). Scheinbare Verletzungen der Kausalität erweisen sich regelmäßig als Missinterpretationen aufgrund unzulässiger Auslegung des Geschwindigkeitsbegriffs [Reb99]. Weitere Informationen findet man in [Kar99, Kar00a, Kar05].

4.2 Ebene Wellen im Leiter

4.2.1 Skineffekt

Wir betrachten nun den Fall, dass sich eine ebene Welle in einem *gut leitfähigen* Medium ausbreitet; dann gilt nach (3.37) $\omega \varepsilon'' \ll \omega \varepsilon \ll \kappa$. Bei Kupfer mit $\varepsilon = \varepsilon_0$ ist beispielsweise

$$\frac{\kappa}{\omega \varepsilon} \approx \frac{58 \cdot 10^6 \, \text{S/m}}{2\pi f \, 8{,}854 \cdot 10^{-12} \, \text{As/Vm}} \approx \frac{1{,}04 \cdot 10^9}{f \, /\text{GHz}} \gg 1 \,, \tag{4.50}$$

was bei Frequenzen im Mikrowellenbereich weitaus größer als eins ist. Die Formel (4.11) für die Ausbreitungskonstante $\underline{\gamma}$ vereinfacht sich also für $\omega \varepsilon / \kappa \ll 1$ (d.h. $\omega \ll \omega_{\text{crit}}$) wie folgt:

$$\underline{\gamma} = \alpha + j\beta = \sqrt{-\omega^2 \mu \varepsilon + j \omega \mu \kappa} = \sqrt{j \omega \mu \kappa \left(1 + j \frac{\omega \varepsilon}{\kappa}\right)} \approx \sqrt{j \omega \mu \kappa} \,. \tag{4.51}$$

Mit

$$\sqrt{j} = e^{j\pi/4} = \frac{1+j}{\sqrt{2}} \tag{4.52}$$

werden also **Dämpfungs- und Phasenkonstante** identisch:

$$\boxed{\alpha = \beta = \sqrt{\frac{\omega \mu \kappa}{2}} = \sqrt{\pi f \mu \kappa}} \,. \tag{4.53}$$

Für eine in die positive z-Richtung laufende Welle finden wir daher folgende Felddarstellung:

$$\boxed{\underline{E}_x(z) = \underline{E}_{x,h} \, e^{-\alpha z} \, e^{-j\beta z} = \underline{E}_{x,h} \, e^{-z\sqrt{\pi f \mu \kappa}} \, e^{-jz\sqrt{\pi f \mu \kappa}}} \,. \tag{4.54}$$

Der Abstand $z = \delta$, nach dem in einem gut leitenden Medium die Feldstärke einer ebenen Welle auf einen Wert von $1/e \approx 0{,}368$ abgefallen ist, wird als **Eindringtiefe** definiert. Aus $e^{-\alpha \delta} = e^{-1}$ ergibt sich δ als Kehrwert von α:

$$\boxed{\delta = \frac{1}{\alpha} = \sqrt{\frac{2}{\omega \mu \kappa}} = \frac{1}{\sqrt{\pi f \mu \kappa}}} \qquad \text{(siehe auch Bild 4.2)}. \tag{4.55}$$

Wir haben es mit einer stark gedämpften Wellenausbreitung zu tun. Bei den meisten Metallen wird dieser starke Dämpfungseffekt bereits bei sehr niedrigen Frequenzen beobachtet. Hochfrequente Wellen können also durch metallische Platten abgeschirmt werden. Die Schirmwirkung eines Bleches ist dem Dämpfungsfaktor α direkt proportional, d. h. umso besser, je größer die elektrische Leitfähigkeit κ und die Permeabilität μ des Abschirmmaterials sind. In einer Plattentiefe δ liegt nur noch eine Leistungsdichte von $e^{-2\alpha\delta} = 1/e^2 \approx 0{,}135$ vor. Mit den Feldkomponenten verknüpfte Stromdichten $\mathbf{J} = \kappa \mathbf{E}$ fließen daher überwiegend innerhalb einer oberflächennahen Schicht **(Skineffekt)** und nehmen mit zunehmender Tiefe exponentiell ab, was erstmals 1883 von Lamb[1] beobachtet wurde. Mie[2] schloss 1900 daraus, dass das Innere eines Hochfrequenzleiters nahezu feld- und stromfrei sein muss.

---

[1] Horace **Lamb** (1849-1934): brit. Mathematiker und Physiker (Hydrodynamik, Akustik)

[2] Gustav Adolf Feodor Wilhelm Ludwig **Mie** (1868-1957): dt. Physiker (Atomtheorie, Elektromagnetismus, Allgemeine Relativitätstheorie, Mie-Streuung an einer homogenen Kugel)

Die Näherung $\omega\,\varepsilon \ll \kappa$, die wir in (4.51) haben einfließen lassen, entspricht der Vernachlässigung der Verschiebungsstromdichte gegenüber der Leitungsstromdichte gemäß

$$\omega\,\varepsilon\,|\underline{E}| \ll \kappa\,|\underline{E}|\,,\tag{4.56}$$

womit wir die Maxwellschen Gleichungen (3.83) auf den Spezialfall der **Magneto-Quasistatik**

$$\boxed{\begin{aligned}\mathrm{rot}\,\underline{H} &= \underline{J}\\ \mathrm{rot}\,\underline{E} &= -j\,\omega\,\mu\,\underline{H}\end{aligned}}\tag{4.57}$$

reduzieren können[3] (siehe auch Tabelle 3.1).

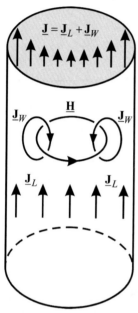

Die primäre Leitungsstromdichte $\underline{J}_L$ ist nach der 1. Maxwellschen Gleichung mit einem magnetischen Wirbelfeld rot $\underline{H}$ im Sinne einer *Rechtsschraube* verknüpft. Andererseits induziert nach der 2. Maxwellschen Gleichung das zeitlich veränderliche Magnetfeld im Sinne einer *Linksschraube* (wegen des Minuszeichens) ein elektrisches Wirbelfeld rot $\underline{E}$. Dieses Wirbelfeld ist wiederum die Ursache für eine sekundäre Wirbelstromdichte $\underline{J}_W$, die sich der Leitungsstromdichte $\underline{J}_L$ überlagert. Diese Superposition führt im randnahen Bereich des Leiters zu einer Verstärkung und im Inneren zu einer Abschwächung [Wun89], wie in Bild 4.5 am Beispiel eines kreiszylindrischen Leiters dargestellt. Die Gesamtstromdichte

$$\underline{J} = \underline{J}_L + \underline{J}_W = \kappa\,\underline{E}\tag{4.58}$$

ist daher nicht mehr wie im Gleichstromfall uniform über den Leiterquerschnitt verteilt, sondern konzentriert sich in einer oberflächennahen Schicht.

Bild 4.5 Superposition der primären Leitungsstromdichte $\underline{J}_L$ und der sekundären Wirbelstromdichte $\underline{J}_W$ in einem zylindrischen metallischen Leiter

Wegen ihrer starken Dämpfung können hochfrequente Wellen also nicht sehr weit in das Innere metallischer Leiter eindringen. Der Effekt der Stromverdrängung hängt dabei nicht von der Ausbreitungsrichtung der Wellen ab. Er tritt genauso bei senkrechtem oder schrägem Welleneinfall auf ein Schirmblech auf, wie auch bei der Führung elektromagnetischer Wellen entlang von metallischen Oberflächen einer Leitung. Man vergleiche mit der Eindringtiefe δ aus (4.55) den Dämpfungsverlauf der Stromdichte in ebenen Platten (4.54) mit dem in kreiszylindrischen Drähten (4.136) vom Radius a [Wun89, Sim93]. Die Formel des kreiszylindrischen Problems gilt nach (4.137) näherungsweise für $a/\delta \geq 3$ im *äußeren* radialen Bereich $0{,}52 \leq \rho/a \leq 1$:

$$\boxed{|\underline{J}| \propto e^{-z/\delta}}\quad\text{bzw.}\quad\boxed{|\underline{J}| \propto \sqrt{\dfrac{a}{\rho}}\,e^{-(a-\rho)/\delta}}\,.\tag{4.59}$$

Dabei sind z und $a-\rho$ die jeweiligen Abstände von der Metalloberfläche.

---

[3] Das Ergebnis (4.54) hätte man auch aus der direkten Lösung der komplexen Form der Diffusionsgleichung (3.82) mit $\underline{\gamma}^2 = j\,\omega\,\mu\,\kappa$ erhalten können, also von $\nabla^2\underline{E} - j\,\omega\,\mu\,\kappa\,\underline{E} = 0$.

4.2.2 EMV-Abschirmbleche

Für einige technisch wichtige Leitermaterialien, bei denen – mit Ausnahme von Eisen – $\mu = \mu_0$ gilt, finden wir ihre elektrische Leitfähigkeiten κ (bei Zimmertemperatur) in Tabelle 4.3.

Tabelle 4.3 Elektrische Leitfähigkeit κ einiger gebräuchlicher metallischer Leitermaterialien bei 20° C

siehe Anhang D	Lötzinn (Sn/Pb)	Platin (Pt)	Eisen (Fe)	Messing (Cu/Zn)	Zink (Zn)	Alu (Al)	Gold (Au)	Kupfer (Cu)	Silber (Ag)
$\dfrac{\kappa}{10^6\,\text{S/m}}$	7	10	10	15	17	36	44	58	63

Die Eindringtiefe δ aus (4.55) kann mit Hilfe von Tabelle 4.3 in Abhängigkeit von der Frequenz errechnet werden. Für Kupfer bei $f = 50\,\text{MHz}$ gilt z. B.:

$$\delta = \frac{1}{\sqrt{\pi f \mu \kappa}} = \frac{1\,\text{m}}{\sqrt{\pi \cdot 50 \cdot 10^6 \cdot 4\pi \cdot 10^{-7} \cdot 58 \cdot 10^6}} \approx 9{,}3\,\mu\text{m} \ . \tag{4.60}$$

Ein Kupferblech der Dicke $0{,}1\,\text{mm}$ – das sind nach (4.60) etwa 10,7 Eindringtiefen – würde dann eine elektrische Feldstärke $\underline{\mathbf{E}}_0$ bei $f = 50\,\text{MHz}$ bereits auf den Betrag

$$\left|\underline{\mathbf{E}}_0\right| e^{-\alpha z} = \left|\underline{\mathbf{E}}_0\right| e^{-z/\delta} = \left|\underline{\mathbf{E}}_0\right| e^{-0{,}1/0{,}0093} \approx 2{,}25 \cdot 10^{-5} \left|\underline{\mathbf{E}}_0\right| \tag{4.61}$$

dämpfen, d. h. um etwa $20\lg\left(1/(2{,}25 \cdot 10^{-5})\right) \approx 93\,\text{dB}$. In Bild 4.6 ist abschließend die **Dämpfung** eines gut leitenden Metallschirms als Funktion seiner Dicke z, ausgedrückt in Vielfachen der Eindringtiefe δ, dargestellt. Wir lesen dort z. B. eine Schirmdämpfung von bereits 60 dB ab, falls die Blechdicke nur etwa 6,9 Eindringtiefen beträgt.

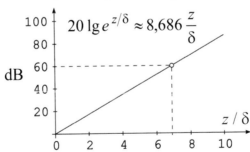

Bild 4.6 Schirmdämpfung eines Metallblechs als Funktion seiner auf die Eindringtiefe normierten Dicke

In der Praxis kann man davon ausgehen, dass die tatsächliche Abschirmwirkung eines Metallblechs sogar noch höher als nach Bild 4.6 ausfallen wird. Wenn eine Welle nämlich auf ein solches Blech einfällt, wird sie sich in einen reflektierten und einen transmittierten Anteil aufspalten. Der durchgelassene Wellenanteil, dem natürlich die bereits reflektierte Energie schon fehlt, wird dann gemäß (4.61) im Metall zusätzlich exponentiell gedämpft und an der hinteren Wand des Blechs abermals teilweise reflektiert, sodass der am Ende tatsächlich durchgelassene Anteil der einfallenden Welle durch nunmehr <u>zwei</u> Reflexionen gegenüber unserer einfachen Betrachtung reduziert ist.

Die Behandlung von Reflexion und Transmission an ebenen Trennflächen werden wir noch ausführlich in den Kapiteln 5 und 6 behandeln. Das Dreischichtenproblem betrachten wir speziell in Abschnitt 6.7.

4.2.3 Verlustfreie Bandleitung

Als Beispiel für den Skineffekt betrachten wir nach Bild 4.7 die Ausbreitung einer TEM-Welle auf einer verlustfreien **Bandleitung.** Ihre beiden rechteckigen parallelen Metallschienen der Länge l, der Breite W und der Dicke t dienen als Hin- bzw. Rückleitung eines Wechselstroms $\underline{I}$ mit der Frequenz f und befinden sich im Luftraum in gegenseitigem Abstand h.

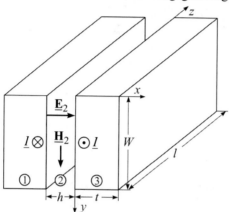

Bild 4.7 Bandleitung aus zwei parallelen Metallschienen ① und ③ mit Luftzwischenraum ②

Die Bandleitung sei homogen und unendlich lang $(l \rightarrow \infty)$, sodass wir nur eine hinlaufende Welle in die positive z-Richtung ansetzen müssen. Im **verlustlosen Fall,** bei dem die metallischen Schienen unendlich gut leitfähig sein sollen, lassen wir $\kappa \rightarrow \infty$ gehen. Unter der Bedingung $W \gg h$ kann die Randstreuung bei $y = 0$ und bei $y = W$ vernachlässigt werden und wir erhalten im Luftraum zwischen den Leitern (den wir Raumteil ② nennen wollen) eine ungedämpfte **TEM-Welle** $(\partial/\partial x = \partial/\partial y = 0)$ mit den Feldkomponenten:

$$\boxed{\begin{aligned} \underline{\mathbf{H}}_2 &= \mathbf{e}_y\, \underline{H}_0\, e^{-j k_0 z} \\ \underline{\mathbf{E}}_2 &= \mathbf{e}_x\, Z_0\, \underline{H}_0\, e^{-j k_0 z} \end{aligned}} \qquad \text{im Raumteil ② mit } 0 \le y \le W \text{ und } -h \le x \le 0 . \qquad (4.62)$$

Mit $\kappa \rightarrow \infty$ wird nach (4.55) die Eindringtiefe $\delta = 0$ und das Innere beider Metallschienen ist gänzlich strom- und feldfrei. Der **Skineffekt** ist daher maximal ausgeprägt und die Volumenstromdichte $\mathbf{J}$ wird zu einer infinitesimal dünnen Oberflächenstromdichte zusammengedrängt:

$$\underline{\mathbf{J}}_F = \mathbf{n} \times \underline{\mathbf{H}}_2 \qquad \text{(siehe Tabelle 3.3).} \qquad (4.63)$$

Mit dem Einheitsvektor $\mathbf{n}$ (nach Bild 3.4 in Richtung der lokalen äußeren Flächennormale) erhalten wir die **Oberflächenstromdichten** auf den Schienen ① bei $x = -h$ und ③ bei $x = 0$:

$$\underline{\mathbf{J}}_{F_1} = \mathbf{e}_z\, \underline{H}_0\, e^{-j k_0 z} \quad \text{und} \quad \underline{\mathbf{J}}_{F_3} = -\mathbf{e}_z\, \underline{H}_0\, e^{-j k_0 z} . \qquad (4.64)$$

Der Gesamtstrom $\underline{I}$ im Hinleiter ist gleich dem im Rückleiter und verteilt sich auf ein infinitesimal dünnes Stromblatt. Wir erhalten ihn aus dem Umlaufintegral über die magnetische Feldstärke, wobei der Integrationspfad jeweils einen der beiden Leiter komplett einschließen muss. Wenn wir alle Streufelder außerhalb des Luftzwischenraums ② vernachlässigen, dann folgt

$$\underline{I} = \oint_C \underline{\mathbf{H}}_2 \cdot d\mathbf{s} = \int_0^W \underline{\mathbf{H}}_2 \cdot \mathbf{e}_y\, dy = W\, \underline{H}_0\, e^{-j k_0 z} . \qquad (4.65)$$

4.2.4 Bandleitung mit Verlusten

Nun lassen wir gedanklich die unendliche Leitfähigkeit der Bandleitungsschienen in Bild 4.7 kleiner werden, sodass sie in der Größenordnung üblicher Metalle gerät (siehe Tabelle 4.3). Die Metallschienen seien also nicht mehr verlustlos. Weil die Felder wegen $\kappa < \infty$ jetzt in die metallischen Leiter eindringen können, muss dort analog zu (4.64) ein volumenhaft verteilter Strom in z-Richtung fließen. Entsprechend dem Ohmschen Gesetz

$$\underline{E}_z = \frac{1}{\kappa}\,\underline{J}_z \tag{4.66}$$

muss man daher im **Fall verlustbehafteter Leiter** mit einer zusätzlichen longitudinalen Feldkomponente $\underline{E}_z$ in allen drei Raumteilen rechnen, die für $\kappa \to \infty$ natürlich wieder verschwinden würde. Zwar haben wir dann innerhalb und auch außerhalb der Leiter keine reine TEM-Welle mehr, aber bei geringen Verlusten gilt überall $|\underline{E}_z| \ll |\underline{E}_x|$, weswegen wir von einer **quasi-TEM-Welle** sprechen können. Anstelle der exakten Lösung, die ausführlich in [Pie77] hergeleitet wird, werden wir im Folgenden eine für $\kappa \gg \omega\,\varepsilon$ ausreichend genaue Näherungslösung vorstellen. Im Luftzwischenraum ② können wir die Feldverteilung (4.62) der verlustlosen Leitung als nahezu unverändert gültig ansehen:

$$\underline{\mathbf{H}}_2 = \mathbf{e}_y\,\underline{H}_0\,e^{-j\,k_0\,z} \tag{4.67}$$

$$\underline{\mathbf{E}}_2 = Z_0\,\underline{\mathbf{H}}_2 \times \mathbf{e}_z,$$

während im Raumteil ③ entsprechend (4.54) folgender Feldansatz möglich ist:

$$\boxed{\begin{aligned}\underline{\mathbf{H}}_3 &= \mathbf{e}_y\,\underline{H}_0\,e^{-j\,k_0\,z}\,e^{-x/\delta}\,e^{-j\,x/\delta} \\ \underline{\mathbf{E}}_3 &= \underline{Z}_3\,\underline{\mathbf{H}}_3 \times \mathbf{e}_z\end{aligned}} \tag{4.68}$$

mit der **Eindringtiefe** δ aus (4.55)

$$\delta = \frac{1}{\sqrt{\pi\,f\,\mu\,\kappa}} \tag{4.69}$$

und der **Feldwellenimpedanz** $\underline{Z}_3$ aus (4.12):

$$\underline{Z}_3 = \left.\sqrt{\frac{j\,\omega\,\mu}{\kappa + j\,\omega\,\varepsilon}}\,\right|_{\kappa \gg \omega\,\varepsilon} \approx \sqrt{\frac{j\,\omega\,\mu}{\kappa}} = \frac{1+j}{\kappa\,\delta}. \tag{4.70}$$

Im metallischen Leiter handelt es sich um eine Welle, die weiterhin in die positive z-Richtung läuft und quer zu ihrer Ausbreitungsrichtung – also in x-Richtung – in den Leiter hinein diffundiert, wobei die Felder exponentiell kleiner werden. Dieser Abfall erfolgt so schnell, dass wir, ohne die Genauigkeit der Rechnung zu beeinflussen, als Schienendicke $t \to \infty$ annehmen dürfen. Der Betrag des E-Feldes im metallischen Leiter wird dann nach (4.68) und (4.70):

$$|\underline{\mathbf{E}}_3(x)| = |\underline{Z}_3\,\underline{\mathbf{H}}_3(x)| = \frac{\sqrt{2}}{\kappa\,\delta}\,|\underline{H}_0|\,e^{-x/\delta}, \tag{4.71}$$

woraus wir mit (3.39) die gesamte Verlustleistung V_3 im Medium ③ berechnen können:

$$V_3 = \frac{\kappa}{2}\,W\,l\int\limits_{x=0}^{\infty}|\underline{\mathbf{E}}_3(x)|^2\,dx = \frac{\kappa}{2}\,W\,l\,\frac{2}{(\kappa\,\delta)^2}\,|\underline{H}_0|^2\int\limits_{x=0}^{\infty}e^{-2\,x/\delta}\,dx. \tag{4.72}$$

Das Integral ist einfach zu berechnen und wir erhalten mit $\left|\underline{I}\right| = W\left|\underline{H}_0\right|$ aus (4.65)

$$V_3 = \frac{1}{2}\left|\underline{I}\right|^2 \frac{l}{\kappa\,\delta\,W}\,. \tag{4.73}$$

Aus diesem Ergebnis können wir drei wichtige Schlussfolgerungen ziehen:

1) Ohmsche Verluste:

Wegen (3.39) können wir aus (4.73) den Ohmschen Verlustwiderstand _einer_ Metallschiene

$$R_3 = \frac{l}{\kappa\,\delta\,W} \tag{4.74}$$

direkt ablesen. Die Serienschaltung _beider_ Schienen aus Hin- und Rückleitung ergibt den doppelten Wert $R = 2\,R_3$. Der sogenannte **Widerstandsbelag** ist ein Maß für die Ohmschen Verluste pro Meter Länge der gesamten Bandleitung und steigt mit der Wurzel aus der Frequenz:

$$R' = \frac{R}{l} = \frac{2}{\kappa\,\delta\,W} \propto \sqrt{f}\,. \tag{4.75}$$

Bei Betrieb mit einem **Gleichstrom** I_0 tritt hingegen kein Skineffekt auf und der Strom verteilt sich gleichmäßig auf den gesamten Leiterquerschnitt $A_0 = t\,W$, woraus wir sofort den Gleichstromwiderstand R_0 der Serienschaltung _beider_ Metallschienen erhalten:

$$R_0 = 2\,\frac{l}{\kappa\,t\,W}\,. \tag{4.76}$$

Der Widerstandsbelag der gesamten Bandleitung wird daher im Gleichstromfall:

$$R_0' = \frac{R_0}{l} = \frac{2}{\kappa\,t\,W}\,. \tag{4.77}$$

2) Innere Induktivität:

In guten metallischen Leitern wird der Betrag der Feldwellenimpedanz $\underline{Z}_3$ nach (4.70) sehr klein, weswegen dort die elektrische Feldstärke $\mathbf{E}_3$ fast kurzgeschlossen wird. Im Leiterinneren kann daher praktisch keine elektrische Energie gespeichert werden, d. h. $W_e \approx 0$. Mit dem Magnetfeld $\underline{\mathbf{H}}_3$ nach (4.68) ist hingegen eine gespeicherte magnetische Energie $W_m \gg W_e$ verknüpft, die wie in (3.39) mit der inneren Induktivität des Leiters zusammen hängt. Wegen

$$\left|\mathbf{E}_3\right| = \frac{\omega\,\mu}{\kappa}\left|\mathbf{H}_3\right| \tag{4.78}$$

erhalten wir aus (3.39) somit die **innere Induktivität** _einer_ Metallschiene:

$$L_{i,3} = \frac{R_3}{\omega} = \frac{1}{\omega}\,\frac{l}{\kappa\,\delta\,W}\,. \tag{4.79}$$

Für die _gesamte_ Bandleitung als Summe von Hin- und Rückleitung folgt – im Hochfrequenzfall bei starker Stromverdrängung – eine wichtige Beziehung zwischen Widerstandsbelag und **innerem Induktivitätsbelag:**

$$R' = \omega\,L_i' = \frac{2}{\kappa\,\delta\,W}\,. \tag{4.80}$$

3) Power-Loss-Methode für verlustarme Leitungen:

Die Felder einer Bandleitung mit schwachen Verlusten unterscheiden sich nur gering von den Feldern der geometrisch identischen verlustfreien Struktur. In Abschnitt 4.2.3 hatten wir dazu die Annahmen $\kappa = \infty$ (auf den Rändern) und $\tan\delta_\varepsilon = \tan\delta_\mu = 0$ (im Zwischenraum) gemacht.

Die TEM-Welle der *verlustlosen* Bandleitung transportiert zwischen ihren Schienen auf der gesamten Leitungslänge l – also im Raumteil ② – die **Wirkleistung**

$$P_0 = \iint\limits_A \frac{1}{2}\,\mathrm{Re}\left\{\underline{\mathbf{E}}_2 \times \underline{\mathbf{H}}_2^*\right\}\cdot\mathbf{e}_z\,dA = \frac{Z_0}{2}\int\limits_{x=-h}^{0}\int\limits_{y=0}^{W}\left|\underline{H}_0\right|^2 dy\,dx = \frac{Z_0}{2}\left|\underline{H}_0\right|^2 Wh. \qquad (4.81)$$

Bei der Bandleitung *mit Verlusten* wird $P(z)$ während der Ausbreitung exponentiell kleiner:

$$P(z) = P(z=0)\,e^{-2\,\alpha\,z} = P_0\,e^{-2\,\alpha\,z}. \qquad (4.82)$$

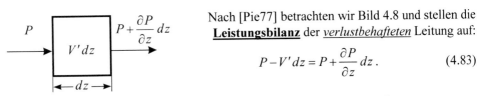

Nach [Pie77] betrachten wir Bild 4.8 und stellen die **Leistungsbilanz** der *verlustbehafteten* Leitung auf:

$$P - V'dz = P + \frac{\partial P}{\partial z}\,dz. \qquad (4.83)$$

Bild 4.8 Zur Wirkleistungsbilanz eines verlustbehafteten Leitungsstückes der Länge dz

Die Eingangsleistung vermindert um die Verlustleistung ergibt demnach die Ausgangsleistung. Dabei ist V' die Verlustleistung pro Meter Leitungslänge. Nach (4.82) und (4.83) gilt:

$$V'(z) = -\frac{\partial P(z)}{\partial z} = 2\,\alpha\,P(z) = 2\,\alpha\,P_0\,e^{-2\,\alpha\,z}. \qquad (4.84)$$

Wir können $V'(z=0)$ **aus den Feldern der verlustlosen Leitung näherungsweise** bestimmen. Dazu verdoppeln wir die Verlustleistung (4.73) in *einer* Metallschiene der Bandleitung

$$V = 2\,V_3 = \frac{1}{2}\left|\underline{I}\right|^2 \frac{2\,l}{\kappa\,\delta\,W} \qquad (4.85)$$

und erhalten damit die gesamte **Verlustleistung** in *beiden* Schienen. Mit dem Leitungsstrom $\left|\underline{I}\right|$ aus (4.65) ergibt sich daraus die Verlustleistung pro Meter Leitungslänge:

$$V'(z=0) = \frac{V}{l} = \left|\underline{H}_0\right|^2 \frac{W}{\kappa\,\delta}. \qquad (4.86)$$

Die **Dämpfungskonstante** α erhalten wir dann aus (4.84) mit der sogenannten **Power-Loss-Methode** [Poz05] näherungsweise aus den Feldern der verlustlosen Leitung:

$$\boxed{\alpha = \frac{V'(z)}{2\,P(z)} = \frac{V'(z=0)}{2\,P_0}}, \qquad (4.87)$$

Im Falle unserer Bandleitung erhalten wir also unter Berücksichtigung von (4.75):

$$\alpha = \frac{\left|\underline{H}_0\right|^2 \dfrac{W}{\kappa\,\delta}}{2\,\dfrac{Z_0}{2}\left|\underline{H}_0\right|^2 Wh} = \frac{1}{Z_0}\frac{1}{\kappa\,\delta\,h} = \frac{1}{2}\frac{R'}{Z_0}\frac{W}{h}. \qquad (4.88)$$

4.2.5 Wandimpedanz-Modell

Bei einer Bandleitung aus zwei parallelen Metallschienen endlicher Leitfähigkeit $\kappa < \infty$ führt die einseitige **Stromverdrängung,** d. h. die unvollständige Ausnutzung des leitenden Querschnitts einer metallischen Leitung, zu spürbaren Ohmschen Verlusten, die wie in (4.75) mit der Wurzel aus der Frequenz wie $\sqrt{f}$ ansteigen. Die Schienendicke t soll dabei groß gegenüber der Eindringtiefe sein $(t \gg \delta)$, sodass die Außenseiten der Schienen praktisch feldfrei sind.

Wenn wir den Verlustwiderstand der gesamten Bandleitung (als Serienschaltung von Hin- und Rückleitung) bei hohen Frequenzen (4.75) mit dem im Gleichstromfall (4.77) vergleichen

$$R = \frac{2\,l}{\kappa\,\delta\,W} \quad \text{bzw.} \quad R_0 = \frac{2\,l}{\kappa\,t\,W}\,, \tag{4.89}$$

dann fällt auf, dass beide mit der Substitution $t\,W \leftrightarrow \delta\,W$ auseinander hervorgehen, was folgende Interpretation nahelegt:

> Die **Wechselstromverluste** einer Leitung, in der ein Wechselstrom $\underline{I}$ durch einen Leiterquerschnitt $t\,W$ fließt, sind identisch den **Gleichstromverlusten** einer äquivalenten dünnen Schicht, in der ein Gleichstrom $I_0 = I_{\mathrm{eff}} = |\underline{I}|/\sqrt{2}$ durch den reduzierten Querschnitt $\delta\,W$ mit gleicher elektrischer Leitfähigkeit κ fließt.

Der Skineffekt führt bei hohen Frequenzen zu einer starken Stromverdrängung, wodurch sich der verfügbare Querschnitt im **HF-Fall** erheblich reduziert. Die Ströme können wir uns dann nach Bild 4.9 nur noch in einer dünnen Oberflächenschicht der Dicke δ vorhanden denken. Dieses Ersatzmodell besitzt z. B. im Raumteil ③ die gleichen Ohmschen Verluste V_3 nach (4.73) wie der reale Leiter mit seinem in Wirklichkeit exponentiell abfallendem Stromverlauf.

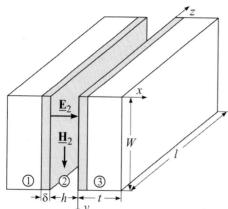

Wechselstromverluste im Querschnitt $t\,W$:

$$V_3 = \frac{1}{2}|\underline{I}|^2\,\frac{l}{\kappa\,\delta\,W} \quad \text{aus (4.73)}$$

Gleichstromverluste im Querschnitt $\delta\,W$:

$$V_3 = I_0^2\,\frac{l}{\kappa\,\delta\,W}$$

Beide Verluste werden identisch, falls beide Ströme denselben Effektivwert aufweisen, also falls $I_{\mathrm{eff}} = I_0 = |\underline{I}|/\sqrt{2}$ gilt.

Bild 4.9 Bandleitung aus zwei parallelen Metallschienen mit äquivalenter Leitschichtdicke δ

Die Eindringtiefe δ wird deshalb auch als **äquivalente Leitschichtdicke** bezeichnet. Wegen

$$\int\limits_{x=0}^{\infty} e^{-x/\delta}\,dx = \frac{e^{-x/\delta}}{-1/\delta}\bigg|_{x=0}^{\infty} = \delta = \frac{1}{\sqrt{\pi\,f\,\mu\,\kappa}} \tag{4.90}$$

können wir nämlich anstelle des wahren Verlaufs der Stromdichte, die mit zunehmender Materialtiefe exponentiell kleiner wird, eine äquivalente leitende Schicht der Dicke δ betrachten, innerhalb derer wie in Bild 4.10 eine räumlich konstante Stromdichte unterstellt wird.

Außerhalb dieser dünnen Oberflächenschicht sollen in unserem Modell keine Ströme mehr fließen. Für die meisten Berechnungen ist dieses einfache Rechteckmodell ausreichend genau. Es entspricht etwa der Vorgehensweise in der Nachrichtentechnik, bei der man ein reales Tiefpassfilter durch einen äquivalenten idealen Tiefpass mit rechteckiger Übertragungsfunktion und Grenzfrequenz am 3-dB-Punkt ersetzt.

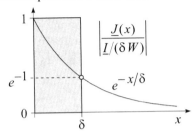

Exponentiell abfallende Stromdichte innerhalb der dicken Metallschiene ($t \gg \delta$) und konstante Stromdichte innerhalb der äquivalenten Leitschichtdicke δ bei gleichem Gesamtstrom:

$$\underline{I} = \int\limits_{y=0}^{W} \int\limits_{x=0}^{\infty} \underline{J}(x)\, dx\, dy = W \int\limits_{x=0}^{\infty} \underline{J}(x)\, dx \; .$$

Bild 4.10 Flächengleiche rechteckige Schicht der Tiefe δ und exponentielle Abnahme der Stromdichte

Zur Berechnung der Verluste in Inneren eines metallischen Leiters betrachten wir – für starke Stromverdrängung mit $\kappa \gg \omega\varepsilon$ – die Feldwellenimpedanz (4.12) des metallischen Körpers

$$\boxed{\underline{Z}_F = (1+j)\sqrt{\frac{\omega\mu}{2\kappa}} = \frac{1+j}{\kappa\delta}} \quad \text{mit} \quad \delta = \frac{1}{\sqrt{\pi f \mu \kappa}} , \tag{4.91}$$

die man auch als **Wandimpedanz** bezeichnet. Im Falle der Bandleitung nach Bild 4.11 haben wir diese Wandimpedanz an der Oberfläche des Leiters ③ bei $x = 0$ nach (4.70) bisher als $\underline{Z}_3$ bezeichnet. Zugunsten einer allgemeingültigen Darstellung wollen wir im Folgenden auf den Index verzichten.

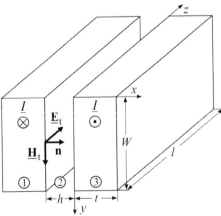

Bild 4.11 Bandleitung mit tangentialen Feldkomponenten auf der Oberfläche der Metallschiene ①

Die **Randbedingung** auf der Oberfläche des Leiters ① lautet nach Tabelle 3.3:

$$\underline{\mathbf{J}}_F = \mathbf{n} \times \underline{\mathbf{H}}_t , \tag{4.92}$$

falls das Medium ① mit $\kappa \to \infty$ verlustlos ist. Bei geringen Verlusten wird sich die Oberflächenstromdichte $\underline{\mathbf{J}}_F$ jedoch kaum ändern, aber es stellt sich nach dem **Ohmschen Gesetz**

$$\underline{\mathbf{E}}_t = \underline{Z}_F \, \underline{\mathbf{J}}_F \tag{4.93}$$

eine zusätzliche elektrische Längsfeldstärke $\underline{\mathbf{E}}_t = \underline{E}_z \, \mathbf{e}_z$ ein.

Die **Verlustleistung pro Meter Leitungslänge** $V' = V/l$ von *einem* der beiden Leiter erhalten wir mit der lokalen äußeren Flächennormale $\mathbf{n}$ aus Bild 4.11 durch Integration über den Poyntingschen Vektor, der den Energietransport in das *Innere* des metallischen Leiters beschreibt:

$$V' = -\frac{1}{2} \oint_C \mathrm{Re}\left\{\underline{\mathbf{E}}_t \times \underline{\mathbf{H}}_t^*\right\} \cdot \mathbf{n}\, ds \quad . \tag{4.94}$$

Dabei verläuft die geschlossene Kontur C mit ihrem Wegelement ds direkt entlang der Oberfläche des Leiters in der x-y-Querschnittsebene und ihre Umlaufrichtung ist mit dem umfassten Strom $\underline{I}$ im Sinne einer Rechtsschraube verknüpft. Mit der Randbedingung $\underline{\mathbf{H}}_t = \underline{\mathbf{J}}_F \times \mathbf{n}$ und dem Ohmschen Gesetz $\underline{\mathbf{E}}_t = \underline{Z}_F\, \underline{\mathbf{J}}_F$ erhalten wir alternativ:

$$V' = \frac{1}{2} \mathrm{Re}\left\{\underline{Z}_F\right\} \oint_C \left|\underline{\mathbf{J}}_F\right|^2 ds \quad , \tag{4.95}$$

was man auch wie

$$V' = \frac{1}{2} \mathrm{Re}\left\{\underline{Z}_F\right\} \oint_C \left|\underline{\mathbf{H}}_t\right|^2 ds \tag{4.96}$$

schreiben kann. Damit haben wir drei gleichwertige Möglichkeiten, die Verluste im Leiterinneren mit Hilfe seiner *Oberflächenfelder* zu bestimmen. Weil dabei die Wandimpedanz $\underline{Z}_F$ nach (4.91) eine wesentliche Rolle spielt, spricht man bei diesem Berechnungsverfahren von der sogenannten **Wandimpedanz-Methode** [Pie77, Poz05].

Übung 4.4: Verlustleistung in der Bandleitung

- Bestimmen Sie die Ohmschen Verluste einer schwach verlustbehafteten Bandleitung mit $\kappa < \infty$ nach Bild 4.11, auf der sich eine quasi-TEM-Welle im Raumteil ② zwischen den Metallschienen ausbreiten soll. Unter der Bedingung $W \gg h$ kann die Randstreuung bei $y = 0$ und bei $y = W$ vernachlässigt werden.

- **Lösung:**

Die Oberflächenstromdichte auf dem Leiter ① ist – bei geringen Verlusten – nach (4.64)

$$\underline{\mathbf{J}}_{F_1} = \mathbf{e}_z\, \underline{H}_0\, e^{-j\,k_0 z} \quad , \tag{4.97}$$

woraus wir mit (4.91) und (4.95) das Ergebnis erhalten:

$$V_1' = \frac{1}{2\,\kappa\,\delta} \oint_C \left|\underline{H}_0\right|^2 ds = \frac{1}{2\,\kappa\,\delta} \left|\underline{H}_0\right|^2 \int\limits_{y=0}^{W} dy = \frac{W}{2\,\kappa\,\delta} \left|\underline{H}_0\right|^2 \quad . \tag{4.98}$$

Mit dem Leitungsstrom $\left|\underline{I}\right| = W\left|\underline{H}_0\right|$ aus (4.65) bekommen wir die Verlustleistung der *gesamten* Bandleitung als Summe der Verluste in den gleichartigen Raumteilen ① und ③:

$$V = V'\, l = (V_1' + V_3')\, l = 2\, V_1'\, l = \frac{1}{2}\left|\underline{I}\right|^2 \frac{2\,l}{\kappa\,\delta\,W} \quad . \tag{4.99}$$

In (4.85) hatten wir dasselbe Ergebnis schon einmal gefunden – dort aber auf anderem Wege – nämlich mit Hilfe des Volumenintegral (4.72) über das nach innen exponentiell abfallende Betragsquadrat des elektrischen Feldes. Das Wandimpedanz-Modell ermöglicht einen direkteren Zugang unter Verwendung eines Linienintegrals der Oberflächenfelder. □

In (4.96) haben wir die Verlustleistung pro Meter Leitungslänge *eines* schwach dämpfenden metallischen Leiters berechnet. Nach (3.39) kann dasselbe Ergebnis auch wie

$$V' = \frac{1}{2} \left| \underline{I} \right|^2 R' \tag{4.100}$$

dargestellt werden, wenn wir mit

$$\underline{I} = \oint_C \underline{\mathbf{H}}_t \cdot d\mathbf{s} = \oint_C \underline{H}_t \, ds \tag{4.101}$$

den gesamten Strom bezeichnen, der innerhalb des Leiterquerschnittes fließt. Die Kontur C verläuft entlang der Oberfläche des Leiters und ihre Umlaufrichtung ist mit dem Strom I im Sinne einer Rechtsschraube verknüpft. Damit ergibt sich die Möglichkeit, den **Widerstandsbelag** R' *eines* Leiters über das tangentiale Magnetfeld an seiner Oberfläche auszudrücken:

$$R' = \mathrm{Re}\{\underline{Z}_F\} \frac{\oint_C \left| \underline{\mathbf{H}}_t \right|^2 ds}{\left| \oint_C \underline{H}_t \, ds \right|^2} \cdot \tag{4.102}$$

Wegen (4.80) gilt im HF-Fall bei starker Stromverdrängung $R' = \omega L_i'$, d. h. mit (4.91) wird

$$\boxed{R' + j\,\omega L_i' = \underline{Z}_F \frac{\oint_C \left| \underline{\mathbf{H}}_t \right|^2 ds}{\left| \oint_C \underline{H}_t \, ds \right|^2} = \frac{1+j}{\kappa\,\delta} \frac{\oint_C \left| \underline{\mathbf{H}}_t \right|^2 ds}{\left| \oint_C \underline{H}_t \, ds \right|^2}}, \tag{4.103}$$

womit wir auch eine Beziehung für den **inneren Induktivitätsbelag** L_i' *eines* Leiters gefunden haben. Falls das tangentiale Magnetfeld an der Leiteroberfläche überall gleich groß ist, vereinfacht sich (4.103) und wir erhalten:

$$R' + j\,\omega L_i' = \frac{1+j}{\kappa\,\delta} \frac{\oint_C ds}{\left| \oint_C ds \right|^2} \cdot \tag{4.104}$$

Dabei beschreibt das Wegintegral

$$\boxed{\Gamma = \oint_C ds} \tag{4.105}$$

die transversale Ausdehnung der dünnen stromführenden Schicht entlang der Leiteroberfläche. Im Fall der Bandleitung nach Bild 4.11 wird $\Gamma = W$ (Randstreuung vernachlässigt), während bei einem kreiszylindrischen Leiter Γ gleich seinem Umfang wird. Bei *einem* Leiter gilt also:

$$R' + j\,\omega L_i' = \frac{1}{\Gamma} \frac{1+j}{\kappa\,\delta} = \frac{1}{\Gamma} \underline{Z}_F \cdot \tag{4.106}$$

Bei einem *Zweileitersystem* werden natürlich die Beiträge von Hin- und Rückleiter addiert:

$$\boxed{R' + j\,\omega L_i' = \left(\frac{1}{\Gamma_h} + \frac{1}{\Gamma_r} \right) \frac{1+j}{\kappa\,\delta} = \left(\frac{1}{\Gamma_h} + \frac{1}{\Gamma_r} \right) \underline{Z}_F}, \tag{4.107}$$

woraus im Falle der *gesamten* Bandleitung das bekannte Ergebnis (4.80) folgt.

4.2.6 Kreiszylindrischer Draht

Im Folgenden betrachten wir eine verlustbehaftete kreiszylindrische Leitung der Länge l mit Radius a. Sie besitze die elektrische Leitfähigkeit $\kappa < \infty$ und soll in Richtung ihrer Längsachse z einen sinusförmigen Wechselstrom der Frequenz f führen. Aufgrund der komplexen Permittivität von gut leitenden Metallen $\underline{\varepsilon} = -j\,\kappa/\omega$ nach (3.38) erhalten wir die **komplexe Wellenzahl** im metallischen Leiter:

$$\underline{k} = \omega\sqrt{\mu\,\underline{\varepsilon}} = \sqrt{-j\,\omega\mu\kappa} = e^{-j\,\pi/4}\,\frac{\sqrt{2}}{\delta} = \frac{1-j}{\delta}\,, \qquad (4.108)$$

zu deren Umformung wir die Eindringtiefe $\delta = 1/\sqrt{\pi f \mu \kappa}$ verwendet haben. Im **Gleichstromfall** bei $\omega = 2\pi f = 0$ stellt sich bekanntermaßen ein Widerstandsbelag von

$$R_0' = \frac{R_0}{l} = \frac{1}{\kappa\,\pi\,a^2} \qquad (4.109)$$

ein, der auch bei niedrigen Frequenzen mit $|\underline{k}\,a| \leq 1$ praktisch unverändert bleibt, da hier der Strom noch gleichmäßig über dem gesamten Leiterquerschnitt πa^2 verteilt ist. Aufgrund des Effekts der Stromverdrängung erfolgt die Stromleitung bei **hohen Frequenzen** mit $|\underline{k}\,a| \geq 4$ im Wesentlichen nur in einer dünnen Schicht unter der Oberfläche, wodurch der Widerstandsbelag $R' = R/l$ wie schon bei der Bandleitung (4.75) mit der Wurzel aus der Frequenz ansteigt.

Im Folgenden werden wir $R' + j\,\omega\,L_i'$ mit Hilfe von (4.106) berechnen und zeigen, dass bei hohen Frequenzen der Betrag der Stromdichte $J_z(\rho)$ mit wachsender Tiefe $a-\rho$ im Wesentlichen durch eine Exponentialfunktion bestimmt wird. Die Stromdichteverteilung über dem Leiterquerschnitt mit Radius a ist in Bild 4.12 für beide Grenzfälle schematisch dargestellt.

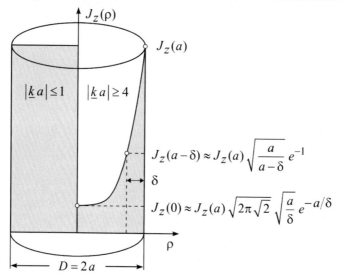

Bild 4.12 Leitender zylindrischer Draht ohne (links) bzw. mit starker Stromverdrängung (rechts)

Eine exakte Behandlung des kreiszylindrischen Zweischichtenproblems erfordert die Lösung der Helmholtz-Gleichung in Zylinderkoordinaten. Bei deren genauerer Betrachtung findet man, dass sich auf einem verlustbehafteten metallischen Draht mit $\kappa < \infty$, der sich im umgebenden Luftraum befindet, eine rotationssymmetrische Oberflächenwelle ($\partial/\partial\varphi = 0$) mit den Feldkomponenten $\underline{E}_z$, $\underline{E}_\rho$ und $\underline{H}_\varphi$ ausbreiten kann. Eine solche Leitung wird auch **Sommerfelddraht** genannt und wird in [Som77] ausführlich behandelt.

Für unsere Zwecke – zur Beschreibung des Skineffekts – können wir die langwierige Herleitung, die man z. B. in [Pie77, Wun89, Sim93] findet, übergehen und geben im Falle hoher Leitfähigkeit ($\kappa \gg \omega\,\varepsilon$) als Ergebnis direkt die **Wandimpedanz** an der Stelle $\rho = a$ an:

$$\boxed{\underline{Z}_F = \frac{\underline{E}_z}{\underline{H}_\varphi}\bigg|_{\rho=a} = \frac{\underline{k}}{\kappa}\,\frac{J_0(\underline{k}\,a)}{J_1(\underline{k}\,a)}} \quad \text{mit} \quad \underline{k} = \frac{1-j}{\delta}. \tag{4.110}$$

Die Wandimpedanz (4.110) hängt nach (4.108) ab von zwei **Besselfunktionen mit komplexem Argument**[4]:

$$\frac{J_0(\underline{k}\,a)}{J_1(\underline{k}\,a)} = \frac{J_0(y\,e^{-j\,\pi/4})}{J_1(y\,e^{-j\,\pi/4})} \quad \text{mit} \quad y = \frac{a\,\sqrt{2}}{\delta}, \tag{4.111}$$

die sich über reellwertige **Kelvinfunktionen**[5] $\mathrm{ber}_m(y)$ und $\mathrm{bei}_m(y)$ ausdrücken lassen:

$$\frac{J_0(y\,e^{-j\,\pi/4})}{J_1(y\,e^{-j\,\pi/4})} = \frac{\mathrm{ber}(y)+j\,\mathrm{bei}(y)}{-\mathrm{ber}_1(y)-j\,\mathrm{bei}_1(y)}. \tag{4.112}$$

Bei den Namen ber und bei weisen die ersten beiden Buchstaben auf die Besselfunktion hin, während der letzte Buchstabe für Real- oder Imaginärteil steht. Näheres zu den Kelvinfunktionen findet man z. B. in [Bow58, Abr72, Spa87, NIST10]. Für $m = 0$ wird bei den Kelvinfunktionen (der Einfachheit halber) ihr Index üblicherweise weggelassen. Mit $I_m(\underline{z}) = j^m J_m(-j\underline{z})$ und $I_1(\underline{z}) = I_0'(\underline{z})$, d. h. der Ableitung nach dem gesamten Argument, gibt es auch eine alternative Darstellung über **modifizierte Besselfunktionen mit komplexem Argument** [JEL66]:

$$\frac{J_0(-j\,y\,e^{j\,\pi/4})}{J_1(-j\,y\,e^{j\,\pi/4})} = \frac{I_0(y\,e^{j\,\pi/4})}{-j\,I_1(y\,e^{j\,\pi/4})} = j\,\frac{I_0(y\,e^{j\,\pi/4})}{I_0'(y\,e^{j\,\pi/4})}, \tag{4.113}$$

woraus wir folgende Darstellung der **Wandimpedanz** erhalten:

$$\boxed{\underline{Z}_F = \frac{\underline{E}_z}{\underline{H}_\varphi}\bigg|_{\rho=a} = \frac{\gamma}{\kappa}\,\frac{I_0(\gamma a)}{I_0'(\gamma a)}} \quad \text{mit} \quad \underline{\gamma} = j\,\underline{k} = \frac{1+j}{\delta}. \tag{4.114}$$

Im Grenzfall $a \to \infty$ (also mit $|\underline{z}| = |\underline{\gamma}\,a| \to \infty$) entartet die gekrümmte Drahtoberfläche zu einer Ebene. Wir können dann in (4.114) eine asymptotische Näherung der modifizierten Besselfunktion $I_0(\underline{z})$ für *große* Argumente [Bow58] einsetzen (siehe auch Anhang A.7):

$$I_0(\underline{z}) = \frac{e^{\underline{z}}}{\sqrt{2\,\pi\,\underline{z}}}\left(1 + \frac{1^2}{8\underline{z}} + \frac{1^2\cdot 3^2}{2!\,(8\underline{z})^2} + \frac{1^2\cdot 3^2\cdot 5^2}{3!\,(8\underline{z})^3} + \frac{1^2\cdot 3^2\cdot 5^2\cdot 7^2}{4!\,(8\underline{z})^4} + \cdots\right) \tag{4.115}$$

und erhalten damit gerade denselben Wert (4.91) wie beim ebenen Problem:

---

[4] In Kapitel 8 werden wir bei der Behandlung des Rundhohlleiters und der Koaxialleitung Besselfunktionen mit *reellem* Argument noch näher kennen lernen.

[5] Sir William **Thomson** (Lord **Kelvin** of Largs) (1824-1907): brit. Physiker (Thermodynamik, Energie, Entropie, Elektrizitätslehre, Thomson-Resonanzfrequenz bei Schwingkreisen)

$$\lim_{\underline{z} \to \infty} \underline{Z}_F = \lim_{\underline{z} \to \infty} \frac{1+j}{\kappa\,\delta} \frac{\dfrac{e^{\underline{z}}}{\sqrt{2\pi\underline{z}}}\left(1+\dfrac{1}{8\underline{z}}\right)}{\dfrac{e^{\underline{z}}}{\sqrt{2\pi\underline{z}}}\left(1-\dfrac{3}{8\underline{z}}\right)} = \frac{1+j}{\kappa\,\delta}. \tag{4.116}$$

Mit dem Leiterumfang $\Gamma = 2\pi a$ und dem Gleichstromwert (4.109) erhalten wir nach der Berechnungsvorschrift (4.106) schließlich den **Impedanzbelag des Sommerfelddrahts** [Bow58]:

$$\frac{R' + j\,\omega\,L_i'}{R_0'} = \frac{\underline{Z}_F}{\Gamma\,R_0'} = \frac{\dfrac{\underline{\gamma}}{\kappa}\dfrac{I_0(\underline{\gamma}a)}{I_0'(\underline{\gamma}a)}}{2\pi a\,\dfrac{1}{\kappa\,\pi\,a^2}} = \frac{\underline{\gamma}\,a}{2}\,\frac{I_0(\underline{\gamma}a)}{I_0'(\underline{\gamma}a)} \qquad \text{mit} \qquad \underline{\gamma} = \frac{1+j}{\delta}. \tag{4.117}$$

Aus der allgemeinen Beziehung (4.117) können wir zwei einfache Näherungen ableiten. Zunächst betrachten wir mit $|\underline{z}| = |\underline{\gamma}\,a| \ll 1$ den **Fall niedriger Frequenzen.** Dazu benutzen wir eine Reihenentwicklung der modifizierten Besselfunktion $I_0(\underline{z})$ für *kleine* Argumente [Abr72]

$$I_0(\underline{z}) = 1 + \frac{\underline{z}^2/4}{(1!)^2} + \frac{(\underline{z}^2/4)^2}{(2!)^2} + \frac{(\underline{z}^2/4)^3}{(3!)^2} + \frac{(\underline{z}^2/4)^4}{(4!)^2} + \cdots \tag{4.118}$$

und erhalten aus (4.117) nach Trennung in Real- und Imaginärteil:

$$\left. \begin{aligned} \frac{R'}{R_0'} &= 1 + \frac{1}{3}\,x^4 - \frac{4}{45}\,x^8 \\[2mm] \frac{\omega\,L_i'}{R_0'} &= x^2\left(1 - \frac{1}{6}\,x^4 + \frac{13}{270}\,x^8\right) \\[2mm] L_i' &= \frac{\mu}{8\pi}\left(1 - \frac{1}{6}\,x^4 + \frac{13}{270}\,x^8\right) \end{aligned} \right\} \qquad \text{mit} \qquad x = \frac{a}{2\delta} \ll 1. \tag{4.119}$$

Entsprechend erhalten wir aus (4.117) mit $|\underline{z}| = |\underline{\gamma}\,a| \gg 1$ für den **Fall hoher Frequenzen** unter Verwendung der asymptotischen Entwicklung (4.115):

$$\left. \begin{aligned} \frac{R'}{R_0'} &= x\left(1 + \frac{1}{4x} + \frac{3}{64\,x^2} - \frac{63}{8192\,x^4}\right) \\[2mm] \frac{\omega\,L_i'}{R_0'} &= x\left(1 - \frac{3}{64\,x^2} - \frac{3}{128\,x^3} - \frac{63}{8192\,x^4}\right) \\[2mm] L_i' &= \frac{\mu}{8\pi}\frac{1}{x}\left(1 - \frac{3}{64\,x^2} - \frac{3}{128\,x^3} - \frac{63}{8192\,x^4}\right) \end{aligned} \right\} \qquad \text{mit} \qquad x = \frac{a}{2\delta} \gg 1. \tag{4.120}$$

Den 3. Summanden in der Klammer bei L_i' in (4.120) findet man in der Literatur zuweilen mit falschem Vorzeichen. Numerische Simulationen zeigen, dass man (4.119) im gesamten Intervall $x \in [0,1]$ und (4.120) für $x \in [1,\infty]$ ohne wesentlichen Genauigkeitsverlust im Vergleich mit (4.117) verwenden darf. Der Anwendungsbereich beider Näherungen schließt sich also lückenlos bei $x = 1$ aneinander an. In Bild 4.13 zeigen wir den Verlauf der Lösung (4.117), die unter der Voraussetzung $\kappa \gg \omega\,\varepsilon$ als exakt angesehen werden kann.

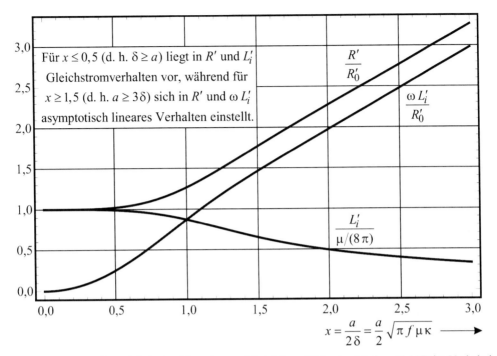

Bild 4.13 Frequenzabhängigkeit des Ohmschen und induktiven Widerstandsbelags (4.117) im Verhältnis zum Gleichstrom-Widerstandsbelag R_0' nach (4.109) sowie des normierten Induktivitätsbelags

Zum besseren Verständnis wollen wir noch eine anschauliche **geometrische Interpretation** der Stromverdrängung beim Sommerfelddraht geben. Bei einer kreiszylindrischen Leitung mit Radius $a \geq 3\delta$ fließt der Strom praktisch nur noch in einer *ringförmigen* Schicht der Dicke δ unter der Zylinderoberfläche (Bild 4.14). Für den Widerstandsbelag gilt dann angenähert:

$$\frac{R'}{R_0'} \approx \frac{\tilde{R}'}{R_0'} = \frac{\dfrac{1}{\kappa \pi \left(a^2 - (a-\delta)^2\right)}}{\dfrac{1}{\kappa \pi a^2}} = \frac{a^2}{a^2 - (a-\delta)^2} = \frac{a^2}{2a\delta - \delta^2} \approx \frac{a}{2\delta} + \frac{1}{4}, \qquad (4.121)$$

was identisch ist mit den ersten beiden Termen der Reihenentwicklung (4.120) für R'/R_0' .

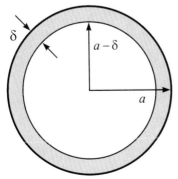

Die ringförmige Fläche hat einen mittleren Umfang von $U = 2\pi(a - \delta/2)$. Wenn wir den Ring in einer Ebene ausrollen, dann entsteht näherungsweise ein Rechteck mit der Querschnittsfläche $A = U\delta$. Die Erhöhung des Widerstandbelags folgt dann genau wieder der Beziehung (4.121):

$$\frac{\tilde{R}'}{R_0'} = \frac{A_0}{A} = \frac{\pi a^2}{2\pi(a - \delta/2)\delta} \approx \frac{a}{2\delta} + \frac{1}{4} .$$

Bild 4.14 Ringförmige stromführende Schicht bei starker Stromverdrängung im HF-Fall $a \geq 3\delta$

Wir wollen im Folgenden überprüfen, in welchem Bereich $a/(2\,\delta)$ die Näherung (4.121) zur Berechnung des **Widerstandsbelags eines Sommerfelddrahts** angewandt werden darf. Dazu betrachten wir mit (4.117) den Quotienten

$$\frac{\dfrac{\tilde{R}'}{R_0'}}{\dfrac{R'}{R_0'}} = \frac{\dfrac{\pi a^2}{2\pi(a-\delta/2)\,\delta}}{\mathrm{Re}\left\{\dfrac{\underline{\gamma}\,a}{2}\,\dfrac{I_0(\underline{\gamma}\,a)}{I_0'(\underline{\gamma}\,a)}\right\}} \qquad \text{mit} \qquad \underline{\gamma} = \frac{1+j}{\delta}, \tag{4.122}$$

den wir noch umformen können:

$$\boxed{\frac{\tilde{R}'}{R'} = \frac{1}{\left(1-\dfrac{\delta}{2\,a}\right)\mathrm{Re}\left\{(1+j)\,\dfrac{I_0(\underline{\gamma}\,a)}{I_0'(\underline{\gamma}\,a)}\right\}}} \ . \tag{4.123}$$

In Bild 4.15 sehen wir, dass (4.123) nach einem oszillatorischen Bereich sich, asymptotisch von oben kommend, dem Wert Eins annähert. Ab dem markierten Punkt bei $x = 1,5$ (d. h. $a = 3\delta$) beträgt der relative Fehler der Näherung $\tilde{R}'$ nur noch weniger als 1,8 %. Man beachte, dass (4.123) für $\delta = 2\,a$ eine Polstelle aufweist, was sich am linken Rand der Kurve bereits andeutet.

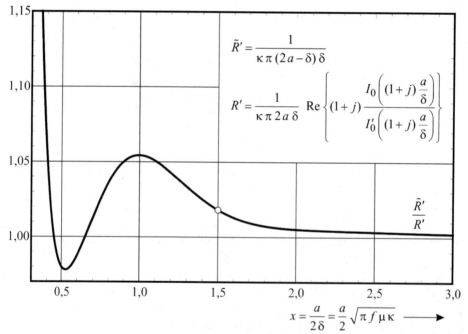

Bild 4.15 Widerstandsbelag des Sommerfelddrahts: Vergleich der Näherung mit der exakten Lösung

Die **Ohmsche Verlustleistung im Sommerfelddraht** der Länge l (siehe auch (3.39))

$$V = V'\,l = \frac{1}{2}\,|\underline{I}|^2\,R'\,l \approx \frac{1}{2}\,|\underline{I}|^2\,\tilde{R}'\,l \tag{4.124}$$

kann daher bereits für $a \geq 3\delta$ sehr genau mit Hilfe der Näherung $\tilde{R}'$ bestimmt werden, was vollkommen mit dem asymptotisch linearen Bereich aus Bild 4.13 übereinstimmt.

Übung 4.5: Skineffekt bei kreiszylindrischen Leitern

- Für einen kreiszylindrischen Kupferleiter, dessen Radius a groß gegenüber der stromführenden Schicht am Umfang sein soll (Fall starker symmetrischer Stromverdrängung mit $a \geq 3\delta$), soll das Verhältnis R'/R_0' des Wechsel- und Gleichstrom-Widerstandsbelags mit Hilfe der Näherung (4.121) berechnet werden. Die Zahlenwerte betragen $a = 2$ mm, $\kappa = 58 \cdot 10^6\,\mathrm{S/m}$, $f = 1\,\mathrm{MHz}$ und $\mu = \mu_0 = 4\pi \cdot 10^{-7}\,\mathrm{Vs/Am}$.

- **Lösung:**

Die Eindringtiefe wird nach (4.55):

$$\delta = \frac{1}{\sqrt{\pi f \mu \kappa}} = \frac{1\,\mathrm{m}}{\sqrt{\pi \cdot 10^6 \cdot 4\pi \cdot 10^{-7} \cdot 58 \cdot 10^6}} \approx 0,066\,\mathrm{mm} \,. \qquad (4.125)$$

Daraus folgt mit (4.121) sofort der Anstieg des Hochfrequenz-Widerstandsbelags:

$$\frac{R'}{R_0'} \approx \frac{a}{2\delta} + \frac{1}{4} = \frac{2\,\mathrm{mm}}{2 \cdot 0,066\,\mathrm{mm}} + \frac{1}{4} \approx 15,4 \,. \qquad (4.126)$$

Der Belag der inneren Induktivität ist nach (4.120) auf nur noch

$$\frac{L_i'}{\mu/(8\pi)} = \frac{2\delta}{a} = 0,066 \,, \qquad (4.127)$$

d. h. auf 6,6 % ihres Ausgangswertes bei Gleichstrom abgesunken.   □

In der Hochfrequenztechnik stellt man wegen des Skineffekts Leitungen häufig nicht aus massivem Kupferdraht sondern aus **Litzendraht** her. Bei HF-Litze wird der Leiter aus einem Bündel dünner gegeneinander isolierter Kupferdrähte gebildet, die man miteinander verdrillt (Bild 4.16).

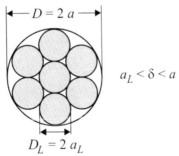

Bild 4.16 Gegenseitig isolierte dünne Litzendrähte, zu einem dickeren Strang gebündelt

In einem solchen Strang macht sich der Skineffekt erst bei sehr viel höheren Frequenzen bemerkbar als bei einem massiven Einzeldraht gleichen Gesamtquerschnitts, falls der Radius der dünnen Litzendrähte kleiner als die Eindringtiefe ist:

$$a_L < \delta < a \,. \qquad (4.128)$$

In diesem Fall kann dann von vollständiger Querschnittsausnutzung in der Litze ausgegangen werden und es liegt nun keine Stromverdrängung mehr vor.

Nachdem wir den Impedanzbelag (4.117) des Sommerfelddrahts ausführlich diskutiert haben, wollen wir abschließend noch auf den **Feld- und Stromdichteverlauf** im Inneren des Drahtes eingehen. In Tabelle 4.4 findet man die Werte von $\underline{H}_\varphi$, $\underline{E}_z$ und $\underline{J}_z$ sowohl auf der Oberfläche des Leiters bei $\rho = a$ als auch im Bereich $0 \le \rho \le a$. Als Abkürzungen werden verwendet:

$$R_0' = \frac{1}{\kappa \pi a^2} \quad \text{und} \quad \underline{\gamma} = \frac{1+j}{\delta}. \tag{4.129}$$

Der Übergang von den Randwerten zur allgemeinen Darstellung gelingt sehr einfach, indem man in $\underline{J}_z$ die Substitution $I_0(\underline{\gamma}a) \to I_0(\underline{\gamma}\rho)$ vornimmt [Sim93]. Die Werte für $\underline{E}_z$ und $\underline{H}_\varphi$ folgen dann daraus aus dem Ohmschen Gesetz und dem Induktionsgesetz.

Tabelle 4.4 Feldkomponenten und Stromdichte in einem kreiszylindrischen Leiter mit $\kappa < \infty$. Man beginnt oben links und geht gegen den Uhrzeigersinn in Richtung der Pfeile vor.

$\rho = a$		$0 \le \rho \le a$
$\underline{H}_\varphi = \dfrac{\underline{I}}{2\pi a}$	$\Downarrow \qquad \Uparrow$	$\underline{H}_\varphi = \dfrac{1}{j\omega\mu}\dfrac{\partial \underline{E}_z}{\partial \rho} = \dfrac{\underline{I}}{2\pi a}\dfrac{I_0'(\underline{\gamma}\rho)}{I_0'(\underline{\gamma}a)}$
$\underline{E}_z = \underline{Z}_F\,\underline{H}_\varphi = \underline{I}\,R_0'\,\dfrac{\underline{\gamma}a}{2}\dfrac{I_0(\underline{\gamma}a)}{I_0'(\underline{\gamma}a)}$	$\Downarrow \qquad \Uparrow$	$\underline{E}_z = \dfrac{\underline{J}_z}{\kappa} = \underline{I}\,R_0'\,\dfrac{\underline{\gamma}a}{2}\dfrac{I_0(\underline{\gamma}\rho)}{I_0'(\underline{\gamma}a)}$
$\underline{J}_z = \kappa\,\underline{E}_z = \dfrac{\underline{I}}{\pi a^2}\dfrac{\underline{\gamma}a}{2}\dfrac{I_0(\underline{\gamma}a)}{I_0'(\underline{\gamma}a)}$	$\Rightarrow$	$\underline{J}_z = \dfrac{\underline{I}}{\pi a^2}\dfrac{\underline{\gamma}a}{2}\dfrac{I_0(\underline{\gamma}\rho)}{I_0'(\underline{\gamma}a)}$

Für ein besseres Verständnis bestimmen wir in Übung 4.6 zunächst den Gesamtstrom im Leiter.

Übung 4.6: Gesamtstrom bei Stromverdrängung

- Bestimmen Sie den Gesamtstrom, der durch einen kreiszylindrischen Leiter hindurchfließt.

- **Lösung:**

Wir integrieren die Stromdichte $\underline{J}_z(\rho)$ aus Tabelle 4.4 über dem Leiterquerschnitt:

$$\iint_A \underline{\mathbf{J}} \cdot d\mathbf{A} = \int_{\varphi=0}^{2\pi} \int_{\rho=0}^{a} \underline{J}_z(\rho)\,\mathbf{e}_z \cdot \mathbf{e}_z\,\rho\,d\rho\,d\varphi =$$
$$= 2\pi\,\frac{\underline{I}}{\pi a^2}\,\frac{\underline{\gamma}a}{2\,I_0'(\underline{\gamma}a)}\int_{\rho=0}^{a} I_0(\underline{\gamma}\rho)\,\rho\,d\rho. \tag{4.130}$$

Mit der Stammfunktion, die wir in [Bow58, NIST10] finden können, erhalten wir:

$$\iint_A \underline{\mathbf{J}} \cdot d\mathbf{A} = \frac{\underline{I}}{a}\frac{\underline{\gamma}}{I_0'(\underline{\gamma}a)}\left[\frac{\rho\,I_0'(\underline{\gamma}\rho)}{\underline{\gamma}}\right]_{\rho=0}^{a} = \underline{I}. \tag{4.131}$$

Die Lösung erfüllt natürlich das **Durchflutungsgesetz.** Bei starker und schwacher Stromverdrängung bleibt der Gesamtstrom also gleich – er verteilt sich nur anders im Leiter. □

Zum Abschluss der Betrachtungen zum Skineffekt bei kreiszylindrischen Leitern wollen wir nach Tabelle 4.4 den räumlichen Verlauf des Magnetfeldes $\underline{H}_\varphi(\rho)$ und der Stromdichte $\underline{J}_z(\rho)$ im Leiterinneren für $0 \leq \rho \leq a$ untersuchen. Wir normieren dazu den Betrag der **magnetische Feldstärke** auf seinen Maximalwert, der am Rand bei $\rho = a$ auftritt:

$$\left| \frac{\underline{H}_\varphi(\rho)}{\underline{H}_\varphi(a)} \right| = \left| \frac{I_0'\left((1+j)\dfrac{a}{\delta}\dfrac{\rho}{a}\right)}{I_0'\left((1+j)\dfrac{a}{\delta}\right)} \right| \qquad \text{mit} \qquad \underline{H}_\varphi(a) = \frac{I}{2\pi a}. \tag{4.132}$$

Für verschiedene Parameter a/δ finden wir den Verlauf von (4.132) als Funktion des normierten Radius ρ/a in Bild 4.17. Die oberste Kurve der Kurvenschar gehört zum Parameter $a/\delta = 0$ und die unterste zu $a/\delta = 10$.

Alle Kurven haben auf der Zylinderlängsachse bei $\rho = 0$ eine Nullstelle. Bei Anregung mit Gleichstrom (also für $a/\delta = 0$) stellt sich der typische lineare Verlauf des Magnetfeldes ein, wie wir ihn auch schon in (2.86) gefunden hatten.

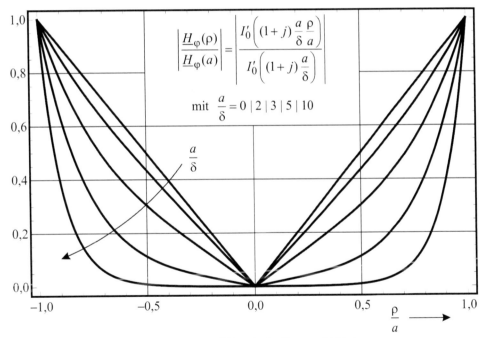

Bild 4.17 Auf ihr Maximum normierte Magnetfeldstärke im Sommerfelddraht

Mit Hilfe der asymptotischen Entwicklung (4.115) kann folgende **Näherung** gefunden werden:

$$\left| \frac{\underline{H}_\varphi(\rho)}{\underline{H}_\varphi(a)} \right| \approx \sqrt{\frac{a}{\rho}}\, e^{-(a-\rho)/\delta}. \tag{4.133}$$

Sie ist verwendbar im *äußeren* radialen Bereich mit einem relativen Fehler $\leq 2{,}9\,\%$, falls gilt:

$$\frac{a}{\delta} \geq 3 \quad \underline{\text{und}} \quad 0{,}52 \leq \frac{\rho}{a} \leq 1. \tag{4.134}$$

Es stellt sich also im Wesentlichen ein exponentieller Abfall des Magnetfeldes ein, wenn wir uns von der Drahtoberfläche nach Innen bewegen. Dieses Verhalten hatten wir auch schon beim Skineffekt im Zusammenhang mit ebenen Platten in (4.59) beobachten können.

Mit der **Stromdichte** im kreiszylindrischen Leiter verfahren wir ähnlich. Nach Tabelle 4.4 gilt

$$\left| \frac{\underline{J}_z(\rho)}{\underline{J}_z(a)} \right| = \frac{\left| I_0\left((1+j)\dfrac{a}{\delta}\dfrac{\rho}{a} \right) \right|}{\left| I_0\left((1+j)\dfrac{a}{\delta} \right) \right|} \quad \text{mit} \quad \underline{J}_z(a) = \frac{\underline{I}}{\pi a^2}\frac{\underline{\gamma}a}{2}\frac{I_0(\underline{\gamma}a)}{I_0'(\underline{\gamma}a)} \quad \text{und} \quad \underline{\gamma} = \frac{1+j}{\delta}. \quad (4.135)$$

Für verschiedene Parameter a/δ zeigt Bild 4.18 wieder eine Kurvenschar, mit der wir den Verlauf von (4.135) als Funktion des normierten Radius ρ/a darstellen. Die oberste Kurve der Kurvenschar gehört zum Parameter $a/\delta = 0$ und ist eine horizontale Gerade, während die unterste die normierte Stromdichte für $a/\delta = 10$ darstellt.

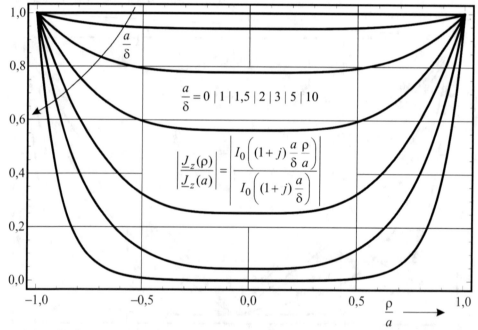

Bild 4.18 Auf ihr jeweiliges exaktes Randmaximum normierte Stromdichte im Sommerfelddraht

Bei ausreichend großen Eindringtiefen (also für $a/\delta \leq 1$) ist die Stromdichte noch nahezu uniform im Drahtquerschnitt verteilt. Es liegen nahezu Gleichstromverhältnisse vor. Dieses Verhalten haben wir auch schon in Bild 4.13 bei den Impedanzen beobachtet.

Bei höheren Frequenzen führt die zunehmende Stromverdrängung zu einer Konzentration und starken lokalen Überhöhung der Stromdichte unter der Leiteroberfläche. Mit Hilfe der asymptotischen Entwicklung (4.115) kann ähnlich zu (4.133) wieder eine exponentielle **Näherung** gefunden werden:

$$\left| \underline{J}_z(\rho) \right| \approx \frac{|\underline{I}|}{\pi a^2}\left(\frac{a}{\delta} + \frac{1}{4} \right)\sqrt{\frac{a}{2\rho}}\; e^{-(a-\rho)/\delta}. \quad (4.136)$$

Sie gilt wie bei $\left|\underline{H}_\varphi(\rho)\right|$ in (4.133) wieder im *äußeren* radialen Bereich mit einem relativen Fehler $\leq 1,8\,\%$ unter den gleichen Voraussetzungen

$$\frac{a}{\delta} \geq 3 \quad \text{und} \quad 0,52 \leq \frac{\rho}{a} \leq 1 . \tag{4.137}$$

Wir können aus (4.136) eine Näherung für die **maximale Randstromdichte** finden, wenn wir dort $\rho = a$ setzen. Damit folgt:

$$\boxed{\left|\underline{J}_z(a)\right| \approx \frac{|I|}{\pi a^2}\left(\frac{a}{\delta}+\frac{1}{4}\right)\frac{1}{\sqrt{2}}} . \tag{4.138}$$

In Bild 4.18 wurden die Stromdichtekurven stets auf ihr jeweiliges exaktes Maximum normiert, weswegen sie alle denselben Randwert eins besitzen. Die Randstromdichte (4.138) wächst wegen der Terms a/δ proportional zur Wurzel aus der Frequenz und kann daher beliebig groß werden. Da der Gesamtstrom I wegen (4.131) nämlich konstant bleibt, muss die Verringerung der achsnahen Stromdichte mit einer Erhöhung in Richtung des Randes ausgeglichen werden. Falls sogar die Eindringtiefe $\delta \to 0$ geht, weil entweder $f \to \infty$ oder $\mu\kappa \to \infty$ gilt, dann entartet die Volumenstromdichte **J** in Form einer Diracschen Deltafunktion $\delta(\rho - a)$, die nur bei $\rho = a$ von null verschieden ist, zu einer Oberflächenstromdichte $\mathbf{J}_F$ wie in (4.63):

$$\mathbf{J}(\rho) = \underline{J}_z(\rho)\,\mathbf{e}_z = \frac{I}{2\pi a}\,\delta(\rho - a)\,\mathbf{e}_z = \underline{H}_\varphi(a)\,\delta(\rho - a)\,\mathbf{e}_z = \underline{J}_F\,\delta(\rho - a)\,\mathbf{e}_z . \tag{4.139}$$

$\underline{J}_z(\rho)$ wird damit an der Stelle $\rho = a$ unendlich groß, während $\underline{J}_F = \underline{H}_\varphi(a)$ endlich bleibt.

Aus (4.136) folgt mit (4.138) der Wert der **Stromdichte an der Eindringtiefe.** Mit $\rho = a - \delta$ erhalten wir eine Beziehung, die auch für das Verhalten des Magnetfelds (4.133) gültig ist:

$$\boxed{\left|\frac{\underline{J}_z(a-\delta)}{\underline{J}_z(a)}\right| \approx \sqrt{\frac{a}{a-\delta}}\,e^{-1}} \quad \text{(anwendbar für } a \geq 3\delta\text{)}. \tag{4.140}$$

Nach der Eindringtiefe δ ist die Stromdichte – im Gegensatz zum ebenen Problem – beim Kreiszylinder nicht exakt auf $e^{-1} = 0,368$ abgefallen, sondern ist z. B. bei $a = 4\delta$ um den Faktor 1,155 größer, also bei 0,425. Nur bei zunehmend höheren Frequenzen, wenn δ immer kleiner wird, geht der Wurzelfaktor tatsächlich gegen eins und der Effekt der Oberflächenkrümmung wird immer unbedeutender [Pös56]. Ganz allgemein verursacht der Term $\sqrt{a/\rho}$ in (4.136), der anwächst, wenn ρ kleiner wird, einen etwas langsameren Abfall der Stromdichte mit zunehmendem Abstand von der gekrümmten Drahtoberfläche als es bei ebener Begrenzung der Fall wäre – siehe auch (4.59).

Den **kleinsten Wert der Stromdichte** finden wir nach Bild 4.18 auf der Zylinderlängsachse bei $\rho = 0$. Seinen Wert können wir aus (4.135) mit folgenden Überlegungen gewinnen. Zum einen gilt wegen (4.118) die Beziehung $I_0(0) = 1$. Andererseits können wir wieder die asymptotische Entwicklung (4.115) für $I_0(\gamma a)$ benutzen und erhalten mit einem relativen Fehler von weniger als 1,9 %, falls $a \geq 3\delta$ bleibt, folgende Abschätzung:

$$\boxed{\left|\frac{\underline{J}_z(0)}{\underline{J}_z(a)}\right| = \frac{1}{\left|I_0(\gamma a)\right|} \approx \sqrt{2\pi\sqrt{2}}\,\sqrt{\frac{a}{\delta}}\,e^{-a/\delta}} . \tag{4.141}$$

Beispielsweise beträgt bei $a = 4\delta$ das Minimum der Stromdichte nur noch 11 % ihres Randwertes (4.138) an der Drahtoberfläche.

4.3 Ebene Wellen im Supraleiter

Das Phänomen der Supraleitung (engl.: *superconductivity*) wurde bereits 1911 von Kamerlingh Onnes[6] bei Leitfähigkeitsmessungen nahe des absoluten Nullpunktes entdeckt. Unterhalb einer Sprungtemperatur von ca. $T_C = 4{,}2$ K konnte er das Verschwinden des Gleichstromwiderstandes von Quecksilber (**Hg**) experimentell feststellen (Bild 4.19). Entsprechende Beobachtungen gelangen ihm auch bei Blei und bei Zinn [Buck90, Hin88].

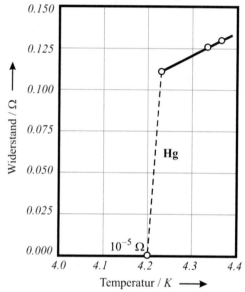

Bild 4.19 Gleichstromwiderstand von Quecksilber (historische Sprungkurve 1911) als Funktion von T

Die phänomenologische Theorie der Supraleitung (1935) der Gebrüder London[7] wurde 1950 von Ginsburg[8] und Landau[9] weiterentwickelt. Ein besseres Verständnis der Supraleitung konnte erst 1957 durch Bardeen[10], Cooper[11] und Schrieffer[12] auf der Basis der Quantenmechanik entwickelt werden (BCS-Theorie). Durch Wechselwirkung der Elektronen mit den Gitterschwingungen schließen sich jeweils zwei Elektronen entgegengesetzten Spins zu energetisch günstigeren Cooper-Paaren zusammen. Ein solches Paar kann sich reibungsfrei (also wider-

---

[6] Heike **Kamerlingh Onnes** (1853-1926): niederld. Physiker (Gasverflüssigung von Wasserstoff und Helium, elektrische Leitfähigkeit bei tiefen Temperaturen, Supraleitung, Nobelpreis f. Physik 1913)

[7] Fritz Wolfgang **London** (1900-1954) und Heinz **London** (1907-1970): dt.-amerik. Physiker (Quantenmechanik, Supraleitung, Suprafluidität von flüssigem Helium)

[8] Witalij Lasarewitsch **Ginsburg** (1916-2009): sowjet. Physiker (Supraleitung, Elementarteilchen, Kristalloptik, Ferroelektrizität, Ionosphären- und Astrophysik, Nobelpreis f. Physik 2003)

[9] Lew Dawidowitsch **Landau** (1908-1968): sowjet. Physiker (Magnetismus, kosmische Strahlung, Plasmaphysik, Supraleitung, Suprafluidität von flüssigem Helium, Quantenmechanik, Elementarteilchen, Kernphysik, Raketentechnik, Nobelpreis f. Physik 1962)

[10] John **Bardeen** (1908-1991): amerik. Physiker (Geophysik, Quantenmechanik, Transistor, Supraleitung, Nobelpreise f. Physik 1956 und 1972)

[11] Leon Neil **Cooper** (*1930): amerik. Physiker (Supraleitung, Nobelpreis f. Physik 1972)

[12] John Robert **Schrieffer** (1931-2019): amerik. Physiker (Supraleitung, Nobelpreis f. Physik 1972)

standslos) im Kristallgitter bewegen. Es wird durch Anziehungskräfte stabilisiert, die nur unterhalb der Sprungtemperatur groß genug sind, um die weiterhin vorhandenen Coulombschen Abstoßungskräfte zu überwinden. Bis heute sind etwa 40 **Metalle** bekannt, die sich im supraleitenden Zustand befinden können. Außerdem kennt man einige 100 supraleitende Verbindungen und Legierungen; bei den Verbindungen ist häufig keine der Komponenten supraleitend. Über Jahrzehnte gelang es nicht, Materialien mit Sprungtemperaturen oberhalb von $T_C = 23\,\mathrm{K}$ zu finden. Erst 1986 haben Bednorz[13] und Müller[14] mit **Keramikoxid-Werkstoffen** neue Hochtemperatur-Supraleiter gefunden. Eine gut untersuchte Substanz ist z. B. $Y\,Ba_2Cu_3O_7$ mit $T_C \approx 93\,\mathrm{K}$. Durch Supraleitung bei Temperaturen oberhalb der Siedetemperatur des flüssigen Stickstoffs $T = 77\,\mathrm{K}$ kann ein größerer technischer Anwendungsbereich erschlossen werden, z. B. supraleitende Magnete, Energiekabel, Schalt- und Speicherelemente sowie Miniaturantennen. Die Verbindung $Hg\,Ba\,Ca\,Cu\,O$ hat sogar eine Sprungtemperatur von $T_C = 135\,\mathrm{K}$.

4.3.1 Londonsche Gleichungen

Für viele technische Anwendungen liefert die einfache Londonsche Theorie der Supraleitung bereits ausreichende Genauigkeit. Ihre Grundüberlegungen wollen wir im Folgenden zusammenstellen. Man beachte, dass es sich hierbei um eine *phänomenologische* Betrachtungsweise handelt, die einen atomistischen Quanteneffekt mit makroskopischen Mitteln zu beschreiben versucht. Die Vorhersagen der Londonschen Theorie können daher nur *qualitativen* Charakter haben. Als Grundlage der Londonschen Theorie geht man weiterhin von der Gültigkeit der Maxwellschen Gleichungen aus, d. h. mit $\mathbf{D} = \varepsilon\,\mathbf{E}$ und $\mathbf{H} = \mathbf{B}/\mu$ gilt:

$$\mathrm{rot}\,\mathbf{H} = \frac{\partial \mathbf{D}}{\partial t} + \mathbf{J}$$
$$\mathrm{rot}\,\mathbf{E} = -\frac{\partial \mathbf{B}}{\partial t}. \tag{4.142}$$

Als weitere Grundgleichung wird auch weiterhin die Kontinuitätsgleichung angesehen:

$$\frac{\partial \rho}{\partial t} + \mathrm{div}\,\mathbf{J} = 0. \tag{4.143}$$

Das Neue ist nun, dass die Volumenstromdichte $\mathbf{J}$ und die Raumladungsdichte ρ in einen *normalleitenden* Anteil (n) und einen *supraleitenden* Anteil (s) zerlegt werden. Im sogenannten **Zwei-Flüssigkeiten-Modell** gilt nämlich:

$$\mathbf{J} = \mathbf{J}_n + \mathbf{J}_s \quad \text{bzw.} \quad \rho = \rho_n + \rho_s \tag{4.144}$$

mit $\mathbf{J}_n = \rho_n\,\mathbf{v}_n$ und $\mathbf{J}_s = \rho_s\,\mathbf{v}_s$. Der normalleitende Anteil ist bekanntermaßen:

$$\mathbf{J}_n = \kappa_n\,\mathbf{E}, \tag{4.145}$$

wobei wir unter $\mathbf{J}_n$ die normalleitende Leitungsstromdichte verstehen wollen und keine eingeprägten oder konvektiven Ströme fließen sollen. Dass wir auch unterhalb der Sprungtemperatur T_C einen Ohmschen Stromanteil $\mathbf{J}_n$ brauchen, geht aus dem Verhalten der Supraleitung in

---

[13] Johannes Georg **Bednorz** (*1950): dt. Physiker und Werkstoffkundler (Hochtemperatur-Supraleitung, Nobelpreis f. Physik 1987)

[14] Karl Alex **Müller** (*1927): schweiz. Physiker (Hochtemperatur-Supraleitung, Nobelpreis f. Physik 1987)

hochfrequenten Feldern hervor. Es scheint nämlich so, dass dort nur ein gewisser Teil der Elektronen als Suprastrom $\mathbf{J}_s$ einen reibungsfreien Kurzschluss bewirkt, während der Rest sich aber normal verhält, d. h. Verluste aufweist (siehe Übung 4.7). Der Suprastrom, dargestellt durch seine Volumenstromdichte $\mathbf{J}_s$, fließt dagegen *reibungsfrei*. In einem solchermaßen verlustlosen Leiter müssen die Elektronen daher gleichförmig beschleunigt werden, wenn ein elektrisches Feld $\mathbf{E}$ anliegt. Im Gegensatz zum Normalstrom, bei dem nach (4.145) die Stromdichte dem elektrischen Feld proportional ist $\left(\mathbf{J}_n \propto \mathbf{E}\right)$, muss beim Suprastrom wegen des Kraftgesetzes $\mathbf{F}_s = m_s \, \partial \mathbf{v}_s / \partial t = q_s \, \mathbf{E}$ und $\mathbf{J}_s = \rho_s \, \mathbf{v}_s$ die zeitliche Änderung der Stromdichte dem elektrischen Feld proportional sein, d. h.

$$\partial \mathbf{J}_s / \partial t \propto \mathbf{E} \, . \tag{4.146}$$

Mit einer – noch experimentell zu bestimmenden – temperaturabhängigen Materialkonstanten $\Lambda(T)$ als Proportionalitätsfaktor setzen wir nach London an:

$$\boxed{\frac{\partial}{\partial t}\left(\Lambda \mathbf{J}_s\right) = \mathbf{E}} \, . \tag{4.147}$$

Dies ist die **erste Londonsche Gleichung.** Der Londonsche Materialkoeffizient $\Lambda(T)$ ist sehr empfindlich gegenüber Temperaturänderungen und kann räumlich und zeitlich stark schwanken. Deshalb ist Λ in die Differenziation einbezogen. Die zweite Londonsche Gleichung folgt direkt aus der ersten, wenn man diese in die zweite Maxwellsche Gleichung (4.142) einsetzt:

$$\operatorname{rot} \mathbf{E} = \operatorname{rot} \frac{\partial}{\partial t}\left(\Lambda \mathbf{J}_s\right) = -\frac{\partial \mathbf{B}}{\partial t} \, . \tag{4.148}$$

Damit ist die **zweite Londonsche Gleichung:**

$$\boxed{\operatorname{rot}\left(\Lambda \mathbf{J}_s\right) = -\mathbf{B}} \, . \tag{4.149}$$

Die Londonschen Gleichungen (4.147) und (4.149) stellen einen Zusammenhang zwischen der neuen Suprastromdichte $\mathbf{J}_s$ und den elektromagnetischen Feldgrößen her. Dabei wurde eine später noch zu bestimmende neue Materialkonstante Λ eingeführt.

4.3.2 Telegrafen- und Helmholtz-Gleichung

Bilden wir die Rotation der ersten Maxwellschen Gleichung (4.142), so erhalten wir mit $\mathbf{J} = \mathbf{J}_n + \mathbf{J}_s = \kappa_n \mathbf{E} + \mathbf{J}_s$ die Beziehung:

$$\operatorname{rot} \operatorname{rot} \mathbf{H} = \operatorname{rot} \frac{\partial \mathbf{D}}{\partial t} + \operatorname{rot}\left(\kappa_n \mathbf{E}\right) + \operatorname{rot} \mathbf{J}_s \, . \tag{4.150}$$

Im *ruhenden, linearen, isotropen* und *homogenen* Supraleiter ergibt sich daraus:

$$\operatorname{grad} \operatorname{div} \mathbf{B} - \nabla^2 \mathbf{B} = \left(\mu \, \varepsilon \frac{\partial}{\partial t} + \mu \, \kappa_n\right) \operatorname{rot} \mathbf{E} + \mu \operatorname{rot} \mathbf{J}_s \, . \tag{4.151}$$

Wegen der Quellenfreiheit der magnetischen Flussdichte $\left(\operatorname{div} \mathbf{B} = 0\right)$ und der zweiten Londonschen Gleichung $\operatorname{rot} \mathbf{J}_s = -\mathbf{B}/\Lambda$ erhalten wir mit $\operatorname{rot} \mathbf{E} = -\partial \mathbf{B}/\partial t$ schließlich:

$$-\nabla^2 \mathbf{B} = -\left(\mu \, \varepsilon \frac{\partial}{\partial t} + \mu \, \kappa_n\right) \frac{\partial \mathbf{B}}{\partial t} - \frac{\mu}{\Lambda} \, \mathbf{B} \, . \tag{4.152}$$

Das ist die auf den Supraleiter verallgemeinerte **Telegrafengleichung:**

$$\nabla^2 \mathbf{B} - \mu\,\varepsilon\,\frac{\partial^2 \mathbf{B}}{\partial t^2} - \mu\,\kappa_n\,\frac{\partial \mathbf{B}}{\partial t} - \frac{\mu}{\Lambda}\,\mathbf{B} = 0 \qquad (4.153)$$

Für das elektrische Feld gilt eine formal identische Beziehung:

$$\nabla^2 \mathbf{E} - \mu\,\varepsilon\,\frac{\partial^2 \mathbf{E}}{\partial t^2} - \mu\,\kappa_n\,\frac{\partial \mathbf{E}}{\partial t} - \frac{\mu}{\Lambda}\,\mathbf{E} = 0. \qquad (4.154)$$

Nur der letzte Summand $-\mu\,\mathbf{E}/\Lambda$ unterscheidet diese Gleichung von der gewöhnlichen Telegrafengleichung (3.78) im Normalleiter. Für harmonische Zeitabhängigkeit $e^{j\omega t}$ gilt im Frequenzbereich – analog zu (3.87) – die verallgemeinerte vektorielle **Helmholtz-Gleichung:**

$$\nabla^2 \underline{\mathbf{B}} + \omega^2 \mu\,\varepsilon\,\underline{\mathbf{B}} - j\,\omega\,\mu\,\kappa_n\,\underline{\mathbf{B}} - \frac{\mu}{\Lambda}\,\underline{\mathbf{B}} = 0 \qquad (4.155)$$

Mit $\kappa_s = 1/(\omega\,\Lambda)$ führen wir die elektrische Supraleitfähigkeit ein, womit sich (4.155) wie

$$\nabla^2 \underline{\mathbf{B}} - j\,\omega\,\mu\,\big(j\,\omega\,\varepsilon + \kappa_n - j\,\kappa_s\big)\,\underline{\mathbf{B}} = 0 \qquad (4.156)$$

schreiben lässt. Die komplexe Amplitude der Gesamtstromdichte ist dann:

$$\underline{\mathbf{J}} = \underline{\mathbf{J}}_n + \underline{\mathbf{J}}_s = \underline{\kappa}\,\underline{\mathbf{E}} = \big(\kappa_n - j\,\kappa_s\big)\underline{\mathbf{E}} = \left(\kappa_n - \frac{j}{\omega\,\Lambda}\right)\underline{\mathbf{E}} \qquad (4.157)$$

In guten Leitern ist üblicherweise $\omega\varepsilon \ll \kappa_n$. Bei nicht allzu hohen Frequenzen wird außerdem $\kappa_n \ll \kappa_s = 1/(\omega\Lambda)$. So genügt es, bei Supraleitern *unterhalb* ihrer Sprungtemperatur anstelle von (4.155) eine vereinfachte Beziehung zu untersuchen:

$$\boxed{\nabla^2 \underline{\mathbf{B}} - \frac{\mu}{\Lambda}\,\underline{\mathbf{B}} = 0} \quad \text{gültig für} \quad \underline{\omega\varepsilon \ll \kappa_n \ll \kappa_s = 1/(\omega\Lambda)}. \qquad (4.158)$$

Bei Gleichstrom ($\omega = 0$) gilt diese Gleichung sogar exakt. Wir suchen als Lösung von (4.158) eine homogene, ebene Welle, die sich im Supraleiter in die positive z-Richtung eines kartesischen Koordinatensystems ausbreitet, d. h. es soll analog zu (4.5) gelten:

$$\frac{d^2 \underline{B}_y}{dz^2} - \frac{\mu}{\Lambda}\,\underline{B}_y = 0. \qquad (4.159)$$

Die bekannte Lösung dieser Differenzialgleichung ist:

$$\underline{B}_y(z) = \underline{B}_0\,e^{-z\sqrt{\mu/\Lambda}}, \qquad (4.160)$$

also ein exponentiell gedämpftes magnetisches Feld. Die **Londonsche Eindringtiefe** $z = \delta_L$ des Supraleiters, nach der das Feld auf $1/e$ abgeklungen ist, ergibt sich damit zu:

$$\boxed{\delta_L(T) = \sqrt{\frac{\Lambda(T)}{\mu}}}. \qquad (4.161)$$

Die Eindringtiefe $\delta_L(T)$ ist in der Tat stark temperaturabhängig. Man stellt experimentell folgenden Zusammenhang fest:

$$\delta_L(T) = \begin{cases} \dfrac{\delta_L(0)}{\sqrt{1-(T/T_C)^4}} & \text{bei} \quad T \le T_C \\ \infty & \text{bei} \quad T \ge T_C \end{cases}.$$

(4.162)

Bild 4.20 zeigt schematisch die Temperaturabhängigkeit (4.162) der Eindringtiefe $\delta_L(T)$ unterhalb der Sprungtemperatur T_C.

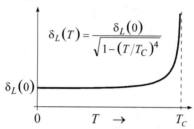

$$\delta_L(T) = \frac{\delta_L(0)}{\sqrt{1-(T/T_C)^4}}$$

Bild 4.20 Londonsche Eindringtiefe unterhalb der Sprungtemperatur T_C

Mit $\delta_L(0)$ wird die Eindringtiefe in unmittelbarer Nähe des absoluten Nullpunktes bezeichnet. In Tabelle 4.5 sind für einige Supraleiter die Werte der **Londonschen Eindringtiefe** $\delta_L(0)$ zusammen mit den jeweiligen **Sprungtemperaturen** angegeben [Saw95].

Tabelle 4.5 Sprungtemperatur und Londonsche Eindringtiefe einiger Supraleiter

Material	Aluminium (Al)	Indium (In)	Zinn (Sn)	Blei (Pb)	Niob (Nb)	$Y\,Ba_2\,Cu_3\,O_7$
T_C/K	1,19	3,40	3,72	7,18	9,46	93
$\delta_L(0)/nm$	50	64	51	39	47	140

Die Londonschen Eindringtiefen bei klassischen Supraleitern bewegen sich also in der Größenordnung von etwa 50 nm. Bei keramischen Hochtemperatur-Supraleitern werden höhere Werte erreicht. Da Verunreinigungen in der Gitterstruktur praktisch kaum zu vermeiden sind, können im realen Versuchsaufbau die theoretischen Werte von $\delta_L(0)$ um einen Faktor von zwei bis fünf überschritten werden. Eine konservative Abschätzung wäre daher $\delta(0) \approx 5\delta_L(0)$.

- Wegen der sehr kleinen *Eindringtiefen* fließen im Supraleiter keine makroskopischen Volumenströme, sondern nur *Oberflächenströme* innerhalb einer extrem dünnen Schicht.

- Die starke Feldverdrängung tritt im Gegensatz zu Normalleitern, bei denen erst bei höheren Frequenzen das Feld aus dem Leiter hinausgedrängt wird, bereits bei *Gleichstrom* ein.

- In seinem Inneren ist ein Supraleiter – unterhalb seiner Sprungtemperatur – stets *feldfrei.* Dieser Effekt wurde bereits 1933 von Meißner[15] und Ochsenfeld[16] experimentell entdeckt. Dazu ist es unerheblich, ob der Supraleiter erst nachträglich in ein äußeres Magnetfeld verbracht wird oder ob ein Normalleiter im selben Magnetfeld durch Abkühlung supraleitend gemacht wird. Der Feldzustand eines Supraleiters hängt also nicht von seiner Vorgeschichte ab. Es wird stets das Magnetfeld aus ihm heraus gedrängt; als Folge dieser Feldverdrängung kann man z. B. eine supraleitende Kugel in einem konstanten Magnetfeld schweben lassen.

---

[15] Fritz Walther **Meißner** (1882-1974): dt. Physiker (Tieftemperaturphysik, Meißner-Ochsenfeld-Effekt)
[16] Robert **Ochsenfeld** (1901-1993): dt. Physiker (Tieftemperaturphysik, Meißner-Ochsenfeld-Effekt)

- Die Sprungtemperatur T_C eines Supraleiters hängt vom Magnetfeld in seiner Umgebung ab. Bei höheren Feldstärken wird nämlich der Eintritt in den supraleitenden Zustand in Richtung niedrigerer Temperaturen verschoben, T_C wird dann kleiner.

- Falls in (4.157) nicht mehr $\kappa_n \ll \kappa_s$ vorausgesetzt werden kann, tritt bei hochfrequenter Wechselanregung neben dem Suprastrom zunehmend der normalleitende Stromanteil in Erscheinung. Dann können auch im Supraleiter Ohmsche Verluste auftreten.

Übung 4.7: Wechselstromverluste bei Supraleitern

- Wir wollen untersuchen, ab welcher Frequenz die Wechselstromverluste im Supraleiter <u>nicht</u> mehr vernachlässigt werden dürfen. Berechnen Sie dazu die Frequenz, bei der Leitungsstrom und Suprastrom von gleicher Größenordnung sind.

- **Lösung:**

  Beide Stromanteile sind nach (4.157) betragsgleich, wenn $\kappa_n = \kappa_s$ gilt, also für:

$$\omega = \frac{1}{\kappa_n \Lambda}. \tag{4.163}$$

Wir können mit (4.161) die Materialkonstante Λ durch die Eindringtiefe ausdrücken:

$$\Lambda(T) = \mu\, \delta_L^2(T), \tag{4.164}$$

d. h. die gesuchte Frequenz wird:

$$\omega(T) = \frac{1}{\kappa_n \mu\, \delta_L^2(T)}. \tag{4.165}$$

Mit (4.162) folgt daraus das Ergebnis:

$$\boxed{\omega(T) = \frac{1 - (T/T_C)^4}{\kappa_n \mu\, \delta_L^2(0)}}. \tag{4.166}$$

Beispiel:

Wir entnehmen Tabelle 4.5 die Daten von reinem <u>Blei</u> (Pb): $T_C = 7{,}18\,\text{K}$ und $\delta_L(0) = 39 \cdot 10^{-9}\,\text{m}$. Bei üblichen Verunreinigungen wollen wir als Sicherheitsreserve von einem fünffach höheren Wert ausgehen, also setzen wir $\delta(0) = 5\delta_L(0) = 195 \cdot 10^{-9}\,\text{m}$. Die elektrische Leitfähigkeit von Blei bei Zimmertemperatur beträgt $4{,}8 \cdot 10^6\,\text{S/m}$. Die Leitfähigkeit steigt mit Abkühlung der Probe. Nehmen wir an, das Blei werde mit flüssigem Helium auf $T = 4{,}2\,\text{K} < T_C$ gekühlt, so können wir nach [Pie77] etwa den hundertfachen Wert von $\kappa_n = 480 \cdot 10^6\,\text{S/m}$ annehmen. Mit $\mu = \mu_0 = 4\pi \cdot 10^{-7}\,\text{Vs/(Am)}$ erhalten wir:

$$\omega(T) = 2\pi f(T) = \frac{1 - (4{,}2/7{,}18)^4}{480 \cdot 10^6 \cdot 4\pi \cdot 10^{-7} \cdot 195^2 \cdot 10^{-18}}\ \text{Hz}, \tag{4.167}$$

woraus sich der Grenzwert $f = 6{,}1\,\text{GHz}$ ergibt. Man kann also bei Blei als Supraleiter für $f < 1\,\text{GHz}$ die Verluste vernachlässigen, während für $f > 10\,\text{GHz}$ die Verluste dagegen eine erhebliche Rolle spielen werden.   □

Die Londonsche Theorie ist eine einfache phänomenologische Theorie. Mit ihr lassen sich viele Erscheinungen an Supraleitern *qualitativ* richtig beschreiben. Die Londonschen Gleichungen haben aber nicht einen solchen Status wie etwa die Maxwellschen Gleichungen, die man als exakt annimmt. In den Londonschen Gleichungen ist die Verschiebung des Eintritts der Supraleitfähigkeit zu tieferen Temperaturen durch das magnetische Feld nicht enthalten. Je größer das magnetische Feld wird, um so kleiner wird T_C. Ein Supraleiter kann demnach durch Erhöhen des magnetischen Feldes wieder normalleitend werden. Dieser Effekt tritt auch durch das magnetische Feld des eigenen Suprastromes auf. Bei der Mehrzahl der Supraleiter, die nur aus einem Element bestehen, liegt die **kritische Feldstärke** bei $H_C \approx 80\,T_C$ A/(cm K). Mit der Londonschen Theorie lassen sich nicht immer _quantitativ_ genügend genaue Ergebnisse erreichen. Ein Beispiel dafür ist die Berechnung der Stromwärmeverluste in Supraleitern. Die Londonsche Theorie ist immer dann weniger zuverlässig, wenn _starke_ Magnetfelder oder sehr _dünne_ supraleitende Schichten vorliegen.

4.4 Leistungstransport

Bisher haben wir ebene Wellen betrachtet, die sich längs der z-Achse eines kartesischen Koordinatensystems ausbreiteten. Für eine in die positive z-Richtung laufende Welle gilt nach (4.6) nämlich die Darstellung:

$$\underline{E}_x(z) = \underline{E}_0\, e^{-\underline{\gamma}\, z} \tag{4.168}$$

mit der komplexen Ausbreitungskonstanten:

$$\underline{\gamma} = \alpha + j\,\beta = \sqrt{-\omega^2 \mu\,\varepsilon + j\,\omega\,\mu\,\kappa}\;. \tag{4.169}$$

Wir definieren nun einen komplexen **Wellenzahlvektor** [Che90]:

$$\underline{\mathbf{k}} = \underline{k}\,\mathbf{e}_k = -j\,\underline{\gamma}\,\mathbf{e}_k = (\beta - j\,\alpha)\,\mathbf{e}_k\;. \tag{4.170}$$

Der Einheitsvektor $\mathbf{e}_k$ soll dabei in Richtung der Wellenausbreitung zeigen. Eine Aufspaltung in kartesische Komponenten führt auf:

$$\underline{\mathbf{k}} = \mathbf{e}_x\,\underline{k}_x + \mathbf{e}_y\,\underline{k}_y + \mathbf{e}_z\,\underline{k}_z\;, \tag{4.171}$$

woraus sofort folgt:

$$\underline{\mathbf{k}} \cdot \underline{\mathbf{k}} = \underline{k}^2 = \underline{k}_x^2 + \underline{k}_y^2 + \underline{k}_z^2 = -\underline{\gamma}^2 = \omega^2 \mu\,\varepsilon - j\,\omega\,\mu\,\kappa\;. \tag{4.172}$$

Mit dem kartesischen Ortsvektor $\mathbf{r} = \mathbf{e}_x\,x + \mathbf{e}_y\,y + \mathbf{e}_z\,z$ führt nun der verallgemeinerte Ansatz

$$\boxed{\underline{\mathbf{E}}(\mathbf{r}) = \underline{\mathbf{E}}_0\, e^{-j\,\underline{\mathbf{k}}\cdot\mathbf{r}}} \tag{4.173}$$

im Sonderfall $\mathbf{e}_k = \mathbf{e}_z$ wieder auf das bekannte Ergebnis [Grei91]:

$$\underline{\mathbf{E}}(\mathbf{r}) = \underline{\mathbf{E}}_0\, e^{-j\,(-j\,\underline{\gamma}\,\mathbf{e}_z)\cdot(\mathbf{e}_x\,x + \mathbf{e}_y\,y + \mathbf{e}_z\,z)} = \underline{\mathbf{E}}_0\, e^{-\underline{\gamma}\,z}\;. \tag{4.174}$$

Dieser neue Ansatz (4.173) stellt offenbar eine Verallgemeinerung von (4.168) für _beliebige_ Ausbreitungsrichtung $\mathbf{e}_k$ dar. Aus der zweiten Maxwellschen Gleichung können wir mit $\underline{\mathbf{E}}$ nach (4.173) auch eine Darstellung für das Magnetfeld erhalten (siehe Übung 4.8):

$$\underline{\mathbf{B}} = \frac{-1}{j\,\omega}\,\mathrm{rot}\,\underline{\mathbf{E}} = \frac{-1}{j\,\omega}\,\mathrm{rot}\!\left(\underline{\mathbf{E}}_0\, e^{-j\,\underline{\mathbf{k}}\cdot\mathbf{r}}\right)\;. \tag{4.175}$$

Übung 4.8: Komponenten einer homogenen ebenen Welle

- Berechnen Sie den Ausdruck

$$\underline{\mathbf{B}} = \frac{-1}{j\omega} \operatorname{rot}\left(\underline{\mathbf{E}}_0 \, e^{-j\,\underline{\mathbf{k}}\cdot\mathbf{r}} \right). \tag{4.176}$$

- **Lösung:**

Mit Hilfe einer uns bereits bekannten Beziehung der Vektoranalysis (siehe Tabelle 2.3) $\operatorname{rot}(\Phi\,\mathbf{A}) = \Phi \operatorname{rot}\mathbf{A} - \mathbf{A} \times \operatorname{grad}\Phi$ können wir den Ausdruck (4.176) umformen:

$$\underline{\mathbf{B}} = \frac{-1}{j\omega}\left[e^{-j\,\underline{\mathbf{k}}\cdot\mathbf{r}} \operatorname{rot}\underline{\mathbf{E}}_0 - \underline{\mathbf{E}}_0 \times \operatorname{grad} e^{-j\,\underline{\mathbf{k}}\cdot\mathbf{r}} \right] \tag{4.177}$$

Den Gradienten in (4.177) berechnen wir mit Hilfe des Nabla-Operators

$$\nabla e^{-j\,\underline{\mathbf{k}}\cdot\mathbf{r}} = \left(\mathbf{e}_x \frac{\partial}{\partial x} + \mathbf{e}_y \frac{\partial}{\partial y} + \mathbf{e}_z \frac{\partial}{\partial z} \right) e^{-j\left(\underline{k}_x\, x + \underline{k}_y\, y + \underline{k}_z\, z \right)} =$$
$$= -j\left(\mathbf{e}_x \underline{k}_x + \mathbf{e}_y \underline{k}_y + \mathbf{e}_z \underline{k}_z \right) e^{-j\,\underline{\mathbf{k}}\cdot\mathbf{r}} = -j\,\underline{\mathbf{k}}\, e^{-j\,\underline{\mathbf{k}}\cdot\mathbf{r}}. \tag{4.178}$$

Wegen $\operatorname{rot}\underline{\mathbf{E}}_0 = 0$ erhalten wir schließlich

$$\underline{\mathbf{B}} = \frac{-1}{j\omega}\left[-\underline{\mathbf{E}}_0 \times \left(-j\,\underline{\mathbf{k}} \right) e^{-j\,\underline{\mathbf{k}}\cdot\mathbf{r}} \right] = \frac{1}{\omega} \underline{\mathbf{k}} \times \underline{\mathbf{E}}_0 \, e^{-j\,\underline{\mathbf{k}}\cdot\mathbf{r}}, \tag{4.179}$$

d. h. mit (4.173) gilt

$$\boxed{ \underline{\mathbf{B}} = \frac{\underline{\mathbf{k}} \times \underline{\mathbf{E}}}{\omega} }. \quad \square \tag{4.180}$$

Bei einer ebenen Welle bilden $\underline{\mathbf{E}}$, $\underline{\mathbf{B}}$ und $\underline{\mathbf{k}} = \underline{k}\,\mathbf{e}_k$ ein *orthogonales* Dreibein. In <u>verlustfreien</u> Medien gilt nach (4.170) $\underline{\mathbf{k}} = \beta\,\mathbf{e}_k = \omega\,\sqrt{\mu\varepsilon}\,\mathbf{e}_k$, d. h. aus (4.180) folgt der Zusammenhang:

$$\underline{\mathbf{B}} = \frac{\omega\,\sqrt{\mu\varepsilon}}{\omega} \mathbf{e}_k \times \underline{\mathbf{E}} = \frac{1}{c} \mathbf{e}_k \times \underline{\mathbf{E}}, \tag{4.181}$$

den wir mit dem reellen Feldwellenwiderstand $Z_F = \sqrt{\mu/\varepsilon}$ folgendermaßen schreiben können:

$$\boxed{ Z_F\,\underline{\mathbf{H}} = \mathbf{e}_k \times \underline{\mathbf{E}} }. \tag{4.182}$$

Beide Feldvektoren stehen senkrecht zur Ausbreitungsrichtung und schwingen phasengleich. Mit Hilfe des Entwicklungssatzes $\mathbf{A} \times (\mathbf{B} \times \mathbf{C}) = \mathbf{B}\,(\mathbf{A}\cdot\mathbf{C}) - \mathbf{C}\,(\mathbf{A}\cdot\mathbf{B})$ folgt weiter:

$$\mathbf{e}_k \times Z_F\,\underline{\mathbf{H}} = \mathbf{e}_k \times \left(\mathbf{e}_k \times \underline{\mathbf{E}} \right) = \mathbf{e}_k \left(\mathbf{e}_k \cdot \underline{\mathbf{E}} \right) - \underline{\mathbf{E}}\left(\mathbf{e}_k \cdot \mathbf{e}_k \right) = -\underline{\mathbf{E}}, \tag{4.183}$$

$$\Rightarrow \quad \boxed{ \underline{\mathbf{E}} = -\mathbf{e}_k \times Z_F\,\underline{\mathbf{H}} }. \tag{4.184}$$

Damit wird die Leistungsdichte der ebenen Welle reell – in verlustfreien Medien wird daher ausschließlich *Wirkleistung* in Richtung von $\mathbf{e}_k$ transportiert, aber keine *Blindleistung*:

$$\boxed{ \underline{\mathbf{S}} = S\,\mathbf{e}_k = \frac{1}{2} \underline{\mathbf{E}} \times \underline{\mathbf{H}}^* = \mathbf{e}_k \frac{Z_F\,|\underline{\mathbf{H}}|^2}{2} = \mathbf{e}_k \frac{|\underline{\mathbf{E}}|^2}{2\,Z_F} = \mathbf{e}_k \frac{|\underline{\mathbf{E}}|\,|\underline{\mathbf{H}}|}{2} }. \tag{4.185}$$

4.5 Aufgaben

4.5.1 In einem homogenen, nichtleitenden Medium mit $\mu_r = 1$ und $k = (4/3)\,\text{m}^{-1}$ breitet sich eine TEM-Welle mit folgenden komplexen Amplituden aus:

$$\underline{E} = 30\,\pi\,\frac{\text{V}}{\text{m}}\,e^{-jky}\,\mathbf{e}_z \quad \text{und} \quad \underline{H} = 1{,}0\,\frac{\text{A}}{\text{m}}\,e^{-jky}\,\mathbf{e}_x \,.$$

Wie lauten die reellen Zeitfunktionen $\mathbf{E}(y,t)$ und $\mathbf{H}(y,t)$? In welche Richtung breitet sich die TEM-Welle aus? Welches ε_r hat das Medium und welchen Wert hat die Kreisfrequenz ω? Welche Wirkleistung P wird im zeitlichen Mittel senkrecht durch einen Querschnitt von $1\,\text{m}^2$ transportiert?

4.5.2 In einem schwach leitfähigen Dielektrikum ($\varepsilon_r = 4$) mit anomaler Dispersion und $\kappa/(2\,\omega\,\varepsilon) = 0{,}1$ breite sich eine TEM-Welle mit einer Phasengeschwindigkeit von $v_p = 1{,}491\cdot 10^8\,\text{m/s}$ aus. Wie groß ist dann die Gruppengeschwindigkeit v_g?

4.5.3 Eine TEM-Welle breite sich in Meerwasser mit den Materialkonstanten $\varepsilon_r = 86{,}8$, $\mu_r = 1$ und $\kappa = 4{,}7\,\text{S/m}$ aus. Es sei $f = 25\,\text{kHz}$. Nach welcher Distanz d_1 ist die TEM-Welle um $20\,\text{dB}$ gedämpft? Nun gelte $f = 25\,\text{MHz}$. Nach welcher Distanz d_2 ist jetzt die TEM-Welle um $20\,\text{dB}$ gedämpft?

4.5.4 Gegeben ist ein gerader, zylindrischer, massiver Kupferdraht mit kreisförmigem Querschnitt (Durchmesser $D = 200\,\mu\text{m}$, Länge l). Wie groß ist der Gleichstromwiderstandsbelag $R_0' = R_0/l$ des Leiters? Um wie viel steigt der HF-Widerstand bei den Frequenzen $f = 100\,\text{MHz}$ und $f = 10\,\text{GHz}$ im Vergleich zum Gleichstromwiderstand an?

4.5.5 Wie groß sind Phasen- und Gruppengeschwindigkeit in einem guten Leiter ($\kappa \gg \omega\,\varepsilon$)?

4.5.6 Das Sonnenlicht, das auf eine oberhalb der Erdatmosphäre senkrecht zur Sonnenstrahlung orientierte Einheitsfläche trifft, bewirkt dort im Jahresmittel eine Strahlungsdichte von $S = 1367\,\text{W}/\text{m}^2$. Diese Größe wird als Solarkonstante bezeichnet. Wie groß sind hierbei die Effektivwerte der elektrischen und der magnetischen Feldstärke? Der mittlere Abstand zwischen Sonne und Erde beträgt $r = 149{,}6\cdot 10^6\,\text{km}$. Welche Gesamtleistung (Leuchtkraft L) wird daher von der Sonne im Bereich des optischen Spektrums abgestrahlt? Gehen Sie von einem kugelsymmetrischen Strahlungsfeld aus.

<u>**Lösungen:**</u>

4.5.1 $\mathbf{E}(y,t) = 30\,\pi\,\dfrac{\text{V}}{\text{m}}\,\cos\!\left(\omega t - \dfrac{4}{3}\dfrac{y}{m}\right)\mathbf{e}_z$ und $\mathbf{H}(y,t) = 1{,}0\,\dfrac{\text{A}}{\text{m}}\,\cos\!\left(\omega t - \dfrac{4}{3}\dfrac{y}{m}\right)\mathbf{e}_x$

Ausbreitung in positive y-Richtung mit $\varepsilon_r = 16$, $\omega = 10^8\,\text{s}^{-1}$ und $P = 47{,}1\,\text{W}$

4.5.2 Aus $v_g\,v_p\big/c^2 \approx 1 - \left(\kappa/(2\,\omega\,\varepsilon)\right)^4$ folgt mit $c^2 = c_0^2/\varepsilon_r$ der Wert $v_g = 1{,}507\cdot 10^8\,\text{m/s}$.

4.5.3 $d_1 = 3{,}381\,\text{m}$ und $d_2 = 0{,}108\,\text{m}$

4.5.4 $R'/R_0' = 7{,}8$ und $R'/R_0' = 75{,}9$

4.5.5 Mit (4.53) folgt $v_p = \omega/\beta = c\,\sqrt{2\,\omega\,\varepsilon/\kappa} \ll c$ und es wird $v_g = d\omega/d\beta = 2\,v_p \ll c$.

4.5.6 $E = 717{,}6\,\text{V/m}$, $H = 1{,}905\,\text{A/m}$ und $L = 3{,}845\cdot 10^{26}\,\text{W}$

5 Reflexion und Brechung I (Grundlagen)

In Kapitel 4 haben wir uns mit der Ausbreitung ebener elektromagnetischer Wellen in homogenen, unendlich ausgedehnten Gebieten befasst. Das idealisierte Modell des freien Raumes ist eine gute Näherung der realen Ausbreitungssituation, wie sie bei Systemen der Funktechnik tatsächlich vorliegt. Für technische Anwendungen ist es nämlich ausreichend, den Raum als abschnittsweise homogen zu betrachten. Vorhandene Materialgrenzen müssen dann durch die Erfüllung der Stetigkeit der Felder berücksichtigt werden. Da im Allgemeinen die Reflexion und die Transmission an Grenzflächen von der jeweiligen Polarisation der einfallenden Welle abhängen, wollen wir zunächst den Polarisationsbegriff genauer untersuchen.

5.1 Polarisation

Neben Frequenz, Phase und Amplitude ist die Polarisation die vierte Kenngröße einer elektromagnetischen Welle. Sie wird bestimmt von der Orientierung des *elektrischen* Feldvektors in einem gegebenen Raumpunkt während einer Schwingungsperiode. Momentaufnahmen verschiedener Polarisationszustände in einem $3\lambda_0$ großen Bereich auf der z-Achse zeigt Bild 5.1.

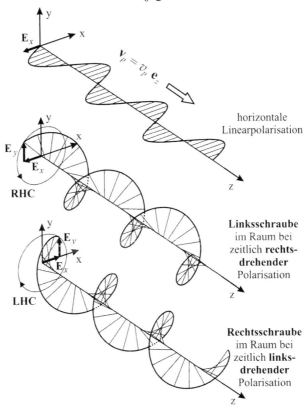

Bild 5.1 Momentaufnahmen der räumlichen Lage des E-Vektors bei Linear- und Zirkularpolarisation für eine TEM-Welle, die sich jeweils in die *positive* z-Richtung ausbreitet

© Springer Fachmedien Wiesbaden GmbH, ein Teil von Springer Nature 2022
K. W. Kark, *Antennen und Strahlungsfelder*,
https://doi.org/10.1007/978-3-658-38595-8_5

- Die Polarisation ist **linear**, wenn der Endpunkt des elektrischen Feldvektors sich bei fort-schreitender Zeit auf einer Geraden bewegt. Bei horizontaler Polarisation liegt diese Gera-de parallel zur Erdoberfläche, bei vertikaler Polarisation steht sie senkrecht zum Erdboden.

- Eine **elliptisch** polarisierte Welle setzt sich aus zwei Anteilen zusammen, deren **E**-Vektoren verschiedene Richtungen im Raum haben und eine Phasenverschiebung gegenei-nander besitzen. Elliptisch polarisierte Wellen transportieren <u>Drehimpuls</u> $-\hbar \leq L \leq \hbar$. Bei zirkularer Polarisation gilt $L = \pm\hbar$, während bei Linearpolarisation $L = 0$ wird.

- Sind die Amplituden beider **E**-Vektoren gleich, stehen sie senkrecht aufeinander und beträgt ihr Phasenunterschied $\pm\pi/2$, so geht die Ellipse in einen Kreis über. Dann spricht man von **zirkularer** Polarisation. Wir setzen uns nun als Beobachter an einen <u>*festen Ort*</u> im Raum und betrachten die <u>*zeitliche*</u> Änderung der Richtung des **E**-Vektors – also seine Drehung mit der Zeit. Bilden Drehsinn und Fortpflanzungsrichtung ein Rechtssystem, so spricht man von **rechtsdrehender** Polarisation (RHC – right hand circular), im anderen Falle von **linksdrehender** Polarisation (LHC – left hand circular).

- Mit wachsender Zeit verschieben sich die räumlichen Verteilungen aus Bild 5.1 mit ihrer Phasengeschwindigkeit v_p in die positive z-Richtung. Man beachte die Zuordnung einer <u>*räumlichen*</u> Linksschraube zu <u>*zeitlich*</u> rechtsdrehender Polarisation.

Wir wollen zur Herleitung grundlegender polarimetrischer Eigenschaften nach [Kra88] eine elliptisch polarisierte ebene Welle betrachten, die sich aus zwei gleichfrequenten linear polari-sierten TEM-Wellen derselben Ausbreitungsrichtung zusammensetzt. Addiert man nämlich zu einer in x-Richtung linear polarisierten ebenen Welle

$$E_x(z,t) = E_1 \cos(\omega t - \beta z) \tag{5.1}$$

eine um δ phasenverschobene, orthogonale zweite

$$E_y(z,t) = E_2 \cos(\omega t - \beta z + \delta), \tag{5.2}$$

so erhält man die <u>*allgemeinste ebene Welle*</u>

$$\mathbf{E}(z,t) = \mathbf{e}_x E_x(z,t) + \mathbf{e}_y E_y(z,t), \tag{5.3}$$

die sich in die positive z-Richtung ausbreitet. An einem festen Ort – z. B. in der Ebene $z = 0$ – folgt aus (5.3), wenn wir (5.1) und (5.2) dort einsetzen:

$$\mathbf{E}(z=0, t) = \mathbf{E}(t) = \mathbf{e}_x E_1 \cos(\omega t) + \mathbf{e}_y E_2 \cos(\omega t + \delta) \tag{5.4}$$

oder separat geschrieben (jetzt immer für $z = 0$):

$$\begin{aligned}
E_x &= E_1 \cos\omega t \\
E_y &= E_2 \cos(\omega t + \delta).
\end{aligned} \tag{5.5}$$

Mit dem Additionstheorem $\cos(\omega t + \delta) = \cos\omega t \cos\delta - \sin\omega t \sin\delta$ und $\cos\omega t = E_x/E_1$, was aus (5.5) folgt, sowie $\sin\omega t = \pm\sqrt{1 - (E_x/E_1)^2}$ folgt wieder aus (5.5):

$$\frac{E_y}{E_2} = \frac{E_x}{E_1}\cos\delta \mp \sqrt{1 - \left(\frac{E_x}{E_1}\right)^2}\sin\delta. \tag{5.6}$$

Nach Freistellen des Wurzelausdrucks in (5.6) und anschließendem Quadrieren erhalten wir:

$$\left(\frac{E_y}{E_2} - \frac{E_x}{E_1} \cos\delta \right)^2 = \left(1 - \left(\frac{E_x}{E_1} \right)^2 \right) \sin^2\delta \,. \tag{5.7}$$

Durch weitere Umformung

$$\frac{E_y^2}{E_2^2} - 2 \frac{E_y}{E_2} \frac{E_x}{E_1} \cos\delta + \frac{E_x^2}{E_1^2} \cos^2\delta = \sin^2\delta - \frac{E_x^2}{E_1^2} \sin^2\delta \tag{5.8}$$

wird [Mot86, Det03]:

$$\frac{E_x^2}{E_1^2 \sin^2\delta} - 2 \frac{E_x E_y \cos\delta}{E_1 E_2 \sin^2\delta} + \frac{E_y^2}{E_2^2 \sin^2\delta} = 1 \,. \tag{5.9}$$

Dies ist die allgemeine Gleichung einer Ursprungsellipse:

$$\boxed{a\,E_x^2 + b\,E_x E_y + c\,E_y^2 = 1} \,, \tag{5.10}$$

wenn wir als bequeme Abkürzungen setzen:

$$a = \frac{1}{E_1^2 \sin^2\delta}, \quad b = -\frac{2\cos\delta}{E_1 E_2 \sin^2\delta} \quad \text{und} \quad c = \frac{1}{E_2^2 \sin^2\delta} \,. \tag{5.11}$$

In gedrehten (u,v)-Koordinaten kann (5.10) auf Hauptachsenform transformiert werden:

$$\boxed{\frac{E_u^2}{A^2} + \frac{E_v^2}{B^2} = 1} \,. \tag{5.12}$$

Die halben Hauptachsen A und B mit $A \ge B$ erhält man aus [Born93]:

$$\boxed{\begin{aligned} 2A^2 &= E_1^2 + E_2^2 + \sqrt{\left(E_1^2 - E_2^2\right)^2 + \left(2\,E_1 E_2 \cos\delta\right)^2} \\ 2B^2 &= E_1^2 + E_2^2 - \sqrt{\left(E_1^2 - E_2^2\right)^2 + \left(2\,E_1 E_2 \cos\delta\right)^2} \end{aligned}} \,. \tag{5.13}$$

Die u- und v-Achsen sind im Allgemeinen nicht mit den x- und y-Achsen deckungsgleich (Bild 5.2). Den Kippwinkel τ findet man aus:

$$\boxed{\tan 2\tau = \frac{2\,E_1 E_2}{E_1^2 - E_2^2} \cos\delta} \,. \tag{5.14}$$

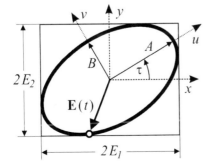

Achsenverhältnis (axial ratio): $AR = \dfrac{A}{B}$

(mit $1 \le AR < \infty$)

lineare Exzentrizität: $e = \sqrt{A^2 - B^2}$

numerische Exzentrizität: $\varepsilon = \dfrac{e}{A} = \sqrt{1 - AR^{-2}}$

Bild 5.2 Polarisationsellipse in der Ebene $z = 0$ mit dem Kippwinkel τ und den Halbachsen A und B

Für den Sonderfall $E_1 = E_2$ stellen wir nach (5.4) mit

$$\mathbf{E}(z=0,t) = \mathbf{E}(t) = \mathbf{e}_x E_1 \cos(\omega t) + \mathbf{e}_y E_2 \cos(\omega t + \delta) \tag{5.15}$$

die Polarisationsellipsen, auf denen sich der Endpunkt des elektrischen Feldvektors $\mathbf{E}(t)$ bei fortschreitender Zeit bewegt, für acht verschiedene Phasenverschiebungen δ dar (Bild 5.3). Bei $0 < \delta < \pi$ ist E_2 *voreilend* und die Polarisation wird linksdrehend, während sich bei $-\pi < \delta < 0$ mit *nacheilendem* E_2 rechtsdrehende Ellipsen ergeben, falls sich die Welle in die positive z-Richtung ausbreitet. Die Kippwinkel τ der Ellipsen folgen aus (5.14) und können hier wegen $E_1 = E_2$ nur die drei Werte $\tau = -\pi/4$, $\tau = 0$ und $\tau = \pi/4$ annehmen.

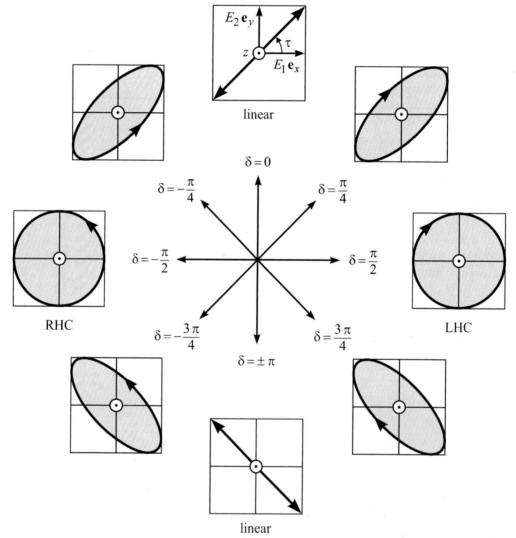

Bild 5.3 Polarisationsellipsen (mit ihrer zeitlichen Drehrichtung) des elektrischen Feldvektors $\mathbf{E}(t)$ nach (5.15) am Ort $z = 0$ für den Sonderfall $E_1 = E_2$. Mit δ wird die Phasenverschiebung der vertikalen y-Komponente relativ zur horizontalen x-Komponente bezeichnet, außerdem soll sich die Welle in die positive z-Richtung ausbreiten.

Der Endpunkt des E-Vektors $\mathbf{E}(t)$ nach (5.4) bewegt sich bei $z = 0$ mit fortschreitender Zeit also auf der in Bild 5.2 gezeigten Polarisationsellipse. Neben der allgemein elliptischen Polarisation sind je nach Phasenverschiebung δ die Sonderfälle aus Tabelle 5.1 denkbar.

Tabelle 5.1 Spezialfälle allgemeiner elliptischer Polarisation nach Bild 5.2 – für δ siehe (5.5)

Elliptische Polarisation ohne Kippwinkel		Zirkulare Polarisation		Lineare Polarisation	
$\delta = \pm\pi/2$		$\delta = \pm\pi/2$ und $E_1 = E_2$		$\delta = 0$ oder $\delta = \pi$	
$A = E_1$	$AR = \dfrac{E_1}{E_2}$	$A = B = E_1 = E_2$	$AR = 1$	$A = \sqrt{E_1^2 + E_2^2}$	$AR \to \infty$
$B = E_2$				$B = 0$	
$\tau = 0$		τ beliebig		$\tan 2\tau = \pm\dfrac{2E_1 E_2}{E_1^2 - E_2^2}$	

Zeitlich rechtsdrehende Zirkularpolarisation (RHC) – bei Blick in die Ausbreitungsrichtung der Welle – erhalten wir mit $E_1 = E_2$ für $\delta = -\pi/2$, während für $\delta = \pi/2$ sich linksdrehende Zirkularpolarisation (LHC) einstellt (Bild 5.3). Die Polarisation des E-Vektors kann in Sonderfällen von der des H-Vektors verschieden sein, z. B. in magnetisierten Plasmen oder Ferriten. Den Polarisationszustand einer ebenen Welle stellt man anschaulich mit Hilfe der **Poincaré-Kugel**[1] wie in Bild 5.4 dar. An den Polen finden wir Zirkularpolarisation und längs des Äquators wird Linearpolarisation dargestellt. Dazwischen befinden sich Polarisationsellipsen gegensätzlicher Drehrichtung mit verschiedenen Achsenverhältnissen und Kippwinkeln.

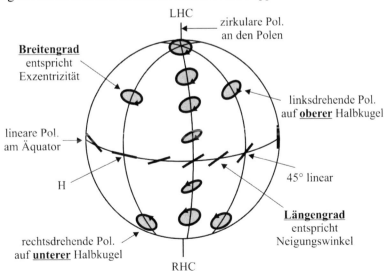

Bild 5.4 Poincaré-Kugel mit verschiedenen Polarisationsellipsen nach [LoLe88]. Zueinander orthogonale Polarisationen werden auf der Kugel durch diametral gegenüberliegende Punkte repräsentiert.

---

[1] Jules Henri **Poincaré** (1854-1912): frz. Mathematiker, Physiker, Astronom und Philosoph (Funktionentheorie, Differenzialgleichungen, Elektrodynamik und Himmelsmechanik)

Zum Abschluss betrachten wir noch *kleine Störungen* der Zirkularpolarisation. So folgt mit

$$E_1^2 = (1+\xi)E_0^2 , \qquad E_2^2 = (1-\xi)E_0^2 \quad \text{und} \quad \delta = \pm\pi/2 - \psi \tag{5.16}$$

aus (5.13) das quadratische Achsenverhältnis:

$$AR^2 = \frac{A^2}{B^2} = \frac{1+\sqrt{\xi^2+(1-\xi^2)\sin^2\psi}}{1-\sqrt{\xi^2+(1-\xi^2)\sin^2\psi}} \geq 1 , \tag{5.17}$$

was man für $|\xi| \ll 1$ und $|\psi| \ll 1$ mit $\sin\psi \approx \psi$ in *niedrigster* Ordnung wie

$$\boxed{AR^2 \approx \frac{1+\sqrt{\xi^2+\psi^2}}{1-\sqrt{\xi^2+\psi^2}} \approx 1+2\sqrt{\xi^2+\psi^2}} \tag{5.18}$$

schreiben kann. Beispielsweise erhält man aus (5.18) für verschwindenden Phasenfehler $\psi = 0$ bzw. für verschwindenden Amplitudenfehler $\xi = 0$ folgende Werte [Rus70]:

$$AR^2\big|_{\psi=0} \approx 1+2|\xi| \qquad \text{bzw.} \qquad AR^2\big|_{\xi=0} \approx 1+2|\psi| . \tag{5.19}$$

Für $\psi = 0$ wird der Leistungsunterschied der beiden orthogonalen Kanäle nach (5.16) zunächst $|E_1^2 - E_2^2| = 2|\xi|E_0^2$. Er kann nach (5.19) also näherungsweise aus der Abweichung des quadratischen Achsenverhältnisses von eins ermittelt werden:

$$\boxed{|E_1^2 - E_2^2| \approx (AR^2-1)\,E_0^2} . \tag{5.20}$$

5.2 Senkrechter Einfall auf eine ebene Trennfläche

Trifft eine ebene elektromagnetische Welle senkrecht auf eine ebene Trennfläche, so spaltet sie sich im Allgemeinen in einen *reflektierten* und einen *transmittierten* Anteil auf (Bild 5.5).

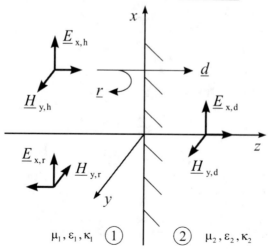

Bild 5.5 Senkrechter Einfall einer vertikal polarisierten TEM-Welle auf eine ebene Trennfläche

5.2.1 Reflexions- und Durchlassfaktoren

Im **Medium 1** erhält man durch Überlagerung der hin- und rücklaufenden Welle folgenden Feldansatz:

$$\underline{E}_1 = \mathbf{e}_x \left(\underline{E}_{x,h}\, e^{-\underline{\gamma}_1 z} + \underline{E}_{x,r}\, e^{\underline{\gamma}_1 z} \right). \tag{5.21}$$

Die in den Exponenten auftretende Ausbreitungskonstante ist nach (4.11) bekanntermaßen:

$$\underline{\gamma}_1 = \alpha_1 + j\beta_1 = \sqrt{-\omega^2 \mu_1 \underline{\varepsilon}_1}\,, \tag{5.22}$$

wobei zur Abkürzung die komplexe Permittivität $\underline{\varepsilon}_1 = \varepsilon_1 + \kappa_1/(j\omega)$ verwendet wurde. Die Feldkomponenten einer ebenen Welle stehen nach (4.12) im Verhältnis der Feldwellenimpedanz, d. h. im vorliegenden Fall gilt:

$$\underline{Z}_1 = \frac{E_{x,h}}{H_{y,h}} = -\frac{E_{x,r}}{H_{y,r}} = \sqrt{\frac{\mu_1}{\underline{\varepsilon}_1}}\,. \tag{5.23}$$

Mit (5.21) und (5.23) erhalten wir aus (4.10) die magnetische Feldstärke im Raumteil 1:

$$\underline{H}_1 = \mathbf{e}_y \left(\underline{H}_{y,h}\, e^{-\underline{\gamma}_1 z} + \underline{H}_{y,r}\, e^{\underline{\gamma}_1 z} \right) = \frac{\mathbf{e}_y}{\underline{Z}_1} \left(\underline{E}_{x,h}\, e^{-\underline{\gamma}_1 z} - \underline{E}_{x,r}\, e^{\underline{\gamma}_1 z} \right). \tag{5.24}$$

Im **Medium 2** mit der Impedanz $\underline{Z}_2 = \underline{E}_{x,d}/\underline{H}_{y,d}$ gilt analog für die durchgehende Welle:

$$\begin{aligned}
\underline{E}_2 &= \mathbf{e}_x\, \underline{E}_{x,d}\, e^{-\underline{\gamma}_2 z} \\
\underline{H}_2 &= \mathbf{e}_y\, \underline{H}_{y,d}\, e^{-\underline{\gamma}_2 z} = \mathbf{e}_y\, \frac{\underline{E}_{x,d}}{\underline{Z}_2}\, e^{-\underline{\gamma}_2 z}\,.
\end{aligned} \tag{5.25}$$

Man führt nun zweckmäßig die komplexen **Reflexions-** und **Durchlassfaktoren** $\underline{r}$ und $\underline{d}$ ein:

$$\underline{r} = \frac{E_{x,r}}{E_{x,h}} \quad \text{und} \quad \underline{d} = \frac{E_{x,d}}{E_{x,h}}\,. \tag{5.26}$$

Ihre *Beträge* geben an, welcher relative Anteil der einfallenden elektrischen Feldstärke reflektiert bzw. transmittiert wird. Ihre *Phasenwinkel* geben eine eventuelle Phasenänderung an der Trennfläche wieder. Mit der Abkürzung $\underline{E}_0 = \underline{E}_{x,h}$ lautet somit der vollständige **Feldansatz:**

Tabelle 5.2 Feldansatz für Reflexionsproblem aus Bild 5.5 mit den Unbekannten $\underline{r}$ und $\underline{d}$

$\underline{E}_1 = \mathbf{e}_x\, \underline{E}_0 \left(e^{-\underline{\gamma}_1 z} + \underline{r}\, e^{\underline{\gamma}_1 z} \right)$	$\underline{E}_2 = \mathbf{e}_x\, \underline{E}_0\, \underline{d}\, e^{-\underline{\gamma}_2 z}$
$\underline{H}_1 = \mathbf{e}_y\, \dfrac{\underline{E}_0}{\underline{Z}_1} \left(e^{-\underline{\gamma}_1 z} - \underline{r}\, e^{\underline{\gamma}_1 z} \right)$	$\underline{H}_2 = \mathbf{e}_y\, \dfrac{\underline{E}_0}{\underline{Z}_2}\, \underline{d}\, e^{-\underline{\gamma}_2 z}$

Die Fortpflanzungskonstanten $\underline{\gamma}_1$ und $\underline{\gamma}_2$ sowie die Feldwellenimpedanzen $\underline{Z}_1$ und $\underline{Z}_2$ wurden in Kapitel 4 bereits definiert – siehe (4.11) und (4.12) – sie hängen von der Frequenz und den Materialeigenschaften des jeweiligen Mediums ab. Durch Erfüllen der **Stetigkeit** der Tangentialkomponenten der Felder an der Trennfläche bei $z = 0$, also nach Tabelle 3.2

$$\underline{E}_1 \cdot \mathbf{e}_x \Big|_{z=0_-} = \underline{E}_2 \cdot \mathbf{e}_x \Big|_{z=0_+} \quad \underline{\text{und}} \quad \underline{H}_1 \cdot \mathbf{e}_y \Big|_{z=0_-} = \underline{H}_2 \cdot \mathbf{e}_y \Big|_{z=0_+} , \tag{5.27}$$

ermitteln wir in Übung 5.1 die noch unbekannten Reflexions- und Durchlassfaktoren $\underline{r}$ und $\underline{d}$.

Übung 5.1: Stetigkeit bei senkrechtem Einfall

- Bestimmen Sie den Reflexions- und Durchlassfaktor bei senkrechtem Einfall einer homogenen, ebenen Welle auf eine unendlich ausgedehnte, ebene Grenzschicht bei $z = 0$.

- **Lösung:**

Die *tangentialen* Feldkomponenten $\underline{E}_x$ und $\underline{H}_y$ an Grenzflächen müssen stetig von einem in den anderen Raumteil übergehen. Damit fordern wir in der Ebene $z = 0$:

$$\begin{aligned}
\underline{E}_x &\Rightarrow E_0 \left(e^{-\underline{\gamma}_1 z} + \underline{r}\, e^{\underline{\gamma}_1 z} \right) \Big|_{z=0_-} = E_0\, \underline{d}\, e^{-\underline{\gamma}_2 z} \Big|_{z=0_+} \\[2mm]
\underline{H}_y &\Rightarrow \frac{E_0}{\underline{Z}_1} \left(e^{-\underline{\gamma}_1 z} - \underline{r}\, e^{\underline{\gamma}_1 z} \right) \Big|_{z=0_-} = \frac{E_0}{\underline{Z}_2}\, \underline{d}\, e^{-\underline{\gamma}_2 z} \Big|_{z=0_+} ,
\end{aligned} \tag{5.28}$$

d. h. es ergibt sich folgendes lineares Gleichungssystem für zwei Unbekannte:

$$1 + \underline{r} = \underline{d} \quad \text{und} \quad 1 - \underline{r} = \frac{\underline{Z}_1}{\underline{Z}_2} \underline{d} , \tag{5.29}$$

dessen Lösung sich sofort angeben lässt:

$$\boxed{\underline{r} = \frac{E_{x,r}}{E_{x,h}} = \frac{\underline{Z}_2 - \underline{Z}_1}{\underline{Z}_2 + \underline{Z}_1}} \quad \text{und} \quad \boxed{\underline{d} = \frac{E_{x,d}}{E_{x,h}} = \frac{2\underline{Z}_2}{\underline{Z}_2 + \underline{Z}_1}} . \tag{5.30}$$

Bei *identischen* Medien mit $\underline{Z}_1 = \underline{Z}_2$ gilt natürlich $\underline{r} = 0$ und $\underline{d} = 1$. □

In passiver Materie ist wegen des Energiesatzes der Betrag des Reflexionsfaktors auf Werte kleiner gleich eins beschränkt. In Bild 5.6 liegen alle Punkte mit $|\underline{r}| \leq 1$ innerhalb des Einheitskreises. Wegen $\underline{d} = 1 + \underline{r}$ kann der Durchlassfaktor größer als eins werden. In verlustfreien Medien ist dies z. B. bei $Z_2 > Z_1$ der Fall – dann wird nämlich $r > 0$ und $d > 1$. Für $\mu_1 = \mu_2$ müsste dazu $\varepsilon_1 > \varepsilon_2$ gelten – wir hätten dann den Fall der Reflexion am dünneren Medium.

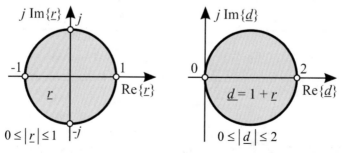

Bild 5.6 Zulässige Bereiche für Reflexions- und Durchlassfaktor in der komplexen Zahlenebene

Nach (5.30) verschwindet bei senkrechtem Einfall die Reflexion für $\underline{Z}_1 = \underline{Z}_2$ und die Welle dringt vollständig in das zweite Medium ein. Neben dem trivialen Fall identischer Medien – also eigentlich nicht vorhandener Trennfläche – kann der Reflexionsfaktor aber auch bei verschiedenen Medien durchaus null werden. Es muss dazu nur die Bedingung

$$\underline{Z}_1 = \sqrt{\frac{j\omega\mu_1}{\kappa_1 + j\omega\varepsilon_1}} = \sqrt{\frac{j\omega\mu_2}{\kappa_2 + j\omega\varepsilon_2}} = \underline{Z}_2 \tag{5.31}$$

erfüllt werden. Nach Quadrieren und Multiplikation mit beiden Nennern folgt aus (5.31):

$$j\omega\mu_1\left(\kappa_2 + j\omega\varepsilon_2\right) = j\omega\mu_2\left(\kappa_1 + j\omega\varepsilon_1\right). \tag{5.32}$$

Aus dieser komplexen Gleichung können zwei reelle Bedingungen abgeleitet werden:

$$\mu_1\kappa_2 = \mu_2\kappa_1$$
$$\mu_1\varepsilon_2 = \mu_2\varepsilon_1, \tag{5.33}$$

die man noch übersichtlicher schreiben kann [Kra91]:

$$\boxed{\frac{\mu_1}{\mu_2} = \frac{\kappa_1}{\kappa_2} = \frac{\varepsilon_1}{\varepsilon_2}}. \tag{5.34}$$

Bei senkrechtem Einfall auf eine ebene Trennfläche verschwindet also die Reflexion – und wir erhalten Totaltransmission – wenn alle drei Materialparameter wie in (5.34) im selben Verhältnis zueinander stehen. Im verlustfreien Fall ($\kappa_1 = \kappa_2 = 0$) mit Vakuum (oder Luft) als Medium 1, d.h. $\varepsilon_1 = \varepsilon_0$ und $\mu_1 = \mu_0$, muss zum Verschwinden der Reflexion nach (5.34) für Medium 2 gelten: $\mu_0/\mu_2 = \varepsilon_0/\varepsilon_2$. Das zweite Medium – ein sogenanntes **Metamaterial** [Sal07] – muss also sowohl permeabel als auch dielektrisch sein. Mit $\mu_2 = \mu_r\mu_0$ und $\varepsilon_2 = \varepsilon_r\varepsilon_0$ folgt dann:

$$\boxed{\mu_r(\omega) = \varepsilon_r(\omega)}. \tag{5.35}$$

Näherungsweise ließe sich die Bedingung (5.35) durch ein künstliches inhomogenes Medium realisieren – z. B. als dielektrische Platte mit eingeschlossenen Ferritzylindern, deren gegenseitiger Abstand klein zur Wellenlänge sein müsste (Bild 5.7). Aber auch ein solches Objekt würde bei schrägen Einfallswinkeln wieder eine **Radarsichtbarkeit** aufweisen.

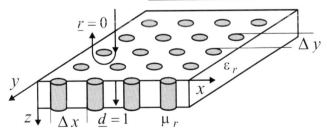

Bild 5.7 Künstliches permeables und dielektrisches Medium mit $\Delta x, \Delta y \ll \lambda_2$

Im Allgemeinen ist ein für Radarstrahlen „unsichtbares" Medium nur sehr schwer vorstellbar, insbesondere weil die Werte der Materialparameter (5.35) bei breitbandiger Anregung eine spürbare Frequenzabhängigkeit aufweisen können. Außerdem würde selbst der ideale „Schwarze Körper", der alle Wellen reflexionsfrei aufnimmt (siehe Kapitel 25), sich immerhin noch durch seine Schwärze vom Hintergrund abheben und wäre ebenfalls nicht gänzlich unsichtbar.

5.2.2 Stehende Wellen

Im Medium 1 kann nach Tabelle 5.2 die Überlagerung aus hin- und rücklaufender Welle

$$\underline{\mathbf{E}}_1 = \mathbf{e}_x \underline{E}_0 \left[e^{-\underline{\gamma}_1 z} + \underline{r}\, e^{\underline{\gamma}_1 z} \right] \tag{5.36}$$

noch anders geschrieben werden. Es gilt nämlich:

$$\underline{\mathbf{E}}_1 = \mathbf{e}_x \underline{E}_0 \left[(1+\underline{r})e^{-\underline{\gamma}_1 z} + \underline{r}\left(e^{\underline{\gamma}_1 z} - e^{-\underline{\gamma}_1 z} \right) \right], \tag{5.37}$$

was man auch mit (5.29) wie folgt darstellen kann:

$$\underline{\mathbf{E}}_1 = \mathbf{e}_x \underline{E}_0 \left[\underline{d}\, e^{-\underline{\gamma}_1 z} + 2\, \underline{r}\, \sinh(\underline{\gamma}_1 z) \right]. \tag{5.38}$$

Ist das *Medium 1 verlustfrei*, d. h. ein nicht leitender Isolator mit $\kappa_1 = 0$, dann gilt:

$$\boxed{\underline{\mathbf{E}}_1 = \mathbf{e}_x \underline{E}_0 \left[\underline{d}\, e^{-j\beta_1 z} + 2\, j\, \underline{r}\, \sin(\beta_1 z) \right]}. \tag{5.39}$$

Das Feld im Medium 1 besteht somit aus zwei Anteilen. Neben einer **Wanderwelle** der Amplitude $\underline{d}\,\underline{E}_0$, die vollständig in das Medium 2 eindringt, tritt noch eine **stehende Welle** mit der Amplitude $2\, j\, \underline{r}\, \underline{E}_0$ auf, die zum Erfüllen der Stetigkeitsbedingung in der Trennfläche notwendig ist. Wenn das *Medium 2 ein elektrisch idealer Leiter* mit $\kappa_2 \to \infty$ ist, dann wird:

$$\underline{Z}_2 = \sqrt{\frac{\mu_2}{\underline{\varepsilon}_2}} = \sqrt{\frac{\mu_2}{\varepsilon_2 - j\kappa_2/\omega}} \;\;\to\;\; 0 \tag{5.40}$$

und nach (5.30) folgt $\underline{r} = -1$ sowie $\underline{d} = 0$. Die einfallende Welle wird also total reflektiert. Aus (5.39) ergibt sich dann folgende Felddarstellung:

$$\boxed{\underline{\mathbf{E}}_1 = -\mathbf{e}_x\, 2\, j\, \underline{E}_0 \sin(\beta_1 z)}. \tag{5.41}$$

Der Wanderwellenanteil verschwindet somit vollständig und die verbleibende stehende Welle weist Knoten der elektrischen Feldstärke auf, wenn die Nullstellenbedingung $\beta_1 z_n = -n\pi$ für $n = 0, 1, 2, \ldots$ erfüllt ist. Mit der Phasenkonstanten $\beta_1 = 2\pi/\lambda_1$ erhält man daraus folgende bei negativen Werten von z liegende Knotenorte (Bild 5.8):

$$\boxed{z_n = -n\,\lambda_1/2}. \tag{5.42}$$

Aus der Darstellung der stehenden Welle im **Zeitbereich**

$$\mathbf{E}_1(z,t) = \mathrm{Re}\left\{ \underline{\mathbf{E}}_1(z)\, e^{j\omega t} \right\} = -2\, \mathbf{e}_x \sin(\beta_1 z)\, \mathrm{Re}\left\{ j\, \underline{E}_0\, e^{j\omega t} \right\} \tag{5.43}$$

folgt mit $\underline{E}_0 = E_0\, e^{j\varphi_0}$ das Ergebnis:

$$\boxed{\mathbf{E}_1(z,t) = 2\, \mathbf{e}_x E_0 \sin(\beta_1 z)\, \sin(\omega t + \varphi_0)}. \tag{5.44}$$

Die Nullstellen der elektrischen Feldstärke sind daher <u>ortsfeste</u> Knoten. Ihre Lage z_n hängt, wie man in (5.44) sieht, nicht von der Zeit t ab. Das unterscheidet die hier vorliegende stehende

Welle von einer Wanderwelle, die ihre Knoten jeweils mit sich fortbewegt. Der Begriff der „stehenden Welle" ist etwas unglücklich gewählt. Da sich eine Welle stets mit ihrer Phasengeschwindigkeit v_p ausbreitet und nicht „steht", spricht man besser von einer **Schwingung.** Zwischen zwei Knoten liegt jeweils ein Extremum – zu manchen Zeitpunkten kann dort nach (5.44) die Feldstärke den Wert $\pm 2E_0$ annehmen. Die Verhältnisse bei Totalreflexion an einer elektrisch ideal leitenden Wand mit $\kappa_2 \to \infty$ sind in Bild 5.8 für $\omega t + \varphi_0 = \pi/2$ dargestellt.

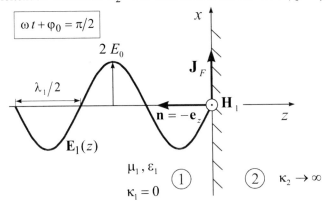

Bild 5.8 E-Feld einer stehenden Welle mit ortsfesten Knoten vor einem metallischen Halbraum

Das **Magnetfeld im Raumteil 1** erhält man aus der zweiten Maxwellschen Gleichung:

$$\operatorname{rot} \mathbf{E}_1(z, t) = -\mu_1 \frac{\partial \mathbf{H}_1(z, t)}{\partial t} . \tag{5.45}$$

Bei Totalreflexion einer in x-Richtung linear polarisierten ebenen Welle gilt mit Tabelle 2.6:

$$\mathbf{H}_1(z, t) = -\frac{\mathbf{e}_y}{\mu_1} \int \frac{\partial \left(\mathbf{e}_x \cdot \mathbf{E}_1(z, t) \right)}{\partial z} dt = -\mathbf{e}_y \frac{2E_0}{\mu_1} \frac{\partial}{\partial z} \sin(\beta_1 z) \int \sin(\omega t + \varphi_0) \, dt . \tag{5.46}$$

Nach unschwieriger Umformung mit $\beta_1 = \omega/c_1$ und $Z_1 = \sqrt{\mu_1/\varepsilon_1}$ folgt sofort:

$$\boxed{\mathbf{H}_1(z, t) = \mathbf{e}_y \frac{2E_0}{Z_1} \cos(\beta_1 z) \cos(\omega t + \varphi_0)} . \tag{5.47}$$

Innerhalb der Trennfläche bei $z = 0$ gelten die links- und rechtsseitigen Grenzwerte:

$$\mathbf{H}_1(z = 0_-) = \mathbf{e}_y \frac{2E_0}{Z_1} \cos(\omega t + \varphi_0) \quad \text{und} \quad \mathbf{H}_2(z = 0_+) = 0 . \tag{5.48}$$

Das Magnetfeld macht an der elektrisch ideal leitenden Wand also einen Sprung. Diese Unstetigkeit wird, wie wir wegen der **Randbedingung** $\mathbf{n} \times \mathbf{H}_1 = \mathbf{J}_F$ bereits wissen (Tabelle 3.3), durch eine elektrische Oberflächenstromdichte $\mathbf{J}_F$ mit dem Wert

$$\mathbf{J}_F = \mathbf{n} \times \mathbf{H}_1(z = 0_-) = -\mathbf{e}_z \times \mathbf{e}_y \frac{2E_0}{Z_1} \cos(\omega t + \varphi_0) = \mathbf{e}_x \frac{2E_0}{Z_1} \cos(\omega t + \varphi_0) \tag{5.49}$$

und der Einheit $\left[\mathbf{J}_F \right] = \text{A/m}$ ausgeglichen.

Wir betrachten nun speziell den Übergang von Luft (Medium 1) auf ein verlustbehaftetes Dielektrikum (Medium 2), was durch $\varepsilon_2 = 4\varepsilon_0$ und $\kappa_2 = 5 \cdot 10^{-4}$ S/m gekennzeichnet sei. In Tabelle 5.3 ist die zeitliche Entwicklung der räumlichen Verteilung der elektrischen Feldstärken $E_1(z,t)$ und $E_2(z,t)$ auf der z-Achse in einem Bereich $-3\lambda_0 \leq z \leq 3\lambda_0$ wiedergegeben. Wir überblicken eine halbe zeitliche Periode T und erkennen im Raumteil 1 (links) ein deutliches Pulsieren der Maximalwerte – hervorgerufen durch den Stehwellenanteil, der von einer Wanderwelle überlagert wird. Die Wanderwelle dringt in das Medium 2 (rechts) ein, halbiert dort wegen $\lambda_2 = \lambda_0 \sqrt{\varepsilon_0/\varepsilon_2}$ ihre Wellenlänge und wird exponentiell gedämpft. Man beachte den Übergang in der Trennfläche bei $z = 0$, wo die Wellenzüge stetig und knickfrei passieren.

Tabelle 5.3 Wellensequenz der elektrischen Feldstärke im Abstand $\Delta t = T / 16$ für $\varepsilon_2 = 4\varepsilon_1 = 4\varepsilon_0$, $\mu_1 = \mu_2 = \mu_0$ und $\kappa_2 = 5 \cdot 10^{-4}$ S/m mit $\varphi_0 = 0$. Nach (5.30) gilt $\underline{r} \approx -1/3 + j/100$ und $\underline{d} \approx 2/3 + j/100$.

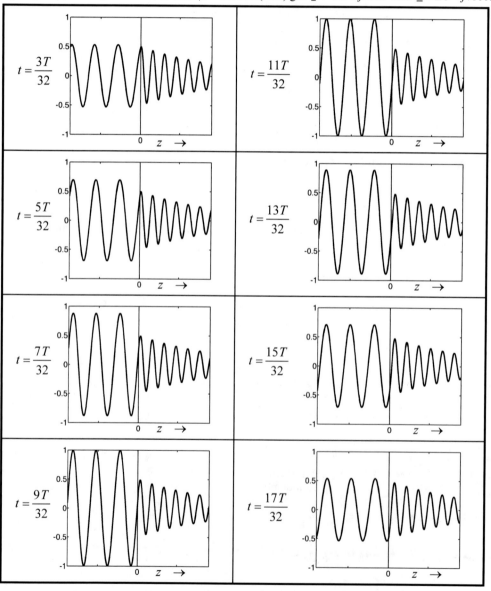

5.2.3 Leistungstransport

Wir betrachten schließlich den zeitgemittelten Wirkleistungstransport durch die Trennfläche hindurch. Er kann nach (3.24) mit Hilfe des Realteils des komplexen Poyntingschen Vektors

$$\mathbf{S}_R = \text{Re}\left\{\underline{\mathbf{S}}\right\} = \frac{1}{2}\text{Re}\left\{\underline{\mathbf{E}} \times \underline{\mathbf{H}}^*\right\} \tag{5.50}$$

berechnet werden. Wir wollen im Folgenden *verlustfreie* Medien voraussetzen. Dann werden die Feldwellenimpedanzen reell, d. h. $\underline{Z}_{1,2} = Z_{1,2}$ (und damit auch der Reflexions- und Durchlassfaktor, d. h. $\underline{r} = r$ und $\underline{d} = d$). Die Ausbreitungskonstanten werden dagegen imaginär, d. h. $\underline{\gamma}_{1,2} = j\beta_{1,2}$. Mit Tabelle 5.2 gilt in den Raumteilen 1 und 2 des Grenzflächenproblems:

$$\underline{\mathbf{S}}_1 = \frac{1}{2}\underline{\mathbf{E}}_1 \times \underline{\mathbf{H}}_1^* = (\mathbf{e}_x \times \mathbf{e}_y)\frac{E_0 E_0^*}{2Z_1}\left(e^{-j\beta_1 z} + r\,e^{j\beta_1 z}\right)\left(e^{j\beta_1 z} - r\,e^{-j\beta_1 z}\right) \tag{5.51}$$

$$\underline{\mathbf{S}}_2 = \frac{1}{2}\underline{\mathbf{E}}_2 \times \underline{\mathbf{H}}_2^* = (\mathbf{e}_x \times \mathbf{e}_y)\frac{E_0 E_0^*}{2Z_2}d\,e^{-j\beta_2 z}\,d\,e^{j\beta_2 z}.$$

Nach Ausmultiplizieren erhalten wir:

$$\underline{\mathbf{S}}_1 = \mathbf{e}_z\frac{|E_0|^2}{2Z_1}\left[1 - r\,e^{-2j\beta_1 z} + r\,e^{2j\beta_1 z} - r^2\right] = \mathbf{e}_z\frac{|E_0|^2}{2Z_1}\left[1 - r^2 + 2jr\sin(2\beta_1 z)\right] \tag{5.52}$$

$$\underline{\mathbf{S}}_2 = \mathbf{e}_z\frac{|E_0|^2}{2Z_2}d^2.$$

Da die zur Trennschicht <u>tangentialen</u> Felder der beteiligten ebenen Wellen stetig sind, muss auch die zur Trennschicht <u>normale</u> Wirkleistungsdichte eine stetige Größe sein. Wegen

$$\text{Re}\left\{\underline{\mathbf{S}}_1\right\} \cdot \mathbf{e}_z\Big|_{z=0_-} = \text{Re}\left\{\underline{\mathbf{S}}_2\right\} \cdot \mathbf{e}_z\Big|_{z=0_+} \tag{5.53}$$

erhalten wir somit den Zusammenhang

$$\frac{|E_0|^2}{2Z_1}(1 - r^2) = \frac{|E_0|^2}{2Z_2}d^2, \tag{5.54}$$

den wir als $S_{R,h} - S_{R,r} = S_{R,d}$ interpretieren können, oder anders ausgedrückt [Schw98]:

$$\boxed{1 - r^2 = \frac{Z_1}{Z_2}d^2}, \tag{5.55}$$

was wir mit (5.29) leicht verifizieren können. Bei **schrägem Einfall** gilt nach [Born93, Sal07]:

$$\boxed{1 - r^2 = \frac{Z_1 \cos\theta_2}{Z_2 \cos\theta_1}d^2} \quad \text{(wg. Richtungskosinussen für } \underline{\text{normalen}} \text{ Energiestrom). (5.56)}$$

Die Leistung, die nicht reflektiert wird, dringt in das Medium 2 ein. Der **Energiesatz** (5.55) bleibt auch bei Werten $d > 1$ erfüllt, weil sich die Energie im Medium 2 – im Vergleich zu jener der einfallenden Welle – nicht durch d^2 sondern durch $d^2 Z_1/Z_2$ bestimmt, was niemals größer als eins werden kann. An der Trennfläche findet eine **Impedanzwandlung** statt.

5.2.4 Strahlungsdruck

Trifft eine elektromagnetische Welle auf einen materiellen Körper, so übt sie eine Kraft auf ihn aus. Wir wollen im Zeitbereich den senkrechten Einfall auf eine ebene Trennfläche diskutieren. Die Kraft auf das Medium 2 kann mit $\mathbf{F} = d\mathbf{p}/dt$ aus der zeitlichen Impulsänderung berechnet werden. Den **Impuls** der einfallenden Welle erhalten wir aus dem Produkt der räumlichen Impulsdichte $\mathbf{p}_V$ aus (3.5) – gemessen in Ns/m^3 –

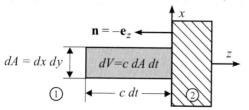

$$\mathbf{p}_V = \mathbf{D} \times \mathbf{B} = \mu\,\varepsilon\,\mathbf{E} \times \mathbf{H} = \mathbf{S}/c^2 \qquad (5.57)$$

mit dem infinitesimalen Volumenelement $dV = c\,dA\,dt$, in dem sich alle Wellenfronten befinden, die während der Zeit dt das Flächenelement dA erreichen werden (Bild 5.9).

Bild 5.9 Zylindrisches Impulsvolumen der senkrecht auf eine ebene Wand einfallenden Welle ($\mathbf{e}_k = \mathbf{e}_z$)

Wenn die Ebene wie ein schwarzer Körper alle Energie W absorbiert und daher die Welle _nicht_ reflektiert wird, dann wirkt innerhalb der Zeitspanne dt ein gesamter Impuls

$$d\mathbf{p} = \mathbf{p}_V\,dV = \frac{1}{c^2}\,\mathbf{S}\,dV = \frac{1}{c}\,\mathbf{S}\,dA\,dt = \frac{W}{c}\,\mathbf{e}_z\,. \qquad (5.58)$$

Die ausgeübte Kraft wird dann $\mathbf{F} = F\,\mathbf{e}_z = d\mathbf{p}/dt = (\mathbf{S}/c)\,dA$. Der **Strahlungsdruck** ergibt sich schließlich mit $\mathbf{n} = -\mathbf{e}_z$ als Normalkomponente der Kraft pro Flächenelement:

$$\boxed{\; p_s(t) = -\frac{\mathbf{n} \cdot \mathbf{F}(t)}{dA} = -\frac{\mathbf{n} \cdot \mathbf{S}(t)}{c} = \frac{E(t)H(t)}{c} = \varepsilon\,E^2(t) = \mu\,H^2(t) \geq 0 \;} \qquad (5.59)$$

Der Strahlungsdruck ist demnach identisch zur räumlichen Gesamtenergiedichte (3.3):

$$p_s(t) = w(t) = w_\mathrm{e}(t) + w_\mathrm{m}(t) = \frac{1}{2}\left(\varepsilon\,E^2(t) + \mu\,H^2(t)\right). \qquad (5.60)$$

Bei harmonischer Anregung $E(t) = E_0 \cos\omega t$ folgt im zeitlichen Mittel $\langle p_s \rangle = \varepsilon E_0^2/2 = \langle S \rangle/c$. Im Falle einer ideal reflektierenden Wand wird der Strahlungsdruck doppelt so groß, während bei schrägem Einfall unter einem Winkel θ relativ zur Flächennormalen sowohl bei $dV = c\,dA\,dt\cos\theta$ als auch beim Skalarprodukt in (5.59) je ein Richtungskosinus berücksichtigt werden muss, was zu folgender Verallgemeinerung führt:

$$\boxed{\; \langle p_s \rangle = \left(1 + |\underline{r}|^2\right)\frac{\varepsilon}{2}E_0^2\cos^2\theta = \left(1 + |\underline{r}|^2\right)\frac{\langle S \rangle}{c}\cos^2\theta \;} \qquad (5.61)$$

Sonnenlicht, das senkrecht ($\theta = 0$) auf den oberen Rand der Erdatmosphäre auftrifft, besitzt dort im Jahresmittel eine Strahlungsdichte von $\langle S \rangle = 1367\ \mathrm{W}/\mathrm{m}^2$ (Solarkonstante). Mit der Albedo der Erde $|\underline{r}|^2 = 0{,}306$, d. h. ihrem Rückstrahlvermögen, wird der Strahlungsdruck $\langle p_s \rangle = 1{,}306\langle S \rangle/c = 5{,}96 \cdot 10^{-6}\ \mathrm{N}/\mathrm{m}^2$. Der atmosphärische Luftdruck auf Meeresniveau ist mit 1013 hPa $\approx 10^5\ \mathrm{N}/\mathrm{m}^2$ dagegen erheblich größer. Trotzdem führt der Strahlungsdruck in der Astronomie zu bedeutenden Effekten. Er bewirkt im Inneren von Sternen eine stabilisierende Gegenkraft zur Gravitation, verursacht bei Kometen einen immer von der Sonne weg gerichteten Plasmaschweif und beeinflusst die Bewegung von Raumsonden im Sonnensystem [Hec89].

Multipliziert man die Solarkonstante $\langle S \rangle$ mit der Zeiteinheit 1 s und der Projektionsfläche von Erde plus Atmosphäre, erhält man die Energiemenge $E = 1{,}787 \cdot 10^{17}\ \mathrm{Ws}$. Jede Sekunde wird unser Planet wegen $E = m\,c^2$ also von Photonen der Gesamtmasse $m = 1{,}989\ \mathrm{kg}$ getroffen!

5.3 Schiefer Einfall auf eine ebene Trennfläche

5.3.1 Brechungsgesetz und Fermatsches Prinzip

Das grundsätzliche Verhalten bei Reflexion und Brechung einer ebenen Welle bei schrägem Einfall auf eine ebene unendlich ausgedehnte Trennfläche bei $z = 0$ ist in Bild 5.10 dargestellt. Die Halbräume 1 und 2 seien <u>verlustfrei</u> ($\kappa_{1,2} = 0$) und werden durch ihre Permittivität und Permeabilität ausreichend charakterisiert. Für den Fall leitfähiger Medien mit Verlusten sei auf Abschnitt 6.2 und auf die Literatur verwiesen [Bal89].

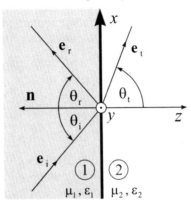

Bild 5.10 Schräger Einfall einer TEM-Welle auf eine ebene unendlich ausgedehnte Trennfläche

Als <u>Einfallsebene</u> wird diejenige Ebene bezeichnet, die durch die Einfallsrichtung $\mathbf{e}_i$ und die Flächennormale $\mathbf{n}$ der Grenzfläche aufgespannt wird. Wir können o. B. d. A. annehmen, dass die Einfallsebene mit der x-z-Ebene eines zur Trennfläche konformen, kartesischen Koordinatensystems übereinstimmt. Der <u>Einfallsvektor</u> $\mathbf{e}_i$ ist dann durch den gegebenen Einfallswinkel θ_i mit $0 \leq \theta_i \leq \pi/2$ vollständig bestimmt:

$$\boxed{\mathbf{e}_i = \mathbf{e}_x \sin\theta_i + \mathbf{e}_z \cos\theta_i} \ . \tag{5.62}$$

Die Richtungen der reflektierten und gebrochenen Welle werden durch $\mathbf{e}_r$ und $\mathbf{e}_t$ definiert. Zunächst wollen wir den Reflexionswinkel θ_r und den Brechungswinkel θ_t herleiten und dann auch die Stärke der reflektierten und der gebrochenen Welle bestimmen. Als bequeme Abkürzungen benutzen wir die reellen <u>Feldwellenwiderstände</u>

$$Z_1 = \sqrt{\frac{\mu_1}{\varepsilon_1}} \quad \text{und} \quad Z_2 = \sqrt{\frac{\mu_2}{\varepsilon_2}} \tag{5.63}$$

sowie die <u>Ausbreitungsgeschwindigkeiten</u>

$$c_1 = \frac{1}{\sqrt{\mu_1\,\varepsilon_1}} \quad \text{und} \quad c_2 = \frac{1}{\sqrt{\mu_2\,\varepsilon_2}} \ . \tag{5.64}$$

Zur Erfüllung der Stetigkeitsbedingungen in der Ebene $z = 0$ ist neben einer gebrochenen im Allgemeinen auch eine reflektierte Welle notwendig. Der vollständige **Feldansatz** beiderseits der Trennfläche ist in Tabelle 5.4 zusammengestellt. Die Darstellung der E-Felder orientiert sich an (4.173), womit auch die H-Felder (4.182) festgelegt sind. Der Ansatz berücksichtigt wegen eines möglichen Doppler-Effektes <u>verschiedene</u> Zeitfunktionen $e^{j\omega_i t}$, $e^{j\omega_r t}$ und $e^{j\omega_t t}$.

Tabelle 5.4 Ansatz dreier TEM-Wellen unterschiedlicher Strahlrichtung für das Feldproblem aus Bild 5.10

Medium 1		Medium 2
einfallende Welle	reflektierte Welle	gebrochene Welle
$\underline{\mathbf{E}}_i = \underline{\mathbf{E}}_{i0}\, e^{j(\omega_i t - \mathbf{k}_i \cdot \mathbf{r})}$	$\underline{\mathbf{E}}_r = \underline{\mathbf{E}}_{r0}\, e^{j(\omega_r t - \mathbf{k}_r \cdot \mathbf{r})}$	$\underline{\mathbf{E}}_t = \underline{\mathbf{E}}_{t0}\, e^{j(\omega_t t - \mathbf{k}_t \cdot \mathbf{r})}$
$\underline{\mathbf{H}}_i = \dfrac{\mathbf{e}_i \times \underline{\mathbf{E}}_{i0}}{Z_1}\, e^{j(\omega_i t - \mathbf{k}_i \cdot \mathbf{r})}$	$\underline{\mathbf{H}}_r = \dfrac{\mathbf{e}_r \times \underline{\mathbf{E}}_{r0}}{Z_1}\, e^{j(\omega_r t - \mathbf{k}_r \cdot \mathbf{r})}$	$\underline{\mathbf{H}}_t = \dfrac{\mathbf{e}_t \times \underline{\mathbf{E}}_{t0}}{Z_2}\, e^{j(\omega_t t - \mathbf{k}_t \cdot \mathbf{r})}$

Die Kreisfrequenzen der drei Teilwellen lassen wir in völliger Allgemeinheit noch unterschiedlich zu und die reellen <u>Wellenzahlvektoren</u>

$$\mathbf{k}_i = k_i\,\mathbf{e}_i = \omega_i\sqrt{\mu_1\varepsilon_1}\left(\mathbf{e}_x \sin\theta_i + \mathbf{e}_z \cos\theta_i\right)$$

$$\mathbf{k}_r = k_r\,\mathbf{e}_r = \omega_r\sqrt{\mu_1\varepsilon_1}\ \mathbf{e}_r$$

$$\mathbf{k}_t = k_t\,\mathbf{e}_t = \omega_t\sqrt{\mu_2\varepsilon_2}\ \mathbf{e}_t$$

$$(5.65)$$

weisen in die jeweilige Ausbreitungsrichtung der einfallenden (incident), reflektierten (reflected) und gebrochenen Welle (transmitted). Der Ortsvektor $\mathbf{r}$ hat wie üblich die kartesische Komponentendarstellung $\mathbf{r} = \mathbf{e}_x\, x + \mathbf{e}_y\, y + \mathbf{e}_z\, z$. Durch die Gleichung $\mathbf{n}\cdot\mathbf{r} = 0$ kann z. B. die Ebene $z = 0$ bequem beschrieben werden. Die **Stetigkeitsforderungen** für die elektrischen und magnetischen Feldkomponenten (siehe Tabelle 3.2) werden wie folgt angesetzt:

$$
\begin{aligned}
\textit{tangentiales E-Feld} \quad &\Rightarrow \quad \mathbf{n}\times\left(\underline{\mathbf{E}}_i + \underline{\mathbf{E}}_r\right)\Big|_{z=0_-} = \mathbf{n}\times\underline{\mathbf{E}}_t\Big|_{z=0_+} \\[1mm]
\textit{tangentiales H-Feld} \quad &\Rightarrow \quad \mathbf{n}\times\left(\underline{\mathbf{H}}_i + \underline{\mathbf{H}}_r\right)\Big|_{z=0_-} = \mathbf{n}\times\underline{\mathbf{H}}_t\Big|_{z=0_+} \\[1mm]
\textit{normales D-Feld} \quad &\Rightarrow \quad \varepsilon_1\,\mathbf{n}\cdot\left(\underline{\mathbf{E}}_i + \underline{\mathbf{E}}_r\right)\Big|_{z=0_-} = \varepsilon_2\,\mathbf{n}\cdot\underline{\mathbf{E}}_t\Big|_{z=0_+} \\[1mm]
\textit{normales B-Feld} \quad &\Rightarrow \quad \mu_1\,\mathbf{n}\cdot\left(\underline{\mathbf{H}}_i + \underline{\mathbf{H}}_r\right)\Big|_{z=0_-} = \mu_2\,\mathbf{n}\cdot\underline{\mathbf{H}}_t\Big|_{z=0_+}.
\end{aligned}
$$

$$(5.66)$$

Wie wir bald sehen werden, sind diese vier Gleichungen *nicht linear unabhängig* voneinander. Nach Einsetzen der Feldstärken aus Tabelle 5.4 in (5.66) erhält man (immer für $z = 0$):

$$\mathbf{n}\times\left(\underline{\mathbf{E}}_{i0}\, e^{j(\omega_i t - \mathbf{k}_i \cdot \mathbf{r})} + \underline{\mathbf{E}}_{r0}\, e^{j(\omega_r t - \mathbf{k}_r \cdot \mathbf{r})}\right) = \mathbf{n}\times\underline{\mathbf{E}}_{t0}\, e^{j(\omega_t t - \mathbf{k}_t \cdot \mathbf{r})}$$

$$\mathbf{n}\times\left(\frac{\mathbf{e}_i \times \underline{\mathbf{E}}_{i0}}{Z_1}\, e^{j(\omega_i t - \mathbf{k}_i \cdot \mathbf{r})} + \frac{\mathbf{e}_r \times \underline{\mathbf{E}}_{r0}}{Z_1}\, e^{j(\omega_r t - \mathbf{k}_r \cdot \mathbf{r})}\right) = \mathbf{n}\times\left(\frac{\mathbf{e}_t \times \underline{\mathbf{E}}_{t0}}{Z_2}\, e^{j(\omega_t t - \mathbf{k}_t \cdot \mathbf{r})}\right)$$

$$\varepsilon_1\,\mathbf{n}\cdot\left(\underline{\mathbf{E}}_{i0}\, e^{j(\omega_i t - \mathbf{k}_i \cdot \mathbf{r})} + \underline{\mathbf{E}}_{r0}\, e^{j(\omega_r t - \mathbf{k}_r \cdot \mathbf{r})}\right) = \varepsilon_2\,\mathbf{n}\cdot\underline{\mathbf{E}}_{t0}\, e^{j(\omega_t t - \mathbf{k}_t \cdot \mathbf{r})}$$

$$\mathbf{n}\cdot\left(\frac{\mathbf{e}_i \times \underline{\mathbf{E}}_{i0}}{c_1}\, e^{j(\omega_i t - \mathbf{k}_i \cdot \mathbf{r})} + \frac{\mathbf{e}_r \times \underline{\mathbf{E}}_{r0}}{c_1}\, e^{j(\omega_r t - \mathbf{k}_r \cdot \mathbf{r})}\right) = \mathbf{n}\cdot\left(\frac{\mathbf{e}_t \times \underline{\mathbf{E}}_{t0}}{c_2}\, e^{j(\omega_t t - \mathbf{k}_t \cdot \mathbf{r})}\right).$$

$$(5.67)$$

Nachdem der Ansatz in Tabelle 5.4 einen möglichen Doppler-Effekt durchaus noch berücksichtigt, wollen wir uns im Folgenden auf eine *ruhende* Trennfläche beschränken. Damit (5.67) *zu jeder Zeit und an allen Punkten* der Trennfläche erfüllt werden kann, muss die zeitliche und räumliche Änderung sämtlicher Teilfelder bei $z = 0$ jeweils die gleiche sein. Dies bedeutet, dass die Phasenfaktoren aller drei Wellen bei $z = 0$ miteinander übereinstimmen müssen:

$$\omega_i t - \mathbf{k}_i \cdot \mathbf{r} \Big|_{z=0_-} = \omega_r t - \mathbf{k}_r \cdot \mathbf{r} \Big|_{z=0_-} = \omega_t t - \mathbf{k}_t \cdot \mathbf{r} \Big|_{z=0_+} . \tag{5.68}$$

Die Bedingung der gleichen zeitlichen Abhängigkeit kann nur bei

$$\boxed{\omega_i = \omega_r = \omega_t \equiv \omega} \tag{5.69}$$

erfüllt werden. Es findet daher bei Reflexion und Brechung an einer ruhenden Trennfläche keine Frequenzänderung statt. Der Bequemlichkeit halber definieren wir nun die reellen Wellenzahlen

$$k_1 = \omega \sqrt{\mu_1 \varepsilon_1} \quad \text{und} \quad k_2 = \omega \sqrt{\mu_2 \varepsilon_2} . \tag{5.70}$$

Mit (5.69) und (5.70) kann die Phasenbedingung (5.68) umgeschrieben werden:

$$k_1 \mathbf{e}_i \cdot \mathbf{r} \Big|_{z=0_-} = k_1 \mathbf{e}_r \cdot \mathbf{r} \Big|_{z=0_-} = k_2 \mathbf{e}_t \cdot \mathbf{r} \Big|_{z=0_+} . \tag{5.71}$$

Es müssen zur **Erfüllung der Stetigkeit** in der Trennfläche also folgende drei Bedingungen *gleichzeitig* erfüllt sein:

$$\boxed{\begin{aligned} \mathbf{n} \cdot \mathbf{r} &= 0 \\ \left(\mathbf{e}_i - \mathbf{e}_r\right) \cdot \mathbf{r} &= 0 \\ \left(\mathbf{e}_i - \frac{k_2}{k_1} \mathbf{e}_t\right) \cdot \mathbf{r} &= 0. \end{aligned}} \tag{5.72}$$

Bei beliebigem $\mathbf{r}(z = 0) = \mathbf{e}_x\, x + \mathbf{e}_y\, y$ sind diese drei Gleichungen nur dann zu erfüllen, wenn

$$\mathbf{n} \parallel \left(\mathbf{e}_i - \mathbf{e}_r\right) \parallel \left(\mathbf{e}_i - \frac{k_2}{k_1} \mathbf{e}_t\right) \tag{5.73}$$

ist. Die Ausbreitungsrichtungen $\mathbf{e}_i$, $\mathbf{e}_r$ und $\mathbf{e}_t$ liegen daher stets in ein- und derselben Ebene. Diese Ebene wird **Einfallsebene** genannt und durch die Einfallsrichtung $\mathbf{e}_i$ und die Flächennormale $\mathbf{n}$ der Grenzfläche aufgespannt. Damit können wir alle drei Einheitsvektoren, die koplanar in der x-z-Ebene liegen, wie folgt darstellen:

$$\boxed{\begin{aligned} \mathbf{e}_i &= \mathbf{e}_x \sin\theta_i + \mathbf{e}_z \cos\theta_i \\ \mathbf{e}_r &= \mathbf{e}_x \sin\theta_r - \mathbf{e}_z \cos\theta_r \\ \mathbf{e}_t &= \mathbf{e}_x \sin\theta_t + \mathbf{e}_z \cos\theta_t . \end{aligned}} \tag{5.74}$$

Aus der Bedingung $\left(\mathbf{e}_i - \mathbf{e}_r\right) \cdot \mathbf{r} = 0$ folgt deswegen:

$$\left[\mathbf{e}_x \left(\sin\theta_i - \sin\theta_r\right) + \mathbf{e}_z \left(\cos\theta_i + \cos\theta_r\right)\right] \cdot \left(\mathbf{e}_x\, x + \mathbf{e}_y\, y\right) = 0 , \tag{5.75}$$

d. h. es wird:

$$\boxed{\sin \theta_i = \sin \theta_r}\,. \tag{5.76}$$

Aus $\left(\mathbf{e}_i - \mathbf{e}_t\, k_2/k_1\right)\cdot \mathbf{r} = 0$ folgt außerdem:

$$\left[\mathbf{e}_x\left(\sin \theta_i - \frac{k_2}{k_1}\sin \theta_t\right) + \mathbf{e}_z\left(\cos \theta_i - \frac{k_2}{k_1}\cos \theta_t\right)\right]\cdot\left(\mathbf{e}_x\,x + \mathbf{e}_y\,y\right) = 0\,, \tag{5.77}$$

d. h. es muss gelten: $\quad\boxed{\sin \theta_i = \dfrac{k_2}{k_1}\sin \theta_t}\,. \tag{5.78}$

Die linear unabhängigen Bedingungen (5.76) und (5.78) zur Bestimmung des Reflexions- und des Transmissionswinkels fassen wir wie folgt zusammen.

- Der Einfallswinkel ist gleich dem Reflexionswinkel:

$$\boxed{\theta_i = \theta_r = \theta_1}\,. \tag{5.79}$$

- Der Brechungswinkel $\theta_t = \theta_2$ folgt aus dem **Snelliusschen Brechungsgesetz**[2] von 1621:

$$\boxed{\frac{\sin \theta_2}{\sin \theta_1} = \frac{k_1}{k_2} = \frac{\sqrt{\mu_1 \varepsilon_1}}{\sqrt{\mu_2 \varepsilon_2}} = \frac{c_2}{c_1} = \frac{\lambda_2}{\lambda_1} = \frac{n_1}{n_2}}\,. \tag{5.80}$$

Häufig führt man durch die Maxwellsche Beziehung den sogenannten <u>Brechungsindex</u>

$$n = \frac{c_0}{c} = \frac{\sqrt{\mu\,\varepsilon}}{\sqrt{\mu_0\,\varepsilon_0}} = \sqrt{\mu_r\,\varepsilon_r} \tag{5.81}$$

ein, der bei natürlichen Materialien stets ≥ 1 ist[3]. Im optisch dichteren Medium (mit größerem Brechungsindex n) sind Lichtgeschwindigkeit, Wellenlänge und Brechungswinkel kleiner. Das Brechungsgesetz (5.80) kann dann auch wie folgt geschrieben werden:

$$\boxed{n_1 \sin \theta_1 = n_2 \sin \theta_2}\,. \tag{5.82}$$

Falls Medium 2 mit $n_2 > n_1$ das optisch dichtere ist, wird der Strahl „*zum Lot hin*" gebrochen. Im einem optisch dünneren Medium 2 mit $n_2 < n_1$ erfolgt dagegen Brechung „*vom Lot weg*", womit es hier einen Grenzwinkel $\theta_1 = \theta_c < \pi/2$ geben muss, bei dem **Totalreflexion** mit $\theta_2 = \pi/2$ eintritt. Nach (5.82) erhalten wir für diesen Grenzwinkel:

$$\theta_c = \arcsin\left(n_2/n_1\right)\,. \tag{5.83}$$

Wir erinnern noch einmal daran, dass alle drei Wellen bei ruhender Trennfläche die gleiche Frequenz aufweisen. Die Gesetze (5.79) und (5.80) können auch mit Hilfe des **Fermatschen Prinzips**[4] gefunden werden [Fey91], nach dem Licht denjenigen Weg zwischen zwei Punkten wählt, auf dem seine Laufzeit minimal wird und gegenüber kleinen Störungen stationär bleibt.

---

[2] Willebrord **Snell van Rojen**, genannt **Snellius** (1580-1626): niederld. Mathematiker u. Physiker (Geodäsie, Gesetz der Strahlenbrechung)

[3] Bei künstlichen Metamaterialien und photonischen Kristallen ist auch $n < 0$ möglich [Pen04].

[4] Pierre **de Fermat** (1607-1665): frz. Mathematiker (Differenzialrechnung, Zahlentheorie, Geometrie)

Übung 5.2: Das Fermatsche Prinzip

- Finden Sie eine Herleitung des Brechungsgesetzes (5.82) mit Hilfe des um 1650 entdeckten Fermatschen Prinzips, nach dem sich Licht auf dem *schnellsten Weg* zwischen zwei Orten **A** und **B** ausbreitet. Dieser Weg wird somit in der kürzest möglichen Zeit durchlaufen.

- **Lösung:**

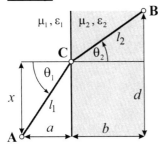

In Bild 5.11 sehen wir *einen* von unendlich vielen möglichen Pfaden, auf denen sich eine elektromagnetische Welle zwischen zwei Orten **A** und **B** ausbreiten kann. An der Trennfläche ändert sich die Ausbreitungsrichtung – der Strahl wird dort gebrochen. Die Punkte seien durch ihre Abstände a und b zur Trennfläche und ihre vertikale Distanz d vorgegeben. Im Folgenden wollen wir den Ort x des Diffraktionspunktes **C** so bestimmen, dass die Lichtlaufzeit auf dem Ausbreitungspfad **A C B** ein Minimum einnimmt.

Bild 5.11 Nach dem Fermatschen Prinzip wählt das Licht denjenigen Pfad, auf dem die Laufzeit zwischen den Orten **A** und **B** am geringsten ist. Daraus folgt das Snelliussche Brechungsgesetz.

Im linken Medium breitet sich die Welle mit c_1 und im rechten mit c_2 aus, woraus mit

$$\tau(x) = \tau_1 + \tau_2 = \frac{l_1}{c_1} + \frac{l_2}{c_2} = \frac{\sqrt{a^2 + x^2}}{c_0/n_1} + \frac{\sqrt{b^2 + (d-x)^2}}{c_0/n_2} \tag{5.84}$$

die gesamte Laufzeit als Summe der Laufzeiten von **A** nach **C** und von **C** nach **B** folgt. Denjenigen Diffraktionspunkt **C**, für den $\tau(x)$ minimal wird, erhalten wir durch Ableiten

$$\frac{d\tau}{dx} = \frac{n_1}{c_0} \frac{2x}{2\sqrt{a^2 + x^2}} + \frac{n_2}{c_0} \frac{-2(d-x)}{2\sqrt{b^2 + (d-x)^2}} \tag{5.85}$$

und Nullsetzen, woraus die Bedingung für ein Extremum (hier Minimum) folgt:

$$n_1 \, x/l_1 = n_2 \, (d-x)/l_2 \ . \tag{5.86}$$

Nun ist aber $\sin\theta_1 = x/l_1$ und $\sin\theta_2 = (d-x)/l_2$, womit wir tatsächlich wieder das **Brechungsgesetz** (5.82) erhalten haben:

$$\boxed{n_1 \sin\theta_1 = n_2 \sin\theta_2} \ . \tag{5.87}$$

Am Minimum einer Kurve ist ihre Steigung null (Bild 5.12). Die Laufzeit $\tau(x)$ bleibt darum bei *kleinen* Änderungen von x nahezu gleich, d. h. sie ist **stationär.** Auch das **Reflexionsgesetz** (5.79) lässt sich auf ähnliche Weise herleiten. □

Das Licht wählt für seine Ausbreitung in Bild 5.11 nicht den geraden (kürzesten) Weg. Vielmehr ist der Weg im schnelleren Medium länger und der Weg im langsameren Medium dafür aber kürzer, wodurch sich insgesamt Zeit sparen lässt. Aber wie kann das Licht im Voraus wissen, welches der schnellste Weg sein wird? Aus der **Quantenmechanik** folgt, dass das Licht jeden möglichen Weg ausprobiert – und zwar gleichzeitig [Res18]. Dabei löschen sich die Beiträge aller Alternativpfade, deren Phasenwinkel sich um mehr als 180° vom **stationären Pfad** unterscheiden, durch inkohärente Überlagerung gegenseitig aus (Bild 5.13). Aus der Ferne betrachtet, scheint der schnellste Weg mit seinen *eng* benachbarten Wegen zu verschmelzen und man hat den Eindruck, dass nur ein einziger dünner Lichtstrahl den stationären Weg nimmt.

Wir wollen für den **Sonderfall**

$$\boxed{b = a \quad \text{und} \quad d = 2a} \quad \text{sowie} \quad \boxed{n_1 = 1 \quad \text{und} \quad n_2 = \sqrt{\varepsilon_r}} \tag{5.88}$$

verschiedene Ausbreitungspfade miteinander vergleichen. Den dimensionslosen Ausdruck

$$\frac{c_0 \tau(x)}{a} = \sqrt{1 + \left(\frac{x}{a}\right)^2} + \sqrt{\varepsilon_r} \sqrt{1 + \left(2 - \frac{x}{a}\right)^2}, \tag{5.89}$$

der aus (5.84) folgt, untersuchen wir für **Quarzglas,** das bei Frequenzen im sichtbaren Spektrum einen Brechungsindex von $\sqrt{\varepsilon_r} = 1,46$ aufweist. Eine numerische Auswertung von (5.89) liefert den minimalen Wert

$$c_0 \tau_{\min}/a = 3,421, \tag{5.90}$$

der an der Stelle $x/a = 1,343$ auftritt. In Bild 5.12 tragen wir die so **normierte Laufzeit**

$$\boxed{\frac{\tau(x)}{\tau_{\min}} = \frac{1}{3,421} \left[\sqrt{1 + \left(\frac{x}{a}\right)^2} + 1,46 \sqrt{1 + \left(2 - \frac{x}{a}\right)^2} \right]} \tag{5.91}$$

über dem Bereich $0 \le x/a \le 2$ auf. Das Minimum der Kurve markiert den Ausbreitungspfad, der dem Snelliusschen Brechungsgesetz entspricht – dort gilt $\theta_1 = 53,32°$ und $\theta_2 = 33,32°$.

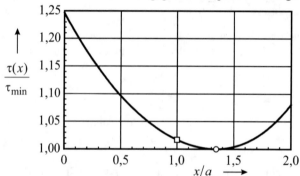

□ $x/a = 1$ (geradliniger Pfad)

○ $x/a = 1,343$ (Minimum mit Strahlbrechung nach Snellius)

Es gilt: $\tan \theta_1 = \dfrac{x}{a}$

$\tan \theta_2 = \dfrac{d - x}{b}$

Bild 5.12 Normierte Laufzeit (5.91) als Funktion der Lage des Diffraktionspunktes **C** nach Bild 5.11

Für $x/a = 1$ ergibt sich in Bild 5.13 wegen $a = b = d/2$ ein geradliniger Pfad mit $\theta_1 = 45°$ (gestrichelt), der aber nicht der schnellste ist, sondern eine Laufzeit von $1,017\,\tau_{\min}$ aufweist. Die Phasenbedingung $\Delta\varphi < \pi$ erlaubt einen Winkelbereich $\Delta\theta_1$ um den stationären Strahl.

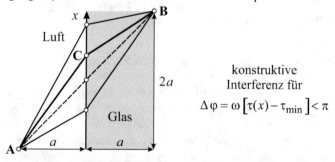

konstruktive Interferenz für

$$\Delta\varphi = \omega \left[\tau(x) - \tau_{\min} \right] < \pi$$

Bild 5.13 Minimale Laufzeit hat der Pfad **A C B** mit $x = 1,343\,a$. Benachbarte Wege dauern länger.

5.3.2 Fresnelsche Formeln

Neben den Strahlrichtungen interessieren wir uns ganz wesentlich auch für die Feldstärken der reflektierten und gebrochenen Teilwellen, die – wie schon beim senkrechten Einfall – durch Reflexions- und Transmissionsfaktoren beschrieben werden können. Aufgrund der **allgemeinen Stetigkeitsbedingungen** (5.68)

$$\omega_i t - \mathbf{k}_i \cdot \mathbf{r}\Big|_{z=0_-} = \omega_r t - \mathbf{k}_r \cdot \mathbf{r}\Big|_{z=0_-} = \omega_t t - \mathbf{k}_t \cdot \mathbf{r}\Big|_{z=0_+} \tag{5.92}$$

und $\omega_i = \omega_r = \omega_t \equiv \omega$ kann (5.67) mit $\mathbf{n} = -\mathbf{e}_z$ weiter vereinfacht werden:

$$\underline{\mathbf{E}}_{\text{tang}} \quad \Rightarrow \quad \mathbf{e}_z \times \left(\underline{\mathbf{E}}_{i0} + \underline{\mathbf{E}}_{r0} - \underline{\mathbf{E}}_{t0}\right) = 0 \tag{5.93}$$

$$\underline{\mathbf{H}}_{\text{tang}} \quad \Rightarrow \quad \mathbf{e}_z \times \left(\frac{\mathbf{e}_i \times \underline{\mathbf{E}}_{i0}}{Z_1} + \frac{\mathbf{e}_r \times \underline{\mathbf{E}}_{r0}}{Z_1} - \frac{\mathbf{e}_t \times \underline{\mathbf{E}}_{t0}}{Z_2}\right) = 0 \tag{5.94}$$

$$\underline{\mathbf{D}}_{\text{norm}} \quad \Rightarrow \quad \mathbf{e}_z \cdot \left[\varepsilon_1 \left(\underline{\mathbf{E}}_{i0} + \underline{\mathbf{E}}_{r0}\right) - \varepsilon_2 \underline{\mathbf{E}}_{t0}\right] = 0 \tag{5.95}$$

$$\underline{\mathbf{B}}_{\text{norm}} \quad \Rightarrow \quad \mathbf{e}_z \cdot \left(\frac{\mathbf{e}_i \times \underline{\mathbf{E}}_{i0}}{c_1} + \frac{\mathbf{e}_r \times \underline{\mathbf{E}}_{r0}}{c_1} - \frac{\mathbf{e}_t \times \underline{\mathbf{E}}_{t0}}{c_2}\right) = 0 . \tag{5.96}$$

Aus diesen **speziellen Stetigkeitsbedingungen** wollen wir die komplexen Amplituden $\underline{\mathbf{E}}_{r0}$ und $\underline{\mathbf{E}}_{t0}$ der reflektierten und gebrochenen Welle bestimmen. Zunächst wollen wir (5.94) mit Hilfe des Graßmannschen Entwicklungssatzes $\mathbf{A} \times (\mathbf{B} \times \mathbf{C}) = \mathbf{B}(\mathbf{A} \cdot \mathbf{C}) - \mathbf{C}(\mathbf{A} \cdot \mathbf{B})$ umformen:

$$\frac{\mathbf{e}_i \left(\mathbf{e}_z \cdot \underline{\mathbf{E}}_{i0}\right) - \underline{\mathbf{E}}_{i0}\left(\mathbf{e}_z \cdot \mathbf{e}_i\right)}{Z_1} + \frac{\mathbf{e}_r \left(\mathbf{e}_z \cdot \underline{\mathbf{E}}_{r0}\right) - \underline{\mathbf{E}}_{r0}\left(\mathbf{e}_z \cdot \mathbf{e}_r\right)}{Z_1} -$$

$$-\frac{\mathbf{e}_t \left(\mathbf{e}_z \cdot \underline{\mathbf{E}}_{t0}\right) - \underline{\mathbf{E}}_{t0}\left(\mathbf{e}_z \cdot \mathbf{e}_t\right)}{Z_2} = 0 . \tag{5.97}$$

Mit den Skalarprodukten

$$\mathbf{e}_z \cdot \mathbf{e}_i = \mathbf{e}_z \cdot \left(\mathbf{e}_x \sin\theta_1 + \mathbf{e}_z \cos\theta_1\right) = \cos\theta_1$$

$$\mathbf{e}_z \cdot \mathbf{e}_r = \mathbf{e}_z \cdot \left(\mathbf{e}_x \sin\theta_1 - \mathbf{e}_z \cos\theta_1\right) = -\cos\theta_1 \tag{5.98}$$

$$\mathbf{e}_z \cdot \mathbf{e}_t = \mathbf{e}_z \cdot \left(\mathbf{e}_x \sin\theta_2 + \mathbf{e}_z \cos\theta_2\right) = \cos\theta_2$$

erhalten wir aus (5.97):

$$\frac{\mathbf{e}_i \left(\mathbf{e}_z \cdot \underline{\mathbf{E}}_{i0}\right) - \underline{\mathbf{E}}_{i0}\cos\theta_1}{Z_1} + \frac{\mathbf{e}_r \left(\mathbf{e}_z \cdot \underline{\mathbf{E}}_{r0}\right) + \underline{\mathbf{E}}_{r0}\cos\theta_1}{Z_1} -$$

$$-\frac{\mathbf{e}_t \left(\mathbf{e}_z \cdot \underline{\mathbf{E}}_{t0}\right) - \underline{\mathbf{E}}_{t0}\cos\theta_2}{Z_2} = 0 . \tag{5.99}$$

Es ist nun zweckmäßig, wie in Tabelle 5.5 zwei verschiedene Fälle zu betrachten, denn bei einer beliebig polarisierten einfallenden ebenen Welle kann der **E-Vektor** in je einen linear polarisierten Anteil **senkrecht** (s – Fall) und **parallel** (p – Fall) zur Einfallsebene zerlegt werden. Der s – Fall wird zuweilen als TE-Polarisation und der p – Fall als TM bezeichnet.

Tabelle 5.5 Schiefer Einfall auf eine ebene Trennfläche mit E-Vektor $\perp$ bzw. $\parallel$ zur Einfallsebene

s – Fall (TE, transversal elektrisch) E-Vektor senkrecht und H-Vektor parallel	**p – Fall (TM, transversal magnetisch)** E-Vektor parallel und H-Vektor senkrecht
$\underline{E}_i = \underline{E}_i\, \mathbf{e}_y$	$Z_1 \underline{H}_i = \underline{E}_i\, \mathbf{e}_y$
$Z_1 \underline{H}_i = \underline{E}_i \left(-\mathbf{e}_x \cos\theta_1 + \mathbf{e}_z \sin\theta_1 \right)$	$\underline{E}_i = \underline{E}_i \left(\mathbf{e}_x \cos\theta_1 - \mathbf{e}_z \sin\theta_1 \right)$
$\underline{E}_i \parallel \underline{E}_r \parallel \underline{E}_t$	$\underline{H}_i \parallel \underline{H}_r \parallel \underline{H}_t$

Die Richtung des elektrischen Feldvektors der reflektierten Welle wurde so gewählt, dass die Reflexion an einer metallischen, elektrisch ideal leitenden Wand mit $Z_2 \to 0$ jeweils die Reflexionsfaktoren $r_s = r_p = -1$ ergibt. Die Richtung des elektrischen Feldvektors der transmittierten Welle wurde so gewählt, dass für verschwindende Trennschicht mit $Z_2 = Z_1$ sich jeweils die Transmissionsfaktoren $d_s = d_p = 1$ ergeben. Nach Festlegen der E-Vektoren ergibt sich die Richtung der H-Vektoren zwingend aus der Richtung der Wellenausbreitung (Rechte-Hand-Regel). Zunächst wollen wir den **s – Fall** betrachten. Nach Tabelle 5.5 gilt:

$$\underline{E}_{i0} = \underline{E}_{i0}\, \mathbf{e}_y, \quad \underline{E}_{r0} = \underline{E}_{r0}\, \mathbf{e}_y \quad \text{und} \quad \underline{E}_{t0} = \underline{E}_{t0}\, \mathbf{e}_y, \tag{5.100}$$

und wir erhalten aus (5.93) – der Stetigkeitsforderung für $\mathbf{E}_{tang}$ –

$$\underline{E}_{i0} + \underline{E}_{r0} - \underline{E}_{t0} = 0. \tag{5.101}$$

Als zweite Beziehung erhalten wir aus (5.99) – der Stetigkeitsforderung für $\underline{\mathbf{H}}_{tang}$ –

$$\frac{-\underline{E}_{i0} \cos\theta_1}{Z_1} + \frac{\underline{E}_{r0} \cos\theta_1}{Z_1} + \frac{\underline{E}_{t0} \cos\theta_2}{Z_2} = 0. \tag{5.102}$$

Da bei s-Polarisation stets $\mathbf{D}_{norm} \equiv 0$ gilt, ist (5.95) automatisch erfüllt, während (5.96) für $\underline{\mathbf{B}}_{norm}$ wieder auf das bereits bekannte Snelliussche Brechungsgesetz führt, wie man durch Umsortieren der Spatprodukte zeigen kann. Die komplexen Amplituden von reflektierter und gebrochener Welle relativ zur einfallenden drückt man gewöhnlich durch den Reflexions- und Transmissionsfaktor

$$\boxed{r_s = \frac{\underline{E}_{r0}}{\underline{E}_{i0}}} \quad \text{und} \quad \boxed{d_s = \frac{\underline{E}_{t0}}{\underline{E}_{i0}}} \tag{5.103}$$

aus, womit wir die Stetigkeitsbedingungen (5.101) und (5.102) auch so formulieren können:

$$1 + r_s - d_s = 0 \quad \text{und} \quad -1 + r_s + d_s \frac{Z_1 \cos\theta_2}{Z_2 \cos\theta_1} = 0 . \tag{5.104}$$

Aus (5.104) erhalten wir die **Fresnelschen[5] Formeln bei senkrechter Polarisation:**

$$\boxed{r_s = \frac{Z_2 \cos\theta_1 - Z_1 \cos\theta_2}{Z_2 \cos\theta_1 + Z_1 \cos\theta_2}} \quad \text{und} \quad \boxed{d_s = 1 + r_s = \frac{2 Z_2 \cos\theta_1}{Z_2 \cos\theta_1 + Z_1 \cos\theta_2}} . \tag{5.105}$$

Im Falle $\theta_1 = \theta_2 = 0$, also bei senkrechtem Einfall, ergeben sich hieraus wieder die bereits bekannten Zusammenhänge (5.30). Nun betrachten wir den **p – Fall.** Nach Tabelle 5.5 gilt:

$$\underline{E}_{i0} = \underline{E}_{i0} \left(\mathbf{e}_x \cos\theta_1 - \mathbf{e}_z \sin\theta_1 \right)$$
$$\underline{E}_{r0} = \underline{E}_{r0} \left(\mathbf{e}_x \cos\theta_1 + \mathbf{e}_z \sin\theta_1 \right) \tag{5.106}$$
$$\underline{E}_{t0} = \underline{E}_{t0} \left(\mathbf{e}_x \cos\theta_2 - \mathbf{e}_z \sin\theta_2 \right)$$

und wir erhalten aus (5.93) – der Stetigkeitsforderung für $\mathbf{E}_{tang}$ –

$$\underline{E}_{i0} \cos\theta_1 + \underline{E}_{r0} \cos\theta_1 - \underline{E}_{t0} \cos\theta_2 = 0 . \tag{5.107}$$

Als zweite Beziehung erhalten wir aus (5.95) – der Stetigkeitsforderung für $\mathbf{D}_{norm}$ –

$$\varepsilon_1 \left(-\underline{E}_{i0} \sin\theta_1 + \underline{E}_{r0} \sin\theta_1 \right) + \varepsilon_2 \underline{E}_{t0} \sin\theta_2 = 0 . \tag{5.108}$$

Da bei p-Polarisation stets $\mathbf{B}_{norm} \equiv 0$ gilt, ist (5.96) automatisch erfüllt, während (5.94) für $\mathbf{H}_{tang}$ wieder auf die Beziehung (5.108) führt. Die komplexen Amplituden von reflektierter und gebrochener Welle drückt man im p-Fall durch den Reflexions- und Transmissionsfaktor

$$\boxed{r_p = \frac{\underline{E}_{r0}}{\underline{E}_{i0}}} \quad \text{und} \quad \boxed{d_p = \frac{\underline{E}_{t0}}{\underline{E}_{i0}}} \tag{5.109}$$

aus, womit die Stetigkeitsbedingungen (5.107) und (5.108) nun lauten:

$$1 + r_p - d_p \frac{\cos\theta_2}{\cos\theta_1} = 0 \quad \text{und} \quad -1 + r_p + d_p \frac{\varepsilon_2 \sin\theta_2}{\varepsilon_1 \sin\theta_1} = 0 . \tag{5.110}$$

Aus (5.110) und dem Brechungsgesetz (5.80) erhalten wir die **Fresnelschen Formeln bei paralleler Polarisation,** die bei senkrechtem Einfall $\left(\theta_1 = \theta_2 = 0 \right)$ wieder (5.30) ergeben:

$$\boxed{r_p = \frac{Z_2 \cos\theta_2 - Z_1 \cos\theta_1}{Z_2 \cos\theta_2 + Z_1 \cos\theta_1}} \quad \text{und} \quad \boxed{d_p = \frac{Z_2}{Z_1} \left(1 - r_p \right) = \frac{2 Z_2 \cos\theta_1}{Z_2 \cos\theta_2 + Z_1 \cos\theta_1}} . \tag{5.111}$$

---

5 Augustin Jean **Fresnel** (1788-1827): frz. Physiker und Ingenieur (Begründer der Wellentheorie des Lichtes, Arbeiten zu Beugung, Interferenz, Polarisation, Doppelbrechung und Aberration)

Im wichtigen **Sonderfall** $\mu_1 = \mu_2$, was in vielen praktischen Anwendungen z. B. bei unmagnetischen Medien mit $\mu_1 = \mu_2 = \mu_0$ erfüllt ist, kann man unter Ausnutzung des Reflexionsgesetzes (5.80) das Verhältnis der Feldwellenwiderstände wie folgt ausdrücken:

$$\frac{Z_2}{Z_1} = \frac{n_1}{n_2} = \frac{\sin\theta_2}{\sin\theta_1}. \tag{5.112}$$

Setzt man diesen Quotienten in (5.105) ein, dann gilt für den **Reflexionsfaktor im s-Fall:**

$$r_s = \frac{\dfrac{Z_2}{Z_1}\cos\theta_1 - \cos\theta_2}{\dfrac{Z_2}{Z_1}\cos\theta_1 + \cos\theta_2} = \frac{\sin\theta_2\cos\theta_1 - \cos\theta_2\sin\theta_1}{\sin\theta_2\cos\theta_1 + \cos\theta_2\sin\theta_1}, \tag{5.113}$$

was man mit Additionstheoremen aus Anhang A.2 noch vereinfachen kann:

$$\boxed{r_s = \frac{\sin(\theta_2 - \theta_1)}{\sin(\theta_2 + \theta_1)}}. \tag{5.114}$$

Mit $d_s = 1 + r_s$ aus (5.105) erhalten wir auch eine neue Beziehung für den **Durchlassfaktor:**

$$\boxed{d_s = 1 + \frac{\sin(\theta_2 - \theta_1)}{\sin(\theta_2 + \theta_1)} = \frac{2\sin\theta_2\cos\theta_1}{\sin(\theta_2 + \theta_1)}}. \tag{5.115}$$

In gleicher Weise verfahren wir mit (5.111) im **p-Fall.** Den **Reflexionsfaktor**

$$r_p = \frac{\dfrac{Z_2}{Z_1}\cos\theta_2 - \cos\theta_1}{\dfrac{Z_2}{Z_1}\cos\theta_2 + \cos\theta_1} = \frac{\sin\theta_2\cos\theta_2 - \sin\theta_1\cos\theta_1}{\sin\theta_2\cos\theta_2 + \sin\theta_1\cos\theta_1} \tag{5.116}$$

kann man wieder mit Additionstheoremen vereinfachen:

$$\boxed{r_p = \frac{\sin(2\theta_2) - \sin(2\theta_1)}{\sin(2\theta_2) + \sin(2\theta_1)} = \frac{\tan(\theta_2 - \theta_1)}{\tan(\theta_2 + \theta_1)}}. \tag{5.117}$$

Mit $d_p = (1 - r_p)Z_2/Z_1$ aus (5.111) erhalten wir mit (5.116) auch den **Durchlassfaktor:**

$$\boxed{d_p = \frac{2\sin\theta_2\cos\theta_1}{\sin\theta_2\cos\theta_2 + \sin\theta_1\cos\theta_1} = \frac{2\sin\theta_2\cos\theta_1}{\sin(\theta_2 + \theta_1)\cos(\theta_2 - \theta_1)}}. \tag{5.118}$$

Bei _senkrechtem_ Einfall mit $\theta_1 = \theta_2 = 0$ sind die neuen Formeln nicht anwendbar. Hier muss man zu den originalen Darstellungen (5.105) und (5.111) mit den Kosinustermen zurückkehren oder nimmt gleich (5.30). Im Spezialfall $\theta_2 + \theta_1 = \pi/2$ wird bei $\mu_1 = \mu_2$ das Verhältnis

$$\frac{r_p}{r_s} = \frac{\cos(\theta_2 + \theta_1)}{\cos(\theta_2 - \theta_1)} \tag{5.119}$$

zu null und die parallel polarisierte Reflexion verschwindet (siehe hierzu auch Bild 6.3).

Als Anwendung der Fresnelschen Formeln betrachten wir die Trennfläche zwischen zwei unmagnetischen Medien mit $\mu_1 = \mu_2 = \mu_0$, auf die wir gemäß Tabelle 5.5 eine s-polarisierte ebene Welle unter dem Winkel θ_1 einfallen lassen. Mit Hilfe von Tabelle 5.4 und (5.65) erhalten
wir mit $k_2 = k_1 n_2 / n_1$ folgende Darstellungen des elektrischen Feldvektors im **Zeitbereich:**

$$
\begin{aligned}
\mathbf{E}_i &= E_s \, \mathbf{e}_y \, \cos\left[\omega\, t - (k_1 x \sin \theta_1 + k_1 z \cos \theta_1) \right] \\[4pt]
\mathbf{E}_r &= r_s \, E_s \, \mathbf{e}_y \, \cos\left[\omega\, t - (k_1 x \sin \theta_1 - k_1 z \cos \theta_1) \right] \\[4pt]
\mathbf{E}_d &= d_s \, E_s \, \mathbf{e}_y \, \cos\left[\omega\, t - (k_2 x \sin \theta_2 + k_2 z \cos \theta_2) \right],
\end{aligned}
\qquad (5.120)
$$

wobei r_s und d_s gemäß (5.105) einzusetzen sind und θ_2 aus (5.82) folgt. Im Bereich vor der
Trennfläche für $z \leq 0$ interferieren einfallende und reflektierte Welle, während im Medium 2
bei $z \geq 0$ die gebrochene Welle mit veränderter Wellenlänge weiterläuft.

In Bild 5.14 findet man die räumliche Verteilung der elektrischen Feldstärken

$$
E_1(x, z \leq 0) = \mathbf{e}_y \cdot (\mathbf{E}_i + \mathbf{E}_r) \quad \text{bzw.} \quad E_2(x, z \geq 0) = \mathbf{e}_y \cdot \mathbf{E}_d . \qquad (5.121)
$$

als 3D-Plot zum Zeitpunkt $\omega\, t = 0$. Die zugehörigen Magnetfeldlinien können analog zu (8.89)
als Höhenlinien (Äquipotenziallinien) des elektrischen 3D-Gebirges gezeichnet werden. Man
beachte nur, dass wegen der (quellenfreien) ersten Maxwellschen Gleichung

$$
\operatorname{rot} \mathbf{H} = \varepsilon \, \frac{\partial \mathbf{E}}{\partial t} \qquad (5.122)
$$

das H-Feld dem E-Feld zeitlich um eine Viertelperiode vorauseilt, weswegen die Konturlinien
des E-Feldes bei $\omega\, t = 0$ die Magnetfeldlinien zum *anderen* Zeitpunkt $\omega\, t = \pi/2$ darstellen.

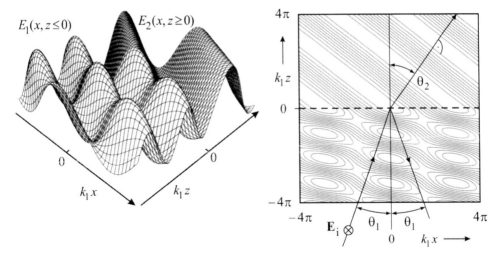

Bild 5.14 Ein s-polarisierter Lichtstrahl mit $\mathbf{E}_i\,(\omega t, x, z) = E_y\,(\omega t, x, z)\,\mathbf{e}_y$ breitet sich im dichteren
Medium mit $n_1 = 1,762$ (Flintglas) aus und trifft unter dem Einfallswinkel $\theta_1 = 20°$ bei $z = 0$ auf den
sich anschließenden Luftraum mit $n_2 = 1$. Die **elektrischen Feldstärken** gemäß (5.121) sind zum Zeitpunkt $\omega\, t = 0$ als 3D-Plot dargestellt (links). Aus den Höhenlinien des 3D-Gebirges gewinnt man die
zugehörigen **magnetischen Feldlinien** in der x-z-Ebene zum Zeitpunkt $\omega\, t = \pi/2$ (rechts). Man beachte
den stetigen Übergang der E- und H-Felder in der Trennfläche bei $z = 0$. Den Fall größerer Einfallswinkel diskutieren wir mit $\theta_1 = 45°$ in Bild 6.16.

Den allgemeinen Fall einer **elliptisch polarisierten** ebenen Welle kann man durch Superposition der Spezialfälle bei s- und p-Polarisation erhalten. Einen vorgegebenen E-Vektor $\underline{\mathbf{E}}_{i0}$ der unter einem Winkel θ_1 einfallenden Welle spaltet man nämlich in einen Anteil *senkrecht* und *parallel* zur Einfallsebene auf, die durch die x-z-Ebene bestimmt sei. Somit gilt:

$$\boxed{\underline{\mathbf{E}}_{i0} = \underline{E}_s\,\mathbf{e}_y + \underline{E}_p\left(\mathbf{e}_x\cos\theta_1 - \mathbf{e}_z\sin\theta_1\right)}\,. \tag{5.123}$$

Die komplexen Amplituden des s- und p-Anteils erhält man nach Tabelle 5.5 aus:

$$\underline{E}_s = \mathbf{e}_y\cdot\underline{\mathbf{E}}_{i0}$$
$$\underline{E}_p = \left(\mathbf{e}_x\cos\theta_1 - \mathbf{e}_z\sin\theta_1\right)\cdot\underline{\mathbf{E}}_{i0}\,. \tag{5.124}$$

Für die reflektierte und transmittierte Welle kann dann unter Verwendung der bereits bekannten Reflexions- und Transmissionsfaktoren geschrieben werden:

$$\boxed{\begin{aligned}\underline{\mathbf{E}}_{r0} &= r_s\,\underline{E}_s\,\mathbf{e}_y + r_p\,\underline{E}_p\left(\mathbf{e}_x\cos\theta_1 + \mathbf{e}_z\sin\theta_1\right) \\ \underline{\mathbf{E}}_{t0} &= d_s\,\underline{E}_s\,\mathbf{e}_y + d_p\,\underline{E}_p\left(\mathbf{e}_x\cos\theta_2 - \mathbf{e}_z\sin\theta_2\right).\end{aligned}} \tag{5.125}$$

Übung 5.3: Reflexionsfaktor bei schiefem Einfall (ε-Messplatz)

• Auf die ebene Trennfläche zwischen zwei Halbräumen mit den Materialkonstanten $\mu_1 = \mu_2 = \mu_0$ und $\varepsilon_1 = \varepsilon_0$ bzw. $\varepsilon_2 = \varepsilon_0\,\varepsilon_r$ fällt wie in Bild 5.15 eine ebene homogene Welle (TEM-Welle) unter dem Winkel $\theta_1 = \pi/6 \stackrel{\wedge}{=} 30°$ ein. Die einfallende Welle sei *linear* und *senkrecht* zur Einfallsebene polarisiert (s-Fall). Wegen $\mu_2\,\varepsilon_2 > \mu_1\,\varepsilon_1$ erfolgt die Strahlbrechung zum Lot hin. Die Messung des Reflexionsfaktors r_s kann zur Bestimmung der unbekannten Permittivität ε_2 benutzt werden. Nehmen Sie an, es sei ein Reflexionsfaktor von $r_s = -1/2$ gemessen worden. Wie groß muss darum ε_r gewesen sein?

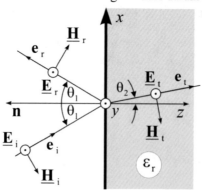

Bild 5.15 Anordnung zur Messung der Permittivität ε2 einer ebenen Materialprobe

• **Lösung:**

Aus der allgemeinen Darstellung (5.105) des Reflexionsfaktors im s-Fall

$$r_s = \frac{Z_2\cos\theta_1 - Z_1\cos\theta_2}{Z_2\cos\theta_1 + Z_1\cos\theta_2} \tag{5.126}$$

folgt nach Einsetzen der reellen Feldwellenwiderstände (5.63)

$$r_s = \frac{\dfrac{Z_0}{\sqrt{\varepsilon_r}} \cos\theta_1 - Z_0 \cos\theta_2}{\dfrac{Z_0}{\sqrt{\varepsilon_r}} \cos\theta_1 + Z_0 \cos\theta_2} = \frac{\cos\theta_1 - \sqrt{\varepsilon_r}\,\cos\theta_2}{\cos\theta_1 + \sqrt{\varepsilon_r}\,\cos\theta_2}\,. \tag{5.127}$$

Aus (5.127) muss noch der unbekannte Brechungswinkel $0 \le \theta_2 \le \pi/2$, der auf einen *positiven* Kosinus führt, mit Hilfe des Brechungsgesetzes (5.80) eliminiert werden:

$$\cos\theta_2 = +\sqrt{1-\sin^2\theta_2} = \sqrt{1 - \frac{\sin^2\theta_1}{\varepsilon_r}} > 0\,, \tag{5.128}$$

womit wir schließlich anstelle (5.127) schreiben können:

$$r_s = \frac{\cos\theta_1 - \sqrt{\varepsilon_r - \sin^2\theta_1}}{\cos\theta_1 + \sqrt{\varepsilon_r - \sin^2\theta_1}}\,. \tag{5.129}$$

Diese Gleichung kann ohne Schwierigkeiten nach ε_r aufgelöst werden:

$$\boxed{\varepsilon_r = \sin^2\theta_1 + \cos^2\theta_1\,\frac{\left(1-r_s\right)^2}{\left(1+r_s\right)^2}}\,. \tag{5.130}$$

Bei einem gemessenen Reflexionsfaktor von $r_s = -1/2$ unter einem Einfallswinkel von $\theta_1 = \pi/6$ erhalten wir schließlich den gesuchten Materialparameter:

$$\varepsilon_r = \sin^2\frac{\pi}{6} + \cos^2\frac{\pi}{6}\,\frac{\left(1+0{,}5\right)^2}{\left(1-0{,}5\right)^2} = 7\,. \tag{5.131}$$

Aus (5.128) kann man natürlich noch den Brechungswinkel $\theta_2 \approx 10{,}9°$ ermitteln. Der Transmissionsfaktor folgt aus (5.105) zu

$$d_s = 1 + r_s = 1/2\,. \tag{5.132}$$

Man beachte, dass die nur für den p-Fall gültige Beziehung (5.111)

$$d_p = \frac{Z_2}{Z_1}\left(1 - r_p\right) \tag{5.133}$$

keineswegs geeignet ist, um d_s etwa mittels $(1-r_s)\,Z_2/Z_1 = 0{,}567$ zu bestimmen, denn das Ergebnis wäre offensichtlich falsch. Tatsächlich führen beide Beziehungen nur bei senkrechter Inzidenz mit $\theta_1 = \theta_2 = 0$, wo die Polarisation keine Rolle spielt, zum selben Ergebnis. Denn dort gilt (5.29):

$$\underline{d} = 1 + \underline{r} = \frac{Z_2}{Z_1}\left(1 - \underline{r}\right)\,. \quad \square \tag{5.134}$$

In späteren Kapitel werden wir noch weitere Möglichkeiten kennenlernen, die unbekannte Permittivität einer Materialprobe messtechnisch zu bestimmen (Übung 6.4 und Abschnitt 8.2.5).

5.4 Aufgaben

5.4.1 Die komplexe Amplitude der elektrischen Feldstärke einer TEM-Welle wird mit $k_0 = \omega/c_0$ und $0 \le \delta \le \pi/2$ durch folgenden Ausdruck beschrieben:

$$\underline{\mathbf{E}}(z,\omega) = E_0 \, (e^{j\delta} \, \mathbf{e}_x + e^{-j\delta} \, \mathbf{e}_y) \, e^{-jk_0 z} \, .$$

Wie lautet die reelle Zeitfunktion $\mathbf{E}(z,t)$? Wie groß muss δ sein, damit lineare bzw. zirkulare Polarisation vorliegt? Es gelte $E_0 = 1\,\mathrm{V/m}$ und $\delta = 0$. Welche Wirkleistung wird im zeitlichen Mittel innerhalb einer Phasenfront von $1\,\mathrm{m}^2$ transportiert?

5.4.2 Eine ebene Welle soll in Luft senkrecht auf eine ebene Kupferplatte ($\kappa = 58 \cdot 10^6\,\mathrm{S/m}$) auftreffen. Die Dicke der Platte sei sehr viel größer als die Skintiefe, und es gelte $\kappa \gg \omega\,\varepsilon_0$. Zeigen Sie, dass für denjenigen Anteil der hinlaufenden Energie, der reflektiert wird, in sehr guter Näherung gilt:

$$R = |\underline{r}|^2 = \left| \frac{\underline{Z}_{Cu} - Z_0}{\underline{Z}_{Cu} + Z_0} \right|^2 \approx \left(1 - \sqrt{\frac{2\kappa}{\omega\varepsilon_0}} + \frac{\kappa}{\omega\varepsilon_0} \right) \Bigg/ \left(1 + \sqrt{\frac{2\kappa}{\omega\varepsilon_0}} + \frac{\kappa}{\omega\varepsilon_0} \right) .$$

Formen Sie diesen Ausdruck für $\kappa/(\omega\,\varepsilon_0) \gg 1$ weiter um und zeigen Sie, dass gilt: $R \approx 1 - 2\,\omega\delta/c_0 = 1 - 2\,k_0\,\delta$ (bekannt als **Hagen-Rubens Beziehung**) mit der Eindringtiefe $\delta = \sqrt{2/(\omega\,\mu_0\,\kappa)}$. Dabei ist $2\,k_0\,\delta$ der relative Energieanteil, der in der Kupferplatte in Wärme umgewandelt wird. Welchen Wert hat R bei der Frequenz $f = 130\,\mathrm{GHz}$?

5.4.3 Eine in x-Richtung _linear_ polarisierte TEM-Welle breite sich in die positive z-Richtung aus und falle aus dem Vakuum senkrecht auf die Oberfläche eines verlustlosen dielektrischen Halbraums mit $\varepsilon_r = 3$ ein. Zeigen Sie, dass für die Quotienten aus den Phasoren der beteiligten Wellenanteile gilt:

$\underline{E}_{x,r}/\underline{E}_{x,h} = -\underline{H}_{y,r}/\underline{H}_{y,h} = -0{,}268$, $\underline{E}_{x,d}/\underline{E}_{x,h} = 0{,}732$, und $\underline{H}_{y,d}/\underline{H}_{y,h} = 1{,}268$.

5.4.4 Eine _zirkular_ polarisierte Welle breite sich in Luft aus und treffe unter dem Einfallswinkel $\theta_1 = 60°$ auf einen dielektrischen Halbraum aus Quarzglas mit $\varepsilon_r = 3{,}78$. Bestimmen Sie den Brechungswinkel θ_2 sowie r_s, d_s, r_p und d_p.

5.4.5 Man betrachte den schrägen Einfall eines Lichtstrahls aus einem Medium mit dem Brechungsindex n_1 auf ein Medium mit n_2, dem ein _drittes_ Medium mit n_3 folgt. Zeigen Sie, dass das erweiterte Brechungsgesetz $n_1 \sin\theta_1 = n_2 \sin\theta_2 = n_3 \sin\theta_3$ lautet. Bei $n_1 = n_3$ gilt $\theta_1 = \theta_3$ und der Strahl wird durch das Medium 2 nur parallelversetzt.

<u>**Lösungen:**</u>

5.4.1 $\mathbf{E}(z,t) = E_0\,\mathbf{e}_x \cos(\omega\,t - k_0\,z + \delta) + E_0\,\mathbf{e}_y \cos(\omega\,t - k_0\,z - \delta)$
lineare Polarisation für $\delta = 0$ oder $\delta = \pi/2$ und zirkulare Polarisation für $\delta = \pi/4$
$P = 2{,}655\,\mathrm{mW}$

5.4.2 $R = 0{,}999$

5.4.4 $\theta_2 = 26{,}45°$ sowie $r_s = -0{,}5537$, $d_s = 1 + r_s = 0{,}4463$, $r_p = -0{,}0411$ und $d_p = (1 - r_p)/\sqrt{\varepsilon_r} = 0{,}5355$. Die s-Komponente wird wesentlich stärker reflektiert als die p-Komponente. Sowohl die reflektierte als auch die transmittierte Welle sind _elliptisch_ polarisiert.

6 Reflexion und Brechung II (Anwendungen)

In Kapitel 5 hatten wir uns zunächst mit der <u>Polarisation</u> elektromagnetischer Wellen beschäftigt. Danach haben wir Reflexions- und Transmissionseffekte bei <u>senkrechtem</u> Einfall auf eine ebene Trennfläche zwischen zwei homogenen Halbräumen betrachtet, um schließlich auch den <u>schrägen</u> Einfall mit Hilfe des Snelliusschen Brechungsgesetzes und der Fresnelschen Formeln zu beschreiben. Im Kapitel 6 geht es uns nun darum, praktische Anwendungen zu untersuchen und wichtige Schlussfolgerungen aus den grundlegenden Gesetzmäßigkeiten zu ziehen.

6.1 Totaltransmission

Wir hatten in Abschnitt 5.3.2 die Fresnelschen Formeln (5.105) und (5.111) für den schiefen Einfall einer TEM-Welle auf eine ebene Trennfläche hergeleitet. Mit ihnen können wir die komplexen Amplituden der reflektierten und transmittierten Welle angeben. Das Ergebnis hängt von der Polarisation der einfallenden Welle ab – so haben wir neben dem s-Fall, bei dem die E-Vektoren aller beteiligter Wellen senkrecht zur Einfallsebene orientiert sind, auch den p-Fall betrachtet, wo alle E-Vektoren parallel zur Einfallsebene liegen (siehe Tabelle 5.5).

Im Folgenden wollen wir zeigen, dass – abhängig von der Polarisation – keine reflektierte Welle angeregt werden kann, wenn die einfallende Welle sich unter einem ganz bestimmten Einfallswinkel θ_1 auf die Trennfläche zubewegt. Dass es diesen Effekt überhaupt geben kann, ist durchaus überraschend. Schließlich ändern sich an der Trennfläche doch die Materialeigenschaften der Medien 1 und 2 sprunghaft und eine solche Diskontinuität stellt eigentlich eine Störung dar, die man als Ursache für eine reflektierte Welle ansehen könnte.

Dennoch gibt es den Effekt verschwindender Reflexion. Tatsächlich wird dann nur eine transmittierte Welle angeregt. Die gesamte Energie dringt somit in den zweiten Raumteil ein, weswegen man auch von **Totaltransmission** spricht.

6.1.1 Verschwinden der Reflexion bei schiefem Einfall

Um den Effekt der Totaltransmission herzuleiten, wollen wir zunächst die Reflexionsfaktoren (5.105) und (5.111) ein wenig umformen:

$$r_s = \frac{Z_2 \cos\theta_1 - Z_1 \cos\theta_2}{Z_2 \cos\theta_1 + Z_1 \cos\theta_2} = \frac{\sqrt{\dfrac{\mu_2}{\varepsilon_2}} \cos\theta_1 - \sqrt{\dfrac{\mu_1}{\varepsilon_1}} \sqrt{1-\sin^2\theta_2}}{\sqrt{\dfrac{\mu_2}{\varepsilon_2}} \cos\theta_1 + \sqrt{\dfrac{\mu_1}{\varepsilon_1}} \sqrt{1-\sin^2\theta_2}}$$

$$r_p = \frac{Z_2 \cos\theta_2 - Z_1 \cos\theta_1}{Z_2 \cos\theta_2 + Z_1 \cos\theta_1} = \frac{\sqrt{\dfrac{\mu_2}{\varepsilon_2}} \sqrt{1-\sin^2\theta_2} - \sqrt{\dfrac{\mu_1}{\varepsilon_1}} \cos\theta_1}{\sqrt{\dfrac{\mu_2}{\varepsilon_2}} \sqrt{1-\sin^2\theta_2} + \sqrt{\dfrac{\mu_1}{\varepsilon_1}} \cos\theta_1} .$$

(6.1)

© Springer Fachmedien Wiesbaden GmbH, ein Teil von Springer Nature 2022
K. W. Kark, *Antennen und Strahlungsfelder*,
https://doi.org/10.1007/978-3-658-38595-8_6

Sie hängen bei gegebenen Materialeigenschaften nur vom Einfallswinkel θ_1 ab, denn der Brechungswinkel θ_2 kann mit Hilfe des Snelliusschen Brechungsgesetzes (5.80) eliminiert werden, d. h. mit $(\mu_2 \varepsilon_2)^{1/2} \sin \theta_2 = (\mu_1 \varepsilon_1)^{1/2} \sin \theta_1$ erhalten wir:

$$r_s = \frac{\cos \theta_1 - \sqrt{\dfrac{\mu_1 \varepsilon_2}{\mu_2 \varepsilon_1} - \dfrac{\mu_1^2}{\mu_2^2} \sin^2 \theta_1}}{\cos \theta_1 + \sqrt{\dfrac{\mu_1 \varepsilon_2}{\mu_2 \varepsilon_1} - \dfrac{\mu_1^2}{\mu_2^2} \sin^2 \theta_1}} \qquad \text{mit} \quad d_s = 1 + r_s \qquad (6.2)$$

$$r_p = \frac{-\cos \theta_1 + \sqrt{\dfrac{\mu_2 \varepsilon_1}{\mu_1 \varepsilon_2} - \dfrac{\varepsilon_1^2}{\varepsilon_2^2} \sin^2 \theta_1}}{\cos \theta_1 + \sqrt{\dfrac{\mu_2 \varepsilon_1}{\mu_1 \varepsilon_2} - \dfrac{\varepsilon_1^2}{\varepsilon_2^2} \sin^2 \theta_1}} \qquad \text{mit} \quad d_p = (1 - r_p) \sqrt{\dfrac{\mu_2 \varepsilon_1}{\mu_1 \varepsilon_2}} . \qquad (6.3)$$

Da beide Zähler in (6.2) und (6.3) eine *Differenz* enthalten, wollen wir nun die Frage stellen, ob es vielleicht einen Einfallswinkel $\theta_1 = \theta_B$ gibt, für den trotz vorhandener Trennfläche die Reflexion verschwindet? Dass dies tatsächlich möglich ist, werden wir in Übung 6.1 beweisen.

6.1.2 Brewster-Effekt

Im Falle verschwindender Reflexion ist $r_s = 0$ bzw. $r_p = 0$ und es wird nur eine transmittierte Welle angeregt. Die gesamte Energie dringt somit in den zweiten Raumteil ein, womit also **Totaltransmission** eintritt.

Übung 6.1: Verschwinden der Reflexion bei schiefem Einfall

• Auf die ebene Trennfläche zwischen zwei Halbräumen mit den Materialkonstanten $\mu_1, \mu_2, \varepsilon_1$ und ε_2 fällt wie in Bild 6.1 eine ebene homogene Welle (TEM-Welle) unter einem Winkel θ_1 ein.

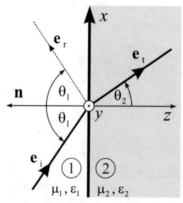

Bild 6.1 Totaltransmission bei schiefem Einfall mit $r_s = 0$ bzw. $r_p = 0$

Unter welchen Winkeln $\theta_1 = \theta_B^s$ und $\theta_1 = \theta_B^p$ muss die ebene Welle einfallen, damit die Reflexionsfaktoren r_s oder r_p zu null werden?

- **Lösung:**

Aus der allgemeinen Darstellung der Reflexionsfaktoren (6.2) und (6.3) findet man folgende <u>Nullstellenbedingungen</u>:

$$r_s = 0 \quad \Leftrightarrow \quad \cos\theta_1 = \sqrt{\frac{\mu_1\varepsilon_2}{\mu_2\varepsilon_1} - \frac{\mu_1^2}{\mu_2^2}\sin^2\theta_1}$$

$$r_p = 0 \quad \Leftrightarrow \quad \cos\theta_1 = \sqrt{\frac{\mu_2\varepsilon_1}{\mu_1\varepsilon_2} - \frac{\varepsilon_1^2}{\varepsilon_2^2}\sin^2\theta_1} \,, \tag{6.4}$$

aus denen man die gesuchten Einfallswinkel bestimmen kann, die wir θ_B^s und θ_B^p nennen:

$$1 - \sin^2\theta_B^s = \frac{\mu_1\varepsilon_2}{\mu_2\varepsilon_1} - \frac{\mu_1^2}{\mu_2^2}\sin^2\theta_B^s$$

$$1 - \sin^2\theta_B^p = \frac{\mu_2\varepsilon_1}{\mu_1\varepsilon_2} - \frac{\varepsilon_1^2}{\varepsilon_2^2}\sin^2\theta_B^p \,. \tag{6.5}$$

Nach kurzer Zusammenfassung erhalten wir:

$$0 < \sin\theta_B^s = \sqrt{\frac{\dfrac{\varepsilon_2}{\varepsilon_1} - \dfrac{\mu_2}{\mu_1}}{\dfrac{\mu_1}{\mu_2} - \dfrac{\mu_2}{\mu_1}}} < 1 \quad \text{und} \quad 0 < \sin\theta_B^p = \sqrt{\frac{\dfrac{\varepsilon_2}{\varepsilon_1} - \dfrac{\mu_2}{\mu_1}}{\dfrac{\varepsilon_2}{\varepsilon_1} - \dfrac{\varepsilon_1}{\varepsilon_2}}} < 1 \,. \qquad \Box \tag{6.6}$$

Aus (6.6) folgen nur dann physikalisch sinnvolle – also reelle – Einfallswinkel, wenn die jeweiligen Radikanden positiv und kleiner als eins sind. Außerdem muss zum Verschwinden der Reflexion im s-Fall $\mu_1 \neq \mu_2$ und im p-Fall $\varepsilon_1 \neq \varepsilon_2$ gelten, da sonst die Nenner null werden. Als nächstes bringen wir (6.6) mit Hilfe der für $0 \leq \theta \leq \pi/2$ gültigen Beziehung

$$\tan\theta = \frac{\sin\theta}{\cos\theta} = \frac{\sin\theta}{\sqrt{1-\sin^2\theta}} \tag{6.7}$$

in die Tangensform:

$$\tan^2\theta_B^s = \frac{\dfrac{\varepsilon_2}{\varepsilon_1} - \dfrac{\mu_2}{\mu_1}}{\dfrac{\mu_1}{\mu_2} - \dfrac{\varepsilon_2}{\varepsilon_1}} \quad \text{und} \quad \tan^2\theta_B^p = \frac{\dfrac{\varepsilon_2}{\varepsilon_1} - \dfrac{\mu_2}{\mu_1}}{-\dfrac{\varepsilon_1}{\varepsilon_2} + \dfrac{\mu_2}{\mu_1}} \,. \tag{6.8}$$

Bei praktischen Anwendungen ist zumeist eines der beiden Medien <u>*Vakuum*</u> (Luft), während das andere ein verlustarmes <u>*Dielektrikum*</u> ε_r mit $\mu_r = 1$ oder ein nichtleitendes magnetisches Medium wie z. B. <u>*Ferrit*</u> mit μ_r und ε_r sein kann. Dabei gelte weiterhin $\kappa_1 = \kappa_2 = 0$.

| **Luft** $\Leftrightarrow$ | **Dielektrikum**
 Ferrit | oder | **Dielektrikum**
 Ferrit | $\Leftrightarrow$ **Luft** | (6.9) |

In folgender Tabelle 6.1 diskutieren wir zunächst den **s-Fall** für $\mu_1 \neq \mu_2$ unter der Bedingung, dass entweder das Medium 1 aus Luft besteht oder dass das Medium 2 das Luftmedium sei.

Tabelle 6.1 Verschwinden der Reflexion unter schiefem Einfall bei **s-Polarisation** für $\mu_1 \neq \mu_2$

Medium 1 (Luft): $\mu_1 = \mu_0,\quad \varepsilon_1 = \varepsilon_0$ **Medium 2 (Ferrit):** $\mu_2 = \mu_0\,\mu_r,\ \varepsilon_2 = \varepsilon_0\,\varepsilon_r$	**Medium 1 (Ferrit):** $\mu_1 = \mu_0\,\mu_r,\ \varepsilon_1 = \varepsilon_0\,\varepsilon_r$ **Medium 2 (Luft):** $\mu_2 = \mu_0,\quad \varepsilon_2 = \varepsilon_0$
$$\tan^2\theta_B^{\,s} = \mu_r\,\frac{\mu_r - \varepsilon_r}{\mu_r\,\varepsilon_r - 1} > 0$$	$$\tan^2\theta_B^{\,s} = \frac{1}{\mu_r}\,\frac{\mu_r - \varepsilon_r}{\mu_r\,\varepsilon_r - 1} > 0$$

Zum Verschwinden der Reflexion im **s-Fall** an einer Trennfläche Luft-Ferrit bzw. Ferrit-Luft müssen die Materialparameter des Ferrits folgende Bedingung erfüllen:

$$\boxed{\;\mu_r > \varepsilon_r \geq 1\;}\;.$$

Bei Einfall einer s-polarisierten TEM-Welle unter dem Winkel $\theta_1 = \theta_B^{\,s}$ gilt dann:

$$r_s = 0 \quad \text{und} \quad d_s = 1.$$

Nun wollen wir in Tabelle 6.2 den **p-Fall** für $\varepsilon_1 \neq \varepsilon_2$ betrachten. Dabei soll wieder entweder das Medium 1 aus Luft bestehen oder das Medium 2 sei das Luftmedium.

Tabelle 6.2 Verschwinden der Reflexion unter schiefem Einfall bei **p-Polarisation** für $\varepsilon_1 \neq \varepsilon_2$

Medium 1 (Luft): $\mu_1 = \mu_0,\quad \varepsilon_1 = \varepsilon_0$ **Medium 2 (Ferrit):** $\mu_2 = \mu_0\,\mu_r,\ \varepsilon_2 = \varepsilon_0\,\varepsilon_r$	**Medium 1 (Ferrit):** $\mu_1 = \mu_0\,\mu_r,\ \varepsilon_1 = \varepsilon_0\,\varepsilon_r$ **Medium 2 (Luft):** $\mu_2 = \mu_0,\quad \varepsilon_2 = \varepsilon_0$
$$\tan^2\theta_B^{\,p} = \varepsilon_r\,\frac{\varepsilon_r - \mu_r}{\mu_r\,\varepsilon_r - 1} > 0$$	$$\tan^2\theta_B^{\,p} = \frac{1}{\varepsilon_r}\,\frac{\varepsilon_r - \mu_r}{\mu_r\,\varepsilon_r - 1} > 0$$

Zum Verschwinden der Reflexion im **p-Fall** an einer Trennfläche Luft-Ferrit bzw. Ferrit-Luft müssen die Materialparameter des Ferrits folgende Bedingung erfüllen:

$$\boxed{\;\varepsilon_r > \mu_r \geq 1\;}\;.$$

Bei Einfall einer p-polarisierten TEM-Welle unter dem Winkel $\theta_1 = \theta_B^{\,p}$ gilt dann:

$r_p = 0 \quad \text{und} \quad d_p = \sqrt{\mu_r/\varepsilon_r}$	$r_p = 0 \quad \text{und} \quad d_p = \sqrt{\varepsilon_r/\mu_r}$

Das <u>gemeinsame</u> Verschwinden der Reflexionsfaktoren sowohl des s-Anteils als auch des p-Anteils einer beliebig polarisierten, schräg einfallenden, ebenen Welle ist also nicht möglich, da kein Medium <u>gleichzeitig</u> die Bedingungen $\mu_r > \varepsilon_r$ <u>und</u> $\varepsilon_r > \mu_r$ erfüllen kann.

- Im s-Fall kann die Reflexion nur verschwinden, falls $\mu_1 \neq \mu_2$ gilt, die Medien also verschieden permeabel sind.

- Im p-Fall kann die Reflexion nur verschwinden, falls $\varepsilon_1 \neq \varepsilon_2$ gilt, die Medien also verschieden dielektrisch sind.

In den meisten praktischen Anwendungsfällen gilt $\mu_1 = \mu_2 = \mu_0$. Dann wird $r_s = 0$ unmöglich und im **p-Falle** verschwindet die Reflexion, wenn der Einfallswinkel $\theta_1 = \theta_B^p$ wie

$$\tan^2 \theta_B^p = \frac{\varepsilon_2}{\varepsilon_1} = \varepsilon_r > 1 \qquad \text{an einer Trennfläche Luft – Dielektrikum}$$

$$\tan^2 \theta_B^p = \frac{\varepsilon_2}{\varepsilon_1} = \frac{1}{\varepsilon_r} < 1 \qquad \text{an einer Trennfläche Dielektrikum – Luft}$$

(6.10)

gewählt wird. Alternativ kann man θ_B^p auch durch seinen Sinus oder Kosinus ausdrücken:

$$\boxed{\tan \theta_B^p = \sqrt{\frac{\varepsilon_2}{\varepsilon_1}} \;\Leftrightarrow\; \sin \theta_B^p = \sqrt{\frac{\varepsilon_2}{\varepsilon_1 + \varepsilon_2}} \;\Leftrightarrow\; \cos \theta_B^p = \sqrt{\frac{\varepsilon_1}{\varepsilon_1 + \varepsilon_2}}}\,. \qquad (6.11)$$

Bei $\varepsilon_2 > \varepsilon_1$ folgt daraus $\pi/4 < \theta_B^p < \pi/2$, während bei $\varepsilon_2 < \varepsilon_1$ dann $0 < \theta_B^p < \pi/4$ gelten muss. Der Einfallswinkel $\theta_1 = \theta_B^p$ wird **Brewsterscher**[1] **Polarisationswinkel** genannt. Fällt also eine elliptisch polarisierte ebene Welle unter dem Brewster-Winkel

$$\boxed{\theta_B^p = \arctan \sqrt{\frac{\varepsilon_2}{\varepsilon_1}}} \qquad (6.12)$$

auf die ebene Trennfläche zweier <u>dielektrischer</u> Medien mit $\mu_1 = \mu_2 = \mu_0$ ein, dann ist die reflektierte Welle linear s-polarisiert, da wegen $r_p = 0$ der p-Anteil vollständig in das Medium 2 eindringt. Der E-Vektor der reflektierten Welle steht dann <u>senkrecht</u> auf der Einfallsebene. Mit dem **Brewster-Effekt** kann man **linear s-polarisiertes Licht** erzeugen. Den Anteil der einfallenden s-polarisierten Leistung, der dann für $\theta_1 = \theta_B^p$ <u>reflektiert</u> wird, erhalten wir aus

$$\boxed{r_s^2(\theta_1 = \theta_B^p) = \left(\frac{\varepsilon_1 - \varepsilon_2}{\varepsilon_1 + \varepsilon_2}\right)^2}, \text{ man vergleiche } r_s^2(\theta_1 = 0) = \left(\frac{\sqrt{\varepsilon_1} - \sqrt{\varepsilon_2}}{\sqrt{\varepsilon_1} + \sqrt{\varepsilon_2}}\right)^2. \qquad (6.13)$$

Übung 6.2: Brewster-Winkel an Wasseroberflächen

- Der Brechungsindex von Wasser $n = \sqrt{\varepsilon_r}$ hängt stark von der Frequenz ab. Während er bei sichtbarem Licht nur $n = 1{,}333$ beträgt, liegt er nach (3.20) und (3.21) für $f = 5$ GHz bei $n = 8{,}610$, wenn wir eine Wassertemperatur von $20°$ C voraussetzen. Bestimmen Sie die Brewster-Winkel im p-Fall, wenn die Welle von der Luftseite auf Wasser trifft und umgekehrt, wenn die Welle aus dem Wasser kommt und auf Luft trifft.

- **Lösung:**

  Wegen $\mu_1 = \mu_2 = \mu_0$ gilt (6.12)

$$\theta_B^p = \arctan \sqrt{\frac{\varepsilon_2}{\varepsilon_1}} = \begin{cases} \arctan n & \text{(bei Einfall von der Luftseite)} \\[2mm] \arctan \dfrac{1}{n} & \text{(bei Einfall von der Wasserseite).} \end{cases} \qquad (6.14)$$

  Für die beiden Spektralbereiche erhalten wir bei Einfall von der <u>Luftseite</u>

---

[1] Sir David **Brewster** (1781-1868): schott. Physiker (Reflexion, Absorption und Polarisation des Lichtes. Er entdeckte 1815 das nach ihm benannte Reflexionsgesetz über die vollständige Polarisation von Licht, das an Glasflächen reflektiert wird.)

$$\theta_{B,\,Luft}^{\,p} = \arctan 1{,}333 = 53{,}1° \quad \text{(bei Licht)}$$

$$\theta_{B,\,Luft}^{\,p} = \arctan 8{,}610 = 83{,}4° \quad \text{(bei Radiowellen)}$$

(6.15)

und bei Einfall von der <u>Wasserseite</u>

$$\theta_{B,\,Wasser}^{\,p} = \arctan (1/1{,}333) = 36{,}9° \quad \text{(bei Licht)}$$

$$\theta_{B,\,Wasser}^{\,p} = \arctan (1/8{,}610) = 6{,}6° \quad \text{(bei Radiowellen)}.$$

(6.16)

Wegen des trigonometrischen Theorems $\arctan (1/x) = \operatorname{arccot} x = \pi/2 - \arctan x$ gilt:

$$\theta_{B,\,Luft}^{\,p} + \theta_{B,\,Wasser}^{\,p} = 90° .$$

(6.17)

Bei Einfall unter dem jeweiligen Brewster-Winkel der p-Polarisation wird $r_p = 0$. Der Anteil der **reflektierten s-polarisierten Leistung** (6.13) ist auch stark frequenzabhängig:

$$r_s^2(\theta_B^{\,p}) = \left(\frac{1 - 1{,}333^2}{1 + 1{,}333^2} \right)^2 = 7{,}83 \ \% \quad \text{(bei Licht)}$$

$$r_s^2(\theta_B^{\,p}) = \left(\frac{1 - 8{,}610^2}{1 + 8{,}610^2} \right)^2 = 94{,}75 \ \% \quad \text{(bei Radiowellen)}.$$

(6.18)

Bei Einfall von der Wasserseite mit $\theta_1 \geq \theta_c$ kann nach (6.54) **Totalreflexion** auftreten:

$$\sin \theta_c = \sqrt{\frac{\varepsilon_2}{\varepsilon_1}} \ \Rightarrow \ \theta_c = \arcsin \frac{1}{n} = \begin{cases} \arcsin \dfrac{1}{1{,}333} = 48{,}6° \quad \text{(bei Licht)} \\[2mm] \arcsin \dfrac{1}{8{,}610} = 6{,}7° \quad \text{(bei Radiowellen)}. \end{cases}$$

(6.19)

Der Grenzwinkel der Totalreflexion θ_c ist stets größer als der Brewster-Winkel $\theta_B^{\,p}$:

$$\boxed{\ \theta_c = \arcsin \frac{1}{n} \geq \arctan \frac{1}{n} = \theta_B^{\,p}\ } . \quad \square$$

(6.20)

Wir wollen noch eine für $\mu_1 = \mu_2 = \mu_0$ bei Einfall unter dem Winkel $\theta_1 = \theta_B^{\,p}$ interessante Gesetzmäßigkeit kennenlernen. Dazu betrachten wir (6.12)

$$\tan \theta_1 = \frac{\sin \theta_1}{\cos \theta_1} = \sqrt{\frac{\varepsilon_2}{\varepsilon_1}}$$

(6.21)

und das Snelliussche Brechungsgesetz (5.80)

$$\frac{\sin \theta_2}{\sin \theta_1} = \sqrt{\frac{\varepsilon_1}{\varepsilon_2}} .$$

(6.22)

Kombiniert man (6.21) mit (6.22), dann erhält man sofort:

$$\frac{\sin \theta_1}{\cos \theta_1} = \sqrt{\frac{\varepsilon_2}{\varepsilon_1}} = \frac{\sin \theta_1}{\sin \theta_2} .$$

(6.23)

Bei Einfall unter dem Brewster-Winkel $\theta_1 = \theta_B^p$ gilt somit bei $\mu_1 = \mu_2 = \mu_0$ die Beziehung:

$$\boxed{\cos\theta_1 = \sin\theta_2}. \tag{6.24}$$

Wegen $\{\theta_1, \theta_2\} \in [0, \pi/2]$ gilt auch $\cos(-\theta_1) = \sin\theta_2$ oder

$$\sin(\pi/2 - \theta_1) = \sin\theta_2 \quad \Leftrightarrow \quad \boxed{\theta_1 + \theta_2 = \pi/2}. \tag{6.25}$$

Der reflektierte und der gebrochene Strahl stehen nach (6.25) also **senkrecht** aufeinander, wenn die Welle für $\mu_1 = \mu_2 = \mu_0$ unter dem Brewster-Winkel $\theta_1 = \theta_B^p$ bei p-Polarisation einfällt. Dieser Sachverhalt wird anhand von Bild 6.2 im Falle $\varepsilon_2 > \varepsilon_1$ verdeutlicht.

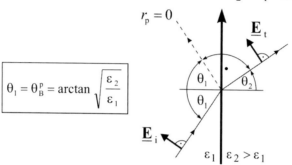

Bild 6.2 Totaltransmission im **p-Fall** ($r_p = 0$) für $\mu_1 = \mu_2 = \mu_0$. Es gilt $\theta_1 + \theta_2 = \pi/2$ und wegen $\varepsilon_2 > \varepsilon_1$ auch $\theta_1 = \theta_B^p > \pi/4$.

Man beachte, dass in den <u>allgemeineren</u> Fällen der Tabellen 6.1 und 6.2 der gebrochene und der (nicht vorhandene) reflektierte Strahl keineswegs senkrecht aufeinander stehen müssen.

Übung 6.3: Brewster-Fenster bei Lasern

- Ein Helium-Neon-Laser erzeugt in einer Vakuumkammer p-polarisiertes Licht bei der Wellenlänge $\lambda_0 = 0,633\,\mu m$. Zur Auskopplung wird ein kleines Fenster aus Quarzglas mit dem Brechungsindex $n = \sqrt{\varepsilon_r} = 1,46$ benutzt. Unter welchem **Einfallswinkel** θ_1 muss der Laserstrahl auf das Glasfenster einfallen, damit er reflexionsfrei passieren kann?

- **Lösung:**

$$\theta_1 = \theta_{B,\,Vakuum}^p = \arctan n = 55,59° \quad \text{(vorderer Brewster-Winkel)}. \tag{6.26}$$

Aus (6.25) folgt der **Brechungswinkel** $\theta_2 = 90° - \theta_1 = 34,41°$, der identisch mit dem hinteren Brewster-Winkel wird. Die Glasplatte ist im p-Fall also vollkommen durchlässig.

$$\theta_{B,\,Quarz}^p = \arctan\frac{1}{n} = 34,41° \quad \text{(hinterer Brewster-Winkel)}. \quad \Box \tag{6.27}$$

Bemerkung: Während eine elliptisch polarisierte ebene Welle durch **Reflexion** linear polarisiert werden kann, ist dies durch **Brechung** nicht zu erreichen, unter welchem Winkel die Welle auch einfällt. Bei **senkrechtem** Einfall auf eine ebene Trennfläche wird die Reflexion für $Z_1 \neq Z_2$ nie null, außer man hat **drei** Medien hintereinander. Für $Z_2 = \sqrt{Z_1 Z_3}$ und einer Dicke der mittleren Schicht von $l = \lambda_2/4$ erhält man dann eine schmalbandige Wellenwiderstandsanpassung und ein Verschwinden der Reflexion an der Mittenfrequenz (Abschnitt 6.7.3).

Übung 6.4: Brewstersches Gesetz (ε-Messplatz)

- Untersuchen Sie für $\mu_1 = \mu_2 = \mu_0$, $\varepsilon_1 = \varepsilon_0$ und $\varepsilon_2 = \varepsilon_r \varepsilon_0$ mit $\varepsilon_r = 2{,}56$ (Polystyrol) die Abhängigkeit der Reflexionsfaktoren r_s und r_p vom Einfallswinkel θ_1.

- **Lösung:**

Für die gegebenen Materialparameter erhalten wir aus (6.2) und (6.3) die Reflexionsfaktoren im s- bzw. im p-Fall:

$$r_s = \frac{\cos\theta_1 - \sqrt{\varepsilon_r - \sin^2\theta_1}}{\cos\theta_1 + \sqrt{\varepsilon_r - \sin^2\theta_1}} \quad \text{und} \quad r_p = \frac{-\varepsilon_r \cos\theta_1 + \sqrt{\varepsilon_r - \sin^2\theta_1}}{\varepsilon_r \cos\theta_1 + \sqrt{\varepsilon_r - \sin^2\theta_1}}. \quad (6.28)$$

In Bild 6.3 sind für $\varepsilon_r = 2{,}56$ beide Reflexionsfaktoren dargestellt. Wegen (6.11) gilt:

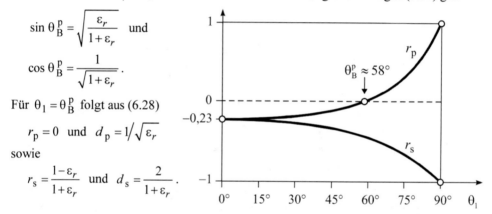

$$\sin\theta_B^p = \sqrt{\frac{\varepsilon_r}{1+\varepsilon_r}} \quad \text{und}$$

$$\cos\theta_B^p = \frac{1}{\sqrt{1+\varepsilon_r}}.$$

Für $\theta_1 = \theta_B^p$ folgt aus (6.28)

$$r_p = 0 \quad \text{und} \quad d_p = 1/\sqrt{\varepsilon_r}$$

sowie

$$r_s = \frac{1-\varepsilon_r}{1+\varepsilon_r} \quad \text{und} \quad d_s = \frac{2}{1+\varepsilon_r}.$$

Bild 6.3 Reflexionsfaktoren (6.28) für unterschiedliche Polarisation bei schiefem Einfall auf eine ebene Trennfläche zwischen Luft und Polystyrol in Abhängigkeit vom Einfallswinkel θ_1

Man erkennt, dass im Falle <u>paralleler</u> Polarisation des E-Vektors bei einem Einfallswinkel

$$\theta_1 = \theta_B^p = \arctan\sqrt{\varepsilon_r} \approx 58° \quad (6.29)$$

die Reflexion verschwindet und vollständige Transmission mit $d_p = 1/\sqrt{\varepsilon_r} = 0{,}625$ eintritt. ε_r folgt nach (6.29) aus der Messung von θ_B^p. Bei <u>senkrechter</u> Polarisation hingegen, wird der Betrag des Reflexionsfaktors $|r_s|$ monoton größer. Bei <u>senkrechtem</u> Einfall mit $\theta_1 = 0°$ verhalten sich beide Polarisationen gleich und es gilt nach (6.28) oder (5.30):

$$r_s = r_p = \frac{Z_2 - Z_1}{Z_2 + Z_1} = \frac{1 - \sqrt{\varepsilon_r}}{1 + \sqrt{\varepsilon_r}} \approx -0{,}23. \quad (6.30)$$

Bei <u>streifendem</u> Einfall mit $\theta_1 = 90°$ gilt $r_s = -1$ und $r_p = 1$. Die Werte der Reflexionsfaktoren liegen also in den Bereichen

$$-1 \leq r_s \leq -0{,}23 \quad \text{und} \quad -0{,}23 \leq r_p \leq 1. \quad (6.31)$$

Im s-Fall ist daher r_s stets negativ, während es bei r_p am Brewster-Winkel einen Vorzeichenwechsel gibt. Für $\theta_1 > \theta_B^p$ wird r_p positiv und es gibt im p-Fall keinen Phasensprung mehr bei der Reflexion.   □

6.2 Reflexion am Erdboden

Bei terrestrischen Funkstrecken muss häufig mit **Mehrwegeausbreitung** gerechnet werden. Zur Empfangsantenne gelangen dann neben dem direkten Funkstrahl auch einer oder mehrere Umwegstrahlen, die z. B. an Gebäuden oder am Erdboden reflektiert werden.

Zur Modellierung von Bodenreflexionen betrachten wir im Folgenden eine TEM-Welle, die sich in **Luft** ausbreitet und wie in Tabelle 5.5 in der Ebene $z = 0$ schräg auf den **Erdboden** trifft, den wir nach (3.35) durch seine komplexe Permittivität beschreiben können:

$$\underline{\varepsilon} = \varepsilon' - j\,\frac{\kappa + \omega\varepsilon''}{\omega} \quad \text{mit} \quad \varepsilon' = \varepsilon = \varepsilon_0\,\varepsilon_r. \tag{6.32}$$

Im Imaginärteil von $\underline{\varepsilon}$ sind Ohmsche Verluste und Polarisationsverluste zusammengefasst. Die Polarisationsverluste können bei gut leitender Erde mit $\kappa \gg \omega\varepsilon''$ gegenüber den Ohmschen Verlusten vernachlässigt werden. Diese Näherung ist nach [Geng98] für übliche Bodentypen bei Frequenzen unterhalb von etwa 100 MHz zulässig. Dort dürfen wir für die komplexe relative Permittivität[2] näherungsweise

$$\underline{\varepsilon}_r = \frac{\underline{\varepsilon}}{\varepsilon_0} \approx \varepsilon_r - j\,\frac{\kappa}{\omega\varepsilon_0} \tag{6.33}$$

schreiben. Damit erhalten wir analog zu (6.28) die – nun komplexen – **Reflexionsfaktoren am Erdboden** im s- bzw. im p-Fall:

$$\underline{r}_s = \frac{\cos\theta_1 - \sqrt{\underline{\varepsilon}_r - \sin^2\theta_1}}{\cos\theta_1 + \sqrt{\underline{\varepsilon}_r - \sin^2\theta_1}} = r_s\,e^{j\phi_s} \qquad \text{(E-Vektor } \perp \text{ zur Einfallsebene)} \tag{6.34}$$

und

$$\underline{r}_p = \frac{-\underline{\varepsilon}_r \cos\theta_1 + \sqrt{\underline{\varepsilon}_r - \sin^2\theta_1}}{\underline{\varepsilon}_r \cos\theta_1 + \sqrt{\underline{\varepsilon}_r - \sin^2\theta_1}} = r_p\,e^{j\phi_p} \qquad \text{(E-Vektor } \parallel \text{ zur Einfallsebene).} \tag{6.35}$$

Nach Tabelle 4.1 wollen wir einen typischen Erdboden mit den Werten $\varepsilon_r = 10$ und $\kappa = 0{,}015\,\text{S/m}$ annehmen und beide Reflexionsfaktoren an vier verschiedenen Frequenzen $f = 1\,\text{MHz},\ 4\,\text{MHz},\ 12\,\text{MHz}$ und $75\,\text{MHz}$ genauer untersuchen. Mit (6.33) ermitteln wir zunächst die komplexen relativen Permittivitäten des Erdbodens

$$\underline{\varepsilon}_r \approx \varepsilon_r - j\,\frac{\kappa}{\omega\varepsilon_0} \approx \begin{cases} 10 - j\,270 & \text{bei } f = 1\,\text{MHz} \\ 10 - j\,67{,}4 & \text{bei } f = 4\,\text{MHz} \\ 10 - j\,22{,}5 & \text{bei } f = 12\,\text{MHz} \\ 10 - j\,3{,}60 & \text{bei } f = 75\,\text{MHz} \end{cases} \tag{6.36}$$

und nach (4.29) die kritische Frequenz $f_{\text{crit}} = \kappa/(2\,\pi\varepsilon_r\,\varepsilon_0) = 27\,\text{MHz}$ Danach stellen wir in Bild 6.4 die Beträge und die Phasenwinkel von $\underline{r}_s$ und $\underline{r}_p$ über dem Einfallswinkel $0 \le \theta_1 \le 90°$ dar. Ähnliche Kurven findet man auch in [Col85, Stu13].

---

[2] Für typische Bodenarten findet man die Materialparameter ε_r und κ in Tabelle 4.1.

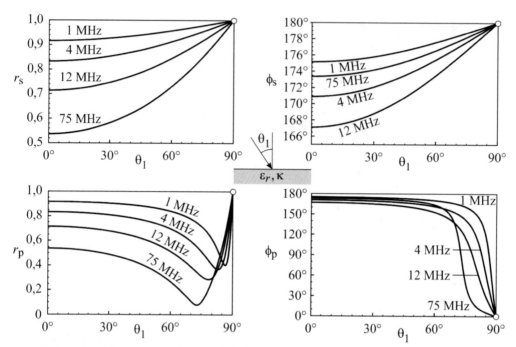

Bild 6.4 Reflexionsfaktoren $\underline{r}_s$ und $\underline{r}_p$ aus (6.34) und (6.35) nach Betrag und Phase für einen typischen Erdboden mit $\varepsilon_r = 10$ und $\kappa = 0,015$ S/m als Funktion des Einfallswinkels θ_1. Senkrechte Inzidenz liegt bei $\theta_1 = 0°$ und streifender Einfall bei $\theta_1 = 90°$ vor. Oben ist der s-Fall (horizontale Polarisation) und unten der p-Fall (vertikale Polarisation) dargestellt.

Aus den Kurven lassen sich folgende **Erkenntnisse** gewinnen:

- Bei senkrechter Inzidenz ($\theta_1 = 0°$) werden $\underline{r}_s$ und $\underline{r}_p$ identisch.
- Bei streifendem Einfall ($\theta_1 = 90°$) wird $\underline{r}_s = -1$ und es gilt $\underline{r}_p = +1$.
- Bei perfekt leitender Erde mit $\kappa \to \infty$ würden bei $\theta_1 = 90°$ _beide_ Reflexionsfaktoren $\underline{r}_s = \underline{r}_p = -1$ werden, weil dort _kein_ Brewster-Effekt auftreten kann.
- Bei ϕ_s liegt die 75 MHz-Kurve _zwischen_ der 1 MHz- und der 4 MHz-Kurve.
- Bei den Kurven von r_p und ϕ_p gibt es jeweils Schnittpunkte.
- Bei flachen Einfallswinkeln ($\theta_1 > 70°$) zeigen r_p und ϕ_p sehr schnelle Variationen.
- Die Minima von r_p liegen bei den **Pseudo-Brewster-Winkeln** θ_{pB}^p. Deren Werte folgen aus einer numerischen Analyse der r_p- Kurven aus Bild 6.4 (siehe Tabelle 6.3).

Tabelle 6.3 Pseudo-Brewster-Winkel θ_{pB}^p und Werte an den Minima der r_p - Kurven aus Bild 6.4

	Frequenz	1 MHz	4 MHz	12 MHz	75 MHz
Erdboden mit	θ_{pB}^p	86,51°	83,05°	78,47°	72,90°
$\varepsilon_r = 10$ und	$r_p(\theta_{pB}^p)$	0,4023	0,3676	0,2864	0,07853
$\kappa = 0,015$ S/m	$\phi_p(\theta_{pB}^p)$	89,999°	89,984°	89,897°	89,810°

In Bild 6.4 fällt auf, dass im **s-Fall** beim Phasenwinkel ϕ_s die 75 MHz-Kurve _zwischen_ der 1 MHz- und der 4 MHz-Kurve liegt. Es gibt also keine monotone Anordnung innerhalb der Kurvenschar. Tatsächlich sinken im Bereich $\omega < \omega_{\min}$ die Kurven von ϕ_s bei steigender Frequenz nach unten, während sie für Frequenzen $\omega > \omega_{\min}$ mit wachsender Frequenz wieder nach oben wandern. Wir wollen nun die Frequenz $\omega_{\min}$ bestimmen, an der sich die Bewegungsrichtung umkehrt. Dafür reicht es aus, (6.34) nur am Winkel $\theta_1 = 0$ zu betrachten:

$$\underline{r}_s(\theta_1 = 0) = \frac{1 - \sqrt{\underline{\varepsilon}_r}}{1 + \sqrt{\underline{\varepsilon}_r}} \quad \text{mit} \quad \underline{\varepsilon}_r = \varepsilon_r - j\,\frac{\kappa}{\omega\varepsilon_0}. \tag{6.37}$$

Nach Anhang A.3 kann man die Wurzel einer komplexen Zahl in ihren Real- und Imaginärteil

$$\sqrt{\varepsilon_r - j\,x} = \frac{1}{\sqrt{2}}\left(\sqrt{\varepsilon_r + \sqrt{\varepsilon_r^2 + x^2}} - j\,\sqrt{-\varepsilon_r + \sqrt{\varepsilon_r^2 + x^2}}\right) \tag{6.38}$$

zerlegen, wobei wir die bequeme Abkürzung $x = \kappa/(\omega\varepsilon_0)$ benutzt haben. Nach Einsetzen von (6.38) in (6.37) und Erweitern des Quotienten mit dem konjugiert komplexen Nenner folgt:

$$\underline{r}_s(\theta_1 = 0) = \frac{1 - \sqrt{\varepsilon_r^2 + x^2} + j\,\sqrt{2}\,\sqrt{-\varepsilon_r + \sqrt{\varepsilon_r^2 + x^2}}}{1 + \sqrt{\varepsilon_r^2 + x^2} + \sqrt{2}\,\sqrt{\varepsilon_r + \sqrt{\varepsilon_r^2 + x^2}}}, \tag{6.39}$$

woraus wir den **Phasenwinkel** bestimmen können, der offensichtlich im II. Quadranten liegt:

$$\boxed{\phi_s(\theta_1 = 0) = \arctan\frac{\sqrt{2}\,\sqrt{-\varepsilon_r + \sqrt{\varepsilon_r^2 + x^2}}}{1 - \sqrt{\varepsilon_r^2 + x^2}}} \quad \text{mit} \quad x = \frac{\kappa}{\omega\varepsilon_0}. \tag{6.40}$$

Bei $\omega = \omega_{\min}$ wird $\phi_s(\theta_1 = 0)$ minimal und nach Bilden der Ableitung folgt:

$$\frac{\partial\phi_s(\theta_1 = 0)}{\partial\omega} = \frac{-\kappa}{\omega^2\varepsilon_0}\,\frac{\partial\phi_s(\theta_1 = 0)}{\partial x} = 0 \quad \Rightarrow \quad \boxed{\omega_{\min} = \frac{\kappa}{\varepsilon_0\,\sqrt{(3\varepsilon_r - 1)(\varepsilon_r - 1)}}}. \tag{6.41}$$

Man vergleiche $\omega_{\min}$ mit der kritischen Frequenz des Skineffekts $\omega_{\mathrm{crit}} = \kappa/(\varepsilon_0\varepsilon_r)$ aus (4.29). Nach Einsetzen von (6.41) in (6.40) erhält man nun die sich bei $\omega_{\min}$ einstellende Phase:

$$\boxed{\phi_s(\theta_1 = 0, \omega = \omega_{\min}) = \arctan\frac{1}{-\sqrt{2(\varepsilon_r - 1)}}} \qquad \begin{array}{l}\text{liegt im II. Quadranten}\\[2pt]\text{und ist unabhängig von } \kappa.\end{array} \tag{6.42}$$

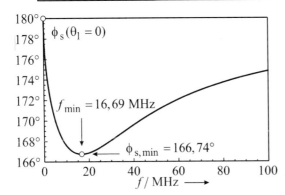

Bild 6.5 Verlauf der Phase $\phi_s(\theta_1 = 0)$ nach (6.40) des Reflexionsfaktors $\underline{r}_s$ bei senkrechtem Einfall mit $\theta_1 = 0$ auf einen typischen Erdboden mit $\varepsilon_r = 10$ und $\kappa = 0,015\,\mathrm{S/m}$ als Funktion der Frequenz. An der Frequenz $f_{\min} = \omega_{\min}/(2\pi) = 16{,}69\,\mathrm{MHz}$ nach (6.41) nimmt der Phasenwinkel sein Minimum ein: $\phi_{s,\min} = 166{,}74°$. Bei $f \to 0$ und $f \to \infty$ geht $\phi_s(\theta_1 = 0) \to 180°$. Man vergleiche die Kurven für $\phi_s(\theta_1)$ in Bild 6.4.

Übung 6.5: Pseudo-Brewster-Winkel bei p-Polarisation

- Eine TEM-Welle trifft aus dem Vakuum p-polarisiert unter dem Einfallswinkel θ_1 auf einen verlustbehafteten Halbraum (Erdboden) mit der komplexen relativen Permittivität

$$\underline{\varepsilon}_r = \varepsilon_r - j\frac{\kappa}{\omega\varepsilon_0} \qquad \text{mit} \qquad \left|\underline{\varepsilon}_r\right|^2 = \varepsilon_r^2 + \left(\frac{\kappa}{\omega\varepsilon_0}\right)^2. \tag{6.43}$$

Finden Sie einen geschlossenen analytischen Ausdruck für den Pseudo-Brewster-Winkel $\theta_1 = \theta_{pB}^p$, bei dem der Betrag des Reflexionsfaktors $|\underline{r}_p| = r_p$ ein Minimum einnimmt.

- **Lösung:**

Nach (6.35) gilt im p-Fall:

$$\underline{r}_p = \frac{-\underline{\varepsilon}_r \cos\theta_1 + \sqrt{\underline{\varepsilon}_r - \sin^2\theta_1}}{\underline{\varepsilon}_r \cos\theta_1 + \sqrt{\underline{\varepsilon}_r - \sin^2\theta_1}}, \tag{6.44}$$

womit am Minimum folgende Bedingung zu erfüllen ist:

$$\frac{d}{d\theta_1}\left|\underline{r}_p\right|^2 = 0. \tag{6.45}$$

Für die weitere Herleitung sei auf [Kim86] verwiesen. Dort wird gezeigt, dass gilt:

$$\cot^2\theta_{pB}^p = \sqrt{\alpha}\left\{\cos\left[\frac{1}{3}\arccos\frac{\beta}{\alpha^{3/2}}\right] + \sqrt{3}\,\sin\left[\frac{1}{3}\arccos\frac{\beta}{\alpha^{3/2}}\right]\right\} - \frac{1}{3} \qquad \text{mit} \tag{6.46}$$

$$\alpha = \frac{1}{9} + \left|\underline{\varepsilon}_r\right|^{-2} \qquad \text{und} \qquad \beta = \frac{1}{27} + \varepsilon_r\left|\underline{\varepsilon}_r\right|^{-4}. \tag{6.47}$$

Im verlustfreien Sonderfall mit $\kappa = 0$ wird das Minimum von r_p zu einer Nullstelle (siehe Bild 6.3) und (6.46) vereinfacht sich zu dem uns bereits aus (6.29) bekannten Ergebnis:

$$\cot^2\theta_B^p = \frac{1}{\varepsilon_r} \qquad \text{bzw.} \qquad \theta_B^p = \arctan\sqrt{\varepsilon_r}. \qquad \square \tag{6.48}$$

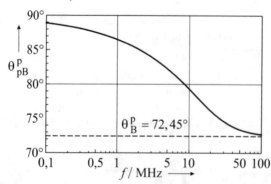

Bei ausreichend hohen Frequenzen mit $\omega\varepsilon_0\varepsilon_r \gg \kappa$ sind wir weit oberhalb der **kritischen Frequenz** (4.29), die für ε_r und κ aus Bild 6.6 $f_{crit} = 27$ MHz beträgt. Für $f \gg f_{crit}$ verhält sich die Erde nach Bild 4.2 wie ein Isolator und der **Pseudo-Brewster-Winkel** θ_{pB}^p geht asymptotisch in seinen Grenzwert (6.48) über, der bei $\varepsilon_r = 10$ gerade $\theta_B^p = 72,45°$ beträgt (gestrichelte Linie in Bild 6.6).

Bild 6.6 Frequenzabhängiger Pseudo-Brewster-Winkel (6.46) an Erdböden mit $\varepsilon_r = 10$ und $\kappa = 0,015$ S/m. Man vergleiche die numerischen Werte aus Tabelle 6.3.

In Übung 6.5 haben wir eine sich in der Luft ausbreitende linear p-polarisierte TEM-Welle betrachtet, die unter dem Winkel θ_1 auf den Erdboden mit $\underline{\varepsilon}_r = \varepsilon_r - j\kappa/(\omega\varepsilon_0)$ einfällt. Das Minimum des Betrags des Reflexionsfaktors $\underline{r}_p$ aus Bild 6.4 tritt bei einem Einfallswinkel $\theta_1 = \theta_{pB}^p$ ein, den man den **Pseudo-Brewster-Winkel** (6.46) nennt.

Das Minimum des Quotienten $\underline{r}_p/\underline{r}_s$ liegt bei einem anderen Winkel $\theta_1 = \theta_{2B}^p$, der **zweiter Brewster-Winkel** genannt wird [Azz83]. Bei Einfall einer *zirkular* polarisierten Welle mit $\delta = \pm\pi/2$ (nach Tabelle 5.1) unter dem Einfallswinkel $\theta_1 = \theta_{2B}^p$ ist die reflektierte Welle fast *linear* polarisiert, da wegen $\phi_p \approx \phi_s - \pi/2$ beide reflektierten Anteile fast gleich- oder gegenphasig schwingen. Wegen $\underline{r}_p \ll \underline{r}_s$ hat der reflektierte E-Vektor einen dominanten s-Anteil. Seine sehr flache Polarisationsellipse ($AR \gg 1$) ist um einen kleinen Winkel τ verdreht. Mit

$$\frac{\underline{r}_p}{\underline{r}_s} = \frac{\sqrt{\underline{\varepsilon}_r - \sin^2\theta_1} - \sin\theta_1 \tan\theta_1}{\sqrt{\underline{\varepsilon}_r - \sin^2\theta_1} + \sin\theta_1 \tan\theta_1} \quad \text{bzw.} \quad \frac{\underline{d}_p}{\underline{d}_s} = \sqrt{\underline{\varepsilon}_r}\,\frac{\sqrt{\underline{\varepsilon}_r - \sin^2\theta_1} + \cos\theta_1}{\sqrt{\underline{\varepsilon}_r - \sin^2\theta_1} + \underline{\varepsilon}_r\cos\theta_1} \quad (6.49)$$

was man aus (6.34) und (6.35) leicht ableiten kann, können wir den zweiten Brewster-Winkel aus folgender Bedingung gewinnen:

$$\frac{d}{d\theta_1}\left|\frac{\underline{r}_p}{\underline{r}_s}\right| = 0 \quad \Leftrightarrow \quad \frac{d}{d\theta_1}\left|\frac{\underline{r}_p}{\underline{r}_s}\right|^2 = 0. \quad (6.50)$$

In [Azz83] wird gezeigt, dass (6.50) äquivalent wie folgt geschrieben werden kann:

$$\mathrm{Re}\left\{\frac{\sqrt{\underline{\varepsilon}_r - u}\left(u - \dfrac{\underline{\varepsilon}_r}{\underline{\varepsilon}_r + 1}\right)}{u - \dfrac{2\underline{\varepsilon}_r}{\underline{\varepsilon}_r + 1}}\right\} = 0 \quad \text{mit der Abkürzung} \quad u = \sin^2\theta_{2B}^p. \quad (6.51)$$

Im **Sonderfall** verlustlosen Erdbodens mit $\kappa/(\omega\varepsilon_0) \to 0$ werden wegen $\underline{\varepsilon}_r = \varepsilon_r$ alle Reflexions- und Durchlassfaktoren reell und (6.51) führt auf $u = \varepsilon_r/(\varepsilon_r + 1)$. Dann gilt

$$\theta_{2B}^p = \theta_{pB}^p = \theta_B^p = \arcsin\sqrt{\frac{\varepsilon_r}{\varepsilon_r + 1}} = \arctan\sqrt{\varepsilon_r}. \quad (6.52)$$

Die gebrochene Welle ist elliptisch polarisiert. Für $\theta_1 = \theta_B^p$ folgt aus (6.49) mit $\underline{\varepsilon}_r = \varepsilon_r$

$$d_p/d_s = 0{,}5\,(\varepsilon_r + 1)/\sqrt{\varepsilon_r} \quad \text{(siehe Bild 6.3).} \quad (6.53)$$

Im **allgemeinen Fall** mit $\underline{\varepsilon}_r = \varepsilon_r - j\kappa/(\omega\varepsilon_0)$ kann (6.51) numerisch gelöst werden. Der zweite Brewster-Winkel ist dabei stets *größer* als der Pseudo-Brewster-Winkel. Bei der Reflexion an einem typischen Erdboden sind nach Tabelle 6.4 die Unterschiede aber minimal. Nach [Als10] kann die Differenz $\theta_{2B}^p - \theta_{pB}^p$ bei anderen Werten $\underline{\varepsilon}_r$ durchaus einige Grad betragen.

Tabelle 6.4 Pseudo-Brewster-Winkel θ_{pB}^p und zweiter Brewster-Winkel θ_{2B}^p bei typischem Erdboden

Erdboden mit	Frequenz	1 MHz	4 MHz	12 MHz	75 MHz
$\varepsilon_r = 10$ und	θ_{pB}^p	86,51°	83,05°	78,47°	72,90°
$\kappa = 0{,}015$ S/m	θ_{2B}^p	86,52°	83,13°	78,72°	72,98°

6.3 Grundlagen der Totalreflexion

6.3.1 Kritischer Winkel

In diesem Abschnitt wollen wir eine technisch wichtige Folgerung aus dem Snelliusschen Brechungsgesetz ziehen. Dazu betrachten wir Bild 6.7.

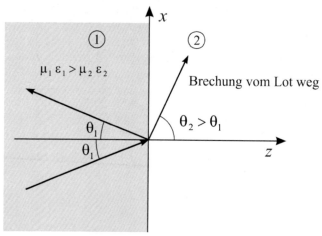

Bild 6.7 Schiefer Einfall auf ein optisch dünneres Medium

Fällt eine ebene Welle aus einem optisch dichteren Medium auf ein optisch dünneres Medium ein ($\mu_1 \varepsilon_1 > \mu_2 \varepsilon_2$), so wird im Allgemeinen eine reflektierte Welle angeregt und im Medium 2 erfolgt „Brechung vom Lot weg". Ab einem gewissen Einfallswinkel tritt deshalb das Phänomen der **Totalreflexion** auf. Nach dem Brechungsgesetz wird hier schon bei einem Einfallswinkel $\theta_1 < \pi/2$ der Brechungswinkel $\theta_2 = \pi/2$ erreicht. Der Winkel θ_1, bei dem dies eintritt, wird **kritischer Winkel** θ_c genannt. Seinen Wert erhalten wir aus (5.80):

$$\boxed{\sin\theta_c = \frac{k_2}{k_1} = \frac{n_2}{n_1} = n_{rel} = \sqrt{\frac{\mu_2 \varepsilon_2}{\mu_1 \varepsilon_1}} < 1} \ . \tag{6.54}$$

Wir wollen mit $n_{rel} = n_2/n_1$ den **relativen Brechungsindex** einführen. Trifft also eine einfallende Welle mit $\theta_1 < \theta_c$ auf die Trennfläche, dann spaltet sie sich in einen reflektierten und in einen transmittierten Anteil auf, während sie bei $\theta_1 > \theta_c$ totalreflektiert wird, was wir in Übung 6.6 genauer untersuchen wollen.

Übung 6.6: Lichtquelle unter Wasser

- Eine punktförmige isotrope Lichtquelle befinde sich wie in Bild 6.8 unter Wasser.

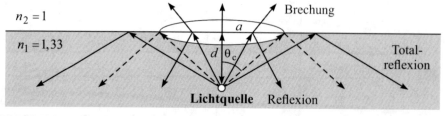

Bild 6.8 Lichtquelle in der Tiefe d unter Wasser mit beleuchteter Fläche vom Radius a

Ein Beobachter _außerhalb_ des Wassers sieht einen kreisförmigen Lichtfleck auf der Wasseroberfläche mit dem Radius $a = 4\,\text{m}$. In welcher Tiefe d befindet sich die Lichtquelle?

● **Lösung:**

Nach (6.54) ist der Grenzwinkel der Totalreflexion

$$\theta_c = \arcsin\frac{n_2}{n_1} = \arcsin\frac{1}{1,33} = 48,75° .\tag{6.55}$$

Nur Lichtstrahlen, die sich innerhalb eines Kegels mit halbem Öffnungswinkel θ_c ausbreiten, können in die Luft entweichen – sie werden nämlich teilweise gebrochen und teilweise reflektiert. Auf der Wasseroberfläche erzeugen sie eine kreisförmige beleuchtete Fläche. Alle anderen Lichtstrahlen mit einem Einfallswinkel $\theta_1 > \theta_c$ werden hingegen totalreflektiert und können das Wasser nicht verlassen. Tatsächlich kann man von _außen_ nur Objekte im Wasser erkennen, die sich innerhalb des Kegels befinden. Aus Bild 6.8 entnehmen wir

$$\tan\theta_c = a/d ,\tag{6.56}$$

womit wir die gesuchte Tiefe der Lichtquelle ermitteln können:

$$d = \frac{a}{\tan\theta_c} = \frac{4\,\text{m}}{\tan 48,75°} = 3,51\,\text{m} .\tag{6.57}$$

Bei der Berechnung haben wir Wellengang auf der Wasseroberfläche vernachlässigt und somit eine glatte ebene Trennfläche zwischen Wasser und Luft vorausgesetzt.   □

Die Darstellung in Bild 6.8 kann man auch dazu verwenden, den Austritt des in einer **Leuchtdiode** (LED) erzeugten Lichtes in den umgebenden Luftraum mit $n_2 = 1$ zu beschreiben. Dabei entsteht das Licht im Medium 1 am p-n-Übergang eines Halbleiters durch Rekombination von Elektronen und Löchern unter Emission von Photonen, deren Frequenz direkt vom Bandabstand des Halbleitermaterials abhängt. Ein typischer LED-Halbleiter ist **Galliumarsenidphosphid** (GaAsP) mit einer Bandlücke von $\Delta E = h\,f = 1,98\,\text{eV} = 3,17\cdot10^{-19}\,\text{Ws}$, woraus mit dem Planckschen Wirkungsquantum $h = 6,626\cdot10^{-34}\,\text{Ws}^2$ eine Frequenz von

$$f = \frac{3,17\cdot10^{-19}\,\text{Ws}}{6,626\cdot10^{-34}\,\text{Ws}^2} = 4,79\cdot10^{14}\,\text{Hz}\tag{6.58}$$

folgt, was orangefarbigem Licht mit der Wellenlänge $\lambda_0 = c_0/f = 626\,\text{nm}$ entspricht. Für das am p-n-Übergang des LED-Halbleiterchips erzeugte Licht wollen wir eine _isotrope_ Abstrahlung in den Raumwinkel $\Omega = 4\pi$ annehmen (siehe Abschnitt 10.3.3). Nun weist GaAsP mit $n_1 = 3,5$ aber einen relativ hohen Brechungsindex auf, woraus nach (6.54) mit

$$\theta_c = \arcsin\frac{n_2}{n_1} = \arcsin\frac{1}{3,5} = 16,6°\tag{6.59}$$

ein recht kleiner kritischer Winkel folgt. Daher bewegt sich nur ein geringer Teil der emittierten Photonen im sogenannten **Fluchtkegel** mit $\theta_1 < \theta_c$ (siehe Bild 6.8). Die meisten Photonen treffen hingegen die Grenzfläche zur umgebenden Luft unter einem Winkel $\theta_c < \theta_1 < 90°$, werden dadurch reflektiert und können den Halbleiter somit nicht verlassen. Die Auskoppeleffizienz einer Leuchtdiode ist daher nur gering, wie wir im Folgenden zeigen werden. Der Anteil der Photonen, die wirklich nach draußen gelangen, errechnet sich nach Abschnitt 10.3.3 aus:

$$\Omega_c = \int\limits_{\varphi=0}^{2\pi} \int\limits_{\vartheta=0}^{\theta_c} \sin\vartheta \, d\vartheta \, d\varphi =$$

$$= 2\pi \int\limits_{\vartheta=0}^{\theta_c} \sin\vartheta \, d\vartheta = 2\pi \, (-\cos\vartheta)\Big|_{\vartheta=0}^{\theta_c} = 2\pi \, (1-\cos\theta_c).$$

(6.60)

Die **Auskoppeleffizienz** F ist somit:

$$\boxed{F = \frac{\Omega_c}{\Omega} = \frac{2\pi\,(1-\cos\theta_c)}{4\pi} = \frac{1-\cos\theta_c}{2} = \sin^2\frac{\theta_c}{2}}.$$

(6.61)

Für *kleine* Winkel θ_c gilt bei $n_2 = 1$ die Näherung $F \approx 1/(4\,n_1^2)$. Bei GaAsP mit $n_1 = 3,5$ wird $\theta_c = 16,6°$ und es folgt $F = 2,1\%$. Die Transmissionskoeffizienten T_s und T_p sind innerhalb des schmalen Fluchtkegels praktisch gleich und hängen nur schwach vom Einfallswinkel ab. Sie können durch den Wert T bei *senkrechtem* Einfall ($\theta_1 = 0$) gemäß (6.13)

$$T_s \approx T_p \approx T = 1 - R = 1 - \left(\frac{n_1-1}{n_1+1}\right)^2 \qquad \text{für} \qquad n_2 = 1$$

(6.62)

approximiert werden. Der Anteil der in den Luftraum mit $n_2 = 1$ abgestrahlten Leistung ist:

$$\boxed{\frac{P_S}{P_{\text{ges}}} = F\,T \approx \frac{1}{4\,n_1^2}\left[1-\left(\frac{n_1-1}{n_1+1}\right)^2\right] = \frac{1}{n_1\,(n_1+1)^2}},$$

(6.63)

was für $n_1 = 3,5$ nur zu $FT = 1,4\%$ führt. Häufig sind LEDs deshalb mit einer halbkugelförmigen Kunstharzschicht ($n = 1,5$) bedeckt, damit weniger Photonen die Grenzfläche unter einem großen Winkel treffen, wodurch sich die Auskoppeleffizienz noch verbessern lässt.

6.3.2 Komplexer Brechungswinkel

Für Einfallswinkel θ_1, die *größer* als der kritische Winkel θ_c sind, tritt also Totalreflexion ein und für den zugehörigen Brechungswinkel gilt nach dem Brechungsgesetz (5.80):

$$\sin\underline{\theta}_2 = \frac{\sqrt{\mu_1\varepsilon_1}}{\sqrt{\mu_2\varepsilon_2}} \sin\theta_1 = \frac{\sin\theta_1}{\sin\theta_c} > 1.$$

(6.64)

Aus dieser Beziehung kann offensichtlich *kein reeller Brechungswinkel* $\underline{\theta}_2$ mehr bestimmt werden. Obwohl $\sin\underline{\theta}_2$ weiterhin eine reelle Größe ist, wird $\cos\underline{\theta}_2$ nämlich imaginär, weil $\sin\underline{\theta}_2 > 1$ ist. Mit dem wegen (6.77) *negativen* Vorzeichen gilt:

$$\cos\underline{\theta}_2 = \sqrt{1-\sin^2\underline{\theta}_2} = {}^{(+)}_{}j\sqrt{\sin^2\underline{\theta}_2 - 1} = -j\sqrt{\frac{\mu_1\varepsilon_1}{\mu_2\varepsilon_2}\sin^2\theta_1 - 1}.$$

(6.65)

Wir fragen uns nun, was man sich eigentlich unter einem **komplexen Brechungswinkel** $\underline{\theta}_2$ vorstellen kann, der bei Totalreflexion mit $\theta_1 > \theta_c$ zwangsläufig auftreten muss? Dazu machen wir mit positivem $b > 0$ den Ansatz $\underline{\theta}_2 = a + j\,b$, den wir in (6.64) einsetzen:

$$\sin(a + jb) = \sin a \cosh b + j \cos a \sinh b = \frac{\sin \theta_1}{\sin \theta_c} \qquad (6.66)$$

und mit Anhang A.3 umgeformt haben. Da die rechte Seite von (6.66) reell ist, muss $\cos a = 0$ sein, d. h. es gilt $a = \pi/2$. Somit erhalten wir für den **Sinus** des komplexen Brechungswinkels:

$$\boxed{\sin \underline{\theta}_2 = \cosh b = \frac{\sin \theta_1}{\sin \theta_c}} \,, \qquad (6.67)$$

woraus wir sofort b, den Imaginärteil von $\underline{\theta}_2$, bestimmen können. Damit wird

$$\boxed{\underline{\theta}_2 = a + jb = \frac{\pi}{2} + j \operatorname{arcosh}\left(\frac{\sin \theta_1}{\sin \theta_c}\right)} \quad \text{mit} \quad \theta_1 \geq \theta_c. \qquad (6.68)$$

Der Realteil $a = \pi/2$ deutet auf die Ausbreitungsrichtung der gebrochenen Welle hin, nämlich _parallel_ zur Trennfläche. Der positive Imaginärteil b hingegen ist abstrakt und kann nicht geometrisch interpretiert werden. Er ist aber notwendig, weil es sich im Raumteil 2 um eine inhomogene evaneszente Grenzschichtwelle handelt (siehe Abschnitt 6.3.3). Auch den **Kosinus** des komplexen Brechungswinkels finden wir für $a = \pi/2$ wieder mit Anhang A.3:

$$\cos \underline{\theta}_2 = \cos(a + jb) = \cos a \cosh b - j \sin a \sinh b = -j \sinh b. \qquad (6.69)$$

Mit b aus (6.68) wird daraus:

$$\boxed{\cos \underline{\theta}_2 = -j \sinh\left[\operatorname{arcosh}\left(\frac{\sin \theta_1}{\sin \theta_c}\right)\right] = -j \sqrt{\frac{\sin^2 \theta_1}{\sin^2 \theta_c} - 1}} \,, \qquad (6.70)$$

was mit (6.65) übereinstimmt, weil wir dort bereits das _Minuszeichen_ für ein physikalisch korrektes Abklingen der evaneszenten Welle ausgewählt hatten. Beispielsweise erhalten wir für die Gegebenheiten aus Bild 6.16 mit $\theta_1 = 45°$ und $\theta_c = 34,58°$:

$$a = \pi/2 \qquad \text{und} \qquad b = 0,6877 \qquad (6.71)$$

$$\sin \underline{\theta}_2 = \cosh b = 1,246 \qquad \text{und} \qquad \cos \underline{\theta}_2 = -j \sinh b = -j\, 0,7432. \qquad (6.72)$$

Nach diesen Vorbemerkungen wenden wir uns nun der **gebrochenen Welle** zu und betrachten deren Wellenzahlvektor (5.74):

$$\underline{\mathbf{k}}_t = k_2\, \underline{\mathbf{e}}_t = k_2\left(\mathbf{e}_x \sin \underline{\theta}_2 + \mathbf{e}_z \cos \underline{\theta}_2\right). \qquad (6.73)$$

Bei Beachtung von (6.64) und (6.65) gilt speziell bei Totalreflexion:

$$\underline{\mathbf{k}}_t = k_2\left(\mathbf{e}_x \frac{\sqrt{\mu_1 \varepsilon_1}}{\sqrt{\mu_2 \varepsilon_2}} \sin \theta_1 - j \mathbf{e}_z \sqrt{\frac{\mu_1 \varepsilon_1}{\mu_2 \varepsilon_2} \sin^2 \theta_1 - 1}\right). \qquad (6.74)$$

Nach Tabelle 5.4 hat die gebrochene Welle die Darstellung

$$\underline{\mathbf{E}}_t = \underline{\mathbf{E}}_{t0}\, e^{\,j(\omega t - \underline{\mathbf{k}}_t \cdot \mathbf{r})} \,, \qquad (6.75)$$

aus der wir mit

$$\underline{k}_t \cdot \mathbf{r} = k_2 \left(\mathbf{e}_x \frac{\sqrt{\mu_1 \varepsilon_1}}{\sqrt{\mu_2 \varepsilon_2}} \sin \theta_1 - j \, \mathbf{e}_z \sqrt{\frac{\mu_1 \varepsilon_1}{\mu_2 \varepsilon_2} \sin^2 \theta_1 - 1} \right) \cdot \left(\mathbf{e}_x \, x + \mathbf{e}_y \, y + \mathbf{e}_z \, z \right) =$$

$$= k_2 \left(x \frac{\sqrt{\mu_1 \varepsilon_1}}{\sqrt{\mu_2 \varepsilon_2}} \sin \theta_1 - j \, z \sqrt{\frac{\mu_1 \varepsilon_1}{\mu_2 \varepsilon_2} \sin^2 \theta_1 - 1} \right)$$

(6.76)

sofort erhalten:

$$\boxed{\underline{E}_t = \underline{E}_{t0} \, e^{-\alpha_2 z} \, e^{-j \beta_2 x} \, e^{j \omega t}} .$$

(6.77)

Dabei zeigt sich, dass man nur bei Wahl des *negativen* Vorzeichens in (6.65) ein physikalisch korrektes Abklingen der Welle in z-Richtung (Dämpfung!) erhält. Die Dämpfungs- und die Phasenkonstante der gebrochenen Welle (mit $\theta_1 > \theta_c$) entnimmt man direkt (6.76):

$$\boxed{\begin{aligned} \beta_2 &= k_2 \frac{\sin \theta_1}{\sin \theta_c} = k_1 \sin \theta_1 \\[2mm] \alpha_2 &= k_2 \sqrt{\frac{\sin^2 \theta_1}{\sin^2 \theta_c} - 1} = k_1 \sqrt{\sin^2 \theta_1 - \sin^2 \theta_c} . \end{aligned}}$$

(6.78)

Es gelten die Zusammenhänge $\alpha_2 = (\beta_2^2 - k_2^2)^{1/2}$ und $k_2 < \beta_2 < k_1$ sowie $\alpha_2 < k_1$. Direkt am kritischen Winkel bei $\theta_1 = \theta_c$ wird die Dämpfungskonstante $\alpha_2 = 0$. Außerdem hat dort β_2 seinen kleinsten Wert.

6.3.3 Inhomogene Grenzschichtwelle

Im Medium 2 gibt es auch bei Totalreflexion eine gebrochene Welle, die sich wegen des Ausbreitungsterms $\exp(-j \beta_2 x)$ *parallel* zur Trennfläche ausbreitet. Die Flächen konstanter Phase stehen daher senkrecht auf der Trennfläche (Bild 6.9). Innerhalb ihrer Phasenfront klingen die Felder exponentiell wie $\exp(-\alpha_2 z)$ ab. Die Flächen konstanter Amplitude der gebrochenen Welle sind somit parallel zur Trennfläche (Bild 6.9).

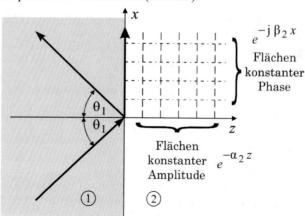

Bild 6.9 Inhomogene Grenzschichtwelle bei Totalreflexion mit $\theta_1 > \theta_c$

Eine Grenzschichtwelle, die quer zu ihrer Ausbreitungsrichtung gedämpft wird, bezeichnet man als **inhomogene ebene Welle.** Die Dämpfung im Medium 2 vollzieht sich innerhalb nur eines kleinen Bereiches und kann ähnlich wie beim Skineffekt in Abschnitt 4.2.1 mit einer **Eindringtiefe** δ_2 charakterisiert werden. Die Eindringtiefe bei Totalreflexion am dünneren Medium hat mit $\delta_2 \propto 1/\omega$ allerdings ein anderes Frequenzverhalten als beim klassischen Skineffekt in metallischen Leitern, den wir mit $\delta \propto 1/\sqrt{\omega}$ in Bild 4.2 beschrieben hatten:

$$\delta_2 = \frac{1}{\alpha_2} = \frac{1}{k_1 \sqrt{\sin^2 \theta_1 - \sin^2 \theta_c}}. \tag{6.79}$$

An keiner Stelle im Medium 2 wird elektromagnetische Energie vernichtet (wie etwa durch Stromwärmeverluste in leitfähigen Medien), sondern man hat hier ein **evaneszentes Feld,** was dadurch entsteht, dass ihm ortsabhängige Veränderungen aufgezwungen werden, die kleinräumiger sind, als es die Freiraumwellenlänge erlaubt. Nach (6.78) hat die Grenzschichtwelle mit

$$v_p = \frac{\omega}{\beta_2} = c_2 \frac{\sin \theta_c}{\sin \theta_1} = \frac{c_1}{\sin \theta_1} \tag{6.80}$$

eine Phasengeschwindigkeit, für die gilt: $c_1 < v_p < c_2$. Bei Totalreflexion kann die gebrochene Welle keine Wirkleistung in das Medium 2 transportieren – der Reflexionsfaktor hat dann einen Betrag von eins. Dass dies tatsächlich so ist, wollen wir noch kurz beweisen. Direkt _am Grenzwinkel_ der Totalreflexion $\theta_1 = \theta_c$ ist der Brechungswinkel $\theta_2 = \pi/2$, d. h. mit $\cos \theta_2 = 0$ vereinfachen sich die Reflexionsfaktoren (5.105) und (5.111) zu:

$$r_s = \frac{Z_2 \cos \theta_1 - Z_1 \cos \theta_2}{Z_2 \cos \theta_1 + Z_1 \cos \theta_2} = 1 \quad \text{und} \quad r_p = -\frac{Z_1 \cos \theta_1 - Z_2 \cos \theta_2}{Z_1 \cos \theta_1 + Z_2 \cos \theta_2} = -1. \tag{6.81}$$

Für $\theta_1 > \theta_c$ gilt nach (6.65) – aus energetischen Gründen mit dem _negativen_ Vorzeichen –

$$\cos \underline{\theta}_2 = -j \sqrt{\frac{\mu_1 \varepsilon_1}{\mu_2 \varepsilon_2} \sin^2 \theta_1 - 1} = -j\chi \quad \text{mit} \quad \chi > 0. \tag{6.82}$$

Damit folgt aus (6.81) der nun _komplexe_ Reflexionsfaktor $\underline{r}_s$, der in der _oberen_ komplexen Zahlenebene liegt, und auch $\underline{r}_p$, der sich in der _unteren_ komplexen Halbebene befindet:

$$\underline{r}_s = \frac{Z_2 \cos \theta_1 + j Z_1 \chi}{Z_2 \cos \theta_1 - j Z_1 \chi} = e^{j\psi_s} \quad \text{mit} \quad \psi_s = 2 \arctan \frac{Z_1 \chi}{Z_2 \cos \theta_1} \tag{6.83}$$

$$\underline{r}_p = -\frac{Z_1 \cos \theta_1 + j Z_2 \chi}{Z_1 \cos \theta_1 - j Z_2 \chi} = e^{j\psi_p} \quad \text{mit} \quad \psi_p = -\pi + 2 \arctan \frac{Z_2 \chi}{Z_1 \cos \theta_1}. \tag{6.84}$$

Bei **Totalreflexion** gilt somit bei allen Winkeln $\theta_1 \geq \theta_c$ der Zusammenhang $|\underline{r}_s| = |\underline{r}_p| = 1$, d. h. es wird – im stationären Zustand – tatsächlich keine Wirkleistung durch die Trennfläche transportiert. Falls das Medium 2 **Verluste** aufweisen würde – was wir wegen $\kappa_1 = \kappa_2 = 0$ aber ausgeschlossen hatten – dann könnte eine vollkommene Totalreflexion nicht mehr stattfinden. Für den Reflexionsfaktor würde dann $|\underline{r}| < 1$ gelten und somit könnte auch Wirkleistung die Trennfläche passieren.

6.3.4 Totaltransmission und Totalreflexion

Im Folgenden betrachten wir eine **p-polarisierte** TEM-Welle, die sich in einem verlustlosen unmagnetischen Medium 1 mit der Permittivität $\varepsilon_1 = \varepsilon_0\,\varepsilon_r$ unter dem Einfallswinkel θ_1 auf die ebene Trennfläche zum Medium 2 mit $\varepsilon_2 = \varepsilon_0$ zubewegt. Unter diesen Voraussetzungen gibt es zwei besonders interessante Spezialfälle. Nach Tabelle 6.2 wird die Welle nämlich mit $r_p = 0$ totaltransmittiert, falls sie unter dem **Brewster-Winkel**

$$\theta_B^{\,p} = \arctan\left(1/\sqrt{\varepsilon_r}\,\right) \tag{6.85}$$

einfällt. Andererseits kann auch Totalreflexion mit $|\underline{r}_p| = 1$ auftreten, falls nach (6.54) der Einfallswinkel θ_1 den **kritischen Winkel** der Totalreflexion

$$\theta_c = \arcsin\left(1/\sqrt{\varepsilon_r}\,\right) \tag{6.86}$$

überschreitet. Der Brewster-Winkel ist mit $\theta_B^{\,p} < \theta_c$ stets kleiner als der Grenzwinkel der Totalreflexion, wie man in Bild 6.10 deutlich sieht.

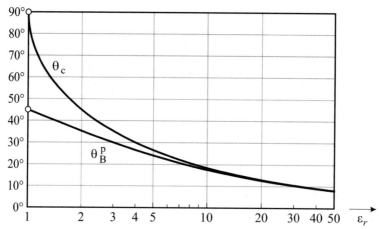

Bild 6.10 Brewster-Winkel (6.85) und Grenzwinkel der Totalreflexion (6.86) im **p-Fall** bei Einfall einer TEM-Welle aus dem dichteren Medium $\varepsilon_1 = \varepsilon_0\,\varepsilon_r$ in Richtung eines luftgefüllten Halbraums mit $\varepsilon_2 = \varepsilon_0$. Für $\varepsilon_r \rightarrow 1$ starten die Kurven bei 45° bzw. bei 90°.

Ist ε_r nur wenig größer als eins, dann hat der Brewster-Winkel $\theta_B^{\,p}$ mit 45° sein Maximum und θ_c ist mit 90° doppelt so groß. Bei zunehmend dichterem Medium 1, d. h. bei wachsendem ε_r, nähern sich beide Kurven in Bild 6.10 asymptotisch an. Dieses Verhalten kann man sich – wie wir im nächsten Abschnitt gleich sehen werden – praktisch zunutze machen.

6.3.5 Technische Anwendungen

Während sich in Bild 6.10 bei *kleinem* ε_r der Brewster-Winkel $\theta_B^{\,p}$ noch stark vom Grenzwinkel der Totalreflexion θ_c unterscheidet, nähern sich beide Winkel bei *größerem* ε_r asymptotisch an. Gerade dort, wo $\theta_B^{\,p}$ sich nur noch wenig von θ_c unterscheidet, kann der dann stattfindende schnelle Wechsel zwischen Totaltransmission und Totalreflexion zur Messung kleiner **Winkeländerungen** technisch ausgenutzt werden [Lor95]. Wir betrachten dazu ein Mikrowellensubstrat mit $\varepsilon_r = 10$ und stellen die Beträge des Reflexionsfaktors $|\underline{r}_p|$ und des Durchlassfaktors $|\underline{d}_p|$ gemäß der aus (6.3) folgenden Beziehungen in Bild 6.11 grafisch dar:

$$\underline{r}_p = \frac{-\cos\theta_1 + \sqrt{\varepsilon_r - \varepsilon_r^2 \sin^2\theta_1}}{\cos\theta_1 + \sqrt{\varepsilon_r - \varepsilon_r^2 \sin^2\theta_1}} \qquad \text{und} \qquad \boxed{\underline{d}_p = (1-\underline{r}_p)\sqrt{\varepsilon_r}} \, . \tag{6.87}$$

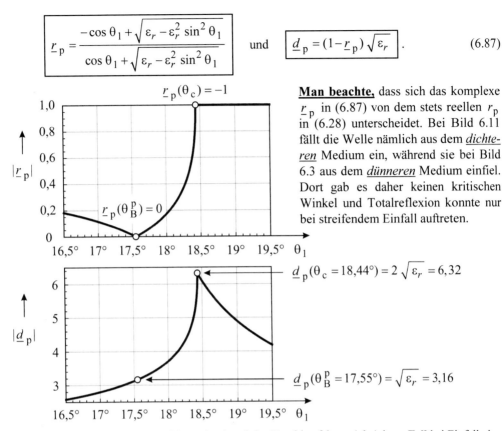

Man beachte, dass sich das komplexe $\underline{r}_p$ in (6.87) von dem stets reellen r_p in (6.28) unterscheidet. Bei Bild 6.11 fällt die Welle nämlich aus dem *dichteren* Medium ein, während sie bei Bild 6.3 aus dem *dünneren* Medium einfiel. Dort gab es daher keinen kritischen Winkel und Totalreflexion konnte nur bei streifendem Einfall auftreten.

Bild 6.11 <u>Beträge</u> des Reflexionsfaktors $|\underline{r}_p|$ und des Durchlassfaktors $|\underline{d}_p|$ im **p-Fall** bei Einfall einer TEM-Welle aus dem dichteren Medium $\varepsilon_1 = \varepsilon_0\,\varepsilon_r$ mit $\varepsilon_r = 10$ in Richtung eines luftgefüllten Halbraums mit $\varepsilon_2 = \varepsilon_0$. Der Brewster-Winkel wird nach (6.85) $\theta_B^p = 17{,}55°$, während der Grenzwinkel der Totalreflexion nach (6.86) mit $\theta_c = 18{,}44°$ nur ein wenig größer ist.

Mit $\underline{r}_p(\theta_B^p) = 0$ und $\underline{r}_p(\theta_c) = -1$ erfolgt in einem Bereich von nur $\theta_c - \theta_B^p = 0{,}89°$ ein sehr schneller Übergang von Totaltransmission zu Totalreflexion. Außerdem erhalten wir aus (6.87)

$$\boxed{\underline{d}_p(\theta_B^p) = \sqrt{\varepsilon_r}} \qquad \text{und} \qquad \boxed{\underline{d}_p(\theta_c) = 2\sqrt{\varepsilon_r}} \, , \tag{6.88}$$

d. h. auch bei der durchgelassenen Welle ist immerhin eine Verdopplung ihrer Amplitude festzustellen. Für die **relative Winkelbandbreite** des Übergangs gilt die Reihenentwicklung:

$$\boxed{\frac{\theta_c - \theta_B^p}{(\theta_c + \theta_B^p)/2} \approx \frac{1}{2\varepsilon_r} - \frac{1}{12\varepsilon_r^2} + \cdots} \qquad \text{mit } \varepsilon_r \gg 1 \, . \tag{6.89}$$

Auch bei **optischen Instrumenten** (wie z. B. Ferngläsern) wird der Effekt der Totalreflexion innerhalb von Prismen ausgenutzt, um praktisch 100 % des Lichts reflektieren zu können, was selbst mit den besten Spiegeln technisch nicht möglich wäre. Auch in **Glasfaserverbindungen** (Lichtwellenleitern) pflanzt sich ein Lichtstrahl unter fortgesetzter Totalreflexion mit geringem Intensitätsverlust vom Sender zum Empfänger fort (Übung 6.7). Dabei wird er von einer Grenzschichtwelle begleitet, die sich entlang der zylindrischen Oberfläche der Faser ausbreitet.

Übung 6.7: Eindringtiefe in das äußere Medium einer Glasfaser

- Ein zylindrischer Lichtwellenleiter aus Quarzglas mit Multimode-Stufenindexprofil bestehe aus einem optisch dichteren Kern (Radius $a = 50\,\mu m$) mit Brechungsindex $n_1 = 1,46$ und einem Mantel mit $n_2 = 1,445$ und werde bei der Wellenlänge $\lambda_1 = 1,27\,\mu m$ betrieben. Die Lichtstrahlen sollen sich mit $\theta_1 > \theta_c$ unter fortwährender Totalreflexion zickzackförmig in der Kernfaser ausbreiten (Bild 6.12). Wegen $a \gg \lambda_1$ kann die Abweichung der nur schwach gekrümmten Grenzschicht von einer Ebenen vernachlässigt werden.

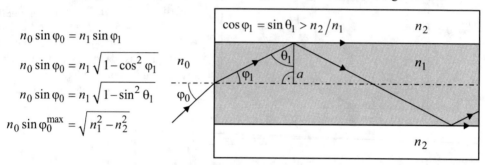

$$n_0 \sin \varphi_0 = n_1 \sin \varphi_1$$

$$n_0 \sin \varphi_0 = n_1 \sqrt{1 - \cos^2 \varphi_1}$$

$$n_0 \sin \varphi_0 = n_1 \sqrt{1 - \sin^2 \theta_1}$$

$$n_0 \sin \varphi_0^{max} = \sqrt{n_1^2 - n_2^2}$$

Bild 6.12 Kern-Mantelfaser mit Wellenausbreitung unter fortwährender Totalreflexion. Der Einkoppelwinkel φ_0 darf hierfür nicht zu groß werden. Das Produkt $NA = n_0 \sin \varphi_0^{max}$ wird **numerische Apertur** genannt. Es definiert den Akzeptanzwinkel φ_0^{max} und ist ein Maß für die Fähigkeit eines optischen Instrumentes, Licht zu fokussieren. Bei Multimode-Glasfasern gilt meist $0,2 \le NA \le 0,3$.

Finden Sie einen geeigneten Einkoppelwinkel φ_0. In welcher radialen Entfernung von der Grenzschicht kann man noch relevante Feldstärken im Mantel nachweisen?

- **Lösung:**

Nach (6.54) ist der Grenzwinkel der Totalreflexion $\theta_c = \arcsin(n_2/n_1) = 81,8°$, woraus wir mit Bild 6.12 die numerische Apertur

$$NA = n_1 (1 - \sin^2 \theta_c)^{0,5} = 0,209.\tag{6.90}$$

ermitteln. Die für Totalreflexion notwendige Nebenbedingung $\theta_1 > \theta_c$ können wir beispielsweise mit $\theta_1 = 85°$ erfüllen, was nach Bild 6.12 mit

$$n_0 \sin \varphi_0 = n_1 \sqrt{1 - \sin^2 \theta_1}\tag{6.91}$$

bei $n_0 = 1$ zu einem Einkoppelwinkel von $\varphi_0 = 7,3°$ führt. Mit (6.79) finden wir schließlich die zugehörige Eindringtiefe:

$$\delta_2 = \frac{\lambda_1}{2\pi \sqrt{\sin^2 \theta_1 - \sin^2 \theta_c}} = 1,404\,\lambda_1 = 1,78\,\mu m.\tag{6.92}$$

Bestünde das Medium 2 aus Luft mit $n_2 = 1$, dann wäre $\theta_c = 43,2°$ und mit $\theta_1 = 85°$ erhielten wir eine viele kleinere Eindringtiefe: $\delta_2 = 0,22\,\lambda_1$. Aus Bild 4.6 folgt, dass nach 6,9 Eindringtiefen die Felder im Mantel um 60 dB schwächer als in der Trennfläche sind. Umgekehrt kann man bei Abständen in der Größenordnung der Eindringtiefe δ_2 mit Hilfe der Grenzschichtwelle in eine Nachbarfaser überkoppeln und damit einen Leistungsteiler bauen. Näheres dazu findet man in Abschnitt 6.5.3.   □

6.4 Reflektierte Welle bei Totalreflexion

Bei Totalreflexion sind wegen $|\underline{r}_s| = |\underline{r}_p| = 1$ die Amplituden von reflektierter und einfallender Welle gleich, aber die Phasen ändern sich gemäß (6.83) und (6.84) in Abhängigkeit von der Polarisation:

$$\underline{E}_{r0} = \underline{r}_s \, \underline{E}_{i0} = e^{j\psi_s} \, \underline{E}_{i0} \quad \text{(s-Fall)}$$
$$\underline{E}_{r0} = \underline{r}_p \, \underline{E}_{i0} = e^{j\psi_p} \, \underline{E}_{i0} \quad \text{(p-Fall)}.$$

(6.93)

Wenn wir uns im Folgenden auf den Fall **unmagnetischer Medien** mit $\mu_1 = \mu_2 = \mu_0$ beschränken, vereinfacht sich (6.54) zu folgendem Ausdruck:

$$\sin\theta_c = \frac{n_2}{n_1} = \sqrt{\frac{\varepsilon_2}{\varepsilon_1}}$$

(6.94)

und wir können die Phasenwinkel (6.83) und (6.84) nach kurzer Umformung unter Beachtung von (6.82) und (5.112) in eine übersichtliche Form bringen:

$$\boxed{\psi_s = 2 \arctan \frac{\sqrt{\sin^2\theta_1 - \sin^2\theta_c}}{\cos\theta_1}} \quad \text{mit} \quad 0 \le \psi_s \le \pi$$

(6.95)

und

$$\psi_p = -\pi + 2\arctan \frac{\sqrt{\sin^2\theta_1 - \sin^2\theta_c}}{(n_2/n_1)^2 \cos\theta_1}.$$

(6.96)

Mit der trigonometrischen Beziehung

$$-\frac{\pi}{2} + \arctan x = -\arctan\frac{1}{x}$$

(6.97)

formen wir den Phasenwinkel bei p-Polarisation noch etwas um:

$$\boxed{\psi_p = -2\arctan \frac{(n_2/n_1)^2 \cos\theta_1}{\sqrt{\sin^2\theta_1 - \sin^2\theta_c}}} \quad \text{mit} \quad -\pi \le \psi_p \le 0.$$

(6.98)

Am Grenzwinkel der Totalreflexion $\theta_1 = \theta_c$ wird $\psi_s = 0$ und $\psi_p = -\pi$, und bei streifendem Einfall mit $\theta_1 = \pi/2$ folgt $\psi_s = \pi$ bzw. $\psi_p = 0$ (Bild 6.14). Weil die Phasenänderung bei Totalreflexion mit $\theta_1 > \theta_c$ für beide Polarisationen verschieden ist, wird eine _schräg_ zur Einfallsebene _linear_ polarisierte einfallende Welle (d. h. eine linear polarisierte ebene Welle, die nach Bild 6.13 weder s- noch p-polarisiert ist) nach der Reflexion _elliptisch_ polarisiert sein. Die **Phasendifferenz** zwischen beiden Komponenten $\delta = \psi_s - \psi_p$ hängt sowohl vom Einfallswinkel θ_1 als auch vom kritischen Winkel θ_c ab. Mit der trigonometrischen Umformung

$$\tan\frac{\delta}{2} = \tan\left(\frac{\psi_s}{2} - \frac{\psi_p}{2}\right) = \frac{\tan\dfrac{\psi_s}{2} - \tan\dfrac{\psi_p}{2}}{1 + \tan\dfrac{\psi_s}{2}\tan\dfrac{\psi_p}{2}}$$

(6.99)

findet man nach kurzer Zwischenrechnung folgende Darstellung[3] [Lor95, Ina16]:

$$\boxed{\tan\frac{\delta}{2} = \frac{\sin^2\theta_1}{\cos\theta_1\sqrt{\sin^2\theta_1 - \sin^2\theta_c}} \geq 0} \quad \text{mit} \quad \theta_c \leq \theta_1 \leq \pi/2 \,. \tag{6.100}$$

Eine mit $\delta = \pi$ maximale Phasenverschiebung stellt sich sowohl am kritischen Winkel $\theta_1 = \theta_c$ als auch bei streifendem Einfall mit $\theta_1 = \pi/2$ ein (siehe auch Bild 6.14). Zwischen beiden Randmaxima muss es ein Minimum geben, das wir nach Nullsetzen der Ableitung finden [Berg04, Str07]:

$$\frac{\partial}{\partial\theta_1}\frac{\sin^2\theta_1}{\cos\theta_1\sqrt{\sin^2\theta_1 - \sin^2\theta_c}} = 0 \,. \tag{6.101}$$

Tatsächlich stellt sich bei einem Einfallswinkel θ_1 gemäß

$$\sin^2\theta_1 = \frac{2\sin^2\theta_c}{1 + \sin^2\theta_c} \tag{6.102}$$

ein **Minimum** der Phasendifferenz mit folgendem Wert ein:

$$\tan\frac{\delta_{min}}{2} = \frac{2\sin\theta_c}{1 - \sin^2\theta_c} = \frac{2\,n_{rel}}{1 - n_{rel}^2} \quad \text{mit} \quad n_{rel} = n_2/n_1 = \sin\theta_c \,. \tag{6.103}$$

Bei Einfall einer linear polarisierten Welle, deren E-Vektor **senkrecht** oder **parallel** zur Einfallsebene schwingt, behält die totalreflektierte Welle ihre Schwingungsebene bei und bleibt weiterhin linear polarisiert. Betrachten wir nun gemäß Bild 6.13 eine **schräg** linear polarisierte einfallende Welle, deren Polarisationsebene um 45° gegenüber der Einfallsebene geneigt ist, dann kann diese nach (5.125) als Linearkombination zweier amplituden- und phasengleicher s- und p-Anteile mit $\underline{E}_s = \underline{E}_p$ dargestellt werden:

$$\underline{\mathbf{E}}_{r0} = \underline{r}_s\,\underline{E}_s\,\mathbf{e}_y + \underline{r}_p\,\underline{E}_p\left(\mathbf{e}_x\cos\theta_1 + \mathbf{e}_z\sin\theta_1\right). \tag{6.104}$$

Nehmen wir nun an, dass sich nach **einmaliger Totalreflexion** eine Phasendifferenz von $\delta = \psi_s - \psi_p = \pi/2$ mit $\tan(\delta/2) = 1$ einstellt, dann gilt mit $\underline{r}_s = j\,\underline{r}_p$:

$$\underline{\mathbf{E}}_{r0} = \underline{r}_p\,\underline{E}_p\left(j\,\mathbf{e}_y + \mathbf{e}_x\cos\theta_1 + \mathbf{e}_z\sin\theta_1\right) \tag{6.105}$$

und die reflektierte Welle wird daher zirkular polarisiert sein. Da die s-polarisierte Feldkomponente um $\pi/2$ gegenüber der p-polarisierten voreilt, ergibt sich mit den Zählpfeilen wie in Bild 6.13 bei der *einmal* totalreflektierten Welle eine **rechtsdrehende Zirkularpolarisation** – RHC. Damit dies möglich ist, muss das Minimum (6.103) ausreichend tief liegen, was bei

---

[3] **Vorsicht:** Zuweilen findet man in der Literatur [Born93, Str07] den Ausdruck (6.100) für $\tan(\delta/2)$ mit dem *reziproken* Wert der rechten Seite. Das liegt daran, dass dort im p-Fall eine andere Zählpfeilrichtung für $\underline{\mathbf{E}}_r$ benutzt wurde als wir es in Tabelle 5.5 getan haben. Als Folge davon ändert $\underline{r}_p$ sein Vorzeichen und der zugehörige Phasenwinkel ψ_p dreht sich um 180°, was in Verbindung mit (6.97) die Kehrwertbildung verursacht.

$$2 \sin \theta_c \leq 1 - \sin^2 \theta_c, \tag{6.106}$$

gewährleistet ist, d. h. es muss

$$\sin \theta_c \leq \sqrt{2} - 1 = 0,4142 \tag{6.107}$$

gelten. Den Einfallswinkel θ_1, an dem $\tan(\delta/2) = 1$ wird, ermittelt man dann aus (6.100):

$$\boxed{\sin \theta_1 = \frac{1}{2} \sqrt{1 + n_{rel}^2 \pm \sqrt{1 - 6\, n_{rel}^2 + n_{rel}^4}}} \quad \text{mit } n_{rel} = n_2/n_1 = \sin \theta_c. \tag{6.108}$$

Sofern der Radikand der inneren Wurzel positiv ist (was gerade bei $n_{rel} < 0,4142$ der Fall ist), liefert (6.108) _zwei_ mögliche reelle Lösungen für den Einfallswinkel θ_1, die beide zu einer Phasendifferenz von $\delta = \pi/2$ der p- und s-totalreflektierten Wellen führen.

Besteht das dünnere Medium 2 aus Luft mit $n_2 = 1$, dann muss $n_1 \geq \sqrt{2} + 1 = 2,4142$ sein, damit nach _einmaliger_ Totalreflexion eine zirkular polarisierte Welle erzeugt werden kann. Derart hohe Brechzahlen findet man aber bei sichtbaren Frequenzen recht selten – z. B. gilt für Diamant $n_1 = 2,417$, was mit $n_2 = 1$ zu einem sehr kleinen kritischen Winkel von $\theta_c = 24,44°$ führt[4]. Im Gegensatz zur Optik kann man im Mikrowellenbereich deutlich höhere Brechzahlen finden, so gilt z. B. bei Wasser $n_1 \approx 9$.

Das Problem zu niedriger Brechzahlen kann man in der Optik aber dadurch überwinden, indem man eine **zweimal hintereinander stattfindende Totalreflexion** ausnutzt [Berg04]. Bei jeder einzelnen Totalreflexion ist dann $\delta = 3\pi/4 \triangleq 135°$ bzw. $\tan(\delta/2) = \sqrt{2} + 1$ einzuhalten, was zu einer gesamten Phasenverschiebung von $2\delta = 3\pi/2 \triangleq 270°$ führt, das aber auch wie $2\delta = -\pi/2 \triangleq -90°$ interpretiert werden darf. Da jetzt die p-polarisierte Feldkomponente um $\pi/2$ gegenüber der s-polarisierten voreilt, ergibt sich mit den Zählpfeilen aus Bild 6.13 auch bei der _zweimal_ totalreflektierten Welle wieder eine **rechtsdrehende Zirkularpolarisation –** RHC. Damit dies möglich ist, muss das Minimum (6.103) ausreichend tief liegen, was bei

$$\frac{2 \sin \theta_c}{1 - \sin^2 \theta_c} = \frac{2 n_{rel}}{1 - n_{rel}^2} \leq \sqrt{2} + 1 \quad \text{mit} \quad n_{rel} = n_2/n_1 = \sin \theta_c \tag{6.109}$$

erfüllt werden kann, d. h. es muss im Gegensatz zu (6.107) nur $n_{rel} \leq 0,6682$ gelten. Den Einfallswinkel θ_1, an dem $\tan(\delta/2) = \tan(3\pi/8) = \sqrt{2} + 1$ wird, ermittelt man analog zu (6.108) wieder aus (6.100) und findet:

$$\boxed{\sin \theta_1 = \frac{\cos \frac{\pi}{8}}{\sqrt{2}} \sqrt{1 + n_{rel}^2 \pm \sqrt{1 - 2\, n_{rel}^2 \left(1 + 2 \tan^2 \frac{\pi}{8}\right) + n_{rel}^4}}.} \tag{6.110}$$

Sofern der Radikand der inneren Wurzel positiv ist (was gerade bei $n_{rel} < 0,6682$ der Fall ist), liefert (6.110) wieder _zwei_ mögliche reelle Lösungen für den Einfallswinkel θ_1, die beide zu einer Phasendifferenz von $\delta = 3\pi/4$ der s- und p-totalreflektierten Wellen führen.

---

[4] In Diamanten eindringendes Licht wird daher recht oft an den Innenwänden totalreflektiert bevor es auf eine Fläche trifft, an der schließlich $\theta_1 < \theta_c = 24,44°$ gilt und es wieder austreten kann. Dieser lange Ausbreitungspfad bewirkt eine Aufspaltung des weißen Lichts in seine Spektralfarben (Dispersion), was zur besonderen Brillanz von Diamanten beiträgt, weil die Farben nun einzeln wahrnehmbar sind.

Auf diesem Weg konnte Fresnel 1817 wie in Bild 6.13 durch *zweimalige* Totalreflexion in einem **Fresnelschen Parallelepiped** aus Kronglas ($n_1 = 1{,}51$ mit $n_2 = 1$) rechtsdrehend zirkular polarisiertes Licht aus linear polarisiertem Licht erzeugen.

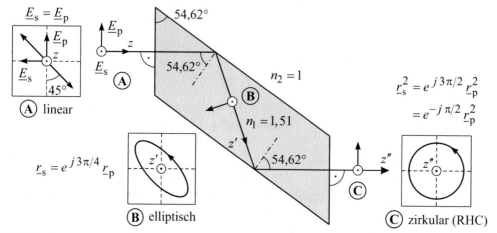

Bild 6.13 Fresnelsches Parallelepiped (Parallelflächner oder Spat) aus Kronglas mit $n_1 = 1{,}51$ und einem Kantenwinkel von 54,62° zur Erzeugung von zirkular polarisiertem Licht aus linear polarisiertem Licht (dessen Polarisationsebene um 45° gegenüber zur Einfallsebene geneigt war) nach *zweimaliger* Totalreflexion am dünneren Umgebungsmedium Luft mit $n_2 = 1$.

Das historische Beispiel Fresnels mit $n_{rel} = n_2/n_1 = 1/1{,}51$ führt in (6.110) auf die beiden Lösungen $\theta_1 = 48{,}62°$ bzw. $\theta_1 = 54{,}62°$ und ist in Bild 6.14 dargestellt.

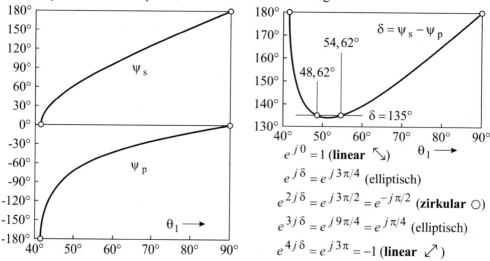

Bild 6.14 Phasensprung ψ_s im s-Fall und ψ_p im p-Fall bei Totalreflexion an der Trennfläche zwischen Kronglas ($n_1 = 1{,}51$) und Luft ($n_2 = 1$) und die Phasendifferenz $\delta = \psi_s - \psi_p$ nach *einmaliger* Totalreflexion. Alle Kurven starten am kritischen Winkel $\theta_1 = \theta_c = 41{,}47°$. Das Minimum der Phasendifferenz ist $\delta_{min} = 134{,}06°$ und liegt bei einem Einfallswinkel von $\theta_1 = 51{,}34°$. Die gewünschte Phasendifferenz von $\delta = 135°$ wird ein wenig weiter rechts bei $\theta_1 = 54{,}62°$ erreicht. Links des Maximums liegt die zweite Lösung $\theta_1 = 48{,}62°$. Bei *m-maliger* Totalreflexion hintereinander wird die Phasendifferenz $m\delta$. Bei $m = 2, 6, 10, \cdots$ entsteht **Zirkularpolarisation** und bei $m = 4, 8, 12, \cdots$ wieder **Linearpolarisation.**

Die Formgenauigkeit von Prismengläsern hängt vom Herstellungsprozess ab – so können Abweichungen von $30''$ (Bogensekunden) bis hin zu $0,5° = 30'$ (Bogenminuten) vom angestrebten Kantenwinkel auftreten. Fertigungstoleranzen können Auswirkungen auf die Qualität der optischen Abbildung haben. Daher wollen wir untersuchen, wie sich **kleine Änderungen des Einfallswinkels** auf die Phasendifferenz $\delta = \psi_s - \psi_p$ zwischen den s- und p-polarisierten Komponenten bei Totalreflexion auswirken. Dazu entwickeln wir (6.100)

$$\delta(\theta_1) = 2 \arctan\left(\frac{\sin^2\theta_1}{\cos\theta_1 \sqrt{\sin^2\theta_1 - \sin^2\theta_c}} \right) \quad \text{mit} \quad \theta_c \le \theta_1 \le \pi/2 \qquad (6.111)$$

für *kleine* Winkeländerungen $d\theta_1$ in eine **Taylor-Reihe:**

$$\delta(\theta_1 + d\theta_1) = \delta(\theta_1) + \delta'(\theta_1)\,d\theta_1 + \delta''(\theta_1)\,d\theta_1^2/2! + \delta'''(\theta_1)\,d\theta_1^3/3! + \cdots . \qquad (6.112)$$

Wir wollen hier nur die Ableitung erster Ordnung explizit angeben, da die höheren Terme recht umfangreich ausfallen:

$$\delta'(\theta_1) = \frac{d\,\delta(\theta_1)}{d\theta_1} = \frac{\sin(\theta_1)}{\cos^2\theta_1} \frac{1 - 3\,n_{rel}^2 - (1 + n_{rel}^2)\cos(2\theta_1)}{\sqrt{\sin^2\theta_1 - n_{rel}^2}\,(\tan^2\theta_1 - n_{rel}^2)} \qquad (6.113)$$

mit der Abkürzung $n_{rel} = \sin\theta_c = n_2/n_1$. Man erkennt, dass die Taylor-Reihe nicht direkt am kritischen Winkel bei $\theta_1 = \theta_c$ ausgewertet werden darf, weil hier $\delta'(\theta_c) \to \infty$ gehen würde.
Mit den Zahlenwerten des **Fresnelschen Parallelepipeds** aus Bild 6.13 ($\theta_1 = 54,62°$ und $n_{rel} = 1/1,51$) erhalten wir nach (6.112) bei Berücksichtigung der ersten vier Reihenterme:

$$\delta(\theta_1 + d\theta_1) = 2,356 + \frac{821}{1565}\,d\theta_1 + \frac{2189}{635}\,d\theta_1^2 - \frac{8175}{808}\,d\theta_1^3 \qquad (6.114)$$

mit allen Winkeln im *Bogenmaß.* Eine alternative Darstellung, bei der δ und $d\theta_1$ jetzt *beide* im *Gradmaß* gemessen werden, lautet wieder für $\theta_1 = 54,62°$ und $n_{rel} = 1/1,51$:

$$\delta(\theta_1 + d\theta_1) = 135° + \frac{821}{1565}\,d\theta_1 + \frac{588}{9773}\,d\theta_1^2 - \frac{73}{23686}\,d\theta_1^3 . \qquad (6.115)$$

Die Näherung (6.115) kann für $|d\theta_1| < 5°$ mit einem relativen Betragsfehler $< 0,1\%$ im Vergleich zur exakten Beziehung (6.111) benutzt werden.
Ein Winkelfehler von z. B. $d\theta_1 = +0,5°$ führt dann nach (6.115) zu einer Phasenverschiebung von $\delta = 135,3°$, deren Abweichung vom Zielwert 135° vernachlässigbar klein ausfällt. Hingegen wäre ein größerer Winkelfehler von $d\theta_1 = +4°$ mit $\delta = 137,9°$ nicht mehr akzeptabel. Nach *zweimaliger* Reflexion[5] in Bild 6.13 erhielten wir nämlich schon $2\delta = 275,8° \triangleq -84,2°$ und die gewünschte Zirkularpolarisation $(-90°)$ hätte einen Phasenfehler von $|\psi| = 5,8°$ bzw. im Bogenmaß $|\psi| = 0,1$. Nach (5.19) würde dann das **Achsenverhältnis** der Polarisationsellipse $AR = \sqrt{1 + 2\,|\psi|} = 1,1$, d.h. die große Halbachse wäre schon 10 % länger als die kleine.

---

[5] Dabei nehmen wir an, dass das Fresnelsche Parallelepiped nach Bild 6.13 bei einem Brechungsindex von $n_1 = 1,51$ den fehlerhaften Kantenwinkel $54,62° + 4° = 58,62°$ aufweist, gegenüberliegende Seiten aber weiterhin *parallel* verlaufen und sich nach zweimaliger Reflexion der Phasenfehler *verdoppelt.*

6.5 Transmittierte Welle bei Totalreflexion

6.5.1 Durchlassfaktoren

In Abschnitt 6.4 haben wir die **Reflexionsfaktoren** bei Totalreflexion bereits bestimmt:

$$\underline{r}_s = e^{j\psi_s} \quad \text{und} \quad \underline{r}_p = e^{j\psi_p} \tag{6.116}$$

mit den Phasenwinkeln ψ_s und ψ_p aus (6.95) und (6.98):

$$\boxed{\begin{aligned}
\psi_s &= 2 \arctan \frac{\sqrt{\sin^2\theta_1 - \sin^2\theta_c}}{\cos\theta_1} \\[2mm]
\psi_p &= -2 \arctan \frac{(n_2/n_1)^2 \cos\theta_1}{\sqrt{\sin^2\theta_1 - \sin^2\theta_c}}.
\end{aligned}} \tag{6.117}$$

Mit Hilfe von (5.105) und (5.111) können wir nun auch die zugehörigen **Transmissionsfaktoren** angeben. Dabei beschränken wir uns wie bisher auf unmagnetische Medien mit $\mu_1 = \mu_2 = \mu_0$, bei denen die Beziehung (5.112) mit $Z_2/Z_1 = n_1/n_2$ gilt, woraus folgt:

$$\begin{aligned}
\underline{d}_s &= 1 + \underline{r}_s = 1 + e^{j\psi_s} \\[2mm]
\underline{d}_p &= \frac{Z_2}{Z_1}\left(1 - \underline{r}_p\right) = \frac{n_1}{n_2}\left(1 - e^{j\psi_p}\right),
\end{aligned} \tag{6.118}$$

was man mit Hilfe der Eulerschen Formeln noch umschreiben kann:

$$\begin{aligned}
\underline{d}_s &= e^{j\psi_s/2}\left(e^{-j\psi_s/2} + e^{j\psi_s/2}\right) = 2\cos\left(\frac{\psi_s}{2}\right)e^{j\psi_s/2} \\[2mm]
\underline{d}_p &= \frac{n_1}{n_2} e^{j\psi_p/2}\left(e^{-j\psi_p/2} - e^{j\psi_p/2}\right) = -\frac{n_1}{n_2} 2j\sin\left(\frac{\psi_p}{2}\right)e^{j\psi_p/2}.
\end{aligned} \tag{6.119}$$

Mit den trigonometrischen Beziehungen [Bron79]

$$\begin{aligned}
&\arctan x = \arccos\left(1/\sqrt{1+x^2}\right) = \arcsin\left(x/\sqrt{1+x^2}\right), \quad \text{d.h.} \\[2mm]
&\cos(\arctan x) = 1/\sqrt{1+x^2} \quad \text{und} \quad \sin(\arctan x) = x/\sqrt{1+x^2},
\end{aligned} \tag{6.120}$$

ist eine weitere Umformung von (6.119) möglich. Im **s-Fall** findet man recht schnell das auch in [Lor95, Ina16] angegebene Ergebnis:

$$\boxed{\underline{d}_s = 2\frac{\cos\theta_1}{\cos\theta_c} e^{j\psi_s/2}.} \tag{6.121}$$

Hingegen ist die die Rechnung im **p-Fall** etwas mühsamer. Es folgt schließlich:

$$\boxed{\underline{d}_p = \frac{2\tan\theta_c \cos\theta_1}{\sqrt{\sin^2\theta_1 - \sin^2\theta_c \cos^2\theta_1}} e^{j(\psi_p + \pi)/2}.} \tag{6.122}$$

Mit Hilfe von Bild 6.14 überprüfen wir in (6.121) und (6.122) die **Sonderfälle**

$$\underline{d}_s(\theta_1 = \theta_c) = 2$$
$$\underline{d}_s(\theta_1 = \pi/2) = 0 \tag{6.123}$$

und

$$\underline{d}_p(\theta_1 = \theta_c) = \frac{2}{\sin\theta_c}\, e^{\,j(-\pi+\pi)/2} = 2\frac{n_1}{n_2} \tag{6.124}$$
$$\underline{d}_p(\theta_1 = \pi/2) = 0\,,$$

was man auch direkt aus (6.118) hätte finden können. Man beachte, dass wegen $n_1 > n_2$ sogar $|\underline{d}_p| > 2$ werden kann (Bild 6.15). Zwischen den **Phasenwinkeln** besteht folgende Beziehung:

$$\boxed{\begin{array}{l} \mathrm{arc}(\underline{r}_s) - 2\,\mathrm{arc}(\underline{d}_s) = 0 \\[1mm] \mathrm{arc}(\underline{r}_p) - 2\,\mathrm{arc}(\underline{d}_p) = -\pi\,, \end{array}} \tag{6.125}$$

womit man die Phasen der Durchlassfaktoren auf die Phasen der Reflexionsfaktoren zurückführen kann (siehe Bild 6.14).

Die **Beträge** der Durchlassfaktoren folgen aus (6.121) und (6.122):

$$\boxed{\begin{array}{l} d_s = |\underline{d}_s| = 2\dfrac{\cos\theta_1}{\cos\theta_c} \\[4mm] d_p = |\underline{d}_p| = \dfrac{2\tan\theta_c\cos\theta_1}{\sqrt{\sin^2\theta_1 - \sin^2\theta_c\cos^2\theta_1}} = \dfrac{d_s\sin\theta_c}{\sqrt{\sin^2\theta_1 - \sin^2\theta_c\cos^2\theta_1}} \end{array}} \tag{6.126}$$

und werden in Bild 6.15 im Falle $n_1 = 1,762$ (Flintglas) und $n_2 = 1$ (Luft) im Bereich der Einfallswinkel $\theta_c < \theta_1 < 90°$ mit $\theta_c = \arcsin(n_2/n_1) = 34,58°$ dargestellt.

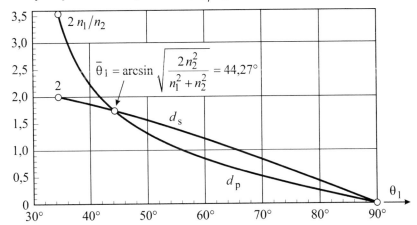

Bild 6.15 Beträge der Durchlassfaktoren (6.126) bei Totalreflexion im s-Fall (wenn alle E-Vektoren senkrecht zur Einfallsebene orientiert sind) und im p-Fall (wenn alle E-Vektoren parallel zur Einfallsebene orientiert sind). Die einfallende Welle breitet sich im Medium 1 mit $n_1 = 1,762$ (Flintglas) aus und trifft unter dem Einfallswinkel $\theta_1 > \theta_c = \arcsin(n_2/n_1) = 34,58°$ in der x-y-Ebene bei $z = 0$ auf den luftgefüllten Halbraum 2 mit $n_2 = 1$.

Beide Kurven haben ihre jeweiligen Maxima am kritischen Winkel $\theta_c = 34{,}58°$ und fallen monoton, wenn der Einfallswinkel θ_1 größer wird. Bei $\bar{\theta}_1 = 44{,}27°$ gibt es einen **Schnittpunkt,** dessen Bedeutung wir im Anschluss an (6.159) noch erörtern werden.

6.5.2 Berechnungsbeispiel

Mit dem Durchlassfaktor $\underline{d}_s$ aus (6.121) und dem Reflexionsfaktor $\underline{r}_s$ aus (6.116) wollen wir unter Verwendung von ψ_s aus (6.117) und mit $\sin\theta_c = n_2/n_1$ noch einmal die Felddarstellung (5.120) auswerten – nun aber für den **s-Fall bei Totalreflexion.** Das Ergebnis zeigt Bild 6.16. Man vergleiche die magnetischen Feldlinien der Oberflächenwelle bei Totalreflexion mit den magnetischen Feldlinien der TE_1 – Oberflächenwelle eines planaren Substrats in Bild 27.9.

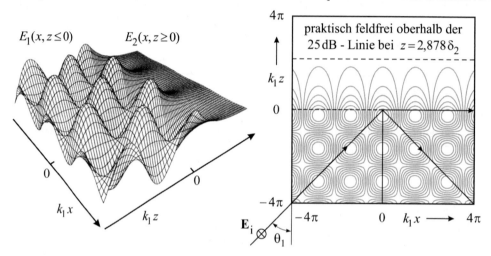

Bild 6.16 Ein s-polarisierter Lichtstrahl mit $\mathbf{E}_i\,(\omega t, x, z) = E_y\,(\omega t, x, z)\mathbf{e}_y$ breitet sich im dichteren Medium mit $n_1 = 1{,}762$ (Flintglas) aus und trifft unter dem Einfallswinkel $\theta_1 = 45°$ bei $z = 0$ auf den sich anschließenden Luftraum mit $n_2 = 1$. Wegen $\theta_1 > \theta_c = \arcsin(n_2/n_1) = 34{,}58°$ liegt Totalreflexion vor. Die **elektrischen Feldstärken** gemäß (5.121) sind zum Zeitpunkt $\omega t = 0$ als 3D-Plot dargestellt (links). Aus den Höhenlinien des 3D-Gebirges gewinnt man die zugehörigen **magnetischen Feldlinien** in der x-z-Ebene zum Zeitpunkt $\omega t = \pi/2$ (rechts). Man beachte den stetigen Übergang der E- und H-Felder in der Trennfläche bei $z = 0$. Den Fall kleinerer Einfallswinkel diskutierten wir mit $\theta_1 = 20°$ bereits in Bild 5.14.

Im Bereich _vor_ der Trennfläche bei $z < 0$ erkennt man in Bild 6.16 eine in x- und z-Richtung zweifach periodische Wellenstruktur, die sich mit der Zeit in _x-Richtung_ mit der Phasengeschwindigkeit

$$v_p = \frac{\omega}{\beta_x} = \frac{\omega}{k_1\sin\theta_1} = \frac{c_1}{\sin\theta_1} \qquad (6.127)$$

verschiebt. Diese ist mit der Phasengeschwindigkeit (6.80) der Grenzschichtwelle identisch, was man aus Gründen der Stetigkeit auch erwarten konnte. In _z-Richtung_ führt die Superposition aus einfallender und reflektierter Welle zu ortsfesten Knoten und Bäuchen – also zu einer stehenden Welle, deren räumliche Periode λ_z vom Einfallswinkel abhängt mit

$$\beta_z = 2\pi/\lambda_z = k_1\cos\theta_1\,. \qquad (6.128)$$

Im Bereich _hinter_ der Trennfläche bei $z > 0$ erkennt man in Bild 6.16 die evaneszente Oberflächenwelle, die in z-Richtung nach (6.77) und (6.79) wie

$$e^{-\alpha_2 z} = e^{-z/\delta_2} = e^{-k_1 z \sqrt{\sin^2 \theta_1 - \sin^2 \theta_c}} \qquad (6.129)$$

exponentiell abklingt. In der Entfernung $z = 2{,}878\,\delta_2$ von der Trennfläche gilt:

$$e^{-z/\delta_2} = e^{-2{,}878} = 5{,}625 \cdot 10^{-2} \qquad (6.130)$$

und die die evaneszente Welle ist dann um $20\lg\left(1/5{,}625\cdot10^{-2}\right) = 25$ dB gegenüber ihrem Wert am Ort $z = 0$ gedämpft. Diese **25 dB-Tiefe** $k_1 z = 6{,}823$ ist mit einer gestrichelten Linie in Bild 6.16 markiert, jenseits derer (bei der gewählten Höhenliniendichte) keine Magnetfeldlinien mehr sichtbar sind.

6.5.3 Verhinderte Totalreflexion

Bei Totalreflexion unter dem Einfallswinkel $\theta_1 > \theta_c = \arcsin(n_2/n_1)$ wird – solange das dünnere Medium 2 senkrecht zur Trennfläche unendlich ausgedehnt ist – im zeitlichen Mittel tatsächlich kein Wirkleistungstransport in z-Richtung stattfinden. Dennoch befinden sich – wie wir in Bild 6.16 ja gesehen haben – evaneszente Felder im Medium 2, deren Energie am zeitlichen Beginn des Einschwingvorgangs durch die Trennfläche noch eindringen konnte, im eingeschwungenen Zustand dann aber nicht mehr entweichen kann und in Form einer quergedämpften Oberflächenwelle an der Grenzschicht $1-2$ in x-Richtung entlang laufen muss.

Kommt jetzt aber noch ein _drittes_ Medium hinzu, dann ändern sich die Verhältnisse. So kann man z. B. zwei Prismen mit den Brechungsindizes n_1 und n_3 wie in Bild 6.17 hinreichend nah zusammenbringen, sodass die zwischen ihnen liegende luftgefüllte Lücke ($n_2 = 1$) der Breite l in der Größenordnung der Eindringtiefe δ_2 nach (6.79) liegt. Als Folge davon wird im Medium 3 wieder eine ausbreitungsfähige Welle angeregt und die Totalreflexion somit gestört [Hec89, Ped05, Ina16]. Man spricht auch von **frustrierter Totalreflexion,** bei der in einer Art **optischem Tunneleffekt** der Lichtstrahl die dünnere Barriere durchdringt, um sich dahinter wieder auszubreiten. In Abwesenheit des Mediums 3 breitete sich die evaneszente Oberflächenwelle noch in x-Richtung aus. Bei Annäherung des zweiten Prismas hingegen, wird ihr Energiefluss umgelenkt und in das Medium 3 hineingezogen, was durch die gestrichelte Linie in Bild 6.17 angedeutet wird. Dadurch kommt es zu einem kleinen Versatz zwischen einfallendem und transmittiertem Strahl, der bei sich schließender Lücke mit $l \to 0$ verschwindet.

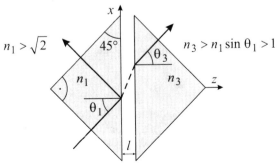

Bild 6.17 Frustrierte Totalreflexion infolge eines dritten Mediums. Zwei sog. Amici-Prismen mit zwei Kantenwinkeln von 45° sind durch einen Luftspalt ($n_2 = 1$) der Breite l separiert. Es gelte $\theta_1 = 45°$.

Damit bei einem Einfallswinkel von $\theta_1 = \pi/4$ überhaupt Totalreflexion an der Trennfläche zwischen dem linken Prisma (Medium 1) und dem Luftspalt mit $n_2 = 1$ eintreten kann, muss zunächst einmal die Bedingung

$$\theta_1 = \pi/4 > \theta_c = \arcsin(n_2/n_1) = \arcsin(1/n_1) \tag{6.131}$$

erfüllt sein, d. h. es muss gelten:

$$\boxed{n_1 > \sqrt{2} = 1{,}414} \,. \tag{6.132}$$

Berühren sich in Bild 6.17 beide Prismen, dann verschwindet die Lücke und der Lichtstrahl kann sich unter Änderung seiner Ausbreitungsrichtung vom Medium 1 in das direkt angrenzende Medium 3 ausbreiten. Wenn wir wirklich vorhaben, Energie in das Medium 3 zu transmittieren, dann darf an dessen Vorderseite keine Totalreflexion stattfinden, weswegen der Brechungswinkel $\theta_3 < \pi/2$ bleiben muss. Wegen des Brechungsgesetzes $n_1 \sin\theta_1 = n_3 \sin\theta_3$ muss daher gelten:

$$\boxed{n_3 > n_1 \sin\theta_1} \,. \tag{6.133}$$

Der Einfachheit halber wird meist $n_3 = n_1$ gewählt. Mit zwei solchen Prismen in gegenseitigem Abstand l lassen sich wie in Bild 6.17 **Strahlteiler** aufbauen, mit denen man die ankommende Leistung in beliebigem Teilerverhältnis R/T aufspalten kann. Bei breitem Luftspalt ($l \gg \delta_2$) stellt sich Totalreflexion ($R = 1$) ein, während man bei verschwindendem Luftspalt ($l \to 0$) Totaltransmission ($T = 1$) erhält, falls die Prismen gemäß $n_3 = n_1$ ausgewählt wurden. Der **Transmissionskoeffizient** $T = 1 - R = 1 - |\underline{r}|^2$ stellt den Anteil der einfallenden Leistung dar, der in das Medium 3 gelangt. In Abschnitt 6.7.5 werden wir mit (6.182) zeigen, dass

$$\boxed{T = \left[\left(\sigma \sinh(l/\delta_2)\right)^2 + 1\right]^{-1}} \quad \text{mit} \quad \lim_{l \gg \delta_2} T = \frac{4}{\sigma^2} e^{-2l/\delta_2} \to 0 \tag{6.134}$$

gilt. Im Sonderfall $n_3 = n_1$ und $n_2 = 1$ steht die Abkürzung σ im s- bzw. im p-Fall nach [Zhu86, Cha12] für

$$\boxed{\sigma_s = \frac{n_1^2 - 1}{2 n_1 \cos\theta_1 \sqrt{n_1^2 \sin^2\theta_1 - 1}}} \quad \text{bzw.} \quad \boxed{\sigma_p = \sigma_s \left((n_1^2 + 1)\sin^2\theta_1 - 1\right)} \,. \tag{6.135}$$

Mit Hilfe von (6.126) verifiziert man eine Beziehung zu den Beträgen der **Durchlassfaktoren:**

$$\sigma_p/\sigma_s = (d_s/d_p)^2 = (\sin\theta_1/\sin\theta_c)^2 - \cos^2\theta_1 \,. \tag{6.136}$$

Außerdem ist die auf die Eindringtiefe normierte Luftspaltbreite nach (6.92)

$$\frac{l}{\delta_2} = \frac{2\pi l}{\lambda_0} \sqrt{n_1^2 \sin^2\theta_1 - 1} \,. \tag{6.137}$$

In Bild 6.18 ist der Transmissionskoeffizient (6.134) für beide Polarisationen als Funktion der auf die Freiraumwellenlänge normierten Luftspaltbreite l/λ_0 dargestellt. Wie in Bild 6.17 setzen wir einen Einfallswinkel von $\theta_1 = \pi/4$ voraus und zeichnen die Kurven für verschiedene n_1. Besonders interessant ist der **Sonderfall** $\sigma_p = \sigma_s$, der sich nach (6.135) bei

$$(n_1^2 + 1)\sin^2\theta_1 - 1 = 1 \tag{6.138}$$

einstellt. Wenn man bei $\theta_1 = \pi/4$ nämlich Prismen mit dem Brechungsindex $n_1 = \sqrt{3} = 1,732$ verwendet (was man mit Flintglas erreichen kann), dann wird der Transmissionskoeffizient (6.134) von der Polarisation unabhängig und es gilt $T_p = T_s$. Beide Kurven verschmelzen dann zu der in Bild 6.18 gestrichelt dargestellten Linie.

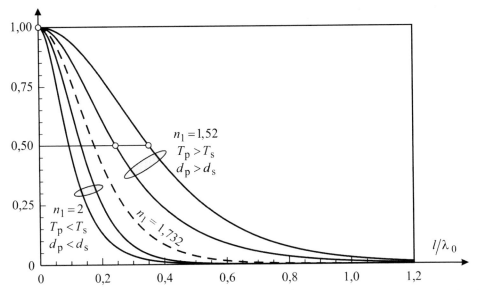

Bild 6.18 Transmissionskoeffizienten T_s und T_p bei $\theta_1 = \pi/4$ als Funktion der normierten Luftspalt-breite l/λ_0. Beide Amici-Prismen (Bild 6.17) seien entweder aus Kronglas mit dem Brechungsindex $n_1 = 1,52$ oder aus einem hochbrechenden Spezialglas mit $n_1 = 2$. Die gestrichelte Linie mit $T_p = T_s$ stellt den polarisationsunabhängigen Sonderfall (6.138) mit $n_1 = \sqrt{3} = 1,732$ dar (Flintglas).

In der Praxis wünscht man sich häufig einen Strahlteiler, bei dem die einfallende Leistung je zur Hälfte reflektiert bzw. transmittiert wird – einen sogenannten **3-dB-Teiler,** bei dem also $R = T = 1/2$ wird. Nach (6.134) muss dazu

$$\sigma \sinh(l/\delta_2) = 1 \tag{6.139}$$

werden, woraus wir unter Beachtung von (6.137) die nötige Luftspaltbreite finden können:

$$\boxed{\frac{2\pi l}{\lambda_0} = \frac{\text{arsinh}(1/\sigma)}{\sqrt{n_1^2 \sin^2\theta_1 - 1}}} \tag{6.140}$$

mit dem von der Polarisation abhängigen Parameter σ aus (6.135). Beispielsweise erhält man für Kronglas mit $n_1 = 1,52$ bei einem Einfallswinkel von $\theta_1 = 45°$ die Werte:

$$\begin{aligned}
\sigma_s &= 1,547 \quad \rightarrow \quad l/\lambda_0 = 0,2457 \quad \rightarrow \quad l/\delta_2 = 0,6081 \\
\sigma_p &= 1,014 \quad \rightarrow \quad l/\lambda_0 = 0,3522 \quad \rightarrow \quad l/\delta_2 = 0,8717.
\end{aligned} \tag{6.141}$$

Auf dem Effekt der frustrierten Totalreflexion basieren u. a. Komponenten zur Strahlverzwei-gung in der **Lichtwellenleitertechnik** und der **integrierten Optik.** Auch **Fingerabdruck-sensoren** arbeiten nach dem gleichen Prinzip – hier wirken die erhabenen Papillarleisten auf der Unterseite der Fingerkuppe als Medium 3, während die dazwischenliegenden Rillenvertie-fungen als Luftmedium 2 agieren.

6.6 Goos-Hänchen-Effekt

Bisher haben wir bei der Betrachtung von Reflexion und Brechung an ebenen Trennflächen stets eine einzige einfallende **ebene Welle** mit unendlich ausgedehnter Phasenfront betrachtet. In der Praxis hat – je nach Bündelungsschärfe (Halbwertsbreite $\Delta\vartheta$) der Lichtquelle bzw. Sendeantenne – die einfallende Welle im Fernfeld ihrer Quelle zwar weiterhin eine vernachlässigbare Krümmung der Phasenfront, jedoch ist diese Phasenfront in transversaler Richtung **räumlich begrenzt.** Die einfallende Welle ist daher eigentlich ein **Strahlenbündel,** ein sogenannter **Beam,** der sich im Fernfeld der Quelle aufweitet und daher unterschiedliche Strahlrichtungen in sich vereint (Bild 6.19). Solche mehr oder weniger breiten Strahlenbündel lassen sich mit Methoden der Fourier-Analyse durch Superposition mehrerer einzelner – unendlich breiter – ebener Wellen darstellen, deren Wellenzahlvektoren nach dem Huygensschen Prinzip (siehe Abschnitt 14.6) in unterschiedliche Richtungen zeigen.

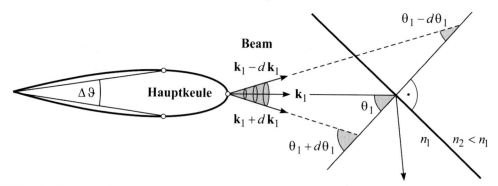

Bild 6.19 Sich aufweitender Beam mit unterschiedlichen Strahlrichtungen $\mathbf{k}_1$ bzw. $\mathbf{k}_1 \pm d\mathbf{k}_1$, die zu verschiedenen Einfallswinkeln an der ebenen Trennfläche zwischen dem dichteren und dem dünneren Medium führen.

Daher betrachten wir im Folgenden nach [Art48] die Superposition von drei **s-polarisierten** ebenen Wellen, die im Medium 1 mit dem Brechungsindex n_1 unter den Winkeln θ_1 bzw. $\theta_1 \pm d\theta_1$ auf ein optisch dünneres Medium 2 mit $n_2 < n_1$ einfallen sollen (Bild 6.19). Alle drei Einfallswinkel seinen größer als der kritische Winkel $\theta_c = \arcsin n_{rel}$ mit $n_{rel} = n_2/n_1$, sodass für _alle_ Bestandteile des Strahlenbündels Totalreflexion eintritt. Wir wollen gemäß (6.95) den durch die Reflexion bedingten Phasensprung der ersten Welle mit

$$\psi_s(\theta_1) = 2\arctan \frac{\sqrt{\sin^2\theta_1 - \sin^2\theta_c}}{\cos\theta_1} \tag{6.142}$$

bezeichnen. Für die Welle, deren Ausbreitungsrichtung um den Winkel $d\theta_1$ ein wenig verkippt sei, gilt entsprechend:

$$\psi_s(\theta_1 + d\theta_1) = 2\arctan \frac{\sqrt{\sin^2(\theta_1 + d\theta_1) - \sin^2\theta_c}}{\cos(\theta_1 + d\theta_1)}. \tag{6.143}$$

Diesen Ausdruck entwickeln wir für _kleine_ Winkeländerung $d\theta_1$ in eine **Taylor-Reihe:**

$$\psi_s(\theta_1 + d\theta_1) = \psi_s(\theta_1) + \psi_s'(\theta_1)\,d\theta_1 + \psi_s''(\theta_1)\,d\theta_1^2/2! + \cdots. \tag{6.144}$$

In erster Näherung wollen wir die Reihe nach dem linearen Glied abbrechen[6], womit wir für die Änderung des Phasenwinkels

$$d\psi_s = \psi_s(\theta_1 + d\theta_1) - \psi_s(\theta_1) \approx \psi'_s(\theta_1)\, d\theta_1 . \tag{6.145}$$

schreiben dürfen. Die hier benötigte Ableitung erster Ordnung ergibt sich aus (6.142):

$$\psi'_s(\theta_1) = \frac{\partial}{d\theta_1}\, 2 \arctan \frac{\sqrt{\sin^2\theta_1 - \sin^2\theta_c}}{\cos\theta_1} , \tag{6.146}$$

womit wir nach Durchführung der Differenziation schließlich erhalten:

$$\boxed{\psi'_s(\theta_1) = \frac{2\sin\theta_1}{\sqrt{\sin^2\theta_1 - \sin^2\theta_c}}} . \tag{6.147}$$

Man erkennt, dass für $\theta_1 = \theta_c$ und auch für Einfallswinkel, die in unmittelbarer Nähe zum kritischen Winkel liegen, unsere lineare Näherung unbrauchbar wird. Die Voraussetzung, dass eine *kleine* Winkeländerung $d\theta_1$ auch nur eine *kleine* Phasenänderung $d\psi_s = \psi'_s(\theta_1)\, d\theta_1$ mit sich bringt, wäre hier nämlich nicht mehr erfüllt, weil $\psi'_s(\theta_c)$ über alle Grenzen wächst. Bei optischen Frequenzen zeigt sich [Lot68], dass es genügt, einen Sicherheitsabstand von $\theta_1 - \theta_c \geq 0,5°$ einzuhalten[7]. Wenn wir dies beachten, dann können wir mit unserer Phasenänderung $d\psi_s = \psi'_s(\theta_1)\, d\theta_1$ weiterarbeiten und sie geometrisch als eine *seitliche* Verschiebung

$$L_s = \frac{d\psi_s}{d\beta_x} = \frac{\psi'_s(\theta_1)\, d\theta_1}{d\beta_x} \tag{6.148}$$

des Reflexionspunktes entlang der Trennfläche interpretieren (Bild 6.20). Dabei ist $\beta_x = k_1 \sin\theta_1$ die Projektion der Phasenkonstanten k_1 auf die Trennfläche, womit wir aus (6.148)

$$L_s = \frac{\psi'_s(\theta_1)}{d\beta_x/d\theta_1} = \frac{\psi'_s(\theta_1)}{d(k_1\sin\theta_1)/d\theta_1} = \frac{\psi'_s(\theta_1)}{k_1\cos\theta_1} \tag{6.149}$$

erhalten. Mit (6.147) folgt schließlich:

$$\boxed{L_s = \frac{\lambda_1}{\pi} \frac{\tan\theta_1}{\sqrt{\sin^2\theta_1 - \sin^2\theta_c}}} . \tag{6.150}$$

---

[6] Bei Berücksichtigung nur der **ersten Ableitung** ψ'_s findet man, dass das Zentrum des totalreflektierten Strahlenbündels bezüglich des Reflexionspunktes seitlich verschoben wird. Bezieht man auch die **zweite Ableitung** ψ''_s in die Rechnung mit ein, so lassen sich darüber hinaus noch zwei weitere interessante Effekte entdecken [Gha78]: der totalreflektierte Beam erleidet nämlich eine Verbreiterung und zusätzlich wird auch noch seine Phasenfront gekrümmt, sodass diese nun nicht mehr ganz eben ist.

[7] Ein **Sicherheitsabstand** von $\theta_1 - \theta_c \geq 0,5°$ ist schon alleine deswegen notwendig, weil bei Einfallswinkeln $\theta_1 > \theta_c$, die zwar noch größer als der kritische Winkel θ_c sind, ihm aber dennoch sehr nahe kommen, aufgrund der Breite des einfallenden Strahlenbündels (siehe Bild 6.19) auch Winkelbeiträge mit $\theta_1 - d\theta_1 < \theta_c$ dabei sein könnten, sodass unsere Voraussetzung dass alle Strahlenbeiträge totalreflektiert werden, verletzt würde.

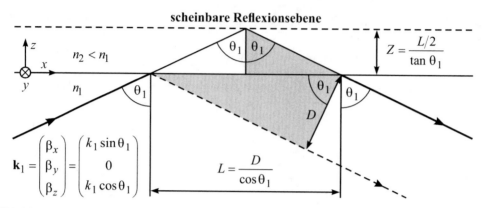

Bild 6.20 Goos-Hänchen-Effekt mit seitlicher Strahlverschiebung L bzw. Parallelversetzung D des an der Trennfläche totalreflektierten Strahls und geometrische Interpretation des Effekts durch eine um die Länge Z in das dünnere Medium verschobene scheinbare Reflexionsebene. Die Abmessungen L, D und Z sind polarisationsabhängig und nehmen daher im s-Fall andere Werte ein als im p-Fall.

Die Strahlverschiebung bei Totalreflexion, die wir für Einfallswinkel $\theta_1 \geq \theta_c + 0{,}5°$ beschrieben haben, wird als **<u>Goos-Hänchen-Effekt</u>** bezeichnet [Goos43, Goos47, Goos49] und wurde erstmals 1943 von Fritz Goos und Hilda Hänchen experimentell nachgewiesen. Der Effekt ist am stärksten in der Nähe des kritischen Winkels und wird für flachere Einfallswinkel kleiner. Unsere Beschreibung (6.150) suggeriert, dass L_s bei streifendem Einfall mit $\theta_1 \to 90°$ wegen der Tangensfunktion über alle Grenzen zu wachsen scheint. Das zeigt eine weitere Schwäche von (6.150), denn bei streifendem Einfall würde man aus geometrischen Gründen eigentlich $L_s = 0$ erwarten [Ren64]. Diese Schwierigkeit konnte erst mit einer genaueren Lösung, die durch eine aufwändigere Herleitung gewonnen wurde und einen Korrekturfaktor hinzufügt, überwunden werden [Ren64, Lot68]:

$$L_s = \frac{\lambda_1}{\pi} \frac{\tan \theta_1}{\sqrt{\sin^2 \theta_1 - \sin^2 \theta_c}} \frac{\cos^2 \theta_1}{\cos^2 \theta_c} . \qquad (6.151)$$

So gilt (6.151) in einem viel größeren Winkelbereich $\theta_c + 0{,}5° \leq \theta_1 \leq 90°$ und reduziert sich für $\theta_1 \to \theta_c$ auf (6.150). Durch Vergleich beider Lösungen verifiziert man, dass (6.150) nur in der Nähe des kritischen Winkels etwa im Bereich $0{,}5° \leq \theta_1 - \theta_c \leq 3°$ verwendet werden darf.

Alternativ kann man die seitliche Strahlversetzung bei Totalreflexion auch durch die Parallelverschiebung des Beams beschreiben (siehe Bild 6.20):

$$D_s = L_s \cos \theta_1 = \frac{\lambda_1}{\pi} \frac{\sin \theta_1}{\sqrt{\sin^2 \theta_1 - \sin^2 \theta_c}} \frac{\cos^2 \theta_1}{\cos^2 \theta_c} . \qquad (6.152)$$

Der Goos-Hänchen-Effekt kann nur bei einem räumlich begrenzten Strahlenbündel beobachtet werden und ist bei einer unendlich breiten ebenen Welle nicht wahrnehmbar. Die Größe der Strahlversetzung ist zwar unabhängig von der Breite des Strahlenbündels, kann aber experimentell umso leichter nachgewiesen werden, je schmaler das verwendete Strahlenbündel ist [Berg04] und je näher θ_1 am kritischen Winkel liegt.

Eine anschauliche Erklärung des Effektes basiert auf der Vorstellung, dass die einfallende Welle nicht unmittelbar an der Trennfläche bei $z = 0$, sondern erst ein wenig später in der Tiefe

$$Z_s = \frac{L_s/2}{\tan \theta_1} = \frac{\lambda_1}{2\pi} \frac{1}{\sqrt{\sin^2 \theta_1 - \sin^2 \theta_c}} \frac{\cos^2 \theta_1}{\cos^2 \theta_c} = \delta_2 \frac{\cos^2 \theta_1}{\cos^2 \theta_c} \tag{6.153}$$

reflektiert wird (siehe Bild 6.20). Diese Tiefe ist in der Nähe des kritischen Winkels für $\theta_1 \approx \theta_c$ am größten und stimmt dort mit der in (6.92) definierten **Eindringtiefe** δ_2 im Medium 2 überein, während sie mit steigendem Einfallswinkel abnimmt. Bei **streifendem Einfall** mit $\theta_1 = 90°$ verschwindet der Goos-Hänchen-Effekt gänzlich und es gilt $L_s = D_s = Z_s = 0$. Bereits Isaac Newton postulierte, dass Lichtenergie an bestimmten Stellen in das dünne Medium eindringt, wonach erst im Medium 2 der eigentliche Vorgang der Totalreflexion erfolgt und die Energie schließlich an anderer Stelle wieder vollständig in das Medium 1 zurückkehrt.

Auch bei **p-Polarisation** kann man, ausgehend von der Phasenänderung $\psi_p(\theta_1)$ nach (6.95), eine Goos-Hänchen-Verschiebung D_p herleiten [Ren64, Jac02], deren Wert sich vom s-Fall unterscheidet:

$$D_p = \frac{D_s}{\dfrac{\sin^2 \theta_1}{\sin^2 \theta_c} - \cos^2 \theta_1} \quad \text{mit } D_s \text{ aus (6.152).} \tag{6.154}$$

In den historischen Experimenten von [Goos49] wurde das Licht der grünen Spektrallinie einer Quecksilberdampflampe mit $\lambda_0 = 546,1$ nm in Flintglas mit $n_1 = 1,762$ geleitet, sodass sich dort die Wellenlänge auf $\lambda_1 = \lambda_0/n_1 = 309,9$ nm verkürzte, um danach an der Trennfläche zur umgebenden Luft mit $n_2 = 1$ unter einem Einfallswinkel $\theta_1 > \theta_c$ zur Totalreflexion gebracht zu werden. Der kritische Winkel betrug $\theta_c = \arcsin(1/1,762) = 34,58°$. Für diese Daten zeigt Bild 6.21 die Kurven D_s/λ_1 und D_p/λ_1 nach (6.152) und (6.154) als Funktion von θ_1.

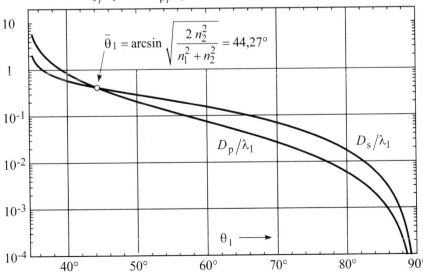

Bild 6.21 Goos-Hänchen-Effekt D_s/λ_1 und D_p/λ_1 nach (6.152) bzw. (6.154) für Flintglas mit $n_1 = 1,762$ und $n_2 = 1$ im Winkelbereich $\theta_c + 0,5° \leq \theta_1 \leq 90°$ mit $\theta_c = \arcsin(n_2/n_1) = 34,58°$.

Ist der Nenner in (6.154) *kleiner* als eins, dann wird $D_p > D_s$, was z. B. in der Nähe des kritischen Winkels der Fall ist:

$$D_p(\theta_1 \to \theta_c) = \frac{D_s(\theta_1 \to \theta_c)}{n_{rel}^2} = \frac{\lambda_1}{\pi} \frac{\sin\theta_1}{n_{rel}^2 \sqrt{\sin^2\theta_1 - \sin^2\theta_c}}. \tag{6.155}$$

Hier fällt die Strahlversetzung bei p-Polarisation wegen $n_{rel} = n_2/n_1 = \sin\theta_c < 1$ stärker aus als im s-Fall. Ist hingegen der Nenner in (6.154) *größer* als eins, dann wird $D_p < D_s$. Die Grenze $\bar{\theta}_1$ zwischen diesen Bereichen erhält man aus:

$$\frac{\sin^2\bar{\theta}_1}{\sin^2\theta_c} - \cos^2\bar{\theta}_1 = 1. \tag{6.156}$$

Diese Bedingung markiert den **Schnittpunkt** beider Kurven in Bild 6.21 und führt auf:

$$\bar{\theta}_1 = \arcsin\sqrt{\frac{2n_{rel}^2}{1+n_{rel}^2}}, \tag{6.157}$$

woraus man mit $n_{rel} = n_2/n_1 = 1/1,762$ die Abszisse des Schnittpunkts zu $\bar{\theta}_1 = 44,27°$ ermitteln kann, womit dann auch die zugehörige Ordinate festliegt:

$$D_s(\bar{\theta}_1) = D_p(\bar{\theta}_1) = \frac{\lambda_1}{\pi} \frac{\sqrt{2}}{\sqrt{1-n_{rel}^2}} \frac{1}{1+n_{rel}^2}, \tag{6.158}$$

was bei $n_{rel} = 1/1,762$ zu $D_s(\bar{\theta}_1) = D_p(\bar{\theta}_1) = 0,41354\,\lambda_1$ führt. Bei allen *anderen* Einfallswinkeln $\theta_1 \neq \bar{\theta}_1$ aus dem Bereich $\theta_c \leq \theta_1 \leq 90°$ (für die also auch Totalreflexion auftritt) wird folglich ein elliptisch polarisierter Lichtstrahl in zwei zueinander um $\left|D_s - D_p\right|$ versetzte einzelne Teilstrahlen aufgespalten.

Den Ort der **scheinbaren Reflexionsebene** nach Bild 6.20 im **p-Fall** erhalten wir aus (6.153) unter Berücksichtigung von (6.154)

$$\boxed{Z_p = \frac{Z_s}{\dfrac{\sin^2\theta_1}{\sin^2\theta_c} - \cos^2\theta_1}}.$$

In Übung 6.7 galt: $\lambda_1 = 1,27\,\mu m$, $\theta_c = 81,8°$, $\theta_1 = 85°$ und $\delta_2 = 1,78\,\mu m$. Damit wird: $Z_s = 0,663\,\mu m = 0,372\,\delta_2$ und $Z_p = 0,659\,\mu m = 0,370\,\delta_2$. (6.159)

Für $\theta_1 < \bar{\theta}_1$ wird daher $Z_p > Z_s$, während bei $\theta_1 > \bar{\theta}_1$ stattdessen $Z_p < Z_s$ gilt. Wie kommt es nun dazu, dass für gegebenen Einfallswinkel θ_1 der Goos-Hänchen-Effekt einmal bei p-Polarisation und dann wieder bei s-Polarisation stärker ausgeprägt ist? Die Antwort darauf finden wir in Bild 6.15. Dort sind die Beträge der Durchlassfaktoren d_p und d_s bei Totalreflexion als Funktion des Einfallswinkels dargestellt. Zunächst stellt man fest, dass der **Schnittpunkt** beider Kurven in Bild 6.15 am gleichen Winkel $\bar{\theta}_1$ liegt wie der Schnittpunkt in Bild 6.21. *Links* dieses Schnittpunkts (also für $\theta_1 < \bar{\theta}_1$) gilt nach Bild 6.15 $d_p > d_s$ und die evaneszente Welle greift daher bei p-Polarisation tiefer in das dünnere Medium ein. Dies geschieht aber keineswegs deswegen, weil etwa deren Eindringtiefe δ_2 größer wäre (die ist nämlich nach (6.79) von der Polarisation gänzlich unabhängig), sondern aus dem simplen Grund, weil das evaneszente Feld am Ort der Trennfläche bei $z = 0$ im p-Fall mit einem höheren Wert startet als im s-Fall, und es deshalb noch in größerer Tiefe nachweisbar bleibt. *Rechts* des Schnittpunkts (also für $\theta_1 > \bar{\theta}_1$) ist es dann gerade umgekehrt.

6.7 Ebenes Drei- und Mehrschichtenproblem

6.7.1 Ebenes Dreischichtenproblem

Wir wollen noch einmal zum senkrechten Einfall auf eine ebene Trennfläche zurückkehren und erweitern unser ursprüngliches Problem (Bild 5.5) um ein drittes Medium (Bild 6.22).

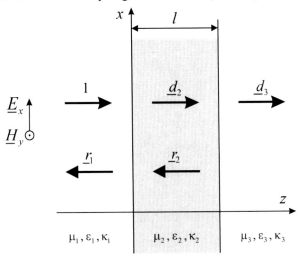

Im Folgenden lassen wir eine vertikal polarisierte TEM-Welle senkrecht auf eine planparallele Schicht der Dicke l einfallen und fragen sowohl nach dem Eingangsreflexionsfaktor $\underline{r}_1$ als auch nach dem Durchlassfaktor $\underline{d}_3$. Dabei dürfen alle drei Medien, die wir mit $i = 1, 2, 3$ beziffern, *verlustbehaftet* und *verschieden* sein. Ihre elektromagnetischen Eigenschaften seien wie üblich durch ihre komplexen Feldwellenimpedanzen $\underline{Z}_i$ gegeben.

Bild 6.22 Senkrechter Einfall einer TEM-Welle auf eine planparallele Schicht der Dicke l

Es wird sich für die Notation als zweckmäßig erweisen, wenn wir stattdessen die inversen Größen – nämlich die Feldwellenadmittanzen – einführen:

$$\underline{Y}_i = \frac{1}{\underline{Z}_i} = \sqrt{\frac{\kappa_i + j\omega\varepsilon_i}{j\omega\mu_i}} \quad \text{mit} \quad i = 1, 2, 3 \ . \tag{6.160}$$

Analog zu Tabelle 5.2 machen wir in jedem der drei Raumteile einen **Feldansatz:**

$$\underline{\mathbf{E}}_1 = \mathbf{e}_x \underline{E}_0 \left(e^{-\underline{\gamma}_1 z} + \underline{r}_1 e^{\underline{\gamma}_1 z} \right) \quad \text{und} \quad \underline{\mathbf{H}}_1 = \mathbf{e}_y \frac{\underline{E}_0}{\underline{Z}_1} \left(e^{-\underline{\gamma}_1 z} - \underline{r}_1 e^{\underline{\gamma}_1 z} \right)$$

$$\underline{\mathbf{E}}_2 = \mathbf{e}_x \underline{E}_0 \left(\underline{d}_2 e^{-\underline{\gamma}_2 z} + \underline{r}_2 e^{\underline{\gamma}_2 z} \right) \quad \text{und} \quad \underline{\mathbf{H}}_2 = \mathbf{e}_y \frac{\underline{E}_0}{\underline{Z}_2} \left(\underline{d}_2 e^{-\underline{\gamma}_2 z} - \underline{r}_2 e^{\underline{\gamma}_2 z} \right) \tag{6.161}$$

$$\underline{\mathbf{E}}_3 = \mathbf{e}_x \underline{E}_0 \underline{d}_3 e^{-\underline{\gamma}_3 (z-l)} \quad \text{und} \quad \underline{\mathbf{H}}_3 = \mathbf{e}_y \frac{\underline{E}_0}{\underline{Z}_3} \underline{d}_3 e^{-\underline{\gamma}_3 (z-l)} \ .$$

Die an den Trennflächen bei $z = 0$ und $z = l$ tangentialen elektrischen und magnetischen Feldkomponenten müssen stetig ineinander übergehen. Dadurch erhalten wir vier Gleichungen für die vier Unbekannten $\underline{r}_1, \underline{d}_2, \underline{r}_2$ und $\underline{d}_3$.

Man beachte, dass im Raumteil 2 zwischen vorderer und hinterer Trennfläche zeitlich aufeinander folgende **Mehrfachreflexionen** auftreten – tatsächlich unendlich viele – die auch unendlich viele Beiträge zu $\underline{r}_1$ und $\underline{d}_3$ hervorbringen. Man könnte diese Mehrfachreflexionen als einzelne Terme einer konvergenten Reihe anschreiben, wenn man an der zeitlichen Entwicklung des Einschwingvorgangs interessiert wäre. Im harmonisch eingeschwungenen Zustand sei mit $\underline{r}_1, \underline{d}_2, \underline{r}_2$ und $\underline{d}_3$ die Summe aller superponierter Mehrfachreflexionen gemeint, d. h. unsere vier Unbekannten stellen bereits einen geschlossenen Ausdruck für die erwähnten Reihendarstellungen dar.

Aus dem erwähnten (4×4)–Gleichungssystem, das wir nicht explizit angeben wollen, folgt nach unschwieriger Zwischenrechnung der **Reflexionsfaktor** $\underline{r}_1$ im Medium 1 und der **Durchlassfaktor** $\underline{d}_3$ im Medium 3:

$$
\begin{aligned}
\underline{r}_1 &= \frac{\left(\underline{Y}_1 - \underline{Y}_2\right)\left(\underline{Y}_2 + \underline{Y}_3\right) e^{\underline{\gamma}_2 l} + \left(\underline{Y}_1 + \underline{Y}_2\right)\left(\underline{Y}_2 - \underline{Y}_3\right) e^{-\underline{\gamma}_2 l}}{\left(\underline{Y}_1 + \underline{Y}_2\right)\left(\underline{Y}_2 + \underline{Y}_3\right) e^{\underline{\gamma}_2 l} + \left(\underline{Y}_1 - \underline{Y}_2\right)\left(\underline{Y}_2 - \underline{Y}_3\right) e^{-\underline{\gamma}_2 l}} \\[2mm]
\underline{d}_3 &= \frac{4\,\underline{Y}_1\,\underline{Y}_2}{\left(\underline{Y}_1 + \underline{Y}_2\right)\left(\underline{Y}_2 + \underline{Y}_3\right) e^{\underline{\gamma}_2 l} + \left(\underline{Y}_1 - \underline{Y}_2\right)\left(\underline{Y}_2 - \underline{Y}_3\right) e^{-\underline{\gamma}_2 l}}\,.
\end{aligned}
\tag{6.162}
$$

Im Sonderfall einer verschwindenden Schicht erhalten wir aus (6.162) mit $l \to 0$:

$$
\underline{r}_1 = \frac{\underline{Y}_1 - \underline{Y}_3}{\underline{Y}_1 + \underline{Y}_3} = \frac{\underline{Z}_3 - \underline{Z}_1}{\underline{Z}_3 + \underline{Z}_1} \quad \text{und} \quad \underline{d}_3 = \frac{2\,\underline{Y}_1}{\underline{Y}_1 + \underline{Y}_3} = \frac{2\,\underline{Z}_3}{\underline{Z}_3 + \underline{Z}_1},
\tag{6.163}
$$

was vollkommen mit den Ergebnissen (5.30) des Zweischichtenproblems übereinstimmt, wenn man in (6.163) nur die Substitution $3 \to 2$ vornimmt.

6.7.2 Schirmwirkung metallischer Wände

Mit Hilfe von (6.162) können wir die Durchgangsdämpfung von **Gehäuseblechen** bei senkrechtem Einfall einer TEM-Welle berechnen. In (4.61) hatten wir – unter Vernachlässigung der Reflexionen – für ein Kupferblech der Dicke $l = 0,1$ mm bei $f = 50$ MHz alleine aufgrund der Wirkung des Skineffekts eine Schirmdämpfung von 93 dB errechnet. Für eine genauere Behandlung des Problems setzen wir jetzt $\underline{Y}_1 = \underline{Y}_3 = \underline{Y}_0$ und erhalten aus (6.162):

$$
\underline{d}_3 = \frac{4\,\underline{Y}_0\,\underline{Y}_2}{\left(\underline{Y}_0 + \underline{Y}_2\right)^2 e^{\underline{\gamma}_2 l} - \left(\underline{Y}_0 - \underline{Y}_2\right)^2 e^{-\underline{\gamma}_2 l}}\,.
\tag{6.164}
$$

Aus den angegebenen Zahlenwerten folgt mit $\kappa_2 = 58 \cdot 10^6$ S/m zunächst

$$
\underline{Y}_2 = \sqrt{\frac{\kappa_2 + j\,\omega\,\varepsilon_0}{j\,\omega\,\mu_0}} \approx 271(1 - j)\,\Omega^{-1}
\tag{6.165}
$$

$$
\underline{\gamma}_2 = \sqrt{-\omega^2\,\mu_0\,\varepsilon_0 + j\,\omega\,\mu_0\,\kappa_2} \approx 1,07 \cdot 10^5 (1 + j)\,\text{m}^{-1},
\tag{6.166}
$$

woraus wir mit (6.164) schließlich den Durchlassfaktor $\underline{d}_3 \approx \left(-5,51 + j\,2,94\right) \cdot 10^{-10}$ ermitteln. Da die Medien 1 und 3 identisch sind, können wir die Schirmdämpfung einfach wie

$$
-20 \lg \left|\underline{d}_3\right| \, \text{dB} \approx 184 \, \text{dB}
\tag{6.167}
$$

berechnen. Die zusätzliche Reflexionsdämpfung von 91 dB liegt hier also in der gleichen Größenordnung wie die Dämpfung von 93 dB nur aufgrund des Skineffekts. Eine dünnere Schirmfolie mit $l = 0,01$ mm hätte bei derselben Frequenz noch eine Gesamtdämpfung von 101 dB.

6.7.3 Verlustloser Viertelwellen-Transformator

Im Folgenden wollen wir uns auf _verlustlose_ Medien beschränken. Nach (6.163) kann bei _senk-rechtem_ Einfall auf eine Trennfläche zwischen zwei Medien mit verschiedenem Feldwellenwiderstand die Reflexion nie null werden. Bei drei Medien erhalten wir ein völlig anderes Verhalten. Nach (6.162) stellt sich nämlich für $Y_2 = \sqrt{Y_1 Y_3}$ und einer Dicke der mittleren Schicht von $l = \lambda_2/4$ (also $\underline{\gamma}_2 l = j \beta_2 l = j \pi/2$) eine schmalbandige Wellenwiderstandsanpassung und ein Verschwinden der Reflexion an der Mittenfrequenz ein. Dort wird dann

$$\underline{r}_1 = 0 \quad \text{und} \quad \underline{d}_3 = e^{-j\pi/2}\sqrt{\frac{Y_1}{Y_3}} = -j\sqrt{\frac{Z_3}{Z_1}}. \tag{6.168}$$

Praktische Beispiele für solche **Viertelwellen-Transformatoren** gibt es bei elektrischen Leitungen (siehe Abschnitt 7.2.3) und auch in der Optik, wo **Linsen** mit $\lambda/4$ dicken Schichten vergütet werden, um die Reflexion zu mindern. Es muss dazu nur der Brechungsindex dieser Schicht das geometrische Mittel der Brechungsindizes in und vor der Linse sein.

Die Bandbreite, innerhalb derer der Eingangsreflexionsfaktor ein zulässiges Maß nicht überschreitet, ist begrenzt und hängt nach Tabelle 7.9 von der Größe des Transformationsverhältnisses $t = Z_3/Z_1$ ab. Bei höheren Anforderungen muss eventuell eine Kettenschaltung aus mehreren $\lambda/4$-Transformatoren eingesetzt werden [Zin95].

6.7.4 Verlustloser Halbwellen-Transformator

Beim verlustlosen **Dreischichtenproblem** ($\varepsilon_0 \Leftrightarrow \varepsilon_0 \varepsilon_r \Leftrightarrow \varepsilon_0$) mit $Y_1 = Y_3 = Y_0$ und $Y_2 = Y_0\sqrt{\varepsilon_r}$ sowie $\underline{\gamma}_2 = j\beta_2$ folgt aus (6.162) nach kurzer Zwischenrechnung ein _periodischer_ Verlauf des Reflexionskoeffizienten:

$$R = |\underline{r}_1|^2 = \frac{(\varepsilon_r - 1)^2}{(\varepsilon_r + 1)^2 + 4\varepsilon_r \cot^2(\beta_2 l)}. \tag{6.169}$$

Wegen des Energiesatzes bei _passiven_ und _verlustlosen_ Medien erhalten wir dann den Transmissionskoeffizient T aus:

$$R + T = 1 \quad \text{mit} \quad T = |\underline{d}_3|^2. \tag{6.170}$$

Ist die Dicke der dielektrischen Schicht ein ganzzahliges Vielfaches einer _halben_ Wellenlänge, was bei $\beta_2 l = 2\pi l/\lambda_2 = k_0 l\sqrt{\varepsilon_r} = n\pi$ der Fall ist, dann erhalten wir Totaltransmission mit $R = 0$ und $T = 1$. Hingegen wird bei einem ungeraden Vielfachen einer _viertel_ Wellenlänge mit $\beta_2 l = (2n-1)\pi/2$ die Reflexion maximal bzw. die Transmission minimal und es gilt:

$$R_{\max} = \frac{(\varepsilon_r - 1)^2}{(\varepsilon_r + 1)^2} \quad \text{bzw.} \quad T_{\min} = 1 - R_{\max} = \frac{4\varepsilon_r}{(\varepsilon_r + 1)^2}. \tag{6.171}$$

Halbwellen-Transformatoren mit $l = \lambda_2/2$ werden dann eingesetzt, wenn man – z. B. für $Z_1 = Z_3$ – vorhandene Wellenwiderstandsverhältnisse nicht stören will. Auf diesem Prinzip beruhen die sogenannten **Radome,** welche als Wetterschutz oder windschnittige Verkleidung Antennen umgeben, wie bei der offset-gespeisten Muschelantenne in Bild 6.23.

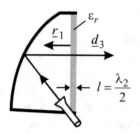

Dimensionierungsbeispiel:

$$f = 10 \text{ GHz} \Rightarrow \lambda_0 = 30 \text{ mm}$$

$$\varepsilon_r = 9 \Rightarrow \lambda_2 = \lambda_0 / \sqrt{\varepsilon_r} = 10 \text{ mm}$$

$$l = \lambda_2 / 2 = 5 \text{ mm}$$

Bild 6.23 Dielektrische Aperturschutzplatte der Dicke $l = \lambda_2 / 2$ einer Reflektorantenne (Kapitel 24)

Wenn die Aperturplatte nicht absorbiert und mit $\beta_2 l = \pi$ gerade eine halbe Wellenlänge dick ist, wird wegen $Y_1 = Y_3 = Y_0$ und $Y_2 = Y_0 \sqrt{\varepsilon_r}$ nach (6.162) $\underline{d}_3 = e^{-j\pi} = -1$. Damit stellt sich Totaltransmission ein und die Aperturplatte ist für die Antennenstrahlung vollkommen transparent – natürlich nur solange die Welle auch wirklich senkrecht einfällt und keine breitbandige Anregung vorliegt. Außerhalb der Mittenfrequenz wird nämlich der Betrag des Reflexionsfaktors $\left| \underline{r}_1(f) \right|$ wieder spürbar größer.

6.7.5 Transmissionskoeffizient beim Dreischichtenproblem

Der **Transmissionskoeffizient** T stellt den Anteil der nach Bild 6.22 an der ersten Trennfläche bei $z = 0$ einfallenden Leistung dar, der in das Medium 3 hineingelangt und verhält sich wegen der Energieerhaltung komplementär zum **Reflexionskoeffizienten** $R = |\underline{r}_1|^2$, womit gilt:

$$R + T = 1, \tag{6.172}$$

falls das Medium 2 passiv (nicht verstärkend) und mit $\kappa_2 = 0$ auch verlustlos ist. Das Medium 2 nennt man dann ein unitäres Zweitor und (6.172) bezeichnet man nach Anhang E als **Unitaritätsbedingung.** Im Folgenden wollen wir der Einfachheit halber auch die Medien 1 und 3 mit $\kappa_1 = \kappa_3 = 0$ als verlustlos annehmen, was es uns bequemerweise erlaubt, mit *reellen Feldwellenwiderständen* zu rechnen. Mit (5.55) und den Bezeichnungen aus Bild 6.22 gilt dann:

$$\boxed{R = \left| \underline{S}_{11} \right|^2 = \left| \underline{r}_1 \right|^2} \quad \text{und} \quad \boxed{T = \left| \underline{S}_{21} \right|^2 = 1 - \left| \underline{r}_1 \right|^2 = \frac{Z_1}{Z_3} \left| \underline{d}_3 \right|^2}. \tag{6.173}$$

Falls die Medien 1 und 3 mit $Z_1 = Z_3$ die *gleichen* reellen Feldwellenwiderstände aufweisen, dann vereinfacht sich (6.173) und es gilt $T = |\underline{d}_3|^2$ wie auch schon in (6.170). Wenn wir also verlustlose Dielektrika mit $\varepsilon_1 = \varepsilon_3$ und $\mu_1 = \mu_3 = \mu_0$ voraussetzen, dann haben wir:

$$\boxed{Y_1 = Y_3 = n_1 Y_0} \tag{6.174}$$

mit dem Brechungsindex $n_1 = \sqrt{\varepsilon_1 / \varepsilon_0}$. Die Feldwellenadmittanz des Mediums 2 darf hingegen komplex sein und folgt aus (4.12) unter Verwendung der Ausbreitungskonstante (4.11):

$$\underline{Y}_2 = \frac{\underline{\gamma}_2}{j\omega\mu_2} = \frac{\alpha_2 + j\beta_2}{j\omega\mu_2}. \tag{6.175}$$

Mit den Annahmen $\mu_2 = \mu_0$ und $\kappa_2 = 0$ wollen wir nun **zwei Spezialfälle** von $\underline{\gamma}_2$ betrachten:

$$\underline{\gamma}_2 = \begin{cases} j\beta_2 & (\text{Fall } \mathbf{A}) \\ \alpha_2 & (\text{Fall } \mathbf{B}) \end{cases}. \tag{6.176}$$

Im **Fall A** ist das Medium 2 ein **verlustloses Dielektrikum,** weswegen seine Dämpfungskonstante mit $\alpha_2 = 0$ verschwindet und $\underline{Y}_2$ analog zu (6.174) reell wird:

$$Y_2 = \frac{\beta_2}{\omega \mu_0} = \frac{n_2 k_0}{\omega \mu_0} = n_2 \sqrt{\frac{\varepsilon_0}{\mu_0}} = n_2 Y_0. \tag{6.177}$$

Den Transmissionskoeffizienten $T = |\underline{d}_3|^2$ erhalten wir dann, indem wir (6.174) und (6.177)
zusammen mit $\underline{\gamma}_2 = j \beta_2$ in (6.162) einsetzen. Das Ergebnis ist **periodisch** und kann nach
kurzer Zwischenrechnung in folgende übersichtliche Form gebracht werden:

$$T = \left[1 + \left(\frac{n_1^2 - n_2^2}{2\, n_1\, n_2} \right)^2 \sin^2(\beta_2\, l) \right]^{-1}. \tag{6.178}$$

Man erhält Totaltransmission mit $T = 1$ einerseits im trivialen Fall mit $n_1 = n_2$, aber auch bei
$\beta_2\, l = n\,\pi$, was wir im Fall des verlustlosen Halbwellentransformators bereits in Abschnitt
6.7.4 diskutiert hatten. So kann man den dortigen Reflexionskoeffizienten (6.169) auch dadurch
erhalten, dass man in (6.178) die Brechungsindizes $n_1 = 1$ und $n_2 = \sqrt{\varepsilon_r}$ einsetzt, d. h. es gilt:

$$R = 1 - T = 1 - \left[1 + \frac{(1 - \varepsilon_r)^2}{4\,\varepsilon_r} \sin^2(\beta_2\, l) \right]^{-1} = \frac{(\varepsilon_r - 1)^2}{(\varepsilon_r + 1)^2 + 4\,\varepsilon_r \cot^2(\beta_2\, l)}. \tag{6.179}$$

Im **Fall B** wollen wir nun $\underline{\gamma}_2 = \alpha_2$ annehmen. Obwohl das Medium 2 wegen $\kappa_2 = 0$ eigentlich
verlustfrei ist, gibt es dennoch eine Dämpfungskonstante $\alpha_2 > 0$. Wie ist das möglich? Dazu
erinnern wir uns an die **frustrierte Totalreflexion,** die wir in Abschnitt 6.5.3 behandelt hatten.
Der Luftspalt zwischen beiden Prismen wirkte dort als Barriere, die keine Wellenausbreitung
zuließ. Anstelle zweier sich mit $e^{\pm j \beta_2 z}$ ausbreitender hin- und rücklaufender Wellen finden
wir im Medium 2 des Luftspalts eine Überlagerung zweier evaneszenter Felder mit der Ortsabhängigkeit $e^{\pm \alpha_2 z}$. Die Felder sind aufgrund der Totalreflexion gedämpft – ohne dass dabei
Ohmsche Verluste auftreten – es handelt sich vielmehr um eine sogenannte **Reflexionsdämpfung.** Ein ähnliches Verhalten wird uns später auch noch in Kapitel 8 begegnen, wenn wir die
Dämpfung nicht ausbreitungsfähiger **Cutoff-Wellen in Hohlleitern** behandeln werden. Tatsächlich können wir das Durchtunnel einer Cutoff-Barriere ebenfalls mit (6.162) beschreiben.
Dazu müssen wir nur $Y_1 = Y_3 = n_1 Y_0$ und $\underline{\gamma}_2 = \alpha_2$ sowie laut (6.175)

$$\underline{Y}_2 = \frac{\alpha_2}{j\omega\mu_0} = \frac{\alpha_2}{j\beta_1}\, n_1 Y_0 \quad \text{mit} \quad \mu_2 = \mu_0 \tag{6.180}$$

in (6.162) einsetzen und erhalten damit zunächst:

$$\underline{d}_3 = \frac{4\, j\, \beta_1\, \alpha_2}{(\alpha_2 + j\beta_1)^2\, e^{\alpha_2\, l} - (\alpha_2 - j\beta_1)^2\, e^{-\alpha_2\, l}}. \tag{6.181}$$

Nach Bildung des Betragsquadrats des komplexen Durchlassfaktors (6.181) folgt schließlich
der **Transmissionskoeffizient der Cutoff-Barriere:**

$$T = |\underline{d}_3|^2 = \left[1 + \left(\frac{\beta_1^2 + \alpha_2^2}{2\, \beta_1\, \alpha_2} \right)^2 \sinh^2(\alpha_2\, l) \right]^{-1}, \tag{6.182}$$

der für $\alpha_2\, l \gg 1$ **aperiodisch** abklingt und asymptotisch gegen null geht. Man vergleiche
(6.182) mit dem periodischen Ergebnis bei Wellenausbreitung (6.178).

Wir haben den Transmissionskoeffizienten (6.182) nach Bild 6.22 für _senkrechten_ Einfall auf das Medium 2 gefunden, wobei der E-Vektor der einfallenden Welle _tangential_ zur Trennfläche bei $z = 0$ orientiert war. Um (6.182) auch auf das Problem der **frustrierten Totalreflexion** nach Bild 6.17 anzuwenden, müssen wir besonders vorsichtig vorgehen. Dort fällt die Welle nämlich _schräg_ unter dem Winkel $\theta_1 > \theta_c$ auf die Luftspaltbarriere mit $n_2 = 1$ ein, dennoch steht im **s-Fall** der E-Vektor ebenfalls _tangential_ zur Trennfläche, was auf die Verwandtschaft beider Feldprobleme hindeutet. So berücksichtigen wir nach (6.128) von der schrägen Ausbreitungsrichtung im Medium 1 nur den normal zur Trennfläche orientierten Anteil $\beta_z = k_1 \cos\theta_1$. Außerdem folgt der Dämpfungsfaktor der evaneszenten Welle im Luftspalt aus (6.79) und ist der Kehrwert der Eindringtiefe. Nun müssen wir nur noch β_z in $\beta_1 = k_1 \cos\theta_1$ umbenennen und setzen dieses zusammen mit $\alpha_2 = 1/\delta_2$ und $\sin\theta_c = 1/n_1$ in (6.182) ein:

$$T_s = \left[1 + \sigma_s^2 \sinh^2(l/\delta_2) \right]^{-1} \quad \text{mit} \quad \sigma_s = \frac{\beta_1^2 + \alpha_2^2}{2\beta_1\alpha_2} = \frac{\cos^2\theta_1 + \sin^2\theta_1 - \sin^2\theta_c}{2\cos\theta_1\sqrt{\sin^2\theta_1 - \sin^2\theta_c}}, \quad (6.183)$$

woraus direkt (6.134) mit σ_s nach (6.135) folgt. Der **p-Fall** kann so nicht behandelt werden.

6.7.6 Durchgangsdämpfung von Fensterglas

Für Fenstergläser wird häufig Flachglas mit einer relativen Permittivität von $\varepsilon_r = 2,25$ eingesetzt. Im Folgenden wollen wir Einfachverglasungen, Zweischeibenisolierglas und Dreischeibenisolierglas (siehe Bild 6.24) hinsichtlich ihres Transmissionsverhaltens untersuchen.

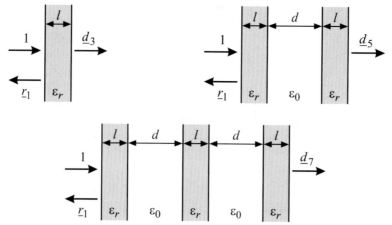

Bild 6.24 Fensterscheiben mit Einfach-, Doppel- und Dreifachverglasung: Alle Teilgläser sollen bei Mehrfachverglasung die gleiche Dicke l aufweisen. Beim Dreischeibenglas sollen die beiden Scheibenzwischenräume das identische Maß d haben.

Je nach Anzahl der Scheiben erhalten wir in Bild 6.24 ein Drei-, Fünf- oder Siebenschichtenproblem. Der **Feldansatz** für fünf und sieben Schichten – wiederum bei senkrechtem Einfall – ergibt sich analog zu dem des Dreischichtenproblems (6.161). Die Erfüllung der Stetigkeit der tangentialen elektrischen und magnetischen Felder an jeder einzelnen Trennfläche führt z. B. beim Siebenschichtenproblem des Dreischeibenglases zu einem (12×12) – Gleichungssystem. Dessen Auflösung geschieht am schnellsten mit einer Computeralgebra-Software – doch selbst dann, wenn wir alle Teilgläser verlustlos mit gleichem ε_r und gleicher Dicke l annehmen, sowie für die Zwischenräume gleiches ε_0 und gleiche Abmessung d ansetzen, sind die resultierenden Formeln für den Eingangsreflexionsfaktor $\underline{r}_1$ immer noch so umfangreich, dass wir sie hier nicht angeben wollen.

Eine wesentliche Vereinfachung der Ergebnisse stellt sich ein, wenn wir den für die Übertragung von Mobilfunksignalen ungünstigsten Fall größter Reflexion und damit geringster Transmission betrachten. Dieses **Worst-Case-Szenario** mit größter Transmissionsdämpfung stellt sich dann ein, wenn alle inneren Raumteile die Ausdehnung einer Viertelwellenlänge[8] haben:

$$\beta\, l = k_0\, l\, \sqrt{\varepsilon_r} = \pi/2 \quad \text{und} \quad k_0\, d = \pi/2 \quad \text{mit} \quad k_0 = \omega\sqrt{\mu_0\,\varepsilon_0} = \omega/c_0 . \tag{6.184}$$

Die **geringste Transmission bei senkrechtem Einfall** einer TEM-Welle beim ebenen Mehrschichtproblem erhalten wir nach (6.184) also dann, wenn alle inneren Raumteile sich wie Viertelwellen-Transformatoren verhalten und die Abmessungen von Luft- und Glasstrecken wie

$$d = l\,\sqrt{\varepsilon_r} \tag{6.185}$$

gewählt werden. Für $d = l\,\sqrt{\varepsilon_r}$ ist also nach (6.184) an bestimmten Frequenzen

$$f = (2\,n-1)\,\frac{c_0}{4\,d} \quad \text{mit} \quad 2\,n-1 = 1, 3, 5, 7, \ldots \tag{6.186}$$

eine besonders geringe Transmission zu erwarten, weil hier die Längsausdehnung aller inneren Raumteile ein ungerades Vielfaches einer Viertelwellenlänge beträgt.

Der sich unter Beachtung von (6.185) bei bestimmten Frequenzen (6.186) einstellende **kleinstmögliche Transmissionskoeffizient** (siehe auch (6.171))

$$T_{\min} = 1 - R_{\max} = \begin{cases} \left|\underline{d}_{3,\min}\right|^2 = \dfrac{4\,\varepsilon_r}{(\varepsilon_r+1)^2} & \text{für} \quad \text{Einfachverglasung} \\[2ex] \left|\underline{d}_{5,\min}\right|^2 = \dfrac{4\,\varepsilon_r^2}{(\varepsilon_r^2+1)^2} & \text{für} \quad \text{Doppelverglasung} \\[2ex] \left|\underline{d}_{7,\min}\right|^2 = \dfrac{4\,\varepsilon_r^5}{(\varepsilon_r^5+1)^2} & \text{für} \quad \text{Dreifachverglasung} \end{cases} . \tag{6.187}$$

hängt dann nur noch von der Anzahl der Scheiben sowie vom ε_r der verwendeten Glassorte ab und ist in Bild 6.25 dargestellt. Der Sonderfall $\varepsilon_r = 1$ führt stets zu $T_{\min} = 1$, da dann alle Glasscheiben verschwinden.

Bei verlustlosem Fensterglas mit $\varepsilon_r = 2{,}25$ kann die Durchgangsdämpfung (die man nach Anhang E.2 auch **Einfügungsdämpfung** oder Insertion Loss IL nennt) bei senkrechtem Einfall daher folgende Maximalwerte annehmen:

$$IL_{\max} = -10\lg T_{\min}\;\text{dB} = \begin{cases} 0{,}70\ \text{dB} & \text{für} \quad \text{Einfachverglasung} \\ 2{,}59\ \text{dB} & \text{für} \quad \text{Doppelverglasung} \\ 11{,}74\ \text{dB} & \text{für} \quad \text{Dreifachverglasung.} \end{cases} \tag{6.188}$$

---

[8] Neben $\lambda/4$ führen auch die Abmessungen $3\lambda/4$, $5\lambda/4$ usw. zum selben Verhalten, da sich nach Tabelle 7.8 Reflexionsfaktoren und Impedanzen auf verlustlosen Leitungen nach einer halben Wellenlänge $\lambda/2$ periodisch wiederholen.

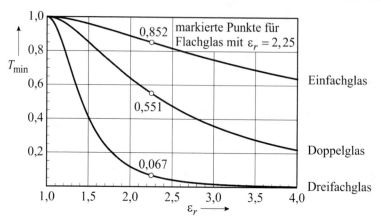

Bild 6.25 Fall geringster Transmission (6.187) bei $d = l\sqrt{\varepsilon_r}$ und $\lambda/4$-Resonanz aller Schichten

Insbesondere bei Dreifachverglasungen kann die maximal mögliche Einfügungsdämpfung beachtlich hoch ausfallen. In Bild 6.26 ist die **Einfügungsdämpfung** bei senkrechtem Einfall für verschiedene handelsübliche Fenstertypen aus verlustlosem Flachglas mit $\varepsilon_r = 2,25$ über der Frequenz im Bereich von 0 GHz bis 30 GHz dargestellt. Die Kurven a, b und c beim Einfachglas verlaufen periodisch – bei Mehrfachverglasungen wäre dies auch der Fall, sofern (6.185) gelten würde. Auch ohne Erfüllung von (6.185) erhalten wir fast die maximal möglichen Werte IL_{max} aus (6.188), wenn auch erst bei Frequenzen, die bei heutigen Mobilfunksystemen nicht genutzt werden. Unterhalb von 4,6 GHz geht keine der 9 Kurven über 1 dB hinaus.

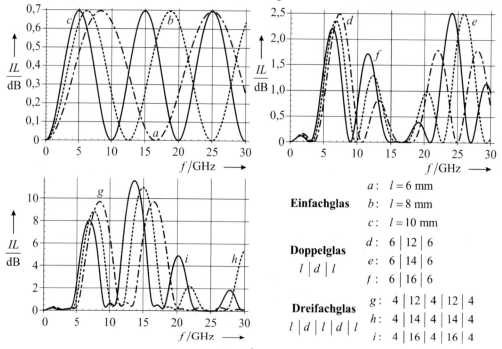

	a: $l = 6$ mm
Einfachglas	b: $l = 8$ mm
	c: $l = 10$ mm
	d: $6\mid 12\mid 6$
Doppelglas	e: $6\mid 14\mid 6$
$l\mid d\mid l$	f: $6\mid 16\mid 6$
	g: $4\mid 12\mid 4\mid 12\mid 4$
Dreifachglas	h: $4\mid 14\mid 4\mid 14\mid 4$
$l\mid d\mid l\mid d\mid l$	i: $4\mid 16\mid 4\mid 16\mid 4$

Bild 6.26 Einfügungsdämpfung $IL = -10\lg[1 - |\underline{r}_1|^2]$ dB, berechnet mit der exakten Lösung der Feldprobleme aus Bild 6.24 bei Fensterverglasungen aus Flachglas mit $\varepsilon_r = 2,25$ als Funktion der Frequenz für verschiedene Glasdicken l und Luftzwischenräume d jeweils in Millimetern.

6.8 Beugung an einer metallischen Schirmkante

Bisher haben wir die Reflexion an unendlich ausgedehnten, ebenen Trennflächen untersucht. Im Folgenden wollen wir die Beugung an einem halbunendlichen, ebenen, metallischen Schirm mit scharfer, geradliniger Kante betrachten **(Sommerfeldsches Halbebenenproblem)**. Dazu lassen wir eine TEM-Welle unter dem Winkel $0 < \varphi_0 < \pi$ auf eine Halbebene ($y = 0$, $x \geq 0$) einfallen. Die Kante der Halbebene sei mit der z-Achse identisch und es gelte $\mathbf{k} \cdot \mathbf{e}_z = 0$, d. h. die Kante steht senkrecht zur Ausbreitungsrichtung. In Bild 6.27 sind gestrichelt die Richtungen der Schattengrenze ($\pi + \varphi_0$) und der gespiegelten Schattengrenze ($\pi - \varphi_0$) dargestellt.

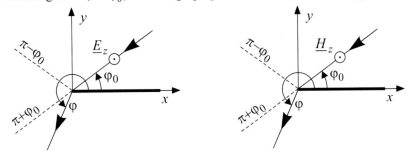

Bild 6.27 Schräger Einfall einer TEM-Welle auf einen halbunendlichen, metallischen, dünnen Schirm

Wir betrachten – wie bei schrägem Einfall üblich (siehe Tabelle 5.5) – wieder zwei orthogonale Polarisationen. Im linken Fall aus Bild 6.27 ist der <u>elektrische</u> Feldvektor senkrecht zur Einfallsebene und parallel zur Kante orientiert. Mit $\mathbf{k} = k(-\mathbf{e}_x \cos\varphi_0 - \mathbf{e}_y \sin\varphi_0)$ und dem Vektor zum Aufpunkt $\mathbf{r} = \rho \, \mathbf{e}_\rho = \rho(\mathbf{e}_x \cos\varphi + \mathbf{e}_y \sin\varphi)$ folgt die Feldstärke der einfallenden Welle:

$$\underline{\mathbf{E}}_i(\mathbf{r}) = \underline{\mathbf{E}}_0 \, e^{-j\,\mathbf{k}\cdot\mathbf{r}} = \mathbf{e}_z \underline{E}_0 \, e^{j\,k\,\rho\,\cos(\varphi - \varphi_0)} . \tag{6.189}$$

Wir haben also ein ebenes Problem, das wir in Polarkoordinaten beschreiben. Die einfallende Welle regt neben einer reflektierten auch eine gebeugte Welle an, die im ganzen Raum vorhanden ist; insbesondere kann sie in den geometrischen Schattenbereich ($\pi + \varphi_0 < \varphi < 2\pi$) eindringen. Die Superposition aller Feldanteile kann man als strenge Lösung des Beugungsproblems durch Fresnelsche Integrale ausdrücken [Som78, Born85, Born93, Mit71, Fel94, Van91]:

$$\boxed{\underline{\mathbf{E}}_{ges}(\mathbf{r}) = \mathbf{e}_z \underline{E}_0 \frac{1+j}{2} \left[e^{j\,k\,\rho\,\cos(\varphi - \varphi_0)} \underline{G}(u) - e^{j\,k\,\rho\,\cos(\varphi + \varphi_0)} \underline{G}(v) \right]} \;\; \text{mit} \tag{6.190}$$

$$u = 2\sqrt{\frac{k\rho}{\pi}}\cos\frac{\varphi - \varphi_0}{2}, \; v = 2\sqrt{\frac{k\rho}{\pi}}\cos\frac{\varphi + \varphi_0}{2}, \; \underline{G}(x) = \underline{F}(\infty) + \underline{F}(x) = \frac{1-j}{2} + \int_0^x e^{-j\frac{\pi}{2}\tau^2} d\tau . \tag{6.191}$$

Die Halbebene definiert einen <u>Verzweigungsschnitt</u> bei $\varphi = 0$, darum <u>muss</u> $0 < \varphi < 2\pi$ gelten. Der erste Teil der Lösung ist mit der einfallenden Welle und der zweite Teil mit der reflektierten Welle verknüpft. Bei der orthogonalen Polarisation $\mathbf{e}_z \underline{H}_0$ ändert sich die Randbedingung auf dem Schirm. Darum muss lediglich das Vorzeichen des zweiten Terms getauscht werden:

$$\boxed{\underline{\mathbf{H}}_{ges}(\mathbf{r}) = \mathbf{e}_z \underline{H}_0 \frac{1+j}{2} \left[e^{j\,k\,\rho\,\cos(\varphi - \varphi_0)} \underline{G}(u) + e^{j\,k\,\rho\,\cos(\varphi + \varphi_0)} \underline{G}(v) \right]} . \tag{6.192}$$

Bild 6.28 zeigt den Betrag von (6.190) und (6.192) auf einem Kreis mit Radius $\rho = 3\lambda$ als Funktion des Winkels φ. Der Kreismittelpunkt liegt auf der Kante im Koordinatenursprung.

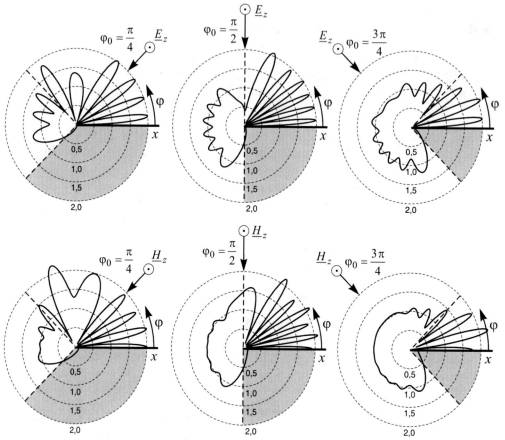

Bild 6.28 Normierte Gesamtfeldstärke $\left|\underline{E}_{ges}/\underline{E}_0\right|$ bzw. $\left|\underline{H}_{ges}/\underline{H}_0\right|$ nach (6.190) und (6.192) bei $\rho = 3\lambda$

An der Schattengrenze ist (für $\rho = 3\lambda$) der Betrag der Gesamtfeldstärke etwa halb so groß wie bei der einfallenden Welle. Für $\rho \to \infty$ würde man <u>exakt</u> den Wert $\left|\underline{E}_0\right|/2$ erhalten. Im Bereich $0 < \varphi < \pi - \varphi_0$ kommt es zu starken <u>Interferenzen,</u> die zu Feldstärken zwischen null und

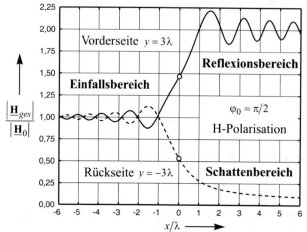

mehr als dem doppelten Wert der einfallenden Welle führen. Bei $\pi - \varphi_0 < \varphi < \pi + \varphi_0$ dominiert das Feld der einfallenden Welle, während den geometrischen <u>Schatten</u>bereich $\pi + \varphi_0 < \varphi < 2\pi$ nur noch das Beugungsfeld erreicht. Ohne Beugungsbeitrag würden wir bei senkrechtem Einfall und $y = \pm 3\lambda$ die Feldstärken 2, 1 und 0 erwarten (Bild 6.29). Diesen Werten überlagert sich eine <u>Beugungswelle,</u> die $\sim 1/\sqrt{\rho}$ und direkt auf der Kante singulär ist (Abschnitt 14.5).

Bild 6.29 Magnetfeld (H-Polarisation, $\varphi_0 = \pi/2$) <u>vor</u> dem Schirm ($y = 3\lambda$) und <u>dahinter</u> ($y = -3\lambda$)

6.9 Aufgaben

6.9.1 Die komplexe Permittivität von trockenem Beton bei der Frequenz $f = 2,4\,\text{GHz}$ sei $\underline{\varepsilon} = \varepsilon_0\,\varepsilon_r - j\,\kappa/\omega = \varepsilon_0\,(4,94 - j\,0,69)$. Wie groß ist die kritische Frequenz $f_{\text{crit}} = \kappa/(2\,\pi\,\varepsilon_0\,\varepsilon_r)$, ab der nach Bild 4.2 die Eindringtiefe konstant bleibt? Bestimmen Sie den Pseudo-Brewster-Winkel $\theta_{\text{pB}}^{\text{p}}$ bei p-Polarisation und den zugehörigen Reflexionsfaktor $\underline{r}_{\text{p}}(\theta_{\text{pB}}^{\text{p}}) = r_{\text{p}}\exp(j\,\phi_{\text{p}})$.

6.9.2 Ein unmagnetisches Medium mit der Brechzahl $n_1 = \sqrt{\varepsilon_r}$ grenzt an Luft mit $n_2 = 1$. Wie groß muss n_1 sein, damit der Grenzwinkel der Totalreflexion bei der Ausbreitungsrichtung $1 \to 2$ mit dem Brewster-Winkel im p-Fall bei umgedrehter Ausbreitungsrichtung $2 \to 1$ übereinstimmt?

6.9.3 Eine TEM-Welle breitet sich mit der Amplitude $E_0 = 1\,\text{V/m}$ in destilliertem Wasser mit den Materialkonstanten $\varepsilon_r = 70$, $\mu_r = 1$ und $\kappa = 0$ aus. Sie fällt s-polarisiert schräg auf die ebene Trennfläche Wasser→Luft. Ab welchem Einfallswinkel θ_c tritt Totalreflexion ein? Wie groß ist der Betrag der Feldstärke im Luftraum direkt am Ort der Trennfläche bzw. $\lambda_0/4$ von der Trennfläche entfernt, falls der Einfallswinkel $\theta_1 = 45°$ beträgt?

6.9.4 Betrachten Sie den senkrechten Einfall eines Mobilfunk-Signals bei der Frequenz $f = 2\,\text{GHz}$ auf eine Stahlbetonwand der Dicke $l = 25\,\text{cm}$ mit der effektiven Permittivität $\underline{\varepsilon} = \varepsilon' - j\,\varepsilon'' = \varepsilon_0\,(7,1 - j\,0,68)$. Vernachlässigen Sie die magnetischen Eigenschaften der Wand und finden Sie mit (6.164) ihre Einfügungsdämpfung $IL = -20\,\lg\left|d_3\right|\,\text{dB}$. Wiederholen Sie die Rechnung für eine Ziegelsteinwand gleicher Dicke, deren effektive Permittivität bei $f = 2\,\text{GHz}$ wir mit $\underline{\varepsilon} = \varepsilon_0\,(4,5 - j\,0,27)$ annehmen dürfen [Yang96].

Lösungen:

6.9.1 Aus $\kappa/(\omega\varepsilon_0) = 0,69$ folgt $\kappa = 0,092\,\text{S/m}$, womit $f_{\text{crit}} = 335\,\text{MHz}$ wird. Nach (6.46) ist der Pseudo-Brewster-Winkel $\theta_{\text{pB}}^{\text{p}} = 65,9°$, an dem das Minimum des Betrags des Reflexionsfaktors $\underline{r}_{\text{p}}(\theta_{\text{pB}}^{\text{p}}) = 0,0278\exp(j\,89,6°\,\pi/180°)$ vorliegt. Wegen $f \gg f_{\text{crit}}$ hätte man auch die Näherung $\theta_{\text{pB}}^{\text{p}} \approx \theta_{\text{B}}^{\text{p}} = \arctan\sqrt{\varepsilon_r} = 65,8°$ benutzen dürfen.

6.9.2 Nach Gleichsetzen von $\theta_c = \arcsin(1/\sqrt{\varepsilon_r})$ und $\theta_{\text{B}}^{\text{p}} = \arctan\sqrt{\varepsilon_r}$ findet man mit

$$\arctan x = \arcsin\left(x/\sqrt{1+x^2}\right)$$

eine quadratische Gleichung: $\varepsilon_r^2 - \varepsilon_r - 1 = 0$ mit der Lösung $\varepsilon_r = (1+\sqrt{5})/2$ bzw. $n_1 = \sqrt{\varepsilon_r} = 1,272$. Diesen Brechungsindex findet man z. B. bei manchen flüssigen chemischen Substanzen im optischen Spektralbereich. Dann gilt: $\theta_c = \theta_{\text{B}}^{\text{p}} = 51,83°$. Wenn also ein Lichtstrahl mit $\theta_i = 51,83°$ in Richtung $1 \to 2$ einfällt, dann wird er totalreflektiert. Dagegen wird er totaltransmittiert, wenn er mit dem gleichen $\theta_i = 51,83°$ in entgegengesetzter Richtung $2 \to 1$ auf die Trennfläche zuläuft.

6.9.3 $\theta_c = 6,86°$, $E(z=0) = 1,42\,\text{V/m}$ und $E(z = \lambda_0/4) = 150\,\mu\text{V/m}$

6.9.4 Mit $\underline{Y}_2 = \sqrt{\underline{\varepsilon}/\mu_0}$ und $\underline{\gamma}_2 = \sqrt{-\omega^2\,\mu_0\,\underline{\varepsilon}}$ erhalten wir $IL(\text{Stahlbeton}) = 13,51\,\text{dB}$ und $IL(\text{Ziegelstein}) = 6,74\,\text{dB}$, während einfach und mehrfach verglaste Fensterscheiben nach Bild 6.26 bei senkrechtem Einfall mit $f = 2\,\text{GHz}$ nur $IL = 0,25\,\text{dB}$ aufweisen.

7 TEM-Wellen auf Leitungen

Nachdem wir zunächst die grundlegenden Eigenschaften elektromagnetischer Wellen untersucht hatten, haben wir uns dann in den Kapiteln 4, 5 und 6 mit der Ausbreitung von ebenen Wellen im freien Raum beschäftigt. Solche TEM-Wellen besitzen nur transversale Feldkomponenten, während ihre Längsfelder verschwinden $(E_z = H_z = 0)$. Vergleichbare TEM-Wellen treten als einfachste Wellenform auch in verlustlosen homogenen **Zweileitersystemen** auf (Bild 7.1) und sind auch für Gleichstromanwendungen bei der Frequenz $f = 0$ Hz geeignet.

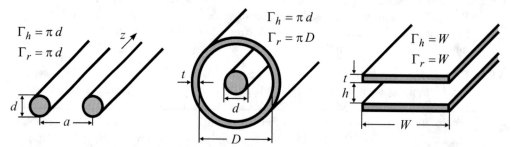

Bild 7.1 Zweileitersysteme mit Wellenausbreitung in z-Richtung: **Doppelleitung, Koaxialleitung und Bandleitung** jeweils mit einem Dielektrikum ε_r zwischen beiden Leitern und $\Gamma_{h,r}$ aus (7.19).

Bei realen Leitungen gibt es stets Ohmsche Verluste in den metallischen Leitern und Polarisationsverluste im dazwischenliegenden Dielektrikum, weswegen die Längsfelder zwar nicht mehr exakt gleich null sind, aber in erster Näherung vernachlässigt werden können. Auch auf **Mikrostreifenleitungen,** die in Form ihres Substrats und des umgebenden Luftraums ein quergeschichtetes Dielektrikum aufweisen, existiert keine reine TEM-Welle. Die Längsfelder einer solchen quasi-TEM-Welle werden bei höheren Frequenzen zunehmend stärker. Eine ausführliche Darstellung der Wellenausbreitung auf Mikrostreifenleitungen erfolgt in Kapitel 27.

7.1 Leitungsbeläge von TEM-Leitungen

Wir betrachten ein kurzes Stück der Länge $dz \ll \lambda/4$ einer homogenen TEM-Leitung. Wie in Bild 7.2 beschreiben wir die elektromagnetischen Eigenschaften dieses Leitungsstücks durch einen Widerstand dR, eine Induktivität dL, einen Leitwert dG und eine Kapazität dC.

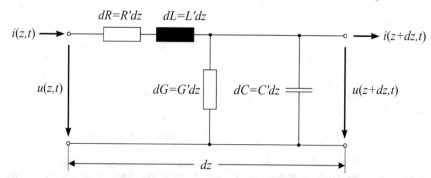

Bild 7.2 Ersatzbild eines kurzen Stückes der Länge $dz \ll \lambda/4$ einer homogenen TEM-Leitung

© Springer Fachmedien Wiesbaden GmbH, ein Teil von Springer Nature 2022
K. W. Kark, *Antennen und Strahlungsfelder*,
https://doi.org/10.1007/978-3-658-38595-8_7

Dabei repräsentieren dL und dC die H- und E-Felder der sich auf der Leitung ausbreitenden elektromagnetischen Welle. Die Größen dR und dG modellieren Wandstromverluste in den metallischen Leitern und Polarisationsverluste im dazwischen liegenden Dielektrikum [Zin95]. Man nennt die auf die Länge dz bezogenen (gestrichenen) Größen **Leitungsbeläge.**

Notation: Die metallischen Wände weisen eine elektrische Leitfähigkeit κ und eine Permeabilität $\mu = \mu_0\,\mu_r$ auf. In Metallen gilt nach (3.37) $\kappa \gg \omega\,\varepsilon_0$. Das Dielektrikum zwischen den Leitern besitzt die Permittivität $\varepsilon' = \varepsilon = \varepsilon_0\,\varepsilon_r$ und nach (3.34) eine elektrische Leitfähigkeit $\kappa_\varepsilon = \kappa + \omega\,\varepsilon''$. Dabei gilt nach (3.42) in Dielektrika die Beziehung $\kappa_\varepsilon \ll \omega\,\varepsilon_0\,\varepsilon_r$.

7.1.1 Innere Induktivität und Wandstromverluste

Zunächst betrachten wir diejenigen Modellparameter, mit denen sich Effekte im Inneren der metallischen Leiter beschreiben lassen. So setzt sich der **Widerstandsbelag** R' aus den Ohmschen Verlusten im Hin- und Rückleiter zusammen:

$$R' = \frac{dR}{dz} = R'_h + R'_r\,. \tag{7.1}$$

Die Anteile des **Induktivitätsbelags**

$$L' = \frac{dL}{dz} = L'_i + L'_a \quad \text{mit} \quad L'_i = L'_{i,h} + L'_{i,r} \tag{7.2}$$

resultieren aus den inneren Induktivitäten im Hin- und Rückleiter sowie der äußeren Induktivität zwischen beiden Leitern (zu L'_a siehe Abschnitt 7.1.2). Die Auswirkung der Felder im Leiterinneren R' und L'_i berechnen wir stets als Summe der Beiträge von Hin- und Rückleiter.

Zur Berechnung der Induktivität einer Leiteranordnung betrachten wir zunächst die von den magnetischen Feldern $\underline{\mathbf{B}} = \mu_0\,\mu_r\,\underline{\mathbf{H}}$ verursachte räumliche Energiedichte (3.26)

$$w_{\mathrm{m}} = \frac{1}{4}\,\underline{\mathbf{B}}\cdot\underline{\mathbf{H}}^* = \frac{\mu_0\,\mu_r}{4}\,\left|\underline{\mathbf{H}}\right|^2\,. \tag{7.3}$$

Die insgesamt in einem Volumen V gespeicherte magnetische Energiemenge W_{m} ist dann

$$W_{\mathrm{m}} = \iiint\limits_V w_{\mathrm{m}}\,dV = \frac{1}{4}\left|\underline{I}\right|^2 L\,, \tag{7.4}$$

womit wir die dem homogenen Raumgebiet zugeordnete **Induktivität** definieren können:

$$\boxed{L = \frac{\mu_0\,\mu_r}{\left|\underline{I}\right|^2}\iiint\limits_V \left|\underline{\mathbf{H}}\right|^2\,dV}\,. \tag{7.5}$$

Die Beziehung (7.5) gilt für Wechselströme beliebiger Frequenz und kann zur Bestimmung sowohl der äußeren Induktivität L_a als auch der inneren Induktivität L_i benutzt werden. Man muss dazu im Integranden nur das im jeweiligen Raumgebiet gültige Magnetfeld $\underline{\mathbf{H}}$ einsetzen. Während die äußere Induktivität L_a, die wir erst in Abschnitt 7.1.2 behandeln werden, von der Frequenz unabhängig ist, bleibt die innere Induktivität L_i dagegen nur bei **niederen Frequenzen** konstant, denn nur dort ist die Eindringtiefe der Felder gemäß (4.55)

$$\delta = \frac{1}{\sqrt{\pi\,f\,\mu_0\,\mu_r\,\kappa}} \tag{7.6}$$

noch ausreichend groß, dass die Leiterquerschnitte vollständig mit Strömen erfüllt sind. Die Stromverdrängung in Richtung der Leiteroberfläche ist dann noch nicht ausgeprägt und es liegen Verhältnisse wie bei Gleichstrom vor. Nach unseren Untersuchungen des *symmetrischen* Skineffekts bei kreiszylindrischen Drähten in Abschnitt 4.2.6 muss dazu die Eindringtiefe größer als der Drahtradius sein (Bild 4.13). Mit dem Drahtradius $d/2$ aus Bild 7.1 muss also $\delta \geq d/2$ gelten. Bei *einseitiger* Stromverdrängung, wie sie im Außenleiter einer Koaxialleitung oder in den Platten einer Bandleitung auftritt, muss zur Vernachlässigung des Skineffekts hingegen $\delta \geq t$ erfüllt sein, woraus wir mit (7.6) folgende Bedingungen erhalten [Zin95]:

$$\boxed{f \leq f_g = \frac{4}{\pi \, \mu_0 \, \mu_r \, \kappa \, d^2}} \quad \text{bzw.} \quad \boxed{f \leq f_g = \frac{1}{\pi \, \mu_0 \, \mu_r \, \kappa \, t^2}} . \tag{7.7}$$

Man nennt f_g die **Grenzfrequenz des Skineffekts** und berechnet sie aus dem *kleineren* der beiden Werte (7.7). Bei einer Koaxialleitung aus Kupfer mit $\mu_r = 1$ und einem massiven Innenleiter mit einem Durchmesser von $d = 2,25$ mm wird $f_g = 3,45$ kHz, falls hier $d/2 > t$ gilt.

Bei Doppelleitungen ist der Abstand beider Leiter üblicherweise groß gegenüber dem Durchmesser der Drähte, d. h. es gilt nach Bild 7.1 meistens $a \gg d$. Falls diese Bedingung verletzt wird, dann kommt es nach [Mei68] zum sogenannten **Proximity-Effekt.** Die Überlagerung der Magnetfelder der beiden Einzelleiter führt dann nämlich zu einer *unsymmetrischen* Stromverteilung im Inneren beider Leiter, was neben dem eigentlichen Skineffekt einen weiteren Beitrag zur Stromverdrängung liefert. So führt der Proximity-Effekt stets zu einer Konzentration der Stromdichte in Bereichen großer elektrischer Feldstärke. Im Folgenden wollen wir $a \gg d$ voraussetzen und dürfen daher die Verkopplung der Leiter einer Doppelleitung durch den Proximity-Effekt vernachlässigen.

In Übung 7.1 berechnen wir zunächst den inneren Induktivitätsbelag einer Koaxialleitung bei niederen Frequenzen $f \leq f_g$. Der Skineffekt ist hier noch nicht ausgeprägt und Innen- bzw. Außenleiter sind wie im Gleichstromfall gleichmäßig stromerfüllt.

Übung 7.1: Innerer Induktivitätsbelag einer Koaxialleitung

- Berechnen Sie den inneren Induktivitätsbelag $L_i' = L_{i,h}' + L_{i,r}'$ einer Koaxialleitung (Bild 7.1) bei Frequenzen $f \leq f_g$ unterhalb der Grenzfrequenz des Skineffekts (7.7).

- **Lösung:**

   In Übung 2.9 hatten wir die Magnetfelder im Innen- und Außenleiter einer mit *Gleichstrom* betriebenen koaxialen Leitung errechnet. Mit $\underline{I}$ als Phasor eines langsam veränderlichen *Wechselstroms* liefert eine quasi-statische Rechnung ($f \leq f_g$) näherungsweise:

$$\underline{H}_1 = \underline{I} \, \frac{\rho}{2 \, \pi \, R_1^2} \, e_\varphi \qquad \text{im Innenleiter für } 0 \leq \rho \leq R_1 \text{, siehe (2.86)} \tag{7.8}$$

$$\underline{H}_3 = \frac{\underline{I}}{2 \, \pi \, \rho} \, \frac{R_3^2 - \rho^2}{R_3^2 - R_2^2} \, e_\varphi \qquad \text{im Außenleiter für } R_2 \leq \rho \leq R_3 \text{, siehe (2.88).} \tag{7.9}$$

   Aus dem Vergleich der Bilder 2.12 und 7.1 folgen die *Abkürzungen:*

$$R_1 = d/2 \, , \quad R_2 = D/2 \quad \text{und} \quad R_3 = D/2 + t \, . \tag{7.10}$$

Im Falle des **Innenleiters** einer Koaxialleitung folgt aus (7.5) mit (7.8) und dem Volumenelement $dV = \rho \, d\rho \, d\varphi \, dz$ sein innerer Induktivitätsbelag:

$$L'_{i,h} = \frac{dL_{i,h}}{dz} = \frac{\mu_0 \mu_r}{|\underline{I}|^2} \int\limits_{\varphi=0}^{2\pi} \int\limits_{\rho=0}^{R_1} |\underline{H}_1|^2 \, \rho \, d\rho \, d\varphi = \frac{\mu_0 \mu_r \, 2\pi}{(2\pi R_1^2)^2} \int\limits_{\rho=0}^{R_1} \rho^3 \, d\rho = \frac{\mu_0 \mu_r}{8\pi}, \qquad (7.11)$$

was gleichzeitig auch den inneren Induktivitätsbelag eines der beiden Leiter der Doppelleitung aus Bild 7.1 darstellt. Hin- und Rückleiter dieser Doppelleitung haben dann zusammen den doppelten Wert $\mu_0 \mu_r /(4\pi)$. Diese Werte findet man in Tabelle 7.1.

Für den **Außenleiter** einer Koaxialleitung erhalten wir aus (7.5) mit (7.9) zunächst:

$$L'_{i,r} = \frac{dL_{i,r}}{dz} = \frac{\mu_0 \mu_r}{|\underline{I}|^2} \int\limits_{\varphi=0}^{2\pi} \int\limits_{\rho=R_2}^{R_3} |\underline{H}_3|^2 \, \rho \, d\rho \, d\varphi = \frac{\mu_0 \mu_r \, 2\pi}{(2\pi)^2} \int\limits_{\rho=R_2}^{R_3} \frac{(R_3^2-\rho^2)^2}{(R_3^2-R_2^2)^2} \frac{1}{\rho} \, d\rho \,, (7.12)$$

was geschlossen integriert werden kann [Lor95, Küp05, Leu05]:

$$L'_{i,r} = \frac{\mu_0 \mu_r}{2\pi} \left[\frac{R_3^4}{(R_3^2-R_2^2)^2} \ln \frac{R_3}{R_2} - \frac{3R_3^2-R_2^2}{4(R_3^2-R_2^2)} \right]. \qquad (7.13)$$

Mit (7.10) kann man bei üblichen Abmessungen $t \ll D$ das Resultat (7.13) in eine Taylor-Reihe entwickeln (Tabelle 7.1), bei der meist schon der führende Term [Zin95] ausreicht:

$$L'_{i,r} \approx \frac{\mu_0 \mu_r}{3\pi} \frac{t}{D} \left[1 - \frac{2}{5}\left(\frac{t}{D}\right)^2 + \frac{3}{5}\left(\frac{t}{D}\right)^3 - \frac{24}{35}\left(\frac{t}{D}\right)^4 + \cdots \right]. \quad \Box \qquad (7.14)$$

Im Folgenden wollen wir den Hochfrequenzfall mit starker Stromverdrängung betrachten. Nun liegen keine quasi-statischen Verhältnisse (7.7) mehr vor, sondern es gilt stattdessen $\delta \ll d/2$ bzw. $\delta \ll t$, was wir auch wie $f \gg f_g$ schreiben können. Mit Hilfe der Ergebnisse aus Bild 4.13 hatten wir den **Beginn des asymptotischen Hochfrequenzverhaltens** durch die Bedingung $d/2 \geq 3\delta$ charakterisiert. Mit δ aus (7.6) und f_g aus (7.7) folgt daraus:

$$d/2 \geq \frac{3}{\sqrt{\pi \dfrac{f}{f_g} \mu_0 \mu_r \kappa \dfrac{4}{\pi \mu_0 \mu_r \kappa d^2}}}, \qquad (7.15)$$

was man auch wie folgt schreiben kann:

$$\boxed{f \geq 9 f_g} \,. \qquad (7.16)$$

Weit oberhalb der Grenzfrequenz des Skineffekts kann die Berechnung der inneren Induktivität einer Koaxialleitung

$$\boxed{L_i = L_{i,h} + L_{i,r} = \frac{\mu_0 \mu_r}{|\underline{I}|^2} \iiint\limits_{V_1} |\underline{H}_1|^2 \, dV + \frac{\mu_0 \mu_r}{|\underline{I}|^2} \iiint\limits_{V_3} |\underline{H}_3|^2 \, dV } \,. \qquad (7.17)$$

nicht mehr unter Benutzung der Gleichstromfelder erfolgen. Stattdessen müssten erst einmal die Magnetfelder $\underline{H}_1$ und $\underline{H}_3$ im Hin- und Rückleiter durch Lösung eines Randwertproblems aufwändig ermittelt werden.

In Abschnitt 4.2.5 hatten wir uns allerdings einen alternativen Zugang mit Hilfe der **Wandimpedanz** guter metallischer Leiter

$$\underline{Z}_F = (1+j)\sqrt{\frac{\omega\,\mu_0\,\mu_r}{2\,\kappa}} = \frac{1+j}{\kappa\,\delta} \qquad \text{mit} \qquad \delta = \frac{1}{\sqrt{\pi f\,\mu_0\,\mu_r\,\kappa}} \tag{7.18}$$

erarbeitet. Die **Wandimpedanz-Methode** führt im Hochfrequenzfall bei $f \geq 9\,f_g$ viel schneller zum Ziel als das für alle Frequenzen gültige Verfahren (7.17) und liefert uns mit Hilfe von (4.107) die Werte des Widerstandsbelags R' und des inneren Induktivitätsbelags L_i':

$$R' + j\,\omega\,L_i' = \left(\frac{1}{\Gamma_h} + \frac{1}{\Gamma_r}\right)\frac{1+j}{\kappa\,\delta}. \tag{7.19}$$

Dabei beschreiben die Längenmaße Γ_h und Γ_r die transversale Ausdehnung der dünnen stromführenden Schicht entlang der Leiteroberfläche. Mit ihren Werten aus Bild 7.1 führt die Auswertung von (7.19) zu den Hochfrequenzwerten der Tabelle 7.1.

Die Wandstromverluste werden nach (7.19) wie $R' \propto \sqrt{f}$ mit zunehmender Frequenz größer, während die innere Induktivität wie $L_i' \propto 1/\sqrt{f}$ abnimmt, da die Felder im Leiterinneren mit zunehmender Frequenz immer schwächer werden.

Tabelle 7.1 Innerer Induktivitätsbelag und Widerstandsbelag <u>ohne</u> und <u>mit starker</u> Stromverdrängung für die Leitungen aus Bild 7.1. Die Grenzfrequenz des Skineffekts f_g folgt aus (7.7).

		Doppelleitung	Koaxialleitung	Bandleitung
$f \leq f_g$	$L_i' = L_{i,h}' + L_{i,r}'$ [Zin95, Küp05]	$\dfrac{\mu_0\,\mu_r}{4\,\pi}$	$\dfrac{\mu_0\,\mu_r}{8\,\pi}\left(1+\dfrac{8}{3}\dfrac{t}{D}\right)$	$\dfrac{\mu_0\,\mu_r}{4\,\pi}$
	$R' = R_h' + R_r'$	$\dfrac{2}{\kappa\,\pi\,d^2/4}$	$\dfrac{1}{\kappa\,\pi}\left(\dfrac{4}{d^2}+\dfrac{1}{t\,(D+t)}\right)$	$\dfrac{2}{\kappa\,t\,W}$
$f \geq 9\,f_g$	$R' = \omega\,L_i'$	$\dfrac{2}{\kappa\,\pi\,d\,\delta}$	$\left(\dfrac{1}{d}+\dfrac{1}{D}\right)\dfrac{1}{\pi\,\kappa\,\delta}$	$\dfrac{2}{\kappa\,\delta\,W}$

7.1.2 Äußere Induktivität, Kapazität und Verluste im Dielektrikum

Nachdem wir die Ohmschen und induktiven Effekte R' und L_i' in Inneren der metallischen Hin- und Rückleiter einer TEM-Leitung betrachtet haben, wollen wir uns nun dem Raumgebiet zwischen den Leitern zuwenden. Dieses Gebiet besteht entweder aus Luft (ε_0) oder ist – aus Gründen der mechanischen Stabilität der Leitung – mit einem verlustarmen Dielektrikum ($\varepsilon' = \varepsilon = \varepsilon_0\,\varepsilon_r$) der elektrischen Leitfähigkeit $\kappa_\varepsilon = \kappa + \omega\varepsilon''$ nach (3.34) gefüllt. Das dort befindliche magnetische Feld beschreiben wir durch den äußeren Induktivitätsbelag L_a' und das elektrische Feld durch den Kapazitätsbelag C'. Die Ohmschen Verluste und Polarisationsverluste im Dielektrikum werden durch den Ableitungsbelag G' erfasst.

Den **äußeren Induktivitätsbelag** einer Koaxialleitung finden wir analog zu Übung 7.1. Dazu setzen wir das Magnetfeld im Dielektrikum (2.87) in die Definitionsgleichung (7.5) ein und erhalten mit den Bezeichnungen aus Bild 2.12:

$$L'_a = \frac{dL_a}{dz} = \frac{\mu_0}{|\underline{I}|^2} \int\limits_{\varphi=0}^{2\pi} \int\limits_{\rho=R_1}^{R_2} |\underline{\mathbf{H}}_2|^2 \, \rho \, d\rho \, d\varphi = \frac{\mu_0 \, 2\pi}{(2\pi)^2} \int\limits_{\rho=R_1}^{R_2} \frac{1}{\rho} \, d\rho \,. \tag{7.20}$$

Mit den Radien R_1 und R_2 nach (7.10) finden wir den äußeren Induktivitätsbelag einer **Koaxialleitung:**

$$\boxed{L'_a = \frac{\mu_0}{2\pi} \ln \frac{D}{d}} \,. \tag{7.21}$$

Für die Koaxialleitung erhalten wir aus (7.21) mit den Werten der Tabelle 7.1 schließlich den gesamten Induktivitätsbelag als Summe aus äußerem und innerem Anteil:

$$\boxed{L' = L'_a + L'_i = \begin{cases} \dfrac{\mu_0}{2\pi}\left[\ln \dfrac{D}{d} + \mu_r\left(\dfrac{1}{4} + \dfrac{2}{3}\dfrac{t}{D}\right)\right] & \text{für } f \le f_g \\[3mm] \dfrac{\mu_0}{2\pi}\left[\ln \dfrac{D}{d} + \mu_r\left(\dfrac{1}{d} + \dfrac{1}{D}\right)\delta\right] & \text{für } f \ge 9\,f_g. \end{cases}} \tag{7.22}$$

Während der innere Induktivitätsbelag L'_i *oberhalb* von f_g eine starke Frequenzabhängigkeit aufweist, ist L'_a frequenzmäßig eine Konstante. Bei Frequenzen *weit oberhalb* der Grenzfrequenz f_g des Skineffekts (7.7) gilt $L'_a \gg L'_i$, weswegen man dort den inneren Induktivitätsbelag praktisch vernachlässigen kann. Für die in Bild 7.1 gezeigten TEM-Wellenleiter findet man deren äußeren Induktivitätsbelag in Tabelle 7.2 [Ram93, Peh12].

Tabelle 7.2 Äußerer Induktivitätsbelag für die Zweileitersysteme aus Bild 7.1

	Doppelleitung	**Koaxialleitung**	**Bandleitung** $(h \ll W)$
L'_a	$\dfrac{\mu_0}{\pi} \operatorname{arcosh} \dfrac{a}{d} =$ $= \dfrac{\mu_0}{\pi} \ln\left[\dfrac{a}{d} + \sqrt{\left(\dfrac{a}{d}\right)^2 - 1}\right]$	$\dfrac{\mu_0}{2\pi} \ln \dfrac{D}{d}$	$\mu_0 \dfrac{h}{W+h}$

Der **Kapazitätsbelag** kann bei allen TEM-Leitungen aus ihrem jeweiligen äußeren Induktivitätsbelag wie folgt hergeleitet werden [Ung80]:

$$\boxed{L'_a \, C' = \mu_0 \, \varepsilon'(\omega) = \mu_0 \, \varepsilon_0 \, \varepsilon_r(\omega)} \,. \tag{7.23}$$

Solange man $\varepsilon_r(\omega)$ als unabhängig von der Frequenz betrachten kann, ist neben L'_a auch C' eine frequenzunabhängige Konstante. Das Produkt $L'_a \, C'$ ist zudem unabhängig von den Querschnittsabmessungen der Leitung und hängt nur vom Dielektrikum zwischen den Leitern ab.

Die metallischen Leiter realisieren mit dem dazwischen befindlichen Dielektrikum einerseits eine Kapazität C, andererseits stellt das Dielektrikum mit seiner elektrischen Leitfähigkeit $\kappa_\varepsilon = \kappa + \omega\varepsilon''$ nach (3.34) auch einen Leitwert G dar. Zwischen beiden besteht nach (3.42) folgende Beziehung [Che90]:

$$\boxed{\frac{G}{C} = \frac{G'}{C'} = \frac{\kappa_\varepsilon}{\varepsilon_0\,\varepsilon_r} = \frac{\kappa + \omega\varepsilon''}{\varepsilon'} = \omega \tan\delta_\varepsilon} \,. \tag{7.24}$$

Mit dem Debyeschen Dispersionsmodell nach (3.20) erhält man aus (7.24) den **Verlustfaktor:**

$$\tan\delta_\varepsilon = \frac{G'}{\omega C'} = \frac{\kappa + \omega\varepsilon''}{\omega\varepsilon'} = \frac{\dfrac{\kappa}{\omega\varepsilon_0}\left[1 + (\omega\tau)^2\right] + \omega\tau\left[\varepsilon_r(0) - \varepsilon_r(\infty)\right]}{\varepsilon_r(\infty)\left[1 + (\omega\tau)^2\right] + \varepsilon_r(0) - \varepsilon_r(\infty)} . \tag{7.25}$$

Beispielhaft ist in Bild 7.3 (links) die Frequenzabhängigkeit des Verlustfaktors $\tan\delta_\varepsilon$ für das Fiberglas-Platinenmaterials FR-4 mit den aus [Kole02] entnommenen Werten $\varepsilon_r(0) = 4{,}301$, $\varepsilon_r(\infty) = 4{,}096$, $\tau = 2{,}294 \cdot 10^{-11}$ s und $\kappa = 2{,}294 \cdot 10^{-3}$ S/m dargestellt.

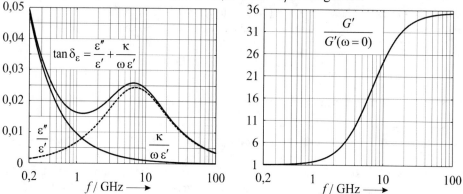

Bild 7.3 Verlustfaktor $\tan\delta_\varepsilon$ und normierter Ableitungsbelag $G'/G'(\omega = 0)$ des Platinenmaterials FR-4

Bei niederen Frequenzen dominiert mit $\kappa = 1/\rho$ der Kehrwert des spezifischen Isolationswiderstands bei Gleichspannung das Verhalten und $\tan\delta_\varepsilon$ ist noch groß. Bei höheren Frequenzen wird der spezifische Widerstand von den hier wesentlich größeren Polarisationsverlusten überlagert. Im Bereich um die Relaxationsfrequenz $f_{rel} = 1/(2\pi\tau) = 6{,}938\,\text{GHz}$ steigt der auf seinen statischen Grenzwert normierte **Ableitungsbelag** $G'/G'(\omega = 0) = \kappa_\varepsilon/\kappa = 1 + \omega\varepsilon''/\kappa$ etwa linear mit der Frequenz an (Bild 7.3 rechts) und erreicht danach ein neues Plateau.

Abschließend wollen wir die äußeren Leitungsbeläge für die Zweileitersysteme aus Bild 7.1 in folgender Tabelle 7.3 zusammenfassen. Wir betonen noch einmal, dass L'_a gar nicht, C' nur schwach und G' stark von der Frequenz abhängig sind.

Tabelle 7.3   Äußerer Induktivitäts-, Kapazitäts- und Ableitungsbelag für die Leitungen aus Bild 7.1. Dabei sind $\varepsilon_r(\omega)$ schwach und $\kappa_\varepsilon(\omega) = \kappa + \omega\varepsilon''(\omega)$ stark von der Frequenz abhängig.

	Doppelleitung	Koaxialleitung	Bandleitung $(h \ll W)$
L'_a	$\dfrac{\mu_0}{\pi}\,\text{arcosh}\,\dfrac{a}{d}$	$\dfrac{\mu_0}{2\pi}\ln\dfrac{D}{d}$	$\mu_0\,\dfrac{h}{W+h}$
C'	$\dfrac{\pi\varepsilon_0\varepsilon_r}{\text{arcosh}\,\dfrac{a}{d}}$	$\dfrac{2\pi\varepsilon_0\varepsilon_r}{\ln\dfrac{D}{d}}$	$\varepsilon_0\varepsilon_r\,\dfrac{W+h}{h}$
G'	$\dfrac{\pi\kappa_\varepsilon}{\text{arcosh}\,\dfrac{a}{d}}$	$\dfrac{2\pi\kappa_\varepsilon}{\ln\dfrac{D}{d}}$	$\kappa_\varepsilon\,\dfrac{W+h}{h}$

7.2 Spannungs- und Stromwellen auf TEM-Leitungen

7.2.1 Leitungsgleichungen

Im Grenzfall $dz \to 0$ kann man für das Zweitor aus Bild 7.2 mit Hilfe des Kirchhoffschen Knoten- und Maschensatzes die gekoppelten **Leitungsgleichungen** herleiten [Strau12]:

$$-\frac{\partial u(z,t)}{\partial z} = R' \, i(z,t) + L' \, \frac{\partial i(z,t)}{\partial t} \quad \text{und} \quad -\frac{\partial i(z,t)}{\partial z} = G' \, u(z,t) + C' \, \frac{\partial u(z,t)}{\partial t} . \tag{7.26}$$

Analog zur Herleitung der Helmholtz-Gleichung in Abschnitt 3.4 transformieren wir (7.26) in den Frequenzbereich und erhalten mit $u(z,t) = \mathrm{Re}\left\{ \underline{U}(z) \, e^{j\omega t} \right\}$ in komplexer Schreibweise:

$$-\frac{d\underline{U}(z)}{dz} = (R' + j\omega L') \, \underline{I}(z) \quad \text{und} \quad -\frac{d\underline{I}(z)}{dz} = (G' + j\omega C') \, \underline{U}(z) . \tag{7.27}$$

Durch gegenseitiges Einsetzen kann einer der beiden unbekannten Phasoren $\underline{U}$ oder $\underline{I}$ eliminiert werden und man erhält die zu (4.2) analogen entkoppelten **Helmholtz-Gleichungen:**

$$\frac{d^2\underline{U}(z)}{dz^2} - \underline{\gamma}^2 \, \underline{U}(z) = 0 \quad \text{und} \quad \frac{d^2\underline{I}(z)}{dz^2} - \underline{\gamma}^2 \, \underline{I}(z) = 0 , \tag{7.28}$$

worin die **Ausbreitungskonstante**

$$\boxed{\underline{\gamma} = \alpha + j\beta = \sqrt{(R' + j\omega L')(G' + j\omega C')}} \tag{7.29}$$

als bequeme Abkürzung verwendet wurde. Die Trennung nach Real- und Imaginärteil gelingt auf dieselbe Weise wie in Übung 4.1, siehe auch [Ung80, Sim93]:

$$\boxed{\begin{aligned} \alpha &= \frac{1}{\sqrt{2}} \sqrt{ R'G' - \omega^2 L'C' + \sqrt{[(R')^2 + (\omega L')^2][(G')^2 + (\omega C')^2]} } \\ \beta &= \frac{1}{\sqrt{2}} \sqrt{ \omega^2 L'C' - R'G' + \sqrt{[(R')^2 + (\omega L')^2][(G')^2 + (\omega C')^2]} } . \end{aligned}} \tag{7.30}$$

Die *positiven* Größen $\alpha \geq 0$ und $\beta = 2\pi/\lambda > 0$ werden wie in Abschnitt 4.1.1 als **Dämpfungs-** bzw. **Phasenkonstante** bezeichnet. Die enge Verwandtschaft der Wellenausbreitung von TEM-Wellen auf homogenen Leitungen mit der Ausbreitung von ebenen Wellen im freien Raum ist offensichtlich. Als Lösung von (7.28) folgt deswegen [Gus11, Strau12]:

$$\boxed{\begin{aligned} \underline{U}(z) &= \underline{U}_h \, e^{-\underline{\gamma} z} + \underline{U}_r \, e^{\underline{\gamma} z} \\ \underline{I}(z) &= \underline{I}_h \, e^{-\underline{\gamma} z} + \underline{I}_r \, e^{\underline{\gamma} z} = \frac{1}{\underline{Z}_L}\left(\underline{U}_h \, e^{-\underline{\gamma} z} - \underline{U}_r \, e^{\underline{\gamma} z} \right) . \end{aligned}} \tag{7.31}$$

Es ergibt sich also wieder eine Überlagerung aus hin- und rücklaufenden Wellen. Das Verhältnis der komplexen Amplituden von Spannung und Strom in einem Leitungsquerschnitt jeweils der hin- und rücklaufenden Welle wird als **Leitungswellenimpedanz** $\underline{Z}_L$ bezeichnet:

$$\boxed{\underline{Z}_L = \frac{\underline{U}_h}{\underline{I}_h} = -\frac{\underline{U}_r}{\underline{I}_r} = \sqrt{\frac{R' + j\omega L'}{G' + j\omega C'}}} . \tag{7.32}$$

In nachfolgender Tabelle 7.4 findet man Näherungswerte für die Dämpfungs- und Phasenkonstante sowie für die Leitungswellenimpedanz in verschiedenen Frequenzbereichen.

Tabelle 7.4 Näherungen von Leitungseigenschaften bei niedrigen und hohen Frequenzen [Ung80, Zin95]

f_g ist nach (7.7) die Grenzfrequenz des Skineffekts	**Niederfrequenzfall[1]** $(f \ll f_g)$ $\omega L' \ll R'$ und $G' \ll \omega C'$ (technischer Wechselstrom)	**Hochfrequenzfall** $(f \gg f_g)$ $R' \ll \omega L'$ und $G' \ll \omega C'$ (verlustarme Leitung)
α	$\sqrt{\dfrac{\omega R' C'}{2}}$	$\dfrac{\sqrt{L'C'}}{2}\left(\dfrac{R'}{L'}+\dfrac{G'}{C'}\right)$
β	$\sqrt{\dfrac{\omega R' C'}{2}}$	$\omega\sqrt{L'C'}=\omega\sqrt{\mu\varepsilon}$
$R_L = \mathrm{Re}\{\underline{Z}_L\}$	$\sqrt{\dfrac{R'}{2\,\omega C'}}$	$\sqrt{\dfrac{L'}{C'}}$
$X_L = \mathrm{Im}\{\underline{Z}_L\}$	$-\sqrt{\dfrac{R'}{2\,\omega C'}}$	$-\dfrac{\sqrt{L'/C'}}{2\omega}\left(\dfrac{R'}{L'}-\dfrac{G'}{C'}\right)$
$v_p = \dfrac{\omega}{\beta}$	$\sqrt{\dfrac{2\,\omega}{R'C'}}$	$\dfrac{1}{\sqrt{L'C'}}=\dfrac{1}{\sqrt{\mu\varepsilon}}$
$v_g = \dfrac{1}{d\beta/d\omega}$	$v_g = 2\,v_p$	$v_g = v_p$

Im Hochfrequenzfall erhält man eine **verzerrungsfreie Übertragung,** da nach Tabelle 7.4 die Dämpfungskonstante α und beide Ausbreitungsgeschwindigkeiten v_p und v_g frequenzunabhängig werden. Tatsächlich steigt α aber mit der Frequenz an, da der Widerstandsbelag nach (4.75) wegen des Skineffekts wie $R' = R/l \propto \sqrt{f}$ anwächst und auch der Ableitungsbelag G' nach Bild 7.3 mit der Frequenz größer wird. Bei mittleren Frequenzen wäre ebenfalls verzerrungsfreie Übertragung möglich, falls gelten würde:

$$\boxed{R'/L' = G'/C'}$$ Heaviside[2]-Beziehung [Ung80, Hen07].   (7.33)

Da bei üblichen Leitungen eher $R'/L' \gg G'/C'$ gilt, muss (7.33) durch Einbau zusätzlicher Längsinduktivitäten **(Pupinspulen[3])** realisiert werden, was im Bereich $0{,}2\ \mathrm{kHz} \le f \le 5\ \mathrm{kHz}$ gut möglich ist [Stei82]. Eine solchermaßen bespulte Leitung hat eine Dämpfungskonstante von

$$\alpha = R'\sqrt{C'/L'}\ .$$ (7.34)

Nach Tabelle 7.4 strebt die Leitungswellenimpedanz bei **hohen Frequenzen** auch ohne Erfüllung von (7.33) gegen den _reellen_ Grenzwert $Z_L = R_L = \sqrt{L'/C'}$. Im Folgenden nehmen wir

---

[1] Exakt an der Frequenz $f = 0$ erhalten wir die Gleichstromwerte $\alpha = \sqrt{R_0' G_0'}$ und $R_L = \sqrt{R_0'/G_0'}$.

[2] Oliver **Heaviside** (1850-1925): engl. Physiker u. Elektroingenieur (Telegrafie, Operatorenrechnung)

[3] Michael I. **Pupin** (1854-1935): serb.-amerik. Elektroingenieur (Pupinspule, Röntgenstrahlen)

daher einen reellen Leitungswellenwiderstand an – die Ausbreitungskonstante $\underline{\gamma}$ bleibe aber weiterhin komplex. Die noch unbekannten Wellenamplituden $\underline{U}_h$ und $\underline{U}_r$ werden durch die **Randbedingungen** am Ende der Leitung bei $z = l$ festgelegt (siehe Bild 7.4):

$$\underline{U}(l) = \underline{U}_2 = \underline{U}_h\, e^{-\underline{\gamma}l} + \underline{U}_r\, e^{\underline{\gamma}l}$$

$$\underline{I}(l) = \underline{I}_2 = \frac{1}{Z_L}\left(\underline{U}_h\, e^{-\underline{\gamma}l} - \underline{U}_r\, e^{\underline{\gamma}l} \right),$$

(7.35)

woraus direkt folgt

$$\underline{U}_h = \frac{\underline{U}_2 + Z_L \underline{I}_2}{2}\, e^{\underline{\gamma}l} \quad \text{und} \quad \underline{U}_r = \frac{\underline{U}_2 - Z_L \underline{I}_2}{2}\, e^{-\underline{\gamma}l}\,.$$

(7.36)

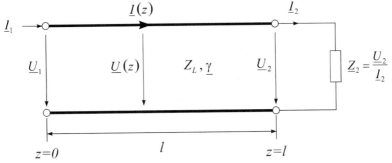

Bild 7.4 Leitung, die an ihrem Ende bei $z = l$ mit einer Impedanz $\underline{Z}_2$ abgeschlossenen ist

Spannung und Strom an einer beliebigen Stelle $0 \le z \le l$ der Leitung folgen in mathematisch eleganter Matrizenschreibweise aus (7.31) mit (7.36), wenn wir Glieder mit gleichen Koeffizienten $\underline{U}_2$ bzw. $\underline{I}_2$ zusammenfassen und danach Hyperbelfunktionen einführen. Die in diesen **Leitungsgleichungen** auftretende Matrix hat die Struktur einer Kettenmatrix:

$$\begin{pmatrix} \underline{U}(z) \\ \underline{I}(z) \end{pmatrix} = \begin{bmatrix} \cosh \underline{\gamma}(l-z) & Z_L \sinh \underline{\gamma}(l-z) \\ \dfrac{1}{Z_L} \sinh \underline{\gamma}(l-z) & \cosh \underline{\gamma}(l-z) \end{bmatrix} \cdot \begin{pmatrix} \underline{U}_2 \\ \underline{I}_2 \end{pmatrix}.$$

(7.37)

7.2.2 Reflexionsfaktor, Welligkeit und Leitungsimpedanz

Das Verhältnis der komplexen Spannungen von reflektierter Welle und der zum Verbraucher hinlaufenden Welle (7.31) in einem jeweiligen Leitungsquerschnitt z wird als **Reflexionsfaktor**

$$\underline{r}(z) = \frac{\underline{U}_r\, e^{\underline{\gamma}z}}{\underline{U}_h\, e^{-\underline{\gamma}z}} = -\frac{\underline{I}_r\, e^{\underline{\gamma}z}}{\underline{I}_h\, e^{-\underline{\gamma}z}} \quad \text{mit} \quad 0 \le |\underline{r}| \le 1$$

(7.38)

definiert. Aus diesem Reflexionsfaktor folgt die am Ort z messbare **Leitungsimpedanz** $\underline{Z}(z)$:

$$\boxed{\underline{Z}(z) = \frac{\underline{U}(z)}{\underline{I}(z)} = Z_L\, \frac{1 + \underline{r}(z)}{1 - \underline{r}(z)}} \quad \text{bzw.} \quad \boxed{\underline{r}(z) = \frac{\underline{Z}(z) - Z_L}{\underline{Z}(z) + Z_L}}.$$

(7.39)

Für die an ihrem Ende $z=l$ mit der Impedanz $\underline{Z}_2$ abgeschlossene Leitung gilt nach Bild 7.4 $\underline{U}_2 = \underline{Z}_2\,\underline{I}_2$. Damit erhält man für den Reflexionsfaktor am Leitungsende:

$$\underline{r}_2 = \frac{\underline{Z}_2 - Z_L}{\underline{Z}_2 + Z_L} \quad \Rightarrow \quad \boxed{\underline{U}_r = \underline{r}_2\,\underline{U}_h\,e^{-2\underline{\gamma}l}}. \tag{7.40}$$

In Tabelle 7.5 findet man in der Praxis besonders wichtige Spezialfälle. Im Falle der Wellenanpassung, bei dem die Leitung mit ihrem Wellenwiderstand abgeschlossen ist, wird die Energie der am Leitungsende ankommenden Welle dort vollständig umgesetzt. In den beiden anderen Fällen wird die Energie am Leitungsende vollständig reflektiert.

Tabelle 7.5 Verschiedene Leitungsabschlüsse $\underline{Z}_2$ und ihre zugehörigen Lastreflexionsfaktoren $\underline{r}_2$

Wellenanpassung	offenes Ende	Kurzschluss
$\underline{Z}_2 = Z_L$	$\underline{Z}_2 \to \infty$	$\underline{Z}_2 = 0$
$\underline{r}_2 = 0$	$\underline{r}_2 = 1$	$\underline{r}_2 = -1 = e^{\pm j\pi}$

Der Reflexionsfaktor in einem beliebigen Querschnitt z der Leitung (mit $0 \le z \le l$) kann wegen (7.36) durch den Lastreflexionsfaktor $\underline{r}_2$ am Leitungsende ausgedrückt werden:

$$\underline{r}(z) = \frac{\underline{U}_r\,e^{\underline{\gamma}z}}{\underline{U}_h\,e^{-\underline{\gamma}z}} = \frac{\dfrac{\underline{U}_2 - Z_L\,\underline{I}_2}{2}\,e^{-\underline{\gamma}(l-z)}}{\dfrac{\underline{U}_2 + Z_L\,\underline{I}_2}{2}\,e^{\underline{\gamma}(l-z)}} = \underline{r}_2\,e^{-2\underline{\gamma}(l-z)}. \tag{7.41}$$

Diese Beziehung nennt man mit $\underline{\gamma} = \alpha + j\beta$ den **<u>Satz vom Reflexionsfaktor:</u>**

$$\boxed{\underline{r}(z) = \underline{r}_2\,e^{-2\alpha(l-z)}\,e^{-j2\beta(l-z)}} \quad \text{mit} \quad \underline{r}_2 = r_2\,e^{j\varphi_2}. \tag{7.42}$$

Er sagt aus, dass der Betrag des Reflexionsfaktors an der Stelle z stets kleiner oder gleich dem Wert am Ausgang ist. Im Übrigen erfährt der Reflexionsfaktor eine der Strecke $l-z$ proportionale Phasendrehung, weswegen sich als Ortskurve eine logarithmische Spirale ergibt (Bild 7.5).

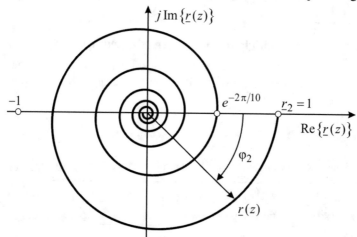

Bild 7.5 Ortskurve des Reflexionsfaktors $\underline{r}(z)$ nach (7.42) für $\underline{r}_2 = 1$ und $l = 2{,}75\,\lambda$ sowie $\alpha = \beta/10$

Die **Leitungsimpedanz** an der Stelle z bei Abschluss mit der Impedanz $\underline{Z}_2$ hat unter Beachtung der Leitungsgleichungen (7.37) schließlich folgende Darstellung:

$$\underline{Z}(z) = \frac{\underline{U}(z)}{\underline{I}(z)} = Z_L \frac{\underline{Z}_2 + Z_L \tanh \gamma (l-z)}{Z_L + \underline{Z}_2 \tanh \gamma (l-z)} . \tag{7.43}$$

Bei einer verlustfreien Leitung mit $\alpha = 0$ wird $\underline{\gamma} = j\beta$ und es gilt:

$$\tanh \gamma (l-z) = j \tan \beta (l-z) . \tag{7.44}$$

Bei einer nicht mit ihrem Wellenwiderstand abgeschlossenen Leitung entsteht durch Überlagerung von hinlaufender Welle und des rücklaufenden Anteils eine Welligkeit in der Verteilung der Spannungs- und Stromwerte längs der Leitung. Als **Welligkeitsfaktor** s (auch VSWR für **V**oltage **S**tanding **W**ave **R**atio oder Stehwellenverhältnis genannt) hat man für verlustarme Leitungen den Quotienten von maximaler und minimaler Spannung definiert:

$$1 \le s = \frac{U_{max}}{U_{min}} = \frac{I_{max}}{I_{min}} = \frac{1 + r_2}{1 - r_2} < \infty \qquad \text{bzw.} \qquad r_2 = \frac{s-1}{s+1} . \tag{7.45}$$

In der Messtechnik spielt die Welligkeit s eine große Rolle, weil sie durch zwei Spannungsmessungen mit Hilfe einer längs der Leitung verschiebbaren Sonde leicht bestimmt werden kann. In Anhang E.2 findet man eine Tabelle, mit der sich Reflexionsfaktoren bequem in Welligkeiten umrechnen lassen.

Im Folgenden wollen wir für verschiedene Lastreflexionsfaktoren

$$\underline{r}_2 = \frac{\underline{Z}_2 - Z_L}{\underline{Z}_2 + Z_L} = r_2 \, e^{j\varphi_2} \tag{7.46}$$

die Spannungsverteilung, die sich aufgrund der Superposition von hin- und rücklaufender Welle auf einer *verlustlosen* Leitung einstellt, näher untersuchen. Die Spannung (7.31) hat im verlustlosen Fall einen periodischen Verlauf und kann mit (7.38) wie folgt geschrieben werden:

$$\underline{U}(z) = \underline{U}_h \, e^{-j\beta z} \left[1 + \underline{r}(z) \right] . \tag{7.47}$$

Wegen (7.42) wird daraus für $\alpha = 0$:

$$\underline{U}(z) = \underline{U}_h \, e^{-j\beta z} \left[1 + r_2 \, e^{j\left(\varphi_2 - 2\beta(l-z)\right)} \right] . \tag{7.48}$$

Nachdem wir den Betrag von (7.48) auf die Generatorgröße $|\underline{U}_h|$ normiert haben, folgt:

$$\frac{|\underline{U}(z)|}{|\underline{U}_h|} = \left| 1 + r_2 \, e^{j\left(\varphi_2 - 2\beta(l-z)\right)} \right| . \tag{7.49}$$

Für verschiedene Abschlüsse $\underline{Z}_2$ ist dieser Spannungsverlauf in Tabelle 7.6 dargestellt. Dort ist deutlich zu sehen, dass sich der Betrag der Gesamtspannung nach einer halben Wellenlänge **periodisch** wiederholt. Bei Totalreflexion am kurzgeschlossenen oder am offenen Leitungsende bildet sich eine **stehende Welle** mit ortsfesten Knoten und Bäuchen aus. Die Gesamtspannung aus der Superposition von hin- und rücklaufender Welle wird an Orten maximaler konstruktiver Interferenz doppelt so groß wie die Spannung der hinlaufenden Welle alleine.

Tabelle 7.6 Welligkeiten auf einer verlustlosen Leitung mit $Z_L = 75\,\Omega$ und $l = 2\lambda$ abhängig von $\underline{Z}_2$

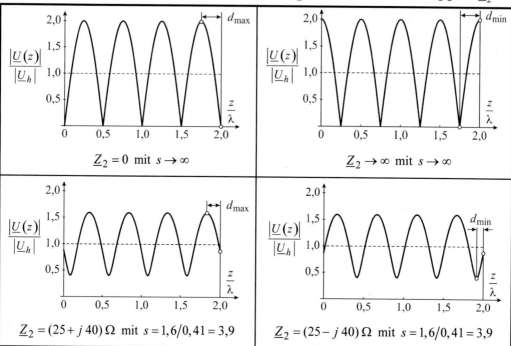

Bei **induktivem** Abschluss bildet sich unmittelbar vor dem Leitungsende im Abstand d_{max} stets ein Maximum, während bei einem **kapazitiven** Abschluss sich immer ein Minimum im Abstand d_{min} direkt vor dem Leitungsende einstellt. In folgender Übung wollen wir diese Eigenschaft ausnutzen, um den Wert einer unbekannten Abschlussimpedanz zu bestimmen.

Übung 7.2: Messung einer unbekannten Impedanz

- Mit Hilfe einer Leitung kann man wie in Bild 7.6 recht einfach die Eingangsimpedanz $\underline{Z}_2$ einer Antenne oder einer anderen von der Leitung gespeisten Baugruppe ermitteln.

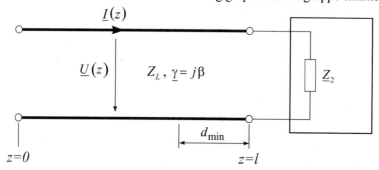

Bild 7.6 Messung der Welligkeit s und des Ortes d_{min} des ersten Spannungsminimums

● **Lösung:**

Für die Gesamtspannung $U(z)$ auf einer Leitung ist nach (7.48) der Ausdruck

$$1 + r_2\, e^{j(\varphi_2 - \psi)} \quad \text{mit} \quad \psi = 2\beta(l - z) \tag{7.50}$$

zu untersuchen. Er ist in Bild 7.7 als kreisförmige Ortskurve für $r_2 = 0{,}6$ mit $-\pi \leq \varphi_2 < \pi$ über dem Parameter ψ dargestellt.

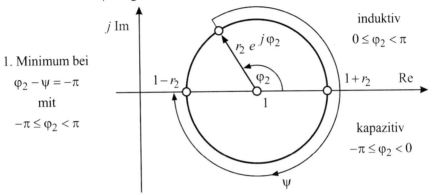

1. Minimum bei

$\quad \varphi_2 - \psi = -\pi$

$\quad$ mit

$\quad -\pi \leq \varphi_2 < \pi$

Bild 7.7 Ortskurve von (7.50): Ein Spannungsminimum mit $1 - r_2$ tritt auf, wenn $\varphi_2 - \psi = -\pi$ gilt.

Ein **Minimum** $U_{\min} = |U_h|(1 - r_2)$ der Spannung ergibt sich bei destruktiver Interferenz zwischen hin- und rücklaufender Welle. Am *ersten* Minimum im Abstand $d_{\min}$ vom Leitungsende gilt mit $\beta = 2\pi/\lambda$:

$$e^{j(\varphi_2 - 2\beta d_{\min})} = -1 \quad \Rightarrow \quad \boxed{\varphi_2 = 2\beta d_{\min} - \pi = \frac{4\pi d_{\min}}{\lambda} - \pi}. \tag{7.51}$$

Für ein **Maximum** $U_{\max} = |U_h|(1 + r_2)$ ist konstruktive Interferenz notwendig. Beim *ersten* Maximum im Abstand $d_{\max}$ vom Leitungsende gilt:

$$e^{j(\varphi_2 - 2\beta d_{\max})} = 1 \quad \Rightarrow \quad \boxed{\varphi_2 = 2\beta d_{\max} - \begin{cases} 0 & \text{für } 0 \leq d_{\max} < \lambda/4 \\ 2\pi & \text{für } \lambda/4 \leq d_{\max} < \lambda/2 \end{cases}}. \tag{7.52}$$

Einerseits lässt sich die Position eines Minimums genauer als die eines Maximums bestimmen, andererseits ist dort auch keine Fallunterscheidung nötig, weswegen man in der Messpraxis die Vorgehensweise (7.51) bevorzugt. Mit r_2 nach (7.45) folgt schließlich die gesuchte Impedanz

$$\boxed{\underline{Z}_2 = Z_L \frac{1 + r_2}{1 - r_2} = Z_L \frac{s + 1 - (s-1)\,e^{j2\beta d_{\min}}}{s + 1 + (s-1)\,e^{j2\beta d_{\min}}}}, \tag{7.53}$$

zu deren Bestimmung man nur den Abstand $d_{\min}$ des ersten Spannungsminimums vom Leitungsende und die Welligkeit

$$s = \frac{U_{\max}}{U_{\min}} \tag{7.54}$$

benötigt.   □

7.2.3 Transformationsverhalten von Leitungen

Für die **Eingangsimpedanz**

$$\underline{Z}_1 = \underline{Z}(z=0) = Z_L \frac{\underline{Z}_2 + Z_L \tanh \underline{\gamma} l}{Z_L + \underline{Z}_2 \tanh \underline{\gamma} l} \, . \tag{7.55}$$

einer Leitung nach (7.43) ist in Tabelle 7.7 der Einfluss verschiedener Abschlussimpedanzen $\underline{Z}_2$ zusammengestellt.

Tabelle 7.7 Zum Einfluss der Abschlussimpedanz $\underline{Z}_2$ auf die Eingangsimpedanz $\underline{Z}_1$

Wellenanpassung mit $\underline{Z}_2 = Z_L$	$\underline{Z}_1 = \underline{Z}_2 = \underline{Z}(z) = Z_L$
Kurzschluss am Leitungsende $\underline{Z}_2 = 0$	$\underline{Z}_1 = \underline{Z}_k = Z_L \tanh \underline{\gamma} l$
Leerlauf am Leitungsende $\underline{Z}_2 \to \infty$	$\underline{Z}_1 = \underline{Z}_l = Z_L \coth \underline{\gamma} l$

- Homogene Leitungen, die an ihrem Ausgang angepasst betrieben werden, haben bei hohen Frequenzen stets eine reelle Eingangsimpedanz von $\underline{Z}_1 = Z_L$.

- Der Leitungswellenwiderstand Z_L und die Ausbreitungskonstante $\underline{\gamma}$ einer verlustbehafteten Leitung lassen sich aus Kenntnis von Leerlauf- und Kurzschlussimpedanz berechnen:

$$Z_L = \sqrt{\underline{Z}_k \, \underline{Z}_l} \quad \text{bzw.} \tag{7.56}$$

$$e^{2\underline{\gamma} l} = \frac{1 + \sqrt{\underline{Z}_k / \underline{Z}_l}}{1 - \sqrt{\underline{Z}_k / \underline{Z}_l}} \quad \Rightarrow \quad \underline{\gamma} = \alpha + j\beta = \frac{1}{2l} \ln \frac{1 + \sqrt{\underline{Z}_k / \underline{Z}_l}}{1 - \sqrt{\underline{Z}_k / \underline{Z}_l}} \, . \tag{7.57}$$

- Wenn man eine verlustfreie Leitung (mit $\underline{\gamma} = j\beta$) an ihrem Ausgang kurzschließt oder offen lässt, erhält man eine imaginäre Eingangsimpedanz, d. h. $\underline{Z}_1 = jX_1$. Eine solche Leitung wird als **Reaktanzleitung** bezeichnet. Wegen (7.44) folgt $\tanh \underline{\gamma} l = j \tan \beta l$, woraus man mit Hilfe von Tabelle 7.7 sieht, dass eine an ihrem Ende kurzgeschlossene Leitung der Länge $0 < l < \lambda/4$ induktives Verhalten zeigt – denn am Leitungsende befindet sich ein Strombauch. Eine kurze leerlaufende Leitung mit einem Spannungsbauch am Leitungsende besitzt hingegen eine kapazitive Eingangsimpedanz.

- Mit einer kurzen **Stichleitung** (engl.: stub) kann man deswegen – wie schematisch in Bild 7.8 dargestellt – einen unerwünschten Blindanteil in der Impedanz der Hauptleitung kompensieren, wodurch sich Reflexionen auf der Hauptleitung, die aus einer ursprünglichen Fehlanpassung bei $z = l$ resultieren, schmalbandig verringern lassen.

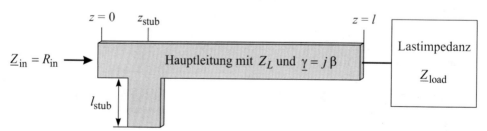

Bild 7.8 Offene Streifenleitungs-Stichleitung zur Verbesserung der Anpassung auf der Hauptleitung

Mit einer Stichleitung, die wie in Bild 7.8 parallel zu einer Hauptleitung geschaltet wird, kann man – bei geeigneter Position z_{stub} und passender Stublänge l_{stub} – unerwünschte Blindanteile der Leitungsimpedanz der Hauptleitung zum Verschwinden bringen [Poz05]. Falls der daraus resultierende *reelle* Eingangswiderstand R_{in} dann nicht mit dem Innenwiderstand R_G des Generators übereinstimmt, kann man auch diese Fehlanpassung – wie wir in Übung 7.3 zeigen werden – durch eine weitere Impedanztransformation beseitigen. Zu diesem Zweck stellen wir mit Hilfe des Satzes vom Reflexionsfaktor (7.42) in Verbindung mit (7.39) oder auch direkt mit

$$\underline{Z}_1 = Z_L \frac{\underline{Z}_2 + j\, Z_L \tan\beta\, l}{Z_L + j\, \underline{Z}_2 \tan\beta\, l} \quad . \tag{7.58}$$

weitere Transformationseigenschaften von Leitungen in Tabelle 7.8 zusammen. Dabei fällt auf, dass sich Reflexionsfaktoren und Impedanzen längs einer homogenen Leitung $\lambda/2$-periodisch verhalten, im Gegensatz zu Strömen und Spannungen, die sich erst nach einer ganzen Wellenlänge periodisch wiederholen.

Tabelle 7.8 Zum Einfluss der Leitungslänge l auf die Eingangsimpedanz $\underline{Z}_1$

verlustbehaftete Leitung mit $l \to \infty$	$\underline{r}_1 = 0 \quad\Leftrightarrow\quad \underline{Z}_1 = Z_L$
verlustlose Leitung mit $l = \dfrac{\lambda}{4}$	$\underline{r}_1 = -\underline{r}_2 \quad\Leftrightarrow\quad \underline{Z}_1 = \dfrac{Z_L^2}{\underline{Z}_2}$
verlustlose Leitung mit $l = \dfrac{\lambda}{2}$	$\underline{r}_1 = \underline{r}_2 \quad\Leftrightarrow\quad \underline{Z}_1 = \underline{Z}_2$

Die verlustlose $\lambda/4$-Leitung wird als **Leitungstransformator** bezeichnet, weil man mit ihr (bei *einer* Frequenz) einen gegebenen Lastwiderstand $\underline{Z}_2 = R_L$ in jeden Quellenwiderstand $\underline{Z}_1 = R_G$ transformieren kann, wenn man den Wellenwiderstand des $\lambda/4$-Transformators wie

$$Z_L = \sqrt{R_G\, R_L} \tag{7.59}$$

wählt. Wenn die Wellenlänge λ_m die *Mitte* des zu übertragenden Frequenzbandes markiert und die Länge der Leitung wie $l = \lambda_m/4$ gewählt wird (Bild 7.9), dann wird (direkt an der Bandmitte λ_m) der auf den Generator-Innenwiderstand R_G bezogene Reflexionsfaktor $\underline{\Gamma}(\lambda_m) = 0$. Bei der Wellenlänge λ_m liegt generatorseitig dann **Leistungsanpassung** vor.

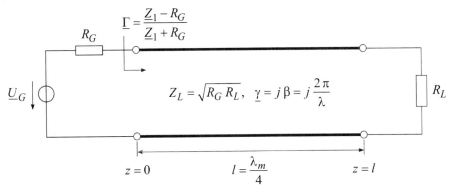

Bild 7.9 Einstufiger Viertelwellen-Transformator mit Transformationsverhältnis $t = R_L/R_G$

Außerhalb der Bandmitte jedoch, steigt der Betrag des Reflexionsfaktors $\Gamma = |\underline{\Gamma}|$ in Abhängigkeit vom Transformationsverhältnis $t = R_L/R_G$ spürbar an. Das gleiche Verhalten ist uns auch schon in Abschnitt 6.7 beim ebenen Dreischichtproblem aufgefallen. Dort konnte man mit einer $\lambda/4$ dicken Schicht eine ebenfalls schmalbandige Anpassung zwischen zwei unterschiedlichen Medien erzeugen[4].

Mit (7.58) und $\underline{Z}_2 = R_L$ sowie $\beta l = 0,5\,\pi\,\lambda_m/\lambda$ erhalten wir den gesuchten Reflexionsfaktor:

$$\underline{\Gamma} = \frac{\underline{Z}_1 - R_G}{\underline{Z}_1 + R_G} = \frac{Z_L \left[R_L + j Z_L \tan\left(\frac{\pi}{2}\frac{\lambda_m}{\lambda}\right) \right] - R_G \left[Z_L + j R_L \tan\left(\frac{\pi}{2}\frac{\lambda_m}{\lambda}\right) \right]}{Z_L \left[R_L + j Z_L \tan\left(\frac{\pi}{2}\frac{\lambda_m}{\lambda}\right) \right] + R_G \left[Z_L + j R_L \tan\left(\frac{\pi}{2}\frac{\lambda_m}{\lambda}\right) \right]}, \tag{7.60}$$

den wir mit $Z_L = \sqrt{R_G R_L}$ weiter umformen können:

$$\underline{\Gamma} = \frac{\dfrac{R_L}{R_G} - 1}{\dfrac{R_L}{R_G} + 1 + 2\,j\,\sqrt{\dfrac{R_L}{R_G}}\,\tan\left(\dfrac{\pi}{2}\dfrac{\lambda_m}{\lambda}\right)}. \tag{7.61}$$

Mit dem Transformationsverhältnis $t = R_L/R_G$ und $\lambda_m/\lambda = f/f_m$ folgt schließlich:

$$\boxed{\Gamma = |\underline{\Gamma}| = \frac{|t-1|}{\sqrt{(t+1)^2 + 4\,t\,\tan^2\left(\dfrac{\pi}{2}\dfrac{f}{f_m}\right)}}} \qquad \text{mit} \quad 0 < t < \infty. \tag{7.62}$$

Für verschiedene Werte von t finden wir den Betrag des Reflexionsfaktors (7.62) in Bild 7.10. Als Abszisse wurde eine auf die Bandmitte f_m normierte Frequenzachse gewählt. Man beachte die Rechts-Links-Symmetrie der Kurven an den Anpassungspunkten $f/f_m = 1$ und $f/f_m = 3$.

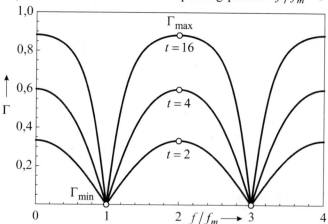

Bild 7.10 Betrag Γ des Reflexionsfaktors (7.62) eines einstufigen Viertelwellen-Transformator mit Transformationsverhältnis $t = R_L/R_G$. Kurven mit t bzw. $1/t$ verlaufen deckungsgleich.

---

[4] Auch die verlustlose $\lambda/2$-Leitung, die Impedanzen identisch transformiert, hat in Form des Radoms ihre Entsprechung beim ebenen Dreischichtproblem.

Die Kurven in Bild 7.10 verlaufen periodisch – bei ungeraden Vielfachen der Bandmittenfrequenz $(2n+1)f_m$ mit $n = 0, 1, 2, 3, \ldots$ liegen die Anpassungspunkte $\Gamma_{\min} = 0$, während bei geraden Vielfachen $2n\,f_m$ sich maximale Fehlanpassung einstellt. An diesen Maxima verhält sich die Leitung wie ein Halbwellentransformator, bei dem keine Impedanztransformation stattfindet, weswegen man die Leitung auch gleich ganz hätte weglassen können. Mit (7.62) und $\tan n\pi = 0$ erhalten wir im Falle größter Fehlanpassung:

$$\boxed{\Gamma_{\max} = \frac{|t-1|}{t+1} = \frac{|R_L - R_G|}{R_L + R_G}} \quad \text{mit} \quad 0 < t = \frac{R_L}{R_G} < \infty. \tag{7.63}$$

In Bild 7.11 betrachten wir noch einmal den Verlauf der V-förmigen Anpassungskurve im Bereich um die erste Anpassungsfrequenz f_m für $t = 4$. Nach (7.63) gilt hier $\Gamma_{\max} = 0,6$. Dabei interessieren wir uns für die **Bandbreite** $B = f_2 - f_1$, innerhalb derer der Reflexionsfaktor Γ einen kritischen Wert Γ_c nicht überschreitet.

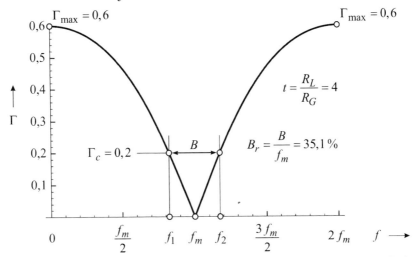

Bild 7.11 Zur Berechnung der Bandbreite $B = f_2 - f_1$ am Niveau des kritischen Reflexionsfaktors $\Gamma_c = 0,2$ eines einstufigen Viertelwellen-Transformator mit Transformationsverhältnis $t = 4$.

Die **relative Bandbreite** mit $\Gamma \leq \Gamma_c$ kann man wegen der Rechts-Links-Symmetrie der Kurve entweder aus der unteren Grenzfrequenz f_1 oder aus der oberen Grenzfrequenz f_2 ermitteln:

$$\boxed{B_r = \frac{f_2 - f_1}{f_m} = \frac{2f_2}{f_m} - 2 = 2 - \frac{2f_1}{f_m}}. \tag{7.64}$$

Die untere Grenzfrequenz f_1 erhalten wir mit (7.62) aus der Bedingung

$$\Gamma_c = \frac{|t-1|}{\sqrt{(t+1)^2 + 4t\tan^2\left(\dfrac{\pi}{2}\dfrac{f_1}{f_m}\right)}}, \tag{7.65}$$

die leicht nach f_1 aufgelöst werden kann:

$$\boxed{\frac{f_1}{f_m} = \frac{2}{\pi}\arctan\sqrt{\frac{1}{4t}\left(\frac{(t-1)^2}{\Gamma_c^2} - (t+1)^2\right)}}. \tag{7.66}$$

Der kritische Reflexionsfaktor darf nicht größer als der maximale Reflexionsfaktor vorgegeben werden, weswegen $\Gamma_c \leq \Gamma_{max}$ gelten muss – ansonsten hätte (7.66) keine reelle Lösung. Exemplarisch zeigt Tabelle 7.9 einige **relative Bandbreiten** als Funktion des Transformationsverhältnisses $t = R_L/R_G$ und des zulässigen Reflexionsfaktors Γ_c

$$B_r = 2 - \frac{4}{\pi} \arctan \sqrt{\frac{1}{4t}\left(\frac{(t-1)^2}{\Gamma_c^2} - (t+1)^2\right)}\,, \tag{7.67}$$

die mit einstufigen Viertelwellen-Transformatoren realisierbar sind. In der Praxis spricht man von guter Anpassung, falls innerhalb der angestrebten Bandbreite Werte von $\Gamma \leq \Gamma_c = 0,1$ erreicht werden können.

Tabelle 7.9 Relative Bandbreite B_r von einstufigen Viertelwellen-Transformatoren nach (7.67)

Kritischer Reflexionsfaktor			Transformationsverhältnis $t = R_L/R_G$					
Γ_c	$20 \lg \Gamma_c$ dB	$s = \dfrac{1+\Gamma_c}{1-\Gamma_c}$	2	3	4	6	8	16
0,3162	−10 dB	1,925	1,5673	0,7837	0,5864	0,4236	0,3473	0,2276
0,2000	−14 dB	1,500	0,7837	0,4601	0,3510	0,2564	0,2110	0,1389
0,1000	−20 dB	1,222	0,3670	0,2228	0,1711	0,1256	0,1035	0,0683
0,0500	−26 dB	1,105	0,1809	0,1105	0,0851	0,0625	0,0515	0,0340
0,0316	−30 dB	1,065	0,1141	0,0698	0,0537	0,0395	0,0326	0,0215

Bei digitalen Übertragungssystemen hoher Bitrate müssen kurze Einzelimpulse benutzt werden. Bei einer Trägerfrequenz f_T und einer Impulsdauer τ wird daher mit kleiner werdendem τ eine zunehmend größere relative Bandbreite

$$B_r = \frac{f_T + 1/\tau - (f_T - 1/\tau)}{f_T} = \frac{2}{\tau\, f_T} \tag{7.68}$$

benötigt. Demnach ist bei $f_T = 2,4\,\text{GHz}$ und $\tau = 10\,\text{ns}$, was einer Bitrate von $100\,\text{MBit/s}$ entspricht, eine relative Bandbreite von $B_r = 0,0833$ zu realisieren, die mit einem *einstufigen* Viertelwellen-Transformator möglicherweise nicht mehr erreicht werden kann. Insbesondere bei großen Transformationsverhältnissen $t = R_L/R_G$ sinkt nämlich nach Tabelle 7.9 die relative Bandbreite stark ab.

Eine deutlich größere Bandbreite lässt sich durch **Kettenschaltung** mehrerer gleich langer Leitungsstücke unterschiedlicher Wellenwiderstände erreichen (siehe Aufgabe 7.6.6). Jedes einzelne Leitungsstück habe dabei die Länge $l = \lambda_m/4$. Zur Maximierung der Bandbreite kann die Anzahl N der Stufen und deren jeweilige Wellenwiderstände $Z_{L1}, Z_{L2}, Z_{L3}, ..., Z_{LN}$ als Freiheitsgrade ausgenutzt werden. In der Literatur [Zin95, Poz05, Zim00] findet man verschiedene **Analyse-Strategien,** wie z. B. binomische oder geometrische Stufung der Z_{Li}. Analog zur **Synthese** von Filterschaltungen können auch Tschebyscheff- oder Butterworth-Verläufe für $\Gamma(f)$ vorgegeben werden.

Abschließend betrachten wir in Übung 7.3 eine Anpassungsschaltung, bestehend aus einer leerlaufenden Stichleitung und einem einstufigen Viertelwellen-Transformator (Bild 7.12).

Übung 7.3: Leistungsanpassung

• In nachfolgender Schaltung wird ein komplexer Verbraucher mit der Admittanz $\underline{Y}_L = 1/R_L + j\omega C$ von einer sinusförmigen Spannungsquelle $\underline{U}_G = 9$ V mit reellem Innenwiderstand $R_G = 90\ \Omega$ bei der Frequenz $f = 2{,}998$ GHz gespeist. Durch eine leerlaufende Stichleitung mit dem Leitungswellenwiderstand $Z_{L2} = 50\ \Omega$ und einen $\lambda/4$-Transformator soll Leistungsanpassung erzielt werden. Beide Leitungsstücke können als mit Luft gefüllte TEM-Wellenleiter betrachtet werden. Es gelte $R_L = 40\ \Omega$ und $C = 2$ pF.

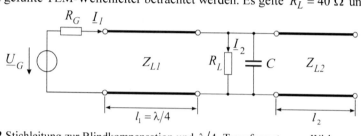

Bild 7.12 Stichleitung zur Blindkompensation und $\lambda/4$-Transformator zur Wirkanpassung

• **Lösung:**

Die Eingangsimpedanz einer verlustlosen leerlaufenden Stichleitung ist nach Tabelle 7.7

$$\underline{Z}_l = -j\,Z_{L2}\cot\beta l_2 = -j\,Z_{L2}\cot\frac{2\pi l_2}{\lambda} \quad \text{mit} \quad \lambda = \frac{c_0}{f} = 10 \text{ cm}. \tag{7.69}$$

Ein *negativer* Tangens, wie er z. B. im *zweiten* Ast der Tangensfunktion im Bereich

$$\frac{\pi}{2} < \frac{2\pi l_2}{\lambda} < \pi \tag{7.70}$$

vorliegt, führt zu einem *induktiven* $\underline{Z}_l$, womit sich der *kapazitive* Anteil des parallel geschalteten Verbrauchers kompensieren lässt, falls gilt:

$$\frac{\tan\dfrac{2\pi l_2}{\lambda}}{-j\,Z_{L2}} + j\omega C = 0. \tag{7.71}$$

Die minimal mögliche Länge der **Stichleitung** (die natürlich positiv sein muss) folgt daher unter Berücksichtigung von (7.70) aus:

$$\frac{2\pi l_2}{\lambda} = \pi - \arctan\left(Z_{L2}\,\omega C\right) \quad \Rightarrow \quad l_2 = 3{,}28 \text{ cm}. \tag{7.72}$$

Über den $\lambda/4$-**Transformator** wird nun der Realteil der Last an die Quelle angepasst:

$$Z_{L1} = \sqrt{R_G\,R_L} = 60\ \Omega \quad \text{mit} \quad l_1 = \frac{\lambda}{4} = 2{,}5 \text{ cm}. \tag{7.73}$$

Schließlich berechnen wir noch die **Ströme** $\underline{I}_1$ und $\underline{I}_2$ im Anpassungsfall:

$$\underline{I}_1 = \frac{U_G}{R_G + R_G} = 50 \text{ mA} \quad \text{sowie} \quad \underline{I}_2 = \underline{I}_1\,e^{-j\beta l_1} = \underline{I}_1\,e^{-j\pi/2} = -j\,\underline{I}_1. \quad \square \tag{7.74}$$

7.3 Doppelleitung

Die Doppelleitung mit blanken Drähten (Bild 7.13) kann als einfaches Modell einer **Überland-leitung** in Hochspannungsnetzen zur Energieübertragung bei $f = 50\,\text{Hz}$ verwendet werden. Wir interessieren uns hier eher für oberirdische **Fernsprech-Freileitungen.** Diese sind heute zwar nur noch in ländlichen oder weniger entwickelten Regionen zu finden, weil im Erdboden verlegte Weitverkehrskabel oder drahtlose Funkkommunikationssysteme wesentlich höhere Datenraten zulassen. Allerdings ist deren Betrachtung aus didaktischen Gründen sehr nützlich.

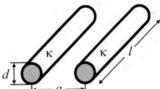

Bild 7.13 Fernsprech-Freileitung mit Luftdielektrikum ohne Berücksichtigung des Erdbodens. Nach [Stei82] gilt gewöhnlich $2\,\text{mm} \le d \le 5\,\text{mm}$ und $15\,\text{cm} \le a \le 40\,\text{cm}$ sowie $f \le 100\,\text{kHz}$.

7.3.1 Modellbildung

Zur Berechnung des inneren Induktivitätsbelags und des Widerstandsbelags einer Fernsprech-Freileitung behandeln wir nach Abschnitt 4.2.6 den Hin- und Rückleiter jeweils als **Sommer-felddraht** der Länge l. Wir bezeichnen mit d den Durchmesser der Drähte und mit $a \gg d$ ihren gegenseitigen Abstand. Übliche Freileitungsdrähte werden entweder aus Hartkupfer oder aus Leitbronze CuMg – einer zugfesteren Legierung aus Kupfer und Magnesium – mit $\mu = \mu_0$ und der elektrischen Leitfähigkeit

$$\kappa = 48 \cdot 10^6\,\text{S/m} \qquad \text{(Leitbronze I mit Magnesiumanteil von 0,2 \%)} \qquad (7.75)$$

gefertigt [Stre28]. Damit erhalten wir im Gleichstromfall den Widerstandsbelag der Serien-schaltung *beider* Drähte

$$\boxed{R_0' = \frac{R_0}{l} = \frac{2}{\kappa\,\pi\,d^2/4}}. \qquad (7.76)$$

Im Wechselstrombetrieb folgt nach (4.117) mit der Eindringtiefe $\delta = 1/\sqrt{\pi f \mu \kappa}$ der **Wider-standsbelag** und der **innere Induktivitätsbelag** der Doppelleitung[5]:

$$\boxed{\frac{R' + j\,\omega\,L_i'}{R_0'} = \frac{z}{2}\,\frac{I_0(z)}{I_0'(z)}} \quad \text{mit } z = \frac{1+j}{\delta}\,\frac{d}{2} \text{ und } R_0' \text{ aus (7.76).} \qquad (7.77)$$

Der **äußere Induktivitätsbelag** und der **Kapazitätsbelag** einer Doppelleitung mit Luftdielek-trikum folgen aus Tabelle 7.3 mit $\varepsilon_r = 1$ und sind von der Frequenz unabhängig:

$$\boxed{L_a' = \frac{\mu_0}{\pi}\,\text{arcosh}\,\frac{a}{d}} \quad \text{und} \quad \boxed{C' = \frac{\mu_0\,\varepsilon_0}{L_a'}}. \qquad (7.78)$$

Die dielektrische Wirkung von Telegrafenstangen, Isolatoren sowie des Wetters auf den Kapa-zitätsbelag ist vernachlässigbar klein [Stei82], weswegen man von $\varepsilon_r = 1$ ausgehen darf.

---

[5] Näheres zu den modifizierten Besselfunktionen 1. Art $I_0(z)$ und $I_0'(z)$ findet man in Anhang A.7.

7.3.2 Statischer Ableitungsbelag

Die Leitungsdrähte einer Fernsprech-Freileitung sind an Porzellanisolatoren aufgehängt, die durch metallische Stützen an hölzernen Telegrafenstangen fixiert werden. Der typische **Stangenabstand** Δl liegt zwischen 40 m und 200 m . Zwischen den Stangen ist die Leitung praktisch homogen, sofern man ihren Durchhang vernachlässigt, der vom Leitermaterial, von der Spannweite, der Umgebungstemperatur und einem möglichen Eisansatz abhängig ist [Stre28].

Wir betrachten zunächst den statischen Grenzfall, bei dem der **Widerstandsbelag** R_0' nach (7.76) nur wenige Ω/km beträgt. An jedem **Isolator,** der nach [Stre28] einen Gleichstromwiderstand von $R_{0,\text{Porzellan}} = 5000 \, \text{M}\Omega$ besitzt, wird die Leitung mit einer diskreten Ableitung

$$G_{0,\text{Porzellan}} = \frac{1}{R_{0,\text{Porzellan}}} = 2 \cdot 10^{-10} \, \text{S} \qquad (7.79)$$

belastet (Bild 7.14). Außerdem bewirkt die elektrische Leitfähigkeit der Atmosphäre κ_{Luft}, deren Wert von der Konzentration und der Beweglichkeit der negativen und positiven Luftionen abhängt, einen homogen verteilten Ableitungsbelag $G_{0,\text{Luft}}'$. In Bodennähe kann man nach [Geo15] von dem sehr geringen Wert $\kappa_{\text{Luft}} = 3 \cdot 10^{-14} \, \text{S/m}$ ausgehen.

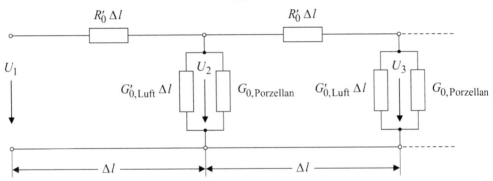

Bild 7.14 Gleichstrom-Ersatzbild zweier homogener Leitungsabschnitte von typischer Länge $40 \, \text{m} \leq \Delta l \leq 200 \, \text{m}$ mit zusätzlichen diskreten Ableitungen $G_{0,\text{Porzellan}}$ an den Porzellanisolatoren. Dabei sind die Längsbauelemente *niederohmig* und die Querbauelemente *hochohmig.*

Der Ableitungsbelag der **Luftisolation** kann mit (7.24) aus dem Kapazitätsbelag der Doppelleitung berechnet werden. Für $\omega = 0$ treten keine Polarisationsverluste auf und es gilt:

$$\left.\frac{G_{0,\text{Luft}}'}{C'} = \frac{\kappa_{\text{Luft}} + \omega \varepsilon''}{\varepsilon'}\right|_{\omega = 0} = \frac{\kappa_{\text{Luft}}}{\varepsilon_0 \varepsilon_r} . \qquad (7.80)$$

Mit (7.78) und $\varepsilon_r = 1$ erhalten wir

$$G_{0,\text{Luft}}' = \frac{\pi \, \kappa_{\text{Luft}}}{\text{arcosh} \, (a/d)} . \qquad (7.81)$$

Bei **Trägerfrequenz-Mehrfachtelefonie** werden Frequenzen bis zu $f = 100 \, \text{kHz}$ verwendet. Die Wellenlängen sind daher mit $\lambda \approx \lambda_0 \geq 3 \, \text{km}$ viel größer als der Stangenabstand Δl, weswegen wir uns die an einem diskreten Punkt konzentrierte Ableitung eines Isolators gleichmäßig über den Leitungsabschnitt Δl verteilt denken können. Für diese Betrachtungsweise ist es außerdem erforderlich, dass in Bild 7.14 der Längswiderstand $R_0' \Delta l$ sehr klein im Vergleich zu den hochohmigen Querwiderständen bleibt, wodurch die Spannungen U_1 am Eingang und U_2 am Ausgang eines Leitungsabschnitts der Länge Δl praktisch identisch sind. Somit verhält sich die Fernsprech-Freileitung im Frequenzbereich $0\,\text{Hz} \le f \le 100\,\text{kHz}$ **quasi-homogen** und wir können den gesamten Ableitungsbelag für $\omega = 0$ nach Bild 7.14 in ausgezeichneter Näherung aus der Parallelschaltung

$$G_0' = G_{0,\text{Luft}}' + \frac{G_{0,\text{Porzellan}}}{\Delta l} = \frac{0,094\,\text{nS/km}}{\text{arcosh}\,(a/d)} + \frac{0,2\,\text{nS}}{\Delta l}. \tag{7.82}$$

berechnen. Mit typischen Abmessungen (Bild 7.13) gilt:

$$4 \le \text{arcosh}\,(a/d) \le 6 \qquad \text{und} \qquad 40\,\text{m} \le \Delta l \le 200\,\text{m}, \tag{7.83}$$

womit in (7.82) der Beitrag der Porzellanisolatoren dominiert. Bei einem Stangenabstand von $\Delta l = 100\,\text{m}$ wird daher der Gleichspannungswert des gesamten **Ableitungsbelags**

$$\boxed{G_0' \approx 2\,\frac{\text{nS}}{\text{km}}}. \tag{7.84}$$

7.3.3 Dynamischer Ableitungsbelag

Im Gegensatz zum Kapazitätsbelag C' ist der Ableitungsbelag G' sowohl vom spezifischen Isolationswiderstand der Luft als auch von den dielektrischen Eigenschaften der Isolatoren der Telegrafenstrecke in komplizierter Weise abhängig. Dabei haben die Luftfeuchtigkeit (trockenes Wetter, Nebel oder Regen) sowie Nässe oder Vereisung der Leitungsdrähte und Isolatoren einen großen Einfluss, wodurch sich auch eine starke Frequenzabhängigkeit einstellt. Realistische Werte des Ableitungsbelags G' einer Freileitung können daher nur noch empirisch durch umfangreiche Testmessungen ermittelt werden. So kann das nach (7.91) logarithmisch definierte **Leitungsdämpfungsmaß**

$$a_L = \ln\left|\frac{U(z=0)}{U(z=l)}\right| = \ln\left|\frac{U_0}{U_0\,e^{-\alpha l}\,e^{-j\beta z}}\right| = \ln e^{\alpha l} = \alpha l. \tag{7.85}$$

einer an ihrem Ende bei $z = l$ reflexionsfrei angepassten Freileitung für verschiedene Frequenzen und Wetterbedingungen recht einfach gemessen werden. Aus der so ermittelten Dämpfungskonstanten $\alpha = a_L/l$ und ihrer Darstellung nach (7.30)

$$\alpha = \frac{1}{\sqrt{2}}\sqrt{R'G' - \omega^2 L'C' + \sqrt{[(R')^2 + (\omega L')^2][(G')^2 + (\omega C')^2]}} \tag{7.86}$$

folgt dann numerisch das gesuchte G', wenn man vorher die Werte für R', $L' = L_i' + L_a'$ und C' aus (7.77) und (7.78) hier eingesetzt hat. Empirisch ermittelte Werte von G' für die drei Frequenzen $f = 1\,\text{kHz}$, $10\,\text{kHz}$ und $100\,\text{kHz}$ bei verschiedenen Wetterbedingungen (trocken, Regen, Raureif) findet man tabellarisch in [Stei82, Göb99]. Zu den dort angegebenen Werten kann man eine **Ausgleichskurve** von folgender Form berechnen:

$$\boxed{G'(f) = G_0' + p\left(\frac{f}{1\,\text{kHz}}\right)^q} \qquad \text{gültig für } 0\,\text{Hz} \le f \le 100\,\text{kHz}. \tag{7.87}$$

Bei niedrigen Frequenzen geht der Ableitungsbelag G' gegen seinen Gleichspannungswert $G_0' = 0,002\,\mu\text{S/km}$ aus (7.84). Die **Modellparameter** p und q findet man in Tabelle 7.10.

Tabelle 7.10 Modellparameter für die Frequenzabhängigkeit des Ableitungsbelags (7.87).

$G_0' = 0{,}002 \dfrac{\mu S}{km}$	$\dfrac{p}{\mu S/km}$	q
Trockenes Wetter	0,08	1,00
Regen	1,25	0,78
Raureif	2,89	0,92

Man beachte den mit $q = 1$ linearen Anstieg von G' mit der Frequenz bei trockenem Wetter [Hölz66], während nach Tabelle 7.10 bei Regen oder Raureif der Anstieg mit $q < 1$ erfolgt. Bei ungünstigem Wetter und höheren Frequenzen können der Ableitungsbelag und die daraus resultierende Dämpfung auf der Leitung (siehe Abschnitt 7.3.4) spürbar größer werden (Bild 7.15).

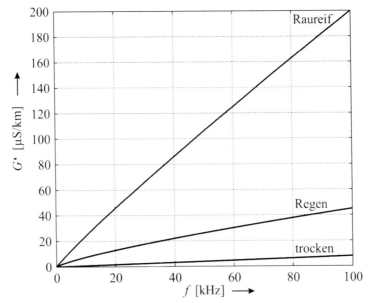

Bild 7.15 Ableitungsbelag $G'(f)$ einer Fernsprech-Freileitung nach (7.87) abhängig vom Wetter. Bei trockenem Wetter erhalten wir eine Gerade mit linearem Zusammenhang zwischen G' und f.

Die analoge **Basisbandübertragung** von Sprachsignalen erfolgt im Frequenzbereich zwischen 300 Hz und 3400 Hz. Zur Beschreibung des Nachrichtenkanals betrachtet man häufig eine *Bezugsfrequenz* von $f = 800$ Hz [Vilb60]. Dabei hängen R', L_i' und G' von der Frequenz ab, während L_a' und C' frequenzunabhängig sind.

Für **Fernsprech-Freileitungen** verschiedener Dicke d aus Leitbronze I nach (7.75) mit einem Leiterabstand von $a = 20$ cm (siehe Bild 7.13) erhält man durch Auswertung von (7.77), (7.78) und (7.87) bei der Bezugsfrequenz von $f = 800$ Hz die Werte der Tabelle 7.11. Ähnliche Tabellen findet man z. B. in [Stre28, Vilb60, Böge02]. Man beachte, dass mit $L' = L_i' + L_a'$ der innere und der äußere Induktivitätsbelag als Summe zusammengefasst angegeben werden.

Im Folgenden werden wir uns häufig auf Drähte mit dem Durchmesser $d = 3$ mm beziehen.

Tabelle 7.11 Leitungsbeläge von Fernsprech-Freileitungen aus Leitbronze I mit $\kappa = 48 \cdot 10^6$ S/m und $\mu = \mu_0$ bei einem Leiterabstand von $a = 20$ cm für diverse Leiterdurchmesser d an der Frequenz $f = 800$ Hz *bei Regen.*

$\dfrac{d}{\text{mm}}$	$\dfrac{R'}{\Omega/\text{km}}$ abhängig von f, d, κ, μ	$\dfrac{L'}{\text{mH/km}}$ abhängig von f, a, d, κ, μ	$\dfrac{G'}{\mu\text{S/km}}$ abhängig von f, Wetter	$\dfrac{C'}{\text{nF/km}}$ abhängig von a, d
2,0	13,3	2,22	1,05	5,25
2,5	8,50	2,13	1,05	5,48
3,0	5,91	2,06	1,05	5,69
4,0	3,34	1,94	1,05	6,04
4,5	2,65	1,89	1,05	6,20
5,0	2,16	1,85	1,05	6,35

7.3.4 Dämpfungskonstante

Nachdem wir ein mathematisches Modell für die Leitungsbeläge R', G', C' sowie $L' = L_i' + L_a'$ einer Fernsprech-Freileitung entwickelt haben, können wir anhand von (7.30) die Dämpfungskonstante ihrer TEM-Welle ermitteln:

$$\alpha = \frac{1}{\sqrt{2}} \sqrt{R'G' - \omega^2 L'C' + \sqrt{[(R')^2 + (\omega L')^2][(G')^2 + (\omega C')^2]}} \,. \tag{7.88}$$

Man beachte die Abhängigkeiten der Leitungsbeläge von der Frequenz, dem verwendeten Leitermaterial, den Abmessungen der Leitung und dem Wetter (siehe Tabelle 7.11).

Zur Beschreibung der Dämpfung auf einer an ihrem Ende bei $z = l$ mit $\underline{Z}_2 = Z_L$ *reflexionsfrei abgeschlossenen* Leitung betrachten wir (7.31) mit $\underline{U}_r = 0$ und erhalten

$$\underline{U}(0) = \underline{U}_1 = \underline{U}_h$$

$$\underline{U}(l) = \underline{U}_2 = \underline{U}_h\, e^{-\alpha l}\, e^{-j\beta l}\,. \tag{7.89}$$

Während der Ausbreitung sinkt der **relative Spannungspegel** kontinuierlich ab und erreicht am Leitungsende den logarithmisch definierten Wert

$$L_u = \ln \left| \frac{\underline{U}_2}{\underline{U}_1} \right| \text{Np} \leq 0\,. \tag{7.90}$$

Dabei weist der Zusatz Np (gesprochen: Neper[6]) im resultierenden Zahlenwert auf die Verwendung des *natürlichen* Logarithmus hin. Mit (7.89) erhalten wir das **Leitungsdämpfungsmaß:**

---

[6] John **Napier** (1550-1617): schott. Mathematiker (Erfinder der natürlichen Logarithmen, Arbeiten zur sphärischen Trigonometrie für Zwecke der Navigation, nach ihm ist das Dämpfungsmaß Neper benannt)

$$a_L = -L_u = \ln\left|\frac{\underline{U}_1}{\underline{U}_2}\right| \text{Np} = \ln e^{\alpha l} \text{ Np} = \alpha l \text{ Np} . \tag{7.91}$$

Anstelle des relativen Spannungspegels (7.90) können wir auch von einem **relativen Leistungspegel** ausgehen. Bei Anpassung liegen wegen $\underline{Z}_1 = \underline{Z}_2 = Z_L$ (siehe Tabelle 7.7) beide Spannungen an gleichen Impedanzen an:

$$L_p = \lg\frac{P_2}{P_1} \text{ B} = 10\lg\frac{|\underline{U}_2|^2/Z_L}{|\underline{U}_1|^2/Z_L} \text{ dB} \le 0 . \tag{7.92}$$

Die Pseudoeinheit $\text{B} = 10 \text{ dB}$ (gesprochen: Bel[7] bzw. Dezibel) weist auf die Verwendung des *dekadischen* Logarithmus hin. Aus (7.92) folgt wieder das **Leitungsdämpfungsmaß:**

$$a_L = -L_p = 20\lg\left|\frac{\underline{U}_1}{\underline{U}_2}\right| \text{ dB} = 20\lg e^{\alpha l} \text{ dB} = 8{,}686\,\alpha l \text{ dB} , \tag{7.93}$$

das wir mit (7.91) gleichsetzen können, woraus wir folgende Umrechnungsformeln gewinnen:

$$\boxed{1\,\text{Np} = 8{,}686\,\text{dB}} \quad \text{bzw.} \quad \boxed{1\,\text{dB} = 0{,}1151\,\text{Np}} . \tag{7.94}$$

Grundsätzlich sind Pegel und Dämpfungsmaße dimensionslose Größen. Man sieht ihren Zahlenwerten zunächst nicht an, mit welchem Logarithmus (ln oder lg) sie berechnet wurden. Für eine eindeutige Zuordnung der logarithmisch gebildeten Zahlenwerte

$$\ln\left|\frac{\underline{U}_1}{\underline{U}_2}\right| \text{Np} = 20\lg\left|\frac{\underline{U}_1}{\underline{U}_2}\right| \text{dB} \tag{7.95}$$

zu dem zugrunde liegenden Spannungsverhältnis ergänzt man deswegen die Pseudoeinheiten Np oder dB – vergleichbar mit dem ebenfalls dimensionslosen Zusatz rad (gesprochen: Radiant) bei Winkeln im Bogenmaß.

Aus dem Zahlenwert (7.88) der Dämpfungskonstanten α folgt nach (7.91) das längenbezogene Leitungsdämpfungsmaß a_L/l in der Einheit Np/m. Bei Fernsprech-Freileitungen ist es zweckmäßiger, die **längenbezogene Dämpfung** in $\text{mNp/km} = \text{Millineper/Kilometer}$ anzugeben, die man durch folgende Umrechnung erhält:

$$\boxed{\frac{\alpha}{\text{mNp/km}} = 10^6\,\frac{\alpha}{\text{Np/m}}} . \tag{7.96}$$

In Bild 7.16 ist die Dämpfungskonstante α einer Fernsprech-Freileitung aus Leitbronze I mit $\kappa = 48\cdot10^6 \text{ S/m}$ und $\mu = \mu_0$ für verschiedene Wetterbedingungen dargestellt. Die Kurven basieren auf einem Leiterdurchmesser von $d = 3 \text{ mm}$ und einem Leiterabstand von $a = 20 \text{ cm}$. Zur Berechnung von α nach (7.88) benötigt man die Leitungsbeläge R', $L' = L_i' + L_a'$ und C' aus (7.77) und (7.78) sowie G' aus (7.87).

---

[7] Alexander Graham **Bell** (1847-1922): schott.-amerik. Physiologe und Physiker (verbesserte zusammen mit Elisha **Gray** 1876 das von Johann Philipp **Reis** 1861 erfundene Telefon, nach ihm ist das Dämpfungsmaß Bel benannt)

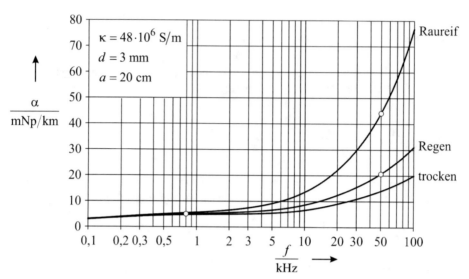

Bild 7.16 Dämpfungskonstante $\alpha = a_L/l$ nach (7.88) in mNp/km einer Fernsprech-Freileitung aus Leitbronze I mit $\kappa = 48 \cdot 10^6$ S/m und $\mu = \mu_0$ bei einem Leiterdurchmesser von $d = 3$ mm mit Leiterabstand von $a = 20$ cm abhängig vom Wetter

Übung 7.4: Dämpfung einer Fernsprech-Freileitung

- Bestimmen Sie die Dämpfung einer $l = 100$ km langen Fernsprech-Freileitung mit den Daten aus Bild 7.16.

- **Lösung:**

  Bei der analogen Basisbandübertragung von Sprachsignalen im Frequenzbereich $300\,\text{Hz} \leq f \leq 3400\,\text{Hz}$ betrachten wir eine *Bezugsfrequenz* von $f = 800\,\text{Hz}$, für die man aus (7.88) mit Tabelle 7.11 bei *Regen* $\alpha = 5,1 \cdot 10^{-6}$ ermitteln kann, was einer längenbezogenen Dämpfung von $5,1$ mNp/km entspricht. Nach $l = 100$ km folgt aus (7.91)

  $$a_L = 100\,\text{km} \cdot 5,1\,\text{mNp/km} = 0,51\,\text{Np} = 4,4\,\text{dB} . \tag{7.97}$$

  Merke: Die Dämpfung auf einer 100 km langen Fernsprech-Freileitung bei $f = 800\,\text{Hz}$ ist mit 4,4 dB etwa gleich hoch wie die Dämpfung eines gleich langen Glasfaserkabels bei optischen Frequenzen. Das Leitungsdämpfungsmaß a_L bleibt bei $f = 800\,\text{Hz}$ trotz der großen Leitungslänge also sehr klein und hängt – in diesem Frequenzbereich – zudem kaum vom Wetter ab, wie man aus Bild 7.16 sehen kann.

  Bei *Trägerfrequenz-Mehrfachtelefonie* mit $f = 50\,\text{kHz}$ erhalten wir für $l = 100$ km und *Regen* einen deutlich höheren Wert:

  $$a_L = 100\,\text{km} \cdot 20,7\,\text{mNp/km} = 2,07\,\text{Np} = 17,9\,\text{dB} , \tag{7.98}$$

  der sich wetterbedingt bei *Raureifanhaftungen* noch erheblich verschlechtern kann:

  $$a_L = 100\,\text{km} \cdot 44,1\,\text{mNp/km} = 4,41\,\text{Np} = 38,3\,\text{dB} . \tag{7.99}$$

  Nur im Basisband der Sprachtelefonie bleibt der Einfluss des Wetters gering, während bei höheren Frequenzen – in Bild 7.16 deutlich erkennbar – das Leitungsdämpfungsmaß a_L immer stärker von den Wetterbedingungen abhängt.   □

7.3.5 Phasenkonstante

Mit den Leitungsbelägen R', G', C' sowie $L' = L_i' + L_a'$ der Fernsprech-Freileitung kann man nach (7.30) auch die Phasenkonstante β ihrer TEM-Welle ermitteln:

$$\beta = \frac{2\pi}{\lambda} = \frac{1}{\sqrt{2}}\sqrt{\omega^2 L'C' - R'G' + \sqrt{[(R')^2 + (\omega L')^2][(G')^2 + (\omega C')^2]}}\,. \qquad (7.100)$$

Auch hier beachte man – wie bei der Dämpfungskonstante α in (7.88) – die Abhängigkeiten der Leitungsbeläge von der Frequenz, dem verwendeten Leitermaterial, den Abmessungen der Leitung und dem Wetter (siehe Tabelle 7.11).

In Bild 7.17 ist die **Phasenkonstante** β gemeinsam mit der **Dämpfungskonstanten** α für eine Fernsprech-Freileitung aus Leitbronze I mit $\kappa = 48 \cdot 10^6$ S/m und $\mu = \mu_0$ *bei trockenem Wetter* dargestellt. Die Kurven basieren wie in Bild 7.16 auf einem Leiterdurchmesser von $d = 3$ mm und einem Leiterabstand von $a = 20$ cm .

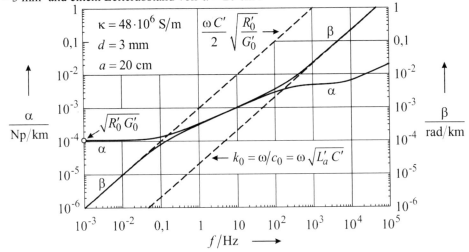

Bild 7.17 Phasenkonstante β nach (7.100) in rad/km und Dämpfungskonstante $\alpha = a_L/l$ nach (7.88) in Np/km einer Fernsprech-Freileitung aus Leitbronze I bei trockenem Wetter

Man kann in Bild 7.17 drei verschiedene **Frequenzbereiche** identifizieren (Tabelle 7.12), in denen man für die Dämpfungs- und Phasenkonstante Näherungen der exakten Beziehungen (7.88) und (7.100) angeben kann. Man vergleiche diese mit Tabelle 7.4.

Tabelle 7.12 Näherungen der Dämpfungs- und Phasenkonstante bei verschiedenen Frequenzen

	Statischer Grenzfall $\omega L'/R' \approx \omega C'/G' \ll 1$ (0 Hz $\leq f \leq 0{,}03$ Hz)	**Niederfrequenzfall** $\omega L'/R' \ll 1 \ll \omega C'/G'$ (0,3 Hz $\leq f \leq 100$ Hz)	**Hochfrequenzfall** $R' \ll \omega L'$ und $G' \ll \omega C'$ (1 kHz $\leq f \leq 100$ kHz)
α	$\sqrt{R'G'} \approx \sqrt{R_0' G_0'}$	$\sqrt{\dfrac{\omega R'C'}{2}}$	$\dfrac{\sqrt{L'C'}}{2}\left(\dfrac{R'}{L'} + \dfrac{G'}{C'}\right)$
β	$\dfrac{\omega\sqrt{R'G'}}{2}\left(\dfrac{L'}{R'} + \dfrac{C'}{G'}\right) \approx \dfrac{\omega C'}{2}\sqrt{\dfrac{R_0'}{G_0'}}$	$\sqrt{\dfrac{\omega R'C'}{2}}$	$\omega\sqrt{L'C'}$

In Bild 7.17 erkennt man, dass in einem Frequenzbereich von etwa $0,3\,\text{Hz} \leq f \leq 100\,\text{Hz}$ die Kurven von α und β nahezu deckungsgleich verlaufen[8]. Man beachte die formale Ähnlichkeit dieses Verhaltens zum **Skineffekt** hochfrequenter Wellen in metallischen Leitern nach (4.53):

$$\alpha = \beta = \frac{1}{\delta} = \sqrt{\frac{\omega\mu\kappa}{2}} \quad \text{in Metallen mit } \kappa \gg \omega\varepsilon_0 \tag{7.101}$$

$$\alpha = \beta = \sqrt{\frac{\omega\,R'C'}{2}} \quad \text{auf der Freileitung mit } 0,3\,\text{Hz} \leq f \leq 100\,\text{Hz}, \tag{7.102}$$

wobei die Dämpfungskonstante α beim Skineffekt um mehr als 7 Zehnerpotenzen größer ist.

Die beiden gestrichelt dargestellten Geraden mit Steigung 1 zeigen im doppelt logarithmischen Maßstab des Bildes 7.17, dass die Phasenkonstante β sowohl bei sehr kleinen Frequenzen unterhalb von $0,03\,\text{Hz}$ als auch bei hohen Frequenzen oberhalb von $1\,\text{kHz}$ eine praktisch lineare Frequenzabhängigkeit mit $\beta \propto \omega$ aufweist.

Von allen Leitungsbelägen einer Freileitung hängt nur der Ableitungsbelag G' von den Wetterverhältnissen ab. Dabei zeigt sich der **Einfluss des Wetters** erst bei Frequenzen oberhalb von $1\,\text{kHz}$ (siehe die Bilder 7.15 und 7.16). Nach Tabelle 7.12 hängt aber im Hochfrequenzfall bei $f \geq 1\,\text{kHz}$ die Phasenkonstante β praktisch nicht mehr von G' ab, weswegen die β – Kurve in Bild 7.17 für _alle_ Wetterbedingungen (trocken, Regen oder Raureif) gilt. Demgegenüber gibt die α – Kurve in Bild 7.17 das Dämpfungsverhalten nur bei _trockenem_ Wetter korrekt wieder.

Aus dem Kehrwert der Phasenkonstanten (7.100) können wir auch die **Wellenlänge** λ und die **Phasengeschwindigkeit** v_p einer TEM-Welle auf der Freileitung ermitteln:

$$\lambda = \frac{2\pi}{\beta} \quad \text{sowie} \quad v_p = \frac{\omega}{\beta}. \tag{7.103}$$

Nach einer – am bequemsten numerisch – durchgeführten Differenziation der Phasenkonstanten $\beta(\omega)$ erhalten wir auch die **Gruppengeschwindigkeit:**

$$v_g = \frac{1}{d\beta(\omega)/d\omega}. \tag{7.104}$$

In Bild 7.18 sieht man, dass unterhalb von $f = 1\,\text{kHz}$ die Phasengeschwindigkeit v_p sehr stark von der Frequenz abhängt, weswegen dort dispersive Laufzeitverzerrungen auftreten. Hingegen hängt im Hochfrequenzfall

$$v_p = \frac{1}{\sqrt{L'C'}} = \frac{1}{\sqrt{(L_i' + L_a')\,C'}} \rightarrow \frac{1}{\sqrt{L_a'\,C'}} \tag{7.105}$$

nur noch gering von der Frequenz ab, weil mit (4.120) der innere Induktivitätsbelag L_i' wegen der Stromverdrängung bei hohen Frequenzen wie $1/\sqrt{f}$ kleiner wird, sodass dort die von der Frequenz unabhängige äußere Induktivität L_a' dominiert. Mit den Werten aus (7.78) gilt dann asymptotisch bei der Freileitung:

---

[8] Ein ähnliches α-β-Diagramm für die Dämpfungs- und Phasenkonstante einer _Koaxialleitung_ findet man in [Zin95]. Auch dort verlaufen beide Kurven im Frequenzbereich $1\,\text{Hz} \leq f \leq 100\,\text{Hz}$ praktisch deckungsgleich.

$$v_p(\omega \to \infty) = v_g(\omega \to \infty) = \frac{1}{\sqrt{\mu_0\,\varepsilon_0}} = c_0\,. \tag{7.106}$$

Da sich bei $f = 1\,\text{kHz}$ nach Bild 7.18 bereits $v_p = 0,952\,c_0$ einstellt, treten bei hohen Frequenzen also praktisch keine **Laufzeitverzerrungen** mehr auf – ganz im Gegensatz zu den **Dämpfungsverzerrungen,** die nach Bild 7.16 bei hohen Frequenzen immer stärker werden.

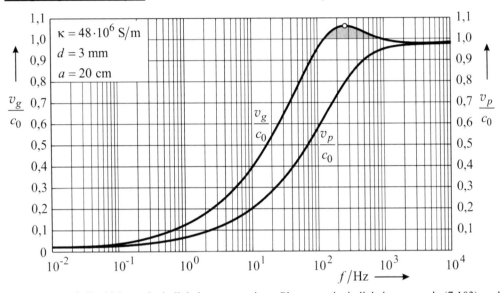

Bild 7.18 Auf die Lichtgeschwindigkeit c_0 normierte Phasengeschwindigkeit v_p nach (7.103) und Gruppengeschwindigkeit v_g nach (7.104) einer Fernsprech-Freileitung aus Leitbronze I. Beide Kurven gelten bei allen Wetterbedingungen (trocken, Regen, Raureif).

Wie bei allen TEM-Wellen sind auch auf der Freileitung Energie- und Phasengeschwindigkeit identisch und kleiner als die Lichtgeschwindigkeit:

$$v_E = v_p < c_0\,. \tag{7.107}$$

Hingegen kann die **Gruppengeschwindigkeit** im Frequenzbereich $126\,\text{Hz} < f < 924\,\text{Hz}$ **superluminal** werden. In Bild 7.18 ist dieser Bereich grau unterlegt. Bei $f = 263\,\text{Hz}$ finden wir den Maximalwert $v_{g,\text{max}} = 1,06\,c_0$, der durch einen Punkt markiert ist.

Abschließend betrachten wir noch den **Niederfrequenzfall** mit $\omega L'/R' \ll 1 \ll \omega C'/G'$, für den wir nach Tabelle 7.12 im Frequenzbereich $0,3\,\text{Hz} \le f \le 100\,\text{Hz}$ näherungsweise

$$\beta \approx \sqrt{\frac{\omega\,R'C'}{2}} \tag{7.108}$$

setzen dürfen, woraus wir – in Übereinstimmung mit Tabelle 7.4 – weitere Näherungen

$$v_p = \frac{\omega}{\beta} \approx \sqrt{\frac{2\,\omega}{R'C'}} \quad \text{und} \quad v_g = \frac{1}{d\beta/d\omega} \approx 2\sqrt{\frac{2\,\omega}{R'C'}} \tag{7.109}$$

ermitteln können. Dort ist die Gruppengeschwindigkeit also ungefähr doppelt so hoch wie die Phasengeschwindigkeit, was durch Bild 7.18 bestätigt wird (siehe auch Aufgabe 4.5.5).

7.3.6 Leitungswellenimpedanz

Die komplexe Leitungswellenimpedanz (7.32) einer Fernsprech-Freileitung

$$\underline{Z}_L = R_L + j\,X_L = \sqrt{\frac{R' + j\,\omega L'}{G' + j\,\omega C'}} \tag{7.110}$$

ist *bei trockenem Wetter* als Ortskurve über dem Parameter f in Bild 7.19 dargestellt.

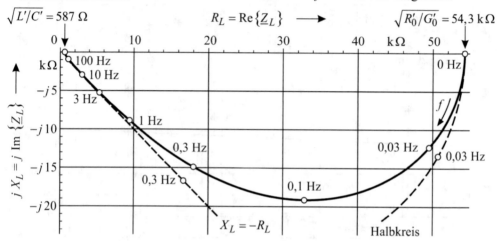

Bild 7.19 Ortskurve der Leitungswellenimpedanz $\underline{Z}_L = R_L + j\,X_L$ nach (7.110) einer Fernsprech-Freileitung aus Leitbronze I mit $\kappa = 48 \cdot 10^6$ S/m und $\mu = \mu_0$ bei einem Leiterdurchmesser von $d = 3$ mm mit Leiterabstand von $a = 20$ cm bei trockenem Wetter

Wie schon bei α und β in Tabelle 7.12 kann man auch bei $\underline{Z}_L$ in drei verschiedenen **Frequenzbereichen** Näherungen für die exakte Beziehung (7.110) angeben (Tabelle 7.13).

Tabelle 7.13 Näherungen der Leitungswellenimpedanz $\underline{Z}_L = R_L + j\,X_L$ bei verschiedenen Frequenzen

	Statischer Grenzfall $\omega L'/R' \ll \omega C'/G' \ll 1$ (0 Hz $\le f \le 0{,}03$ Hz)	**Niederfrequenzfall** $\omega L'/R' \ll 1 \ll \omega C'/G'$ (0,3 Hz $\le f \le 100$ Hz)	**Hochfrequenzfall** $R' \ll \omega L'$ und $G' \ll \omega C'$ (1 kHz $\le f \le 100$ kHz)
$\underline{Z}_L$	$\sqrt{\dfrac{R'}{G'}} \dfrac{1 + j\dfrac{\omega L'}{2R'}}{1 + j\dfrac{\omega C'}{2G'}} \approx \dfrac{\sqrt{R_0'/G_0'}}{1 + j\dfrac{\omega C'}{2G_0'}}$ (Halbkreis)	$(1-j)\sqrt{\dfrac{R'}{2\,\omega C'}}$ (Gerade)	$\sqrt{\dfrac{L'}{C'}}\left[1 - \dfrac{j}{2\omega}\left(\dfrac{R'}{L'} - \dfrac{G'}{C'}\right)\right]$

Die Näherung des statischen Grenzfalls gewinnt man aus (7.110) unter Berücksichtigung von

$$\frac{R'}{L'} \gg \frac{G'}{C'}, \tag{7.111}$$

was bei Kabeln und Freileitungen in diesem Frequenzbereich gewöhnlich[9] erfüllt ist.

---

[9] Man beachte dazu die Bemerkungen zu (7.33) im Zusammenhang mit bespulten Pupinleitungen.

7.4 Koaxialleitung

Aufgrund ihrer weiten Verbreitung zählt die koaxiale Leitung zu den wichtigsten Zweileitersystemen. Sie besteht aus einem kreiszylindrischen Außenleiter, in dem wie in Bild 7.20 koaxial der ebenfalls kreiszylindrische Innenleiter angeordnet ist. Neben dem hier besprochenen Grundwellenbetrieb sind auch höhere Wellentypen möglich (siehe Abschnitt 8.4).

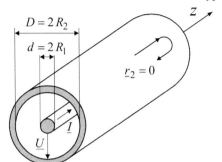

Bei **reflexionsfreiem** Abschluss ist $\underline{r}_2 = 0$. Darum wird keine rücklaufende Welle angeregt und es gilt $\underline{U}_r = 0$ sowie $\underline{I}_r = 0$. Die Spannung

$$\underline{U} = \underline{U}_h \, e^{-\underline{\gamma} z}$$

wird im **verlustfreien** Fall $(\underline{\gamma} = jk)$ zu

$$\underline{U} = \underline{U}_h \, e^{-jkz} .$$

Bild 7.20 Konzentrische Koaxialleitung mit kreisförmigem Querschnitt (reflexionsfrei abgeschlossen)

Zwischen Außen- und Innenleiter im Bereich $R_1 \le \rho \le R_2$ kann sich entweder ein festes Dielektrikum oder auch Luft befinden. Bei einem Luftdielektrikum wird der Innenleiter durch Isolierstützen, z. B. aus Keramikscheiben, gehalten. Durch die geschlossene Bauweise erhält man eine gute Abschirmung der Felder nach außen. Infolge des Skineffekts fließen Ströme nur in einer dünnen Oberflächenschicht am Innen- und Außenleiter. Bei verlustfreien Wänden stellt sich im **Grundwellenbetrieb** ein rein transversales Feldbild ein und es gilt $\underline{E}_z = \underline{H}_z = 0$.

Die rotationssymmetrische Grundwelle der Koaxialleitung $(\partial / \partial \varphi = 0)$ ist für $\omega \ge 0$ ausbreitungsfähig und kann aus dem elektrostatischen Feldbild abgeleitet werden. Die Spannung $\underline{U}$ zwischen Innen- und Außenleiter verursacht eine radial gerichtete elektrische Feldstärke und die dazu orthogonale Magnetfeldstärke hängt mit dem Strom $\underline{I} = \underline{I}_h \, e^{-jkz}$ zusammen:

$$\underline{E}_\rho (\rho, z) = \frac{\underline{U}_h}{\rho \ln(D/d)} \, e^{-jkz} \quad \text{und} \quad \underline{H}_\varphi (\rho, z) = \frac{\underline{I}_h}{2\pi\rho} \, e^{-jkz} . \qquad (7.112)$$

Die Wellenzahl im Dielektrikum wird wie üblich mit $k = \omega \sqrt{\mu_0 \, \varepsilon_0 \, \varepsilon_r}$ abgekürzt. Die elektrische und magnetische Feldstärke schwingen in der verlustlosen Koaxialleitung gleichphasig und stehen im Verhältnis des darum reellen **Feldwellenwiderstandes**

$$\frac{\underline{E}_\rho}{\underline{H}_\varphi} = Z_F = \sqrt{\frac{\mu_0}{\varepsilon_0 \, \varepsilon_r}} = \frac{Z_0}{\sqrt{\varepsilon_r}} . \qquad (7.113)$$

Setzt man die Felder (7.112) in diesen Quotienten ein, dann sieht man, dass Spannung und Strom der hinlaufenden Welle im Verhältnis des (im verlustlosen Fall) ebenfalls reellen **Leitungswellenwiderstandes** stehen:

$$Z_L = \frac{\underline{U}_h}{\underline{I}_h} = \frac{Z_0}{2\pi\sqrt{\varepsilon_r}} \ln \frac{D}{d} . \qquad (7.114)$$

Elektrische und magnetische Feldlinien der TEM-Grundwelle einer verlustlosen koaxialen Leitung sind in Bild 7.21 dargestellt. Man beachte die Verdichtung der Feldlinien am Innenleiter, da die Feldstärken bei kleinerem Radius ρ größer werden.

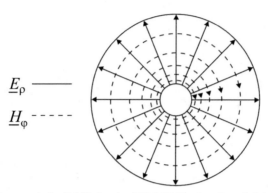

$\underline{E}_\rho$ ⸺

$\underline{H}_\varphi$ - - - -

Bild 7.21 Elektrische und magnetische Feldlinien der TEM-Welle einer Koaxialleitung

Übung 7.5: Leitungswellenwiderstand und Wirkleistungstransport

- Berechnen Sie den Leitungswellenwiderstand einer mit einem Dielektrikum ε_r gefüllten verlustlosen Koaxialleitung und die transportierte Wirkleistung ihrer TEM-Welle.

- **Lösung:**

Mit $Z_0 = \sqrt{\mu_0/\varepsilon_0} \approx 376,73\,\Omega$ folgt aus (7.114)

$$Z_L\sqrt{\varepsilon_r} = \frac{Z_0}{2\pi}\ln\frac{D}{d} \approx 59,96\,\Omega\;\ln\frac{D}{d}\,. \tag{7.115}$$

Bei $D/d = 7/3$ erhalten wir $Z_L\sqrt{\varepsilon_r} \approx 50,8\,\Omega$ und bei einem etwas dünneren Innenleiter mit $D/d = 7/2$ gilt $Z_L\sqrt{\varepsilon_r} \approx 75,1\,\Omega$. Die in Längsrichtung transportierte **Wirkleistung** ergibt sich durch Integration des Poyntingvektors über dem Querschnitt der Leitung:

$$P = \mathrm{Re}\left\{\iint_A \frac{1}{2}\left(\underline{\mathbf{E}}\times\underline{\mathbf{H}}^*\right)\cdot\mathbf{e}_z\,dA\right\} = \mathrm{Re}\left\{\int_{\varphi=0}^{2\pi}\int_{\rho=R_1}^{R_2}\frac{1}{2}\underline{E}_\rho\,\underline{H}_\varphi^*\;\rho\,d\rho\,d\varphi\right\}. \tag{7.116}$$

Wegen $\underline{E}_\rho\,\underline{H}_\varphi^* = \left|\underline{H}_\varphi\right|^2 Z_0/\sqrt{\varepsilon_r}$ folgt daraus mit (7.112) und $\underline{I}_h = \underline{U}_h/Z_L$:

$$P = \frac{Z_0}{2\sqrt{\varepsilon_r}}\int_{\varphi=0}^{2\pi}\int_{\rho=R_1}^{R_2}\left|\underline{H}_\varphi\right|^2\rho\,d\rho\,d\varphi = \frac{Z_0\left|\underline{I}_h\right|^2}{4\pi\sqrt{\varepsilon_r}}\int_{\rho=R_1}^{R_2}\frac{d\rho}{\rho} = \frac{1}{2}\left|\underline{I}_h\right|^2 Z_L = \frac{1}{2}\frac{\left|\underline{U}_h\right|^2}{Z_L}. \tag{7.117}$$

Nach (7.112) gilt am Innenleiter $E_i = \dfrac{2\left|\underline{U}_h\right|}{d\ln(D/d)}$ und damit wird

$$P = \sqrt{\varepsilon_r}\,\frac{E_i^2}{Z_0}\,\frac{\pi d^2}{4}\ln\frac{D}{d} \quad\text{mit}\quad E_i < E_d \text{ (Durchbruchfeldstärke).} \tag{7.118}$$

Bei festem Außendurchmesser D wird für $\ln(D/d) = 0,5$ die übertragene Leistung maximal [Zin95]. Siehe dazu auch Tabelle 7.14. Mit $D/d = 1,65$ folgt aus (7.118):

$$\boxed{P_{\max} = \sqrt{\varepsilon_r}\,\frac{E_d^2}{Z_0}\,\frac{\pi D^2}{8\,e} \approx \sqrt{\varepsilon_r}\,\frac{E_d^2\,D^2}{2608\,\Omega}}\,. \qquad \square \tag{7.119}$$

Mit Hilfe der **Power-Loss-Methode,** die wir in Abschnitt 4.2.4 bei der Behandlung der Band-leitung kennengelernt hatten, wollen wir im Folgenden die Dämpfungskonstante

$$\alpha = \frac{V'}{2P} \tag{7.120}$$

einer *schwach verlustbehafteten* Koaxialleitung bestimmen. Dazu benötigen wir nur die Felder der geometrisch baugleichen *verlustlosen* Leitung. Die in ihrem Dielektrikum mit der relativen Permittivität ε_r transportierte **Wirkleistung** (7.117) ist uns ja bereits bekannt:

$$P = \frac{1}{2} \left| \underline{I}_h \right|^2 Z_L \,. \tag{7.121}$$

Die noch fehlende **Verlustleistung pro Meter Leitungslänge** V' setzt sich aus den Verlusten in beiden Leitern und im Dielektrikum zusammen:

$$V' = \frac{1}{2} \left| \underline{I}_h \right|^2 R' + \frac{1}{2} \left| \underline{U}_h \right|^2 G' \,. \tag{7.122}$$

Wir setzen nun V' und P in (7.120) ein und erhalten mit $\underline{U}_h = Z_L \underline{I}_h$ zunächst:

$$\alpha = \frac{\frac{1}{2} \left| \underline{I}_h \right|^2 R' + \frac{1}{2} Z_L^2 \left| \underline{I}_h \right|^2 G'}{\left| \underline{I}_h \right|^2 Z_L} \,. \tag{7.123}$$

Damit gilt für die **Dämpfungskonstante** einer schwach verlustbehafteten Koaxialleitung:

$$\alpha = \alpha_R + \alpha_G = \frac{1}{2} \left(\frac{R'}{Z_L} + G' Z_L \right), \tag{7.124}$$

was vollkommen mit den Hochfrequenznäherungen der Tabelle 7.4 übereinstimmt. Mit den koaxialen Leitungsbelägen für den HF-Fall aus den Tabellen 7.1 und 7.3 mit κ_ε aus (7.24)

$$R' = \left(\frac{1}{d} + \frac{1}{D} \right) \frac{1}{\pi \kappa \delta} \quad \text{und} \quad G' = \frac{2 \pi \omega \varepsilon_0 \varepsilon_r \tan \delta_\varepsilon}{\ln(D/d)} \tag{7.125}$$

und dem Leitungswellenwiderstand Z_L aus (7.114) folgt aus (7.124):

$$\alpha = \frac{\sqrt{\varepsilon_r}}{Z_0} \left[\frac{1}{\kappa \delta \ln(D/d)} \left(\frac{1}{d} + \frac{1}{D} \right) + \frac{\omega \mu_0 \tan \delta_\varepsilon}{2} \right]. \tag{7.126}$$

Dabei ist δ die Eindringtiefe im (materialgleichen) Innen- und Außenleiter:

$$\delta = \frac{1}{\sqrt{\pi f \mu_0 \mu_r \kappa}} \,. \tag{7.127}$$

Tabelle 7.14 Optimale Koaxialkabel bei festem Außendurchmesser D nach [Zin95]

kleinste Dämpfung	größte Spannungsfestigkeit	größte Leistung	Kompromiss-Wert
$D/d = 3,59$	$D/d = 2,72$	$D/d = 1,65$	$D/d = 2,30$
$Z_L \sqrt{\varepsilon_r} = 76,7 \,\Omega$	$Z_L \sqrt{\varepsilon_r} = 60,0 \,\Omega$	$Z_L \sqrt{\varepsilon_r} = 30,0 \,\Omega$	$Z_L \sqrt{\varepsilon_r} = 50,0 \,\Omega$

7.5 Einschwingverhalten von TEM-Leitungen

Im Folgenden betrachten wir eine TEM-Leitung nach Bild 7.4, die an ihrem Ende bei $z = l$ mit

$$\underline{Z}_2(p) = \underline{Z}_L(p) = \sqrt{\frac{R' + pL'}{G' + pC'}} \tag{7.128}$$

reflexionsfrei abgeschlossen sei. Bei *hohen* Frequenzen kann Anpassung auch mit einem *reellen* Abschlusswiderstand $Z_2 = \sqrt{L'/C'}$ erreicht werden. Am Leitungsende gilt die Beziehung:

$$\underline{U}_2(p) = \underline{Z}_L(p)\,\underline{I}_2(p). \tag{7.129}$$

Wir benutzen die Notation der Laplace-Transformation, bei der mit der Substitution $j\omega \to p$ die Laplace-Variable p als komplexe Frequenz verwendet wird. Am Eingang der Leitung schalten wir eine Gleichspannung in Form der Heavisideschen **Sprungfunktion** nach Bild 7.22 mit ihrer zugehörigen Laplace-Transformierten (Anhang F):

$$\underline{U}_1(p) = \int\limits_{t=0}^{\infty} u_1(t)\,e^{-pt}\,dt = \frac{A}{p}. \tag{7.130}$$

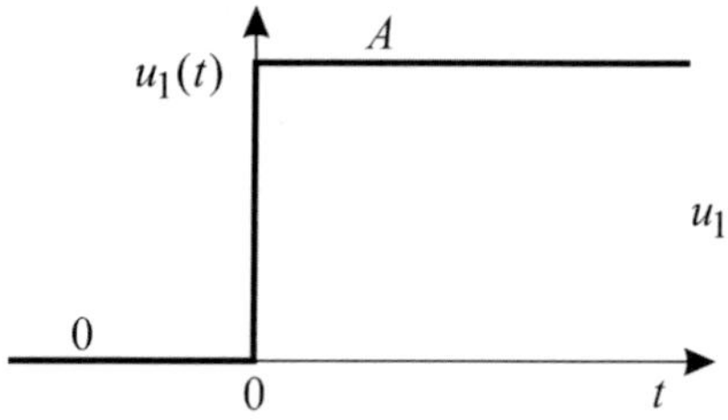

$$u_1(t) = A\,\sigma(t) = \begin{cases} 0 & \text{für} \quad t < 0 \\ A & \text{für} \quad t > 0 \end{cases}$$

Bild 7.22 Gleichspannungsschaltvorgang zur Zeit $t = 0$ am Leitungsanfang bei $z = 0$

Wegen des reflexionsfreien Abschlusses folgt nach (7.36) $\underline{U}_r = 0$ und es gibt auf der Leitung keine rücklaufenden Wellen. Aus (7.31) erhalten wir die **Übertragungsfunktion** der Leitung:

$$\underline{H}(p) = \frac{\underline{U}_2(p)}{\underline{U}_1(p)} = e^{-\underline{\gamma}\,l}. \tag{7.131}$$

Die **Sprungantwort** des Systems ist also

$$\underline{U}_2(p) = \frac{A}{p}\,e^{-\underline{\gamma}\,l} \quad \text{bzw.} \quad \underline{I}_2(p) = \frac{\underline{U}_2(p)}{\underline{Z}_L(p)} = \frac{A}{p\,\underline{Z}_L(p)}\,e^{-\underline{\gamma}\,l}. \tag{7.132}$$

Aus (7.29) entnehmen wir mit $L' = L'_a + L'_i$ die Ausbreitungskonstante

$$\underline{\gamma} = \sqrt{\left(R' + j\omega L'_i + j\omega L'_a\right)\left(G' + j\omega C'\right)}. \tag{7.133}$$

Bei Frequenzen $f \geq 9 f_g$ weit oberhalb der Grenzfrequenz des Skineffekts (7.7) gilt nach Tabelle 7.1 $R' = \omega L'_i$. Außerdem kann hier wegen $G' \ll \omega C'$ der unbedeutende Ableitungsbelag vernachlässigt werden:

$$\underline{\gamma} = \sqrt{\left(R'(1+j) + j\omega L'_a\right)j\omega C'}. \tag{7.134}$$

Der Widerstandsbelag steigt im **HF-Fall** wie $R' = \xi\sqrt{\omega}$ mit der Wurzel aus der Frequenz an. Aus (7.19) und (7.18) erhalten wir die *frequenzunabhängige* Proportionalitätskonstante:

$$\boxed{\xi = \frac{R'}{\sqrt{\omega}} = \left(\frac{1}{\Gamma_h} + \frac{1}{\Gamma_r}\right) \sqrt{\frac{\mu_0 \mu_r}{2\kappa}}} \, , \tag{7.135}$$

die von den Eigenschaften der metallischen Leiter abhängt. Mit der Substitution $j\omega \to p$ und

$$\sqrt{p} = \sqrt{j\omega} = \frac{1+j}{\sqrt{2}} \sqrt{\omega} \tag{7.136}$$

können wir (7.134) in eine für die Laplace-Transformation passende Form bringen:

$$\boxed{\underline{\gamma} = \sqrt{\left(\sqrt{2p}\,\xi + p\,L'_a\right) p\,C'}} \qquad \text{(HF-Näherung für } f \ge 9\,f_g \text{).} \tag{7.137}$$

Nach dem **Anfangswert-Theorem** der Laplace-Transformation [Krüg02, Web03] wirken zunächst die hohen Frequenzen, was hier zu einem verschwindenden Anfangswert führt:

$$u_2(0_+) = \lim_{p \to \infty} p\,\underline{U}_2(p) = \lim_{p \to \infty} A\,e^{-\underline{\gamma}\,l} = 0 . \tag{7.138}$$

Den Endwert nach Abklingen des Ausgleichsvorgangs erhalten wir ebenfalls direkt aus der komplexen Bildfunktion $\underline{U}_2(p)$. Für große Zeiten wird das Verhalten der Ausgangsspannung nämlich nach dem **Endwert-Theorem** (Anhang F) von den niederen Frequenzen bestimmt:

$$u_2(\infty) = \lim_{p \to 0} p\,\underline{U}_2(p) = \lim_{p \to 0} A\,e^{-\underline{\gamma}\,l} . \tag{7.139}$$

Für $p \to 0$ (also $\omega \to 0$) kann die Ausbreitungskonstante $\underline{\gamma}$ aber nicht mehr aus (7.137) ermittelt werden, sondern es muss nach (7.133) der Gleichstromwert $\underline{\gamma} = \alpha = \sqrt{R'_0\,G'_0}$ eingesetzt werden (siehe Fußnote unter Tabelle 7.4):

$$u_2(\infty) = A\,e^{-\sqrt{R'_0\,G'_0}\,l} . \tag{7.140}$$

Wir wollen nun versuchen, das Verhalten von $u_2(t)$ auf der gesamten Zeitachse zu bestimmen. Dazu machen wir eine Näherung für **hohe Frequenzen** ($f \gg f_g$), bei denen mit $\omega L'_a \gg \omega L'_i = R'$ der Beitrag der äußeren Induktivität dominiert und weiterhin $G' \ll \omega C'$ gilt. Unter diesen Voraussetzungen können wir (7.137) in eine **Taylor-Reihe** entwickeln:

$$\underline{\gamma} = p\,\sqrt{L'_a\,C'} + \xi\,\sqrt{p}\,\sqrt{\frac{C'}{2L'_a}} \quad \text{bzw.} \quad \underline{Z}_L(p) = \frac{\underline{\gamma}}{p\,C'} = \sqrt{\frac{L'_a}{C'}} + \frac{\xi}{\sqrt{2p\,L'_a\,C'}} . \tag{7.141}$$

Mit den **HF-Werten** der Phasengeschwindigkeit und des Leitungswellenwiderstandes

$$\boxed{v_p = \frac{c_0}{\sqrt{\varepsilon_r}} = \frac{1}{\sqrt{L'_a\,C'}}} \quad \text{und} \quad \boxed{Z_L = \sqrt{\frac{L'_a}{C'}}} \tag{7.142}$$

aus Tabelle 7.4 können wir (7.141) noch kompakter schreiben:

$$\underline{\gamma} = \frac{p}{v_p} + \frac{\xi}{Z_L\,\sqrt{2}}\,\sqrt{p} \quad \text{bzw.} \quad \underline{Z}_L(p) = Z_L + \frac{\xi\,v_p}{\sqrt{2p}} . \tag{7.143}$$

Damit erhalten wir aus (7.132) die Laplace-Transformierten von Spannung und Strom:

$$\boxed{\underline{U}_2(p) = A\,e^{-pt_0}\,\frac{e^{-\zeta\sqrt{p}}}{p}} \quad \text{bzw.} \quad \boxed{\underline{I}_2(p) = \frac{A}{Z_L}\,e^{-pt_0}\,\frac{e^{-\zeta\sqrt{p}}}{\sqrt{p}\,\left(\zeta/t_0 + \sqrt{p}\right)}} \tag{7.144}$$

mit den bequemen **Abkürzungen**

$$t_0 = \frac{l}{v_p} = \frac{l}{c_0 / \sqrt{\varepsilon_r}} \quad \text{und} \quad \zeta = \frac{\xi\, l}{Z_L \sqrt{2}} \, . \tag{7.145}$$

Der Term $e^{-p t_0}$ stellt nach dem **Verschiebungssatz** der Laplace-Transformation eine Phasennacheilung aufgrund der Laufzeit t_0 innerhalb des Nachrichtenkanals der Länge l dar. Für den Spannungsterm findet man in [Küp74, Pou99] eine exakte Rücktransformation:

$$\frac{e^{-\zeta \sqrt{p}}}{p} \quad \bullet\!\!-\!\!\circ \quad \mathrm{erfc}\left(\frac{\zeta}{2\sqrt{t}}\right) \quad (\text{für } \zeta \geq 0) \, . \tag{7.146}$$

Auch der kompliziertere Stromterm kann exakt rücktransformiert werden (siehe [Pou99] und Anhang F). Im Folgenden betrachten wir speziell die **Sprungantwort der Spannung:**

$$u_2(t) = \begin{cases} 0 & \text{für } t \leq t_0 \\ A\, \mathrm{erfc}\left(\dfrac{\zeta}{2\sqrt{t - t_0}}\right) & \text{für } t \geq t_0 \end{cases} \tag{7.147}$$

mit $u_2(\infty) = A$. Da wir in unserer Hochfrequenz-Näherung (7.137) die für $\omega \to 0$ auftretende Gleichstromdämpfung $\alpha = \sqrt{R_0' G_0'}$ vernachlässigt hatten, erhalten wir nicht ganz den exakten Wert (7.140). Für große Zeiten wird also mit (7.147) eine etwas zu große Ausgangsspannung errechnet. Bei verlustarmen Leitungen ist dieser Effekt aber kaum von Bedeutung – insbesondere auch deswegen, weil bei Impulsübertragungen (siehe Bild 7.24) die Impulsdauer τ durchweg so klein ist, dass im Bereich $t \leq \tau$ die Abweichungen noch keine Rolle spielen.

Die in der Lösung auftretende **komplementäre Error-Function** hängt mit dem Gaußschen Fehlerintegral $\Phi(z)$ wie folgt zusammen [JEL66, Abr72, NIST10]:

$$\mathrm{erfc}(z) = 1 - \Phi(z) = 1 - \frac{2}{\sqrt{\pi}} \int\limits_{x=0}^{z} e^{-x^2}\, dx \quad \text{mit } \Phi(0) = 0 \text{ und } \Phi(\infty) = 1 \, . \tag{7.148}$$

Mit $p = 0{,}47047$, $a_1 = 0{,}3480242$, $a_2 = -0{,}0958798$, $a_3 = 0{,}7478556$ gilt die Näherung:

$$\mathrm{erfc}(z) = (a_1 t + a_2 t^2 + a_3 t^3)\, e^{-z^2} + \varepsilon(z) \quad \text{mit } t = \frac{1}{1 + p z} \text{ und } |\varepsilon| \leq 2{,}5 \cdot 10^{-5}. \tag{7.149}$$

Ähnliche Herleitungen für die Sprungantwort einer reflexionsfrei abgeschlossenen TEM-Leitung findet man auch in [Kad57, Pie77, Ung80]. Als praktisches **Beispiel** betrachten wir eine Koaxialleitung aus Kupfer ($\kappa = 58 \cdot 10^6$ S/m) mit dem Durchmesserverhältnis $D/d = 3{,}59$, das nach Tabelle 6.14 zu kleinster Dämpfung führt. Mit einem Dielektrikum aus Teflon ($\varepsilon_r = 2{,}1$) und folgenden Abmessungen (siehe Bild 7.1)

Außenleiter: $D = 3{,}59$ mm

Innenleiter und Wanddicke: $d = 2t = 1{,}00$ mm $\tag{7.150}$

Leitungslänge: $l = 100$ m

folgt aus (7.114) ein Leitungswellenwiderstand von $Z_L = 52{,}9\ \Omega$. Die **Sprungantwort** $u_2(t)$ dieser Koaxialleitung – bei Anregung mit $u_1(t)$ nach Bild 7.22 – kann mit (7.147) ermittelt werden und ist in Bild 7.23 für $A = 1$ dargestellt. Man sieht im vergrößerten Bereich, dass

$u_2(t)$ an der Stelle $t = t_0$ stetig und auch knickfrei vom Ausgangswert null startet. Für große Zeiten $t \to \infty$ strebt die Ausgangsspannung asymptotisch gegen den Wert eins.

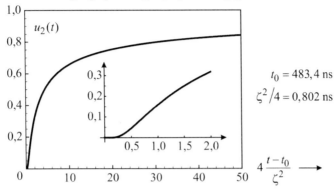

Bild 7.23 Sprungantwort $u_2(t)$ der Koaxialleitung nach (7.150) über normierter Abszisse $4\,(t-t_0)/\zeta^2$

Durch Kombination zweier oder dreier gegeneinander verschobener Sprungfunktionen kann man weitere Impulsformen generieren, die in Bild 7.24 dargestellt sind:

$$u_1(t) = A\left[\sigma(t) - \sigma(t-\tau)\right] \qquad \text{einzelner Rechteckimpuls der Dauer } \tau$$
$$u_1(t) = A\left[\sigma(t) - 2\,\sigma(t-\tau) + \sigma(t-2\tau)\right] \quad \text{mittelwertfreier Bipolarimpuls}. \qquad (7.151)$$

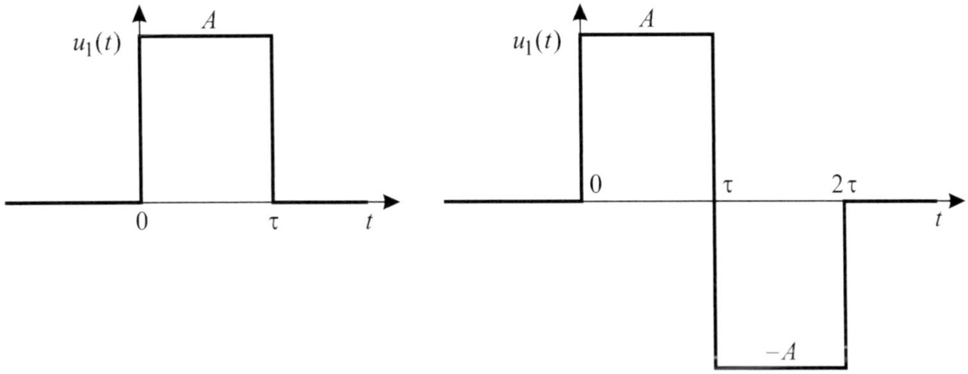

Bild 7.24 Unipolarer Rechteckimpuls der Dauer τ und Bipolarimpuls, der sich aus zwei betragsgleichen aber im Vorzeichen verschiedenen einzelnen Impulsen der Einzeldauer τ zusammensetzt

Die Ausgangsspannung am Leitungsende bei $z = l$ ergibt sich analog zu (7.151) durch Superposition der Sprungantworten nach (7.147). Beim **Unipolarimpuls** folgt daraus:

$$u_2(t) = \begin{cases} 0 & \text{für} \quad t \le t_0 \\[2mm] A\,\mathrm{erfc}\left(\dfrac{\zeta}{2\sqrt{t-t_0}}\right) & \text{für} \quad t_0 \le t \le \tau \\[2mm] A\,\mathrm{erfc}\left(\dfrac{\zeta}{2\sqrt{t-t_0}}\right) - A\,\mathrm{erfc}\left(\dfrac{\zeta}{2\sqrt{t-t_0-\tau}}\right) & \text{für} \quad \tau \le t \end{cases} \qquad (7.152)$$

Die Systemantwort ist damit abschnittsweise gegeben und wird für die Koaxialleitung (7.150) in Bild 7.25 für $A = 1$ und $\tau = 50$ ns dargestellt. Aus dem Kehrwert der Impulsdauer τ ergibt sich die **Datenrate,** also hier 20 MBit/s .

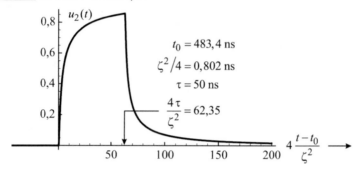

Bild 7.25 $u_2(t)$ bei Anregung mit einem unipolaren Rechteckimpuls der Dauer $\tau = 50$ ns

Bei Anregung mit einem **Bipolarimpuls** setzt sich das Zeitverhalten der Ausgangsspannung aus vier Abschnitten zusammen (Bild 7.26). Wie zuvor gelte auch hier wieder $A = 1$.

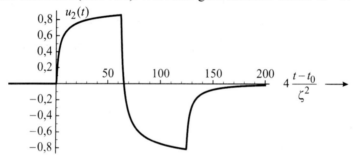

Bild 7.26 $u_2(t)$ bei Anregung mit einem bipolaren Rechteckimpuls der Gesamtdauer $2\tau = 100$ ns

Schlussbemerkung:

Die Grenzfrequenz des Skineffekts für die untersuchte Koaxialleitung (7.150) folgt aus (7.7):

$$f_g = \frac{4}{\pi\,\mu_0\,\mu_r\,\kappa\,d^2} = 17,47\ \text{kHz} .$$ (7.153)

Bei der Herleitung der Sprungantwort (7.147) hatten wir **zwei Näherungen** gemacht. Das asymptotische Hochfrequenzverhalten $R' = \omega L_i' = \xi\,\sqrt{\omega}$ stellt sich erst für Frequenzen $f \geq 9\,f_g = 157,22$ kHz ein und die Taylor-Entwicklung (7.141) erfordert mit $f \gg f_g$ nahezu die gleiche Vorbedingung. Das bedeutet, dass für Spektralanteile im Bereich _unterhalb_ von $157,22$ kHz unsere Lösung – in Form der komplementären Error-Function – Fehler aufweist. Da sich diese niedrigen Frequenzen wegen des Endwert-Theorems aber erst bei _großen_ Zeiten in der Sprungantwort bemerkbar machen, können wir diesen fehlerbehafteten Zeitabschnitt von $u_2(t)$ durch eine ausreichend kurze Impulsdauer τ vermeiden. Die erste Nullstelle des Betragsspektrums eines unipolaren Rechteckimpulses liegt bei $1/\tau$. Fordern wir, dass diese erste Nullstelle _zehnmal_ höher liegt als der kritische Niederfrequenzbereich, dann gilt für τ :

$$\frac{1}{\tau} \geq 10 \cdot 9 \cdot \frac{4}{\pi\,\mu_0\,\mu_r\,\kappa\,d^2} ,$$ was zu $\tau \leq 636$ ns führt. Unsere **HF-Näherung** gilt also bei Bitraten _größer_ als 1,57 MBit/s . (7.154)

7.6 Aufgaben

7.6.1 Bestimmen Sie das Durchmesserverhältnis D/d einer Koaxialleitung so, dass ihre Dämpfung nach (7.126) bei festem Außendurchmesser D ein Minimum einnimmt.

7.6.2 Ein twisted-pair Telefonkabel mit den Leitungsbelägen $R' = 1\,\Omega/\mathrm{m}$, $G' = 200\,\mu\mathrm{S/m}$, $L' = 0{,}5\,\mu\mathrm{H/m}$ und $C' = 50\,\mathrm{pF/m}$ werde bei der Frequenz $f = 30\,\mathrm{MHz}$ betrieben.. Wie groß sind Leitungswellenimpedanz $\underline{Z}_L$ und Phasengeschwindigkeit v_p? Nach welcher Leitungslänge l ist die Spannung auf der Leitung um 20 dB abgefallen?

7.6.3 Eine an ihrem Ende kurzgeschlossene Koaxialleitung habe die Leitungswellenimpedanz $\underline{Z}_L = (45 + j\,10)\,\Omega$ und die Ausbreitungskonstante $\gamma = (1 + j\,2)\,\mathrm{m}^{-1}$. Wie groß wird ihre Eingangsimpedanz, falls die Leitung eine Länge von $l = 1{,}08\,\mathrm{m}$ aufweist?

7.6.4 Eine verlustlose Leitung der Länge $l = \lambda/4$ habe einen Leitungswellenwiderstand von $Z_L = 100\,\Omega$ und sei mit einer Last von $R_2 = 200\,\Omega$ abgeschlossen. Wie groß wird ihr Eingangswiderstand R_1? Falls an R_2 eine Spannung von $\underline{U}_2 = 60\,\mathrm{V}$ anliegt, wie groß ist dann die Spannung $\underline{U}_1$ am Leitungsanfang?

7.6.5 Eine Antenne wird über eine verlustlose Flachbandleitung mit $Z_L = 240\,\Omega$ angeschlossen. Auf der Leitung stellt sich eine Welligkeit von $s = 1{,}5$ ein. Wie groß ist der Betrag r_2 des Lastreflexionsfaktors? Wie groß ist die Betriebsfrequenz, wenn die Maxima des Spannungsbetrages $|\underline{U}(z)|$ im Abstand von $d = 100\,\mathrm{cm}$ auftreten und die Phasengeschwindigkeit $v_p = 0{,}7\,c_0$ beträgt? Wie groß ist die Eingangsimpedanz $\underline{Z}_2$ der Antenne, wenn das erste Spannungsmaximum $d_{\max} = 30\,\mathrm{cm}$ von der Antenne entfernt auftritt?

7.6.6 Ein Lastwiderstand R_L wird über einen zweistufigen Viertelwellen-Transformator mit $l_1 = l_2 = \lambda_m/4$ und $Z_{L1} = R_G \sqrt[4]{t}$ sowie $Z_{L2} = R_L/\sqrt[4]{t}$ an eine Signalquelle mit dem Innenwiderstand R_G angeschlossen. Wie groß ist die relative Bandbreite B_r am Niveau $20\lg\Gamma_c\,\mathrm{dB} = -30\,\mathrm{dB}$, falls das Transformationsverhältnis $t = R_L/R_G = 4$ beträgt?

Lösungen:

7.6.1 Wir suchen mit $x = D/d$ nach (7.126) das Minimum der Funktion $f(x) = (1+x)/\ln x$. Aus $f'(x) = 0$ folgt die Bedingung $x \ln x = 1 + x$ und damit die Lösung $D/d = 3{,}591$.

7.6.2 $\underline{Z}_L = (100 + j\,0{,}53)\,\Omega$, $v_p = \omega/\beta = 2\cdot 10^8\,\mathrm{m/s} = 0{,}667\,c_0$ und $l = 153{,}5\,\mathrm{m}$

7.6.3 $\underline{Z}_1 = (50{,}3 + j\,0{,}3)\,\Omega$

7.6.4 $R_1 = Z_L^2/R_2 = 50\,\Omega$ und $\underline{U}_1 = j\,\underline{U}_2\,Z_L/R_2 = j\,30\,\mathrm{V}$

7.6.5 $r_2 = (s-1)/(s+1) = 0{,}2$ und $f = v_p/\lambda = 0{,}7\,c_0/(2\,d) = 104{,}9\,\mathrm{MHz}$.
Mit $\varphi_2 = 2\beta d_{\max} = 4\pi\,d_{\max}/\lambda = 1{,}885 \,\hat{=}\, 108° $ wird $\underline{Z}_2 = (198 + j\,78{,}5)\,\Omega$.

7.6.6 Durch zweimalige Anwendung von (7.58) folgt nach [Zin95] analog zu (7.62):

$$\underline{\Gamma} = \frac{\sqrt{t} - 1/\sqrt{t}}{\sqrt{t} + 1/\sqrt{t} - 2\tan^2\big((\pi f)/(2 f_m)\big) + 2j\left(\sqrt[4]{t} + 1/\sqrt[4]{t}\right)\tan\big((\pi f)/(2 f_m)\big)}.$$

Mit $t = 4$ und $f = f_1 = 0{,}8683\,f_m$ wird $|\underline{\Gamma}| = 0{,}03162$. Nach (7.64) folgt $B_r = 0{,}2634$.

8 Wellenleiter

Allgemein lassen sich Wellenleiter wie in Bild 8.1 in *Zweileitersysteme* und *Einleitersysteme* unterteilen. Zu den Zweileitersystemen [Heu05], die zur Übertragung für Frequenzen ab $f = 0$ Hz geeignet sind, gehören Paralleldrahtleitungen (a), koaxiale Leitungen (b) und Streifenleitungen (c). Alle Hohlleiter (d-g) kommen dagegen mit nur einem Leiter aus.

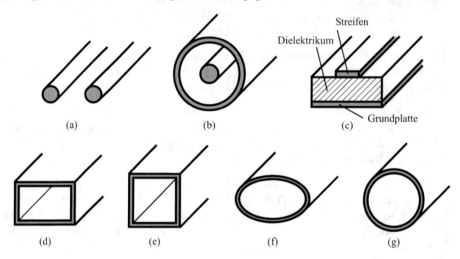

Bild 8.1 Wellenleiter als Zweileitersysteme (a-c) und Einleitersysteme (d-g)

Hohlleiter stellen **Einleitersysteme** dar, die aus einem zylindrischen Metallrohr gleichbleibenden Querschnitts bestehen. Dabei sind – wie in Bild 8.1 angedeutet – mehrere unterschiedliche Querschnittsformen in Gebrauch. Eine Wellenausbreitung in Hohlleitern ist erst oberhalb einer unteren Frequenzgrenze f_c möglich, die man als **Grenzfrequenz,** kritische Frequenz oder Cutoff-Frequenz bezeichnet. Die Hohlleitung hat demnach die Übertragungseigenschaften eines Hochpasses. Die Grenzfrequenz hängt von den Querschnittsabmessungen des Hohlleiters und von der Permittivität $\varepsilon = \varepsilon_r\, \varepsilon_0$ eines eventuell im Hohlleiter vorhandenen Dielektrikums ab. Unterhalb der Grenzfrequenz – also im **Sperrbereich** – existieren im Hohlleiter nur aperiodisch gedämpfte elektromagnetische Felder, die exponentiell mit der Entfernung von der Erregung abnehmen[1]:

$$e^{-\alpha|z|} \qquad \text{für } f < f_c. \tag{8.1}$$

Erst oberhalb der Grenzfrequenz – also im **Durchlassbereich** des Hohlleiters – können sich elektromagnetische Wellen in die positive bzw. negative z-Richtung ausbreiten:

$$e^{-j\beta|z|} \qquad \text{für } f > f_c. \tag{8.2}$$

Dabei sei f die vom Generator erzeugte und in den Hohlleiter eingespeiste Frequenz.

---

[1] In (8.1) und (8.2) wurde angenommen, dass die z-Achse mit der Hohlleiterlängsachse zusammenfällt und die Einkopplung in den Hohlleiter an der Stelle $z = 0$ erfolgt.

© Springer Fachmedien Wiesbaden GmbH, ein Teil von Springer Nature 2022
K. W. Kark, *Antennen und Strahlungsfelder*,
https://doi.org/10.1007/978-3-658-38595-8_8

Hohlleiter sind für die Übertragung mit Gleichstrom und für die Übertragung mit Wechselströmen niedriger Frequenz unbrauchbar, da ihnen hierzu der erforderliche zweite Leiter fehlt. In der Praxis setzt man Hohlleiter für Frequenzen etwa **oberhalb von 1 GHz** ein, da erst dann die Querschnittsabmessungen vernünftige Werte annehmen (siehe die Tabellen 8.6 und 8.10).

In den meisten Fällen werden Hohlleiter als Filter und Koppler oder als Speiseleitungen von Hornstrahlern und Reflektorantennen eingesetzt. Ihre große **Durchbruchfeldstärke** von etwa $E_d = 15\,\text{kV/cm}$ ermöglicht die Übertragung sehr hoher Sendeleistungen. So sind bei Großrundsichtradaren für die Luftraumüberwachung Impuls-Spitzenleistungen von einigen Megawatt nötig. Hohlleiter sind meist mit Luft gefüllt und haben wegen des im Allgemeinen fehlenden Dielektrikums eine relativ niedrige **Ausbreitungsdämpfung** (typischer Wert $0{,}1\,\text{dB/m}$). Darum werden sie auch für die Übertragung sehr niedriger Empfangsleistungen ($<1\,\text{pW}$) verwendet, wie sie z. B. bei Radar- und Satellitenanwendungen auftreten.

8.1 Schwingungsformen in Hohlleitern

Bei der einfachsten Wellenform in einem Hohlleiter mit Rechteckquerschnitt verbinden die elektrischen Feldlinien als Geraden die untere und die obere Hohlleiterwand; sie beginnen bzw. enden senkrecht auf beiden Wänden. Die magnetischen Feldlinien formen Ringe, die parallel zur unteren und oberen Wand mit den elektrischen Feldlinien im Hohlleiter wandern. Die elektrischen und magnetischen Feldlinien stehen senkrecht aufeinander und ändern nach jeder halben Leitungswellenlänge ($\lambda_L/2 = \lambda_z/2$) die Richtung (Bild 8.2). Diese Hohlleiterwelle hat zwei magnetische Feldkomponenten, von denen eine (H_z) in Ausbreitungsrichtung der Welle weist, während die elektrischen Feldlinien E_y ausschließlich in Ebenen quer zur Ausbreitungsrichtung liegen. Elektromagnetische Wellen mit dieser Eigenschaft bezeichnet man allgemein als **H-Wellen.** Der in Bild 8.2 vorgestellte Wellentyp im Rechteckhohlleiter heißt H_{10}-Welle.

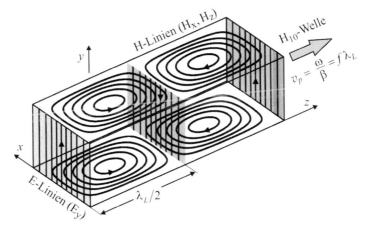

Bild 8.2 Elektrische und magnetische Feldlinien der H_{10}-Welle des Rechteckhohlleiters

Die **Anregung** der H_{10}-Welle kann bei geringen Generatorleistungen durch einen metallischen Koppelstift in Hohlleitermitte erfolgen, der parallel zu den elektrischen Feldlinien dieses Wellentyps angeordnet wird. Dazu lässt man einfach den abisolierten stromführenden Innenleiter einer Koaxialleitung ein Stück in den Hohlleiter hineinragen (Bild 8.3).

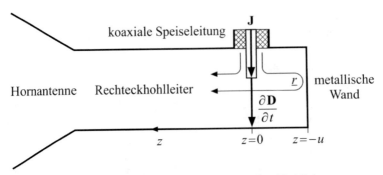

Bild 8.3 Koaxiale Stifteinkopplung einer H_{10}-Welle in einem Rechteckhohlleiter

An der Anregungsstelle bei $z = 0$ setzt sich die Leitungsstromdichte **J** des koaxialen Innenleiters als Verschiebungsstromdichte $\partial\mathbf{D}/\partial t$ im Hohlleiter fort und erzeugt dadurch die gewünschte **vertikale Polarisation** der H_{10}-Welle. Für die Anpassung an den Generator spielt die Länge des Koppelstifts eine wesentliche Rolle. Außerdem verzweigt sich die über die Speiseleitung herangeführte Generatorleistung (aufgrund der Symmetrie der Anregungsstelle) hälftig in die positive und negative z-Richtung. Durch eine metallische Wand im Abstand u wird der zunächst in die falsche Richtung fließende Anteil nach Abschnitt 5.2.2 mit einem Reflexionsfaktor von $r = -1 = e^{-j\pi}$ wieder in die positive z-Richtung umgelenkt und überlagert sich dort konstruktiv mit dem anderen Wellenanteil, wenn seine Phasennacheilung – als Summe aus Reflexion (π) *und* Umweg (noch einmal π) – gerade 2π beträgt. Der notwendige **Wandabstand** muss also ein Viertel der Hohlleiterwellenlänge λ_L betragen, die – wie wir in Abschnitt 8.2.1 zeigen werden – keineswegs mit der Freiraumwellenlänge $\lambda_0 = c_0/f$ übereinstimmt:

$$u = \lambda_L/4 = \lambda_z/4 \neq \lambda_0/4. \tag{8.3}$$

Diese überschlägige Betrachtung werden wir in Abschnitt 8.7 noch präzisieren. Bei höherem Leistungsbedarf ist eine koaxiale Speiseleitung ungeeignet und die Leistung muss dann durch eine in den Hohlleiter integrierte Mikrowellenelektronenröhre vor Ort erzeugt werden [Peh12].

Tatsächlich kann in Hohlleitern – gleich welchen Querschnitts – eine Vielzahl von Wellentypen existieren. Die unterschiedlichen Schwingungsformen lassen sich in zwei Gruppen einteilen:

- **E-Wellen** sind durch elektrische Feldstärkekomponenten E_z in Ausbreitungsrichtung gekennzeichnet. Die magnetischen Feldlinien liegen immer nur quer zur Ausbreitungsrichtung. Oft werden E-Wellen auch als <u>TM-Wellen</u> bezeichnet (**t**ransverse **m**agnetic modes).

- **H-Wellen** sind durch magnetische Feldstärkekomponenten H_z in Ausbreitungsrichtung gekennzeichnet. Die elektrischen Feldlinien liegen immer nur quer zur Ausbreitungsrichtung. Oft werden H-Wellen auch als <u>TE-Wellen</u> bezeichnet (**t**ransverse **e**lectric modes).

Ergänzend sei hier angemerkt, dass in verlustlosen **Zwei**leitersystemen (z. B. Paralleldrahtleitung, Koaxialleitung, Bandleitung) neben diesen beiden Wellengrundformen auch noch **TEM-Wellen** (**t**ransverse **e**lectro**m**agnetic field) möglich sind, die keinerlei Feldkomponenten in Wellenausbreitungsrichtung besitzen ($E_z = H_z = 0$) und wegen ihrer Grenzfrequenz $f_c = 0$ auch für Gleichstromübertragung geeignet sind. E- und H-Wellen treten in Hohlleitern beliebigen Querschnitts auch gleichzeitig nebeneinander auf. Während TEM-Wellen, die auch Leitungs- oder Lecher-Wellen[2] genannt werden, in Hohlleitern nicht möglich sind, können sich E-

---

[2] Ernst **Lecher** (1856-1926): österreich. Physiker (Kalorimetrie, Infrarotstrahlung, elektr. Schwingungen)

und H-Wellen ihrerseits durchaus in Zweileitersystemen ausbreiten. Sie stellen neben der gewünschten TEM-Welle – der Grundwelle von Zweileitersystemen – unerwünschte höhere Wellentypen dar und tragen zu Signalverzerrungen auf dem Übertragungsweg wesentlich bei. Sie stören vor allem durch ihre abweichenden Energiegeschwindigkeiten und damit unterschiedlichen Laufzeiten die Übertragung von Signalen (Abschnitt 8.4).

Die angedeuteten Probleme lassen sich bei geeigneter Wahl der Betriebsfrequenz unter Beachtung der Abmessungen des Hohlleiterquerschnitts leicht lösen. Liegt die Betriebsfrequenz oberhalb der Grenzfrequenz der niedrigsten Welle (Grundwelle), aber unterhalb der Grenzfrequenzen aller möglichen höheren Wellentypen, dann breitet sich nur die jeweilige Grundwelle aus und man spricht vom **Betrieb im eindeutigen Bereich.** Bei Störungen an Inhomogenitäten können zwar elektromagnetische Felder unerwünschter höherer Wellentypen entstehen, die aber rasch aperiodisch abklingen und der eingespeisten Grundwelle keine Wirkleistung entziehen.

Außer der Unterscheidung in E- und H-Wellen (Moden) sind wegen der Vielzahl der denkbaren Wellentypen weitere „Sortier-Kennzeichnungen" erforderlich. Man verwendet hierzu zwei Indexziffern m und n, wie wir sie bereits von der H_{10}-Welle kennen. Diese Modenindizes beschreiben in Kurzform die elektrischen bzw. magnetischen Feldbilder in der Querschnittsebene des Hohlleiters. Sie beziehen sich auf die Anzahl der Maxima bzw. auf die Anzahl der Nullstellen im Hohlleiterquerschnitt – und zwar bei E_{mn}-Wellen auf die des magnetischen und bei H_{mn}-Wellen auf die des elektrischen Feldes.

Für den Hohlleiter mit **Rechteckquerschnitt** gilt:

- Der erste Index m gibt die Anzahl der _Maxima_ über der Breitseite ($a = m\lambda_x/2$) und der zweite Index n die Anzahl der _Maxima_ über der Schmalseite ($b = n\lambda_y/2$) an.

Tabelle 8.1 zeigt transversale Feldbilder verschiedener H_{mn}-Wellen des Rechteckhohlleiters.

Tabelle 8.1 Darstellung des elektrischen Transversalfeldes von H-Wellen im Rechteckhohlleiter

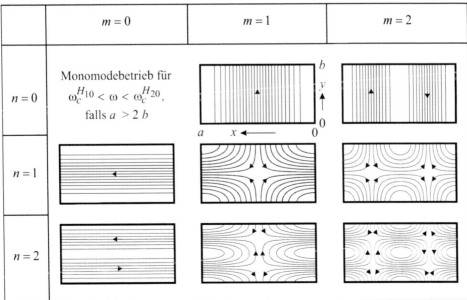

Aus den drei grundlegenden Wellentypen H_{10}, H_{01} und H_{11} können alle weiteren durch periodisches Aneinanderreihen in horizontaler bzw. vertikaler Richtung gewonnen werden. Dabei müssen in benachbarten Elementarzellen die Richtungen der Vektorpfeile jeweils umgedreht werden.

Wie wir später noch sehen werden, darf bei der E_{mn}-Welle des Rechteckhohlleiters keiner der beiden Indizes null werden. Ähnlich zu den H-Wellen aus Tabelle 8.1 können hier aus dem grundlegenden E_{11}-Wellentyp alle höheren Wellen durch periodisches Aneinanderreihen in horizontaler bzw. vertikaler Richtung gewonnen werden (Tabelle 8.2). Dabei kehrt sich der Drehsinn der magnetischen Wirbel in benachbarten Elementarzellen jeweils um.

Tabelle 8.2 Darstellung des magnetischen Transversalfeldes von E-Wellen im Rechteckhohlleiter

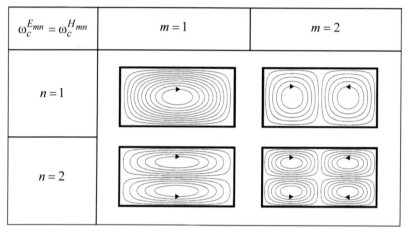

Beim Vergleich der Tabellen 8.1 und 8.2 stellt man folgenden interessanten Zusammenhang fest. Greift man nämlich aus dem magnetischen Feldbild der E_{11}-Welle einen Quadranten heraus, so geht er in einen Quadranten des elektrischen Feldbildes der H_{11}-Welle über (Bild 8.4). Diese Transformation der Felder geht auf die unterschiedlichen Randbedingungen zurück. Die tangential zur Holleiterwand verlaufenden Magnetlinien decken sich vollkommen mit den dort normal stehenden elektrischen Feldlinien.

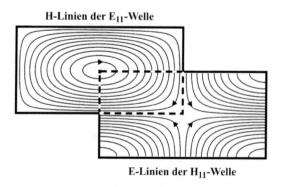

Bild 8.4 Zur Dualität der magnetischen und elektrischen Feldlinien von E_{11}- und H_{11}-Welle

Für den Hohlleiter mit **Kreisquerschnitt** gilt:

- Der erste Index gibt die Anzahl der *Maxima* längs des halben Rohrumfangs und der zweite Index die Anzahl der *Nullstellen* über dem Radius an. Treten gleichzeitig an der Wand und in der Achse des Hohlleiters Nullstellen auf, zählen beide zusammen als eine Nullstelle.

Für Monomodebetrieb im Rundhohlleiter muss nach Tabelle 8.9 gelten:

$$\omega_c^{H_{11}} < \omega < \omega_c^{E_{01}} = (j_{01}/j_{11}')\,\omega_c^{H_{11}} = 1{,}3061\,\omega_c^{H_{11}}\,. \tag{8.4}$$

Tabelle 8.3 Darstellung der transversalen Feldverteilung verschiedener Eigenwellen des Rundhohlleiters. Bei H-Wellen sind elektrische und bei E-Wellen magnetische Feldlinien gezeichnet. Nach der H_{11}-Grundwelle folgen die nächsten höheren Eigenwellen E_{01}, H_{21}, E_{11} und H_{01}.

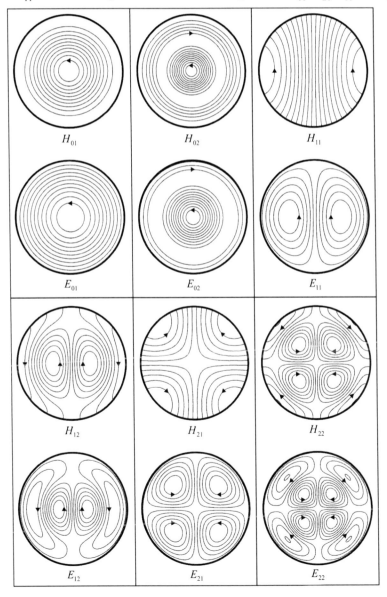

In Tabelle 8.3 sind verschiedene Wellentypen im Rundhohlleiter dargestellt. Für $m \geq 1$ fällt beim Vergleich zwischen einer H_{mn}-Welle und derjenigen E_{mn}-Welle mit demselben Indexpaar auf, dass die elektrischen Feldlinien der H-Welle aus dem zentralen Bereich der magnetischen Feldlinien der E-Welle hervorzugehen scheinen. Man braucht dazu nur bei der E-Welle den Hohlleiterrand nach innen zu verlegen und die ursprünglichen Magnetlinien als elektrische Feldlinien der neuen H-Welle zu interpretieren. Das Feldbild der H-Welle lässt sich also bereits in einem kleineren Querschnitt führen, weswegen bei $m \geq 1$ die H_{mn}-Welle immer vor der zugehörigen E_{mn}-Welle ausbreitungsfähig wird; für $m = 0$ ist es gerade umgekehrt.

Alle Wellentypen sind dadurch gekennzeichnet, dass im verlustfreien Fall direkt am Metallrohr keine elektrischen Feldstärkeanteile parallel zur Hohlleiterwand und keine magnetischen Feldstärkeanteile senkrecht zur Hohlleiterwand existieren **(Randbedingungen)**. Zur **Anregung** eines bestimmten Feldtyps in einem Hohlleiter bedarf es wie in Abschnitt 8.7 einer Anordnung, die das elektrische oder magnetische Feld der gewünschten Wellenform teilweise oder völlig nachahmt. Man bildet also die Anregungsstelle so aus, dass sie Feldkomponenten aufweist wie bei dem anzuregenden Hohlleiterfeld. Die Anregung kann elektrisch mit einem Stift parallel zu den elektrischen Feldlinien des zu erregenden Feldtyps erfolgen oder magnetisch mit einer Koppelschleife, deren magnetisches Feld so gerichtet ist wie das anzuregende Magnetfeld.

8.2 Rechteckhohlleiter

Zur systematischen Untersuchung der in Rechteckhohlleitern möglichen Wellentypen geht man von den Maxwellschen Gleichungen aus, für die Lösungen in kartesischen Koordinaten (x, y, z) zu suchen sind, die die Randbedingun-

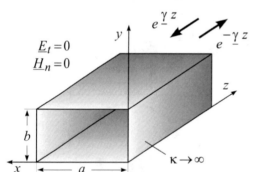

gen an den als ideal leitend angenommenen Innenwänden des Hohlleiters erfüllen (Bild 8.5). Man spricht von einem **Randwertproblem** oder **Eigenwertproblem.** Die Leitung wird als verlustlos, von großer Länge und als homogen angenommen. Die Wellenausbreitung erfolge in positiver oder negativer z-Richtung; x und y sind daher Querschnittskoordinaten.

Bild 8.5 Homogener, verlustloser Rechteckhohlleiter mit kartesischem Koordinatensystem. Die innere Füllung besteht meist aus Luft (μ_0, ε_0), kann aber auch ein homogenes Dielektrikum $(\mu_0, \varepsilon_0 \varepsilon_r)$ sein.

8.2.1 Eigenwellen

Analog zur Ausbreitung von TEM-Wellen auf Zweileitersystemen wird die Abhängigkeit der Feldkomponenten von der Längskoordinate in komplexer Schreibweise mit

$$e^{\pm \underline{\gamma} z} = e^{\pm j \underline{k}_z z} \tag{8.5}$$

angesetzt. Das negative Vorzeichen im Exponenten gehört zu Wellen, die sich in die positive z-Richtung ausbreiten, während der positive Exponent zu Wellen mit Ausbreitung in negativer z-Richtung gehört. Die **Ausbreitungskonstante** wird aus Gründen der späteren Bequemlichkeit zu $\underline{\gamma} = \alpha + j\beta = j \underline{k}_z$ gesetzt und man verwendet dann nur noch die neue Konstante

$$\boxed{\underline{k}_z = \beta - j\,\alpha}\;, \tag{8.6}$$

die man sich als komplexe Wellenzahl in z-Richtung vorstellen kann. Die Abkürzungen α und β stehen – wie in Kapitel 4 – wieder für die Dämpfungs- und die Phasenkonstante. Die Zeitabhängigkeit wird als harmonisch angenommen und durch $e^{j\omega t}$ beschrieben. Die Maxwellschen Feldgleichungen für Phasoren in quellenfreien Gebieten folgen aus (3.83) mit $\mathbf{J} = 0$:

$$\begin{aligned} \operatorname{rot}\underline{\mathbf{H}} &= j\,\omega\,\varepsilon\,\underline{\mathbf{E}} \\ \operatorname{rot}\underline{\mathbf{E}} &= -j\,\omega\,\mu\,\underline{\mathbf{H}} \end{aligned} \quad \text{mit} \quad \varepsilon = \varepsilon_0\,\varepsilon_r \quad \text{und} \quad \mu = \mu_0\,. \tag{8.7}$$

Sie können mit Hilfe des Differenzialoperators „rot" in kartesischen Koordinaten als sechs *gekoppelte* Komponentengleichungen geschrieben werden. Durch gegenseitiges Einsetzen dieser Gleichungen kann man die transversalen Komponenten $\underline{E}_x$, $\underline{E}_y$, $\underline{H}_x$ und $\underline{H}_y$ eliminieren und man erhält zwei *entkoppelte* Differenzialgleichungen zweiter Ordnung für die unbekannten Längsfeldstärken $\underline{E}_z$ und $\underline{H}_z$, die *unabhängig* voneinander sind:

$$\boxed{\begin{aligned} \left(\frac{\partial^2}{\partial x^2} + \frac{\partial^2}{\partial y^2} + k^2 - \underline{k}_z^2\right)\underline{E}_z &= 0 \\ \left(\frac{\partial^2}{\partial x^2} + \frac{\partial^2}{\partial y^2} + k^2 - \underline{k}_z^2\right)\underline{H}_z &= 0 \end{aligned}} \quad \text{mit} \quad k^2 = \omega^2\,\mu_0\,\varepsilon_0\,\varepsilon_r\,. \tag{8.8}$$

Dabei hängt k^2 von der Generatorfrequenz ω und der Füllung des Hohlleiters ab, die aus Luft oder einem homogenen Dielektrikum, das den gesamten Hohlleiter ausfüllt, bestehen kann.

Die allgemeinen Lösungen $\underline{E}_z$ und $\underline{H}_z$ der beiden Helmholtz-Gleichungen (8.8) kann man in zwei unabhängige Klassen aufspalten. Setzt man $\underline{H}_z = 0$, so erhält man **E-Wellen** und für $\underline{E}_z = 0$ findet man **H-Wellen.** Die triviale Lösung $\underline{E}_z = \underline{H}_z = 0$ ist nur bei Zweileitersystemen von Bedeutung und führt auf TEM-Wellen, die es in Hohlleitern aber nicht gibt. Die partiellen Differenzialgleichungen (8.8) kann man nach Bernoulli durch Trennung der Veränderlichen mit einem **Produktansatz**[3] lösen, dessen Faktoren nur Funktionen jeweils *einer* Koordinaten sind. Für E-Wellen gilt:

$$\boxed{\underline{E}_z(x,y,z) = \underline{E}_0\,f(x)\,g(y)\,e^{\pm j\,\underline{k}_z\,z}}\;. \tag{8.9}$$

$\underline{E}_0$ ist eine dimensionsbehaftete komplexe Amplitude mit der Einheit V/m, deren Wert durch die Art der Einspeisung in den Hohlleiter gegeben ist. Mit dem Produktansatz (8.9) folgt aus der Helmholtz-Gleichung (8.8) nach Division durch gemeinsame Faktoren:

$$\frac{f''(x)}{f(x)} + \frac{g''(y)}{g(y)} + k^2 - \underline{k}_z^2 = 0\;, \tag{8.10}$$

worin jeweils die zweiten Ortsableitungen auftreten. Nur wenn die gesamte Gleichung (8.10) vom Ort unabhängig wird, kann eine Lösung nicht nur für spezielle Punkte (x, y) sondern *für alle* $x \in [0, a]$ und $y \in [0, b]$ gefunden werden. Also müssen auch die beiden Quotienten in (8.10) ortsunabhängige Konstanten sein. Ihre Abhängigkeiten von x bzw. von y müssen sich daher durch Kürzen wegheben.

---

[3] Neben dem kartesischen sind noch zehn weitere Koordinatensysteme bekannt, in denen die Helmholtz-Gleichung separiert werden kann [Mo61a].

Durch Wahl geeigneter Namen für diese Separationskonstanten, nämlich $-k_x^2$ und $-k_y^2$, erhält man zwei gewöhnliche Differenzialgleichungen zweiter Ordnung:

$$\frac{f''(x)}{f(x)} = -k_x^2 \quad \Rightarrow \quad f''(x) + k_x^2\, f(x) = 0 \tag{8.11}$$

und

$$\frac{g''(y)}{g(y)} = -k_y^2 \quad \Rightarrow \quad g''(y) + k_y^2\, g(y) = 0. \tag{8.12}$$

Die Konstanten müssen die **Separationsgleichung** (8.10) erfüllen, d. h. es muss gelten:

$$\boxed{k_x^2 + k_y^2 + \underline{k}_z^2 = k^2 = \omega^2\, \mu_0\, \varepsilon_0\, \varepsilon_r} \ . \tag{8.13}$$

Diese Gleichung wird auch **Eigenwertgleichung** genannt und die noch unbekannten Parameter k_x, k_y und $\underline{k}_z$ heißen Eigenwerte des Randwertproblems. Ein Fundamentalsystem von Lösungen für die Differenzialgleichung (8.11) von $f(x)$ bilden die trigonometrischen Funktionen:

$$f(x) = C_1 \sin(k_x x) + C_2 \cos(k_x x) \tag{8.14}$$

mit frei wählbaren Konstanten C_1 und C_2. Für die zweite Separationsfunktion $g(y)$ findet man entsprechend mit C_3 und C_4:

$$g(y) = C_3 \sin(k_y y) + C_4 \cos(k_y y), \tag{8.15}$$

womit wir nach (8.9) die Längsfeldstärke einer E-Welle angeben können:

$$\boxed{\underline{E}_z = \underline{E}_0\, [C_1 \sin(k_x x) + C_2 \cos(k_x x)]\,[C_3 \sin(k_y y) + C_4 \cos(k_y y)]\, e^{\pm j\, \underline{k}_z z}}\ . \tag{8.16}$$

Man beachte, dass diese Lösung noch 7 unbekannte Konstanten enthält, nämlich C_1, C_2, C_3, C_4 sowie $k_x, k_y, \underline{k}_z$, die wir in folgender Übung 8.1 bestimmen werden.

Übung 8.1: Anpassung an die Randbedingungen

- Bestimmen Sie die 7 noch unbekannten Konstanten bei der elektrischen Längsfeldstärke (8.16) einer E-Welle im Rechteckhohlleiter.

- **Lösung:**

Nach Bild 8.5 wird an der rechten bzw. an der unteren Hohlleiterwand $\underline{E}_z$ als Tangentialfeld kurzgeschlossen – dort müssen also ortsfeste Knoten vorliegen:

$$\underline{E}_z(x = 0) = 0 \quad \Rightarrow \quad \boxed{C_2 = 0}$$
$$\underline{E}_z(y = 0) = 0 \quad \Rightarrow \quad \boxed{C_4 = 0.} \tag{8.17}$$

Die <u>Kosinusfunktionen</u> in (8.16) haben am Hohlleiterrand keine Nullstelle sondern ein Maximum – mit ihnen können die Randbedingungen nicht erfüllt werden, weswegen $C_2 = C_4 = 0$ sein muss. Dagegen haben die <u>Sinusterme</u> die richtige Symmetrie und wir betrachten nun deren Verhalten an der linken bzw. an der oberen Hohlleiterwand:

$$\underline{E}_z(x = a) = 0 \quad \Rightarrow \quad \sin(k_x a) = 0 \quad \Rightarrow \quad \boxed{k_x a = m\pi} \quad \text{mit} \quad m = 1, 2, 3, \ldots \tag{8.18}$$

$$\underline{E}_z(y = b) = 0 \quad \Rightarrow \quad \sin(k_y b) = 0 \quad \Rightarrow \quad \boxed{k_y b = n\pi} \quad \text{mit} \quad n = 1, 2, 3, \ldots \tag{8.19}$$

Im Querschnitt des Hohlleiters stellt sich also **Resonanz** ein. Zwischen zwei gegenüber liegenden Wänden finden wir stets ein ganzzahliges Vielfaches einer *halben* Wellenlänge, weswegen wir k_x und k_y als Wellenzahlen interpretieren können:

$$k_x = \frac{2\pi}{\lambda_x} \quad \Rightarrow \quad a = m\frac{\lambda_x}{2} \tag{8.20}$$

$$k_y = \frac{2\pi}{\lambda_y} \quad \Rightarrow \quad b = n\frac{\lambda_y}{2}. \tag{8.21}$$

Für die Feldverteilung im Querschnitt des Rechteckhohlleiters müssen also *zwei* verschiedene Wellenlängen berücksichtigt werden, die aus den unterschiedlichen Randbedingungen in x- und y-Richtung resultieren (Bild 8.6). Kann sich die Welle für $f > f_c$ im Hohlleiter ausbreiten, dann kommt noch eine dritte Wellenlänge λ_z in Ausbreitungsrichtung hinzu.

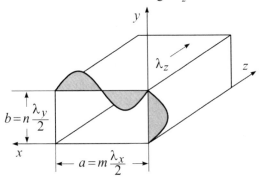

Bild 8.6 Die Periodizität der Felder hängt von der Richtung ab. Darstellung für $m = 2$ und $n = 1$.

Aus der Separationsgleichung (8.13) folgt schließlich noch

$$\underline{k}_z^2 = k^2 - \left(\frac{m\pi}{a}\right)^2 - \left(\frac{n\pi}{b}\right)^2 \gtrless 0. \tag{8.22}$$

Man beachte, dass diese Differenz entweder größer oder kleiner als null werden kann. Damit haben wir 5 der 7 unbekannten Konstanten bestimmt. Aus (8.16) folgt nun, dass $\underline{E}_z$ proportional zu $\underline{E}_0 C_1 C_3$ wird. Mit der bequemen Festlegung

$$C_1 = C_3 = 1 \tag{8.23}$$

vereinfachen wir schließlich die Notation und sind fertig.   □

Nach Übung 8.1 muss die Längsfeldstärke $\underline{E}_z$ auf allen Hohlleiterwänden wegen der Dirichlet-Randbedingung $\underline{E}_z = 0$ verschwinden. Somit gilt bei E_{mn}-Wellen:

$$\underline{E}_z = \underline{E}_0 \sin\frac{m\pi x}{a} \sin\frac{n\pi y}{b} e^{\pm j\underline{k}_z z} \tag{8.24}$$

mit den ganzzahligen Modenindizes $m \geq 1$ sowie $n \geq 1$. Keiner der beiden Modenindizes darf null werden, da sich sonst nur die triviale Lösung einstellen würde – d. h. ein Nullfeld, das im *gesamten* Hohlleiter verschwindet.

- Die E_{11}-Welle ist damit die einfachste E-Welle des Rechteckhohlleiters.
- Im Rechteckhohlleiter gibt es keine E_{m0}-Wellen und auch keine E_{0n}-Wellen.

Der (8.9) entsprechende, formal ähnliche Ansatz einer H-Welle

$$\underline{H}_z(x,y,z) = \underline{H}_0\, F(x)\, G(y)\, e^{\pm j\,\underline{k}_z\, z} \tag{8.25}$$

führt nach Separation der Helmholtz-Gleichung (8.8) für die Feldkomponente $\underline{H}_z$ und Einarbeiten der Neumann-Randbedingungen $\left(\partial \underline{H}_z / \partial n = 0\right)$ auf H_{mn}-Wellen:

$$\boxed{\underline{H}_z = \underline{H}_0 \cos\frac{m\pi x}{a} \cos\frac{n\pi y}{b}\, e^{\pm j\,\underline{k}_z\, z}}\,. \tag{8.26}$$

Dabei sind m und n nichtnegative ganze Zahlen, die die Nebenbedingung $m+n \geq 1$ erfüllen[4]. Im Gegensatz zum $\underline{E}_z$ der E-Wellen in (8.24) hat bei den H-Wellen das $\underline{H}_z$ am Hohlleiterrand keinen Knoten, sondern einen Bauch, was durch die Kosinus- anstelle der Sinusfunktionen zum Ausdruck kommt.

- Die einfachsten H-Wellen des Rechteckhohlleiters sind die H_{10}- und die H_{01}-Welle.

8.2.2 Grenzfrequenzen und Cutoff

Die Ausbreitungskonstante $\underline{k}_z$ ist für E- und H-Wellen (bei gleichem Indexpaar) identisch und folgt aus der Separationsgleichung (8.22) durch Ziehen der Wurzel, wobei der Radikand entweder positiv oder negativ sein kann. Mit der Abkürzung

$$k_c^2 = k_x^2 + k_y^2 = \left(\frac{m\pi}{a}\right)^2 + \left(\frac{n\pi}{b}\right)^2 \tag{8.27}$$

erhalten wir daher zwei mögliche Fälle:

$$\underline{k}_z = \begin{cases} \sqrt{k^2 - k_c^2}\,, & \text{falls} \quad k > k_c \\ -j\sqrt{k_c^2 - k^2}\,, & \text{falls} \quad k < k_c\,. \end{cases} \tag{8.28}$$

Wegen $k = \omega\sqrt{\mu_0\,\varepsilon_0\,\varepsilon_r}$ wird $\underline{k}_z$ bei ausreichend hoher Frequenz reell und wir erhalten eine im Hohlleiter **ausbreitungsfähige Welle:**

$$\boxed{\underline{k}_z = \beta = \frac{2\pi}{\lambda_z} = \sqrt{k^2 - \left(\frac{m\pi}{a}\right)^2 - \left(\frac{n\pi}{b}\right)^2}}\qquad (\text{für } k > k_c)\,, \tag{8.29}$$

andernfalls stellt sich eine sogenannte **Cutoff-Welle** ein:

$$\boxed{\underline{k}_z = -j\,\alpha = -j\sqrt{\left(\frac{m\pi}{a}\right)^2 + \left(\frac{n\pi}{b}\right)^2 - k^2}}\qquad (\text{für } k < k_c)\,. \tag{8.30}$$

Damit besitzt der Hohlleiter ein Hochpassverhalten – niedere Frequenzen können sich nicht ausbreiten. An der **Grenzwellenzahl** k_c (bzw. Grenzwellenlänge λ_c oder Grenzfrequenz f_c)

$$\boxed{k_c = \frac{2\pi}{\lambda_c} = \frac{2\pi f_c}{c} = \frac{\omega_c}{c} = \sqrt{\left(\frac{m\pi}{a}\right)^2 + \left(\frac{n\pi}{b}\right)^2}}\qquad \text{mit} \quad c = \frac{c_0}{\sqrt{\varepsilon_r}} = \frac{1}{\sqrt{\mu_0\,\varepsilon_0\,\varepsilon_r}} \tag{8.31}$$

---

[4] Eine H_{00}-Lösung ist keine echte Welle, sondern ein in x und y homogenes Magnetfeld, das nur am Ort der Einspeisung existiert [Esh04].

wechselt die Hohlleiterwelle für ansteigende Frequenz ihr Verhalten vom aperiodisch gedämpften Cutoff-Zustand in den Bereich ausbreitungsfähiger Wellen. In (8.29) ist $\lambda_z = \lambda_L$ die **Hohlleiterwellenlänge,** mit der sich das Feldbild der Welle entlang der z-Achse periodisch wiederholt – während wir mit $\lambda_x = 2\pi/k_x = 2a/m$ und $\lambda_y = 2\pi/k_y = 2b/n$ die **Querschnittswellenlängen** als räumliche Perioden des Feldbildes in x- bzw. y-Richtung bezeichnet haben. Zwischen der Grenzwellenlänge und den Querschnittswellenlängen besteht nach (8.27) folgender Zusammenhang:

$$\frac{1}{\lambda_c^2} = \frac{1}{\lambda_x^2} + \frac{1}{\lambda_y^2} \; . \tag{8.32}$$

Im Falle einer H_{10}-Welle sind alle Feldkomponenten unabhängig von y, weswegen $\lambda_y \to \infty$ geht. Dann gilt $\lambda_c = \lambda_x = 2a$. Hingegen hat die homogene TEM-Welle des freien Raums (Kapitel 4), deren unendlich breite Phasenfront durch keine Randbedingungen in x- und y-Richtung eingeschränkt wird, nach (8.32) ein $\lambda_c \to \infty$ und damit keine Grenzfrequenz. Sie ist bereits für kleinste Frequenzen ausbreitungsfähig.

Die Hochpass-Charakteristik von Hohlleitern resultiert aus der Beschränkung der Phasenfront durch seitliche Randbedingungen und dem daraus folgenden resonanten Verhalten im Querschnitt. Dieses Verhalten können wir uns durch folgende Überlegung verdeutlichen [Bal89, Lor95]. Dazu betrachten wir eine sich in die positive z-Richtung ausbreitende H_{10}-Welle mit $k_x = \pi/a$ sowie $k_y = 0$ und formen (8.26) mit Hilfe der Eulerschen Formel etwas um:

$$\underline{H}_z = \underline{H}_0 \cos(k_x x)\, e^{-j\beta z} = \underline{H}_0 \frac{e^{j k_x x} + e^{-j k_x x}}{2} e^{-j\beta z} \; . \tag{8.33}$$

Damit lässt sich die H_{10}-Welle als **Überlagerung zweier Teilwellen** darstellen (Bild 8.7):

$$\boxed{\underline{H}_z = \frac{\underline{H}_0}{2}\left[e^{-j(\beta z - k_x x)} + e^{-j(\beta z + k_x x)} \right] = \frac{\underline{H}_0}{2}\left[e^{-j\,\mathbf{k}_1\cdot\mathbf{r}} + e^{-j\,\mathbf{k}_2\cdot\mathbf{r}} \right]} \; . \tag{8.34}$$

Nach (4.173) setzt sich die H_{10}-Welle aus zwei schräg laufenden TEM-Wellen zusammen.

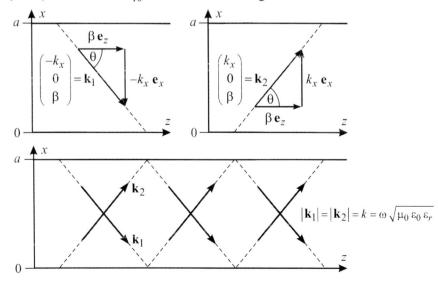

Bild 8.7 Die H_{10}-Welle entsteht aus der Superposition zweier TEM-Teilwellen in Richtung $\mathbf{k}_1$ und $\mathbf{k}_2$.

Die beiden Teilwellen breiten sich nach Bild 8.7 unter dem Winkel θ mit

$$\sin\theta = \frac{k_x}{k} = \frac{\lambda}{2a} \qquad \text{bzw.} \qquad \cos\theta = \frac{\beta}{k} = \sqrt{1 - \left(\frac{\lambda}{2a}\right)^2} \tag{8.35}$$

unter fortwährender Reflexion im Hohlleiter aus. Dabei ist $\lambda = \lambda_0 / \sqrt{\varepsilon_r}$ mit $\lambda_0 = c_0 / f$ die Wellenlänge einer TEM-Welle im verlustlosen freien Raum mit den Materialkonstanten μ_0 und $\varepsilon_0\,\varepsilon_r$. Bei gegebener Hohlleiterbreite a und gegebener Einspeisefrequenz f treten alle Reflexionen nur bei diesem speziellen Winkel θ auf. Spezialfälle findet man in Tabelle 8.4.

Tabelle 8.4 Ausbreitungswinkel θ der beiden Teilwellen einer H_{10}-Welle mit $\lambda_c = 2a$

$\dfrac{f}{f_c}$	$\dfrac{\lambda}{\lambda_c} = \dfrac{\lambda}{2a} = \sin\theta$	$\dfrac{\beta}{k} = \cos\theta$	θ
1,00	1	0	90°
1,15	0,870	0,494	60,4°
1,25	0,800	0,600	53,1°
1,55	0,645	0,764	40,2°
1,70	0,588	0,809	36,0°
2,00	0,500	0,866	30°
∞	0	1	0°

In der Praxis gilt $f_c < f < 2 f_c$ und damit liegt der Ausbreitungswinkel zwischen 90° und 30°, typischerweise etwa um 40°. An der Grenzfrequenz $f = f_c$ wird $\theta = 90°$ und beide TEM-Wellen bewegen sich nur noch entlang der x-Achse _ohne_ Vorwärtsbewegung in z-Richtung. Direkt am **Cutoff** bildet sich also im Hohlleiterquerschnitt eine stehende Welle und eine Wellenausbreitung in Längsrichtung ist nicht mehr möglich. Ein gänzlich anderes Verhalten finden wir bei unendlich hoher Frequenz – denn dort gilt $\beta = k$ mit $\theta = 0°$ und die H_{10}-Hohlleiterwelle verhält sich wie eine TEM-Welle im freien Raum. Für $k\,a \to \infty$ können nämlich die Hohlleiterwände keinen Einfluss mehr auf die Wellenausbreitung nehmen.

Unterhalb der Grenzfrequenz, d. h. für $k < k_c$ breiten sich die elektromagnetischen Felder nicht mehr wellenförmig aus; sie schwingen gleichphasig und nehmen in positiver z-Richtung entsprechend $e^{-\alpha\,z}$ exponentiell ab. Dann wird $\underline{k}_z$ imaginär.

Es handelt sich hierbei um eine Dämpfung des Feldes infolge Reflexion im Unterschied zu einer ebenfalls möglichen Dämpfung durch Wandstromverluste im Falle $\kappa < \infty$. Dieses aperiodische Verhalten von Hohlleitern unterhalb ihrer Grenzfrequenz kann man zum Aufbau von Dämpfungsgliedern und Filtern ausnutzen [Mat80]. Die unterschiedlichen möglichen Feldtypen – je nach den Werten der Indizes m und n – bezeichnet man allgemein als Eigenwellen oder Eigenmoden. Sind diese ausbreitungsfähig $\left(f > f_c\right)$, nennt man sie **Wellentypen** mit periodischer Feldänderung in Ausbreitungsrichtung. Im aperiodischen Fall $\left(f < f_c\right)$ heißen sie evaneszente **Dämpfungstypen** mit exponentieller Abnahme der Feldgrößen in z-Richtung.

Wenn Zustände in einem physikalischen System den gleichen Eigenwert haben, werden sie **entartet** genannt. So folgt aus (8.31), dass E_{mn}- und H_{mn}-Wellen im Rechteckhohlleiter jeweils für gleiche Indizes m und n gleiche Grenzfrequenz haben. Da hier zwei Eigenwellen entartet sind, ist die Entartung zweiten Grades. Im Quadrathohlleiter haben bereits vier Eigenwellen E_{mn}, H_{mn}, E_{nm} und H_{nm} die gleiche Grenzfrequenz und die gleiche Ausbreitungskonstante. Die Entartung ist hier vierten Grades, was durch die geometrische Symmetrie der Anordnung bedingt ist.

Die **Grundwelle** im Rechteckhohlleiter hat von allen möglichen Wellentypen die geringste Grenzfrequenz. Wegen (8.31) folgt zunächst:

$$f_c^{(m,n)} = \frac{c}{\lambda_c^{(m,n)}} = c \sqrt{\left(\frac{m}{2a}\right)^2 + \left(\frac{n}{2b}\right)^2} \quad \text{mit} \quad c = \frac{c_0}{\sqrt{\varepsilon_r}} = \frac{1}{\sqrt{\mu_0\, \varepsilon_0\, \varepsilon_r}}. \tag{8.36}$$

Die Grundwelle muss die kleinsten Ordnungszahlen m und n aufweisen, daher muss sie eine H-Welle sein, denn nur dort kann entweder $m = 0$ oder $n = 0$ sein. Für $a > b$ ist die H_{10}-Welle Grundwelle; für $b > a$ ist es die H_{01}-Welle. Man findet folgende Grenzfrequenzen:

$$f_c^{(1,0)} = \frac{c}{2a} \quad \text{und} \quad f_c^{(0,1)} = \frac{c}{2b}. \tag{8.37}$$

In der Praxis werden häufig Rechteckhohlleiter mit $a \geq 2b$ verwendet, bei denen der erste höhere Wellentyp stets die H_{20}-Welle ist (siehe Bild 8.8). Die theoretisch nutzbare **Bandbreite** eines solchen Rechteckhohlleiters, innerhalb derer sich nur die Grundwelle alleine ausbreiten kann, beträgt dann eine Oktave (Frequenzverhältnis von 2:1). Praktisch hält man aber einen Sicherheitsabstand von den Bandgrenzen ein und benutzt für eindeutigen Grundwellenbetrieb wie in Bild 8.10 den **Frequenzbereich** $f_{\min} = 1{,}25\, f_c^{(1,0)} < f < 1{,}9\, f_c^{(1,0)} = f_{\max}$. Für die Ausbreitungskonstante $\underline{k}_z$ und Grenzwellenlänge λ_c gelten bei H-Wellen die gleichen Beziehungen wie für E-Wellen. Für ein gebräuchliches Seitenverhältnis $a/b = 2$ werden in Tabelle 8.5 die auf die Grenzfrequenz der H_{10}-Grundwelle $f_c^{(1,0)} = c/(2a)$ bezogenen **Grenzfrequenzen** $f_c^{(m,n)}$ der H_{mn}- und E_{mn}-Wellen dargestellt, also

$$\boxed{\frac{f_c^{(m,n)}}{f_c^{(1,0)}} = \frac{2a}{\lambda_c^{(m,n)}} = \sqrt{m^2 + \frac{a^2}{b^2} n^2} \underset{a=2b}{\Rightarrow} \sqrt{m^2 + 4n^2}}. \tag{8.38}$$

Der Bereich der H_{m0}- und H_{0n}-Wellen ist grau unterlegt. Zwischen der einfachen und doppelten Grenzfrequenz der Grundwelle gibt es einen Bereich, in dem sich alleine die H_{10}-Welle ausbreiten kann. Jenseits davon treten weitere Schwingungstypen (teilweise entartete) hinzu.

Tabelle 8.5 Grenzfrequenzen höherer H- und E-Eigenwellen im Rechteckhohlleiter bei $a/b = 2$

$f_c^{(m,n)} / f_c^{(1,0)}$	$n = 0$	$n = 1$	$n = 2$	$n = 3$
$m = 0$		2,00	4,00	6,00
$m = 1$	1,00	2,24	4,13	
$m = 2$	2,00	2,84	4,48	
$m = 3$	3,00	3,61	5,00	
$m = 4$	4,00	4,48	5,66	
$m = 5$	5,00	5,39		
$m = 6$	6,00			

In Bild 8.8 sind die normierten Grenzwellenlängen $\lambda_c^{(m,n)}/a$ dargestellt. Die vier dargestellten Kurven folgen aus (8.38) mit den entsprechenden Werten für m und n:

$$\boxed{\frac{\lambda_c^{(m,n)}}{a} = \frac{2\,b/a}{\sqrt{m^2(b/a)^2 + n^2}}}\,. \tag{8.39}$$

Man sieht, in welcher Reihenfolge die Wellentypen im Rechteckhohlleiter bei festem Seitenverhältnis b/a mit fallender Wellenlänge $\lambda < \lambda_c^{(m,n)}$ ausbreitungsfähig werden.

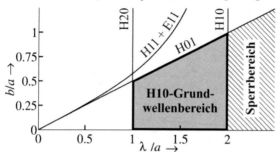

Bild 8.8 Grenzwellenlängenspektrum $\lambda_c^{(m,n)}/a$ im Rechteckhohlleiter nach [Mei66, Peh12]

Grundsätzlich sind im Bereich $b/a \leq 1$ nur dann ausbreitungsfähige Wellen möglich, wenn die Bedingung $\lambda/a < 2$ erfüllt ist. Für ein festes Kantenverhältnis von z. B. $b/a = 0,75$ werden folgende Wellentypen bei fallendem λ/a der Reihe nach ausbreitungsfähig:

$$H_{10} \quad | \quad H_{01} \quad | \quad \begin{matrix} H_{11} \\ E_{11} \end{matrix} \quad | \quad H_{20}\,, \tag{8.40}$$

während sich für $b/a < 0,5$ eine andere Reihenfolge einstellt:

$$H_{10} \quad | \quad H_{20} \quad | \quad H_{01} \quad | \quad \begin{matrix} H_{11} \\ E_{11} \end{matrix}\,. \tag{8.41}$$

Die größte **Bandbreite** im H_{10}-Grundwellenbereich erhält man bei $b/a \leq 0,5$. Für eine Höhe von $b = a/2$ ist dann die übertragbare **Leistung** maximal, wie man aus (8.71) herleiten kann.

Ein harter **Cutoff-Übergang** von $\underline{k}_z = -j\alpha$ (evaneszent) nach $\underline{k}_z = \beta$ (ausbreitungsfähig) tritt in dieser Form nur bei *verlustlosen* Wellenleitern auf. In der Praxis jedoch, weist jeder Hohlleiter – wegen der begrenzten Leitfähigkeit κ seiner metallischen Wände – Ohmsche Verluste auf. Diese Verluste sind die Ursache, dass vielmehr ein *gleitender* Übergang zwischen beiden Frequenzbereichen stattfindet. Bei geringen Wandstromverlusten ($\kappa \gg \omega\varepsilon_0$) stellt sich nämlich auch eine kleine Phasenkonstante β unterhalb f_c und eine kleine Dämpfungskonstante α oberhalb f_c ein. Eine genauere Betrachtung der H_{10}-Welle [Col91] führt mit $k_c = \pi/a$ auf:

$$\boxed{\underline{k}_z = \beta - j\alpha = \sqrt{k^2 - k_c^2 + (1-j)\frac{\delta}{a}\left(2k_c^2 + \frac{a}{b}k^2\right)}}\,. \tag{8.42}$$

Man vergleiche (8.42) mit dem verlustlosen Fall (8.28). Das verbesserte $\underline{k}_z$ resultiert aus einer Störungsrechnung 1. Ordnung, in der die Wandstromverluste berücksichtigt wurden [Col91] und gilt im Frequenzbereich $0 < \omega < \infty$, solange die Eindringtiefe $\delta = \sqrt{2/(\omega\mu\kappa)} \ll a$ bleibt. Grafische Auswertungen von (8.42) findet man für $\mu = \mu_0$ in Bild 8.9 und bei [Zin95, Kar05].

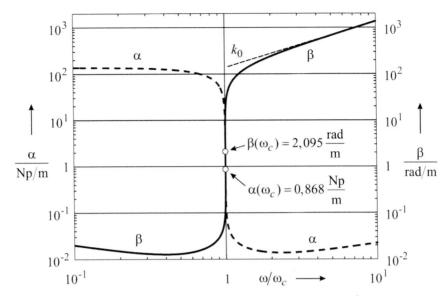

Bild 8.9 Dämpfungskonstante α in $\mathrm{Np/m}$ und Phasenkonstante β in $\mathrm{rad/m}$ der H_{10}-Welle nach (8.42) für einen *luftgefüllten* R100-Rechteckhohlleiter aus Aluminium ($\kappa = 36 \cdot 10^6$ S/m, $\mu = \mu_0$) mit $a = 22,86$ mm und $b = 10,16$ mm (Tabelle 8.6). Dabei ist nach (8.37) $f_c = c_0/(2\,a) = 6,5571$ GHz.

In Bild 8.9 sieht man, dass bei Berücksichtigung der Wandstromverluste sich ein stetiger Übergang vom Sperr- zum Durchlassbereich einstellt, ein sogenannter **Soft-Cutoff.** Für Frequenzen $\omega \gg \omega_c$ geht die Phasenkonstante asymptotisch gegen ihren Freiraumgrenzwert $\beta \to k_0$.

Für $k = k_c$ erhalten wir aus (8.42) die Phasen- und Dämpfungskonstante des *verlustbehafteten,* luftgefüllten Hohlleiters, berechnet an der Grenzfrequenz ω_c des *verlustlosen* Hohlleiters:

$$\boxed{\beta(\omega_c) - j\,\alpha(\omega_c) = \frac{\pi}{a}\sqrt{(1-j)\left(2+\frac{a}{b}\right)\sqrt{\frac{2}{\pi\,a\,\kappa\,Z_0}}}} \quad \text{mit} \quad Z_0 = \sqrt{\frac{\mu_0}{\varepsilon_0}}. \tag{8.43}$$

Für die metallischen Wände wurde $\mu = \mu_0$ angenommen. Mit Hilfe der komplexen Wurzel

$$\sqrt{1-j} = \sqrt{\sqrt{2}\,e^{-j\pi/4}} = \sqrt[4]{2}\,e^{-j\pi/8} = \sqrt[4]{2}\,\left(\cos\frac{\pi}{8} - j\sin\frac{\pi}{8}\right) \tag{8.44}$$

sieht man, dass die Phasen- und Dämpfungskonstante bei $\omega = \omega_c$ *unterschiedlich* groß werden:

$$\frac{\alpha(\omega_c)}{\beta(\omega_c)} = \tan\frac{\pi}{8} = \sqrt{2} - 1 \approx 0,4142 \quad \text{(siehe auch [Raus62]).} \tag{8.45}$$

Im *verlustlosen* Hohlleiter hingegen, sind beide Werte an der Grenzfrequenz identisch – dort gilt nämlich $\alpha(\omega_c) = \beta(\omega_c) = 0$. Diese Analogie benutzen wir zu einer Neudefinition der Grenzfrequenz ω_c^{loss} des *verlustbehafteten* Hohlleiters, wenn wir hier gleichermaßen fordern:

$$\alpha(\omega_c^{\text{loss}}) = \beta(\omega_c^{\text{loss}}). \tag{8.46}$$

Aus den Daten von Bild 8.9 finden wir tatsächlich eine minimale **Reduktion der Grenzfrequenz** um 631 kHz, die in der Praxis aber vernachlässigbar klein ausfällt:

$$\alpha(\omega_c^{\text{loss}}) = \beta(\omega_c^{\text{loss}}) = 1,3485\;\mathrm{m}^{-1} \quad \text{mit} \quad f_c^{\text{loss}} = 0,9999\,f_c = 6,5565\,\text{GHz}. \tag{8.47}$$

8.2.3 Wellengeschwindigkeiten

Die im Folgenden betrachteten Geschwindigkeitsdefinitionen liefern nur dann reelle Werte, wenn man sie ausschließlich auf ausbreitungsfähige Wellen mit $k > k_c$ anwendet. Auf diese Weise ergibt sich die **Phasengeschwindigkeit** v_p einer in Hohlleitern beliebigen Querschnitts fortschreitenden E- oder H-Welle – mit der sich also ihr Feldbild längs der z-Achse verschiebt – nach (4.33) aus:

$$v_p = \frac{\omega}{\beta} = \frac{k}{\beta} c \quad \text{mit} \quad k = \omega \sqrt{\mu_0 \, \varepsilon_0 \, \varepsilon_r} \quad \text{und} \quad c = \frac{c_0}{\sqrt{\varepsilon_r}} = \frac{1}{\sqrt{\mu_0 \, \varepsilon_0 \, \varepsilon_r}} \, . \tag{8.48}$$

Mit der Phasenkonstanten β aus (8.29) folgt:

$$\boxed{v_p = \frac{k}{\sqrt{k^2 - k_c^2}} \, c = \frac{c}{\sqrt{1 - (k_c/k)^2}} > c} \, . \tag{8.49}$$

Speziell für die in den Anwendungen besonders wichtige H_{10}-Welle des Rechteckhohlleiters erhalten wir mit $k_c = \pi/a$:

$$v_p^{H_{10}} = \frac{c}{\sqrt{1 - (\pi/(k \, a))^2}} \, . \tag{8.50}$$

Die Phasengeschwindigkeit ist damit *superluminal.* Ganz anders verhält sich die **Gruppenge-schwindigkeit,** die wir in (4.40) definiert hatten:

$$v_g = \frac{d\omega}{d\beta} = \left(\frac{d\beta}{d\omega} \right)^{-1} , \tag{8.51}$$

mit der sich eine schmalbandige Frequenzgruppe im Hohlleiter ausbreitet. Es gilt nämlich:

$$v_g = \left(\frac{1}{c} \frac{d\beta}{dk} \right)^{-1} = \frac{c}{\frac{d}{dk} \sqrt{k^2 - k_c^2}} = c \frac{\sqrt{k^2 - k_c^2}}{k} < c \, , \tag{8.52}$$

womit v_g stets *unterhalb* der Lichtgeschwindigkeit bleibt. Die **Energiegeschwindigkeit,** mit der sich Informationen im Hohlleiter ausbreiten, stimmt daher bei Hohlleiterwellen – im Gegensatz zu den TEM-Wellen aus Kapitel 4 – mit der Gruppengeschwindigkeit überein:

$$\boxed{v_E = v_g = \frac{\beta}{k} c = c \sqrt{1 - (k_c/k)^2} < c} \, , \tag{8.53}$$

Das Produkt aus Phasen- und Gruppengeschwindigkeit

$$v_p \, v_g = c^2 \tag{8.54}$$

ist im dämpfungsfreien Hohlleiter gleich dem Quadrat der Lichtgeschwindigkeit[5]. Für Frequenzen weit oberhalb der Grenzfrequenz ($k \gg k_c$) nähern sich die Ausbreitungsverhältnisse denen ebener Wellen an. In diesem Fall geht β gegen k und alle drei Geschwindigkeiten werden asymptotisch gleich, es gilt dann nämlich $v_p = v_g = v_E = c$.

---

[5] Man vergleiche hierzu die Borgnis-Beziehung (4.46) bei der Ausbreitung von TEM-Wellen in Medien mit schwachen Verlusten.

Wird ein Rechteckhohlleiter mit seiner H_{10}-Grundwelle im ausbreitungsfähigen Frequenzbereich ($k\,a > \pi$) betrieben, dann gilt die **Dispersionsbeziehung**

$$v_g^{H_{10}} = c \sqrt{1 - \left(\pi/(k\,a)\right)^2} \,.$$

(8.55)

In Bild 8.10 sieht man, dass die Gruppengeschwindigkeit $v_g^{H_{10}}$, beginnend vom Wert null am Cutoff bei $k\,a = \pi$, zuerst steil ansteigt, dann immer flacher verläuft und sich asymptotisch der Lichtgeschwindigkeit annähert. Ab $k\,a = 2\,\pi$ wird der Rechthohlleiter für $a \geq 2\,b$ allerdings mehrmodig. Günstige Übertragungsverhältnisse im eindeutigen Grundwellenbetrieb bei gleichzeitig geringer Dispersion erhält man deshalb im Frequenzbereich $1,25 \leq k\,a/\pi \leq 1,90$.

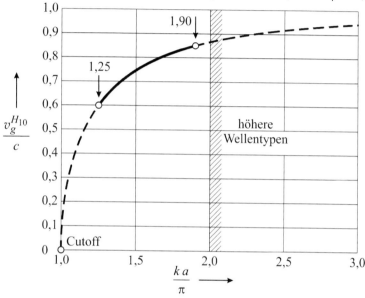

Bild 8.10 Die Gruppengeschwindigkeit der H_{10}-Welle im Rechteckhohlleiter hängt mit $k = \omega/c$ nichtlinear von der Frequenz ab. Geringe Dispersion im Monomodebereich der Grundwelle erhält man bei $a \geq 2\,b$ im Frequenzbereich $1,25 \leq k\,a/\pi \leq 1,90$.

In Bild 8.10 sieht man, dass sich die niedrigen Frequenzen langsamer als die höheren ausbreiten. Die Abhängigkeit der Ausbreitungsgeschwindigkeiten von der Frequenz, die man als Dispersion bezeichnet, führt bei der Übertragung breitbandiger Signale zu linearen Verzerrungen. Mit $v_E = v_g < c < v_p$ liegt in Hohlleitern **normale Dispersion** vor (siehe auch Tabelle 4.2). Im Kapitel 9 werden wir noch ausführlich auf frequenzabhängige Laufzeitverzerrungen in Hohlleitern eingehen. Insbesondere die Nachbarimpulsbeeinflussung bei digitaler Übertragung und die daraus möglicherweise resultierenden Bitfehler werden uns dort näher beschäftigen.

8.2.4 Feldkomponenten und Leistungstransport

Alle weiteren Feldkomponenten der E_{mn}-Wellen im Rechteckhohlleiter erhält man aus der Längsfeldstärke $\underline{E}_z$ nach (8.24) mit Hilfe der Maxwellschen Gleichungen. Dabei wird – als bequeme Abkürzung – der **Feldwellenwiderstand** $\underline{Z}_F^E$ der E-Wellen eingeführt, der im Hohlleiter als Verhältnis der Querkomponenten des elektrischen Feldstärkevektors und der jeweils darauf senkrecht stehenden Querkomponente der magnetischen Feldstärke definiert ist:

$$\underline{Z}_F^E(\omega) = \frac{k_z}{\omega\,\varepsilon} = \frac{k_z}{k}\sqrt{\frac{\mu}{\varepsilon}} = \begin{cases} \sqrt{\dfrac{\mu}{\varepsilon}}\,\sqrt{1-(\lambda/\lambda_c)^2} < \sqrt{\dfrac{\mu}{\varepsilon}} & \text{für } \lambda < \lambda_c \\[4mm] -j\sqrt{\dfrac{\mu}{\varepsilon}}\,\sqrt{(\lambda/\lambda_c)^2-1} & \text{für } \lambda > \lambda_c \ . \end{cases} \tag{8.56}$$

Dabei benutzen wir mit $\mu = \mu_0$ und $\varepsilon = \varepsilon_0\,\varepsilon_r$ die üblichen Abkürzungen

$$k = \omega\sqrt{\mu\varepsilon} = \frac{\omega}{c} = \frac{2\pi}{\lambda}\ . \tag{8.57}$$

Bei E_{mn}-**Wellen** mit $\underline{H}_z = 0$ gibt es mit $m, n \geq 1$ stets *fünf* Feldkomponenten. Bei den Doppelvorzeichen gehören die jeweils oberen bzw. die jeweils unteren paarweise zusammen:

$$\underline{E}_z = \underline{E}_0 \sin\frac{m\pi x}{a} \sin\frac{n\pi y}{b} e^{\pm j\underline{k}_z z}$$

$$\underline{H}_x = \pm\frac{\underline{E}_y}{\underline{Z}_F^E} = \frac{j\omega\varepsilon}{k^2-\underline{k}_z^2}\frac{\partial \underline{E}_z}{\partial y} = \underline{E}_0\frac{j\omega\varepsilon}{k^2-\underline{k}_z^2}\frac{n\pi}{b}\sin\frac{m\pi x}{a}\cos\frac{n\pi y}{b}e^{\pm j\underline{k}_z z} \tag{8.58}$$

$$\underline{H}_y = \mp\frac{\underline{E}_x}{\underline{Z}_F^E} = -\frac{j\omega\varepsilon}{k^2-\underline{k}_z^2}\frac{\partial \underline{E}_z}{\partial x} = -\underline{E}_0\frac{j\omega\varepsilon}{k^2-\underline{k}_z^2}\frac{m\pi}{a}\cos\frac{m\pi x}{a}\sin\frac{n\pi y}{b}e^{\pm j\underline{k}_z z}\ .$$

Die zweite mögliche Gruppe von Hohlleiterwellen, die H_{mn}-Wellen mit $\underline{E}_z = 0$, findet man analog. Man muss dazu nur die Randbedingungen für $\underline{H}_z$ auf der Hohlleiterwand beachten:

$$\frac{\partial \underline{H}_z}{\partial x} = 0 \ \text{ für } x = 0 \ \text{ und } x = a \ \text{ bzw. } \ \frac{\partial \underline{H}_z}{\partial y} = 0 \ \text{ für } y = 0 \ \text{ und } y = b\ . \tag{8.59}$$

Auch bei H-Wellen ist es zweckmäßig, einen **Feldwellenwiderstand** $\underline{Z}_F^H$ einzuführen:

$$\underline{Z}_F^H(\omega) = \frac{\omega\mu}{\underline{k}_z} = \frac{k}{\underline{k}_z}\sqrt{\frac{\mu}{\varepsilon}} = \begin{cases} \dfrac{\sqrt{\mu/\varepsilon}}{\sqrt{1-(\lambda/\lambda_c)^2}} > \sqrt{\dfrac{\mu}{\varepsilon}} & \text{für } \lambda < \lambda_c \\[5mm] j\,\dfrac{\sqrt{\mu/\varepsilon}}{\sqrt{(\lambda/\lambda_c)^2-1}} & \text{für } \lambda > \lambda_c\ . \end{cases} \tag{8.60}$$

Der Feldwellenwiderstand ist für jede Eigenwelle eine charakteristische Größe. Oberhalb der Grenzfrequenz ist er ein reiner Wirkwiderstand, unterhalb dagegen ein reiner Blindwiderstand. Bei den E-Wellen ist dieser Blindwiderstand kapazitiv, bei den H-Wellen induktiv. Für jeweils alle E-Wellen bzw. alle H-Wellen ist der Wellenwiderstand ein und dieselbe einheitliche Funktion vom Verhältnis $f/f_c = \lambda_c/\lambda$. Diese Funktion ist für beide Arten von Eigenwellen in Bild 8.11 aufgetragen. Dabei wurde mit $Z = \sqrt{\mu/\varepsilon}$ die dimensionslos normierte Darstellung $\underline{Z}_F/Z = R_F/Z + j\,X_F/Z$ gewählt.

Mit (8.56) und (8.60) folgt, dass das Produkt der Feldwellenwiderstände zweier Eigenwellen vom E- und H-Typ – jeweils derselben Ordnung (m, n) – gleich dem Quadrat des Feldwellenwiderstands des freien Raums mit den Materialkonstanten $\mu = \mu_0$ und $\varepsilon = \varepsilon_0\,\varepsilon_r$ ist:

$$\boxed{\underline{Z}_F^E(\omega)\,\underline{Z}_F^H(\omega) = \mu/\varepsilon = Z^2}\ . \tag{8.61}$$

Weit oberhalb der Grenzfrequenz, also bei elektrisch großen Hohlleiterabmessungen, stellen sich quasi Freiraumverhältnisse ein und es gilt:

$$\lim_{\omega \to \infty} \underline{Z}_F^{E,H}(\omega) = Z = \sqrt{\mu/\varepsilon} \,. \tag{8.62}$$

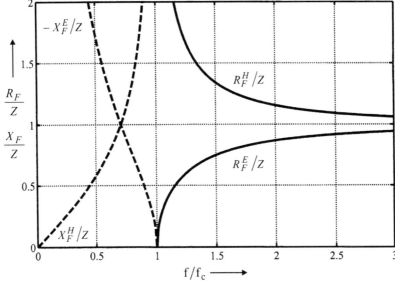

Bild 8.11 Feldwellenwiderstände $\underline{Z}_F = R_F + j\,X_F$ von H- und E-Wellen im Rechteckhohlleiter; imaginär unterhalb der Grenzfrequenz ($f < f_c$) und reell oberhalb ($f > f_c$)

Wir wollen noch die Feldkomponenten von $\boldsymbol{H_{mn}}$-**Wellen** mit $\underline{E}_z = 0$ angeben. Unter Beachtung der Nebenbedingung $m + n \geq 1$ können die Modenindizes der H_{mn}-Wellen die Werte $m = 0,1,2,\dots$ und $n = 0,1,2,\dots$ annehmen. Nur die Kombination $m = n = 0$ ist ausgeschlossen, da sie zu keiner Welle, sondern zu einem statischen Magnetfeld in z-Richtung führen würde. Im Gegensatz zu E-Wellen, die im Rechteckhohlleiter stets _fünf_ Feldkomponenten haben, gibt es aber H_{m0}- und H_{0n}-Wellen, die nur _drei_ Feldkomponenten aufweisen. Mit $\underline{H}_z$ aus (8.26) und einer dimensionsbehafteten komplexen Amplitude $\underline{H}_0$, deren Einheit A/m beträgt, folgt (8.63). Bei den Doppelvorzeichen gehören wie schon in (8.58) die jeweils oberen bzw. die jeweils unteren paarweise zusammen:

$$
\begin{aligned}
\underline{H}_z &= \underline{H}_0 \cos\frac{m\pi x}{a} \cos\frac{n\pi y}{b} e^{\pm j\underline{k}_z z} \\[2mm]
\underline{E}_x &= -\frac{j\omega\mu}{k^2 - \underline{k}_z^2}\frac{\partial \underline{H}_z}{\partial y} = \mp \underline{Z}_F^H \underline{H}_y = \underline{H}_0 \frac{j\omega\mu}{k^2 - \underline{k}_z^2}\frac{n\pi}{b}\cos\frac{m\pi x}{a}\sin\frac{n\pi y}{b} e^{\pm j\underline{k}_z z} \\[2mm]
\underline{E}_y &= \frac{j\omega\mu}{k^2 - \underline{k}_z^2}\frac{\partial \underline{H}_z}{\partial x} = \pm \underline{Z}_F^H \underline{H}_x = -\underline{H}_0 \frac{j\omega\mu}{k^2 - \underline{k}_z^2}\frac{m\pi}{a}\sin\frac{m\pi x}{a}\cos\frac{n\pi y}{b} e^{\pm j\underline{k}_z z} \,.
\end{aligned}
\tag{8.63}
$$

Übung 8.2: Transportierte Leistung einer H_{10}-Welle

- Bestimmen Sie die Leistung, die von einer H_{10}-Welle im Rechteckhohlleiter transportiert wird. Verwenden Sie dazu eine Welle, die sich in die positive z-Richtung ausbreitet.

● **Lösung:**

Bei der H_{10}-Welle gibt es wegen $n = 0$ nur drei nichtverschwindende Feldkomponenten:

$$\underline{H}_z = \underline{H}_0 \cos \frac{\pi x}{a} e^{-j \underline{k}_z z}$$

$$\underline{H}_x = -\frac{\underline{E}_y}{\underline{Z}_F^H} = \underline{H}_0 \frac{j \underline{k}_z}{\pi/a} \sin \frac{\pi x}{a} e^{-j \underline{k}_z z} , \tag{8.64}$$

wobei Ausbreitungskonstante und Feldwellenwiderstand folgende Werte annehmen:

$$\underline{k}_z = \sqrt{k^2 - (\pi/a)^2} \quad \text{und} \quad \underline{Z}_F^H = \frac{\omega \mu}{\underline{k}_z} . \tag{8.65}$$

Die in Längsrichtung transportierte Wirkleistung ergibt sich durch Integration des Poyntingvektors über den rechteckigen Hohlleiterquerschnitt:

$$P = \text{Re}\left\{ \iint_A \frac{1}{2} \left(\mathbf{E} \times \underline{\mathbf{H}}^* \right) \cdot \mathbf{e}_z \, dA \right\} = -\text{Re}\left\{ \int_{x=0}^a \int_{y=0}^b \frac{1}{2} \underline{E}_y \underline{H}_x^* \, dy \, dx \right\}. \tag{8.66}$$

Mit $\underline{E}_y \underline{H}_x^* = -\underline{Z}_F^H \left| \underline{H}_x \right|^2$ folgt daraus:

$$P = \omega \mu \left| \underline{H}_0 \right|^2 \frac{\sqrt{k^2 - (\pi/a)^2}}{2 (\pi/a)^2} \int_{x=0}^a \int_{y=0}^b \sin^2 \frac{\pi x}{a} \, dx \, dy = \omega \mu \left| \underline{H}_0 \right|^2 \frac{\sqrt{k^2 - (\pi/a)^2}}{2 (\pi/a)^2} \frac{a b}{2}, \tag{8.67}$$

was man auch wie folgt schreiben kann:

$$P = \omega \mu \left| \underline{H}_0 \right|^2 \frac{a^2 b}{4 \pi^2} \sqrt{(k a)^2 - \pi^2} . \tag{8.68}$$

Das stärkste elektrische Feld stellt sich in Hohlleitermitte bei $x = a/2$ ein und wird nach (8.64) und (8.65):

$$E_{\max} = \frac{\omega \mu}{\pi/a} \left| \underline{H}_0 \right| , \tag{8.69}$$

womit für die transportierte Leistung der H_{10}-Welle schließlich gilt:

$$\boxed{P = \frac{E_{\max}^2}{\sqrt{\mu/\varepsilon}} \frac{a b}{4} \sqrt{1 - (\pi/k a)^2}} . \tag{8.70}$$

Erreicht $E_{\max}$ die Durchbruchfeldstärke von typisch $E_d = 15 \, \text{kV/cm}$, so ist die höchste übertragbare Leistung erreicht. Im luftgefüllten Rechteckhohlleiter mit $\mu = \mu_0$ und $\varepsilon = \varepsilon_0$ gilt dann:

$$\boxed{P = 149{,}3 \, \text{kW} \, \frac{a b}{\text{cm}^2} \sqrt{1 - (\pi/k a)^2}} , \tag{8.71}$$

woraus sich die Leistungswerte aus Tabelle 8.6 berechnen lassen.   □

In Tabelle 8.6 werden gebräuchliche Rechteckhohlleiter, ihr eindeutiger Übertragungsbereich, Abmessungen der Innenmaße a und b, Dämpfungen der H_{10}-Grundwelle im mittleren Frequenzbereich und maximal übertragbare Radar-Impulsleistungen nach (8.71) dargestellt. Die angegebenen Dämpfungswerte resultieren aus den Stromwärmeverlusten in den metallischen Wänden, die bei höheren Frequenzen zunehmen. Befindet sich im Hohlleiter anstelle von Luft ein Dielektrikum, so ist mit zusätzlichen Polarisationsverlusten zu rechnen. Weitere Dämpfungen können durch Flanschversatz, Achsknicke, Krümmungen oder Verdrehungen der Hohlleiterlängsachse auftreten. An Inhomogenitäten werden einerseits Reflexionen angeregt, andererseits kann eine spürbare Modenkonversion durch Anregung von höheren Wellen auftreten.

Tabelle 8.6 Daten von Rechteckhohlleitertypen nach IEC-Empfehlungen [Jan92, Rus03]

Band	Typ	Grenzfrequenz der H_{10}-Welle $f_c = \dfrac{c_0}{2a}$ $\dfrac{f_c}{\text{GHz}}$	nutzbarer Frequenzbereich der H_{10}-Welle $1{,}25\,f_c \ldots 1{,}9\,f_c$ GHz	Hohlleiterinnenmaße Breite a / mm	Höhe b / mm	Dämpfung im Kupferhohlleiter $\kappa = 58 \cdot 10^6$ S/m nach (8.42) $\dfrac{1{,}5\,f_c}{\text{GHz}}$	dB/m	Max. zulässige Scheitelleistung $1{,}25\,f_c \ldots 1{,}9\,f_c$ nach (8.71) P / MW
UHF	R 3	0,257	0,32... 0,49	584,20	292,10	0,38	0,00078	152,9 ... 216,6
	R 4	0,281	0,35... 0,53	533,40	266,70	0,42	0,00090	127,4 ... 180,6
	R 5	0,328	0,41... 0,62	457,20	228,60	0,49	0,00113	93,63 ... 132,7
	R 6	0,393	0,49... 0,75	381,00	190,50	0,59	0,00149	65,02 ... 92,15
	R 8	0,513	0,64... 0,98	292,10	146,05	0,77	0,00221	38,22 ... 54,16
	R 9	0,605	0,76... 1,15	247,65	123,82	0,91	0,00284	27,47 ... 38,93
L	R 12	0,766	0,96... 1,46	195,58	97,790	1,15	0,00404	17,13 ... 24,28
	R 14	0,908	1,13... 1,73	165,10	82,550	1,36	0,00521	12,21 ... 17,30
	R 18	1,157	1,45... 2,20	129,54	64,770	1,74	0,00750	7,52 ... 10,65
S	R 22	1,372	1,72... 2,61	109,22	54,610	2,06	0,00968	5,34 ... 7,57
	R 26	1,736	2,17... 3,30	86,360	43,180	2,60	0,0138	3,34 ... 4,73
	R 32	2,078	2,60... 3,95	72,140	34,040	3,12	0,0188	2,20 ... 3,12
	R 40	2,577	3,22... 4,90	58,170	29,083	3,87	0,0249	1,52 ... 2,15
C	R 48	3,152	3,94... 5,99	47,549	22,149	4,73	0,0354	0,94 ... 1,34
	R 58	3,712	4,64... 7,05	40,386	20,193	5,57	0,0431	0,73 ... 1,04
	R 70	4,301	5,38... 8,17	34,849	15,799	6,45	0,0576	0,49 ... 0,70
X	R 84	5,260	6,57... 9,99	28,499	12,624	7,89	0,0791	0,32 ... 0,46
	R 100	6,557	8,20... 12,5	22,860	10,160	9,84	0,110	0,21 ... 0,29
	R 120	7,869	9,84... 15,0	19,050	9,5250	11,8	0,133	0,16 ... 0,23
Ku	R 140	9,488	11,9... 18,0	15,799	7,8990	14,2	0,176	0,11 ... 0,16
	R 180	11,571	14,5... 22,0	12,954	6,4770	17,4	0,237	0,075... 0,107
K	R 220	14,025	17,6... 26,6	10,688	4,3180	21,0	0,368	0,041... 0,059
	R 260	17,357	21,7... 33,0	8,6360	4,3180	26,0	0,436	0,033... 0,047
Ka	R 320	21,077	26,3... 40,0	7,1120	3,5560	31,6	0,583	0,023... 0,032
	R 400	26,344	32,9... 50,1	5,6900	2,8450	39,5	0,814	0,015... 0,021
V	R 500	31,392	39,2... 59,6	4,7750	2,3880	47,1	1,059	0,010... 0,014
	R 620	39,877	49,8... 75,8	3,7590	1,8800	59,8	1,516	0,0063... 0,0090
	R 740	48,356	60,4... 91,9	3,0998	1,5494	72,5	2,026	0,0043... 0,0061
W	R 900	59,014	73,8... 112,1	2,5400	1,2700	88,5	2,730	0,0029... 0,0041
	R 1200	73,768	92,2... 140,2	2,0320	1,0160	110,7	3,816	0,0018... 0,0026
mm	R 1400	90,791	113,5... 172,5	1,6510	0,8255	136,2	5,210	0,0012... 0,0017
	R 1800	115,714	144,6... 219,9	1,2954	0,6477	173,6	7,496	0,0008... 0,0011
	R 2200	137,242	171,6... 260,8	1,0922	0,5461	205,9	9,682	0,0005... 0,0008
	R 2600	173,571	217,0... 329,8	0,8636	0,4318	260,4	13,77	0,0003... 0,0005

8.2.5 Materialmessungen in Hohlleitern

Zuweilen müssen die dielektrischen Eigenschaften (siehe auch Anhang D) einer unbekannten Materialprobe ermittelt werden. In Übung 5.3 betrachteten wir dazu den schiefen Einfall einer TEM-Welle auf einen dielektrischen Halbraum oder man nutzt den Brewster-Effekt nach (6.29). In Übung 7.2 wurde eine unbekannte Abschlussimpedanz durch ihr Transformations-verhalten auf einer Leitung bestimmt. Alternativ wenden wir im Folgenden das in Abschnitt 6.7 behandelte Dreischichtenproblem auf eine Hohlleiteranordnung nach Bild 8.12 an.

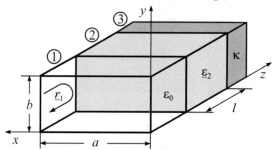

Bild 8.12 Luftgefüllter Rechteckhohlleiter mit elektrischer Wandleitfähigkeit κ, der mit einer leitenden Platte mit gleichem κ abgeschlossen wurde. Dazwischen befindet sich auf der Länge l ein dielektrisches Medium ② mit unbekannter komplexer Permittivität $\underline{\varepsilon}_2$.

Unser Ziel ist es, die **komplexe Permittivität** (3.35) der mittleren Schicht ②

$$\boxed{\underline{\varepsilon}_2 = \varepsilon_0 \, \varepsilon_r \, (1 - j \tan \delta_\varepsilon)} \,, \tag{8.72}$$

die mit der komplexen Wellenzahl

$$\underline{k}_2 = k_0 \sqrt{\varepsilon_r (1 - j \tan \delta_\varepsilon)} \quad \text{mit} \quad k_0 = \omega \sqrt{\mu_0 \, \varepsilon_0} \tag{8.73}$$

des Mediums zusammenhängt, zu ermitteln. Dazu messen wir den Reflexionsfaktor $\underline{r}_1$ einer H_{10}-Welle am vorderen Ende der dielektrischen Schicht und lösen anschließend die in (6.162) für $\underline{r}_1$ gegebene Beziehung

$$\underline{r}_1 = \frac{(\underline{Y}_1 - \underline{Y}_2)(\underline{Y}_2 + \underline{Y}_3) e^{\underline{\gamma}_2 l} + (\underline{Y}_1 + \underline{Y}_2)(\underline{Y}_2 - \underline{Y}_3) e^{-\underline{\gamma}_2 l}}{(\underline{Y}_1 + \underline{Y}_2)(\underline{Y}_2 + \underline{Y}_3) e^{\underline{\gamma}_2 l} + (\underline{Y}_1 - \underline{Y}_2)(\underline{Y}_2 - \underline{Y}_3) e^{-\underline{\gamma}_2 l}} \tag{8.74}$$

nach der **relativen Permittivität** ε_r und dem **Verlustfaktor** $\tan \delta_\varepsilon$ der Materialprobe auf. Beide gesuchten Größen sind allerdings etwas versteckt in (8.74) enthalten. Dazu betrachten wir zunächst in Tabelle 8.7 die Wellenzahlen in den drei Raumteilen. Dabei folgt $\underline{k}_3$ aus (4.108). Dort hatten wir das Verhalten von Metallen beim Skineffekt behandelt und dabei die äquivalente Leitschichtdicke (Eindringtiefe) $\delta = 1/\sqrt{\pi f \mu_0 \, \kappa}$ definiert.

Tabelle 8.7 Wellenzahlen der Medien in den drei Raumteilen aus Bild 8.12

Raumteil ① mit Luftfüllung	Raumteil ② mit verlust-behaftetem Dielektrikum	Raumteil ③ als Metallplatte mit elektrischer Leitfähigkeit κ
$\underline{k}_1 = k_0$	$\underline{k}_2 = k_0 \sqrt{\varepsilon_r (1 - j \tan \delta_\varepsilon)}$	$\underline{k}_3 = \sqrt{-j \omega \mu_0 \kappa} = \dfrac{1 - j}{\delta}$

Mit den Wellenzahlen $\underline{k}_i$ für $i = 1, 2, 3$ der Tabelle 8.7 erhalten wir dann aus (8.42) unter Beachtung der Grenzwellenzahl $k_c = \pi/a$ die **Ausbreitungskonstanten** einer H_{10}-Welle in den drei Raumteilen:

$$\underline{k}_{z,i} = \sqrt{\underline{k}_i^2 - \frac{\pi^2}{a^2} + (1 - j)\frac{\delta}{a}\left(2\frac{\pi^2}{a^2} + \frac{a}{b}\underline{k}_i^2\right)}. \tag{8.75}$$

Man beachte, dass alle vier Seitenwände des Hohlleiters aus dem gleichen metallischen Material wie die Abschlussplatte des Raumteils ③ gefertigt sind, weswegen in (8.75) dieselbe Eindringtiefe $\delta = 1/\sqrt{\pi f \mu_0 \kappa}$ wie in Tabelle 8.7 bei $\underline{k}_3$ auftritt. Für die mittlere Schicht ② gilt speziell $\underline{\gamma}_2 = j\underline{k}_{z,2}$. Mit den **Feldwellenadmittanzen** der H_{10}-Welle in den Raumteilen $i = 1, 2, 3$, die wir aus (8.60) erhalten:

$$\underline{Y}_i = \frac{k_{z,i}}{\omega\mu_0} = \frac{k_{z,i}}{k_0}\frac{1}{Z_0} \quad \text{mit} \quad Z_0 = 376,73\,\Omega, \tag{8.76}$$

sind wir nun in der Lage, alle benötigten Größen in die rechte Seite der Formel (8.74) für den Reflexionsfaktor $\underline{r}_1$ einzusetzen. Eine analytische Lösung dieser transzendenten Gleichung nach ε_r und $\tan\delta_\varepsilon$ scheidet aus, weswegen wir in Übung 8.3 einen numerischen Weg wählen.

Übung 8.3: Komplexe Permittivität einer Materialprobe

- Eine dielektrische Antenne soll im 3D-Druckverfahren hergestellt werden. Das Ausgangsmaterial des 3D-Druckers ist aber in seinen elektrischen Eigenschaften meistens unbekannt. Wir drucken daher eine rechteckige dielektrische Scheibe der Dicke $l = 5\,\text{mm}$, deren Querabmessungen mit $a = 22,86\,\text{mm}$ und $b = 10,16\,\text{mm}$ so gewählt werden, dass die Probe wie in Bild 8.12 als Raumteil ② gerade in einen R100-Rechteckhohlleiter aus Aluminium mit $\kappa = 36 \cdot 10^6\,\text{S/m}$ hineinpasst (Tabelle 8.6). Danach schließen wir den Hohlleiter mit einer Aluminiumplatte (Raumteil ③) ab und messen bei $f = 9,70\,\text{GHz}$ den Eingangsreflexionsfaktor $\underline{r}_1 = 0,961 + j\,0,00583$, der auf die Vorderkontur der Materialprobe bezogen ist. Bestimmen Sie die komplexe Permittivität $\underline{\varepsilon}_2 = \varepsilon_0\,\varepsilon_r\,(1 - j\tan\delta_\varepsilon)$ der Probe.

- **Lösung:**

Mit der Eindringtiefe $\delta = 1/\sqrt{\pi f \mu_0 \kappa} = 0,8517\,\mu\text{m}$ folgt aus (8.75) mit Tabelle 8.7

$$\underline{k}_{z,1} = (149,8 - j\,0,01626)\,\text{m}^{-1} \quad \text{und} \quad \underline{k}_{z,3} = (1 - j)\,1,174 \cdot 10^6\,\text{m}^{-1}. \tag{8.77}$$

Aus (8.74) erhalten wir mit (8.76) und $\underline{\gamma}_2 = j\underline{k}_{z,2}$

$$\underline{r}_1 = \frac{\left(\underline{k}_{z,1} - \underline{k}_{z,2}\right)\left(\underline{k}_{z,2} + \underline{k}_{z,3}\right)e^{j\underline{k}_{z,2}\,l} + \left(\underline{k}_{z,1} + \underline{k}_{z,2}\right)\left(\underline{k}_{z,2} - \underline{k}_{z,3}\right)e^{-j\underline{k}_{z,2}\,l}}{\left(\underline{k}_{z,1} + \underline{k}_{z,2}\right)\left(\underline{k}_{z,2} + \underline{k}_{z,3}\right)e^{j\underline{k}_{z,2}\,l} + \left(\underline{k}_{z,1} - \underline{k}_{z,2}\right)\left(\underline{k}_{z,2} - \underline{k}_{z,3}\right)e^{-j\underline{k}_{z,2}\,l}}. \tag{8.78}$$

Wir lösen (8.78) numerisch nach $\underline{k}_{z,2} = (313,9 - j\,1,888)\,\text{m}^{-1}$ auf. Aus (8.75) mit $\underline{k}_2$ aus Tabelle 8.7 folgen wiederum auf numerischem Wege $\varepsilon_r = 2,84$ und $\tan\delta_\varepsilon = 0,01$. Die Dicke der dielektrischen Materialprobe sollte in mehreren Versuchen so variiert werden, dass sich im Optimalfall das Medium ② mit $\text{Re}\{\underline{k}_{z,2}\,l\} = \beta_2\,l = \pi/2$ wie ein Viertelwellen-Transformator verhält, der aus einem Kurzschluss einen Leerlauf macht. Dadurch kann entsprechend Bild 5.8 der Reflexionsfaktor $\underline{r}_1$ im flachen Maximum der elektrischen Feldstärke gemessen werden, wodurch sich der Einfluss von Messfehlern reduzieren lässt. □

8.2.6 Hohlleiterschaltungen und Orthogonalentwicklung

Im geradlinigen homogenen Hohlleiter ist jede Eigenwelle an die Randbedingungen angepasst und für sich alleine existenzfähig. An Diskontinuitäten (wie z. B. Querschnittssprüngen, Verzweigungen oder dielektrischen Einsätzen) kann eine einzelne Eigenwelle die neuen Randbedingungen nicht mehr erfüllen. Das Gesamtfeld kann aber durch eine Superposition von Eigenwellen exakt beschrieben werden. Man macht dazu einen Ansatz vom Typ einer **Fourier-Reihe,** bei dem im Allgemeinen über unendlich viele E- und H-Wellen summiert wird [Lew75]:

$$\sum_{m=1}^{\infty} \sum_{n=1}^{\infty} E_{mn} - \text{Wellen} + \sum_{m=0}^{\infty} \sum_{n=0}^{\infty} H_{mn} - \text{Wellen} . \tag{8.79}$$

Bei den H-Wellen dürfen nicht beide Indizes gleichzeitig null werden. Als Beispiel wollen wir die in Bild 8.13 gezeigte Verbindung dreier *mit Luft gefüllter* Rechteckhohlleiter betrachten. Sie soll durch zwei, aus den Raumteilen I und II kommende und auf die Trennfläche bei $z = 0$ zulaufende H_{01}-Wellen (mit horizontal polarisiertem elektrischen Feld $\underline{E}_x$) gespeist werden. Da die Diskontinuität nur in y-Richtung auftritt, haben alle angeregten Eigenwellen denselben Modenindex $m = 0$, der ja die gleich bleibende x-Richtung beschreibt. Es werden somit reflektierte und transmittierte Wellenanteile angeregt, die mit $n = 1, 2, 3, \ldots$ ausschließlich vom H_{0n}-Typ sind. Ihre Amplituden und Phasen können mit Hilfe der Methode der **Orthogonalentwicklung,** die wir in Abschnitt 20.1 näher beschreiben, exakt gefunden werden [Pie77, Kar96].

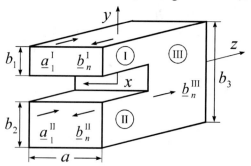

Bild 8.13 Hohlleiterzusammenführung mit Phasoren der hin- und rücklaufenden Eigenwellen

Das für alle drei Teilhohlleiter gleiche kartesische Koordinatensystem befindet sich in der Mitte des großen Hohlleiters III. Mit $\underline{a}_1^I$ und $\underline{a}_1^{II}$ bezeichnen wir die bekannten Phasoren der auf die Trennfläche bei $z = 0$ zulaufenden H_{01}- Speisewellen. Entsprechend beschreiben $\underline{b}_n^I$, $\underline{b}_n^{II}$ und $\underline{b}_n^{III}$ die von der Trennfläche jeweils weglaufenden Wellenanteile. Eine H_{0n}-Welle besitzt keine Feldabhängigkeit in x-Richtung und hat nur drei Feldkomponenten. Beispielhaft wird für den Raumteil III der vollständige Feldansatz angegeben:

$$\underline{E}_x^{III}(y,z) = -\sqrt{\frac{2}{a\,b_3}} \sum_{n=1}^{\infty} \sin\left[n\pi\left(y + b_3/2 \right)\big/ b_3 \right] \sqrt{\underline{Z}_n^{III}} \; \underline{b}_n^{III} \, e^{-\underline{\gamma}_n^{III} z}$$

$$\underline{H}_y^{III}(y,z) = -\sqrt{\frac{2}{a\,b_3}} \sum_{n=1}^{\infty} \sin\left[n\pi\left(y + b_3/2 \right)\big/ b_3 \right] \sqrt{\underline{Y}_n^{III}} \; \underline{b}_n^{III} \, e^{-\underline{\gamma}_n^{III} z} \tag{8.80}$$

$$\underline{H}_z^{III}(y,z) = -\frac{1}{j\,\omega\,\mu_0} \sqrt{\frac{2}{a\,b_3}} \sum_{n=1}^{\infty} \frac{n\pi}{b_3} \cos\left[n\pi\left(y + b_3/2 \right)\big/ b_3 \right] \sqrt{\underline{Z}_n^{III}} \; \underline{b}_n^{III} \, e^{-\underline{\gamma}_n^{III} z} .$$

Dabei sind $\underline{Z}_n^{\mathrm{III}} = 1/\underline{Y}_n^{\mathrm{III}}$ mit $n = 1, 2, 3 \ldots$ die jeweiligen Feldwellenwiderstände der H_{0n}-Wellen im Raumteil III. Die Ausbreitungskonstanten im luftgefüllten Hohlleiter III

$$\underline{\gamma}_n^{\mathrm{III}} = \begin{cases} j\,\beta = j\,\sqrt{k_0^2 - \left(n\,\pi/b_3\right)^2} \\ \alpha = \sqrt{\left(n\,\pi/b_3\right)^2 - k_0^2} \end{cases} \tag{8.81}$$

sind imaginär für ausbreitungsfähige Wellen $\left(n < 2\,b_3/\lambda_0\right)$ und reell für gedämpfte Cutoff-Wellen. In den Raumteilen I und II werden entsprechende Reihen angesetzt, die zur Erfüllung der Stetigkeit der Felder in den Trennflächen der Teilhohlleiter mit den Reihen des Raumteils III gleichgesetzt werden müssen. Unter Ausnutzung der Orthogonalität der Eigenfunktionen entsteht dadurch ein unendlich großes, lineares Gleichungssystem. Aus diesem können die **Reflexions-** und **Transmissionsfaktoren** $\underline{b}_n^{\mathrm{I}}$, $\underline{b}_n^{\mathrm{II}}$ und $\underline{b}_n^{\mathrm{III}}$ aller ausbreitungsfähigen und Cutoff- H_{0n}-Wellen in allen drei Raumteilen bestimmt werden, die man in Form einer unendlich großen Streumatrix anordnet. Zur numerischen Auswertung müssen alle Reihen simultan abgeschnitten werden. Dazu werden in der Regel die höchsten Modenindizes n_1, n_2 und n_3 in den verschiedenen Raumteilen – d. h. die Anzahl der jeweils summierten Eigenwellen – entsprechend der jeweiligen Linearabmessung der Hohlleiterhöhen [Pie77] gewählt – vgl. (20.24):

$$\boxed{\dfrac{n_1}{b_1} \approx \dfrac{n_2}{b_2} \approx \dfrac{n_3}{b_3}} . \tag{8.82}$$

Man gibt sich im Raumteil III die Anzahl n_3 so vor, dass der Abbruchfehler der Reihen (8.80) gering ist – z. B. $n_3 = 100$ Harmonische. Dann errechnet man n_1 und n_2 als diejenigen natürlichen Zahlen, die die Bedingung (8.82) am besten erfüllen. Nur für diese Wahl konvergieren bei $n_1, n_2, n_3 \to \infty$ die Orthogonalreihen gegen die physikalisch richtige Lösung. Es nimmt dann die Kondition der resultierenden Streumatrix ein Minimum ein. Ferner ist nur bei dem richtigen Wellenzahlverhältnis die **Kantenbedingung** erfüllt [Pie77], die eindeutig festlegt, in welcher Weise die zur Kante quer liegenden Feldkomponenten singulär werden dürfen (siehe Abschnitt 14.5). Die Vieldeutigkeit der Lösung bei der Methode der Orthogonalentwicklung erklärt sich damit, dass die Kantenbedingung im Reihenansatz noch nicht enthalten ist. Erst die Erfüllung der Kantenbedingung macht die Lösung eindeutig und das geschieht gerade durch Wahl der Approximationszahlen wie in (8.82).

Eine grafisch interessante Möglichkeit, die Genauigkeit der Lösung zu beurteilen, ist die Überprüfung der notwendigen Stetigkeit der Felder in der Trennfläche bei $z = 0$, an die alle drei Raumteile angrenzen. Dazu betrachten wir den Längsschnitt der Hohlleiterstruktur und wollen versuchen, Feldlinienbilder im *Zeitbereich* zu konstruieren. Bei alleiniger Anregung von H_{0n}-Rechteckhohlleiterwellen hat die elektrische Feldstärke ausschließlich eine E_x-Komponente, während die magnetische Feldstärke H_y- und H_z-Komponente aufweist (Bild 8.14).

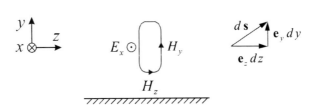

Bild 8.14 Feldkomponenten einer H_{0n}-Welle im Längsschnitt eines Rechteckhohlleiters

Wir wollen eine Feldlinie in klassischer Weise dadurch definieren, dass die Tangente an jedem ihrer Punkte in Richtung des jeweiligen lokalen Feldvektors zeigt. Der Abstand zweier Feldlinien sei ein Maß für die Intensität des Vektorfeldes in diesem Bereich. Mit dem vektoriellen Wegelement $d\mathbf{s} = \mathbf{e}_y\, dy + \mathbf{e}_z\, dz$ als infinitesimales Bogenelement längs einer Linie erhält man z. B. die magnetischen Feldlinien nach Bild 8.14 aus:

$$\boxed{\mathbf{H}(y,z,t) \times d\mathbf{s} = 0\,.}$$

(8.83)

Für den Längsschnitt der hier betrachteten Hohlleiterverzweigung erhalten wir mit $\mathbf{H} = \mathbf{e}_y\, H_y + \mathbf{e}_z\, H_z$ die Bedingung

$$\left(\mathbf{e}_y\, H_y + \mathbf{e}_z\, H_z\right) \times \left(\mathbf{e}_y\, dy + \mathbf{e}_z\, dz\right) = 0\,,$$

(8.84)

die auf folgende Differenzialgleichung führt:

$$H_y\, dz - H_z\, dy = 0\,.$$

(8.85)

Durch Einsetzen der magnetischen Felder einer *ausbreitungsfähigen* H_{0n}-Welle erhalten wir in Abhängigkeit vom Ort und von der Zeit:

$$\frac{H_y}{H_z} = \pm \frac{\beta}{n\pi/b}\, \tan\frac{n\pi y}{b}\, \tan\left(\omega t \pm \beta z\right) = \frac{dy}{dz}\,.$$

(8.86)

Diese Differenzialgleichung kann nach Trennung der Veränderlichen direkt integriert werden:

$$\pm \beta \int \tan\left(\omega t \pm \beta z\right) dz = \frac{n\pi}{b} \int \cot\frac{n\pi y}{b}\, dy\,.$$

(8.87)

Nach elementarem Ausführen der Integrale (8.87) erhält man die zeitabhängige Bestimmungsgleichung für die Punkte (y, z) der gesuchten **Magnetfeldlinien:**

$$\boxed{\cos\left(\omega t \pm \beta z\right) \sin\frac{n\pi y}{b} = \text{const.}}$$

(8.88)

Tatsächlich können die magnetischen Feldlinien einer *ausbreitungsfähigen* H_{0n}-Welle somit als **Höhenlinien** (Äquipotenziallinien) eines dreidimensionalen Funktionengebirges gezeichnet werden. Dieses Funktionengebirge geht auch aus der elektrischen Querfeldstärke

$$E_x(y,z,t) = -Z_0\, H_0 \frac{k}{n\pi/b}\, \sin\left(\omega t \pm \beta z\right) \sin\frac{n\pi y}{b}$$

(8.89)

durch räumliche Verschiebung um eine Viertelwellenlänge in z-Richtung oder durch zeitliche Verschiebung um eine Viertelperiode hervor. Auf ähnliche Weise können auch die Magnetlinien aller *nicht ausbreitungsfähiger* H_{0n}-Wellen gezeichnet werden. Damit ist auch jede beliebige Superposition aller denkbarer H_{0n}-Wellen grafisch darstellbar.

Zunächst soll der Hohlleiterübergang aus Bild 8.13 mit unendlich dünner Mittelblende, also für $b_1 + b_2 = b_3$ betrachtet werden. Die Anregung geschieht durch zwei phasen- und amplitudengleiche H_{01}-Wellen. Mit $a = b_1 = b_2 = 0{,}7\,\lambda_0$ und $b_3 = 1{,}4\,\lambda_0$ ist die Schaltung so bemessen, dass in den beiden kleinen Hohlleitern jeweils nur die H_{01}-Welle und im großen Hohlleiter die H_{01}- und die H_{02}-Welle ausbreitungsfähig sind.

Wegen der Symmetrie in der Anregung und auch in der Geometrie werden im großen Hohlleiter ausschließlich *ungeradzahlige* H_{0n}-Wellen angeregt, also $H_{01}, H_{03}, H_{05}, H_{07}, \ldots$. Bricht man die drei Orthogonalreihen (8.80) nach $n_1 = n_2 = 70$ und $n_3 = 140$ Eigenwellen ab[6], dann kann aus den Höhenlinien des dreidimensionalen E_x-Gebirges die in Bild 8.15 gezeigte Darstellung des magnetischen Gesamtfeldes gewonnen werden. Die Stetigkeit des Magnetfeldes ist durch den knickfreien Übergang der Feldlinien an den Raumteilgrenzen gut zu erkennen.

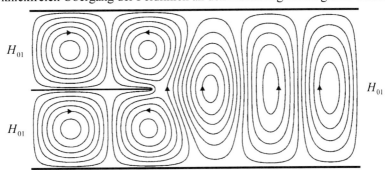

Bild 8.15 Magnetische Feldlinien der Hohlleiterverbindung mit unendlich dünner Mittelblende bei **Summenanregung**

Als zweites Beispiel soll der Steg zwischen den beiden kleineren Hohlleitern eine Dicke von $0,2\,\lambda_0$ aufweisen, während die anderen Geometrieparameter $a = 0,7\,\lambda_0$, $b_1 = b_2 = 0,6\,\lambda_0$ und $b_3 = 1,4\,\lambda_0$ betragen. Die Anregung geschieht durch zwei gegenphasige H_{01}-Wellen, d. h. für die Phasoren der Speisewellen gilt $a_1^{II} = -a_1^{I}$. Wegen der Differenzanregung werden im großen Hohlleiter nur *geradzahlige* H_{0n}-Wellen angeregt, also $H_{02}, H_{04}, H_{06}, H_{08}, \ldots$. Bricht man die drei Orthogonalreihen (8.80) nach $n_1 = n_2 = 38$ und $n_3 = 88$ Eigenwellen ab[7], so erhält man das ebenfalls stetige magnetische Gesamtfeld aus Bild 8.16.

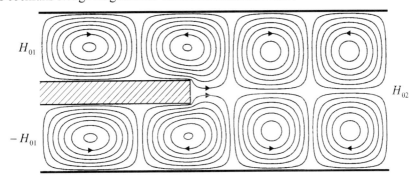

Bild 8.16 Magnetische Feldlinien der Hohlleiterverbindung mit einem Mittelsteg der Dicke $0,2\,\lambda_0$ bei **Differenzanregung**

---

[6] Da ausschließlich *ungerade* Wellentypen auftreten, werden bei $n_3 = 140$ im großen Raumteil tatsächlich nur 70 Wellen mit $n = 1, 3, 5, \ldots, 139$ aufsummiert.

[7] Da im großen Hohlleiter nur *gerade* Wellentypen angeregt werden, summiert man bei $n_3 = 88$ effektiv nur 44 Wellen mit $n = 2, 4, 6, \ldots, 88$.

Die raschere Feldbildberuhigung nach der Stoßstelle erfolgt bei der Differenzanregung mit dickem Mittelsteg, weil dort die H_{04}-Welle stärker gedämpft wird als die H_{03}-Welle der Summenanregung mit unendlich dünner Mittelblende. Nach nicht einmal einer ganzen Hohlleiterwellenlänge stellt sich in beiden Fällen wieder eine im Wesentlichen monomodale Strömung ein, da höhere Harmonische bereits abgeklungen sind. Tatsächlich konvergieren die Orthogonalreihen bei dickem Mittelsteg schneller als jene bei unendlich dünner Mittelblende, weswegen hier nur eine kleinere Anzahl von Harmonischen – für die gleiche Genauigkeit – summiert werden muss [Kar98a]. Die Konvergenzgeschwindigkeit wird nämlich wesentlich von der Stärke der Kantensingularität in der Trennfläche bestimmt (Tabelle 8.8). Näheres zur Kantenbedingung findet man in Abschnitt 14.5.

Tabelle 8.8 Zum Konvergenzverhalten von Orthogonalreihen bei Kantensingularitäten

Kantenform	b_n^{III}	singuläre Felder H_y und H_z	nichtsinguläres Feld E_x
$\varphi_0 = 3\pi/2$	$\mathrm{O}\!\left(n^{-7/6}\right)$	$\mathrm{O}\!\left(n^{-2/3}\right)$	$\mathrm{O}\!\left(n^{-5/3}\right)$
$\varphi_0 \to 2\pi$	$\mathrm{O}\!\left(n^{-1}\right)$	$\mathrm{O}\!\left(n^{-1/2}\right)$	$\mathrm{O}\!\left(n^{-3/2}\right)$

Bei Betrachtung der Orthogonalreihen (8.80) sieht man, dass wegen des Faktors $n\pi/b_3$ die Feldkomponente H_z *langsamer* als E_x konvergiert. Außerdem zeigt das asymptotische Verhalten der Feldwellenimpedanz (8.60) von Cutoff-H_{0n}-Wellen

$$\underline{Z}_n^{\mathrm{III}} = \frac{\omega\mu_0}{-j\alpha} = \frac{\omega\mu_0}{-j\sqrt{\left(n\pi/b_3\right)^2 - k_0^2}} \qquad \text{mit } \alpha \text{ aus (8.81)}, \tag{8.90}$$

was für große n zu $\underline{Z}_n^{\mathrm{III}} \propto 1/n$ führt, dass H_y und H_z *gleich schnell* konvergieren.

Kantensingularitäten können numerisch durch Summation von Orthogonalreihen nur ansatzweise nachgebildet werden. Insbesondere führt das sogenannte Gibbssche[8] Phänomen in lokaler Umgebung der Singularität zu teilweise beträchtlichen unphysikalischen Überschwingern.

8.3 Rundhohlleiter

Die theoretische Behandlung des Rundhohlleiters verläuft ähnlich der des Rechteckhohlleiters. Die Ergebnisse für Hohlleiterwellenlänge λ_L, Feldwellenwiderstand $\underline{Z}_F^E$ und $\underline{Z}_F^H$ sowie Phasen- und Gruppengeschwindigkeit als Funktionen der Grenzwellenlänge λ_c sind darum für Rechteck- wie für Rundhohlleiter die gleichen. Es ist also nur noch notwendig, die mathematische Darstellung für E- und H-Wellen anzugeben und deren Grenzfrequenzen bzw. Grenzwellenlängen aufzufinden, womit dann auch sofort die Ausbreitungskonstanten $\underline{k}_z$ bekannt sind.

---

[8] Josiah Willard **Gibbs** (1839-1903): amerik. Mathematiker, Physiker (Thermodynamik, Fourier-Reihen)

8.3.1 Eigenwellen

Zur Bestimmung der Eigenschaften der in einer Rundhohlleitung (Bild 8.17) möglichen Felder sind Lösungen der Maxwellschen Gleichungen in **Zylinderkoordinaten** (ρ, φ, z) zu suchen, die die Randbedingungen bei $\rho = a$ erfüllen $\left(\underline{E}_t = 0,\ \underline{H}_n = 0\right)$.

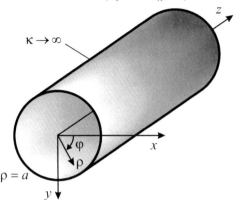

Bild 8.17 Homogener, verlustloser Rundhohlleiter in Zylinderkoordinaten mit Füllung $(\mu_0, \varepsilon_0\,\varepsilon_r)$

Ähnlich wie bei den Feldkomponenten im Rechteckhohlleiter kann man aus den Maxwellschen Gleichungen eine Darstellung der Querfeldstärken $\underline{E}_\rho, \underline{E}_\varphi, \underline{H}_\rho, \underline{H}_\varphi$ in Abhängigkeit von den Längsfeldstärken $\underline{E}_z$ und $\underline{H}_z$ erhalten. Die beiden Längsfeldstärken sind unabhängig voneinander. Dies führt wieder auf die Unterteilung in **E-Wellen** mit $\underline{H}_z = 0$ und **H-Wellen** mit $\underline{E}_z = 0$. Die für beide Feldkomponenten $\underline{E}_z$ und $\underline{H}_z$ geltende Helmholtz-Gleichung lautet:

$$\left(\Delta + k^2\right)\left\{\begin{matrix}\underline{E}_z \\ \underline{H}_z\end{matrix}\right\} = 0 \quad \text{mit} \quad \underline{E}_z = \underline{E}_0\,f(\rho)\,g(\varphi)\,e^{\pm j\,\underline{k}_z\,z}. \tag{8.91}$$

Dabei bezeichnet Δ den Laplace-Operator in Zylinderkoordinaten und es gilt $k^2 = \omega^2\,\mu_0\,\varepsilon_0\,\varepsilon_r$. Mit Tabelle 2.6 erhalten wir ausführlich geschrieben:

$$\left(\frac{\partial^2}{\partial\rho^2} + \frac{1}{\rho}\frac{\partial}{\partial\rho} + \frac{1}{\rho^2}\frac{\partial^2}{\partial\varphi^2} + \frac{\partial^2}{\partial z^2} + k^2\right)\left\{\begin{matrix}\underline{E}_z \\ \underline{H}_z\end{matrix}\right\} = 0. \tag{8.92}$$

Durch den Produktansatz (8.91) – ähnlich dem in (8.9) bzw. (8.25) – mit anschließender Trennung der Veränderlichen kann man hieraus wieder drei entkoppelte Differenzialgleichungen zweiter Ordnung herleiten. Für ρ erhält man die sogenannte Besselsche[9] Differenzialgleichung, während für φ und z harmonische Differenzialgleichungen auftreten. Die Besselsche Differenzialgleichung löst man z. B. mit Hilfe eines Potenzreihenansatzes, der auf die Zylinderfunktion erster Art oder **Besselfunktion** führt. Eine zweite mathematisch mögliche Lösungsfunktion, die **Neumannfunktion**[10] oder Zylinderfunktion zweiter Art (Abschnitt 8.4), ist im Rundhohlleiter physikalisch ohne Bedeutung, da sie auf der Zylinderlängsachse eine Singularität besitzt.

Für $\pmb{E_{mn}}$**-Wellen** findet man schließlich folgende Feldkomponenten, wobei der Eigenwert $m = 0, 1, 2, \ldots$ ganzzahlig sein muss, damit bei $\varphi = 0$ und $\varphi = 2\pi$ die Felder identisch sind:

---

[9] Friedrich Wilhelm **Bessel** (1784-1846): dt. Astronom und Mathematiker (Bahnbestimmung des Halley-schen Kometen, Sternparallaxenmessung, Geodäsie, Zylinderfunktionen)

[10] Carl Gottfried **Neumann** (1832-1925): dt. Mathematiker (Potenzialtheorie, Zylinderfunktionen)

$$\underline{E}_z = \underline{E}_0 \begin{Bmatrix} \sin m\varphi \\ \cos m\varphi \end{Bmatrix} J_m(K\rho) e^{\pm j \underline{k}_z z}$$

$$\underline{E}_\rho = \frac{1}{K^2} \frac{\partial^2 \underline{E}_z}{\partial z \partial \rho} = \pm \underline{E}_0 \frac{j \underline{k}_z}{K} \begin{Bmatrix} \sin m\varphi \\ \cos m\varphi \end{Bmatrix} J_m'(K\rho) e^{\pm j \underline{k}_z z}$$

$$\underline{E}_\varphi = \frac{1}{\rho K^2} \frac{\partial^2 \underline{E}_z}{\partial z \partial \varphi} = \pm \underline{E}_0 \frac{j \underline{k}_z}{K^2} \frac{m}{\rho} \begin{Bmatrix} \cos m\varphi \\ -\sin m\varphi \end{Bmatrix} J_m(K\rho) e^{\pm j \underline{k}_z z}$$

$$\underline{H}_z = 0$$

$$\underline{H}_\rho = \frac{j\omega\varepsilon}{\rho K^2} \frac{\partial \underline{E}_z}{\partial \varphi} = \pm \frac{\underline{E}_\varphi}{\underline{Z}_F^E}$$

$$\underline{H}_\varphi = -\frac{j\omega\varepsilon}{K^2} \frac{\partial \underline{E}_z}{\partial \rho} = \mp \frac{\underline{E}_\rho}{\underline{Z}_F^E}.$$

(8.93)

Analog gilt für H_{mn}-**Wellen** :

$$\underline{H}_z = \underline{H}_0 \begin{Bmatrix} \sin m\varphi \\ \cos m\varphi \end{Bmatrix} J_m(K\rho) e^{\pm j \underline{k}_z z}$$

$$\underline{H}_\rho = \frac{1}{K^2} \frac{\partial^2 \underline{H}_z}{\partial z \partial \rho} = \pm \underline{H}_0 \frac{j \underline{k}_z}{K} \begin{Bmatrix} \sin m\varphi \\ \cos m\varphi \end{Bmatrix} J_m'(K\rho) e^{\pm j \underline{k}_z z}$$

$$\underline{H}_\varphi = \frac{1}{\rho K^2} \frac{\partial^2 \underline{H}_z}{\partial z \partial \varphi} = \pm \underline{H}_0 \frac{j \underline{k}_z}{K^2} \frac{m}{\rho} \begin{Bmatrix} \cos m\varphi \\ -\sin m\varphi \end{Bmatrix} J_m(K\rho) e^{\pm j \underline{k}_z z}$$

$$\underline{E}_z = 0$$

$$\underline{E}_\rho = -\frac{j\omega\mu}{\rho K^2} \frac{\partial \underline{H}_z}{\partial \varphi} = \mp \underline{Z}_F^H \underline{H}_\varphi$$

$$\underline{E}_\varphi = \frac{j\omega\mu}{K^2} \frac{\partial \underline{H}_z}{\partial \rho} = \pm \underline{Z}_F^H \underline{H}_\rho.$$

(8.94)

Die Ausbreitungskonstante $\underline{k}_z$ wird durch die **Separationsgleichung**

$$K^2 = k^2 - \underline{k}_z^2$$

(8.95)

festgelegt und J_m' ist die Ableitung der Besselfunktion nach dem *gesamten* Argument, also:

$$J_m'(K\rho) = \frac{dJ_m(K\rho)}{d(K\rho)} .$$ (8.96)

Grafische Darstellungen der Besselfunktion $J_m(x)$ und ihrer Ableitung nach dem Argument $J_m'(x)$ zeigen die Bilder 8.18 und 8.19. Dabei bezeichnet δ_{m0} das <u>Kronecker-Symbol</u>.

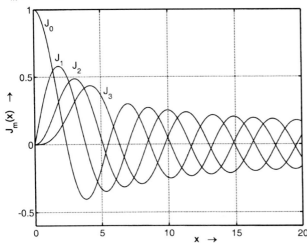

Bild 8.18 Darstellung der ersten vier Besselfunktionen $J_m(x)$

Für $|x| \ll 1$ gilt [JEL66]:

$$J_0(x) \approx 1 - \frac{x^2}{4} + \frac{x^4}{64}$$

$$J_m(x) \approx \frac{1}{m!}\left(\frac{x}{2}\right)^m\left(1 - \frac{x^2}{4(m+1)}\right).$$

Für $|x| \gg 1, m$ gilt:

$$J_m(x) \approx \sqrt{\frac{2}{\pi x}}\cos\left(x - \frac{m\pi}{2} - \frac{\pi}{4}\right).$$

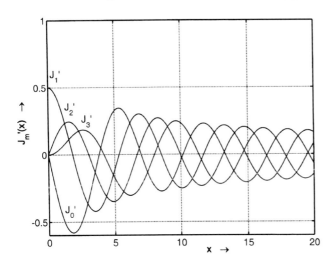

Bild 8.19 Darstellung der Ableitung der ersten vier Besselfunktionen $J_m'(x)$ und einige Nullstellen

Nullstellen einiger Besselfunktionen und ihrer Ableitung. Mit $J_0'(x) = -J_1(x)$ gilt $j_{0n}' = j_{1n}$.

n	j_{0n}	j_{0n}'	j_{1n}'
1	2,405	3,832	1,841
2	5,520	7,016	5,331
3	8,654	10,17	8,536
4	11,79	13,32	11,71
5	14,93	16,47	14,86
6	18,07	19,62	18,02

<u>Näherungen</u> für $n \gg m$:

$$j_{mn} \approx (n + m/2 - 1/4)\,\pi$$

$$j_{mn}' \approx (n + \delta_{m0} + m/2 - 3/4)\,\pi$$

Die **Feldwellenwiderstände** hängen wie im Rechteckhohlleiter – vgl. (8.56) und (8.60) – von der Ausbreitungskonstanten $\underline{k}_z$ ab:

$$\underline{Z}_F^E = \frac{k_z}{\omega\,\varepsilon} \quad \text{und} \quad \underline{Z}_F^H = \frac{\omega\,\mu}{\underline{k}_z} .$$ (8.97)

Die in (8.93) und (8.94) dargestellten Feldstärkewerte erfüllen nur für bestimmte Eigenwerte K die vorgeschriebenen Randbedingungen. Unsere Lösung ist daher erst dann vollständig bestimmt, wenn wir noch berücksichtigen, dass die elektrische Feldstärke senkrecht zur metallischen Zylindergrenzfläche stehen muss. Wenn diese Bedingung erfüllt ist, dann gilt auch automatisch, dass die magnetische Feldstärke parallel zur Zylinderwand verläuft. Wir erhalten somit folgende **Randbedingungen** an der inneren Hohlleiterwand bei $\rho = a$:

$$J_m(K a) = 0 \quad \text{bei E-Wellen} \tag{8.98}$$

$$J_m'(K a) = 0 \quad \text{bei H-Wellen.} \tag{8.99}$$

Die Nullstellen der Besselfunktion bzw. ihrer Ableitung werden mit j_{mn} bzw. j_{mn}' bezeichnet und sind tabelliert, wobei der Index m die Ordnungszahl der betreffenden Besselfunktion und n die Nummer der Nullstelle angeben. Eine eventuelle Nullstelle auf der Längsachse für $K\rho = 0$ wird hierbei nicht mitgezählt. Mit den Eigenwerten

$$\boxed{K_{mn}^E = \frac{j_{mn}}{a}} \quad \text{bzw.} \quad \boxed{K_{mn}^H = \frac{j_{mn}'}{a}} \quad \text{für } m = 0,1,2,\dots \text{ und } n = 1,2,3,\dots \tag{8.100}$$

erhält man schließlich die **Ausbreitungskonstanten** der E- und H-Wellen im Rundhohlleiter:

$$\underline{k}_z^E = \begin{cases} \beta^E = \dfrac{2\pi}{\lambda_L^E} = \sqrt{k^2 - \left(\dfrac{j_{mn}}{a}\right)^2} < k & \text{für } \textit{ausbreitungsfähige } E-\textit{Wellen} \\[4mm] -j\alpha^E = -j\sqrt{\left(\dfrac{j_{mn}}{a}\right)^2 - k^2} & \text{für } \textit{Cutoff} - E - \textit{Wellen} \end{cases} \tag{8.101}$$

$$\underline{k}_z^H = \begin{cases} \beta^H = \dfrac{2\pi}{\lambda_L^H} = \sqrt{k^2 - \left(\dfrac{j_{mn}'}{a}\right)^2} < k & \text{für } \textit{ausbreitungsfähige } H-\textit{Wellen} \\[4mm] -j\alpha^H = -j\sqrt{\left(\dfrac{j_{mn}'}{a}\right)^2 - k^2} & \text{für } \textit{Cutoff} - H - \textit{Wellen .} \end{cases} \tag{8.102}$$

E_{mn} - und H_{mn}-Wellen haben im Rundhohlleiter bei gleichem m und n also im Allgemeinen *verschiedene* Ausbreitungskonstanten. Im Rechteckhohlleiter gilt dagegen $\underline{k}_z^E = \underline{k}_z^H = \underline{k}_z$. Die Grenzwellenlängen findet man aus $k_z^2 = k^2 - ((2\pi)/\lambda_c)^2$, das an der Grenzfrequenz für $k = K$ gerade verschwinden muss. Mit (8.100) erhält man nämlich für $c = c_0/\sqrt{\varepsilon_r}$

$$\boxed{\lambda_c^E = \frac{2\pi a}{j_{mn}}} \quad \text{und} \quad \boxed{\lambda_c^H = \frac{2\pi a}{j_{mn}'}} \quad , \quad \text{woraus} \quad f_c = \frac{c}{\lambda_c} \quad \text{folgt.} \tag{8.103}$$

Auf den Durchmesser normierte Werte für $\lambda_c/(2a)$ zeigt Tabelle 8.9. Dabei sind die Grundwelle und ein entartetes Wellenpaar besonders hervorgehoben. Falls durch die Art der Stifteinkopplung keine rotationssymmetrische E_{01}-Welle angeregt werden kann, ist die H_{21}-Welle der erste höhere Wellentyp. Ein geeigneter Frequenzbereich für H_{11}- **Grundwellenbetrieb** ist:

$$\boxed{1,15\, f_c^{H_{11}} < f < 0,95\, f_c^{H_{21}} = 1,576\, f_c^{H_{11}}} \quad . \tag{8.104}$$

Wenn wir (8.104) mit $f = c/\lambda$ in Wellenlängen umrechnen, gilt: $1,48 > \lambda/(2a) > 1,08$.

Tabelle 8.9 Die niedrigsten Eigenwellen des Rundhohlleiters, geordnet nach fallender Grenzwellenlänge

Typ	H_{11}	E_{01}	H_{21}	E_{11} H_{01}	H_{31}	E_{21}	H_{41}	H_{12}	E_{02}	E_{31}	H_{51}
$\dfrac{\lambda_c}{2a}$	1,7063	1,3064	1,0286	0,8199	0,7478	0,6117	0,5908	0,5893	0,5691	0,4924	0,4897

Im Rundhohlleiter sind E_{m0} - und H_{m0} -Feldtypen nicht existenzfähig, da zur Erfüllung der Randbedingungen an der Hohlleiterwand immer eine Nullstelle des tangentialen elektrischen Feldes notwendig ist. Der H_{11} -Feldtyp bildet im Rundhohlleiter mit der größten Grenzwellenlänge den Haupt- oder Grundtyp. Seine Feld- und Wandstromverteilung sind ähnlich denen des H_{10} -Typs im Rechteckhohlleiter (Bild 8.25). Aus Tabelle 8.9 erkennt man, dass es Paare von E- und H-Wellen gibt, die jeweils gleiche Grenzwellenlänge λ_c besitzen und sich daher auch gleich schnell ausbreiten. Es sind dies die E_{1n} - und H_{0n} -Wellen mit $n = 1,2,3,...$, die durchaus gänzlich verschiedene Feldbilder aufweisen (siehe Tabelle 8.3). Bei Rundhohlleiterstrecken mit nicht exakt geradliniger Längsachse kann es zu erheblichen Koppelverlusten durch Energietransfer zwischen solchen Wellentypen kommen. Man bezeichnet E_{1n} - und H_{0n} -Wellen als entartete Wellen. **Entartung** liegt auch bei allen Wellen im Rechteckhohlleiter vor, wo die E_{mn} - und H_{mn} -Wellen für jeweils gleiches m und n identische Grenzfrequenzen besitzen.

In Tabelle 8.10 sind die nach *IEC* genormten Abmessungen von Rundhohlleitern angegeben, die jeweils mit der H_{11} -Grundwelle betrieben werden.

Tabelle 8.10 Daten von Rundhohlleitertypen nach IEC-Empfehlungen [Jan92, Rus03]

Typ	Grenzfrequenz der H_{11}-Welle $f_c^{H_{11}}/\text{GHz}$	Grenzfrequenz der E_{01}-Welle $f_c^{E_{01}}/\text{GHz}$	Grenzfrequenz der H_{21}-Welle $f_c^{H_{21}}/\text{GHz}$	Innenmaß $D = 2a/\text{mm}$	H_{11}-Dämpfung im Cu-Hohlleiter $\kappa = 58 \cdot 10^6$ S/m (s. Anhang C.5) $1,2\, f_c^{H_{11}}/\text{GHz}$	dB / m
C 8	0,698	0,911	1,157	251,841	0,837	0,0028
C 12	0,956	1,249	1,586	183,769	1,147	0,0045
C 16	1,310	1,711	2,173	134,112	1,572	0,0072
C 22	1,795	2,345	2,978	97,866	2,154	0,0115
C 25	2,101	2,744	3,486	83,617	2,521	0,0145
C 30	2,460	3,213	4,081	71,425	2,952	0,0184
C 35	2,878	3,760	4,775	61,036	3,454	0,0233
C 40	3,379	4,414	5,606	51,994	4,055	0,0297
C 48	3,953	5,163	6,557	44,450	4,743	0,0375
C 56	4,612	6,023	7,650	38,100	5,534	0,0473
C 65	5,399	7,053	8,958	32,537	6,480	0,0599
C 76	6,323	8,258	10,489	27,788	7,587	0,0759
C 89	7,375	9,632	12,233	23,825	8,849	0,0956
C 104	8,679	11,336	14,397	20,244	10,415	0,1221
C 120	10,054	13,132	16,678	17,475	12,065	0,1522
C 140	11,645	15,210	19,317	15,088	13,974	0,1897
C 165	13,835	18,070	22,949	12,700	16,601	0,2457
C 190	15,793	20,628	26,198	11,125	18,952	0,2997
C 220	18,446	24,093	30,599	9,525	22,135	0,3783
C 255	21,090	27,546	34,985	8,331	25,308	0,4624
C 290	24,618	32,154	40,837	7,137	29,542	0,5832
C 330	27,669	36,139	45,899	6,350	33,203	0,6949
C 380	31,583	41,252	52,392	5,563	37,900	0,8474
C 430	36,795	48,060	61,038	4,775	44,155	1,0656
C 495	40,215	52,526	66,710	4,369	48,258	1,2175
C 580	49,064	64,084	81,390	3,581	58,877	1,6407
C 660	55,338	72,279	91,797	3,175	66,406	1,9652
C 765	63,452	82,877	105,257	2,769	76,142	2,4128
C 890	73,576	96,099	122,050	2,388	88,291	3,0127

In Tabelle 8.10 sind die **Grenzfrequenzen** der H_{11}-Grundwelle und der nächst höheren E_{01}- und H_{21}- Wellen, die Innenmaße und die **Dämpfung** einer H_{11}-Welle durch Wandstromverluste im Kupferhohlleiter zusammengestellt. In Tabelle 8.11 vergleichen wir den elliptischen Hohlleiter aus Bild 8.26, der Achsdurchmesser $2a$ und a aufweist, mit einem Rechteckhohlleiter identischer Breite und Höhe sowie mit einem Rundhohlleiter des Durchmessers $2a$. Die **Bandbreite für Monomodebetrieb** ist im Rundhohlleiter zwar deutlich kleiner als im Rechteckhohlleiter, doch ist er für die Speisung von Drehkupplungen unverzichtbar.

Tabelle 8.11 Vergleich der relativen Bandbreiten von gebräuchlichen Hohlleiterformen nach [Mah06]

Bauform	Grundwelle	$\lambda_c^{(1)}$	höhere Welle	$\lambda_c^{(2)}$	$\lambda_c^{(1)}/\lambda_c^{(2)}-1$
rechteckig	H_{10}	$4,000\,a$	H_{20}	$2,000\,a$	$1,000$
kreisförmig	H_{11}	$3,413\,a$	E_{01}	$2,613\,a$	$0,306$
			H_{21}	$2,057\,a$	$0,659$
elliptisch	H_1	$3,354\,a$	H_2	$1,838\,a$	$0,825$

Für die **Phasen-** und **Gruppengeschwindigkeit** im Rundhohlleiter gelten die gleichen Beziehungen wie für den Rechteckhohlleiter (8.49) und (8.53), wobei für die Grenzwellenlänge λ_c der Wert des betreffenden Feldtyps des Rundhohlleiters nach Tabelle 8.9 einzusetzen ist:

$$\boxed{v_g = c\sqrt{1-\left(\frac{\lambda}{\lambda_c}\right)^2}} \quad \text{und} \quad \boxed{v_p = c^2/v_g} \quad \text{mit} \quad c = \frac{c_0}{\sqrt{\varepsilon_r}} \quad \text{und} \quad \lambda = \frac{\lambda_0}{\sqrt{\varepsilon_r}} \,. \quad (8.105)$$

8.3.2 Feldbilder

Die elektrischen und magnetischen Feldlinien im Querschnitt oder im Längsschnitt einer Eigenwelle des Rundhohlleiters gewinnt man völlig analog zum Rechteckhohlleiter aus der jeweiligen Differenzialgleichung der Feldlinien – vgl. (8.85):

$$\frac{d\rho}{E_\rho} = \frac{\rho\,d\varphi}{E_\varphi} = \frac{dz}{E_z} \quad \text{bzw.} \quad \frac{d\rho}{H_\rho} = \frac{\rho\,d\varphi}{H_\varphi} = \frac{dz}{H_z}\,. \quad (8.106)$$

Beispielsweise gilt für die E-Linien im Querschnitt einer H_{mn}-Welle nach (8.94):

$$\frac{E_\rho}{E_\varphi} = \frac{d\rho}{\rho\,d\varphi} = \frac{m\,a}{j'_{mn}\,\rho}\left\{\begin{matrix}-\cot m\varphi\\ \tan m\varphi\end{matrix}\right\}\frac{J_m\left(\dfrac{j'_{mn}\,\rho}{a}\right)}{J'_m\left(\dfrac{j'_{mn}\,\rho}{a}\right)}\,. \quad (8.107)$$

Nach Integration dieser Differenzialgleichung – ähnlich zur Rechnung beim Rechteckhohlleiter – erhält man eine Bestimmungsgleichung für die Punkte (ρ, φ) der **elektrischen Feldlinien:**

$$\boxed{J_m\left(\frac{j'_{mn}\,\rho}{a}\right)\left\{\begin{matrix}\sin m\varphi\\ \cos m\varphi\end{matrix}\right\} = \text{const.}}\,, \quad (8.108)$$

die – wie beim Rechteckhohlleiter – als **Höhenlinie** (Äquipotenziallinie) der Längsfeldstärke H_z gezeichnet werden kann. Die Ergebnisse wurden bereits in Tabelle 8.3 dargestellt.

8.4 Höhere Wellentypen der Koaxialleitung

Neben der Grundwelle können unter bestimmten Bedingungen auch höhere Feldtypen in einer Koaxialleitung auftreten. Die strenge Behandlung der Hohlleiterwellen einer Koaxialleitung erfordert – wie auch beim Rundhohlleiter – die Lösung der Helmholtz-Gleichung in Zylinderkoordinaten. Wegen des Innenleiters gehört die Zylinderlängsachse jetzt nicht mehr zum untersuchten Feldgebiet; darum stellt neben der Besselfunktion nun auch die für $\rho = 0$ singuläre **Neumannfunktion** eine physikalisch sinnvolle Lösung dar. Grafische Darstellungen der Neumannfunktion $N_m(x)$ und ihrer Ableitung nach dem Argument $N_m'(x)$ zeigen die Bilder 8.20 und 8.21. Für $\rho \to 0$ münden alle Kurven in eine Singularität.

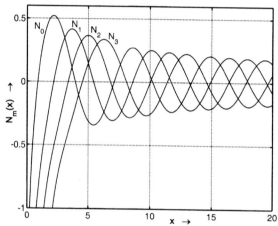

Für $|x| \ll 1$ gilt nach [JEL66] mit der Eulerschen Konstanten
$C = \ln \gamma \approx 0{,}577216$:

$$N_0(x) \approx \frac{2}{\pi} J_0(x) \ln \frac{\gamma x}{2}$$

$$N_m(x) \approx -\frac{(m-1)!}{\pi}\left(\frac{2}{x}\right)^m.$$

Für $|x| \gg 1, m$ gilt:

$$N_m(x) \approx \sqrt{\frac{2}{\pi x}} \sin\left(x - \frac{m\pi}{2} - \frac{\pi}{4}\right).$$

Bild 8.20 Darstellung der ersten vier Neumannfunktionen $N_m(x)$

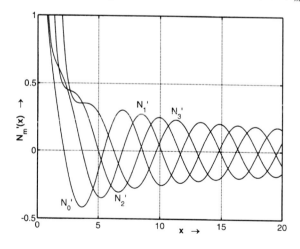

Bild 8.21 Darstellung der Ableitung der ersten vier Neumannfunktionen $N_m'(x)$ und einige Nullstellen

Nullstellen der Neumannfunktion und ihrer Ableitung. Mit $N_0'(x) = -N_1(x)$ gilt $n_{0n}' = n_{1n}$.

n	n_{0n}	n_{0n}'	n_{1n}'
1	0,894	2,197	3,683
2	3,958	5,430	6,941
3	7,086	8,596	10,12
4	10,22	11,75	13,29
5	13,36	14,90	16,44
6	16,50	18,04	19,59

Näherungen für $n \gg m$:

$$n_{mn} \approx (n + m/2 - 3/4)\,\pi$$

$$n_{mn}' \approx (n + m/2 - 1/4)\,\pi$$

Nach [Pie77] erhält man mit $D = 2\rho_a$ und $d = 2\rho_i$ die Längsfelder von E- und H-Wellen, die bereits die Randbedingungen am Innenleiter $\underline{E}_z(\rho_i) = 0$ und $\partial \underline{H}_z/\partial \rho\big|_{\rho = \rho_i} = 0$ erfüllen:

$$\underline{E}_z = \underline{E}_0 \begin{Bmatrix} \sin m\varphi \\ \cos m\varphi \end{Bmatrix} \left[J_m(K\rho) - \frac{J_m(K\rho_i)}{N_m(K\rho_i)} N_m(K\rho) \right] e^{\pm j\underline{k}_z z}$$

$$\underline{H}_z = \underline{H}_0 \begin{Bmatrix} \sin m\varphi \\ \cos m\varphi \end{Bmatrix} \left[J_m(K\rho) - \frac{J_m'(K\rho_i)}{N_m'(K\rho_i)} N_m(K\rho) \right] e^{\pm j\underline{k}_z z} \; .$$

(8.109)

Am Außenleiter bei $\rho = \rho_a$ muss folgende Eigenwertgleichung erfüllt werden:

$$\boxed{\begin{array}{ll} J_m(K\rho_a) N_m(K\rho_i) - J_m(K\rho_i) N_m(K\rho_a) = 0 & \text{für E - Wellen} \\ J_m'(K\rho_a) N_m'(K\rho_i) - J_m'(K\rho_i) N_m'(K\rho_a) = 0 & \text{für H - Wellen} \end{array}}$$

(8.110)

Die unendlich vielen Eigenwerte $K = K_{mn}^{E,H}$ mit $m = 0, 1, 2, \ldots$ und $n = 1, 2, 3, \ldots$ dieser beiden transzendenten Gleichungen können nur noch numerisch gefunden werden. Damit lassen sich auch die Ausbreitungskonstanten $\underline{k}_z = (k^2 - K^2)^{1/2}$ und die Grenzwellenlängen $\lambda_c = 2\pi/K$ aller Eigenwellen bestimmen. Näherungslösungen für verschiedene Durchmesserverhältnisse D/d findet man tabelliert in [Mar93]. Die Korrekturfaktoren p und q können aus den dort gegebenen Daten mit einer linearen bzw. einer quadratischen Ausgleichsrechnung im Bereich $1,2 \leq D/d \leq 4$ ermittelt werden. Etwa ab einer Betriebsfrequenz von

$$\boxed{f_c^{E01} = \frac{c}{\lambda_c^{E01}} \approx \frac{c_0/\sqrt{\varepsilon_r}}{p(D-d)}} \quad \text{mit} \quad p = 0,9903 + 0,0080 \cdot \frac{D}{d}$$

(8.111)

wird bei exakt zylindersymmetrischem Aufbau der koaxialen Leitung – einschließlich Generator und Verbraucher – die E_{01}-Welle ausbreitungsfähig. Liegt keine vollkommene Zylindersymmetrie vor, so kann schon wesentlich früher eine H_{11}-Welle entstehen. Ihre **Grenzfrequenz** liegt ungefähr bei

$$\boxed{f_c^{H11} = \frac{c}{\lambda_c^{H11}} \approx \frac{c_0/\sqrt{\varepsilon_r}}{q\,\pi(D+d)/2}} \quad \text{mit} \quad q = 0,9720 + 0,0051 \cdot \left(\frac{D}{d} - 3,538 \right)^2 .$$

(8.112)

In [Mei68] findet man vergleichbare Näherungslösungen – allerdings mit etwas geringerer Genauigkeit – weil dort in erster Näherung $p = q = 1$ gesetzt wurde. Das Auftreten höherer Wellentypen schränkt die Verwendbarkeit von Koaxialleitungen bei höheren Frequenzen ein. Das dann auftretende Gemisch aus verschiedenen Eigenwellen bewirkt stark störende Laufzeit- und damit Phasenverzerrungen, was die Güte der Nachrichtenübertragung nachhaltig vermindert. Deshalb wird man in der Praxis eine koaxiale Leitung im Allgemeinen unterhalb der kritischen Frequenz ihrer H_{11}-Welle betreiben, um eine reine TEM-Welle sicherzustellen.

Die elektrischen Feldlinien der H_{11}-Welle im Querschnitt einer koaxialen Leitung mit $D/d = 7/2$ sind in Bild 8.22 dargestellt. Das Feldbild ähnelt dem der H_{11}-Welle im Rundhohlleiter (Tabelle 8.3), jedoch enden in der koaxialen Leitung einige der elektrischen Feldlinien auf dem Innenleiter. Die Magnetlinien werden durch kleine Pfeile dargestellt und biegen in die Längsrichtung der Leitung um. Die rotationssymmetrische E_{01}-Welle (die der E_{02}-Welle im Rundhohlleiter entspricht) hat dagegen ein transversales Magnetfeld, während die E-Felder in die z-Richtung umbiegen. Alle Felder wurden mit der **Finite-Elemente-Methode** (FEM) berechnet, die eine Triangulierung des Leitungsquerschnitts erfordert. Die ersten beiden Berechnungsgitter einer sich iterativ verfeinernden Sequenz sind ebenfalls in Bild 8.22 zu sehen. Zur Erhöhung der numerischen Genauigkeit strebt man möglichst gleichseitige Dreiecke an.

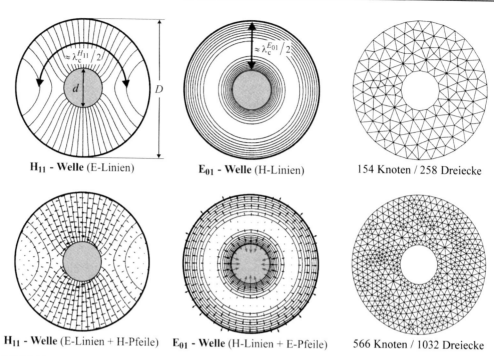

H₁₁ - Welle (E-Linien) **E₀₁ - Welle** (H-Linien) 154 Knoten / 258 Dreiecke

H₁₁ - Welle (E-Linien + H-Pfeile) **E₀₁ - Welle** (H-Linien + E-Pfeile) 566 Knoten / 1032 Dreiecke

Bild 8.22 Felddarstellungen der H_{11}-Welle und der E_{01}-Welle im Querschnitt einer Koaxialleitung für $D/d = 7/2$ mit den ersten beiden FEM-Gittern. Die halbe Grenzwellenlänge markiert jeweils anschaulich die Strecke, nach der die Feldrichtung sich umkehrt.

Übung 8.4: Nutzbarer Frequenzbereich einer Koaxialleitung

- Berechnen Sie die Grenzfrequenzen der H_{11}-Welle und der E_{01}-Welle einer mit $\varepsilon_r = 2{,}25$ gefüllten Koaxialleitung mit den Abmessungen $D = 7\,\text{mm}$ und $d = 2\,\text{mm}$.

- **Lösung:**

  Aus den für $1{,}2 \leq D/d \leq 4$ gültigen Näherungen (hier mit $q = 0{,}9720$ und $p = 1{,}0183$)

$$f_c^{H_{11}} = \frac{c}{\lambda_c^{H_{11}}} \approx \frac{c_0/\sqrt{\varepsilon_r}}{q\,\pi\,(D+d)/2} \quad \text{und} \quad f_c^{E_{01}} = \frac{c}{\lambda_c^{E_{01}}} \approx \frac{c_0/\sqrt{\varepsilon_r}}{p\,(D-d)} \qquad (8.113)$$

  erhält man für $\varepsilon_r = 2{,}25$ und $c_0 \approx 2{,}998 \cdot 10^8$ m/s die gesuchten Grenzfrequenzen:

$$f_c^{H_{11}} \approx 14{,}54\,\text{GHz} \quad \text{und} \quad f_c^{E_{01}} \approx 39{,}25\,\text{GHz}. \qquad (8.114)$$

  Ein Betrieb im eindeutigen Bereich der TEM-Grundwelle ist bei dieser Leitung daher nur für Frequenzen $0 \leq f < 14{,}54\,\text{GHz}$ möglich.

- Für $d \to 0$ geht die koaxiale Leitung in den **Rundhohlleiter** über. Die Formeln (8.113) verlieren dann ihre Gültigkeit. Dabei wird die E_{01}-Koaxialwelle zur E_{02}-Hohlleiterwelle. Mit $j'_{11} \approx 1{,}8412$ und $j_{02} \approx 5{,}5201$ erhält man nach (8.103) folgende Grenzfrequenzen:

$$f_c^{H_{11}} = \frac{c_0\,j'_{11}}{\sqrt{\varepsilon_r}\,\pi\,D} \approx 16{,}73\,\text{GHz} \quad \text{und} \quad f_c^{E_{02}} = \frac{c_0\,j_{02}}{\sqrt{\varepsilon_r}\,\pi\,D} \approx 50{,}17\,\text{GHz}. \qquad \square \quad (8.115)$$

8.5 Besondere Hohlleitertypen

Durch eine kapazitive Verengung eines Rechteckhohlleiters in der E-Ebene kann – bei identischen äußeren Abmessungen – die Grenzwellenlänge der H_{10}-Welle deutlich erhöht werden, ohne dass sich die Grenzwellenlängen der nächst höheren Wellentypen wesentlich verändern (Bild 8.23). Ein solcher **Steghohlleiter** (engl.: ridge waveguide) besitzt daher eine in Richtung niedrigerer Frequenzen erweiterte Übertragungsbandbreite [Mei66, Mei68]. Infolge der Querschnittsverengung sinkt aber die übertragbare Leistung. Die Spannungsfestigkeit kann durch Verwendung eines kantenlosen Steges mit halbkreisförmigem Querschnitt verbessert werden.

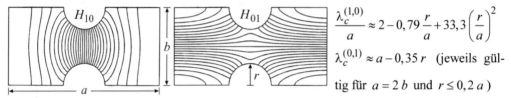

$$\frac{\lambda_c^{(1,0)}}{a} \approx 2 - 0,79\,\frac{r}{a} + 33,3\left(\frac{r}{a}\right)^2$$

$$\lambda_c^{(0,1)} \approx a - 0,35\,r \quad \text{(jeweils gültig für } a = 2\,b \text{ und } r \le 0,2\,a\text{)}$$

Bild 8.23 Steghohlleiter mit E-Linien der H_{10}-Grundwelle und der H_{01}-Welle für $a = 2\,b$ und $r = 0,14\,a$

Der **Quadrathohlleiter** ist ein Sonderfall des Rechteckhohlleiters (Bild 8.24). Bei ihm könnte man Breite und Höhe vertauschen, ohne dass sich der Querschnitt und damit das Übertragungsverhalten der Hohlleiterwelle ändern. Dieses Verhalten ermöglicht die gleichzeitige Übertragung zweier orthogonaler Signale im **Polarisationsmultiplex.** Die vertikal polarisierte H_{10}- und die horizontal polarisierte H_{01}-Welle bilden ein entartetes Wellenpaar, bei dem jede Einzelwelle separat angeregt und wieder ausgekoppelt werden kann. An Diskontinuitäten ist jedoch ein Übersprechen zwischen beiden Kanälen durch Modenkonversion möglich.

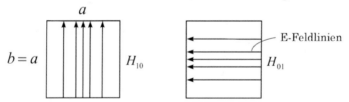

Bild 8.24 Quadrathohlleiter mit den transversalen E-Linien der einfachsten H-Wellen

Für die Grundwelle im Rundhohlleiter, die H_{11}-Welle, sind dagegen beliebig viele Polarisationsrichtungen denkbar. Von ihnen benutzt man in der Praxis meist nur zwei, die – ähnlich zum Quadrathohlleiter – senkrecht aufeinander stehen. Wellen im Hohlleiter mit **elliptischem Querschnitt** haben ähnliche Eigenschaften wie Wellen im Rundhohlleiter. Da der elliptische Hohlleiter nicht mehr rotationssymmetrisch ist, fixiert er die Lage der Welle eindeutig (Bild 8.25). Seine Grundwelle ähnelt der H_{11}-Welle des Rundhohlleiters und wird H_1-Welle genannt.

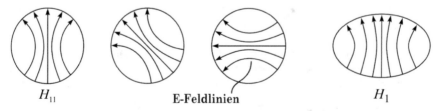

Bild 8.25 Rundhohlleiter und elliptischer Wellenleiter mit den transversalen E-Linien ihrer Grundwellen

In Bild 8.26 sind die elektrischen Feldlinien der niedrigsten drei H-Wellen und die Magnetfeldlinien der niedrigsten drei E-Wellen eines Hohlleiters mit elliptischem Querschnitt dargestellt [Kar98b]. Dabei stehen die große und die kleine _Halbachse_ der Querschnittsellipse in einem Verhältnis von $a/b = 2/1$. Alle Wellen werden mit fortlaufendem Index durchnummeriert.

H_1-Welle: $\lambda_c^{H_1} \approx 6,70716\,b$ H_2-Welle: $\lambda_c^{H_2} \approx 3,67542\,b$ H_3-Welle: $\lambda_c^{H_3} \approx 3,55444\,b$

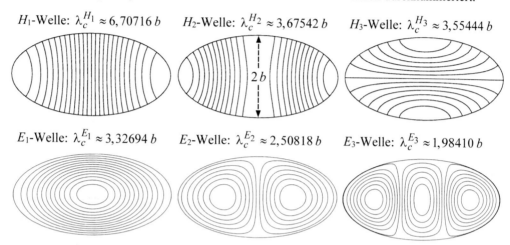

E_1-Welle: $\lambda_c^{E_1} \approx 3,32694\,b$ E_2-Welle: $\lambda_c^{E_2} \approx 2,50818\,b$ E_3-Welle: $\lambda_c^{E_3} \approx 1,98410\,b$

Bild 8.26 Feldlinien der ersten drei H- und E-Wellen im elliptischen Wellenleiter (Achsenverhältnis 2:1)

Im Prinzip sind viele weitere Querschnittsformen denkbar, wenn auch in der Praxis wenig gebräuchlich. So breiten sich z. B. auch in **Dreieckhohlleitern** elektromagnetische Wellen aus. Die elektrischen Feldlinien der niedrigsten zwei H-Wellen und die magnetischen Feldlinien der ersten beiden E-Wellen sind in Bild 8.27 zusammen mit ihren Grenzwellenlängen dargestellt.

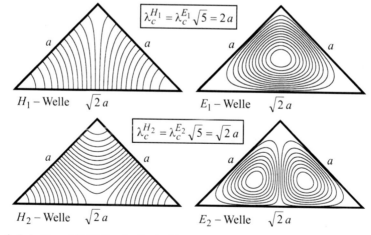

Bild 8.27 Einfachste H- und E-Wellen im Dreieckhohlleiter (elektrische bzw. magnetische Feldlinien)

Gewöhnlich sind Hohlleiter mit Luft oder geeigneten Gasen gefüllt. In besonderen Fällen können Hohlleiter auch den vollen Querschnitt ausfüllende **Dielektrika** enthalten. Ein Dielektrikum verringert die Grenzfrequenz eines Hohlleiters auf den Wert $f_c^{\text{neu}} = f_c^{\text{alt}}/\sqrt{\varepsilon_r}$. Wellenlänge, Phasengeschwindigkeit und Energiegeschwindigkeit werden ebenfalls kleiner. Richtungsleitungen, Dämpfungsglieder, Phasenschieber oder Zirkulatoren können als nichtreziproke Hohlleiterbauelemente auch magnetisierte **Ferrite** (siehe Abschnitt 3.5) enthalten [Kar98b].

Wenn Hohlleiter unterschiedlichen Querschnitts oder verschiedener Achslage miteinander verbunden werden müssen, führt eine direkte Flanschverbindung beider Teile wegen der dann auftretenden Diskontinuitäten in der Regel zu starken Reflexionsverlusten. Außerdem werden an Unstetigkeiten höhere Wellentypen angeregt, die zu Laufzeitverzerrungen bei der Übertragung führen können. Man bevorzugt deshalb sanfte und schwach inhomogene Übergänge –

sogenannte **Taperhohlleiter** – die als Anpassungsglieder zwischen verschiedenen Hohlleiterformen eingesetzt werden [Kar88]. Zur Vermeidung kritischer Reflexions- und Kopplungsverluste weisen Taperprofile keine Knicke oder Sprünge in ihrer Randkurve auf.

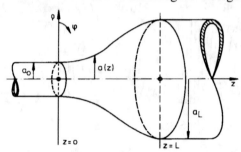

Bild 8.28 Rundhohlleiter-Taper als gleitender Übergang zwischen zwei achsengleichen Rundhohlleitern

Aus konstruktiven Gründen ist es zuweilen unvermeidlich, Hohlleiter mit gekrümmter Längsachse einzusetzen. So findet man **Hohlleiterkrümmer** bei vielen Speiseleitungen von Horn- und Reflektorantennen. Die Eigenwellen von schwach und uniform gekrümmten Toroidhohlleitern können mit Hilfe einer Störungsrechnung aus den Feldlösungen des querschnittsgleichen Hohlleiters mit gerader Längsachse ermittelt werden [Kar87a, Kar91b]. **Toroidhohlleiter** zeigen eine bemerkenswerte Verschiebung sowohl der Feldlinien als auch der Energieströmung in ihren äußeren Querschnittsbereich – weg vom Krümmungsmittelpunkt (Bild 8.29).

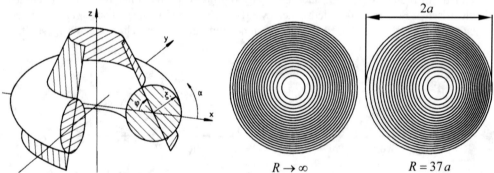

Bild 8.29 Gleichmäßig gekrümmter Rundhohlleiter mit Toruskoordinaten (ξ, φ, α) und Feldverdrängung in den äußeren Querschnittsbereich (nach rechts) z. B. beim Magnetfeld einer E_{01}-Welle ($R = 37\,a$)

Die Kombination einer Achsenkrümmung mit dem gleichmäßigen Krümmungsradius R und einer Querschnittstaperung führt auf den **toroidalen Taperhohlleiter.** Mit ihm können optimierte Übergänge sehr kompakter Baulänge gestaltet werden [Kar87b]. In erster Näherung können die Feldstörungen resultierend aus beiden schwachen Inhomogenitäten ungestört überlagert werden.

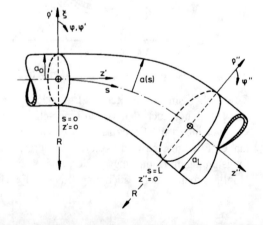

Bild 8.30 Toroidaler Taper als schwach inhomogener Übergang zwischen zwei Rundhohlleitern

8.6 Hohlraumresonatoren

Wird ein zylindrischer Hohlleiter beliebigen Querschnitts an *beiden* Enden durch leitende Wände abgeschlossen, so entsteht ein **Hohlraum** der Länge l in z-Richtung, in dem sich eine Schwingung mit ortsfesten Knoten und Bäuchen ausbilden kann. Die Randbedingungen auf den Stirnseiten bei $z = 0$ und $z = l$ werden erfüllt, wenn gerade ein ganzzzahliges Vielfaches von *halben* Hohlleiterwellenlängen λ_L in die Strecke l hineinpasst, womit also $l = p\,\lambda_L/2$ gelten muss. In Bild 8.31 sehen wir für $p = 1$ die niedrigste H-Resonanz eines quaderförmigen Resonators, die aus der H_{10}-Welle des Rechteckhohlleiters hervorgeht und darum H_{101}-Resonanz genannt wird. Da alle drei Achsen des Quaders im Prinzip gleichberechtigt sind, kann man durch Verdrehung um 90° weitere Schwingungsformen erzeugen – so ergibt sich z. B. ein Resonatorfeld, dessen H-Linien aus der E_{11}-Welle des Rechteckhohlleiters hervorgehen und darum E_{110}-Resonanz genannt wird. Wie bei allen verlustlosen Schwingkreisen besteht auch in Hohlraumresonatoren zwischen E- und H-Feld stets eine Phasenverschiebung von $\pi/2$.

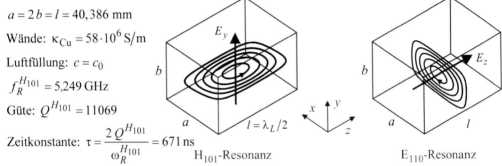

$a = 2\,b = l = 40{,}386$ mm

Wände: $\kappa_{Cu} = 58 \cdot 10^6$ S/m

Luftfüllung: $c = c_0$

$f_R^{H_{101}} = 5{,}249$ GHz

Güte: $Q^{H_{101}} = 11069$

Zeitkonstante: $\tau = \dfrac{2\,Q^{H_{101}}}{\omega_R^{H_{101}}} = 671$ ns

H_{101}-Resonanz E_{110}-Resonanz

Bild 8.31 Quaderförmiger Hohlraum mit niedrigsten H- und E-Resonanzen mit Werten aus (8.117) und (8.118). Wegen $e^{-t/\tau}$ ist nach 3523 Schwingungsperioden eine freie Schwingung auf e^{-1} abgeklungen.

Aus der Separationsgleichung $1/\lambda_R^2 = 1/\lambda_L^2 + 1/\lambda_c^2$ gewinnt man die **Eigenfrequenzen**

$$\boxed{f_R = \frac{c}{\lambda_R} = \frac{c}{\lambda_c}\sqrt{1 + \left(\frac{p\,\lambda_c}{2\,l}\right)^2}} \quad \text{mit} \quad \begin{cases} p = 0, 1, 2, \dots & \text{für } E_{mnp}-\text{Resonanz} \\ p = 1, 2, 3, \dots & \text{für } H_{mnp}-\text{Resonanz} \end{cases} \tag{8.116}$$

des schwingenden Hohlraums. Hierbei ist λ_c die Grenzwellenlänge im betreffenden Rechteck- oder Rundhohlleiter. Speziell für die beiden Schwingungsformen aus Bild 8.31 erhalten wir:

$$f_R^{H_{101}} = \frac{c}{2\,a}\sqrt{1 + (a/l)^2} \quad \text{und} \quad f_R^{E_{110}} = \frac{c}{2\,a}\sqrt{1 + (a/b)^2}\,. \tag{8.117}$$

Wird der Hohlraum an seiner Resonanzfrequenz f_R erregt – z. B. durch ein hineinragendes Leiterstück geeigneter Form, parallel zu den E-Linien – so ergeben sich große Amplituden der Feldstärken wie bei einem Schwingkreis im Resonanzfall. Leitend umschlossene Hohlräume können daher bei hohen Frequenzen anstelle von Schwingkreisen zum Herausheben eines schmalen Frequenzbereiches benutzt werden. Ihre Güte Q hängt vom umschlossenen Volumen, von den Wandstromverlusten, von der Materialfüllung und vom Wellentyp ab [Mei68, Mat80]:

$$\boxed{\delta\,Q^{H_{101}} = \frac{a\,b\,l\,(a^2 + l^2)}{l^3(a + 2b) + a^3(l + 2b)}} \quad \text{mit der Eindringtiefe} \quad \delta = 1\Big/\sqrt{\pi\,f_R^{H_{101}}\mu_0\,\kappa}\;. \tag{8.118}$$

8.7 Anregung von Hohlleiterwellen

Zur Anregung eines bestimmten Wellentyps werden entweder metallische Stifte oder Leiter-
schleifen eingesetzt. Ein geradliniger stromführender Stift muss dazu parallel zu den elektrischen Feldlinien des zu erregenden Wellentyps angeordnet werden, während das Magnetfeld
einer Koppelschleife in dieselbe Richtung weisen muss wie das anzuregende Magnetfeld.

8.7.1 Modellbildung

Wir betrachten im Folgenden die Anregung von Wellen im Rechteckhohlleiter durch einen
kapazitiven Koppelstift, in dem ein harmonischer Wechselstrom $\underline{I}$ der Kreisfrequenz ω fließen
soll. Der Einfachheit halber wollen wir annehmen, dass es sich wie in Bild 8.32 um einen
unendlich dünnen geradlinigen Stromfaden in y-Richtung handeln soll. Seine Stromdichte

$$\underline{\mathbf{J}}(x,y,z) = \underline{I}(y)\,\delta(x-x_0)\,\delta(z)\,\mathbf{e}_y \tag{8.119}$$

mit der Einheit $A\big/m^2$ kann mit Hilfe zweier Diracscher Deltafunktionen auf den Ort $x = x_0$
und $z = 0$ spezifiziert werden. Mit einem Stromfaden in der Ebene $z = 0$ erhält man Wellen,
die sich wie in (8.126) für $z > 0$ mit dem Ausbreitungsterm $\exp(-j\,\underline{k}_z\,z)$ in die positive und
für $z < 0$ mit $\exp(j\,\underline{k}_z\,z)$ in die negative z-Richtung ausbreiten.

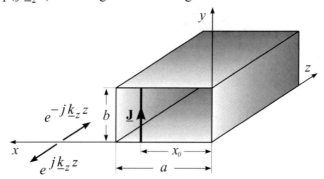

Bild 8.32 Anregung von transversal elektrischen H_{m0}-Wellen in einem unendlich langen Rechteckhohlleiter ($-\infty < z < \infty$) durch einen vertikalen Stromfaden in der x-y-Ebene bei $z = 0$

Es geht uns hier um ein grundlegendes Verständnis der Kopplung zwischen eingeprägten
Quellströmen und Wellen im Hohlleiter. Um die Berechnung nicht unnötig kompliziert zu machen, erlauben wir uns daher neben der Annahme eines unendlich dünnen Stromfadens noch
eine weitere Vereinfachung. So wollen wir von einem **Hohlleiter geringer Höhe** mit $kb \ll 1$
ausgehen. Dabei hängt die Wellenzahl $k = \omega\sqrt{\mu\varepsilon}$ von Frequenz und Hohlleiterfüllung ab. Der
Stromfaden wird also elektrisch kurz und verhält sich wie ein konzentriertes Bauelement mit
einem räumlich konstanten Strombelag. Seine Stromdichte wird damit unabhängig von y:

$$\underline{\mathbf{J}}(x,z) = \underline{I}\,\delta(x-x_0)\,\delta(z)\,\mathbf{e}_y, \tag{8.120}$$

womit auch die angeregten Hohlleiterwellen **unabhängig von y** mit $\partial/\partial y = 0$ werden müssen.
Durch die vertikale Ausrichtung des Stromfadens können nur Wellen angeregt werden, bei
denen das elektrische Feld lediglich eine y-Komponente hat. Es gilt also $\underline{E}_x = \underline{E}_z = 0$ und
wegen der Orthogonalität $\underline{\mathbf{H}} \perp \underline{\mathbf{E}}$ auch $\underline{H}_y = 0$. Die verbleibenden Felder $\underline{E}_y$, $\underline{H}_x$ und $\underline{H}_z$
bilden mit $\partial/\partial y = 0$ nach Abschnitt 8.2 sogenannte H_{m0}-Wellen mit $m = 1,2,3,\ldots$. Die trans-
versal elektrischen Feldbilder der H_{10}- und der H_{20}-Welle sind in Tabelle 8.1 dargestellt.

8.7.2 Lösung der Helmholtz-Gleichung

In Abschnitt 3.4 hatten wir zunächst die homogene Helmholtz-Gleichung

$$\nabla^2 \underline{\mathbf{E}} + k^2 \underline{\mathbf{E}} = 0 \tag{8.121}$$

betrachtet. Sie gilt allerdings nur für quellenfreie Gebiete. Der Stromfaden in Bild 8.32 stellt nun aber einen eingeprägten Quellstrom dar und ist daher als Generatorterm auf der rechten Gleichungsseite zu berücksichtigen, was zu der inhomogenen Helmholtz-Gleichung führt:

$$\nabla^2 \underline{\mathbf{E}} + k^2 \underline{\mathbf{E}} = j\omega\mu \underline{\mathbf{J}} . \tag{8.122}$$

Die genaue Herleitung von (8.122) findet man in Abschnitt 14.1. Mit $\underline{\mathbf{J}}(x,z)$ aus (8.120) und

$$\underline{\mathbf{E}}(x,z) = \underline{E}_y(x,z)\,\mathbf{e}_y \tag{8.123}$$

erhalten wir aus (8.122) mit $\partial/\partial y = 0$ die **inhomogene Helmholtz-Gleichung** für einen Rechteckhohlleiter mit Anregung durch einen kurzen dünnen Stromfaden nach Bild 8.32:

$$\boxed{\frac{\partial^2 \underline{E}_y}{\partial x^2} + \frac{\partial^2 \underline{E}_y}{\partial z^2} + k^2 \underline{E}_y = j\omega\mu \underline{I}\,\delta(x - x_0)\,\delta(z)} . \tag{8.124}$$

Zur Lösung von (8.124) halten wir uns im weiteren Verlauf an die Darstellung in [Sim93]. In Abschnitt 8.7.1 hatten wir begründet, warum durch unsere spezielle Art der Einspeisung ausschließlich H_{m0}-Wellen angeregt werden können, weswegen wir unter Berücksichtigung von (8.63) mit $m = 1, 2, 3, \ldots$ folgenden **Feldansatz** machen dürfen [Sim93]:

$$\boxed{\underline{E}_y(x,z) = \sum_{m=1}^{\infty} \underline{A}_m(z) \sin\frac{m\pi x}{a}} , \tag{8.125}$$

der die Feldlösung als Superposition von H_{m0}-Wellen in einer Orthogonalreihe darstellt und bereits die Randbedingungen bei $x = 0$ und $x = a$ erfüllt. Alle angeregten Wellen müssen mit

$$\underline{A}_m(z) = \underline{A}_m\, e^{-j\underline{k}_z|z|} = \begin{cases} \underline{A}_m\, e^{-j\underline{k}_z z} & \text{für } z > 0 \\ \underline{A}_m\, e^{j\underline{k}_z z} & \text{für } z < 0 \end{cases} \tag{8.126}$$

paarweise symmetrisch in beide Richtungen vom Stromfaden weg laufen. Die weitere Rechnung hat nun zum Ziel, die noch unbekannten Anregungsamplituden $\underline{A}_m$ der H_{m0}-Wellen zu bestimmen. Dazu setzen wir den Ansatz (8.125) in die Helmholtz-Gleichung (8.124) ein:

$$\sum_{m=1}^{\infty} \left[\frac{\partial^2}{\partial z^2} + k^2 - \left(\frac{m\pi}{a}\right)^2 \right] \underline{A}_m(z) \sin\frac{m\pi x}{a} = j\omega\mu \underline{I}\,\delta(x - x_0)\,\delta(z) . \tag{8.127}$$

Wegen (8.29) können wir im Folgenden die für H_{m0}-Wellen gültige Abkürzung

$$\underline{k}_z^2 = k^2 - \left(\frac{m\pi}{a}\right)^2 . \tag{8.128}$$

benutzen. Zur Bestimmung der Fourier-Koeffizienten $\underline{A}_m$ mit $m \geq 1$ wird auf beiden Seiten von (8.127) mit $\sin(n\pi x/a)$ multipliziert und über die gesamte Hohlleiterbreite von $x = 0$ bis $x = a$ integriert, was zu folgender Gleichung führt:

$$\sum_{m=1}^{\infty} \left[\frac{\partial^2}{\partial z^2} + \underline{k}_z^2 \right] \underline{A}_m(z) \int_{x=0}^{a} \sin\frac{m\pi x}{a} \sin\frac{n\pi x}{a} \, dx =$$

$$= j\omega\mu\underline{I}\,\delta(z) \int_{x=0}^{a} \delta(x-x_0)\sin\frac{n\pi x}{a}\,dx \, . \tag{8.129}$$

Dabei durchläuft der variable Summationsindex m alle natürlichen Zahlen, während mit n ein fester aber beliebiger ganzzahlig positiver Wert gemeint ist. Wegen der **Orthogonalität** trigonometrischer Funktionen verschwinden die meisten der auftretenden Integrale

$$\int_{x=0}^{a} \sin\frac{m\pi x}{a} \sin\frac{n\pi x}{a} \, dx = \begin{cases} 0 & \text{für } m \neq n \\[2mm] \dfrac{a}{2} & \text{für } m = n \end{cases} \tag{8.130}$$

außer im Falle $m = n$. Unter Ausnutzung der **Ausblendeigenschaft** der Diracschen Deltafunktion erhalten wir aus (8.129) eine gewöhnliche Differenzialgleichung zweiter Ordnung [Sim93]:

$$\boxed{\left[\frac{d^2}{dz^2} + \underline{k}_z^2 \right] \underline{A}_m(z)\frac{a}{2} = j\omega\mu\underline{I}\,\delta(z)\sin\frac{m\pi x_0}{a}} \, . \tag{8.131}$$

Um den Dirac-Stoß auf der rechten Seite zu beseitigen, integrieren wir diese Gleichung einmal nach z. Dabei umschließt das Integrationsintervall $[-\varepsilon, \varepsilon]$ den Dirac-Stoß symmetrisch:

$$\int_{-\varepsilon}^{\varepsilon} \frac{d^2 \underline{A}_m(z)}{dz^2}\,dz + \underline{k}_z^2 \int_{-\varepsilon}^{\varepsilon} \underline{A}_m(z)\,dz = \frac{2}{a} j\omega\mu\underline{I}\sin\frac{m\pi x_0}{a} \int_{-\varepsilon}^{\varepsilon} \delta(z)\,dz \, . \tag{8.132}$$

Da die Fläche unter dem Dirac-Stoß $\delta(z)$ **normiert** ist, wird das Integral auf der rechten Gleichungsseite gleich Eins. Nun lassen wir $\varepsilon \to 0$ gehen und beachten, dass wegen (8.126) die Funktion $\underline{A}_m(z)$ **stetig** ist, wodurch ihr links- und rechtsseitiger Grenzwert bei $z = 0$ gleich werden [Sim93]. Somit folgt aus (8.132):

$$\left. \frac{d\underline{A}_m(z)}{dz}\right|_{z=\varepsilon} - \left. \frac{d\underline{A}_m(z)}{dz}\right|_{z=-\varepsilon} = \frac{2}{a} j\omega\mu\underline{I}\sin\frac{m\pi x_0}{a} \, . \tag{8.133}$$

Mit Hilfe von (8.126) können wir die Ableitungen berechnen und erhalten für $\varepsilon \to 0$:

$$\left. \frac{d\underline{A}_m(z)}{dz}\right|_{z=\varepsilon} = \left. \frac{d}{dz}\underline{A}_m\,e^{-j\underline{k}_z z}\right|_{z=\varepsilon} = -j\underline{k}_z\underline{A}_m\,e^{-j\underline{k}_z\varepsilon} \to -j\underline{k}_z\underline{A}_m$$

$$\left. \frac{d\underline{A}_m(z)}{dz}\right|_{z=-\varepsilon} = \left. \frac{d}{dz}\underline{A}_m\,e^{j\underline{k}_z z}\right|_{z=-\varepsilon} = j\underline{k}_z\underline{A}_m\,e^{-j\underline{k}_z\varepsilon} \to j\underline{k}_z\underline{A}_m \, , \tag{8.134}$$

womit wir schließlich aus (8.133) die gesuchten **Fourier-Koeffizienten** erhalten:

$$\boxed{\underline{A}_m = -\frac{\omega\mu\underline{I}}{\underline{k}_z\,a}\sin\frac{m\pi x_0}{a}} \, . \tag{8.135}$$

Darin verwenden wir nach (8.128) die **Ausbreitungskonstanten** der H_{m0}-Wellen:

$$\underline{k}_z = \sqrt{k^2 - (m\pi/a)^2} \, . \tag{8.136}$$

Das **Gesamtfeld** folgt aus (8.125) als Superposition aller H_{m0}-Wellen, die paarweise symmetrisch in beide Richtungen $\pm z$ vom Stromfaden weg laufen [Sim93]:

$$\underline{E}_y(x,z) = -\omega\,\mu\,\underline{I}\sum_{m=1}^{\infty}\frac{\sin\dfrac{m\,\pi\,x_0}{a}}{\sqrt{(k\,a)^2-(m\,\pi)^2}}\,\sin\frac{m\,\pi\,x}{a}\,e^{-j\underline{k}_z|z|}. \tag{8.137}$$

Die Reihe besitzt lineare Konvergenz, da bei großen Ordnungszahlen m die Amplituden der höheren Wellen sich wie

$$\lim_{m\to\infty}|\underline{A}_m|\propto\frac{1}{m} \tag{8.138}$$

verhalten. Man vergleiche hierzu nach Tabelle 8.8 die Konvergenzgeschwindigkeit von Orthogonalreihen bei Vorliegen von Kantensingularitäten.

Im für die Anwendungen besonders wichtigen **Spezialfall,** dass der Stromfaden nach Bild 8.32 bei $x_0 = a/2$ (also genau in Hohlleitermitte) liegt, gilt

$$\sin\frac{m\,\pi\,x_0}{a}=\sin\frac{m\,\pi}{2}=\begin{cases}1 & \text{für } m=1,5,9,13,\dots\\ -1 & \text{für } m=3,7,11,15,\dots\\ 0 & \text{für } m=2,4,6,8,\dots\end{cases} \tag{8.139}$$

und es werden ausschließlich H_{m0}-Wellen **ungerader** Ordnungszahl angeregt, weil hier der Ort der Anregung $x_0 = a/2$ mit einem an dieser Stelle vorhandenen Schwingungsbauch der Feldstärke $\underline{E}_y$ korrespondiert. Auf der anderen Seite weisen die H_{m0}-Wellen mit gerader Ordnungszahl an derselben Stelle einen Schwingungsknoten auf und können daher nicht angeregt werden. Mit der Substitution $m = 2\,n-1$ kann man für $n = 1,2,3,4,\dots$ die Fourier-Reihe (8.137) für $x_0 = a/2$ also wie folgt schreiben:

$$\underline{E}_y(x,z) = \omega\,\mu\,\underline{I}\sum_{n=1}^{\infty}\frac{(-1)^n}{\sqrt{(k\,a)^2-\big((2\,n-1)\,\pi\big)^2}}\,\sin\frac{(2\,n-1)\,\pi\,x}{a}\,e^{-j\underline{k}_z|z|}. \tag{8.140}$$

8.7.3 Koaxiale Stifteinkopplung

Das einfache Modell eines unendlich dünnen, geradlinigen und kurzen Stromfadens, das wir in Abschnitt 8.7.1 betrachtet hatten, lieferte uns einen anschaulichen Einblick wie man mit Hilfe eines eingeprägten Quellstroms Hohlleiterwellen anregen kann. Praktische Realisierungen sehen jedoch anders aus. Beispielsweise kann wie in Bild 8.33 die Generatorleistung über die TEM-Welle einer Koaxialleitung herangeführt und mit einem zylindrischen **Koppelstift** in den Rechteckhohlleiter als H_{10}-Welle eingespeist werden.

In der Trennfläche beider Wellenleiter bei $y = b$ werden eine reflektierte TEM-Welle und auch höhere koaxiale Cutoff-Wellentypen (Abschnitt 8.4) angeregt. Die Gesamtheit aller **Reflexionsverluste** ist Ursache für eine verminderte Transmission. Im Rechteckhohlleiter entsteht eine Superposition aus der H_{10}-Grundwelle und höheren Cutoff-Wellentypen. Eine verbesserte Anpassung kann man durch die Optimierung der geometrischen Gestalt eines zwischen Speiseleitung und Hohlleiter geschalteten Transformationsglieds erreichen. Als einen derartigen **Anpassungstransformator** kann man den koaxialen Innenleiter, der in einer zylindrischen Verdickung endet, ein Stück in den Hohlleiter hineinragen lassen (Bild 8.33).

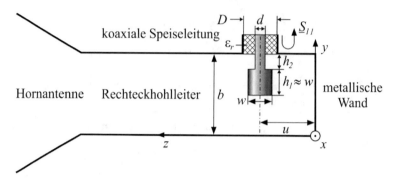

Bild 8.33 Kopplung zwischen der einfallenden TEM-Welle einer Koaxialleitung und den H_{mn}- bzw. E_{mn}-Wellentypen eines Rechteckhohlleiters

Als **Beispiel** wurde der Übergang einer Koaxialleitung mit Teflon-Dielektrikum ($\varepsilon_r = 2,05$) und einem Leitungswellenwiderstand von $Z_L = 50\,\Omega$ auf einen R100-Rechteckhohlleiter untersucht. Nach Tabelle 8.6 ist dazu ein **Frequenzbereich** beginnend bei der unteren Frequenz von $f_u = 8,2$ GHz bis zu einer oberen Frequenz von $f_o = 12,5$ GHz zu betrachten. Zwar sind höhere Wellentypen in diesem Frequenzbereich weder auf der Koaxialleitung noch im Hohlleiter ausbreitungsfähig, dennoch liefern H_{mn}- und E_{mn}- Cutoff-Wellen im lokalen Bereich um die Einkoppelstelle einen erheblichen Feldbeitrag. Der starke lokale Einfluss höherer Wellen ist in Bild 8.35 sehr gut an den longitudinalen elektrischen Feldkomponenten E_z zu erkennen.

Mit Hilfe der **numerischen Optimierung** eines CAD-Modells [CST] wurden die Parameter h_1, h_2, w und u (Bild 8.33) so bestimmt, dass der Betrag des komplexen Reflexionsfaktors $S_{11} = |\underline{S}_{11}|$ der TEM-Welle breitbandig unter −20 dB bleibt (Bild 8.34). Dabei muss die Gesamtlänge des Transformationsstifts $h_1 + h_2 \approx b/2$ etwa die halbe Hohlleiterhöhe betragen. Die Endverdickung $w \approx 1,1\,(D+d)/2$ liegt in der Nähe des arithmetischen Mittels von Innen- und Außendurchmesser der Koaxialleitung und der Wandabstand u sollte wie in Bild 28.7 etwa ein Viertel der Hohlleiterwellenlänge der H_{10}-Grundwelle an der Bandobergrenze f_o betragen:

$$u \approx \frac{\lambda_{H_{10}}(f_o)}{3,9} \quad \text{mit} \quad \lambda_{H_{10}}(f_o) = \frac{2\,\pi}{\sqrt{k_o^2 - (\pi/a)^2}} \quad \text{und} \quad k_o = \frac{2\,\pi}{c_0/f_o}. \qquad (8.141)$$

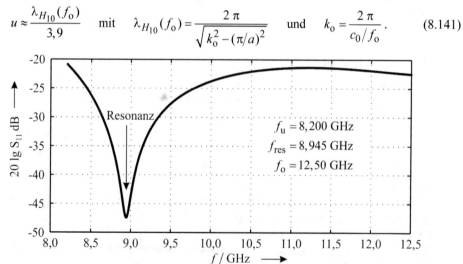

Bild 8.34 Breitbandig sehr gute Anpassung bei Einfall der TEM-Welle einer Koaxialleitung auf einen Rechteckhohlleiter mit optimierter Geometrie des Transformationsstifts

Nach Bild 8.34 hat die optimierte Einspeisung eine breitbandig sehr gute Anpassung mit einem Optimum an der Resonanzfrequenz $f_{\text{res}} = 8{,}945\,\text{GHz}$. Für diese Frequenz sind die **elektrischen Feldlinien** im Hohlleiterlängsschnitt für verschiedene Zeitpunkte in Bild 8.35 dargestellt.

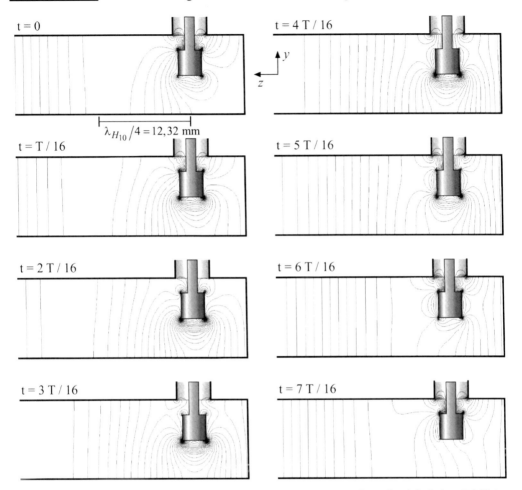

Bild 8.35 Koaxiale Stifteinkopplung in einen R100-Hohlleiter mit Darstellung der elektrischen Feldlinien [CST] innerhalb einer halben zeitlichen Periode bei der Frequenz $f_{\text{res}} = 8{,}945\,\text{GHz}$

Im Nahfeld-Bereich des zylindrischen Koppelstifts treten an seinen kreisförmigen Kanten lokal sehr hohe Feldstärken auf. Die am rechten Hohlleiterende nach (8.141) im richtigen Abstand u platzierte Kurzschlusswand führt zu einer Verstärkung der nach links laufenden H_{10}-Welle. Bereits nach einer sehr kurzen Wegstrecke von etwa einem Viertel der Hohlleiterwellenlänge

$$\frac{\lambda_{H_{10}}(f_{\text{res}})}{4} = \frac{a/2}{\sqrt{\dfrac{(2\,a\,f_{\text{res}})^2}{c_0^2} - 1}} = 12{,}32\,\text{mm} \quad \text{bei} \quad a = 22{,}86\,\text{mm} \tag{8.142}$$

hat sich das Feldbild stark beruhigt und alle höheren Cutoff-Wellentypen sind weitgehend abgeklungen. Die Viertelwellenlänge $\lambda_{H_{10}}/4$ nach (8.142) ist in Bild 8.35 eingetragen.

8.8 Aufgaben

8.8.1 Ein verlustloser Rechteckhohlleiter habe die Kantenlängen $a = 10\,\text{cm}$ und $b = 6\,\text{cm}$. Finden Sie die Grenzfrequenzen folgender Wellentypen: H_{10}, H_{20}, H_{01}, E_{11}, E_{21}.

8.8.2 In welchem Verhältnis müssen die Kantenlängen a und b eines verlustlosen Rechteck-hohlleiters stehen, damit die E_{13}-Welle und die H_{05}-Welle gleiche Grenzwellenlängen λ_c besitzen?

8.8.3 Für welches Kantenverhältnis a/b wird bei gegebenem Umfang $U = 2(a+b)$ die Gruppengeschwindigkeit der E_{11}-Welle in einem verlustlosen Rechteckhohlleiter maximal? Wie groß ist dann dieser Maximalwert, falls $k\,a = 2\,\pi$ gilt?

8.8.4 In einem verlustlosen Rechteckhohlleiter soll sich eine H_{10}-Welle bei der Frequenz $f = 4{,}8\,\text{GHz}$ mit der Gruppengeschwindigkeit $v_g = 1{,}87 \cdot 10^8\,\text{m/s}$ ausbreiten. Wie groß ist dann die Seitenlänge a des Hohlleiters zu dimensionieren?

Wie groß sind die Grenzfrequenz und die Phasengeschwindigkeit der H_{10}-Welle für diesen Hohlleiter?

Die Grenzfrequenz der H_{01}-Welle soll $f_c^{H01} = 6\,\text{GHz}$ betragen. Wie groß ist dann die Seitenlänge b des Hohlleiters zu dimensionieren?

8.8.5 In einem Satellitenfunksystem soll das Frequenzband von 3,8 GHz bis 4,3 GHz übertragen werden. Zur Speisung der Antenne wird ein H_{10}-Rechteckhohlleiter aus Kupfer verwendet. Wählen Sie aus Tabelle 8.6 den passenden Typ aus und geben Sie seine Querschnittsabmessungen an. Wie groß ist die Grenzfrequenz der H_{10}-Welle? Geben Sie die Ausbreitungskonstante $\underline{\gamma} = \alpha + j\,\beta$ der H_{10}-Welle bei der Frequenz 3,87 GHz an.

8.8.6 Ein verlustloser Rechteckhohlleiter mit den Querschnittsabmessungen $a = 30\,\text{mm}$ und $b = 10\,\text{mm}$ wird bei der Generatorfrequenz $f = 19\,\text{GHz}$ betrieben. Erstellen Sie eine Tabelle mit allen ausbreitungsfähigen H- und E-Wellen und benennen Sie diese.

Lösungen:

8.8.1 $f_c^{10} = 1{,}5\,\text{GHz}$, $f_c^{20} = 3\,\text{GHz}$, $f_c^{01} = 2{,}5\,\text{GHz}$, $f_c^{11} = 2{,}9\,\text{GHz}$, $f_c^{21} = 3{,}9\,\text{GHz}$

8.8.2 $a/b = 1/4$

8.8.3 $a/b = 1$ und $v_g = 2{,}12 \cdot 10^8$ m/s

8.8.4 $a = 4\,\text{cm}$, $f_c^{H10} = c_0/(2\,a) = 3{,}75\,\text{GHz}$, $v_p = c_0^2/v_g = 1{,}6\,c_0$ und $b = 2{,}5\,\text{cm}$

8.8.5 R 40-Hohlleiter mit $a = 58{,}170$ mm und $b = 29{,}083$ mm

$f_c^{H10} = 2{,}577\,\text{GHz}$ und $\underline{\gamma} = (2{,}867 \cdot 10^{-3} + j\,60{,}51) \cdot \text{m}^{-1}$

8.8.6 $\sqrt{m^2 + (3\,n)^2} < 3{,}8 \quad \Rightarrow \quad H_{10}, H_{20}, H_{30}, H_{01}, H_{11}, H_{21}, E_{11}, E_{21}$

9 Dispersion in Hohlleitern

Falls in einem Ausbreitungsmedium oder auf einer Leitung die Phasen- und die Gruppenge-schwindigkeit

$$v_p(\omega) = \frac{\omega}{\beta(\omega)} \quad \text{und} \quad v_g(\omega) = \left(\frac{d\beta(\omega)}{d\omega} \right)^{-1}. \tag{9.1}$$

von der Frequenz abhängen, breiten sich nach Abschnitt 4.1.3 die verschiedenen Harmonischen des Signalspektrums unterschiedlich schnell aus. Dieser Effekt wird als **Dispersion** bezeichnet und führt bei der Übertragung breitbandiger Signale zu linearen Verzerrungen. Während der Ausbreitung im Nachrichtenkanal zerfließt der Eingangsimpuls, was zu Überlappungen mit seinen Nachbarimpulsen führt. Um Bitfehler zu vermeiden, müssen dann Bandbreite und Bitra-te reduziert werden.

In diesem Kapitel beschäftigen wir uns mit der Übertragung von Binärsignalen, die einer hoch-frequenten Trägerschwingung aufmoduliert wurden. Dabei betrachten wir kosinusförmige, gaußförmige und rechteckige Hüllkurven der einzelnen Impulse, deren Ausbreitung wir am Beispiel eines mit der H_{10}-Grundwelle betriebenen Rechteckhohlleiters[1] untersuchen werden.

9.1 Impulse mit einer kosinusförmigen Einhüllenden

Zunächst betrachten wir eine monofrequente Harmonische $\cos(\omega_m t)$ aus einem schmalbandi-gen Basisbandsignal mit $0 \leq \omega_m \leq \omega_B$, das nach Art der gewöhnlichen **Amplitudenmodulati-on** [Stei82] mit dem Modulationsgrad $m < 1$ einer hochfrequenten Trägerschwingung $A \cos(\omega_T t)$ aufmoduliert wurde:

$$\boxed{s_1(t, z = 0) = A \cos(\omega_T t)\left[1 + m \cos(\omega_m t)\right]} \tag{9.2}$$

oder in komplexer Schreibweise:

$$s_1(t, z = 0) = A \operatorname{Re}\left\{ e^{j\omega_T t} + \frac{m}{2} e^{j(\omega_T + \omega_m)t} + \frac{m}{2} e^{j(\omega_T - \omega_m)t} \right\}. \tag{9.3}$$

Damit beschreiben wir einen spektralen Baustein des Eingangssignals, das an der Stelle $z = 0$ in den Hohlleiter eingespeist wird. Wir können die Trägerschwingung ω_T, das obere Seiten-band $\omega_o = \omega_T + \omega_m$ und das untere Seitenband $\omega_u = \omega_T - \omega_m$ identifizieren. Eine solche Amplitudenmodulation ermöglicht die Verschiebung des niederfrequenten Basisbandspektrums $0 \leq \omega_m \leq \omega_B$ in den hochfrequenten Durchlassbereich eines H_{10}- Rechteckhohlleiters der Breite a _oberhalb_ seiner Cutoff-Frequenz $\omega_c^{(1,0)} = \pi c/a$. Die **HF-Bandbreite** muss nach Bild 8.10 im eindeutigen Monomodebereich liegen:

$$1{,}25\,\omega_c^{(1,0)} < \omega_T - \omega_B \leq \omega \leq \omega_T + \omega_B < 1{,}9\,\omega_c^{(1,0)}. \tag{9.4}$$

---

[1] In Hohlleitern liegt stets normale Dispersion mit $v_g(\omega) < c < v_p(\omega)$ vor.

© Springer Fachmedien Wiesbaden GmbH, ein Teil von Springer Nature 2022
K. W. Kark, *Antennen und Strahlungsfelder*,
https://doi.org/10.1007/978-3-658-38595-8_9

Hierbei wurde $a \geq 2b$ und $\omega_B \ll \omega_T$ angenommen. Nach Ausbreitung um die Strecke $z = L$ im Hohlleiter erhalten wir das Ausgangssignal. Alle drei Spektralkomponenten erfahren entsprechend der frequenzabhängigen Phasenkonstante $\beta(\omega)$ jeweils eine *andere* Phasendrehung:

$$s_2(t, z = L) = A \operatorname{Re} \left\{ e^{j\left(\omega_T t - \beta_T L\right)} + \frac{m}{2} e^{j(\omega_0 t - \beta_0 L)} + \frac{m}{2} e^{j(\omega_u t - \beta_u L)} \right\}. \qquad (9.5)$$

Um diese Phasendrehungen zu ermitteln, entwickeln wir wie in [Ram93] die Phasenkonstante $\beta(\omega)$ in eine **Taylor-Reihe** um die genau in der Bandmitte liegende Trägerfrequenz ω_T :

$$\beta(\omega) = \beta(\omega_T) + (\omega - \omega_T)\beta'(\omega_T) + \frac{(\omega - \omega_T)^2}{2}\beta''(\omega_T) + \frac{(\omega - \omega_T)^3}{6}\beta'''(\omega_T) + \cdots. \qquad (9.6)$$

Dabei benutzen wir mit (8.48) und (8.51) die Abkürzungen

$$\beta(\omega_T) \qquad = \frac{\omega_T}{v_p(\omega_T)} \qquad = \sqrt{\omega_T^2 \mu\varepsilon - k_c^2}$$

$$\beta'(\omega_T) = \frac{d\beta}{d\omega}\bigg|_{\omega=\omega_T} \qquad = \frac{1}{v_g(\omega_T)} \qquad = \frac{\omega_T}{c^2\sqrt{\omega_T^2 \mu\varepsilon - k_c^2}} \qquad (9.7)$$

$$\beta''(\omega_T) = \frac{d^2\beta}{d\omega^2}\bigg|_{\omega=\omega_T} \qquad = \frac{d}{d\omega}\left(\frac{1}{v_g(\omega)}\right)\bigg|_{\omega=\omega_T} \qquad = \frac{-k_c^2}{c^2\left(\omega_T^2 \mu\varepsilon - k_c^2\right)^{3/2}} < 0.$$

Falls man $\beta''(\omega_T)$ und alle weiteren Terme höherer Ordnung in (9.6) vernachlässigen kann, spricht man von der Dispersion 1. Ordnung und die in (9.5) benötigten Phasenkonstanten erhalten eine besonders einfache Gestalt:

$$\beta_T = \frac{\omega_T}{v_p}, \qquad \beta_0 = \frac{\omega_T}{v_p} + \frac{\omega_m}{v_g} \qquad \text{und} \qquad \beta_u = \frac{\omega_T}{v_p} - \frac{\omega_m}{v_g}, \qquad (9.8)$$

wobei Phasen- und Gruppengeschwindigkeit jeweils an der Trägerfrequenz ω_T zu nehmen sind. Am Ausgang einer Hohlleiterstrecke der Länge L folgt dann aus (9.5) mit (9.8):

$$s_2(t, z = L) = A \operatorname{Re} \left\{ e^{j\omega_T\left(t - L/v_p\right)}\left[1 + \frac{m}{2}e^{j\omega_m(t - L/v_g)} + \frac{m}{2}e^{-j\omega_m(t - L/v_g)}\right] \right\}. \qquad (9.9)$$

In reeller Schreibweise erhalten wir schließlich aus (9.9) das Ausgangssignal unter Berücksichtigung von **Dispersionseffekten 1. Ordnung:**

$$s_2(t, z = L) = A \cos(\omega_T(t - t_p))\left[1 + m\cos(\omega_m(t - t_g))\right]. \qquad (9.10)$$

Dabei sind $t_p = L/v_p$ die Phasenlaufzeit und $t_g = L/v_g$ die Gruppenlaufzeit. Die niederfrequente Einhüllende breitet sich also im Hohlleiter mit der Gruppengeschwindigkeit v_g aus, während die hochfrequente Trägerschwingung versucht, mit ihrer größeren Phasengeschwindigkeit $v_p > v_g$ die Einhüllende zu überholen. Bei **Schmalbandsystemen** mit $\omega_m \ll \omega_T$ geschieht die Übertragung modulierter Impulse praktisch formgetreu (Bild 9.1 oben).

Bei größerer Bandbreite – also höheren Bitraten – darf man den quadratischen Term $\beta''(\omega_T)$ in der Taylor-Entwicklung (9.6) nicht mehr vernachlässigen. Er bewirkt dann nämlich eine Hüllkurvenverzerrung, die als **Gruppendispersion** oder **Dispersion 2. Ordnung** bezeichnet wird. Dabei misst man β'' zweckmäßig in der Einheit $ps/(GHz\cdot cm) = 10^{-19} \cdot s/(Hz \cdot m)$. Die Gruppendispersion bewirkt ein Zerfließen der Wellenpakete (Bild 9.1 Mitte) und eine spürbare Verbreiterung der ursprünglichen Impulsdauer τ_1. So gilt am Ausgang $\tau_2(z = L) > \tau_1(z = 0)$.

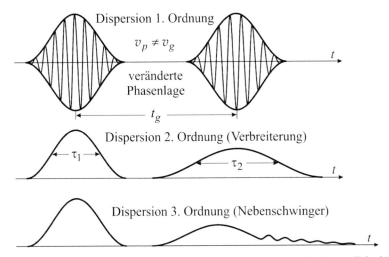

Bild 9.1 Impulsverzerrungen durch Dispersion erster, zweiter und dritter Ordnung (Prinzipskizze). Bei der mittleren und unteren Bildreihe ist nur die positive Hüllkurve (ohne Trägerschwingung) dargestellt.

Verwenden wir schließlich extrem kurze Impulse für die Übertragung, dann steigen Bitrate und Bandbreite der Signale noch weiter an, sodass auch der kubische Term $\beta'''(\omega_T)$ in (9.6) wichtig wird. Er beschreibt die **Dispersion 3. Ordnung,** die sich durch eine unsymmetrische Verbreiterung und zahlreiche Nebenschwinger im Ausgangssignal bemerkbar macht (Bild 9.1 unten).

9.2 Impulse mit einer gaußförmigen Einhüllenden

9.2.1 Gaußimpuls im Zeit- und Frequenzbereich

Die Dispersion 1. Ordnung haben wir in (9.10) am Beispiel einer kosinusförmigen Einhüllenden besprochen. Eine analytische Beschreibung von **Dispersionseffekten 2. Ordnung** gelingt besonders einfach bei Impulsen mit gaußförmiger Einhüllenden (Bild 9.2):

$$x(t) = A\,e^{-\pi\,(t/\tau_1)^2}. \tag{9.11}$$

Dazu betrachten wir analog zu (9.2) ein symmetrisch zum Zeitnullpunkt liegendes Signal

$$s_1(t, z = 0) = \cos(\omega_T\,t)\,x(t) = \mathrm{Re}\left\{e^{j\omega_T t}\,x(t)\right\}. \tag{9.12}$$

Da die Breite eines Impulses nur von seiner (niederfrequenten) Einhüllenden $x(t)$ aber nicht von seiner (hochfrequenten) Trägerschwingung $\cos(\omega_T\,t)$ bestimmt wird, genügt es, im Folgenden zunächst nur die Einhüllende (9.11) zu betrachten. Obwohl ein Gaußimpuls streng genommen unendlich lange andauert, ist es dennoch zweckmäßig, eine **äquivalente Impuls-**

dauer zu definieren [Unb80], die man aus der Breite Δt eines flächengleichen Rechteckes identischer Amplitude A erhält (Bild 9.2):

$$\Delta t = \frac{1}{A} \int\limits_{t=-\infty}^{t=\infty} x(t)\, dt\,. \tag{9.13}$$

Die äquivalente Impulsdauer des Gaußimpulses (9.11) folgt somit aus folgendem Integral, das exakt berechnet werden kann [Bra86]:

$$\Delta t = \frac{1}{A} \int\limits_{t=-\infty}^{t=\infty} A\, e^{-\pi\,(t/\tau_1)^2}\, dt = \tau_1\,. \tag{9.14}$$

Demnach ist die äquivalente Impulsdauer des Gaußimpulses $\Delta t = \tau_1$.

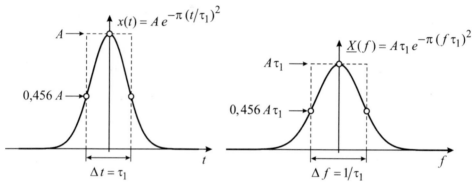

Bild 9.2 Gaußimpuls (9.11) mit äquivalenter Impulsdauer τ_1 und seine Fourier-Transformierte $\underline{X}(f)$. Die **Unschärferelation** $\Delta t \cdot \Delta f = 1$ wird auch als **Zeitgesetz der Nachrichtentechnik** bezeichnet.

Bei $t = \pm\,\tau_1/2$ ist der Gaußimpuls auf $45{,}6\,\%$ seines Maximums abgefallen. Es gilt:

$$x(\pm\,\tau_1/2) = A\, e^{-\pi/4} = 0{,}456\,A \quad\text{sowie}\quad x(\pm\,\tau_1) = A\, e^{-\pi} = 0{,}043\,A\,. \tag{9.15}$$

Der Gaußimpuls (9.11) hat nach [Bra86] die besondere Eigenschaft, dass sein **Spektrum** ebenfalls gaußförmig ist (Bild 9.2). Nach den Regeln der Fourier-Transformation (Anhang F) gilt:

$$x(t) \;\circ\!\!-\!\!\bullet\; \underline{X}(\omega) = \int\limits_{t=-\infty}^{t=\infty} x(t)\, e^{-j\omega t}\, dt = A\,\tau_1\, e^{-(\omega\tau_1)^2/(4\pi)}\,. \tag{9.16}$$

Nun betrachten wir die modulierte Trägerfrequenzschwingung $s_1(t, z = 0)$ nach (9.12), die wir als Eingangssignals, das an der Stelle $z = 0$ in den Hohlleiter eingespeist wird, ansehen wollen. Mit dem **Modulationssatz** der Fourier-Transformation (Anhang F), der eine Verschiebung im Frequenzbereich bewirkt, erhalten wir ihr zugehöriges Spektrum aus (9.16):

$$e^{j\omega_T t}\, x(t) \;\circ\!\!-\!\!\bullet\; \underline{X}(\omega - \omega_T) = A\,\tau_1\, e^{-(\omega - \omega_T)^2\,\tau_1^2/(4\pi)}\,. \tag{9.17}$$

Der spektrale Schwerpunkt des modulierten Gaußimpulses ist also zur Trägerfrequenz $\omega = \omega_T$ verschoben und liegt nicht mehr im Basisband bei $\omega = 0$. Bei $\omega = \omega_T \pm 2\pi/\tau_1$ ist $\underline{X}(\omega - \omega_T)$ bereits auf $4{,}3\,\%$ seines Maximalwertes abgefallen.

9.2.2 Signal am Ausgang des Hohlleiters

Das Spektrum am Ausgang des Hohlleiters an der Stelle $z = L$ erhalten wir nach Multiplikation mit der **Übertragungsfunktion** des verlustlos angenommenen Hohlleiters:

$$\underline{X}(\omega - \omega_T) e^{-j\beta(\omega)L}. \tag{9.18}$$

Eine inverse Fourier-Transformation mit anschließender Bildung des Realteils wie in (9.12) liefert schließlich die zugehörige **Zeitfunktion** am Ausgang des Hohlleiters:

$$s_2(t, z = L) = \text{Re}\left\{\frac{1}{2\pi} \int_{\omega = -\infty}^{\omega = \infty} \underline{X}(\omega - \omega_T) e^{-j\beta(\omega)L} e^{j\omega t} d\omega\right\}. \tag{9.19}$$

Im Gegensatz zu (9.77) vernachlässigen wir hier die Beiträge von $\underline{X}(\omega + \omega_T)$, was bei **Schmalbandsystemen** mit $2\pi/\tau_1 \ll \omega_T$ erlaubt ist und uns hier eine geschlossene Darstellung ermöglicht. Zur Betrachtung von Dispersionseffekten 1. und 2. Ordnung müssen in der Taylor-Entwicklung (9.6) alle Terme bis zum quadratischen Glied berücksichtigt werden. In Verbindung mit (9.7) erhalten wir für *positive* Frequenzen in der Umgebung von $\omega = \omega_T$:

$$\beta(\omega) = \frac{\omega_T}{v_p(\omega_T)} + \frac{\omega - \omega_T}{v_g(\omega_T)} + \frac{(\omega - \omega_T)^2}{2} \beta''(\omega_T), \tag{9.20}$$

was wir in (9.19) einsetzen. Mit den Laufzeiten $t_p = L/v_p$ sowie $t_g = L/v_g$ folgt daraus:

$$\text{Re}\left\{\frac{e^{j\omega_T(t-t_p)}}{2\pi} \int_{\omega = -\infty}^{\omega = \infty} \underline{X}(\omega - \omega_T) e^{j(\omega - \omega_T)(t - t_g)} e^{-j\frac{(\omega - \omega_T)^2}{2}\beta'' L} d\omega\right\} =$$

$$\tag{9.21}$$

$$\text{Re}\left\{\frac{e^{j\omega_T(t-t_p)}}{2\pi} \int_{\omega = -\infty}^{\omega = \infty} \underline{X}(\omega) e^{j\omega(t - t_g)} e^{-j\frac{\omega^2}{2}\beta'' L} d\omega\right\}$$

unter Anwendung der Substitution $\omega - \omega_T \to \omega$. Nun setzen wir noch $\underline{X}(\omega)$ nach (9.16) ein:

$$\text{Re}\left\{\frac{e^{j\omega_T(t-t_p)}}{2\pi} \int_{\omega = -\infty}^{\omega = \infty} A\tau_1 \exp\left(-\frac{\omega^2(\tau_1^2 + j2\pi\beta'' L)}{4\pi}\right) e^{j\omega(t - t_g)} d\omega\right\} =$$

$$\tag{9.22}$$

$$\text{Re}\left\{\frac{e^{j\omega_T(t-t_p)}}{2\pi} \int_{\omega = -\infty}^{\omega = \infty} A\tau_1 \exp\left(-\frac{\left(\omega\sqrt{1 + j2\pi\beta'' L/\tau_1^2}\right)^2 \tau_1^2}{4\pi}\right) e^{j\omega(t - t_g)} d\omega\right\}.$$

und erhalten unter Beachtung des **Verschiebungssatzes** und des **Ähnlichkeitssatzes** (mit komplexem $\underline{\alpha}$) der Fourier-Transformation (Anhang F) folgende Ausgangszeitfunktion:

$$s_2(t, z = L) = \text{Re}\left\{e^{j\omega_T(t-t_p)} \frac{A}{\sqrt{1 + j2\pi\beta'' L/\tau_1^2}} e^{-\frac{\pi(t - t_g)^2}{\left(\tau_1\sqrt{1 + j2\pi\beta'' L/\tau_1^2}\right)^2}}\right\}. \tag{9.23}$$

Die komplexe Wurzelfunktion in (9.23) bringen wir in eine polare Darstellung:

$$\frac{1}{\sqrt{1 + j\,2\pi\,\beta''L/\tau_1^2}} = \frac{1}{\sqrt[4]{1 + (2\pi\,\beta''L/\tau_1^2)^2}}\; e^{\,j\Phi}, \tag{9.24}$$

deren Phasenwinkel bei Hohlleiterproblemen mit $\beta'' < 0$ im Bereich $0 < \Phi < \pi/4$ liegen muss:

$$\boxed{\Phi = -\frac{1}{2}\arctan\frac{2\pi\,\beta''L}{\tau_1^2}}. \tag{9.25}$$

Mit (9.23) bekommen wir also auch am Ausgang des Hohlleiters bei $z = L$ wieder eine gauß-förmige Einhüllende, für deren (vergrößerte) **äquivalente Impulsdauer** wir die Abkürzung

$$\boxed{\tau_2 = \tau_1\sqrt{1 + (2\pi\,\beta''L/\tau_1^2)^2}} \tag{9.26}$$

einführen, womit wir (9.23) noch etwas kompakter schreiben können:

$$s_2(t, z = L) = \mathrm{Re}\left\{ e^{\,j\left(\omega_T\,(t - t_p) + \Phi\right)}\, A\sqrt{\frac{\tau_1}{\tau_2}}\; e^{-\dfrac{\pi\,(t - t_g)^2\,(\tau_1^2 - j\,2\pi\,\beta''L)}{\tau_1^2\,\tau_2^2}} \right\}. \tag{9.27}$$

Zum Bilden des Realteils formen wir (9.27) noch etwas um:

$$s_2(t, z = L) = \mathrm{Re}\left\{ e^{\,j\left(\omega_T\,(t - t_p) + \dfrac{2\pi^2\,\beta''L\,(t - t_g)^2}{\tau_1^2\,\tau_2^2} + \Phi\right)}\, A\sqrt{\frac{\tau_1}{\tau_2}}\; e^{-\dfrac{\pi\,(t - t_g)^2}{\tau_2^2}} \right\} \tag{9.28}$$

und erhalten endgültig das **Ausgangssignal in einer dispersiven Leitung**[2] der Länge L:

$$\boxed{s_2(t, z = L) = A\sqrt{\frac{\tau_1}{\tau_2}}\; e^{-\dfrac{\pi\,(t - t_g)^2}{\tau_2^2}}\;\cos\left(\omega_T\,(t - t_p) + 2\beta''L\,\frac{[\pi\,(t - t_g)]^2}{(\tau_1\,\tau_2)^2} + \Phi\right)}. \tag{9.29}$$

Am Leitungsende bei $z = L$ finden wir die bereits bekannten Dispersionseffekte 1. Ordnung wie Gruppenlaufzeit der Einhüllenden und Phasenlaufzeit der Trägerschwingung, denen sich weitere Dispersionseffekte 2. Ordnung überlagern, die von der Krümmung β'' der Kurve der Phasenkonstanten $\beta(\omega)$ abhängen.

Wenn wir nun mit $\beta'' = 0$ alle Dispersionseffekte 2. Ordnung vernachlässigen, wird $\tau_2 = \tau_1$ sowie $\Phi = 0$ und (9.29) reduziert sich auf

---

[2] Es sei ausdrücklich darauf hingewiesen, dass unser Ergebnis (9.29) für das Ausgangssignal an der Stelle $z = L$ für *jede* dispersive Leitung gilt, bei der eine Taylor-Reihe der Phasenkonstanten nach (9.20) angesetzt werden kann. Speziell bei Hohlleitern verwenden wir dann die Entwicklung (9.7), wobei im H_{10}-Rechteckhohlleiter $k_c = \pi/a$ und im H_{11}-Rundhohlleiter $k_c = j'_{11}/a$ einzusetzen ist. Darüber hinaus ist (9.29) auch im Bereich der **Lichtwellenleiter** in Glasfaserstrecken anwendbar.

$$s_2(t, z = L, \beta'' = 0) = A\, e^{-\dfrac{\pi\,(t - t_g)^2}{\tau_1^2}} \cos\left[\omega_T\,(t - t_p)\right]. \tag{9.30}$$

Damit finden wir ein qualitativ ähnliches Verhalten wie in (9.10). Im direkten Vergleich von (9.29) mit (9.30) wird der Einfluss einer nichtlinearen Kennlinie

$$\beta(\omega)\,L = \omega_T\,t_p + (\omega - \omega_T)\,t_g + \frac{(\omega - \omega_T)^2}{2}\,\beta''\,L, \tag{9.31}$$

bei der $\beta'' \neq 0$ gilt, besonders deutlich. Die Einhüllende des Impulses zerfließt und verbreitert sich, während wir in der Trägerschwingung eine Phasenmodulation mit zeitlich veränderlicher Momentanfrequenz beobachten:

$$\Omega(t, z = L) = \frac{d}{dt}\left(\omega_T\,(t - t_p) + 2\beta''L\,\frac{[\pi\,(t - t_g)]^2}{(\tau_1\,\tau_2)^2} + \Phi\right). \tag{9.32}$$

Aus (9.26) folgt

$$(\tau_1\,\tau_2)^2 = \tau_1^4 + (2\pi\,\beta''\,L)^2, \tag{9.33}$$

womit wir für die **Momentanfrequenz**[3] auch schreiben können:

$$\boxed{\Omega(t, z = L) = \omega_T + 2\pi\,\frac{2\pi\,\beta''\,L}{\tau_1^4 + (2\pi\,\beta''\,L)^2}\,(t - t_g)}. \tag{9.34}$$

In Impulsmitte bei $t - t_g$ erhalten wir die Trägerfrequenz ω_T. Zu Beginn des Ausgangsimpulses gilt $t < t_g$. Hier kommen wegen $\beta'' < 0$ zuerst die höheren Frequenzen an, während zum Impulsende hin mit $t > t_g$ die niederen Frequenzen verspätet eintreffen. Man bezeichnet einen solchen linearen _Abfall_ der Momentanfrequenz als **Down-Chirp**[4] (engl. chirp = zwitschern).

Falls am Hohlleitereingang bereits ein Impuls mit Up-Chirp eingespeist wird, bei dem die Momentanfrequenz linear _ansteigt_, ist bei gegebener Leitungslänge L eine Kompensation der Laufzeitverzerrungen möglich, sodass am Hohlleiterausgang wieder ein chirpfreies Signal entsteht [Brü11]. Dieses ist dann weniger stark (oder sogar gar nicht mehr) in die Länge gezogen. Durch geeignete „Pre-Chirping"-Maßnahmen kann sich überdies ein ursprünglicher Impuls der Dauer τ_1 während der Ausbreitung verkürzen, weil das Zusammenschieben der verschiedenen Frequenzkomponenten zu einem $\tau_2 < \tau_1$ führen kann, was höhere Bitraten ermöglicht.

Die Verbreiterung von hochfrequenten Trägerschwingungsimpulsen mit gaußförmiger Einhüllenden und den Effekt der dispersiv bedingten Änderung der Momentanfrequenz betrachten wir in Übung 9.1.

---

[3] Die Momentanfrequenz $\Omega(t, z = L)$ bei der Übertragung von modulierten Impulsen auf dispersiven Leitungen ändert sich nach (9.34) linear mit der Zeit, verläuft also _rampenförmig_. Bei der gewöhnlichen Frequenzmodulation analoger Signale erfolgt die Frequenzänderung hingegen _kosinusförmig_ [Stei82].

[4] Während bei Hohlleiterproblemen $\beta'' < 0$ gilt, kann in Lichtwellenleitern β'' bei manchen Frequenzen positiv und bei anderen negativ werden. Für $\beta'' > 0$ erscheint am Leitungsende dann ein Up-Chirp.

Übung 9.1: Impulsverbreiterung und Frequenzänderung durch Gruppendispersion

- Nach welcher Leitungslänge L hat sich die Breite eines Gaußimpulses der ursprünglichen Dauer $\tau_1 = 2\,\text{ns}$ bei der Trägerfrequenz $f_T = 10\,\text{GHz}$ während seiner Ausbreitung in Form einer H_{10}-Welle in einem R100-Rechteckhohlleiter (siehe Tabelle 8.6) der Breite $a = 22{,}86\,\text{mm}$ verdoppelt? Wie groß wird dann der Frequenzhub der Chirp-Modulation?

- **Lösung:**

Mit (9.26) finden wir für $\tau_2 = p\,\tau_1$ mit $p = 2$ die Bedingung

$$p^2 = 1 + \left(2\pi\,\beta''\,L\big/\tau_1^2\right)^2 \tag{9.35}$$

Mit $k = 2\pi\,f_T/c$ sowie $c = c_0$ und der Grenzwellenzahl $k_c = \pi/a$ der H_{10}-Welle folgt zunächst aus (9.7):

$$\beta'' = \frac{-k_c^2}{c_0^2(k^2 - k_c^2)^{3/2}} = -0{,}530\,\frac{\text{ps}}{\text{GHz}\cdot\text{cm}}\,, \tag{9.36}$$

womit wir nach (9.35) mit $p = 2$ eine **Leitungslänge** von

$$L = \frac{\tau_1^2}{2\pi\,|\beta''|}\sqrt{p^2 - 1} = 20{,}79\,\text{m} \tag{9.37}$$

ermitteln können, nach der eine Verdoppelung der Impulsbreite eingetreten ist. Für $p = \sqrt{2}$ ergibt sich stattdessen eine Impulsverbreiterung um $41{,}4\,\%$ nach $L = 12{,}00\,\text{m}$.

Der Frequenzhub $\Delta\Omega = (\Omega_{\max} - \Omega_{\min})/2$ ist nun definiert als die halbe Differenz zwischen der höchsten und der niedrigsten Momentanfrequenz (9.34). Zunächst bestimmen wir mit (9.7) die Gruppenlaufzeit am Hohlleiterende bei $L = 20{,}79\,\text{m}$:

$$t_g = \frac{L}{v_g} = \frac{2\pi\,f_T\,L}{c_0^2\sqrt{k^2 - k_c^2}} = 91{,}85\,\text{ns}\,. \tag{9.38}$$

Ein Gaußimpuls ist im Prinzip zwar nicht zeitbegrenzt, dennoch wird seine Amplitude sehr schnell kleiner. Wir betrachten mit $\tau_2 = 2\,\tau_1 = 4\,\text{ns}$ die Zeitpunkte $t = t_g \pm \tau_2$, an denen die Einhüllende des Ausgangsimpulses nach (9.29) auf $4{,}32\,\%$ ihres Maximums (das sich in Impulsmitte bei $t = t_g$ einstellt) abgefallen ist und berechnen dort die Momentanfrequenzen mit Hilfe von (9.34) und (9.37):

$$\Omega_{\max} = \omega_T + 2\pi\,\frac{2\pi\,|\beta''|\,L}{\tau_1^2\,\tau_2} = 2\pi\left(f_T + \frac{1}{\tau_2}\sqrt{p^2 - 1}\right) = 2\pi\,f_{\max}$$

$$\Omega_{\min} = \omega_T - 2\pi\,\frac{2\pi\,|\beta''|\,L}{\tau_1^2\,\tau_2} = 2\pi\left(f_T - \frac{1}{\tau_2}\sqrt{p^2 - 1}\right) = 2\pi\,f_{\min} \tag{9.39}$$

Somit erhalten wir den **Frequenzhub** für $p = 2$

$$\Delta F = \frac{\Delta\Omega}{2\pi} = \frac{f_{\max} - f_{\min}}{2} = \frac{1}{\tau_2}\sqrt{p^2 - 1} = 433\,\text{MHz}\,, \tag{9.40}$$

der $4{,}33\,\%$ der Mittenfrequenz $f_T = 10\,\text{GHz}$ beträgt.   □

9.2.3 Optimale Impulsdauer

Wir kehren noch einmal zur äquivalenten Impulsdauer (9.26) des Ausgangsimpulses zurück

$$\tau_2^2 = \tau_1^2 + (2\pi\beta'' L/\tau_1)^2 \tag{9.41}$$

und fragen uns, bei welcher Eingangs-Impulsdauer τ_1 (abhängig von $\beta'' L$) die Ausgangs-Impulsdauer τ_2 minimal wird [Bör89]. Mit den Abkürzungen $y = \tau_2^2$ und $x = \tau_1^2$ suchen wir also ein Minimum der Funktion

$$y(x) = x + (2\pi\beta'' L)^2 / x . \tag{9.42}$$

Durch Nullsetzen der Ableitung

$$y'(x) = 1 - (2\pi\beta'' L)^2 / x^2 = 0 \tag{9.43}$$

finden wir unter Beachtung eines möglichen Vorzeichens von β'' :

$$\boxed{\tau_1^{\text{opt}} = \sqrt{2\pi|\beta''|L_{\text{opt}}}} . \tag{9.44}$$

Die optimale Eingangs-Impulsdauer τ_1^{opt} führt nur bei einer ganz bestimmten Leitungslänge L_{opt} zu einem Minimum der Dauer der Ausgangsimpulse. So muss eine zu optimierende Quelle jeweils neu an den Kanal angepasst werden, falls sich dessen Leitungslänge ändert. Die dergestalt erreichbare **minimal mögliche Ausgangs-Impulsdauer** folgt aus (9.41):

$$\boxed{\tau_2^{\text{min}} = \tau_1^{\text{opt}}\sqrt{2} = \sqrt{4\pi|\beta''|L_{\text{opt}}}} . \tag{9.45}$$

In Bild 9.3 ist folgender Kurvenverlauf im Bereich $0{,}5 < \tau_1/\tau_1^{\text{opt}} < 2$ grafisch dargestellt:

$$\frac{\tau_2}{\tau_2^{\text{min}}} = \frac{1}{\sqrt{2}}\sqrt{(\tau_1/\tau_1^{\text{opt}})^2 + (\tau_1^{\text{opt}}/\tau_1)^2} . \tag{9.46}$$

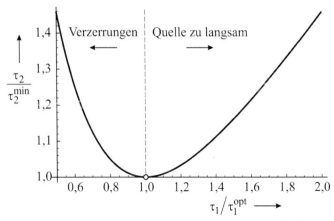

Bild 9.3 Minimum der Impulsdauer des Ausgangsimpulses bei $\tau_1 = \tau_1^{\text{opt}} = \sqrt{2\pi|\beta''|L_{\text{opt}}}$

Bei zu großen Werten von τ_1 (und damit schmalbandiger Quelle) nutzt man die Möglichkeiten des Nachrichtenkanals nicht vollständig aus. Zu kleine Werte von τ_1 hingegen überfordern den Nachrichtenkanal, weil bei breitbandiger Aussteuerung der Kennlinie $\beta(\omega)$ die Dispersionseffekte 2. Ordnung β'' starke Impulsverzerrungen verursachen. Beim optimalen Wert τ_1^{opt} wird τ_2 minimal, sodass der Kanal mit maximal möglicher Bitrate betrieben werden kann [Ung84].

9.2.4 Augendiagramm

Wir betrachten nun den optimalen Fall eines Nachrichtenkanals der Länge L_{opt} mit τ_1^{opt} nach (9.44) und minimaler Ausgangs-Impulsdauer τ_2^{min} nach (9.45). Dabei wollen wir untersuchen, wie sich die **Bitrate** – die durch den Abstand zweier hintereinander gesendeter Impulse bestimmt wird – auf die Signalqualität am Ende einer dispersiven Leitung der Länge L_{opt} auswirkt. In Bild 9.4 sind zwei Fälle dargestellt. In der linken Spalte sehen wir die positive Hüllkurve des Eingangs- und des Ausgangssignals für den Fall, dass die Pulsperiode T_p mit

$$T_p = \tau_1 = \tau_1^{\mathrm{opt}} \tag{9.47}$$

identisch zur äquivalenten Impulsdauer der *Eingangsimpulse* wird. In der rechten Spalte reduzieren wir nun die Bitrate – dort hat die Pulsperiode nämlich den größeren Wert

$$T_p = \tau_2 = \tau_2^{\mathrm{min}} = \tau_1^{\mathrm{opt}} \sqrt{2} \tag{9.48}$$

und ist demnach gleich der äquivalenten Impulsdauer der (verbreiterten) *Ausgangsimpulse.*

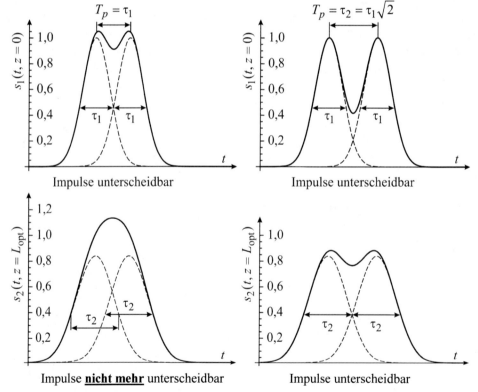

Bild 9.4 Intersymbolstörungen bei zwei benachbarten Gaußimpulsen (Prinzipskizzen): Die obere Zeile zeigt zwei Eingangsimpulse der Höhe $A = 1$ im gegenseitigen Abstand $T_p = \tau_1 = \tau_1^{\mathrm{opt}}$ (links) bzw. $T_p = \tau_2 = \tau_2^{\mathrm{min}}$ (rechts) und darunter sehen wir die zugehörigen Impulsfolgen am Ausgang der Leitung an der Stelle $z = L_{\mathrm{opt}}$, die wir nach (9.44) wie $L_{\mathrm{opt}} = (\tau_1^{\mathrm{opt}})^2 / (2\pi |\beta''|)$ berechnen können.

Falls sich die beiden Ausgangsimpulse im Signal $s_2(t, z = L_{\mathrm{opt}})$ zu stark überlappen, dann verschmelzen sie zu einem höheren Einzelimpuls und können nicht mehr getrennt werden, wodurch Information verloren gehen kann. Damit dies nicht passiert, stellt man üblicherweise die Forderung $T_p \geq \tau_2$ für die **Pulsperiode** auf [Brü11].

Zur Beurteilung der Qualität von Nachrichtenkanälen wird häufig ein sogenanntes **Augendiagramm** eingesetzt [Fett96, Göb99], in dem alle denkbaren Sequenzen der am Demodulatorausgang ankommenden Impulse überlagert werden. Im Fokus der Darstellungen in Bild 9.5 steht der zentrale Impuls mit seinen Vor- und Nachschwingern. Für die beiden Pulsperioden T_p, die wir in Bild 9.4 betrachtet hatten, sind in Bild 9.5 jeweils 15 solcher Bit-Sequenzen überlagert.

Unser Rechteckhohlleiter wird dabei wie stets als dämpfungsfreier Nachrichtenkanal ohne Amplitudenrauschen betrachtet. Die Nachrichtenquelle (ein Oszillator im GHz-Bereich) habe keine statistischen Schwankungen seiner Phasenlage, wodurch auch kein Jitter (zeitliches Taktzittern der Pulsperiode T_p) auftreten kann. Der einzige Störeffekt, den wir betrachten, sei also die dispersiv bedingte Verbreiterung der gaußförmigen Hüllkurve der Impulse.

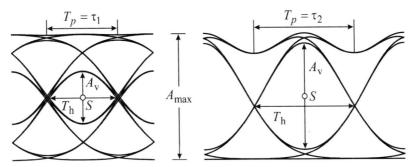

Bild 9.5 Auf gleiche Höhe $A_{\max}$ skalierte Augendiagramme mit vertikaler Augenöffnung A_v und horizontaler Augenöffnung T_h für die beiden Fälle aus Bild 9.4, nämlich $T_p = \tau_1 = \tau_1^{opt}$ (links) bzw. $T_p = \tau_2 = \tau_2^{min}$ (rechts). Der Schwellwert zur Detektion der empfangenen Impulse liege bei $S = A_v/2$.

Am Zeitpunkt maximaler vertikaler Augenöffnung entscheidet der Empfänger durch Vergleich mit dem Schwellwert $S = A_v/2$, ob ein hoher Pegel oder ein niedriger Pegel empfangen wurde. Aus diesem Pegelwert kann das ursprüngliche Binärsignal („Logisch Eins" bzw. „Logisch Null") wieder rekonstruiert werden.

Eine große **relative vertikale Augenöffnung** stellt – insbesondere bei gestörten Nachrichtenkanälen – eine geringe Bitfehlerwahrscheinlichkeit sicher. Für die beiden in Bild 9.5 dargestellten Fälle gilt:

$$\left.\frac{A_v}{A_{\max}}\right|_{T_p=\tau_1} = 0,412 \quad \text{bzw.} \quad \left.\frac{A_v}{A_{\max}}\right|_{T_p=\tau_2} = 0,840 . \tag{9.49}$$

Die **relative horizontale Augenöffnung** liefert ein Maß für die notwendige Genauigkeit des Abtastzeitpunktes:

$$\frac{T_h}{T_p} = \frac{T_h}{\tau_1} = 0,944 \quad \text{bzw.} \quad \frac{T_h}{T_p} = \frac{T_h}{\tau_2} = 1,000 . \tag{9.50}$$

Die freibleibende mittlere Zone des Augendiagramms (das sogenannte Auge) sollte also möglichst groß sein. Unsere Beobachtung aus Bild 9.4, dass bei zu hoher Bitrate Einzelimpulse verschmelzen und nicht mehr unterschieden werden können, bestätigt sich im Augendiagramm

9.5. Für $T_p = \tau_1$ beträgt die vertikale Augenöffnung nur noch weniger als die Hälfte ihres Wertes bei $T_p = \tau_2$. Das würde zur fehlerfreien Detektion aller Empfangsimpulse bei unserem Modellkanal, der nur den Effekt der Gruppendispersion berücksichtigt, zwar noch ausreichen – doch bei einem realen Nachrichtenkanal, wo Dämpfung, Rauscheinflüsse und Phasenjitter-Effekte zu erwarten sind, bliebe kaum noch eine Sicherheitsreserve. Das Auge würde sich immer weiter schließen und vermehrte Bitfehler wären dann zu erwarten.

9.2.5 Maximal zulässige Bitrate

Im Folgenden untersuchen wir wieder eine Leitung der gegebenen Länge L_{opt}, die nach (9.44) von einer optimalen Quelle mit modulierten Gaußimpulsen der äquivalenten Impulsdauer

$$\tau_1 = \tau_1^{opt} = \sqrt{2\pi |\beta''| L_{opt}} \tag{9.51}$$

gespeist wird. Die am Ort $z = L_{opt}$ **maximal zulässige Bitrate** BR_{opt} erhalten wir dann mit (9.45) als Kehrwert der minimal möglichen Pulsperiode:

$$BR_{opt} = \frac{1}{\tau_2^{min}} = \frac{1}{\sqrt{4\pi |\beta''| L_{opt}}} . \tag{9.52}$$

Mit β und β'' aus (9.7) folgt beim H_{10}-Rechteckhohlleiter für $c = c_0$ und $k_c = \pi/a$:

$$BR_{opt} = \frac{c_0}{2k_c} \frac{(k^2 - k_c^2)^{3/4}}{\sqrt{\pi L_{opt}}} = \frac{c_0}{2k_c} \frac{\beta^{3/2}}{\sqrt{\pi L_{opt}}} . \tag{9.53}$$

Die maximal zulässige Bitrate sinkt mit zunehmender Leitungslänge. Dabei ist es günstig, mit möglichst großer Phasenkonstante zu arbeiten, weil dort die Kurve $\beta(\omega)$ flacher verläuft und eine schwächere Krümmung β'' besitzt, wodurch die Gruppendispersion kleiner wird. Eine hohe Bitrate ist im Hohlleiter also am oberen Rand seines H_{10}-Monomodebereich möglich. Ein R100-Rechteckhohlleiter hat z. B. laut Tabelle 8.6 eine breite Seite $a = 22,86$ mm und den nutzbaren Monomodebereich $8,2\,\text{GHz} - 12,5\,\text{GHz}$. Falls außer der Gruppendispersion sonst keine weiteren Störungen vorliegen, folgt die maximal zulässige Bitrate eines **verlustlosen R100-Rechteckhohlleiters** aus (9.52). So ist hier an der Trägerfrequenz $f_T = 10$ GHz mit β'' aus (9.36) eine für die Länge $L_{opt} = 10$ m optimierte maximale Bitrate von

$$BR_{opt} = 387,4 \text{ MBit/s} \tag{9.54}$$

möglich. Am Eingang des Hohlleiters werden dazu Impulse mit einer gaußförmigen Einhüllenden der äquivalenten Impulsdauer $\tau_1 = \tau_1^{opt} = 1,825$ ns eingespeist. Für die Pulsperiode gilt:

$$T_p = 1/BR_{opt} = \tau_2^{min} = \tau_1^{opt}\sqrt{2} = 2,582 \text{ ns} . \tag{9.55}$$

Übung 9.2: Bitraten-Längen-Produkt

● Man betrachte ein Übertragungssystem, dessen Eingangsimpulsdauer $\tau_1 = \tau_1^{opt}$ nach (9.51) so gewählt wurde, dass die Kommunikation mit einem Teilnehmer, der sich an der Stelle $z = L_{opt}$ der Leitung befindet, mit maximaler Bitrate $BR_{opt} = 1/\tau_2^{min} = 1/(\tau_1^{opt}\sqrt{2})$ möglich wird. Wie weit muss die Bitrate für einen weiter entfernten Teilnehmer abgesenkt werden, der sich an einem Ort $z = L > L_{opt}$ derselben Leitung befindet, falls trotz Dispersionseffekten 2. Ordnung auch dort keine Informationsverluste auftreten sollen?

- **Lösung:**

Nach (9.26) verbreitet sich ein Impuls auf der Trägerfrequenz f_T mit einer gaußförmigen Einhüllenden, der von der Quelle an der Stelle $z = 0$ mit einer äquivalenten Impulsdauer $\tau_1 = \tau_1^{opt}$ erzeugt wurde, während seiner Ausbreitung auf der Leitung bis zur Stelle $z = L$ und hat dort wegen (9.51) die größere Dauer

$$\tau_2(z = L) = \tau_1^{opt} \sqrt{1 + \left(\frac{2\pi\beta'' L}{(\tau_1^{opt})^2}\right)^2} = \tau_1^{opt} \sqrt{1 + \left(\frac{L}{L_{opt}}\right)^2} . \tag{9.56}$$

Im Spezialfall $L = L_{opt}$ erhalten wir mit $\tau_2(z = L_{opt}) = \tau_1^{opt} \sqrt{2}$ das bereits aus (9.45) bekannte Verhalten. Im Allgemeinen zerfließt der Impuls immer mehr je weiter er sich von der Quelle wegbewegt. Befindet sich der Teilnehmer mit $L \gg L_{opt}$ deutlich weiter von der Quelle entfernt als diejenige Distanz L_{opt}, für die der Nachrichtenkanal eigentlich ausgelegt wurde, dann folgt aus (9.56) der asymptotische Zusammenhang

$$\tau_2(z = L \gg L_{opt}) = \tau_1^{opt} L/L_{opt} , \tag{9.57}$$

aus dessen Kehrwert wir die für einen Teilnehmer am Ort $z = L \gg L_{opt}$ **maximal mögliche Bitrate** errechnen können:

$$BR = \frac{1}{\tau_2} = \frac{1}{\tau_1^{opt}} \frac{L_{opt}}{L} \quad \text{mit} \quad \tau_1^{opt} = \sqrt{2\pi|\beta''|L_{opt}} . \tag{9.58}$$

Daraus folgt das asymptotisch für _große_ Abstände gültige **Bitraten-Längen-Produkt:**

$$BR \cdot L = \frac{L_{opt}}{\tau_1^{opt}} = \sqrt{\frac{L_{opt}}{2\pi|\beta''|}} = BR_{opt} \cdot L_{opt}\sqrt{2} \quad \text{(gültig für } L \gg L_{opt}) \tag{9.59}$$

als eine von der Leitungslänge L unabhängige Konstante. Bei einem verlustlosen R100-Rechteckhohlleiter (Tabelle 8.6) mit breiter Seite $a = 22,86\,\text{mm}$, der an der Trägerfrequenz $f_T = 10\,\text{GHz}$ betrieben wird, ist nach (9.54) eine für die Länge $L_{opt} = 10\,\text{m}$ optimierte maximale Bitrate von $BR_{opt} = 387,4\,\text{MBit/s}$ möglich. Dabei gilt $\tau_1 = \tau_1^{opt} = 1,825\,\text{ns}$. Mit dem aus (9.59) folgenden Bitraten-Längen-Produkt[5]

$$BR \cdot L = BR_{opt} \cdot L_{opt}\sqrt{2} = 5,478 \, \frac{\text{GBit}}{\text{s}} \cdot \text{m} \tag{9.60}$$

kann ein Teilnehmer am Ort $L = 5\,L_{opt} = 50\,\text{m}$ nur noch mit einer reduzierten Bitrate von $BR = 109,6\,\text{MBit/s}$ versorgt werden. Dabei werden weiterhin Impulse der Dauer $\tau_1^{opt} = 1,825\,\text{ns}$ verwendet, die auf die Kanalbandbreite und die Möglichkeiten der Quelle abgestimmt sind. Allerdings muss die Signalsequenz für diesen Teilnehmer mit größerer Pulsperiode $T_p = 1/BR = \tau_2 = 9,127\,\text{ns}$ übertragen werden, damit wie in Bild 9.4 zwei Nachbarimpulse – trotz stärkerer Verschmierung – auch bei $L = 5\,L_{opt} = 50\,\text{m}$ weiterhin getrennt empfangen werden können, damit die Signalintegrität gewährleistet bleibt. $\hspace{2cm}$ □

---

[5] Ein Bitraten-Längen-Produkt von $BR \cdot L = 5,478\,(\text{GBit/s})\cdot\text{m}$ ermöglicht die Übertragung mit $109,6\,\text{MBit/s}$ über $50\,\text{m}$ bzw. mit $54,8\,\text{MBit/s}$ über $100\,\text{m}$, ohne dass durch Dispersionseffekte zweiter Ordnung Informationsverluste auftreten können.

In Bild 9.6 sind die nach (9.56) **entfernungsabhängige maximal mögliche Bitrate**

$$BR = \frac{1}{\tau_2} = \frac{1}{\tau_1^{\text{opt}}\sqrt{1+(L/L_{\text{opt}})^2}} \qquad \text{mit} \qquad \tau_1^{\text{opt}} = \sqrt{2\pi|\beta''|L_{\text{opt}}} \qquad (9.61)$$

zusammen mit dem **entfernungsabhängigen Bitraten-Längen-Produkt** (das für lange Leitungen mit $L \gg L_{\text{opt}}$ gegen den konstanten Grenzwert $L_{\text{opt}}/\tau_1^{\text{opt}}$ konvergiert)

$$BR \cdot L = \frac{L}{\tau_2} = \frac{L_{\text{opt}}}{\tau_1^{\text{opt}}} \frac{L/L_{\text{opt}}}{\sqrt{1+(L/L_{\text{opt}})^2}} \qquad (9.62)$$

über der normierten Länge L/L_{opt} dargestellt. Dabei sinkt die Bitrate BR ausgehend von ihrem Anfangswert $1/\tau_1^{\text{opt}}$ am Beginn der Leitung bei $L = 0$ kontinuierlich mit steigendem Abstand L. Gleichzeitig ist das Bitraten-Längen-Produkt $BR \cdot L$ für kurze Längen noch von der Entfernung zur Quelle abhängig und konvergiert erst bei größeren Längen asymptotisch gegen den Grenzwert (9.59). Bei den für große Abstände $L \gg L_{\text{opt}}$ geltenden **asymptotischen Beziehungen** (9.58) und (9.59), nach denen $BR \propto 1/L$ bzw. $BR \cdot L = \text{const}$ gilt, wird bereits ab $L/L_{\text{opt}} > 3,5$ der relative Fehler dem Betrage nach kleiner als 4%.

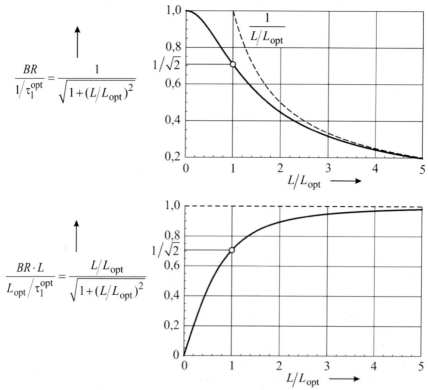

Bild 9.6 Entfernungsabhängige maximal mögliche Bitrate nach (9.61) und entfernungsabhängiges Bitraten-Längen-Produkt nach (9.62) mit seinem asymptotischen Grenzwert $L_{\text{opt}}/\tau_1^{\text{opt}}$ als Funktion der normierten Leitungslänge L/L_{opt}. Dabei ist L_{opt} diejenige Stelle auf der Leitung, für die die Impulsdauer der Quelle τ_1^{opt} nach (9.51) so optimiert wurde, dass mit einem dort befindlichen Empfänger mit maximaler Bitrate kommuniziert werden kann.

In Bild 9.7 ist die vom Ort $z = L$ auf der Leitung abhängende maximal mögliche Bitrate für einen verlustlosen R100-Rechteckhohlleiter (Tabelle 8.6) mit breiter Seite $a = 22,86\,\text{mm}$ dargestellt, den wir bereits in den Übungen 9.1 und 9.2 betrachtet hatten. In (9.36) erhielten wir an der Trägerfrequenz $f_T = 10\,\text{GHz}$ den Wert $\beta'' = -0,530 \cdot 10^{-19}\,\text{s}/(\text{Hz} \cdot \text{m})$. Die Optimierung der Leitung für _kleine_ Distanzen $L_\text{opt} = 10\,\text{m}$ führt zwar zu hohen Bitraten im vorderen Bereich der Leitung, dahinter setzt aber bald ein starker Abfall ein. Eine über der Leitungslänge _gleichmäßigere_ Bitrate – wenn auch auf niedrigerem Niveau – erhalten wir z. B. für $L_\text{opt} = 70\,\text{m}$. Dort profitieren die entfernteren Teilnehmer zulasten derjenigen, die sich näher an der Quelle befinden (siehe Übung 9.3).

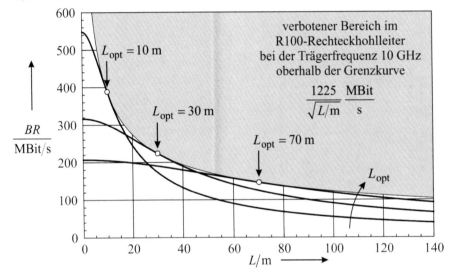

Bild 9.7 Maximal mögliche Bitrate (9.61) im R100-Rechteckhohlleiter bei der Trägerfrequenz $f_T = 10\,\text{GHz}$ als Funktion des Ortes $z = L$ auf der Leitung – bei Optimierung für verschiedene Distanzen L_opt. Der untere Rand des grauen Bereichs definiert nach (9.64) eine nicht überschreitbare Grenzkurve $\propto 1/\sqrt{L}$ und wird von den drei anderen Kurven an deren jeweiligem Wert L_opt von unten kommend gerade berührt.

Die für die drei Kurven in Bild 9.7 jeweilige äquivalente **Impulsdauer** der am Hohlleitereingang eingespeisten Wechselimpulse (an der Trägerfrequenz $f_T = 10\,\text{GHz}$ mit gaußförmiger Einhüllenden) wurde nach (9.51) wie folgt gewählt:

$$\tau_1 = \tau_1^\text{opt} = \sqrt{2\pi|\beta''|L_\text{opt}} = \begin{cases} 1,825\,\text{ns} & \text{für} \quad L_\text{opt} = 10\,\text{m} \\ 3,162\,\text{ns} & \text{für} \quad L_\text{opt} = 30\,\text{m} \\ 4,830\,\text{ns} & \text{für} \quad L_\text{opt} = 70\,\text{m}. \end{cases} \tag{9.63}$$

Keine der in Bild 9.7 dargestellten drei Kurven kann den aus (9.52) folgenden Grenzwert überschreiten, d. h. es gilt im R100-Rechteckhohlleiter mit $\beta'' = -0,530 \cdot 10^{-19}\,\text{s}/(\text{Hz} \cdot \text{m})$:

$$\boxed{BR \leq \frac{1}{\sqrt{4\pi|\beta''|L}} = \frac{1225}{\sqrt{L/\text{m}}}\,\frac{\text{MBit}}{\text{s}}}, \tag{9.64}$$

woraus sich der in Bild 9.7 grau dargestellte **verbotene Bereich** ergibt.

In Übung 9.3 betrachten wir nun die im Bereich $0 \le L \le L_{max}$ räumlich gemittelte Bitrate $\overline{BR}$ auf einer Leitung der Länge L_{max}. Dabei wollen wir den freien Parameter L_{opt} so bestimmen, dass der arithmetische Mittelwert $\overline{BR}$ ein Maximum einnimmt. Mit L_{opt} bezeichnen wir wieder diejenige Stelle auf der Leitung, für die die Impulsdauer der Quelle τ_1^{opt} nach (9.51) so optimiert wurde, dass mit einem dort befindlichen Empfänger mit maximaler Bitrate kommuniziert werden kann.

Übung 9.3: Höchste mittlere Bitrate

- Berechnen Sie den über der gesamten Leitung im Bereich $0 \le L \le L_{max}$ räumlich gemittelten Wert der Bitrate (9.61)

$$\overline{BR} = \frac{1}{L_{max}} \int_{L=0}^{L_{max}} BR(L)\, dL \tag{9.65}$$

und finden Sie dessen Maximalwert.

- **Lösung:**

Mit der entfernungsabhängigen Bitrate (9.61) erhalten wir zunächst:

$$\overline{BR} = \frac{1}{L_{max}} \frac{1}{\sqrt{2\pi |\beta''| L_{opt}}} \int_{L=0}^{L_{max}} \frac{1}{\sqrt{1+(L/L_{opt})^2}}\, dL\,, \tag{9.66}$$

was exakt integriert werden kann. Mit der Abkürzung $x = L_{opt}/L_{max}$ folgt nämlich:

$$\boxed{\overline{BR} = \frac{\sqrt{x}}{\sqrt{2\pi |\beta''| L_{max}}} \ln \frac{1+\sqrt{1+x^2}}{x}}\,. \tag{9.67}$$

Die **im räumlichen Mittel höchste Bitrate** resultiert aus der Bedingung

$$\frac{\partial \overline{BR}}{\partial x} = 0\,. \tag{9.68}$$

Eine numerische Auswertung von (9.68) liefert das **Ergebnis** $x = L_{opt}/L_{max} = 0,3012$. Falls der entfernteste Teilnehmer sich z. B. am Ort $L_{max} = 140\,\text{m}$ befindet, dann erhält man eine ausgeglichene Versorgung aller Teilnehmer im ganzen Bereich $0 \le L \le L_{max}$ für $L_{opt} = 42,17\,\text{m}$. Die mit $x = 0,3012$ maximal mögliche räumlich gemittelte Bitrate folgt dann aus (9.67):

$$\overline{BR}_{max} = \frac{0,4193}{\sqrt{|\beta''| L_{max}}}\,. \tag{9.69}$$

Im R100-Rechteckhohlleiter erhalten wir an der Trägerfrequenz $f_T = 10\,\text{GHz}$ nach (9.36) den Wert $\beta'' = -0,530 \cdot 10^{-19}\,\text{s}/(\text{Hz} \cdot \text{m})$, d. h. (9.69) wird zu

$$\boxed{\overline{BR}_{max} = \frac{1326}{\sqrt{L_{max}/\text{m}}} \frac{\text{MBit}}{\text{s}}}\,. \tag{9.70}$$

Mit $L_{max} = 140\,\text{m}$ folgt daraus $\overline{BR}_{max} = 153,9\,\text{MBit/s}$. Für diese im räumlichen Mittel höchste Bitrate muss mit $L_{opt} = 0,3012\,L_{max} = 42,17\,\text{m}$ nach (9.63) eine äquivalente Eingangsimpulsdauer von $\tau_1 = \tau_1^{opt} = \sqrt{2\pi |\beta''| L_{opt}} = 3,749$ ns verwendet werden. Mit (9.61) finden wir schließlich die maximal mögliche Bitrate am Leitungsanfang bei $L = 0$ und am Leitungsende bei $L = L_{max} = 140$ m :

$$BR(L = 0) = \frac{1}{\tau_1^{opt}} = 266,8 \frac{\text{MBit}}{\text{s}} \tag{9.71}$$

$$BR(L = L_{max}) = \frac{BR(L = 0)}{\sqrt{1 + \frac{1}{0,3012^2}}} = 0,2884 \, BR(L = 0) = 76,9 \frac{\text{MBit}}{\text{s}} . \tag{9.72}$$

Bei einer Leitung, die für eine im räumlichen Mittel maximale Bitrate ausgelegt ist, gilt:

$$\boxed{BR(L = L_{max}) = \frac{\overline{BR}_{max}}{2}} . \quad \square \tag{9.73}$$

9.3 Impulse mit einer rechteckigen Einhüllenden

9.3.1 Rechteckiger Einzelimpuls

Bisher haben wir ausgehend von der Dispersionsgleichung (9.6) die Auswirkungen der

- Dispersion 1. Ordnung $\beta'(\omega_T)$ am Beispiel einer HF-Trägerschwingung mit *kosinusförmiger* Einhüllenden und

- Dispersionseffekte 2. Ordnung $\beta''(\omega_T)$ am Beispiel einer HF-Trägerschwingung mit *gaußförmiger* Einhüllenden betrachtet.

- Jedoch können in (9.6) bei hohen Bitraten und entsprechend großen Bandbreiten Terme 3. und höherer Ordnung $\beta'''(\omega_T), \beta''''(\omega_T), \dots$ nicht mehr vernachlässigt werden. Außerdem ist man häufig auch an Impulsen mit *rechteckiger* Einhüllenden $x(t)$ interessiert, die nach Anhang F ein si-förmiges Spektrum $\underline{X}(\omega)$ aufweisen:

$$\boxed{x(t) = A \, \Pi_{\tau_1}(t) = \begin{cases} A & \text{für } |t| \leq \tau_1/2 \\ 0 & \text{für } |t| > \tau_1/2 \end{cases}} \quad \circ\!\!-\!\!\bullet \quad \boxed{\underline{X}(\omega) = A \tau_1 \, \text{si} \, \frac{\omega \tau_1}{2}} . \tag{9.74}$$

Näheres zur si-Funktion findet man bei Bild 16.9. Als *symmetrisch* zum Zeitnullpunkt liegendes Eingangssignal $s_1(t, z = 0)$ betrachten wir analog zu (9.12) einen auf der Trägerfrequenz ω_T modulierten Impuls der Dauer τ_1 mit rechteckiger Einhüllenden $x(t)$ nach (9.74):

$$\boxed{s_1(t, z = 0) = \cos(\omega_T t) \, x(t)} \quad \circ\!\!-\!\!\bullet \quad \boxed{0,5 \left[\underline{X}(\omega - \omega_T) + \underline{X}(\omega + \omega_T) \right]} . \tag{9.75}$$

Eine analytische Beschreibung ist in solch allgemeineren Fällen nur noch mit hohem Aufwand möglich [Dvo94], weswegen wir hier einer numerischen Auswertung des **Fourier-Integrals** den Vorzug geben wollen. Gleichzeitig ermöglicht der numerische Weg auch die Berücksichtigung von Verlusten auf der Leitung in Form einer allgemeingültigeren Übertragungsfunktion als in (9.18), in der jetzt wie in (7.89) neben der Phasenkonstante $\beta(\omega)$ auch die Dämpfungskonstante $\alpha(\omega)$ der Leitung enthalten sein darf:

$$\underline{H}(\omega) = e^{-\alpha(\omega) L} \, e^{-j\beta(\omega) L} . \tag{9.76}$$

Das Signal $s_2(t, z = L) = E_y(t)$ am Ausgang des Hohlleiters finden wir analog zu (9.19) aus:

$$s_2(t, z = L) = \frac{1}{4\pi} \int\limits_{\omega = -\infty}^{\omega = \infty} \left[\underline{X}(\omega - \omega_T) + \underline{X}(\omega + \omega_T) \right] e^{-\alpha(\omega)L} \, e^{-j\beta(\omega)L} \, e^{j\omega t} \, d\omega \quad (9.77)$$

Bemerkung:

Aufgrund der _numerischen_ Berechnung ist (9.77) im Gegensatz zu (9.19) auch bei Breitband-systemen gültig. Liegt der Eingangsimpuls $s_1(t, z = 0)$ wie in Bild 9.8 _nicht symmetrisch_ zum Zeitnullpunkt, sondern beginnt erst bei $t = 0$, dann muss das Ausgangssignal $s_2(t, z = L)$ nach (9.77) nur um die halbe Impulsbreite $\tau_1/2$ nach rechts auf der Zeitachse verschoben werden.

Numerisches Beispiel:

Für die Auswertung von (9.77) betrachten wir mit $\alpha(\omega)$ und $\beta(\omega)$ aus (8.42) einen $L = 10$ m langen R100-Rechteckhohlleiter aus Aluminium mit der Wandleitfähigkeit $\kappa = 36 \cdot 10^6$ S/m, der mit der H_{10}-Grundwelle betrieben wird. Die Querschnittsabmessungen des Hohlleiters folgen mit $a = 22,86$ mm und $b = 10,16$ mm aus Tabelle 8.6. An seinem Eingang werde eine **Sinusquelle** $s_1(t, z = 0)$ mit der Trägerfrequenz $f_T = 10$ GHz und der Amplitude eins im Zeitraum $0 < t < \tau_1$ eingeschaltet. Die Einhüllende des HF-Impulses sei also **rechteckförmig**. Numerisch bestimmte Ausgangssignale $s_2(t, z = L) = E_y(t)$ nach (9.77) sind in Bild 9.8 für $\tau_1 = 1$ ns, 2 ns, 5 ns und 10 ns dargestellt.

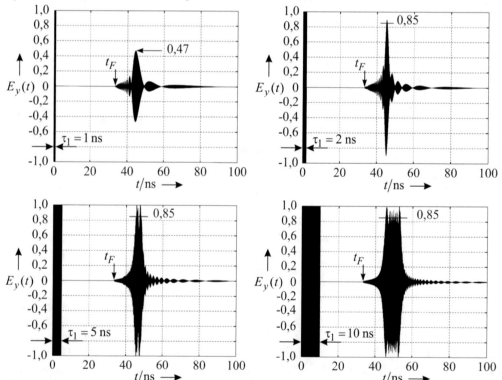

Bild 9.8 H_{10}-Impulsdispersion in einem R100-Rechteckhohlleiter der Länge $L = 10$ m aus Aluminium. Am Eingang wird eine Sinusquelle mit der Frequenz $f_T = 10$ GHz und der Amplitude eins im Intervall $0 < t < \tau_1$ eingeschaltet. Nach der Frontlaufzeit $t_F = L/c_0 = 33,36$ ns erscheinen am Ausgang verzerrte Impulse $s_2(t, z = L) = E_y(t)$, deren Form durch Dispersions- und Dämpfungseffekte bedingt wird.

Die Trägerfrequenz $f_T = 10\,\text{GHz}$ ist in Bild 9.8, so hoch, dass innerhalb einer Nanosekunde zehn Perioden durchlaufen werden. Die Skalierung der Zeitachse führt dann zu schwarzen Flächen in der Darstellung, die nicht genauer aufgelöst werden können. Nach der **Frontlaufzeit**

$$t_F = L/c_0 = 33,36\,\text{ns} \tag{9.78}$$

treten am Leitungsende bei $z = L = 10\,\text{m}$ die ersten (sehr hochfrequenten) **Vorschwinger** auf. Mit Hilfe der in Bandmitte bei $k_0 = \omega_T/c_0 = 2\pi\,f_T/c_0$ berechneten **Gruppenlaufzeit**

$$t_g = \frac{L}{v_g} = \frac{L}{c_0 \sqrt{1 - \dfrac{(\pi/a)^2}{k_0^2}}} = \frac{L}{0,7550\,c_0} = 44,18\,\text{ns}\,, \tag{9.79}$$

die wir mit (8.53) aus der Gruppengeschwindigkeit erhalten, kann man näherungsweise mit $t_g + \tau_1/2$ die Lage des **Impulsmaximums** abschätzen, das etwa den Schwerpunkt des Ausgangsimpulses[6] markiert. Man beachte dazu die Bemerkung nach (9.77).

Nach (8.42) hat die Dämpfungskonstante im R100-Aluminiumhohlleiter an der Trägerfrequenz $f_T = 10\,\text{GHz}$ den Wert $\alpha = 0,01584\,\text{m}^{-1}$. Mit den Beziehungen aus Abschnitt 7.3.4 finden wir für diese Wandstromverluste eine längenbezogene Dämpfung von

$$0,01584\,\frac{\text{Np}}{\text{m}} = 0,01584 \cdot \frac{8,686\,\text{dB}}{\text{m}} = 0,1376\,\frac{\text{dB}}{\text{m}}\,, \tag{9.80}$$

wodurch die Feldamplitude nach $L = 10\,\text{m}$ um $1,376\,\text{dB}$ – also auf etwa 85 % ihres Eingangswertes – abgesunken ist. Dieser **Dämpfungseffekt** ist nur gering von der jeweiligen Impulsdauer τ_1 abhängig. Außerdem hat sich das ursprünglich lokalisierte Wellenpaket der Dauer τ_1 wegen der Laufzeitunterschiede seiner Spektralkomponenten verbreitert und ist daher in seiner Amplitude *zusätzlich* geschwächt [Kar05]. Dieser **Dispersionseffekt** hängt stark von der jeweiligen Impulsdauer ab und ist bei kleinem τ_1 besonders ausgeprägt.

Für $\tau_1 = 1\,\text{ns}$ (d. h. bei einer Bitrate von $1000\,\text{MBit/s}$) findet man in Bild 9.8 am Hohlleiterausgang ein Impulsmaximum von $0,47 = 0,55 \cdot 0,85$. Dabei sind der Faktor $0,55$ auf die dispersive Impulsverbreiterung und der Faktor $0,85$ auf die Ohmschen Verluste (9.80) zurückzuführen. Der Hauptschwinger des Ausgangsimpulses dauert hier viel länger als der rechteckförmige Eingangsimpuls. Bitfehler durch gegenseitige Überlappung benachbarter Impulse, sogenannte **Intersymbolstörungen,** sind hier unvermeidlich (siehe auch Bild 9.4).

Für $\tau_1 \geq 2\,\text{ns}$ (also bei reduzierten Bitraten kleiner als $500\,\text{MBit/s}$) ist der Hauptschwinger des Ausgangsimpulses kaum noch breiter als der Eingangsimpuls. Sein Maximum von etwa $0,85$ kann hier im Wesentlichen durch die Ohmschen Verluste (9.80) erklärt werden. Dennoch gibt es zahlreiche Vor- und Nachschwinger, die zu Interferenzen mit Nachbarimpulsen führen können, wie wir im folgenden Abschnitt noch sehen werden.

Bei $\tau_1 = 10\,\text{ns}$ sind in Bild 9.8 Oszillationen um das Niveau $0,85$ deutlich zu erkennen. Dieses Verhalten wird als **Gibbssches Phänomen** bezeichnet, das auch schon bei $\tau_1 = 5\,\text{ns}$ für die dortige Doppelspitze verantwortlich ist.

---

[6] Zur Beschreibung der Ausbreitungsgeschwindigkeit von Signalen in dispersiven Medien sind verschiedene Definitionen möglich. Diverse Geschwindigkeitsmodelle werden in [Kar99] miteinander verglichen.

9.3.2 Folge aus Rechteckimpulsen

Im Abschnitt 9.2 haben wir für Impulse mit harmonischer Trägerschwingung und **gaußförmiger** Einhüllenden gezeigt, dass in einem gegebenen Nachrichtenkanal der Länge L mit maximaler Bitrate übertragen werden kann, falls die **äquivalente Impulsdauer** der Gaußimpulse

$$\tau_1 = \sqrt{2\pi|\beta''|L} \qquad (9.81)$$

beträgt. Dabei beschreibt β'' nach (9.7) die Dispersionseffekte 2. Ordnung des Nachrichtenkanals. Am Kanalausgang an der Stelle $z = L$ haben sich die **Gaußimpulse** wegen (9.45) auf $\tau_2 = \sqrt{2}\,\tau_1$ verbreitert, womit nach (9.52) die maximal mögliche **Bitrate** als Kehrwert der Pulsperiode $T_p = \tau_2$ folgt:

$$BR = \frac{1}{T_p} = \frac{1}{\sqrt{4\pi|\beta''|L}}. \qquad (9.82)$$

Wir fragen uns nun, ob diese Ergebnisse auch für die Übertragung von Impulsen mit **rechteckiger** Einhüllenden gelten. Dazu betrachten wir wieder einen $L = 10$ m langen R100-Rechteckhohlleiter aus Aluminium mit der Wandleitfähigkeit $\kappa = 36 \cdot 10^6$ S/m, der mit der H_{10}-Grundwelle betrieben wird. An der Trägerfrequenz $f_T = 10$ GHz gilt nach (9.36)

$$\beta'' = -0,530\,\frac{\text{ps}}{\text{GHz} \cdot \text{cm}} = -0,530 \cdot 10^{-19}\,\text{s}^2\big/\text{m}, \qquad (9.83)$$

womit wir für $L = 10$ m die Dauer der rechteckigen Eingangsimpulse $\tau_1 = 1,825$ ns und die Pulsperiode $T_p = \sqrt{2}\,\tau_1 = 2,582$ ns ganz wie in (9.55) ermitteln können. Als Modellsignal verwenden wir eine digitale Eingangs-Impulsfolge aus fünf HF-Bits $\begin{bmatrix} 1 & 1 & 1 & 0 & 1 \end{bmatrix}$ mit jeweils rechteckiger Einhüllenden. Die numerische Auswertung des Fourier-Integrals (9.77) für einen Einzelimpuls und anschließende Verschiebung um $\tau_1/2$ nach rechts auf der Zeitachse liefert die Antwort auf den ersten Impuls (Bild 9.9 rechts). Das Gesamtsignal am Ausgang des Hohlleiters erhalten wir, indem wir die jeweils um die Pulsperiode T_p gegeneinander verschobenen Ausgangssignale aller fünf Einzelimpulse noch superponieren (Bild 9.9 links).

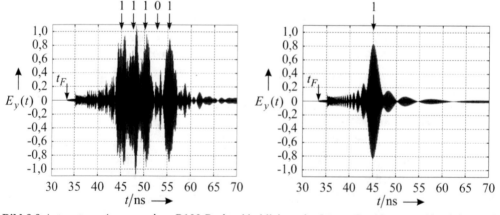

Bild 9.9 Antwort am Ausgang eines R100-Rechteckhohlleiters der Länge $L = 10$ m aus Aluminium auf eine digitale Rechteck-Impulsfolge aus _fünf_ HF-Bits $\begin{bmatrix} 1 & 1 & 1 & 0 & 1 \end{bmatrix}$ bei der Trägerfrequenz $f_T = 10$ GHz. Die Dauer der fünf Eingangsimpulse mit jeweils rechteckiger Einhüllenden wurde wie $\tau_1 = 1,825$ ns und die Pulsperiode wie $T_p = \sqrt{2}\,\tau_1 = 2,582$ ns gewählt. Zum Vergleich sieht man rechts daneben das Ausgangssignal bei Anregung mit nur _einem_ Impuls ebenfalls der Dauer $\tau_1 = 1,825$ ns analog zu Bild 9.8.

Bereits ein einzelner modulierter Impuls mit rechteckiger Einhüllenden weist schon eine komplizierte Systemantwort auf. Doch die Interferenzen mehrerer benachbarter Rechteckimpulse verschlechtern die Signalqualität drastisch und führen zu deutlich sichtbaren **Intersymbolstörungen** mit starken Hüllkurvenverzerrungen. Im nächsten Abschnitt werden wir sehen, dass es dennoch einen Weg gibt, mit Rechteckimpulsen Informationen fehlerfrei zu übertragen.

9.3.3 Zusammenhang zwischen Impulsverzerrungen und Bandbreite

Bei der Übertragung mehrerer HF-Impulse der Dauer $\tau_1 = \sqrt{2\pi|\beta''|L}$ mit rechteckiger Einhüllenden und gegenseitigen Abstand $T_p = \sqrt{2}\,\tau_1$ kommt es aufgrund der hohen Anzahl an Nebenschwingern jedes Einzelimpulses zu Interferenzeffekten, die deutlich sichtbare Hüllkurvenverzerrungen in Bild 9.9 hervorrufen. Zur Erklärung dieses Verhaltens (das bei Gaußimpulsen nicht auftritt) vergleichen wir das Spektrum eines Gaußimpulses mit dem eines Rechteckimpulses. So hat ein **Gaußimpuls** mit äquivalenter Impulsdauer τ_1 nach (9.11) und (9.16) ebenfalls ein gaußförmiges Spektrum:

$$x(t) = A\,e^{-\pi\,(t/\tau_1)^2} \qquad \circ\!\!-\!\!\bullet \qquad \underline{X}(\omega) = A\,\tau_1\,e^{-\pi\,(\omega/\omega_g)^2}, \qquad (9.84)$$

während ein **Rechteckimpuls** der Dauer τ_1 nach (9.74) ein si-förmiges Spektrum aufweist:

$$x(t) = \begin{cases} A & \text{für } |t| \leq \tau_1/2 \\ 0 & \text{für } |t| > \tau_1/2 \end{cases} \qquad \circ\!\!-\!\!\bullet \qquad \underline{X}(\omega) = A\,\tau_1\,\mathrm{si}\,(\pi\,\omega/\omega_g). \qquad (9.85)$$

Als Abkürzung verwenden wir in beiden Fällen die Grenzfrequenz $\omega_g = 2\pi f_g = 2\pi/\tau_1$, die die erste Nullstelle der si-Funktion markiert. Dabei darf diese Grenzfrequenz ω_g nicht mit der Cutoff-Frequenz $\omega_c^{(1,0)} = \pi c/a$ des H_{10}-Hohlleiters verwechselt werden. Beide Zeitfunktionen $x(t)$ sind in Bild 9.10 zusammen mit ihren zugehörigen Amplitudenspektren $X(\omega) = |\underline{X}(\omega)|$ dargestellt. Dabei werden die dem Gaußimpuls zugehörigen Kurven gestrichelt gezeichnet.

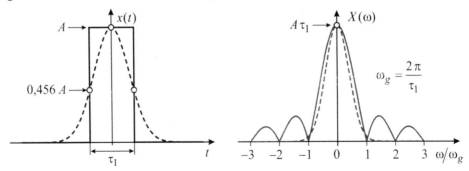

Bild 9.10 Gaußimpuls (9.84) und flächengleicher Rechteckimpuls (9.85) im Zeitbereich (links) und im Frequenzbereich (rechts). Aufgrund seiner Sprünge im Zeitbereich verteilt sich die Energie des Rechteckimpulses über ein deutlich breiteres Frequenzband, das weit über die Grenzfrequenz ω_g hinausgeht.

Der Gaußimpuls besitzt im Spektralbereich die schmalere Hauptkeule und hat keine Nebenkeulen. Dagegen hat der flächengleiche Rechteckimpuls ein enorm ausgedehntes Fourier-Spektrum mit sehr vielen Nebenkeulen, die nur langsam wie $1/\omega$ asymptotisch abklingen. Wegen des Modulationssatzes der Fourier-Transformation (Anhang F)

$$x(t)\cos(\omega_T t) \qquad \circ\!\!-\!\!\bullet \qquad \underline{X}_{\mathrm{mod}}(\omega) = 0,5\left[\underline{X}(\omega - \omega_T) + \underline{X}(\omega + \omega_T)\right] \qquad (9.86)$$

ist bei modulierten Signalen der Frequenzschwerpunkt, der im Basisband noch bei $\omega = 0$ lag, nun um $\pm \omega_T$ verschoben. Die Trägerfrequenz ω_T muss so gewählt werden, dass Sie im eindeutigen Monomodebereich der H$_{10}$-Grundwelle des Hohlleiters liegt. Außerdem sollte die Gruppengeschwindigkeit innerhalb der Signalbandbreite $B = f_{max} - f_{min}$ möglichst nur eine geringe Frequenzabhängigkeit aufweisen. Nach Bild 8.10 bevorzugt man bei Rechteckhohlleitern mit $a \geq 2\,b$ daher den **Frequenzbereich**

$$1,25\, f_c^{(1,0)} < f_{min} < f_T < f_{max} < 1,9\, f_c^{(1,0)} \quad \text{mit} \quad f_c^{(1,0)} = \frac{c}{2\,a}, \tag{9.87}$$

woraus sich bei einem luftgefüllten R100-Hohlleiter mit $a = 22,86$ mm ein zulässiger Frequenzbereich von 8,196 GHz bis 12,459 GHz ergibt. Das wesentlich breitbandigere **Amplitudenspektrum** des modulierten Eingangs-Rechteckimpulses (9.86), das aus zwei gegeneinander verschobenen Anteilen

$$X_{mod}(\omega) = \frac{A\tau_1}{2} \left| \text{si}\left(\frac{\pi(\omega - \omega_T)}{\omega_g} \right) + \text{si}\left(\frac{\pi(\omega + \omega_T)}{\omega_g} \right) \right| \tag{9.88}$$

besteht, geht in Bild 9.11 mit seinen vielen Nebenkeulen deutlich über die zulässigen Grenzen hinaus. Die **verbotenen Bereiche** sind jeweils grau hinterlegt. Die hohen Frequenzen erreichen den Hohlleiterausgang viel früher und die niederen viel später – jeweils verglichen mit der Gruppenlaufzeit t_g an der Mittenfrequenz f_T nach (9.79). So ist es nicht verwunderlich, dass der breitbandige Rechteckimpuls aus Bild 9.10 deutlich stärkere Hüllkurvenverzerrungen am Hohlleiterende erleidet als sein flächengleicher, schmalbandiger Gaußimpuls.

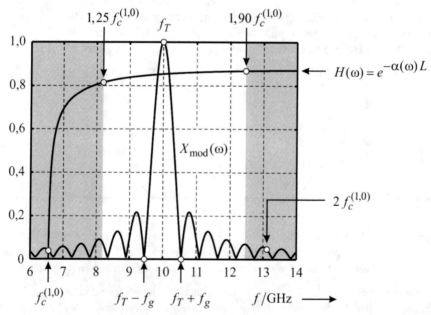

Bild 9.11 Mit $A\tau_1/2 = 1$ normiertes Amplitudenspektrum $X_{mod}(\omega)$ nach (9.88) eines auf der Trägerfrequenz $f_T = 10$ GHz modulierten Eingangsimpulses mit rechteckiger Einhüllenden der Dauer $\tau_1 = 1,825$ ns mit $f_g = 1/\tau_1 = 0,5478$ GHz, dargestellt bei positiven Frequenzen. Der nach (9.87) zulässige Bereich geringer Dispersion wird hier nicht eingehalten.

Man beachte, dass das Amplitudenspektrum $X_{mod}(\omega)$ in Bild 9.11 keine richtigen **Nullstellen** aufweist, was besonders in seiner linken Hälfte zu sehen ist. Aufgrund der *Summe* in (9.88) überlagern nämlich die Nebenkeulen der einen si-Funktion die Nullstellen der anderen. So ist der zweite Summand $\underline{X}(\omega+\omega_T)$, dessen Maximum bei negativen Frequenzen liegt, durchaus auch bei positiven Frequenzen von Bedeutung. Für die übliche Dimensionierung mit $\omega_T \gg \omega_g = 2\pi/\tau_1$ bleibt dieser Einfluss aber gering. Man beachte hierzu auch die Bemerkungen im Zusammenhang mit (9.19) und (9.77).

In Bild 9.11 ist außerdem der Betrag $H(\omega)$ der **Übertragungsfunktion** eines $L = 10$ m langen R100-Hohlleiters aus Aluminium dargestellt, berechnet mit der Dämpfungskonstante $\alpha(\omega)$ aus (8.42). Direkt an der Trägerfrequenz gilt $H(\omega_T) = 0,8535$ in Übereinstimmung mit (9.80). Ähnlich wie die Gruppengeschwindigkeit $v_g(\omega)$ in Bild 8.10 ist hier auch die Übertragungsfunktion $H(\omega)$ im zulässigen Bereich (9.87) nur gering von der Frequenz abhängig.

9.3.4 Impulsfolge mit Bandbegrenzung

Wir haben im vorherigen Abschnitt 9.3.3 gesehen, dass Rechteckimpulse aufgrund ihrer steilen Flanken und der damit einhergehenden großen Bandbreite zu starken dispersiven Laufzeitverzerrungen führen können. Bereits im Abschnitt 9.2 hatten wir Gaußimpulse als Modellsignale untersucht und dort deutlich geringere Verzerrungen festgestellt. Da nach Bild 9.10 das Spektrum des Gaußimpulses oberhalb der ein- bis zweifachen Grenzfrequenz kaum noch Harmonische aufweist, liegt der Gedanke nahe, dass durch eine Bandbegrenzung des Rechteckimpulses sich seine Laufzeitverzerrungen ebenfalls verringern lassen.

Tatsächlich ist es in der Übertragungstechnik allgemein üblich, Rechteckimpulse der Dauer $\tau_1 = 1/f_g = 2\pi/\omega_g$ in ihrer HF-Bandbreite mit $0 \leq r \leq 1$ auf einen Bereich von höchstens $|f - f_T| \leq (1+r)f_g$ zu begrenzen, um den Einfluss der Dispersion in Nachrichtenkanälen unter Kontrolle zu halten [Hölz82, Göb99, Nock04, Huf06].

Mit Hilfe eines **digitalen Tiefpassfilters**[7] werden dazu Impulse geformt, mit denen folgende Forderungen erfüllt werden können:

- An den Abtastzeitpunkten soll die Interferenz durch Nachbarimpulse verschwinden (Nyquist-Bedingung erster Art).
- Die Impulsbandbreite soll so begrenzt werden, dass die störende Wirkung von Vorläufern und Nachschwingern aufgrund dispersiver Laufzeitverzerrungen gering bleibt.

Um dies zu erreichen, kann man die von einer Nachrichtenquelle abgegebenen Rechteckimpulse durch ein Tiefpassfilter mit kosinusförmigem Übertragungsfaktor $A(\omega)$ umformen (Bild 9.12). Man spricht dann von einem **Kosinus-Roll-Off-Filter:**

$$A(x) = \begin{cases} 1 & \text{für} \quad 0 \leq x \leq 1-r \\ \cos^2\left[\dfrac{\pi}{4r}(x-1+r)\right] & \text{für} \quad 1-r \leq x \leq 1+r \\ 0 & \text{für} \quad 1+r \leq x \end{cases} \quad \text{mit} \quad x = |\omega|/\omega_g . \quad (9.89)$$

---

[7] Im Folgenden diskutieren wir Tiefpassfilter im Basisbandbereich – die Übertragung auf Bandpassfilter im Hochfrequenzbereich gelingt sehr einfach mit Hilfe des Modulationssatzes der Fourier-Transformation. Die HF-Bandbreite ist dann doppelt so groß wie im Basisband, d. h. es gilt $B_{HF} = 2B$.

Dabei bestimmt der Roll-Off-Faktor $0 \leq r \leq 1$ die Steilheit des Filters. Mit dem trigonometrischen Theorem $2\cos^2 x = 1 + \cos(2x)$ erkennt man, dass die Filterflanke einer verschobenen Kosinusfunktion entspricht, weswegen man auch von einem **Raised-Cosine-Filter** spricht.

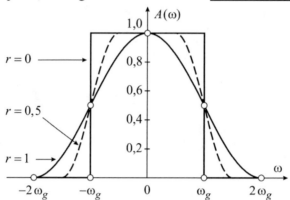

Bild 9.12 Übertragungsfaktor $A(\omega)$ eines Tiefpassfilters mit Kosinus-Roll-Off-Charakteristik nach (9.89) für verschiedene Roll-Off-Faktoren r mit der Grenzfrequenz $\omega_g = 2\pi f_g = 2\pi/\tau_1$

Für $r = 0$ erhält man ein ideales (nicht kausales) Rechteckfilter mit Transmission im Bereich $-\omega_g \leq \omega \leq \omega_g$, während sich für $r = 1$ im Bereich $-2\omega_g \leq \omega \leq 2\omega_g$ eine maximal flache Kosinusflanke einstellt. Die einseitige **Gesamt-Bandbreite** des Tiefpassfilters beträgt

$$\boxed{B = (1+r)\, f_g = (1+r)/\tau_1 = \sqrt{2}\,(1+r)/\tau_2 = \sqrt{2}\,(1+r)\, BR}\,, \qquad (9.90)$$

bzw. $B_{HF} = 2B = 2(1+r)\, f_g$ im modulierten HF-Signal. An der Grenzfrequenz des Filters gilt $A(\omega_g) = 0{,}5$, weshalb man f_g auch als **6 dB-Bandbreite** bezeichnet. Größere Roll-Off-Faktoren im Bereich $0{,}5 \leq r \leq 1$ haben zwar eine flachere Filterflanke und führen zu geringeren Überschwingern im Zeitbereich – allerdings um den Preis einer größeren Bandbreite, bei der sich wieder stärkere dispersive Laufzeitverzerrungen einstellen können. In der Praxis werden als Kompromiss daher wie in Tabelle 9.1 kleinere Werte des Roll-Off-Faktors bevorzugt.

Tabelle 9.1 Roll-Off-Faktoren zur Impulsformung in gebräuchlichen Übertragungssystemen

	Kabelsysteme (DVB-C)	Mobilfunksysteme (UMTS, LTE)	Satellitensysteme (DVB-S)
Roll-Off-Faktoren	$r = 0{,}15$	$r = 0{,}22$	$r = 0{,}35$

Als **Beispiel** betrachten wir im Folgenden ein Satellitensystem mit dem Roll-Off-Faktor $r = 0{,}35$. Das nach Bild 9.10 si-förmige Basisbandspektrum $\underline{X}(\omega)$ eines Rechteckimpulses der Dauer $\tau_1 = 1/f_g$ wird hier mit Hilfe eines Tiefpassfilters (9.89) mit Kosinus-Roll-Off-Charakteristik $A(\omega)$ in seiner Bandbreite auf den Frequenzbereich $-1{,}35\,\omega_g \leq \omega \leq 1{,}35\,\omega_g$ begrenzt. Das auf diese Weise mit $x = |\omega|/\omega_g$ umgeformte Spektrum

$$\underline{Y}(x) = \underline{X}(x)\, A(x) = A\tau_1\, \mathrm{si}\,(\pi x) \begin{cases} 1 & \text{für} \quad 0 \leq x \leq 0{,}65 \\[2mm] \cos^2\!\left[\dfrac{\pi}{1{,}4}\,(x - 0{,}65)\right] & \text{für} \quad 0{,}65 \leq x \leq 1{,}35 \\[2mm] 0 & \text{für} \quad 1{,}35 \leq x \end{cases} \qquad (9.91)$$

weist kaum noch Nebenkeulen auf und kommt dem Spektrum eines Gaußimpulses sehr nahe. In Bild 9.13 ist das Amplitudenspektrum $Y(\omega) = |\underline{Y}(\omega)|$ gemeinsam mit dem gestrichelt gezeichneten gaußförmigen Spektrum (9.84) für $A\tau_1 = 1$ dargestellt – man vergleiche dazu Bild 9.10.

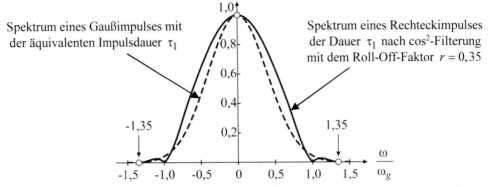

Spektrum eines Gaußimpulses mit der äquivalenten Impulsdauer τ_1

Spektrum eines Rechteckimpulses der Dauer τ_1 nach $\cos^2$-Filterung mit dem Roll-Off-Faktor $r = 0,35$

Bild 9.13 Durch Filterung mit einem Tiefpass mit Kosinus-Roll-Off-Charakteristik und $r = 0,35$ wird das ursprünglich breitbandige si-Spektrum (9.85) eines Rechteckimpulses der Dauer $\tau_1 = 2\pi/\omega_g$ entsprechend (9.91) in seiner Bandbreite auf den Frequenzbereich $-1,35\,\omega_g \le \omega \le 1,35\,\omega_g$ eingeengt und hat dadurch einen ähnlichen Verlauf wie das Spektrum (9.84) eines flächengleichen Gaußimpulses.

Nach der Bandbegrenzung des si-förmigen Spektrums eines Rechteckimpulses durch Kosinus-Roll-Off-Filterung und der damit einhergehenden Angleichung an das spektrale Verhalten von Gaußimpulsen können wir nun erwarten, dass die so umgeformten Rechteckimpulse sich im Hohlleiter-Nachrichtenkanal ähnlich wie Gaußimpulse verhalten werden. Insbesondere sollten die starken Intersymbolstörungen, die wir in Bild 9.9 noch beobachten konnten, verschwunden sein. Eine numerische Auswertung von (9.77) wobei dort anstelle von $\underline{X}(\omega \pm \omega_T)$ nun $\underline{Y}(\omega \pm \omega_T)$ aus (9.91) einzusetzen ist, bestätigt die Erwartungen (Bild 9.14). Tatsächlich bewirkt die Bandbegrenzung eine deutliche Reduktion der dispersiven Laufzeitverzerrungen und ermöglicht die Übertragung mit der *gleichen* Bitrate (9.82) wie wir sie auch für Gaußimpulse hergeleitet hatten.

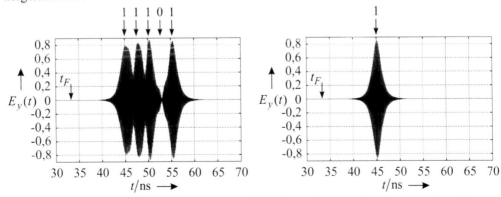

Bild 9.14 Antwort am Ausgang eines R100-Rechteckhohlleiters der Länge $L = 10$ m aus Aluminium auf eine digitale Impulsfolge aus *fünf* HF-Bits $[1\ 1\ 1\ 0\ 1]$ bei der Trägerfrequenz $f_T = 10$ GHz. Die Eingangsimpulse wurden aus HF-Impulsen mit rechteckiger Einhüllenden der Dauer $\tau_1 = 1,825$ ns mit Hilfe eines Kosinus-Roll-Off-Filters mit $r = 0,35$ gewonnen. Die Pulsperiode wurde wie bei Gaußimpulsen zu $T_p = \sqrt{2}\,\tau_1 = 2,582$ ns gewählt. Rechts daneben sieht man das Ausgangssignal bei Anregung mit nur *einem* Impuls. Man vergleiche hiermit die Ergebnisse aus Bild 9.9.

9.4 Aufgaben

9.4.1 Berechnen Sie die maximal möglichen Bitraten für $L = 10$ m in einem R58-Hohlleiter mit $a = 40,386$ mm und in einem R100-Hohlleiter mit $a = 22,860$ mm jeweils an den etwa in der Bandmitte liegenden Frequenzen $f = 1,5\,c_0/(2a)$. Beide Hohlleiter sollen als rauschfrei angesehen werden, sodass die Bitrate BR nur durch dispersive Laufzeitverzerrungen beschränkt wird. Mit welchen Dämpfungen müssen Sie rechnen, falls beide Hohlleiter aus Kupfer hergestellt werden?

9.4.2 In der Bodenstation (Erdfunkstelle) eines Satellitensystems werde eine große Reflektorantenne mit einem Hohlleiter von $L = 35$ m Länge gespeist. Die verwendeten Trägerfrequenzen sollen im Frequenzband $8,5$ GHz $< f_T < 11,5$ GHz liegen. Die Impulse werden von einem Kosinus-Roll-Off-Filter mit $r = 0,35$ geformt. Vergleichen Sie die durch dispersive Laufzeitverzerrungen beschränkten maximal möglichen Bitraten BR, wenn Sie einen R100-Rechteckhohlleiter mit breiter Seite $a = 22,860$ mm bzw. einen C89-Rundhohlleiter mit Durchmesser $D = 23,825$ mm als Speiseleitung verwenden.

Lösungen:

9.4.1 Wir benutzen (9.36) sowie (9.82) und erhalten für $L = 10$ m folgende Ergebnisse.

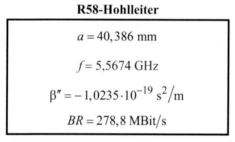

R58-Hohlleiter	R100-Hohlleiter
$a = 40,386$ mm	$a = 22,860$ mm
$f = 5,5674$ GHz	$f = 9,8357$ GHz
$\beta'' = -1,0235 \cdot 10^{-19}\ \mathrm{s^2/m}$	$\beta'' = -0,57932 \cdot 10^{-19}\ \mathrm{s^2/m}$
$BR = 278,8$ MBit/s	$BR = 370,6$ MBit/s

Die Dämpfungswerte im $L = 10$ m langen Kupferhohlleiter folgen direkt aus Tabelle 8.6 oder aus einer zu (9.80) analogen Rechnung. Beim R58-Hohlleiter erhalten wir $0,43$ dB und beim R100-Hohlleiter sind es $1,10$ dB.

9.4.2 Der R100-Rechteckhohlleiter hat nach Tabelle 8.6 eine nutzbare Bandbreite seiner H_{10}-Grundwelle von $8,196$ GHz $-12,459$ GHz mit $k_c^{H_{10}} = \pi/a$, während der C89-Rundhohlleiter nach (8.104) und Tabelle 8.10 mit seiner H_{11}-Grundwelle in einem ähnlichen Frequenzbereich von $8,481$ GHz $-11,622$ GHz mit $k_c^{H_{11}} = 2\,j_{11}'/D$ und $j_{11}' = 1,8412$ betrieben werden kann. Das erforderliche Frequenzband kann also mit beiden Hohlleitern abgedeckt werden. Mit (9.36) und (9.82) finden wir die frequenzabhängige Bitrate für $L = 35$ m. Dabei sehen wir, dass die Bitrate im Rundhohlleiter stets die kleinere ist.

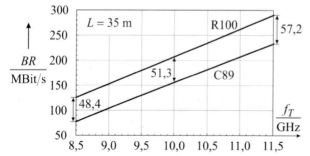

Einseitige Bandbreite nach (9.90):

$$B = (1+r)\,f_g = \sqrt{2}\,(1+r)\,BR$$

Beide Hohlleiter bleiben auch an der oberen Bandgrenze im eindeutigen Monomodebereich. Beim C89 muss dafür $f_T + B < f_c^{H_{21}}$ gelten, d.h. für $r = 0,35$ und $BR = 232,6$ MBit/s:

$(11,5 + 0,444)$ GHz $< 12,233$ GHz.

10 Grundbegriffe der Antennentechnik

Bevor wir uns mit grundlegenden Eigenschaften von Antennen und deren anschaulicher Beschreibung durch **Kenngrößen** wie Richtdiagramm, Strahlungsleistung, Gewinn, Wirkfläche und Polarisation befassen, wollen wir zunächst die zwei einfachsten Antennengrundformen betrachten. An deren Beispiel werden wir die wichtigsten Antennenparameter besprechen.

10.1 Isotroper Strahler

Eine (hypothetische) verlustlose Antenne, die gleichmäßig in alle Raumrichtungen abstrahlt bzw. gleichmäßig aus allen Raumrichtungen empfängt, wird **isotroper Strahler** oder **Kugelstrahler** genannt. Als Sendeantenne erzeugt sie eine Kugelwelle mit sphärischen Phasenfronten. Im Abstand r erhält man winkelunabhängig ($\partial/\partial\vartheta = \partial/\partial\varphi = 0$) folgende Leistungsdichte:

$$\boxed{S = \frac{P_S}{4\pi r^2}}\,, \text{ wobei } P_S \text{ die gesamte abgestrahlte Wirkleistung bezeichnet.} \qquad (10.1)$$

Da jede kugelsymmetrische Ladungs- oder Stromverteilung immer statisch ist und daher nicht strahlt, gibt es keine elektromagnetische Monopolstrahlung [Jac02] und ein Kugelstrahler kann nicht realisiert werden – ist aber als theoretische Vergleichsantenne durchaus von Interesse.

10.2 Hertzscher Dipol als elektrischer Elementarstrahler

Ein elektrisch kurzer Linearstrahler der Länge $l \ll \lambda_0/4$ kann als konzentriertes Bauelement betrachtet werden. Auf seiner gesamten Länge wollen wir mit der komplexen Amplitude $\underline{I}$ eine räumlich konstante Stromverteilung, die zeitlich sinusförmig schwingt, annehmen (Bild 10.1).

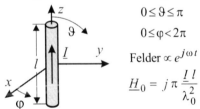

$$0 \le \vartheta \le \pi$$
$$0 \le \varphi < 2\pi$$
$$\text{Felder} \propto e^{j\omega t}$$
$$\underline{H}_0 = j\pi\frac{\underline{I}\,l}{\lambda_0^2}$$

Bild 10.1 Vertikal orientierter kurzer Linearstrahler mit komplexer Amplitude $\underline{H}_0$ seines Magnetfeldes

Eine im Grenzfall infinitesimal kurze Antenne wird **Hertzscher Dipol** genannt. In Kapitel 15 werden wir das zugehörige Strahlungsfeld noch ausführlich herleiten. Im Moment wollen wir uns mit den transversalen Komponenten des Fernfeldes bei Abständen von $r \ge 2\lambda_0$ begnügen. Wir finden in (10.2) mit zunehmendem Abstand r kleinere Felder und eine nacheilende Phase:

$$\boxed{\begin{aligned} \underline{H}_\varphi &= \underline{H}_0 \sin\vartheta\,\frac{e^{-jk_0 r}}{k_0 r} \\[2mm] \underline{E}_\vartheta &= Z_0\,\underline{H}_\varphi = Z_0\,\underline{H}_0 \sin\vartheta\,\frac{e^{-jk_0 r}}{k_0 r}\,. \end{aligned}} \qquad (10.2)$$

© Springer Fachmedien Wiesbaden GmbH, ein Teil von Springer Nature 2022
K. W. Kark, *Antennen und Strahlungsfelder*,
https://doi.org/10.1007/978-3-658-38595-8_10

Im Fernfeld sind die Feldkomponenten $\underline{E}_\vartheta$ und $\underline{H}_\varphi$ phasengleich und ihre Amplitude nimmt wie $1/r$ ab. Sie stehen zueinander im Verhältnis des reellen **Feldwellenwiderstandes** Z_0:

$$\boxed{\frac{\underline{E}_\vartheta}{\underline{H}_\varphi} = Z_0 = \sqrt{\frac{\mu_0}{\varepsilon_0}} \approx 376{,}73\,\Omega \approx 120\,\pi\,\Omega} \, . \tag{10.3}$$

Hierin ist weder r noch ϑ enthalten, d. h. diese Verknüpfung gilt an jedem Punkt des Raumes, sofern nur $r \geq 2\lambda_0$ ist. Für Feldstärkemessungen ist es daher gleichgültig, ob $\underline{H}_\varphi$ oder $\underline{E}_\vartheta$ gemessen wird. Trotz der kugelförmigen Ausbreitung in Richtung $\mathbf{e}_r$ finden wir hier wieder die gleiche Verknüpfung der elektrischen und magnetischen Transversalfeldstärken wie auf einer Leitung oder bei einer ebenen Welle. Aus $\underline{E}_\vartheta$ und $\underline{H}_\varphi$ erhalten wir den **Energietransport** in radialer Richtung mit Hilfe des Poyntingschen Strahlungsvektors:

$$\boxed{\mathbf{S} = \underline{S}_r\,\mathbf{e}_r = \frac{1}{2}\,\underline{\mathbf{E}}_\vartheta \times \underline{\mathbf{H}}_\varphi^*} \, . \tag{10.4}$$

Mit den Werten der Feldkomponenten im Fernfeld aus (10.2) erhält man die räumliche Abhängigkeit der Energiestromdichte:

$$\underline{S}_r = S_r = \frac{1}{2}\,Z_0 \left|\underline{H}_\varphi\right|^2 = \frac{1}{2}\,Z_0 \left|\underline{H}_0\right|^2 \frac{\sin^2 \vartheta}{(k_0 r)^2} \, . \tag{10.5}$$

Die Leistungsdichte S_r ist reell und daher eine reine Wirkleistungsgröße.

Übung 10.1: Strahlungsleistung des Hertzschen Dipols

- Man bestimme die gesamte von einem Hertzschen Dipol abgestrahlte Wirkleistung P_S.

- **Lösung:**

  In den ihn umgebenden kugelförmigen Raumbereich mit dem Flächenelement $d\mathbf{A} = \mathbf{e}_r\,r^2 \sin\vartheta\,d\vartheta\,d\varphi$ (siehe Tabelle 2.6) entsendet der kurze Dipol die Wirkleistung

  $$P_S = \mathrm{Re}\left\{ \oiint_A \underline{\mathbf{S}} \cdot d\mathbf{A} \right\} = \int_{\varphi=0}^{2\pi} \int_{\vartheta=0}^{\pi} S_r\,r^2 \sin\vartheta\,d\vartheta\,d\varphi, \tag{10.6}$$

  die sich als Integral der Leistungsdichte (10.5) über der Oberfläche A einer Kugel um den Ursprung im Abstand r darstellen lässt. Im Fernfeld gilt daher:

  $$P_S = \int_{\varphi=0}^{2\pi} \int_{\vartheta=0}^{\pi} \frac{1}{2}\,Z_0\left|\underline{H}_0\right|^2 \frac{\sin^2\vartheta}{(k_0 r)^2}\,r^2 \sin\vartheta\,d\vartheta\,d\varphi = \frac{1}{2k_0^2}\,Z_0\left|\underline{H}_0\right|^2 \int_{\varphi=0}^{2\pi} \int_{\vartheta=0}^{\pi} \sin^3\vartheta\,d\vartheta\,d\varphi . \tag{10.7}$$

  Mit der komplexen Amplitude $\underline{H}_0 = j\,\pi\,\underline{I}\,l\big/\lambda_0^2$ und mit $\int_{\vartheta=0}^{\pi} \sin^3\vartheta\,d\vartheta = 4/3$ erhält man:

  $$P_S = \frac{2\pi}{2k_0^2}\,Z_0\left|\underline{H}_0\right|^2 \int_{\vartheta=0}^{\pi} \sin^3\vartheta\,d\vartheta = \frac{\pi\lambda_0^2}{4\pi^2}\,Z_0 \left(\frac{\pi l}{\lambda_0^2}\right)^2 |\underline{I}|^2 \frac{4}{3} = \frac{\pi}{3}\,Z_0 \left(\frac{l}{\lambda_0}\right)^2 |\underline{I}|^2 . \tag{10.8}$$

  Mit einem beim Vergleich zu elektrischen Schaltungen nahe liegenden Ansatz

  $$P_S = R_S\,|\underline{I}|^2 \big/ 2 \tag{10.9}$$

erhalten wir nach [Rüd08] den **Strahlungswiderstand** R_S des Hertzschen Dipols:

$$R_S = \frac{2\,\pi}{3} Z_0 \left(\frac{l}{\lambda_0}\right)^2 \approx 789\,\Omega \left(\frac{l}{\lambda_0}\right)^2 \,. \tag{10.10}$$

Die abgestrahlte Wirkleistung ist also proportional zum Strahlungswiderstand, d. h. $P_S \propto R_S \propto \left(l/\lambda_0\right)^2$. Eine elektrisch kurze Drahtantenne mit homogener Strombelegung strahlt also umso wirkungsvoller, je länger die Antenne und je kleiner die Wellenlänge ist. Es muss dabei natürlich immer noch die Beziehung $l \ll \lambda_0/4$ erfüllt sein. Es ist somit ohne weiteres zu verstehen, warum im Gebiet sehr hoher Frequenzen, also bei sehr kurzen Wellenlängen, ein leistungsstarkes Strahlungsfeld bei gegebener Stromstärke $\underline{I}$ leichter zu verwirklichen ist. Für $l = \lambda_0/40$ erhalten wir aus (10.10) einen Wert von $R_S = 0{,}49\,\Omega$ und damit keinen leistungsstarken Strahler. Das einfachste **Ersatzbild** einer verlustlosen Sendeantenne *ohne* Berücksichtigung der Energiespeicherung im Nahfeld ist in Bild 10.2 dargestellt. Der Strahlungswiderstand R_S symbolisiert darin den freien Raum.   □

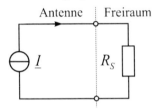

Bild 10.2 Ersatzschaltbild einer verlustlosen Sendeantenne mit Quellstrom und Strahlungswiderstand

10.3 Kenngrößen von Antennen

Die wichtigsten elektromagnetischen Eigenschaften von Antennen für den Einsatz in Funksystemen lassen sich durch eine Reihe von Kenngrößen erfassen. Diese Kenngrößen sollen in den folgenden Abschnitten erläutert und einfache Berechnungsverfahren für sie angegeben werden. Um diese Kenngrößen und ihre Berechnung zu veranschaulichen, werden sie jeweils für den Hertzschen Dipol ausgewertet. An diesem Beispiel lassen sich die wichtigsten Antenneneigenschaften gut erklären.

10.3.1 Richtdiagramm

Im Fernfeld nimmt die Krümmung der sphärischen Phasenfront einer Kugelwelle immer weiter ab. Für $r \to \infty$ kann die Kugelwelle lokal durch eine homogene ebene Welle angenähert werden. Die transversalen Feldkomponenten werden phasengleich und es wird nur in radialer Richtung Wirkleistung transportiert, deren Winkelverteilung durch die Sendeantenne festgelegt ist. Der Winkelabhängigkeit der Strahlung, d.h. der **Strahlungsverteilung** im Raum, kommt eine große praktische Bedeutung zu. Von ihr hängt es ab, welcher Anteil der ausgestrahlten Leistung für den eigentlichen Verwendungszweck ausgenutzt werden kann. Strahlung in oder Aufnahme aus unerwünschten Richtungen erhöht die gegenseitigen Störungsmöglichkeiten. Bestimmte Aufgaben verlangen vielfach auch eine ganz bestimmte Verteilung des Strahlungsfeldes. Einen Überblick über die Verteilung der Strahlung in verschiedene Raumrichtungen liefert die Verteilung der **Fernfeldstärke** einer Antenne in Abhängigkeit von der Raumrichtung (ϑ, φ).

Man betrachtet das Fernfeld, da in der Regel nur dieses für die Übertragung in Frage kommt und die Winkelabhängigkeit der Strahlung erst in größerem Abstand von der Strahlungsquelle *entfernungsunabhängig* wird. Zur Kennzeichnung wird die **Richtcharakteristik** mit

$$C(\vartheta,\varphi) = \frac{|\mathbf{E}(\vartheta,\varphi)|}{|\mathbf{E}(\vartheta,\varphi)|_{max}}$$ (10.11)

und $0 \le C(\vartheta,\varphi) \le 1$ eingeführt. Sie gibt die Winkelverteilung des elektrischen Fernfeldes, bezogen auf den Maximalwert in Hauptstrahlungsrichtung, an. Die Winkelverteilung der Strahlungsdichte ist damit:

$$\frac{S_r(\vartheta,\varphi)}{S_r(\vartheta,\varphi)_{max}} = C^2(\vartheta,\varphi).$$ (10.12)

Bemerkung: **Reziprozität** (Übertragungssymmetrie)

Reziprozität oder Umkehrbarkeit bedeutet ganz allgemein, dass in einem System die Positionen von *Ursache* und *Wirkung* miteinander vertauscht werden können, ohne dass sich die Verknüpfung zwischen Ursache und Wirkung ändert. Insbesondere in der Nachrichtentechnik bleibt bei Reziprozität eine komplexe Empfangsgröße unverändert, wenn Sender und Empfänger (aber *nicht* die Antennen) miteinander vertauscht werden. Die Antennen bleiben also am gleichen Ort, nur ihre Sende- und Empfangsfunktionen werden vertauscht [Thi10].

Die Empfangscharakteristik einer Antenne ist also gleich ihrer Sendecharakteristik,

falls keine richtungsabhängigen Bauelemente – wie z. B. vormagnetisierte Ferrite (siehe Abschnitt 3.5) – eingebaut sind und das Übertragungsmedium isotrop ist. Im Empfangs- und im Sendefall ist die Stromverteilung auf der Antennenoberfläche aufgrund des unterschiedlichen Nahfeldes jedoch verschieden. Die Streumatrix reziproker Zweitore ist symmetrisch.

Übung 10.2: Richtcharakteristik

• Man bestimme die Richtcharakteristik des elektrischen Elementarstrahlers.

• **Lösung:**

Bei einem in z-Richtung orientierten **Hertzschen Dipol** gilt nach (10.2) im Fernfeld

$$\mathbf{E} = \mathbf{e}_\vartheta\, Z_0\, \underline{H}_0 \sin\vartheta\ e^{-jk_0 r}/(k_0\, r).$$ (10.13)

Die Abstrahlung wird maximal für $\vartheta = \pi/2$ mit $|\underline{E}|_{max} = Z_0|\underline{H}_0|/(k_0\, r)$ und die Richtcharakteristik ist für $0 \le \vartheta \le \pi$

$$C(\vartheta,\varphi) = \frac{|\underline{E}|}{|\underline{E}|_{max}} = \frac{\dfrac{Z_0|\underline{H}_0|}{k_0 r}|\sin\vartheta|}{\dfrac{Z_0|\underline{H}_0|}{k_0 r}} = \sin\vartheta.$$ (10.14)

Die Abstrahlung erreicht in der zur Dipolachse *senkrechten* Ebene ihr Maximum, während sie in Richtung der Dipolachse ihr Minimum, d. h. den Nullwert, hat. Gleichung (10.14) mit $C(\vartheta,\varphi) = \sin\vartheta$ beschreibt ein Toroid um die polare Achse und gibt die horizontal gleichmäßige (uniforme) Abstrahlung wieder. Eine räumliche Darstellung findet man in Bild 10.3. Der Hertzsche Dipol ist somit ein azimutaler Rundstrahler.   □

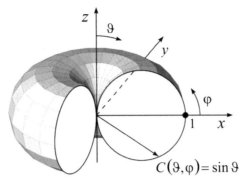

$$C(\vartheta, \varphi) = \sin \vartheta$$

Bild 10.3 <u>**Toroidcharakteristik**</u> eines entlang der z-Achse vertikal orientierten Hertzschen Dipols

Ist ein Hertzscher Dipol nicht parallel zur z-Achse, sondern parallel zur x- oder y-Achse ange-ordnet, so strahlt er zwar prinzipiell gleich, die Feldkomponenten projizieren sich dann aller-dings in anderer Weise auf die drei Koordinatenachsen. Die stärkste Abstrahlung erfolgt stets in einer Ebene quer zur jeweiligen Dipolachse. Das elektrische Feld in diesen Hauptstrahlungs-richtungen ist beim z-Dipol vertikal polarisiert und beim x- wie auch beim y-Dipol horizontal polarisiert. Durch die Verkippung um 90° erhalten wir ebenfalls eine um 90° gedrehte Richtcharakteristik, deren Beschreibung im „alten" Koordinatensystem in Tabelle 10.1 erläutert wird. Hertzsche Dipole mit gekippter Achse werden auch in Übung 14.5 behandelt.

Tabelle 10.1 Fernfeld-Charakteristik Hertzscher Dipole in verschiedener Achslage

z-Dipol	x-Dipol	y-Dipol
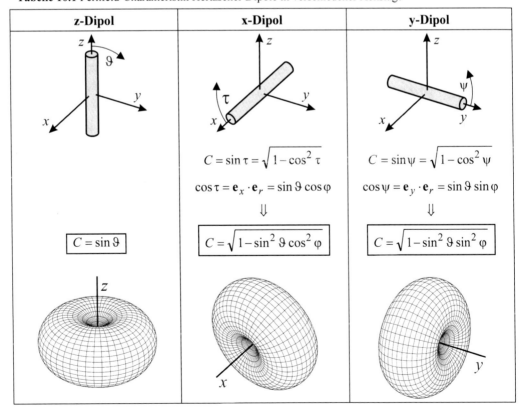		
	$C = \sin \tau = \sqrt{1 - \cos^2 \tau}$	$C = \sin \psi = \sqrt{1 - \cos^2 \psi}$
	$\cos \tau = \mathbf{e}_x \cdot \mathbf{e}_r = \sin \vartheta \cos \varphi$	$\cos \psi = \mathbf{e}_y \cdot \mathbf{e}_r = \sin \vartheta \sin \varphi$
	$\Downarrow$	$\Downarrow$
$\boxed{C = \sin \vartheta}$	$\boxed{C = \sqrt{1 - \sin^2 \vartheta \cos^2 \varphi}}$	$\boxed{C = \sqrt{1 - \sin^2 \vartheta \sin^2 \varphi}}$

Anstelle einer dreidimensionalen Darstellung der Strahlungsverteilung durch die Richtcharakteristik werden meist durch **Richtdiagramme** Schnitte der räumlichen Richtcharakteristik angegeben. Dabei werden bevorzugte Ebenen durch den Antennenmittelpunkt (bzw. das Phasenzentrum) und das Strahlungsmaximum ausgesucht. Oft geben das **vertikale** Richtdiagramm $C(\vartheta, \varphi = \varphi_0)$, d. h. die Abhängigkeit der Strahlung vom Elevationswinkel ϑ, und das **horizontale** Richtdiagramm $C(\vartheta = \pi/2, \varphi)$, d. h. die Abhängigkeit vom Azimutwinkel φ, einen ausreichenden Überblick. Richtdiagramme werden häufig in Polarkoordinaten dargestellt. Das Vertikal- und das Horizontaldiagramm des **Hertzschen Dipols** in der z-Achse sind in Bild 10.4 wiedergegeben.

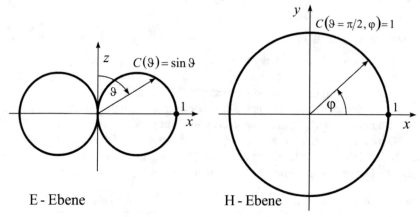

E - Ebene   H - Ebene

Bild 10.4 Vertikal- und Horizontaldiagramm eines Hertzschen Dipols in der z-Achse

Ein Maß für den Grad der Energiebündelung bei Richtantennen ist die Breite der Strahlungskeule. Sie wird ausgedrückt durch die vertikalen und horizontalen **Halbwertsbreiten** $\Delta\vartheta$ und $\Delta\varphi$ der Hauptkeule. Das ist der Winkelbereich, innerhalb dessen die Strahlungsdichte um nicht mehr als die Hälfte der maximalen Strahlungsdichte – also um 3 dB – absinkt. Die Feldstärke fällt in diesem Bereich höchstens auf $1/\sqrt{2} \triangleq 70,7\ \%$ ihres Maximalwertes ab. Innerhalb der Halbwertsbreite gilt daher:

$$C^2(\vartheta, \varphi) \geq 0,5 \,. \tag{10.15}$$

Beim Hertzschen Dipol entnimmt man seinem Vertikaldiagramm $C(\vartheta)$, das in Bild 10.5 nochmals dargestellt ist, eine Halbwertsbreite von $\Delta\vartheta = 2 \cdot 45° = 90°$.

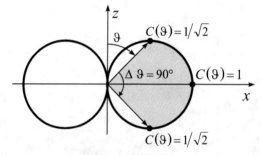

Bild 10.5 Halbwertsbreite $\Delta\vartheta$ im Vertikaldiagramm eines Hertzschen Dipols

Allgemein sind Richtdiagramme dadurch gekennzeichnet, dass es mindestens eine Hauptkeule und eventuell mehrere Nebenkeulen (Nebenzipfel) gibt. Jede Keule wird beiderseits durch eine Nullstelle oder ein Minimum begrenzt. Die Bündelung der Antennenstrahlung – und damit die Richtwirkung der Antenne – wird üblicherweise durch die Halbwertsbreite $\Delta\vartheta$ oder die Nullwertsbreite $\Delta\vartheta_0$ zum Ausdruck gebracht. Zuweilen werden die jeweils halben Größen $\Delta\vartheta/2$ bzw. $\Delta\vartheta_0/2$ als Halbwerts- und Nullwertswinkel bezeichnet. Bei einer Antenne der Ausdehnung $L \gg \lambda_0$ geben folgende **Faustformeln** (Winkel im Bogenmaß) einen groben Überblick:

$$\boxed{\Delta\vartheta \approx \lambda_0/L} \quad \text{und} \quad \boxed{\Delta\vartheta_0 \approx 2\,\Delta\vartheta \approx 2\lambda_0/L} . \tag{10.16}$$

Die Unterdrückung der meist unerwünschten Nebenzipfel in Relation zum Pegel in Hauptstrahlungsrichtung wird durch die Nebenzipfeldämpfung (in dB) gemessen. In Bild 10.6 werden verschiedene Möglichkeiten der Darstellung desselben Richtdiagramms $C(\vartheta)$ miteinander verglichen. In logarithmischer Darstellung sind die Nebenzipfel besser sichtbar, während sie in linearem Maßstab optisch zurücktreten. Polardiagramme geben zwar einen guten räumlichen Überblick, doch ist zum Ablesen von Zahlenwerten eine kartesische Darstellung geeigneter.

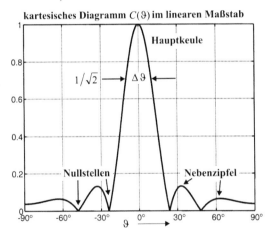

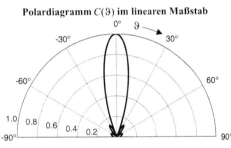

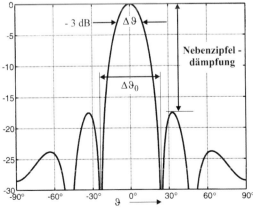

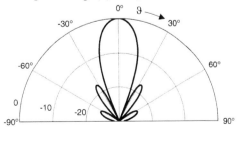

Bild 10.6 Verschiedene Darstellungsarten desselben Richtdiagramms $C(\vartheta)$

10.3.2 Richtfaktor und Gewinn

Nur ein theoretisch vorstellbarer **Kugelstrahler** (isotroper Strahler) strahlt in alle Raumrichtungen mit gleicher Stärke. Ein solcher idealer Rundstrahler ist jedoch nicht realisierbar. Alle in der Praxis vorkommenden Antennen haben – abhängig von der Raumrichtung (ϑ, φ) – eine unterschiedliche Strahlungsintensität.

Durch die Bündelung der Strahlungsintensität scheint die Antenne für einen Empfänger in der Hauptstrahlungsrichtung mit einer Gesamtleistung zu senden, die um einen Faktor größer ist als die wirklich von der Antenne abgestrahlte Leistung. Als Maß für die Richtwirkung einer Antenne wird darum der **Richtfaktor** D (**Direktivität**) eingeführt als

$$D = \frac{\text{maximale Strahlungsdichte}}{\text{mittlere Strahlungsdichte}} = \frac{S_r(\vartheta, \varphi)_{max}}{\langle S_r(\vartheta, \varphi) \rangle}. \qquad (10.17)$$

Dabei ist $\langle S_r(\vartheta, \varphi) \rangle$ die mittlere Strahlungsdichte – also der Betrag des Poyntingvektors – im Fernfeld bei Mittelung über die Oberfläche einer Hüllkugel (siehe Bild 10.7).

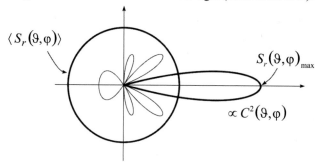

Bild 10.7 Verteilung der Strahlungsdichten einer realen Antenne und des isotropen Vergleichsstrahlers

Mit der gesamten Strahlungsleistung P_S gilt

$$\langle S_r(\vartheta, \varphi) \rangle = \frac{P_S}{4 \pi r^2}, \qquad (10.18)$$

was nach (10.1) gleichzeitig auch die Strahlungsdichte eines Kugelstrahlers ist. Aus (10.18) kann darum folgende anschauliche Definition des Richtfaktors abgeleitet werden:

$$D = \frac{\text{maximale Strahlungsdichte der Antenne}}{\text{Strahlungsdichte eines Kugelstrahlers}} = 4 \pi r^2 \frac{S_r(\vartheta, \varphi)_{max}}{P_S}. \qquad (10.19)$$

Der Richtfaktor D gibt daher an, um wie viel stärker die betrachtete Antenne in Hauptrichtung abstrahlt als ein Kugelstrahler *gleicher Strahlungsleistung* P_S. Hierbei wird jeweils *gleiche Polarisation* zugrunde gelegt. Man beachte hierzu auch die Ausführungen in Abschnitt 18.3.7.

Die Summe aus abgestrahlter Leistung P_S und **Verlustleistung** P_V ergibt die Antenneneingangsleistung, die bei idealer Anpassung identisch zur Generatorleistung wird ($P_G = P_S + P_V$). Die Verluste, welche in der Antenne in Wärme umgesetzt werden, können durch die endliche Leitfähigkeit der Leiter (η_κ) und durch Absorption in verlustbehafteten Dielektrika (η_ε) entstehen. Reflexionsverluste sind hier nicht zu berücksichtigen, da sie durch geeignete Anpassungsmaßnahmen vernachlässigbar klein sind. Somit folgt der **Antennenwirkungsgrad**

$$\eta = \eta_\kappa \, \eta_\varepsilon = \frac{P_S}{P_G} = \frac{P_S}{P_S + P_V} \leq 1 \; , \tag{10.20}$$

den man als Verhältnis von abgestrahlter Leistung P_S zu zugeführter Leistung $P_G = P_S + P_V$ errechnet. Mit dem Antennenwirkungsgrad wird der **Gewinn** einer Antenne definiert als

$$G = \eta \, D = \frac{P_S}{P_S + P_V} \, 4\pi r^2 \, \frac{S_r(\vartheta, \varphi)_{max}}{P_S} = 4\pi r^2 \, \frac{S_r(\vartheta, \varphi)_{max}}{P_S + P_V} = 4\pi r^2 \, \frac{S_r(\vartheta, \varphi)_{max}}{P_G} \; . \tag{10.21}$$

Beim Antennengewinn wird damit die maximale Strahlungsdichte einer Antenne mit der Strahlungsdichte des verlustfreien Kugelstrahlers bei *gleicher Generatorleistung* P_G verglichen. Für verlustfreie Antennen ($\eta = 1$) stimmen Gewinn und Richtfaktor überein, sonst gilt $G < D$. Der Antennengewinn wird oft im logarithmischen Maßstab angegeben. Dann gilt – bezogen auf den isotropen Strahler (deswegen dBi) –

$$g = 10 \lg G \; \text{dBi} \; . \tag{10.22}$$

Mit Hilfe von (10.19) und (10.21) finden wir die Beziehung:

$$S_r(\vartheta, \varphi)_{max} = \frac{D \, P_S}{4\pi r^2} = \frac{G \, P_G}{4\pi r^2} \; . \tag{10.23}$$

Mit ihr wird unter Bezug auf den Kugelstrahler eine für Funkstrecken wichtige Größe eingeführt. Die sogenannte **EIRP** (**e**quivalent **i**sotropically **r**adiated **p**ower) $G \, P_G$ wird meist logarithmisch auf 1 Watt bezogen und beträgt:

$$eirp = 10 \lg \frac{EIRP}{1 \, \text{W}} \; \text{dBW} = 10 \lg \frac{G \, P_G}{1 \, \text{W}} \; \text{dBW} \; . \tag{10.24}$$

Die $EIRP = G \, P_G$ gibt die äquivalente Leistung eines isotropen Strahlers an, der im Fernfeld *überall* die gleiche Leistungsdichte erzeugt wie sie eine Richtantenne mit Generatorleistung P_G und Gewinn G nur in ihrer Hauptstrahlungsrichtung realisieren kann.

Wir erwähnen noch den **realisierten Gewinn** G_R, in den Wärmeverluste und auch Reflexionsverluste eingehen. Dabei ist $\underline{S}_{11}$ der Reflexionsfaktor aufgrund von Fehlanpassungen:

$$G_R = G \, (1 - |\underline{S}_{11}|^2) = \eta \, D \, (1 - |\underline{S}_{11}|^2) = \eta_\kappa \, \eta_\varepsilon \, (1 - |\underline{S}_{11}|^2) \, D \; . \tag{10.25}$$

Übung 10.3: Richtfaktor

- Man bestimme den Richtfaktor D des Hertzschen Dipols.

- **Lösung:**

In die Beziehung (10.19)

$$D = 4\pi r^2 \, S_r(\vartheta, \varphi)_{max} / P_S \tag{10.26}$$

setzt man nach (10.5) die maximale Strahlungsdichte im Fernfeld des Hertzschen Dipols

$$S_r(\vartheta, \varphi)_{max} = \frac{1}{2} Z_0 |\underline{H}_0|^2 \left. \frac{\sin^2 \vartheta}{(k_0 r)^2} \right|_{max} = \frac{Z_0 |\underline{H}_0|^2}{2 (k_0 r)^2} \tag{10.27}$$

und nach (10.8) seine gesamte Strahlungsleistung $P_S = \dfrac{4\pi}{3 k_0^2} Z_0 |\underline{H}_0|^2$ ein und erhält:

$$D = 4\pi r^2 \frac{\dfrac{Z_0 |H_0|^2}{2(k_0 r)^2}}{\dfrac{4\pi}{3 k_0^2} Z_0 |H_0|^2} = \frac{3}{2} \;. \tag{10.28}$$

Der Hertzsche Dipol erzeugt somit in seiner Hauptstrahlungsrichtung $(\vartheta = \pi/2)$ eine um 50 % höhere Strahlungsdichte als ein isotroper Strahler gleicher Strahlungsleistung. Er hat demnach keine hohe Richtwirkung. Für stärkere Bündelung der Strahlungsleistung in schmalere Winkelbereiche müssen elektrisch längere Antennen verwendet werden. □

10.3.3 Äquivalenter Raumwinkel

Eng mit dem Richtfaktor verknüpft ist der sogenannte äquivalente Raumwinkel Ω einer Antenne. Aus der Definition des Richtfaktors D und der **gesamten Strahlungsleistung** P_S

$$D = 4\pi r^2 \frac{S_r(\vartheta,\varphi)_{\max}}{P_S} \quad \text{bzw.} \quad P_S = \int\limits_{\varphi=0}^{2\pi} \int\limits_{\vartheta=0}^{\pi} S_r(\vartheta,\varphi) r^2 \sin\vartheta \, d\vartheta \, d\varphi \tag{10.29}$$

folgt zunächst die Darstellung:

$$D = \frac{4\pi}{\displaystyle\int\limits_{\varphi=0}^{2\pi} \int\limits_{\vartheta=0}^{\pi} \frac{S_r(\vartheta,\varphi)}{S_r(\vartheta,\varphi)_{\max}} \sin\vartheta \, d\vartheta \, d\varphi} = \frac{4\pi}{\displaystyle\int\limits_{\varphi=0}^{2\pi} \int\limits_{\vartheta=0}^{\pi} C^2(\vartheta,\varphi) \sin\vartheta \, d\vartheta \, d\varphi} \;. \tag{10.30}$$

Man definiert aus dem Nenner von (10.30) den **äquivalenten Raumwinkel**

$$\Omega = \int\limits_{\varphi=0}^{2\pi} \int\limits_{\vartheta=0}^{\pi} C^2(\vartheta,\varphi) \sin\vartheta \, d\vartheta \, d\varphi \le 4\pi \quad \text{(total Beam Area),} \tag{10.31}$$

den man sich als denjenigen Raumwinkel vorstellen kann, in den die Antenne ihre <u>gesamte</u> Strahlungsleistung abgeben würde, wenn in ihm die größte Strahlungsdichte der Hauptkeule $S_r(\vartheta,\varphi)_{\max}$ <u>gleichmäßig</u> vorhanden wäre und außerhalb <u>keine</u>. Er ist ein Maß für die Bündelung der Antennenstrahlung. So „sieht" ein isotroper Strahler mit $C = 1$ den vollen Raum und daher einen Raumwinkel $\Omega = 4\pi$. Der Raumwinkel Ω wird in Steradiant $(sr = rad^2)$ gemessen. Mit dem äquivalenten Raumwinkel können wir den **Richtfaktor** der Antenne ermitteln:

$$D = \frac{4\pi}{\Omega} \;. \tag{10.32}$$

Die Leistung $P_M \le P_S$ innerhalb eines Kreiskegels der Öffnung ϑ_0 strahlt in den Raumwinkel

$$\Omega_M(\vartheta_0) = \int\limits_{\varphi=0}^{2\pi} \int\limits_{\vartheta=0}^{\vartheta_0} C^2(\vartheta,\varphi) \sin\vartheta \, d\vartheta \, d\varphi \le \Omega \;. \quad \begin{array}{l} (\Omega_M = \text{main Beam Area, falls} \\ \vartheta_0 \text{ der Nullwertswinkel ist)} \end{array} \tag{10.33}$$

Mit $\vartheta_0 = \Delta\vartheta_0/2$ stellt P_M die **Hauptkeulenleistung** dar. Ist die Hauptkeule unsymmetrisch oder nicht deutlich abgegrenzt, so muss ϑ_0 geschätzt werden. Wir betrachten im Folgenden ein <u>unidirektionales</u> Diagramm mit einer <u>einzigen</u> kegelförmigen Hauptkeule <u>elliptischen</u> Querschnitts, die wir durch eine <u>konstante</u> Strahlungsdichte innerhalb ihrer <u>Halbwertsbreiten</u> Θ_H

und Θ_E in zwei orthogonalen Schnitten approximieren [Kra50, Kra88]. Der Hauptkeulenraumwinkel Ω_M ist in dieser Näherung durch die Mantelfläche eines Kugelabschnitts gegeben:

$$r^2 \Omega_M \approx A_M = 4\pi r^2 \sin\frac{\Theta_H}{4} \sin\frac{\Theta_E}{4} \quad \text{mit} \quad 0 \le \Theta_H, \Theta_E \le 2\pi. \tag{10.34}$$

Für $\Theta_H = \Theta_E = 2\pi$ wird $\Omega_M = \Omega = 4\pi$ und wir erhalten als Sonderfall den isotropen Strahler. Mit Hilfe der **Beam Efficiency** $\varepsilon_M = \Omega_M/\Omega = P_M/P_S \le 1$, die den Einfluss der Nebenkeulen berücksichtigt und Werte von $0,6 \le \varepsilon_M \le 1$ hat, sowie einem **Pattern Factor**, der von der Form der Hauptkeule abhängt und meist im Bereich $1 \le k_p \le 1,6$ liegt, folgt eine nützliche Beziehung zwischen den Halbwertsbreiten der Hauptkeule und dem Richtfaktor [Kra88]:

$$\boxed{D \approx \frac{\varepsilon_M}{k_p} \frac{1}{\sin\dfrac{\Theta_H}{4} \sin\dfrac{\Theta_E}{4}}} \quad \text{bzw.} \quad D \approx \frac{\varepsilon_M}{k_p} \frac{16}{\Theta_H \Theta_E}, \quad \text{falls} \quad \Theta_H, \Theta_E \ll 1. \tag{10.35}$$

Die Halbwertsbreiten sind hier im Bogenmaß (rad) einzusetzen. Will man sie im Gradmaß verwenden, dann muss der Raumwinkel 16 sr umgerechnet werden und man erhält:

$$D \approx \frac{\varepsilon_M}{k_p} \frac{52525}{\overset{\circ}{\Theta}_H \overset{\circ}{\Theta}_E} \quad \text{(für Diagramme mit \underline{einer} kegelförmigen Hauptkeule)}. \tag{10.36}$$

Der Korrekturfaktor liegt meist im Bereich $0,5 \le \varepsilon_M/k_p \le 0,9$ und hängt stark vom jeweiligen Antennentyp ab (Anhang C.7). Auch im Hinblick auf Fertigungstoleranzen ist eine vorsichtige Abschätzung [Stu98, Bal05, Stu13] wie $D \approx 26000/(\overset{\circ}{\Theta}_H \overset{\circ}{\Theta}_E)$ angebracht (Abschnitt 24.1, Übung 26.3). Wenn wir also bei einer Antenne Halbwertsbreiten von $10°$ messen, können wir daher einen Richtfaktor von etwa 24 dBi erwarten – in günstigen Fällen auch 1 bis 2 dB mehr.

Bei **Rundstrahlantennen** mit *scheibenförmiger* Hauptkeule (z. B. in der Äquatorebene) kann Ω_M durch die Mantelfläche einer Kugelschicht angenähert werden:

$$r^2 \Omega_M \approx A_M = 4\pi r^2 \sin\frac{\Theta_E}{2} \quad \text{mit} \quad 0 \le \Theta_E \le \pi. \tag{10.37}$$

Für $\Theta_E = \pi$ erhalten wir auch hier wieder den isotropen Strahler. Analog zu (10.35) folgt jetzt:

$$\boxed{D \approx \frac{\varepsilon_M}{k_p} \frac{1}{\sin\dfrac{\Theta_E}{2}}} \quad \text{bzw.} \quad D \approx \frac{\varepsilon_M}{k_p} \frac{2}{\Theta_E} \triangleq \frac{\varepsilon_M}{k_p} \frac{114,6}{\overset{\circ}{\Theta}_E}, \quad \text{falls} \quad \Theta_E \ll 1. \tag{10.38}$$

Übung 10.4: Richtfaktorabschätzungen

* Berechnen Sie für die Richtcharakteristiken $C_1 = \sin\vartheta$ und $C_2 = |\cos\vartheta|$ Näherungen für den Richtfaktor und vergleichen Sie die Ergebnisse mit den exakten Werten aus (10.30).

* **Lösung:**

Beide Diagramme sind nebenkeulenfrei, darum gilt $\varepsilon_M = 1$ und wir erhalten (mit $k_p = 1$):

$$D_1 \approx \frac{1}{\sin\dfrac{\pi/2}{2}} = \sqrt{2} \approx 1,414 \quad \text{bzw.} \quad D_2 \approx \frac{1}{\sin\dfrac{\pi/2}{4} \sin\dfrac{\pi/2}{4}} \approx 6,828. \tag{10.39}$$

Die exakten Werte $D_1 = 1,5$ und $D_2 = 3$ erhält man durch elementares Ausführen der Integrale in (10.30). Man beachte, dass $C_2 = |\cos\vartheta|$ nicht der Voraussetzung einer *einzigen* kegelförmigen Hauptkeule genügt, da es hier *zwei* identische Hauptkeulen bei $\vartheta = 0$ und $\vartheta = \pi$ gibt. Wir dürfen daher mit $D_2 \approx 3,414$ nur den *halben* Wert aus (10.39) ansetzen. Für beide Fälle geben wir noch den Pattern Factor an: $k_{p,1} = 0,943$ bzw. $k_{p,2} = 1,138$. □

10.3.4 Antennenwirkfläche

Die Empfangseigenschaften einer Antenne können durch ihre **Wirkfläche** A_W beschrieben werden. Die Wirkfläche wird zunächst als formale Rechengröße eingeführt; anschließend werden wir ihre anschauliche Bedeutung und ihren Zusammenhang mit dem Gewinn zeigen. Die Betrachtung geht zunächst von einer *Empfangs*antenne aus, im Gegensatz zum Gewinn, der für eine *Sende*antenne besonders anschaulich ist.

Eine Empfangsantenne entzieht einer einfallenden Welle einen gewissen Leistungsbetrag. Die dadurch an den nachgeschalteten Empfänger abgegebene Leistung P_E wollen wir mit der Strahlungsdichte S der einfallenden Welle wie folgt verknüpfen:

$$\boxed{P_E = A_W\, S}\,. \tag{10.40}$$

Mit A_W ist damit die **Antennenwirkfläche** eingeführt, durch welche die einfallende Welle mit der Strahlungsdichte S gerade die Empfängerleistung P_E führt. Die Antenne fängt also alle Leistung ein, die durch die Wirkfläche hindurchtritt. Aus folgender Ersatzschaltung einer **Empfangsantenne** (Bild 10.8) kann man die von der Antenne an ihren Verbraucher abgegebene Wirkleistung leicht ermitteln:

$$P_E = \frac{1}{2}\,|\underline{I}|^2 R_L = \frac{|\underline{U}_0|^2}{2}\, \frac{R_L}{\left(R_L + R_S\right)^2 + \left(X_L + X_S\right)^2}\,. \tag{10.41}$$

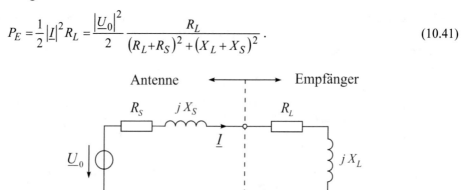

Bild 10.8 Ersatzschaltung einer Empfangsantenne zur Betrachtung der Leistungsanpassung

Für eine möglichst große **Empfangsleistung** muss die einfallende Welle „richtig" polarisiert sein, d. h. die Empfangsantenne muss optimal zum einfallenden Feld orientiert sein. Ferner muss die Lastimpedanz $\underline{Z}_L = R_L + j X_L$ des Empfängers *konjugiert komplex* an die Strahlungsimpedanz $\underline{Z}_S = R_S + j X_S$ der Antenne angepasst sein. Für $R_L = R_S$ und $X_L = -X_S$ erhalten wir die im Lastwiderstand R_L maximal verfügbare Empfängerleistung:

$$\boxed{P_{E,\max} = \frac{1}{2}\, \frac{|\underline{U}_0|^2}{\left(R_L + R_S\right)^2}\, R_L = \frac{|\underline{U}_0|^2}{8\, R_S}}\,. \tag{10.42}$$

Auch eine Empfangsantenne strahlt – im günstigsten Fall ist die in R_S zerstreute Leistung gleich groß wie die in R_L aufgenommene [Rüd08]. Zu einer von Orientierung und Lastimpedanz unabhängigen und allein für die jeweilige Antenne charakteristischen Wirkfläche kommt man, wenn man sie für *optimale Orientierung* und *Leistungsanpassung* definiert. Dann ist die Wirkfläche als reine Antenneneigenschaft unabhängig vom Aufbau und von der Beschaltung der Antenne. Mit (10.40), (10.42) und $P_E = P_{E,\max}$ erhalten wir die Wirkfläche einer Antenne:

$$A_W = \frac{P_E}{S} = \frac{\frac{|\underline{U}_0|^2}{8 R_S}}{S} \, . \tag{10.43}$$

Mit der Strahlungsdichte einer einfallenden ebenen Welle

$$S = \frac{|\underline{E}|^2}{2 Z_0} \tag{10.44}$$

kann man anstelle (10.43) auch schreiben:

$$A_W = \frac{\frac{|\underline{U}_0|^2}{8 R_S}}{\frac{|\underline{E}|^2}{2 Z_0}} \, , \tag{10.45}$$

d. h. es gilt:

$$\boxed{A_W = \frac{Z_0}{4 R_S} \frac{|\underline{U}_0|^2}{|\underline{E}|^2}} \, . \tag{10.46}$$

Für die Antennenwirkfläche des **Hertzschen Dipols** findet man mit $|\underline{U}_0| = |\underline{E}| \, l$ und $R_S = (2\pi/3) Z_0 (l/\lambda_0)^2$ aus (10.10) sofort folgenden Zusammenhang:

$$\boxed{A_W = \frac{3}{8\pi} \lambda_0^2} \quad \text{(Rüdenbergsche Gleichung [Rüd08]).} \tag{10.47}$$

Auffallend an dieser Beziehung ist, dass die Empfängerleistung $P_E = A_W S$ _unabhängig_ von der Länge l der Antenne ist. Damit könnte theoretisch eine verlustfreie lineare Antenne als Empfangsantenne beliebig kurz sein. In der Praxis hätte eine solche extrem kurze Antenne allerdings einen verschwindend kleinen Strahlungswiderstand, demgegenüber der Verlustwiderstand der Antenne nicht mehr vernachlässigt werden könnte. Darüber hinaus würde dann die konjugiert komplexe Anpassung immer schwieriger.

Mit dem uns bereits bekannten **Gewinn** des Hertzschen Dipols, nämlich $G = 3/2$, können wir für seine **Wirkfläche** auch schreiben:

$$\boxed{A_W = \frac{\lambda_0^2}{4\pi} G} \, . \tag{10.48}$$

Mit Hilfe der Reziprozität kann man zeigen, dass diese Beziehung nicht nur für den Hertzschen Dipol, sondern ganz allgemein für _jede_ Antennenform gültig ist. Wirkfläche und Gewinn einer Antenne stehen daher immer im festen Verhältnis

$$\frac{A_W}{G} = \frac{\lambda_0^2}{4\pi} \tag{10.49}$$

zueinander, gleichgültig ob es sich um eine Empfangs- oder Sendeantenne handelt. Nach der Definition $A_W = P_E/S$ ist die Wirkfläche einer Antenne zunächst nur eine abstrakte Rechengröße. Anhand der Strömungslinien der Strahlungsdichte $\underline{S}$ lässt sie sich aber auch als _geomet-_

rische Fläche darstellen. Dichte und Richtung des Wirkleistungsflusses in einem elektromagnetischen Wechselfeld gibt der Realteil des komplexen Poyntingvektors an:

$$\text{Re}\{\underline{S}\} = \frac{1}{2}\,\text{Re}\,\{\underline{E}\times\underline{H}^*\}\,. \tag{10.50}$$

Die Feldlinien dieses reellen Vektors bilden die **Strömungslinien** der zeitgemittelten Feldenergie. Wenn eine kurze lineare Empfangsantenne parallel zum elektrischen Feld einer einfallenden homogenen ebenen Welle steht und für maximale Leistungsaufnahme konjugiert komplex angepasst ist, dann verlaufen die Strömungslinien des Wirkleistungsflusses so wie es in Bild 10.9 für zwei Ebenen senkrecht und parallel zur Antenne gezeigt wird.

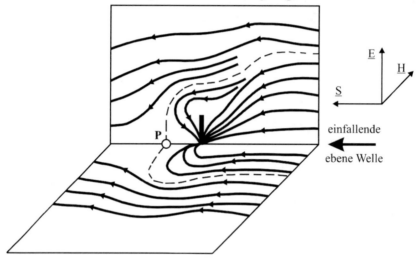

Bild 10.9 Energiestromlinien in der Umgebung eines angepassten Empfangsdipols nach [Lan72]

Die gestrichelten Linien trennen Strömungslinien, die im Antennenfußpunkt enden, von allen anderen, die an der Antenne vorbeilaufen. Nur Wirkleistung, die *innerhalb* dieser gestrichelten Linien fließt, erreicht die Antenne. Man nennt diese Linien auch **Grenzstromlinien.** Die Gesamtheit der Grenzstromlinien findet man perspektivisch in Bild 10.10.

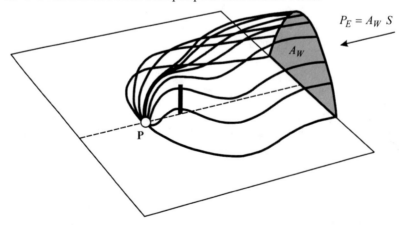

Bild 10.10 Grenzstromlinien und abgegrenzte Antennenwirkfläche A_W nach [Lan72]

Sie enden alle in dem Punkt **P** auf der Geraden, die durch den Antennenfußpunkt geht und die Richtung der einfallenden Welle hat. Mit wachsender Entfernung von der Empfangsantenne gehen die Grenzstromlinien asymptotisch in Geraden parallel zur Wellenausbreitungsrichtung über. Der von ihnen abgegrenzte Raum enthält dabei asymptotisch einen Querschnitt, der die **Wirkfläche** A_W der Antenne darstellt. Denn die durch diese Fläche eintretende Leistung P_E der ankommenden Welle wird von der Empfangsantenne bei optimalem Verbraucher aufgenommen und dies ist gerade die Definition der Wirkfläche $A_W = P_E / S$.

Die Wirkfläche einer Antenne hat damit auch physikalische Bedeutung. In genügendem Abstand kann senkrecht zur Richtung der einfallenden Welle vor der Antenne eine *ebene* Fläche der Größe A_W aufgespannt werden, durch welche die gesamte Empfangsleistung *senkrecht* hindurchtritt. Zum besseren Verständnis sei noch bemerkt, dass die Wirkfläche einer Antenne im Allgemeinen nicht mit ihrer geometrischen Fläche übereinstimmt. Bei **Reflektorantennen** gilt die einfache Beziehung:

$$\boxed{A_W = q\, A_{\text{geo}}}. \tag{10.51}$$

Die *Aperturfläche* wird mit A_{geo} als geometrische Öffnung des Reflektors bezeichnet und der *Flächenwirkungsgrad* q kann Werte im Bereich $0 < q \le 1$ annehmen.

Übung 10.5: Reflektorantennen

● Man bestimme den Gewinn einer elektrisch *großen* Reflektorantenne ($k_0\, a \gg 1$) mit kreisförmiger Apertur als Funktion ihres Durchmessers $D = 2\,a$, des Flächenwirkungsgrades q und der Frequenz f. Eine Erweiterung des Ergebnisses (10.54) auf *kleinere* Aperturen findet man in (14.131).

● **Lösung:**

Die Wirkfläche einer Reflektorantenne ist:

$$A_W = q\, A_{\text{geo}} = q\, \frac{\pi D^2}{4}. \tag{10.52}$$

Damit erhält man ihren Gewinn nach (10.48) aus der Beziehung:

$$G = \frac{4\pi}{\lambda_0^2}\, A_W = \frac{4\pi}{\lambda_0^2}\, q\, \frac{\pi D^2}{4} = q \left(\frac{\pi D}{\lambda_0} \right)^2. \tag{10.53}$$

Mit der Wellenzahl $k_0 = 2\pi / \lambda_0$ kann man auch schreiben:

$$\boxed{G = q\, (k_0\, a)^2}. \tag{10.54}$$

Eine zugeschnittene Größengleichung erhält man mit $c_0 = \lambda_0\, f = 2{,}998 \cdot 10^8\,\text{m/s}$:

$$G = q\, \frac{(\pi D)^2}{\left(\dfrac{2{,}998 \cdot 10^8\,\text{m/s}}{f} \right)^2}, \tag{10.55}$$

woraus nach kurzer Umformung folgt:

$$G = q\left(10{,}48\,\frac{f}{\text{GHz}}\,\frac{D}{\text{m}}\right)^2. \tag{10.56}$$

Übliche Werte des Flächenwirkungsgrads q liegen im Richtfunkbereich $\left(D \approx 80\,\lambda_0\right)$ bei $50-55\,\%$, während mit größeren Reflektorantennen bis etwa $80\,\%$ erreichbar sind. Zur genaueren Berechnung des Flächenwirkungsgrads von Aperturstrahlern sei auf die Abschnitte 24.5 und 24.7 verwiesen. Dort werden Einflüsse der Aperturabschattung durch einen Subreflektor und die Wirkung spezieller Belegungsfunktionen diskutiert. Eine typische **Erdefunkstelle** (Standard-A-Antenne: $D = 30\,\text{m}$, $f = 4\,\text{GHz}$ und $q = 0{,}78$) hat nach (10.56) einen Gewinn von $G \approx 1{,}23 \cdot 10^6$ oder logarithmisch $g = 10\,\lg G \approx 60{,}9\,\text{dBi}$.   □

10.3.5 Polarisation

Zur anschaulichen Deutung der **Polarisation bei einer Antennenstrecke** wollen wir einen Kreuzdipol betrachten, dessen horizontaler und vertikaler Ast unabhängig voneinander angeregt werden. Erfolgt die Einspeisung amplitudengleich aber um $\delta = -\pi/2$ phasenverschoben, dann wird nach (5.3) mit dieser Antenne Zirkularpolarisation entlang der z-Achse erzeugt:

$$\mathbf{E}(z,t) = E_0\left(\mathbf{e}_x \cos(\omega t \mp \beta z) + \mathbf{e}_y \sin(\omega t \mp \beta z)\right) = E_0\,\text{Re}\left\{(\mathbf{e}_x - j\,\mathbf{e}_y)\,e^{j\,(\omega t \mp \beta z)}\right\}. \tag{10.57}$$

Ein Kreuzdipol hat zwei entgegengesetzt gerichtete Hauptkeulen. Die Welle, die sich in Bild 10.11 in die positive z-Richtung ausbreitet $(-)$, ist rechtsdrehend polarisiert (RHC – right hand circular), während die sich in die negative z-Richtung ausbreitende Welle $(+)$ linksdrehend polarisiert ist (LHC – left hand circular) – siehe auch Abschnitt 5.1 und Übung 14.9.

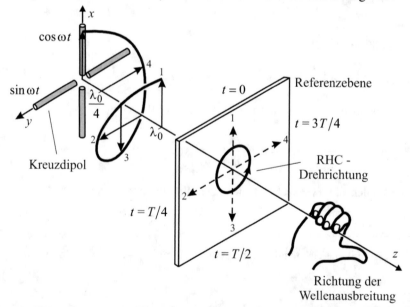

Bild 10.11 Kreuzdipol mit zeitlich rechtsdrehender Zirkularpolarisation und räumlicher Linksschraube

Betrachtet man zu einem *festen Zeitpunkt* alle **E**-Vektoren auf der gesamten z-Achse, so bilden die Endpunkte dieser Vektorpfeile bei zeitlich rechtsdrehender Polarisation eine **Linksschraube** im Raum (Bild 10.11) und bei zeitlich linksdrehender Polarisation ergibt sich eine **Rechts-**

schraube. Soll eine **Empfangsantenne** aus dem sie umgebenden Strahlungsfeld möglichst viel Energie aufnehmen, so muss die Polarisation der Antenne mit der des Feldes übereinstimmen. Wenn z. B. eine ideal rechtszirkular polarisierte Welle von einer Empfangsantenne aufgenommen werden soll, kann man – in Abhängigkeit vom Achsenverhältnis AR der Polarisationsellipse der Antenne (Bild 5.2) – einen **Polarisationswirkungsgrad** definieren:

$$\eta_P = \left| \frac{\mathbf{e}_x - j\,\mathbf{e}_y}{\sqrt{2}} \cdot \left(\frac{AR\,\mathbf{e}_x - j\,\mathbf{e}_y}{\sqrt{AR^2+1}} \right)^* \right|^2 = \frac{(AR+1)^2}{2(AR^2+1)} = \frac{1}{2} + \frac{AR}{AR^2+1} . \qquad (10.58)$$

Bei optimaler Polarisationsanpassung mit $AR = 1$ wird auch $\eta_P = 1$, während eine linear polarisierte Empfangsantenne mit $AR = \infty$ oder $AR = 0$ nur ein $\eta_P = 1/2$ aufweist, was dann wegen $10 \lg \eta_P = -3\,\mathrm{dB}$ zu einem Pegelverlust von 3 dB führen wird. Ausgehend von diesem speziellen Beispiel kann man den Verlust bei allgemein verschiedenen Polarisationszuständen zwischen Antenne und Feld auf analoge Weise herleiten (Tabelle 10.2).

Tabelle 10.2 Einfluss unterschiedlicher Polarisationen zwischen Antenne und Feld (siehe Bild 10.11)

Dämpfungswerte in dB		**Feldpolarisation**			
		vertikal $\mathbf{e}_x$	horizontal $\mathbf{e}_y$	rechtszirkular $\dfrac{\mathbf{e}_x - j\,\mathbf{e}_y}{\sqrt{2}}$	linkszirkular $\dfrac{\mathbf{e}_x + j\,\mathbf{e}_y}{\sqrt{2}}$
Antennen-polarisation	vertikal $\mathbf{e}_x$	0	∞	3	3
	horizontal $\mathbf{e}_y$	∞	0	3	3
	rechts-zirkular $\dfrac{\mathbf{e}_x - j\,\mathbf{e}_y}{\sqrt{2}}$	3	3	0	∞
	links-zirkular $\dfrac{\mathbf{e}_x + j\,\mathbf{e}_y}{\sqrt{2}}$	3	3	∞	0

- Bei gleicher Polarisation von Antenne und Feld entsteht kein Verlust $(0\,\mathrm{dB})$.

- Bei linearen Polarisationen, die orthogonal (senkrecht) aufeinander stehen, oder bei entgegengesetzten zirkularen Polarisationen wird theoretisch keine Energie von der Empfangsantenne aufgenommen. Die Dämpfung wäre dann unendlich. In der Praxis ist in solchen Fällen die Dämpfung jedoch höchstens so hoch wie die **Polarisationsentkopplung** der Antenne und des nachgeschalteten Empfängers (typischer Wert: $20 - 40\,\mathrm{dB}$).

- Bei zirkularer Feldpolarisation, die man sich aus zwei amplitudengleichen horizontalen und vertikalen Komponenten zusammengesetzt vorstellen kann, wird bei linearer Antennenpolarisation nur die Hälfte aufgenommen. Der Leistungsverlust ist somit $3\,\mathrm{dB}$.

10.4 Leistungsbilanz einer ungestörten Funkstrecke

Wenn man in einer Funkstrecke die gesamte von der Sendeantenne abgegebene Strahlungsleistung mit P_S bezeichnet, dann stellt sich die Frage, welche Empfangsleistung P_E bei der Empfangsantenne ankommen wird. Das Verhältnis P_E/P_S ist abhängig von

- der **Entfernung** d zwischen Sende- und Empfangsantenne,
- der **Radiofrequenz** $f = c_0/\lambda_0$,
- den **Gewinnen** G_S und G_E von Sende- bzw. Empfangsantenne und
- den Einflüssen des **Übertragungsmediums.**

Im Weiteren wollen wir wie in Bild 10.12 eine ungestörte Freiraumausbreitung im Vakuum annehmen. Alle Ausbreitungsstörungen, die in realen Medien auftreten können – wie Dämpfung, Dispersion, Brechung, Streuung, Beugung, Reflexion – und zu Schwunderscheinungen (engl.: Fading) führen können, sollen in diesem einfachen Modell vernachlässigt werden.

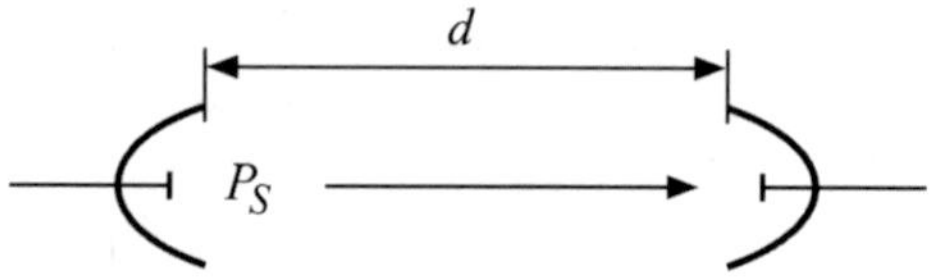

$$P_E = S\,A_E = S\,\frac{\lambda_0^2}{4\,\pi}\,G_E$$

Bild 10.12 Ungestörte Freiraumübertragung zwischen zwei Antennen im gegenseitigen Abstand d

Als Sendeantenne wird zunächst eine hypothetische Antenne angenommen, die ihre Strahlungsleistung P_S nach Abschnitt 10.1 gleichmäßig in alle Raumrichtungen verteilt – ein sogenannter **Kugelstrahler** oder isotroper Strahler. Die geometrischen Orte konstanter Strahlungsdichte S im Raum sind dann Kugeloberflächen und beim Radius d , an dem sich die Empfangsantenne befinden soll, ergibt sich die Leistungsdichte

$$S = \frac{P_S}{4\,\pi\,d^2} \quad \text{mit } 4\,\pi\,d^2 \text{ als Oberfläche der sphärischen Phasenfront.} \tag{10.59}$$

In (10.59) gehen wir davon aus, dass die Strahlungsdichte mit dem Quadrat der Funkfeldlänge abnimmt, was in der Praxis erst bei ausreichend großen Abständen d von der Sendeantenne gewährleistet ist. Wenn wir mit L die maximale Linearabmessung der Sendeantenne bezeichnen (z. B. den Aperturdurchmesser D einer Rotationsparaboloidantenne oder die axiale Länge l einer Stabantenne), dann erhalten wir nach Abschnitt 14.3 typisches Fernfeldverhalten mit $S \propto 1/d^2$, falls die Bedingung

$$d \geq d_{\min} = \frac{2\,L^2}{\lambda_0} \tag{10.60}$$

erfüllt ist. Im Nahfeld schwankt die Strahlungsdichte sehr stark und erst im **Fernfeld** stellt sich asymptotisch ein quadratisches Abstandsverhalten ein. Die Gültigkeit von (10.59) setzt daher eine ausreichend große Funkfeldlänge $d \geq d_{\min}$ voraus.

In einer **Antennenmessstrecke** müssen sowohl die Sende- als auch die Empfangsantenne sich im gegenseitigen Fernfeld befinden. Dann bestimmt in (10.60) mit $L = \max\{L_S, L_E\}$ die *größere* der beiden Antennen den minimal notwendigen Abstand.

Die tatsächlich verwendete bündelnde Sendeantenne erzeugt – im Vergleich zum Kugelstrahler – am Empfangsort nun aber eine um ihren Gewinn G_S größere Leistungsdichte[1]

$$S = \frac{P_S}{4\pi d^2} G_S .$$ (10.61)

Das Produkt $EIRP = P_S G_S$ wird nach Abschnitt 10.3.2 als „equivalent isotropically radiated power" bezeichnet. Die von der Empfangsantenne aus dem Strahlungsfeld aufgenommene Empfangsleistung P_E lässt sich nach (10.40) durch Multiplikation der am Empfangsort vorhandenen Strahlungsdichte S mit der wirksamen Antennenfläche $A_E = G_E \lambda_0^2 / (4\pi)$ der Empfangsantenne (10.48) ermitteln:

$$P_E = S A_E = \frac{P_S G_S}{4\pi d^2} G_E \frac{\lambda_0^2}{4\pi} ,$$ (10.62)

womit wir die sogenannte **Fränzsche Formel** [Zin95] gefunden haben:

$$\boxed{P_E = P_S G_S G_E \left(\frac{\lambda_0}{4\pi d} \right)^2}$$ – man vergleiche mit (13.49). (10.63)

Alternativ können wir mit (10.48) die Gewinne der Sende- und Empfangsantenne auch über deren Wirkflächen ausdrücken:

$$\boxed{P_E = P_S \frac{A_S A_E}{(\lambda_0 d)^2}} .$$ (10.64)

Während der Gewinn einer Reflektorantenne stark mit der Frequenz variiert, ist ihre Wirkfläche nur schwach von der Frequenz abhängig. Die empfangene Leistung *steigt* also nach (10.64) etwa mit dem Quadrat der Frequenz an[2]. Das logarithmische Verhältnis

$$\boxed{a_F = 10 \lg \frac{P_S}{P_E} \text{ dB} = \left(20 \lg \frac{4\pi d}{\lambda_0} - 10 \lg G_S - 10 \lg G_E \right) \text{dB}}$$ (10.65)

wird als **Funkfelddämpfung** bezeichnet. Mit Hilfe der **Grundübertragungsdämpfung**

$$\boxed{a_0 = 20 \lg \frac{4\pi d}{\lambda_0} \text{ dB}} ,$$ (10.66)

die sich bei Verwendung von zwei Kugelstrahlern ergeben würde und nach Einführung der logarithmischen Antennengewinne g_S und g_E in dBi kann man auch schreiben

$$\boxed{a_F = a_0 - g_S - g_E} ,$$ (10.67)

Durch die Verwendung von Hochgewinnantennen (z. B. im Richt- oder Satellitenfunk) bleibt die Funkfelddämpfung a_F in erträglichen Grenzen. Sie kann aus energetischen Gründen nur *positive* Werte annehmen, d. h. es muss $a_F > 0$ bleiben. Wir betrachten im Folgenden eine

---

[1] Wir nehmen der Einfachheit halber an, dass die Sende- und auch die Empfangsantenne verlustfrei seien, somit braucht nicht zwischen den Begriffen Gewinn und Richtfaktor unterschieden zu werden.

[2] Bei realen Funkstrecken, bei denen frequenzabhängige Ausbreitungsstörungen eine Rolle spielen, gilt dieses Verhalten nur näherungsweise.

Funkstrecke mit gegebener Länge d bei der Wellenlänge λ_0, womit nach (10.66) die Grundübertragungsdämpfung a_0 bekannt ist. Setzt man in (10.67) bei *diesem* a_0 nun ausreichend hohe Gewinne g_S und g_E ein, so scheinen auf den ersten Blick auch negative Werte für a_F möglich. Solche Gewinne sind wegen (10.56) aber nur mit entsprechend großen Aperturen D möglich, bei denen sich mit (10.60) erst in Entfernungen größer als $d_{min} = 2 D^2/\lambda_0$ Fernfeldverhältnisse wie in (10.59) einstellen. Unsere gegebene Streckenlänge d ist dafür aber zu kurz. Das Paradoxon $a_F < 0$ resultiert also aus einer Verletzung der Voraussetzung (10.60).

Übung 10.6: Funkfelddämpfung

- Die Grundübertragungsdämpfung a_0 aus (10.66) kann man mit $c_0 = f \lambda_0$ in Form einer zugeschnittenen Größengleichung darstellen:

$$a_0 = 20 \lg \frac{4 \pi d}{c_0/f} \, \mathrm{dB} = 20 \lg \frac{4 \pi \cdot 10^3 \, \mathrm{m} \cdot d/\mathrm{km}}{\left(2{,}998 \cdot 10^8 \, \mathrm{m/s}\right)/\left(10^9 \, \mathrm{Hz} \cdot f/\mathrm{GHz}\right)} \, \mathrm{dB} \,. \tag{10.68}$$

Nach Zusammenfassen der Zahlenwerte erhält man:

$$a_0 = 20 \lg \left(41916 \, \frac{d}{\mathrm{km}} \, \frac{f}{\mathrm{GHz}} \right) \mathrm{dB} \,, \tag{10.69}$$

woraus sich die **Grundübertragungsdämpfung** im logarithmischen Maßstab ergibt:

$$\boxed{\frac{a_0}{\mathrm{dB}} = 92{,}4 + 20 \lg \frac{d}{\mathrm{km}} + 20 \lg \frac{f}{\mathrm{GHz}}} \,. \tag{10.70}$$

- **Richtfunkbeispiel:**

Setzt man die für Richtfunkanwendungen typischen Werte $d = 50 \, \mathrm{km}$ und $f = 6{,}7 \, \mathrm{GHz}$ in (10.70) ein, so wird $a_0 = 142{,}9 \, \mathrm{dB}$. Dieser Wert ist sehr hoch und eine solche Funkstrecke kann mit vertretbarem Aufwand nur mit stark bündelnden *Richtantennen* betrieben werden. Eine 3-m-Parabolantenne hat bei der Frequenz $f = 6{,}7 \, \mathrm{GHz}$ und bei einem Flächenwirkungsgrad $q = 0{,}5$ nach (10.56) den Gewinn

$$G = q \left(10{,}48 \, \frac{f}{\mathrm{GHz}} \, \frac{D}{\mathrm{m}} \right)^2 = 0{,}5 \cdot (10{,}48 \cdot 6{,}7 \cdot 3)^2 = 22186 \,, \tag{10.71}$$

d. h. $g = 10 \lg G = 43{,}5 \, \mathrm{dBi}$. Die **Funkfelddämpfung** a_F einer Richtfunkstrecke mit obiger Grundübertragungsdämpfung $a_0 = 142{,}9 \, \mathrm{dB}$ hat bei Verwendung zweier Richtantennen mit diesem Gewinn $g = g_S = g_E$ dann einen Wert von

$$a_F = a_0 - g_S - g_E = (142{,}9 - 2 \cdot 43{,}5) \, \mathrm{dB} = 55{,}9 \, \mathrm{dB} \,. \tag{10.72}$$

Durch Ausbreitungsstörungen im Funkkanal – die wir bisher vernachlässigt haben – kann die reale Funkfelddämpfung von diesem Wert um mehrere Dezibel abweichen. Die sich einstellende Zusatzdämpfung a_Z ist stark von der Frequenz und von den lokalen Gegebenheiten der Funkstrecke abhängig [Don13]. Durch sorgfältige Streckenplanung bleibt a_Z meist unter $6 \, \mathrm{dB}$, kann aber bei starken Regenschauern so hoch werden, dass die Strecke kurzzeitig nicht mehr verfügbar ist.

Merke: Für den Richtfunk typische Sendeleistungen liegen in der Größenordnung von $P_S \approx 1 \, \mathrm{W}$, wovon am Empfänger noch etwa $P_E \approx 1 \, \mu\mathrm{W} \stackrel{\triangle}{=} -30 \, \mathrm{dBm}$ ankommen.

10.5 Aufgaben

10.5.1 In einer Richtfunkstrecke wird eine Antenne mit einem Richtfaktor von 15 dBi von einem Sender mit einer Leistung von 20 dBm gespeist. In der 40 km entfernten Empfangsstation wird eine Antenne mit einer Wirkfläche von 2 m² verwendet. Welche Leistung nimmt die Empfangsantenne auf?

10.5.2 Die Hauptkeule einer bei 5 GHz betriebenen, rotationssymmetrischen Reflektorantenne habe in der E-Ebene und in der H-Ebene eine Halbwertsbreite von jeweils 5°. Geben Sie mit Hilfe der Tabelle im Anhang C.7 eine Näherung für den Gewinn der Antenne an. Welchen Aperturdurchmesser muss deshalb die Antenne besitzen, wenn Sie deren Flächenwirkungsgrad mit 0,5 abschätzen?

10.5.3 Die inneren Verluste eines $l = 1$ cm langen Hertzschen Dipols können durch einen Widerstand $R_V = 10\,\mu\Omega$ modelliert werden. Die Energiespeicherung im Nahfeld wird durch einen Kondensator von $C = 0,01$ pF beschrieben.

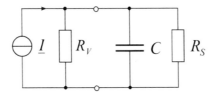

Bei welcher Frequenz f wird der Dipol betrieben, falls der Strahlungswiderstand R_S gleich dem Verlustwiderstand R_V wird?

Wie groß wird bei dieser Frequenz der Antennenwirkungsgrad, den man als das Verhältnis von Strahlungsleistung zur Gesamtleistung $\eta = P_S/(P_S + P_V)$ definiert?

Welcher Gewinn $G = \eta D$ ergibt sich dann bei diesem Wirkungsgrad?

10.5.4 Stellen Sie den Polarisationswirkungsgrad (10.58) grafisch im Bereich $0 \le AR \le 5$ dar. Was fällt Ihnen auf, wenn Sie in (10.58) die Substitution $AR \to 1/AR$ durchführen?

Lösungen:

10.5.1 $P_E = \dfrac{D\,P_S}{4\,\pi\,r^2}\,A_W = 0,314$ nW

10.5.2 $G \approx \dfrac{38900}{\overset{\circ}{\Theta}_H\,\overset{\circ}{\Theta}_E} = 1556 \,\hat{=}\, 31,9$ dBi ; aus $G = q\left(\dfrac{\pi\,D}{\lambda_0}\right)^2$ folgt $D \approx 106,5$ cm

10.5.3 Aus $R_S = 789\,\Omega\left(\dfrac{l}{c_0/f}\right)^2 \equiv R_V$ folgt $f = 3,375$ MHz. Mit $\eta = 50\,\%$ wird $G = 0,75$.

10.5.4 Es gilt $\eta_P(AR) = \eta_P(1/AR)$, weil bei zirkularer Empfangspolarisation eine Drehung der Empfangsantenne um 90° keinen Einfluss auf die empfangene Leistung hat.

11 Relativistische Elektrodynamik I (Grundlagen)

Als Ergänzung zur Elektrodynamik (Kapitel 3) und in Vorbereitung elektromagnetischer Strahlungsfelder (Kapitel 14) wollen wir – ausgehend vom Coulombfeld der Elektrostatik – zunächst gleichförmig bewegte und später in Kapitel 12 auch beschleunigte Ladungsträger betrachten.

11.1 Relativitätsprinzip

Bisher haben wir mit großer Selbstverständlichkeit zwischen elektrischen und magnetischen Feldern unterschieden. Beide Felder sind aber nur zwei Erscheinungsformen eines *einzigen* Naturphänomens. Am besten erkennen wir die Problematik anhand folgenden Beispiels, bei dem wir uns – wie auch im Rest dieses Kapitels – auf Felder im *Vakuum* beschränken wollen.

Übung 11.1: Felder um eine ruhende Punktladung

- Eine elektrische Punktladung q befinde sich relativ zu einem Beobachter <u>in Ruhe</u>. Geben Sie das elektrostatische Coulombfeld in der Umgebung der Ladung an (Bild 11.1).

- **Lösung:**

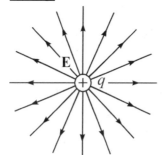

Wie allgemein bekannt, stellt sich ein kugelsymmetrisches elektrisches Feld (2.39) in der Umgebung der Punktladung ein. Es zeigt in radiale Richtung und hat – falls die Punktladung sich im Ursprung des Koordinatensystems befindet – die Darstellung in Kugelkoordinaten:

$$\mathbf{E} = \frac{q}{4\,\pi\,\varepsilon_0\,r^2}\,\mathbf{e}_r\,. \qquad (11.1)$$

Selbstverständlich gilt dann auch $\mathbf{B} = 0$. □

Bild 11.1 Kugelsymmetrisches Coulombfeld um eine ruhende elektrische Punktladung q

Sobald allerdings Punktladung und Beobachter sich relativ zueinander mit einer Geschwindigkeit $\mathbf{v}$ bewegen, ändern sich die statischen Verhältnisse, wie das nächste Beispiel zeigen soll.

Übung 11.2: Felder um eine bewegte Punktladung

- Eine Punktladung q soll sich mit gleichförmiger, *nichtrelativistischer* Geschwindigkeit $\mathbf{v}$, d. h. mit $\beta = v/c_0 \ll 1$, an einem ruhenden Beobachter P vorbeibewegen. Welche Felder würde dieser Beobachter jetzt messen können (Bild 11.2)?

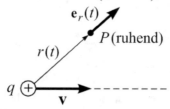

Bild 11.2 Langsam an einem Beobachter P vorbeibewegte elektrische Punktladung q

© Springer Fachmedien Wiesbaden GmbH, ein Teil von Springer Nature 2022
K. W. Kark, *Antennen und Strahlungsfelder*,
https://doi.org/10.1007/978-3-658-38595-8_11

● **Lösung:**

Die elektrische Feldstärke **E** ist annähernd die gleiche wie im Falle **v** = 0 . Aufgrund der Bewegung der Punktladung wird der Beobachter nun *zusätzlich ein schwaches Magnetfeld* messen können. Mit $\boldsymbol{\beta} = \mathbf{v}/c_0$ wird, wie wir in Übung 11.5 noch exakt herleiten werden:

$$\boxed{\mathbf{B} = \frac{\mathbf{v}}{c_0^2} \times \mathbf{E} = \frac{\boldsymbol{\beta} \times \mathbf{E}}{c_0}} \ . \tag{11.2}$$

Wie bei allen Vakuumfeldern gilt auch hier die grundlegende Beziehung $\mathbf{E} \cdot \mathbf{B} = 0$.   □

Das Beispiel einer ruhenden oder bewegten Punktladung zeigt, dass das elektrische und das magnetische Feld zu einer Einheit verschmelzen, dem elektromagnetischen Feld. Die Zerlegung in elektrische und magnetische Komponenten hängt vom Bewegungszustand des Beobachters ab. Ein Feld, das für einen ruhenden Beobachter rein elektrisch erscheint, kann für einen bewegten Beobachter einen zusätzlichen magnetischen Anteil enthalten.

● Die Messung von elektrischen und magnetischen Feldern hängt von der Relativbewegung zwischen Beobachter und Messobjekt ab.

● Die Werte des **E** - und des **B** -Feldes können daher je nach verwendetem Bezugssystem unterschiedlich ausfallen.

● Bei „*langsamer*" Ladungsbewegung mit $\beta = v/c_0 \ll 1$ ist das magnetische Feld viel schwächer als das elektrische.

Für die „*langsame*" Bewegung der Leitungselektronen in stromdurchflossenen Drähten können wir das Ergebnis aus Übung 11.2 ebenfalls verwenden. Es müsste sich daher in der Umgebung einer gleichförmigen Elektronenströmung eigentlich ein elektrisches und ein magnetisches Feld messen lassen. Jedoch ist erfahrungsgemäß außerhalb des Drahtes nur noch der *magnetische* Feldanteil feststellbar. Der eigentlich viel stärkere *elektrische* Feldanteil kompensiert sich nämlich durch die nicht strömenden positiven Ladungsträger (Gitteratome) der Drähte. Der Leiter ist im Ganzen natürlich elektrisch neutral.

11.2 Lorentz-Transformation

11.2.1 Transformation der Raumzeit

Das Einsteinsche[1] Postulat von der Konstanz der Lichtgeschwindigkeit c_0 , d. h. ihre Unabhängigkeit von der Bewegung der Quelle, gibt Anlass zu bemerkenswerten Beziehungen zwischen den Raum- und Zeitkoordinaten verschiedener Inertialsysteme [Ein05], die wir zunächst behandeln werden.

● Ein **Inertialsystem** ist ein Bezugssystem, das sich relativ zum Fixsternhimmel drehungsfrei und ohne translatorische Beschleunigung bewegt. Diese Definition genügt solange, als der Einfluss der Gravitation auf die elektromagnetischen Vorgänge vernachlässigt werden kann.

---

[1] Albert **Einstein** (1879-1955): dt.-schweiz.-amerik. Physiker (Begründer der Speziellen und Allgemeinen Relativitätstheorie – 1905 bzw. 1915; Nobelpreis f. Physik 1921 zum äußeren Photoeffekt)

Im Folgenden wollen wir **zwei Inertialsysteme** S und S' betrachten, deren kartesische Achsen wie in Bild 11.3 ausgerichtet sind. Der Einfachheit halber wollen wir annehmen, dass die Koordinatenursprünge von S und S' zur Zeit $t = t' = 0$ zusammenfallen.

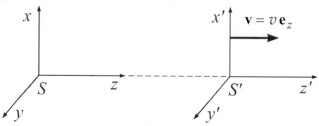

Bild 11.3 Zur Erläuterung der Lorentz-Transformation bei Relativbewegungen

Es bewege sich das gestrichene System S' mit der gleichförmigen Geschwindigkeit $\mathbf{v} = v\,\mathbf{e}_z$ relativ zum System S. Aufgrund der Konstanz der Lichtgeschwindigkeit ist der Zusammenhang zwischen den Raum- und Zeitkoordinaten der beiden Inertialsysteme durch die **Lorentz-Transformation** [Lau21, Pau81] gegeben (Tabelle 11.1).

Tabelle 11.1 Lorentz-Transformation der Raumzeit mit $\gamma = (1 - \beta^2)^{-1/2}$ und $\beta = v/c_0$

Bewegtes System S'		Ruhesystem S	
$x' = x$	$\mathbf{r}'_\perp = \mathbf{r}_\perp$	$x = x'$	$\mathbf{r}_\perp = \mathbf{r}'_\perp$
$y' = y$		$y = y'$	
$z' = \gamma(z - vt)$	$\mathbf{r}'_\parallel = \gamma(\mathbf{r}_\parallel - \mathbf{v}\,t)$	$z = \gamma(z' + vt')$	$\mathbf{r}_\parallel = \gamma(\mathbf{r}'_\parallel + \mathbf{v}\,t')$
$t' = \gamma\left(t - \dfrac{\beta}{c_0}z\right) = \gamma\left(t - \dfrac{\mathbf{r}\cdot\mathbf{v}}{c_0^2}\right)$		$t = \gamma\left(t' + \dfrac{\beta}{c_0}z'\right) = \gamma\left(t' + \dfrac{\mathbf{r}'\cdot\mathbf{v}}{c_0^2}\right)$	

Die von der Relativgeschwindigkeit v abhängende Größe

$$\gamma = \frac{1}{\sqrt{1 - \beta^2}} = \frac{1}{\sqrt{1 - v^2/c_0^2}} \tag{11.3}$$

wird **Lorentz-Faktor** genannt und überstreicht mit $0 \le v \le c_0$ den Wertebereich $1 \le \gamma \le \infty$.

In Tabelle 11.1 stehen die Zeichen $\parallel$ und $\perp$ für Komponenten des Ortsvektors parallel bzw. senkrecht zum Geschwindigkeitsvektor $\mathbf{v}$. Demnach bleiben also die zur Bewegungsrichtung _senkrechten_ Koordinaten unverändert, während die _parallele_ Koordinate und die _Zeit_ transformiert werden. Mit der Projektion des Ortsvektors $\mathbf{r}'$ auf $\mathbf{v}$ erhalten wir:

$$\mathbf{r}'_\parallel = \frac{(\mathbf{r}'\cdot\mathbf{v})\,\mathbf{v}}{v^2} \quad \text{bzw.} \quad \mathbf{r}'_\perp = \mathbf{r}' - \frac{(\mathbf{r}'\cdot\mathbf{v})\,\mathbf{v}}{v^2}. \tag{11.4}$$

Damit folgt eine bei beliebiger Bewegungsrichtung **allgemein gültige Formulierung:**

$$\boxed{\mathbf{r} = \mathbf{r}' + \gamma\,\mathbf{v}\,t' + (\gamma - 1)\frac{(\mathbf{r}'\cdot\mathbf{v})\,\mathbf{v}}{v^2}} \quad \text{und} \quad \boxed{t = \gamma\left(t' + \frac{\mathbf{r}'\cdot\mathbf{v}}{c_0^2}\right)}. \tag{11.5}$$

Die **inversen Formeln** entstehen auf einfache Weise, wenn wir v durch $-v$ ersetzen und gestrichene mit ungestrichenen Größen vertauschen [Mel78]:

$$\boxed{\mathbf{r}' = \mathbf{r} - \gamma\,\mathbf{v}\,t + (\gamma - 1)\,\frac{(\mathbf{r}\cdot\mathbf{v})\,\mathbf{v}}{v^2}} \quad \text{und} \quad \boxed{t' = \gamma\left(t - \frac{\mathbf{r}\cdot\mathbf{v}}{c_0^2}\right)}. \tag{11.6}$$

Die klassisch gültige **Galilei-Transformation**[2] folgt aus Tabelle 11.1 bzw. (11.5) für $v \ll c_0$, d. h. für $\gamma \to 1$. Im Grenzfall kleiner Relativgeschwindigkeiten gilt dann $t = t'$ und es wird

$$z = z' + vt \quad \text{bzw.} \quad \mathbf{r} = \mathbf{r}' + \mathbf{v}\,t. \tag{11.7}$$

11.2.2 Additionstheorem der Geschwindigkeiten

Analog zu Bild 11.3 bewege sich das System S' wieder mit gleichförmiger Geschwindigkeit $\mathbf{v}$ relativ zum System S. Wir betrachten nun nach Bild 11.4 ein Objekt, das sich im System S' mit der Geschwindigkeit $\mathbf{u}'$ beliebig **schräg** zur Geschwindigkeit $\mathbf{v} = v\,\mathbf{e}_z$ bewegen darf:

$$\mathbf{u}' = u'\,\mathbf{e}_{u'} = \mathbf{u}_\parallel' + \mathbf{u}_\perp' = \frac{d\,\mathbf{r}'}{dt'} = \frac{dx'}{dt'}\,\mathbf{e}_x + \frac{dy'}{dt'}\,\mathbf{e}_y + \frac{dz'}{dt'}\,\mathbf{e}_z. \tag{11.8}$$

Dabei sind $\mathbf{u}_\parallel'$ und $\mathbf{u}_\perp'$ die zu $\mathbf{v}$ parallelen bzw. senkrechten Komponenten.

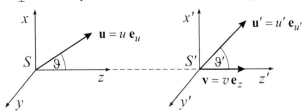

Bild 11.4 Geschwindigkeiten $\mathbf{u}$ und $\mathbf{u}'$ in verschiedenen Bezugssystemen, die sich mit der Relativgeschwindigkeit $\mathbf{v} = v\,\mathbf{e}_z$ gegeneinander bewegen. Es gelte $0 \le \vartheta \le \pi$ und $0 \le \vartheta' \le \pi$.

Im Folgenden untersuchen wir, mit welcher Geschwindigkeit

$$\mathbf{u} = u\,\mathbf{e}_u = \frac{d\,\mathbf{r}}{dt} = \frac{dx}{dt}\,\mathbf{e}_x + \frac{dy}{dt}\,\mathbf{e}_y + \frac{dz}{dt}\,\mathbf{e}_z \tag{11.9}$$

ein Beobachter im System S das bewegte Objekt wahrnehmen würde. Mit Hilfe der Lorentz-Transformation der Raumzeit nach (11.5) und γ aus (11.3) folgt sofort:

$$\boxed{\mathbf{u} = \frac{d\,\mathbf{r}}{dt} = \frac{d\,\mathbf{r}}{dt'}\frac{dt'}{dt} = \frac{1}{1 + \mathbf{u}'\cdot\mathbf{v}\,/\,c_0^2}\left[\mathbf{v} + \frac{\mathbf{u}'}{\gamma} + \left(1 - \frac{1}{\gamma}\right)\frac{(\mathbf{u}'\cdot\mathbf{v})\,\mathbf{v}}{v^2}\right]}, \tag{11.10}$$

was man auch wie folgt schreiben kann:

$$\boxed{\mathbf{u} = \frac{\mathbf{v} + \mathbf{u}_\parallel' + \mathbf{u}_\perp'/\gamma}{1 + u_\parallel'\,v\,/\,c_0^2}}. \tag{11.11}$$

---

[2] Galileo **Galilei** (1564-1642): ital. Mathematiker, Physiker und Astronom (Mechanik, Fernrohr, Planetenbeobachtungen, heliozentrisches Weltbild)

Dieses sogenannte **Einsteinsche Additionstheorem der Geschwindigkeiten** ist bezüglich $\mathbf{u}'$ und $\mathbf{v}$ nicht symmetrisch. Das Ergebnis zweier aufeinander folgender Lorentz-Boosts ist daher im Allgemeinen von der Reihenfolge abhängig und einer einzigen Lorentz-Transformation mit anschließender räumlicher Drehung äquivalent [Grei92]. Eine Ausnahme bildet der Fall, dass beide Geschwindigkeiten $\mathbf{u}'$ und $\mathbf{v}$ in die *gleiche* oder *entgegengesetzte* Richtung zeigen, d. h. wenn $\mathbf{u}'_\perp = 0$ gilt. Dann sind die beiden aufeinander folgenden Lorentz-Transformationen äquivalent zu einer *einzigen* mit der Geschwindigkeit

$$\mathbf{u} = \frac{\mathbf{v} + \mathbf{u}'}{1 + \mathbf{u}' \cdot \mathbf{v}/c_0^2}, \quad \text{falls} \quad \mathbf{u}' = \mathbf{u}'_\| \quad \text{also} \quad \mathbf{u}'_\perp = 0. \tag{11.12}$$

Diese Beziehung wird als **Additionstheorem** für zueinander **parallele** bzw. **antiparallele** Geschwindigkeiten bezeichnet. Auch bei den denkbar größten Geschwindigkeiten, nämlich $v = u' = c_0$, bleibt die Summengeschwindigkeit mit $u = c_0$ beschränkt und überschreitet niemals die Lichtgeschwindigkeit.

Bei **senkrechter** Bewegungsrichtung wird $\mathbf{u}' \cdot \mathbf{v} = 0$ und aus (11.10) folgt

$$\mathbf{u} = \mathbf{v} + \frac{\mathbf{u}'}{\gamma}, \quad \text{falls} \quad \mathbf{u}' = \mathbf{u}'_\perp \quad \text{also} \quad \mathbf{u}'_\| = 0, \tag{11.13}$$

was ebenfalls niemals superluminal (also schneller als das Licht) werden kann.

Als Nächstes wollen wir die Geschwindigkeitsvektoren $\mathbf{u}' = \mathbf{u}'_\| + \mathbf{u}'_\perp$ und $\mathbf{u} = \mathbf{u}_\| + \mathbf{u}_\perp$ in ihre Komponenten zerlegen. So gilt im System S' nach Bild 11.4:

$$\begin{matrix} u'_\| = u' \cos\vartheta' \\ u'_\perp = u' \sin\vartheta' \end{matrix} \quad \Rightarrow \quad \tan\vartheta' = \frac{u'_\perp}{u'_\|}. \tag{11.14}$$

Mit (11.11) finden wir die entsprechenden Komponenten im System S:

$$u_\| = u\cos\vartheta = \frac{v + u'_\|}{1 + u'_\| \, v/c_0^2}$$

$$u_\perp = u\sin\vartheta = \frac{u'_\perp/\gamma}{1 + u'_\| \, v/c_0^2}, \tag{11.15}$$

Der ruhende Beobachter, gegen den sich das System S' mit der Geschwindigkeit v bewegt misst somit die **Geschwindigkeit:**

$$u = \sqrt{u_\|^2 + u_\perp^2} = \frac{\sqrt{(v + u'_\|)^2 + (u'_\perp/\gamma)^2}}{1 + u'_\| \, v/c_0^2}, \tag{11.16}$$

was man unter Beachtung von (11.14) noch weiter umformen kann:

$$\boxed{u = \frac{\sqrt{u'^2 + v^2 + 2\,u'v\cos\vartheta' - \left(\dfrac{u'v\sin\vartheta'}{c_0}\right)^2}}{1 + \dfrac{u'v\cos\vartheta'}{c_0^2}}.} \tag{11.17}$$

Eine wichtige Schlussfolgerung aus (11.17) betrachten wir in Aufgabe 11.4.1.

Erfolgt die Relativbewegung der beiden Bezugssysteme mit $v = c_0$, dann gilt unabhängig von u' stets auch $u = c_0$. Beim _absoluten Betrag_ der Geschwindigkeit u treten u' und v symmetrisch (also kommutativ) in Erscheinung. Diese Symmetrie gilt nicht für die _Richtung des Vektors_ $\mathbf{u}$, was wir beim vektoriellen Gesetz (11.10) bereits erwähnt hatten.

Als **Beispiel** betrachten wir zwei Vektoren $\mathbf{u}'$ und $\mathbf{v}$, die im System S' _orthogonal_ seien. Dann folgt aus (11.17) mit $\vartheta' = \pi/2$:

$$u = \sqrt{u'^2 + v^2 - \left(\frac{u'v}{c_0}\right)^2}, \tag{11.18}$$

was sich offensichtlich von der klassischen Vektoraddition nach dem Satz des Pythagoras unterscheidet, der sich erst im Grenzfall kleiner Geschwindigkeiten mit $u'v \ll c_0^2$ wieder ergibt.

Schließlich diskutieren wir noch die Frage, wie sich der Winkel ϑ', den die Geschwindigkeit $\mathbf{u}'$ mit der z-Achse einschließt, ändert, wenn wir in das System S wechseln. Ein im System S ruhender Beobachter nimmt dann das bewegte Objekt nach (11.15) nämlich unter einem anderen **Winkel** wahr:

$$\boxed{\tan \vartheta = \frac{u'_\perp/\gamma}{v + u'_\parallel} = \frac{1}{\gamma}\frac{u'\sin\vartheta'}{v + u'\cos\vartheta'}}. \tag{11.19}$$

Im Fall der Richtungsänderung des Lichts beim Übergang in ein anderes Bezugssystem setzen wir $u' = c_0$. Wegen (11.17) gilt dann natürlich auch $u = c_0$, da Licht in jedem Bezugssystem die gleiche Geschwindigkeit haben muss, was ja geradezu den Grundpfeiler der Relativitätstheorie darstellt. Allerdings hängt die Ausbreitungsrichtung des Lichts vom Bezugssystem ab. Dieser als **Aberration**[3] bezeichnete Effekt folgt mit $\beta = v/c_0$ aus (11.19):

$$\boxed{\tan \vartheta = \frac{1}{\gamma}\frac{c_0\sin\vartheta'}{v + c_0\cos\vartheta'} = \frac{\sqrt{1-\beta^2}\,\sin\vartheta'}{\beta + \cos\vartheta'}}. \tag{11.20}$$

Die Ausbreitungsrichtung des Lichtstrahls wird im System S also anders als in S' wahrgenommen. Den Winkel, den $\mathbf{u} = u\,\mathbf{e}_u$ mit der Relativgeschwindigkeit $\mathbf{v} = v\mathbf{e}_z$ einnimmt, erhält man mit $u' = c_0$ aus (11.10) oder mit $\cos^2\vartheta = 1/(1+\tan^2\vartheta)$ direkt aus (11.20):

$$\mathbf{e}_u \cdot \mathbf{e}_z = \cos\vartheta = \frac{\beta + \cos\vartheta'}{1 + \beta\cos\vartheta'}, \tag{11.21}$$

während im System S' noch $\mathbf{e}_{u'} \cdot \mathbf{e}_z = \cos\vartheta'$ galt. Aus (11.21) folgt sofort auch

$$\sin\vartheta = \frac{\sqrt{1-\beta^2}\,\sin\vartheta'}{1 + \beta\cos\vartheta'}. \tag{11.22}$$

Die **inversen Formeln** entstehen dadurch, dass wir wie üblich gestrichene und ungestrichene Größen miteinander vertauschen sowie β durch $-\beta$ ersetzen – so gilt z. B.:

---

[3] Die **Aberration** (von lat. _aberratio_ = Ablenkung) beschreibt die Verkippung der Ausbreitungsrichtung eines Lichtstrahls infolge einer Relativbewegung von Quelle und Beobachter und hat ihre Ursache in der endlichen Lichtgeschwindigkeit. Auch im Alltag tritt ein verwandter Effekt auf – so sollte man seinen Regenschirm schräg halten, wenn man durch vertikal herabfallenden Regen läuft.

$$\tan \vartheta' = \frac{\sqrt{1-\beta^2}\, \sin \vartheta}{-\beta + \cos \vartheta}, \tag{11.23}$$

was man nach [Pau81] auch wie folgt schreiben kann:

$$\tan \frac{\vartheta'}{2} = \sqrt{\frac{1+\beta}{1-\beta}}\, \tan \frac{\vartheta}{2}. \tag{11.24}$$

Übung 11.3: Astronomische Aberration der Fixsterne

- Als stellare Aberration bezeichnet man in der Astronomie die kleine scheinbare Ortsverän-
  derung der Fixsterne, hervorgerufen durch die seitliche Bewegung[4] der Erde mit der Geschwindigkeit v während der Beobachtung (Bild 11.5). Bestimmen Sie den **Kippwinkel**
  $\alpha = \vartheta' - \vartheta$ der stellaren Aberration in Abhängigkeit von der Relativgeschwindigkeit v.

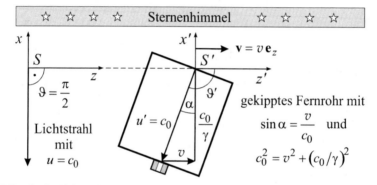

Bild 11.5 Damit ein Lichtstrahl durch Objektivmitte und Okular hindurchtritt, muss bei der Beobachtung des Sternenlichts das Fernrohr um einen kleinen Winkel α gekippt werden[5].

- **Lösung:**

  Mit dem Additionstheorem

  $$\sin (\vartheta' - \vartheta) = \sin \vartheta' \cos \vartheta - \cos \vartheta' \sin \vartheta \tag{11.25}$$

  und den zu (11.21) sowie (11.22) inversen Formeln

  $$\cos \vartheta' = \frac{-\beta + \cos \vartheta}{1 - \beta \cos \vartheta} \quad \text{bzw.} \quad \sin \vartheta' = \frac{\sqrt{1-\beta^2}\, \sin \vartheta}{1 - \beta \cos \vartheta} \tag{11.26}$$

  folgt sofort:

---

[4] Die gesamte Bewegung der Erde setzt sich aus drei Anteilen zusammen: die _tägliche_ Erdrotation (die
am Äquator 465 m/s beträgt), der _jährliche_ Umlauf um die Sonne mit 29,79 km/s und die Bewegung
des ganzen Sonnensystems in unserer Galaxis mit 220 km/s. Die Umlaufperiode um das galaktische
Zentrum – das _galaktische Jahr_ – ist aber mit 225 Millionen Jahren so groß, dass die dadurch bedingten Verschiebungen der Sternörter in historischen Zeiträumen konstant bleiben und Änderungen nicht
beobachtet werden.

[5] Der Kippwinkel α hängt nicht von der Entfernung zwischen Erde und Stern ab und darf auch nicht mit
der Parallaxe verwechselt werden. Er ist vielmehr ein ausschließlich relativistischer Bewegungseffekt.

$$\sin(\vartheta' - \vartheta) = \frac{\sin\vartheta}{1 - \beta\cos\vartheta}\left(\sqrt{1-\beta^2}\,\cos\vartheta + \beta - \cos\vartheta\right). \tag{11.27}$$

Bewegt sich die Erde im System S' mit der Gesamtgeschwindigkeit $\mathbf{v} = v\mathbf{e}_z$ seitlich zum ruhenden Fixsternhimmel, gilt nach Bild 11.5 $\vartheta = \pi/2$. Damit erhalten wir den **Kippwinkel** $\alpha = \vartheta' - \vartheta$ direkt aus (11.27) – Zahlenwerte findet man in Aufgabe 11.4.3:

$$\sin\alpha = \beta = \frac{v}{c_0} \qquad \text{bzw.} \qquad \tan\alpha = \gamma\beta = \frac{v/c_0}{\sqrt{1-(v/c_0)^2}}. \tag{11.28}$$

Die klassische (nicht relativistische) Formel $\tan\alpha = v/c_0$ folgt daraus für $\gamma \to 1$. □

11.2.3 Transformation der Feldkomponenten

Neben der Raumzeit (Tabelle 11.1) hängen auch die von einem Beobachter messbaren elektromagnetischen Feldgrößen von seiner Relativbewegung zur Strahlungsquelle ab [Fey91]. So gilt für die Transformation der in den Systemen S und S' messbaren elektrischen und magnetischen Felder ebenfalls die Lorentz-Transformation (Tabelle 11.2).

Tabelle 11.2 Lorentz-Transformation der Feldgrößen mit $\gamma = (1-\beta^2)^{-1/2}$ und $\beta = v/c_0$

Elektrische Felder	Magnetische Felder
$\mathbf{E}'_{\parallel} = \mathbf{E}_{\parallel}$ und $\mathbf{D}'_{\parallel} = \mathbf{D}_{\parallel}$	$\mathbf{B}'_{\parallel} = \mathbf{B}_{\parallel}$ und $\mathbf{H}'_{\parallel} = \mathbf{H}_{\parallel}$
$\mathbf{E}'_{\perp} = \gamma\left(\mathbf{E}_{\perp} + \mathbf{v}\times\mathbf{B}_{\perp}\right)$	$\mathbf{H}'_{\perp} = \gamma\left(\mathbf{H}_{\perp} - \mathbf{v}\times\mathbf{D}_{\perp}\right)$
$\mathbf{D}'_{\perp} = \gamma\left(\mathbf{D}_{\perp} + \dfrac{1}{c_0^2}\mathbf{v}\times\mathbf{H}_{\perp}\right)$	$\mathbf{B}'_{\perp} = \gamma\left(\mathbf{B}_{\perp} - \dfrac{1}{c_0^2}\mathbf{v}\times\mathbf{E}_{\perp}\right)$

Die Zeichen $\parallel$ und $\perp$ bedeuten wieder parallel bzw. senkrecht zum Geschwindigkeitsvektor $\mathbf{v}$. Im gestrichenen System müssen die Orts- und Zeitvariablen (x', y', z', t') und im ungestrichenen der Satz (x, y, z, t) verwendet werden. Für *kleine* Werte $\beta = v/c_0 \ll 1$, d. h. für $\gamma \to 1$, gehen diese Gleichungen wegen $\mathbf{v}\times\mathbf{B}_{\parallel} = 0$ und $\mathbf{v}\times\mathbf{E}_{\parallel} = 0$ über in:

$$\mathbf{E}' = \mathbf{E}'_{\perp} + \mathbf{E}'_{\parallel} = \mathbf{E} + \mathbf{v}\times\mathbf{B} \qquad \text{und} \qquad \mathbf{B}' = \mathbf{B}'_{\perp} + \mathbf{B}'_{\parallel} = \mathbf{B} - \frac{1}{c_0^2}\mathbf{v}\times\mathbf{E}. \tag{11.29}$$

Zwar sind die Werte der elektromagnetischen Feldgrößen vom Bezugssystem abhängig, aber die *Form* der Maxwellschen Gleichungen ist in allen Inertialsystemen gleich (**Relativitätsprinzip, Invarianz** der Maxwellschen Gleichungen). So kann die zweite Maxwellsche Gleichung (3.50) im ruhenden bzw. im bewegten System wie folgt geschrieben werden:

$$\oint_C \mathbf{E}\cdot d\mathbf{s} = -\iint_A \frac{\partial\mathbf{B}}{\partial t}\cdot d\mathbf{A} \qquad \text{bzw.} \qquad \oint_{C'} \mathbf{E}'\cdot d\mathbf{s}' = -\iint_{A'} \frac{\partial\mathbf{B}'}{\partial t'}\cdot d\mathbf{A}'. \tag{11.30}$$

Für *kleine* Relativgeschwindigkeiten gilt mit $\mathbf{E} = \mathbf{E}' - \mathbf{v}\times\mathbf{B}$ die „*gemischte*" Darstellung

$$\oint_C \left(\mathbf{E}' - \mathbf{v}\times\mathbf{B}\right)\cdot d\mathbf{s} = -\iint_A \frac{\partial\mathbf{B}}{\partial t}\cdot d\mathbf{A}, \tag{11.31}$$

die man in einen _zeit-_ und in einen _bewegungsabhängigen_ Term aufspalten kann [Kli03]:

$$\oint_C \mathbf{E}' \cdot d\mathbf{s} = -\iint_A \frac{\partial \mathbf{B}}{\partial t} \cdot d\mathbf{A} + \oint_C (\mathbf{v} \times \mathbf{B}) \cdot d\mathbf{s}$$ (11.32)

Das ist das auf Maxwell und Hertz[6] zurückgehende **Induktionsgesetz für bewegte Körper,** das für kleine Geschwindigkeiten mit $\beta = v/c_0 \ll 1$ näherungsweise gilt. Gewöhnlich schreibt man die rechte Gleichungsseite von (11.32) als totales Differenzial:

$$\oint_C \mathbf{E}' \cdot d\mathbf{s} = -\frac{d}{dt} \iint_A \mathbf{B} \cdot d\mathbf{A} = -\frac{d\Phi}{dt}$$ (11.33)

Die in einer Leiterschleife mit der Berandung C induzierte Spannung ergibt sich somit näherungsweise aus der zeitlichen Änderung des magnetischen Flusses durch die von der Kontur C berandete Fläche A. Es wird $\mathbf{E}'$ im _bewegten_ System gemessen, während die Linienintegration im _ruhenden_ System durchgeführt werden muss. Das Linienintegral auf der linken Seite von (11.33) ist daher weder die Induktionsspannung u' im bewegten noch u im ruhenden System. Weil man bei kleinen Relativgeschwindigkeiten $\beta = v/c_0 \ll 1$ aber die weiteren Näherungen $d\mathbf{s} \approx d\mathbf{s}'$ sowie $C \approx C'$ machen kann, ist die in einer bewegten Leiterschleife durch einen mitbewegten Beobachter messbare Induktionsspannung _näherungsweise_ durch obige Beziehung berechenbar. Eine korrekte Bestimmung der Induktionsspannung, gemessen im beliebig schnell bewegten System, gelingt hingegen problemlos und völlig exakt mit Hilfe von

$$u' = \oint_{C'} \mathbf{E}' \cdot d\mathbf{s}' = -\iint_{A'} \frac{\partial \mathbf{B}'}{\partial t'} \cdot d\mathbf{A}'$$ (11.34)

unter Beachtung der Lorentz-Transformation $\mathbf{B}'$ als Funktion von $\mathbf{B}$ und $\mathbf{E}$. Den Übergang vom gestrichenen System S' auf das ungestrichene S ermöglicht die **inverse Lorentz-Transformation.** Sie folgt durch Umkehrung der Lorentz-Transformation (Tabelle 11.2) unter Vertauschung der gestrichenen und ungestrichenen Größen und mit der Substitution $\mathbf{v} \to -\mathbf{v}$.

Tabelle 11.3 Inverse Lorentz-Transformation der Feldgrößen mit $\gamma = (1-\beta^2)^{-1/2}$ und $\beta = v/c_0$

Elektrische Felder	Magnetische Felder
$\mathbf{E}_{\|} = \mathbf{E}'_{\|}$ und $\mathbf{D}_{\|} = \mathbf{D}'_{\|}$	$\mathbf{B}_{\|} = \mathbf{B}'_{\|}$ und $\mathbf{H}_{\|} = \mathbf{H}'_{\|}$
$\mathbf{E}_\perp = \gamma\left(\mathbf{E}'_\perp - \mathbf{v} \times \mathbf{B}'_\perp\right)$	$\mathbf{H}_\perp = \gamma\left(\mathbf{H}'_\perp + \mathbf{v} \times \mathbf{D}'_\perp\right)$
$\mathbf{D}_\perp = \gamma\left(\mathbf{D}'_\perp - \frac{1}{c_0^2}\mathbf{v} \times \mathbf{H}'_\perp\right)$	$\mathbf{B}_\perp = \gamma\left(\mathbf{B}'_\perp + \frac{1}{c_0^2}\mathbf{v} \times \mathbf{E}'_\perp\right)$

Diese Transformationsgleichungen zeigen, dass $\mathbf{E}$ und $\mathbf{B}$ nicht unabhängig voneinander existieren. Ein Feld, das in einem System rein elektrostatisch oder rein magnetostatisch ist, erscheint im anderen System als eine Mischung aus beiden. Die elektrischen und magnetischen Felder sind so eng miteinander verknüpft, dass man nicht von $\mathbf{E}$ und $\mathbf{B}$ getrennt, sondern

---

[6] Heinrich Rudolph **Hertz** (1857-1894): dt. Physiker (Wegbereiter der drahtlosen Nachrichtenübertragung, Nachweis elektromagnetischer Wellen, Reflexion, Brechung, Polarisation, Elastizitätstheorie)

besser vom **elektromagnetischen** Feld als Ganzem sprechen sollte. Das magnetische Feld ist eine notwendige Konsequenz der Lorentz-Transformation des Coulombfeldes einer Punktladung. In diesem Sinne ist das Magnetfeld ein relativistischer Effekt. Bisher haben wir nur gleichförmig bewegte Bezugssysteme betrachtet – bei **beschleunigtem** Ladungstransport mit $\mathbf{v} \neq$ const. treten weitere Effekte auf, die wir erst in Kapitel 12 untersuchen werden.

Übung 11.4: Materialgleichungen in bewegten Medien

- Falls sich eine Strahlungsquelle (Antenne) mit konstanter Geschwindigkeit relativ zu ihrer materiellen Umgebung bewegt, liegt *kein* ruhendes Medium mehr vor. Im Gegensatz zum Vakuum, in dem wegen des Relativitätsprinzips kein ausgezeichnetes Bezugssystem existiert, können in einem materiellen Medium die Materialeigenschaften Permittivität, Permeabilität und elektrische Leitfähigkeit nur in einem Bezugssystem, in dem die *Materie ruht,* sinnvoll definiert werden. Die beiden Materialgleichungen (3.44) und das Ohmsche Gesetz

$$\mathbf{D}' = \varepsilon' \, \mathbf{E}' \quad \text{sowie} \quad \mathbf{H}' = \frac{1}{\mu'} \, \mathbf{B}' \quad \text{und} \quad \mathbf{J}' = \kappa' \, \mathbf{E}' \tag{11.35}$$

gelten in dieser Form daher nur im Ruhesystem S' des bewegten Mediums. Transformieren Sie (11.35) mit Hilfe von Tabelle 11.2 in das Bezugssystem S der Antenne, relativ zu dem sich das System S' des Mediums mit gleichförmiger Geschwindigkeit $\mathbf{v}$ bewegt.

- **Lösung:**

Mit den Beziehungen der Tabelle 11.2 erhalten wir aus $\mathbf{D}' = \varepsilon' \, \mathbf{E}'$ sowie aus $\mathbf{H}' = \mathbf{B}'/\mu'$:

$$\boxed{\mathbf{D}_{\|} = \varepsilon' \, \mathbf{E}_{\|}} \quad \text{und} \quad \mathbf{D}_{\perp} + \frac{1}{c_0^2} \, \mathbf{v} \times \mathbf{H}_{\perp} = \varepsilon' (\mathbf{E}_{\perp} + \mathbf{v} \times \mathbf{B}_{\perp}) \quad \text{sowie} \tag{11.36}$$

$$\boxed{\mathbf{H}_{\|} = \mathbf{B}_{\|}/\mu'} \quad \text{und} \quad \mathbf{B}_{\perp} - \frac{1}{c_0^2} \, \mathbf{v} \times \mathbf{E}_{\perp} = \mu' (\mathbf{H}_{\perp} - \mathbf{v} \times \mathbf{D}_{\perp}) \,. \tag{11.37}$$

Durch gegenseitiges Einsetzen, Auflösen nach $\mathbf{D}_{\perp}$ und $\mathbf{H}_{\perp}$ und weiteren Umformungen [Sau73, Som77, Jac02] erhalten wir den Zusammenhang für die senkrechten Komponenten:

$$\boxed{\begin{aligned} \mathbf{D}_{\perp} &= \varepsilon' \frac{\gamma^2}{n^2} \Big[(n^2 - \beta^2) \, \mathbf{E}_{\perp} + (n^2 - 1) \, \mathbf{v} \times \mathbf{B}_{\perp} \Big] \\[2mm] \mathbf{H}_{\perp} &= \frac{\gamma^2}{\mu'} \Big[(1 - n^2 \beta^2) \, \mathbf{B}_{\perp} + (n^2 - 1) \, \frac{\mathbf{v} \times \mathbf{E}_{\perp}}{c_0^2} \Big] . \end{aligned}} \tag{11.38}$$

Dabei bezeichnet $n = c_0/c = c_0 \sqrt{\mu' \varepsilon'}$ den *Brechungsindex* des Mediums. Sowohl für $n = 1$ als auch bei $\mathbf{v} = 0$ verschwinden die Zusatzterme in (11.38). Man beachte, dass bereits in isotropen Medien die Vektoren $\mathbf{D}$ und $\mathbf{E}$ sowie $\mathbf{H}$ und $\mathbf{B}$ nicht mehr parallel sind.

Nach [Som77] haben Stromdichte und Ladungsdichte $(\mathbf{J}, c_0 \rho)$ das gleiche Transformationsverhalten wie die Raumzeit $(\mathbf{r}, c_0 t)$. Analog zu Tabelle 11.1 folgert man daher:

$$\mathbf{J}'_{\perp} = \mathbf{J}_{\perp} \quad \text{und} \quad \mathbf{J}'_{\|} = \gamma \, (\mathbf{J}_{\|} - \mathbf{v} \, \rho) \quad \text{sowie} \quad \rho' = \gamma \left(\rho - \frac{\mathbf{v} \cdot \mathbf{J}}{c_0^2} \right). \tag{11.39}$$

Während die gesamte Ladungsmenge lorentzinvariant ist, hängen Stromdichte und Raumladungsdichte vom Bezugssystem ab. Falls im Ruhesystem des bewegten Leiters *keine* Konvektionsströme auftreten $(\rho' = 0)$, gilt $\mathbf{J'} = \kappa'\,\mathbf{E'}$ und aus (11.39) folgt mit Tabelle 11.2 das **Ohmsche Gesetz für bewegte Leiter** im ruhenden Laborsystem S [Sau73, Som77, Jac02]:

$$\boxed{\mathbf{J} = \mathbf{J}_L + \mathbf{v}\rho = \kappa'\gamma\,(\mathbf{E} + \mathbf{v}\times\mathbf{B})} \quad \text{mit} \quad \boxed{\mathbf{v}\rho = \beta^2\mathbf{J}_{\parallel} = \kappa'\gamma\,\beta^2\mathbf{E}_{\parallel}}. \tag{11.40}$$

Die Aufspaltung der Gesamtstromdichte in Leitungs- und Konvektionsstromdichte hängt vom Standpunkt des Beobachters ab. Im System S trägt der bewegte Leiter eine Ladung. □

11.3 Feld einer gleichförmig bewegten Ladung

In Übung 11.5 wollen wir die Lorentz-Transformation der elektromagnetischen Felder benutzen, um die Felder in der Umgebung einer sich gleichförmig bewegenden Punktladung exakt zu bestimmen.

Übung 11.5: Relativistische Punktladung

- Eine elektrische Punktladung q soll sich mit gleichförmiger Geschwindigkeit $\mathbf{v}$ an einem Beobachter P vorbeibewegen (Bild 11.6). Das kugelsymmetrische Coulombfeld im Ruhesystem der Ladung sei bekannt. Bestimmen Sie durch Lorentz-Transformation dieses Ruhefeldes die in P messbaren Feldstärken.

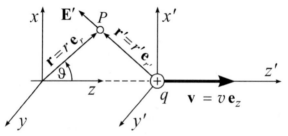

Bild 11.6 Gleichförmig an einem Beobachter P vorbeibewegte elektrische Punktladung q

- **Lösung:**

Im Ruhesystem der Punktladung, dem gestrichenen System, ergibt sich analog zu (11.1) das elektrostatische Coulombfeld

$$\mathbf{E'} = \frac{q}{4\pi\varepsilon_0\,r'^2}\,\mathbf{e}_{r'}, \tag{11.41}$$

während das Magnetfeld null ist, d. h. $\mathbf{B'} = 0$. Die Kugelkoordinaten kann man wie folgt durch kartesische Koordinaten ausdrücken (Tabelle 2.5):

$$r' = \sqrt{x'^2 + y'^2 + z'^2} \quad \text{und} \quad \mathbf{e}_{r'} = \frac{\mathbf{r'}}{r'} = \frac{x'}{r'}\,\mathbf{e}_{x'} + \frac{y'}{r'}\,\mathbf{e}_{y'} + \frac{z'}{r'}\,\mathbf{e}_{z'}. \tag{11.42}$$

Daher gilt im Ruhesystem der Punktladung:

$$\boxed{\mathbf{E'} = \frac{q\,(x'\mathbf{e}_{x'} + y'\mathbf{e}_{y'} + z'\mathbf{e}_{z'})}{4\pi\varepsilon_0\left(x'^2 + y'^2 + z'^2\right)^{3/2}}}. \tag{11.43}$$

Durch Lorentz-Transformation der gestrichenen Koordinaten (Tabelle 11.1)

$$x' = x, \quad y' = y, \quad z' = \gamma(z - vt) \tag{11.44}$$

erhält man die gestrichenen Feldkomponenten, ausgedrückt durch die Koordinaten des ungestrichenen Systems:

$$\mathbf{E}'_\perp = E_{x'}\,\mathbf{e}_{x'} + E_{y'}\,\mathbf{e}_{y'} = \frac{q\,(x\mathbf{e}_{x'} + y\mathbf{e}_{y'})}{4\pi\varepsilon_0\left[x^2 + y^2 + \gamma^2(z - vt)^2\right]^{3/2}} \tag{11.45}$$

$$\mathbf{E}'_\parallel = E_{z'}\,\mathbf{e}_{z'} = \frac{q\gamma(z - vt)\,\mathbf{e}_{z'}}{4\pi\varepsilon_0\left[x^2 + y^2 + \gamma^2(z - vt)^2\right]^{3/2}}. \tag{11.46}$$

Nach Anwendung der inversen Lorentz-Transformation (Tabelle 11.3) auf das Feld $\mathbf{E}'$ unter Beachtung von $\mathbf{B}' = 0$ erhalten wir schließlich mit $\boldsymbol{\beta} = \beta\mathbf{e}_z = \mathbf{v}/c_0$:

$$\boxed{\begin{aligned} \mathbf{E} &= \mathbf{E}_\perp + \mathbf{E}_\parallel = \gamma\,\mathbf{E}'_\perp + \mathbf{E}'_\parallel = \frac{q\gamma(x\mathbf{e}_x + y\mathbf{e}_y + (z - vt)\mathbf{e}_z)}{4\pi\varepsilon_0\left[x^2 + y^2 + \gamma^2(z - vt)^2\right]^{3/2}} \\ \mathbf{B} &= \mathbf{B}_\perp + \mathbf{B}_\parallel = \frac{\gamma}{c_0^2}\mathbf{v}\times\mathbf{E}'_\perp = \frac{1}{c_0^2}\mathbf{v}\times\mathbf{E}_\perp = \frac{\beta}{c_0}\mathbf{e}_z\times\mathbf{E} = \frac{\boldsymbol{\beta}\times\mathbf{E}}{c_0}. \end{aligned}} \tag{11.47}$$

Mit Hilfe der Umformung $\mathbf{e}_x\,x + \mathbf{e}_y\,y = \mathbf{e}_x\,\rho\cos\varphi + \mathbf{e}_y\,\rho\sin\varphi = \mathbf{e}_\rho\,\rho$ kann man leicht zeigen, dass $\mathbf{B} = B_\varphi\,\mathbf{e}_\varphi$ gilt. Die magnetischen Feldlinien umfassen daher den Weg der sich gleichförmig fortbewegenden Punktladung in konzentrischen Kreisen. Für den **speziellen Zeitpunkt** $t = t' = 0$, wenn also beide Koordinatenursprünge übereinstimmen, hat das resultierende E-Feld nur *radiale* Komponenten:

$$\mathbf{E}(t = 0) = \frac{q\gamma(x\mathbf{e}_x + y\mathbf{e}_y + z\mathbf{e}_z)}{4\pi\varepsilon_0\left(x^2 + y^2 + \gamma^2 z^2\right)^{3/2}} = \frac{q\gamma r\,\mathbf{e}_r}{4\pi\varepsilon_0\left(x^2 + y^2 + \gamma^2 z^2\right)^{3/2}} = E_r\,\mathbf{e}_r. \tag{11.48}$$

Eine einfache Umformung mit $\gamma^2 = \left(1 - \beta^2\right)^{-1}$ und $r^2 = x^2 + y^2 + z^2$ ergibt:

$$E_r = \frac{q\gamma r}{4\pi\varepsilon_0\,\gamma^3\left[\left(1 - \beta^2\right)\left(x^2 + y^2\right) + z^2\right]^{3/2}} = \frac{q r}{4\pi\varepsilon_0\,\gamma^2\left[r^2 - \beta^2\left(x^2 + y^2\right)\right]^{3/2}}. \tag{11.49}$$

Mit Hilfe der Identität $x^2 + y^2 = \rho^2 = r^2\sin^2\vartheta$ kann man auch schreiben:

$$\boxed{E_r = \frac{q r}{4\pi\varepsilon_0\,\gamma^2\left(r^2 - \beta^2 r^2\sin^2\vartheta\right)^{3/2}} = \frac{q}{4\pi\varepsilon_0\,r^2}\,\frac{1 - \beta^2}{\left(1 - \beta^2\sin^2\vartheta\right)^{3/2}}} \quad \text{mit} \tag{11.50}$$

$$\boxed{B_\varphi = \frac{\beta}{c_0}E_r\sin\vartheta = \beta\mu_0\frac{E_r}{Z_0}\sin\vartheta} \tag{11.51}$$

Im Grenzfall $\beta = v/c_0 \ll 1$ erhalten wir wieder die bekannte statische Lösung $E_r = q/(4\pi\varepsilon_0 r^2)$. Ist aber β^2 nicht vernachlässigbar klein, so erweist sich das Feld bei gleichen Abständen r von der Ladung in Richtung senkrecht zur Bewegung stärker als in Richtung der Bewegung. Mit zunehmender Geschwindigkeit wird das ursprünglich kugelsymmetrische Feld einer ruhenden Punktladung also immer stärker um $\vartheta = 90°$ konzentriert, während bei $\vartheta = 0°$ und bei $\vartheta = 180°$ das kleinste Feld auftritt:

$$E_{r,\text{max}} = E_r\left(\vartheta = 90°\right) = \frac{q}{4\,\pi\,\varepsilon_0\,r^2}\,\frac{1}{\sqrt{1-\beta^2}}\,, \tag{11.52}$$

$$E_{r,\text{min}} = E_r\left(\vartheta = 0°\right) = E_r\left(\vartheta = 180°\right) = \frac{q}{4\,\pi\,\varepsilon_0\,r^2}\left(1-\beta^2\right). \tag{11.53}$$

Somit gilt:
$$\boxed{\frac{E_{r,\text{min}}}{E_{r,\text{max}}} = \left(1-\beta^2\right)^{3/2} = \frac{1}{\gamma^3}}\,. \tag{11.54}$$

Das Feld einer gleichförmig bewegten Ladung kann man sich aus dem Feld der ruhenden Ladung durch Lorentz-Kontraktion entstanden denken (siehe Bild 11.7).

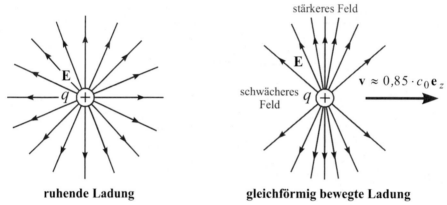

ruhende Ladung   **gleichförmig bewegte Ladung**

Bild 11.7 Lorentz-Kontraktion des Ruhefeldes einer gleichförmig bewegten elektrischen Punktladung

Die Bewegung der Ladung bewirkt eine Verzerrung des elektrischen Feldes, die als relativistischen Effekt ein magnetisches Feld B_φ hervorruft. Die Stärke der Feldverzerrung über dem Winkel ϑ in Abhängigkeit von der normierten Geschwindigkeit $\beta = v/c_0$ als Parameter ist Bild 11.8 zu entnehmen.

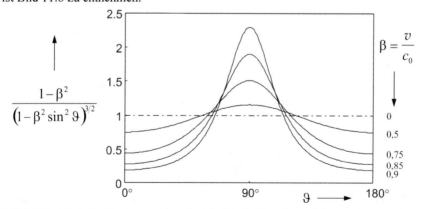

Bild 11.8 Relativistische Verzerrung des elektrischen Feldes einer gleichförmig bewegten Punktladung über dem Beobachterwinkel ϑ in Abhängigkeit von der normierten Geschwindigkeit β

Eine sich gleichförmig fortbewegende Punktladung ist daher mit einem <u>zeitabhängigen</u> Feld verknüpft. Der Beobachter am Ort P sieht, entsprechend der Geschwindigkeit der Ladung, einen mehr oder weniger langen <u>Feldimpuls</u>.   □

11.4 Aufgaben

11.4.1 Zeigen Sie, dass (11.17) in folgende Form gebracht werden kann:

$$\boxed{\frac{c_0^2 - u^2}{c_0^2} = \frac{(c_0^2 - u'^2)(c_0^2 - v^2)}{(c_0^2 + u'v\cos\vartheta')^2}} \qquad (\text{mit } 0 \le \vartheta' \le \pi)$$

und interpretieren Sie das Ergebnis.

11.4.2 Finden Sie mit Hilfe der Gleichung in Aufgabe 11.4.1 die Transformationsregel für den Lorentz-Faktor γ beim Übergang in ein anderes Bezugssystem:

11.4.3 Bestimmen Sie mit Hilfe der Geschwindigkeiten aus Übung 11.3 die Winkeländerungen α in der Position der Fixsterne nach (11.28), die durch tägliche, jährliche und säkulare Aberration verursacht werden.

Lösungen:

11.4.1 Bewegt sich ein Objekt im System S' mit der Geschwindigkeit $u' < c_0$ und ist auch die Relativgeschwindigkeit $v < c_0$, dann ist die rechte Seite obiger Gleichung positiv. Wegen der linken Gleichungsseite gilt darum auch $u < c_0$. Somit ist die im System S gemessene Geschwindigkeit u ebenfalls beschränkt. In den Grenzfällen $u' = c_0$ oder $v = c_0$ muss auch $u = c_0$ gelten, d. h. in allen Inertialsystemen bleibt der Wert der Lichtgeschwindigkeit unverändert.

11.4.2
$$\sqrt{1 - \frac{u^2}{c_0^2}} = \frac{\sqrt{1 - \dfrac{u'^2}{c_0^2}}\sqrt{1 - \dfrac{v^2}{c_0^2}}}{1 + \dfrac{u'v\cos\vartheta'}{c_0^2}} \qquad \Leftrightarrow \qquad \boxed{\gamma_u = \gamma_{u'}\,\gamma_v\left(1 + \frac{u'v\cos\vartheta'}{c_0^2}\right)}.$$

11.4.3 Tägliche Aberration: am Äquator mit $v = 465$ m/s wird $\alpha = 0,32''$ (Bogensekunden). Jährliche Aberration: mit $v = 29,79$ km/s wird $\alpha = 20,50''$ (Aberrationskonstante). Säkulare Aberration: mit $v = 220$ km/s wird $\alpha = 151,4'' = 2,523' = 0,042°$.

Die **tägliche Aberration** ist am Äquator maximal und nimmt mit dem Breitenwinkel δ wie $\cos\delta$ ab, wenn man sich in Richtung der Pole bewegt.

Die **jährliche Aberration** ist viel größer als die Genauigkeit, mit der man Sternorte bestimmen kann (z. B. erreicht man mit dem Hubble-Weltraumteleskop eine Winkelauflösung bei optischen Frequenzen von $0,05''$). Sie wurde erstmals 1725 von James Bradley entdeckt und führt dazu, dass alle Fixsterne im Jahreslauf eine elliptische Kurve beschreiben, deren großer Durchmesser einem Sichtwinkel von $2\alpha = 41''$ entspricht. An den Himmelspolen wird die Ellipse zum Kreis und bei Sternen auf der Ekliptik entartet sie zu einer horizontalen Linie (man vergleiche dazu die Poincaré-Kugel aus Bild 5.4).

Die **säkulare Aberration** ist zwar am größten, aber in menschlichen Zeitaltern gemessen praktisch konstant. Beim Eintrag in einen Sternkatalog ist es daher nicht üblich, die säkulare Aberration zu korrigieren, um den wahren Ort des Sterns zu ermitteln.

12 Relativistische Elektrodynamik II (Strahlung)

Nach dem wir in Kapitel 11 zunächst den Sonderfall der gleichförmig geradlinigen Bewegung von Ladungsträgern untersucht haben, wollen wir nun den allgemeinen Fall der beschleunigten Bewegung von Ladungsträgern im Vakuum betrachten.

12.1 Strahlung beschleunigter Ladungen

12.1.1 Grundgleichungen

Die beschleunigten Teilchen, die wir hier betrachten wollen, sind meist Elektronen, Protonen, Myonen oder deren Antiteilchen mit folgenden Eigenschaften:

$$
\begin{aligned}
\textbf{Elementarladung:} \quad & e \ = 1{,}6022 \cdot 10^{-19}\ \text{C} \\
\textbf{Elektronenruhemasse:} \quad & m_e \ = 9{,}1094 \cdot 10^{-31}\ \text{kg} = 0{,}51100\ \text{MeV}/c_0^2 \\
\textbf{Myonenruhemasse:} \quad & m_\mu \ = 1{,}8835 \cdot 10^{-28}\ \text{kg} = 105{,}66\ \text{MeV}/c_0^2\ = 206{,}77\ m_e \\
\textbf{Protonenruhemasse:} \quad & m_p \ = 1{,}6726 \cdot 10^{-27}\ \text{kg} = 938{,}27\ \text{MeV}/c_0^2 = 1836{,}2\ m_e\,.
\end{aligned}
\tag{12.1}
$$

Die Energie eines solchen Teilchens wird zweckmäßig in Elektronenvolt [eV] gemessen:

$$
1\,\text{eV} = 1{,}6022 \cdot 10^{-19}\ \text{Joule}\,.
\tag{12.2}
$$

Dabei gelten folgende Umrechnungen:

$$
1\,\text{TeV} = 10^3\,\text{GeV} = 10^6\,\text{MeV} = 10^9\,\text{keV} = 10^{12}\,\text{eV}\,.
\tag{12.3}
$$

Im Folgenden betrachten wir wie in Bild 12.1 eine Punktladung q, die sich längs einer glatten Bahn $\mathbf{r}_q(t)$ mit der Momentangeschwindigkeit $\mathbf{v}(t) = \partial \mathbf{r}_q / \partial t$ bewege. An einem Punkt $P(\mathbf{r}, t)$, der sich relativ zum Koordinatenursprung in Ruhe befinde, sollen die elektromagnetischen Felder bestimmt werden.

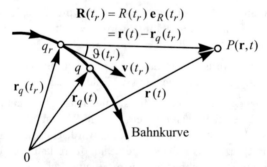

Bild 12.1 Bahnkurve $\mathbf{r}_q(t)$ einer beschleunigten Punktladung q im Vakuum

Wenn sich die beschleunigte Punktladung zum Zeitpunkt t_r am Ort $\mathbf{r}_q(t_r)$ befindet, sendet sie eine elektromagnetische Welle aus. Aufgrund der endlichen Ausbreitungsgeschwindigkeit im Vakuum $c_0 = 1/\sqrt{\mu_0 \varepsilon_0}$ erreicht diese Welle den ortsfesten Beobachter P erst zu einer späteren Zeit $t = t_r + R(t_r)/c_0$. Die Ladung hat sich indessen auf ihrer Bahn ein Stück weiter be-

© Springer Fachmedien Wiesbaden GmbH, ein Teil von Springer Nature 2022
K. W. Kark, *Antennen und Strahlungsfelder*,
https://doi.org/10.1007/978-3-658-38595-8_12

wegt und befindet sich bereits am Ort $\mathbf{r}_q(t)$. Mit anderen Worten: die Felder gehen am Ort P zum Zeitpunkt t aus der Ladungsverteilung zur **retardierten Zeit** t_r hervor. Dabei darf die Retardierung nicht mit der Lorentz-Transformation (Tabelle 11.1) verwechselt werden. Es gilt:

$$t_r = t - \frac{R(t_r)}{c_0}. \tag{12.4}$$

Mit der normierten Geschwindigkeit der Ladung $\beta(t_r) = v(t_r)/c_0$ erhalten wir zunächst den **Lorentz-Faktor**

$$\gamma(t_r) = \frac{1}{\sqrt{1 - \beta^2(t_r)}}, \tag{12.5}$$

der die zum Zeitpunkt t_r vorliegende **Gesamtenergie** einer bewegten Masse m mit ihrer Ruhemasse m_0 verknüpft:

$$E(t_r) = m(t_r)c_0^2 = \gamma(t_r)m_0 c_0^2. \tag{12.6}$$

Dabei kann die Gesamtenergie in eine Taylorreihe nach Potenzen von $\beta = v/c_0$ entwickelt werden, wodurch eine physikalisch anschauliche Aufspaltung in **Ruheenergie** $E_0 = m_0 c_0^2$ und **kinetische Energie** E_{kin} möglich wird:

$$E = E_0 + E_{\mathrm{kin}} \quad \text{mit} \quad E_{\mathrm{kin}} = \frac{1}{2} m_0 v^2 + m_0 c_0^2 \left[\frac{3\beta^4}{8} + \frac{5\beta^6}{16} + \frac{35\beta^8}{128} + \cdots \right]. \tag{12.7}$$

Mit den Bezeichnungen aus Bild 12.1 führen wir nun folgende **Abkürzungen** ein:

$$\begin{aligned}
\boldsymbol{\beta}(t_r) &= \mathbf{v}(t_r)/c_0 \\
\dot{\boldsymbol{\beta}}(t_r) &= \partial \boldsymbol{\beta}(t_r)/\partial t_r \\
\mathbf{R}(t_r) &= R(t_r)\,\mathbf{e}_R(t_r) = \mathbf{r}(t) - \mathbf{r}_q(t_r) \\
\kappa(t_r) &= \partial t/\partial t_r = 1 - \mathbf{e}_R(t_r) \cdot \boldsymbol{\beta}(t_r).
\end{aligned} \tag{12.8}$$

Dabei ist $\mathbf{e}_R(t_r)$ der zur retardierten Zeit vom Teilchen zum Aufpunkt weisende Einheitsvektor. Die **Felder** in der Umgebung der Punktladung setzen sich nun additiv aus geschwindigkeits- und beschleunigungsabhängigen Termen zusammen [Jac02, Hen07, Bra97]:

$$\boxed{\begin{aligned}
\mathbf{E}(\mathbf{r},t) &= \mathbf{E}^{(1)}(\mathbf{r},t) + \mathbf{E}^{(2)}(\mathbf{r},t) = \frac{q}{4\pi\varepsilon_0} \left\{ \frac{\mathbf{e}_R - \boldsymbol{\beta}}{\gamma^2 R^2 \kappa^3} + \frac{1}{R c_0 \kappa^3}\, \mathbf{e}_R \times \left[(\mathbf{e}_R - \boldsymbol{\beta}) \times \dot{\boldsymbol{\beta}} \right] \right\}_{t_r} \\
\mathbf{B}(\mathbf{r},t) &= \mathbf{B}^{(1)}(\mathbf{r},t) + \mathbf{B}^{(2)}(\mathbf{r},t) = \frac{\mathbf{e}_R(t_r) \times \mathbf{E}(\mathbf{r},t)}{c_0}.
\end{aligned}} \tag{12.9}$$

Der Index t_r an der geschweiften Klammer soll betonen, dass _alle_ Größen $\boldsymbol{\beta}, \dot{\boldsymbol{\beta}}, \gamma, R, \mathbf{e}_R$ und κ zur retardierten Zeit $t_r = t - R(t_r)/c_0$ auszuwerten sind, was wir im Folgenden stets voraussetzen wollen. Die Vektoren der Vakuumfelder $\mathbf{E}$ und $\mathbf{B}$ stehen immer _senkrecht_ aufeinander.

- Die **Geschwindigkeitsfelder** sind nur von der Teilchengeschwindigkeit $\mathbf{v} \propto \boldsymbol{\beta}$ abhängig und werden wie $1/R^2$ kleiner. Dieser _Nahfeldbeitrag_ ist bei $\boldsymbol{\beta} = \text{const.}$ (mit $\dot{\boldsymbol{\beta}} = 0$) wegen

$$R(t_r)\big(\mathbf{e}_R(t_r)-\boldsymbol{\beta}\big)=R(t)\,\mathbf{e}_R(t) \quad \text{und}$$

$$R(t_r)\,\kappa(t_r)=R(t_r)\big(1-\mathbf{e}_R(t_r)\cdot\boldsymbol{\beta}\big)=R(t_r)\big(1-\beta\cos\vartheta(t_r)\big)=R(t)\sqrt{1-\beta^2\sin^2\vartheta(t)} \tag{12.10}$$

identisch zum Feld einer gleichförmig bewegten Punktladung – siehe (11.50) in Übung 11.5. Den ausführlichen Beweis von (12.10) findet man z. B. in [LaLi97, Jac02, Fli94].

- Dagegen werden die **Beschleunigungsfelder** zusätzlich von der Teilchenbeschleunigung $\dot{\mathbf{v}}\propto\dot{\boldsymbol{\beta}}$ bestimmt und fallen wie $1/R$ ab. Dieser im <u>Fernfeld</u> dominierende Beitrag wird als Strahlungsfeld bezeichnet. Seine Feldkomponenten stehen $\perp$ auf $\mathbf{e}_R$ und sind transversal.

Im **Fernfeld** können wir also die Geschwindigkeitsfelder vernachlässigen. Außerdem kann (12.9) bei <u>langsam</u> bewegten Ladungen mit $\beta\ll1$ noch weiter vereinfacht werden. Wir erhalten so eine Beziehung für die Ausstrahlung von Kugelwellen:

$$\mathbf{E}(\mathbf{r},t)=\frac{q}{4\pi\varepsilon_0 c_0}\left\{\frac{1}{R}\,\mathbf{e}_R\times\left[\mathbf{e}_R\times\dot{\boldsymbol{\beta}}\right]\right\}_{t_r} \quad \text{und} \quad \mathbf{B}(\mathbf{r},t)=\frac{\mathbf{e}_R(t_r)\times\mathbf{E}(\mathbf{r},t)}{c_0}. \tag{12.11}$$

Bei mehreren beschleunigten Ladungen werden deren Strahlungsbeiträge superponiert. Im Grenzfall einer kontinuierlichen Ladungsbewegung wird diese Summe dann zu einem Integral.

So folgt mit der Substitution $q\,\dot{\boldsymbol{\beta}}\to j\,\omega\,\rho\,\underline{\mathbf{v}}\,dV/c_0\to j\,\omega\,\underline{\mathbf{J}}\,dV/c_0$ in komplexer Schreibweise:

$$\mathbf{E}(\mathbf{r},t)=\text{Re}\left\{\frac{j\,\omega\,\mu_0}{4\pi}\iiint\limits_{V}\frac{1}{R}\left[\mathbf{e}_R\times\big(\mathbf{e}_R\times\underline{\mathbf{J}}\big)\right]e^{j\,\omega\left(t-R/c_0\right)}\,dV\right\}. \tag{12.12}$$

Dabei wurde die Stromdichte $\underline{\mathbf{J}}$ eingeführt und die retardierte Zeit $t_r=t-R/c_0$ in diejenige des Beobachters umgerechnet. Gl. (12.12) entspricht (14.59) und liefert den Ausgangspunkt zum Entwurf aller technischen Antennenanordnungen, denn in den dort auftretenden Wechselströmen bewegen sich die Elektronen tatsächlich nur sehr langsam. Die Driftgeschwindigkeit in metallischen Leitern beträgt typisch weniger als $1\,\text{mm/s}$, was zu einem $\beta<3,34\cdot10^{-12}$ führt.

12.1.2 Strahlungsleistung

In <u>großer Entfernung</u> von der Ladung können wir die Energie, die pro Zeitintervall dt des Beobachters durch das Flächenelement

$$R^2\,d\Omega=R^2\sin\vartheta\,d\vartheta\,d\varphi \tag{12.13}$$

hindurch tritt, mit Hilfe des Poyntingvektors der Beschleunigungsfelder

$$\mathbf{S}^{(2)}(\mathbf{r},t)=\mathbf{E}^{(2)}(\mathbf{r},t)\times\mathbf{H}^{(2)}(\mathbf{r},t) \tag{12.14}$$

berechnen. Nach Tabelle 25.2 wird diese Größe als **Strahlungsintensität** bezeichnet:

$$I(t)=\frac{dP(t)}{d\Omega}=\frac{1}{\mu_0}\,\mathbf{e}_R(t_r)\cdot\left(\mathbf{E}^{(2)}(\mathbf{r},t)\times\mathbf{B}^{(2)}(\mathbf{r},t)\right)R^2=$$

$$=\frac{1}{\mu_0 c_0}\,\mathbf{e}_R(t_r)\cdot\left[\mathbf{E}^{(2)}(\mathbf{r},t)\times\big(\mathbf{e}_R(t_r)\times\mathbf{E}^{(2)}(\mathbf{r},t)\big)\right]R^2=\frac{1}{\mu_0 c_0}\left|\mathbf{E}^{(2)}(\mathbf{r},t)\right|^2 R^2. \tag{12.15}$$

Die von der Ladung pro Zeitintervall dt_r in den Raumwinkel $d\Omega$ abgestrahlte Energie erhalten wir durch Transformation vom Beobachterzeitintervall dt in dasjenige dt_r der Ladung:

$$\frac{dP(t_r)}{d\Omega} = \frac{dP(t)}{d\Omega} \frac{\partial t}{\partial t_r} = \frac{dP(t)}{d\Omega} \, \kappa(t_r) = \frac{dP(t)}{d\Omega} \left(1 - \mathbf{e}_R(t_r) \cdot \boldsymbol{\beta}(t_r) \right) . \tag{12.16}$$

Dabei nehmen wir nun den Standpunkt der Ladung ein. Es gilt $dP(t)/d\Omega > dP(t_r)/d\Omega$, falls sich die Ladung auf den Beobachter zu bewegt. Dieser Effekt ähnelt dem Doppler-Effekt (Abschnitt 13.1.2). Mit $\mathbf{E}^{(2)}(\mathbf{r},t)$ nach (12.9) folgt die Winkelverteilung der Strahlungsleistung:

$$I(t_r) = \frac{dP(t_r)}{d\Omega} = \frac{q^2}{16\pi^2 \varepsilon_0 c_0} \frac{1}{\kappa^5} \left| \mathbf{e}_R \times \left[(\mathbf{e}_R - \boldsymbol{\beta}) \times \dot{\boldsymbol{\beta}} \right] \right|^2 , \tag{12.17}$$

wobei <u>alle</u> Größen im System der retardierten Zeit t_r zu messen sind. Die Winkelintegration von (12.17) über den Raum $d\Omega$ um die Ladung liefert die gesamte **Strahlungsleistung** [Jac02]:

$$P = \frac{q^2}{6\pi \varepsilon_0 c_0} \gamma^6 \left[\dot{\boldsymbol{\beta}}^2 - \left(\boldsymbol{\beta} \times \dot{\boldsymbol{\beta}} \right)^2 \right] . \tag{12.18}$$

Aus (12.17) und (12.18) folgen wichtige Spezialfälle. Wenn sich linear bewegende Ladungen durch ein Metall abgebremst werden, entsteht Röntgenstrahlung, während bei kreisförmiger Bewegung von Ladungsträgern in Speicherringen Synchrotronstrahlung erzeugt wird.

Die Gl. (12.18) ist die 1898 von **Liénard**[1] gefundene relativistische Erweiterung der älteren **Larmorschen**[2] **Formel** für die Strahlungsleistung langsam bewegter Ladungen im Falle $\beta \ll 1$:

$$P = \frac{q^2}{6\pi \varepsilon_0 c_0} \dot{\boldsymbol{\beta}}^2 . \tag{12.19}$$

12.2 Linear beschleunigte Punktladung

12.2.1 Strahlungsleistung

Legt man die positive z-Achse in Bewegungsrichtung, dann folgt aus (12.17) mit $\boldsymbol{\beta} \times \dot{\boldsymbol{\beta}} = 0$ die Winkelverteilung der Strahlungsleistung, die sogenannte **Strahlungsintensität**:

$$I(t_r) = \frac{dP(t_r)}{d\Omega} = \frac{q^2}{16\pi^2 \varepsilon_0 c_0} \frac{1}{\kappa^5} \left| \mathbf{e}_R \times (\mathbf{e}_R \times \dot{\boldsymbol{\beta}}) \right|^2 . \tag{12.20}$$

Die Strahlungsleistung, die in einen bestimmten Raumwinkelbereich abgegeben wird, ist somit proportional zum Quadrat der _transversalen_ Beschleunigung, die senkrecht auf der Sichtachse des Beobachters zur retardierten Teilchenposition steht. Mit $\kappa = 1 - \beta \cos \vartheta$ folgt aus (12.20):

$$I(t_r) = \frac{dP(t_r)}{d\Omega} = \frac{q^2 \dot{\boldsymbol{\beta}}^2}{16\pi^2 \varepsilon_0 c_0} \frac{\sin^2 \vartheta}{(1 - \beta \cos \vartheta)^5} . \tag{12.21}$$

Da die Beschleunigung quadratisch in (12.21) eingeht, spielt ihr Vorzeichen offenbar keine Rolle – eine Abbremsung der Ladung würde daher zum selben Effekt führen, was man tatsäch-

---

[1] Alfred Marie **Liénard** (1869-1958): frz. Physiker (Elektrodynamik, beschleunigte Ladungen)

[2] Sir Joseph **Larmor** (1857-1942): brit. Physiker und Mathematiker (Larmor-Präzession der Elektronen, Elektrodynamik, Thermodynamik, Relativitätstheorie und Astronomie)

lich beim Auftreffen von Kathodenstrahlen (Elektronen) auf einen metallischen Anodenblock beobachtet. Diese sogenannte **Bremsstrahlung** hat ein kontinuierliches Spektrum und bildet einen Anteil der Röntgenstrahlung, der andere stammt von den angeregten Atomen der Anode.

Übung 12.1: Gesamte Strahlungsverluste beim Linearbeschleuniger

- Ermitteln Sie aus der räumlichen Verteilung (12.21) der Strahlungsleistung einer linear beschleunigten Punktladung ihre gesamte abgegebene Strahlungsleistung.

- **Lösung:**

Die gesamte Strahlungsleistung erhalten wir durch Integration über alle Raumrichtungen:

$$P = \iint_\Omega I(t_r)\, d\Omega = \int\limits_{\varphi=0}^{2\pi} \int\limits_{\vartheta=0}^{\pi} \frac{dP(t_r)}{d\Omega} \sin\vartheta\, d\vartheta\, d\varphi. \tag{12.22}$$

Wegen (12.21) folgt daraus:

$$P = \frac{q^2 \dot\beta^2}{16\pi^2 \varepsilon_0 c_0} \int\limits_{\varphi=0}^{2\pi} \int\limits_{\vartheta=0}^{\pi} \frac{\sin^2\vartheta}{(1-\beta\cos\vartheta)^5} \sin\vartheta\, d\vartheta\, d\varphi \quad \text{bzw.} \tag{12.23}$$

$$P = \frac{q^2 \dot\beta^2}{16\pi^2 \varepsilon_0 c_0} \, 2\pi \int\limits_{\vartheta=0}^{\pi} \frac{\sin\vartheta - \cos^2\vartheta \sin\vartheta}{(1-\beta\cos\vartheta)^5} \, d\vartheta. \tag{12.24}$$

Mit den Hilfsintegralen aus Anhang A.11 erhalten wir in Übereinstimmung mit (12.18):

$$P = \frac{q^2 \dot\beta^2}{8\pi\varepsilon_0 c_0} \left[2\frac{1+\beta^2}{(1-\beta^2)^4} - \frac{2}{3}\frac{1+5\beta^2}{(1-\beta^2)^4} \right] = \frac{q^2 \dot\beta^2}{6\pi\varepsilon_0 c_0} \gamma^6. \tag{12.25}$$

Strahlungsverluste treten also nur während Beschleunigungsphasen auf. Sobald die Beschleunigung mit $\dot\beta = 0$ wieder verschwindet, führt die Ladung mit der bis dahin erreichten Geschwindigkeit ihre Bewegung ohne weitere Abstrahlungsverluste fort. □

Nach (12.6) können wir die Gesamtenergie der Ladung wie folgt ausdrücken:

$$E = \gamma\, m_0 c_0^2 = \frac{m_0 c_0^2}{\sqrt{1-\beta^2}}. \tag{12.26}$$

Mit deren zeitlicher Änderung

$$\frac{dE}{dt} = m_0 c_0^2\, \beta\, \dot\beta\, \gamma^3 \tag{12.27}$$

kann man (12.25) auch wie folgt schreiben:

$$P = \frac{q^2}{6\pi\varepsilon_0 c_0} (\dot\beta\, \gamma^3)^2 = \frac{q^2}{6\pi\varepsilon_0 c_0} \frac{1}{m_0^2 c_0^4 \beta^2} \left(\frac{dE}{dt} \right)^2. \tag{12.28}$$

Mit

$$\beta = \frac{v}{c_0} = \frac{1}{c_0}\frac{dx}{dt} \tag{12.29}$$

kann (12.28) noch anders formuliert werden [Jac02]:

$$P = \frac{q^2}{6\pi\varepsilon_0} \frac{1}{m_0^2 c_0^3} \left(\frac{dE}{dx}\right)^2 . \tag{12.30}$$

Schließlich können wir noch das Verhältnis der abgestrahlten Leistung zu der durch Beschleunigung zugeführten Leistung angeben:

$$\frac{P}{dE/dt} = \frac{q^2}{6\pi\varepsilon_0} \frac{1}{m_0^2 c_0^4 \beta} \frac{dE}{dx} . \tag{12.31}$$

Beim **Stanford Linear Accelerator Center** (SLAC) beträgt nach [Will96] der Energiezuwachs pro Meter eines Elektrons etwa $dE/dx = 15\,\text{MeV/m}$. Nach einer 3 km langen Beschleunigungsstrecke können dort Elektronenenergien von $E = 45\,\text{GeV}$ erreicht werden. Mit der Ruhemasse des Elektrons $m_0 = m_e = 9,1094\cdot 10^{-31}$ kg und $q = -e = -1,6022\cdot 10^{-19}$ C erhalten wir aus (12.30) bzw. (12.31) bei ultrarelativistischer Bewegung mit $\beta \to 1$:

$$P = 4,0\cdot 10^{-17}\,\text{W} \quad \text{sowie} \quad \frac{P}{dE/dt} = 5,5\cdot 10^{-14} . \tag{12.32}$$

Die Strahlungsverluste bei Linearbeschleunigern sind daher vernachlässigbar klein.

12.2.2 Richtcharakteristik

Die räumliche Verteilung der Strahlungsleistung (12.21) wird wie in (10.12) durch das Quadrat der **Richtcharakteristik** C beschrieben:

$$C^2(\vartheta, \beta) = \frac{1}{N(\beta)} \frac{\sin^2\vartheta}{(1 - \beta\cos\vartheta)^5} . \tag{12.33}$$

Entlang der z-Achse, innerhalb derer die Bewegung erfolgt, weist das Strahlungsfeld (unabhängig von der Geschwindigkeit $\beta = v/c_0$ der Ladung) wegen $C^2(\vartheta = 0) = 0$ und $C^2(\vartheta = \pi) = 0$ jeweils eine Nullstelle auf. Dabei ist nach [Lang96]

$$N(\beta) = \frac{54}{\beta^2} \frac{\sqrt{1 + 15\beta^2} - 1 - 3\beta^2}{\left(4 - \sqrt{1 + 15\beta^2}\right)^5} \tag{12.34}$$

ein Normierungsfaktor, der $0 \le C(\vartheta, \beta) \le 1$ sicherstellt. Bei ultrarelativistischer Bewegung mit $\beta \to 1$ strebt $N(\beta)$ gegen $2,62\,\gamma^8$, während sich bei $v \ll c_0$ mit $N(\beta = 0) = 1$ die klassische Dipolstrahlung $C^2(\vartheta, \beta = 0) = \sin^2\vartheta$ einstellt, deren Strahlungsmaximum bei $\vartheta_m = \pi/2$, also <u>quer</u> zur Bewegungsrichtung liegt. In Kapitel 10 hatten wir sie bereits detailliert behandelt. Nach [Lang96] gilt für die **Richtung des Maximums** bei beliebigen Geschwindigkeiten:

$$\vartheta_m = \arccos\frac{\sqrt{1 + 15\beta^2} - 1}{3\beta} \quad \text{für} \quad 0 \le \beta \le 1 . \tag{12.35}$$

Wie in Bild 12.2 dargestellt, strahlt die Ladung innerhalb eines mit zunehmender Geschwindigkeit immer enger werdenden Kegels um die positive z-Achse. Bei ultrarelativistischer Bewegung mit $\beta \to 1$ hat dieser Kegel dann einen halben Öffnungswinkel von $\vartheta_m \to 1/(2\gamma)$. Für $\beta = 0,9$ wird $\gamma = 2,294$ und man erhält (im Gradmaß) die Näherung $\vartheta_m \approx 12,5°$, was mit dem nach (12.35) berechneten wahren Wert 13,4° (siehe Bild 12.2) schon recht gut übereinstimmt.

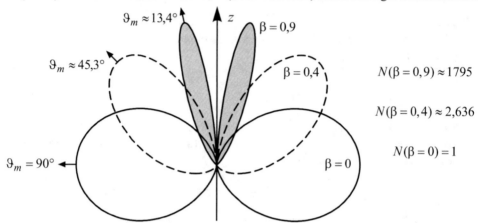

Bild 12.2 Winkelabhängigkeit der Strahlungsleistung $C^2(\vartheta, \beta)$ einer <u>linear</u> in Richtung der positiven z-Achse beschleunigten Punktladung (12.33) bei verschiedenen Geschwindigkeiten $\beta = v/c_0$. Alle Diagramme sind auf ihr jeweiliges Maximum $N(\beta)$ normiert. Bei höheren Geschwindigkeiten konzentriert sich die Strahlung in einem schmalen Kegel um die Bewegungsrichtung.

12.3 Kreisförmig beschleunigte Punktladung

12.3.1 Strahlungsleistung

Geladene Teilchen, die in einem kreisförmigen Beschleuniger (Betatron, Zyklotron oder Synchrotron) umlaufen, geben breitbandige Strahlung ab und erleiden dadurch Strahlungsverluste. Durch Vergrößern des Bahnradius a werden die Verluste geringer – im Grenzfall $a \to \infty$ erhält man den Linearbeschleuniger. **Synchrotronstrahlung** entsteht auch auf natürliche Weise in heißen Plasmen bei hochenergetischen Prozessen im Weltraum (siehe Abschnitt 12.3.5). So führt das Magnetfeld eines schnell rotierenden Neutronensterns (Pulsar) freie Elektronen auf kreis- oder schraubenförmigen Bahnen. Viele nicht-thermische Radioquellen emittieren Synchrotronstrahlung [Kra86].

Zur Beschreibung der Kreisbewegung benutzen wir ein kartesisches Koordinatensystem (Bild 12.3) mit der Ladung im Ursprung, das sich auf der Kreisbahn *mitbewegt.* Wir legen wieder die positive z-Achse in die momentane Bewegungsrichtung der Ladung ($\mathbf{v} = v\mathbf{e}_z$), während die x-Achse in Richtung der Beschleunigung weist, also zum Kreismittelpunkt. Die Kreisbahn liegt somit in der x-z-Ebene und auf die umlaufende Ladung wirkt die **Zentripetalbeschleunigung**

$$\dot{\mathbf{v}} = \dot{v}\,\mathbf{e}_x = \mathbf{e}_x\, v^2/a\,, \tag{12.36}$$

woraus man die **Lorentz-Kraft** (3.43) und die Flussdichte B erhält, die notwendig ist, um die Ladung $q = \pm e$ auf einer Kreisbahn mit Radius a zu führen (dabei gilt: $E = m c_0^2 = \gamma m_0 c_0^2$):

$$F = m\dot{v} = m\frac{v^2}{a} = e v B \quad \Rightarrow \quad \boxed{B = \frac{\gamma m_0 v}{e a}}\,. \tag{12.37}$$

Im ultrarelativistischen Fall mit $v \to c_0$ folgt der **Bahnradius** zu

$$\boxed{\frac{a}{\mathrm{m}} = 3{,}336 \, \frac{E/\mathrm{GeV}}{B/\mathrm{T}}} \, . \tag{12.38}$$

Mit den Winkeln φ und ϑ beschreiben wir die *momentane* Richtung von der Ladung zum Beobachter und zwar weist φ aus der Kreisebene heraus und ϑ ist der Winkel zwischen $\mathbf{e}_R$ und der z-Achse (Bild 12.3). Alle Größen müssen wie üblich an der retardierten Zeit t_r genommen werden (Bild 12.1). Mit diesen Vereinbarungen folgt aus (12.17) die Winkelverteilung der abgestrahlten Leistung [Pan62, Hea95, Hen07], die sogenannte **Strahlungsintensität**:

$$\boxed{I(t_r) = \frac{dP(t_r)}{d\Omega} = \frac{q^2 \dot{\beta}^2}{16\pi^2 \varepsilon_0 c_0} \frac{1}{(1-\beta\cos\vartheta)^3} \left[1 - \frac{\sin^2\vartheta \, \cos^2\varphi}{\gamma^2 (1-\beta\cos\vartheta)^2} \right]} \, . \tag{12.39}$$

Übung 12.2: **Strahlungsleistung der Synchrotronstrahlung**

- Ermitteln Sie aus der Strahlungsintensität (12.39) die gesamte abgegebene Strahlungsleistung einer kreisförmig beschleunigten Punktladung.

- **Lösung:**

Analog zu (12.24) finden wir:

$$P = \frac{q^2 \dot{\beta}^2}{16\pi^2 \varepsilon_0 c_0} 2\pi \int_{\vartheta=0}^{\pi} \left[\frac{\sin\vartheta}{(1-\beta\cos\vartheta)^3} - \frac{1}{2} \frac{\sin^3\vartheta}{\gamma^2 (1-\beta\cos\vartheta)^5} \right] d\vartheta \, . \tag{12.40}$$

Das rechte Teilintegral entsteht aus (12.24) durch Multiplikation mit $-1/(2\gamma^2)$, während das linke mit Anhang A.11 ermittelt werden kann. Somit wird analog zu (12.18):

$$P = \frac{q^2 \dot{\beta}^2}{8\pi\varepsilon_0 c_0} \frac{2}{(1-\beta^2)^2} - \frac{1}{2\gamma^2} \frac{q^2 \dot{\beta}^2}{6\pi\varepsilon_0 c_0} \gamma^6 = \frac{q^2 \dot{\beta}^2}{6\pi\varepsilon_0 c_0} \gamma^4 \quad \square \tag{12.41}$$

12.3.2 Richtcharakteristik

Mit (12.39) erhalten wir die (normierte) räumliche Verteilung der Strahlungsleistung aus

$$\boxed{C^2(\vartheta,\varphi,\beta) = \frac{(1-\beta\cos\vartheta)^2 - (1-\beta^2)\sin^2\vartheta\cos^2\varphi}{(1-\beta)^{-3}(1-\beta\cos\vartheta)^5}} \, , \tag{12.42}$$

die in Bild 12.3 für drei verschiedene Bahngeschwindigkeiten dargestellt ist. Innerhalb der x-z-Bahnebene ist das elektrische Feld **linear in x-Richtung polarisiert** (außerhalb der Bahnebene elliptisch). Bei langsamer Bewegung mit $\beta \to 0$ vereinfacht sich (12.42) zu

$$C^2(\vartheta,\varphi,\beta=0) = 1 - \sin^2\vartheta\cos^2\varphi \, , \tag{12.43}$$

was nach Tabelle 10.1 exakt mit der Strahlungsverteilung eines in der x-Achse liegenden elektrischen Dipolstrahlers übereinstimmt. Im *Ruhesystem* des Elektrons gilt nämlich $\beta = 0$, weswegen es dort mit der üblichen **Toroidcharakteristik** senkrecht zur Richtung seiner Beschleunigung strahlt. Die in Bild 12.3 sichtbare starke Diagrammverzerrung bei höheren Geschwindigkeiten ist eine direkte Folge der Lorentz-Transformation in das *Laborsystem* des

externen Beobachters mit starker Betonung der Vorwärtsstrahlung in Bewegungsrichtung. Man
beachte hierbei auch die Ausführungen in Abschnitt 15.2 hinsichtlich des magnetischen Dipols.

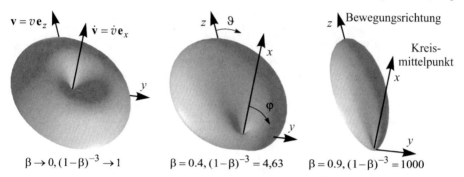

$$\beta \to 0, (1-\beta)^{-3} \to 1 \qquad \beta = 0.4, (1-\beta)^{-3} = 4{,}63 \qquad \beta = 0.9, (1-\beta)^{-3} = 1000$$

Bild 12.3 Winkelabhängigkeit der Strahlungsleistung einer <u>zirkular</u> beschleunigten Punktladung (12.42)

Ausgehend von (12.42) betrachten wir noch den Schnitt in der Kreisbahnebene bei $\varphi = 0$:

$$C^2(\vartheta, \varphi = 0, \beta) = \frac{(\beta - \cos\vartheta)^2}{(1-\beta)^{-3}(1-\beta\cos\vartheta)^5}. \tag{12.44}$$

Die zweiseitige **Nullwertsbreite** $2\vartheta_0$ folgt mit $\beta = \cos\vartheta_0$ aus dem doppelten Nullwertswinkel

$$\boxed{2\vartheta_0 = 2\arccos\beta = 2\arcsin(1/\gamma)} \quad \text{in der x-z-Ebene (E-Ebene),} \tag{12.45}$$

was man im ultrarelativistischen Fall mit $\beta \to 1$ auch wie $2\vartheta_0 \approx 2{,}83\sqrt{1-\beta}$ schreiben kann.
Wieder für $\beta \to 1$ findet man in [Hea95] Näherungen für die zweiseitigen **Halbwertsbreiten:**

$$\boxed{\Delta\vartheta = 2\vartheta_{1/2} \approx \begin{cases} 0{,}90\sqrt{1-\beta} & \text{in der x-z-Ebene (E-Ebene)} \\ 1{,}44\sqrt{1-\beta} & \text{in der y-z-Ebene (H-Ebene),} \end{cases}} \tag{12.46}$$

wobei die **10-dB-Breite** in der x-z-Ebene 2,54-mal und in der y-z-Ebene 2,11-mal größer als
$\Delta\vartheta$ ist. Nach (10.29) erhält man die **Direktivität** der Synchrotronstrahlung aus der Vorschrift

$$D = 4\pi \max\{I(t_r)\}/P. \tag{12.47}$$

Mit dem Maximum von $I(t_r)$ nach (12.39), das bei $\vartheta = 0$ auftritt, und P aus (12.41) folgt

$$\boxed{D = \frac{3}{2}\frac{(1+\beta)^2}{1-\beta}} \quad \text{(gültig im } \textit{gesamten} \text{ Bereich } 0 \le \beta \le 1)\,. \tag{12.48}$$

Für $\beta = 0$ folgt daraus (wie in Übung 10.3) die klassische Dipolstrahlung mit $D = 3/2$, während für $\beta \to 1$ die Strahlungskeule extrem schmal wird und die Direktivität, die man dann wie $D = 12\,\gamma^2$ berechnen kann, außerordentlich hoch wird. Daher wird die Synchrotronstrahlung eines relativistischen Teilchens von einem Beobachter in der x-z-Ebene (außerhalb der Kreisbahn) als intensiver, sehr kurzer Impuls der **Dauer** $\tau = 4a/(3c_0\gamma^3)$ wahrgenommen [Will96, Hen07]. Sein Spektrum klingt oberhalb der **Grenzfrequenz** $\omega_g = 2\pi/\tau$ schnell ab. Es gilt:

$$\omega_g = \pi\frac{3c_0\gamma^3}{2a} = \pi\omega_c \quad \text{mit der kritischen Frequenz } \omega_c \text{ nach (12.70).} \tag{12.49}$$

12.3.3 Teilchenbeschleuniger LEP, LHC und FCC

Läuft die Ladung q auf einer exakten **Kreisbahn** vom Radius a mit der gleichbleibenden Winkelgeschwindigkeit $\omega_0 = 2\pi/T$ periodisch um, dann gilt mit (12.36)

$$\boxed{\beta = \frac{v}{c_0} = \frac{2\pi a/T}{c_0} = \frac{a\,\omega_0}{c_0}} \quad \text{und} \quad \boxed{\dot{\beta} = \omega_0\,\beta = \frac{a\,\omega_0^2}{c_0} = \frac{c_0}{a}\beta^2}\,. \tag{12.50}$$

Entlang der Kreisbahn strahlt die Ladung gleichmäßig ab. Nach einem vollendeten Umlauf folgt mit (12.41) der strahlungsbedingte **Energieverlust** aus der gesamten **Strahlungsleistung:**

$$\Delta E = \int_{t_r=0}^{T} P(t_r)\,dt_r = \int_{t=0}^{T} P(t)\,dt = P\,T = \frac{q^2\,\dot{\beta}^2}{6\pi\varepsilon_0\,c_0}\gamma^4\,T\,, \tag{12.51}$$

was wir mit (12.50) noch umformen können:

$$\boxed{\Delta E = \frac{q^2}{3\varepsilon_0\,a}\beta^3\gamma^4} \quad\Leftrightarrow\quad \boxed{P = \frac{\Delta E}{T} = \frac{q^2 c_0}{6\pi\varepsilon_0\,a^2}\beta^4\gamma^4}\,. \tag{12.52}$$

Einen instruktiven Vergleich der Strahlungsleistung (12.30) bei linearer mit (12.52) bei zirkularer Beschleunigung findet man in [Jac02]. Nach (12.6) gilt die Einsteinsche Beziehung $E = m\,c_0^2 = \gamma\,m_0\,c_0^2$, in der die bewegte Masse m der Punktladung q mit ihrer Ruhemasse m_0 verknüpft wird. Mit ihr erhalten wir schließlich für den **Energieverlust pro Umlauf:**

$$\boxed{\Delta E = \frac{q^2}{3\varepsilon_0\,a}\beta^3\left(\frac{E}{m_0 c_0^2}\right)^4}\,, \tag{12.53}$$

der besonders bei leichten Elektronen oder Positronen signifikant werden kann. Zuweilen werden diese Strahlungsverluste aber nicht als missliches Nebenprodukt der Beschleunigerphysik betrachtet, sondern man nutzt die hierbei anfallende Synchrotronstrahlung für nachgelagerte **Streuexperimente** in der Atom- und Festkörperphysik [DESY09]. Misst man in praktischen Einheiten die Energie eines Teilchens in Elektronenvolt [eV] und den Radius des kreisförmigen Beschleunigers in Metern [m], dann folgt aus (12.53) für ein **ultrarelativistisches Elektron** (bzw. Positron) mit $q = \mp e$ und $\beta = 1$ nach [Pan62, Jac02, Wied03]:

$$\boxed{\frac{\Delta E}{\text{keV}} = 88{,}46\,\frac{1}{a/\text{m}}\left(\frac{E}{\text{GeV}}\right)^4}\,. \qquad \begin{array}{l}\text{Für gleiches } \Delta E \text{ wie am LHC müsste}\\ \text{beim LEP } a = 1{,}58\cdot10^6 \text{ km betragen!}\end{array} \tag{12.54}$$

Bei einem ebenfalls mit $\beta = 1$ kreisförmig umlaufenden **Proton** (bzw. Antiproton) ist wegen seiner 1836-mal größeren Ruhemasse ΔE aus (12.54) mit dem Faktor $(1/1836)^4 = 8{,}80\cdot10^{-14}$ zu multiplizieren – bei **Myonen** ist der Faktor $(1/206{,}8)^4 = 5{,}47\cdot10^{-10}$. Somit bleibt die Synchrotronstrahlung von Protonen und Myonen gering.

Der Energieverlust ΔE den ein nahezu lichtschnelles Teilchen pro Umlauf erleidet (Tabelle 12.1), muss durch äußere Hochfrequenz-Beschleunigungsfelder wieder ausgeglichen werden. So verliert beim **LEP-Speicherring** ein Elektron pro Umlauf bereits 3,3 % seiner Gesamtenergie. Mit der dort realisierten Elektronenenergie von $E = 104{,}5\,\text{GeV}$ hat man heute eine in Zirkularbeschleunigern technisch mögliche Grenze erreicht. Höhere Energien können hier nur noch mit schwereren Teilchen wie beim **LHC** erzeugt werden. Mit vertretbarem Aufwand könnte man in sehr langen **Linearbeschleunigern** durchaus auch Elektronen auf Energien über 100 GeV beschleunigen, denn dort treten keine Verluste durch Synchrotronstrahlung auf. Pro Meter Beschleunigerlänge kann heute für Elektronen ein Energiezuwachs von etwa 20 MeV/m realisiert werden [Will96].

Tabelle 12.1 Speicherringe am Europäischen Kernforschungszentrum CERN bei Genf [Str10]

Bahnlänge $L = 26658,9$ m $\quad$ Grundfrequenz $f_0 = 11,2455$ kHz	**LEP** $(\gamma = 2,045 \cdot 10^5)$ Large Electron-Positron Collider	**LHC** $(\gamma = 7,461 \cdot 10^3)$ Large Hadron Collider
relativer Bahnanteil mit Ablenkmagneten η	$\dfrac{19013 \text{ m}}{26659 \text{ m}} = 0,7132$	$\dfrac{17618 \text{ m}}{26659 \text{ m}} = 0,6609$
effektiver Bahnradius a (Ablenkradius)	$\dfrac{\eta L}{2\pi} = 3026$ m	$\dfrac{\eta L}{2\pi} = 2804$ m
magnetische Flussdichte B der Ablenkmagnete	$\dfrac{\gamma\, m_e\, c_0}{e\, a} = 0,1152$ T	$\dfrac{\gamma\, m_p\, c_0}{e\, a} = 8,327$ T
Ruheenergie des Teilchens E_0	$m_e c_0^2 = 0,511$ MeV	$m_p c_0^2 = 938$ MeV
Energie des Teilchens $E = \gamma E_0$	104,5 GeV	7,0 TeV
Energieverlust pro Umlauf ΔE	$3,486$ GeV $\hat{=}\ 3,3\,\%$	6,664 keV
Strahlungsleistung $P = \Delta E\, f_0/\eta$	8,807 μW	18,17 pW
Nullwertsbreite $2\vartheta_0 = 2/\gamma$	$0,00001 \hat{=}\ 0,000560°$	$0,00027 \hat{=}\ 0,0154°$
Direktivität $D = 12\,\gamma^2$	$5,02 \cdot 10^{11} \hat{=}\ 117,0$ dBi	$6,68 \cdot 10^8 \hat{=}\ 88,2$ dBi
$EIRP = D\,P$	4,42 MW	12,1 mW
kritische Energie $E_c = \hbar\,\omega_c$	0,837 MeV (Gammastrahlung)	43,8 eV (Ultraviolett)

Tatsächlich ist die Bahnkurve einer in großen Speicherringen umlaufenden Ladung nicht exakt kreisförmig, sondern enthält auch **geradlinige Abschnitte,** in denen Fokussiermagnete und Detektoreinrichtungen untergebracht sind. Außerdem befinden sich in diesen Abschnitten **Linearbeschleuniger,** aufgebaut aus Hochfrequenz-Resonatoren, in denen die im Bereich der Ablenkmagnete aufgetretenen Strahlungsverluste wieder ausgeglichen werden. Denn ausschließlich in Bereichen mit Ablenkmagneten, die nur entlang eines Teils[3] der Umlaufbahn der Länge L angebracht sind, kann überhaupt Synchrotronstrahlung auftreten, während sie in geradlinigen Bahnabschnitten verschwindet. Man benutzt darum in Tabelle 12.1 einen **effektiven Bahnradius** a, der einen fiktiven Beschleuniger mit exakt kreisförmiger Teilchenbahn beschreibt, bei dem die gleichen Energieverluste ΔE wie in der realen Anordnung auftreten.

---

[3] Mit dem **Füllfaktor** $\eta = 2\pi a/L \leq 1$ beschreibt man den Anteil der ganzen Teilchenbahn L, in dem sich Ablenkmagnete befinden. In diesen Bereichen entstehen Verluste durch Synchrotronstrahlung. Beim LEP-Speicherring am CERN ist der Füllfaktor $\eta = 0,7132$ und für den LHC gilt $\eta = 0,6609$.

Übung 12.3: Future Circular Collider (FCC)

- Am Europäischen Kernforschungszentrum CERN ist der Bau eines neuen Kreisbeschleunigers geplant. Wie groß muss seine Bahnlänge L werden, damit ein **Proton** auf eine Energie von $E = 50\,\text{TeV}$ beschleunigt werden kann? Die Schwerpunktsenergie *zweier* kollidierender Teilchen beträgt dann $2E = 100\,\text{TeV}$. Die Ablenkmagnete sollen eine magnetische Flussdichte von $B = 16\,\text{T}$ besitzen. Kann die gleiche Anlage auch bei $E = 180\,\text{GeV}$ für die Kollision von **Elektronen** mit **Positronen** mit $2E = 360\,\text{GeV}$ verwendet werden?

- **Lösung:**

  Ein Proton hat die Ruheenergie $E_0 = m_p c_0^2 = 938,27\,\text{MeV}$. Für die geforderte Energie von $E = \gamma E_0 = 50\,\text{TeV}$ muss der Lorentz-Faktor $\gamma = 5,329 \cdot 10^4$ betragen. Wenn man annimmt, dass es möglich ist, Ablenkmagnete mit einer magnetischen Flussdichte von $B = 16\,\text{T}$ zu realisieren, dann muss nach (12.37) der effektive Bahnradius (Ablenkradius) des Kreisbeschleunigers $a = 10424\,\text{m}$ betragen. Tatsächlich bestehen moderne Kreisbeschleuniger aus acht Kreisbögen, die durch gerade Abschnitte miteinander verbunden sind. Wenn man beim Future Circular Collider (FCC) den gleichen Füllfaktor $\eta = 0,6609$ wie am Large Hadron Collider (LHC) zugrunde legt, dann erhält man die gesuchte Bahnlänge

$$\boxed{L = 2\,\pi\,a/\eta = 99{,}105\,\text{km}}\,, \tag{12.55}$$

die 3,72 mal größer als beim LHC ist. Aus diesen Basisdaten folgt Tabelle 12.2. Dort findet man ebenfalls das Design für den Betrieb mit Elektronen und Positronen, bei dem Teilchenenergien von $E = 180\,\text{GeV}$ erreicht werden, wozu nur schwächere Magnete nötig sind. □

Tabelle 12.2 Future Circular Collider am CERN mit Bahnlänge $L = 99{,}105\,\text{km}$. Dort werden ab 2040 Kollisionen von Elektronen mit Positronen und später Proton-Proton-Kollisionen untersucht.

Grundfrequenz $f_0 = \beta c_0 / L = 3{,}025\,\text{kHz}$	Elektronen	Protonen
Lorentz-Faktor γ	$3{,}523 \cdot 10^5$	$5{,}329 \cdot 10^4$
rel. Bahnanteil mit Ablenkmagneten η	$0{,}7132$	$0{,}6609$
effektiver Bahnradius a (Ablenkradius)	$\eta L/(2\pi) = 11249\,\text{m}$	$\eta L/(2\pi) = 10424\,\text{m}$
magn. Flussdichte B der Ablenkmagnete	$\dfrac{\gamma\,m_e\,c_0}{e\,a} = 0{,}0534\,\text{T}$	$\dfrac{\gamma\,m_p\,c_0}{e\,a} = 16\,\text{T}$
Ruheenergie des Teilchens E_0	$m_e c_0^2 = 0{,}511\,\text{MeV}$	$m_p c_0^2 = 938\,\text{MeV}$
Energie des Teilchens $E = \gamma E_0$	$180\,\text{GeV}$	$50\,\text{TeV}$
Energieverlust pro Umlauf ΔE	$8{,}255\,\text{GeV} \,\hat{=}\, 4{,}6\,\%$	$4{,}666\,\text{MeV}$
Strahlungsleistung $P = \Delta E\, f_0/\eta$	$5{,}610\,\mu\text{W}$	$3{,}422\,\text{nW}$
Nullwertsbreite $2\vartheta_0 = 2/\gamma$	$0{,}000325°$	$0{,}00215°$
Direktivität $D = 12\,\gamma^2$	$121{,}7\,\text{dBi}$	$105{,}3\,\text{dBi}$
$EIRP = D\,P$	$8{,}35\,\text{MW}$	$116{,}6\,\text{W}$
kritische Energie $E_c = \hbar\,\omega_c$	$1{,}15\,\text{MeV}$ (Gamma)	$4{,}30\,\text{keV}$ (Röntgen)

12.3.4 Spektrum der Synchrotronstrahlung

Die Synchrotronstrahlung, die eine periodisch auf einer Kreisbahn mit Radius a umlaufende Ladung q emittiert, hat ein **diskretes Linienspektrum.** Nach (12.50) hängen die Grundfrequenz ω_0 und der äquidistante Linienabstand $\Delta\omega$ von der Periodendauer T ab:

$$\omega_0 = \Delta\omega = \frac{2\pi}{T} = \frac{2\pi}{2\pi a/v} = \frac{v}{a} = \frac{\beta c_0}{a} \quad \text{mit} \quad \beta = \frac{v}{c_0}. \tag{12.56}$$

Falls die Teilchenbahn der Länge L auch gerade Abschnitte enthält, wird $\omega_0 = \eta\beta c_0/a$ mit dem Füllfaktor $\eta = 2\pi a/L$ (siehe Fußnote). Die gesamte Strahlungsleistung (12.52) zerlegen wir nun in die Teilleistungen der einzelnen Harmonischen [Iwan53, LaLi97, Schw98]:

$$P = \frac{q^2 c_0}{4\pi\varepsilon_0 a^2} \frac{2\beta^4}{3(1-\beta^2)^2} = \sum_{n=1}^{\infty} P_n \quad \text{mit} \quad 0 \leq \beta \leq 1 \quad \text{und} \tag{12.57}$$

$$P_n = \frac{q^2 c_0}{4\pi\varepsilon_0 a^2} n\beta \left[2\beta^2 J'_{2n}(2n\beta) - (1-\beta^2) \int_0^{2n\beta} J_{2n}(x)\,dx \right]. \tag{12.58}$$

Näheres zu den Besselfunktionen findet man in Abschnitt 8.3.1 und im Anhang A.

Übung 12.4: Spektrum bei langsamer Kreisbewegung

- Bestimmen Sie im **nichtrelativistischen Fall** ($\beta \ll 1$) die Harmonischen P_n nach (12.58).

- **Lösung:**

  Für kleine Argumente erhalten wir zunächst mit Hilfe von Anhang A.4:

$$J_{2n}(2n\beta) = \frac{(n\beta)^{2n}}{(2n)!} \quad \text{bzw.} \quad J_{2n-1}(2n\beta) = \frac{(n\beta)^{2n-1}}{(2n-1)!}. \tag{12.59}$$

  Für die Ableitung nach dem Argument benutzen wir die Rekursion aus Anhang A.6:

$$J'_{2n}(2n\beta) = J_{2n-1}(2n\beta) - \frac{J_{2n}(2n\beta)}{\beta} = \frac{(n\beta)^{2n-1}}{2(2n-1)!}. \tag{12.60}$$

  Ferner gilt für das Integral

$$\int_0^{2n\beta} J_{2n}(x)\,dx = \frac{1}{(2n)!} \int_0^{2n\beta} \left(\frac{x}{2}\right)^{2n} dx = \frac{2(n\beta)^{2n+1}}{(2n+1)!}. \tag{12.61}$$

  Damit wird die Leistung der n-ten Harmonischen nach (12.58):

$$P_n = \frac{q^2 c_0}{4\pi\varepsilon_0 a^2} \beta^{2n+2} n^{2n+1} \frac{2(n+1)}{(2n+1)!} \quad \text{für} \quad \beta \ll 1. \tag{12.62}$$

  Den stärksten Beitrag liefert die Grundwelle mit $n = 1$:

$$P_1 = \frac{q^2 c_0}{6\pi\varepsilon_0 a^2} \beta^4, \tag{12.63}$$

während alle höheren Harmonischen für $\beta \ll 1$ unbedeutend klein werden:

$$\frac{P_n}{P_1} = \beta^{2n-2}\, n^{2n+1}\, \frac{3\,(n+1)}{(2\,n+1)!}\,, \tag{12.64}$$

z. B. gilt:

$$\frac{P_2}{P_1} = 2,4\,\beta^2 \quad \text{und} \quad \frac{P_3}{P_1} = 5,21\,\beta^4\,. \tag{12.65}$$

Die gesamte Strahlungsleistung der umlaufenden Ladung wird im nichtrelativistischen Fall praktisch alleine von der Grundwelle erbracht. Deren Wellenlänge folgt mit $\omega_0 = 2\,\pi\,c_0/\lambda_0$ aus (12.56) und ist bei $\beta \ll 1$ wesentlich größer als der Umfang $2\,\pi\,a$ der Teilchenbahn:

$$\lambda_0 = 2\,\pi\,a/\beta\,. \tag{12.66}$$

Der Wert von P_1 folgt mit (12.50) auch direkt aus der Larmorschen Formel (12.19):

$$P_1 = \frac{q^2 c_0}{6\,\pi\,\varepsilon_0\, a^2}\,\beta^4 = \frac{q^2}{6\,\pi\,\varepsilon_0\, c_0}\,\dot\beta^2\,. \quad \Box \tag{12.67}$$

Für **mittlere Werte** $0,3 < \beta < 0,8$ muss (12.58) numerisch ausgewertet werden. Dann liegt das spektrale Maximum an oder in direkter Umgebung der Grundfrequenz $\omega_0 = \eta\, e\, B/(\gamma\, m_0)$.

Im **ultrarelativistischen Fall** mit $1-\beta \ll 1$ wird das Synchrotronspektrum sehr breitbandig, wodurch die numerische Berechnung der Harmonischen P_n nach (12.58) mühsam wird. Erfreulicherweise kann man hier aber auf eine numerisch bequemere Näherungslösung zurückgreifen [Iwan53, Will96, LaLi97, Schw98, Jac02], die bei $\beta \to 1$ sogar asymptotisch exakt wird:

$$\boxed{P_n = P(x) = \frac{q^2 c_0}{4\,\pi\,\varepsilon_0\, a^2}\,\frac{\sqrt{3}}{2\,\pi}\,\beta^2\,\gamma\, F(x)} \quad \text{mit} \tag{12.68}$$

$$\boxed{F(x) = x \int_x^\infty K_{5/3}(\xi)\, d\xi} \quad \text{und} \quad x = \frac{\omega}{\omega_c} = \frac{n\,\omega_0}{\omega_c}\,. \tag{12.69}$$

Bei der **Synchrotron-Funktion** $F(x)$ wird über $K_{5/3}(\xi)$, der modifizierten Besselfunktion 2. Art [NIST10] integriert (siehe Anhang A.8). Für das diskrete Linienspektrum der Synchrotronstrahlung werden die Werte von $F(x)$ nur an bestimmten Frequenzen $\omega = n\,\omega_0$ benötigt. Der dominante Frequenzbereich liegt nach (12.49) unterhalb der **Grenzfrequenz**

$$\boxed{\omega_g = \pi\,\omega_c} \quad \text{mit} \quad \boxed{\omega_c = 3\,c_0\,\gamma^3/(2\,a) \gg \omega_0}\,. \tag{12.70}$$

Anstatt der Grenzfrequenz ω_g betrachtet man meist die sogenannte **kritische Frequenz** ω_c, die das Spektrum nach Bild 12.4 in zwei Bereiche gleicher Strahlungsleistung teilt [Will96]:

$$\int_0^1 F(x)\, dx = \int_1^\infty F(x)\, dx = \frac{4\,\pi}{9\,\sqrt{3}} = 0,80614\,, \quad (x = 1 \text{ ist der spektrale Median}). \tag{12.71}$$

Die diskreten Spektrallinien der Synchrotronstrahlung einer ultrarelativistischen Ladung liegen wegen $\omega_0 \ll \omega_c$ sehr nahe beieinander und bilden ein sogenanntes **Quasikontinuum.** Numerisch effiziente Darstellungen der Synchrotron-Funktion $F(x)$ findet man in [Mac00, Fou13].

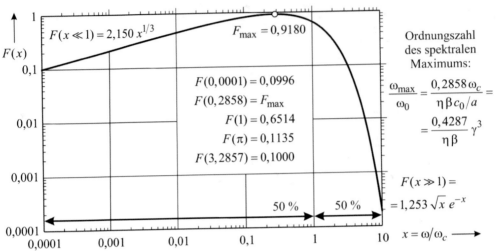

Bild 12.4 Das breitbandige Spektrum einer ultrarelativistischen in einem Synchrotron periodisch umlaufenden Ladung, dargestellt mit der universellen Synchrotron-Funktion $F(x)$ nach (12.69).

Das Spektrum der Synchrotronstrahlung einer mit $\beta \to 1$ umlaufenden Ladung weist neben ihrer Brillanz eine große **10-dB-Bandbreite** auf, weswegen man sie als Hilfsmittel in der Oberflächenphysik, Kristallographie, Chemie, Molekularbiologie, Medizin und Geophysik einsetzt:

$$\boxed{B_{10\mathrm{dB}} = f_{\mathrm{oben}} - f_{\mathrm{unten}} = \frac{3,2857 - 0,0001}{2\pi}\,\omega_c = 0,5229\,\frac{\omega_c}{2} = 0,7844\,\frac{c_0}{a}\,\gamma^3} \quad (12.72)$$

Die **kritische Photonenenergie** eines Elektronensynchrotrons folgt aus (12.70) mit (12.37) bzw. (12.38):

$$\boxed{E_c = \hbar\,\omega_c = \hbar\,\frac{3c_0}{2a}\,\gamma^3 = \frac{3\hbar}{2}\,\frac{e}{m_e}\,\gamma^2 B} \quad \text{bzw.} \quad \boxed{\frac{E_c}{\mathrm{keV}} = 0,6650\left(\frac{E}{\mathrm{GeV}}\right)^2\frac{B}{\mathrm{T}}} \quad (12.73)$$

Bei Protonen ist E_c um den Faktor $(1/1836)^3$ kleiner. Am CERN werden **kritische Energien** im Bereich von Ultraviolett- bis Gammastrahlung erreicht (Bild 1.1 und Tabelle 12.1). In kleineren Anlagen kann E_c im Bereich des sichtbaren Lichts oder sogar im Radiobereich liegen.

Die ganze über alle Frequenzen $\omega = n\,\omega_0$ abgegebene Strahlungsleistung kann man für $dn = 1$ mit $d\omega = \omega_0\,dn = \omega_c\,dx$ als Integral über die Spektraldichte $P(x)/\omega_0$ darstellen [Iwan53]:

$$P = \sum_{n=1}^{\infty} P_n = \sum_{n=1}^{\infty} P_n\,dn \;\to\; \int_{\omega=0}^{\infty} \frac{P(x)}{\omega_0}\,d\omega = \frac{\omega_c}{\omega_0}\int_{x=0}^{\infty} P(x)\,dx , \quad (12.74)$$

woraus wir mit (12.68), (12.70), (12.71) und $\omega_0 = \beta c_0/a$ schließlich erhalten:

$$P = \frac{3}{2\beta}\,\gamma^3\,\frac{q^2 c_0}{4\pi\varepsilon_0 a^2}\,\frac{\sqrt{3}}{2\pi}\,\beta^2\gamma\int_{x=0}^{\infty} F(x)\,dx = \frac{q^2 c_0}{6\pi\varepsilon_0 a^2}\,\beta\gamma^4 , \quad (12.75)$$

was bei $\beta \to 1$ exakt mit unserem früheren Ergebnis (12.52) übereinstimmt.

12.3.5 Plasmakühlung durch Synchrotronstrahlung

Elektronen, die sich in einem konstanten, homogenen Magnetfeld B auf einer Kreisbahn bewegen, emittieren Synchrotronstrahlung. In Zirkularbeschleunigern wird dieser Energieverlust durch hochfrequente Beschleunigungsfelder sofort wieder ausgeglichen. Doch in einem natürlichen Plasma führen Verluste durch Synchrotronstrahlung zu einer Abnahme der **Elektronenenergie** $E(t) = \gamma(t)\, m_e\, c_0^2$ und damit zu einer **Abkühlung** der Plasmawolke. Die Verlustrate

$$-\frac{dE}{dt} = P = \frac{e^2 c_0}{6\pi\varepsilon_0\, a^2}\, \beta^4 \gamma^4 \quad \Rightarrow \quad -\frac{d\gamma}{dt} = \frac{e^2 c_0}{6\pi\varepsilon_0\, a^2\, m_e\, c_0^2}\, \beta^4 \gamma^4 \tag{12.76}$$

folgt aus (12.52). Wenn $E(t)$ sinkt, werden auch $\beta(t)$, $\gamma(t)$ und $a(t)$ kleiner. Mit dem Bahnradius $a = \gamma\, m_e\, \beta\, c_0/(e\,B)$ nach (12.37) erhalten wir aus (12.76):

$$-\frac{d\gamma}{dt} = \alpha\, \beta^2 \gamma^2 \quad \text{mit der Abkürzung} \quad \boxed{\alpha = \frac{e^4 B^2}{6\pi\varepsilon_0\, m_e^3\, c_0^3}}. \tag{12.77}$$

Wegen (11.3) ist $\beta^2 \gamma^2 = \gamma^2 - 1$. Somit kann die Differenzialgleichung direkt integriert werden:

$$\int_{\gamma_0}^{\gamma(t)} \frac{-1}{\gamma^2 - 1}\, d\gamma = \alpha \int_0^t dt, \tag{12.78}$$

woraus wir für $t \geq 0$ mit $E(t) = \gamma(t)\, m_e\, c_0^2$ und $E(t=0) = \gamma_0\, m_e\, c_0^2$ nach [LaLi97] erhalten:

$$\boxed{\gamma(t) = \coth\left(\alpha t + \operatorname{arcoth}(\gamma_0)\right)} \quad \text{mit} \quad \gamma(t=0) = \gamma_0. \tag{12.79}$$

Mit wachsender Zeit wird $\gamma(t)$ monoton kleiner und strebt für $t \to \infty$ gegen eins, dem Lorentz-Faktor eines ruhenden Teilchens. Besonders interessant ist die sogenannte **Halbwertszeit** $t_{1/2}$, nach der die Elektronenenergie auf die Hälfte ihres Anfangswerts abgesunken ist:

$$\boxed{t_{1/2} = \frac{1}{\alpha}\left[\operatorname{arcoth}(\gamma_0/2) - \operatorname{arcoth}(\gamma_0)\right]}. \tag{12.80}$$

Falls $\gamma_0/2 \gg 1$ ist, liefert eine Näherung für _große_ Argumente $\operatorname{arcoth}(x) \approx 1/x$ den Ausdruck:

$$\boxed{t_{1/2} \approx \frac{1}{\gamma_0\, \alpha} = \frac{5{,}159}{\gamma_0\, (B/\mathrm{T})^2}\ \mathrm{s}.} \quad \begin{array}{l}\text{Typische Werte findet man in Tabelle 12.3. Am}\\ \text{LEP-Elektronensynchrotron gilt } t_{1/2} \approx 1{,}9\ \mathrm{ms}.\end{array} \tag{12.81}$$

Für $\gamma^2 - 1 \approx \gamma^2$ folgt aus (12.78) die für $\alpha t \ll 1 \ll \gamma_0$ gültige Näherungslösung [Jac02]:

$$\frac{1}{\gamma(t)} - \frac{1}{\gamma_0} \approx \alpha t \quad \Rightarrow \quad \boxed{\gamma(t) \approx \frac{\gamma_0}{1 + \gamma_0\, \alpha t} \approx \frac{\gamma_0}{1 + t/t_{1/2}}} \quad \text{(siehe Aufgabe 12.4.3).} \tag{12.82}$$

Tabelle 12.3 Typische Halbwertszeiten für die Synchrotron-Kühlung astronomischer Objekte

	Interstellares Medium	Stellare Atmosphäre	Supermassives Schwarzes Loch	Weißer Zwerg	Neutronenstern
B/T	10^{-10}	10^{-4}	1	10^4	10^8
γ_0	1600	1200	5000	5000	5000
$t_{1/2}$	10^{10} Jahre	5 Tage	10^{-3} s	10^{-11} s	10^{-19} s

12.4 Aufgaben

12.4.1 Die bei der Supernova des Jahres 1054 ausgeschleuderte Hülle des Vorgängersterns breitet sich als Schockfront in den Raum aus und wird als Krebsnebel bezeichnet. Der Pulsar in seinem Zentrum emittiert mit $\beta \to 1$ einen Wind aus Elektronen und Positronen, die in der Schockfront auf $E = 100\,\text{TeV}$ beschleunigt werden. Für die dort vorhandene magnetische Flussdichte $B = 10^{-8}\,\text{T}$ berechne man den Radius a der Teilchenbahnen in Vielfachen des Erdbahnradius $\text{AE} = 149{,}6 \cdot 10^6\,\text{km}$ sowie ω_c und E_c der emittierten Synchrotronstrahlung. Wie lange brauchen die Teilchen für einen Umlauf?

12.4.2 Erstmals wurde im Jahr 1947 an einem Elektronensynchrotron ein bläulich-weißes Leuchten bei Energien von $E = 70\,\text{MeV}$ wahrgenommen [Eld47, Poll83]. Wie groß waren die magnetische Flussdichte B und der Ablenkradius a dieser Maschine?

12.4.3 Finden Sie eine Näherung für den Lorentz-Faktor $\gamma(t) = \coth\left(\alpha t + \operatorname{arcoth}(\gamma_0)\right)$ aus (12.79) unter der Bedingung $\alpha t \ll 1 \ll \gamma_0$.

12.4.4 Im Teilchenbeschleuniger LHC (Tabelle 12.1) kreisen pro Strahl 2808 separierte Ladungspakete zu je $1{,}15 \cdot 10^{11}$ Protonen. Welche Synchrotron-Strahlungsleistung P_{ges} wird durch alle Protonen abgegeben und wie groß ist der zeitgemittelte Strahlstrom I?

12.4.5 Vergleichen Sie die Spektren von Synchrotron- und Schwarzkörperstrahlung (Kap. 25).

Lösungen:

12.4.1 $a = 223\,\text{AE}$, $\omega_c = 1{,}01 \cdot 10^{20}\,\text{s}^{-1}$, $E_c = 66{,}5\,\text{keV}$ (Röntgen) und $T = 8{,}1\,\text{Tage}$

12.4.2 Die Synchrotronstrahlung eines Elektrons ist bläulich-weiß und sehr hell, falls die kritische Photonenenergie etwa $E_c = 2{,}6\,\text{eV}$ beträgt, woraus aus (12.73) mit der Elektronenenergie von $E = 70\,\text{MeV}$ eine Flussdichte von $B = 0{,}8\,\text{T}$ folgt. Mit (12.37) erhalten wir einen Bahnradius von $a = 29\,\text{cm}$. Bei geringeren Energien wird die Strahlung zuerst gelb ($E = 40\,\text{MeV}$) und dann rötlich ($E = 30\,\text{MeV}$) und gleichzeitig immer schwächer.

12.4.3 Wir benutzen zunächst das Additionstheorem aus Anhang A.2 und verwenden dann eine Näherung des Kotangens hyperbolicus für *kleine* Argumente $\alpha t \ll 1$ aus Anhang A.4:

$$\coth\left(\alpha t + \operatorname{arcoth}(\gamma_0)\right) = \frac{1 + \gamma_0 \coth(\alpha t)}{\gamma_0 + \coth(\alpha t)} \approx \frac{1 + \gamma_0/(\alpha t)}{\gamma_0 + 1/(\alpha t)} = \frac{\gamma_0 + \alpha t}{1 + \gamma_0 \alpha t} \approx \frac{\gamma_0}{1 + \gamma_0 \alpha t}.$$

Für $\gamma_0 \gg \alpha t$ erhalten wir dann gerade die Näherung aus (12.82).

12.4.4 Bei *inkohärenter* Abstrahlung aller $N = 3{,}23 \cdot 10^{14}$ Protonen gilt $P_{ges} = \eta\,N\,P$. Der Füllfaktor $\eta = 0{,}661$ berücksichtigt, dass nicht alle Protonen sich in Bereichen mit Ablenkmagneten befinden. Nach Tabelle 12.1 ist $P = 18{,}2\,\text{pW}$ und damit $P_{ges} = 3{,}9\,\text{kW}$. Den Strahlstrom I betrachten wir als gleichmäßig über der Bahnlänge $L = 26658{,}9\,\text{m}$ verteilten Gleichstrom. Aus (3.47) folgt die Konvektionsstromdichte $J_K = \rho\,v = \rho\beta c_0$, die von der mittleren Raumladungsdichte $\rho = N e/V = N e/(L\,A)$ des Protonenstrahls mit Querschnitt A abhängt. Somit ist $I = J_K A = N e \beta c_0 / L = 0{,}582\,\text{A}$. Mit (12.53) gilt:

$$\boxed{P_{ges} = \frac{e\,\beta^3\,\gamma^4\,I}{3\,\varepsilon_0\,a} = \frac{1}{e}\,\Delta E\,I} \quad\Rightarrow\quad \boxed{\frac{P_{ges}}{\text{MW}} = \frac{\Delta E}{\text{MeV}}\,\frac{I}{\text{A}}},$$

was beim LHC-Vorgänger LEP mit nur $I = 5\,\text{mA}$ aber wesentlich höherem γ zu Strahlungsleistungen von $P_{ges} = 17{,}5\,\text{MW}$ führte.

13 Relativistische Elektrodynamik III (Radartechnik)

Seit der Anmeldung des Patents „*Verfahren, um entfernte metallische Gegenstände mittels elektrischer Wellen einem Beobachter zu melden*" durch Christian Hülsmeyer[1] im Jahre 1904 wurde die Radartechnik zunächst im Bereich der Schiffs- und Flugzeugortung eingesetzt. Wesentliche Voraussetzung für den damaligen Erfolg war der Einsatz leistungsstarker und kompakter Sender (Klystron, Magnetron) im GHz-Bereich. Heute findet die Radartechnik Anwendung in der Kontrolle und Sicherung des Flug-, Wasser- und Landverkehrs, in der Meteorologie zur Überwachung und Prognose des Wetters, in der Raumfahrt und Astronomie sowie auch für viele militärische Zwecke.

13.1 Radarreflexion an bewegten Objekten

Radar ist ein Kunstwort aus dem englischen „**ra**dio **d**etection **a**nd **r**anging". Es bezeichnet im Allgemeinen solche Verfahren der Funkmesstechnik, die elektromagnetische Wellen ausstrahlen, Reflexionen von Körpern oder Stoffverteilungen im Abstand R empfangen und aus diesen Reflexionen auf die Lage und Beschaffenheit der Ziele schließen (siehe Bild 13.1).

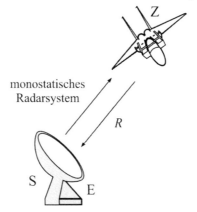

Bild 13.1 Radarreflexion am Ziel (Z), da sich im Abstand R befindet

Wir wollen im Folgenden ein monostatisches Radarsystem betrachten, bei dem sich Sender (S) und Empfänger (E) am gleichen Ort befinden und das Echo eines (ortungsmäßig) passiven Zieles (Z) ausgewertet wird.

13.1.1 Gleichförmig bewegter ebener Metallspiegel

Als einfaches Modell für ein metallisches Zielobjekt wollen wir eine unendlich ausgedehnte ebene Platte mit idealer elektrischer Leitfähigkeit betrachten. Die Platte bewege sich im Vakuum gleichförmig mit $\mathbf{v} = v\,\mathbf{e}_z$ von der am Erdboden ruhenden Radarstation weg (Bild 13.2).

---

[1] Christian **Hülsmeyer** (1881-1957): dt. Unternehmer und Erfinder (Entwicklung des Telemobiloskops als erstem Radargerät zur Ortung von Schiffen auf dem Rhein in einer Distanz von bis zu 3 Kilometern)

© Springer Fachmedien Wiesbaden GmbH, ein Teil von Springer Nature 2022
K. W. Kark, *Antennen und Strahlungsfelder*,
https://doi.org/10.1007/978-3-658-38595-8_13

Die Zielentfernung $R(t) = R_0 + vt$ sei ausreichend groß, sodass wir an der Platte eine senkrecht einfallende TEM-Welle mit Ausbreitungsrichtung $\mathbf{e}_k = \mathbf{e}_z$ annehmen dürfen.

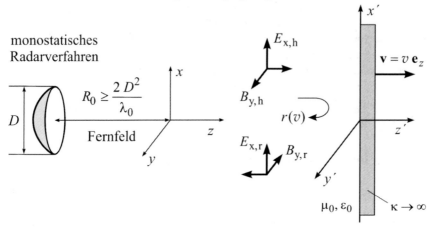

Bild 13.2 Gleichförmig bewegte Metallplatte – ruhend im System S' der gestrichenen Koordinaten

Im Ruhesystem S' der reflektierenden Platte ist nach Abschnitt 5.2.2 der Reflexionsfaktor $r' = -1$. Bezogen auf das System S des Radars ergibt sich ein geschwindigkeitsabhängiger Reflexionsfaktor $r(v)$, der sich auf die messbare Amplitude des Radarechos auswirkt. Für seine Herleitung müssen wir untersuchen, wie sich die Feldstärken einer elektromagnetischen Welle beim Übergang von einem Koordinatensystem zu einem anderen ändern. Dazu benutzen wir mit den Tabellen 11.2 und 11.3 die **Lorentz-Transformation** der Relativitätstheorie.

Zum Zeitpunkt $t = t' = 0$ sollen die Koordinatenursprünge von S und S' zusammenfallen. Im ungestrichenen System des ruhenden Radars hat die einfallende Welle die Feldkomponenten:

$$\mathbf{E}_h(z, t) = E_{x,h}(z, t)\, \mathbf{e}_x = \mathbf{e}_x\, E_0 \cos(\omega t - \beta z)$$

$$\mathbf{B}_h(z, t) = B_{y,h}(z, t)\, \mathbf{e}_y = \mathbf{e}_y\, \frac{E_0}{c_0} \cos(\omega t - \beta z) \tag{13.1}$$

mit der Phasenkonstanten $\beta = 2\pi/\lambda_0$. Beide Felder sind <u>senkrecht</u> zur Bewegungsrichtung $\mathbf{e}_z$ des gestrichenen Systems orientiert. Im Folgenden betrachten wir zum Zeitpunkt $t = t' = 0$ den Ort $z = z' = 0$, also die direkte Oberfläche der reflektierenden Platte, wo wegen (13.1) gilt:

$$\mathbf{E}_\perp = \mathbf{e}_x\, E_0$$

$$\mathbf{B}_\perp = \mathbf{e}_y\, \frac{E_0}{c_0}. \tag{13.2}$$

Mit Hilfe von Tabelle 11.2 können diese Querkomponenten in das gestrichene Koordinatensystem der bewegten Platte transformiert werden:

$$\mathbf{E}'_\perp = \gamma\left(\mathbf{E}_\perp + \mathbf{v} \times \mathbf{B}_\perp\right) = \gamma E_0 \left(\mathbf{e}_{x'} + \frac{v}{c_0} \mathbf{e}_{z'} \times \mathbf{e}_{y'}\right) = \gamma E_0\, \mathbf{e}_{x'}\,(1 - \beta)$$

$$\mathbf{B}'_\perp = \gamma\left(\mathbf{B}_\perp - \frac{1}{c_0^2} \mathbf{v} \times \mathbf{E}_\perp\right) = \gamma \frac{E_0}{c_0}\left(\mathbf{e}_{y'} - \frac{v}{c_0} \mathbf{e}_{z'} \times \mathbf{e}_{x'}\right) = \gamma \frac{E_0}{c_0} \mathbf{e}_{y'}\,(1 - \beta). \tag{13.3}$$

Dabei wurden – wie üblich – die Abkürzungen $\beta = v/c_0$ und $\gamma = (1 - \beta^2)^{-1/2}$ eingeführt (nicht mit $\beta = 2\pi/\lambda_0$ verwechseln!). Das elektrische Feld aus (13.3) wird mit dem Reflexionsfaktor

$r' = -1$ an der Platte reflektiert, während das magnetische Feld eine Reflexion mit $-r' = 1$ erfährt. Die reflektierten Felder können jetzt mit Hilfe von Tabelle 11.3 und mit $\mathbf{e}_{x'} = \mathbf{e}_x$ sowie $\mathbf{e}_{y'} = \mathbf{e}_y$ in das ungestrichene System des ruhenden Radars zurück transformiert werden:

$$r\,\mathbf{E}_\perp = \gamma\left(r'\,\mathbf{E}'_\perp - (-r')\,\mathbf{v} \times \mathbf{B}'_\perp\right) = r'\gamma^2 E_0\left(\mathbf{e}_x\left(1-\beta\right) + \frac{v}{c_0}\,\mathbf{e}_z \times \mathbf{e}_y\left(1-\beta\right)\right) =$$

$$= r'\gamma^2 E_0\,\mathbf{e}_x\left(1-\beta\right)^2 = r'E_0\,\mathbf{e}_x\,\frac{\left(1-\beta\right)^2}{1-\beta^2} = r'E_0\,\mathbf{e}_x\,\frac{1-\beta}{1+\beta}. \tag{13.4}$$

Aus (13.4) kann im Vergleich mit (13.2) der gesuchte **Reflexionsfaktor** gefunden werden:

$$\boxed{r(\beta) = r'\,\frac{1-\beta}{1+\beta}}. \tag{13.5}$$

Für $r' = -1$ folgt bei _kleinen_ Relativgeschwindigkeiten mit $|\beta| \ll 1$

$$r(\beta) = -\frac{1-\beta}{1+\beta} \approx -1 + 2\beta. \tag{13.6}$$

Bei sich entfernendem Spiegel ($\beta > 0$) wird die Reflexion schwächer, um für $\beta = v/c_0 = 1$ gänzlich zu verschwinden, da die mit c_0 hinterher laufende Welle das Zielobjekt nie mehr erreichen kann. Andererseits wird bei Annäherung des Spiegels ($\beta < 0$) die reflektierte Welle sogar stärker als die einfallende sein. Die Ursache dieser „zusätzlichen" elektromagnetischen Energie ist in der kinetischen Energie des Reflektors zu sehen. Das bewegte Zielobjekt ist nämlich in der Lage, sowohl Energie als auch Impuls mit der Welle auszutauschen. Dieser Effekt wird **Doppler Boost** genannt und bewirkt stets auch eine Frequenzänderung **(Doppler Shift)**.

13.1.2 Doppler-Effekt in der Akustik

Bei gleichförmiger Bewegung zwischen einem Sender und einem Empfänger **elektromagnetischer Wellen** wird der Doppler[2]-Effekt beobachtet [Ein05, Gill65]. Bei Annäherung erhöht sich die Empfangsfrequenz, während sie bei größer werdendem Abstand sinkt. Im Vakuum ist nur die gegenseitige Relativbewegung mit der Geschwindigkeit v von Belang. In einem materiellen Medium hingegen gibt es – anders als im Vakuum – immer ein ausgezeichnetes Bezugssystem, nämlich dasjenige, in dem das Medium ruht. Durch das Medium kommt es dann zu **Mitführungseffekten** und es macht daher einen Unterschied, ob sich nun der Sender mit v_s oder der Empfänger mit v_e _relativ zum Medium_ bewegt.

Zunächst betrachten wir den einfacheren Fall der Ausbreitung von Schallwellen, für den wir in Tabelle 13.1 die Doppler-Formeln der **Akustik** herleiten, wobei wir hier unter $c = 342\,\text{m/s}$ die Schallgeschwindigkeit in Luft verstehen wollen und mit f_s die Frequenz im Ruhesystem der Quelle bezeichnen. Bewegt sich ein Sender mit der Geschwindigkeit v_s relativ zum umgebenden Medium, dann drängen sich die Wellenfronten vor ihm zusammen, während sie sich hinter ihm auflockern. Bei ruhender Quelle hingegen liegen die Phasenfronten äquidistant im Abstand λ_s und ein sich mit v_e entfernender Beobachter nimmt pro Zeit weniger Nulldurchgänge als der Sender wahr.

---

2 Christian Johann **Doppler** (1803-1853): österreich. Physiker und Mathematiker (Akustik, Optik, Elektrizitätslehre, Astronomie, analytische Geometrie)

Tabelle 13.1 Akustischer Doppler-Effekt bei Bewegung von Sender bzw. Empfänger relativ zum Schallmedium. Dabei ist $\mathbf{e}_k = \mathbf{e}_z$ die Richtung der Wellenausbreitung und es gelte $c = 342 \,\mathrm{m/s}$.

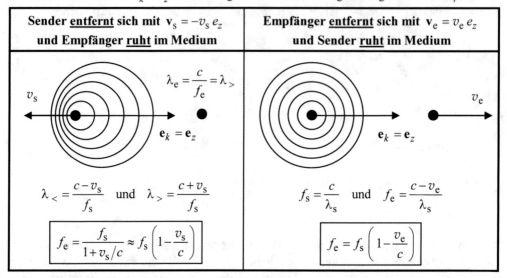

Sender **entfernt** sich mit $\mathbf{v}_s = -v_s\,\mathbf{e}_z$ und Empfänger **ruht** im Medium	Empfänger **entfernt** sich mit $\mathbf{v}_e = v_e\,\mathbf{e}_z$ und Sender **ruht** im Medium
$\lambda_e = \dfrac{c}{f_e} = \lambda_>$ $\quad\mathbf{e}_k = \mathbf{e}_z$	$\mathbf{e}_k = \mathbf{e}_z$
$\lambda_< = \dfrac{c - v_s}{f_s}\quad$ und $\quad\lambda_> = \dfrac{c + v_s}{f_s}$	$f_s = \dfrac{c}{\lambda_s}\quad$ und $\quad f_e = \dfrac{c - v_e}{\lambda_s}$
$\boxed{f_e = \dfrac{f_s}{1 + v_s/c} \approx f_s\left(1 - \dfrac{v_s}{c}\right)}$	$\boxed{f_e = f_s\left(1 - \dfrac{v_e}{c}\right)}$

Bewegen sich sowohl der Sender mit v_s als auch der Empfänger mit v_e relativ zum Medium, superponieren sich beide Effekte und es gilt mit $V = v_s + v_e$ als klassischer Relativgeschwindigkeit zwischen Sender und Empfänger:

$$\boxed{f_e = f_s\,\frac{1 - v_e/c}{1 + v_s/c} \approx f_s\left(1 - \frac{V}{c}\right)}. \tag{13.7}$$

Bei **Schallwellen** kann man also entscheiden, ob sich entweder die Quelle oder der Beobachter – oder auch beide – relativ zum umgebenden Medium bewegen. Bei kleinen Geschwindigkeiten dürfen quadratische und höhere Terme aber vernachlässigt werden und die Unterschiede der drei Szenarien sind nur gering. Die Beziehungen der Tabelle 13.1 wurden für sich *entfernende* Sender und Empfänger hergeleitet. Soll mit den dortigen Gleichungen eine *Annäherung* beschrieben werden, muss man die Vorzeichen der Geschwindigkeiten umdrehen.

13.1.3 Doppler-Effekt in der Elektrodynamik

Der Doppler-Effekt in der **Elektrodynamik** kann mit Hilfe der Lorentz-Transformation relativ zueinander bewegter Bezugssysteme (Abschnitt 11.2) hergeleitet werden. Wir wollen hier nur die Ergebnisse zusammenstellen – weitere Details findet man z. B. in [Sau73] und auch im Anhang G. Im **Vakuum** gibt es kein ausgezeichnetes Bezugssystem, da wir hier nicht mehr entscheiden können, ob sich die Quelle (Sender S) oder der Beobachter (Empfänger E) bewegen (Relativitätsprinzip). Mit $\beta = v/c_0$ gilt bei **radialer** Bewegungsrichtung (dabei werden $\mathbf{e}_k$ und $\mathbf{v}$ als kollineare Vektoren vorausgesetzt) deswegen in beiden Fällen:

$$\boxed{f_e = f_s\sqrt{\frac{1 - \beta}{1 + \beta}} = f_s\left(1 - \beta + \frac{\beta^2}{2} - \frac{\beta^3}{2} + \frac{3\beta^4}{8} - \cdots\right)} \quad \begin{array}{l} \beta > 0 \ (S \text{ und } E \ \underline{\textit{entfernen}} \text{ sich}) \\ \beta < 0 \ (S \text{ und } E \ \underline{\textit{nähern}} \text{ sich an}). \end{array} \tag{13.8}$$

Dieses Ergebnis unterscheidet sich von den Doppler-Formeln der Akustik aus Tabelle 13.1. Dabei zeigt die Taylor-Entwicklung der Wurzel in (13.8) Übereinstimmung des akustischen und des relativistischen Doppler-Effekts bis zum linearen Term in β.

Betrachten wir nun die Ausbreitung elektromagnetischer Wellen in einem homogenen **materiellen Medium** mit dem Brechungsindex $n = c_0/c = \sqrt{\mu_r\,\varepsilon_r} > 1$, dann ändern sich die Verhältnisse. Dort kommt es nämlich – wie auch schon in der Akustik – zu Mitführungseffekten. In der Elektrodynamik muss in einem materiellen Medium mit dem Brechungsindex $n > 1$ daher auch unterschieden werden, wer von beiden (Quelle oder Beobachter) sich relativ zum Medium bewegt. Dabei sende die Quelle in ihrem Ruhesystem eine Kugelwelle der Frequenz f_s aus. Für die Relativbewegung zwischen Sender und Empfänger betrachten wir dann zwei Fälle.

Fall A: Bewegt sich ein Beobachter mit der konstanten Geschwindigkeit v_e **radial** von der im Medium mit dem Brechungsindex n ruhenden Quelle weg, dann nimmt er mit $\beta = v_e/c_0$ und $\gamma = (1-\beta^2)^{-1/2}$ eine reduzierte Frequenz war [Reb99]:

$$\boxed{f_e = \gamma\,f_s\,(1 - n\,\beta)}\,. \quad \text{Sonst gilt:} \quad \boxed{f_e = \gamma\,f_s\,(1 - n\,\beta\cos\vartheta)}\,, \tag{13.9}$$

sofern die Relativbewegung der Bezugssysteme mit $\mathbf{v}_e = v_e\,\mathbf{e}_z$ **schräg** zur Ausbreitungsrichtung $\mathbf{e}_k$ der Welle erfolgt. Dann muss entsprechend Bild 13.3 wegen $\mathbf{e}_k \cdot \mathbf{e}_z = \cos\vartheta$ nämlich ein Richtungskosinus berücksichtigt werden.

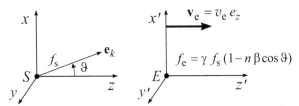

Bild 13.3 Im Medium ruhender Sender (S) und sich nach rechts **entfernender** Empfänger (E). Bei radialer Bewegung gilt $\vartheta = 0$.

Fall B: Nun wollen wir nicht den Beobachter, sondern die Quelle als bewegt ansehen, dann ändern sich die Verhältnisse. Bei Beobachtung des Lichts einer sich **radial** entfernenden Quelle nimmt der im Medium ruhende Beobachter dann mit $\beta = v_s/c_0$ und $\gamma = (1-\beta^2)^{-1/2}$ folgende ebenfalls reduzierte Frequenz war:

$$\boxed{f_e = \frac{f_s}{\gamma\,(1 + n\,\beta)}}\,. \quad \text{Sonst gilt:} \quad \boxed{f_e = \frac{f_s}{\gamma\,(1 - n\,\beta\cos\vartheta)}}\,, \tag{13.10}$$

falls die Relativbewegung der Bezugssysteme mit $\mathbf{v}_s = v_s\,\mathbf{e}_z$ **schräg** zur Ausbreitungsrichtung $\mathbf{e}_k$ der Welle erfolgt, denn dann muss wieder ein Richtungskosinus ergänzt werden.

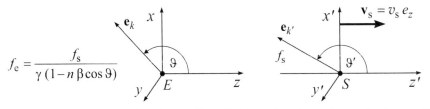

Bild 13.4 Im Medium ruhender Empfänger (E) und sich nach rechts **entfernender** Sender (S). Bei radialer Bewegung gilt $\vartheta = \vartheta' = \pi$.

Bei den **Richtungskosinussen** ist der Winkel ϑ *des im Medium ruhenden Systems* zu nehmen.

Beim **radialen Doppler-Effekt** wird der Unterschied beider Szenarien für $v \ll c_0$ von zweiter Ordnung klein in $\beta = v/c_0$:

$$\frac{\sqrt{1-\beta^2}}{1+n\beta} - \frac{1-n\beta}{\sqrt{1-\beta^2}} \approx \left(1 - \frac{1}{n^2}\right)(n\beta)^2 = (n^2-1)\beta^2 \tag{13.11}$$

und verschwindet im Vakuum für $n = 1$. Der Faktor $1 - 1/n^2$ wird in einem anderen Zusammenhang als **Fresnelscher Mitführungskoeffizient** bezeichnet [Born69, Som78]. Er wurde von Fresnel bereits 1818 vorhergesagt und von Fizeau[3] bei der Ermittlung der Lichtgeschwindigkeit in strömendem Wasser gemessen. So läuft Licht schneller oder langsamer durch ein Hohlrohr hindurch, in dem sich mit der Geschwindigkeit v *strömendes* Wasser mit dem Brechungsindex n befindet, je nachdem, ob es sich *in* oder *entgegen* der Fließrichtung des Wassers ausbreitet. In erster Näherung gilt im System des im Labor ruhenden Beobachters nämlich:

$$c \approx \frac{c_0}{n} \pm v\left(1 - \frac{1}{n^2}\right). \tag{13.12}$$

Übung 13.1: Kommunikation mit Mikrowellen über Wasserrohre

Eine zylindrische Trinkwasserleitung mit kreisrundem Querschnitt habe einen Innendurchmesser von $D = 2a = 16 \text{ mm}$. Betrachten Sie die Wasserleitung als Rundhohlleiter mit homogener dielektrischer Füllung. Wie hoch ist die Grenzfrequenz $f_c^{H_{11}}$ der H_{11}-Grundwelle, wenn man den Brechungsindex von Wasser im Mikrowellenbereich[4] bei 2 GHz mit $n = \sqrt{79} = 8,888$ ansetzt?

Die Leitung soll zur Kommunikation bei einer Trägerfrequenz von $f = 1,5 f_c^{H_{11}}$ verwendet werden. Berechnen Sie zunächst die Gruppengeschwindigkeit der H_{11}-Welle und betrachten dann ihre Gruppenlaufzeit in einem geradlinigen Wasserrohr der Länge $L = 10 \text{ m}$ in den drei Fällen: das Wasser ruht, die Welle läuft in Fließrichtung des Wassers und die Welle läuft entgegen der Fließrichtung des Wassers? Wenn das Trinkwasser in der Leitung fließt, dann sei seine Fließgeschwindigkeit $v = 1 \text{ m/s}$.

- **Lösung:**

Die Grenzfrequenz der H_{11}-Welle im Rundhohlleiter folgt aus (8.103) mit $j_{11}' = 1,841$:

$$f_c^{H_{11}} = \frac{c_0}{n}\frac{j_{11}'}{2\pi a} = 1,235 \text{ GHz} \quad \Rightarrow \quad f = 1,5 f_c^{H_{11}} = 1,853 \text{ GHz} . \tag{13.13}$$

Die Gruppengeschwindigkeit erhalten wir aus (8.105) mit (8.103) sowie mit c aus (13.12):

$$\boxed{v_g^{H_{11}} = c\sqrt{1 - \left(\frac{\lambda}{\lambda_c^{H_{11}}}\right)^2} = \left[\frac{c_0}{n} \pm v\left(1 - \frac{1}{n^2}\right)\right]\sqrt{1 - \left(\frac{\lambda_0/n}{2\pi a/j_{11}'}\right)^2} .} \tag{13.14}$$

---

[3] Armand Hippolyte Louis **Fizeau** (1819-1896): frz. Physiker (Elektrizitätslehre, Optik, Wärmestrahlung, Bestimmung der Lichtgeschwindigkeit in Luft (1849) und in strömendem Wasser (1851))

[4] Siehe (3.21). Bei sichtbarem Licht hat Wasser hingegen einen Brechungsindex von $n = 1,333$.

Mit $\lambda_0 = c_0 / f = 0,1628$ m erhalten wir daraus die gesuchte Gruppenlaufzeit:

$$\boxed{t_g^{H_{11}} = \frac{L}{v_g^{H_{11}}} = \frac{L}{\left[\dfrac{c_0}{n} \pm v\left(1 - \dfrac{1}{n^2}\right)\right] \sqrt{1 - \left(\dfrac{\lambda_0/n}{2\pi a / j_{11}'}\right)^2}}} \tag{13.15}$$

Bei *ruhendem* Wasser mit $v = 0$ ist die Gruppenlaufzeit

$$t_g^{H_{11}} = \frac{L}{\dfrac{c_0}{n}\sqrt{1 - \left(\dfrac{\lambda_0/n}{2\pi a / j_{11}'}\right)^2}} = 399,8 \text{ ns}, \tag{13.16}$$

während bei Ausbreitung der H_{11}- Welle in Fließrichtung des Wassers die Gruppenlaufzeit um $0,0117$ ps kleiner wird – demgegenüber ist sie bei Ausbreitung entgegen der Wasserströmung um $0,0117$ ps gegenüber (13.16) erhöht. Bei den in der Praxis üblichen geringen Fließgeschwindigkeiten ist der Bewegungseffekt des Wassers also vernachlässigbar klein und führt zu keinen spürbaren Laufzeitverzerrungen, weswegen die Bitfehlerrate (siehe Kapitel 9) praktisch nicht davon abhängt, ob das Leitungswasser fließt oder nicht. □

Die nur *teilweise* Mitführung bzw. Abbremsung von Licht in einem bewegten Medium widerspricht der klassischen Galileo-Transformation $c_0/n \pm v$ und war für Einstein grundlegend für die Entwicklung seiner Speziellen Relativitätstheorie. (13.12) kann auch aus dem relativistisch korrekten **Additionstheorem der Geschwindigkeiten** (11.12) im Grenzfall kleiner Fließgeschwindigkeiten hergeleitet werden, bei dem wir nur Glieder erster Ordnung berücksichtigen:

$$c = \frac{\dfrac{c_0}{n} \pm v}{1 \pm \dfrac{v}{nc_0}} \approx \left(\frac{c_0}{n} \pm v\right)\left(1 \mp \frac{v}{nc_0}\right) \approx \frac{c_0}{n} \pm v\left(1 - \frac{1}{n^2}\right). \tag{13.17}$$

Der Mitführungseffekt fällt bei größerem Brechungsindex stärker aus, weil dann die Wechselwirkung der Elektronen des Mediums mit dem Licht aufgrund der höheren Elektronendichte intensiver wird. Er verschwindet im Vakuum bei $n = 1$ und ist ein Beleg für die Nichtexistenz des **Lichtäthers.** Licht kann sich ja bekanntlich auch im Vakuum ausbreiten und benötigt dazu keine Trägersubstanz.

Für Licht im Vakuum gibt es also kein wellentragendes Medium mehr. Alle Mitführungseffekte verschwinden und es spielt daher keine Rolle, ob sich der Beobachter oder die Quelle entfernt. Beim **radialen Doppler-Effekt** folgt aus (13.9) bzw. (13.10) mit $n = 1$:

$$f_e = \gamma f_s (1 - \beta) = \frac{f_s}{\gamma(1 + \beta)} = f_s \sqrt{\frac{1 - \beta}{1 + \beta}}. \tag{13.18}$$

Nach dem Relativitätsprinzip misst der Beobachter wie in (13.8) also *in beiden Fällen* die gleiche Frequenz. Wie schon beim akustischen Doppler-Effekt in Tabelle 13.1 beschreiben die Faktoren $(1 - \beta)$ bzw. $1/(1 + \beta)$ den rein kinematischen Anteil im elektromagnetischen Doppler-Effekt. Der in (13.18) zusätzlich auftretende Lorentz-Faktor γ hat seine Ursache in der relativistischen **Zeitdilatation,** die sich dem kinematischen Effekt überlagert.

Wenn wir im Falle des **radialen Doppler-Effekts** die Beziehung (13.18) nach β auflösen:

$$\beta = \frac{v}{c_0} = \frac{1-\left(f_e/f_s\right)^2}{1+\left(f_e/f_s\right)^2}, \qquad (13.19)$$

dann können wir die gleichförmige Relativgeschwindigkeit v im Vakuum zwischen Sender und Empfänger ermitteln. Wenn sich bei $v > 0$ der Abstand zwischen Sender und Empfänger vergrößert, dann gilt $\beta > 0$ und $f_e < f_s$. Verringert sich hingegen der Abstand wegen $v < 0$, dann gilt umgekehrt $\beta < 0$ und $f_e > f_s$. Mit $c_0 = \lambda_e\,f_e = \lambda_s\,f_s$ erhält man aus (13.19) eine alternative Darstellung mit Hilfe der Wellenlängen:

$$\beta = \frac{v}{c_0} = \frac{\left(\lambda_e/\lambda_s\right)^2 - 1}{\left(\lambda_e/\lambda_s\right)^2 + 1}. \qquad (13.20)$$

Als Beispiel betrachten wir eine Anwendung von (13.20) in der **Astronomie.** Nach Kapitel 25 geben Sterne, abhängig von ihrer Oberflächentemperatur, eine charakteristische breitbandige Schwarzkörperstrahlung ab. Je nach chemischer Zusammensetzung seiner Photosphäre findet man im kontinuierlichen Spektrum eines Sterns bei ganz bestimmten Wellenlängen aber auch dunkle Absorptionslinien (schmalbandige Lücken im Spektrum), die man als **Fraunhofersche Linien** bezeichnet. Durch Vergleich mit bekannten Atom- und Molekülspektren, die man in Laborexperimenten gewonnen hat, können diese Linien nach ihrer Anzahl und Anordnung bestimmten chemischen Elementen zugeordnet werden. Eine Verschiebung der Fraunhofer-schen Linien erlaubt Rückschlüsse auf die Relativgeschwindigkeit v zwischen Stern und Be-obachter. Ein sich mit $\beta > 0$ entfernender Stern führt nach (13.20) mit $\lambda_e > \lambda_s$ zu einer Ver-schiebung der gemessenen Absorptionswellenlängen in Richtung des roten (langwelligeren) Endes des sichtbaren Spektrums, weswegen man hier von einer **Rotverschiebung** spricht. Man quantifiziert diesen Effekt durch den z-Faktor, den man als Verhältnis der vom Empfänger festgestellten Wellenlängenänderung zur ursprünglich gesendeten Wellenlänge definiert:

$$z = \Delta\lambda/\lambda_s = (\lambda_e - \lambda_s)/\lambda_s = (\lambda_e/\lambda_s) - 1, \qquad (13.21)$$

weswegen man (13.20) mit $\lambda_e/\lambda_s = 1 + z$ auch wie folgt schreiben kann:

$$\beta = \frac{v}{c_0} = \frac{(1+z)^2 - 1}{(1+z)^2 + 1} \quad \text{mit} \quad \begin{cases} z > 0 & \text{bei Entfernung} \\ -1 < z < 0 & \text{bei Annäherung.} \end{cases} \qquad (13.22)$$

Im Sonderfall kleiner Geschwindigkeiten mit $\left|v\right| \ll c_0$ ist auch $\left|z\right| \ll 1$ und es gilt die Nähe-rung $\beta \approx z$. Ein mit $z < 0$ näher kommendes Objekt muss ein **blauverschobenes** Spektrum aufweisen, wie es z. B. bei der unserer Milchstraße in der Lokalen Gruppe benachbarten Andromeda-Galaxie der Fall ist, wo man den Wert $z = -0{,}001$ gemessen hat, was nach (13.22) einer Annäherungsgeschwindigkeit von 300 km/s entspricht.

Der **kinematischen Eigenbewegung** von Galaxien im lokalen Raum und dem dazugehörigen Doppler-Effekt überlagern sich aber noch weitere Phänomene. So gibt es die **gravitative Rot-verschiebung,** wenn Photonen einem Gravitationsfeld entweichen und dabei Energie verlieren und die **kosmologische Expansion** des Universums, als Folge des Urknalls. Dabei expandiert nach dem Hubble-Gesetz der Raum zwischen den Galaxien, und zwar umso schneller, je weiter die Galaxie von uns entfernt ist. Dadurch ergibt sich ein mit der Entfernung wachsender z-Faktor. Bei der extrem weit entfernten Galaxie GN-z11 im Sternbild Großer Bär ist $z = 11{,}1$.

13.1.4 Doppler-Effekt und Aberration in der Radartechnik

Bisher haben wir den sogenannten **primären Doppler-Effekt** betrachtet, bei dem sich eine *einmalige* Frequenzverschiebung aufgrund eines Wechsels des Bezugssystems einstellte. In der **Radartechnik** hingegen bestrahlt eine im System S ruhende Sendeantenne ein bewegtes Zielobjekt, das seinerseits im System S' ruht. Von diesem Ziel geht ein Echoimpuls aus, der von einer Empfangsantenne, die wie die Sendeantenne im System S ruht, detektiert wird.

Bei dieser Zweiwege-Ausbreitung erfährt das Radarecho darum auch eine *zweimalige* Frequenzverschiebung, die man als **Echo-Doppler-Effekt** bezeichnet [Ollen80]. Für seine Herleitung betrachten wir in Übung 13.2 den *schrägen* Einfall einer TEM-Welle auf eine unendlich ausgedehnte, ebene, metallische Platte (vgl. den senkrechten Einfall in Bild 13.2).

Übung 13.2: Doppler-Effekt und Aberration in der Radartechnik

Eine TEM-Radarwelle mit der Frequenz f_i falle im Vakuum ($n = 1$) schräg unter dem Winkel θ_i auf eine ebene, metallische Platte bei $z' = 0$ ein (Bild 13.5). Die Platte – ruhend im System S' – bewege sich gleichförmig mit $\mathbf{v} = v\,\mathbf{e}_z$ von der im System S ruhenden Sendeantenne weg. Bestimmen Sie den Winkel θ_r, unter dem die Welle reflektiert wird sowie deren Frequenz f_r. Der Winkel θ_r markiert die Richtung, unter der die Empfangsantenne positioniert sein sollte, um das Echo optimal detektieren zu können.

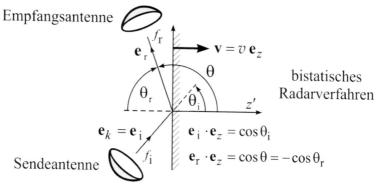

Bild 13.5 Ebene metallische Platte – ruhend im System S' – als gleichförmig mit $\beta = v/c_0$ bewegtes Radarziel. Es gilt $\mathbf{e}_z = \mathbf{e}_{z'}$. Für $\theta_i = 0°$ gilt auch $\theta_r = 0°$ und das Radarsystem wird monostatisch.

● **Lösung:**

Die Sendefrequenz f_i wird im System S' der mit $\beta = v/c_0$ sich entfernenden Platte als veränderte Frequenz wahrgenommen. Wegen (13.9) gilt im Vakuum mit $n = 1$:

$$f' = \gamma\, f_i\left(1 - \beta \cos\theta_i\right) \quad \text{mit} \quad \gamma = (1 - \beta^2)^{-1/2}. \tag{13.23}$$

Als Folge der **Aberration** scheint die Radarwelle im Ruhesystem S' des Ziels aus einer anderen Richtung θ_i' einzufallen. So gilt an der Platte nach (11.24) das **primäre Aberrationsgesetz** [Pau81]:

$$\tan\frac{\theta_i'}{2} = \sqrt{\frac{1+\beta}{1-\beta}}\,\tan\frac{\theta_i}{2}. \tag{13.24}$$

Auch der Winkel $\theta = \pi - \theta_r$ aus Bild 13.5, der die Richtung der rücklaufenden Welle im System S markiert, wird im Ruhesystem S' des Ziels verkippt wahrgenommen:

$$\tan\frac{\theta'}{2} = \sqrt{\frac{1+\beta}{1-\beta}}\, \tan\frac{\theta}{2}\,. \tag{13.25}$$

Nun gilt im Ruhesystem S' das gewöhnliche **Reflexionsgesetz** $\theta'_r = \theta'_i$ bzw.

$$\theta' = \pi - \theta'_i\,, \tag{13.26}$$

womit wir in Verbindung mit $\theta = \pi - \theta_r$ die Gl. (13.25) etwas umformen können:

$$\tan\frac{\pi - \theta'_i}{2} = \sqrt{\frac{1+\beta}{1-\beta}}\, \tan\frac{\pi - \theta_r}{2}\,. \tag{13.27}$$

Mit Hilfe der trigonometrischen Beziehung

$$\tan\frac{\pi - x}{2} = \cot\frac{x}{2} \tag{13.28}$$

erhalten wir schließlich nach Einsetzen von (13.24) in (13.27) den **Reflexionswinkel** im System S der ruhenden Radarantennen, das sogenannte **Echo-Aberrationsgesetz:**

$$\boxed{\tan\frac{\theta_r}{2} = \frac{1+\beta}{1-\beta}\, \tan\frac{\theta_i}{2}}\,. \tag{13.29}$$

Nachdem wir das Ziel in (13.23) zunächst als bewegten Empfänger betrachtet haben, agiert es hinsichtlich der Rückstrahlung nun als bewegter Sender. An der Empfangsantenne ist nach (13.10) mit $n = 1$ daher folgende Echofrequenz messbar:

$$f_r = \frac{f'}{\gamma\,(1 - \beta\cos\theta)} = \frac{f'}{\gamma\left(1 + \beta\cos\theta_r\right)}\,. \tag{13.30}$$

Mit (13.23) folgt daraus:

$$\boxed{f_r = f_i\,\frac{1 - \beta\cos\theta_i}{1 + \beta\cos\theta_r}}\,. \tag{13.31}$$

Nach einigen trigonometrischen Umformungen folgt zunächst aus (13.29):

$$\cos\theta_r = \frac{\cos\theta_i - 2\,\beta + \beta^2\,\cos\theta_i}{1 - 2\,\beta\cos\theta_i + \beta^2} \quad \text{(siehe auch [Ollen80])}, \tag{13.32}$$

womit wir aus (13.31) schließlich die gesuchte **Echofrequenz** erhalten:

$$\boxed{f_r(\theta_i) = \gamma^2 f_i\,(1 - 2\,\beta\cos\theta_i + \beta^2)} \quad \text{(siehe auch [Sau73])}. \tag{13.33}$$

Durch (13.33) wird der **Echo-Doppler-Effekt** beschrieben. Der Sonderfall $\theta_i = 0$ bezeichnet ein Ziel in radialer Bewegungsrichtung, woraus der **longitudinale Doppler-Effekt** folgt:

$$\boxed{f_r(0) = f_i\,\frac{1-\beta}{1+\beta} \approx f_i\,(1 - 2\,\beta)}\,. \tag{13.34}$$

Man vergleiche den Echo-Doppler-Effekt (13.34) mit dem Fall des primären Doppler-Effekts (13.8). Beim Zweiwege-Problem quadriert sich nämlich gerade der Wurzelterm.

Bei einem sich vom Radar *entfernenden* Ziel ist $\beta = v/c_0 > 0$ und die Echofrequenz wird nach (13.34) kleiner. Falls sich das Ziel jedoch aus radialer Richtung *annähert,* ändert sich das Vorzeichen seiner Geschwindigkeit, weswegen nun $\beta = v/c_0 < 0$ wird, was zu einer Erhöhung der Echofrequenz führt. In (13.34) und ebenso in (13.35) sind auch Näherungen bei *kleinen* Zielgeschwindigkeiten mit $|\beta| \ll 1$ angegeben.

Ein weiterer Spezialfall liegt für $\theta_i = \pi/2$ vor. Hier bewegt sich das Ziel bei konstantem Abstand auf einer Kreisbahn um das Radar herum. Dabei tritt der **transversale Doppler-Effekt**[5] auf:

$$\boxed{f_r(\pi/2) = f_i \frac{1+\beta^2}{1-\beta^2} \approx f_i(1+2\beta^2)} \quad . \quad \square \tag{13.35}$$

In der Radartechnik definiert man nun die **Doppler-Frequenz**

$$f_d = f_r - f_i \tag{13.36}$$

und erhält mit (13.33) ihren vom Einfallswinkel abhängigen Wert

$$\boxed{f_d(\theta_i) = 2\,\beta\,\gamma^2 f_i\,(\beta - \cos\theta_i)} \quad . \tag{13.37}$$

Als **Beispiel** betrachten wir ein Flugobjekt mit $v = 1000\ \text{km/h}$ und $\beta = v/c_0 = 9,266 \cdot 10^{-7}$. Hier erhalten wir aus (13.37) bei der Trägerfrequenz $f_i = 10\ \text{GHz}$ die Doppler-Frequenzen

$$
\begin{aligned}
&f_d(0) = 2\,\beta\,\gamma^2 f_i\,(\beta - 1) \approx -2\,\beta\,f_i = -18,5\ \text{kHz} &&\text{(Ziel entfernt sich radial)}\\
&f_d(\pi/2) = 2\,\beta^2\gamma^2 f_i \approx 2\,\beta^2 f_i = 0,0172\ \text{Hz} &&\text{(Ziel läuft auf Kreisbahn).}
\end{aligned}
\tag{13.38}
$$

Der messtechnisch gut auswertbare *longitudinale* Doppler-Effekt kann im Bereich der Überwachung des Luftverkehrs zur Bestimmung der *Radialgeschwindigkeit* von Zielen benutzt werden.

Die Doppler-Verschiebung (13.37) verschwindet natürlich bei ruhendem Ziel ($\beta = 0$). Aber auch bei bewegtem Ziel kann f_d null werden, falls die Welle unter folgendem Winkel einfällt:

$$\boxed{\theta_i = \arccos\beta} \quad . \tag{13.39}$$

Dann ist wegen $f_r = f_i$ auch keine Frequenzverschiebung feststellbar. Beispielsweise wird $f_r/f_i = 1$, wenn die Welle bei einem sich mit $\beta = 0,6428$ entfernendem Ziel unter dem Winkel $\theta_i = 50°$ einfällt. Diesen Wert kann man auch aus Bild 13.7 ablesen. Dort wird die Gleichung (13.33) des **Echo-Doppler-Effekts** für verschiedene Einfallswinkel und Bewegungszustände grafisch dargestellt.

Eine grafische Darstellung des **Echo-Aberrationsgesetzes** (13.29) findet man in Bild 13.6. Dazu ergänzend sei auf die Kurven aus [Lang96] hingewiesen, in denen das primäre Aberrationsgesetz und der primäre Doppler-Effekt dargestellt werden.

---

[5] Der *transversale* Doppler-Effekt geht auf die **Zeitdilatation** zurück [Sröd05] und ist für $|\beta| \ll 1$ nur schwach ausgeprägt. Er wird dann bei $\theta_i \neq \pi/2$ vom wesentlich stärkeren longitudinalen maskiert und hat in der Akustik *kein* Analogon [Lang96].

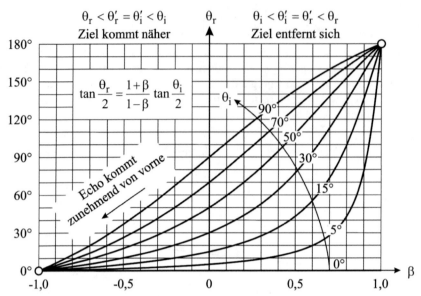

Bild 13.6 Echo-Aberrationsgesetz: Falls sich das Radarziel mit $\beta > 0$ entfernt, gilt im System S des ruhenden Radars $\theta_r > \theta_i$. Der Reflexionswinkel θ_r eines mit $\beta < 0$ näher kommenden Ziels ist dagegen stets kleiner als der Einfallswinkel θ_i. Bei hohen Geschwindigkeiten ($\beta \to -1$) wird das Radarecho von vorne kommend ($\theta_r \to 0$) wahrgenommen. Die Kurve für $\theta_i = 0°$ ist identisch mit der Abszisse.

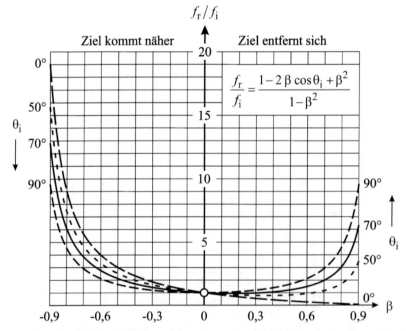

Bild 13.7 Echo-Doppler-Effekt: Bei einem sich entfernendem Ziel mit $\beta > 0$ ist f_r zunächst _kleiner_ als f_i, um nach einem Minimum wieder _größer_ zu werden (Übung 13.3). Bei streifendem Einfall (transversaler Doppler-Effekt mit $\theta_i = 90°$) verläuft die Kurve nach (13.35) achsensymmetrisch, während bei senkrechtem Einfall (longitudinaler Doppler-Effekt mit $\theta_i = 0°$) die Kurve nach (13.34) monoton abfällt.

Übung 13.3: Lokales Minimum der Echofrequenz

In Bild 13.7 fällt auf, dass die Kurven der an der Empfangsantenne messbaren Frequenz

$$f_r = \gamma^2 f_i \left(1 - 2\beta \cos\theta_i + \beta^2 \right) \quad \text{mit} \quad \gamma^2 = 1 / \left(1 - \beta^2 \right) \tag{13.40}$$

der Echowelle, die von einem sich mit $\beta > 0$ _entfernenden_ Objekt reflektiert wird, ein lokales Minimum aufweisen können. Finden Sie die normierte Zielgeschwindigkeit $\beta = v/c_0$, bei der für gegebenen Einfallswinkel θ_i dieses Minimum auftritt.

● **Lösung:**

Das lokale Minimum der Echofrequenz erhalten wir durch Nullsetzen der Ableitung

$$\frac{\partial \left(f_r / f_i \right)}{\partial \beta} = \frac{\partial}{\partial \beta} \frac{1 - 2\beta \cos\theta_i + \beta^2}{1 - \beta^2} = 0, \tag{13.41}$$

womit wir nach kurzer Zwischenrechnung zu einer quadratischen Gleichung gelangen:

$$\beta^2 - \frac{2}{\cos\theta_i} \beta + 1 = 0, \tag{13.42}$$

die zwei Lösungen aufweist:

$$\beta = \frac{1 \pm \sin\theta_i}{\cos\theta_i}. \tag{13.43}$$

Das Pluszeichen ist auszuschließen, da $\beta < 1$ bleiben muss, also gilt:

$$\boxed{\beta = \frac{1 - \sin\theta_i}{\cos\theta_i}}. \tag{13.44}$$

Wenn die Radarwelle unter dem im System S der ruhenden Radarantennen gemessenen Einfallswinkel θ_i das Zielobjekt trifft, dann ist die von der Empfangsantenne gemessene Echofrequenz minimal, wenn sich das Ziel mit $\beta = v/c_0$ aus (13.44) entfernt (Bild 13.5). Der im System S gemessene Reflexionswinkel θ_r folgt aus (13.29) mit β nach (13.44):

$$\tan\frac{\theta_r}{2} = \frac{1+\beta}{1-\beta} \tan\frac{\theta_i}{2} = \frac{\cos\theta_i + 1 - \sin\theta_i}{\cos\theta_i - 1 + \sin\theta_i} \tan\frac{\theta_i}{2} = 1, \tag{13.45}$$

woraus sofort $\theta_r = 90°$ folgt. Das Minimum der Echofrequenz tritt daher genau dann auf, wenn der Echostrahl sich **transversal** bewegt, wenn er also genau an der Grenze zwischen Rückwärts- und Vorwärtsbereich liegt. Diesen **minimalen Wert** bekommen wir aus (13.31) unter der Bedingung $\cos\theta_r = 0$:

$$f_{r,\min} = f_i \frac{1 - \beta \cos\theta_i}{1 + \beta \cos\theta_r} = f_i \left(1 - \beta \cos\theta_i \right), \tag{13.46}$$

woraus wir mit β nach (13.44) endgültig erhalten:

$$\boxed{f_{r,\min} = f_i \sin\theta_i}. \tag{13.47}$$

Nach Durchlaufen dieses Minimums steigt die Echofrequenz in Bild 13.7 bei allen Kurven außer derjenigen mit $\theta_i = 0°$ wieder an, erreicht nach (13.39) bei $\beta = \cos\theta_i$ den Wert $f_r = f_i$, um für $\beta \to 1$ schließlich gegen Unendlich zu streben. □

13.2 Radargleichung und Leistungsreichweite

Folgende Faktoren bestimmen im Wesentlichen die Wahl der in der Radartechnik gebräuchlichen **Frequenzen**:

- *Ausbreitungseigenschaften* der elektromagnetischen Wellen,
- *Reflexionseigenschaften* von Zielen und
- Realisierbarkeit von scharf bündelnden *Antennen* mit kleinen geometrischen Abmessungen.

So erstreckt sich der Radarfrequenzbereich von ca. 30 MHz bis etwa 300 GHz, wobei die derzeit genutzten Frequenzen im Wesentlichen zwischen 1 GHz und 100 GHz liegen.

Auf dem Weg zum Ziel und zurück zum Radar unterliegt das Signal dem Einfluss der Atmosphäre (Regen, Wolken, Nebel, Schnee) und der Erdoberfläche (Boden, Wasser). Die Dämpfung der Atmosphäre wirkt sich auf das Radar reichweitenvermindernd aus, während durch Brechung und Reflexionen Informationen über Zielrichtung und Zielentfernung verfälscht werden. Mit zunehmender Entfernung des Ziels vom Radargerät nimmt die Echoleistung ab. Die **Echoleistung** darf am Empfangsort jedoch einen durch die Empfangsempfindlichkeit festgelegten Wert nicht unterschreiten, wenn eine Auswertung des Echos möglich sein soll. Dadurch wird die Reichweite eines Radargerätes leistungsmäßig begrenzt.

Die maximal mögliche **Leistungsreichweite** eines Radargerätes ergibt sich aus der **Radargleichung,** die den Zusammenhang zwischen gesendeter und empfangener Leistung beschreibt. Zu ihrer Herleitung gehen wir wie in Abschnitt 10.4 vor. So setzen wir zunächst voraus, dass sich das Ziel in Hauptkeulenrichtung der Antenne befindet und eine ungestörte Freiraumausbreitung angenommen werden kann. Außerdem liegt das Ziel fast immer im *Fernfeld* der Radarantenne, sodass im Zielbereich praktisch eine lokal homogene ebene Welle einfällt. Wird die Sendeleistung P_S über eine Antenne mit dem Gewinn G_S abgestrahlt, dann ist die Leistungsdichte $S_Z(R)$ an einem Ziel in Hauptkeulenrichtung im Abstand R

$$S_Z(R) = \frac{P_S\, G_S}{4\,\pi\, R^2} \quad \text{mit} \quad EIRP = P_S\, G_S. \tag{13.48}$$

Multipliziert man $S_Z(R)$ mit der wirksamen Fläche A_Z des Zieles, so erhält man „die vom Ziel aufgenommene" Leistung P_Z:

$$P_Z = S_Z(R)\, A_Z = \frac{P_S\, G_S}{4\,\pi\, R^2}\, A_Z. \tag{13.49}$$

Nimmt man weiter an, dass diese Leistung isotrop und vollständig reflektiert wird, so ist die Rückstreustrahlungsdichte $S_r(r)$ in der Entfernung r vom Ziel

$$S_r(r) = \frac{P_Z}{4\,\pi\, r^2} = \frac{P_S\, G_S}{4\,\pi\, R^2}\, A_Z\, \frac{1}{4\,\pi\, r^2}. \tag{13.50}$$

Reflektiert das Ziel jedoch gerichtet, so ist $S_r(r)$ mit dem Gewinn G_Z des Zieles in Richtung des Radarempfängers zu multiplizieren. Im Falle des *monostatischen Primärradarverfahrens* gilt $r = R$ und wir erhalten die reflektierte Strahlungsdichte am Empfangsort dann aus

$$S_r(R) = \frac{P_Z\, G_Z}{4\,\pi\, R^2} = \frac{P_S\, G_S}{4\,\pi\, R^2}\, \frac{A_Z\, G_Z}{4\,\pi\, R^2}. \tag{13.51}$$

Das Produkt $\sigma = A_Z G_Z$ bezeichnet man als **Radarquerschnitt** oder Rückstreufläche. Bei Flugzeugen liegt σ zwischen 2 und 100 m². Wegen des Reziprozitäts-Theorems (10.48) folgt

$$G_Z = \frac{4\pi}{\lambda_0^2} A_Z \qquad (13.52)$$

und wir können den Radarquerschnitt auch wie folgt berechnen:

$$\boxed{\sigma = A_Z G_Z = 4\pi \left(\frac{A_Z}{\lambda_0}\right)^2} . \qquad (13.53)$$

In vielen Fällen ist die wirksame Fläche A_Z eines Zieles nur gering von der Frequenz abhängig, weswegen der Radarquerschnitt σ dann etwa quadratisch mit der Frequenz ansteigen wird. Grundsätzlich hängt der Radarquerschnitt (den wir noch näher in Abschnitt 13.3 untersuchen werden) aber in komplexer Weise von vielen Einflussgrößen ab [Knott04], wie z. B.

- der Geometrie,

- den Materialeigenschaften,

- der Oberflächenstruktur des Zieles sowie von

- der Frequenz, der Polarisation und dem Einfalls- bzw. Ausfallswinkel der Strahlung.

Der Radarquerschnitt ist daher ein Maß für die Reflexionswirkung eines Zieles.

Multipliziert man $S_r(R)$ mit der wirksamen Fläche A_E der Empfangsantenne, so erhält man aus (13.51) die empfangene **Echoleistung** P_E:

$$P_E = S_r(R)\, A_E = \frac{P_S G_S}{4\pi R^2} \frac{\sigma}{4\pi R^2} A_E \qquad (13.54)$$

bzw.

$$\boxed{P_E = \frac{P_S G_S A_E \sigma}{(4\pi R^2)^2}} . \qquad (13.55)$$

Wie in (13.52) gilt auch bei der Radarantenne zwischen ihrer wirksamen Antennenfläche A_W und ihrem Antennengewinn G der generelle Zusammenhang

$$G = \frac{4\pi}{\lambda_0^2} A_W . \qquad (13.56)$$

Bei einem Radargerät, bei dem dieselbe Antenne sowohl zum Senden als auch zum Empfangen benutzt wird, gilt $G_E = G_S = G$ und $A_E = A_S = A_W$. Drückt man mittels (13.56) den Antennengewinn über die Wirkfläche aus, so erhält die **Radargleichung** dann folgende Form:

$$\boxed{P_E = \frac{P_S A_W^2 \sigma}{4\pi \lambda_0^2 R^4 L_{ges}} \propto f^4} \qquad \begin{array}{l}\text{(für ein monostatisches Primärradar} \\ \text{mit Einantennengerät).}\end{array} \qquad (13.57)$$

Dabei werden im Loss-Faktor L_{ges} alle auf dem Sende- und Empfangsweg auftretenden **Verlustfaktoren** zusammengefasst. Ein Faktor $L_{ges} > 1$ berücksichtigt z. B. die Möglichkeit, dass das Ziel sich *nicht* im Maximum der Antennenhauptkeule befindet und von der idealen Freiraumausbreitung abweichende **Ausbreitungseffekte** wie *Beugung*, *Absorption*, *Abschattung*, *Reflexion* oder *Mehrwegeausbreitung* auftreten. Mehr Details findet man in [Skol80, Skol90].

Unterschreitet die Echoleistung P_E einen Minimalwert $P_{E,\min}$, der durch die Empfindlichkeit des Empfängers gegeben ist, so ist eine Auswertung des Echosignals nicht mehr möglich. Für eine sichere Detektion muss am Ausgang des Radarempfängers die Signalleistung P_2 ausreichend hoch über der dortigen Rauschleistung N_2 liegen (Bild 13.8).

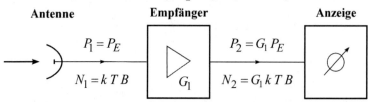

Bild 13.8 Empfangszug eines Radarsystems: Das von der Antenne aufgenommene Radarecho P_1 ist nach (26.14) mit einer äquivalenten Rauschleistung $N_1 = k\,T\,B$ überlagert, die beide vom Empfänger mit dem Leistungsgewinn G_1 verstärkt werden. Dabei ist $k = 1{,}38065 \cdot 10^{-23}$ Ws/K die Boltzmann-Konstante.

Die Rauschtemperaturen von Antenne (T_A), Empfänger (T_1) und Anzeige (T_2) seien gemäß der Friisschen Formel [Heu05], die wir im Anhang H noch näher beschreiben werden, in der äquivalenten **Systemrauschtemperatur** T zusammengefasst mit[6]

$$T = T_A + T_1 + \frac{T_2}{G_1} \approx T_A + T_1 \quad . \tag{13.58}$$

Der Bezugspunkt von T ist – wie allgemein üblich – der Ausgang der Empfangsantenne. Die Antennenrauschtemperatur T_A wird bei bodennah ausgerichteten Antennen mit geringer Elevation und relativ breiter Strahlungskeule durch Wärmestrahlung des Erdbodens bei etwa $T_0 = 290$ K liegen. Das Signal-Rausch-Verhältnis am *Empfängerausgang* P_2/N_2 darf nun einen vorgeschriebenen *Mindestwert* S/N nicht unterschreiten, d. h. es muss gelten

$$\frac{P_2}{N_2} = \frac{G_1\,P_E}{G_1\,k\,T\,B} > \frac{S}{N} \quad . \tag{13.59}$$

Daraus folgt die Bedingung für den Minimalwert der Echoleistung $P_{E,\min}$:

$$P_{E,\min} = k\,T\,B\,\frac{S}{N} \quad . \tag{13.60}$$

Wir können $P_{E,\min}$ mit Hilfe der Radargleichung (13.57) auch durch die maximale **Leistungsreichweite** $R_{\max}$ ausdrücken und erhalten

$$P_{E,\min} = \frac{P_S\,A_W^2\,\sigma}{4\,\pi\,\lambda_0^2\,R_{\max}^4\,L_{ges}} \stackrel{!}{=} k\,T\,B\,\frac{S}{N} \quad . \tag{13.61}$$

Für die **Leistungsreichweite** $R_{\max}$ eines *monostatischen Primärradars mit Einantennengerät* folgt damit endgültig (ein typisches Beispiel betrachten wir in Übung 13.4):

$$R_{\max} = \sqrt[4]{\frac{P_S\,A_W^2\,\sigma}{4\,\pi\,\lambda_0^2\,L_{ges}\,k\,T\,B\,\frac{S}{N}}} \quad \text{mit} \quad \sigma = A_Z\,G_Z = 4\,\pi\left(\frac{A_Z}{\lambda_0}\right)^2 . \tag{13.62}$$

---

[6] Die Näherung $T \approx T_A + T_1$ gilt bei ausreichend hoher Leistungsverstärkung $G_1 \gg 1$.

Damit ein Ziel mit dem Radarquerschnitt σ noch in möglichst großer Entfernung geortet werden kann, sollte die Sendeleistung P_S hoch, die Wirkfläche A_W der Antenne groß und die effektive Systemrauschtemperatur T des Empfängers klein sein (Aufgabe 13.4.2). Ein hochfrequentes Radarsignal mit $f = c_0/\lambda_0$ resultiert nach (13.62) zunächst auch in einer größeren Leistungsreichweite, jedoch steigen die atmosphärischen Verluste L_{ges} mit der Frequenz stark an, weswegen der Nutzung sehr hoher Frequenzen natürliche Grenzen gesetzt sind. Solange die Frequenzabhängigkeit von L_{ges} aber vernachlässigt werden kann, wächst die **Leistungsreichweite** bei flächenhaft verteilten Zielen mit einer typischen Querschnittsabmessung D proportional dem Zieldurchmesser D. Wegen $A_Z \propto A_{geo} \propto D^2$ folgt nämlich aus (13.62) sofort:

$$\boxed{R_{\max} \propto D/\lambda_0} \,. \tag{13.63}$$

Übung 13.4: Leistungsreichweite

Eine typische L-Band-Radar Großrundsichtanlage zur Überwachung des Luftverkehrs habe folgende Daten:

$$P_S \quad = 10^6 \text{ W} \qquad \text{(Impuls-Spitzenleistung)}$$

$$A_{geo} = 100 \text{ m}^2 \qquad \text{(geometrische Antennenfläche)}$$
$$q \quad = 0,5 \qquad \text{(Flächenwirkungsgrad)} \qquad \left.\right\} \quad A_W = q\, A_{geo} = 50 \text{ m}^2 \tag{13.64}$$
$$\lambda_0 \quad = 23 \text{ cm} \qquad (f = 1,3 \text{ GHz})\,.$$

In welcher Entfernung $R_{\max}$ kann ein Flugzeug mit einem Radarquerschnitt von $\sigma = 50 \text{ m}^2$ gerade noch detektiert werden, wenn alle Ausbreitungsstörungen durch den Dämpfungsfaktor $L_{ges} = 10$ abgeschätzt werden können? Dabei sei der Radarempfänger durch folgende Werte gegeben:

$$T_A \quad = 290 \text{ K} \qquad \text{(Antennenrauschtemperatur)}$$
$$T_1 \quad = 440 \text{ K} \qquad \text{(Empfängerrauschtemperatur)}$$
$$B \quad = 1 \text{ MHz} \qquad \text{(Bandbreite)} \tag{13.65}$$
$$S/N = 10 \qquad \text{(Signal-Rausch-Verhältnis am Empfängerausgang)}\,.$$

- **Lösung:**

Die Antennenwirkfläche ist $A_W = q\, A_{geo} = 0,5 \cdot 100 \text{ m}^2 = 50 \text{ m}^2$, und die effektive Systemrauschtemperatur erhält man nach (13.58) aus

$$T = T_A + T_1 = 290 \text{ K} + 440 \text{ K} = 730 \text{ K}\,. \tag{13.66}$$

Die Leistungsreichweite für ein Flugzeug mit $\sigma = 50 \text{ m}^2$ folgt aus der Radargleichung (13.62) für ein monostatisches Primärradar mit Einantennengerät zu

$$R_{\max} = \sqrt[4]{\frac{10^6 \text{ W} \cdot (50 \text{ m}^2)^2 \cdot 50 \text{ m}^2}{4\,\pi\,(0,23 \text{ m})^2 \cdot 10 \cdot 1,381 \cdot 10^{-23}\,\frac{\text{Ws}}{\text{K}} \cdot 730 \text{ K} \cdot 10^6 \text{ Hz} \cdot 10}}\,, \tag{13.67}$$

d.h. es wird $R_{\max} = 657 \text{ km}$. Dieser Wert kann bei schlechteren Ausbreitungsbedingungen (z.B. durch Absorptionsdämpfung bei starkem Regen) erheblich unterschritten werden. Die empfangene Echoleistung beträgt bei einem Ziel in der Entfernung $R_{\max} = 657 \text{ km}$ dann gerade $P_{E,\min} = 0,1 \text{ pW}$ oder $10 \lg(P_{E,\min}/1\,\text{W}) = 10 \lg(0,1 \cdot 10^{-12}) = -130 \text{ dBW}$. □

13.3 Radarquerschnitt

Bei der Bestrahlung eines Zieles mit elektromagnetischer Energie wird ein Teil der einfallenden Strahlung absorbiert und in Wärme umgewandelt und der verbleibende Rest mit unterschiedlicher Stärke wieder in die verschiedensten Richtungen abgestrahlt (gestreut). Die Reflexionseigenschaften eines Streukörpers beschreibt man durch seine Reflexionsfläche. Das größte Interesse gehört in der Radartechnik dem monostatischen Fall, also der unmittelbaren Rückstrahlung vom Ziel. Für die **Reflexionsfläche** benutzt man in diesem Fall die Bezeichnungen Rückstrahlquerschnitt, Rückstreufläche oder Radarquerschnitt. Wir wollen eine Berechnungsvorschrift für den Radarquerschnitt σ angeben. Mit Hilfe von (13.48), (13.51) und (13.53) folgt zunächst:

$$S_r(R) = S_Z(R) \frac{\sigma}{4\pi R^2} . \tag{13.68}$$

Hierin wird die vom Ziel reflektierte Leistungsdichte $S_r(R)$ am Ort des Radarempfängers mit der Leistungsdichte $S_Z(R)$ der am Ziel einfallenden Welle verknüpft. Die Definition für den **Radarquerschnitt** σ lautet somit:

$$\sigma = \lim_{R \to \infty} 4\pi R^2 \frac{S_r(R)}{S_Z(R)} = \lim_{R \to \infty} 4\pi R^2 \left| \frac{E_r}{E_i} \right|^2 . \tag{13.69}$$

Dabei wird vorausgesetzt, dass Radar und Ziel sich zueinander im gegenseitigen *Fernfeld* befinden $(R \to \infty)$. Dann gilt $S_Z \propto 1/R^2$ und $S_r \propto 1/R^4$, und der Radarquerschnitt σ wird von der Entfernung R unabhängig und eine Eigenschaft nur des Zieles alleine.

Der Radarquerschnitt hängt von einer Reihe von Parametern ab, wie

- Betrachtungswinkel, Größe und Gestalt des Zieles,

- Material und Oberflächenstruktur des Zieles aber auch

- Wellenlänge und Polarisation der Strahlung.

Aufgrund dieser komplizierten Abhängigkeiten wird in fast keinem Fall der Radarquerschnitt σ mit der vom Sender aus sichtbaren Querschnittsfläche (Projektionsfläche) des Zieles übereinstimmen. Eine Ausnahme bildet die metallische Kugel mit einem Durchmesser von $D = 2a \gg \lambda_0$. Für sie gilt nach Bild 13.9 $\sigma \approx \pi a^2$. Da die Abhängigkeit von der Wellenlänge eine wesentliche Rolle spielt, liegt es nahe, wie in Tabelle 13.2 eine **Zielklassifikation** nach seiner Größe (Linearabmessung D) bezogen auf die Wellenlänge λ_0 vorzunehmen.

Tabelle 13.2 Klassifikation von Radarzielen anhand ihrer Größe D

Bereich	Größenordnung	Verhalten von σ
Rayleigh-Bereich	$D \ll \lambda_0$	abhängig vom Zielvolumen, unabhängig von der Zielform
Mie- oder Resonanzbereich	$D \approx \lambda_0$	Resonanzüberhöhung durch Interferenzen
optischer Bereich	$D \gg \lambda_0$	Superposition einzelner Streuzentren

Als Beispiel wollen wir eine elektrisch gut **leitende Kugel** mit Durchmesser $D = 2a$ betrachten. Sie hat als _Reflexionsnormal_ in der Radartechnik besondere Bedeutung erlangt, weil ihr monostatischer Radarquerschnitt σ winkelunabhängig ist. Außerdem kann σ bei allen Frequenzen nach (13.70) exakt ermitteln werden. Als Funktion von $ka = \pi D/\lambda_0 \propto f$, also dem Verhältnis von Kugelumfang zur Wellenlänge, ist (13.70) in Bild 13.9 dargestellt.

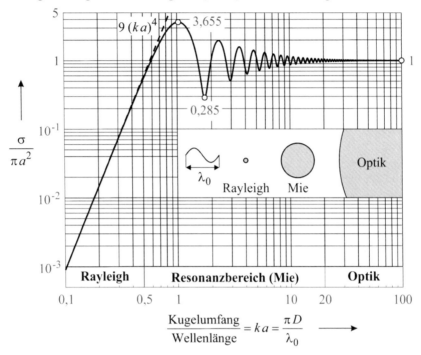

Bild 13.9 Normierter Radarquerschnitt (13.70) einer metallischen Kugel mit Durchmesser $D = 2a$. Zusätzlich ist die Niederfrequenznäherung (13.75) als gestrichelte Gerade dargestellt, deren Gültigkeit sich auf den Rayleigh-Bereich mit $ka \leq 0,5$ beschränkt.

In Bild 13.9 kann man drei Frequenzbereiche unterscheiden.

- Bei Durchmessern, die _klein_ gegen die Wellenlänge sind – im sogenannten **Rayleigh-Bereich** mit $ka \leq 0,5$ – wächst der Radarquerschnitt einer metallischen Kugel nach (13.75) mit der _vierten_ Potenz der Frequenz. In der Radar-Meteorologie zeigen Regentropfen und andere Hydrometeore wie in (13.77) analoges Verhalten.

- Im **Resonanzbereich** mit $0,5 \leq ka \leq 20$ führt die Interferenz zwischen der vom vorderen Spiegelpunkt reflektierten Welle und der um die Kugel herumlaufenden Oberflächenwelle (Kriechwelle) zu resonanzartigen Überhöhungen.

- Eine Kugel, deren Durchmesser _groß_ gegenüber der Wellenlänge ist (**optischer Bereich** mit $ka \geq 20$), besitzt asymptotisch einen frequenzunabhängigen Radarquerschnitt $\sigma \approx \pi a^2$, der gleich ihrer kreisförmigen Projektionsfläche ist.

Das Randwertproblem der Streuung einer ebenen Welle an einer metallischen Kugel wurde von Gustav Mie bereits 1908 exakt gelöst [Mie08, Hul81, Born93, Str07] und führt zu einer analytischen Darstellung ihres monostatischen Radarquerschnitts [Blad07, Swat15]:

$$\frac{\sigma}{\pi a^2} = \frac{1}{(ka)^2} \left| \sum_{m=1}^{\infty} (-1)^m (2m+1) (\underline{a}_m - \underline{b}_m) \right|^2 \tag{13.70}$$

mit den *komplexen* Entwicklungskoeffizienten

$$\underline{a}_m = \frac{ka \, j_{m-1}(ka) - m \, j_m(ka)}{ka \, \underline{h}_{m-1}^{(2)}(ka) - m \, \underline{h}_m^{(2)}(ka)} \quad \text{und} \quad \underline{b}_m = \frac{j_m(ka)}{\underline{h}_m^{(2)}(ka)} . \tag{13.71}$$

Dabei repräsentieren die $\underline{a}_m$ gestreute Kugelwellen vom TM-Typ (E-Wellen) und die $\underline{b}_m$ stehen für gestreute Kugelwellen vom TE-Typ (H-Wellen). Die **sphärischen Zylinderfunktionen** $j_m(x)$ und $n_m(x)$ findet man in Anhang A.6. Aus ihnen folgt die sphärische Hankelfunktion 2. Art $\underline{h}_m^{(2)}(x)$, die mit der Riccati-Hankelfunktion $\hat{\underline{H}}_m^{(2)}(x)$ aus (20.20) verwandt ist:

$$\underline{h}_m^{(2)}(x) = j_m(x) - i \, n_m(x) = \frac{1}{x} \hat{\underline{H}}_m^{(2)}(x) \quad \text{mit} \quad i = \sqrt{-1} . \tag{13.72}$$

Beispielsweise gilt für die niedrigsten Ordnungen:

$$j_0(ka) = \frac{\sin(ka)}{ka} \qquad\qquad \underline{h}_0^{(2)}(ka) = \frac{i}{ka} e^{-i \, ka}$$

$$\text{und} \tag{13.73}$$

$$j_1(ka) = \frac{\sin(ka)}{(ka)^2} - \frac{\cos(ka)}{ka} \qquad \underline{h}_1^{(2)}(ka) = \left(-1 + \frac{i}{ka} \right) \frac{1}{ka} e^{-i \, ka} .$$

Bei *kleinen* Kugelabmessungen mit $D \ll \lambda_0$ ist in der Reihenentwicklung (13.70) nur der *führende* Term mit $m = 1$ von Bedeutung. Mit einer Näherung von (13.73) für *kleine* Argumente $ka \ll 1$ erhalten wir aus (13.71):

$$\underline{a}_1 \approx i \frac{2}{3} (ka)^3 \quad \text{und} \quad \underline{b}_1 \approx -i \frac{1}{3} (ka)^3 . \tag{13.74}$$

Damit folgt aus (13.70) für *niedrige* Frequenzen das f^4 - Gesetz der **Rayleigh-Streuung:**

$$\frac{\sigma}{\pi a^2} \approx 9 \, (ka)^4 \quad \text{(siehe Bild 13.9).} \tag{13.75}$$

Tatsächlich hat die Näherung (13.75) einen Fehler von maximal 4 %, solange $ka \leq 0,428$ also $D \leq \lambda_0 / 7,34$ bleibt. Der Effekt der Rayleigh-Streuung ist nach Lord Rayleigh benannt, der ihn bereits 1871 zur Erklärung der blauen Himmelsfarbe und des roten Sonnenuntergangs bei der Streuung von sichtbarem Sonnenlicht im Bereich 380 nm $\leq \lambda_0 \leq$ 780 nm an den viel kleineren Molekülen der Luft ($D < 0,2$ nm) heranzog [Ray71].

Im **optischen Bereich** gilt hingegen $\sigma \approx \pi a^2$. Durch numerischen Vergleich mit der exakten Lösung (13.70) findet man, dass die optische Näherung ebenfalls einen Fehler von höchstens 4 % aufweist, solange $ka \geq 22,3$ also $D \geq 7,10 \lambda_0$ gilt.

Bei $ka = 1,028$, wenn also der Kugelumfang etwas größer als eine Wellenlänge λ_0 ist, tritt nach Bild 13.9 eine starke **Resonanzüberhöhung** auf. Dort stellt sich mit

$$\sigma_{max} = 3,655 \, \pi a^2 \tag{13.76}$$

der höchste Radarquerschnitt ein, während bei $ka = 1,743$ sich das tiefste lokale Minimum mit $\sigma_{min} = 0,285 \, \pi a^2$ ausbildet, das also um 11 dB niedriger liegt als das Maximum.

Wenn eine Radarantenne einen Sendeimpuls der Dauer τ aussendet, dann nimmt dieser im Raum ein **Impulsvolumen** ein, dessen laterale Ausdehnung durch die Breite der Antennen-hauptkeule gegeben ist. In Längsrichtung hingegen, erstreckt sich das Impulsvolumen über eine Strecke der Länge $c\tau$. Beispielsweise ergibt sich bei $\tau = 0,5\,\mu s$ eine Ausdehnung von $c\tau = 150$ m. Man spricht von einem punktförmigen Radarziel, wenn dessen geometrischen Abmessungen so klein sind, dass es vollständig in das Impulsvolumen des Radargeräts hinein-passt. Zwei gleichzeitig im Impulsvolumen befindliche Ziele können noch als getrennte Echos detektiert werden, sofern ihr gegenseitiger Abstand $\Delta R > c\tau/2$ ist (**Entfernungsauflösung**).

Der gesamte **Radarquerschnitt** σ setzt sich meist aus vielen Teilechos zusammen, die an ver-schiedenen Stellen des Radarziels angeregt werden. An Flächen, Kanten, Ecken, Spitzen oder andere Diskontinuitäten wird das Radarsignal reflektiert, gebeugt oder gestreut. Die einzelnen Echobeiträge können sich konstruktiv oder destruktiv überlagern. Manche Diskontinuitäten werden durch davorliegende Flächen abgeschattet und leisten daher keinen Beitrag.

Somit hängt σ in komplizierter Weise vom Einfallswinkel, der Frequenz und der Polarisation der Radarwelle ab. Darum sind in Tabelle 13.3 nur grobe Richtwerte des monostatischen Ra-darquerschnitts σ verschiedener Punktziele aufgeführt [Skol80]. Die Beleuchtung erfolge mit $1\,GHz < f < 10\,GHz$ jeweils im unteren Mikrowellenbereich. Die Zahlenwertangaben der Tabelle sind also nur als Anhaltspunkt für die Größenordnung von σ zu verstehen. Genauere Frequenzabhängigkeiten werden dabei nicht berücksichtigt.

Tabelle 13.3 Typischer Radarquerschnitt diverser Zielobjekte für Frequenzen $1\,GHz < f < 10\,GHz$

Streukörper	Radarquerschnitt σ/m^2
großes Schiff	100000
Lastkraftwagen	200
Personenkraftwagen	100
Großraumflugzeug	100
Segelboot	10
großes Kampfflugzeug	5 – 6
kleines Kampfflugzeug	2 – 3
Fahrrad	2
Mensch	1
Marschflugkörper	0,5
Vogel	0,01
Tarnkappenflugzeug	0,001
Insekt	0,00001

Anstelle punktförmiger Ziele betrachtet man in der **Radar-Meteorologie** großräumig in der Atmosphäre verteilte wasserhaltige Teilchen. Zu diesen sogenannten Hydrometeoren zählen Eis, Graupel, Hagel, Schnee, Nebel und Regen. Dabei weist Regen eine typische Tröpfchengröße mit Durchmessern im Bereich $0,5 \text{ mm} \leq D \leq 5 \text{ mm}$ auf. Bild 13.9 können wir entnehmen, dass aus dem Radarquerschnitt eines Regentropfens nur im **Rayleigh-Bereich** mit $D \ll \lambda_0$ eindeutig auf dessen Durchmesser D rückgeschlossen werden kann[7]. Die meisten Regenradare arbeiten daher im C-Band um $f = 5,6 \text{ GHz}$, d. h. bei $\lambda_0 = 53,5 \text{ mm}$.

Für den gesamten Radarquerschnitt σ eines **Regenvolumens** V können die Radarquerschnitte σ_i der einzelnen, statistisch verteilten, Regentropfen addiert werden. Mit dem f^4- Gesetz der Rayleigh-Streuung gilt dann folgende empirisch gewonnene Abschätzung [King92]:

$$\frac{\sigma}{\text{m}^2} = \sum_i \frac{\sigma_i}{\text{m}^2} = 7,2 \cdot 10^{-12} \cdot \left(\frac{f}{\text{GHz}} \right)^4 \cdot \left(\frac{r_R}{\text{mm/h}} \right)^{1,6} \cdot \frac{V}{\text{m}^3} \; . \tag{13.77}$$

Dabei ist r_R die Regenrate (Niederschlagsmenge in mm/h), die mit der Tröpfchengröße korreliert und V ist das Volumen der *innerhalb* des Radarstrahls gelegenen Regenzelle. Da V praktisch gleich dem Impulsvolumen des Radarstrahls ist, kann aus dem Radarecho auf die Regenrate rückgeschlossen werden. Aus Doppler- und Laufzeitmessungen gewinnt man außerdem Informationen über Windgeschwindigkeiten und die räumliche Verteilung der Niederschläge.

Übung 13.5: Radarquerschnitt einer Regenzelle

Der Radarquerschnitt einer *würfelförmigen* Regenzelle mit einer Kantenlänge von 150 m soll berechnet werden. Die Radarfrequenz betrage $f = 5,6 \text{ GHz}$ und die Regenrate soll mit $r_R = 2 \text{ mm/h}$ angenommen werden (leichter Regen).

● **Lösung:**

Mit (13.77) erhält man den Radarquerschnitt des Streuvolumens:

$$\sigma = 7,2 \cdot 10^{-12} \cdot 5,6^4 \cdot 2^{1,6} \cdot 150^3 \text{ m}^2 = 0,072 \text{ m}^2 \; . \tag{13.78}$$

Welche Werte ergeben sich für $r_R = 6 \text{ mm/h}$ (mäßiger Regen) und $r_R = 20 \text{ mm/h}$ (starker Regen)?

$$\sigma = 3^{1,6} \cdot 0,072 \text{ m}^2 = 0,42 \text{ m}^2 \tag{13.79}$$

bzw.

$$\sigma = 10^{1,6} \cdot 0,072 \text{ m}^2 = 2,9 \text{ m}^2 \; . \quad \square \tag{13.80}$$

Das Beispiel zeigt, dass die Rückstreuung an starkem Regen in der Größenordnung des Radarquerschnitts eines kleineren Flugzieles liegen kann – unter Umständen auch deutlich darüber. Die Echos relevanter Ziele, die sich innerhalb einer Regenzelle befinden, werden dadurch mit Störungen überlagert und maskiert (s. Aufgabe 13.4.3). Außerdem erleidet das Zielecho eine Absorptionsdämpfung innerhalb des Regengebietes, was seine Detektion zusätzlich erschwert.

---

[7] Fallende Regentropfen sind zwar nicht kugelförmig, weil sie wegen des Luftkissens auf ihrer Unterseite einen konkaven Einzug aufweisen. Dennoch stellt sich auch hier ein monotoner Anstieg des Radarquerschnitts mit zunehmender Tröpfchengröße ein, sofern man weiterhin im Rayleigh-Bereich bleibt.

13.4 Aufgaben

13.4.1 Ein Radarsender bestehe aus 16 Sendemodulen, deren Teilleistungen zur gesamten Sendeleistung P_S kombiniert werden. Wie stark reduziert sich die Leistungsreichweite, wenn eines oder zwei der Sendemodule durch einen Fehler ausfallen sollte?
Wie viele Sendemodule müssten ausfallen, dass die Leistungsreichweite auf die Hälfte ihres Nominalwerts abfällt?

13.4.2 Mit einer doppelt so hohen Sendeleistung ($P_S \to 2P_S$) erhöht sich nach (13.62) die Leistungsreichreichweite auf $\sqrt[4]{2} = 119\,\%$ des Ausgangswerts. Den gleichen Effekt kann man bei unveränderter Sendeleistung P_S auch durch Verwendung einer größeren Radarantenne erreichen. Um wie viel müsste dazu der Radius a der Radarantenne größer gewählt werden? Gehen sie von einer rotationssymmetrischen Parabolantenne aus. Welche der beiden Lösungen verursacht die geringeren Kosten?

13.4.3 Um Witterungseinflüsse zu minimieren, arbeitet ein Großrundsichtradar zur Luftverkehrsüberwachung im L-Band bei $f = 1,3\,\text{GHz}$. Finden Sie analog zu Übung 13.5 den Radarquerschnitt einer würfelförmigen Regenzelle des Volumens $V = 150^3\,\text{m}^3$ mit leichtem, mäßigem und starkem Regen.

Lösungen:

13.4.1 Weil die Leistungsreichweite nach (13.62) proportional zur _vierten_ Wurzel der Sendeleistung ist, kann der Ausfall weniger Sendemodule noch gut verkraftet werden:

$$\frac{R_{\max}(15)}{R_{\max}(16)} = \sqrt[4]{1 - \frac{1}{16}} = 0,984 \quad \text{sowie} \quad \frac{R_{\max}(14)}{R_{\max}(16)} = \sqrt[4]{1 - \frac{2}{16}} = 0,967\,.$$

Sollten aber 15 Sendemodule ausfallen, dann gilt:

$$\frac{R_{\max}(1)}{R_{\max}(16)} = \sqrt[4]{1 - \frac{15}{16}} = 0,5\,.$$

13.4.2 Nach (13.62) muss sich das Quadrat der Wirkfläche verdoppeln. Die Wirkfläche selbst

$$A_W = q\,A_{\text{geo}} = q\,\pi a^2$$

braucht also nur um den Faktor $\sqrt{2}$ größer werden. Das ist dann der Fall, wenn der neue Radius wie $\sqrt[4]{2}\,a = 1,19\,a$ gewählt wird. Da die Herstellungskosten einer Reflektorantenne in guter Näherung mit der dritten Potenz ihres Radius anwachsen, muss man bei Verwendung der größeren Antenne mit

$$(\sqrt[4]{2})^3 = 1,68$$

mal so hohen Kosten rechnen. Die Kostensteigerung beträgt also nur 68 %, während eine Verdopplung der Sendeleistung mindestens 100 % Mehrkosten erfordern würde. Allerdings berücksichtigt unsere Rechnung nicht, dass eine größere Antenne auch längere Zuleitungen benötigt, wodurch ein Teil des Reichweitengewinns durch höhere Leitungsverluste wieder verloren geht.

13.4.3 $\sigma_{\text{leicht}} = 0,00021\,\text{m}^2$, $\sigma_{\text{mäßig}} = 0,0012\,\text{m}^2$ und $\sigma_{\text{stark}} = 0,0084\,\text{m}^2$. Diese Werte sind $(5,6/1,3)^4 = 344$ mal kleiner als beim C-Band-Radar aus Übung 13.5, wodurch die Störungen durch Regen-Clutter im L-Band um $10\lg 344 = 25,4\,\text{dB}$ geringer ausfallen.

14 Grundbegriffe von Strahlungsfeldern

Die strenge Behandlung von Antennenproblemen ist nur in wenigen Ausnahmefällen durchführbar, denen praktisch nur eingeschränkte Bedeutung zukommt. Ansonsten ist man auf Näherungsverfahren angewiesen, die von Fall zu Fall verschieden sind und sich einer einheitlichen systematischen Behandlung entziehen. Aus einer großen Vielzahl von gebräuchlichen Methoden wird in Tabelle 14.1 eine Auswahl analytisch exakter und genäherter Verfahren zur Berechnung elektromagnetischer Felder zusammengestellt (siehe z. B. [Stra93]).

Tabelle 14.1 Einige ausgewählte Verfahren zur Berechnung elektromagnetischer Felder

Analytische Methoden	**Numerische Methoden**
Spiegelungsverfahren	Finite Differenzen
Konforme Abbildung	Finite Elemente (Variationsverfahren)
Skalare Potenzialtheorie für Quellenfelder	Finite Integrationstechnik
Vektorpotenzial für Wirbelfelder	Integralgleichungsmethode
Hertzscher Vektor	Spektralbereichsmethode
Orthogonalentwicklung (Eigenwellen)	Momentenmethode
Geometrische Beugungstheorie	Methode der Geraden

Zur Berechnung von Antennenstrahlungsfeldern wird meist von den Strömen auf der Antennenoberfläche ausgegangen. Dabei bewegen sich die Leitungselektronen mit $\beta = v/c_0 \ll 1$ so langsam, dass relativistische Effekte wie in Kapitel 11 vernachlässigbar sind. Nach dem **Eindeutigkeitssatz** ist das Strahlungsfeld durch seine **Randbedingungen** bereits festgelegt [Har61]. In wenigen Sonderfällen sind die **Oberflächenströme** bekannt oder können auf einfache Weise berechnet werden. Man könnte sie mit numerischen Verfahren aufwändig bestimmen, doch genügen in der Praxis meist einfache Stromnäherungen $\underline{\mathbf{J}}$, deren Ungenauigkeiten in den Strahlungsintegralen zur Berechnung der Felder $\underline{\mathbf{E}}$ und $\underline{\mathbf{H}}$ wieder geglättet werden.

14.1 Grundgleichungen

Bei harmonischer Zeitabhängigkeit lauten die Maxwellschen Gleichungen im Frequenzbereich:

$$\begin{aligned} \operatorname{rot} \underline{\mathbf{H}} &= j\omega\varepsilon\underline{\mathbf{E}} + \underline{\mathbf{J}} \\ \operatorname{rot} \underline{\mathbf{E}} &= -j\omega\mu\underline{\mathbf{H}} \end{aligned} \quad \text{(im verlustfreien Fall mit } \kappa = 0\text{).} \tag{14.1}$$

Die ortsabhängigen Feldstärken $\underline{\mathbf{E}}$ und $\underline{\mathbf{H}}$ werden als komplexe Amplituden oder Phasoren bezeichnet, die in Anlehnung an die komplexe Wechselstromrechnung aus Amplitude und Nullphasenwinkel der zugehörigen reellen Schwingung gebildet werden. Ihr komplexer Charakter soll durch Unterstreichen zum Ausdruck gebracht werden. Mit $\mathbf{r}$ als Ortsvektor zum betrachteten Raumpunkt erhält man die entsprechenden reellen Größen im Zeitbereich aus:

$$\begin{aligned} \mathbf{E}(\mathbf{r}, t) &= \operatorname{Re}\left\{\underline{\mathbf{E}}(\mathbf{r}, \omega)\, e^{j\omega t}\right\} = \operatorname{Re}\left\{\underline{\mathbf{E}}(\mathbf{r}, \omega)\right\}\cos\omega t - \operatorname{Im}\left\{\underline{\mathbf{E}}(\mathbf{r}, \omega)\right\}\sin\omega t \\ \mathbf{H}(\mathbf{r}, t) &= \operatorname{Re}\left\{\underline{\mathbf{H}}(\mathbf{r}, \omega)\, e^{j\omega t}\right\} = \operatorname{Re}\left\{\underline{\mathbf{H}}(\mathbf{r}, \omega)\right\}\cos\omega t - \operatorname{Im}\left\{\underline{\mathbf{H}}(\mathbf{r}, \omega)\right\}\sin\omega t\,. \end{aligned} \tag{14.2}$$

© Springer Fachmedien Wiesbaden GmbH, ein Teil von Springer Nature 2022
K. W. Kark, *Antennen und Strahlungsfelder*,
https://doi.org/10.1007/978-3-658-38595-8_14

Die komplexen Vektoren $\underline{E}(r, \omega)$ und $\underline{H}(r, \omega)$ haben im Allgemeinen drei Feldkomponenten. Jeder dieser drei Raumkomponenten wird ein Zeiger in der komplexen Ebene zugeordnet.

In den meisten Fällen sind wir an der Abstrahlung einer stromführenden Antenne in den freien Raum interessiert, den wir als raumladungsfreies Vakuum mit $\varepsilon = \varepsilon_0$, $\mu = \mu_0$ und $\kappa = 0$ annehmen dürfen. Bei der elektrischen Stromdichte kann es sich dann nach (3.47) nur noch um eine eingeprägte Quellstromdichte $\underline{J} = \underline{J}_E$ handeln, wobei wir der Einfachheit halber auf den Index verzichten wollen. Diese Stromdichte stellt eine von allen Feldkräften unabhängige – äußerlich durch einen Generator erzwungene – Bewegung von elektrischen Ladungsträgern dar. Sie bildet also in den Maxwellschen Gleichungen ein inhomogenes Glied und stellt die Ursache oder Quelle elektromagnetischer Felder dar. Neben der elektrischen Stromdichte $\underline{J}$ wollen wir auch noch eine magnetische Stromdichte $\underline{M}$ einführen, die allerdings keine physikalische Realität besitzt, da es keine magnetischen Elementarladungen der Raumladungsdichte ρ_M gibt (div $\underline{B} = \rho_M = 0$). Zunächst ist $\underline{M}$ nur eine fiktive Hilfsgröße mit $[M] = V/m^2$, mit der sich aber die Behandlung vieler Probleme vereinfachen lässt. Vorläufig können wir die Einführung von $\underline{M}$ nur mit der **Symmetrie** rechtfertigen (die bereits Pierre Curie[1] aufgefallen war), welche die Feldgleichungen mit ihr annehmen (siehe hierzu auch Abschnitt 14.6):

$$\boxed{\operatorname{rot} \underline{H} = j\omega\varepsilon\underline{E} + \underline{J}} \quad \text{und} \quad \boxed{-\operatorname{rot}\underline{E} = j\omega\mu\underline{H} + \underline{M}} . \tag{14.3}$$

Durch gegenseitiges Einsetzen wollen wir in Übung 14.1 die inhomogenen Maxwellschen Gleichungen voneinander entkoppeln. In Kapitel 3 sind wir ähnlich vorgegangen. Dort hatten wir allerdings nur den quellenfreien Fall mit $\underline{J} = \underline{M} = 0$ betrachtet. Jetzt wollen wir das damalige Ergebnis (3.87) verallgemeinern.

Übung 14.1: Inhomogene vektorielle Helmholtz-Gleichungen

- Entkoppeln Sie das System (14.3) gekoppelter partieller Differenzialgleichungen erster Ordnung durch gegenseitiges Einsetzen und leiten Sie dadurch zwei Differenzialgleichungen von jeweils zweiter Ordnung für die Phasoren $\underline{E}$ und $\underline{H}$ her. Setzen Sie homogene Medien voraus, d. h. ε und μ sollen ortsunabhängig sein.

- **Lösung:**

  Zunächst bildet man die Rotation der ersten Gleichung

$$\operatorname{rot}\operatorname{rot}\underline{H} = j\omega\,\varepsilon\operatorname{rot}\underline{E} + \operatorname{rot}\underline{J} , \tag{14.4}$$

löst nach dem Term $\operatorname{rot}\underline{E}$ auf

$$\operatorname{rot}\underline{E} = \frac{1}{j\omega\varepsilon}\left(\operatorname{rot}\operatorname{rot}\underline{H} - \operatorname{rot}\underline{J}\right) \tag{14.5}$$

und setzt ihn in die zweite Gleichung ein:

$$-\frac{1}{j\omega\varepsilon}\left(\operatorname{rot}\operatorname{rot}\underline{H} - \operatorname{rot}\underline{J}\right) = j\omega\mu\,\underline{H} + \underline{M} . \tag{14.6}$$

Mit Hilfe der vektoranalytischen Beziehung $\operatorname{rot}\operatorname{rot}\underline{H} = \operatorname{grad}\operatorname{div}\underline{H} - \nabla^2\underline{H}$ erhält man:

---

[1] Pierre **Curie** (1859-1906): frz. Physiker (Kristallographie, Piezoelektrizität, Symmetriebetrachtungen, Magnetismus, Nobelpreis f. Physik 1903 zur Untersuchung radioaktiver Strahlungsphänomene)

$$-\frac{1}{j\,\omega\,\varepsilon}\left(\mathrm{grad\ div}\,\underline{\mathbf{H}}-\nabla^2\underline{\mathbf{H}}-\mathrm{rot}\,\underline{\mathbf{J}}\right)=j\,\omega\,\mu\,\underline{\mathbf{H}}+\underline{\mathbf{M}}\ . \tag{14.7}$$

Aus der zweiten Maxwellschen Gleichung folgt nun durch Bildung der Divergenz:

$$-\mathrm{div\ rot}\,\underline{\mathbf{E}}=j\,\omega\,\mu\,\mathrm{div}\,\underline{\mathbf{H}}+\mathrm{div}\,\underline{\mathbf{M}}\overset{!}{=}0 \tag{14.8}$$

und damit $\mathrm{div}\,\underline{\mathbf{H}}=-\dfrac{1}{j\,\omega\,\mu}\,\mathrm{div}\,\underline{\mathbf{M}}$, womit wir erhalten:

$$-\frac{1}{j\,\omega\,\varepsilon}\left(-\frac{1}{j\,\omega\,\mu}\,\mathrm{grad\ div}\,\underline{\mathbf{M}}-\nabla^2\underline{\mathbf{H}}-\mathrm{rot}\,\underline{\mathbf{J}}\right)=j\,\omega\,\mu\,\underline{\mathbf{H}}+\underline{\mathbf{M}}\ . \tag{14.9}$$

Mit $k^2=\omega^2\,\mu\,\varepsilon$ findet man schließlich die **vektorielle inhomogene Helmholtz-Gleichung** für den Phasor $\underline{\mathbf{H}}$:

$$\nabla^2\underline{\mathbf{H}}+k^2\underline{\mathbf{H}}=-\mathrm{rot}\,\underline{\mathbf{J}}-\frac{1}{j\,\omega\,\mu}\left(\mathrm{grad\ div}\,\underline{\mathbf{M}}+k^2\underline{\mathbf{M}}\right). \tag{14.10}$$

Mit Hilfe der Kontinuitätsgleichung $\mathrm{div}\,\underline{\mathbf{M}}=-j\,\omega\,\underline{\rho}_M$ kann man noch die magnetische Raumladungsdichte $\underline{\rho}_M$ einführen und erhält:

$$\boxed{\nabla^2\underline{\mathbf{H}}+k^2\underline{\mathbf{H}}=-\mathrm{rot}\,\underline{\mathbf{J}}+j\,\omega\,\varepsilon\,\underline{\mathbf{M}}+\frac{1}{\mu}\,\mathrm{grad}\,\underline{\rho}_M}\ . \tag{14.11}$$

Auf die gleiche Art und Weise kann man auch eine **vektorielle inhomogene Helmholtz-Gleichung** für den Phasor $\underline{\mathbf{E}}$ herleiten. Wir wollen hier nur das Ergebnis angeben:

$$\boxed{\nabla^2\underline{\mathbf{E}}+k^2\underline{\mathbf{E}}=\mathrm{rot}\,\underline{\mathbf{M}}+j\,\omega\,\mu\,\underline{\mathbf{J}}+\frac{1}{\varepsilon}\,\mathrm{grad}\,\underline{\rho}}\ . \tag{14.12}$$

Diese beiden Gleichungen beschreiben elektromagnetische Wellen, deren Quellen (Sender) durch die Strom-Ladungs-Verteilungen der inhomogenen rechten Seiten gegeben sind. Im ladungs- und stromfreien Raum erhält man wieder die homogenen Helmholtz-Gleichungen aus Abschnitt 3.4:

$$\begin{aligned}\nabla^2\underline{\mathbf{H}}+k^2\underline{\mathbf{H}}=0\\[4pt]\nabla^2\underline{\mathbf{E}}+k^2\underline{\mathbf{E}}=0\ .\end{aligned} \qquad\qquad\Box \tag{14.13}$$

Die vorangegangene Übungsaufgabe macht deutlich, dass die direkte Lösung der Maxwellschen Gleichung durch gegenseitige Entkopplung nur durch die Behandlung sehr aufwändiger Differenzialgleichungen möglich ist. Große Schwierigkeiten bei der Integration der inhomogenen Differenzialgleichungen bereiten vor allem die komplizierten rechten Seiten, die die Quellen der Felder darstellen. Die genannten Probleme haben dazu geführt, dass man nach einfacheren Verfahren zur Lösung der Maxwellschen Gleichungen gesucht hat.

14.2 Potenziallösung der Feldgleichungen

Eine elegante und weit verbreitete Möglichkeit zur Lösung der Feldgleichungen besteht darin, die gesuchten Felder aus **Potenzialfunktionen** abzuleiten. Man bestimmt so zunächst eine

Hilfsgröße, aus der man im nächsten Schritt durch einfache Differenziationen die Feldstärken gewinnt. Das Verfahren ist in Bild 14.1 anschaulich skizziert.

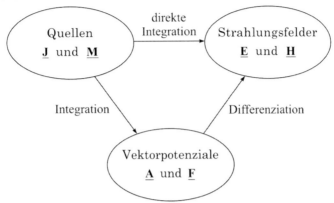

Bild 14.1 Schwierige direkte Lösung der Helmholtz-Gleichungen (14.11) und (14.12) und schnellerer Weg durch Einführung von Vektorpotenzialen

Dieser scheinbare „Umweg" ist dennoch meist der schnellere, weil man die Potenziale aus einfacheren Differenzialgleichungen bestimmen kann als dies bei den Feldern möglich ist (siehe Abschnitt 14.1).

- Wir wollen stets *homogene* Medien voraussetzen, d. h. ε und μ sollen ortsunabhängig sein.

- Des Weiteren wollen wir nur *verlustlose* und *raumladungsfreie* Gebiete mit verschwinden-der elektrischer und magnetischer Raumladung betrachten, d. h. es soll gelten:

$$\boxed{\kappa = 0} \quad \text{sowie} \quad \boxed{\underline{\rho} = 0 \text{ und } \underline{\rho}_M = 0}. \tag{14.14}$$

14.2.1 Magnetisches Vektorpotenzial

- Zunächst nehmen wir an, dass nur **elektrische** Stromdichten $\underline{J}$ eingeprägt sind, also überall $\underline{M} = 0$ gilt. Dann lauten die Feldgleichungen:

$$\text{rot}\,\underline{H} = j\,\omega\,\varepsilon\,\underline{E} + \underline{J} \quad \text{und} \quad \text{rot}\,\underline{E} = -j\,\omega\,\mu\,\underline{H}. \tag{14.15}$$

Bildet man die Divergenz der zweiten Gleichung, so folgt wegen der Identität $\text{div rot}\,\underline{E} = 0$, sofort auch $\text{div}\,\underline{H} = 0$, da wegen $\underline{\rho}_M = 0$ das Magnetfeld quellenfrei sein muss. Nun lassen sich *quellenfreie* Vektorfelder immer als *Wirbel* anderer Vektorfelder darstellen. Da auch stets $\text{div rot}\,\underline{A} = 0$ gilt, kann man also $\underline{H}$ aus einem noch unbekannten Vektorfeld $\underline{A}$ gemäß

$$\boxed{\underline{H} = \text{rot}\,\underline{A}} \tag{14.16}$$

ableiten. Die zweite Maxwellsche Gleichung kann dann auch so formuliert werden:

$$\text{rot}\left(\underline{E} + j\,\omega\,\mu\,\underline{A}\right) = 0 \quad \Rightarrow \quad \boxed{\underline{E} = -\text{grad}\,\Phi - j\,\omega\,\mu\,\underline{A}}, \tag{14.17}$$

weil für jede skalare Potenzialfunktion Φ stets $\text{rot grad}\,\Phi = 0$ gilt. Die Ursachen der elektrischen Feldstärke sind nämlich ruhende Ladungen *und* zeitlich veränderliche Ströme – erstere werden durch ein **Skalarpotenzial** Φ und letztere durch ein **Vektorpotenzial** $\underline{A}$ beschrieben. Durch Einsetzen von (14.16) und (14.17) in die erste Maxwellsche Gleichung erhalten wir:

$$\text{rot rot}\,\underline{\mathbf{A}} = -j\,\omega\,\varepsilon\left(j\,\omega\,\mu\,\underline{\mathbf{A}}+\text{grad }\Phi\right)+\underline{\mathbf{J}}\,, \tag{14.18}$$

was wir mit Hilfe der Beziehung rot rot $\underline{\mathbf{A}}$ = grad div $\underline{\mathbf{A}} - \nabla^2\underline{\mathbf{A}}$ noch umformen können:

$$\nabla^2\underline{\mathbf{A}}+k^2\underline{\mathbf{A}}-\text{grad}\left(\text{div}\,\underline{\mathbf{A}}+j\,\omega\,\varepsilon\,\Phi\right)=-\underline{\mathbf{J}}\,. \tag{14.19}$$

Das Helmholtzsche Theorem (Abschnitt 2.2.5) besagt, dass ein Vektorfeld durch Angabe seiner Quellen und Wirbel vollständig bestimmt ist. Bisher hatten wir mit $\underline{\mathbf{H}}$ = rot$\underline{\mathbf{A}}$ nur die Wirbel von $\underline{\mathbf{A}}$ festgelegt – über die Quellen können wir noch frei verfügen. Mit der **Lorenz-Eichung**[2] tun wir dies in der Absicht, dass (14.19) eine möglichst einfache Gestalt annimmt [Col92]:

$$\boxed{\text{div}\,\underline{\mathbf{A}}+j\,\omega\,\varepsilon\,\Phi=0}\quad\Rightarrow\quad\boxed{\nabla^2\underline{\mathbf{A}}+k^2\underline{\mathbf{A}}=-\underline{\mathbf{J}}}\,. \tag{14.20}$$

Nach dieser Festlegung können beide Feldstärken aus dem Vektorpotenzial bestimmt werden:

$$\boxed{\underline{\mathbf{H}}=\text{rot}\,\underline{\mathbf{A}}}\quad\text{und}\quad\boxed{\underline{\mathbf{E}}=\frac{1}{j\,\omega\,\varepsilon}\left(\text{grad div}\,\underline{\mathbf{A}}+k^2\underline{\mathbf{A}}\right)}\,. \tag{14.21}$$

Weil sich die Phasoren $\underline{\mathbf{H}}$ und $\underline{\mathbf{E}}$ durch Differenzieren aus dem Vektor $\underline{\mathbf{A}}$ ergeben, heißt $\underline{\mathbf{A}}$ Vektorpotenzial und weil sich dabei direkt das magnetische Feld ergibt, wird $\underline{\mathbf{A}}$ **magnetisches Vektorpotenzial** genannt. Es hat die Dimension eines elektrischen Stromes – also Ampère. Das magnetische Vektorpotenzial $\underline{\mathbf{A}}$ wird durch den eingeprägten Quellstrom der Dichteverteilung $\underline{\mathbf{J}}$ vollständig bestimmt. Dazu muss die Differenzialgleichung (14.20) für $\underline{\mathbf{A}}$ erfüllt sein. Ihre <u>allgemeine</u> Lösung erhält man aus der Superposition einer Partikulärlösung der inhomogenen Gleichung und der allgemeinen Lösung der homogenen Gleichung. Eine mögliche Partikulärlösung der inhomogenen Differenzialgleichung $\nabla^2\underline{\mathbf{A}}+k^2\underline{\mathbf{A}}=-\underline{\mathbf{J}}$ für eine beliebige Stromdichteverteilung $\underline{\mathbf{J}}(\mathbf{r}')$ ist durch folgendes **Faltungsintegral** gegeben [Jeli87, Krö90, Leu05]:

$$\boxed{\underline{\mathbf{A}}(\mathbf{r})=\frac{1}{4\,\pi}\iiint\limits_{V'}\underline{\mathbf{J}}(\mathbf{r}')\frac{e^{-j\,k\,|\mathbf{r}-\mathbf{r}'|}}{|\mathbf{r}-\mathbf{r}'|}\,dV'=\underline{\mathbf{J}}(\mathbf{r})*\frac{e^{-j\,k\,|\mathbf{r}|}}{4\,\pi\,|\mathbf{r}|}}\,. \tag{14.22}$$

Es muss dabei – wie in Bild 14.2 – über alle Volumenbereiche V' mit Quellen integriert werden; Integrationsvariable ist dabei der Ortsvektor $\mathbf{r}'$ zum Quellpunkt Q. Ferner ist $\mathbf{r}$ der Ortsvektor zum betrachteten Aufpunkt P. Der Abstand zwischen Quellpunkt und Aufpunkt wird mit $R=|\mathbf{r}-\mathbf{r}'|$ bezeichnet. Die Wellenzahl wird mit $k=2\,\pi/\lambda=\omega\,\sqrt{\mu\,\varepsilon}$ abgekürzt.

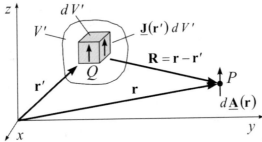

Bild 14.2 Integration (14.22) über alle Gebiete mit Quellströmen $\underline{\mathbf{J}}(\mathbf{r}')$ führt zum Vektorpotenzial in P

---

2 Ludvig **Lorenz** (1829-1891): dän. Physiker (Licht- und Beugungstheorie, Lorenz-Mie-Streuung an einer Kugel, Lorenz-Eichung). L. Lorenz wird häufig mit dem niederld. Physiker H.A. Lorentz verwechselt [Jac02], weshalb in vielen Lehrbüchern **irrtümlich** von **Lorentz-Eichung** gesprochen wird.

Das Vektorpotenzial $d\underline{\mathbf{A}}$ jedes Stromelementes $\underline{\mathbf{J}}(\mathbf{r}')dV'$ hat überall im Raum die Richtung der Stromdichte $\underline{\mathbf{J}}$ am Ort $\mathbf{r}'$. Nur die <u>kartesischen</u> Komponenten eines Vektors haben überall im Raum dieselbe Richtung. Zur einfachen Integralberechnung sollte die Quellenverteilung $\underline{\mathbf{J}}(\mathbf{r}') = \underline{J}_x(\mathbf{r}')\mathbf{e}_x + \underline{J}_y(\mathbf{r}')\mathbf{e}_y + \underline{J}_z(\mathbf{r}')\mathbf{e}_z$ daher in kartesischen Komponenten gegeben sein. Dadurch erhält man das Vektorpotenzial zunächst auch in kartesischen Komponenten $\underline{\mathbf{A}}(\mathbf{r}) = \underline{A}_x(\mathbf{r})\mathbf{e}_x + \underline{A}_y(\mathbf{r})\mathbf{e}_y + \underline{A}_z(\mathbf{r})\mathbf{e}_z$, die man dann in andere Koordinatensysteme – z. B. in Kugelkoordinaten – umrechnen kann.

Den Quotienten in der Integraldarstellung (14.22) des Vektorpotenzials

$$\underline{G}(\mathbf{r},\mathbf{r}') = \frac{e^{-jk|\mathbf{r}-\mathbf{r}'|}}{4\pi|\mathbf{r}-\mathbf{r}'|} = \frac{e^{-jkR}}{4\pi R} \tag{14.23}$$

nennt man die **skalare Greensche Funktion** des dreidimensionalen freien Raumes, bei dem keine Randbedingungen im Endlichen zu beachten sind. Man kann also abgekürzt schreiben:

$$\underline{\mathbf{A}}(\mathbf{r}) = \iiint\limits_{V'} \underline{\mathbf{J}}(\mathbf{r}')\underline{G}(\mathbf{r},\mathbf{r}')dV' \tag{14.24}$$

oder dargestellt in kartesischen Komponenten:

$$\begin{aligned}\underline{\mathbf{A}}(\mathbf{r}) = \ &\mathbf{e}_x \iiint\limits_{V'} \underline{J}_x(\mathbf{r}')\underline{G}(\mathbf{r},\mathbf{r}')dV' + \\ &+ \mathbf{e}_y \iiint\limits_{V'} \underline{J}_y(\mathbf{r}')\underline{G}(\mathbf{r},\mathbf{r}')dV' + \\ &+ \mathbf{e}_z \iiint\limits_{V'} \underline{J}_z(\mathbf{r}')\underline{G}(\mathbf{r},\mathbf{r}')dV'.\end{aligned} \tag{14.25}$$

Dabei beschreibt $\underline{\mathbf{J}}(\mathbf{r}')$ die Stromdichteverteilung der eingeprägten Quellströme und die Greensche Funktion $\underline{G}(\mathbf{r},\mathbf{r}')$ gibt die Struktur des dreidimensionalen freien Raumes wieder. Man hat es hier – wie auch zu erwarten war – mit einer kugelförmigen Wellenausbreitung zu tun, d. h. von jedem Quellpunkt Q breitet sich radial nach außen gerichtet eine neue Elementarwelle aus. Die jeweilige Ausbreitungsrichtung ist durch folgenden Einheitsvektor gegeben:

$$\mathbf{e}_R = \frac{\mathbf{R}}{R} = \frac{\mathbf{r}-\mathbf{r}'}{|\mathbf{r}-\mathbf{r}'|}. \tag{14.26}$$

Physikalische Interpretation:

Die Wirkung jedes Stromelementes $\underline{\mathbf{J}}(\mathbf{r}')$ nimmt nach (14.22) umgekehrt proportional zum Abstand $R = |\mathbf{r}-\mathbf{r}'|$ ab und ist entsprechend dem Phasenfaktor im Exponenten der Exponentialfunktion um die Laufzeit $\tau = R/c$ aufgrund der endlichen Lichtgeschwindigkeit $c = 1/\sqrt{\mu\varepsilon}$ verzögert. Man bezeichnet deshalb das Vektorpotenzial $\underline{\mathbf{A}}(\mathbf{r})$ auch als **retardiertes Potenzial,** aus dem man durch Differenziation – wie oben gezeigt wurde – wieder die Feldstärken $\underline{\mathbf{E}}$ und $\underline{\mathbf{H}}$ ableiten kann. Man beachte dabei, dass nicht etwa die Felder, sondern das Vektorpotenzial retardiert werden muss! Eine zweite mögliche Lösung von (14.20) wird **avanciertes Potenzial** genannt und unterscheidet sich von (14.22) durch ein anderes Vorzeichen im Exponenten. Diese Lösung ist auszuschließen, da sie gegen das Kausalitätsprinzip verstößt. Die Phase muss stets nacheilend – also negativ – sein, denn niemals erscheint die Wirkung vor der Ursache.

Zum besseren Verständnis der mathematischen Theorie wollen wir das magnetische Vektorpotenzial **A** und die Magnetfeldstärke **H** in der Umgebung eines linienförmigen Gleichstroms bestimmen.

Übung 14.2: Geradliniger Stromfaden

- Gegeben sei in Bild 14.3 ein zunächst unendlich langer $(z_1 \to -\infty$ und $z_2 \to \infty)$ leitender Draht mit verschwindenden Querabmessungen (Dicke sei null).

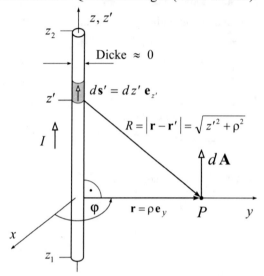

Bild 14.3 Gleichstromführender, geradliniger Stromfaden verschwindender Dicke

- Der Draht werde von einem Gleichstrom I in positiver z-Richtung durchflossen. Bestimmen Sie das magnetische Vektorpotenzial **A** und alle Feldkomponenten auf der y-Achse.

- **Lösung:**

Für Gleichstrom einerseits $(k = \omega/c = 0)$ und eine linienhafte Stromdichteverteilung andererseits, d. h. $\underline{\mathbf{J}}(\mathbf{r}')\,dV' = I\,d\mathbf{s}'$, kann man die allgemeine Formel für das Vektorpotenzial

$$\underline{\mathbf{A}}(\mathbf{r}) = \frac{1}{4\pi} \iiint\limits_{V'} \underline{\mathbf{J}}(\mathbf{r}') \frac{e^{-jk|\mathbf{r}-\mathbf{r}'|}}{|\mathbf{r}-\mathbf{r}'|}\,dV' \qquad (14.27)$$

vereinfachen und erhält:

$$\boxed{\mathbf{A}(\mathbf{r}) = \frac{I}{4\pi} \int\limits_{C'} \frac{d\mathbf{s}'}{|\mathbf{r}-\mathbf{r}'|}}, \qquad (14.28)$$

wobei entlang des linienförmigen Leiters C' zu integrieren ist. Mit $\mathbf{H} = \mathrm{rot}\,\mathbf{A}$ folgt daraus:

$$\mathbf{H}(\mathbf{r}) = \frac{I}{4\pi}\,\mathrm{rot} \int\limits_{C'} \frac{d\mathbf{s}'}{|\mathbf{r}-\mathbf{r}'|} = \frac{I}{4\pi} \int\limits_{C'} \mathrm{rot}\left(\frac{1}{|\mathbf{r}-\mathbf{r}'|}\,d\mathbf{s}'\right). \qquad (14.29)$$

Benutzt man zur Umformung die bekannte vektoranalytische Beziehung

$$\mathrm{rot}(a\,\mathbf{b}) = a\,\mathrm{rot}\,\mathbf{b} - \mathbf{b} \times \mathrm{grad}\,a \qquad (14.30)$$

und beachtet dabei, dass die Operation rot nur auf die <u>ungestrichenen</u> Koordinaten wirkt, so ergibt sich:

$$\mathbf{H}(\mathbf{r}) = -\frac{I}{4\pi} \int_{C'} d\mathbf{s}' \times \operatorname{grad} \frac{1}{|\mathbf{r}-\mathbf{r}'|} = \frac{I}{4\pi} \int_{C'} \left(\frac{-1}{|\mathbf{r}-\mathbf{r}'|^2} \operatorname{grad} |\mathbf{r}-\mathbf{r}'| \right) \times d\mathbf{s}' . \tag{14.31}$$

Mit $\operatorname{grad} |\mathbf{r}-\mathbf{r}'| = \mathbf{e}_R \dfrac{d}{dR} R = \mathbf{e}_R = \dfrac{\mathbf{R}}{R} = \dfrac{\mathbf{r}-\mathbf{r}'}{|\mathbf{r}-\mathbf{r}'|}$ folgt schließlich:

$$\boxed{ \mathbf{H}(\mathbf{r}) = \frac{-I}{4\pi} \int_{C'} \frac{(\mathbf{r}-\mathbf{r}') \times d\mathbf{s}'}{|\mathbf{r}-\mathbf{r}'|^3} . } \tag{14.32}$$

Diese Beziehung ist unter der Bezeichnung **Biot-Savartsches Gesetz**[3] bekannt und wurde bereits im Jahre 1820 auf experimentellem Wege gefunden. Das Gesetz beschreibt auf exakte Weise das stationäre Magnetfeld in der Umgebung eines <u>Gleichstroms</u>. Wir würden allerdings falsche Ergebnisse erhalten, wenn wir das statische Biot-Savartsche Gesetz dadurch für <u>Wechselströme</u> verallgemeinern wollten, dass wir das Magnetfeld eines hochfrequenten Wechselstroms etwa mit Hilfe der „verzögerten" Formel

$$\underline{\mathbf{H}}(\mathbf{r}) = \frac{-1}{4\pi} \int_{C'} \underline{I}(\mathbf{r}') e^{-jk|\mathbf{r}-\mathbf{r}'|} \frac{(\mathbf{r}-\mathbf{r}') \times d\mathbf{s}'}{|\mathbf{r}-\mathbf{r}'|^3} \tag{14.33}$$

berechnen würden. Wie bereits in (14.22) gezeigt wurde, muss vielmehr das <u>Vektorpotenzial</u> retardiert und dann erst durch Bildung der Rotation das Magnetfeld berechnet werden:

$$\boxed{ \underline{\mathbf{H}}(\mathbf{r}) = \frac{1}{4\pi} \operatorname{rot} \int_{C'} \underline{I}(\mathbf{r}') \frac{e^{-jk|\mathbf{r}-\mathbf{r}'|}}{|\mathbf{r}-\mathbf{r}'|} d\mathbf{s}' . } \tag{14.34}$$

Nur mit (14.34) findet man das <u>korrekte</u> Ergebnis; (14.33) ist hingegen falsch! Aus Bild 14.3 liest man $R = |\mathbf{r}-\mathbf{r}'| = \sqrt{z'^2 + \rho^2}$ ab und damit folgt nach (14.28) für das Vektorpotenzial nun wieder der Gleichstromanordnung:

$$\mathbf{A}(\rho) = \frac{I\,\mathbf{e}_z}{4\pi} \int_{z_1}^{z_2} \frac{dz'}{\sqrt{z'^2 + \rho^2}} = \frac{I\,\mathbf{e}_z}{4\pi} \ln\left(z' + \sqrt{z'^2 + \rho^2} \right) \Big|_{z_1}^{z_2} = \frac{I\,\mathbf{e}_z}{4\pi} \ln \frac{z_2 + \sqrt{z_2^2 + \rho^2}}{z_1 + \sqrt{z_1^2 + \rho^2}} . \tag{14.35}$$

Mit $\mathbf{H} = \operatorname{rot} \mathbf{A} = \operatorname{rot}\left(A_z(\rho)\,\mathbf{e}_z \right) = -\mathbf{e}_\varphi \dfrac{\partial A_z(\rho)}{\partial \rho}$ erhält man die magnetische Feldstärke als

$$H_\varphi(\rho) = -\frac{I}{4\pi} \frac{\partial}{\partial \rho} \ln \frac{z_2 + \sqrt{z_2^2 + \rho^2}}{z_1 + \sqrt{z_1^2 + \rho^2}} = -\frac{I}{4\pi} \left\{ \frac{\dfrac{2\rho}{2\sqrt{z_2^2 + \rho^2}}}{z_2 + \sqrt{z_2^2 + \rho^2}} - \frac{\dfrac{2\rho}{2\sqrt{z_1^2 + \rho^2}}}{z_1 + \sqrt{z_1^2 + \rho^2}} \right\} . \tag{14.36}$$

---

[3] Jean-Baptiste **Biot** (1774-1862): frz. Physiker und Astronom (Schwerkraftmessungen, Schallgeschwindigkeit, Doppelbrechung und Polarisation von Licht, magnetische Wirkung von Gleichströmen)

Félix **Savart** (1791-1841): frz. Physiker (Optik, Akustik, magnetische Wirkung von Gleichströmen)

Setzt man nun $z_1 = -z_2$, so kann man den Ausdruck weiter vereinfachen und erhält:

$$H_\varphi(\rho) = -\frac{I}{4\pi}\left\{\frac{\dfrac{\rho}{\sqrt{z_2^2+\rho^2}}}{z_2+\sqrt{z_2^2+\rho^2}} - \frac{\dfrac{\rho}{\sqrt{z_2^2+\rho^2}}}{-z_2+\sqrt{z_2^2+\rho^2}}\right\} =$$

$$= -\frac{I}{4\pi}\frac{\rho}{\sqrt{z_2^2+\rho^2}}\left\{\frac{1}{\sqrt{z_2^2+\rho^2}+z_2} - \frac{1}{\sqrt{z_2^2+\rho^2}-z_2}\right\} = \qquad (14.37)$$

$$= -\frac{I}{4\pi}\frac{\rho}{\sqrt{z_2^2+\rho^2}}\frac{\sqrt{z_2^2+\rho^2}-z_2 - \sqrt{z_2^2+\rho^2}-z_2}{z_2^2+\rho^2-z_2^2} =$$

$$= \frac{I}{2\pi\rho}\frac{z_2}{\sqrt{z_2^2+\rho^2}}.$$

Durch den Grenzübergang $z_2 \to \infty$ findet man schließlich das bekannte Ergebnis des Magnetfeldes um einen dünnen, unendlich langen, geradlinigen, von Gleichstrom durchflossenen Draht:

$$H_\varphi(\rho) = \lim_{z_2 \to \infty}\frac{I}{2\pi\rho}\frac{z_2}{\sqrt{z_2^2+\rho^2}} = \frac{I}{2\pi\rho}. \qquad \square \qquad (14.38)$$

Das **Biot-Savartsche Gesetz** (14.32) ermöglicht uns die direkte Bestimmung der magnetischen Feldstärke **H**, die von dünnen stromdurchflossenen Drähten erzeugt wird. Alternativ können wir nach (14.28) zuerst das Vektorpotenzial **A** bestimmen, um daraus durch Bildung der Rotation wieder das gleiche **H** – Feld zu erlangen. Nun ist es allerdings so, dass wegen des Vektorproduktes das Integral für **H** gewöhnlich komplizierter ist als dasjenige für **A**, wie aus der Gegenüberstellung in Tabelle 14.2 deutlich wird.

Tabelle 14.2 Magnetfelder linienhafter Gleichstromverteilungen

Biot-Savartsches Gesetz	**Vektorpotenzial**
$\mathbf{H}(\mathbf{r}) = \dfrac{-I}{4\pi}\displaystyle\int_{C'}\frac{(\mathbf{r}-\mathbf{r}')\times d\mathbf{s}'}{\|\mathbf{r}-\mathbf{r}'\|^3}$	$\mathbf{A}(\mathbf{r}) = \dfrac{I}{4\pi}\displaystyle\int_{C'}\frac{d\mathbf{s}'}{\|\mathbf{r}-\mathbf{r}'\|}$ $\mathbf{H}(\mathbf{r}) = \operatorname{rot}\mathbf{A}(\mathbf{r})$

Man beachte:

● Für einfache Feldprobleme hoher Symmetrie kann zuweilen die Berechnung mit Hilfe des Biot-Savartschen Gesetzes doch schneller sein [Pur89].

● Auch falls sich $\mathbf{A}(\mathbf{r}) \equiv 0$ an bestimmten Raumpunkten **r** ergeben würde, muss man dort auf die direkte Berechnung des H–Feldes zurückgreifen, da sonst eine Rotationsbildung nicht mehr möglich ist. Ein Beispiel dafür ist die Berechnung des Magnetfeldes auf der Achse eines symmetrischen Kreisstroms, auf der zwar das Vektorpotenzial – nicht aber das Magnetfeld – verschwindet.

14.2.2 Elektrisches Vektorpotenzial

Mit dem magnetischen Vektorpotenzial $\underline{\mathbf{A}}$ erfasst man alle Beiträge elektrischer Stromquellen $\underline{\mathbf{J}}$ zum elektromagnetischen Feld. In entsprechender Weise lassen sich auch die Beiträge magnetischer Stromquellen $\underline{\mathbf{M}}$ berechnen.

- Wir nehmen dazu an, dass überall $\underline{\mathbf{J}} = 0$ ist und im homogenen Raum nur **magnetische** Stromquellen $\underline{\mathbf{M}}$ eingeprägt sind. Dann lauten die Feldgleichungen:

$$\begin{aligned} \operatorname{rot} \underline{\mathbf{H}} &= j\,\omega\,\varepsilon\,\underline{\mathbf{E}} \\ -\operatorname{rot} \underline{\mathbf{E}} &= j\,\omega\,\mu\,\underline{\mathbf{H}} + \underline{\mathbf{M}} . \end{aligned} \tag{14.39}$$

Dieses neue Differenzialgleichungssystem geht aus dem zuvor in (14.15) behandelten formal hervor, wenn man dort ersetzt:

$\underline{\mathbf{H}}$	durch	$-\underline{\mathbf{E}}$
$\underline{\mathbf{E}}$	durch	$\underline{\mathbf{H}}$
$\underline{\mathbf{J}}$	durch	$\underline{\mathbf{M}}$
ε	durch	μ
μ	durch	ε.

Diese Korrespondenzen werden üblicherweise als **Fitzgeraldsche Transformation**[4] bezeichnet. Durch Anwendung dieser Transformationsvorschriften, die dadurch ergänzt werden, dass man das magnetische Vektorpotenzial $\underline{\mathbf{A}}$ durch das sogenannte **elektrische Vektorpotenzial** $\underline{\mathbf{F}}$ ersetzt, gewinnt man eine Lösung des neuen Systems der Maxwellschen Gleichungen, die linear unabhängig von der Ursprünglichen ist. Man erspart sich so eine nochmalige Ausführung der gesamten Herleitung. Die dualen Rechenschritte sind in Tabelle 14.3 zusammengefasst.

Tabelle 14.3 Duale Gleichungen und Größen (Fitzgeraldsche Transformation)

Felder mit elektrischen Stromquellen	Felder mit magnetischen Stromquellen
$\operatorname{rot} \underline{\mathbf{H}} = j\,\omega\,\varepsilon\,\underline{\mathbf{E}} + \underline{\mathbf{J}}$	$-\operatorname{rot} \underline{\mathbf{E}} = j\,\omega\,\mu\,\underline{\mathbf{H}} + \underline{\mathbf{M}}$
$-\operatorname{rot} \underline{\mathbf{E}} = j\,\omega\,\mu\,\underline{\mathbf{H}}$	$\operatorname{rot} \underline{\mathbf{H}} = j\,\omega\,\varepsilon\,\underline{\mathbf{E}}$
$\underline{\mathbf{H}} = \operatorname{rot} \underline{\mathbf{A}}$	$\underline{\mathbf{E}} = -\operatorname{rot} \underline{\mathbf{F}}$
$\underline{\mathbf{E}} = \dfrac{1}{j\,\omega\,\varepsilon}\left(\operatorname{grad} \operatorname{div} \underline{\mathbf{A}} + k^2\,\underline{\mathbf{A}}\right)$	$\underline{\mathbf{H}} = \dfrac{1}{j\,\omega\,\mu}\left(\operatorname{grad} \operatorname{div} \underline{\mathbf{F}} + k^2\,\underline{\mathbf{F}}\right)$
$\nabla^2 \underline{\mathbf{A}} + k^2\,\underline{\mathbf{A}} = -\underline{\mathbf{J}}$	$\nabla^2 \underline{\mathbf{F}} + k^2\,\underline{\mathbf{F}} = -\underline{\mathbf{M}}$
$\underline{\mathbf{A}}(\mathbf{r}) = \dfrac{1}{4\pi} \iiint\limits_{V'} \underline{\mathbf{J}}(\mathbf{r}')\dfrac{e^{-j\,k\,\lvert\mathbf{r}-\mathbf{r}'\rvert}}{\lvert\mathbf{r}-\mathbf{r}'\rvert}\,dV'$	$\underline{\mathbf{F}}(\mathbf{r}) = \dfrac{1}{4\pi} \iiint\limits_{V'} \underline{\mathbf{M}}(\mathbf{r}')\dfrac{e^{-j\,k\,\lvert\mathbf{r}-\mathbf{r}'\rvert}}{\lvert\mathbf{r}-\mathbf{r}'\rvert}\,dV'$

---

[4] George Francis **Fitzgerald** (1851-1901): irischer Physiker (Weiterentwicklung der Maxwellschen elektromagnetischen Lichttheorie, Deutung für das negative Ergebnis des Michelson-Versuchs durch Annahme einer relativistischen Längenkontraktion bewegter Körper)

- Im **Gesamtfeld** überlagern sich – aufgrund der Linearität der Maxwellschen Gleichungen – die Felder der elektrischen und magnetischen Stromquellen gemäß:

$$\underline{\mathbf{E}} = -\mathrm{rot}\,\underline{\mathbf{F}} + \frac{1}{j\omega\varepsilon}\left(\mathrm{grad}\,\mathrm{div}\,\underline{\mathbf{A}} + k^2\underline{\mathbf{A}}\right)$$
$$\underline{\mathbf{H}} = \mathrm{rot}\,\underline{\mathbf{A}} + \frac{1}{j\omega\mu}\left(\mathrm{grad}\,\mathrm{div}\,\underline{\mathbf{F}} + k^2\underline{\mathbf{F}}\right).$$

(14.40)

Nun stellt diese Partikulärlösung der inhomogenen vektoriellen Helmholtz-Gleichung nicht unbedingt immer die allgemeinste Lösung im unbegrenzten homogenen Raum mit Quellen dar. Es können nämlich Felder hinzukommen, die von Quellen außerhalb des betrachteten Gebietes stammen, die also in diesem Gebiet quellenfrei sind. Diese zusätzlichen Felder sind deshalb Lösungen der quellenfreien Feldgleichungen[5]

$$\mathrm{rot}\,\underline{\mathbf{H}} = j\omega\varepsilon\,\underline{\mathbf{E}}$$
$$-\mathrm{rot}\,\underline{\mathbf{E}} = j\omega\mu\,\underline{\mathbf{H}}.$$

(14.41)

Man kann sie auch aus magnetischen oder elektrischen Vektorpotenzialen ableiten, nämlich solchen, die die homogenen vektoriellen Helmholtz-Gleichungen erfüllen:

$$\nabla^2\underline{\mathbf{A}} + k^2\underline{\mathbf{A}} = 0 \quad \mathrm{bzw.} \quad \nabla^2\underline{\mathbf{F}} + k^2\underline{\mathbf{F}} = 0.$$

(14.42)

Die allgemeine Lösung der inhomogenen vektoriellen Helmholtz-Gleichung setzt sich nun aus einer Partikulärlösung der inhomogenen Gleichung und der allgemeinen Lösung der homogenen Gleichung zusammen.

- Die homogene Gleichung löst man im Allgemeinen durch Separation mit Hilfe eines Bernoullischen Produktansatzes, während

- die inhomogene Gleichung durch die Integrale aus Tabelle 14.3 erfüllt wird.

14.2.3 Darstellung der Feldstärken

Aus den Quellintegralen für die Vektorpotenziale

$$\underline{\mathbf{A}}(\mathbf{r}) = \iiint\limits_{V'} \underline{\mathbf{J}}(\mathbf{r}')\,\underline{G}(\mathbf{r},\mathbf{r}')\,dV'$$
$$\underline{\mathbf{F}}(\mathbf{r}) = \iiint\limits_{V'} \underline{\mathbf{M}}(\mathbf{r}')\,\underline{G}(\mathbf{r},\mathbf{r}')\,dV',$$

(14.43)

die wir unter Einführung der skalaren Greenschen Funktion des freien Raumes

$$\underline{G}(\mathbf{r},\mathbf{r}') = \frac{e^{-jk|\mathbf{r}-\mathbf{r}'|}}{4\pi|\mathbf{r}-\mathbf{r}'|} = \frac{e^{-jkR}}{4\pi R}$$

(14.44)

kompakt geschrieben haben, erhält man durch (14.40) die Feldstärken $\underline{\mathbf{E}}$ und $\underline{\mathbf{H}}$. Für die weiteren Untersuchungen ist es sinnvoll, eine schon auf Larmor [Lar03] zurückgehende explizite

---

[5] Die Lösungen der quellenfreien Feldgleichungen werden auch in abgeschlossenen Gebieten zum Erfüllen von eventuell vorhandenen Randbedingungen im Endlichen benötigt.

Darstellung der Felder zu gewinnen, indem man die Differenziationen nach der *ungestrichenen* Variablen **r** unter das Integral zieht und direkt am Integranden ausführt (**Franzsche Formeln**):

$$\underline{\mathbf{E}} = -\iiint\limits_{V'} \text{rot}\left[\underline{\mathbf{M}}(\mathbf{r}')\,\underline{G}(\mathbf{r},\mathbf{r}')\right]dV' + \frac{1}{j\omega\varepsilon}\iiint\limits_{V'}\left(\text{grad div}+k^2\right)\left[\underline{\mathbf{J}}(\mathbf{r}')\,\underline{G}(\mathbf{r},\mathbf{r}')\right]dV'$$

$$\underline{\mathbf{H}} = \iiint\limits_{V'} \text{rot}\left[\underline{\mathbf{J}}(\mathbf{r}')\,\underline{G}(\mathbf{r},\mathbf{r}')\right]dV' + \frac{1}{j\omega\mu}\iiint\limits_{V'}\left(\text{grad div}+k^2\right)\left[\underline{\mathbf{M}}(\mathbf{r}')\,\underline{G}(\mathbf{r},\mathbf{r}')\right]dV'. \tag{14.45}$$

Wir benutzen folgende vektoranalytische Hilfsformeln aus Tabelle 2.3:

$$\text{rot}\left(\mathbf{A}\,\Phi\right) = \Phi\,\text{rot}\mathbf{A} - \mathbf{A}\times\text{grad}\,\Phi$$

$$\text{div}\left(\mathbf{A}\,\Phi\right) = \Phi\,\text{div}\mathbf{A} + \mathbf{A}\cdot\text{grad}\,\Phi \tag{14.46}$$

$$\text{grad}\left(\mathbf{A}\cdot\mathbf{B}\right) = (\mathbf{A}\cdot\nabla)\mathbf{B}+(\mathbf{B}\cdot\nabla)\mathbf{A}+\mathbf{A}\times\text{rot}\,\mathbf{B}+\mathbf{B}\times\text{rot}\,\mathbf{A}\,,$$

wobei wir beachten, dass die Differenziationen nur auf die ungestrichene Variable **r** ausgeführt werden. So erhalten wir die folgenden Zwischenergebnisse (analog für $\underline{\mathbf{M}}$ anstelle $\underline{\mathbf{J}}$):

$$\text{rot}\left[\underline{\mathbf{J}}(\mathbf{r}')\,\underline{G}(\mathbf{r},\mathbf{r}')\right] = -\underline{\mathbf{J}}(\mathbf{r}')\times\text{grad}\,\underline{G}(\mathbf{r},\mathbf{r}')$$

$$\text{div}\left[\underline{\mathbf{J}}(\mathbf{r}')\,\underline{G}(\mathbf{r},\mathbf{r}')\right] = \underline{\mathbf{J}}(\mathbf{r}')\cdot\text{grad}\,\underline{G}(\mathbf{r},\mathbf{r}')$$

$$\text{grad}\left[\underline{\mathbf{J}}(\mathbf{r}')\cdot\text{grad}\,\underline{G}(\mathbf{r},\mathbf{r}')\right] = (\underline{\mathbf{J}}(\mathbf{r}')\cdot\nabla)\text{grad}\,\underline{G}(\mathbf{r},\mathbf{r}')+\underline{\mathbf{J}}(\mathbf{r}')\times\text{rot grad}\,\underline{G}(\mathbf{r},\mathbf{r}') = \tag{14.47}$$

$$= (\underline{\mathbf{J}}(\mathbf{r}')\cdot\nabla)\text{grad}\,\underline{G}(\mathbf{r},\mathbf{r}').$$

Damit können die Felddarstellungen (14.45) neu geschrieben werden:

$$\underline{\mathbf{E}} = \iiint\limits_{V'}\underline{\mathbf{M}}(\mathbf{r}')\times\nabla\underline{G}(\mathbf{r},\mathbf{r}')\,dV' + \frac{1}{j\omega\varepsilon}\iiint\limits_{V'}\left[(\underline{\mathbf{J}}(\mathbf{r}')\cdot\nabla)\nabla+k^2\underline{\mathbf{J}}(\mathbf{r}')\right]\underline{G}(\mathbf{r},\mathbf{r}')\,dV'$$

$$\underline{\mathbf{H}} = -\iiint\limits_{V'}\underline{\mathbf{J}}(\mathbf{r}')\times\nabla\underline{G}(\mathbf{r},\mathbf{r}')\,dV' + \frac{1}{j\omega\mu}\iiint\limits_{V'}\left[(\underline{\mathbf{M}}(\mathbf{r}')\cdot\nabla)\nabla+k^2\underline{\mathbf{M}}(\mathbf{r}')\right]\underline{G}(\mathbf{r},\mathbf{r}')\,dV'. \tag{14.48}$$

Mit $R = |\mathbf{R}| = |\mathbf{r}-\mathbf{r}'|$ und dem Nabla-Operator $\nabla = \mathbf{e}_R\dfrac{d}{dR}$ wird

$$\nabla\underline{G} = \mathbf{e}_R\frac{d}{dR}\frac{e^{-jkR}}{4\pi R} = -\mathbf{e}_R\left(\frac{1}{R}+jk\right)\frac{e^{-jkR}}{4\pi R} = -\mathbf{e}_R\,jk\,\underline{L}_0\,\underline{G} \tag{14.49}$$

mit der Abkürzung

$$\boxed{\underline{L}_0(kR) = 1 - \frac{j}{kR}}\,. \tag{14.50}$$

Weiter gilt:

$$\left[(\underline{\mathbf{J}}\cdot\nabla)\nabla+k^2\underline{\mathbf{J}}\right]\underline{G} = \left[\left(\underline{\mathbf{J}}\cdot\mathbf{e}_R\frac{d}{dR}\right)\mathbf{e}_R\frac{d}{dR}+k^2\underline{\mathbf{J}}\right]\underline{G} =$$

$$= \left[(\underline{\mathbf{J}}\cdot\mathbf{e}_R)\mathbf{e}_R\left(\frac{d^2}{dR^2}-\frac{1}{R}\frac{d}{dR}\right)+\underline{\mathbf{J}}\left(k^2+\frac{1}{R}\frac{d}{dR}\right)\right]\frac{e^{-jkR}}{4\pi R}\,, \tag{14.51}$$

wobei die Beziehung $(\underline{\mathbf{J}}\cdot\nabla)\mathbf{e}_R = \dfrac{1}{R}\left(\underline{\mathbf{J}}-(\underline{\mathbf{J}}\cdot\mathbf{e}_R)\mathbf{e}_R\right)$ benutzt wurde.

Nach Berechnung der Ableitungen in (14.51) erhält man schließlich:

$$\left[(\mathbf{J}\cdot\nabla)\nabla+k^2\underline{\mathbf{J}}\right]\underline{G}=\left[(\underline{\mathbf{J}}\cdot\mathbf{e}_R)\mathbf{e}_R\left(\frac{3}{R^2}+\frac{3jk}{R}-k^2\right)-\underline{\mathbf{J}}\left(\frac{1}{R^2}+\frac{jk}{R}-k^2\right)\right]\underline{G}=$$
$$=\left[-k^2\underline{L}_2\,(\underline{\mathbf{J}}\cdot\mathbf{e}_R)\mathbf{e}_R+k^2\underline{L}_1\underline{\mathbf{J}}\right]\underline{G} \tag{14.52}$$

mit den bequemen Abkürzungen:

$$\boxed{\begin{aligned}\underline{L}_1(kR)&=1-\frac{j}{kR}-\frac{1}{(kR)^2}\\[2mm]\underline{L}_2(kR)&=1-\frac{3j}{kR}-\frac{3}{(kR)^2}\,.\end{aligned}} \tag{14.53}$$

Nun können die Felder explizit angegeben werden (siehe auch [Schr85]):

$$\underline{\mathbf{E}}=-\iiint\limits_{V'}jk\underline{L}_0\,\underline{\mathbf{M}}\times\mathbf{e}_R\,\underline{G}\,dV'+\frac{k^2}{j\omega\varepsilon}\iiint\limits_{V'}\left[-\underline{L}_2(\underline{\mathbf{J}}\cdot\mathbf{e}_R)\mathbf{e}_R+\underline{L}_1\underline{\mathbf{J}}\right]\underline{G}\,dV'$$

$$\underline{\mathbf{H}}=\iiint\limits_{V'}jk\underline{L}_0\,\underline{\mathbf{J}}\times\mathbf{e}_R\,\underline{G}\,dV'+\frac{k^2}{j\omega\mu}\iiint\limits_{V'}\left[-\underline{L}_2(\underline{\mathbf{M}}\cdot\mathbf{e}_R)\mathbf{e}_R+\underline{L}_1\underline{\mathbf{M}}\right]\underline{G}\,dV' \tag{14.54}$$

oder nach Einführung des Feldwellenwiderstandes $Z=\sqrt{\mu/\varepsilon}$ des Freiraums:

$$\boxed{\begin{aligned}\underline{\mathbf{E}}&=-jk\iiint\limits_{V'}\left[\underline{L}_0\,\underline{\mathbf{M}}\times\mathbf{e}_R+Z\underline{L}_1\underline{\mathbf{J}}-Z\underline{L}_2(\underline{\mathbf{J}}\cdot\mathbf{e}_R)\mathbf{e}_R\right]\underline{G}\,dV'\\[2mm]Z\underline{\mathbf{H}}&=jk\iiint\limits_{V'}\left[Z\underline{L}_0\,\underline{\mathbf{J}}\times\mathbf{e}_R-\underline{L}_1\underline{\mathbf{M}}+\underline{L}_2(\underline{\mathbf{M}}\cdot\mathbf{e}_R)\mathbf{e}_R\right]\underline{G}\,dV'\,.\end{aligned}} \tag{14.55}$$

Bei gegebenen elektrischen und magnetischen Quellstromdichten $\underline{\mathbf{J}}$ und $\underline{\mathbf{M}}$ erhält man durch die Integrale in (14.55) eine **explizite und exakte Darstellung** der gesuchten Strahlungsfelder im homogenen, freien Raum, die im Allgemeinen nur noch numerisch berechnet werden kann. Näherungslösungen werden wir in Abschnitt 14.3 besprechen. Die in (14.55) eingeführten Abkürzungen sind in Tabelle 14.4 – der Übersicht halber – noch einmal zusammengestellt.

Tabelle 14.4 Abkürzungen in der Felddarstellung (14.55)

$k=\omega\sqrt{\mu\varepsilon}$		$Z=\sqrt{\mu/\varepsilon}$	
$\underline{L}_0=1-\dfrac{j}{kR}$	$\underline{L}_1=1-\dfrac{j}{kR}-\dfrac{1}{(kR)^2}$		$\underline{L}_2=1-\dfrac{3j}{kR}-\dfrac{3}{(kR)^2}$
$\mathbf{e}_R=\dfrac{\mathbf{R}}{R}=\dfrac{\mathbf{r}-\mathbf{r}'}{|\mathbf{r}-\mathbf{r}'|}$		$\underline{G}=\dfrac{e^{-jk|\mathbf{r}-\mathbf{r}'|}}{4\pi|\mathbf{r}-\mathbf{r}'|}=\dfrac{e^{-jkR}}{4\pi R}\,.$	

Die Integraldarstellung (14.55) der Feldstärken ist nur dann gültig, wenn Beobachterpunkt $\mathbf{r}$ und Integrationspunkt $\mathbf{r}'$ nicht zusammenfallen, d. h. wenn $R=|\mathbf{r}-\mathbf{r}'|\neq0$ gilt, da sonst in der Greenschen Funktion $\underline{G}$ eine Singularität auftreten würde.

14.3 Fernfeldnäherungen

Die Berechnung der Integrale (14.43) für die Vektorpotenziale wird erschwert durch das Auftreten des Aufpunktvektors **r** im Integranden. Weiterhin sind, wie in Abschnitt 14.2 gezeigt wurde, die Feldstärken **E** und **H** aus den Vektorpotenzialen nur umständlich zu bestimmen. In der Funkübertragung sind Sende- und Empfangsantennen jedoch im Allgemeinen weit voneinander entfernt bzw. gibt es in der Radartechnik meist eine große Distanz zwischen Antenne und Zielobjekt. Dann liegt wie in Bild 14.4 der Aufpunkt P weitab von der Verteilung der Quellen Q innerhalb des Volumens V'. Für diese Verhältnisse lassen sich Näherungen

- für die Integraldarstellungen von **A** und **F** angeben
- und auch die Felder **E** und **H** können in einfacherer Weise aus den Vektorpotenzialen abgeleitet werden.

Diese Näherungen werden als **Fernfeldnäherungen** bezeichnet. Das Feld, welches dabei gewonnen wird, heißt Fernfeld. Wir wollen es für eine beliebige räumliche Stromdichteverteilung **J** und **M** herleiten und uns dann mit dem Gültigkeitsbereich dieser Näherung befassen.

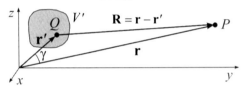

Bild 14.4 Aufpunkt P im Fernfeld eines räumlich begrenzten Quellvolumens V'

Bei Strahlungs- und Streuproblemen nimmt man häufig folgende **Raumaufteilung** vor:

- Gebiet des Nahfeldes,
- Fresnel-Gebiet und
- Gebiet des Fernfeldes, auch Fraunhofer-Gebiet[6] genannt.

Zwischen diesen drei Gebieten gibt es keine scharf definierten Trennlinien, sie gehen vielmehr fließend ineinander über. Zur Beschreibung des Nahfeldes, das direkt auf der Oberfläche der strahlenden Struktur beginnt, können in den allgemeinen Felddarstellungen (14.55) keine Vernachlässigungen vorgenommen werden. Fresnel- und Fraunhofer-Gebiet werden durch die Näherungen, die wir im Folgenden in den Integranden der Quellenintegrale vornehmen werden, charakterisiert. Für beide Gebiete wird mit der Notation aus Bild 14.4 angenommen, dass gilt:

$$k R \gg 1 \quad \text{und} \quad r \gg r'. \tag{14.56}$$

Die **erste Annahme** besagt, dass der Abstand R zwischen Quellpunkt Q und Beobachterpunkt P größer als etwa eine bis zwei Wellenlängen ist. Dies berechtigt zur Vernachlässigung aller höherer Terme in $1/R$ und die L-Faktoren des vorherigen Abschnitts werden näherungsweise zu eins, d. h. $\underline{L}_0 = \underline{L}_1 = \underline{L}_2 = 1$. Man erhält demnach folgende vereinfachte Felddarstellung:

$$\mathbf{E} = -jk \iiint_{V'} \left[\underline{\mathbf{M}} \times \mathbf{e}_R + Z \left(\underline{\mathbf{J}} - (\underline{\mathbf{J}} \cdot \mathbf{e}_R) \mathbf{e}_R \right) \right] \underline{G} \, dV'$$

$$Z \underline{\mathbf{H}} = jk \iiint_{V'} \left[Z \underline{\mathbf{J}} \times \mathbf{e}_R - \left(\underline{\mathbf{M}} - (\underline{\mathbf{M}} \cdot \mathbf{e}_R) \mathbf{e}_R \right) \right] \underline{G} \, dV'. \tag{14.57}$$

---

[6] Joseph von **Fraunhofer** (1787-1826): dt. Physiker und Glastechniker (Lichtbeugung, Sonnenspektrum)

Mit Hilfe der Vektoridentität $\mathbf{A} \times (\mathbf{B} \times \mathbf{C}) = \mathbf{B}\,(\mathbf{A} \cdot \mathbf{C}) - \mathbf{C}\,(\mathbf{A} \cdot \mathbf{B})$ findet man für $\mathbf{A} = \mathbf{B} = \mathbf{e}_R$

$$\mathbf{e}_R \times (\mathbf{e}_R \times \mathbf{C}) = \mathbf{e}_R\,(\mathbf{e}_R \cdot \mathbf{C}) - \mathbf{C}\,(\mathbf{e}_R \cdot \mathbf{e}_R) = -(\mathbf{C} - (\mathbf{C} \cdot \mathbf{e}_R)\mathbf{e}_R), \tag{14.58}$$

womit man für die Felder in (14.57) analog zu (12.12) auch schreiben kann:

$$\underline{\mathbf{E}} = j k \iiint\limits_{V'} \left[(\mathbf{e}_R \times \underline{\mathbf{M}}) + Z\,\mathbf{e}_R \times (\mathbf{e}_R \times \underline{\mathbf{J}}) \right] \underline{G}\, dV'$$

$$Z\,\underline{\mathbf{H}} = -j k \iiint\limits_{V'} \left[Z\,(\mathbf{e}_R \times \underline{\mathbf{J}}) - \mathbf{e}_R \times (\mathbf{e}_R \times \underline{\mathbf{M}}) \right] \underline{G}\, dV'. \tag{14.59}$$

Hieraus wird deutlich, dass für $k R \gg 1$ nur noch Komponenten senkrecht zur lokalen Ausbreitungsrichtung $\mathbf{e}_R$ auftreten. Zunächst treten daher auch Komponenten in Richtung des Ortsvektors des Beobachterpunktes $\mathbf{e}_r$ auf. Die **zweite Annahme** $r \gg r'$ besagt weiter, dass der Abstand des Beobachterpunktes vom Koordinatenursprung sehr viel größer als der Abstand eines Quellpunktes vom Koordinatenursprung ist. Um dies zu gewährleisten, wird der Koordinatenursprung – wie in Bild 14.4 – nahe der Quellenverteilung Q oder sogar in ihrem Zentrum gewählt. Damit wird in guter Näherung der Vektor $\mathbf{r}$, der vom Koordinatenursprung zum Beobachterpunkt P zeigt, parallel zum Vektor $\mathbf{R}$, der vom Quellpunkt Q zum Beobachterpunkt P gerichtet ist. Es gilt also für $r \gg r'$ angenähert:

$$\mathbf{e}_R \parallel \mathbf{e}_r. \tag{14.60}$$

In Richtung des Beobachters treten jetzt keine Radialkomponenten mehr auf. Weil $\mathbf{e}_r$ nicht von der Integrationsvariablen r' abhängt, kann es außerdem vor das Integral gezogen werden:

$$\boxed{\begin{aligned} \underline{\mathbf{E}} &= j k\,\mathbf{e}_r \times \iiint\limits_{V'} \left[\underline{\mathbf{M}} + Z\,\mathbf{e}_r \times \underline{\mathbf{J}} \right] \underline{G}\, dV' \\ Z\,\underline{\mathbf{H}} &= -j k\,\mathbf{e}_r \times \iiint\limits_{V'} \left[Z\,\underline{\mathbf{J}} - \mathbf{e}_r \times \underline{\mathbf{M}} \right] \underline{G}\, dV'. \end{aligned}} \tag{14.61}$$

Nach Vergleich mit (14.43) lassen sich in (14.61) wieder die bekannten Vektorpotenziale $\underline{\mathbf{A}}$ und $\underline{\mathbf{F}}$ einführen und es folgt:

$$\begin{aligned} \underline{\mathbf{E}} &= j k\,\mathbf{e}_r \times \left[\underline{\mathbf{F}} + Z\,\mathbf{e}_r \times \underline{\mathbf{A}} \right] \\ Z\,\underline{\mathbf{H}} &= -j k\,\mathbf{e}_r \times \left[Z\,\underline{\mathbf{A}} - \mathbf{e}_r \times \underline{\mathbf{F}} \right]. \end{aligned} \tag{14.62}$$

Nach Ausführen der Vektorprodukte erhalten wir zweckmäßig in sphärischen Komponenten:

$$\boxed{\begin{aligned} \underline{E}_r &= Z\,\underline{H}_r = 0 \\ \underline{E}_\vartheta &= Z\,\underline{H}_\varphi = -j k \left(Z\,\underline{A}_\vartheta + \underline{F}_\varphi \right) \\ \underline{E}_\varphi &= -Z\,\underline{H}_\vartheta = -j k \left(Z\,\underline{A}_\varphi - \underline{F}_\vartheta \right). \end{aligned}} \tag{14.63}$$

Die Feldkomponenten ergeben sich also direkt aus den Komponenten der Vektorpotenziale ohne weitere Differenziationen. Die Felddarstellungen (14.63) gelten mit hoher Genauigkeit sowohl im Fresnel-Gebiet als auch im Fernfeld. $\underline{\mathbf{E}}$ und $\underline{\mathbf{H}}$ sind orthogonal und phasengleich, stehen senkrecht zur Ausbreitungsrichtung (siehe Bild 14.5) und sind durch den Feldwellenwiderstand des freien Raumes $Z = \sqrt{\mu/\varepsilon}$ miteinander verknüpft, sodass gilt:

$$\boxed{\underline{\mathbf{E}} = -\mathbf{e}_r \times Z\,\underline{\mathbf{H}}} \quad \text{bzw.} \quad \boxed{Z\,\underline{\mathbf{H}} = \mathbf{e}_r \times \underline{\mathbf{E}}}. \tag{14.64}$$

Natürlich muss sich im dreidimensionalen Raum von einer Punktquelle Q stets eine Kugelwelle ausbreiten, die – im Ganzen gesehen – sphärische Phasenfronten besitzt, welche sich mit der Geschwindigkeit $c = 1/\sqrt{\mu\varepsilon}$ radial fortpflanzen. Im scheinbaren Ursprung dieser Kugelwelle befindet sich das Phasenzentrum der Strahleranordnung, das nicht unbedingt mit der geometrischen Mitte der Quellenverteilung übereinstimmen muss. Ausreichend weit von der Strahlungsquelle entfernt ($kR \gg 1$ und $r \gg r'$) erscheint einem lokalen Beobachter (z. B. einer Empfangsantenne) die Phasenfront nur schwach gekrümmt und praktisch eben. Die dort messbaren transversalen Feldstärken zeigen alle Eigenschaften einer lokal ebenen Welle (Bild 14.5).

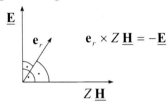

Bild 14.5 Ebene Welle mit Ausbreitung in Richtung $\mathbf{e}_r$ und transversalen Feldkomponenten $\underline{\mathbf{E}}$ bzw. $\underline{\mathbf{H}}$

14.3.1 Fresnel-Näherung

Für $kR \gg 1$ variiert in der Greenschen Funktion $\underline{G} = e^{-jkR}/(4\pi R)$ der rasch oszillierende Zähler viel schneller als der nur langsam veränderliche Nenner. Zum korrekten Erfassen der Phasendrehung müssen wir für den Wert R im Exponenten daher eine bessere Näherung als im Nenner benutzen. Die langsam variierende Amplitude, die gerade durch den Nenner bestimmt ist, wird dagegen durch einen Ansatz $R = r$ bereits ausreichend genau wiedergegeben. Bis hierher sind die Voraussetzungen für das Fresnel- und Fraunhofer-Gebiet gleich. Erst bei der Behandlung der Phase der Greenschen Funktion treten signifikante Unterschiede auf. Für den Abstand R zwischen Quellpunkt Q und Aufpunkt P gilt nämlich [Nol93]:

$$R = |\mathbf{r} - \mathbf{r}'| = \sqrt{(\mathbf{r} - \mathbf{r}') \cdot (\mathbf{r} - \mathbf{r}')} = \sqrt{r^2 - 2\,\mathbf{r}\cdot\mathbf{r}' + r'^2}\,, \tag{14.65}$$

wobei wir die bequeme Notation $\mathbf{r}\cdot\mathbf{r} = r^2$ und $\mathbf{r}'\cdot\mathbf{r}' = r'^2$ benutzt haben. Weiter erhalten wir:

$$R = r\sqrt{1 - 2\frac{\mathbf{r}\cdot\mathbf{r}'}{r^2} + \left(\frac{r'}{r}\right)^2} = r\sqrt{1 - 2\,\mathbf{e}_r\cdot\mathbf{e}'_r\frac{r'}{r} + \left(\frac{r'}{r}\right)^2} = r\sqrt{1 - \frac{r'}{r}\left(2\,\mathbf{e}_r\cdot\mathbf{e}'_r - \frac{r'}{r}\right)}\,, \tag{14.66}$$

wobei gemäß der Annahme $r \gg r'$ der zweite und dritte Term in der Wurzel klein gegen eins ist. Entwickeln wir nun die Wurzel in eine Taylor-Reihe bis zum quadratischen Glied in r'/r, so erhalten wir mit $\sqrt{1-x} = 1 - x/2 - x^2/8 - \cdots$:

$$R = r\left[1 - \frac{r'}{2r}\left(2\,\mathbf{e}_r\cdot\mathbf{e}'_r - \frac{r'}{r}\right) - \frac{r'^2}{8r^2}\left(2\,\mathbf{e}_r\cdot\mathbf{e}'_r - \frac{r'}{r}\right)^2\right] = r - \mathbf{e}_r\cdot\mathbf{r}' + \frac{1}{2r}\left[r'^2 - (\mathbf{e}_r\cdot\mathbf{r}')^2\right]. \tag{14.67}$$

Bei quadratischer Näherung (14.67) im Phasenterm (Zähler) und nullter Näherung $R = r$ im Amplitudenterm (Nenner) wird schließlich die Greensche Funktion im **Fresnel-Gebiet:**

$$\underline{G} = \frac{e^{-jkR}}{4\pi R} = \frac{e^{-jkr}}{4\pi r}\,e^{jk\,\mathbf{e}_r\cdot\mathbf{r}'}\,e^{-j\frac{k}{2r}\left[r'^2 - (\mathbf{e}_r\cdot\mathbf{r}')^2\right]}\,. \tag{14.68}$$

14.3.2 Fraunhofer-Näherung

Bricht man die Entwicklung für R schon nach dem <u>linearen</u> Glied ab, so wird anstelle (14.67)

$$R = r - \mathbf{e}_r \cdot \mathbf{r}', \tag{14.69}$$

und die Greensche Funktion im **Fraunhofer-Gebiet** (Fernfeld) ist

$$\underline{G} = \frac{e^{-jkR}}{4\pi R} = \frac{e^{-jkr}}{4\pi r} e^{jk\,\mathbf{e}_r \cdot \mathbf{r}'}. \tag{14.70}$$

Zusammenfassend sei in Tabelle 14.5 die Approximation des Abstandes R vom Quellpunkt zum Aufpunkt nochmals dargestellt.

Tabelle 14.5 Abstand R innerhalb der Amplitude und der Phase der Greenschen Funktion $\underline{G}$

Amplitude	$R = R_0 = r$
Phase im Fraunhofer-Gebiet	$R = R_1 = r - \mathbf{e}_r \cdot \mathbf{r}'$
Phase im Fresnel-Gebiet	$R = R_2 = r - \mathbf{e}_r \cdot \mathbf{r}' + \dfrac{1}{2r}\left[r'^2 - (\mathbf{e}_r \cdot \mathbf{r}')^2 \right]$

Die *lineare* Entwicklung für R im Fraunhofer-Gebiet kann anhand von Bild 14.6 noch auf eine andere Art anschaulich begründet werden.

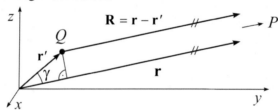

Bild 14.6 Fernfeldsituation paralleler Vektoren $\mathbf{R}$ und $\mathbf{r}$

Es gilt – bei angenommener Parallelität beider Fernfeldstrahlen, d. h. $\mathbf{e}_R \parallel \mathbf{e}_r$ – offenbar die Beziehung:

$$R = r - r' \cos\gamma. \tag{14.71}$$

Mit dem Skalarprodukt $\mathbf{r} \cdot \mathbf{r}' = r\,r' \cos\gamma$ kann man aber auch schreiben:

$$R = r - r' \frac{\mathbf{r} \cdot \mathbf{r}'}{r\,r'} = r - \mathbf{e}_r \cdot \mathbf{r}', \tag{14.72}$$

was gerade wieder die Fernfeldnäherung (14.69) im Fraunhofer-Gebiet darstellt. Sie vernachlässigt gegenüber der Fresnel-Näherung (14.67) alle Terme zweiter Ordnung in r'. Den Approximationsfehler δR der Fraunhofer-Näherung kann man daher wie folgt abschätzen:

$$\delta R = R_1 - R_2 = -\frac{1}{2r}\left[r'^2 - (\mathbf{e}_r \cdot \mathbf{r}')^2 \right]. \tag{14.73}$$

Im ungünstigsten Fall für $\gamma = \pi/2$, wenn Aufpunkt- und Quellpunktvektor senkrecht aufeinander stehen, gilt $\mathbf{e}_r \cdot \mathbf{r}' = 0$ und der Betrag des Fehlers wird maximal, d. h. $\delta R = -r'^2/(2r)$. Dieser Fehler geht, mit dem Faktor $-k = -2\pi/\lambda$ behaftet, vorwiegend als Phasenfehler

$$-k\,\delta R = \frac{2\pi}{\lambda}\frac{r'^2}{2r} = \frac{\pi r'^2}{\lambda\,r} \tag{14.74}$$

in die Greensche Funktion ein. Für einen Aufpunkt im Abstand $r = 2r'^2/\lambda$ ist dieser Phasenfehler gerade $\pi/2$; man nennt diesen Abstand den **Rayleigh-Abstand.** Genügend klein, d. h. $-k\,\delta R \le \pi/8 \hateq 22{,}5°$, ist der Phasenfehler im Allgemeinen nur für Aufpunkte, die weiter als $r = 8\,r'^2/\lambda$ von den Quellen entfernt liegen. Erst jenseits dieses Abstandes sind die gemachten Fernfeldnäherungen zulässig. Liegt das Zentrum einer symmetrischen strahlenden Anordnung im Koordinatenursprung, so gilt $r' \le L/2$, wenn L die maximale Linearabmessung der Antenne bezeichnet und man gibt üblicherweise [Knott74] den **Fernfeldabstand** mit

$$\boxed{r \ge \frac{2L^2}{\lambda}} \tag{14.75}$$

an. Man vergleiche (14.75) mit (21.12). Den Fernfeldabstand wollen wir uns in Bild 14.7 am Beispiel einer Linearantenne der Länge L noch geometrisch verdeutlichen.

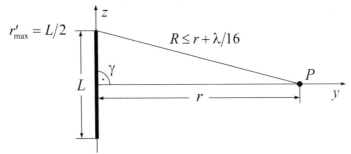

Bild 14.7 Linearantenne der Länge L und Fernfeldabstand r für maximalen Gangunterschied von $\lambda/16$

Der Phasenunterschied zwischen Zentrums- und Randstrahl wird kleiner oder höchstens gleich $\pi/8$, wenn der geometrische Gangunterschied maximal $\lambda/16$ beträgt, d. h. $R \le r + \lambda/16$. Aus dem rechtwinkligen Dreieck in Bild 14.7 folgt damit die Beziehung:

$$\sqrt{r^2 + (L/2)^2} \le r + \lambda/16, \tag{14.76}$$

in der man bei $r \gg L/2$ die Wurzel in eine Taylor-Reihe entwickeln kann:

$$\sqrt{r^2 + (L/2)^2} = r\sqrt{1 + L^2/(4r^2)} \approx r\left(1 + L^2/(8r^2)\right) = r + \frac{L^2}{8r}. \tag{14.77}$$

Damit fordert man $r + L^2/(8r) \le r + \lambda/16$, woraus wieder die Fernfeldbedingung (14.75) folgt. Das **Fresnel-Gebiet** erstreckt sich dann zwischen dem Rayleigh-Abstand und dem Fernfeldabstand, d. h. im Bereich

$$\boxed{\frac{L^2}{2\lambda} < r < \frac{2L^2}{\lambda}}. \tag{14.78}$$

Aus den für das Fernfeld gemachten Voraussetzungen $kR \gg 1$ und $r \gg r'$ folgt mit $R = |\mathbf{r} - \mathbf{r}'|$ auch $kr \gg 1$. Damit erhalten wir eine zweite notwendige **Fernfeldbedingung:**

$$\boxed{r \gg \frac{\lambda}{2\pi}} \quad \text{oder anders ausgedrückt:} \quad \boxed{r \ge 2\lambda}. \tag{14.79}$$

Zur Gültigkeit der gemachten Fernfeldnäherungen müssen stets <u>beide</u> Bedingungen (14.75) und (14.79) erfüllt sein. Man gewährleistet dies durch die Forderungen in Tabelle 14.6.

Tabelle 14.6 Zur Berechnung des Fernfeldabstands bei verschiedenen Antennenabmessungen L

elektrisch kleine Antennen mit $L \leq \lambda$	elektrisch große Antennen mit $L \geq \lambda$
$r \gg \dfrac{\lambda}{2\pi}$, d. h. $r \geq 2\lambda$	$r \geq \dfrac{2L^2}{\lambda} \geq 2\lambda$

Fernfeldbedingungen stellen sich demnach erst mindestens zwei Wellenlängen vom Antennenmittelpunkt entfernt ein – bei elektrisch großen Antennen sogar erst noch weiter, abhängig von der größten Antennenabmessung L.

In Bild 14.8 ist der Strahlungsbereich einer elektrisch großen Kreisapertur mit homogener Phasenbelegung und einem Durchmesser $D \geq \lambda$ dargestellt. Die Zeichnung nimmt etwa einen Wert von $D = 2\lambda$ an. Die Hauptstrahlung der Antenne erfolgt in Richtung der z-Achse. Ab einem Winkel (im Bogenmaß) von ca. $\lambda/(2D)$ sinkt die Strahlungsdichte auf unter die Hälfte ihres Maximalwerts – etwa beim doppelten Winkel, nämlich λ/D, weist sie eine Nullstelle auf.

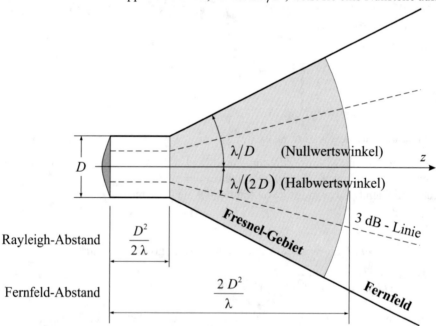

Bild 14.8 Strahlungszonen einer homogen belegten Kreisapertur mit Durchmesser D nach [Zin95]

Im **Nahfeldbereich,** der sich bis zum Rayleigh-Abstand $D^2/(2\lambda)$ erstreckt, befindet sich alle Energie im Wesentlichen innerhalb einer kreiszylindrischen Röhre mit Durchmesser D. Die Energieabstrahlung erfolgt zunächst nahezu parallel, bis sie sich ab dem **Rayleigh-Abstand** in einem kegelförmigen Bereich mit halbem Öffnungswinkel λ/D aufweitet. Die Pfadlängendifferenz zwischen Zentrums- und Randstrahl beträgt am Rayleigh-Abstand gerade $\lambda/4$. Nach Durchlaufen des **Fresnel-Gebietes** mit $D^2/(2\lambda) < r < 2D^2/\lambda$ ist die Pfadlängendifferenz kleiner als $\lambda/16$ und man erreicht den Beginn des **Fernfeldes** mit praktisch ebenen Phasenfronten. Im Fernfeld transportiert die Welle reine Wirkleistung, da E- und H-Felder in Phase sind.

Übung 14.3: Fernfeldabstand

- Die Bodenantenne einer Satellitenstrecke habe einen Durchmesser von $D = 15\,\text{m}$. In welcher Mindestentfernung gelten bei einer Frequenz von $f = 14\,\text{GHz}$ die Fernfeldbeziehungen?

- **Lösung:**

  Für einen Phasenfehler kleiner $\pi/8$ muss der Abstand r von der Antenne größer sein als $2D^2/\lambda$. Mit $D = 15\,\text{m}$ und $\lambda = 2{,}14\,\text{cm}$ folgt

$$r \geq \frac{2 \cdot 15^2\,\text{m}^2}{0{,}0214\,\text{m}} \approx 21\,\text{km}\,. \tag{14.80}$$

  Im praktischen Einsatz wird sich der Satellit daher stets im Fernfeld der Bodenstationsantenne befinden. In diesem Abstand r gilt natürlich auch $r \gg \lambda/(2\pi)$.

- **Bemerkung:**

  In der **Optik** ist für die Interferenzerscheinungen, die sich im Fernfeldbereich einstellen, der Name Fraunhofer-Beugung üblich. Die Interferenzerscheinungen für kleinere Abstände werden Fresnel-Beugung genannt. Sie können nur mit einer Näherung zweiter Ordnung für $R = |\mathbf{r} - \mathbf{r}'|$ berechnet werden (Tabelle 14.5). □

14.3.3 Fernfeldabstand und Antennengewinn

Wie wir bereits gesehen haben, breitet sich im Fernfeld jeglicher Quellenverteilung die Energie in Form einer lokal ebenen Welle aus. Die Feldvektoren $\underline{\mathbf{E}}$ und $\underline{\mathbf{H}}$ schwingen dort phasengleich, sind transversal und stehen senkrecht aufeinander. Meist werden zur Abschätzung des Fernfeldabstands die Faustformeln aus Tabelle 14.6 verwendet, in die allein die größte Linearabmessung L der strahlenden Quelle eingeht. Tatsächlich hängt der wirkliche Beginn des Fernfeldes noch zusätzlich von der räumlichen Verteilung nach Betrag und Phase der Quellströme ab, weswegen die einfache Beziehung $r \geq 2L^2/\lambda$ nicht immer verlässliche Werte liefern kann. In Kapitel 10 haben wir den Antennengewinn G eingeführt – sein Wert hängt sowohl von der Größe der Antenne als auch von der Strombelegung auf ihrer Oberfläche ab. Wir wollen daher versuchen, den Fernfeldabstand über den Antennengewinn auszudrücken.

Zunächst betrachten wir den infinitesimal kurzen Hertzschen Dipol. Er gehört natürlich zur Klasse elektrisch kurzer Antennen und sein Fernfeld stellt sich für Abstände

$$r \gg \lambda/(2\pi) \tag{14.81}$$

ein. Mit dem Gewinn des Hertzschen Dipols $G = 3/2$ kann man aber auch schreiben:

$$r \gg \frac{2}{3}G\frac{\lambda}{2\pi} = \frac{G\lambda}{3\pi}\,. \tag{14.82}$$

Eine Ungleichung dieser Art sieht man im Allgemeinen als ausreichend erfüllt an, wenn die eine Seite um einen Faktor von etwa zehn größer ist als die andere, d. h. man fordert etwa:

$$\boxed{r \geq G\lambda}\,. \tag{14.83}$$

In einem Abstand $r \geq G\lambda$ vom Hertzschen Dipol kann man also Fernfeldbedingungen annehmen. Diese Bedingung, in der als Antennengröße nur noch der Gewinn G auftritt, ist nicht mehr direkt von der Antennenabmessung L abhängig.

* Darum kann sie gleichermaßen für elektrisch _kurze_ wie auch für _lange_ Antennen verwendet werden.

In den meisten Fällen erhält man durch die Beziehung $r \geq G\lambda$ eine _größere_ Schätzung für den Fernfeldabstand als durch $r \geq 2L^2/\lambda$. Das spiegelt die bekannte Tatsache wieder, dass gerade bei Hochgewinnantennen das Fernfeld sich erst später ausbildet, als man nach der klassischen Formel $r \geq 2L^2/\lambda$ erwarten würde. Dass die Einführung des _linearen_ Antennengewinns G – und nicht etwa G^2, $\sqrt{G}$ o. ä. – in die Fernfeldformel gerechtfertigt war, wollen wir in Übung 14.4 zeigen.

Übung 14.4: Fernfeldabstand bei einer Reflektorantenne

* Überprüfen Sie die Fernfeldformel $r \geq G\lambda$ bei einer Reflektorantenne, deren Gewinn G vom Flächenwirkungsgrad q, der Wellenlänge λ und dem Durchmesser D wie folgt abhängt (siehe Übung 10.5):

$$G = \frac{4\pi}{\lambda^2} A_W = \frac{4\pi}{\lambda^2} q \frac{\pi D^2}{4} = q\left(\frac{\pi D}{\lambda}\right)^2.$$ (14.84)

* **Lösung:**

Aus $r \geq G\lambda$ folgt sofort:

$$r \geq q\left(\frac{\pi D}{\lambda}\right)^2 \lambda = q\frac{\pi^2 D^2}{\lambda}.$$ (14.85)

Ein typischer Flächenwirkungsgrad – z. B. bei Richtfunkantennen – ist $q = 0{,}51$ und es gilt dann näherungsweise:

$$r \geq 5 D^2/\lambda.$$ (14.86)

Man sieht, wie der Fernfeldabstand bei einer Reflektorantenne nicht nur von der Antennengröße D sondern auch von der Amplituden- und Phasenbelegung der Apertur, die direkt den Flächenwirkungsgrad q bestimmen, abhängt (Abschnitt 24.7). Die klassische Abschätzung mit _gleicher_ Proportionalität $r \propto D^2/\lambda$ – aber mit _anderem_ Vorfaktor –

$$\boxed{r \geq 2 D^2/\lambda}$$ (14.87)

berücksichtigt nur die geometrischen Abmessungen und nicht die Art der Belegung. Sie liefert im Allgemeinen kleinere Schätzwerte für den Beginn des Fernfeldes als die Abschätzung über den Gewinn:

$$\boxed{r \geq G\lambda}.$$ (14.88)

Welche Faustformel nun „besser" ist, kann a priori schwer entschieden werden. Man kann Antennen finden, bei denen beide Abschätzungen versagen. Insbesondere stellt sich bei Antennen mit sehr niedrigen Nebenkeulen oft erst wesentlich später eine entfernungsunabhängige Charakteristik ein. Zur Sicherheit kann man den tatsächlichen Beginn des Fernfeldes bei jeder Testantenne durch separate Messungen experimentell überprüfen [Thu98]. □

14.3.4 Fernfelder und Fourier-Transformation

Nachdem wir uns mit dem Gültigkeitsbereich der Fernfeldnäherungen befasst haben, wollen wir noch einmal zur Darstellung der Vektorpotenziale durch die Quellintegrale (14.43) zurückkehren, in die wir die Greensche Funktion (14.70) des Fraunhofer-Bereichs einsetzen. Der Faktor $e^{-jkr}/(4\pi r)$ ist dabei vom Quellpunktvektor $\mathbf{r}'$ unabhängig und kann jeweils vor die Integrale gezogen werden:

$$\underline{\mathbf{A}}(\mathbf{r}) = \frac{e^{-jkr}}{4\pi r} \iiint\limits_{V'} \underline{\mathbf{J}}(\mathbf{r}')e^{jk\,\mathbf{e}_r\cdot\mathbf{r}'}dV'$$

$$\underline{\mathbf{F}}(\mathbf{r}) = \frac{e^{-jkr}}{4\pi r} \iiint\limits_{V'} \underline{\mathbf{M}}(\mathbf{r}')e^{jk\,\mathbf{e}_r\cdot\mathbf{r}'}dV'.$$

(14.89)

Die Integranden hängen jetzt nur noch von den Quellpunktkoordinaten $\mathbf{r}'$ und der Aufpunktrichtung $\mathbf{e}_r$ ab, aber nicht mehr vom Aufpunktabstand r. Die Volumenintegrale lassen sich damit meistens viel einfacher auswerten. Wenn wir es nicht mit räumlich verteilten Quellströmen, sondern mit flächen- oder linienhaft verteilten Erregungen zu tun haben, gehen gemäß

$$\boxed{\underline{\mathbf{J}}\,dV' \mathrel{\hat=} \underline{\mathbf{J}}_F\,dA' \mathrel{\hat=} \underline{I}\,d\mathbf{s}'}$$

(14.90)

die Volumenintegrale in einfachere Oberflächen- oder gar Linienintegrale über. Häufig drückt man die Quellstromdichte $\underline{\mathbf{J}}(\mathbf{r}') = \underline{J}_x(x',y',z')\mathbf{e}_x + \underline{J}_y(x',y',z')\mathbf{e}_y + \underline{J}_z(x',y',z')\mathbf{e}_z$ kartesisch aus – was eine bequemere Integration ermöglicht – während die Lage des Aufpunktes zweckmäßig in Kugelkoordinaten (r, ϑ, φ) beschrieben wird. Zur Auswertung von (14.89) wird das Skalarprodukt $\mathbf{e}_r \cdot \mathbf{r}'$ benötigt. Mit der uns aus Tabelle 2.5 bereits bekannten Beziehung $\mathbf{e}_r = \mathbf{e}_x \sin\vartheta\cos\varphi + \mathbf{e}_y\sin\vartheta\sin\varphi + \mathbf{e}_z\cos\vartheta$ und dem Ortsvektor $\mathbf{r}' = x'\mathbf{e}_x + y'\mathbf{e}_y + z'\mathbf{e}_z$ folgt $\mathbf{e}_r \cdot \mathbf{r}' = x'\sin\vartheta\cos\varphi + y'\sin\vartheta\sin\varphi + z'\cos\vartheta$, womit wir nun schreiben können:

$$\underline{\mathbf{A}}(\mathbf{r}) = \frac{e^{-jkr}}{4\pi r} \iiint \underline{\mathbf{J}}(x',y',z')e^{jk\left(x'\sin\vartheta\cos\varphi + y'\sin\vartheta\sin\varphi + z'\cos\vartheta\right)}dx'\,dy'\,dz'$$

$$\underline{\mathbf{F}}(\mathbf{r}) = \frac{e^{-jkr}}{4\pi r} \iiint \underline{\mathbf{M}}(x',y',z')e^{jk\left(x'\sin\vartheta\cos\varphi + y'\sin\vartheta\sin\varphi + z'\cos\vartheta\right)}dx'\,dy'\,dz'.$$

(14.91)

Die Vektorpotenziale im Fraunhofer-Gebiet sind somit durch eine räumlich dreidimensionale **Fourier-Transformation** mit den Quellstromdichten verknüpft. Damit kann man zur Berechnung der Quellintegrale in vielen Fällen auf Korrespondenztabellen der Fourier-Transformation zurückgreifen (Anhang F). Wegen der kartesischen Darstellung der Quellstromdichten erhält man zunächst auch ein kartesisches Vektorpotenzial $\underline{\mathbf{A}} = \underline{A}_x\mathbf{e}_x + \underline{A}_y\mathbf{e}_y + \underline{A}_z\mathbf{e}_z$, das man nach Tabelle 2.5 in sphärische Komponenten umrechnet ($\underline{\mathbf{F}}$ entsprechend):

$$\underline{A}_\vartheta = \underline{A}_x\cos\vartheta\cos\varphi + \underline{A}_y\cos\vartheta\sin\varphi - \underline{A}_z\sin\vartheta \quad \text{und} \quad \underline{A}_\varphi = -\underline{A}_x\sin\varphi + \underline{A}_y\cos\varphi. \quad (14.92)$$

Mit (14.63) erhalten wir schließlich eine **Fernfelddarstellung,** die wir in Kapitel 21 zur Berechnung verschiedener Aperturstrahler noch häufig anwenden werden:

$$\boxed{\begin{aligned} \underline{E}_\vartheta &= Z\underline{H}_\varphi = jk\left(\underline{F}_x\sin\varphi - \underline{F}_y\cos\varphi - Z\cos\vartheta(\underline{A}_x\cos\varphi + \underline{A}_y\sin\varphi) + Z\underline{A}_z\sin\vartheta\right) \\ \underline{E}_\varphi &= -Z\underline{H}_\vartheta = jk\left(\cos\vartheta(\underline{F}_x\cos\varphi + \underline{F}_y\sin\varphi) - \underline{F}_z\sin\vartheta + Z(\underline{A}_x\sin\varphi - \underline{A}_y\cos\varphi)\right). \end{aligned}}$$

(14.93)

In Tabelle 14.7 wollen wir die Vorgehensweise nochmals übersichtlich zusammenfassen.

Tabelle 14.7 Berechnung der transversalen Fernfelder im Fraunhofer-Bereich aus den Quellstromdichten

Abstand zu den Quellen:	$r \geq 2\lambda \quad \underline{\text{und}} \quad r \geq 2\dfrac{L^2}{\lambda}$
Vektorpotenziale:	$\underline{\mathbf{A}}(\mathbf{r}) = \dfrac{e^{-jkr}}{4\pi r} \iiint\limits_{V'} \underline{\mathbf{J}}(\mathbf{r}')\, e^{jk\mathbf{e}_r \cdot \mathbf{r}'}\, dV'$ $\underline{\mathbf{F}}(\mathbf{r}) = \dfrac{e^{-jkr}}{4\pi r} \iiint\limits_{V'} \underline{\mathbf{M}}(\mathbf{r}')\, e^{jk\mathbf{e}_r \cdot \mathbf{r}'}\, dV'$
Quellstromdichten: Vereinfachungen:	$\underline{\mathbf{J}}(\mathbf{r}') = \mathbf{e}_x\, \underline{J}_x(\mathbf{r}') + \mathbf{e}_y\, \underline{J}_y(\mathbf{r}') + \mathbf{e}_z\, \underline{J}_z(\mathbf{r}')$ $\underline{\mathbf{J}}(\mathbf{r}')\, dV' \stackrel{\wedge}{=} \underline{\mathbf{J}}_F(\mathbf{r}')\, dF' \stackrel{\wedge}{=} \underline{I}(\mathbf{r}')\, \mathbf{ds}'$
Radialer Einheitsvektor: Quellvektor: Skalarprodukt:	$\mathbf{e}_r = \mathbf{e}_x \sin\vartheta \cos\varphi + \mathbf{e}_y \sin\vartheta \sin\varphi + \mathbf{e}_z \cos\vartheta$ $\mathbf{r}' = \mathbf{e}_x\, x' + \mathbf{e}_y\, y' + \mathbf{e}_z\, z'$ $\mathbf{e}_r \cdot \mathbf{r}' = x'\sin\vartheta \cos\varphi + y'\sin\vartheta \sin\varphi + z'\cos\vartheta$
Ergebnis der Integration: Kugelkomponenten:	$\underline{\mathbf{A}}(\mathbf{r}) = \mathbf{e}_x\, \underline{A}_x(\mathbf{r}) + \mathbf{e}_y\, \underline{A}_y(\mathbf{r}) + \mathbf{e}_z\, \underline{A}_z(\mathbf{r})$ $\underline{\mathbf{F}}(\mathbf{r}) = \mathbf{e}_x\, \underline{F}_x(\mathbf{r}) + \mathbf{e}_y\, \underline{F}_y(\mathbf{r}) + \mathbf{e}_z\, \underline{F}_z(\mathbf{r})$ $\underline{A}_\vartheta = \underline{A}_x \cos\vartheta \cos\varphi + \underline{A}_y \cos\vartheta \sin\varphi - \underline{A}_z \sin\vartheta$ $\underline{F}_\vartheta = \underline{F}_x \cos\vartheta \cos\varphi + \underline{F}_y \cos\vartheta \sin\varphi - \underline{F}_z \sin\vartheta$ $\underline{A}_\varphi = -\underline{A}_x \sin\varphi + \underline{A}_y \cos\varphi$ $\underline{F}_\varphi = -\underline{F}_x \sin\varphi + \underline{F}_y \cos\varphi$
Fernfeldkomponenten:	$\underline{E}_r = Z\,\underline{H}_r = 0$ $\underline{E}_\vartheta = Z\,\underline{H}_\varphi = -jk\left(Z\,\underline{A}_\vartheta + \underline{F}_\varphi\right)$ $\underline{E}_\varphi = -Z\,\underline{H}_\vartheta = -jk\left(Z\,\underline{A}_\varphi - \underline{F}_\vartheta\right)$

Die formale Berechnung der Strahlungsfelder verläuft in Tabelle 14.7 von oben nach unten. Wir wollen den Rechengang in Übung 14.5 am Beispiel des Hertzschen Dipols erläutern.

- Berechnen Sie anhand Tabelle 14.7 die Fernfelder eines Hertzschen Dipols. Orientieren Sie den Dipol jeweils parallel zu einer der drei Achsen des kartesischen Koordinatensystems.

- **Lösung:**
  Ein Dipol in z-Richtung mit der Länge $l \ll \lambda/4$ hat einen räumlich konstanten Strombelag, sein Vektorpotenzial wird daher:

$$\underline{A}(\mathbf{r}) = \frac{e^{-jkr}}{4\pi r} \int_{z'=-l/2}^{l/2} \underline{I}\, \mathbf{e}_z\, e^{jk\,z'\cos\vartheta}\, dz' = \frac{e^{-jkr}}{4\pi r}\, \underline{I}\, \mathbf{e}_z\, \frac{e^{jk\,z'\cos\vartheta}}{jk\cos\vartheta}\bigg|_{z'=-l/2}^{l/2} . \qquad (14.94)$$

Für kleine Strahlerlänge $kl \to 0$ folgt aus (14.94):

$$\underline{A}_z = \frac{e^{-jkr}}{4\pi r}\, \underline{I}\, \frac{2j\sin\big((kl/2)\cos\vartheta\big)}{jk\cos\vartheta} = \frac{e^{-jkr}}{4\pi r}\, \underline{I}\, l \quad \text{(z-Dipol)}. \qquad (14.95)$$

Das Vektorpotenzial ist <u>parallel</u> zum Quellstrom. Ohne nochmalige Rechnung folgt daher:

$$\underline{A}_x = \frac{e^{-jkr}}{4\pi r}\, \underline{I}\, l \quad \text{(x-Dipol)} \qquad (14.96)$$

$$\underline{A}_y = \frac{e^{-jkr}}{4\pi r}\, \underline{I}\, l \quad \text{(y-Dipol)}. \qquad (14.97)$$

Die Umrechnung in sphärische Komponenten führt auf:

$$\underline{A}_\vartheta = -\underline{A}_z \sin\vartheta \qquad \text{(z-Dipol)}, \qquad (14.98)$$

$$\begin{aligned} \underline{A}_\vartheta &= \underline{A}_x \cos\vartheta \cos\varphi \\ \underline{A}_\varphi &= -\underline{A}_x \sin\varphi \end{aligned} \qquad \text{(x-Dipol)}, \qquad (14.99)$$

$$\begin{aligned} \underline{A}_\vartheta &= \underline{A}_y \cos\vartheta \sin\varphi \\ \underline{A}_\varphi &= \underline{A}_y \cos\varphi \end{aligned} \qquad \text{(y-Dipol)}. \qquad (14.100)$$

Schließlich finden wir die gesuchten Fernfeldstärken (siehe auch [Mot86]):

$$\boxed{\begin{aligned} \mathbf{E}^{(\text{z-Dipol})} &= jkZ\underline{I}\,l\, \frac{e^{-jkr}}{4\pi r}\, \mathbf{e}_\vartheta \sin\vartheta \\[2mm] \mathbf{E}^{(\text{x-Dipol})} &= -jkZ\underline{I}\,l\, \frac{e^{-jkr}}{4\pi r}\, \big(\mathbf{e}_\vartheta \cos\vartheta \cos\varphi - \mathbf{e}_\varphi \sin\varphi\big) \\[2mm] \mathbf{E}^{(\text{y-Dipol})} &= -jkZ\underline{I}\,l\, \frac{e^{-jkr}}{4\pi r}\, \big(\mathbf{e}_\vartheta \cos\vartheta \sin\varphi + \mathbf{e}_\varphi \cos\varphi\big), \end{aligned}} \qquad (14.101)$$

aus denen man leicht wieder die Richtcharakteristiken der jeweiligen Gesamtfeldstärke aus Tabelle   10.1   ableiten   kann.

□

14.4 Ausstrahlungsbedingung

Von allen möglichen Lösungen der Feldgleichungen kommen für ein bestimmtes Antennen-
problem nur jene in Betracht, welche die Randbedingungen an der Antenne und die Stetigkeitsbedingungen an möglichen Grenzflächen im Strahlungsfeld erfüllen. Daneben ist im freien,
dreidimensionalen Raum noch die sogenannte Ausstrahlungsbedingung zu beachten, die nur
solche Lösungen zulässt, bei denen die Energieströmung von der Antenne weg in den freien
Raum hinaus erfolgt (auslaufende Welle) und die Gesamtenergie endlich bleibt. Es genügt
hierzu allerdings nicht, im Unendlichen nur das bloße Verschwinden aller Feldkomponenten zu
fordern. Zusätzlich muss eine – vom Ursprung ausgehende – gekrümmte, sphärische Phasenfront bei ihrer Ausbreitung zunehmend flacher werden und sie kann daher im Unendlichen als
gänzlich krümmungsfrei und lokal eben betrachtet werden. Die Feldvektoren $\underline{\mathbf{E}}(\mathbf{r})$ und $\underline{\mathbf{H}}(\mathbf{r})$
sind – bei verlustfrei angenommenen Medien – für $r \to \infty$ in Phase und stehen senkrecht auf-
einander. Darum kann mit (14.64) die folgende **Ausstrahlungsbedingung** formuliert werden:

$$\lim_{r \to \infty} r\left(\underline{\mathbf{E}} + \mathbf{e}_r \times Z\underline{\mathbf{H}}\right) = 0 \quad . \tag{14.102}$$

Mit $Z = \sqrt{\mu/\varepsilon}$ wird der Feldwellenwiderstand des freien Raumes bezeichnet. Die Ausstrahlungsbedingung (14.102) besagt anschaulich, dass die Feldstärken für $r \to \infty$ wie $1/r$ gegen
null gehen und sie sich in großem Abstand von allen Strahlungsquellen wie ebene Wellenfelder
verhalten. Das unendlich ferne Strahlungsfeld wird somit transversal mit ebenen Phasenfronten.
Analog zur Darstellung der Ausstrahlungsbedingung mittels der Felder kann man äquivalente
Forderungen auch für die Vektorpotenziale $\underline{\mathbf{A}}$ und $\underline{\mathbf{F}}$ stellen:

$$\lim_{r \to \infty} r\left(\frac{\partial \underline{\mathbf{A}}}{\partial r} + jk\underline{\mathbf{A}}\right) = 0 \qquad \text{bzw.} \qquad \lim_{r \to \infty} r\left(\frac{\partial \underline{\mathbf{F}}}{\partial r} + jk\underline{\mathbf{F}}\right) = 0 \quad . \tag{14.103}$$

Die Formulierung (14.103) wird Sommerfeldsche[7] Ausstrahlungsbedingung genannt [Som77].
In der Tat wird sie nur von einer auswärts laufenden Kugelwelle $\underline{\mathbf{A}} \propto e^{-jkr}/r$, dagegen nicht
von einer rücklaufenden Welle $\underline{\mathbf{A}} \propto e^{jkr}/r$ erfüllt, wie Übung 14.6 zeigt.

Übung 14.6:   **Sommerfeldsche Ausstrahlungsbedingung**

- Zeigen Sie, dass eine auslaufende Kugelwelle mit einem Fernfeld-Vektorpotenzial
  $\underline{\mathbf{A}} \propto e^{-jkr}/r$ die Ausstrahlungsbedingung von Sommerfeld erfüllt.

- **Lösung:**

  Nach Einsetzen von $\underline{\mathbf{A}} \propto e^{-jkr}/r$ in (14.103) folgt sofort:

  $$\lim_{r \to \infty} r\left(\frac{\partial}{\partial r}\frac{e^{-jkr}}{r} + jk\frac{e^{-jkr}}{r}\right) = \lim_{r \to \infty} r\left(-\frac{jk}{r} - \frac{1}{r^2} + \frac{jk}{r}\right)e^{-jkr} =$$

  $$= -\lim_{r \to \infty}\frac{e^{-jkr}}{r} = 0 \quad . \quad \square \tag{14.104}$$

---

[7] Arnold Johannes Wilhelm **Sommerfeld** (1868-1951): dt. Physiker (Kreiseltheorie, Wellenausbreitung,
Beugung, Atombau und Spektrallinien, quantenmechanische Elektronentheorie)

Eine Kugelwelle transportiert ihre Leistung radial nach außen und verteilt diese Leistung auf immer größer werdende Kugelschalen, deren Oberfläche $O = 4\pi r^2$ mit dem Quadrat vom Radius r anwächst. Die Leistungsdichte, d. h. der Poyntingsche Vektor $\underline{S}(\mathbf{r}) = \underline{E}(\mathbf{r}) \times \underline{H}^*(\mathbf{r})/2$, muss demnach quadratisch mit dem Radius abnehmen $\underline{S}(\mathbf{r}) \propto 1/r^2$. So leuchtet es ein, dass es wegen dieses rein geometrischen Effekts im Dreidimensionalen keine Ausstrahlung geben kann, die im Unendlichen stärker als $1/r$ (d. h. stärker als eine Kugelwelle) gegen null geht, wenn man von Dämpfungen im Ausbreitungsmedium mit komplexem $\underline{k} = \beta - j\alpha$ absieht. Man kann sogar eine noch allgemeinere Ausstrahlungsbedingung für auslaufende Wellen im n-dimensionalen Raum aufstellen [Som77]:

$$\lim_{r \to \infty} r^{\frac{n-1}{2}} \left(\frac{\partial \underline{\mathbf{A}}}{\partial r} + j\,k\,\underline{\mathbf{A}} \right) = 0 \quad , \tag{14.105}$$

analog auch für das elektrische Vektorpotenzial $\underline{\mathbf{F}}$. Im eindimensionalen Fall (Wellenausbreitung auf einer geradlinigen Leitung in Richtung der positiven z-Achse) erhält man mit $n = 1$:

$$\lim_{z \to \infty} \left(\frac{\partial \underline{\mathbf{A}}}{\partial z} + j\,k\,\underline{\mathbf{A}} \right) = 0 \quad . \tag{14.106}$$

An die Stelle einer Kugelwelle $\underline{\mathbf{A}} \propto e^{-jkr}/r$ tritt hier eine ebene Phasenfront $\underline{\mathbf{A}} \propto e^{-jkz}$. Analog zur Ausstrahlungsbedingung formuliert man bei Empfangsantennen eine **Einstrahlungsbedingung** für einlaufende Wellen $\underline{\mathbf{A}} \propto e^{jkr}/r$. Sie lautet im Dreidimensionalen:

$$\lim_{r \to \infty} r \left(\frac{\partial \underline{\mathbf{A}}}{\partial r} - j\,k\,\underline{\mathbf{A}} \right) = 0 \qquad \text{bzw.} \qquad \lim_{r \to \infty} r \left(\frac{\partial \underline{\mathbf{F}}}{\partial r} - j\,k\,\underline{\mathbf{F}} \right) = 0 \quad . \tag{14.107}$$

Erst das Hinzukommen der Rand-, Stetigkeits- und Ausstrahlungsbedingung macht die Maxwellschen Gleichungen zu einem sachgemäß gestellten (eindeutig lösbaren) Randwertproblem. Außerdem ist noch die Erfüllung der sogenannten Kantenbedingung gesondert zu überprüfen.

14.5 Kantenbedingung

Neben der Ausstrahlungsbedingung kommt für die strenge Beugungslösung an unendlich gut leitenden dünnen Schirmen oder keilförmigen Streukörpern noch die sogenannte Kantenbedingung hinzu. Wir betrachten dazu in Bild 14.9 einen metallischen Keil mit scharfer geradliniger Kante C, der für $\varphi_0 \to 2\pi$ in einen unendlich dünnen Schirm übergeht (siehe auch Bild 6.27).

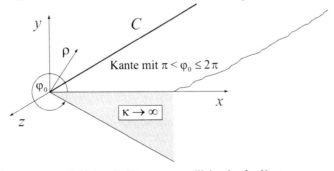

Bild 14.9 Zur Erläuterung von Feldsingularitäten an unendlich scharfen Kanten

Die Kante diene als z-Achse eines zylindrischen Koordinatensystems (ρ, φ, z). Lässt man nun eine elektromagnetische Welle auf den Keil einfallen, so wird sie einerseits an den Keilflächen reflektiert, zusätzlich aber auch an der Kante gebeugt. Es stellt sich durch Überlagerung der einfallenden, reflektierten und gebeugten Welle ein Gesamtfeld ein, das wir in unmittelbarer Kantennähe betrachten wollen. Die im Allgemeinen sechs Feldkomponenten des Gesamtfeldes teilen wir – entsprechend ihrer relativen Lage zur Kante – in zwei Gruppen auf:

Längskomponenten: $\underline{E}_z, \underline{H}_z$

Querkomponenten: $\underline{E}_x, \underline{E}_y, \underline{H}_x, \underline{H}_y$.

Man kann nun zeigen [Mit71], dass sich bei kleinen Abständen $\rho \ll \lambda$ von der Kante die genannten Feldkomponenten für $\pi < \varphi_0 \leq 2\pi$ wie folgt verhalten:

$$\underline{E}_z, \underline{H}_z \propto \rho^{\pi/\varphi_0} \quad \text{und} \quad \underline{E}_x, \underline{E}_y, \underline{H}_x, \underline{H}_y \propto \rho^{(\pi/\varphi_0)-1} . \tag{14.108}$$

Im Grenzfall $\rho \to 0$, also direkt auf der Kante, verschwinden darum die Längsfeldstärken und die Querfeldstärken werden *singulär*. Die Stärke der **Singularität** hängt nach (14.108) vom Kantenwinkel ab und ist in Tabelle 14.8 für zwei Beispiele dargestellt.

Tabelle 14.8 Singularitäten der Querfeldstärken an geraden, ideal leitenden Kanten

Kantenform	Kantenwinkel	Singularität
φ_0	$\varphi_0 = 3\pi/2$	$\mathrm{O}\left(\rho^{-1/3}\right)$
φ_0	$\varphi_0 = 2\pi$	$\mathrm{O}\left(\rho^{-1/2}\right)$

Die stärkste Kantensingularität, die überhaupt auftreten kann, erhält man beim unendlich dünnen Schirm, der aus der allgemeinen Kante im Sonderfall $\varphi_0 = 2\pi$ entsteht (Abschnitt 6.8). Nach Tabelle 14.8 haben hier die Querfeldstärken mit abnehmendem Kantenabstand ρ einen Verlauf, der wie $\rho^{-1/2} = 1/\sqrt{\rho}$ gegen unendlich geht. Da nun andererseits die Energie in jedem endlichen Volumen $dV = \rho \, d\rho \, d\varphi \, dz$ an der Kante beschränkt bleiben muss, dürfen deshalb die Felder auch nicht stärker als mit $\rho^{-1/2}$ gegen unendlich gehen [Meix72]. Die unendlich scharfe Kante ist natürlich eine mathematische Fiktion. In der Praxis hat man dagegen stets Kanten mit Biegeradien, die höchstens klein gegen die Wellenlänge sein können, aber nie genau null werden. Die Felder werden dann nicht mehr singulär, können aber durchaus sehr hohe Werte annehmen. Auch im Bereich vor der **Spitze** eines geraden Kreiskegels treten Feldsingularitäten auf [Fel94, Van91]. Diese Tatsache macht man sich als Spitzeneffekt bei der Konstruktion von Blitzableitern zu Nutze.

Allgemeinere Beziehungen für metallische Kanten in geschichteten Dielektrika findet man in [Mit71, Hur76], die in [Gei92] auf Medien mit Verlusten $(\kappa < \infty)$ erweitert wurden.

Im Falle $0 < \varphi_0 < \pi$ hat man keine „äußere" Kante sondern einen „inneren" Winkel, an dem für $\rho \to 0$ keine der sechs Feldkomponenten singulär werden. Der Sonderfall $\varphi_0 = \pi$ liefert die bekannte Reflexion an einer metallischen Ebene, die unter dem Gesichtspunkt von Kantensingularitäten nicht interessant ist.

14.6 Huygenssches Prinzip

14.6.1 Vektorielle Formulierung

In seiner elementaren Form besagt das 1678 entdeckte **Huygenssche Prinzip**[8], dass

- jeder nicht abgeschirmte Punkt einer Wellenfront wieder als Quelle von <u>sphärischen</u> Sekundärwellen (Elementarwellen) angesehen werden kann.

- Die Elementarwellen breiten sich mit einer Geschwindigkeit c und einer Frequenz aus, die gleich derjenigen der Primärwelle in jedem Punkt des Raumes ist.

- All diese Elementarwellen überlagern sich an nachfolgenden Orten $c\,\Delta t$ in Ausbreitungsrichtung wieder zu der eigentlichen Primärwelle. Weitere Wellenfronten können als Einhüllende aller Sekundärwellen konstruiert werden (Bild 14.10).

- Eine Elementarwelle strahlt nicht nach allen Seiten gleich stark. Nach rückwärts – also der Primärwelle entgegen – wird nichts und nach vorne am meisten ausgestrahlt (Kardioidcharakteristik $(1+\cos\vartheta)/2$ der Huygensquelle – siehe Übungen 21.1 und 21.2).

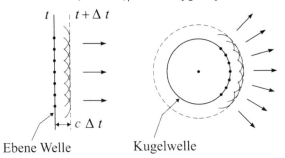

Ebene Welle   Kugelwelle

Bemerkung:
Der Faktor $(1+\cos\vartheta)/2$ in (21.27) verursacht eine Richtungsabhängigkeit der Elementarwellen. Im Englischen wird er als „obliquity factor" bezeichnet. Sein Quadrat hat für $0\le\vartheta\le\pi/4$ große Ähnlichkeit mit der $\cos\vartheta$-Charakteristik eines Lambert-Strahlers (siehe Kapitel 25.1).

Bild 14.10 Die Einhüllende aller Sekundärwellen bildet eine neue Phasenfront.

Die Ausbildung einer ebenen Welle und einer Kugelwelle aus den Elementarwellen einzelner Punktquellen ist in Bild 14.10 dargestellt. Man kann das Huygenssche Prinzip aber noch allgemeiner formulieren. Wir betrachten dazu eine beliebige Verteilung <u>eingeprägter</u> Quellen $\mathbf{J}$ und $\mathbf{M}$ innerhalb eines Volumengebietes V. Dieses Volumen mit den Materialkonstanten ε_1 und μ_1 schließen wir wie in Bild 14.11a mit einer Hüllfläche A ein.

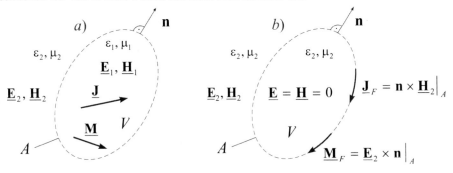

Bild 14.11 <u>Eingeprägte</u> Quellen $\mathbf{J}$ und $\mathbf{M}$ und Ersatzproblem mit <u>äquivalenten</u> Quellen $\mathbf{J}_F$ und $\mathbf{M}_F$

---

[8] Christiaan **Huygens** (1629-1695): niederld. Mathematiker, Physiker und Astronom (Mechanik, Wellentheorie des Lichts, Entdecker des Saturnmonds Titan)

Wir wollen annehmen, dass sich alle Quellen im Inneren dieser geschlossenen Hüllfläche befinden und wir nur an der Bestimmung des Strahlungsfeldes außerhalb des Volumengebietes V interessiert sind. $\underline{\mathbf{E}}_1$ und $\underline{\mathbf{H}}_1$ sollen die durch die Quellen $\underline{\mathbf{J}}$ und $\underline{\mathbf{M}}$ erzeugten Felder im Inneren des Volumens V sein, während $\underline{\mathbf{E}}_2$ und $\underline{\mathbf{H}}_2$ die Felder im Außenbereich bezeichnen. Die zur Hüllfläche A tangential stehenden Komponenten gehen stetig ineinander über (Abschnitt 3.6). Aufgrund der Stetigkeit fließen in der Trennfläche *keine* Oberflächenströme, d. h. es gilt:

$$\mathbf{n} \times (\underline{\mathbf{H}}_2 - \underline{\mathbf{H}}_1)\big|_A = 0 \quad \text{und} \quad \mathbf{n} \times (\underline{\mathbf{E}}_2 - \underline{\mathbf{E}}_1)\big|_A = 0 \,. \tag{14.109}$$

Keines der genannten Felder kann mit Hilfe der üblichen Quellintegrale (14.61) bestimmt werden, da der gesamte Raum wegen der dielektrischen Trennschicht nicht unbegrenzt homogen ist. Wir wollen nun ein zweites Feldproblem betrachten, das für die Felder im äußeren Medium völlig äquivalent zur vorherigen Anordnung sein soll (Bild 14.11*b*). Dazu führen wir anstatt der ursprünglichen inneren wahren Strahlungsquellen $\underline{\mathbf{J}}$ und $\underline{\mathbf{M}}$ neue fiktive **Oberflächenstromdichten** (die keinen wirklich bewegten Ladungsträgern entsprechen) auf der Hüllfläche A ein:

$$\underline{\mathbf{J}}_F = \mathbf{n} \times (\underline{\mathbf{H}}_2 - \underline{\mathbf{H}})\big|_A \quad \text{und} \quad -\underline{\mathbf{M}}_F = \mathbf{n} \times (\underline{\mathbf{E}}_2 - \underline{\mathbf{E}})\big|_A \,. \tag{14.110}$$

Diese **äquivalenten Quellen** gewährleisten im Medium 2 die gleichen Felder $\underline{\mathbf{E}}_2$ und $\underline{\mathbf{H}}_2$ wie beim Originalproblem, während sich im Medium 1 nun die neuen Felder $\underline{\mathbf{E}}$ und $\underline{\mathbf{H}}$ einstellen. Die neue Ersatzanordnung besitzt somit im Außenraum der Hüllfläche die gleiche Feldverteilung wie die ursprüngliche. Bezüglich der Felder außerhalb von A sind also beide Anordnungen äquivalent. Die Berechnungen werden dann besonders einfach, wenn wir die Ersatzquellen so wählen, dass das von der Hüllfläche A umschlossene Raumgebiet V vollkommen feldfrei wird, also wenn $\underline{\mathbf{E}} = \underline{\mathbf{H}} = 0$ gilt. Diesen Zustand erreichen wir bei folgender Wahl:

$$\underline{\mathbf{J}}_F = \mathbf{n} \times \underline{\mathbf{H}}_2\big|_A \quad \text{und} \quad -\underline{\mathbf{M}}_F = \mathbf{n} \times \underline{\mathbf{E}}_2\big|_A \,. \tag{14.111}$$

Diese fiktiven elektrischen und magnetischen Oberflächenstromdichten schirmen sozusagen das innere Raumgebiet so ab, dass dort überhaupt kein Feld mehr existieren kann. Darum kann jetzt innerhalb von A die Stoffverteilung im Volumen V beliebig gewählt werden. Wenn wir sie durch den gleichen Stoff ε_2, μ_2 wie im Außenraum ersetzen **(Äquivalenztheorem von Love)**, strahlen jetzt die Flächenströme im unbegrenzt homogenen Raum und wir können die Strahlungsfelder wieder mit Hilfe der Quellintegrale (14.61) gewinnen. Dabei ist anstelle einer Volumenintegration sogar nur über die geschlossene Hüllfläche A zu integrieren. Im Fernfeld folgt dann aus (14.61) mit der Greenschen Funktion (14.70) und $Z = \sqrt{\mu_2/\varepsilon_2}$ sowie $k = \omega\sqrt{\mu_2\varepsilon_2}$:

$$\underline{\mathbf{E}}_2(\mathbf{r}) = j\,k\,\frac{e^{-jkr}}{4\pi r}\,\mathbf{e}_r \times \oiint_{A'}\big[\underline{\mathbf{M}}_F(\mathbf{r}') + Z\,\mathbf{e}_r \times \underline{\mathbf{J}}_F(\mathbf{r}')\big]e^{\,jk\,\mathbf{e}_r\cdot\mathbf{r}'}\,dA'$$

$$Z\underline{\mathbf{H}}_2(\mathbf{r}) = -j\,k\,\frac{e^{-jkr}}{4\pi r}\,\mathbf{e}_r \times \oiint_{A'}\big[Z\,\underline{\mathbf{J}}_F(\mathbf{r}') - \mathbf{e}_r \times \underline{\mathbf{M}}_F(\mathbf{r}')\big]e^{\,jk\,\mathbf{e}_r\cdot\mathbf{r}'}\,dA' \,. \tag{14.112}$$

Nach Einsetzen der Oberflächenstromdichten (14.111) in (14.112) erhalten wir schließlich als Fernfelddarstellung die sogenannten **Franzschen Formeln** [Fra48, Koch60, Tai72]:

$$\underline{\mathbf{E}}_2(\mathbf{r}) = j\,k\,\frac{e^{-jkr}}{4\pi r}\,\mathbf{e}_r \times \oiint_{A'}\big[\underline{\mathbf{E}}_2(\mathbf{r}') \times \mathbf{n}(\mathbf{r}') + Z\,\mathbf{e}_r \times \big(\mathbf{n}(\mathbf{r}') \times \underline{\mathbf{H}}_2(\mathbf{r}')\big)\big]e^{\,jk\,\mathbf{e}_r\cdot\mathbf{r}'}\,dA'$$

$$Z\underline{\mathbf{H}}_2(\mathbf{r}) = -j\,k\,\frac{e^{-jkr}}{4\pi r}\,\mathbf{e}_r \times \oiint_{A'}\big[Z\,\mathbf{n}(\mathbf{r}') \times \underline{\mathbf{H}}_2(\mathbf{r}') - \mathbf{e}_r \times \big(\underline{\mathbf{E}}_2(\mathbf{r}') \times \mathbf{n}(\mathbf{r}')\big)\big]e^{\,jk\,\mathbf{e}_r\cdot\mathbf{r}'}\,dA' \,. \tag{14.113}$$

Vektorielles Huygenssches Prinzip I – Äquivalenztheorem von Love

Sind im unbegrenzten homogenen Raum auf einer geschlossenen Hüllfläche A, die alle Strahlungsquellen einschließt, die <u>tangentialen</u> elektrischen und magnetischen Feldstärken bekannt (Bild 14.11b), dann können die an einem Punkt <u>außerhalb</u> herrschenden Feldstärken $\underline{E}_2$ und $\underline{H}_2$ aus diesen Feldern auf der Hüllfläche nach den Franzschen Formeln (14.113) exakt berechnet werden.

Zunächst ist allerdings mit der Integraldarstellung (14.113) nur wenig gewonnen, denn die im Integranden benötigten Tangentialfelder – als Folge der ursprünglich inneren Strahlungsquellen $\underline{J}$ und $\underline{M}$ – sind in der Regel gar nicht bekannt. In vielen Fällen kann man aber plausible Näherungen für die unbekannten Flächenströme angeben (Abschnitt 21.2). Die Oberflächenstromdichten $\underline{J}_F$ und $\underline{M}_F$ sind **äquivalente Quellen.** Sie werden in diesem Zusammenhang auch Huygens-Quellen genannt. Der Begriff der äquivalenten Quelle im Allgemeinen und des magnetischen Stroms im Besonderen erweist sich hier als sehr nützlich. Hätten wir neben dem elektrischen nicht auch den magnetischen Strom als Quellgröße in die Maxwellschen Gleichungen (14.3) eingeführt, so könnte das Huygenssche Prinzip nicht so einfach formuliert werden.

Für die äquivalente Anordnung nach dem Huygensschen Prinzip ist das innerhalb der Hüllfläche A liegende Volumengebiet V feldfrei. Seine Stoffverteilung kann deshalb beliebig verändert werden, ohne das Feld im Außenraum zu stören. Anstatt das Material innerhalb A <u>gleich</u> dem des Außenraums zu wählen, kann man nach **Schelkunoff** das Innere wie in Bild 14.12 auch mit einem idealen elektrischen oder magnetischen Leiter ausfüllen [Ren00], woraus zwei neue zu Bild 14.11 äquivalente Ersatzanordnungen entstehen. Man beachte dabei, dass es sich bei $\underline{J}_F$ und $\underline{M}_F$ um <u>fiktive äquivalente</u> Quellen handelt – und nicht um <u>reale</u> bewegte Ladungsträger!

Vektorielles Huygenssches Prinzip II – Äquivalenztheorem von Schelkunoff

Nach dem **Reziprozitätstheorem** [Har61] leisten <u>äquivalente</u> elektrische Quellen $\underline{J}_F$, die sich auf der Oberfläche eines elektrisch ideal leitenden Körpers befinden, keinen Beitrag zum Strahlungsfeld. Ebenso gibt es keine Abstrahlung von <u>äquivalenten</u> magnetischen Quellen $\underline{M}_F$, die sich auf der Oberfläche eines magnetisch ideal leitenden Körpers befinden. Damit folgt, dass in beiden Fällen das Strahlungsfeld vollständig nur durch <u>eine</u> der beiden Quellgrößen verursacht wird. Die jeweils andere leistet <u>keinen Strahlungsbeitrag</u> und ist in Bild 14.12 nicht dargestellt.

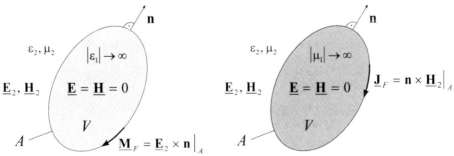

Bild 14.12 Huygens-Äquivalente: magnetische Quellströme auf elektrischem Leiter bzw. elektrische Quellströme auf magnetischem Leiter (nichtstrahlende Ströme jeweils nicht dargestellt)

Bei den Huygens-Äquivalenten <u>mit</u> elektrisch bzw. magnetisch ideal leitender Oberfläche strahlen die magnetischen und elektrischen Quellströme <u>in Anwesenheit</u> des massiven Körpers. Zwar können deshalb die Strahlungsfelder $\underline{E}_2$ und $\underline{H}_2$ nicht mehr mit den Integraldarstellungen (14.113) unter Benutzung der Greenschen Funktion des <u>freien</u> Raumes

$$\underline{G}(\mathbf{r},\mathbf{r}') = e^{-jk|\mathbf{r}-\mathbf{r}'|} \Big/ \big(4\pi|\mathbf{r}-\mathbf{r}'|\big) = e^{-jkR} \big/ (4\pi R) \tag{14.114}$$

berechnet werden, trotzdem sind diese Äquivalenzen bei der Behandlung vieler Feldprobleme sehr nützlich (Abschnitt 21.3). Bei besonders einfach geformten Hüllflächen A (z. B. bei einer Kugel) kann man die Greensche Funktion der massiven Ersatzanordnung oft analytisch angeben. Entartet die massive Hüllfläche zu einer unendlich ausgedehnten leitenden Ebene, so kann diese nach Hinzufügen eines **Spiegelstromes** (Abschnitt 18.6) einfach <u>weggelassen</u> werden. Die Kombination aus Originalstrom und Spiegelstrom strahlt dann wieder im <u>freien</u> Raum.

Eine <u>äquivalente</u> Oberflächenstromdichte $\underline{\mathbf{J}}_F$, die auf einer elektrisch leitenden Ebene fließt, kann nicht strahlen, weil sie sich mit ihrem gegenphasigen Spiegelbild auslöscht (Tabelle 18.9). Gleichzeitig muss sich eine <u>äquivalente</u> Oberflächenstromdichte $\underline{\mathbf{M}}_F$ auf einer elekt-risch leitenden Ebene wegen ihres gleichphasigen Spiegelbilds verdoppeln. In diesem Huygens-Äquivalent (nun im unbegrenzten freien Raum) ist dann nur mehr <u>ein</u> Oberflächenstrom, nämlich $2\,\underline{\mathbf{M}}_F$, von null verschieden. Auch eine magnetisch leitende Ebene kann nach Spiegelung der Quellströme weggelassen werden – die einzig verbleibenden Quellen sind dann $2\,\underline{\mathbf{J}}_F$.

Achtung: Beschleunigte <u>reale</u> elektrische Ladungen strahlen dagegen immer, egal ob es sich um Volumenströme $\underline{\mathbf{J}}$ oder um Oberflächenströme $\underline{\mathbf{J}}_F$ auf einer metallischen Wand handelt.

Das Huygenssche Prinzip gilt streng genommen nur für eine <u>geschlossene</u> Hüllfläche A. Es leistet aber auch gute Dienste bei der näherungsweisen Behandlung von Beugungsproblemen, wie etwa bei der Berechnung des Strahlungsfeldes von Horn- und Parabolantennen (Bild 14.13). Dort können nur über die Feldverteilung auf einer begrenzten Fläche – nämlich der Hornöffnung oder Apertur – plausible Annahmen gemacht werden. Die Felder auf dem Rest der Hüllfläche A – nämlich auf der Außenwand – setzt man dann in erster Näherung zu null.

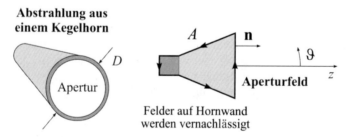

Bild 14.13 Kegelhornantenne (siehe Kapitel 22) und Ersatzproblem mit geschlossener Hüllfläche A

14.6.2 Skalare Formulierung

Bei exakter Formulierung des Huygensschen Prinzips ist das Vektorpotenzial $\underline{\mathbf{A}}$ wegen des <u>vektoriellen</u> Integranden nur umständlich zu berechnen:

$$\underline{\mathbf{A}}(\mathbf{r}) = \oiint_{A'} \underline{\mathbf{J}}_F(\mathbf{r}') \frac{e^{-jkR}}{4\pi R}\, dA'. \tag{14.115}$$

Die Felder im Fresnel- und Fraunhoferbereich folgen daraus nach (14.62):

$$\underline{\mathbf{H}} = -jk\,\mathbf{e}_r \times \underline{\mathbf{A}} \quad \text{und} \quad \underline{\mathbf{E}} = -\mathbf{e}_r \times Z\underline{\mathbf{H}}. \tag{14.116}$$

In der Praxis wird darum häufig eine <u>skalare</u> Näherungslösung benutzt, die auf Kirchhoff zurückgeht. Unter Vernachlässigung der Polarisation der Strahlungsquelle wird mit $R = |\mathbf{r}-\mathbf{r}'|$

zunächst eine skalare Potenzialfunktion $\underline{\Phi}$ mittels eines einfacheren Quellintegrals bestimmt [Born93], wodurch dann die skalare Näherung $\underline{E}(\mathbf{r}) = jkZ\underline{\Phi}(\mathbf{r})$ ermöglicht wird:

$$\boxed{\underline{\Phi}(\mathbf{r}) = \oiint_{A'} \underline{J}_F(\mathbf{r}')\,\frac{e^{-jkR}}{4\pi R}\,dA'}\,. \tag{14.117}$$

Die Genauigkeit dieser Näherung, in der einfach die <u>Richtung</u> der Oberflächenstromdichte vernachlässigt wird, ist für viele praktische Anwendungen ausreichend. Insbesondere kann damit die **Vorwärtsstrahlung** einer elektrisch großen Apertur $(ka \gg 1)$ im Winkelbereich $0 \le \vartheta \le \pi/3$ zuverlässig angegeben werden (Bild 14.14). Das skalare Strahlungsfeld $\underline{\Phi}(\mathbf{r})$ hängt dabei von der zweidimensionalen Strombelegung $\underline{J}_F(\mathbf{r}')$ der strahlenden Fläche A' ab und erfährt den bekannten Retardierungseffekt gemäß der Greenschen Funktion des freien Raums. Für den Abstand zwischen Quellpunkt und Aufpunkt kann mit Ausnahme des Nahfeldes die Näherung im <u>Fresnel-Gebiet</u> eingesetzt werden:

$$R = r - \mathbf{e}_r \cdot \mathbf{r}' + \frac{1}{2r}\left[r'^2 - (\mathbf{e}_r \cdot \mathbf{r}')^2\right]. \tag{14.118}$$

Übung 14.7:   Strahlung einer homogen belegten Kreisapertur

- Berechnen Sie mit der skalaren Kirchhoffschen Beugungstheorie (14.117) das Strahlungsfeld einer in Amplitude und Phase homogen belegten kreisförmigen Fläche mit Durchmesser $D = 2a = 50\lambda$. Es gelte also, unter Vernachlässigung der Einheiten, $\underline{J}_F = 1$.

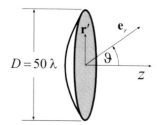

Bild 14.14 Reflektorantenne mit der fiktiven Annahme einer homogen belegten Kreisapertur

- **Lösung:**

Bei einer homogen belegten Apertur mit $\underline{J}_F(\mathbf{r}') = 1$ erhalten wir zunächst

$$\underline{\Phi}(\mathbf{r}) = \int_{\rho'=0}^{a}\int_{\varphi'=0}^{2\pi}\frac{e^{-jkR}}{4\pi R}\,d\varphi'\,\rho'\,d\rho'\,, \tag{14.119}$$

wenn wir zweckmäßige zylindrische Koordinaten (siehe Tabelle 2.5) verwenden. Wegen $r'^2 = \rho'^2$ und $\mathbf{e}_r \cdot \mathbf{r}' = \rho'\cos\varphi'\sin\vartheta\cos\varphi + \rho'\sin\varphi'\sin\vartheta\sin\varphi = \rho'\sin\vartheta\cos(\varphi-\varphi')$ folgt im Fresnel-Gebiet aus (14.118):

$$R = r - \rho'\sin\vartheta\cos(\varphi-\varphi') + \frac{\rho'^2}{2r}\left[1 - \sin^2\vartheta\cos^2(\varphi-\varphi')\right]. \tag{14.120}$$

Bei Aufpunktswinkeln im achsnahen Bereich $(\vartheta < 30°)$ gilt $\sin^2\vartheta \ll 1$, weswegen die eckige Klammer in (14.120) näherungsweise mit 1 abgeschätzt werden kann. So erhält man schließlich folgendes **Aperturfeldintegral** (Methode der Physikalischen Optik – PO):

$$\underline{\Phi}(\mathbf{r}) = \frac{e^{-jkr}}{4\pi r}\int_{\rho'=0}^{a}\int_{\varphi'=0}^{2\pi}e^{jk\rho'\sin\vartheta\cos(\varphi-\varphi')}\,e^{-jk\frac{\rho'^2}{2r}}\,d\varphi'\,\rho'\,d\rho' \tag{14.121}$$

mit der Fresnel-Näherung im Phasenterm und der Näherung $R = r$ im Amplitudenterm. Das Integral über den Umfangswinkel φ' hat die analytische Lösung [Gra81]:

$$\int_{\varphi'=0}^{2\pi} e^{j\,k\,\rho'\sin\vartheta\,\cos(\varphi-\varphi')}\,d\varphi' = 2\,\pi\,J_0\big(k\,\rho'\sin\vartheta\big), \tag{14.122}$$

womit das Strahlungsfeld nicht vom Azimutwinkel φ abhängt, was wegen der Rotationssymmetrie der Anordnung auch zu erwarten war. J_0 ist die Besselfunktion erster Art und nullter Ordnung, die wir auch schon beim Rundhohlleiter in Abschnitt 8.3 benötigt hatten. Im Fraunhoferschen Fernfeld kann in (14.121) der quadratische Phasenterm vernachlässigt werden und wir erhalten eine geschlossene Lösung (Tabelle 14.9), während im Fresnel-Gebiet das verbleibende Integral (mit r und ϑ als Parameter) durch Lommelsche Funktionen ausgedrückt werden könnte [Born93], die sich wiederum in eine Reihe aus Besselfunktionen entwickeln lassen. Wir ziehen es im Moment vor, das komplizierte Integral im Fresnel-Gebiet mittels einer numerischen Quadratur zu bestimmen. Für eine geschlossene Darstellung über Lommelsche Funktionen sei auf (22.77) verwiesen. Mit $\underline{E} = j\,k\,Z\,\underline{\Phi}$ finden wir schließlich die normierte Richtcharakteristik $0 \le C \le 1$ der strahlenden Kreisapertur.

Tabelle 14.9 Richtcharakteristik C einer homogen belegten Kreisapertur (skalare Theorie)

Fernfeld $r \ge 2\,D^2/\lambda$	**Fresnel-Gebiet** $r \le 2\,D^2/\lambda$
$\underline{\Phi}(r,\vartheta) =$ $$= \frac{e^{-j\,k\,r}}{2\,r}\int_{\rho'=0}^{a} J_0\big(k\,\rho'\sin\vartheta\big)\rho'\,d\rho' =$$ $$= \frac{e^{-j\,k\,r}}{2\,r}\,\frac{J_1\big(k\,a\sin\vartheta\big)}{k\,a\sin\vartheta}\,a^2$$	$\underline{\Phi}(r,\vartheta) =$ $$= \frac{e^{-j\,k\,r}}{2\,r}\int_{\rho'=0}^{a} J_0\big(k\,\rho'\sin\vartheta\big)e^{-j\,k\,\frac{\rho'^2}{2\,r}}\,\rho'\,d\rho'$$ $\rightarrow$ numerisch auswerten!
$$C(\vartheta) = \frac{\big|\underline{\Phi}(r,\vartheta)\big|}{\big|\underline{\Phi}(r,\vartheta)\big|_{\max}} = \left|\frac{2\,J_1\big(k\,a\sin\vartheta\big)}{k\,a\sin\vartheta}\right|$$	$$C(\vartheta,r) = \frac{\big|\underline{\Phi}(r,\vartheta)\big|}{\big|\underline{\Phi}(r,\vartheta)\big|_{\max}}$$

Wir wollen die auf ihr Maximum bei $\vartheta = 0$ normierte Fernfeld-Intensitätsfunktion

$$C^2(\vartheta) = \left(\frac{2\,J_1\big(k\,a\sin\vartheta\big)}{k\,a\sin\vartheta}\right)^2 \tag{14.123}$$

für eine Apertur von $D = 2\,a = 50\,\lambda$ im logarithmischen Maßstab darstellen, also $10\lg C^2(\vartheta)$ dB. Die Kurve ist praktisch deckungsgleich mit der am Fraunhofer-Abstand $r_F = 2\,D^2/\lambda$ ausgewerteten Fresnel-Charakteristik $10\lg C^2(\vartheta, r_F)$ dB. Außerdem sind in Bild 14.15 zwei weitere Kurven im Fresnel-Gebiet bei kleineren Abständen $r_F/4$ und $r_F/8$ dargestellt.

Man sieht in Bild 14.15, wie sich erst im Fernfeld die Nebenkeulenstruktur und die Nullstellen ausprägen. Im Fresnel-Gebiet dagegen sind alle Diagrammnullstellen noch aufgefüllt und die Abstrahlung erfolgt weniger gebündelt, sondern eher diffus.   □

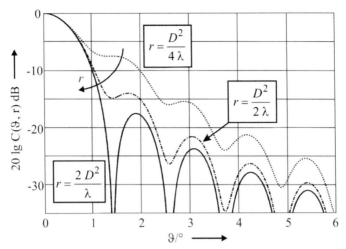

Bild 14.15 Entfernungsabhängiges Richtdiagramm einer homogen belegten Kreisapertur mit $D = 50\,\lambda$

In obiger Übungsaufgabe haben wir die Fernfeld-Richtcharakteristik einer homogen belegten Kreisapertur hergeleitet (für andere Belegungsfunktionen siehe Abschnitt 24.7):

$$C(\vartheta) = \left| \frac{2\,J_1(k\,a\sin\vartheta)}{k\,a\sin\vartheta} \right|. \tag{14.124}$$

Die erste Nullstelle der Besselfunktion J_1 ist $j_{11} \approx 3{,}8317$. Alle Nebenkeulen von $C(\vartheta)$ liegen natürlich bei noch größeren Werten, d. h. bei $k\,a\sin\vartheta > j_{11}$, weswegen wir im gesamten Nebenkeulenbereich der Charakteristik $k\,a\sin\vartheta \gg 1$ setzen dürfen und für die Besselfunktion nach Bild 8.18 eine Näherung für große Argumente verwenden können:

$$J_1(k\,a\sin\vartheta) \approx \sqrt{\frac{2}{\pi\,k\,a\sin\vartheta}}\,\sin(k\,a\sin\vartheta - \pi/4). \tag{14.125}$$

Daraus erhalten wir im Nebenkeulenbereich folgende asymptotische Darstellung:

$$C(\vartheta) \approx \frac{\sqrt{8/\pi}}{(k\,a\sin\vartheta)^{3/2}}\,\left| \sin(k\,a\sin\vartheta - \pi/4) \right|. \tag{14.126}$$

Die Nebenkeulen liegen dort, wo die Sinusfunktion 1 bzw. -1 wird, ihr Betrag also maximal ist. Die Höhe der Nebenkeulen wird allein durch den Vorfaktor in (14.126) bestimmt. Damit folgt für die Nebenkeulendämpfung einer homogen belegten Kreisapertur:

$$a_N \approx 10\lg\frac{(k\,a\sin\vartheta)^3}{8/\pi}\,\mathrm{dB} > 0. \tag{14.127}$$

Bei kleinen Winkeln ϑ können wir noch die Näherung $\sin\vartheta \approx \vartheta$ machen, was bis $\vartheta = \pi/6 \,\hat{=}\, 30°$ gut erfüllt ist. Damit erfolgt der asymptotische Abfall der Nebenkeulen etwa mit der dritten Potenz des Diagrammwinkels ϑ, also schneller als bei einer homogen belegten Rechteckapertur, wo sich – in den Hauptschnitten – nur ein quadratischer Abfall einstellt (siehe Übung 21.1). In Bild 14.16 sind die Richtcharakteristik (14.124) und die Einhüllende aller Nebenkeulen $-a_N$ im logarithmischen Maßstab für eine Kreisapertur mit $D = 2a = 40\,\lambda$ wiedergegeben. Die Darstellung in Bild 14.16 zeigt, dass unsere Näherung (14.125) für große Argumente der Besselfunktion zur Herleitung der Nebenkeulendämpfung gerechtfertigt war.

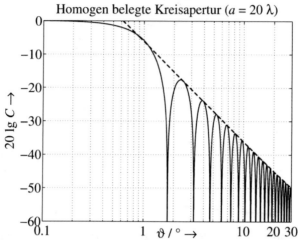

Bild 14.16 Die Nebenkeulen der Abstrahlung von einer homogen belegten Kreisapertur fallen etwa mit der inversen dritten Potenz des Diagrammwinkels. Das entspricht im logarithmischen Maßstab einer fallenden Geraden mit Steigung -3.

Übung 14.8: Gewinn einer homogen belegten Kreisapertur

- Bestimmen Sie mit Hilfe der Definition (10.30) den *Gewinn G* einer homogen belegten Kreisapertur, die in den *Halbraum* $z \geq 0$ abstrahlt. Als Richtcharakteristik verwenden Sie die mit Hilfe der *skalaren* Beugungstheorie gewonnene Lösung $C(\vartheta)$ aus (14.124).

- **Lösung:**

Bei verlustloser Struktur werden Gewinn und Richtfaktor identisch und aus (10.30) folgt:

$$G = \frac{4\pi}{\Omega} = \frac{4\pi}{\displaystyle\int_{\varphi=0}^{2\pi}\int_{\vartheta=0}^{\pi/2} C^2(\vartheta)\sin\vartheta\,d\vartheta\,d\varphi} = \frac{4\pi}{2\pi\displaystyle\int_{\vartheta=0}^{\pi/2} C^2(\vartheta)\sin\vartheta\,d\vartheta}. \tag{14.128}$$

Mit $C(\vartheta)$ aus (14.124) wird

$$G = \frac{2}{\displaystyle\int_{\vartheta=0}^{\pi/2}\left[\frac{2J_1(ka\sin\vartheta)}{ka\sin\vartheta}\right]^2\sin\vartheta\,d\vartheta} = \frac{(ka)^2}{2\displaystyle\int_{\vartheta=0}^{\pi/2}\frac{J_1^2(ka\sin\vartheta)}{\sin\vartheta}\,d\vartheta} \tag{14.129}$$

Das Integral im Nenner hat eine geschlossene Lösung [Mah05], woraus wir schließlich den Gewinn einer uniform belegten Kreisapertur (mit dem Flächenwirkungsgrad $q=1$)

$$\boxed{G = \frac{(ka)^2}{1-J_1(2ka)/(ka)}} \tag{14.130}$$

erhalten.   □

Für ein linear polarisiertes, in Amplitude und Phase uniform belegtes Aperturfeld findet man mit dem *vektoriellen* Beugungsintegral (14.115) eine gegenüber der *skalaren* Rechnung verbesserte Gewinnformel. Mit Details aus [Mah05] lautet das Ergebnis (siehe auch Abschnitt 27.8):

$$G = \frac{(k\,a)^2}{1-\xi} \quad \text{mit} \quad \xi = \frac{1}{k\,a} \sum_{n=0}^{\infty} J_{2n+1}(2\,k\,a) \,. \tag{14.131}$$

Bei *kleinen* Aperturen ($k\,a \to 0$) erhalten wir aus (14.131) nach einer Reihenentwicklung der Besselfunktionen den Grenzwert $G = 3$, also einen in den Halbraum strahlenden linear polarisierten **Hertzschen Dipol.** Bei der skalaren Beugungstheorie wird für $k\,a \to 0$ die uniforme Apertur nach (14.130) zu einem in den Halbraum strahlenden polarisationsfreien **Kugelstrahler** mit $G = 2$. Die Strahlung erfolgt dann richtungsunabhängig (isotrop) in eine Hemisphäre.

Wenn man nur den führenden Term ($n = 0$) der Besselreihe berücksichtigt, dann geht (14.131) in (14.130) über. Der Faktor $1/(1-\xi)$ ist in Bild 14.17 dargestellt. Der Gewinn G geht erst bei *großen* Aperturen ($k\,a \gg 1$) in die übliche Formel $G = (k\,a)^2$ über (aus (10.54) mit $q = 1$). Für $k\,a > 5$, d. h. bei $a > 0{,}8\,\lambda$ wird $1/(1-\xi) < 1{,}12$ und der Fehler bei Anwendung von (10.54) wird kleiner als $0{,}5$ dB. Die Abstrahlung einer **ebenen Kreisapertur** (offener Rundhohlleiter, Reflektorantenne) kann unter Ansatz des *ungestörten* Aperturfeldes daher erst bei

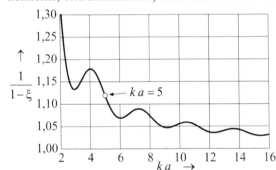

$D = 2\,a > 1{,}6\,\lambda$ zuverlässig berechnet werden. Bei **Rechteckaperturen** gilt sinngemäß das Gleiche ($a, b > 1{,}6\,\lambda$).

Bei **Hornantennen** überlagert man in der Aperturfeldmethode dem ungestörten Hohlleiterfeld einen Phasenfehler ϕ, der die Krümmung der Phasenfront berücksichtigt (Kap.22) und bei moderaten Öffnungswinkeln $\psi = 2\alpha < 60°$ zum Aperturrand quadratisch anwächst: $\phi(\rho') \propto \rho'^2$.

Bild 14.17 Zur Abschätzung der asymptotischen Gültigkeit der Beziehung $G = (k\,a)^2$

Schlussbemerkung:

Mit der skalaren Kirchhoffschen Beugungstheorie (14.117) können wir das Strahlungsfeld einer Apertur durch Integration der Quellstromdichte über die gesamte Aperturfläche erhalten:

$$\frac{\underline{E}(\mathbf{r})}{j\,k\,Z} = \oiint_{A'} \underline{J}_F(\mathbf{r}')\frac{e^{-j\,k\,R}}{4\,\pi\,R}\,dA' = \oiint_{A_1'} \underline{J}_F(\mathbf{r}')\frac{e^{-j\,k\,R}}{4\,\pi\,R}\,dA' + \oiint_{A_2'} \underline{J}_F(\mathbf{r}')\frac{e^{-j\,k\,R}}{4\,\pi\,R}\,dA' \,. \tag{14.132}$$

Nehmen wir an, ein Teil der Apertur sei durch einen Schirm der Fläche A_2 abgedeckt. Die Antenne erzeugt dann mit ihrer verbleibenden Öffnung $A_1 = A - A_2$ das Feld $\underline{E}_1$. Bei komplementärer Bedeckung mit einem Schirm der Fläche A_1 stellt sich durch die Restapertur $A_2 = A - A_1$ das Feld $\underline{E}_2$ ein. Das aus Optik und Akustik bekannte **Babinetsche[9] Prinzip** besagt, dass bei gleichzeitiger Anwesenheit beider Öffnungen sich gerade wieder das Feld $\underline{E} = \underline{E}_1 + \underline{E}_2$ der ungestörten Gesamtapertur einstellen muss. Falls die Apertur nicht angeregt wird, gilt $\underline{E} = 0$, d. h. bei komplementären Antennen wie Dipol und Schlitz folgt $\underline{E}_1 = -\underline{E}_2$. Eine erweiterte *vektorielle* Version des Babinetschen Prinzips erläutern wir in Abschnitt 28.1.

---

[9] Jacques **Babinet** (1794-1872): frz. Physiker (Wellentheorie des Lichts, optische Instrumente)

14.7 Kopolarisation und Kreuzpolarisation

In großer Entfernung jeder Sendeantenne können ihre transversalen Feldkomponenten wie folgt im Kugelkoordinatensystem dargestellt werden:

$$\mathbf{E}_{\text{tr}} = \hat{E}\,\frac{e^{-jkr}}{kr}\left(\underline{A}(\vartheta,\varphi)\,\mathbf{e}_\vartheta + \underline{B}(\vartheta,\varphi)\,\mathbf{e}_\varphi\right)\,.$$ (14.133)

Die im Allgemeinen komplexen Funktionen $\underline{A}(\vartheta,\varphi)$ und $\underline{B}(\vartheta,\varphi)$ sind auch von der Frequenz und von weiteren Eigenschaften der speziellen Antenne abhängig. Beispielsweise gilt beim Hertzschen Dipol nach (14.101) mit der Abkürzung $\hat{E} = jZ\pi\underline{I}l/\lambda^2$:

$$\underline{A} = \sin\vartheta \qquad \text{und} \qquad \underline{B} = 0 \qquad \text{beim} \quad \text{z-Dipol}$$

$$\underline{A} = -\cos\vartheta\cos\varphi \qquad \text{und} \qquad \underline{B} = \sin\varphi \qquad \text{beim} \quad \text{x-Dipol}$$ (14.134)

$$\underline{A} = -\cos\vartheta\sin\varphi \qquad \text{und} \qquad \underline{B} = -\cos\varphi \qquad \text{beim} \quad \text{y-Dipol}\,.$$

Falls man nur an der räumlichen Verteilung der <u>Gesamtfeldstärke</u> interessiert ist, berechnet man die auf ihr Maximum zu normierende Richtcharakteristik wie folgt:

$$C(\vartheta,\varphi) = \left|\mathbf{E}_{\text{tr}}\right|\Big/\left|\mathbf{E}_{\text{tr}}\right|_{\max} \;\hat{=}\; \sqrt{\left|\underline{A}\right|^2 + \left|\underline{B}\right|^2}\,,$$ (14.135)

womit wir z. B. für den Hertzschen Dipol wieder die Charakteristiken der Tabelle 10.1 erhalten können. Die Charakteristik (14.135) entspricht aber in vielen Fällen nicht der realen Messsituation. Im Allgemeinen kann die Empfangsantenne nämlich nicht die Gesamtfeldstärke, sondern nur eine ganz bestimmte Polarisation detektieren. Wenn die gemessene Polarisation mit der Referenzpolarisation der Sendeantenne übereinstimmt, spricht man vom kopolaren Signal – im orthogonalen Fall vom kreuzpolaren Signal. Bei **linear polarisierter Quelle** gibt es nach [Lud73] gleich drei unterschiedliche Möglichkeiten, die zueinander orthogonalen Richtungen der Referenz- und der Kreuzpolarisation festzulegen. In Bild 14.18 betrachten wir den Fall einer _vertikal_ polarisierten Strahlungsquelle, deren Hauptkeule in Richtung der z-Achse weist.

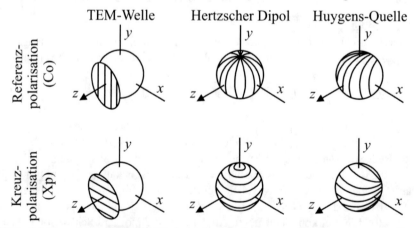

TEM-Welle　　　　　Hertzscher Dipol　　　　Huygens-Quelle

Referenzpolarisation (Co)

Kreuzpolarisation (Xp)

Bild 14.18 Definitionen der Referenzpolarisation (oben) und der Kreuzpolarisation (unten) nach [Lud73]

1) Die Referenzpolarisation ist die einer <u>TEM-Welle</u> im kartesischen Koordinatensystem, d. h. $\mathbf{e}_{\text{co}} = \mathbf{e}_y$. Die Richtung der orthogonalen Kreuzpolarisation ist dann $\mathbf{e}_{\text{xp}} = \mathbf{e}_x$.

2) Die Referenzpolarisation ist die eines <u>Hertzschen Dipols</u> in y-Richtung, d. h. mit (14.134)

$$\mathbf{e}_{co} = \left(\mathbf{e}_\vartheta \cos\vartheta \sin\varphi + \mathbf{e}_\varphi \cos\varphi\right)\Big/ \sqrt{1 - \sin^2\vartheta \sin^2\varphi}\ . \tag{14.136}$$

Die dazu orthogonale Richtung der Kreuzpolarisation mit $\mathbf{e}_{co} \cdot \mathbf{e}_{xp} = 0$ wird

$$\mathbf{e}_{xp} = \left(\mathbf{e}_\vartheta \cos\varphi - \mathbf{e}_\varphi \cos\vartheta \sin\varphi\right)\Big/ \sqrt{1 - \sin^2\vartheta \sin^2\varphi}\ . \tag{14.137}$$

3) Die Referenzpolarisation ist die einer <u>Huygens-Quelle</u> (siehe Abschnitt 21.2), d. h.

$$\mathbf{e}_{co} = \mathbf{e}_y(\vartheta = 0) = \mathbf{e}_\vartheta \sin\varphi + \mathbf{e}_\varphi \cos\varphi\ . \tag{14.138}$$

Die Kreuzpolarisation folgt aus

$$\mathbf{e}_{xp} = \mathbf{e}_x(\vartheta = 0) = \mathbf{e}_\vartheta \cos\varphi - \mathbf{e}_\varphi \sin\varphi\ . \tag{14.139}$$

Der Vorteil der dritten Definition liegt darin, dass sie sich am allgemein üblichen Vorgehen bei der Messung von Fernfeldern orientiert. Außerdem bewirkt eine Verdrehung der linear polarisierten Quelle um 90° ($\varphi \to \varphi + \pi/2$) gerade eine Vertauschung von ko- und kreuzpolarem Signal, was bei der zweiten Definition nicht der Fall ist. Es ist offensichtlich, dass alle drei Definitionen auf der positiven z-Achse – also für $\vartheta = 0$ – übereinstimmen. Bei Aperturstrahlern, deren Hauptkeule in Richtung der z-Achse weist und die eine *flächenhafte* Strombelegung

$$\boxed{\underline{\mathbf{J}}(x,y) = \underline{J}(x,y)\left(\mathbf{e}_x\, a\, e^{j\psi} + \mathbf{e}_y\, b\right)} \quad \text{mit} \quad a^2 + b^2 = 1 \tag{14.140}$$

besitzen, liegt im Allgemeinen **elliptische Polarisation** vor. In diesem komplizierteren Fall kann man nach [LoLe88] auf der Basis von (14.138) die Richtung der Kopolarisation mit

$$\boxed{\underline{\mathbf{e}}_{co} = \mathbf{e}_\vartheta \left(a\, e^{j\psi} \cos\varphi + b\sin\varphi\right) + \mathbf{e}_\varphi\left(-a\, e^{j\psi}\sin\varphi + b\cos\varphi\right)} \tag{14.141}$$

und entsprechend (14.139) die der Kreuzpolarisation mit

$$\boxed{\underline{\mathbf{e}}_{xp} = \mathbf{e}_\vartheta \left(a\, e^{j\psi} \sin\varphi + b\cos\varphi\right) + \mathbf{e}_\varphi\left(a\, e^{j\psi}\cos\varphi - b\sin\varphi\right)} \tag{14.142}$$

angeben. Beide komplexe Einheitsvektoren sind normiert $\underline{\mathbf{e}}_{co} \cdot \underline{\mathbf{e}}_{co}^* = \underline{\mathbf{e}}_{xp} \cdot \underline{\mathbf{e}}_{xp}^* = 1$ und wegen $\underline{\mathbf{e}}_{co} \cdot \underline{\mathbf{e}}_{xp}^* = 0$ sind beide Richtungen auch orthogonal.

Tabelle 14.10 Erweiterte „Ludwig 3"-Definition von Ko- und Kreuzpolarisation nach [LoLe88]

Polarisation des Aperturstrahlers		
linear		zirkular
x	y	RHC / LHC
$a = 1, \psi = 0, b = 0$	$a = 0, b = 1$	$a = b = \dfrac{1}{\sqrt{2}}, \psi = \pm\dfrac{\pi}{2}$
$\mathbf{e}_{co} = \mathbf{e}_\vartheta \cos\varphi - \mathbf{e}_\varphi \sin\varphi$ $\mathbf{e}_{xp} = \mathbf{e}_\vartheta \sin\varphi + \mathbf{e}_\varphi \cos\varphi$	$\mathbf{e}_{co} = \mathbf{e}_\vartheta \sin\varphi + \mathbf{e}_\varphi \cos\varphi$ $\mathbf{e}_{xp} = \mathbf{e}_\vartheta \cos\varphi - \mathbf{e}_\varphi \sin\varphi$	$\underline{\mathbf{e}}_{co} = \left(\mathbf{e}_\vartheta \mp j\,\mathbf{e}_\varphi\right)\big/\sqrt{2}$ $\underline{\mathbf{e}}_{xp} = \left(\mathbf{e}_\vartheta \pm j\,\mathbf{e}_\varphi\right)\big/\sqrt{2}$

In Tabelle 14.10 sind einige Spezialfälle allgemein elliptischer Polarisation dargestellt. Dabei wurden bei der Definition der komplexen Einheitsvektoren für Zirkularpolarisation unbedeutende Phasenfaktoren weggelassen. Den kopolaren bzw. kreuzpolaren Anteil eines Strahlungsfeldes und dessen jeweilige Richtcharakteristik erhalten wir mit (14.133) schließlich aus:

$$\underline{E}_{co} = \underline{\mathbf{E}}_{tr} \cdot \mathbf{e}_{co}^{*} \rightarrow C_{co} = \left|\underline{E}_{co}\right| / \left|\underline{E}_{co}\right|_{max} \text{ und } \underline{E}_{xp} = \underline{\mathbf{E}}_{tr} \cdot \mathbf{e}_{xp}^{*} \rightarrow C_{xp} = \left|\underline{E}_{xp}\right| / \left|\underline{E}_{co}\right|_{max} \cdot (14.143)$$

Ein Strahlungsfeld wird dann als kreuzpolarisationsfrei bezeichnet, wenn im ganzen Raum eine dieser beiden Polarisationen verschwindet. Das **Kreuzpolarisationsmaß** folgt aus [Dil87]:

$$XP = 20 \lg \left[\max \left(C_{xp}\right) \right] \mathrm{dB} \qquad \text{(im Bereich der Hauptkeule der Kopolarisation),} \quad (14.144)$$

wobei $\max \left(C_{xp}\right)$ nur innerhalb eines Winkelbereichs mit $20 \lg C_{co} \geq -12 \, \mathrm{dB}$ zu suchen ist.

Übung 14.9:   Polarisation eines Kreuzdipols

- Untersuchen Sie die Polarisationseigenschaften des Strahlungsfeldes eines Kreuzdipols.

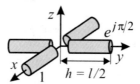

Bild 14.19 Zwei orthogonale Hertzsche Dipole mit 90° Phasenverschiebung

- **Lösung:**

Das Fernfeld eines Kreuzdipols, dessen y-Zweig um 90° <u>voreilend</u> gespeist wird, ist

$$\mathbf{E}_{tr} = \hat{E} \frac{e^{-jkr}}{kr} \left(\mathbf{e}_{\vartheta} \cos\vartheta + j \mathbf{e}_{\varphi}\right) e^{j\varphi}, \qquad (14.145)$$

wie man (14.101) oder (17.73) entnehmen kann. Mit (14.133) gilt also $\underline{A} = \cos\vartheta \, e^{j\varphi}$ und $\underline{B} = j e^{j\varphi}$. Wählen wir nach Tabelle 14.10 linksdrehende Zirkularpolarisation als Referenzpolarisation mit $a = b = 1/\sqrt{2}$ und $\psi = -\pi/2$, dann folgt aus (14.143) und (14.145):

$$\underline{E}_{co} = \underline{\mathbf{E}}_{tr} \cdot \mathbf{e}_{co}^{*} = \underline{\mathbf{E}}_{tr} \cdot \frac{\mathbf{e}_{\vartheta} - j\mathbf{e}_{\varphi}}{\sqrt{2}} = \hat{E} \frac{e^{-jkr}}{kr} \frac{\cos\vartheta + 1}{\sqrt{2}} e^{j\varphi}$$

$$\underline{E}_{xp} = \underline{\mathbf{E}}_{tr} \cdot \mathbf{e}_{xp}^{*} = \underline{\mathbf{E}}_{tr} \cdot \frac{\mathbf{e}_{\vartheta} + j\mathbf{e}_{\varphi}}{\sqrt{2}} = \hat{E} \frac{e^{-jkr}}{kr} \frac{\cos\vartheta - 1}{\sqrt{2}} e^{j\varphi}, \qquad (14.146)$$

womit wir die ko- und kreuzpolare Richtcharakteristik der Antenne angeben können:

$$\begin{aligned} C_{co} &= \left|\underline{E}_{co}\right| / \left|\underline{E}_{co}\right|_{max} = \frac{1 + \cos\vartheta}{2} = \cos^2 \frac{\vartheta}{2} \; \hat{=} \; \mathrm{LHC} \\[2mm] C_{xp} &= \left|\underline{E}_{xp}\right| / \left|\underline{E}_{co}\right|_{max} = \frac{1 - \cos\vartheta}{2} = \sin^2 \frac{\vartheta}{2} \; \hat{=} \; \mathrm{RHC}. \end{aligned} \qquad (14.147)$$

Nach (14.144) wird $XP = -2,5 \, \mathrm{dB}$. Der Kreuzdipol strahlt linksdrehend zirkular polarisiert (LHC) bei $\vartheta = 0$ und rechtsdrehend zirkular polarisiert (RHC) bei $\vartheta = \pi$. In der x-y-Ebene bei $\vartheta = \pi/2$ gilt $C_{co} = C_{xp} = 1/2$. Dort hat das Strahlungsfeld nach (14.145) nur eine φ–Komponente und ist linear polarisiert. Bei allen anderen Winkeln ϑ wird elliptisch polarisiert abgestrahlt. Zum Kreuzdipol siehe auch die Abschnitte 10.3.5 und 17.3.   □

14.8 Aufgaben

14.8.1 Ein rechtwinklig abgeknickter Stromfaden der Länge $a+b$ wird von einem Gleichstrom I durchflossen. Der Stromfluss ist in die negative x-Richtung und die positive y-Richtung gerichtet.

Hilfe:

$$\int \frac{dx}{\sqrt{x^2+z^2}} = \ln\left(x + \sqrt{x^2+z^2} \right)$$

Berechnen Sie das Vektorpotenzial $\mathbf{A}(\mathbf{r} = z\,\mathbf{e}_z)$ auf der z-Achse, also für $x = y = 0$ mit Hilfe des Linienintegrals (14.28)

$$\mathbf{A}(\mathbf{r}) = \frac{I}{4\pi} \int_{C'} \frac{d\mathbf{s}'}{|\mathbf{r}-\mathbf{r}'|} \ .$$

Setzen Sie im Ergebnis der Integration zunächst $b = a$ und dann $|z| \ll a$. Welchen einfacheren Ausdruck für das Vektorpotenzial erhalten Sie jetzt? Berechnen Sie daraus die magnetische Feldstärke auf der z-Achse mit Hilfe von $\mathbf{H} = \mathrm{rot}\,\mathbf{A}$.

14.8.2 Eine homogen belegte Kreisapertur hat im Fernfeld die Richtcharakteristik (14.124)

$$C(\vartheta) = \left| \frac{2\,J_1(k\,a\sin\vartheta)}{k\,a\sin\vartheta} \right| \ .$$

Bestimmen Sie die Nullwertsbreite der Hauptkeule bei einem Aperturdurchmesser von $D = 2a = 50\lambda$ und vergleichen Sie Ihr Ergebnis mit Bild 14.15.

An der Stelle $x = 1{,}61634$ gilt $2\,J_1(x)/x = 1/\sqrt{2}$. Bestimmen Sie mit Hilfe dieser Beziehung die Halbwertsbreite der Richtcharakteristik $C(\vartheta)$.

Lösungen:

14.8.1 $\mathbf{A}(z) = \dfrac{I}{4\pi} \left\{ -\mathbf{e}_x \ln\dfrac{a+\sqrt{a^2+z^2}}{z} + \mathbf{e}_y \ln\dfrac{b+\sqrt{b^2+z^2}}{z} \right\}$ und $\mathbf{H}(z) = (\mathbf{e}_x + \mathbf{e}_y)\dfrac{I}{4\pi z}$

14.8.2 Die erste Nullstelle von $C(\vartheta)$ liegt bei $k\,a\sin\vartheta_0 = j_{11} \approx 3{,}8317$, woraus sofort die gesuchte Nullwertsbreite folgt:

$$\Delta\vartheta_0 = 2\,\vartheta_0 = 2\arcsin\frac{j_{11}}{\pi\,D/\lambda} \triangleq \frac{139{,}8°}{D/\lambda} = 2{,}796° \ .$$

Die Halbwertsbreite wird:

$$\Delta\vartheta = 2\arcsin\frac{1{,}61634}{\pi\,D/\lambda} \triangleq \frac{58{,}96°}{D/\lambda} = 1{,}179° \ .$$

Beide Werte können auch aus der Fernfeldkurve in Bild 14.15 abgelesen werden.

15 Elementardipole und Rahmenantennen

15.1 Elektrischer Elementarstrahler

Die einfachste Strahlungsquelle – sozusagen die Urform aller Antennen – ist ein infinitesimal kurzes Stromelement. Dieser fiktive Strahler wird **Hertzscher Dipol** genannt. Seine Fernfeldstrahlungseigenschaften haben wir bereits in Kapitel 10 besprochen. Nun wollen wir eine exakte Darstellung aller Feldkomponenten herleiten, die auch im Nahfeld gültig ist.

Eine realisierbare Antenne, die in der Praxis ähnliche Eigenschaften wie der Hertzsche Dipol aufweist, ist durch ein dünnes Stück Draht gegeben, dessen Länge l _klein_ gegen die Viertelwellenlänge sein soll, d. h. es muss $l \ll \lambda_0/4$ gelten. Einen solchen Dipol kann man sich aus zwei gleichgroßen punktförmigen Ladungen Q entgegengesetzter Polarität entstanden denken, die zwischen zwei im Abstand l auseinander liegenden Endstellungen mit der Frequenz f in gegenläufiger Richtung hin- und herschwingen (Bild 15.1). Im Grenzfall $l \to 0$ entsteht aus dieser Anordnung wieder der infinitesimal kurze Hertzsche Dipol [Her96].

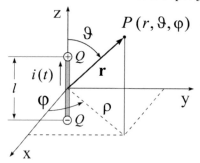

Bild 15.1 Kurzer Dipol der Länge $l \ll \lambda_0/4$ mit sinusförmigem Wechselstrom $i(t)$

Den bewegten Ladungen entspricht ein sinusförmiger Wechselstrom $i(t)$ in dem Element der Länge l, für den wir in der Schreibweise der komplexen Wechselstromrechnung

$$i(t) = \frac{dQ(t)}{dt} = \frac{d}{dt} \operatorname{Re}\left\{\underline{Q}\,e^{j\omega t}\right\} = \operatorname{Re}\left\{j\,\omega\,\underline{Q}\,e^{j\omega t}\right\} = \operatorname{Re}\left\{\underline{I}\,e^{j\omega t}\right\} \tag{15.1}$$

schreiben wollen. Der Strom $\underline{I} = j\,\omega\,\underline{Q}$ kann für $l \ll \lambda_0/4$ als ortsunabhängig (homogen) über der Länge l angesehen werden. In Bild 15.1 liegt der Stromfaden in Richtung der z-Achse; man spricht deshalb von einem vertikalen Dipol mit dem **elektrischen Dipolmoment**

$$\underline{\mathbf{p}} = \underline{p}\,\mathbf{e}_z = \underline{Q}\,l\,\mathbf{e}_z = \frac{\underline{I}\,l}{j\,\omega}\,\mathbf{e}_z\,, \tag{15.2}$$

dessen Anteil $\underline{I}\,l$ die „Stärke" der Abstrahlung bestimmt. Der Grenzübergang zu einem infinitesimal kurzen Stromfaden mit $l \to dl \to 0$ muss so geschehen, dass das Produkt $\underline{I}\,l$ endlich bleibt, weil sonst das Dipolmoment (15.2) und damit das gesamte Strahlungsfeld null würden. Das Strahlungsfeld einer **allgemeinen Stromverteilung** kann durch Summation bzw. Integration einzelner Stromfäden $\underline{I}\,dl$ berechnet werden. Bei einer realen Antenne superponiert man also die Wirkung einzelner **Elementardipole.** Daher rührt die große praktische Bedeutung des Hertzschen Dipols, obwohl er selbst als elektrischer Punktstrahler nicht realisierbar ist.

© Springer Fachmedien Wiesbaden GmbH, ein Teil von Springer Nature 2022
K. W. Kark, _Antennen und Strahlungsfelder_,
https://doi.org/10.1007/978-3-658-38595-8_15

15.1.1 Strahlungsfelder

Beim Grenzübergang $l \to 0$ muss $\underline{I} \to \infty$ gehen, damit das Produkt $\underline{I}\,l$ nicht verschwindet. Wir beschreiben den elektrischen Elementarstrahler am Ort $\mathbf{r}_Q$ daher durch die Stromdichte

$$\boxed{\underline{\mathbf{J}}(\mathbf{r}') = \mathbf{e}_z\,\underline{I}\,l\,\delta(\mathbf{r}' - \mathbf{r}_Q)} \quad \text{mit} \quad \mathbf{e}_z\,\underline{I}\,l = j\,\omega\,\underline{\mathbf{p}}\,. \tag{15.3}$$

Darin ist $\mathbf{e}_z$ der Einheitsvektor in Stromrichtung und $\delta(\mathbf{r}' - \mathbf{r}_Q)$ die **Diracsche Deltafunktion**[1] mit der Bedeutung einer Volumendichte. Es gilt:

$$\delta(\mathbf{r}' - \mathbf{r}_Q) = \begin{cases} 0 & \text{für} \quad \mathbf{r}' \neq \mathbf{r}_Q \\ \infty & \text{für} \quad \mathbf{r}' = \mathbf{r}_Q \end{cases} \tag{15.4}$$

und damit folgt das räumlich dreidimensionale Normierungsintegral:

$$\iiint_{V' \text{ um } \mathbf{r}_Q} \delta(\mathbf{r}' - \mathbf{r}_Q)\,dV' = \iiint_{V' \text{ um } \mathbf{r}_Q} \delta(x' - x_Q)\delta(y' - y_Q)\delta(z' - z_Q)\,dV' = 1\,. \tag{15.5}$$

Der Diracimpuls $\delta(\mathbf{r}' - \mathbf{r}_Q)$ hat daher die Einheit $1/\text{m}^3$, woraus für die Stromdichte $\underline{\mathbf{J}}$ in (15.3) die korrekte Einheit A/m^2 folgt. Die Integrationsvariable nennen wir $\mathbf{r}'$ und $\mathbf{r}_Q$ ist der Ortsvektor zum Quellpunkt. Der Einfachheit halber legen wir – wie in Bild 15.2 – den Koordinatenursprung in die Mitte des Dipols, sodass $\mathbf{r}_Q = 0$ wird.

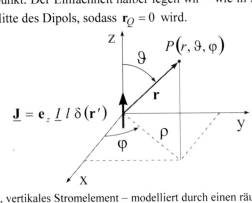

Bild 15.2 Infinitesimales, vertikales Stromelement – modelliert durch einen räumlichen Diracstoß

Nach unseren Vorüberlegungen in Kapitel 14 können wir das magnetische Vektorpotenzial $\underline{\mathbf{A}}$ eines *elektrischen* Quellstromes $\underline{\mathbf{J}}$ durch folgendes Quellintegral (14.22) angeben:

$$\underline{\mathbf{A}}(\mathbf{r}) = \frac{1}{4\pi} \iiint_{V'} \underline{\mathbf{J}}(\mathbf{r}') \frac{e^{-j\,k_0|\mathbf{r}-\mathbf{r}'|}}{|\mathbf{r}-\mathbf{r}'|}\,dV'\,. \tag{15.6}$$

Mit der Volumenstromdichte des Hertzschen Dipols $\underline{\mathbf{J}}(\mathbf{r}') = \mathbf{e}_z\,\underline{I}\,l\,\delta(\mathbf{r}' - \mathbf{r}_Q)$ folgt daraus:

$$\underline{\mathbf{A}}(\mathbf{r}) = \frac{1}{4\pi} \iiint_{V'} \mathbf{e}_z\,\underline{I}\,l\,\delta(\mathbf{r}' - \mathbf{r}_Q) \frac{e^{-j\,k_0|\mathbf{r}-\mathbf{r}'|}}{|\mathbf{r}-\mathbf{r}'|}\,dV'\,, \tag{15.7}$$

und mit der Ausblendeigenschaft der Deltafunktion erhalten wir:

---

[1] Paul Adrien Maurice **Dirac** (1902-1984): engl. Physiker (Mitbegründer der Quantenmechanik, relativistische Wellenmechanik, Antimaterie, magnetische Monopole, Nobelpreis für Physik 1933)

$$\underline{\mathbf{A}}(\mathbf{r}) = \mathbf{e}_z \, \underline{I} \, l \, \frac{e^{-j \, k_0 \left| \mathbf{r} - \mathbf{r}_Q \right|}}{4 \, \pi \left| \mathbf{r} - \mathbf{r}_Q \right|} \, . \tag{15.8}$$

Diese Darstellung des Vektorpotenzials ist nur gültig, wenn Beobachterpunkt $\mathbf{r}$ und Quellpunkt $\mathbf{r}_Q$ nicht zusammenfallen, d. h. wenn $\left| \mathbf{r} - \mathbf{r}_Q \right| \neq 0$ gilt. Speziell für einen Hertzschen Dipol im Koordinatenursprung mit $\mathbf{r}_Q = 0$ folgt schließlich:

$$\underline{\mathbf{A}}(\mathbf{r}) = \mathbf{e}_z \, \underline{A}_z = \mathbf{e}_z \, \underline{I} \, l \, \frac{e^{-j \, k_0 \, r}}{4 \, \pi \, r} = j \, \omega \, \underline{\mathbf{p}} \, \frac{e^{-j \, k_0 \, r}}{4 \, \pi \, r} \, . \tag{15.9}$$

Aus diesem kartesischen Vektorpotenzial in Stromrichtung erhält man mit

$$\underline{\mathbf{H}} = \operatorname{rot} \underline{\mathbf{A}}$$

$$\underline{\mathbf{E}} = \frac{1}{j \, \omega \, \varepsilon_0} \left(\operatorname{rot} \underline{\mathbf{H}} - \underline{\mathbf{J}} \right) \tag{15.10}$$

die gesuchten Feldstärken. Nach einer Zerlegung in sphärische Komponenten wird unter Beachtung der Tabellen 2.5 und 2.6:

$$\underline{\mathbf{H}} = \operatorname{rot} \left[\mathbf{e}_z \, \underline{A}_z(r) \right] = \operatorname{rot} \left[\mathbf{e}_r \, \underline{A}_z(r) \cos \vartheta - \mathbf{e}_\vartheta \, \underline{A}_z(r) \sin \vartheta \right] =$$

$$= -\mathbf{e}_\varphi \, \frac{1}{r} \left[\frac{\partial}{\partial r} \left(r \underline{A}_z(r) \sin \vartheta \right) + \frac{\partial}{\partial \vartheta} \left(\underline{A}_z(r) \cos \vartheta \right) \right] . \tag{15.11}$$

Das den Hertzschen Dipol umgebende **H-Feld** ist somit rotationssymmetrisch um die z-Achse (Längsachse), d. h. alle Komponenten in einem beliebigen Aufpunkt P sind unabhängig vom Azimutwinkel φ und können somit nur noch vom Abstand r und vom Elevationswinkel ϑ abhängen $(\partial / \partial \varphi = 0)$. Ein Wechselstrom $\underline{I}$ in z-Richtung wird von magnetischen Feldlinien umgeben, die mit der z-Achse konzentrische Kreise bilden. Es gilt also:

$$\underline{H}_r = \underline{H}_\vartheta = 0 \, , \tag{15.12}$$

und das Magnetfeld hat nur eine $\underline{H}_\varphi$-Komponente mit

$$\underline{H}_\varphi = -\frac{1}{r} \left[\frac{\partial}{\partial r} \left(r \underline{I} \, l \, \frac{e^{-j k_0 r}}{4 \pi r} \sin \vartheta \right) + \frac{\partial}{\partial \vartheta} \left(\underline{I} \, l \, \frac{e^{-j k_0 r}}{4 \pi r} \cos \vartheta \right) \right] =$$

$$= -\frac{\underline{I} \, l}{4 \pi r} \left[\sin \vartheta \, \frac{\partial}{\partial r} \left(e^{-j k_0 r} \right) + \frac{e^{-j k_0 r}}{r} \, \frac{\partial}{\partial \vartheta} \left(\cos \vartheta \right) \right] = \tag{15.13}$$

$$= -\frac{\underline{I} \, l}{4 \pi r} \left[-j k_0 \sin \vartheta \, e^{-j k_0 r} - \frac{e^{-j k_0 r}}{r} \sin \vartheta \right] .$$

Nach Ausklammern gleicher Faktoren finden wir schließlich:

$$\underline{H}_\varphi = j \, \underline{I} \, k_0 \, l \sin \vartheta \, \frac{e^{-j k_0 r}}{4 \pi r} \left(1 + \frac{1}{j k_0 r} \right) . \tag{15.14}$$

Aus der ersten Maxwellschen Gleichung

$$\underline{E}(\mathbf{r}) = \frac{1}{j\omega\varepsilon_0} \left[\mathrm{rot}\,\underline{H}(\mathbf{r}) - \underline{J}(\mathbf{r}) \right] \tag{15.15}$$

kann nun auch die elektrische Feldstärke des Dipols bestimmt werden. Befindet sich die Punkt-quelle am Ort $\mathbf{r}_Q = 0$, dann wird nach (15.3) $\underline{J}(\mathbf{r}) = \mathbf{e}_z\, \underline{I}\, l\, \delta(\mathbf{r})$. Außerhalb des Ursprungs, der zur Vermeidung einer Singularität ausgeschlossen werden muss, gilt daher $\underline{J}(\mathbf{r} \neq 0) = 0$, womit sich (15.15) für $\mathbf{r} \neq 0$ vereinfachen lässt:

$$\underline{E} = \frac{1}{j\omega\varepsilon_0}\,\mathrm{rot}\,\underline{H} = \frac{1}{j\omega\varepsilon_0}\,\mathrm{rot}\left(\mathbf{e}_\varphi\,\underline{H}_\varphi\right) = \frac{1}{j\omega\varepsilon_0}\,\nabla\times\left(\mathbf{e}_\varphi\,\underline{H}_\varphi\right). \tag{15.16}$$

Man sieht sofort, dass wegen des Vektorprodukts das **elektrische Feld** nur noch Komponenten $\underline{E}_r$ und $\underline{E}_\vartheta$ besitzen kann; somit gilt:

$$\boxed{\underline{E}_\varphi = 0} \ . \tag{15.17}$$

Die verbleibenden Feldkomponenten erhalten wir nach Tabelle 2.6 aus

$$\underline{E} = \frac{1}{j\omega\varepsilon_0}\,\mathrm{rot}\left(\mathbf{e}_\varphi\,\underline{H}_\varphi(r,\vartheta)\right) =$$
$$= \frac{1}{j\omega\varepsilon_0}\left\{\mathbf{e}_r\,\frac{1}{r\sin\vartheta}\,\frac{\partial}{\partial\vartheta}\left[\underline{H}_\varphi(r,\vartheta)\sin\vartheta\right] - \mathbf{e}_\vartheta\,\frac{1}{r}\,\frac{\partial}{\partial r}\left[r\,\underline{H}_\varphi(r,\vartheta)\right]\right\}. \tag{15.18}$$

Mit dem aus (15.14) bereits bekannten $\underline{H}_\varphi(r,\vartheta)$ erhalten wir zunächst:

$$\underline{E} = j\,\frac{\underline{I}\,k_0\,l}{4\pi}\,\frac{1}{j\omega\varepsilon_0}\left\{\mathbf{e}_r\,\frac{1}{r\sin\vartheta}\,\frac{e^{-jk_0 r}}{r}\left(1+\frac{1}{jk_0 r}\right)\frac{\partial}{\partial\vartheta}\left[\sin^2\vartheta\right] - \right.$$
$$\left. - \mathbf{e}_\vartheta\,\sin\vartheta\,\frac{1}{r}\,\frac{\partial}{\partial r}\left[e^{-jk_0 r}\left(1+\frac{1}{jk_0 r}\right)\right]\right\}. \tag{15.19}$$

Nach Ausführen der Differenziationen findet man:

$$\underline{E} = j\,\frac{\underline{I}\,k_0\,l}{4\pi}\,\frac{1}{j\omega\varepsilon_0}\left\{\mathbf{e}_r\,\frac{2\cos\vartheta}{r}\,\frac{e^{-jk_0 r}}{r}\left(1+\frac{1}{jk_0 r}\right) + \right.$$
$$\left. + \mathbf{e}_\vartheta\,\sin\vartheta\,\frac{1}{r}\,e^{-jk_0 r}\left(jk_0 + \frac{1}{r} + \frac{1}{jk_0 r^2}\right)\right\}. \tag{15.20}$$

Man fasst weiter zusammen und erhält schließlich:

$$\boxed{\begin{aligned}\underline{E} = j\omega\mu_0\,\underline{I}\,l\,\frac{e^{-jk_0 r}}{4\pi r}\left\{\mathbf{e}_r\,2\cos\vartheta\left(\frac{1}{jk_0 r}+\frac{1}{(jk_0 r)^2}\right) + \right.\\ \left. + \mathbf{e}_\vartheta\,\sin\vartheta\left(1+\frac{1}{jk_0 r}+\frac{1}{(jk_0 r)^2}\right)\right\}.\end{aligned}} \tag{15.21}$$

Der Hertzsche Dipol strahlt damit eine **E-Welle** ab, die sich in radialer $\mathbf{e}_r$-Richtung ausbreitet und die Feldkomponenten $(\underline{E}_r, \underline{E}_\vartheta, \underline{H}_\varphi)$ besitzt. Alle drei nichtverschwindenden Komponenten des Strahlungsfeldes des Hertzschen Dipols wollen wir noch einmal zusammenfassen:

$$\underline{E}_r = 2 Z_0 \underline{H}_0 \cos\vartheta \, \frac{e^{-jk_0 r}}{k_0 r} \left(\frac{1}{jk_0 r} + \frac{1}{(jk_0 r)^2} \right)$$

$$\underline{E}_\vartheta = Z_0 \underline{H}_0 \sin\vartheta \, \frac{e^{-jk_0 r}}{k_0 r} \left(1 + \frac{1}{jk_0 r} + \frac{1}{(jk_0 r)^2} \right)$$

$$\underline{H}_\varphi = \underline{H}_0 \sin\vartheta \, \frac{e^{-jk_0 r}}{k_0 r} \left(1 + \frac{1}{jk_0 r} \right).$$

	$1/r$	$1/r^2$	$1/r^3$
$\underline{E}_r$		$\times$	$\times$
$\underline{E}_\vartheta$	$\times$	$\times$	$\times$
$\underline{H}_\varphi$	$\times$	$\times$	

fern $\leftrightarrow$ nah

(15.22)

Die komplexe Amplitude des H-Feldes $\underline{H}_0 = H_0 \, e^{j\varphi_0} = j\pi \underline{I} \, l / \lambda_0^2$ hat die Einheit A/m. Mit $Z_0 = (\mu_0/\varepsilon_0)^{1/2} \approx 376{,}73\,\Omega$ wird der reelle Feldwellenwiderstand des freien Raums bezeichnet und die Wellenzahl ist $k_0 = \omega \sqrt{\mu_0\,\varepsilon_0} = \omega/c_0 = 2\pi/\lambda_0$. Aus den komplexen Amplituden (15.22) erhält man nach Multiplikation mit $e^{j\omega t}$ und anschließender Realteilbildung folgende Darstellung im **Zeitbereich:**

$$E_r(r,\vartheta,t) = 2 Z_0 H_0 \frac{\cos\vartheta}{(k_0 r)^2} \left[-\frac{1}{k_0 r} \cos(\omega t - k_0 r + \varphi_0) + \sin(\omega t - k_0 r + \varphi_0) \right]$$

$$E_\vartheta(r,\vartheta,t) = Z_0 H_0 \frac{\sin\vartheta}{k_0 r} \left[\left(1 - \frac{1}{(k_0 r)^2}\right) \cos(\omega t - k_0 r + \varphi_0) + \frac{1}{k_0 r} \sin(\omega t - k_0 r + \varphi_0) \right]$$

$$H_\varphi(r,\vartheta,t) = H_0 \frac{\sin\vartheta}{k_0 r} \left[\cos(\omega t - k_0 r + \varphi_0) + \frac{1}{k_0 r} \sin(\omega t - k_0 r + \varphi_0) \right].$$

(15.23)

Die drei Feldkomponenten der E_{01}–Welle (TM$_{01}$–Welle) des Hertzschen Dipols (siehe Übung 20.1) sind in Bild 15.3 für einen Punkt des dreidimensionalen Raumes am Ort $\mathbf{r}$ dargestellt.

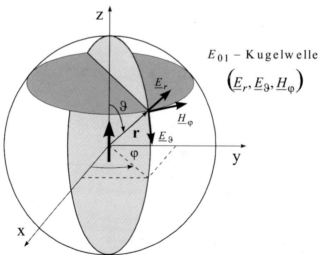

Bild 15.3 Vertikaler Elementardipol mit seinen drei Feldkomponenten

Die drei Feldkomponenten $(\underline{E}_r, \underline{E}_\vartheta, \underline{H}_\varphi)$ bilden ein orthogonales Dreibein und zwar liegt $\underline{E}_r$ in Ausbreitungsrichtung, während $\underline{E}_\vartheta$ und $\underline{H}_\varphi$ senkrecht aufeinander und senkrecht zur Ausbreitungsrichtung stehen (transversale Komponenten). Die Ausdrücke (15.22) für die Feldstärken bestehen aus mehreren Gliedern, die mit der ersten, zweiten und dritten Potenz der Entfernung r abnehmen. In unmittelbarer Umgebung des Elementarstrahlers $(k_0 r \ll 1)$ wird das Feld durch diejenigen Glieder in den Feldgleichungen bestimmt, die den Abstand r in der *höchsten* Potenz enthalten. Man bezeichnet diesen Feldanteil als **Nahfeld.** Mit $e^{-jk_0 r} \approx 1$ erhält man die Näherungen:

$$
\begin{aligned}
\underline{E}_r &= -2 Z_0 \underline{H}_0 \frac{\cos\vartheta}{(k_0 r)^3} \\[2mm]
\underline{E}_\vartheta &= -Z_0 \underline{H}_0 \frac{\sin\vartheta}{(k_0 r)^3} = -j \frac{Z_0}{k_0 r} \underline{H}_\varphi \\[2mm]
\underline{H}_\varphi &= -j \underline{H}_0 \frac{\sin\vartheta}{(k_0 r)^2} .
\end{aligned}
\tag{15.24}
$$

Zwischen der elektrischen und der magnetischen Feldstärke $\mathbf{E}$ bzw. $\mathbf{H}$ besteht im Nahfeld eine Phasenverschiebung von 90° (Faktor j). Das Nahfeld enthält also vorwiegend **Blindleistung** in Form von Feldenergie, die zwischen dem Dipol und dem umgebenden Raum hin- und herpendelt. In einer vollen Periode $T = 1/f$ wechselt die Richtung des Energietransports viermal. Die Feldkomponenten des Nahfeldes (15.24) tragen im zeitlichen Mittel daher *nichts* zur Abstrahlung bei. In größerer Entfernung vom Dipol $(k_0 r \gg 1)$ können hingegen in (15.22) die Glieder höherer Ordnung $1/r^3$ und $1/r^2$ gegenüber dem linearen Glied $1/r$ vernachlässigt werden. Dann erhalten wir das sogenannte **Fernfeld,** das allein für die Übertragung über größere Entfernungen verantwortlich ist. Die Feldstärkekomponenten des Fernfeldes sind:

$$
\begin{aligned}
\underline{E}_r &= -2 j Z_0 \underline{H}_0 \cos\vartheta \frac{e^{-jk_0 r}}{(k_0 r)^2} \\[2mm]
\underline{E}_\vartheta &= Z_0 \underline{H}_0 \sin\vartheta \frac{e^{-jk_0 r}}{k_0 r} = Z_0 \underline{H}_\varphi \\[2mm]
\underline{H}_\varphi &= \underline{H}_0 \sin\vartheta \frac{e^{-jk_0 r}}{k_0 r} .
\end{aligned}
\tag{15.25}
$$

Man erkennt in (15.25) den typischen Wellenausbreitungsterm $e^{-jk_0 r}$ sowie die Phasengleichheit der transversalen Felder $\underline{E}_\vartheta$ und $\underline{H}_\varphi$, was einen radialen Wirkleistungstransport ermöglicht. Am sogenannten **Grenzradius** $r_g = \lambda_0/(2\pi)$ wird $k_0 r_g = 1$, d. h. Nah- und Fernfeld sind hier von gleicher Größenordnung (siehe Übung 20.2).

Übung 15.1: Nah- und Fernfeld

- Für $k_0 r \gg 1$ spricht man beim Hertzschen Dipol von der Fernfeldzone. Die Entfernung vom Dipol muss dort die Bedingung $r \geq 2\lambda_0$ erfüllen – siehe (14.79) und Tabelle 14.6.

  So liegen beispielsweise bei $f = 300$ kHz ($\lambda_0 = 1000$ m) in einer Entfernung von $r = 100$ m noch Nahfeldverhältnisse vor, während sich bei $f = 3$ GHz ($\lambda_0 = 10$ cm) in einem Abstand von $r = 20$ cm bereits Fernfeldbedingungen einstellen. □

Im **Fernfeld** bei $k_0\,r \gg 1$ gilt wegen (15.25):

$$\underline{E} = Z_0\,\underline{H}_0 \left[\mathbf{e}_{\vartheta} \sin\vartheta - \mathbf{e}_r\,2\,j\,\frac{\cos\vartheta}{k_0\,r} \right] \frac{e^{-j\,k_0\,r}}{k_0\,r}\,. \tag{15.26}$$

Die Komponente $\underline{E}_r$ kann mit Ausnahme der Bereiche um $\vartheta = 0$ bzw. $\vartheta = \pi$ stets gegenüber der Komponente $\underline{E}_{\vartheta}$ vernachlässigt werden. Wir brauchen sie allerdings, um zu zeigen, dass die **elektrischen Feldlinien** in sich geschlossene Kurven bilden. Die Feldlinien haben wegen $\underline{E}_{\vartheta}$ vorwiegend kreisförmigen Verlauf und werden durch $\underline{E}_r$ geschlossen, das wegen des Faktors $-j$ um $\lambda_0/4$ nacheilt.

Im Fernfeld haben die Feldlinien keine Verbindung mehr zum Dipol und entfernen sich immer weiter von der Quelle. Ursache dafür ist die Trägheit des Feldes, ausgedrückt durch die *endliche* Ausbreitungsgeschwindigkeit c_0. Dadurch wird eine Änderung des Feldzustandes an einer Stelle nicht *sofort* auch an anderen Stellen wirksam. Eine Feldlinie zwischen den Enden des Dipols erfährt nicht mehr „rechtzeitig" von der Änderung des Ladungszustandes der Quelle und macht sich selbständig. Bei *unendlich* großer Fortpflanzungsgeschwindigkeit würde sich in *jedem* Moment im *ganzen* Raum das dem jeweiligen Ladungszustand entsprechende statische Feldbild sofort einstellen.

Der Vorgang des Abschnürens der elektrischen Feldlinien von der Quelle ist in Bild 15.4 in zeitlichen Abständen von einer sechzehntel Periode $T/16$ dargestellt [Kar84b, Kar90, Peu98]. Die Größe des dargestellten Bereichs beträgt sowohl horizontal als auch vertikal jeweils zwei Wellenlängen, d. h. $2\lambda_0$. Man kann sich die Felder in eine sich mit Lichtgeschwindigkeit ausdehnende „Grenzkugel" eingeschlossen denken, die gestrichelt dargestellt ist.

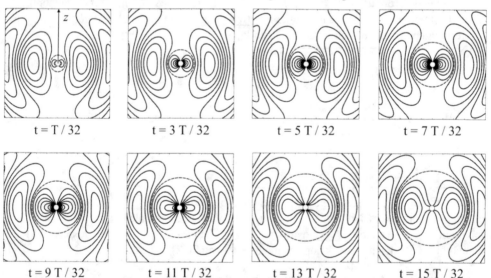

t = T / 32   t = 3 T / 32   t = 5 T / 32   t = 7 T / 32

t = 9 T / 32   t = 11 T / 32   t = 13 T / 32   t = 15 T / 32

Bild 15.4 Elektrische Feldlinien des Hertzschen Dipols im Vertikalschnitt ($2\lambda_0 \times 2\lambda_0$). Der zeitliche Vorgang der Wellenablösung wird in konstanten Abständen von $\Delta t = T/16$ gezeigt. Die Singularität im Quellpunkt ist durch einen kleinen Kreis ausgeblendet. Die Quellphase beträgt $\varphi_0 = \pi/2$.

Die **elektrischen Feldlinien** schnüren sich ab und bilden im Fernfeld in sich geschlossene Kraftlinien. Damit sich eine Feldlinie vom Dipol lösen kann, muss sie eine Länge haben, die mindestens einer halben Wellenlänge $\lambda_0/2$ entspricht. Die Länge der Feldlinien nimmt proportional zur Entfernung r zu. Da die gesamte Spannung längs einer Feldlinie konstant bleibt, nimmt auch die Feldstärke mit $1/r$ ab. Bild 15.5 zeigt das elektrische Momentanbild der Dipolwelle bei $t = 15\,T/32$ in einem größeren räumlichen Gebiet. Es ist nur der erste Quadrant dargestellt.

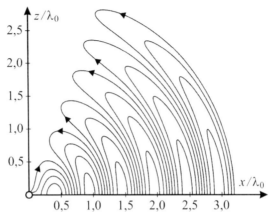

Bild 15.5 Elektrische Feldlinien des vertikalen Hertzschen Dipols (I. Quadrant)

Das elektrische Feldbild muss man sich noch um die mitwandernden magnetischen Felder $\underline{H}_\varphi$ ergänzt denken. Die **magnetischen Feldlinien** umgeben den Dipol als Kreise in Ebenen senkrecht zur Dipolachse.

Analog der Vorgehensweise beim Rechteck- und Rundhohlleiter (8.85) bzw. (8.106) können wir auch beim Hertzschen Dipol eine **Differenzialgleichung der Feldlinien** angeben [Kar90]:

$$\mathbf{E}(r,\vartheta,t) \times d\,\mathbf{s} = 0 \quad \Rightarrow \quad E_\vartheta(r,\vartheta,t)\,dr = E_r(r,\vartheta,t)\,r\,d\vartheta \ . \tag{15.27}$$

Mit den Felddarstellungen (15.23) folgt daraus zunächst:

$$-\frac{\left(1 - \dfrac{1}{(k_0 r)^2}\right)\cos(\omega t - k_0 r + \varphi_0) + \dfrac{1}{k_0 r}\sin(\omega t - k_0 r + \varphi_0)}{\dfrac{\cos(\omega t - k_0 r + \varphi_0)}{k_0 r} - \sin(\omega t - k_0 r + \varphi_0)}\,d(k_0 r) = 2\,\frac{\cos\vartheta}{\sin\vartheta}\,d\vartheta \ . \tag{15.28}$$

Beide Seiten können elementar integriert werden, da der Zähler jeweils gerade die Ableitung des Nenners darstellt [Möl58]. Die Quotienten können daher als logarithmische Ableitung [JEL66] geschrieben werden. Somit folgen die elektrischen Feldlinien des Hertzschen Dipols – wie auch schon bei Hohlleiterwellen – als **Höhenlinien** einer Potenzialfunktion (Einheit Volt):

$$\boxed{\Phi = \frac{E_0}{k_0}\sin^2\vartheta\left[\frac{\cos(\omega t - k_0 r + \varphi_0)}{k_0 r} - \sin(\omega t - k_0 r + \varphi_0)\right]} \quad \text{mit} \quad E_0 = Z_0\,H_0. \tag{15.29}$$

Diese **Potenzialfunktion** Φ hängt mit dem Magnetfeld H_φ zusammen [Lor95] – vgl. (8.89):

$$\boxed{\Phi(r,\vartheta,t) = Z_0\,r\,\sin\vartheta\,\frac{\partial H_\varphi(r,\vartheta,t)}{\partial(\omega t)}} \quad \text{und es gilt:} \quad \boxed{\mathbf{E} = \frac{\mathbf{e}_\varphi \times \operatorname{grad}\Phi}{k_0\,r\,\sin\vartheta}} \ . \tag{15.30}$$

$\Phi(r,\vartheta)$ in 3D-Darstellung für $\omega t + \varphi_0 = 0$ mit zugehörigen Höhenlinien zeigt Bild 15.6.

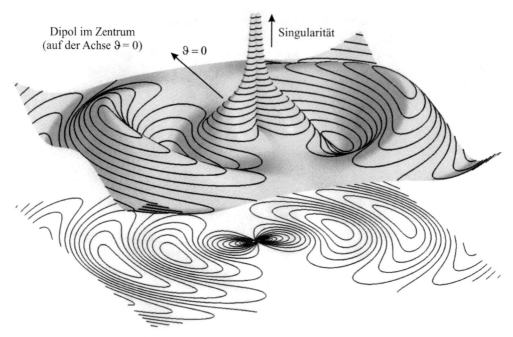

Dipol im Zentrum
(auf der Achse $\vartheta = 0$)

$\vartheta = 0$

Singularität

Bild 15.6 Elektrische Feldlinien des Hertzschen Dipols im Bereich $(3\lambda_0 \times 3\lambda_0)$ als Höhenlinien der Potenzialfunktion (15.29). Der gezeigte Zeitpunkt ist $t = 3\,T/4$ und die Quellphase beträgt $\varphi_0 = \pi/2$.

Der Hertzsche Dipol ist eine der wenigen Antennen, bei denen eine exakte Berechnung des Strahlungsfeldes in geschlossener Form überhaupt möglich ist. Bei den meisten anderen Antennen sind hingegen nur mehr oder weniger präzise Fernfeldnäherungen bekannt. Der Hertzsche Dipol eignet sich daher in hervorragender Weise zur Untersuchung des Nahfeldes von Sendeantennen. Insbesondere interessiert uns der Vorgang des Ablösens der Feldlinien von der Antennenoberfläche, den wir im nächsten Abschnitt noch genauer betrachten wollen.

15.1.2 Wellengeschwindigkeiten und Nahfeldablösung

Wie in anderen Wellenleitern mit exponentiellem Ausbreitungsterm kann man auch bei den Kugelwellen des Freiraums eine komplexe Ausbreitungskonstante definieren. Nach [Bar39] findet man mit Hilfe der logarithmischen Ableitung die Darstellung:

$$\underline{\gamma} = \alpha + j\,\beta = -\frac{\partial}{\partial r}\ln\frac{\underline{E}_\vartheta}{\underline{E}_0} = -\frac{1}{\underline{E}_\vartheta}\frac{\partial \underline{E}_\vartheta}{\partial r}\,. \tag{15.31}$$

Dabei stellen die Dämpfungskonstante α und die Phasenkonstante β die logarithmische Amplitudenabnahme bzw. die Phasenänderung in Ausbreitungsrichtung bei der *elektrischen* Feldstärke $\underline{E}_\vartheta$ dar. Eine analoge Rechnung – basierend auf dem *magnetischen* Transversalfeld $\underline{H}_\varphi$ – findet man in Aufgabe 15.4.1. Aus der elektrischen Feldstärke (15.22) mit $\underline{E}_0 = Z_0\,\underline{H}_0$

$$\underline{E}_\vartheta(r,\vartheta) = \underline{E}_0 \sin\vartheta\,\frac{e^{-j\,k_0 r}}{k_0 r}\left(1 + \frac{1}{j\,k_0 r} + \frac{1}{(j\,k_0 r)^2}\right) \tag{15.32}$$

folgt also mit (15.31) nach Differenziation und Trennung von Real- und Imaginärteil

$$\alpha(r) = \frac{1}{r}\left(1 + \frac{2-(k_0\,r)^2}{1-(k_0\,r)^2+(k_0\,r)^4}\right) \quad\underset{k_0 r \gg 1}{\longrightarrow}\quad \frac{1}{r} \tag{15.33}$$

$$\beta(r) = \frac{2\pi}{\lambda(r)} = k_0\left(1 - \frac{1+(k_0\,r)^2}{1-(k_0\,r)^2+(k_0\,r)^4}\right) \quad\underset{k_0 r \gg 1}{\longrightarrow}\quad k_0 = \frac{2\pi}{\lambda_0}. \tag{15.34}$$

Für große Abstände von der Strahlungsquelle stellen sich die bekannten Fernfeldeigenschaften ein. Im Nahfeld hingegen ist die Wellenlänge vom Ort abhängig. Aus (15.34) kann man nach (4.33) und (4.40) die **Phasen-** und die **Gruppengeschwindigkeit** [Peu98] des E-Feldes

$$\boxed{v_p(r) = \frac{\omega}{\beta(r)} = c_0\,\frac{k_0}{\beta(r)} = c_0\left(1 + \frac{1+(k_0\,r)^2}{-2(k_0\,r)^2+(k_0\,r)^4}\right)} \tag{15.35}$$

$$\boxed{v_g(r) = \frac{1}{\partial\beta(r)/\partial\omega} = c_0\,\frac{1}{\partial\beta(r)/\partial k_0} = c_0\left(1 + \frac{1+4(k_0\,r)^2-4(k_0\,r)^4-(k_0\,r)^6}{-6(k_0\,r)^2+7(k_0\,r)^4-(k_0\,r)^6+(k_0\,r)^8}\right)} \tag{15.36}$$

als vom Ort abhängige Größen ermitteln. Sie streben für große Antennenabstände beide gegen die Lichtgeschwindigkeit. Mit (4.49) und der magnetischen Feldstärke eines Hertzschen Dipols

$$\underline{H}_\varphi(r,\vartheta) = \frac{E_0}{Z_0}\sin\vartheta\,\frac{e^{-j\,k_0\,r}}{k_0\,r}\left(1 + \frac{1}{j\,k_0\,r}\right) \tag{15.37}$$

finden wir schließlich die radiale **Energiegeschwindigkeit** in der Äquatorebene ($\vartheta = \pi/2$):

$$\boxed{v_E(r) = c_0\,\frac{2\,\mathrm{Re}\left\{\underline{E}_\vartheta\,Z_0\,\underline{H}_\varphi^*\right\}}{\left|\underline{E}_\vartheta\right|^2 + Z_0^2\left|\underline{H}_\varphi\right|^2} = \frac{c_0}{1 + \dfrac{1}{2\,(k_0\,r)^4}} \le c_0}\,. \tag{15.38}$$

Während Phasen- und Gruppengeschwindigkeit jeden beliebigen Wert annehmen können, steigt die Energiegeschwindigkeit mit zunehmendem Abstand $k_0\,r$ monoton an und strebt asymptotisch gegen c_0 in Übereinstimmung mit den Forderungen der speziellen Relativitätstheorie. Für $k_0\,r = \sqrt{2}$ erkennen wir in Bild 15.7 einen Pol mit Vorzeichenwechsel bei der Phasengeschwindigkeit. Für kleinere Abstände ist die Phasengeschwindigkeit negativ, d. h. es muss dort Feldlinien geben, die sich nicht vom Strahler lösen können und schließlich wieder auf ihn zurückfallen, was man als **pulsierende Blindleistungsschwingung** interpretieren kann. Tatsächlich beobachtet man im Zeitintervall $T/4 < t < T/2$ (und auch für $3\,T/4 < t < T$ usw.) eine Rückströmung der Blindenergie zum Erreger. Davon werden nur die innersten Feldlinien erfasst, die sich in der Äquatorebene bei $\vartheta = \pi/2$ noch nicht sehr weit vom Dipol entfernt haben.

Die Bildsequenz 15.8 zeigt eine quadratische Zone der Kantenlänge $\lambda_0/2$, wo sich die innersten elektrischen Feldlinien im grau unterlegten Bereich rückläufig bewegen und dadurch den Dipol nicht verlassen können. Kurz nach dem Zeitpunkt $t = 12\,T/32$ (genauer bei $t = 0{,}37712\,T$ [Möl58]) findet erstmals eine Abschnürung der elektrischen Feldlinien statt und zwar gerade am Ort der Polstelle der Phasengeschwindigkeit bei $k_0\,r = \sqrt{2}$, d. h. bei $r \approx 0{,}2251\,\lambda_0$. Dort verschmelzen zwei gegenüberliegende Feldlinien und lösen somit ihre Verbindung zur Quelle, was letztendlich zur Abstrahlung führt. Die Abschnürzone mit Radius r_a wandert nach innen und ist in Bild 15.8 durch einen Kreis kenntlich gemacht.

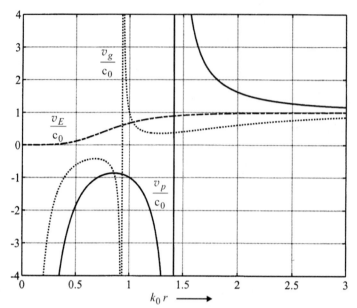

Bild 15.7 Phasen-, Gruppen- und Energiegeschwindigkeit des Hertzschen Dipols nach (15.35), (15.36) und (15.38). Nur die Energiegeschwindigkeit liegt im Intervall $0 \leq v_E \leq c_0$, während v_p und v_g negative oder sogar unendlich große Werte annehmen können. Man beobachtet Polstellen mit Vorzeichenwechsel an $k_0 r = 0{,}9333$ und $k_0 r = \sqrt{2}$. Man beachte, dass v_p und v_g aus dem *elektrischen* Transversalfeld $\underline{E}_\vartheta$ abgeleitet wurden. Eine analoge Herleitung aus dem *magnetischen* Transversalfeld $\underline{H}_\varphi$ führt zu anderen Geschwindigkeiten [Möl58, Lang96], wie wir in Aufgabe 15.4.1 noch sehen werden.

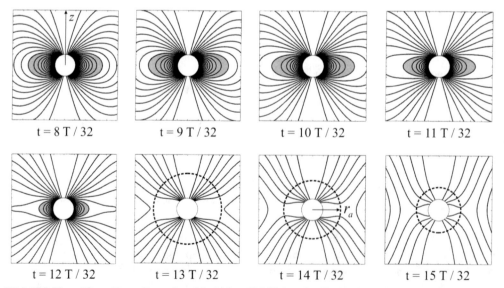

Bild 15.8 Vergrößerte Darstellung der elektrischen Feldlinien des Hertzschen Dipols im Vertikalschnitt $(0{,}5\,\lambda_0 \times 0{,}5\,\lambda_0)$. Der Rückfluss einzelner Feldlinien im unmittelbaren reaktiven Nahfeld wird in konstanten Abständen von $\Delta t = T/32$ gezeigt. Kurz nach dem Zeitpunkt $t = 12\,T/32$ findet am Ort $r = 0{,}2251\,\lambda_0$ erstmals eine Abschnürung der Feldlinien statt (vgl. Bild 15.4).

Den mit wachsender Zeit nach innen wandernden Abschnürradius erhält man nach (15.23) aus der Forderung $E_9(r = r_a) = 0$. Wegen

$$E_9(r, \vartheta, t) = E_0 \frac{\sin \vartheta}{k_0 r} \sqrt{1 - \frac{1}{(k_0 r)^2} + \frac{1}{(k_0 r)^4}} \sin\left(\omega t - k_0 r + \varphi_0 + \arctan\left(k_0 r - \frac{1}{k_0 r}\right)\right) \quad (15.39)$$

und der Quellphase $\varphi_0 = \pi/2$ findet man Nullstellen der meridionalen Feldstärke (15.39) für

$$\omega t - k_0 r + \frac{\pi}{2} + \arctan\left(k_0 r - \frac{1}{k_0 r}\right) = n \pi. \quad (15.40)$$

Der *innerste* Wert mit $n = 1$ definiert den gesuchten **Abschnürradius** r_a:

$$\boxed{\cot\left(\omega t - k_0 r_a\right) = k_0 r_a - \frac{1}{k_0 r_a}} \quad (15.41)$$

als Funktion der Zeit. Nur für gewisse Zeitbereiche hat diese Gleichung eine positiv reelle Lösung r_a. So setzt die Abschnürung erstmals bei $\omega t = 2{,}36953$ ein, also zum Zeitpunkt $t = 0{,}37712\,T$ und zwar bei $k_0 r_a = \sqrt{2}$ (der Polstelle der Phasengeschwindigkeit!). Mit fortschreitender Zeit wandert der Abschnürradius r_a nach innen, um schließlich für $t = T/2$ im Erregerzentrum zu verschwinden. Numerische Lösungen von (15.41) findet man in Bild 15.9.

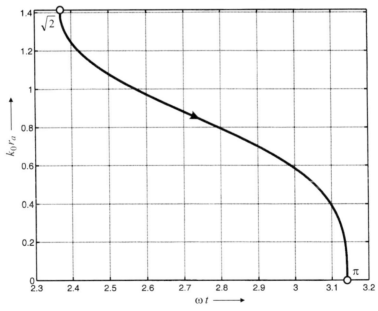

Bild 15.9 Der Radius r_a, wo sich die Feldlinien erstmals abschnüren, wandert mit der Zeit nach innen.

Die Wellenzone, nicht nur des Hertzschen Dipols, sondern jeder Strahlungsquelle kann demnach nicht unmittelbar entstehen, sondern ist die Folge von notwendigen Feldzuständen in der nächsten Umgebung des Erregers. Ohne die Vorgänge im Nahfeld, einschließlich pulsierender Blindleistung, wäre eine Wirkleistungsabgabe an das Fernfeld undenkbar.

15.2 Magnetischer Elementarstrahler

Der in $\mathbf{e}_z$-Richtung orientierte Hertzsche Dipol am Ort $\mathbf{r}_Q$ ist nach (15.3) durch eine einge-prägte elektrische Stromdichte

$$\underline{\mathbf{J}}(\mathbf{r}') = \underline{I}\, l\, \delta(\mathbf{r}' - \mathbf{r}_Q)\mathbf{e}_z \tag{15.42}$$

entlang seiner infinitesimal kurzen Länge l gekennzeichnet. Setzt man anstelle des elektrischen Leitungsstroms $\underline{I}$ als duale Größe einen eingeprägten magnetischen Strom der komplexen Amplitude $\underline{I}_M$, der ebenfalls auf einer Länge l konstant sein soll, so erhält man formal den **magnetischen Elementarstrahler.** Dieser wird auch als **Fitzgeraldscher Dipol** bezeichnet (siehe die Darstellung in Bild 15.10 für $\mathbf{r}_Q = 0$).

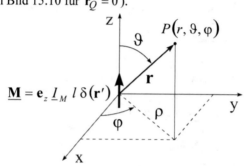

Bild 15.10 Infinitesimales, vertikales, magnetisches Stromelement $\underline{\mathbf{M}}$

Das Feld des magnetischen Dipols ist dual zum Feld des elektrischen Dipols, d. h. man kann beide durch die **Fitzgeraldsche Transformation** (Abschnitt 14.2.2) ineinander überführen:

$$\underline{\mathbf{E}} \;\Rightarrow\; \underline{\mathbf{H}} \;\Rightarrow\; -\underline{\mathbf{E}}$$

$$\underline{\mathbf{J}} \;\Rightarrow\; \underline{\mathbf{M}} \;\Rightarrow\; -\underline{\mathbf{J}} \qquad\qquad\qquad Z_0 \;\Leftrightarrow\; Y_0$$

$$\underline{I} \;\Rightarrow\; \underline{I}_M \;\Rightarrow\; -\underline{I} \qquad\text{sowie}\qquad \varepsilon_0 \;\Leftrightarrow\; \mu_0$$

$$\underline{\mathbf{A}} \;\Rightarrow\; \underline{\mathbf{F}} \;\Rightarrow\; -\underline{\mathbf{A}} \qquad\qquad\qquad \kappa \;\Leftrightarrow\; \kappa\,.$$

Nimmt man in den Feldern (15.22) des Hertzschen Dipols die entsprechenden Ersetzungen vor, so erhält man das duale Strahlungsfeld des Fitzgeraldschen Dipols:

$$\boxed{\begin{aligned}
\underline{H}_r &= 2Y_0\,\underline{E}_0\cos\vartheta\,\frac{e^{-jk_0 r}}{k_0 r}\left(\frac{1}{jk_0 r} + \frac{1}{(jk_0 r)^2}\right)\\[2mm]
\underline{H}_\vartheta &= Y_0\,\underline{E}_0\sin\vartheta\,\frac{e^{-jk_0 r}}{k_0 r}\left(1 + \frac{1}{jk_0 r} + \frac{1}{(jk_0 r)^2}\right)\\[2mm]
\underline{E}_\varphi &= -\underline{E}_0\sin\vartheta\,\frac{e^{-jk_0 r}}{k_0 r}\left(1 + \frac{1}{jk_0 r}\right).
\end{aligned}} \tag{15.43}$$

Dabei hat $\underline{E}_0 = j\,\pi\,\underline{I}_M\,l/\lambda_0^2$ die Einheit V/m und anstelle des Feldwellenwiderstand ver-wenden wir seinen Kehrwert $Y_0 = Z_0^{-1} = (\varepsilon_0/\mu_0)^{1/2} \approx 1/(376{,}73\,\Omega)$. Beim magnetischen Ele-mentarstrahler sind jetzt die elektrischen Feldlinien konzentrische Kreise um die Dipolachse (aber mit entgegengesetztem Umlaufsinn wie bei den magnetischen Feldlinien des Hertzschen

Dipols), während die magnetischen Feldlinien den elektrischen Feldlinien des Hertzschen Dipols direkt entsprechen. Zum Vergleich dient die Darstellung in Tabelle 15.1.

Tabelle 15.1 Vergleich der Feldkomponenten vom elektrischen und magnetischen Elementarstrahler

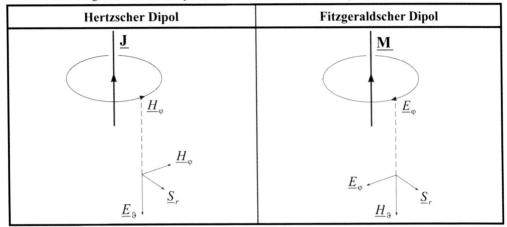

Das Feld des vertikalen magnetischen Elementarstrahlers ist im Gegensatz zu dem des elektrischen Elementarstrahlers <u>horizontal</u> polarisiert. Die ausgestrahlten Wellen gehören dem **H-** oder **TE-Wellentyp** an, da jetzt die magnetische Feldstärke **H** eine Komponente in Ausbreitungsrichtung besitzt. Aus den allgemeinen Darstellungen des Strahlungsfeldes eines magnetischen Elementarstrahlers (15.43) kann man in gleicher Weise wie schon beim Hertzschen Dipol Näherungslösungen für das *Nahfeld* bzw. für das *Fernfeld* angeben. Insbesondere gilt in beiden Fällen $C = \sin\vartheta$ und $D = 3/2$. Aufgrund der beschriebenen Dualität beider Dipolfelder verzichten wir auf eine detailliertere Darstellung.

Während magnetische Ströme und Ladungen fiktive Hilfsgrößen sind, kann ein **magnetischer Dipol** realisiert werden. In der Praxis verwendet man eine elektrisch kleine Leiterschleife, die einen räumlich konstanten elektrischen Wechselstrom $\underline{I}$ führt und wie in Bild 15.11 orientiert ist. Wir betrachten N Windungen beliebiger (meist kreisförmiger) Randkontur der Fläche A.

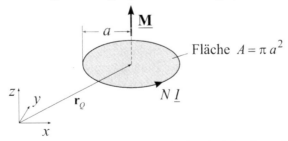

Bild 15.11 Nachbildung eines magnetischen Dipols mittels einer kreisförmigen, elektrisch kleinen Leiterschleife aus N Windungen des Umfangs $U = 2\pi a \ll \lambda_0/4$

Die Anordnung aus Bild 15.11 erzeugt in ihrem Zentrum eine magnetische Stromdichte [Bal05]

$$\underline{\mathbf{M}}(\mathbf{r}') = j\omega\mu_0\, N\, \underline{I}\, A\, \delta(\mathbf{r}' - \mathbf{r}_Q)\mathbf{e}_z = \underline{I}_M\, l\, \delta(\mathbf{r}' - \mathbf{r}_Q)\mathbf{e}_z\,, \tag{15.44}$$

aus der sofort $\underline{I}_M = j\omega\mu_0\, N\, \underline{I}\, A/l$ und auch $\underline{E}_0 = -k_0^3\, Z_0\, N\, \underline{I}\, A/(4\pi)$ folgen, womit wir aus (15.43) das **Strahlungsfeld** der Leiterschleife berechnen können.

Da die Leiterschleife als elektrisch klein vorausgesetzt wurde ($U = 2\pi a \ll \lambda_0/4$), darf die Frequenz des Stroms $\underline{I}$ nicht zu hoch werden. Im **statischen Grenzfall** geht $k_0 \rightarrow 0$ und aus (15.43) folgt mit $\underline{E}_0 = -k_0^3 Z_0 N \underline{I} a^2/4$ natürlich $E_\varphi = 0$ und es gilt (siehe auch [Jac02]):

$$H_r = \frac{m\cos\vartheta}{2\pi r^3} \quad \text{mit dem magnetischen Dipolmoment } \mathbf{m} = m\,\mathbf{e}_z = N\,I\,\pi a^2 \mathbf{e}_z$$

$$H_\vartheta = \frac{m\sin\vartheta}{4\pi r^3} \quad \text{(jeweils gültig für } r \gg a\text{).} \tag{15.45}$$

Ein magnetischer Dipol kann also in Form einer elektrischen Stromschleife realisiert werden; man spricht dann auch von einer **Rahmenantenne,** die als Ferritantenne für den Frequenzbereich ($300\,\text{kHz} < f < 3\,\text{MHz}$) in vielen Rundfunkempfängern eine weite Verbreitung gefunden hat. Ihr Strahlungswiderstand ist ähnlich dem des Hertzschen Dipols (10.10) relativ klein, kann aber durch Füllung mit einem magnetischen Ferritkern und durch Erhöhen der Windungszahl N noch vergrößert werden:

$$\boxed{R_S = \frac{\pi}{6} Z_0 \left(\frac{U}{\lambda_0}\right)^4 \mu_{r,\text{eff}}^2 \, N^2} \quad \text{mit} \quad \frac{U}{\lambda_0} = k_0\,a \ll \frac{1}{4}. \tag{15.46}$$

Zur Herleitung von R_S verweisen wir auf Übung 15.2. In (15.46) ist $\mu_{r,\text{eff}}$ die effektive, relative Permeabilität des zylindrischen Ferritkerns – mit Durchmesser d und Länge l – unter Berücksichtigung der Randstreuung am Spulenende. Nach [Bal05] gilt näherungsweise:

$$\mu_{r,\text{eff}} = \frac{\mu_{r,\text{Fe}}}{1 + \xi\,(\mu_{r,\text{Fe}} - 1)} \tag{15.47}$$

mit der relativen Permeabilität $\mu_{r,\text{Fe}}$ des Ferritmaterials und dem Streufaktor

$$\xi \approx \frac{1}{2}\left(d/l\right)^{\sqrt{2}}, \tag{15.48}$$

der vom Durchmesser-Längenverhältnis $0{,}01 < d/l < 0{,}5$ abhängt.

15.3 Kreisförmige Rahmenantenne beliebigen Umfangs

Falls der Umfang U einer Rahmenantenne nicht mehr als klein gegenüber einer Viertelwellenlänge betrachtet werden kann, muss bei der Bestimmung des Strahlungsfeldes die räumliche Variation des Stroms entlang der Leiterschleife berücksichtigt werden. Während in [Stu13] ein _quadratischer_ Rahmen aus vier gleichen, $\lambda_0/4$ langen Drahtstücken betrachtet wird, wollen wir hier die Abstrahlung eines Ringstroms entlang eines _kreisförmigen_ dünnen Leiters des Umfangs $U = 2\pi a$ betrachten. Der Kreisring befinde sich in der x-y-Ebene eines kartesischen Koordinatensystems, sein Mittelpunkt liege im Ursprung und die Einspeisung erfolge bei $\varphi' = 0$ (Bild 15.12). Die Ausdehnung des Speiseschlitzes sei vernachlässigbar. Nach Tabelle 14.7 können wir für das **Vektorpotenzial** des Fernfeldes folgenden Ansatz machen:

$$\underline{\mathbf{A}}(\mathbf{r}) = \frac{e^{-jk_0 r}}{4\pi r} \int\limits_{\varphi'=-\pi}^{\pi} \underline{I}(\varphi')\,\mathbf{e}_{\varphi'}\,e^{jk_0 \mathbf{e}_r \cdot \mathbf{r}'}\,a\,d\varphi', \tag{15.49}$$

wobei mit a der Radius des Kreisrings (dessen Dicke vernachlässigbar sei) bezeichnet wird.

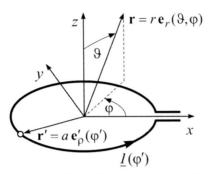

Bild 15.12 Kreisförmige, dünne Leiterschleife als Rahmenantenne mit Umfang $U = 2\pi a$

Zunächst gilt $\quad \mathbf{e}_r \cdot \mathbf{r}' = a\,\mathbf{e}_r \cdot \mathbf{e}_{\rho'} = a(\sin\vartheta\cos\varphi\cos\varphi' + \sin\vartheta\sin\varphi\sin\varphi') = a\sin\vartheta\cos(\varphi'-\varphi)$
und $\mathbf{e}_{\varphi'} = -\mathbf{e}_x\sin\varphi' + \mathbf{e}_y\cos\varphi'$, wie wir mit Tabelle 2.5 bestätigen. Aus (15.49) folgt also

$$\underline{\mathbf{A}}(\mathbf{r}) = \frac{e^{-jk_0 r}}{4\pi r}\int\limits_{-\pi}^{\pi}\underline{I}(\varphi')\,(-\mathbf{e}_x\sin\varphi' + \mathbf{e}_y\cos\varphi')\,e^{\,jk_0 a\sin\vartheta\cos(\varphi'-\varphi)}\,a\,d\varphi'.\qquad(15.50)$$

15.3.1 Vektorpotenzial eines kreisförmigen Ringstroms

Für die weitere Berechnung wollen wir den bei $\varphi' = 0$ gespeisten Drahtring näherungsweise durch ein einfaches Leitungsmodell beschreiben. Wir betrachten ihn nämlich als eine bei $\varphi' = \pi$ kurzgeschlossene Leitung, auf der sich eine stehende Welle mit der **Stromverteilung**

$$\underline{I}(\varphi') = \hat{\underline{I}}\cos\big[k_0\,a(\varphi'-\pi)\big] = \hat{\underline{I}}\big[\cos(k_0\,a\varphi')\cos(k_0\,a\pi) + \sin(k_0\,a\varphi')\sin(k_0\,a\pi)\big]\quad(15.51)$$

einstellt. Die Randbedingung am kurzgeschlossenen Leitungsende bei $\varphi' = \pi$ erfordert, dass sich dort ein Strommaximum $\underline{I}(\pi) = \hat{\underline{I}}$ ausbildet. Im Speisepunkt fließt dagegen – abhängig von der Länge der Leiterschleife – ein Strom von $\underline{I}_0 = \underline{I}(0) = \underline{I}(2\pi) = \hat{\underline{I}}\cos(k_0\,a\pi)$. Das Integral, das mit der Stromverteilung (15.51) aus (15.50) resultiert, ist für $U = n\lambda_0$ mit $n = 1,2,3\ldots$ zwar geschlossen lösbar, erfordert aber eine etwas umständliche Umformung. Mit

$$\boxed{\underline{\mathbf{A}}(\mathbf{r}) = \hat{\underline{I}}\,a\,\frac{e^{-jk_0 r}}{4\pi r}\Big[\cos(k_0\,a\pi)\,(\underline{\zeta}_1\,\mathbf{e}_x + \underline{\zeta}_2\,\mathbf{e}_y) + \sin(k_0\,a\pi)\,(\underline{\zeta}_3\,\mathbf{e}_x + \underline{\zeta}_4\,\mathbf{e}_y)\Big]}\qquad(15.52)$$

führen wir zur besseren Übersicht vier Hilfsintegrale ein:

$$\underline{\zeta}_1 = -\int\limits_{-\pi}^{\pi}\cos(k_0\,a\varphi')\sin\varphi'\,e^{\,jk_0 a\sin\vartheta\cos(\varphi'-\varphi)}\,d\varphi'$$

$$\underline{\zeta}_2 = \int\limits_{-\pi}^{\pi}\cos(k_0\,a\varphi')\cos\varphi'\,e^{\,jk_0 a\sin\vartheta\cos(\varphi'-\varphi)}\,d\varphi'$$

$$\underline{\zeta}_3 = -\int\limits_{-\pi}^{\pi}\sin(k_0\,a\varphi')\sin\varphi'\,e^{\,jk_0 a\sin\vartheta\cos(\varphi'-\varphi)}\,d\varphi'$$

$$\underline{\zeta}_4 = \int\limits_{-\pi}^{\pi}\sin(k_0\,a\varphi')\cos\varphi'\,e^{\,jk_0 a\sin\vartheta\cos(\varphi'-\varphi)}\,d\varphi'.$$

$$(15.53)$$

Zur Berechnung der Integrale (15.53) machen wir die Substitution $\phi' = \varphi' - \varphi$ und führen die bequemen Abkürzungen $p = k_0\, a$ sowie $q = k_0\, a \sin\vartheta$ ein, woraus folgt:

$$\underline{\zeta}_1 = -\int\limits_{-\pi}^{\pi} \cos\left[p(\phi'+\varphi)\right]\sin(\phi'+\varphi)\, e^{\, j\, q\, \cos\phi'}\, d\phi'$$

$$\underline{\zeta}_2 = \int\limits_{-\pi}^{\pi} \cos\left[p(\phi'+\varphi)\right]\cos(\phi'+\varphi)\, e^{\, j\, q\, \cos\phi'}\, d\phi'$$

$$\underline{\zeta}_3 = -\int\limits_{-\pi}^{\pi} \sin\left[p(\phi'+\varphi)\right]\sin(\phi'+\varphi)\, e^{\, j\, q\, \cos\phi'}\, d\phi'$$ (15.54)

$$\underline{\zeta}_4 = \int\limits_{-\pi}^{\pi} \sin\left[p(\phi'+\varphi)\right]\cos(\phi'+\varphi)\, e^{\, j\, q\, \cos\phi'}\, d\phi'.$$

Da der Parameter φ die Berechnung der Integrale (15.54) erheblich erschwert, wollen wir durch eine geeignete Umformung versuchen, alle von φ abhängenden Terme <u>vor</u> die Integrale zu ziehen. Durch Ausnutzen der bekannten Beziehungen $2\cos\alpha\cos\beta = \cos(\alpha-\beta)+\cos(\alpha+\beta)$, $2\sin\alpha\sin\beta = \cos(\alpha-\beta)-\cos(\alpha+\beta)$ und $2\sin\alpha\cos\beta = \sin(\alpha-\beta)+\sin(\alpha+\beta)$ erhalten wir:

$$2\underline{\zeta}_1 = \int\limits_{-\pi}^{\pi} \left\{ \sin\left[(p-1)(\phi'+\varphi)\right] - \sin\left[(p+1)(\phi'+\varphi)\right] \right\} e^{\, j\, q\, \cos\phi'}\, d\phi'$$

$$2\underline{\zeta}_2 = \int\limits_{-\pi}^{\pi} \left\{ \cos\left[(p-1)(\phi'+\varphi)\right] + \cos\left[(p+1)(\phi'+\varphi)\right] \right\} e^{\, j\, q\, \cos\phi'}\, d\phi'$$ (15.55)

$$2\underline{\zeta}_3 = \int\limits_{-\pi}^{\pi} \left\{ -\cos\left[(p-1)(\phi'+\varphi)\right] + \cos\left[(p+1)(\phi'+\varphi)\right] \right\} e^{\, j\, q\, \cos\phi'}\, d\phi'$$

$$2\underline{\zeta}_4 = \int\limits_{-\pi}^{\pi} \left\{ \sin\left[(p-1)(\phi'+\varphi)\right] + \sin\left[(p+1)(\phi'+\varphi)\right] \right\} e^{\, j\, q\, \cos\phi'}\, d\phi'.$$

Unser Ziel erreichen wir erst nach einer weiteren Umformung mit Hilfe der Beziehungen $\sin(\alpha+\beta) = \sin\alpha\cos\beta + \cos\alpha\sin\beta$ bzw. $\cos(\alpha+\beta) = \cos\alpha\cos\beta - \sin\alpha\sin\beta$:

$$2\underline{\zeta}_1 = \cos\left[(p-1)\varphi\right] \int\limits_{-\pi}^{\pi} \sin\left[(p-1)\phi'\right] e^{\, j\, q\, \cos\phi'}\, d\phi' +$$

$$+ \sin\left[(p-1)\varphi\right] \int\limits_{-\pi}^{\pi} \cos\left[(p-1)\phi'\right] e^{\, j\, q\, \cos\phi'}\, d\phi' -$$ (15.56)

$$- \cos\left[(p+1)\varphi\right] \int\limits_{-\pi}^{\pi} \sin\left[(p+1)\phi'\right] e^{\, j\, q\, \cos\phi'}\, d\phi' -$$

$$- \sin\left[(p+1)\varphi\right] \int\limits_{-\pi}^{\pi} \cos\left[(p+1)\phi'\right] e^{\, j\, q\, \cos\phi'}\, d\phi'$$

$$2\underline{\zeta}_2 = \cos\left[(p-1)\varphi\right] \int_{-\pi}^{\pi} \cos\left[(p-1)\phi'\right] e^{jq\cos\phi'}\,d\phi' -$$

$$- \sin\left[(p-1)\varphi\right] \int_{-\pi}^{\pi} \sin\left[(p-1)\phi'\right] e^{jq\cos\phi'}\,d\phi' +$$

$$+ \cos\left[(p+1)\varphi\right] \int_{-\pi}^{\pi} \cos\left[(p+1)\phi'\right] e^{jq\cos\phi'}\,d\phi' -$$

$$- \sin\left[(p+1)\varphi\right] \int_{-\pi}^{\pi} \sin\left[(p+1)\phi'\right] e^{jq\cos\phi'}\,d\phi' \tag{15.57}$$

$$2\underline{\zeta}_3 = -\cos\left[(p-1)\varphi\right] \int_{-\pi}^{\pi} \cos\left[(p-1)\phi'\right] e^{jq\cos\phi'}\,d\phi' +$$

$$+ \sin\left[(p-1)\varphi\right] \int_{-\pi}^{\pi} \sin\left[(p-1)\phi'\right] e^{jq\cos\phi'}\,d\phi' +$$

$$+ \cos\left[(p+1)\varphi\right] \int_{-\pi}^{\pi} \cos\left[(p+1)\phi'\right] e^{jq\cos\phi'}\,d\phi' -$$

$$- \sin\left[(p+1)\varphi\right] \int_{-\pi}^{\pi} \sin\left[(p+1)\phi'\right] e^{jq\cos\phi'}\,d\phi' \tag{15.58}$$

$$2\underline{\zeta}_4 = \cos\left[(p-1)\varphi\right] \int_{-\pi}^{\pi} \sin\left[(p-1)\phi'\right] e^{jq\cos\phi'}\,d\phi' +$$

$$+ \sin\left[(p-1)\varphi\right] \int_{-\pi}^{\pi} \cos\left[(p-1)\phi'\right] e^{jq\cos\phi'}\,d\phi' +$$

$$+ \cos\left[(p+1)\varphi\right] \int_{-\pi}^{\pi} \sin\left[(p+1)\phi'\right] e^{jq\cos\phi'}\,d\phi' +$$

$$+ \sin\left[(p+1)\varphi\right] \int_{-\pi}^{\pi} \cos\left[(p+1)\phi'\right] e^{jq\cos\phi'}\,d\phi' \tag{15.59}$$

Alle Teilintegrale mit $\sin\left[(p\pm 1)\phi'\right]$ verschwinden als Folge der ungeraden Symmetrie ihrer Integranden. Die verbleibenden Teilintegrale können bei *ganzzahligem* $m = p \pm 1$ wegen

$$J_m(q) = \frac{j^{-m}}{2\pi} \int_{-\pi}^{\pi} \cos(m\phi')\, e^{jq\cos\phi'}\,d\phi' \tag{15.60}$$

durch reelle **Besselfunktionen** ausgedrückt werden [Mag48]:

$$\underline{\Theta}_{p\pm 1}(q) = \int_{-\pi}^{\pi} \cos\left[(p\pm 1)\phi'\right] e^{jq\cos\phi'}\,d\phi' = \begin{cases} 2\pi\, j^{p\pm 1} J_{p\pm 1}(q) & \text{für } p = 1,2,3,\ldots \\ \text{sonst } \mathbf{numerisch} \text{ integrieren !} \end{cases} \tag{15.61}$$

15.3.2 Kreisförmige Rahmenantenne mit Umfang $U = n\,\lambda_0$

Wir betrachten mit $n = 1, 2, 3, \ldots$ zunächst den wichtigen **Sonderfall** $U = 2\pi a = n\lambda_0$, d. h. der Umfang der Leiterschleife beträgt gerade ein ganzzahliges Vielfaches einer Wellenlänge. Dann wird $p = k_0\,a = n$ ganzzahlig und aus (15.52) folgt:

$$\underline{\mathbf{A}}(\mathbf{r}) = (-1)^n\,\hat{\underline{I}}\,\frac{n\lambda_0}{2\pi}\,\frac{e^{-jk_0 r}}{4\pi r}\left(\underline{\zeta}_1\,\mathbf{e}_x + \underline{\zeta}_2\,\mathbf{e}_y\right) \tag{15.62}$$

Mit (15.61) erhalten wir dann aus (15.56) und (15.57) für $q = k_0\,a \sin\vartheta = n \sin\vartheta$:

$$
\begin{aligned}
\underline{\zeta}_1 &= \pi\,j^{n-1}\left[\sin\big((n-1)\,\varphi\big)\,J_{n-1}(q) + \sin\big((n+1)\,\varphi\big)\,J_{n+1}(q)\right] \\
\underline{\zeta}_2 &= \pi\,j^{n-1}\left[\cos\big((n-1)\varphi\big)\,J_{n-1}(q) - \cos\big((n+1)\varphi\big)\,J_{n+1}(q)\right],
\end{aligned}
\tag{15.63}
$$

womit die x- und y-Komponenten des Vektorpotenzials bestimmt sind. Mit Hilfe von Tabelle 14.7 wandeln wir diese schließlich in die sphärischen Komponenten der **Fernfelder** um:

$$\underline{E}_\vartheta = Z_0\,\underline{H}_\varphi = -(-j)^n\,\hat{\underline{I}}\,n\,Z_0\,\frac{e^{-jk_0 r}}{8\pi r}\,\cos\vartheta\,\times$$

$$\left\{\cos\varphi\left[\sin\big((n-1)\,\varphi\big)\,J_{n-1}(n\sin\vartheta) + \sin\big((n+1)\,\varphi\big)\,J_{n+1}(n\sin\vartheta)\right] + \right. \tag{15.64}$$

$$\left. + \sin\varphi\left[\cos\big((n-1)\varphi\big)\,J_{n-1}(n\sin\vartheta) - \cos\big((n+1)\varphi\big)\,J_{n+1}(n\sin\vartheta)\right]\right\}$$

und

$$\underline{E}_\varphi = -Z_0\,\underline{H}_\vartheta = -(-j)^n\,\hat{\underline{I}}\,n\,Z_0\,\frac{e^{-jk_0 r}}{8\pi r}\,\times$$

$$\left\{-\sin\varphi\left[\sin\big((n-1)\,\varphi\big)\,J_{n-1}(n\sin\vartheta) + \sin\big((n+1)\,\varphi\big)\,J_{n+1}(n\sin\vartheta)\right] + \right. \tag{15.65}$$

$$\left. + \cos\varphi\left[\cos\big((n-1)\varphi\big)\,J_{n-1}(n\sin\vartheta) - \cos\big((n+1)\varphi\big)\,J_{n+1}(n\sin\vartheta)\right]\right\}.$$

Dabei haben wir $\omega\mu_0\lambda_0/(2\pi) = Z_0$ gesetzt. Die etwas unhandlichen Felddarstellungen (15.64) und (15.65) lassen sich noch in eine wesentlich einfachere Form bringen, wenn man geeignete Additionstheoreme für trigonometrische und Besselfunktionen ausnutzt. Man findet – in Übereinstimmung mit den Ergebnissen aus [Wer96] – folgende Darstellung:

$$\boxed{\underline{E}_\vartheta = Z_0\,\underline{H}_\varphi = -(-j)^n\,\hat{\underline{I}}\,n\,Z_0\,\frac{e^{-jk_0 r}}{4\pi r}\,\cos\vartheta\,\sin(n\varphi)\,\frac{J_n(n\sin\vartheta)}{\sin\vartheta}} \tag{15.66}$$

und

$$\boxed{\underline{E}_\varphi = -Z_0\,\underline{H}_\vartheta = -(-j)^n\,\hat{\underline{I}}\,n\,Z_0\,\frac{e^{-jk_0 r}}{4\pi r}\,\cos(n\varphi)\,J_n'(n\sin\vartheta)}\ . \tag{15.67}$$

Im **Sonderfall** einer dünnen, kreisförmigen Rahmenantenne mit einem Umfang von <u>einer</u> Wellenlänge folgt ihr Fernfeld aus (15.66) und (15.67) für $n = k_0\,a = 1$:

$$
\begin{aligned}
\underline{E}_{\vartheta} &= Z_0 \, \underline{H}_{\varphi} = j\, \hat{\underline{I}} \, Z_0 \, \frac{e^{-jk_0 r}}{4\pi r} \sin\varphi \cot\vartheta \, J_1(\sin\vartheta) \\
\underline{E}_{\varphi} &= -Z_0 \, \underline{H}_{\vartheta} = j\, \hat{\underline{I}} \, Z_0 \, \frac{e^{-jk_0 r}}{4\pi r} \cos\varphi \, J_1'(\sin\vartheta) .
\end{aligned}
\tag{15.68}
$$

Beide Feldstärken erreichen ihr Maximum bei $\vartheta = 0$. In der Äquatorebene bei $\vartheta = \pi/2$ verschwindet $\underline{E}_{\vartheta}$, während $\underline{E}_{\varphi} \propto \cos\varphi$ dort eine Achtercharakteristik mit Maxima bei $\varphi = 0$ und $\varphi = \pi$ zeigt (siehe Bild 15.13). Dieses Verhalten unterscheidet sich stark vom magnetischen Elementarstrahler (Abschnitt 15.2), bei dem sich für $k_0 \, a \ll 1/4$ eine Querstrahlung mit azimutaler Symmetrie und Nullstellen entlang der z-Achse einstellte. Die räumliche Verteilung der **Gesamtfeldstärke** bei $k_0 \, a = 1$ ergibt sich aus (15.68) unter Benutzung von (14.135)

$$
C(\vartheta,\varphi) = 2\sqrt{\left[\sin\varphi \cot\vartheta \, J_1(\sin\vartheta)\right]^2 + \left[\cos\varphi \, J_1'(\sin\vartheta)\right]^2} \quad \text{für} \quad U = \lambda_0 .
\tag{15.69}
$$

Bei einem anderen Umfang $U = n\,\lambda_0$ kann die Richtcharakteristik aus (15.66) und (15.67) auf ähnliche Weise ermittelt werden. Allgemein findet man für $n = 1, 2, 3, \ldots$ genau $2n$ Nullstellen in der Äquatorebene – ihre Richtungen korrespondieren mit den Knotenorten der stehenden Stromwelle. Für $n \geq 2$ strahlt die kreisförmige Rahmenantenne nicht mehr entlang der z-Achse.

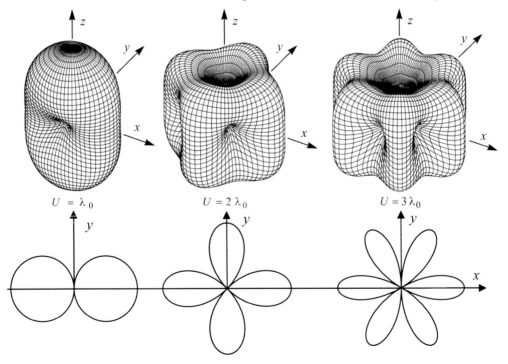

Bild 15.13 Richtcharakteristik der Gesamtfeldstärke $C(\vartheta,\varphi) \triangleq \sqrt{\left|\underline{E}_{\vartheta}\right|^2 + \left|\underline{E}_{\varphi}\right|^2}$ mit ihrem Horizontalschnitt $C_{\mathrm{H}}(\varphi)$ bei $\vartheta = \pi/2$ für eine kreisförmige Leiterschleife ($U = n\,\lambda_0$)

Aus (15.69) finden wir mit einer numerischen Quadratur nach (10.30) den **Richtfaktor** (in Richtung $\vartheta = 0$ bzw. $\vartheta = \pi$) einer kreisförmigen Rahmenantenne des Umfangs $U = \lambda_0$:

$$D = \frac{4\pi}{\int\limits_{\varphi=0}^{2\pi} \int\limits_{\vartheta=0}^{\pi} C^2(\vartheta,\varphi) \sin\vartheta \, d\vartheta \, d\varphi} \approx 2{,}233 \triangleq 3{,}49 \text{ dBi} . \tag{15.70}$$

Damit hat der kreisförmige Rahmen erwartungsgemäß einen ähnlichen Richtfaktor wie der quadratische Rahmen, für den man – ebenfalls beim Umfang $U = \lambda_0$ – einen Wert von $D \approx 2{,}037 \triangleq 3{,}09$ dBi angeben kann [Stu13]. Der gestreckte Ganzwellendipol, den wir in Abschnitt 15.2.5 behandeln werden, hat übrigens einen Richtfaktor von $D \approx 2{,}41 \triangleq 3{,}82$ dBi. Für $n = U/\lambda_0 = k_0 a \gg 1$ geht der Flächenwirkungsgrad gegen $1/2$ und mit $A_{\text{geo}} = \pi a^2$ wird:

$$D \approx \frac{n}{2}(n+8) \approx \frac{n^2}{2} = \frac{1}{2}(k_0 a)^2 = \frac{4\pi}{\lambda_0^2} \frac{\pi a^2}{2} = \frac{4\pi}{\lambda_0^2} q \, A_{\text{geo}} . \tag{15.71}$$

Im Bereich der Hauptkeule kann (15.69) für $\sin\vartheta \ll 1$ noch vereinfacht werden. Eine Taylor-Entwicklung in Potenzen von $\sin\vartheta$ liefert (bis zum quadratischen Glied)

$$C(\vartheta,\varphi) \approx 1 + \frac{1}{8}(-4 + \cos 2\varphi) \sin^2\vartheta . \tag{15.72}$$

In den beiden vertikalen Hauptschnitten folgt aus (15.72)

$$C_V(\vartheta, \varphi = 0) \approx 1 - \frac{3}{8}\sin^2\vartheta \quad \text{und} \quad C_V(\vartheta, \varphi = \pi/2) \approx 1 - \frac{5}{8}\sin^2\vartheta . \tag{15.73}$$

Das ähnliche Verhalten in beiden Schnittebenen legt nahe, in erster Näherung die nur schwach ausgeprägte azimutale Abhängigkeit ganz zu vernachlässigen und die gesamte Richtcharakteristik in der Umgebung der Hauptkeule im Mittel wie

$$\boxed{C(\vartheta,\varphi) \approx 1 - \frac{1}{2}\sin^2\vartheta \approx \cos\vartheta} \quad \text{(für } U = \lambda_0 \text{ und } \sin\vartheta \ll 1) \tag{15.74}$$

zu approximieren. Wir werden die Näherung $C \approx \cos\vartheta$ bei der Untersuchung von Wendelantennen in Abschnitt 28.2 noch benötigen.

15.3.3 Erweiterung auf beliebigen Umfang

Falls $p = k_0 a$ keine natürliche Zahl mehr ist, kann das Strahlungsfeld eines Kreisstroms mit Radius a nicht mehr in geschlossener Form angegeben werden. Mit Hilfe einer numerischen Quadratur der (vom Beobachterwinkel ϑ abhängigen) komplexen Integrale (15.61)

$$\underline{\Theta}_{p\pm1}(\vartheta) = 2 \int\limits_0^\pi \cos\left[(p\pm1)\phi'\right] e^{j \, p \sin\vartheta \cos\phi'} d\phi' \tag{15.75}$$

können die vier Hilfsintegrale (15.56) bis (15.59) wie folgt ausgedrückt werden:

$$2\underline{\zeta}_1(\vartheta,\varphi,p) = \sin\left[(p-1)\varphi\right] \underline{\Theta}_{p-1}(\vartheta) - \sin\left[(p+1)\varphi\right] \underline{\Theta}_{p+1}(\vartheta)$$

$$2\underline{\zeta}_2(\vartheta,\varphi,p) = \cos\left[(p-1)\varphi\right] \underline{\Theta}_{p-1}(\vartheta) + \cos\left[(p+1)\varphi\right] \underline{\Theta}_{p+1}(\vartheta)$$

$$2\underline{\zeta}_3(\vartheta,\varphi,p) = -\cos\left[(p-1)\varphi\right] \underline{\Theta}_{p-1}(\vartheta) + \cos\left[(p+1)\varphi\right] \underline{\Theta}_{p+1}(\vartheta)$$

$$2\underline{\zeta}_4(\vartheta,\varphi,p) = \sin\left[(p-1)\varphi\right] \underline{\Theta}_{p-1}(\vartheta) + \sin\left[(p+1)\varphi\right] \underline{\Theta}_{p+1}(\vartheta) . \tag{15.76}$$

Aus (15.52) folgen mit (15.76) die kartesischen Komponenten des Vektorpotenzials:

$$\underline{A}_x = \hat{\underline{I}}\, a\, \frac{e^{-jk_0 r}}{4\pi r}\left(\underline{\zeta}_1 \cos p\pi + \underline{\zeta}_3 \sin p\pi\right)$$

$$\underline{A}_y = \hat{\underline{I}}\, a\, \frac{e^{-jk_0 r}}{4\pi r}\left(\underline{\zeta}_2 \cos p\pi + \underline{\zeta}_4 \sin p\pi\right),$$

(15.77)

die wir nach Tabelle 14.7 in die sphärischen Komponenten des Fernfeldes umwandeln können:

$$\underline{E}_\vartheta = Z_0\, \underline{H}_\varphi = -j\omega\mu_0\,(\underline{A}_x \cos\vartheta \cos\varphi + \underline{A}_y \cos\vartheta \sin\varphi)$$

$$\underline{E}_\varphi = -Z_0\, \underline{H}_\vartheta = -j\omega\mu_0\,(-\underline{A}_x \sin\varphi + \underline{A}_y \cos\varphi).$$

(15.78)

Im Hinblick auf die später zu behandelnde Wendelantenne (Kapitel 28.2) sind wir insbesondere an kreisförmigen Rahmenantennen mit Abmessungen $p = k_0 a \approx 1$ interessiert. Uns beschäftigt dabei die Frage, ob es im Bereich $0{,}5 < p < 1{,}5$ ein optimales p gibt, bei dem die Strahlungsdichte entlang der z-Achse **bei gegebener Stromstärke** $\hat{I}$ ein Maximum annimmt. Die radiale Strahlungsdichte bei $\vartheta = 0$ ermitteln wir nach (15.78) für beliebiges φ (z. B. für $\varphi = 0$) aus

$$S_r = \frac{1}{2Z_0}\left(|\underline{E}_\vartheta|^2 + |\underline{E}_\varphi|^2\right) = \frac{(\omega\mu_0)^2}{2Z_0}\left(|\underline{A}_x|^2 + |\underline{A}_y|^2\right).$$

(15.79)

Nach Einsetzen von (15.77) in (15.79) folgt:

$$S_r = \frac{(\omega\mu_0)^2}{2Z_0}\frac{|\hat{I}|^2 a^2}{(4\pi r)^2}\left(\left|\underline{\zeta}_1 \cos p\pi + \underline{\zeta}_3 \sin p\pi\right|^2 + \left|\underline{\zeta}_2 \cos p\pi + \underline{\zeta}_4 \sin p\pi\right|^2\right).$$

(15.80)

Aus (15.76) ermitteln wir (für $\vartheta = \varphi = 0$) $\underline{\zeta}_1 = \underline{\zeta}_4 = 0$ und

$$2\underline{\zeta}_2 = \underline{\Theta}_{p-1}(0) + \underline{\Theta}_{p+1}(0)$$

$$2\underline{\zeta}_3 = -\underline{\Theta}_{p-1}(0) + \underline{\Theta}_{p+1}(0)$$

(15.81)

mit den Integralen (15.75)

$$\underline{\Theta}_{p\pm1}(0) = 2\int_0^\pi \cos\left[(p\pm1)\phi'\right]d\phi' = 2\left[\frac{\sin\left[(p\pm1)\phi'\right]}{p\pm1}\right]_0^\pi = 2\frac{\sin\left[(p\pm1)\pi\right]}{p\pm1}.$$

(15.82)

Aus (15.80) erhalten wir mit (15.81) und (15.82) schließlich:

$$S_r = \frac{(\omega\mu_0)^2}{2Z_0}\frac{|\hat{I}|^2 a^2}{(4\pi r)^2}\left[\sin^2(p\pi)\left\{-\frac{\sin\left[(p-1)\pi\right]}{p-1} + \frac{\sin\left[(p+1)\pi\right]}{p+1}\right\}^2 + \right.$$

$$\left. + \cos^2(p\pi)\left\{\frac{\sin\left[(p-1)\pi\right]}{p-1} + \frac{\sin\left[(p+1)\pi\right]}{p+1}\right\}^2\right],$$

(15.83)

was man noch trigonometrisch umformen kann:

$$S_r = \frac{(\omega\,\mu_0)^2}{2\,Z_0}\,\frac{\left|\hat{I}\right|^2 a^2}{(4\,\pi\,r)^2}\,\frac{p^2\sin^2(p\,2\,\pi)+4\sin^4(p\,\pi)}{(p^2-1)^2}\,. \qquad (15.84)$$

Mit $p = k_0\,a$ wird $a = p\,\lambda_0/(2\,\pi)$ und wegen $\omega\,\mu_0\,\lambda_0/(2\,\pi) = Z_0$ folgt aus (15.84) die **Strahlungsdichte** auf der z-Achse als Funktion des normierten Umfangs $p = k_0\,a = U/\lambda_0$:

$$\boxed{\;S_r = \frac{Z_0}{2}\,\frac{\left|\hat{I}\right|^2}{(4\,\pi\,r)^2}\,p^2\,\frac{p^2\sin^2(p\,2\,\pi)+4\sin^4(p\,\pi)}{(p^2-1)^2}\;}\,. \qquad (15.85)$$

Die Hilfsfunktion

$$H(p) = p^2\,\frac{p^2\sin^2(p\,2\,\pi)+4\sin^4(p\,\pi)}{(p^2-1)^2} \qquad (15.86)$$

ist in Bild 15.14 im Bereich $0 \le p \le 4$ dargestellt. Man erkennt ein ausgeprägtes Maximum, dessen genaue Lage man durch Nullsetzen der Ableitung von (15.86) findet. Es gilt demnach:

$$H_{\max}(1,1805) \approx 13,290\,. \qquad (15.87)$$

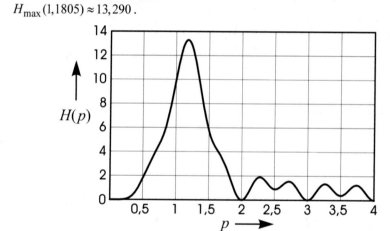

Bild 15.14 Hilfsfunktion $H(p)$ nach (15.86) zur Berechnung der Strahlungsdichte auf der z-Achse

Der Funktionsverlauf hat Nullstellen bei allen ganzzahligen p – mit Ausnahme von $p = 1$. Für große p gilt asymptotisch $H(p) \approx \sin^2(p\,2\,\pi)$. Im interessanten Bereich – mit starker Längsstrahlung entlang der z-Achse – hat die Rahmenantenne einen Umfang von einer Wellenlänge oder ein wenig darüber. Für einen Umfang von genau einer Wellenlänge ($p = 1$) stellt sich eine relative Strahlungsdichte von $H(1) = \pi^2 \approx 9,87$ ein, wie man aus (15.86) durch Grenzwertbetrachtung leicht herausfinden kann. Bei etwas größerem Umfang ($p = 1,1805$) kann die Strahlungsdichte hingegen um $(H_{\max}-H(1))/H(1) \approx 34,7\,\%$ gesteigert werden, das entspricht etwa 1,3 dB.

Die optimale Antenne ist aber keineswegs diejenige, die bei gegebener **Stromstärke** eine möglichst hohe Strahlungsdichte erzeugt, sondern wir müssen untersuchen, welche Abmessungen bei gegebener **Strahlungsleistung** zu einer maximalen Strahlungsdichte in einer gewünschten Richtung führen. Das bedeutet, dass wir in unserem Falle den Umfang der Rahmenantenne für größten Richtfaktor in z-Richtung optimieren müssen.

Wegen (10.19) betrachten wir daher den **Richtfaktor in z-Richtung**

$$D = 4\pi r^2 \frac{S_r(\vartheta = 0, \varphi = 0)}{P_S} \tag{15.88}$$

und setzen dabei die Strahlungsdichte in z-Richtung nach (15.85) und (15.86) ein:

$$D = \frac{\frac{Z_0}{8\pi}\left|\hat{\underline{I}}\right|^2 H(p)}{P_S}. \tag{15.89}$$

Die gesamte abgestrahlte Wirkleistung berechnen wir wie folgt:

$$P_S = \frac{1}{2Z_0} \int\limits_{\varphi=0}^{2\pi} \int\limits_{\vartheta=0}^{\pi} \left(\left|\underline{E}_\vartheta(\vartheta, \varphi)\right|^2 + \left|\underline{E}_\varphi(\vartheta, \varphi)\right|^2\right) r^2 \sin\vartheta \, d\vartheta \, d\varphi. \tag{15.90}$$

Mit (15.78) erhalten wir aus (15.90):

$$P_S = \frac{(\omega\mu_0 r)^2}{2Z_0} \int\limits_{\varphi=0}^{2\pi} \int\limits_{\vartheta=0}^{\pi} \left(\left|\underline{A}_x \cos\vartheta \cos\varphi + \underline{A}_y \cos\vartheta \sin\varphi\right|^2 + \right.$$
$$\left. + \left|\underline{A}_x \sin\varphi - \underline{A}_y \cos\varphi\right|^2\right) \sin\vartheta \, d\vartheta \, d\varphi \tag{15.91}$$

bzw. nach Einsetzen von (15.77) und mit $a = p\lambda_0/(2\pi)$ sowie $\omega\mu_0\lambda_0/(2\pi) = Z_0$ wird

$$P_S = \frac{Z_0}{32\pi^2}\left|\hat{\underline{I}}\right|^2 p^2 Q(p). \tag{15.92}$$

Dabei müssen wir das Doppelintegral $Q(p)$ für verschiedene p numerisch auswerten:

$$Q(p) =$$
$$= \int\limits_{\varphi=0}^{2\pi} \int\limits_{\vartheta=0}^{\pi} \left[\left|\left(\underline{\zeta}_1 \cos p\pi + \underline{\zeta}_3 \sin p\pi\right)\cos\vartheta\cos\varphi + \left(\underline{\zeta}_2 \cos p\pi + \underline{\zeta}_4 \sin p\pi\right)\cos\vartheta\sin\varphi\right|^2 + \right. \tag{15.93}$$
$$\left. + \left|\left(\underline{\zeta}_1 \cos p\pi + \underline{\zeta}_3 \sin p\pi\right)\sin\varphi - \left(\underline{\zeta}_2 \cos p\pi + \underline{\zeta}_4 \sin p\pi\right)\cos\varphi\right|^2\right] \sin\vartheta \, d\vartheta \, d\varphi.$$

Man beachte, dass nach (15.76) alle vier Funktionen $\underline{\zeta}_i(\vartheta, \varphi, p)$ sowohl von der Beobachterrichtung (ϑ, φ) als auch vom normierten Antennenumfang p abhängen und ihrerseits durch eine weitere numerische Quadratur (15.75) bestimmt werden müssen, was die Berechnung von $Q(p)$ äußerst aufwändig und auch anfällig für Rundungsfehler macht. Man muss daher bei den numerischen Rechnungen sehr sorgfältig vorgehen. Der Richtfaktor in z-Richtung, den wir optimieren wollen, folgt mit (15.86) und (15.92) schließlich aus (15.89):

$$\boxed{D(p) = 4\pi \frac{p^2 \sin^2(p\,2\pi) + 4\sin^4(p\pi)}{(p^2-1)^2} \frac{1}{Q(p)}.} \tag{15.94}$$

Bevor wir (15.94) genauer untersuchen, wollen wir zur Überprüfung unserer Herleitung von $Q(p)$ den Grenzfall $p \ll 1/4$ betrachten. In diesem Falle müssten wir aus (15.92) wieder die bekannte Strahlungsleistung des magnetischen Elementardipols erhalten – siehe (15.46).

Übung 15.2: Strahlungsleistung des magnetischen Elementarstrahlers

- Untersuchen Sie mit $p = U/\lambda_0 \ll 1/4$ eine kreisförmige Rahmenantenne *kleinen* Umfangs. Zeigen Sie, dass sich mit (15.46) die Strahlungsleistung (15.92) wie folgt schreiben lässt:

$$P_S = \frac{\left|\hat{\underline{I}}\right|^2}{2} \frac{\pi}{6} Z_0\, p^4 .$$ (15.95)

- **Lösung:**

Die Strahlungsleistung einer allgemeinen kreisförmigen Rahmenantenne ist nach (15.92):

$$P_S = \frac{Z_0}{(4\pi)^2} \frac{\left|\hat{\underline{I}}\right|^2}{2}\, p^2\, Q(p) .$$ (15.96)

Wir müssen beim Vergleich von (15.95) mit (15.96) also nur zeigen, dass für *kleine p*

$$\boxed{\lim_{p \to 0} Q(p) = (4\pi)^2 \frac{\pi}{6}\, p^2}$$ (15.97)

gilt. Zu diesem Zweck entwickeln wir den Integranden von (15.75) in eine Taylor-Reihe:

$$2\cos\big((p \pm 1)\phi'\big)\, e^{\,j\,p\,\sin\vartheta\,\cos\phi'}\, d\phi' \approx 2\cos\phi'\left(1 + j\,p\,\sin\vartheta\,\cos\phi'\right) \mp 2\,p\,\phi'\sin\phi'$$ (15.98)

und integrieren das Ergebnis über ϕ' im Bereich von 0 bis π:

$$\underline{\Theta}_{p\pm 1}(\vartheta) \approx p\,\pi\big(j\,\sin\vartheta \mp 2\big) .$$ (15.99)

Mit (15.99) folgt dann aus (15.76) nach einigen trigonometrischen Umformungen:

$$\underline{\zeta}_1(\vartheta, \varphi, p) \approx -j\,p\,\pi\sin\vartheta\,\sin\varphi$$

$$\underline{\zeta}_2(\vartheta, \varphi, p) \approx j\,p\,\pi\sin\vartheta\,\cos\varphi$$

$$\underline{\zeta}_3(\vartheta, \varphi, p) \approx -2\,p\,\pi\cos\varphi$$ (15.100)

$$\underline{\zeta}_4(\vartheta, \varphi, p) \approx -2\,p\,\pi\sin\varphi .$$

Mit $\cos p\,\pi \approx 1$ und $\sin p\,\pi \approx p\,\pi$ folgt schließlich aus (15.93):

$$Q(p) \approx (p\,\pi)^2 \int\limits_{\varphi=0}^{2\pi} \int\limits_{\vartheta=0}^{\pi} \Big[\big|\underline{a}(\vartheta, \varphi, p)\cos\vartheta\,\cos\varphi + \underline{b}(\vartheta, \varphi, p)\cos\vartheta\,\sin\varphi\big|^2 +$$

$$+ \big|\underline{a}(\vartheta, \varphi, p)\sin\varphi - \underline{b}(\vartheta, \varphi, p)\cos\varphi\big|^2 \Big] \sin\vartheta\, d\vartheta\, d\varphi ,$$ (15.101)

wobei wir zur besseren Übersicht folgende Abkürzungen eingeführt haben:

$$\underline{a}(\vartheta, \varphi, p) = -j\sin\vartheta\,\sin\varphi - 2\,p\,\pi\cos\varphi$$

$$\underline{b}(\vartheta, \varphi, p) = j\sin\vartheta\,\cos\varphi - 2\,p\,\pi\sin\varphi .$$ (15.102)

Das Integral (15.101) kann geschlossen ausgewertet werden – es folgt in niedrigster Ordnung von p erwartungsgemäß das korrekte Resultat:

$$\boxed{Q(p) \approx \frac{8}{3}\pi^3 p^2} \qquad \text{(für } p = U/\lambda_0 \ll 1/4 \text{)}. \qquad \square$$ (15.103)

Mit dem Ergebnis (15.103) können wir den Richtfaktor in z-Richtung (15.94) für kleine $p = U/\lambda_0 \ll 1/4$ noch näher untersuchen. Eine Taylor-Entwicklung

$$D(p) \simeq \frac{3}{2\pi^2} \frac{p^2 \sin^2(p\,2\pi) + 4\sin^4(p\pi)}{p^2(p^2-1)^2} \approx 6\,(1+\pi^2)\,p^2 \qquad (15.104)$$

zeigt, dass der Richtfaktor aus seiner Nullstelle heraus bei zunehmendem Antennenumfang nur recht langsam ansteigt.

Kehren wir zurück zur Diskussion des Ergebnisses (15.94). Insbesondere wollen wir denjenigen Umfang der kreisförmigen Rahmenantenne bestimmen, bei dem der Richtfaktor in z-Richtung maximal wird. Wir suchen also mit $Q(p)$ nach (15.93) ein Maximum der Funktion

$$D(p) = 4\pi \frac{p^2 \sin^2(p\,2\pi) + 4\sin^4(p\pi)}{(p^2-1)^2} \frac{1}{Q(p)} \, , \qquad (15.105)$$

sodass die Strahlungsdichte entlang der z-Achse bei gegebener Strahlungsleistung möglichst hoch wird. Eine numerische Auswertung von (15.105) führt zu der Kurve in Bild 15.15.

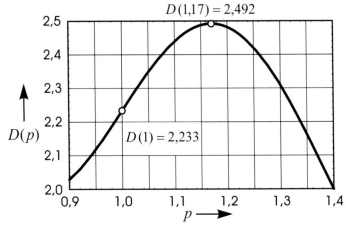

Bild 15.15 Richtfaktor in z-Richtung nach (15.105) über dem normierten Umfang $p = k_0\,a = U/\lambda_0$

Aus Bild 15.15 lässt sich das Maximum der Kurve näherungsweise ablesen, was man durch eine numerische Nachuntersuchung der in der Nähe liegenden Kurvenwerte noch genauer als

$$\boxed{D_{\max}(1{,}170) \approx 2{,}492 \stackrel{\wedge}{=} 3{,}97 \text{ dBi}} \quad \text{(vgl. (16.91) bei der Dipolantenne)} \qquad (15.106)$$

bestimmen kann. Die **optimale kreisförmige Rahmenantenne** mit höchstem Richtfaktor in z-Richtung hat also einen Umfang von $U \approx 1{,}17\lambda_0$. Beim Vergleich mit dem Richtfaktor für $U = \lambda_0$, den wir in (15.70) schon als $D(1) \approx 2{,}233 \stackrel{\wedge}{=} 3{,}49$ dBi berechnet hatten, zeigt sich eine Verbesserung um 11,6 % oder um 0,48 dB. Bemerkenswert ist, dass die Forderung nach größtem Richtfaktor ($U \approx 1{,}17\lambda_0$) fast zum gleichen Design wie die Forderung nach größter Strahlungsdichte ($U \approx 1{,}18\lambda_0$) führt. Obwohl im Vergleich zur Antenne mit $U = \lambda_0$ die Strahlungsdichte um 1,3 dB gesteigert werden kann, fällt der mögliche Anstieg im Richtfaktor mit 0,48 dB geringer aus. Die *gleiche* Strahlungsleistung stellt sich bei größerem Antennenumfang nämlich schon bei einem *kleineren* Strom ein. Die Messdiagramme an Wendelantennen in [Kra88] und auch (28.21) machen deutlich, dass der Bereich um $U \approx 1{,}17\lambda_0$ optimal ist.

15.4 Aufgaben

15.4.1 In Abschnitt 15.1.2 haben wir für den Hertzschen Dipol zunächst die Dämpfungs- und Phasenkonstante des transversalen E-Feldes bestimmt und daraus Beziehungen für die Phasen- und die Gruppengeschwindigkeit hergeleitet. Führen Sie die gleiche Rechnung auf Basis des transversalen H-Feldes durch. Starten Sie analog (15.31) mit dem Ansatz

$$\underline{\gamma}^H = \alpha^H + j\,\beta^H = -\frac{1}{\underline{H}_\varphi}\frac{\partial \underline{H}_\varphi}{\partial r} \quad \text{mit} \quad \underline{H}_\varphi = \underline{H}_0 \sin\vartheta \, \frac{1 + j\,k_0\,r}{j\,(k_0\,r)^2} \, e^{-j\,k_0\,r}$$

und zeigen Sie, dass $v_p^H(r)$ erst im Fernfeld mit $v_p^E(r)$ nach (15.35) übereinstimmt. Im Nahfeld bewegen sich elektrische und magnetische Feldlinien daher verschieden schnell.

15.4.2 Eine kreisförmige Rahmenantenne vom Umfang $U = \lambda_0$ hat nach (15.69) die Richtcharakteristik

$$C(\vartheta,\varphi) = 2\sqrt{\left[\sin\varphi \cot\vartheta \, J_1(\sin\vartheta)\right]^2 + \left[\cos\varphi \, J_1'(\sin\vartheta)\right]^2} \,,$$

die man im Bereich der Hauptkeule, wo $\sin\vartheta \ll 1$ gilt, nach (15.72) in eine Taylor-Reihe entwickeln kann:

$$C(\vartheta,\varphi) \approx 1 + \frac{1}{8}\left(-4 + \cos 2\varphi\right)\sin^2\vartheta\,.$$

Bestimmen Sie die Halbwertsbreiten der beiden vertikalen Hauptschnitte

$$C_V(\vartheta, \varphi = 0) \approx 1 - \frac{3}{8}\sin^2\vartheta \quad \text{und} \quad C_V(\vartheta, \varphi = \pi/2) \approx 1 - \frac{5}{8}\sin^2\vartheta\,.$$

Lösungen:

15.4.1 $\dfrac{v_p^H(r)}{c_0} = \dfrac{k_0}{\beta^H} = 1 + \dfrac{1}{(k_0\,r)^2}$ und $\dfrac{v_p^E(r)}{c_0} = \dfrac{k_0}{\beta^E} = 1 + \dfrac{1 + (k_0\,r)^2}{-2(k_0\,r)^2 + (k_0\,r)^4}$

15.4.2 Den Halbwertswinkel ϑ_1 im Vertikalschnitt $\varphi = 0$ erhalten wir aus

$$\vartheta_1 = \arcsin\sqrt{\frac{8}{3}\left(1 - 1/\sqrt{2}\right)} \approx 62{,}1° \quad \text{bzw.} \quad \Delta\vartheta_1 = 2\,\vartheta_1 \approx 124{,}2°\,.$$

Der Halbwertswinkel ϑ_2 im orthogonalen Vertikalschnitt $\varphi = \pi/2$ folgt aus

$$\vartheta_2 = \arcsin\sqrt{\frac{8}{5}\left(1 - 1/\sqrt{2}\right)} \approx 43{,}2° \quad \text{bzw.} \quad \Delta\vartheta_2 = 2\,\vartheta_2 \approx 86{,}4°\,.$$

Unsere einfachen Näherungsergebnisse stimmen mit den wahren Werten $\Delta\vartheta_1 = 130{,}9°$ und $\Delta\vartheta_2 = 83{,}2°$, die man aus einer aufwändigeren Untersuchung der exakten Richtcharakteristik (15.69) erhalten kann, recht gut überein.

16 Lineare Antennen

Wenn eine Antenne effektiv abstrahlen soll, dann muss sie gut an die Quellenimpedanz angepasst betrieben werden und ihre Länge muss in der Größenordnung von $\lambda_0/2$ liegen. Praktische Antennen für größere Wellenlängen $\lambda_0 > 100$ m (im Bereich der Mittel- und Langwellen) sind daher notwendigerweise von einfacher Form. Meist kommen dann lange gerade Drähte mit dünnem Querschnitt zur Anwendung. So ist die **Linearantenne** eine der gebräuchlichsten und ältesten Strahlerformen. Sie besteht in ihrer einfachsten Form aus einem geraden zylindrischen Leiter, der – wie in Bild 16.1 – an einer bestimmten Stelle meistens symmetrisch in der Mitte **(Dipol)** oder am Fußpunkt gegen Erde **(Monopol)** erregt wird. Die Weite des *Speisespaltes* sei vernachlässigbar klein. Für $l = 2\,h$ haben beide Anordnungen – im oberen Halbraum – das gleiche Strahlungsdiagramm, da die Erdoberfläche in einer Symmetrieebene des elektrischen Feldes liegt. Der Monopol gibt – bei gleichem Quellstrom $\underline{I}_0$ – nur die halbe Strahlungsleistung ab und besitzt daher den doppelten Gewinn der vergleichbaren Dipolantenne.

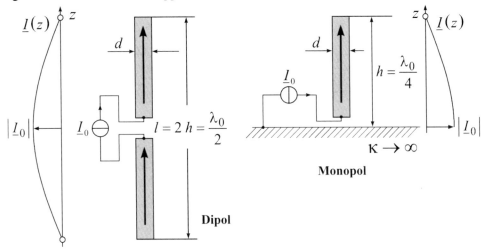

Bild 16.1 Dipol im Freiraum mit Mittelpunktspeisung und endgespeister Monopol über idealer Erde

Das Strahlungsfeld jeder metallischen Antenne kann aus der **Stromverteilung** auf ihrer Oberfläche eindeutig berechnet werden (Kapitel 14). Die Feldstärke ergibt sich dann als Superposition aus den Feldbeiträgen der einzelnen Stromelemente unter Berücksichtigung ihrer Phasendifferenzen und der Entfernungsdifferenzen zwischen den Quellpunkten und dem Aufpunkt.

- Dies setzt aber die *Kenntnis des Stromes* an allen Stellen der Antenne nach Betrag und Phase voraus.

- Für die Berechnung der *Richtcharakteristik* und der *Strahlungsleistung* reichen bereits recht grobe Näherungen für die Stromverteilung aus, da das Fernfeld ziemlich unempfindlich gegenüber kleinen Änderungen der Stromverteilung ist.

- Die Berechnung der *Eingangsimpedanz* – insbesondere ihres Blindanteils, der die Energiespeicherung im Nahfeld beschreibt – erfordert jedoch eine genauere Kenntnis der Stromverteilung auf der Antenne. Eine umfassende Darstellung weitergehender Untersuchungen findet man z. B. in [Kin56, Wein03].

© Springer Fachmedien Wiesbaden GmbH, ein Teil von Springer Nature 2022
K. W. Kark, *Antennen und Strahlungsfelder*,
https://doi.org/10.1007/978-3-658-38595-8_16

16.1 Zylinderantenne

Die Stromdichte $\underline{\mathbf{J}} = \underline{J}\,\mathbf{e}_z$ einer Zylinderantenne kann auf der gesamten Länge *parallel* zu ihrer Längsachse – d. h. in z-Richtung orientiert – angenommen werden (Bild 16.2).

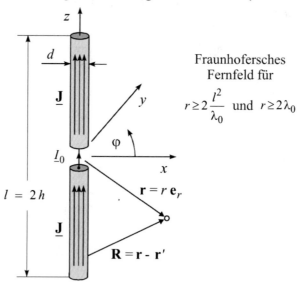

Fraunhofersches Fernfeld für

$$r \geq 2\,\frac{l^2}{\lambda_0} \quad \text{und} \quad r \geq 2\lambda_0$$

Bild 16.2 Zentralgespeiste zylindrische Linearantenne mit rotationssymmetrischer Strombelegung

Im Sendefall ist die Stromdichte $\underline{\mathbf{J}}$ *rotationssymmetrisch* über den kreisrunden Drahtquerschnitt verteilt $(\partial/\partial\varphi = 0)$ und infolge des *Skineffektes* auf einer dünnen Schicht der Dicke $\delta \ll d$ an der Leiteroberfläche zusammengedrängt. Für die Feldberechnung kann man also anstelle der Volumenstromdichte $\underline{\mathbf{J}}$ eine rotationssymmetrische Oberflächenstromdichte $\underline{\mathbf{J}}_F$ als Quellverteilung ansetzen. Nach dem **Huygensschen Prinzip** (siehe Abschnitt 14.6) kann nun die metallische Linearantenne mit ihren tatsächlich fließenden Oberflächenströmen $\underline{\mathbf{J}}_F$ durch eine äquivalente Anordnung, die aus den gleichen eingeprägten Flächenströmen $\underline{\mathbf{J}}_F$ *im freien Raum* besteht, ersetzt werden. Das Strahlungsfeld einer Zylinderantenne kann somit bei Kenntnis der Stromverteilung $\underline{\mathbf{J}}_F$ entlang ihrer Antennenoberfläche A mit Hilfe des magnetischen Vektorpotenzials $\underline{\mathbf{A}}$ berechnet werden. Da nur eingeprägte elektrische Ströme fließen, gilt $\underline{\mathbf{M}}_F = 0$ und aus (14.115) erhalten wir mit $R = |\mathbf{r} - \mathbf{r}'|$ den Ansatz:

$$\underline{\mathbf{A}}(\mathbf{r}) = \frac{1}{4\pi} \oiint_{A'} \underline{\mathbf{J}}_F(\mathbf{r}') \frac{e^{-j\,k_0\,|\mathbf{r}-\mathbf{r}'|}}{|\mathbf{r}-\mathbf{r}'|}\,dA' \quad \underset{\textbf{Fernfeld}}{\rightarrow} \quad \frac{e^{-j\,k_0\,r}}{4\pi r} \oiint_{A'} \underline{\mathbf{J}}_F(\mathbf{r}')\,e^{\,j\,k_0\,\mathbf{e}_r\cdot\mathbf{r}'}\,dA' \,. \quad (16.1)$$

Im Fernfeld – auf das wir uns im Folgenden beschränken werden – erhalten wir die transversalen Feldstärken innerhalb des die Antenne umgebenden quellenfreien Raumes nach (14.116):

$$\underline{\mathbf{H}} = -j\,k_0\,\mathbf{e}_r \times \underline{\mathbf{A}} \quad \text{und} \quad \underline{\mathbf{E}} = -\mathbf{e}_r \times Z_0\,\underline{\mathbf{H}}\,. \quad (16.2)$$

Im Freiraum gilt $k_0 = \omega/c_0$ sowie $Z_0 = \sqrt{\mu_0/\varepsilon_0}$ und damit wird

$$\boxed{Z_0\,\underline{\mathbf{H}}(\mathbf{r}) = -j\,\omega\,\mu_0\,\frac{e^{-j\,k_0\,r}}{4\pi r}\,\mathbf{e}_r \times \oiint_{A'} \underline{\mathbf{J}}_F(\mathbf{r}')\,e^{\,j\,k_0\,\mathbf{e}_r\cdot\mathbf{r}'}\,dA'}\,. \quad (16.3)$$

16.2 Dünne Linearantenne

16.2.1 Strahlungsfelder

In (16.3) muss man eine aufwändige Integration über die Hüllfläche A' des Zylinders vornehmen. Die Integration wird *eindimensional*, wenn wir uns auf den für die Praxis besonders wichtigen Fall eines „*dünnen*" Zylinders beschränken. Man spricht von einer dünnen Linearantenne, wenn für ihren **Schlankheitsgrad** s und ihren Durchmesser d folgende Beziehungen gelten:

$$s = \frac{l}{d} = \frac{2h}{d} \geq 75 \quad \underline{und} \quad d \leq \frac{\lambda_0}{50} . \tag{16.4}$$

Dabei ist l die gesamte Antennenlänge und d der Stabdurchmesser. Bei dünnen Antennen kann man sich den Strom in der Antennenachse konzentriert denken. Die magnetische Feldstärke eines solchen **Stromfadens** mit Strombeiträgen an Orten $\mathbf{r}' = z'\mathbf{e}_z$ folgt aus (16.3):

$$Z_0 \underline{\mathbf{H}}(\mathbf{r}) = -j\omega\mu_0 \frac{e^{-jk_0 r}}{4\pi r} (\mathbf{e}_r \times \mathbf{e}_z) \int_{-h}^{h} \underline{I}(z') e^{jk_0 z'(\mathbf{e}_r \cdot \mathbf{e}_z)} dz' . \tag{16.5}$$

Mit $\mathbf{e}_z = \mathbf{e}_r \cos\vartheta - \mathbf{e}_\vartheta \sin\vartheta$ (siehe Tabelle 2.5) erhält man zunächst:

$$\begin{aligned} \mathbf{e}_r \times \mathbf{e}_z &= \mathbf{e}_r \times (\mathbf{e}_r \cos\vartheta - \mathbf{e}_\vartheta \sin\vartheta) = -\mathbf{e}_\varphi \sin\vartheta \\ \mathbf{e}_r \cdot \mathbf{e}_z &= \mathbf{e}_r \cdot (\mathbf{e}_r \cos\vartheta - \mathbf{e}_\vartheta \sin\vartheta) = \cos\vartheta \quad . \end{aligned} \tag{16.6}$$

Damit folgt schließlich aus (16.5):

$$Z_0 \underline{\mathbf{H}}(\mathbf{r}) = \mathbf{e}_\varphi j\omega\mu_0 \frac{e^{-jk_0 r}}{4\pi r} \sin\vartheta \int_{-h}^{h} \underline{I}(z') e^{jk_0 z' \cos\vartheta} dz' . \tag{16.7}$$

Das **Fernfeld** hat also nur eine H_φ- und eine E_ϑ-Komponente. Bei symmetrischer Mittelpunktspeisung weist die Stromverteilung eine gerade Symmetrie $\underline{I}(-z') = \underline{I}(z')$ auf und es gilt:

$$\boxed{ \underline{E}_\vartheta = Z_0 \underline{H}_\varphi = j\omega\mu_0 \frac{e^{-jk_0 r}}{2\pi r} \sin\vartheta \int_{0}^{h} \underline{I}(z') \cos(k_0 z' \cos\vartheta) dz' } . \tag{16.8}$$

Man kann sich die Integration (16.8) als Superposition unendlich vieler infinitesimaler *Hertzscher Dipole* vorstellen, die entlang der z-Achse im Bereich $-h \leq z' \leq h$ angeordnet sind. Den Grenzfall eines infinitesimal kurzen Dipols erhalten wir aus (16.8) mit $l = 2h \to 0$:

$$\underline{E}_\vartheta = Z_0 \underline{H}_\varphi = j\omega\mu_0 \frac{e^{-jk_0 r}}{2\pi r} \sin\vartheta \, \underline{I} h , \tag{16.9}$$

was völlig mit dem Fernfeldanteil aus (15.21) übereinstimmt. Die Felder im Fernfeld sind – wie man an der Schreibweise (16.7) mit komplexem Integranden gut erkennen kann – proportional der Fourier-Transformierten der Stromverteilung $\underline{I}(z')$. Da nun weder die Stromverteilung $\underline{I}(z')$ noch die Felder $\underline{E}_\vartheta$ bzw. $\underline{H}_\varphi$ bekannt sind, stellt der Zusammenhang (16.8) keine triviale Quadraturaufgabe, sondern eine komplizierte **Integralgleichung** dar. Für eine plausible *Näherungslösung* dieser Integralgleichung kann man wie folgt vorgehen:

- Der Strom im Speisepunkt muss nach Voraussetzung $\underline{I}(z'=0)=\underline{I}_0$ sein, während an den offenen Antennenenden der Leitungsstrom in z-Richtung verschwinden muss, d. h. dort muss gelten: $\underline{I}(z'=\pm h)=0$. Das bedeutet, die Stromverteilung $\underline{I}(z')$ auf der Antenne kann nicht konstant sein.

- Durch praktische Messungen und durch weitergehende theoretische Untersuchungen hat sich gezeigt, dass die symmetrische Stromverteilung mit $\underline{I}(-z')=\underline{I}(z')$ sehr gut durch eine **stehende Sinuswelle** angenähert werden kann. Darum macht man den Ansatz:

$$\boxed{\underline{I}(z')=\hat{\underline{I}}\sin\left[k_0\left(h-|z'|\right)\right]}.\tag{16.10}$$

Dieser Ansatz realisiert bereits die Stromknoten an den Enden der Zylinderantenne. Die unbekannte Amplitude $\hat{\underline{I}}$ der stehenden Welle ergibt sich dann aus dem Speisestrom $\underline{I}_0$ und der normierten Antennenhöhe $k_0 h$ nach folgender Beziehung $\hat{\underline{I}}=\underline{I}_0/\sin(k_0 h)$. Dabei ist zu beachten, dass man auf diese Weise nur für Antennenhöhen $k_0 h \neq n\,\pi$ mit $n=1,2,3,\ldots$ das Strommaximum $\hat{\underline{I}}$ aus dem Speisestrom $\underline{I}_0$ bestimmen kann. Für Antennenlängen $l=2\,h=n\,\lambda_0$ wird der Quotient nämlich zu einem unbestimmten Ausdruck der Form $0/0$. Für sehr kurze Antennen $k_0 h \ll 1$ geht (16.10) in die **Dreiecksbelegung** über, wie man durch Entwicklung in eine Taylor-Reihe leicht sieht:

$$\underline{I}(z')=\hat{\underline{I}}\left[k_0\left(h-|z'|\right)\right].\tag{16.11}$$

Der Ansatz einer sinusförmigen Stromverteilung lässt sich auf anschauliche Weise rechtfertigen. Man betrachtet dazu die Dipolantenne als **leer laufende Zweidrahtleitung,** die zu einem Dipol aufgespreizt wurde. Die stehenden Wellen einer solchen Leitung bleiben beim „Aufbiegen" nahezu sinusförmig, wie in Bild 16.3 für den Fall $\lambda_0/2 < l=2\,h < \lambda_0$ angedeutet wird.

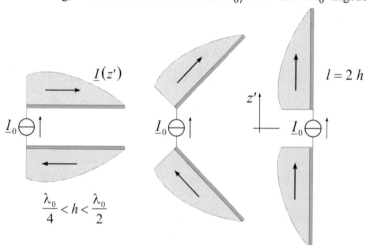

Bild 16.3 Übergang von der symmetrischen Zweidrahtleitung zur gestreckten Dipolantenne nach [Ung94]

Die sinusförmige Stromverteilung auf dünnen Dipolantennen wird experimentell gut bestätigt. Sie berücksichtigt allerdings nicht die **Dämpfung** der Leitungswelle durch die Abstrahlung in den freien Raum, was insbesondere bei längeren Antennen etwa mit $l > 4\,\lambda_0$ zu einer spürbaren Störung der sinusförmigen Stromverteilung führt. In diesen – für die meisten Anwendungen allerdings weniger wichtigen Fällen – muss der lineare Strahler als Randwertproblem mit strengen Lösungsverfahren der Feldtheorie behandelt werden.

Die Annahme eines sinusförmigen Stromverlaufs erlaubt mit guter Genauigkeit die Berechnung des *Strahlungsfeldes* einer dünnen Linearantenne (Übung 16.1). Die *Eingangsimpedanz* als typische Nahfeldgröße kann auf diese Weise aber nicht gefunden werden.

Übung 16.1: Strahlungsfeld einer dünnen Linearantenne

- Berechnen Sie unter Annahme eines sinusförmigen Stromverlaufs

$$\underline{I}(z') = \hat{\underline{I}} \sin\left[k_0\left(h - |z'|\right)\right] \tag{16.12}$$

das Strahlungsfeld einer dünnen Linearantenne der Länge $l = 2\,h$ mit Mittelpunktspeisung.

- **Lösung:**

Nach Einsetzen des Stroms (16.12) in das Quellintegral (16.8) folgt:

$$\underline{E}_\vartheta = Z_0\,\underline{H}_\varphi = \hat{\underline{I}}\, j\,\omega\,\mu_0\, \frac{e^{-j\,k_0\,r}}{2\pi r}\sin\vartheta \int\limits_0^h \sin\left[k_0\left(h - z'\right)\right]\cos\left(k_0\,z'\cos\vartheta\right) d\,z'\,. \tag{16.13}$$

Der Integrand in (16.13) kann mittels eines Additionstheorems umgeformt werden:

$$\begin{aligned}
-2\sin\left[k_0\left(h - z'\right)\right]\cos\left(k_0\,z'\cos\vartheta\right) = \\
= \sin\left(k_0\left(1 + \cos\vartheta\right)z' - k_0\,h\right) + \sin\left(k_0\left(1 - \cos\vartheta\right)z' - k_0\,h\right),
\end{aligned} \tag{16.14}$$

wodurch eine Integration sofort möglich wird:

$$\underline{E}_\vartheta = \hat{\underline{I}}\, j\frac{\omega\,\mu_0}{k_0}\frac{e^{-j\,k_0\,r}}{4\pi r}\sin\vartheta \left\{ \frac{\cos\left(k_0\left(1 + \cos\vartheta\right)z' - k_0\,h\right)}{1 + \cos\vartheta} + \right.$$
$$\left. + \frac{\cos\left(k_0\left(1 - \cos\vartheta\right)z' - k_0\,h\right)}{1 - \cos\vartheta} \right\}\Bigg|_{z'=0}^{h}\,. \tag{16.15}$$

Nach Einsetzen der Grenzen folgt zunächst:

$$\underline{E}_\vartheta = \hat{\underline{I}}\, j\,Z_0\, \frac{e^{-j\,k_0\,r}}{4\pi r}\sin\vartheta \left\{ \frac{\cos\left(k_0\,h\cos\vartheta\right) - \cos\left(k_0\,h\right)}{1 + \cos\vartheta} + \right.$$
$$\left. + \frac{\cos\left(k_0\,h\cos\vartheta\right) - \cos\left(k_0\,h\right)}{1 - \cos\vartheta} \right\}\,, \tag{16.16}$$

und durch Zusammenfassen wird:

$$\underline{E}_\vartheta = \hat{\underline{I}}\, j\,Z_0\, \frac{e^{-j\,k_0\,r}}{4\pi r}\sin\vartheta \frac{\left[\cos\left(k_0\,h\cos\vartheta\right) - \cos\left(k_0\,h\right)\right]\left(1 - \cos\vartheta + 1 + \cos\vartheta\right)}{1 - \cos^2\vartheta}\,. \tag{16.17}$$

Schließlich erhält man mit $1 - \cos^2\vartheta = \sin^2\vartheta$ das gesuchte Strahlungsfeld:

$$\boxed{\underline{E}_\vartheta = Z_0\,\underline{H}_\varphi = j\,Z_0\,\hat{\underline{I}}\, \frac{e^{-j\,k_0\,r}}{2\pi r}\frac{\cos\left(k_0\,h\cos\vartheta\right) - \cos\left(k_0\,h\right)}{\sin\vartheta}}\,. \quad \square \tag{16.18}$$

Aus Übung 16.1 wird ersichtlich, dass die schlanke Dipolantenne ein *rotationssymmetrisches* Feld abstrahlt, das nicht vom Umfangswinkel φ abhängt. Ihre – allerdings noch nicht auf das Maximum normierte – **Richtcharakteristik** entnimmt man der elektrischen Fernfeldkomponente $\underline{E}_\vartheta$ aus (16.18). Es gilt im gesamten Bereich $0 \le \vartheta \le \pi$:

$$C(\vartheta) \triangleq \frac{\left| \cos\left(k_0 \, h \cos\vartheta\right) - \cos\left(k_0 \, h\right) \right|}{\sin\vartheta}. \tag{16.19}$$

In den Richtungen $\vartheta = 0$ und $\vartheta = \pi$ hat die Richtcharakteristik $C(\vartheta)$ für jede beliebige Antennenlänge $l = 2\,h$ eine Nullstelle, wie man durch Grenzwertbetrachtung nach l'Hospital leicht zeigen kann. Wir wollen einige wichtige *Sonderfälle* von (16.19) betrachten.

● **Kurze lineare Antenne**

Für kurze lineare Antennen gilt $k_0\,h \ll 1$ und mit der nach dem quadratischen Glied abgebrochenen Taylor-Reihe für die Kosinusfunktion $\cos x \approx 1 - x^2/2$ erhält man aus (16.19):

$$C(\vartheta) \triangleq \frac{1}{\sin\vartheta} \left| 1 - \frac{\left(k_0 \, h \cos\vartheta\right)^2}{2} - 1 + \frac{\left(k_0 \, h\right)^2}{2} \right| = \frac{1}{\sin\vartheta} \frac{\left(k_0 \, h\right)^2}{2} \left(1 - \cos^2\vartheta\right). \tag{16.20}$$

Daraus folgt die Richtcharakteristik einer kurzen Linearantenne (mit Dreiecksbelegung), die sich praktisch wie ein Hertzscher Dipol (mit konstantem Strombelag) verhält (vgl. (10.14)):

$$\boxed{C(\vartheta) = \sin\vartheta}. \tag{16.21}$$

● **Halbwellendipol**

Bei einer Antennenlänge von $l = \lambda_0/2$ spricht man von einem Halbwellendipol. Seine halbe Länge ist $h = \lambda_0/4$, d. h. $k_0\,h = \pi/2$. Die normierte Richtcharakteristik (16.19) wird damit:

$$C(\vartheta) = \frac{\left| \cos\left(\dfrac{\pi}{2} \cos\vartheta\right) - \cos\left(\dfrac{\pi}{2}\right) \right|}{\sin\vartheta}, \tag{16.22}$$

also gilt:

$$\boxed{C(\vartheta) = \frac{\cos\left(\dfrac{\pi}{2} \cos\vartheta\right)}{\sin\vartheta}}. \tag{16.23}$$

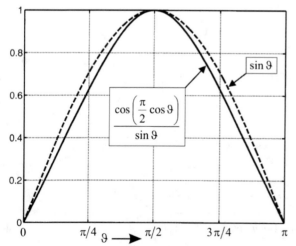

Der Vergleich in Bild 16.4 zeigt, dass das Strahlungsdiagramm eines Halbwellendipols eine etwas stärkere Bündelung als dasjenige eines Hertzschen Dipols aufweist. Die Halbwertsbreite ist nicht mehr 90°, sondern nur noch etwa 78°, was auch zu einem etwas höheren Gewinn des Halbwellendipols führt.

Bild 16.4 Vergleich der Richtdiagramme in der E-Ebene von Hertzschem Dipol und Halbwellendipol

- **Ganzwellendipol**

Der Ganzwellendipol hat eine Länge von $l = \lambda_0$. Für nur eine Dipolhälfte gilt daher $h = \lambda_0/2$, d. h. $k_0 h = \pi$. Die noch unnormierte Richtcharakteristik wird damit nach (16.19):

$$C(\vartheta) \triangleq \frac{\left| \cos(\pi \cos \vartheta) - \cos \pi \right|}{\sin \vartheta} = \frac{\cos(\pi \cos \vartheta) + 1}{\sin \vartheta}. \tag{16.24}$$

Aus $1 + \cos x = 2 \cos^2(x/2)$ folgt der auf das Maximum bei $\vartheta = \pi/2$ normierte Wert:

$$\boxed{C(\vartheta) = \frac{\cos^2\left(\dfrac{\pi}{2} \cos \vartheta\right)}{\sin \vartheta}}. \tag{16.25}$$

Beim Vergleich von (16.25) mit (16.23) fällt auf, dass der Ganzwellendipol die gleichen Diagrammnullstellen wie der Halbwellendipol besitzt. Er ist weiterhin ein Querstrahler mit einer Hauptkeule bei $\vartheta = \pi/2$, die aber wegen des $\cos^2$-Terms deutlich schmaler sein muss – tatsächlich ergibt sich eine Halbwertsbreite von nur etwa 47,8°. Grundsätzlich gilt die **Regel,** dass mit $n = 1, 2, 3, \ldots$ ein Dipol der Länge $l = (2n-1)\lambda_0$ immer die gleichen Nullrichtungen besitzt wie sein halb so langer „Verwandter" der Länge $l = (2n-1)\lambda_0/2$. Die sich in beiden Fällen einstellenden Richtdiagramme sind daher sehr ähnlich (siehe Tabelle 16.1).

- **Doppelwellendipol**

Es gilt $l = 2\lambda_0$, d. h. $h = \lambda_0$ und $k_0 h = 2\pi$. Die unnormierte Richtcharakteristik wird damit:

$$C(\vartheta) \triangleq \frac{\left| \cos(2\pi \cos \vartheta) - \cos(2\pi) \right|}{\sin \vartheta} = -\frac{\cos(2\pi \cos \vartheta) - 1}{\sin \vartheta}. \tag{16.26}$$

Aus $1 - \cos x = 2 \sin^2(x/2)$ erhält man den unnormierten Wert:

$$\boxed{C(\vartheta) \triangleq \frac{\sin^2(\pi \cos \vartheta)}{\sin \vartheta}}. \tag{16.27}$$

Der Doppelwellendipol verhält sich völlig anders als die vorher diskutierten Spezialfälle. Er ist nämlich kein Querstrahler mehr, denn sein Richtdiagramm – mit einer Halbwertsbreite von etwa 26,7° – weist zwei symmetrisch zur Äquatorialebene gelegene Hauptkeulen auf, die unter einem Winkel von ca. 57,4° schräg zur Dipolachse orientiert sind (Tabelle 16.1).

Zur Verdeutlichung des sich mit der Dipollänge l ändernden Strahlungsverhaltens sind die jeweiligen Richtcharakteristiken $C(\vartheta)$ in ihrem **Vertikalschnitt** in Tabelle 16.1 übersichtlich zusammengestellt. Die Diagramme sind rotationssymmetrisch um die Antennenachse (z-Achse) und symmetrisch zu $\vartheta = \pi/2$. Die Symmetrie zur Äquatorialebene ist eine direkte Folge der symmetrischen Stromverteilung $\underline{I}(-z') = \underline{I}(z')$. Die zugehörigen Horizontalschnitte der Richtcharakteristik bilden Kreise und sind nicht dargestellt. Für $l > \lambda_0$ treten neben der *Hauptkeule* weitere *Nebenkeulen* auf, weil sich nicht nur in Hauptstrahlungsrichtung – sondern auch für andere Winkel ϑ – Beiträge von Elementarstrahlern phasenrichtig im Fernfeld überlagern. Richtdiagramme sind physikalisch nichts anderes als **Interferenzfiguren** – vergleichbar denen aus der Optik – mit Verstärkung und Auslöschung. Etwa für $l > 4\lambda_0$ wird die sinusförmige Stromverteilung auf dem Dipol durch *Abstrahlung* vermehrt bedämpft, sodass die Diagramme der längeren Dipole die Realität nicht mehr ganz korrekt wiedergeben.

Tabelle 16.1 Diagrammschnitte in der E-Ebene von vertikalen Linearstrahlern der Länge $l = 2\,h$

	ungerade Halbwellenzahl	gerade Halbwellenzahl	
	$l = (2\,n-1)\dfrac{\lambda_0}{2}$ $\Downarrow$ $C(\vartheta) \triangleq \dfrac{\cos\left(\dfrac{2\,n-1}{2}\,\pi\cos\vartheta\right)}{\sin\vartheta}$	$l = (2\,n-1)\,\lambda_0$ $\Downarrow$ $C(\vartheta) \triangleq \dfrac{\cos^2\left(\dfrac{2\,n-1}{2}\,\pi\cos\vartheta\right)}{\sin\vartheta}$	$l = 2\,n\,\lambda_0$ $\Downarrow$ $C(\vartheta) \triangleq \dfrac{\sin^2\left(n\,\pi\cos\vartheta\right)}{\sin\vartheta}$
$n=1$	$\dfrac{\lambda_0}{2}$	λ_0	$2\,\lambda_0$
$n=2$	$3\,\dfrac{\lambda_0}{2}$	$3\,\lambda_0$	$4\,\lambda_0$
$n=3$	$5\,\dfrac{\lambda_0}{2}$	$5\,\lambda_0$	$6\,\lambda_0$
	$(2\,n-1)$ Maxima mit *Maximum* für $\vartheta = \pi/2$	$(2\,n-1)$ Maxima mit *Maximum* für $\vartheta = \pi/2$	$(2\,n)$ Maxima mit *Nullstelle* für $\vartheta = \pi/2$

Für den $3\,\lambda_0/2$ – Dipol ist in Bild 16.5 die dreidimensionale Richtcharakteristik dargestellt. Man erkennt deutlich die beiden konischen Hauptkeulen und die scheibenförmige Nebenkeule.

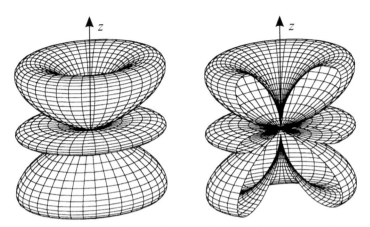

Bild 16.5 Richtcharakteristik eines vertikalen $3\,\lambda_0/2$ – Dipols (geschlossen und aufgebrochen)

Zur näheren Diskussion der gezeigten Richtdiagramme wollen wir im Folgenden die Lage der Nullstellen und Maxima angeben. Einige dieser Werte sind in Tabelle 16.1 bereits markiert. In Tabelle 16.2 finden wir mit $n = 1, 2, 3, \ldots$ zunächst die Lage der **Nullstellen.**

Tabelle 16.2 Diagramm-Nullstellen beim vertikalen Linearstrahler der Länge $l = 2\,h$

$l = \left(2\,n - 1\right)\dfrac{\lambda_0}{2}$	$l = \left(2\,n - 1\right)\lambda_0$	$l = 2\,n\,\lambda_0$
$\cos\left(\dfrac{2\,n-1}{2}\,\pi\cos\vartheta\right) = 0$ $\Rightarrow$ ungerade Vielfache von $\pi/2$		$\sin\left(n\,\pi\cos\vartheta\right) = 0$ $\Rightarrow$ Vielfache von π
$\left(2\,n\right)$ Nullstellen an $\cos\vartheta = \dfrac{\pm 1}{2\,n-1}, \dfrac{\pm 3}{2\,n-1}, \dfrac{\pm 5}{2\,n-1}, \ldots, \pm 1$		$\left(2\,n+1\right)$ Nullstellen an $\cos\vartheta = 0, \dfrac{\pm 1}{n}, \dfrac{\pm 2}{n}, \dfrac{\pm 3}{n}, \ldots, \pm 1$

Die Berechnung der Maxima gestaltet sich schwieriger. Es muss die Bedingung $dC\left(\vartheta\right)/d\vartheta = 0$ erfüllt werden. Grundsätzlich wird ein Maximum immer durch zwei Nullstellen eingeschlossen. Tabelle 16.3 enthält die transzendenten Gleichungen, aus denen die **Maxima** bestimmbar sind.

Tabelle 16.3 Diagramm-Maxima beim vertikalen Linearstrahler der Länge $l = 2\,h$

$l = \left(2\,n-1\right)\dfrac{\lambda_0}{2}$	$l = \left(2\,n-1\right)\lambda_0$	$l = 2\,n\,\lambda_0$
$\left(2\,n-1\right)$ Maxima an $x = \cos\vartheta$ für	$\left(2\,n-1\right)$ Maxima an $x = \cos\vartheta$ für	$\left(2\,n\right)$ Maxima an $x = \cos\vartheta$ für
$a\tan\left(a\,x\right) = \dfrac{x}{1-x^2}$	$a\tan\left(a\,x/2\right) = \dfrac{x}{1-x^2}$	$a\cot\left(a\,x/2\right) = -\dfrac{x}{1-x^2}$
mit $a = k_0\,h = \dfrac{\left(2\,n-1\right)\pi}{2}$	mit $a = k_0\,h = \left(2\,n-1\right)\pi$	mit $a = k_0\,h = 2\,n\,\pi$

Für Dipole mit _ungerader_ Halbwellenzahl, d. h. $l = (2n-1)\lambda_0/2$, wird die Lage der Nullstellen und Maxima – siehe die Tabellen 16.2 und 16.3 – nachträglich in Übung 16.2 hergeleitet.

Übung 16.2: Diagramm-Nullstellen und -Maxima bei Dipolantennen

- Es soll das vertikale Richtdiagramm einer vertikal orientierten Dipolantenne mit _ungerader_ Halbwellenzahl, d. h. $l = (2n-1)\lambda_0/2$, untersucht werden. Leiten Sie die Orte ϑ der Nullstellen und Maxima her, wenn das unnormierte Richtdiagramm mit $n = 1, 2, 3, \ldots$ durch folgenden Ausdruck gegeben ist:

$$C(\vartheta) \triangleq \frac{\cos\left(\dfrac{2n-1}{2}\pi\cos\vartheta\right)}{\sin\vartheta}. \tag{16.28}$$

- **Lösung:**

Die _Nullstellen_ des Richtdiagramms im Bereich $0 \le \vartheta \le \pi$ erhält man aus:

$$\cos\left(\frac{2n-1}{2}\pi\cos\vartheta\right) \overset{!}{=} 0, \tag{16.29}$$

d. h. das Argument der äußeren Kosinusfunktion ist ein ungerades Vielfaches von $\pi/2$:

$$\frac{2n-1}{2}\pi\cos\vartheta = \pm(2m-1)\frac{\pi}{2} \tag{16.30}$$

mit der Abkürzung $(m = 1, 2, 3, \ldots, n)$, weil der Kosinus nur Werte annehmen kann, die dem Betrage nach ≤ 1 sind. Man findet also die Diagramm-Nullstellen aus:

$$\boxed{\cos\vartheta = \pm\frac{2m-1}{2n-1}} \tag{16.31}$$

mit $m \le n$. Es gibt somit n Nullstellen in der oberen Diagrammhälfte und weitere n Nullstellen, die spiegelbildlich zu den ersten in der unteren Diagrammhälfte liegen.

Die _Haupt-_ und _Nebenkeulen_ des Richtdiagramms im Bereich $0 \le \vartheta \le \pi$ ergeben sich aus der Extremwertforderung:

$$\frac{dC(\vartheta)}{d\vartheta} = \frac{d}{d\vartheta}\frac{\cos\left(\dfrac{2n-1}{2}\pi\cos\vartheta\right)}{\sin\vartheta} \overset{!}{=} 0. \tag{16.32}$$

Man erhält mit der Quotientenregel unter Berücksichtigung der inneren Ableitung:

$$\frac{2n-1}{2}\pi\sin\left(\frac{2n-1}{2}\pi\cos\vartheta\right)\sin^2\vartheta - \cos\left(\frac{2n-1}{2}\pi\cos\vartheta\right)\cos\vartheta = 0. \tag{16.33}$$

Durch Zusammenfassung ergibt sich schließlich aus (16.33):

$$\boxed{\frac{2n-1}{2}\pi\tan\left(\frac{2n-1}{2}\pi\cos\vartheta\right) = \frac{\cos\vartheta}{\sin^2\vartheta}}, \tag{16.34}$$

woraus die transzendente Gleichung aus Tabelle 16.3 direkt folgt. Aus (16.34) findet man sowohl die Lage der Hauptkeule als auch die Lage der Nebenkeulen.   □

Die Auflösung der nichtlinearen Gleichungen aus Tabelle 16.3 nach $x = \cos\vartheta$ kann nur mit numerischen Verfahren – in der Regel durch Iteration – erfolgen. Für ungerade Halbwellenzahl, d. h. $l = (2n-1)\lambda_0/2$ mit $n = 1, 2, 3, \ldots$, findet man in [Ber40] eine erstaunlich genaue Näherungslösung von (16.34) für die Lage der Hauptkeule:

$$\cos\vartheta_{max} \approx \frac{2n-2}{2n-1}\left[1 + \frac{4}{(4n-3)\,\pi^2}\right]. \tag{16.35}$$

Die Funktionskurve ϑ_{max} nach (16.35), die natürlich nur an _diskreten_ Stellen $n = 1, 2, 3, \ldots$, d. h. für $l/\lambda_0 = 1/2, 3/2, 5/2, 7/2, \ldots$ auszuwerten ist, stellen wir gemeinsam mit den durch Iteration von (16.34) exakt berechneten – durch Punkte markierten – Werten von ϑ_{max} in Bild 16.6 dar.

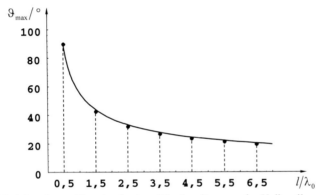

Bild 16.6 Lagewinkel der oberen Hauptkeule eines Dipols mit ungerader Halbwellenzahl

Man sieht, wie gut die Näherungskurve die exakten Wertepunkte wiedergibt. Die _eine_ Hauptkeule, die beim Halbwellendipol noch bei $\vartheta_{max} = 90°$ lag, spaltet sich für $l/\lambda_0 = 3/2, 5/2, 7/2, \ldots$ in _zwei_ symmetrisch zur Äquatorialebene liegende Hauptkeulen auf, die mit zunehmender Dipollänge immer mehr zur z-Achse hin wandern. Während der Halbwellendipol ein sogenannter **Querstrahler** ist, hat ein längerer Dipol zunehmend die Charakteristik eines **Schrägstrahlers.**

In diesem Abschnitt untersuchten wir die Abstrahlung von Dipolen, die in ihren **Eigenschwingungen** auf Resonanz erregt wurden. Dabei wurden Antennenlängen $l = n\lambda_0/2$ mit $n = 1, 2, 3, 4, \ldots$ betrachtet. Bild 16.7 zeigt abschließend einige Beispiele der in ihren Grund- bzw. Oberschwingungen erregten Antennen mit ihren symmetrischen Stromverteilungen.

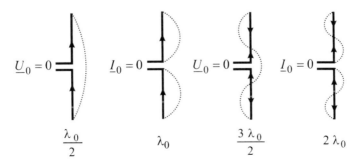

Bild 16.7 Symmetrische Stromverteilung bei zentralgespeisten Dipolantennen in Resonanzlänge

16.2.2 Wanderwellenantenne (Langdrahtantenne)

Bisher haben wir zentralgespeiste Dipolantennen mit symmetrischer Stromverteilung $\underline{I}(-z') = \underline{I}(z')$ untersucht. Wie bei einer leer laufenden Leitung stellen sich hier – aufgrund der stehenden Welle – Stromknoten an beiden Dipolenden ein. Die Verhältnisse ändern sich völlig, wenn man den Dipol stattdessen von einem Ende her speist und das andere Ende reflexionsfrei abschließt. Dadurch erhalten wir nur noch eine vorwärts laufende Wanderwelle (Bild 16.8).

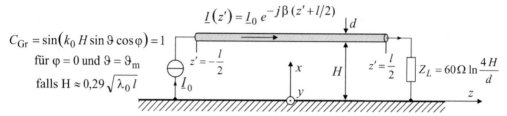

$$C_{Gr} = \sin(k_0 H \sin \vartheta \cos \varphi) = 1$$
für $\varphi = 0$ und $\vartheta = \vartheta_m$

falls $H \approx 0{,}29 \sqrt{\lambda_0 l}$

$$\underline{I}(z') = \underline{I}_0 \, e^{-j\beta(z'+l/2)}$$

$$Z_L = 60\,\Omega \, \ln\frac{4H}{d}$$

Bild 16.8 Endgespeiste Wanderwellenantenne über Erde $(0{,}2 \leq H/\lambda_0 \leq 0{,}7)$, reflexionsfreier Abschluss

Die Einflüsse des Erdbodens können nach Abschnitt 16.4 durch ein gegenphasiges Spiegelbild und eine **Gruppencharakteristik** $C_{Gr} = \sin(k_0 H \sin \vartheta \cos \varphi)$ berücksichtigt werden. Bei geeigneter Wahl der Antennenhöhe H wird in Hauptstrahlungsrichtung der Elementcharakteristik $C_{Gr} = 1$ und wir können uns auf die Untersuchung der Langdrahtantenne (Beverage-Antenne) im *freien Raum* beschränken [Sti84]. Mit $z' = 0$ in Antennenmitte erhalten wir – unter Vernachlässigung der Dämpfung – die Stromverteilung einer nach rechts fortschreitenden Welle:

$$\boxed{\underline{I}(z') = \underline{I}_0 \, e^{-j\beta(z'+l/2)}} \qquad (16.36)$$

Langdrahtantennen haben in der Regel eine Ausdehnung in der Größenordnung von einer halben bis zu sechs Wellenlängen, d. h. $\lambda_L/2 \leq l \leq 6\,\lambda_L$. Man beachte, dass die Leitungswelle im Allgemeinen eine kleinere Wellenlänge als das von ihr erzeugte Strahlungsfeld aufweist:

$$\lambda_L < \lambda_0 \quad \Leftrightarrow \quad \beta = \frac{2\pi}{\lambda_L} > k_0 = \frac{2\pi}{\lambda_0} . \qquad (16.37)$$

Da die Stromverteilung (16.36) im Gegensatz zu derjenigen des zentralgespeisten Dipols (16.10) nicht mehr symmetrisch ist, verwenden wir (16.7):

$$E_\vartheta = Z_0 \underline{H}_\varphi = j\omega\mu_0 \frac{e^{-jk_0 r}}{4\pi r} \sin\vartheta \int\limits_{-h}^{h} \underline{I}(z') \, e^{j k_0 z' \cos\vartheta} \, dz' \qquad (16.38)$$

und erhalten mit $l = 2h$:

$$
\begin{aligned}
E_\vartheta &= j\omega\mu_0 \underline{I}_0 \frac{e^{-jk_0 r}}{4\pi r} \sin\vartheta \int\limits_{-h}^{h} e^{-j\beta(z'+h)} \, e^{j k_0 z' \cos\vartheta} \, dz' = \\
&= j\omega\mu_0 \underline{I}_0 \frac{e^{-jk_0 r}}{4\pi r} \sin\vartheta \, e^{-j\beta h} \int\limits_{-h}^{h} e^{j k_0 z'(\cos\vartheta - \beta/k_0)} \, dz' .
\end{aligned} \qquad (16.39)
$$

Die Integration bereitet keine Schwierigkeiten und es folgt nach kurzer Zwischenrechnung:

$$\boxed{E_\vartheta = j\omega\mu_0 \underline{I}_0 \, l \, \frac{e^{-jk_0 r}}{4\pi r} \, e^{-j\beta h} \sin\vartheta \, \mathrm{si}\big[k_0 h (\cos\vartheta - \beta/k_0)\big]} . \qquad (16.40)$$

Die in (16.40) auftretende Funktion $\mathrm{si}(x) = \sin x/x$ wird **si-Funktion** oder Spaltfunktion genannt, weil sie bei der Beugung an einem geraden Lichtspalt eine Rolle spielt. Der Verlauf der si-Funktion, die in der Antennentechnik öfter benötigt wird, ist in Bild 16.9 wiedergeben. Die si-Funktion ist gerade und hat zwei globale Minima vom Wert $-0{,}217234$ bei $|x| \approx 4{,}493409$, deren Pegel 13,26 dB unter dem Hauptmaximum liegen. Insbesondere gilt mit $n = \pm 1,\ \pm 2,\ \dots$

$$\mathrm{si}(0) = 1, \quad \mathrm{si}(\pm 1{,}391557) \approx 1/\sqrt{2}, \quad \mathrm{si}(n\pi) = 0 \quad \text{und} \quad \mathrm{si}(-x) = \mathrm{si}(x). \tag{16.41}$$

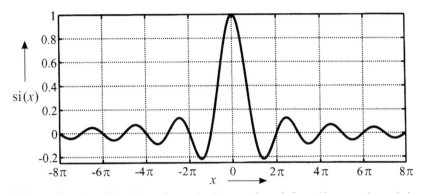

Bild 16.9 Darstellung der si-Funktion mit gerader Symmetrie und einem Hauptmaximum bei $x = 0$

Die unnormierte **Richtcharakteristik** der Wanderwellenantenne erhalten wir aus (16.40):

$$C(\vartheta) \triangleq \sin\vartheta \left| \mathrm{si}\left[k_0 h \left(\cos\vartheta - \beta/k_0 \right) \right] \right|. \tag{16.42}$$

Unter der Annahme $\beta \approx k_0$ folgt aus (16.42) für $l = 4\lambda_0$, d. h. $k_0 h = 4\pi$ (mit $H \approx 0{,}58\lambda_0$):

$$C(\vartheta) \triangleq \sin\vartheta \left| \mathrm{si}\left[4\pi (1 - \cos\vartheta) \right] \right| = \sin\vartheta \left| \mathrm{si}\left[8\pi \sin^2(\vartheta/2) \right] \right|, \tag{16.43}$$

wovon der Diagrammschnitt in der E-Ebene in Bild 16.10 dargestellt ist. Wanderwellenantennen sind recht breitbandig (2:1) und haben einen reellen Eingangswiderstand Z_L. Ihr **Richtfaktor** liegt für $\lambda_0/2 \leq l \leq 6\lambda_0$ zwischen 3,1 und 11,3 dBi und folgt näherungsweise aus:

$$D \approx \left(9{,}1 \frac{l}{\lambda_0} - 1{,}7 \right) \left(2{,}1 + \ln\frac{l}{\lambda_0} \right)^{-1} \quad \text{(aus [Stu13] und weiter umgeformt).} \tag{16.44}$$

Mit Übung 16.3 erhält man die Lage der **Hauptkeule** aus:

$$\vartheta_{\mathrm{m}} \approx 0{,}861 \sqrt{\frac{\lambda_0}{l}} \quad \text{mit} \quad l = 2h. \tag{16.45}$$

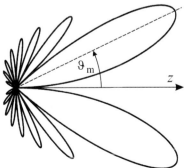

Die Leistung, die ein zentralgespeister Dipol über seine Rückwärtskeule abstrahlt, setzt die Langdrahtantenne in ihrem Lastwiderstand um. Ihre Nachteile – z. B. geringer Gewinn und hohe Nebenkeulen – können durch Array-Anordnungen wie **V- oder Rhombus-Antennen** für Mittel- und Kurzwellenbereich ausgeglichen werden.

Bild 16.10 Richtdiagramm einer Langdrahtantenne ($l = 4\lambda_0$) im Freiraum mit $D \approx 9{,}95$ und $\vartheta_{\mathrm{m}} \approx 24{,}7°$

Übung 16.3: Hauptkeule einer Wanderwellenantenne

- Bestimmen Sie die Lage der Hauptkeule einer endgespeisten und reflexionsfrei abge-schlossenen Wanderwellenantenne im Freiraum. Nehmen Sie an, dass $\beta \cong k_0$ gilt.

- **Lösung:**

Zum Auffinden des Maximums müssen wir die Richtcharakteristik (16.42) nach ϑ diffe-renzieren und das Ergebnis null setzen:

$$\frac{dC(\vartheta)}{d\vartheta} = 0 \quad \Rightarrow \quad \frac{d}{d\vartheta} \frac{\sin\vartheta \sin\left[k_0 h(1-\cos\vartheta)\right]}{1-\cos\vartheta} = 0 . \tag{16.46}$$

Mit $1-\cos\vartheta = 2\sin^2(\vartheta/2)$ sowie $\sin\vartheta = 2\sin(\vartheta/2)\cos(\vartheta/2)$ schreiben wir (16.46):

$$\frac{d}{d\vartheta} \frac{\cos(\vartheta/2)\sin\left[k_0 l \sin^2(\vartheta/2)\right]}{\sin(\vartheta/2)} = \frac{d}{d\vartheta}\left(\cot(\vartheta/2)\sin\left[k_0 l \sin^2(\vartheta/2)\right]\right) = 0 . \tag{16.47}$$

Dabei haben wir $l = 2h$ gesetzt. Aus (16.47) folgt zunächst:

$$\frac{1/2}{\sin^2(\vartheta/2)} \sin\left[k_0 l \sin^2(\vartheta/2)\right] =$$
$$= k_0 l \cot(\vartheta/2)\cos\left[k_0 l \sin^2(\vartheta/2)\right] 2\sin(\vartheta/2)\cos(\vartheta/2)\frac{1}{2} , \tag{16.48}$$

woraus wir mit der <u>Abkürzung</u> $\zeta = k_0 l \sin^2(\vartheta/2)$ und $\cos^2(\vartheta/2) = 1-\sin^2(\vartheta/2)$ endgül-tig folgende – von der Antennenlänge abhängige – Gleichung erhalten:

$$\boxed{\frac{\tan\zeta}{2\zeta} = 1 - \frac{\zeta}{k_0 l}} . \tag{16.49}$$

Wir können für $k_0 l \gg 1$, d. h. etwa für $l \geq \lambda_0$, eine <u>Näherungslösung</u> von (16.49) erhal-ten, indem wir stattdessen eine Lösung von $\tan\zeta_0 = 2\zeta_0$ suchen, die man mit geeigneten numerischen Nullstellenverfahren schnell als $\zeta_0 \approx 1{,}16556$ ermittelt. Mit diesem Wert weicht die rechte Seite von (16.49) für $k_0 l \gg 1$ tatsächlich nur wenig von eins ab. Durch Iteration kann im Bedarfsfall eine bessere Näherung ζ_1 wie folgt gefunden werden:

$$\tan\zeta_1 = 2\zeta_0\left(1 - \frac{\zeta_0}{k_0 l}\right) . \tag{16.50}$$

Für $k_0 l \geq 4\pi$ (d. h. $l \geq 2\lambda_0$) wird der relative Fehler $(\zeta_0 - \zeta)/\zeta \leq 4{,}8\,\%$, während $(\zeta_1 - \zeta)/\zeta \leq 6{,}5\,\%$ bereits bei $k_0 l \geq \pi$ (d. h. $l \geq \lambda_0/2$) erreicht wird. Wir begnügen uns daher mit der Näherung $\zeta_0 \approx 1{,}16556$, woraus schließlich der Winkel der Hauptstrah-lungskeule der Wanderwellenantenne aus $\zeta_0 = k_0 l \sin^2(\vartheta_0/2)$ folgt. Man findet nach kurzer Umformung und mit der Taylor-Entwicklung $\arccos(1-x) \approx \sqrt{2x}\left(1 + x/12 + \cdots\right)$

$$\boxed{\vartheta_0 = \arccos\left(1 - \frac{\zeta_0/\pi}{l/\lambda_0}\right) = \arccos\left(1 - \frac{0{,}371}{l/\lambda_0}\right) \approx 0{,}861\sqrt{\frac{\lambda_0}{l}}} . \tag{16.51}$$

Für das Beispiel $l = 4\lambda_0$ erhalten wir aus (16.51) die Näherungslösung $\vartheta_0 \approx 24{,}7°$, wäh-rend der exakte Wert $\vartheta \approx 24{,}6°$ beträgt.   □

16.2.3 Strahlungswiderstand

Nach der Behandlung von endgespeisten Langdrahtantennen wollen wir zur Dipolantenne mit Mittelpunktspeisung zurückkehren. Dazu hatten wir in Abschnitt 16.2.1 die Fernfeldkomponenten (16.18) einer dünnen zentralgespeisten Linearantenne der Länge $l = 2h$ als

$$\underline{E}_\vartheta = Z_0 \underline{H}_\varphi = j Z_0 \hat{\underline{I}} \, \frac{e^{-j k_0 r}}{2 \pi r} \, \frac{\cos\left(k_0 h \cos \vartheta\right) - \cos\left(k_0 h\right)}{\sin \vartheta} \tag{16.52}$$

bestimmt. Dies gibt uns zunächst die Möglichkeit, die abgestrahlte Leistung P_S zu berechnen, aus der wir dann den Strahlungswiderstand R_S einfach ableiten können. Die Strahlungsleistung wollen wir in Übung 16.4 ermitteln. Dazu benötigen wir nach (4.185) den Betrag des Poyntingschen Vektors im Fernfeld:

$$S_r = \frac{1}{2} \mathbf{e}_r \cdot \mathrm{Re}\left\{ \underline{\mathbf{E}}_\vartheta \times \underline{\mathbf{H}}_\varphi^* \right\} = \frac{1}{2 Z_0} \left| \underline{\mathbf{E}}_\vartheta \right|^2 . \tag{16.53}$$

Mit den Werten (16.52) der Feldkomponenten folgt:

$$\begin{aligned}
S_r &= \frac{1}{2 Z_0} \left| j Z_0 \hat{\underline{I}} \, \frac{e^{-j k_0 r}}{2 \pi r} \, \frac{\cos\left(k_0 h \cos \vartheta\right) - \cos\left(k_0 h\right)}{\sin \vartheta} \right|^2 = \\
&= \frac{Z_0 \left| \hat{\underline{I}} \right|^2}{8 \pi^2 r^2} \, \frac{\left[\cos\left(k_0 h \cos \vartheta\right) - \cos\left(k_0 h\right)\right]^2}{\sin^2 \vartheta} .
\end{aligned} \tag{16.54}$$

Übung 16.4: Strahlungsleistung

- Man bestimme die gesamte, von einer dünnen Linearantenne abgestrahlte Wirkleistung P_S. Nehmen Sie entlang der Dipolantenne einen sinusförmigen Stromverlauf an.

- **Lösung:**

  In den ihn umgebenden kugelförmigen Raumbereich mit dem Flächenelement $d\mathbf{A} = \mathbf{e}_r \, r^2 \sin \vartheta \, d\vartheta \, d\varphi$ entsendet der Dipol die Wirkleistung

  $$P_S = \frac{\left| \hat{\underline{I}} \right|^2}{2} R_S = \mathrm{Re}\left\{ \oiint_A \underline{\mathbf{S}} \cdot d\mathbf{A} \right\} = \int_{\varphi = 0}^{2\pi} \int_{\vartheta = 0}^{\pi} S_r \, r^2 \sin \vartheta \, d\vartheta \, d\varphi , \tag{16.55}$$

  die sich als Integral der Leistungsdichte über die Oberfläche A einer Kugel um den Ursprung im Abstand r darstellen lässt. Im Fernfeld gilt mit (16.54):

  $$\begin{aligned}
  P_S &= \int_{\varphi = 0}^{2\pi} \int_{\vartheta = 0}^{\pi} \frac{Z_0 \left| \hat{\underline{I}} \right|^2}{8 \pi^2 r^2} \, \frac{\left[\cos\left(k_0 h \cos \vartheta\right) - \cos\left(k_0 h\right)\right]^2}{\sin^2 \vartheta} \, r^2 \sin \vartheta \, d\vartheta \, d\varphi = \\
  &= \frac{Z_0 \left| \hat{\underline{I}} \right|^2}{4 \pi} \int_{\vartheta = 0}^{\pi} \frac{\left[\cos\left(k_0 h \cos \vartheta\right) - \cos\left(k_0 h\right)\right]^2}{\sin \vartheta} \, d\vartheta . \quad \square
  \end{aligned} \tag{16.56}$$

Das Integral in (16.56) kann _nicht_ durch elementare Funktionen ausgedrückt werden. Seine genauere Auswertung liefert uns den **Strahlungswiderstand** einer Dipolantenne [Zuh53]:

$$\boxed{\begin{aligned} \frac{4\pi R_s}{Z_0} &= 2\Big[C + \ln(2\,k_0\,h) - \mathrm{Ci}(2\,k_0\,h) \Big] + \sin(2\,k_0\,h)\Big[\mathrm{Si}(4\,k_0\,h) - 2\,\mathrm{Si}(2\,k_0\,h) \Big] + \\ &\quad + \cos(2\,k_0\,h)\Big[C + \ln(k_0\,h) + \mathrm{Ci}(4\,k_0\,h) - 2\,\mathrm{Ci}(2\,k_0\,h) \Big] \ , \end{aligned}} \tag{16.57}$$

wobei $C = \ln\gamma = 0{,}5772\,15664\,90153\ldots$ die Euler-Mascheronische Konstante ist, während der **Integralsinus** Si und der **Integralkosinus** Ci durch

$$\mathrm{Si}(x) = \int_0^x \frac{\sin u}{u}\,du \quad \text{bzw.} \quad \mathrm{Ci}(x) = -\int_x^\infty \frac{\cos u}{u}\,du \tag{16.58}$$

gegeben sind [Weit03]. Für den Integralkosinus existiert neben (16.58) noch eine zweite – oft sehr nützliche – Darstellung:

$$\mathrm{Ci}(x) = C + \ln x - \int_0^x \frac{1 - \cos u}{u}\,du\,. \tag{16.59}$$

$\mathrm{Si}(x)$ und $\mathrm{Ci}(x)$ sind in mathematischen Tafelwerken tabelliert oder können numerisch berechnet werden. Wir stellen beide Funktionen in Bild 16.11 im Bereich $0 \le x \le 14$ dar.

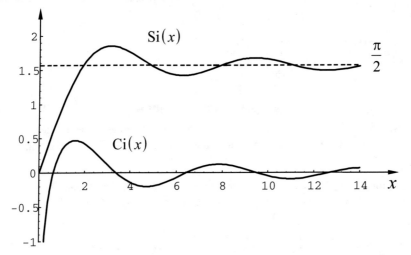

Bild 16.11 Darstellung der Integralsinus- und der Integralkosinus-Funktion

Für *große* Argumente $(x \gg 1)$ gelten die aus asymptotischen Entwicklungen abgeleiteten Näherungen [Abr72]:

$$\mathrm{Si}(x) \approx \frac{\pi}{2} - \frac{\cos x}{x} - \frac{\sin x}{x^2} \quad \text{und} \quad \mathrm{Ci}(x) \approx \frac{\sin x}{x} - \frac{\cos x}{x^2} - 2\,\frac{\sin x}{x^3}\,. \tag{16.60}$$

Für *kleine* Argumente $(x \ll 1)$ lauten die führenden Glieder einer Potenzreihenentwicklung:

$$\mathrm{Si}(x) \approx x - \frac{x^3}{18} + \frac{x^5}{600} \quad \text{und} \quad \mathrm{Ci}(x) \approx C + \ln x - \frac{x^2}{4} + \frac{x^4}{96} - \frac{x^6}{4320}\,. \tag{16.61}$$

Ein Wechsel zwischen den Darstellungen (16.60) und (16.61) empfiehlt sich bei $x = 2{,}4$. Die Integralsinusfunktion hat auch Anwendungen in der Nachrichtentechnik. Dort beschreibt man mit ihr z. B. die Sprungantwort eines idealen rechteckförmigen Tiefpassfilters. Wie aus Bild 16.11 ersichtlich, zeigt sich nach einem steilen Anstieg zunächst ein deutliches Überschwingen bevor der asymptotische Endwert von $\pi/2$ erreicht wird. Dabei ist der erste Überschwinger der stärkste und schlägt über den Endwert um etwa $8,949\,\%$ der Sprunghöhe hinaus [Arf85]. Das Maximum des Integralsinus ist daher $\pi/2 + 0,08949 \cdot \pi \approx 1,852$. Es wird beim Argument $x = \pi$ erreicht, weil dort nach (16.58) der Integrand sein Vorzeichen wechselt. Dieses charakteristische Überschwingen wird als **Gibbssches Phänomen** auch bei Fourier-Reihen beobachtet.

Die abgestrahlte Wirkleistung ist nach (16.55) also proportional dem Strahlungswiderstand R_S. Die dünne Linearantenne strahlt daher umso wirkungsvoller, je _größer_ der Wert von R_S nach (16.57) ist. In Bild 16.12 ist R_S als Funktion von l/λ_0 mit $k_0 h = \pi\, l/\lambda_0$ dargestellt.

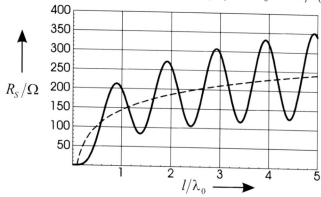

Bild 16.12 Strahlungswiderstand einer dünnen Linearantenne mit Mittelpunktspeisung nach (16.57)

Der **Strahlungswiderstand** R_S steigt mit wachsender Antennenlänge l/λ_0 zunächst monoton dann wellenförmig an. Er schwankt mit logarithmisch zunehmender Amplitude um den gestrichelten Mittelwert $60\,\Omega \left(C + \ln\left(2 k_0 h\right)\right)$. Bei einem **kurzen Dipol** mit $k_0 h < \pi/2$ erreicht die Stromverteilung an keiner Stelle den Wert $\hat{I}$, weswegen wir hier den Strahlungswiderstand sinnvoller über $P_S = R_S \left|\underline{I}_{max}\right|^2/2$ definieren wollen. Der Maximalwert der Strombelegung stellt sich bei $k_0 h < \pi/2$ im zentralen Speisepunkt bei $z' = 0$ ein. Dort gilt nach (16.10) $\underline{I}_{max} = \underline{I}_0 = \hat{I} \sin\left(k_0 h\right)$. Den **Strahlungswiderstand eines kurzen Dipols** erhält man somit aus (16.57) nach Division durch einen Faktor $\sin^2\left(k_0 h\right)$. Seine Taylor-Entwicklung führt auf

$$R_S \approx 197{,}3\,\Omega \; (l/\lambda_0)^2 \left(1 + 1{,}316\,(l/\lambda_0)^2 + 1{,}701\,(l/\lambda_0)^4 + \cdots\right). \qquad \textbf{(kurzer Dipol)} \quad (16.62)$$

Man beachte, dass der Strahlungswiderstand eines kurzen Dipols für $l \rightarrow 0$ nicht in den Wert $R_S \approx 789\,\Omega\,(l/\lambda_0)^2$ eines Hertzschen Dipols (10.10) übergeht, sondern viermal kleiner ist. Der Unterschied ist durch die jeweilige Strombelegung erklärbar, die beim kurzen Dipol sinusförmig (d. h. praktisch dreieckförmig) und beim Hertzschen Dipol konstant verläuft **(Tabelle C.1)**.

Mit $n = 1, 2, 3, \ldots$ liegen in Bild 16.12 die **Maxima** des Strahlungswiderstandes – und damit der abgestrahlten Leistung – etwas _vor_ den Spannungsresonanzen bei $l = n\,\lambda_0$; während die **Minima** etwas _vor_ den Stromresonanzen bei $l = (2\,n+1)\,\lambda_0/2$ auftreten. Dipole in Spannungsresonanz sind bevorzugte Strahler, da sie hohe Strahlungsleistung bei _geringer Frequenzabhängigkeit_ an den umgebenden Raum abgeben können.[1] Wenn nicht ein vertikaler Dipolst-

---

[1] Eine breitbandige Leistungsabstrahlung muss _nicht_ bedeuten, dass auch gleichzeitig eine breitbandige Anpassung vorliegt.

rahler der Länge l, sondern ein über der Erde im Abstand null, vertikal angebrachter Monopol der Höhe $h = l/2$ verwendet wird, ergibt sich nur die *halbe* Strahlungsleistung und die Werte für den Strahlungswiderstand R_S sind auch zu halbieren.

Übung 16.5: Antennenwirkungsgrad

- Man bestimme im Bereich $0 \le l/\lambda_0 \le 6$ den durch Ohmsche Verluste bedingten Antennenwirkungsgrad η_κ einer schlanken Linearantenne mit Durchmesser $d = 2a = 4$ mm bei der festen Frequenz $f = 10$ MHz. Mit $\lambda_0 = 30$ m variiert die Antennenlänge dann im Bereich $0 \le l \le 180$ m. Der Dipol bestehe aus Aluminium mit $\kappa = 36 \cdot 10^6$ S/m.

- **Lösung:**

Mit $P_S = |\hat{I}|^2 R_S / 2$ drücken wir nach (16.55) die Strahlungsleistung über den Strahlungswiderstand aus und machen mit $P_V = |\hat{I}|^2 R_V / 2$ für die Verlustleistung einen analogen Ansatz. Aus (10.20) folgt dann:

$$\eta_\kappa = \frac{P_S}{P_S + P_V} = \frac{R_S}{R_S + R_V} = \frac{1}{1 + R_V/R_S}. \tag{16.63}$$

Den von ihrer Länge $k_0 h = \pi l/\lambda_0$ abhängigen Strahlungswiderstand R_S einer Dipolantenne entnehmen wir (16.57) und den Ohmschen Verlustwiderstand erhalten wir aus folgender Überlegung. Nach (4.126) kann der Hochfrequenzwiderstand von kreiszylindrischen Drähten, deren Radius mit $a \gg \delta = 1/\sqrt{\pi f \mu_0 \kappa}$ viel größer als die Eindringtiefe ist, wie folgt ausgedrückt werden:

$$R_V = \frac{a}{2\delta} R_0 = \frac{a\sqrt{\pi f \mu_0 \kappa}}{2} R_0 \quad \text{mit} \quad R_0 = \frac{l}{\kappa \pi a^2}. \tag{16.64}$$

Setzt man in (16.64) alle gegebenen Zahlenwerte ein, so erhält man:

$$R_V = \frac{l}{2a}\sqrt{\frac{f \mu_0}{\pi \kappa}} = \frac{k_0 h}{2 \pi a}\sqrt{\frac{Z_0 \lambda_0}{\pi \kappa}} = 0{,}7955 \, \Omega \cdot k_0 h. \tag{16.65}$$

Die Kurve des Wirkungsgrads η_κ ist in Bild 16.13 als Funktion von l/λ_0 dargestellt.

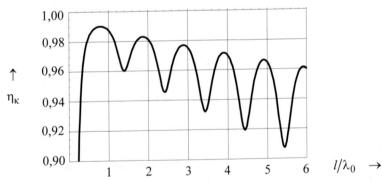

Bild 16.13 Ohmscher Wirkungsgrad (16.63) von Aluminiumdipolen bei 10 MHz für $a = 2$ mm

Der Strahlungswiderstand wächst im Mittel nur mit dem Logarithmus der Antennenlänge, während der Verlustwiderstand (bei fester Frequenz) direkt proportional der Antennenlänge ist. Darum zeigt Bild 16.13 eine im Mittel fallende Kurve. Einzelne Werte sind $\eta_\kappa(l = \lambda_0/4) = 91{,}5\,\%$, $\eta_\kappa(l = \lambda_0/2) = 98{,}3\,\%$ und $\eta_\kappa(l = \lambda_0) = 98{,}8\,\%$. □

Neben der Wirkleistung P_S, die bis in das Fernfeld gelangt, existiert nur in der Nahfeldumgebung der Dipolantenne eine zusätzliche Blindleistungsschwingung Q_S. Beide kann man in üblicher Weise zu einer **komplexen Strahlungsleistung**

$$P_S + j Q_S = \frac{\left|\hat{I}\right|^2}{2}\left(R_S + j X_S\right) = \frac{\left|\hat{I}\right|^2}{2} \underline{Z}_S \qquad (16.66)$$

kombinieren, womit gleichzeitig auch die **Strahlungsreaktanz** X_S eingeführt ist. Zu ihrer Berechnung reicht die einfache Leitungstheorie, die wir noch erfolgreich zur Bestimmung von R_S einsetzen konnten, nicht mehr aus. Bei Berücksichtigung der Energiespeicherung im Nahfeld kann für X_S aber folgende Näherung gefunden werden [Zuh53]:

$$\frac{4\pi X_S}{Z_0} = 2\,\mathrm{Si}\left(2 k_0 h\right) + \cos\left(2 k_0 h\right)\left[2\,\mathrm{Si}\left(2 k_0 h\right) - \mathrm{Si}\left(4 k_0 h\right)\right] +$$
$$+ \sin\left(2 k_0 h\right)\left[C + \ln\frac{(k_0 a)^2}{k_0 h} + \mathrm{Ci}\left(4 k_0 h\right) - 2\,\mathrm{Ci}\left(2 k_0 h\right)\right]. \qquad (16.67)$$

Dabei wird – wie im unmittelbaren Nahfeld nicht anders zu erwarten – der Drahtdurchmesser $d = 2a$ einen Einfluss auf den Blindwiderstand X_S haben. Für die wichtigen Resonanzlängen $l = n\lambda_0/2$ vereinfachen sich (16.57) und (16.67) und wir können die komplexe **Strahlungsimpedanz** wie folgt ausdrücken (mit Zahlenwerten für $n = 1, 2$ und 4 wie in Tabelle 16.4):

$$\frac{4\pi \underline{Z}_s}{Z_0} = C + \ln\left(2 n\pi\right) - \mathrm{Ci}\left(2 n\pi\right) + j\,\mathrm{Si}\left(2 n\pi\right) \qquad \text{für } n = 1, 3, 5, \ldots \qquad (16.68)$$

$$\frac{4\pi \underline{Z}_s}{Z_0} = 3C - \ln 2 + 3\ln\left(n\pi\right) + \mathrm{Ci}\left(2 n\pi\right) - 4\,\mathrm{Ci}\left(n\pi\right) +$$
$$+ j\left[4\,\mathrm{Si}\left(n\pi\right) - \mathrm{Si}\left(2 n\pi\right)\right]. \qquad \text{für } n = 2, 4, 6, \ldots \qquad (16.69)$$

Tabelle 16.4 Strahlungsimpedanz einzelner Dipole mit Mittelpunktspeisung

	Halbwellendipol	Ganzwellendipol	Doppelwellendipol
l	$\lambda_0/2$	λ_0	$2\lambda_0$
$\underline{Z}_S = R_S + j X_S$	$\left(73{,}1 + j\,42{,}5\right)\Omega$	$\left(199 + j\,125\right)\Omega$	$\left(259 + j\,133\right)\Omega$

Die Strahlungsimpedanz ist nach (16.66) das Verhältnis aus der komplexen Strahlungsleistung und dem Quadrat des Effektivwertes $I_{\mathrm{eff}} = \left|\hat{I}\right|/\sqrt{2}$. Sie ist damit eine reine Rechengröße und kein Widerstand im eigentlichen Sinne, der physikalisch zwischen zwei bestimmten Anschlusspunkten messbar wäre. An den Eingangsklemmen einer jeden Sendeantenne lässt sich dagegen mit dem Verhältnis aus Spannung und Strom eine – im Allgemeinen komplexe – Eingangsimpedanz definieren. Diese Eingangsimpedanz ist von Bedeutung, wenn die Antenne direkt oder über eine Antennenleitung an einen Sender angeschlossen wird. Um die verfügbare Sendeleistung auszunutzen, muss die Antenne an den Wellenwiderstand der Leitung oder den Innenwiderstand des Senders möglichst gut und zwar *konjugiert komplex* angepasst werden. Aufgrund der Reziprozität gilt entsprechendes für Empfangsantennen. Die zwischen den Antennenklemmen liegende **Eingangsimpedanz** ist wegen der angenommenen Verlustfreiheit der Antenne das Verhältnis aus der komplexen Strahlungsleistung und dem halben Betragsquadrat des Eingangsstroms:

$$\underline{Z}_E = R_E + j\,X_E = \frac{\underline{U}_0}{\underline{I}_0} = \frac{\frac{1}{2}\,\underline{U}_0\,\underline{I}_0^*}{\frac{1}{2}\,\underline{I}_0\,\underline{I}_0^*} = \frac{P_S + j\,Q_S}{|\underline{I}_0|^2/2}\ . \tag{16.70}$$

Da der Klemmenstrom am Antenneneingang sich nach (16.10) als

$$\underline{I}_0 = \underline{I}(z' = 0) = \hat{\underline{I}}\,\sin\!\left(k_0\,h\right) \tag{16.71}$$

berechnen lässt, wird die Eingangsimpedanz nach der Leitungstheorie der Dipolantenne

$$\underline{Z}_E = \frac{P_S + j\,Q_S}{|\underline{I}_0|^2/2} = \underline{Z}_S\,\frac{|\hat{\underline{I}}|^2}{|\underline{I}_0|^2}\ , \tag{16.72}$$

d. h. mit (16.71) erhalten wir aus (16.72):

$$\boxed{\underline{Z}_E = \frac{\underline{Z}_S}{\sin^2\!\left(k_0\,h\right)}}\ . \tag{16.73}$$

Die **Eingangsimpedanz** lässt sich somit aus der Strahlungsimpedanz berechnen. Für die _Stromresonanzen_ mit einem Strombauch im Speisepunkt und $l = (2\,n-1)\,\lambda_0/2$, d. h. $k_0\,h = (2\,n-1)\,\pi/2$, stimmt der Eingangswiderstand mit dem Strahlungswiderstand überein. Insbesondere hat der schlanke Halbwellendipol nach Tabelle 16.4 eine Eingangsimpedanz von $\underline{Z}_E = \underline{Z}_S = (73{,}1 + j\,42{,}5)\,\Omega$. Für die _Spannungsresonanzen_ mit einem Stromknoten im Speisepunkt und $l = n\,\lambda_0$, d. h. $k_0\,h = n\,\pi$, wird der Eingangswiderstand scheinbar unendlich groß. Diese Singularitäten rühren aus dem Stromansatz (16.10) der einfachen Leitungstheorie her und verschwinden für technisch reale Dipole mit _endlicher_ Dicke $d > 0$ und bei Berücksichtigung der Strahlungsdämpfung (Näheres findet man in [Borg55]). Der Realteil der Eingangsimpedanz $R_E = R_S/\sin^2\!\left(k_0\,h\right)$ ist in Bild 16.14 als Funktion von l/λ_0 dargestellt.

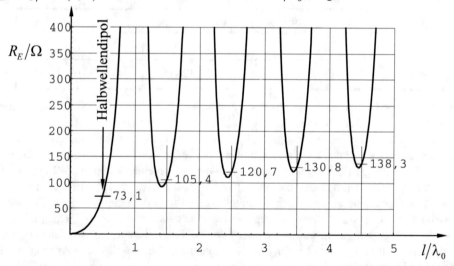

Bild 16.14 Eingangswiderstand R_E einer zentralgespeisten Dipolantenne im Speisepunkt (Fußpunkt)

Der Eingangswiderstand weist für Dipollängen $l = n\lambda_0$ **Polstellen** auf, da dann der Speisestrom $\underline{I}_0$ verschwindet. Ein Ganzwellendipol muss daher mit einer *Spannungsquelle* und nicht mit einer *Stromquelle* gespeist werden. Geeignete Ersatzschaltungen findet man in Bild 16.15. In der Praxis findet vor allem der **Halbwellendipol** mit $l = \lambda_0 / 2$ Verwendung, da er eine Eingangsimpedanz besitzt, die sehr nahe am Wellenwiderstand üblicher Leitungen liegt. Dadurch ist eine **Leistungsanpassung** auf einfache Weise möglich.

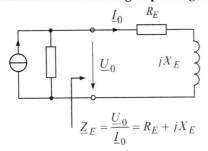 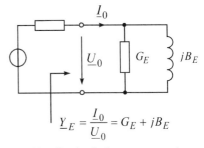

$$\underline{Z}_E = \frac{\underline{U}_0}{\underline{I}_0} = R_E + jX_E \qquad\qquad \underline{Y}_E = \frac{\underline{I}_0}{\underline{U}_0} = G_E + jB_E$$

Halbwellendipol mit Stromspeisung   Ganzwellendipol mit Spannungsspeisung

$$\underline{Z}_E = \underline{Z}_S = \left(73{,}1 + j\,42{,}5\right)\Omega \qquad\qquad \begin{array}{l} \underline{Y}_E = 0 \quad \text{bei} \quad d = 0 \\ \underline{Y}_E \neq 0 \quad \text{bei} \quad d > 0 \end{array}$$

Bild 16.15 Ersatzschaltungen für nieder- und hochohmige Speisepunkte bei Halb- und Ganzwellendipol

Die Eingangsimpedanz $\underline{Z}_E(\omega) = R_E(\omega) + jX_E(\omega)$ eines kausalen Systems ist eine analytische Funktion der Kreisfrequenz $\omega = k_0 c_0$. Real- und Imaginärteil einer analytischen Funktion sind bekanntermaßen durch die sogenannte **Hilbert-Transformation**[2] miteinander verknüpft:

$$R_E(\omega) = R_E(\infty) + \frac{1}{\pi} \int\limits_{-\infty}^{\infty} \frac{X_E(\eta)}{\omega - \eta}\,d\eta \quad \text{und} \quad X_E(\omega) = X_E(\infty) - \frac{1}{\pi} \int\limits_{-\infty}^{\infty} \frac{R_E(\eta)}{\omega - \eta}\,d\eta \,. \tag{16.74}$$

Das bedeutet aber, dass man aus dem Realteil $R_E(\omega)$ offenbar den Imaginärteil $X_E(\omega)$ bis auf eine Konstante $X_E(\infty)$ bestimmen kann. Die Umkehrung dieses Satzes gilt entsprechend. Die Integrale der Hilbert-Transformation sind als *Cauchysche*[3] *Hauptwerte* zu verstehen, d. h.

$$\int\limits_{-\infty}^{\infty} \frac{R_E(\eta)}{\omega - \eta}\,d\eta = \lim_{\substack{\varepsilon \to 0 \\ Y \to \infty}} \left[\int\limits_{-Y}^{\omega - \varepsilon} \frac{R_E(\eta)}{\omega - \eta}\,d\eta + \int\limits_{\omega + \varepsilon}^{Y} \frac{R_E(\eta)}{\omega - \eta}\,d\eta \right]. \tag{16.75}$$

Man kann zeigen, dass $R_E(\omega)$ eine *gerade* Funktion und $X_E(\omega)$ eine *ungerade* Funktion von ω ist und dass gilt: $X_E(\infty) = 0$. Damit kann (16.74) noch umgeformt werden:

$$R_E(\omega) = R_E(\infty) + \frac{2}{\pi} \int\limits_{0}^{\infty} \frac{\eta\,X_E(\eta)}{\omega^2 - \eta^2}\,d\eta \quad \text{und} \quad X_E(\omega) = -\frac{2\,\omega}{\pi} \int\limits_{0}^{\infty} \frac{R_E(\eta)}{\omega^2 - \eta^2}\,d\eta \,. \tag{16.76}$$

---

[2] David **Hilbert** (1862-1943): dt. Mathematiker (Invariantentheorie, algebraische Zahlenkörper, Integralgleichungen, euklidische Geometrie, mathematische Physik)

[3] Augustin Louis Baron **Cauchy** (1789-1857): frz. Mathematiker, Ingenieur und Astronom (Infinitesimalrechnung, Theorie komplexwertiger Funktionen, Elastizitätstheorie, Optik, Himmelsmechanik)

16.2.4 Verkürzungsfaktor

Bei den bisherigen Betrachtungen wurde nicht zwischen *elektrischer* und *mechanischer* Länge eines Dipolstrahlers unterschieden. Tatsächlich sind elektrische und mechanische Länge einer Linearantenne aber nur dann gleich, wenn der Antennenleiter unendlich dünn ist, die Ausdehnung des Speisespaltes vernachlässigbar ist und die Antenne sich im freien Raum befindet. In der Praxis ist die **Phasengeschwindigkeit** v_p einer elektromagnetischen Welle auf einem Antennenleiter endlicher Dicke *geringer* als die einer Welle im freien Raum, d. h. es gilt:

$$\frac{v_p}{c_0} = \frac{f\,\lambda_L}{f\,\lambda_0} = \frac{\lambda_L}{\lambda_0} < 1\,. \tag{16.77}$$

Der Quotient gibt an, auf welchen Anteil sich die Leitungswellenlänge λ_L gegenüber der Freiraumwellenlänge λ_0 verkürzt hat. Die mechanische Resonanzlänge $l_m = n\,\lambda_L/2$ eines Dipols muss also gegenüber der Freiraumresonanzlänge $l = n\,\lambda_0/2$ verkürzt werden. Mit

$$\boxed{V_1 = \frac{l_m}{l}} \tag{16.78}$$

führt man den sogenannten **Verkürzungsfaktor** ein, der angibt auf wie viel man die für Resonanz erforderliche mechanische Länge l_m gegenüber der gewünschten elektrischen Länge l verkürzen muss. Bei hochfrequenten Anwendungen, wo der Skineffekt in der Regel stark ausgeprägt ist, gilt $V_1 \to 1$. Nur bei extrem dünnen Leitungsdrähten, wo die Skintiefe δ in der Größenordnung der Leiterdicke liegt, kann V_1 spürbar kleiner als eins werden [Som77, Str07].

Die Tatsache, dass die **elektrisch wirksame Länge** eines Dipols größer als seine mechanische Baulänge l_m ist, hat aber noch andere physikalische Ursachen. So werden die Enden eines Dipolstrahlers durch elektrische Feldlinien miteinander verbunden. Als Folge des nicht vernachlässigbaren Leitungsdurchmessers stellen die Stirnflächen der Dipolenden End- oder Dachkapazitäten dar. Dadurch entsteht eine *kapazitive* Endbelastung des Dipols. Am Beispiel eines *Halbwellendipols* soll der Effekt näher erläutert werden.

Eine Dipolhälfte habe zunächst die mechanische Baulänge $\lambda_L/4 = V_1\,\lambda_0/4$. Wegen der kapazitiven Endbelastung sinkt der Strom am Leitungsende jedoch nicht ganz auf null ab, sondern behält einen endlichen Wert $\underline{I}(z' = \pm h_m = \pm l_m/2) \neq 0$. Entsprechend der Queradmittanz $\underline{Y} = j\,\omega\,C$ wächst der Endeffekt mit zunehmender Frequenz. In Bild 16.16 ist dieser Sachverhalt am Leitungsersatzbild verdeutlicht.

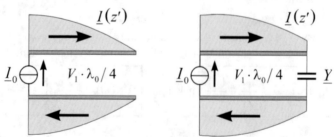

Bild 16.16 Vergleich zwischen einer leer laufenden und einer kapazitiv belasteten Leitung

Die **kapazitive Endbelastung** kann man sich durch ein zusätzliches leerlaufendes kurzes Leitungsstück der Länge $\Delta h < \lambda_L/4$ äquivalent ersetzt denken. Man erhält somit die in Bild 16.17 dargestellte Ersatzschaltung.

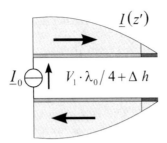

Bild 16.17 Verlängernde Wirkung Δh einer Dachkapazität, dargestellt im Leitungsersatzbild

Die Verlängerung Δh kann mit Hilfe des Leitungsmodells (7.58) berechnet werden:

$$\frac{1}{j\omega C} = -j\,Z_L\cot\frac{2\,\pi\,\Delta h}{\lambda_L}\,, \tag{16.79}$$

wobei für die Kapazität C und den Leitungswellenwiderstand Z_L geeignete Annahmen zu treffen sind. Offenbar ist der Dipol nun länger als eine halbe Leitungswellenlänge. Seine mechanische Länge muss darum um einen weiteren Faktor $V_2 < 1$ _nochmals_ verkürzt werden. Mit $\lambda_L/4 = V_1\lambda_0/4$ fordert man daher:

$$V_2\frac{\lambda_L}{4} + \Delta h = \frac{\lambda_L}{4}\,, \tag{16.80}$$

woraus der zusätzliche Verkürzungsfaktor – unter Beachtung von (16.79) – folgt:

$$\boxed{V_2 = 1 - \frac{\Delta h}{\lambda_L/4} = 1 - \frac{2}{\pi}\arctan\left(Z_L\,\omega\,C\right)}\,. \tag{16.81}$$

Der Endeffekt wird durch den Schlankheitsgrad $s = l/d$ des Antennenleiters beeinflusst, denn eine zunehmende Drahtdicke macht sich als verstärkte kapazitive Endbelastung bemerkbar. Den Einfluss der **Speisespaltweite** g und weiterer **Beugungseffekte** beschreiben wir durch einen dritten Verkürzungsfaktor V_3, für den wir aber keine einfache Formel angeben können. Die notwendige **Gesamtverkürzung** $V = l_m/l < 1$ als Verhältnis der mechanischen Baulänge l_m und der elektrisch wirksamen Länge l ergibt sich aus dem Produkt $V = V_1 V_2 V_3$. Wir sprechen dann z. B. von einem Halbwellendipol mit $l = \lambda_0/2$ wenn seine mechanische Baulänge

$$\boxed{l_m = 2\,h_m = V_1\,V_2\,V_3\,\frac{\lambda_0}{2} = V\,\frac{\lambda_0}{2}} \tag{16.82}$$

so bemessen wird, dass sich **Resonanz** einstellt. Nach [Kra02] verschwindet an der Resonanzfrequenz des Halbwellendipols seine Eingangsreaktanz, d. h. es wird $X_E = 0$. Außerdem verringert sich sein Eingangswiderstand [Sche52b] und liegt – je nach Drahtdurchmesser d – im Bereich $60\,\Omega < R_E < 70\,\Omega$, also spürbar niedriger als beim unendlich dünnen Halbwellendipol, wo wir noch $R_E = 73{,}1\,\Omega$ gefunden hatten.

- Die für Resonanz erforderliche mechanische Länge muss gegenüber der gewünschten elektrischen Länge also aus verschiedenen Gründen verkürzt werden.

- Die Verkürzung fällt umso stärker aus, je kleiner der Schlankheitsgrad $s = l/d$ der zylindrischen Linearantenne ist.

- Ein dicker Strahler muss demnach bei gleicher Resonanzfrequenz kürzer aufgebaut werden als ein schlanker Strahler.

Für den in der Praxis besonders wichtigen **Halbwellendipol** der Dicke d mit $l = \lambda_0/2$ findet man in Bild 16.18 eine Darstellung des Gesamtverkürzungsfaktor $V = l_m/l$ als Funktion des Verhältnisses λ_0/d. Die Kurve überdeckt den für die meisten Anwendungen passenden Bereich $50 < \lambda_0/d < 2000$ und ist im Falle starker Stromverdrängung ($d \gg \delta$) mit voll ausgebildetem Skineffekt gültig. Dabei wurden in numerischen Simulationen [4NEC2] die Werte von V für metallische Drähte mit Hilfe der Resonanzlängen aus der Bedingung verschwindender Eingangsreaktanz ($X_E = 0$) ermittelt.[4] Die numerisch gefundenen Daten können durch eine einfach auswertbare **Ausgleichskurve** approximiert werden, deren relativer Betragsfehler kleiner als 0,24 % bleibt, sofern man den Bereich $50 < \lambda_0/d < 2000$ nicht verlässt:

$$\boxed{V = 1 - \frac{0,2532}{\ln(\lambda_0/d) - 1,345}} \quad \text{für} \quad l = \lambda_0/2. \tag{16.83}$$

Der Halbwellendipol ist im zentralen Speisepunkt _niederohmig_ und besitzt dort ein Spannungsminimum, weswegen sich an den Rändern des Speiseschlitzes praktisch keine Ladungen $Q = C\,U$ anhäufen können und dort keine kapazitiv bedingten verlängernden Wirkungen vorliegen. Der Verkürzungsfaktor eines Halbwellendipols (16.83) ist deshalb von der Form und der Weite des Speiseschlitzes nahezu unabhängig – er hängt daher im Wesentlichen nur von den Dachkapazitäten der Dipolenden ab.

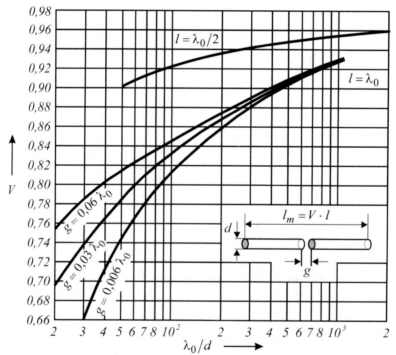

Bild 16.18 Gesamtverkürzungsfaktor $V = V_1 V_2 V_3$ beim Halbwellendipol (berechnet mit [4NEC2] aus der Resonanzbedingung $X_E = 0$) und beim Ganzwellendipol nach [Mei68]

---

[4] Die Werte für den Verkürzungsfaktor können nach [Sche52b] auch aus einer _strengen_ Berechnung der zylindrischen Linearantenne gewonnen werden.

Die unteren drei Kurven in Bild 16.18 stellen den Gesamtverkürzungsfaktor des **Ganzwellen-dipols** mit $l = \lambda_0$ dar. Die Kurven des Ganzwellendipols liegen deutlich tiefer als beim Halbwellendipol – bei Spannungsresonanz muss demnach mehr als bei Stromresonanz verkürzt werden. Bei dickeren Dipolen besteht zudem eine spürbare Abhängigkeit von der Weite g des Speisespaltes. Der Halbwellendipol ist nämlich im zentralen Speisepunkt *hochohmig* und besitzt dort ein Spanungsmaximum, weswegen sich an den Rändern des Speiseschlitzes viele Ladungen $Q = C\,U$ anhäufen können und somit eine starke kapazitiv bedingte verlängerte Wirkung vorliegt. Mit kleiner werdender Schlitzweite g steigt die Kapazität C und die mechanische Baulänge muss noch kürzer gewählt werden.

Es gibt noch weitere Effekte, die sich (auch durch numerische Simulationsprogramme) quantitativ nur schwer erfassen lassen, aber spürbaren Einfluss auf die elektrische Länge einer Dipolantenne haben können. So befindet sich die Antenne im Allgemeinen nicht im Freiraum, sondern in endlicher Entfernung von der Erdoberfläche und anderen Objekten. Insbesondere muss sie mechanisch durch Halteelemente in ihrer Lage fixiert werden. Aufwändige Berechnungen des Verkürzungsfaktors bringen daher nur bedingt praktischen Nutzen. Im Einzelfall kann auch eine *experimentelle* Baulängenoptimierung sinnvoll sein.

Übung 16.6: Verkürzungsfaktoren beim Halb- und Ganzwellendipol

- Bestimmen Sie die mechanische Baulänge l_m eines Halbwellendipols der Dicke $d = 1\ \text{cm}$ bei der Frequenz $f = 300\ \text{MHz}$. Betrachten Sie dann einen Ganzwellendipol gleicher Dicke mit einem Speisespalt der Weite $g = 3\ \text{cm}$. Welche mechanische Baulänge muss dieser bei $f = 300\ \text{MHz}$ aufweisen?

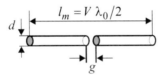

Bild 16.19 Zum Verkürzungsfaktor eines Dipols mit Speisespalt

- **Lösung:**

Mit $\lambda_0 = c_0/f = 100\ \text{cm}$ wird $\lambda_0/d = 100$. Beim Halbwellendipol ist der Verkürzungsfaktor von der Größe des Speisespaltes unabhängig und wir erhalten aus (16.83):

$$V = 1 - \frac{0{,}2532}{\ln(100) - 1{,}345} = 0{,}922\ . \tag{16.84}$$

Damit können wir die gesuchte mechanische Baulänge des Halbwellendipols zu $l_m = V\,\lambda_0/2 = 46{,}1\ \text{cm}$ berechnen.

Beim Ganzwellendipol soll mit $\lambda_0 = 100\ \text{cm}$ die Längsausdehnung seines Speiseschlitzes $g = 3\ \text{cm} = 0{,}03\,\lambda_0$ betragen, womit wir nach Bild 16.18 für $\lambda_0/d = 100$ aus der *mittleren* der drei den Ganzwellendipol betreffenden Kurven $V = 0{,}832$ ablesen. Beim Ganzwellendipol muss also stärker als beim Halbwellendipol verkürzt werden, woraus seine mechanische Baulänge zu $l_m = V\,\lambda_0 = 83{,}2\ \text{cm}$ folgt. □

16.2.5 Richtfaktor und Gewinn

Zur Beschreibung der Richtwirkung einer Dipolantenne wollen wir in Ergänzung der Ausführungen in Abschnitt 10.3.2 den *richtungsabhängigen* Richtfaktor $D(\vartheta,\varphi)$ einführen als:

$$D(\vartheta,\varphi) = C^2(\vartheta,\varphi) D_{\max} = \frac{S_r(\vartheta,\varphi)}{\langle S_r(\vartheta,\varphi) \rangle} = 4\pi r^2 \frac{S_r(\vartheta,\varphi)}{P_s} . \tag{16.85}$$

Dabei ist $D_{\max}$ der Richtfaktor in Hauptstrahlungsrichtung und $\langle S_r(\vartheta,\varphi) \rangle$ die mittlere Strahlungsdichte im Fernfeld bei Mittelung über die ganze Kugeloberfläche $4\pi r^2$, was gleichzeitig auch die Strahlungsdichte eines isotropen Strahlers ist. Der Richtfaktor nach (16.85) gibt daher an, um wie viel stärker die betrachtete Antenne in einer gewissen Raumrichtung (ϑ,φ) abstrahlt als ein Kugelstrahler gleicher Strahlungsleistung P_S. Hierbei wird jeweils gleiche Polarisation zugrunde gelegt. In Übung 16.7 wollen wir den richtungsabhängigen Richtfaktor einer dünnen Linearantenne berechnen. Wir wollen einen <u>verlustfreien</u> Dipol voraussetzen; damit wird der Richtfaktor identisch zum **Antennengewinn**, d. h. $D = G$.

> <u>**Übung 16.7:**</u> **Richtwirkung in der Symmetrieebene einer Dipolantenne**

- Bestimmen Sie den Richtfaktor $D(\vartheta = \pi/2)$ einer dünnen Linearantenne in Richtung ihrer Symmetrieebene $\vartheta = \pi/2$. Der Dipol habe die Länge $l = 2h$.

- **Lösung:**

Aus früheren Berechnungen (16.54) entnehmen wir die Strahlungsdichte im Fernfeld

$$S_r = \frac{Z_0 \left|\hat{I}\right|^2}{8\pi^2 r^2} \frac{\left[\cos(k_0 h \cos\vartheta) - \cos(k_0 h)\right]^2}{\sin^2\vartheta} \tag{16.86}$$

und die gesamte abgestrahlte Leistung (16.55)

$$P_S = \frac{1}{2}\left|\hat{I}\right|^2 R_S \tag{16.87}$$

mit dem Strahlungswiderstand R_S aus (16.57). Mit (16.85) folgt dann der Zusammenhang:

$$D(\vartheta) = 4\pi r^2 \frac{\dfrac{Z_0 \left|\hat{I}\right|^2}{8\pi^2 r^2} \dfrac{\left[\cos(k_0 h \cos\vartheta) - \cos(k_0 h)\right]^2}{\sin^2\vartheta}}{\dfrac{1}{2}\left|\hat{I}\right|^2 R_S} =$$

$$= \frac{Z_0}{\pi R_S} \frac{\left[\cos(k_0 h \cos\vartheta) - \cos(k_0 h)\right]^2}{\sin^2\vartheta} . \tag{16.88}$$

In Richtung der Symmetrieebene $\vartheta = \pi/2$ erhalten wir schließlich:

$$D(\vartheta = \pi/2) = \frac{Z_0}{\pi R_S}\left[1 - \cos(k_0 h)\right]^2 = \frac{4 Z_0}{\pi R_S}\sin^4\frac{k_0 h}{2} . \quad \square \tag{16.89}$$

Mit $k_0 h = \pi l/\lambda_0$ ist der **Richtfaktor** (16.89) in Richtung quer zur Dipolachse – die für längere Dipole nicht mehr die Hauptstrahlungsrichtung darstellt – als Funktion der normierten Dipollänge l/λ_0 in Bild 16.20 dargestellt.

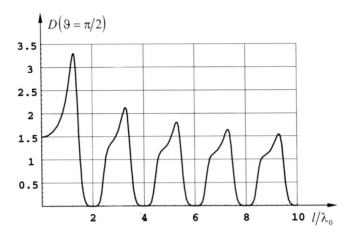

Bild 16.20 Richtfaktor (16.89) in der Äquatorebene einer zentralgespeisten Dipolantenne

Es wechseln sich monoton fallende Maxima mit Nullstellen ab. Die **Nullstellen** des Richtfaktors treten bei Antennenlängen $l = 2n\lambda_0$ mit $n = 1, 2, 3, \ldots$ auf und korrespondieren mit den dann gleichfalls vorhandenen Nullstellen des Richtdiagramms in der Symmetrieebene bei $\vartheta = \pi/2$ (siehe Tabelle 16.1). Für die praktisch interessierenden Dipolantennen mit Längen bis etwa $l = 4\lambda_0/3$ wird in Bild 16.21 der vordere Kurvenanteil nochmals *vergrößert* dargestellt.

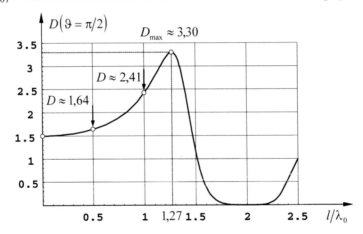

Bild 16.21 Vergrößerung von Bild 16.20 – bei $l \approx 1,27\,\lambda_0$ erhalten wir den Dipol mit Maximalgewinn.

Für den **Halbwellendipol** und den **Ganzwellendipol** erhält man aus Bild 16.21 die Werte:

$$D(\vartheta = \pi/2)\big|_{l = \lambda_0/2} \approx 1,64 \quad \text{bzw.} \quad D(\vartheta = \pi/2)\big|_{l = \lambda_0} \approx 2,41. \tag{16.90}$$

Der Gewinn des Halbwellendipols entspricht etwa dem des Hertzschen Dipols $(D = 1,5)$, da sich beide nach Bild 16.4 auch kaum in ihrem Richtdiagramm unterscheiden. Den **Maximalgewinn** erhält man für $l \approx 1,27\,\lambda_0$ und sein Wert beträgt:

$$\boxed{D(\vartheta = \pi/2)\big|_{l \approx 1,27\,\lambda_0} \approx 3,30}. \tag{16.91}$$

Bei einem typischen Verkürzungsfaktor von $V = 0,92$ muss eine Dipolantenne mit Maximalgewinn also eine mechanische Baulänge von $l_m = V\,l$, d. h. $l_m \approx 0,92 \cdot 1,27\,\lambda_0 \approx 1,17\,\lambda_0$ aufweisen.[5] Der Dipolstrahler mit Maximalgewinn wird auch als $5\,\lambda/4$-Dipol bezeichnet. Er wird als $5\,\lambda/8$-Monopol sowohl aufgrund seines hohen Gewinns von

$$D\left(\vartheta = \pi/2\right)\Big|_{h \approx 0,635\,\lambda_0} \approx 6,60 \tag{16.92}$$

als auch seines günstigen Eingangswiderstandes von $R_E \approx 89\,\Omega$ häufig verwendet. In Bild 16.22 sind die vertikalen Diagrammschnitte $C(\vartheta)$ der technisch wichtigsten Dipolformen gemeinsam dargestellt. Der Dipol hat jeweils vertikale Orientierung und liegt in der z-Achse.

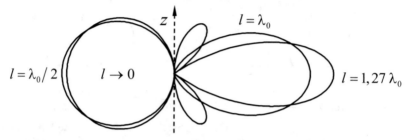

Bild 16.22 Vergleich der Vertikalschnitte von vier Dipolantennen verschiedener Länge

Im _linken_ Diagrammteil sind der Hertzsche Dipol $(l \to 0)$ und der Halbwellendipol dargestellt; _rechts_ sieht man den Ganzwellendipol und den Dipol mit Länge $l = 1,27\,\lambda_0$. Die dargestellten vier Diagramme muss man sich rotationssymmetrisch um die z-Achse vorstellen. Bis zu einer Antennenlänge von $l = \lambda_0$ haben die Diagramme noch keine Nebenkeulen. Der Dipol mit $l = 1,27\,\lambda_0$ erreicht den maximal möglichen Gewinn und besitzt zwei Nebenkeulen.

Wir haben den **Gewinn** G bisher definiert als Maß für die Richtwirkung einer Antenne im Vergleich mit dem _isotropen Strahler._ Zuweilen ist es günstig, den Gewinn in Bezug auf den _Hertzschen Dipol_ oder auch in Bezug auf den _Halbwellendipol_ anzugeben. Es gelten folgende Umrechnungen (siehe Tabelle 16.5):

$$G_H = G/1,5 \quad \text{und} \quad G_D = G/1,64 \,. \tag{16.93}$$

Tabelle 16.5 Umrechnung verschiedener Gewinnwerte

	G	$G_H = G/1,5$	$G_D = G/1,64$
Kugelstrahler	1	0,667	0,610
Hertzscher Dipol	1,5	1	0,915
Halbwellendipol	1,64	1,09	1
Ganzwellendipol	2,41	1,61	1,47
$1,27\,\lambda_0$ – Dipol	3,30	2,20	2,01

Der Gewinn ist leistungsbezogen und damit eine quadratische Größe. Im Vergleich zum Hertzschen Dipol (siehe graue Felder in Tabelle 16.5) haben die Feldstärke-Diagramme in Bild 16.22 eine Hauptkeule, die beim Halbwellendipol um $\sqrt{1,09} - 1 \approx 4,56\,\%$, beim Ganzwellendipol um $\sqrt{1,61} - 1 \approx 26,8\,\%$ und beim Dipol mit Maximalgewinn um $\sqrt{2,20} - 1 \approx 48,3\,\%$ größer ist, was man leicht nachmessen kann.

---

[5] Der kreisförmige **Rahmen** mit Maximalgewinn hat nach (15.106) einen Umfang von <u>ebenfalls</u> $1,17\,\lambda_0$.

16.3 Aufgaben

16.3.1 Die Richtcharakteristik eines Halbwellendipols in z-Richtung ist

$$C(\vartheta) = \frac{\cos\left(\dfrac{\pi}{2}\cos\vartheta\right)}{\sin\vartheta}.$$

Berechnen Sie mit (10.31) zunächst den äquivalenten Raumwinkel Ω und daraus den Richtfaktor des Halbwellendipols. <u>Hinweis</u>: benutzen Sie die Substitution $u = \cos\vartheta$ und

$$\int_{u=0}^{1} \frac{\cos^2(u\pi/2)}{1-u^2}\, du = 0{,}609413.$$

16.3.2 Es soll bei der Frequenz $f = 100\,\text{MHz}$ ein Halbwellendipol aufgebaut werden. Dazu steht ein Kupferdraht der Dicke $d = 6\,\text{mm}$ zur Verfügung.
Wie groß ist der Verkürzungsfaktor und welche mechanische Baulänge muss der Halbwellendipol daher haben? Welchen Verkürzungsfaktor – bei gleicher Frequenz – und welche mechanische Baulänge hätte dagegen ein Ganzwellendipol, der einen Speisespalt mit der Weite $g = 1{,}8\,\text{cm}$ aufweist und aus dem gleichen Draht aufgebaut wird?

16.3.3 Welche normierte Baulänge l/λ_0 muss eine endgespeiste Wanderwellenantenne mit reflexionsfreiem Abschluss aufweisen, damit ihr Strahlungsmaximum bei $\vartheta_m = \pi/8$ zu liegen kommt? Welchen Richtfaktor weist diese Antenne dann auf?

16.3.4 Zeigen Sie, dass die Nullwertsbreite einer endgespeisten Wanderwellenantenne mit reflexionsfreiem Abschluss wie folgt abgeschätzt werden kann:

$$\Delta\vartheta_0 = \arccos\left(1 - \frac{1}{l/\lambda_0}\right).$$

Welche Nullwertbreite ergibt sich für die Antenne der vorherigen Aufgabe 16.3.3?

<u>Lösungen:</u>

16.3.1 $\Omega = 7{,}658\,\text{sr}$ und $D = 4\,\pi/\Omega = 1{,}64$

16.3.2 $V(\lambda_0/2) = 0{,}948 \Rightarrow l_m = 142\,\text{cm}$; $V(\lambda_0) = 0{,}904 \Rightarrow l_m = 271\,\text{cm}$

16.3.3 $\cos\vartheta_m = 1 - \dfrac{0{,}371}{l/\lambda_0} \Rightarrow l/\lambda_0 = 4{,}874$ mit $D = 11{,}6$

16.3.4 Mit $C(\vartheta) \cong \sin\vartheta\,\big|\text{si}\big[k_0\,h\,(1-\cos\vartheta)\big]\big|$ wird die Hauptkeule bei $\vartheta = 0$ von einer Nullstelle begrenzt. Diese Nullrichtung liegt auf der z-Achse und stimmt mit der Antennenachse überein. Sie wird durch das Verschwinden des Faktors $\sin\vartheta$ festgelegt. Die zweite Nullstelle, die auf der anderen Seite der Hauptkeule liegt, folgt aus dem Verschwinden der si-Funktion, also aus der Bedingung $k_0\,h\,(1-\cos\vartheta) = \pi$.

Bei $l/\lambda_0 = 4{,}874$ folgt daher $\Delta\vartheta_0 = 0{,}652 \,\hat{=}\, 37{,}4°$.

17 Gruppenantennen I (Grundlagen)

Der *einzelne* Monopol und auch der Dipol sind beides **Rundstrahler,** da die Strahlung in der Ebene senkrecht zur Antennenachse keine bevorzugte Richtung aufweist. Die Strahlungscharakteristik ist daher rotationssymmetrisch. Bei Punkt-zu-Punkt Verbindungen möchte man jedoch eine **Richtwirkung** erhalten, da sich hierdurch die Reichweite der Antenne bei unveränderter Energiezufuhr erheblich vergrößern lässt.

- Der Störabstand verbessert sich, da mögliche Störquellen durch die Richtcharakteristik zum Teil ausgeblendet werden.
- Der Einfluss von Reflexionen an Hindernissen und dem Erdboden kann vermieden und die Flächenüberlappung mehrerer gleichfrequenter Sender kann unterdrückt werden.
- Peilung und Ortung – z. B. in der Flugsicherung – werden ermöglicht.

Durch *Kombination* zweier oder mehrerer Dipole kann man mittels **Interferenz** der Feldstärken eine gewünschte Richtwirkung erzeugen. Die folgenden Betrachtungen basieren auf dem linearen **Superpositionsprinzip,** also der ungestörten Überlagerung der Strahlungsbeiträge aller Teilstrahler. Das resultierende Fernfeld ist dort maximal, wo die Felder der Einzelstrahler phasengleich schwingen. Außerhalb der Hauptstrahlungsrichtung(en) löschen sich die Felder der Einzelstrahler gegenseitig mehr oder weniger aus. Einfluss auf die Richtwirkung haben:

⇒	die *Anzahl* der Strahler,
⇒	die *Anordnung* der Strahler,
⇒	die *Stromamplituden* der einzelnen Strahler und
⇒	die *Phasenverschiebung* der Strahlerströme.

Für die Nachrichtenübertragung und die Funkortung haben sich – wie in Bild 17.1 dargestellt – unterschiedliche Formen von Gruppen aus Dipolantennen bewährt:

- **Dipolreihen**, **Dipolflächen** und **Kreisgruppen** mit Dipolen.

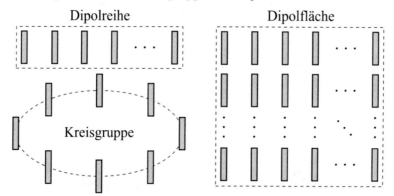

Bild 17.1 Anordnung von Einzelstrahlern zu einer Antennengruppe

In den nachfolgenden Abschnitten wird zwar das Richtverhalten anhand von Dipolanordnungen behandelt, grundsätzlich gelten diese Überlegungen aber für jede Form des Einzelstrahlers.

© Springer Fachmedien Wiesbaden GmbH, ein Teil von Springer Nature 2022
K. W. Kark, *Antennen und Strahlungsfelder*,
https://doi.org/10.1007/978-3-658-38595-8_17

Wir wollen uns hier vor allem mit Strahlergruppen befassen, die aus *bauartgleichen* Teilantennen in gleicher räumlicher Ausrichtung bestehen. Für diese wollen wir zunächst zeigen, dass
sich das Fernfeld als *Produkt* von zwei Faktoren schreiben lässt.

- Der eine Faktor beschreibt das Fernfeld des einzelnen Antennenelementes, die **Einzelcharakteristik** C_E.

- Der zweite Faktor – die **Gruppencharakteristik** C_{Gr} – ist unabhängig von der Art des
  Einzelstrahlers und beschreibt das Zusammenwirken der Strahler.

Ist die Entfernung r des Aufpunktes im Fernfeld groß gegen die räumlichen Abmessungen des
Antennensystems aus mehreren Einzelstrahlern und groß gegen die Wellenlänge λ_0, so gilt das
multiplikative Gesetz:

Die Gesamtcharakteristik des Systems ist gleich der Charakteristik des Einzelstrahlers, multipliziert mit der Charakteristik der Gruppe:

$$\boxed{C_{ges} = C_E \, C_{Gr}}\,. \tag{17.1}$$

Als Beispiel betrachten wir zwei Halbwellendipole mit ihrer Einzelcharakteristik nach (16.23),
die entlang der z-Achse im Abstand von einer Wellenlänge angeordnet sind. Falls die Speiseströme beider Dipole amplituden- und phasengleich sind, kann die Gruppencharakteristik aus
(17.12) und (17.28) mit $\delta = 0$ und $b = \lambda_0$ berechnet werden.

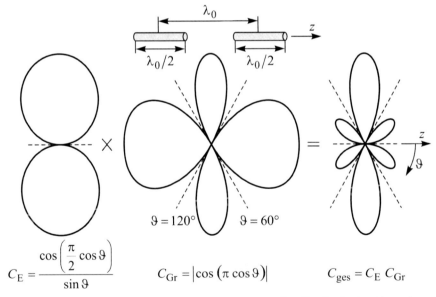

$$C_E = \frac{\cos\left(\dfrac{\pi}{2}\cos\vartheta\right)}{\sin\vartheta} \qquad C_{Gr} = |\cos(\pi\cos\vartheta)| \qquad C_{ges} = C_E \, C_{Gr}$$

Bild 17.2 Multiplikatives Gesetz bei zwei identisch gespeisten Halbwellendipolen im Abstand von λ_0

Bei komplizierten Richtantennen kann man die Antenne in mehrere **Obergruppen** bzw. **Untergruppen** zerlegen und die einzelnen Gruppencharakteristiken bestimmen. Die Gesamtcharakteristik ist dann das Produkt aller Gruppencharakteristiken mit der des Strahlerelements:

$$\boxed{C_{ges} = C_E \, C_{Gr1} \, C_{Gr2} \, C_{Gr3} \cdots}\,. \tag{17.2}$$

Dabei finden sich alle *Nullstellen* der einzelnen Faktoren in der Gesamtcharakteristik wieder. In
dieser leichten Überschaubarkeit liegt der Hauptvorteil des multiplikativen Gesetzes.

17.1 Gruppenfaktor bei räumlicher Anordnung

Bild 17.3 zeigt eine beliebige, räumlich dreidimensionale Anordnung *paralleler* Dipole. Alle N Einzelstrahler sollen gleiche Strahlungscharakteristik C_E und Polarisation besitzen.

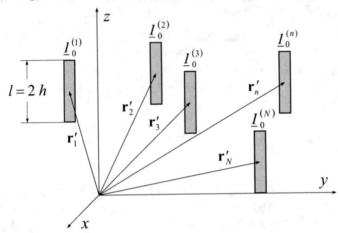

Bild 17.3 Anordnung von N baugleichen Einzelstrahlern zu einer räumlich dreidimensionalen Gruppe. Jede Einzelantenne hat mit $\underline{I}_0^{(n)}$ einen unabhängigen, eigenen Speisestrom.

Die **Lage** der Einzelstrahler wird durch die Ortsvektoren $\mathbf{r}_n'$ mit $n = 1, 2, 3, \ldots N$ gekennzeichnet und die **Speiseströme** der Einzelantennen werden durch ihre Phasoren $\underline{I}_0^{(n)} = I_0^{(n)} e^{j\delta_n}$ beschrieben. Man bezeichnet die von einem *im Ursprung* (für $\mathbf{r}_n' = 0$) lokalisierten Einzeldipol der Länge $l = 2h$ erzeugte Fernfeldstärke mit

$$\underline{\mathbf{E}}_E = \mathbf{e}_\vartheta \, \underline{E}_E = \mathbf{e}_\vartheta \, j \, Z_0 \, \hat{\underline{I}} \, \frac{e^{-j k_0 r}}{2\pi r} \, \frac{\cos\left(k_0 h \cos\vartheta\right) - \cos\left(k_0 h\right)}{\sin\vartheta} . \qquad (17.3)$$

Dabei ist für Dipollängen $l \neq m \cdot \lambda_0$ der Speisestrom $\underline{I}_0$ mit dem Strommaximum $\hat{\underline{I}}$ auf der Antenne in eindeutiger Weise verknüpft:

$$\underline{I}_0 = \hat{\underline{I}} \sin\left(k_0 h\right) . \qquad (17.4)$$

Deshalb kann man unter Einführung des Dipolfaktors $\underline{F}_E(\vartheta)$ eines einzelnen Strahlers auch schreiben:

$$\underline{E}_E = j \, Z_0 \, \underline{I}_0 \, \frac{e^{-j k_0 r}}{2\pi r} \, \frac{\cos\left(k_0 h \cos\vartheta\right) - \cos\left(k_0 h\right)}{\sin\left(k_0 h\right) \sin\vartheta} = \underline{I}_0 \, \underline{F}_E(\vartheta) . \qquad (17.5)$$

Bei einer Verschiebung um $\mathbf{r}_n'$ aus dem Koordinatenursprung heraus tritt im Fernfeld der Fraunhofersche Phasenfaktor $e^{j k_0 \mathbf{e}_r \cdot \mathbf{r}_n'}$ hinzu. Bei nur einem einzigen Strahler ist diese Verschiebung für $r_n' \ll r$ bedeutungslos; betrachten wir aber die Überlagerung mehrerer Strahlerelemente nach

$$\underline{E}_\vartheta = \sum_{n=1}^{N} \left[\underline{I}_0^{(n)} \, \underline{F}_E(\vartheta) \, e^{j k_0 \mathbf{e}_r \cdot \mathbf{r}_n'} \right] = \underline{F}_E(\vartheta) \sum_{n=1}^{N} \left[\underline{I}_0^{(n)} \, e^{j k_0 \mathbf{e}_r \cdot \mathbf{r}_n'} \right], \qquad (17.6)$$

so können wir die Gesamtfeldstärke im Fernfeld als Produkt

$$\underline{E}_\vartheta = \underline{F}_{\text{E}}\,\underline{F}_{\text{Gr}}$$ (17.7)

schreiben. Mit dem Skalarprodukt

$$\mathbf{e}_r \cdot \mathbf{r}_n' = \left(\mathbf{e}_x \sin\vartheta \cos\varphi + \mathbf{e}_y \sin\vartheta \sin\varphi + \mathbf{e}_z \cos\vartheta\right)\cdot\left(x_n'\,\mathbf{e}_x + y_n'\,\mathbf{e}_y + z_n'\,\mathbf{e}_z\right) =$$
$$= x_n' \sin\vartheta \cos\varphi + y_n' \sin\vartheta \sin\varphi + z_n' \cos\vartheta$$ (17.8)

erhalten wir für den **Gruppenfaktor:**

$$\underline{F}_{\text{Gr}}(\vartheta,\varphi) = \sum_{n=1}^{N}\left[\,I_0^{(n)}\,e^{j\,\delta_n}\,e^{\,j\,k_0\left(x_n'\sin\vartheta\cos\varphi + y_n'\sin\vartheta\sin\varphi + z_n'\cos\vartheta\right)}\right],$$ (17.9)

der für beliebige räumliche Anordnung der Elemente gültig ist (z. B. Linie, Kreis, dreidimensional). Wir erkennen, dass die räumliche Anordnung der Gruppe und die Speiseströme die Winkelverteilung der Abstrahlung beeinflussen. Mit (17.7) haben wir das **multiplikative Gesetz** bewiesen. Zu seiner Herleitung gingen wir vom linearen *Superpositionsprinzip* bei N Elementarstrahlern aus (additives Gesetz).

Voraussetzung:

Die ungestörte Überlagerung und Interferenz der Strahlungsfelder der Teilantennen ist nur eine Näherung für die tatsächlichen Vorgänge innerhalb einer Gruppenantenne. Bislang haben wir nämlich die **Strahlungskopplung** zwischen den Teilantennen vernachlässigt; sie kann aber durch numerische Rechenverfahren durchaus noch ermittelt werden. Eventuell wäre auch eine experimentelle Nachoptimierung der Antennengruppe in Erwägung zu ziehen. Nur durch Berücksichtigung der Kopplung können z. B. so wichtige Effekte wie „*blinde Winkel*" und „*Energiewirbel*" bei phasengesteuerten Gruppenantennen gefunden werden [Frü75]. Für achsenparallele Dipolstrahler können die Koppelkoeffizienten in geschlossener Form angegeben werden [Zuh53]. Wir werden darauf in Abschnitt 18.7 noch näher eingehen.

17.2 Lineare Gruppen

17.2.1 Gruppencharakteristik

Die beiden wichtigsten Formen linearer Gruppenstrahler sind die **Dipolzeile** (Bild 17.4), bei der die Dipole *senkrecht* zur Standlinie (hier y-Achse) angeordnet sind,

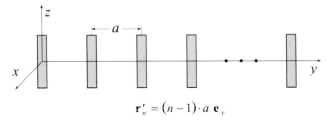

$$\mathbf{r}_n' = (n-1)\cdot a\,\mathbf{e}_y$$

Bild 17.4 Horizontale Dipolzeile aus baugleichen, äquidistanten Einzelstrahlern

und die **Dipollinie** (Bild 17.5), bei der die Dipolachsen *innerhalb* der Standlinie liegen (hier z-Achse).

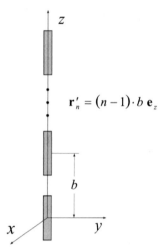

Bild 17.5   Vertikale Dipollinie aus baugleichen, äquidistanten Einzelstrahlern

Der **Gruppenfaktor** einer Dipolzeile bzw. einer Dipollinie lässt sich in *geschlossener* Form angeben, wenn gilt:

- Die Amplituden der Speiseströme sind in sämtlichen Strahlern gleich groß, d. h. $I_0^{(n)} = I_0$.

- Benachbarte Strahler haben den gleichen Abstand.

- Die Speiseströme benachbarter Strahler haben die gleiche Phasendifferenz δ gegeneinander, sodass sich die Phase von Strahler zu Strahler gleichmäßig ändert.

Sämtliche Bedingungen werden von den meisten praktisch benutzten Dipolgruppen erfüllt. Bei *äquidistanten* Dipolabständen a bzw. b zeigt Tabelle 17.1 für die Dipolzeile und die Dipollinie (dargestellt in den Bildern 17.4 und 17.5) die Ortsvektoren und Phasen der Dipolelemente.

Tabelle 17.1 Ortsvektoren und Phasen der Einzelstrahler

y - Dipolzeile	z - Dipollinie
$\mathbf{r}'_n = (n-1)\, a\, \mathbf{e}_y = y'_n\, \mathbf{e}_y$	$\mathbf{r}'_n = (n-1)\, b\, \mathbf{e}_z = z'_n\, \mathbf{e}_z$
$\delta_n = \delta_1 + (n-1)\,\delta$	

Damit vereinfacht sich in beiden Sonderfällen der allgemeine Ausdruck (17.9) für den Gruppenfaktor:

$$\underline{F}_{\mathrm{Gr}}^{\mathrm{Zeile}}(\vartheta, \varphi) = I_0\, e^{\,j\,\delta_1} \sum_{n=1}^{N} \left[e^{\,j\,(n-1)\,\delta}\, e^{\,j\,k_0\,a\,(n-1)\,\sin\vartheta\,\sin\varphi} \right] \qquad (17.10)$$

$$\underline{F}_{\mathrm{Gr}}^{\mathrm{Linie}}(\vartheta, \varphi) = I_0\, e^{\,j\,\delta_1} \sum_{n=1}^{N} \left[e^{\,j\,(n-1)\,\delta}\, e^{\,j\,k_0\,b\,(n-1)\,\cos\vartheta} \right]. \qquad (17.11)$$

Führt man die Abkürzung

$$u = \begin{cases} \delta + k_0\, a\, \sin\vartheta\, \sin\varphi & \text{für die y-}\textbf{Dipolzeile} \\ \delta + k_0\, b\, \cos\vartheta & \text{für die z-}\textbf{Dipollinie} \end{cases} \qquad (17.12)$$

ein, dann kann man mit $\underline{I}_0 = I_0\, e^{j\,\delta_1}$ für Zeile und Linie gleichermaßen schreiben:

$$\underline{F}_{\mathrm{Gr}}(\vartheta, \varphi) = \underline{I}_0 \sum_{n=1}^{N} e^{j(n-1)u} = \underline{I}_0 \sum_{n=0}^{N-1} e^{j\,n\,u} \,. \tag{17.13}$$

Die Summe (17.13) stellt eine _geometrische Reihe_ dar und hat die geschlossene Darstellung

$$\sum_{n=0}^{N-1} e^{j\,n\,u} = \sum_{n=0}^{N-1} \left(e^{j\,u}\right)^n = \frac{1 - \left(e^{j\,u}\right)^N}{1 - e^{j\,u}} \,. \tag{17.14}$$

Damit können wir für den Gruppenfaktor (17.13) auch schreiben:

$$\underline{F}_{\mathrm{Gr}}(\vartheta, \varphi) = \underline{I}_0 \frac{e^{j\,N\,u} - 1}{e^{j\,u} - 1} = \underline{I}_0 \frac{e^{j\,N\,u/2}}{e^{j\,u/2}} \frac{e^{j\,N\,u/2} - e^{-j\,N\,u/2}}{e^{j\,u/2} - e^{-j\,u/2}} \tag{17.15}$$

bzw.

$$\underline{F}_{\mathrm{Gr}}(\vartheta, \varphi) = \underline{I}_0\, e^{j(N-1)u/2} \frac{\sin(N\,u/2)}{\sin(u/2)} \,. \tag{17.16}$$

Der auf sein Maximum normierte Ausdruck

$$0 \leq C_{\mathrm{Gr}}(\vartheta, \varphi) = \left| \frac{\sin(N\,u/2)}{N \sin(u/2)} \right| = \frac{1}{N} \left| \sum_{n=0}^{N-1} e^{j\,n\,u} \right| \leq 1 \tag{17.17}$$

wird als **Gruppencharakteristik** der Strahlergruppe bezeichnet und entspricht der Strahlungscharakteristik einer Gruppe, die aus einzelnen Kugelstrahlern besteht. Die Gruppencharakteristik ist von der Art des Einzelstrahlers unabhängig. Die **Gesamtcharakteristik** $C_{\mathrm{ges}}(\vartheta, \varphi)$ ist dagegen das Produkt aus Charakteristik des Einzelstrahlers und Gruppencharakteristik:

$$C_{\mathrm{ges}}(\vartheta, \varphi) = C_{\mathrm{E}}(\vartheta, \varphi)\, C_{\mathrm{Gr}}(\vartheta, \varphi) \,. \tag{17.18}$$

Ist das Einzelelement ein Dipolstrahler, so gilt mit der Abkürzung u nach (17.12):

$$C_{\mathrm{ges}}(\vartheta, \varphi) \triangleq \frac{\left| \cos(k_0\, h \cos\vartheta) - \cos(k_0\, h) \right|}{\sin\vartheta} \left| \frac{\sin(N\,u/2)}{N \sin(u/2)} \right| \,. \tag{17.19}$$

Normalerweise haben die Einzelelemente innerhalb einer Strahlergruppe keine hohe Richtwirkung. Die Richtwirkung der gesamten Gruppe wird daher überwiegend durch die Gruppencharakteristik $C_{\mathrm{Gr}}(\vartheta, \varphi)$ bestimmt, weswegen wir uns im Weiteren nur noch mit ihr beschäftigen wollen. In Bild 17.6 ist die Gruppencharakteristik

$$C_{\mathrm{Gr}} = \left| \frac{\sin(N\,u/2)}{N \sin(u/2)} \right| \tag{17.20}$$

für _ungerade_ $N = 1, 3, 5, 7$ und für _gerade_ $N = 2, 4, 6$ als Funktion von u dargestellt. Wegen der 2π-Periodizität der betrachteten Funktion genügt eine Darstellung im Bereich $0 \leq u \leq 2\pi$.

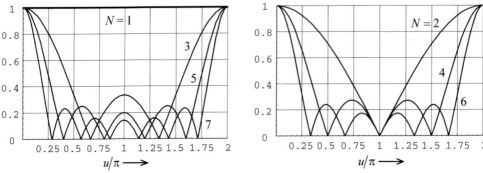

Bild 17.6 Gruppencharakteristik (17.20) einer äquidistanten Antennengruppe mit uniformer Amplitude und linearem Phasengang der Speiseströme für verschiedene Anzahl N der Teilstrahler

Die Kurven haben ihren **Maximalwert** 1 bei $u = 0$ und $u = \pm 2\,\pi\,m$. Dazwischen enthalten sie $N-2$ allmählich kleiner werdende **Nebenmaxima**. Der Wert des ersten Nebenmaximums – also die erste Nebenkeule – liegt relativ unabhängig von der Strahleranzahl etwa bei 0,22 (d. h. ca. 13 dB unter dem Hauptmaximum). In Bild 17.7 ist die Gruppencharakteristik

$$C_{\mathrm{Gr}}(\vartheta, \varphi) = \left| \frac{\sin\left(N\,u/2\right)}{N \sin\left(u/2\right)} \right| \tag{17.21}$$

für $N = 7$ Einzelelemente in einem größeren Bereich $-3\,\pi \le u \le 3\,\pi$ dargestellt; die $2\,\pi$-Periodizität ist gut zu erkennen. Mit der Abkürzung

$$u = \begin{cases} \delta + k_0\,a \sin\vartheta \sin\varphi & \text{für die y-\textbf{Dipolzeile}} \\ \delta + k_0\,b \cos\vartheta & \text{für die z-\textbf{Dipollinie}} \end{cases} \tag{17.22}$$

beschränkt sich der mögliche Wertebereich der Abszisse auf:

$$\delta - k_0\,a \le u \le \delta + k_0\,a \quad \text{für die y-\textbf{Dipolzeile}}$$
$$\delta - k_0\,b \le u \le \delta + k_0\,b \quad \text{für die z-\textbf{Dipollinie}} \tag{17.23}$$

Der **„sichtbare Bereich"** der Gruppencharakteristik ist in Bild 17.7 hervorgehoben.

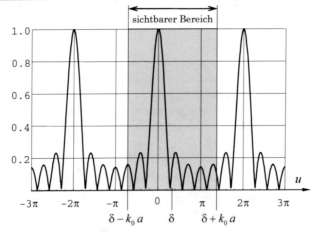

Bild 17.7 Gruppencharakteristik (17.21) für $N = 7$ Teilstrahler. Zur physikalisch sichtbaren Abstrahlung trägt wegen des Phasengangs und des Elementabstandes nur der grau unterlegte Bereich bei.

Im Falle $k_0\, a \geq \pi$ können im sichtbaren Bereich – abhängig von der Phasendifferenz δ – zwei oder mehr *gleich große* Hauptkeulenmaxima liegen. In der Praxis ist das Auftreten weiterer Hauptkeulen meist unerwünscht; der Elementabstand a innerhalb der Gruppe darf daher nicht zu groß werden. Mit den einschränkenden Bedingungen aus Tabelle 17.2 für den Elementabstand a innerhalb der Gruppe lassen sich diese parasitären Hauptkeulen, die in der Literatur als **„grating lobes"** bezeichnet werden, vermeiden.

Tabelle 17.2 Elementabstand a in Abhängigkeit vom Phasengang δ, ab dem sich mindestens eine weitere, sogenannte parasitäre Hauptkeule voll ausgebildet hat

Phasendifferenz zweier benachbarter Strahlerelemente	Elementabstand für eine voll entwickelte zweite Hauptkeule
$\delta = 0$	$k_0\, a = 2\,\pi \Leftrightarrow a = \lambda_0$
$\delta = \pi$	$k_0\, a = \pi \Leftrightarrow a = \lambda_0/2$
$\delta = 2\,\pi$	$k_0\, a = 2\,\pi \Leftrightarrow a = \lambda_0$

Für $\delta = 0$ und $\delta = 2\,\pi$ werden alle Teilstrahler gleichphasig erregt und es stellt sich – unabhängig vom Abstand a – konstruktive Interferenz senkrecht zur Gruppenachse ein. Zusätzlich zu dieser einen Hauptkeule wandern für $a \geq \lambda_0$ weitere Hauptkeulen in den sichtbaren Bereich der Gruppencharakteristik ein. Für $\delta = \pi$ liegt ein alternierender Phasengang vor, der bei $a = \lambda_0/2$ zu Längsstrahlung in Vorwärts- und Rückwärtsrichtung der Gruppenachse führt, womit bereits eine zweifache Hauptstrahlungsrichtung gegeben ist.

Offensichtlich kann in Abhängigkeit vom Phasengang δ die Richtung der Hauptstrahlung beeinflusst werden. Auf diesem Prinzip basieren phasengesteuerte Gruppenantennen, bei denen sich nach (18.2) die Hauptkeule aus der Querlage um folgenden Winkel schwenken lässt:

$$\boxed{\;\varphi_S = \arcsin \frac{\delta}{k_0\, a}\;} . \tag{17.24}$$

Will man eine um φ_S gekippte Hauptkeule erzeugen, kann man eine allgemeine Bedingung für den höchstens zulässigen Elementabstand aufstellen [Peh12]:

$$\boxed{\;\frac{a}{\lambda_0} \leq \frac{1}{1 + |\sin \varphi_S|}\;} . \tag{17.25}$$

Man beachte, dass beim Gleichheitszeichen die zweite Hauptkeule bereits voll ausgebildet ist. Entweder man unterdrückt sie durch die Charakteristik des Einzelelements oder man bleibt vom Grenzwert in (17.25) etwas entfernt. So wird durch folgende Bedingung erreicht, dass die letzte Nullstelle vor dem grating lobe genau auf den Rand des sichtbaren Bereichs zu liegen kommt:

$$\boxed{\;\frac{a}{\lambda_0} = \left(1 - \frac{1}{N}\right) \frac{1}{1 + |\sin \varphi_S|}\;} . \tag{17.26}$$

Die Bedingung (17.26) verschiebt den grating lobe aus dem sichtbaren Bereich der Gruppencharakteristik hinaus – dadurch verbessert sich auch der Gewinn der Gruppenantenne.

17.2.2 Querstrahler

Werden alle Einzelstrahler einer linearen Gruppe *gleichphasig* erregt $(\delta = 0)$, dann sind in der Mittelsenkrechten zur Gruppenachse ihre sämtlichen Feldanteile in Phase. Ist dazu noch der Elementabstand $a < \lambda_0$, dann wird der Hauptanteil der Energie *senkrecht* zur Gruppenachse in einen scheibenförmigen Sektor ausgestrahlt und weitere Hauptkeulen können nicht auftreten. Man spricht daher bei einer solchen Anordnung von einem **Querstrahler.** Seine Gruppencharakteristik ist rotationssymmetrisch zur Gruppenachse. Eine gute Querabstrahlung bei kleinen Nebenkeulen und einfacher Speisung erhält man, wenn der Dipolabstand etwa $a = \lambda_0/2$ beträgt, wie wir anhand von Übung 17.1 zeigen werden.

Übung 17.1: Gruppencharakteristik einer querstrahlenden Dipolzeile

● Bestimmen Sie die Gruppencharakteristik C_{Gr} einer Gruppe aus *zwei* Einzelstrahlern, die entlang einer horizontalen Zeile *gleichphasig* gespeist werden.

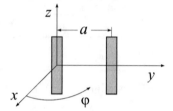

Bild 17.8 Antennengruppe aus zwei baugleichen Einzelstrahlern entlang der y-Achse (Querstrahler)

● **Lösung:**

Für zwei Strahlerelemente erhält man mit $N = 2$ aus der allgemeinen Darstellung der **Gruppencharakteristik** einer linearen Gruppe:

$$C_{\mathrm{Gr}}(\vartheta, \varphi) = \left| \frac{\sin(N\,u/2)}{N \sin(u/2)} \right| = \left| \frac{\sin(u)}{2 \sin(u/2)} \right|. \tag{17.27}$$

Mit Hilfe des Theorems $\sin(2\,x) = 2 \sin x \cos x$ folgt vereinfachend:

$$C_{\mathrm{Gr}}(\vartheta, \varphi) = \left| \frac{2 \sin(u/2) \cos(u/2)}{2 \sin(u/2)} \right| = \left| \cos \frac{u}{2} \right|. \tag{17.28}$$

Für eine äquidistante Dipolzeile entlang der y-Achse gilt bekanntermaßen:

$$u = \delta + k_0\, a \sin \vartheta \sin \varphi, \tag{17.29}$$

wobei für *gleichphasige* Anregung $\delta = 0$ gesetzt werden muss. Daraus folgt:

$$C_{\mathrm{Gr}}(\vartheta, \varphi) = \left| \cos \left(\frac{k_0\, a}{2} \sin \vartheta \sin \varphi \right) \right|. \tag{17.30}$$

Das **horizontale Richtdiagramm** erhält man für $\vartheta = \pi/2$, d. h. es wird:

$$\boxed{C_{\mathrm{Gr}}^{\mathrm{H}}(\varphi) = \left| \cos \left(\frac{\pi\, a}{\lambda_0} \sin \varphi \right) \right|.} \quad \square \tag{17.31}$$

Tabelle 17.3 Horizontaldiagramme (17.31) einer gleichphasigen Dipolzeile mit $N = 2$ bei Variation
des Elementabstands

$a = \lambda_0/4$	$a = \lambda_0/2$	$a = 3\lambda_0/4$	$a = \lambda_0$	$a = 2\lambda_0$

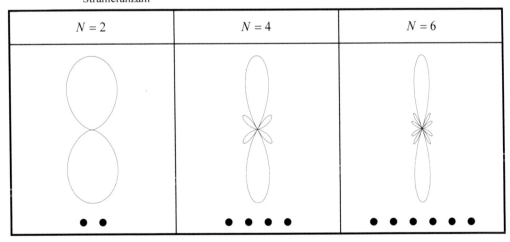

Das Horizontaldiagramm $C_{\mathrm{Gr}}^{\mathrm{H}}(\varphi)$ obiger Übungsaufgabe wird in Tabelle 17.3 für verschiedene Elementabstände a grafisch dargestellt. Für $a = \lambda_0/2$ erhält man die gewünschte Charakteristik eines Querstrahlers, deren Bündelung man durch Vergrößern der Elementanzahl bei Bedarf erhöhen kann. In Tabelle 17.4 sind die Horizontaldiagramme einer gleichphasigen Dipolzeile mit $N = 2$, $N = 4$ und $N = 6$ nebeneinander dargestellt. Es wurde in allen drei Fällen ein Strahlerabstand von $a = \lambda_0/2$ vorausgesetzt.

Tabelle 17.4 Horizontaldiagramme einer gleichphasigen Dipolzeile mit $a = \lambda_0/2$ bei Variation der
Strahleranzahl

$N = 2$	$N = 4$	$N = 6$

Die Breite der Hauptkeule nimmt mit wachsender Zahl der Strahler ab. Die erste Diagrammnullstelle im Horizontalschnitt liegt mit $\sin(N u/2) = 0$ allgemein bei $N u/2 = \pi$. Mit $u = k_0\, a \sin \varphi$ erhält man daraus eine Gleichung für den **Nullwertswinkel** φ_0:

$$\sin \varphi_0 = \frac{\lambda_0}{N\, a}. \tag{17.32}$$

Die Hauptkeule hat dann eine **Nullwertsbreite** von:

$$\boxed{\Delta \varphi_0 = 2\,\varphi_0 = 2 \arcsin\left(\frac{\lambda_0}{N\, a}\right)}. \tag{17.33}$$

Für $\lambda_0/(N\,a)\ll 1$, d. h. bei einer Zeilenlänge $L=(N-1)\,a$, die *groß* gegen die Wellenlänge ist, gilt für die Nullwertsbreite mit guter Näherung:

$$\Delta\varphi_0 \approx \frac{2\lambda_0}{N\,a}.$$ (17.34)

Gilt zudem $N\gg 1$, so kann man (17.34) noch weiter vereinfachen:

$$\boxed{\Delta\varphi_0 \approx \frac{N-1}{N}\frac{2\lambda_0}{(N-1)\,a}=\frac{N-1}{N}\,2\,\frac{\lambda_0}{L}\approx 2\cdot\frac{\text{Wellenlänge}}{\text{Zeilenlänge}}}.$$ (17.35)

Im *Gradmaß* ergibt sich die Näherung (vgl. (21.31) bei einer homogen belegten Apertur):

$$\Delta\varphi_0 \approx 2\frac{\lambda_0}{L}\,\hat{=}\,114{,}6°\cdot\frac{\lambda_0}{L}.$$ (17.36)

Für die **Halbwertsbreite** $\Delta\varphi$ fordert man bei $N\gg 1$:

$$\frac{\sin(N\,u/2)}{N\sin(u/2)}\approx\frac{\sin(N\,u/2)}{N\,u/2}=\frac{1}{\sqrt{2}}.$$ (17.37)

Mit $\mathrm{si}\,(1{,}391557)=1/\sqrt{2}$ gilt bei $u=k_0\,a\sin\varphi$ näherungsweise der Zusammenhang:

$$\boxed{\Delta\varphi = 2\arcsin\left(\frac{\lambda_0}{N\,a}\frac{1{,}392}{\pi}\right)\approx 0{,}8859\,\frac{\lambda_0}{N\,a}\approx 0{,}8859\,\frac{\lambda_0}{L}\,\hat{=}\,50{,}76°\cdot\frac{\lambda_0}{L}}.$$ (17.38)

17.2.3 Längsstrahler

Macht man die Phasendifferenz zweier benachbarter Strahlerelemente gleich

$$\delta = k_0\,a = 2\,\pi\,\frac{a}{\lambda_0},$$ (17.39)

dann kann man in Richtung der *negativen* Gruppenachse gerade den Gangunterschied zum Nachbarelement kompensieren; dort tritt nämlich konstruktive Interferenz auf. Man nennt eine solche Anordnung **Längsstrahler,** da ihre Hauptstrahlungsrichtung – wie in Bild 17.9 angedeutet – mit der Gruppenachse zusammenfällt.

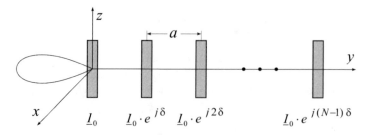

Bild 17.9   Lineare Antennengruppe aus N baugleichen Einzelstrahlern entlang der y-Achse mit linearem Phasengang

Den einfachsten Fall einer Gruppe aus *zwei* vertikal orientierten Dipolen, die in gegenseitigem Abstand von a entlang der y-Achse angeordnet sind, wollen wir in Übung 17.2 behandeln.

Übung 17.2: Gruppencharakteristik einer längsstrahlenden Dipolzeile

- Bestimmen Sie die Gruppencharakteristik C_{Gr} einer Gruppe aus *zwei* Einzelstrahlern, die entlang einer horizontalen Zeile mit *Phasendifferenz* $\delta = k_0\, a$ gespeist werden.

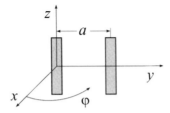

Bild 17.10 Antennengruppe aus zwei gleichen Einzelstrahlern entlang der y-Achse (Längsstrahler)

- **Lösung:**

  Für zwei Strahlerelemente erhält man mit $N = 2$ aus der allgemeinen Darstellung der **Gruppencharakteristik** einer linearen Gruppe (analog zu Übung 17.1):

$$C_{Gr}(\vartheta, \varphi) = \left| \frac{\sin(N\, u/2)}{N \sin(u/2)} \right| = \left| \frac{\sin(u)}{2 \sin(u/2)} \right| = \left| \cos \frac{u}{2} \right|. \tag{17.40}$$

  Für eine äquidistante Dipolzeile entlang der y-Achse gilt wiederum

$$u = \delta + k_0\, a \sin\vartheta \sin\varphi\,, \tag{17.41}$$

  wobei für die Phasendifferenz jetzt $\delta = k_0\, a$ gesetzt werden soll. Daraus folgt

$$C_{Gr}(\vartheta, \varphi) = \left| \cos\left[\frac{k_0\, a}{2}\left(1 + \sin\vartheta \sin\varphi\right) \right] \right|. \tag{17.42}$$

  Das **horizontale Richtdiagramm** erhält man für $\vartheta = \pi/2$, d. h. es gilt:

$$\boxed{C_{Gr}^{H}(\varphi) = \left| \cos\left[\frac{\pi\, a}{\lambda_0}\left(1 + \sin\varphi\right) \right] \right|.} \quad \square \tag{17.43}$$

Das Horizontaldiagramm $C_{Gr}^{H}(\varphi)$ obiger Übungsaufgabe wird in Tabelle 17.5 für verschiedene Elementabstände a und jeweilige Phasenverschiebungen $\delta = k_0\, a$ grafisch dargestellt.

Tabelle 17.5 Horizontaldiagramme (17.43) einer längsstrahlenden Dipolzeile mit $N = 2$ bei Variation des Elementabstands

$a = \lambda_0/4$ $\delta = \pi/2$	$a = \lambda_0/2$ $\delta = \pi$	$a = 3\lambda_0/4$ $\delta = 3\pi/2$	$a = \lambda_0$ $\delta = 0$

In Richtung der *negativen* y-Achse ist stets ein Strahlungsmaximum anzutreffen. Je nach Phasenlage treten weitere Maxima – auch in Querrichtung – hinzu. Die sich für $a = \lambda_0/4$ einstellende Charakteristik bestrahlt überwiegend den *linken* Halbraum. Die Antennengruppe wirkt als **Reflektorstrahler.** Die näherungsweise Achter-Charakteristik für $a = \lambda_0/2$ wirkt als **Längsstrahler** entlang der Gruppenachse, dessen Bündelung man durch Vergrößern der Elementanzahl noch erhöhen kann. In Tabelle 17.6 sind die Horizontaldiagramme einer längsstrahlenden Dipolzeile mit $a = \lambda_0/2$ für $N = 2$, $N = 4$ und $N = 6$ nebeneinander dargestellt.

Tabelle 17.6 Horizontalschnitte einer längsstrahlenden Dipolzeile mit $a = \lambda_0/2$ und $\delta = \pi$ bei Variation der Strahleranzahl

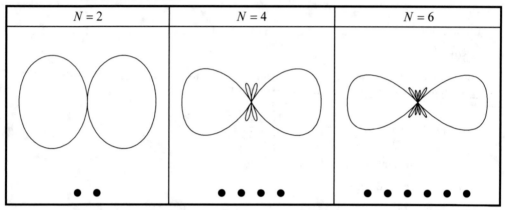

$N = 2$	$N = 4$	$N = 6$

Die Breite der Hauptkeule nimmt auch beim Längsstrahler mit wachsender Anzahl der Elemente ab. Sie ist nicht so schmal wie beim vergleichbaren Querstrahler mit gleicher Elementanzahl, allerdings erfolgt jetzt eine Bündelung in *zwei* Ebenen. Die **Nullwertsbreite** und die **Halbwertsbreite** einer querstrahlenden Gruppe hatten wir in (17.33) und (17.38) berechnet; die entsprechenden Werte der längsstrahlenden Gruppe entnehmen wir z. B. [LoLe88]:

$$\Delta\varphi_0 = 2\arccos\left(1 - \frac{\lambda_0}{N\,a}\right) \quad \text{und} \quad \Delta\varphi = 2\arccos\left(1 - \frac{\lambda_0}{N\,a}\,\frac{1{,}392}{\pi}\right). \tag{17.44}$$

In folgender Übung 17.3 wollen wir (17.44) noch ein wenig umformen.

Übung 17.3: Keulenbreite einer längsstrahlenden Gruppe

- Zeigen Sie, dass folgende trigonometrische Beziehung gilt:

$$\arccos(1 - x) = 2\arcsin\sqrt{\frac{x}{2}}. \tag{17.45}$$

- **Lösung:**

  Zunächst bilden wir von beiden Seiten der Gleichung den Sinus:

$$\sin\left[\arccos(1 - x)\right] = \sin\left[2\arcsin\sqrt{\frac{x}{2}}\right]. \tag{17.46}$$

Unter Ausnutzung der Theoreme

$$\sin y = \sqrt{1 - \cos^2 y} \quad \text{und} \quad \sin(2z) = 2\sin z \cos z \tag{17.47}$$

erhalten wir dann aus (17.46)

$$\sqrt{1-\cos^2\left[\arccos(1-x)\right]} = 2\sin\left[\arcsin\sqrt{\frac{x}{2}}\right]\cos\left[\arcsin\sqrt{\frac{x}{2}}\right] \qquad (17.48)$$

bzw.

$$\sqrt{1-(1-x)^2} = 2\sqrt{\frac{x}{2}}\sqrt{1-\sin^2\left[\arcsin\sqrt{\frac{x}{2}}\right]}. \qquad (17.49)$$

Damit gilt:

$$\sqrt{1-(1-2x+x^2)} = 2\sqrt{\frac{x}{2}}\sqrt{1-\frac{x}{2}}. \qquad (17.50)$$

Beide Seiten sind offensichtlich identisch, womit die Behauptung (17.45) bewiesen ist:

$$\sqrt{2x-x^2} = \sqrt{2x}\sqrt{1-\frac{x}{2}}. \quad \square \qquad (17.51)$$

Alternativ zu (17.44) können wir für die **Nullwertsbreite** und die **Halbwertsbreite** einer längsstrahlenden Gruppe aus isotropen Teilstrahlern daher schreiben (siehe auch Tabelle 17.7):

$$\boxed{\Delta\varphi_0 = 4\arcsin\sqrt{\frac{\lambda_0}{2Na}}} \quad \text{und} \quad \boxed{\Delta\varphi = 4\arcsin\sqrt{\frac{\lambda_0}{2Na}\frac{1{,}392}{\pi}}}. \qquad (17.52)$$

17.2.4 Speisung längsstrahlender Gruppen

Längsstrahler können aufgrund der Phasenbedingung $\delta = k_0 a$ auf sehr einfache Weise aufgebaut werden. Durch Speisung eines im gegenseitigen Abstand $a = \lambda_0/4$ befindlichen Strahlerpaares mit einer durchgehenden Leitung (Bild 17.11) erzeugt man eine um $\delta = \pi/2$ phasenverschobene Anregung und erhält somit eine Charakteristik, die einer Kardioide ähnelt.

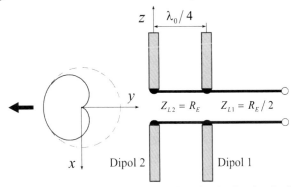

Bild 17.11 Anregung einer längsstrahlenden Gruppe mit einer durchgehenden Speiseleitung

Die Leitung 2 wirkt als Dualwandler der Länge $a = \lambda/4 + n\lambda$ mit $n = 0, 1, 2, 3, \ldots$ und $\lambda = \lambda_0/\sqrt{\varepsilon_r}$. Bild 17.12 zeigt die Ersatzschaltung.

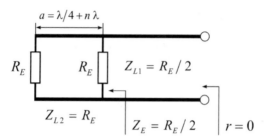

Bild 17.12 Ersatzschaltung der längsstrahlenden Gruppe aus Bild 17.11. Durch den sich ändernden Leitungswellenwiderstand der Speiseleitung wird eine reflexionsfreie Anpassung ermöglicht.

Der Eingangswiderstand am Speisepunkt des Dipols 1 beträgt

$$Z_E = \frac{1}{\dfrac{1}{R_E} + \dfrac{1}{Z_{L2}^2/R_E}} = \frac{R_E}{2}.$$ \hfill (17.53)

Dadurch ist mit $Z_{L1} = R_E/2 = Z_E$ eine angepasste Speisung gewährleistet. Durch die Bemessung der Leitungslänge als $a = \lambda/4 + n\,\lambda$ wird der Dipol 2 automatisch um 90° in der Phase *nacheilend* angeregt. Statt beide Dipole *direkt* anzuregen, kann man die Einspeisung auf den Dipol 1 beschränken. Durch **Strahlungskopplung** wird im Dipol 2 (in der Mitte kurzgeschlossen) eine sinusförmige Stromverteilung angeregt, deren Stärke und Phase vom Abstand und der Länge des zweiten Dipols abhängen. So wirkt ein kurzgeschlossener, etwas *verlängerter* Halbwellendipol, der im Abstand von etwa $\lambda_0/4$ *hinter* einem gespeisten Halbwellendipol montiert wird, wie ein **Reflektor.** Er wirft die vom primären Dipol angeregte Welle zurück, sodass nach der anderen Seite gestrahlt wird. Die Anordnung ist in Bild 17.13 dargestellt.

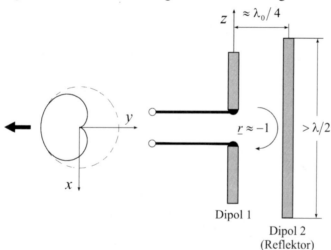

Bild 17.13 Aktiv gespeister Dipol 1, der durch Strahlungskopplung einen zweiten zum Mitschwingen anregt. Bei einem Reflexionsfaktor von −1 und einem Gangunterschied von $2 \cdot \lambda_0/4$ ergibt sich konstruktive Interferenz in Richtung der negativen y-Achse.

Eine ähnliche Wirkung erzielt man mit einem **Strahlungsdirektor.** Bei diesem handelt es sich um einen kurzgeschlossenen, etwas *verkürzten* Halbwellendipol, der sich etwa im Abstand

$\lambda_0/4$ _vor_ dem gespeisten Halbwellendipol befindet (Bild 17.14). Die Kombination beider Varianten aus Bild 17.13 und Bild 17.14 führt zu einer **Yagi-Uda-Antenne** (Abschnitt 17.4).

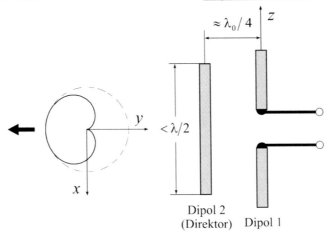

Bild 17.14 Aktiv gespeister Dipol 1, der durch Strahlungskopplung einen zweiten Dipol zum Mitschwingen anregt. Die Geometrie der Anordnung bewirkt, dass Dipol 2 die Strahlung in Richtung der negativen y-Achse zieht (dirigiert).

17.2.5 Richtfaktor linearer Gruppen

Die Gruppencharakteristik einer äquidistanten, linearen Gruppe aus N identischen Teilstrahlern mit uniformer Amplitude und linearem Phasengang ist nach (17.17):

$$C_{Gr} = \left| \frac{\sin(N\,u/2)}{N\,\sin(u/2)} \right| = \frac{1}{N} \left| \sum_{n=0}^{N-1} e^{j\,n\,u} \right| . \tag{17.54}$$

Werden als Einzelelemente isotrope Strahler verwendet, dann folgt $C = C_{Gr}$ und wir können aus $D = 4\,\pi/\Omega$ mit dem äquivalenten Raumwinkel – siehe (10.31) –

$$\Omega = \int_{\varphi=0}^{2\pi} \int_{\vartheta=0}^{\pi} C^2(\vartheta,\varphi)\sin\vartheta\,d\vartheta\,d\varphi \tag{17.55}$$

den Richtfaktor D der Strahlergruppe in ihrer Hauptstrahlungsrichtung errechnen. Somit folgt:

$$\Omega = \int_{\varphi=0}^{2\pi} \int_{\vartheta=0}^{\pi} \frac{1}{N^2} \left| \sum_{n=0}^{N-1} e^{j\,n\,u} \right|^2 \sin\vartheta\,d\vartheta\,d\varphi . \tag{17.56}$$

Da unsere Gruppe aus isotropen Strahlern bestehen soll, strahlen y-Zeile und z-Linie prinzipiell gleich. Wegen der einfacheren Integration entscheiden wir uns mit $u = \delta + k_0\,b\,\cos\vartheta$ für die vom Winkel φ unabhängige z-Linie und erhalten mit $du/d\vartheta = -k_0\,b\,\sin\vartheta$:

$$\Omega = \frac{-2\pi}{k_0\,b\,N^2} \int_{u=\delta+k_0 b}^{\delta-k_0 b} \left\{ \sum_{n=0}^{N-1} e^{j\,n\,u} \right\} \left\{ \sum_{m=0}^{N-1} e^{-j\,m\,u} \right\} du . \tag{17.57}$$

Die Reihen müssen gliedweise multipliziert werden. Da das Ergebnis Ω offensichtlich *reell* ist, müssen sich alle imaginären Beiträge wegheben und wegen $e^{jx} = \cos x + j \sin x$ wird

$$\Omega = \frac{2\pi}{k_0\,b\,N^2} \int\limits_{u=\delta-k_0\,b}^{\delta+k_0\,b} \left\{ \sum_{n=0}^{N-1} \sum_{m=0}^{N-1} \cos\big[(n-m)\,u\big] \right\} du \, , \tag{17.58}$$

was sehr einfach integriert werden kann:

$$\Omega = \frac{2\pi}{N^2} \sum_{n=0}^{N-1} \sum_{m=0}^{N-1} \frac{\sin\big[(n-m)\,(\delta+k_0\,b)\big] - \sin\big[(n-m)\,(\delta-k_0\,b)\big]}{(n-m)\,k_0\,b} \, . \tag{17.59}$$

Mit dem Additionstheorem $\sin(\alpha+\beta) - \sin(\alpha-\beta) = 2\cos\alpha\sin\beta$ findet man:

$$\Omega = \frac{4\pi}{N^2} \sum_{n=0}^{N-1} \sum_{m=0}^{N-1} \frac{\cos\big[(n-m)\,\delta\big]\sin\big[(n-m)\,k_0\,b)\big]}{(n-m)\,k_0\,b} \, . \tag{17.60}$$

Sämtliche Summenbeiträge mit <u>gleicher</u> Differenz $(n-m)$ sind identisch. Die Differenz null tritt gerade N - mal auf – hier werden alle Summanden gleich eins. Alle anderen positiven bzw. negativen Differenzen $n-m = \pm p$ mit $p = 1, 2, \ldots, N-1$ kommen je $(N-p)$ - mal vor und können paarweise zusammengefasst werden:

$$\Omega = \frac{4\pi}{N^2} \left[N \cdot 1 + 2 \sum_{p=1}^{N-1} (N-p)\cos(p\,\delta)\frac{\sin(p\,k_0\,b)}{p\,k_0\,b} \right] . \tag{17.61}$$

Damit folgt schließlich der gesuchte Richtfaktor einer linearen Gruppe aus im Abstand b äquidistant angeordneten N isotropen Strahlern mit konstantem Phaseninkrement δ:

$$\boxed{D = \frac{N}{1 + \dfrac{2}{N} \displaystyle\sum_{p=1}^{N-1} (N-p)\cos(p\,\delta)\dfrac{\sin(p\,k_0\,b)}{p\,k_0\,b}}} \, . \tag{17.62}$$

Für $k_0\,b = \pi$ – also für Elementabstände von $\lambda_0/2$ – vereinfacht sich das Ergebnis erheblich und es wird $D = N$. Für die beiden wichtigen Sonderfälle einer querstrahlenden Gruppe ($\delta = 0$) und einer längsstrahlenden Gruppe ($\delta = k_0\,b$) gilt:

$$D(\delta = 0) = \frac{N}{1 + \dfrac{2}{N} \displaystyle\sum_{p=1}^{N-1} (N-p)\dfrac{\sin(p\,k_0\,b)}{p\,k_0\,b}} \, . \tag{17.63}$$

$$D(\delta = k_0\,b) = \frac{N}{1 + \dfrac{2}{N} \displaystyle\sum_{p=1}^{N-1} (N-p)\dfrac{\sin(2\,p\,k_0\,b)}{2\,p\,k_0\,b}} \, . \tag{17.64}$$

Für identische Strahlerzahl N erreicht also der Längsstrahler denselben Richtfaktor wie der Querstrahler bereits bei <u>halbem</u> Elementabstand, d. h. bei halber Gruppenlänge. In Bild 17.15 ist der Richtfaktor D einer querstrahlenden Gruppe nach (17.63) als Funktion des normierten Elementabstands b/λ_0 für verschiedene Strahlerzahlen N dargestellt. Alle Kurven erreichen ihr

Maximum etwa bei $b \approx \lambda_0 (1 - 0{,}5/N)$ und oszillieren um ihren Mittelwert N. Der praktisch lineare Anstieg unterhalb des ersten Maximums kann durch $D \approx 2 N b/\lambda_0$ angenähert werden. Der steile Abfall aller Kurven bei Abständen $b = \lambda_0$ und $2\lambda_0$ wird durch das Einwandern von grating lobes in den sichtbaren Bereich der Charakteristik verursacht.

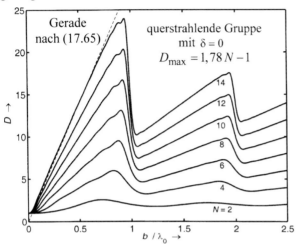

Die kleinen Welligkeiten in unmittelbarer Umgebung der Steilflanken – vor allem bei großen N – sind keine numerischen Ungenauigkeiten, sondern eine Folge des **Gibbsschen Phänomens,** das bei Fourier-Reihen stets in der Umgebung von Steilflanken auftritt [Kar98a]. Die Summe in (17.61) ist – von ihrer Form her – einer Fourier-Reihe über Sinusharmonische sehr ähnlich und unterliegt daher den gleichen Gesetzmäßigkeiten.

Bild 17.15 Richtfaktor D einer gleichphasigen, äquidistanten, linearen Gruppe aus N Kugelstrahlern

Solange noch keine grating lobes auftreten können wir anstelle von (17.63) und (17.64) eine einfache aber recht genaue lineare Näherung angeben:

$$\boxed{D(\delta = 0) \approx 2 N \frac{b}{\lambda_0}} \qquad \text{für} \quad b \leq \lambda_0 \left(1 - \frac{1}{2N}\right) \quad \text{(Querstrahler)} \qquad (17.65)$$

$$\boxed{D(\delta = k_0\, b) \approx 4 N \frac{b}{\lambda_0}} \qquad \text{für} \quad b \leq \frac{\lambda_0}{2}\left(1 - \frac{1}{2N}\right) \quad \text{(Längsstrahler).} \qquad (17.66)$$

Der Richtfaktor längsstrahlender Gruppen kann sogar noch verbessert werden. Die Hauptkeule wird nämlich schmaler, wenn wir das Phaseninkrement $\delta = k_0\, b$ ein wenig erhöhen [Bal05]:

$$\boxed{\delta = k_0\, b + \frac{\pi}{N}}. \qquad (17.67)$$

Diese Bedingung wurde bereits 1938 von **Hansen und Woodyard** angegeben [Han38]. Eine Verbesserung der Richtwirkung stellt sich aber nur dann ein, wenn die Elementabstände wie

$$\boxed{b = \frac{\lambda_0}{4}\left(1 - \frac{1}{N}\right)} \qquad (17.68)$$

gewählt werden. Wenn beide Bedingungen (17.67) und (17.68) gemeinsam erfüllt werden, wird das Maximum der Hauptkeule ein kleines Stück aus dem sichtbaren Bereich der Gruppencharakteristik geschoben (Bild 17.7), wodurch die Hauptkeule zwar niedriger, aber auch schmaler wird. Der günstige Effekt kleinerer Keulenbreite überwiegt die Verschlechterung beim Maximalwert und so kann der Richtfaktor tatsächlich ansteigen [Bal05, Stu13]:

$$D(\delta = k_0\, b + \pi/N) \approx 7{,}3 N \frac{b}{\lambda_0} \qquad \text{für} \quad b = \frac{\lambda_0}{4}\left(1 - 1/N\right). \qquad (17.69)$$

Nach Einsetzen des Elementabstands erhalten wir aus (17.69)

$$D\left(\delta = \frac{\pi}{2}(1 + 1/N)\right) \approx 1{,}83(N-1) \qquad \text{(Hansen-Woodyard).} \tag{17.70}$$

Bei <u>gleicher Baulänge</u> ist der Richtfaktor einer nach Hansen-Woodyard optimierten längsstrahlenden Gruppe etwa um einen Faktor 1,83 höher als beim normalen Längsstrahler (17.66). Liegt die Gruppenachse in z-Richtung, so gilt $u = \delta + k_0\, b \cos \vartheta = k_0\, b\,(1 + \cos \vartheta) + \pi/N$. Da die Hauptkeule in Richtung der negativen Gruppenachse bei $\vartheta = \pi$ liegt, muss dort $u = \pi/N$ gelten, woraus wir den Normierungsfaktor der Gruppencharakteristik ermitteln können – es gilt:

$$C_{\text{Gr}} = \left| \frac{\sin(N\, u/2)}{\sin(u/2)} \right| \cdot \sin \frac{\pi}{2N}. \tag{17.71}$$

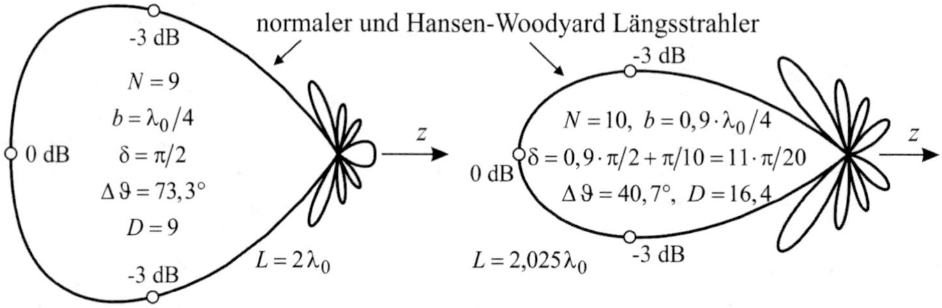

Bild 17.16 Gruppencharakteristik längsstrahlender Gruppen mit verschiedenem Phasengang

17.2.6 Nullwertsbreite linearer Gruppen

In den Abschnitten 17.2.2 und 17.2.3 hatten wir die Gruppencharakteristik linearer, äquidistanter Antennengruppen entlang der y-Achse mit homogener Amplitudenbelegung betrachtet. Insbesondere hatten wir uns für querstrahlende und längsstrahlende Gruppen interessiert, sowie in Abschnitt 17.2.5 auch Längsstrahler mit verbessertem Gewinn nach Hansen und Woodyard betrachtet. Wir wollen die Ergebnisse für die jeweiligen **Nullwertsbreiten** in Tabelle 17.7 noch einmal übersichtlich zusammenfassen und miteinander vergleichen [Salv09] – siehe auch Tabelle C.2 im Anhang C.

Tabelle 17.7 Zweiseitige Nullwertsbreiten $\Delta \varphi_0 = 2\,\varphi_0$ der Gruppencharakteristik linearer, äquidistanter Antennengruppen mit homogener Amplitudenbelegung aller N Elemente im gegenseitigen Abstand a

Gruppenart	Phasengang	Nullwertsbreite	Nullwertsbreite für $N\,a \gg \lambda_0$
Querstrahler	$\delta = 0$	$\Delta \varphi_0 = 2 \arcsin\left(\dfrac{\lambda_0}{N\,a}\right)$	$\Delta \varphi_0 \approx \dfrac{2\lambda_0}{N\,a}$
Längsstrahler	$\delta = k_0\, a = 2\,\pi\,\dfrac{a}{\lambda_0}$	$\Delta \varphi_0 = 4 \arcsin\sqrt{\dfrac{\lambda_0}{2N\,a}}$	$\Delta \varphi_0 \approx 2\sqrt{\dfrac{2\lambda_0}{N\,a}}$
Hansen-Woodyard	$\delta = k_0\, a + \dfrac{\pi}{N}$	$\Delta \varphi_0 = 4 \arcsin\sqrt{\dfrac{\lambda_0}{4N\,a}}$	$\Delta \varphi_0 \approx 2\sqrt{\dfrac{\lambda_0}{N\,a}}$

In Bild 17.17 finden wir die **Nullwertsbreiten** $\Delta\varphi_0$ aus Tabelle 17.7 in grafischer Darstellung. Die schmalste Hauptkeule hat – bei gleicher Gruppenlänge – fast immer die querstrahlende Gruppe, allerdings erzeugt diese eine scheibenförmige Hauptkeule, wodurch eine Bündelung nur in *einer* Ebene möglich ist. Demgegenüber entstehen beim Längsstrahler und auch beim Hansen-Woodyard-Array kegelförmige Hauptkeulen mit Bündelung in *zwei* Ebenen.

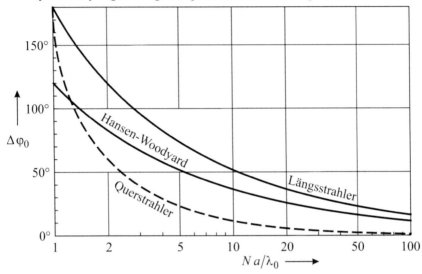

Bild 17.17 Nullwertsbreiten $\Delta\varphi_0$ aus Tabelle 17.7 (im Gradmaß) einer linearen, äquidistanten Antennengruppe aus N isotropen Teilstrahlern mit homogener Amplitudenbelegung als Funktion von $N a/\lambda_0$. Dabei ist $L=(N-1)\,a$ die Länge der linearen Antennengruppe.

17.3 Kreuzdipol

Zur Erzeugung eines Kreisdiagramms in der Horizontalebene kann man zwei orthogonale Dipole verwenden, die amplitudengleich – aber mit 90° Phasenverschiebung – gespeist werden.

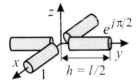

Die Anordnung nach Bild 17.18 wird auch als **Drehkreuzantenne** (engl. *turnstile*) bezeichnet und strahlt entlang der z-Achse mit Zirkularpolarisation, in der horizontalen Ebene mit Linearpolarisation. Die Speisung erfolgt durch eine λ/4 lange Umwegleitung.

Bild 17.18 Kreuzdipol mit 90° phasenverschobener Mittelpunktspeisung (Dipollänge $l = 2h$)

Bei Verwendung zweier Hertzscher Dipole ($l \to 0$) in x- und y-Richtung hat die Drehkreuzantenne folgende elektrische Fernfeldkomponenten (y-Dipol 90° voreilend gespeist):

$$\underline{E}_\vartheta = -Z_0\,\underline{H}_0\,\frac{e^{-j\,k_0\,r}}{k_0\,r}\,\cos\vartheta\,(\cos\varphi + j\sin\varphi)$$

$$\underline{E}_\varphi = Z_0\,\underline{H}_0\,\frac{e^{-j\,k_0\,r}}{k_0\,r}\,(\sin\varphi - j\cos\varphi),$$

(17.72)

wie aus Übung 14.5 folgt. Das Gesamtfeld wird daher:

$$\boxed{\underline{\mathbf{E}} = -Z_0 \underline{H}_0 \frac{e^{-jk_0 r}}{k_0 r} \left(\mathbf{e}_\vartheta \cos\vartheta + j\mathbf{e}_\varphi\right) e^{j\varphi}}.$$ (17.73)

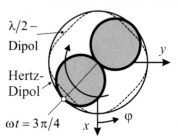

λ/2 – Dipol

Hertz- Dipol

$\omega t = 3\pi/4$

In der **Horizontalebene** (für $\vartheta = \pi/2$) strahlt der Dipol nur mit einer $\underline{E}_\varphi$-Komponente und ist daher linear polarisiert. Es stellt sich die **Achter-Charakteristik** eines einzelnen Hertzschen Dipols ein, die nun aber mit der Zeit um die z-Achse rotiert; ein Maximum liegt bei $\varphi = \pi/2 - \omega t$:

$$C_H(\varphi, t) = \left|\sin\varphi \cos\omega t + \cos\varphi \sin\omega t\right| = \left|\sin(\varphi + \omega t)\right|.$$

Im zeitlichen Mittel erhält man ein Rundstrahldiagramm.

Bild 17.19 Rotierendes Horizontaldiagramm einer Drehkreuzantenne aus zwei Hertzschen Dipolen

Im **Vertikalschnitt** des Gesamtfeldes – berechnet nach (14.135) –

$$C_V(\vartheta) = \sqrt{(1 + \cos^2\vartheta)/2} \quad \text{(LHC bei } \vartheta = 0 \text{ und RHC bei } \vartheta = \pi)$$ (17.74)

finden wir für $(\vartheta = 0, \pi)$ die zirkular polarisierten Hauptstrahlungsrichtungen des Kreuzdipols. Ersetzt man die Hertzschen Dipole durch zwei Halbwellendipole ($l = \lambda_0/2$) – mit ein wenig mehr Richtwirkung – dann ist das Horizontaldiagramm nicht mehr ganz rotationssymmetrisch:

$$C_H(\varphi, t) = \left| \frac{\cos\left(\dfrac{\pi}{2} \cos\varphi\right)}{\sin\varphi} \cos\omega t + \frac{\cos\left(\dfrac{\pi}{2} \sin\varphi\right)}{\cos\varphi} \sin\omega t \right|.$$ (17.75)

Die Abweichung vom Rundstrahlverhalten zeigt die gestrichelte Kurve in Bild 17.19. Es stellt sich eine Art Quadrat mit abgerundeten Ecken ein, bei dem $C_{H,\min}/C_{H,\max} \approx 0{,}888$ gilt.

17.4 Yagi-Uda-Antenne

Bei **Yagi-Uda-Antennen,** die wir in Kapitel 19 noch ausführlich behandeln werden, fügt man zur Erhöhung der Richtwirkung dem aktiven Dipol einen Reflektor- und mehrere Direktordipole hinzu. Wegen der starken Strahlungskopplung können Yagi-Uda-Antennen nicht mehr durch Superposition von Einzelstrahlern berechnet werden. Man nutzt daher numerische Berechnungsverfahren [Han90, Zim00]. Bild 17.20 zeigt z. B. eine 6-Element-Yagi-Uda-Antenne.

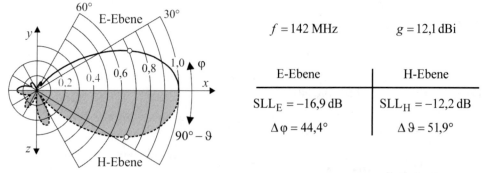

$f = 142\,\text{MHz}$ $g = 12{,}1\,\text{dBi}$

E-Ebene	H-Ebene
$\text{SLL}_\text{E} = -16{,}9\,\text{dB}$	$\text{SLL}_\text{H} = -12{,}2\,\text{dB}$
$\Delta\varphi = 44{,}4°$	$\Delta\vartheta = 51{,}9°$

Bild 17.20 Richtdiagramme einer Yagi-Uda-Antenne mit 1 Reflektor und 4 Direktoren (Boomlänge in x-Richtung: $L = 1{,}26\lambda_0$) mit Nebenkeulenniveaus und 3-dB-Breiten in beiden Hauptschnitten

17.5 Aufgaben

17.5.1 Gegeben sei eine lineare äquidistante Antennengruppe entlang der y-Achse, die aus N amplitudengleich erregten, identischen Teilantennen im gegenseitigen Abstand $a = \lambda_0/2$ besteht. Geben Sie für linearen Phasengang δ die Gruppencharakteristik C_{Gr} der Anordnung an. Wie viele Teilantennen N sind mindestens notwendig, damit die Horizontalcharakteristik der Gruppe im Betrieb als Querstrahler eine Nullwertsbreite $\Delta\varphi_0$ von höchstens $21°$ aufweist? Welche gleichmäßige Phasendifferenz müssen die Speiseströme der N Teilantennen aufweisen, damit eine Hauptkeulenschwenkung φ_S um $30°$ aus der Querstrahlungsrichtung eintritt?

17.5.2 Betrachten Sie eine lineare äquidistante Antennengruppe aus N identischen Teilantennen im gegenseitigen Abstand a mit homogener Amplitudenbelegung. Bei gleichphasiger Speisung mit $\delta = 0$ ergibt sich eine querstrahlende Gruppe, während sich beim Phasengang $\delta = k_0 a$ Längsstrahlung in Richtung der Gruppenachse einstellt. Diskutieren Sie für $N \gg 1$ die Nullwertsbreiten beider Anordnungen.

17.5.3 Betrachten Sie eine lineare äquidistante Antennengruppe aus einer geraden Anzahl von $N_1 = 2N_2$ identischen Teilantennen im gegenseitigen Abstand $a = \lambda_0/4$ mit homogener Amplitudenbelegung. Mit dem Phasengang $\delta_1 = k_0 a = \pi/2$ ergibt sich eine längsstrahlende Gruppe. Lassen Sie nun die letzten N_2 Gruppenelemente weg, wodurch sich die Gruppenlänge ungefähr halbiert, und speisen diese verkürzte Gruppe wieder amplitudengleich, aber jetzt mit dem Phasengang $\delta_2 = k_0 a + \pi/N_2 = \pi/2 + \pi/N_2$, was der Hansen-Woodyard-Bedingung (17.67) entspricht. Wie unterscheiden sich die Nullwertsbreiten beider Gruppen?

Lösungen:

17.5.1 $C_{Gr} = \left| \dfrac{\sin\left[N\left(\delta + \pi \sin\vartheta \sin\varphi\right)/2 \right]}{N \cdot \sin\left[\left(\delta + \pi \sin\vartheta \sin\varphi\right)/2 \right]} \right|$, $N = \dfrac{2}{\sin(\Delta\varphi_0/2)} = 11$ und $\delta = \pi \sin\varphi_S = \pi/2$

17.5.2 $\Delta\varphi_0^{quer} = 2\arcsin\left(\dfrac{\lambda_0}{N a} \right) \approx \dfrac{2\lambda_0}{N a}$ und $\Delta\varphi_0^{längs} = 4\arcsin\sqrt{\dfrac{\lambda_0}{2N a}} \approx 2\sqrt{\dfrac{2\lambda_0}{N a}}$

Es gilt bei *gleichem* a: $\dfrac{\left(\Delta\varphi_0^{längs}\right)^2}{\Delta\varphi_0^{quer}} \approx \dfrac{\left(2\sqrt{\dfrac{2\lambda_0}{N a}}\right)^2}{\dfrac{2\lambda_0}{N a}} = \dfrac{\dfrac{8\lambda_0}{N a}}{\dfrac{2\lambda_0}{N a}} = 4$

17.5.3 Aus Tabelle 17.7 folgt: $\Delta\varphi_0^{längs} = 4\arcsin\sqrt{\dfrac{\lambda_0}{2N_1 a}} = 4\arcsin\sqrt{\dfrac{2}{N_1}}$ und

$\Delta\varphi_0^{H.\text{-}W.} = 4\arcsin\sqrt{\dfrac{\lambda_0}{4N_2 a}} = 4\arcsin\dfrac{1}{\sqrt{N_2}}$.

Mit *halb* so vielen Elementen ($N_2 = N_1/2$) hat der viel kürzere Hansen-Woodyard-Längsstrahler also die *gleiche* Nullwertsbreite wie der normale Längsstrahler.

18 Gruppenantennen II (Anwendungen)

Nachdem wir in Kapitel 17 die Grundlagen von Gruppenantennen behandelt haben, wollen wir hier das Gebiet anhand spezieller Anwendungen weiter vertiefen.

18.1 Phasengesteuerte Gruppenantennen

Wir haben in Kapitel 17 gesehen, wie man bei linearen Antennengruppen die Richtung(en) der Hauptstrahlung durch geeignete Wahl der *Phasenverschiebung* δ benachbarter Elemente zwischen *Querstrahlung* und *Längsstrahlung* einstellen kann. In Tabelle 18.1 ist der Einfluss der Phasenverschiebung auf die Hauptstrahlungsrichtung einer Zweier-, Vierer- und Achter-Gruppe mit jeweils gleichem Elementabstand $a = \lambda_0/2$ übersichtlich dargestellt. Ist die Phasendifferenz δ durch steuerbare Phasenschieber oder durch Variation der Frequenz gezielt veränderbar, lässt sich damit die Richtcharakteristik einer Gruppenantenne auch **elektronisch schwenken.**

- Mit der Diagrammschwenkung geht allerdings stets auch eine *Verzerrung* der Haupt- und Nebenkeulen einher.
- Abhilfe kann hier eine inhomogene *Amplitudenbelegung* oder eine nichtäquidistante *Elementanordnung* schaffen, wodurch man gewisse Diagrammverzerrungen aufgrund der Phasensteuerung kompensieren kann.
- Durch Strahlungskopplung zwischen den einzelnen Strahlerelementen können im Antennennahfeld *Energiewirbel* entstehen, die *blinde Winkel* verursachen, d. h. Raumrichtungen, in die nicht geschwenkt werden kann.

Den Mechanismus der Strahlschwenkung wollen wir mit Bild 18.1 erläutern, in dem wir eine Gruppe aus zwei Teilantennen betrachten. Wir nehmen dabei an, dass die aufgrund der Phasenverschiebung δ sich einstellende Hauptstrahlungsrichtung durch φ_S gegeben sei.

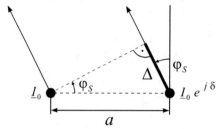

Bild 18.1 Schwenkwinkel φ_S einer Zweiergruppe in Abhängigkeit vom Phasengang δ

Aufgrund der um δ phasenverschobenen Anregung ergibt sich in Hauptstrahlungsrichtung φ_S ein Gangunterschied

$$\Delta = a \sin\varphi_S . \tag{18.1}$$

Dieser Gangunterschied Δ bewirkt für die rechte Antenne eine <u>nacheilende</u> Phasenverschiebung $k_0 \Delta$, die gerade durch eine mit δ <u>phasenvoreilende</u> Speisung kompensiert werden muss, um in Richtung φ_S tatsächlich konstruktive Interferenz zu erzwingen, wie es in Hauptstrahlungsrichtung sein muss. Der sich einstellende **Schwenkwinkel** ist somit wegen der Forderung $\delta = k_0 \Delta = k_0 a \sin\varphi_S$ gegeben durch:

$$\boxed{\varphi_S = \arcsin\left(\delta/(k_0\, a)\right)} . \tag{18.2}$$

K. W. Kark, *Antennen und Strahlungsfelder*,
https://doi.org/10.1007/978-3-658-38595-8_18

Tabelle 18.1 Horizontaldiagramme einer Dipolzeile mit Elementabstand $a = \lambda_0/2$ bei Variation der Strahleranzahl N und des Phasengangs δ

	$N = 2$ ● ●	$N = 4$ ● ● ● ●	$N = 8$ ● ● ● ● ● ● ● ●
$\delta = 0$			
$\delta = \pi/3 \mathrel{\hat{=}} 60°$			
$\delta = \pi/2 \mathrel{\hat{=}} 90°$			
$\delta = 2 \cdot \pi/3 \mathrel{\hat{=}} 120°$			
$\delta = 5 \cdot \pi/6 \mathrel{\hat{=}} 150°$			
$\delta = \pi \mathrel{\hat{=}} 180°$			

Für $\delta = 0$ erhält man nach (18.2) einen *Querstrahler*, während für $\delta = \pm k_0\, a$ sich ein Schwenkwinkel von $\pm 90°$ und damit *Längsstrahlung* einstellt. Der Übergang zwischen diesen beiden Extremen erfolgt bei kleinen Schwenkwinkeln φ_S zunächst fließend, weshalb man dort tatsächlich von einer **Keulenschwenkung** reden kann. Bei größeren Schwenkwinkeln kollabiert allerdings das Diagramm, damit sich die Keulen in Längsrichtung bilden können. In Tabelle 18.1 wurde ein Elementabstand von $a = \lambda_0 / 2$ angenommen, woraus $\varphi_S = \arcsin(\delta/\pi)$ folgt. Im Bereich $|\delta| \leq \pi/2$ kann man näherungsweise von einem linearen Zusammenhang $\varphi_S \approx \delta/\pi \approx \delta/3$ ausgehen, wobei δ und φ_S jeweils beide im Bogenmaß oder beide im Gradmaß einzusetzen sind. In Bild 18.2 ist der Zusammenhang (18.2) zwischen Phasenverschiebung δ und Schwenkwinkel φ_S im sinnvollen Wertebereich $-1 \leq \delta/(k_0 a) \leq 1$ aufgetragen.

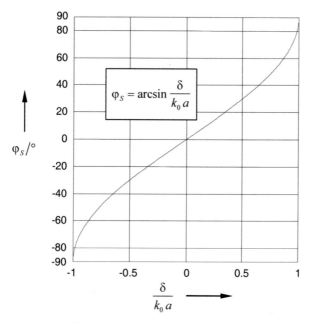

Bild 18.2   Schwenkwinkel φ_S in Abhängigkeit vom normierten Phasengang nach (18.2). Im Bereich $|\delta/(k_0 a)| < 0.5$ verläuft die Kurve näherungsweise linear.

In Tabelle 18.1 ist erkennbar, dass mit der Schwenkung einer **Gruppencharakteristik**

$$C_{\mathrm{Gr}}\left(\varphi,\, \vartheta = 90°\right) = \left| \frac{\sin\left(N\, u/2\right)}{N\, \sin\left(u/2\right)} \right| \quad \text{mit} \quad u = \delta + k_0\, a \sin\varphi \tag{18.3}$$

stets auch eine Verbreiterung ihrer Hauptkeule verbunden ist. Die <u>schmalste</u> Hauptkeule stellt sich dabei für $\delta = 0$ bei der **querstrahlenden Gruppe** mit dem Schwenkwinkel $\varphi_S = 0$ ein. Nur hier hat die Hauptkeule eine Links-Rechts-Symmetrie ($\varphi_{1/2} = \varphi_{1/2,\,L} = -\varphi_{1/2,\,R}$) und ihre Halbwertsbreite wird nach (17.38):

$$\Delta\varphi = 2\,\varphi_{1/2} = 2\,\arcsin\left(\frac{\lambda_0}{N\, a}\, \frac{1{,}391557}{\pi} \right) \approx 2\,\arcsin\left(0{,}4429\, \frac{\lambda_0}{N\, a} \right). \tag{18.4}$$

Falls man die Hauptkeule durch Phasensteuerung um einen Schwenkwinkel φ_S verkippt (Bild 18.3), <u>vergrößert</u> sich nach [Elli81, Han98] ihre **Halbwertsbreite** $\Delta\varphi = \varphi_{1/2,\,L} - \varphi_{1/2,\,R}$:

$$\Delta \varphi = \arcsin \left(\sin \varphi_S + 0,4429 \, \frac{\lambda_0}{N \, a} \right) - \arcsin \left(\sin \varphi_S - 0,4429 \, \frac{\lambda_0}{N \, a} \right). \tag{18.5}$$

Bei <u>kleinen</u> Schwenkwinkeln mit $|\varphi_S| \ll 1$ sowie ausreichend <u>hoher</u> Anzahl der Teilstrahler ($N \gg 1$) lauten die ersten beiden Terme einer Taylorreihen-Entwicklung von (18.5):

$$\Delta \varphi \approx \frac{0,8859 \, \lambda_0}{N \, a \cos \varphi_s} + \frac{1}{3} \left(\frac{0,4429 \, \lambda_0}{N \, a} \right)^3 \frac{2 - \cos (2 \, \varphi_s)}{\cos^5 \varphi_s}. \tag{18.6}$$

Der Term <u>dritter</u> Ordnung bleibt vernachlässigbar klein, etwa solange $\Delta \varphi \ll 2,5 \cos \varphi_s$ gilt, sodass es unter dieser Voraussetzung genügt, nur den <u>führenden</u> Term zu berücksichtigen:

$$\Delta \varphi \approx \frac{0,8859 \, \lambda_0}{N \, a \cos \varphi_s}, \tag{18.7}$$

der auch direkt aus (17.38) folgt, indem man dort durch $\cos \varphi_s$ dividiert.

Die Beziehung (18.5) setzt ebenso wie (17.38) eine uniforme Amplitudenbelegung voraus. Bei <u>großen</u> Schwenkwinkeln φ_S kommt es allerdings zum **Kollaps der Hauptkeule,** weil die aufeinander zuwandernden gegenüberliegenden Seiten der konusförmigen Hauptkeule miteinander verschmelzen. Die Halbwertsbreite kann nur solange sinnvoll berechnet werden, bis der <u>linke</u> Begrenzungswinkel $\varphi_{1/2, L}$ (gemessen am Niveau $20 \lg 1/\sqrt{2} = -3 \, \mathrm{dB}$) gerade $90°$ beträgt (siehe Bild 18.3, rechts).

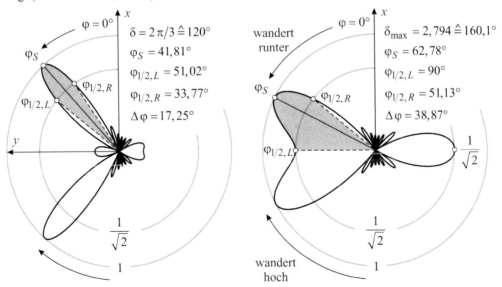

Bild 18.3 Auf ihr jeweiliges Maximum normierte Richtdiagramme $C_{Gr}(\varphi, \vartheta = 90°)$ einer entlang der y-Achse äquidistant angeordneten Gruppe aus $N = 8$ isotropen Strahlern in gegenseitigem Abstand $a = \lambda_0/2$. Nach (18.2) kippt die ursprünglich *scheibenförmige* Hauptkeule einer querstrahlenden Gruppe infolge einer uniformen Phasenbelegung δ zur Seite und bildet eine *konusförmige* Hauptkeule, deren Maximum sich am Schwenkwinkel $\varphi_S = \arcsin [\delta/(k_0 a)]$ einstellt und deren Halbwertsbreite sich nach (18.5) aus $\Delta \varphi = \varphi_{1/2, L} - \varphi_{1/2, R}$ errechnet.

Nach (18.5) gilt am **Scan Limit**[1]:

$$\varphi_{1/2, L} = \arcsin\left(\sin\varphi_S + 0{,}4429\,\frac{\lambda_0}{N\,a}\right) = 90°, \tag{18.8}$$

woraus wir den **maximal möglichen Schwenkwinkel** ermitteln können:

$$\boxed{\varphi_{S,\max} = \arcsin\left(1 - 0{,}4429\,\frac{\lambda_0}{N\,a}\right),} \tag{18.9}$$

den man nach (18.2) bei einem Phasengang von

$$\delta_{\max} = k_0\,a\,\sin\varphi_{S,\max} = k_0\,a\left(1 - 0{,}4429\,\frac{\lambda_0}{N\,a}\right) \tag{18.10}$$

erreicht. Überschreitet man dieses Scan Limit, kann keine Halbwertsbreite mehr definiert werden und (18.5) verliert seine Gültigkeit, weil dort $\Delta\varphi$ komplexe Werte annehmen würde. Doch was passiert tatsächlich für $\delta > \delta_{\max}$? Nun, die beiden Hauptkeulen in Bild 18.3 wandern weiter aufeinander zu, verschmelzen dabei immer mehr miteinander und bilden erst wieder bei $\delta = k_0\,a$ und $\varphi_S = 90°$ eine eindeutige Hauptkeule. Hier stellt sich wieder der **Grenzfall einer längsstrahlenden Gruppe** ein mit ihrer uns aus (17.52) bekannten Halbwertsbreite:

$$\boxed{\Delta\varphi = 4\arcsin\sqrt{0{,}2215\,\frac{\lambda_0}{N\,a}}.} \tag{18.11}$$

Eine numerische Auswertung der **Halbwertsbreite** (18.5) als Funktion der normierten Gruppenlänge $N\,a/\lambda_0$ und des Schwenkwinkels φ_S findet man in Bild 18.4. Im doppeltlogarithmischen Maßstab gehen die Kurven für $\Delta\varphi$ bei $N\,a/\lambda_0 \to \infty$ in Geraden mit der Steigung -1 über. Wenn sich der Schwenkwinkel φ_S dem Scan Limit $\varphi_{S,\max}$ annähert, dann biegen die Kurven nach oben ab und berühren die gestrichelte Grenzlinie, die eine Steigung von $-1/2$ aufweist. Darüber liegt ein grauer Bereich, in dem keine Halbwertsbreite definiert werden kann, weil dort gerade die Verschmelzung der gekippten Hauptkeulen stattfindet. Erst bei $\varphi_S = 90°$ bildet sich wieder eine eindeutige Hauptkeule und es entsteht eine längsstrahlende Gruppe mit ihrer Halbwertsbreite (18.11), die in Bild 18.4 bei $N\,a/\lambda_0 \gg 1$ in eine Gerade mit Steigung $-1/2$ übergeht.

Mit phasengesteuerten Gruppenantennen **(phased array antennas)**, die heute durch kleiner gewordene Funktionsbausteine realisierbar sind, erreicht man wegen der hohen Strahlschwenkgeschwindigkeiten wesentliche Vorteile gegenüber mechanisch träge geführten Systemen. Eine Hauptanwendung liegt vor allem in der **Radartechnik** bei der Suche und gleichzeitigen Verfolgung eines oder mehrerer Radarziele. Phased-Array-Antennen haben aufgrund ihrer technischen Komplexität allerdings hohe Systemkosten zur Folge. Die erweiterten Möglichkeiten können nur mit einer aufwändigen rechnergestützten Signalverarbeitung hinter der Antenne genutzt werden.

---

[1] Wie bei allen linearen, äquidistanten Gruppen mit dem Elementabstand $a = n\,\lambda_0/2$ gilt auch in Bild 18.3 (unabhängig vom Schwenkwinkel φ_S) die Beziehung $C_{Gr}(\varphi = 90°) = C_{Gr}(\varphi = -90°)$, d. h. die Strahlungswerte in Richtung der positiven und der negativen Gruppenachse (hier $\pm y$ - Richtung) sind gleich (siehe z. B. auch alle Diagramme in Tabelle 18.1).

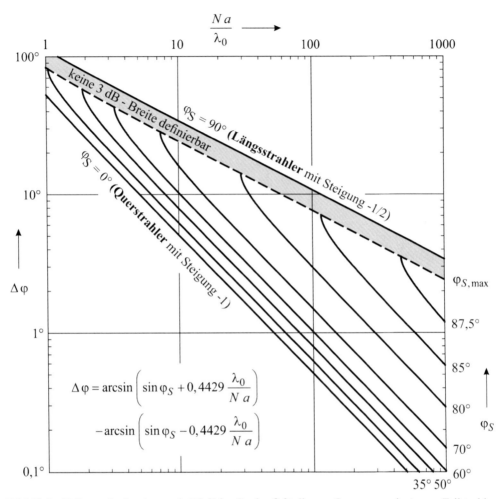

Bild 18.4 Halbwertsbreite $\Delta\varphi$ nach (18.5) im <u>Gradmaß</u> für lineare Gruppen aus isotropen Teilstrahlern mit uniformer Amplitudenbelegung [Elli81] und linearem Phasengang. Mit steigendem Schwenkwinkel φ_S wird bei einer gegebenen Gruppe mit festem $N a/\lambda_0$ die Halbwertsbreite immer größer. Beispielsweise erhält man bei $N a/\lambda_0 = 10$ etwa eine Verdopplung der Keulenbreite $\Delta\varphi(\varphi_S = 60°)/\Delta\varphi(\varphi_S = 0°) = 10,3°/5,1° \approx 2$, wenn man die um 60° geschwenkte Hauptkeule mit der Hauptkeule des Querstrahlers vergleicht.

Man vergleiche die Kurven der Halbwertsbreiten $\Delta\varphi$ aus Bild 18.4 mit der Darstellung der Nullwertsbreiten $\Delta\varphi_0$ in Bild 17.17.

18.2 Inhomogene Amplitudenbelegung

Wir haben bislang die grundsätzliche Berechnung und die Möglichkeit der elektrischen Schwenkung der Strahlungsrichtung einer Antennengruppe betrachtet. Mit Hilfe eines **linearen Phasengangs** $\delta_n = \delta_1 + (n-1)\delta$ konnte die Hauptstrahlrichtung in gewissen Grenzen ohne allzu große Keulendeformation geschwenkt werden. Es bieten sich aber noch weitere Freiheits-grade zur **Diagrammsynthese** an:

- Einstellung der *Amplituden* der Speiseströme und

- ungleichmäßige *Elementabstände*.

Wir wollen hier einen konstanten Elementabstand voraussetzen und betrachten nur eine **inho-mogene Amplitudenbelegung.** Nach früheren Überlegungen in diesem Kapitel erhalten wir für den Gruppenfaktor einer linearen Gruppe aus N Elementen:

$$\underline{F}_{Gr}(\vartheta,\varphi) = e^{j\delta_1} \sum_{n=1}^{N} \left[I_0^{(n)} e^{j(n-1)u} \right] \tag{18.12}$$

mit der Abkürzung:

$$u = \begin{cases} \delta + k_0\, a \sin\vartheta \sin\varphi & \text{für die y-\textbf{Dipolzeile}} \\ \delta + k_0\, b \cos\vartheta & \text{für die z-\textbf{Dipollinie}}. \end{cases} \tag{18.13}$$

Mit $\underline{Z} = e^{ju}$ ergibt sich die noch nicht auf ihr Maximum normierte Gruppencharakteristik:

$$C_{Gr}(\vartheta,\varphi) = \left| \sum_{n=1}^{N} \left[I_0^{(n)} \underline{Z}^{n-1} \right] \right|. \tag{18.14}$$

Betrachtet man keine Gruppe aus N Elementen, sondern eine aus $N+1$ und ändert dann die Nummerierung der Elemente wie in Bild 18.5, so erhält man eine Darstellung in Form des sogenannten **Gruppenpolynoms** [Sche52b, Sil49]:

$$\boxed{C_{Gr}(\vartheta,\varphi) = \left| \sum_{n=0}^{N} \left[I_0^{(n)} \underline{Z}^{n} \right] \right|.} \tag{18.15}$$

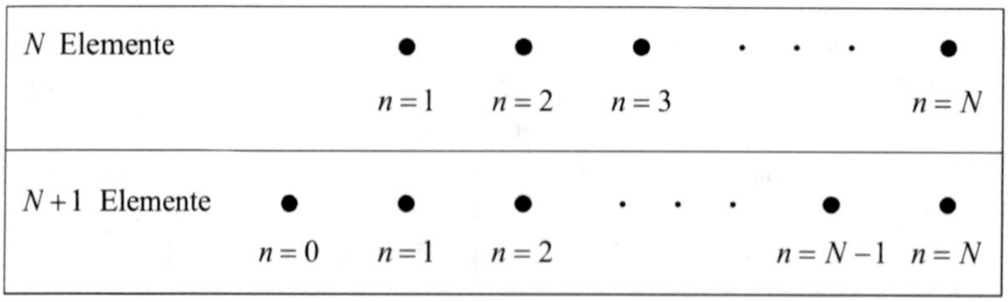

N Elemente	●	●	●	· · ·	●
	$n=1$	$n=2$	$n=3$		$n=N$
$N+1$ Elemente	●	●	●	· · ·	● ●
	$n=0$	$n=1$	$n=2$		$n=N-1$ $n=N$

Bild 18.5   Nummerierung der Elemente einer äquidistanten, linearen Antennengruppe zur Herleitung des Gruppenpolynoms (18.15)

Die Koeffizienten des Polynoms sind die Speiseströme $I_0^{(n)}$ der einzelnen Strahlerelemente. Ein Polynom N-ten Grades hat nach dem Fundamentalsatz der Algebra genau N Nullstellen, womit auch stets folgende Darstellung möglich ist:

$$\boxed{C_{Gr}(\vartheta,\varphi) = \left| I_0^{(N)} (\underline{Z}-\underline{Z}_1)(\underline{Z}-\underline{Z}_2) \cdots (\underline{Z}-\underline{Z}_N) \right|.} \tag{18.16}$$

Man interpretiert die Darstellung wie folgt:

- Jeder Faktor $\left(\underline{Z} - \underline{Z}_i\right)$ kann als Teilcharakteristik einer Zweiergruppe gedeutet werden.

- Die Gesamtcharakteristik einer Gruppe aus $N+1$ Elementen ergibt sich nach dem multiplikativen Gesetz aus N Faktoren.

- Die Diagrammnullstellen werden durch die Polynomnullstellen $\underline{Z}_i = e^{j u_i}$ bestimmt mit $i = 1, 2, \dots, N$.

Es ergibt sich folgender einfacher **Sonderfall:**

Alle Polynomnullstellen sind identisch und gleich -1:

$$\underline{Z}_i = e^{j u_i} = -1, \tag{18.17}$$

d. h. $u_i = \pm\,\pi,\ \pm 3\pi,\ \pm 5\,\pi,\ \dots$ Bei einer dergestalt minimierten Anzahl von Nullstellen kann es daher nur <u>eine</u> Hauptkeule geben und <u>keine</u> Nebenkeulen. Für die y-Dipolzeile mit $u = \delta + k_0\, a \sin\vartheta \sin\varphi$ erhält man bei gleichphasiger Belegung mit $\delta = 0$ und identischen Elementabständen $a = \lambda_0/2$ im Horizontalschnitt bei $\vartheta = \pi/2$ dann die *Diagrammnullstellen* aus folgender Beziehung:

$$u = \delta + k_0\, a \sin\vartheta \sin\varphi = \pi \sin\varphi = \pm\,\pi, \tag{18.18}$$

d. h. es gibt genau zwei Nullstellen bei $\varphi = \pm\,\pi/2$. Wir haben es damit offenbar mit einem *Querstrahler* zu tun, was wegen der homogenen Phasenbelegung auch zu erwarten war. Das Gruppenpolynom nimmt für diese Nullstellenverteilung schließlich folgende Form an:

$$C_{\mathrm{Gr}}(\vartheta, \varphi) = \left| I_0^{(N)} \left(\underline{Z} + 1\right)^N \right|. \tag{18.19}$$

Wir können mit Hilfe des binomischen Lehrsatzes die Potenz entwickeln:

$$C_{\mathrm{Gr}}(\vartheta, \varphi) = \left| I_0^{(N)} \sum_{n=0}^{N} \binom{N}{n} \underline{Z}^n \right|. \tag{18.20}$$

Die *Binomialkoeffizienten* können mit Hilfe dreier Fakultäten berechnet werden:

$$\binom{N}{n} = \frac{N!}{n!\,(N-n)!}. \tag{18.21}$$

Dabei setzen wir $0! = 1! = 1$ und es gilt die Rekursionsbeziehung $(n+1)! = (n+1)\,n!$. Die Binomialkoeffizienten kann man – wie in Tabelle 18.2 – im **Pascalschen Dreieck**[2] anordnen.

Mit (18.20) haben wir die **Binomialbelegung** gefunden, deren Speiseamplituden zu beiden Rändern der linearen Antennengruppe jeweils kleiner werden.

Im **uniformen Grenzfall,** wenn alle Speiseströme <u>identisch</u> sind, gilt im Gegensatz zu (18.20):

$$C_{\mathrm{Gr}}(\vartheta, \varphi) = \left| I_0^{(N)} \sum_{n=0}^{N} \underline{Z}^n \right| = \left| I_0^{(N)} \left(1 + \underline{Z} + \underline{Z}^2 + \dots + \underline{Z}^N\right) \right|. \tag{18.22}$$

---

[2] Blaise **Pascal** (1623-1662): frz. Philosoph, Mathematiker und Physiker (Kegelschnitte, Rechenmaschine, Barometer, Druck, Kombinatorik, Wahrscheinlichkeitsrechnung, Geometrie)

Tabelle 18.2 Binomialkoeffizienten (18.21) im Pascalschen Dreieck

N	$n = 0, 1, \ldots, N$							
0				1				
1				1	1			
2			1	2	1			
3		1	3	3	1			
4	1	4	6	4	1			
5	1	5	10	10	5	1		
6	1	6	15	20	15	6	1	
7	1	7	21	35	35	21	7	1

- Die **uniforme** Amplituden- und Phasenbelegung (18.22) liefert zwar die schmalste Hauptkeule, die Nebenmaxima sind aber recht hoch (für große N ca. 13,26 dB unter dem Hauptmaximum).

- Werden die Amplituden der Speiseströme entsprechend den **Binomialkoeffizienten** wie in (18.21) gewählt und die Phase uniform, dann ist die Hauptkeule breiter, es treten aber für $a = \lambda_0/2$ keine Nebenmaxima auf.

- Als Kompromiss aus Hauptkeulenbreite und maximal zulässiger Höhe der Nebenmaxima stellt die **Tschebyscheff-Belegung** [Col69] eine optimale Wahl dar (Tabelle 18.3):

Für eine äquidistante Dipolzeile mit fünf Elementen entlang der y-Achse ($N = 4$) und $a = \lambda_0/2$ sind – bei Normierung auf die *Randstrahler* – die Amplituden der Speiseströme bei uniformer Phase in allen genannten Fällen in Tabelle 18.3 dargestellt.

Tabelle 18.3 Speisestromamplituden in einer linearen, äquidistanten, gleichphasigen Fünfergruppe

	$I_0^{(0)}$	$I_0^{(1)}$	$I_0^{(2)}$	$I_0^{(3)}$	$I_0^{(4)}$
uniform	1	1	1	1	1
Tschebyscheff mit Nebenkeulen bei −20 dB	1	1,61	1,93	1,61	1
Tschebyscheff mit Nebenkeulen bei −30 dB	1	2,41	3,14	2,41	1
binomial	1	4	6	4	1

Die *Horizontaldiagramme* der Gruppencharakteristik einer *y-Dipolzeile* aus 5 phasengleichen Einzelstrahlern mit uniformer, binomialer und Tschebyscheff-Belegung wurden mit den Amplituden der Speiseströme aus Tabelle 18.3 berechnet und sind in Tabelle 18.4 im *linearen* Maßstab als Polardiagramme in der x-y-Ebene über dem Winkel φ aufgetragen. Es wurde jeweils ein Elementabstand von $a = \lambda_0/2$ angenommen, d. h. die **Gruppencharakteristik** lautet

$$C_{\mathrm{Gr}}^{\mathrm{H}}(\varphi) = \left| \sum_{n=0}^{4} \left[I_0^{(n)} e^{jn\pi\sin\varphi} \right] \right|. \tag{18.23}$$

Tabelle 18.4 Horizontaldiagramme $C_{\mathrm{Gr}}^{\mathrm{H}}(\varphi)$ nach (18.23) und Halbwertsbreiten einer gleichphasigen Fünfergruppe (y-Zeile) bei verschiedenen Amplitudenbelegungen (Elementabstand $a = \lambda_0/2$). Die Diagramme sind im linearen Maßstab skaliert (nicht logarithmisch).

Uniforme Belegung mit Nebenkeulen bei −12 dB	Tschebyscheff-Belegung mit Nebenkeulen bei −20 dB	Tschebyscheff-Belegung mit Nebenkeulen bei −30 dB	Binomialbelegung ohne Nebenkeulen
$\Delta\varphi = 20,8°$	$\Delta\varphi = 23,7°$	$\Delta\varphi = 26,4°$	$\Delta\varphi = 30,3°$
1 1 1 1 1	0,52 0,83 1 0,83 0,52	0,32 0,77 1 0,77 0,32	0,17 0,67 1 0,67 0,17

Zum einfacheren Vergleich der Belegungen wurden in den Darstellungen die Amplituden jeweils auf den *Zentralstrahler* normiert. Die unterschiedliche Richtwirkung ist durch die angegebenen Halbwertsbreiten $\Delta\varphi$ erkennbar. Man folgert aus Tabelle 18.4:

- Die uniforme Belegung liefert die schmalste Hauptkeule – aber auch die höchsten Nebenkeulen.

- Die beste Bündelung in Hauptstrahlungsrichtung für ein vorgeschriebenes maximales Nebenkeulenniveau (z. B. 20 dB oder 30 dB unter der Hauptkeule) liefert die Tschebyscheff-Belegung.

- Die Tschebyscheff-Belegung mit verschwindenden Nebenkeulen ist identisch zur Binomialbelegung.

Eine **Amplitudentaperung** mit – in Richtung der äußeren Gruppenelemente – *kleiner* werdenden Speiseströmen bewirkt also eine Reduktion der Nebenkeulen und eine Verbreiterung der Hauptkeule. Wenn die Ströme zum Rand hin *ansteigen,* tritt gerade das Gegenteil ein. Falls die jeweils höchsten Speiseströme gleich sind, ist die abgestrahlte **Leistung** bei getaperter Strombelegung geringer als bei uniformer Strombelegung. Jedoch mit einem angepassten Verteilnetzwerk, welches dem stärksten Strahler einen entsprechend höherer Quellstrom zuführt, könnte jede Antennengruppe – ob nun getapert oder uniform – die gleiche Leistung abstrahlen.

18.3 Gruppenantennen mit Dolph-Tschebyscheff-Belegung

18.3.1 Allgemeine Grundlagen

Die **Dolph-Tschebyscheff-Belegung** einer linearen äquidistanten Antennengruppe aus $N+1$ Elementen benutzt mit $n = 0, 1, 2, …, N$ eine Abfolge von Speiseströmen $I_0^{(n)}$, die erstmals in [Dolph46] vorgeschlagen wurde. Dabei werden Tschebyscheff-Polynome [Abr72, NIST10] benutzt, um Richtdiagramme zu konstruieren, bei denen sich alle Nebenkeulen auf demselben vorgeschriebenen Niveau $SLL = -SLS$ befinden, das wir auch durch den **ripple factor**

$$\boxed{R = 10^{\,SLS/20}} \qquad \text{(z. B. ist } R = 10 \text{ für } SLS = 20 \text{ dB)} \tag{18.24}$$

beschreiben können. Dabei verwenden wir folgende Abkürzungen:

$$\text{Nebenkeulenniveau (\textbf{side lobe level})} = SLL < 0 \text{ (in dB)}$$
$$\text{Nebenkeulenunterdrückung (\textbf{side lobe suppression})} = SLS = -SLL > 0 \text{ (in dB).} \tag{18.25}$$

In Verbindung mit dem vorgegebenen für allen Nebenkeulen gleichen Niveau SLL wird meist auch eine möglichst schmale Hauptkeule mit der Halbwertsbreite $\Delta\vartheta$ angestrebt[3]. Zu diesem Zweck wählt man wie in (18.29) den *optimalen* Elementabstand $d = d_{\text{opt}}$ gerade so groß, dass möglichst viele Nebenkeulen und auch ein kleiner Teil des grating lobes in den sichtbaren Bereich (Bild 17.7) des Richtdiagramms einwandern – ohne dass die ansteigende Flanke des grating lobes über das vorgegebene SLL Niveau emporwächst (Bild 18.6 Mitte). Wählt man den Elementabstand *größer* als d_{opt}, dann überschreitet der grating lobe das angestrebte Nebenkeulenniveau (Bild 18.6 oben). Ist der Abstand hingegen *kleiner* als d_{opt}, so verbreitert sich die Hauptkeule (Bild 18.6 unten) und der Richtfaktor sinkt.

---

[3] In diesem Abschnitt werden wir die Gruppenachse in die z-Achse legen, weswegen wir für die Halbwertsbreite hier $\Delta\vartheta$ anstelle des bisher verwendeten $\Delta\varphi$ schreiben wollen.

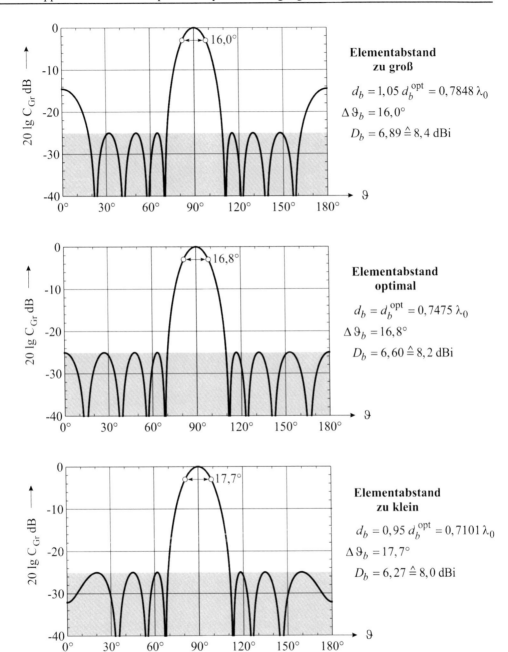

Bild 18.6 Richtdiagramme einer _querstrahlenden_ linearen äquidistanten Antennengruppe (broadside array) aus $N+1 = 5$ Elementen mit einer Dolph-Tschebyscheff-Belegung für ein Nebenkeulenniveau von $SLL = -25$ dB nach Tabelle 18.5. Je größer man den Elementabstand d_b wählt, umso mehr Nebenkeulen wandern in den sichtbaren Diagrammbereich ein, was den Druck auf die Hauptkeule erhöht, die dadurch schlanker wird, wodurch aber die Ausbildung von grating lobes ermöglicht wird. Mit dem optimalen Abstand $d_b = d_b^{opt}$ nach (18.29) wird ein Kompromiss erzielt, bei dem sich bei gegebenem Nebenkeulenniveau (ohne grating lobes) die schmalste mögliche Hauptkeule einstellt.

Man beachte, dass die Dolph-Tschebyscheff-Belegung für ein vorgeschriebenes maximales Nebenkeulenniveau zwar die kleinstmögliche Halbwertsbreite, aber *nicht* den höchsten Richtfaktor liefert [Han60]. Für höchsten Richtfaktor dürfen die Nebenkeulen nämlich nicht alle gleich hoch bleiben, sondern müssen zum Rand des sichtbaren Bereichs abfallen (siehe Abschnitt 18.3.7). Die wichtigsten Formeln zum Abschnitt 18.3 findet man auch im Anhang C.9.

Unter Umgehung der umfangreichen Herleitung, für die wir auf die Literatur verweisen [Elli81, Bal05, Bal08, Stu13], wollen wir im Folgenden den **Entwurfsprozess** eines Dolph-Tschebyscheff-Arrays leicht nachvollziehbar darstellen. Man geht dazu in sieben Schritten vor:

    1) Vorgeben der gewünschten Nebenkeulenunterdrückung *SLS* in dB

    2) Vorgeben der gewünschten Halbwertsbreite $\Delta\vartheta$

    3) Berechnen der notwendigen Anzahl $N+1$ der Teilstrahler

    4) Berechnen des äquidistanten Elementabstandes d

    5) Berechnen aller $N+1$ Speisestromamplituden $I_0^{(n)}$ mit $n = 0, 1, 2, \ldots, N$

    6) Darstellung des Richtdiagramms und Überprüfen von 1) und 2)

    7) Berechnen der Direktivität D der Antennengruppe

18.3.2 Anzahl der Teilstrahler

Die Anzahl der erforderlichen $N+1$ isotropen Teilstrahler erhalten wir nach [Safa94] mit den Hilfsgrößen ψ und γ

$$\psi = 2\arccos\left[\frac{\cosh\left(\dfrac{1}{N}\operatorname{arcosh}\left(R/\sqrt{2}\right)\right)}{\cosh\left(\dfrac{1}{N}\operatorname{arcosh}(R)\right)}\right] \qquad (18.26)$$

$$\gamma = \cosh\left[\frac{1}{N}\ln\left(R+\sqrt{R^2-1}\right)\right] = \cosh\left(\frac{1}{N}\operatorname{arcosh}(R)\right) \qquad (18.27)$$

aus der numerischen Lösung einer transzendenten Gleichung (18.28). Wir unterscheiden dabei zwei Fälle, nämlich das **broadside array** (Querstrahler) mit seiner Halbwertsbreite $\Delta\vartheta = \Delta\vartheta_b$ bzw. das **end-fire array** (Längsstrahler) mit $\Delta\vartheta = \Delta\vartheta_e$:

$$\boxed{\begin{aligned}\Delta\vartheta_b &= 2\arcsin\left(\frac{\psi/2}{\pi - \arccos(1/\gamma)}\right) \quad \text{(Querstrahler)} \\[2mm] \Delta\vartheta_e &= 2\arccos\left(1 - \frac{\psi}{\pi - \arccos(1/\gamma)}\right) \quad \text{(Längsstrahler)}.\end{aligned}} \qquad (18.28)$$

Da durch die Schritte 1) und 2) der Welligkeitsfaktor (ripple factor) R und die Halbwertsbreite $\Delta\vartheta$ bereits vorgegeben sind, gibt es in (18.28) nach Einsetzen von (18.26) und (18.27) als einzige Unbekannte nur noch N, die man mit numerischen Mitteln bestimmen und zur nächst größeren natürlichen Zahl *aufrunden* muss, d. h. $N \to \lceil N \rceil$. Durch das Aufrunden wird die sich tatsächlich einstellende Halbwertsbreite ein wenig kleiner als die Zielvorgabe werden. Am Ende erhält man dann eine Gruppe aus $N+1$ isotropen Strahlerelementen.

18.3.3 Optimaler Elementabstand und Halbwertsbreite

Die gegenseitigen **Abstände** d mit $d = d_b$ beim broadside array bzw. $d = d_e$ beim end-fire array dürfen nach [Safa94] die maximal zulässigen Werte d_b^{opt} und d_e^{opt} nicht überschreiten, können aber auch kleiner gewählt werden. Mit gleichem γ aus (18.27) liegt der optimalen Abstand beim Längsstrahler d_e^{opt} gerade _halb_ so groß wie beim Querstrahler d_b^{opt} :

$$
\begin{aligned}
&d_b \leq d_b^{\text{opt}} = \lambda_0 \left(1 - \frac{\arccos\,(1/\gamma)}{\pi} \right) && \text{(Querstrahler)} \\[2mm]
&d_e \leq d_e^{\text{opt}} = \frac{d_b^{\text{opt}}}{2} = \frac{\lambda_0}{2} \left(1 - \frac{\arccos\,(1/\gamma)}{\pi} \right) && \text{(Längsstrahler).}
\end{aligned}
\tag{18.29}
$$

Die **optimalen Elementabstände** erhält man bei Wahl des Gleichheitszeichens. Dann wird in beiden Fällen sichergestellt, dass die ansteigende Flanke des **grating lobes** am Rand des sichtbaren Bereichs genau auf dem vorgegebenen _SLL_ Niveau zu liegen kommt (Bild 18.6). Wählt man einen _kleineren_ Abstand, so verbreitert sich die Hauptkeule – ohne dass sich der Pegel der Nebenkeulen ändert, denn dieser hängt nur von der Anzahl der Elemente und nicht von ihren Abständen ab [Stu13]. Bei einem _größeren_ Abstand als (18.29) wird die Hauptkeule zwar schmaler, aber der grating lobe bildet sich stärker aus und wird höher als das vorgegebene _SLL_.

Die sich nach (18.28) einstellende **Halbwertsbreite** kann unter Beachtung von (18.29) somit auch als Funktion des Elementabstandes formuliert werden. Es ist bemerkenswert, dass (18.30) für _beliebige_ Elementabstände d_b und d_e gilt, also auch für solche die _kleiner_ oder _größer_ als die Optimalwerte (18.29) sind.

$$
\begin{aligned}
&\Delta \vartheta_b = 2 \arcsin \left(\frac{\psi}{k_0\,d_b} \right) && \text{(Querstrahler)} \\[2mm]
&\Delta \vartheta_e = 2 \arccos \left(1 - \frac{\psi}{k_0\,d_e} \right) && \text{(Längsstrahler)}
\end{aligned}
\tag{18.30}
$$

Bei typischen Dolph-Tschebyscheff-Arrays ist mit $d_b = 2\,d_e$ die **Näherung**

$$
\frac{\psi}{k_0\,d_e} = \frac{2\,\psi}{k_0\,d_b} \ll 1
\tag{18.31}
$$

berechtigt. Die führenden Terme einer **Reihenentwicklung der Halbwertsbreiten** können unter dieser Voraussetzung aus (18.30) mit Hilfe von Anhang A.4 ermittelt werden:

$$
\Delta \vartheta_b \approx \frac{2\,\psi}{k_0\,d_b} = \frac{\psi}{k_0\,d_e} \qquad \text{und} \qquad \Delta \vartheta_e \approx 2 \sqrt{\frac{2\,\psi}{k_0\,d_e}},
\tag{18.32}
$$

woraus sofort eine wichtige Beziehung folgt, die wir später in (18.70) noch brauchen werden:

$$
\Delta \vartheta_e^2 \approx 8\,\Delta \vartheta_b
\tag{18.33}
$$

(beide Winkel im _Bogenmaß_).

In den Bildern 18.7 und 18.8 sieht man, welche **Halbwertsbreiten** $\Delta \vartheta_b$ bei _querstrahlenden_ bzw. $\Delta \vartheta_e$ bei _längsstrahlenden_ Dolph-Tschebyscheff-Arrays mit $N+1$ Elementen sich als Funktion der Nebenkeulendämpfung _SLS_ erreichen lassen, sofern die _optimalen Elementabstände_ nach (18.29) eingehalten werden.

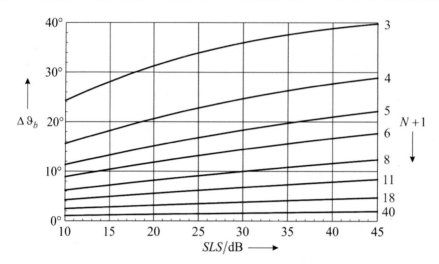

Bild 18.7 Halbwertsbreite $\Delta\vartheta_b$ im *Gradmaß* einer *querstrahlenden* linearen äquidistanten Antennengruppe aus $N+1$ isotropen Elementen mit Dolph-Tschebyscheff-Belegung als Funktion der Nebenkeulendämpfung *SLS*. Der Elementabstand wurde nach (18.29) wie $d_b = d_b^{\text{opt}}$ gewählt.

Mit höherer Nebenkeulendämpfung *SLS* wird auch die Halbwertsbreite $\Delta\vartheta_b$ größer, was besonders bei Gruppen mit nur wenigen Elementen spürbar ist.

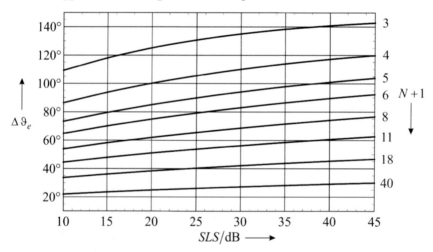

Bild 18.8 Halbwertsbreite $\Delta\vartheta_e$ im *Gradmaß* einer *längsstrahlenden* linearen äquidistanten Antennengruppe aus $N+1$ isotropen Elementen mit Dolph-Tschebyscheff-Belegung als Funktion der Nebenkeulendämpfung *SLS*. Der Elementabstand wurde nach (18.29) wie $d_e = d_e^{\text{opt}}$ gewählt.

Beim Dolph-Tschebyscheff-Längsstrahler wird bei gleicher Anzahl $N+1$ der Teilstrahler und bei gleichem Nebenkeulendämpfung *SLS* die Halbwertsbreite $\Delta\vartheta_e$ stets deutlich größer als bei der querstrahlenden Gruppe. Nach (18.33) gilt angenähert:

$$\boxed{\Delta\vartheta_e^{\circ} \approx 21{,}4\sqrt{\Delta\vartheta_b^{\circ}}}\,, \tag{18.34}$$

wobei beide Winkel jetzt im *Gradmaß* einzusetzen sind.

18.3.4 Amplitudenverteilung der Speiseströme

Die Berechnung der $N+1$ **Speisestromamplituden** $I_0^{(n)}$ mit $n = 0, 1, 2, ..., N$ wird in vielen Quellen beschrieben, z. B. [Küh64, Elli81, Kra88, LoLe88]. Dort werden die $I_0^{(n)}$ mittels Quotienten von Fakultätsfunktionen berechnet, was bei *langen* Gruppen mit *großen* Werten von n numerische Probleme verursachen kann. Für eine numerisch effizientere Berechnung der exakten Speisestromamplituden einer Dolph-Tschebyscheff-Belegung kann man sich stattdessen an [Bres80] orientieren, wo keine Fakultäten, sondern verschachtelte Produkte zur Berechnung verwendet werden. Auf diesem Weg haben wir für $N+1 \leq 20$ alle Werte der Tabellen 18.5 und 18.6 gewonnen. Wenn man das Nebenkeulenniveau *SLL* in dB und die Anzahl $N+1$ der Strahler vorgibt, dann findet man dort die zugehörigen Werte $I_0^{(n)}$, die wir so normieren, dass die Amplituden der Randelemente gleich eins sind, also dass gilt: $I_0^{(0)} = I_0^{(N)} = 1$.

Bei *langen* Gruppen können die Speisestromamplituden auch mit Hilfe einer asymptotischen **Näherung** nach [Maas54, Maas56] berechnet werden, die für Gruppen ab etwa $N+1 = 20$ Elementen bereits gute Ergebnisse liefert, sofern sich die Nebenkeulenunterdrückung im Bereich $20\,\mathrm{dB} \leq SLS \leq 40\,\mathrm{dB}$ bewegt [Jas61]. Auch hier werden die Randströme wie üblich mit $I_0^{(0)} = I_0^{(N)} = 1$ auf eins normiert, während man die restliche Strombelegung wie folgt findet. Mit Hilfe des Parameters

$$v = \ln\left(R + \sqrt{R^2 - 1} \right) = \mathrm{arcosh}\,(R)\,, \tag{18.35}$$

der mit $R = 10^{SLS/20}$ von der Nebenkeulenunterdrückung *SLS* abhängt, und dem normierten Abstand der Elemente zur Gruppenmitte

$$\xi_n = \frac{2n - N}{N} \quad \text{mit} \quad n = 1, 2, ..., N-1 \tag{18.36}$$

kann man die Dolph-Tschebyscheff-Belegung für alle **inneren Elemente** wie folgt annähern:

$$\boxed{I_0^{(n)} \approx \frac{v^2}{N} \frac{\sqrt{1-\xi_1^2}}{\sqrt{1-\xi_n^2}} \frac{I_1\left(v\sqrt{1-\xi_n^2} \right)}{I_1\left(v\sqrt{1-\xi_1^2} \right)}} \quad \text{mit} \quad n = 1, 2, ..., N-1. \tag{18.37}$$

Dabei markiert $\xi_1 = (2/N) - 1$ mit $n = 1$ die Position des *zweiten* Strahlers und $I_1(x)$ bezeichnet die modifizierte Besselfunktion 1. Art nach Anhang A.7. Die **Randströme** mit $n = 0$ bzw. $n = N$ werden *nicht* mit (18.37) berechnet, sondern bleiben weiterhin bei

$$\boxed{I_0^{(0)} = I_0^{(N)} = 1}\,. \tag{18.38}$$

In den Tabellen 18.5 und 18.6 sind einige Felder grau hinterlegt. Hier liegen die Speisestromamplituden der Randstrahler $I_0^{(0)} = I_0^{(N)} = 1$ *höher* als die ihres direkten Nachbarn. Dieser Effekt der **Randüberhöhung** tritt bei Dolph-Tschebyscheff-Belegungen mit *vielen* Elementen dann auf, wenn nur *geringe* Nebenkeulenunterdrückungen gefordert werden. Solche Designs sind für die Praxis aber ungünstig, weil Dolph-Tschebyscheff-Arrays häufig in Form von **Hohlleiter-Schlitzantennen** aufgebaut werden, bei denen ein Randpeak in der Belegung nicht realisierbar ist. Auch bei Gruppen, die mit Speisenetzwerken gespeist werden, fällt es schwer, Strombelegungen mit starker Randüberhöhung zu konstruieren [Jas61]. Typische Speisenetzwerke aus Leitungsteilern führen auf *geradzahlige* $N+1$ (meist sogar eine Potenz von 2).

Tabelle 18.5 Amplituden $I_0^{(n)}$ aller _inneren_ Speiseströme mit $n = 1, 2, ..., N-1$ einer linearen äquidistanten Antennengruppe aus $N+1$ Elementen mit Dolph-Tschebyscheff-Belegung. Für die Amplituden aller _Randelemente_ gilt: $I_0^{(0)} = I_0^{(N)} = 1$. Ungünstige Belegungen mit Randpeak sind grau hinterlegt.

Nebenkeulenniveau _SLL_ in dB

$N+1$	Ströme	−15	−20	−25	−30	−35	−40	−45
3	$I_0^{(1)}$	1,3961	1,6364	1,7870	1,8774	1,9301	1,9604	1,9776
4	$I_0^{(1)} = I_0^{(2)}$	1,3318	1,7357	2,0699	2,3309	2,5265	2,6688	2,7702
5	$I_0^{(1)} = I_0^{(3)}$	1,1629	1,6085	2,0318	2,4123	2,7401	3,0131	3,2349
	$I_0^{(2)}$	1,3320	1,9319	2,5478	3,1397	3,6785	4,1480	4,5429
6	$I_0^{(1)} = I_0^{(4)}$	1,0043	1,4369	1,8804	2,3129	2,7180	3,0853	3,4097
	$I_0^{(2)} = I_0^{(3)}$	1,2060	1,8499	2,5876	3,3828	4,1955	4,9891	5,7350
7	$I_0^{(1)} = I_0^{(5)}$	0,8740	1,2764	1,7081	2,1507	2,5880	3,0071	3,3987
	$I_0^{(2)} = I_0^{(4)}$	1,0650	1,6837	2,4374	3,3071	4,2625	5,2678	6,2865
	$I_0^{(3)}$	1,1349	1,8387	2,7267	3,7846	4,9811	6,2731	7,6126
8	$I_0^{(1)} = I_0^{(6)}$	0,7695	1,1386	1,5464	1,9783	2,4205	2,8605	3,2879
	$I_0^{(2)} = I_0^{(5)}$	0,9387	1,5091	2,2296	3,0965	4,0944	5,1982	6,3767
	$I_0^{(3)} = I_0^{(4)}$	1,0326	1,7244	2,6467	3,8136	5,2208	6,8448	8,6465
9	$I_0^{(1)} = I_0^{(7)}$	0,6854	1,0231	1,4036	1,8158	2,2483	2,6901	3,1316
	$I_0^{(2)} = I_0^{(6)}$	0,8321	1,3503	2,0193	2,8462	3,8279	4,9516	6,1961
	$I_0^{(3)} = I_0^{(5)}$	0,9303	1,5800	2,4751	3,6516	5,1308	6,9168	8,9946
	$I_0^{(4)}$	0,9648	1,6627	2,6434	3,9565	5,6368	7,6989	10,134
10	$I_0^{(1)} = I_0^{(8)}$	0,6167	0,9264	1,2802	1,6695	2,0852	2,5182	2,9597
	$I_0^{(2)} = I_0^{(7)}$	0,7435	1,2125	1,8265	2.5986	3,5346	4,6319	5,8796
	$I_0^{(3)} = I_0^{(6)}$	0,8377	1,4360	2,2770	3,4095	4,8740	6,6982	8,8932
	$I_0^{(4)} = I_0^{(5)}$	0,8879	1,5585	2,5318	3,8830	5,6816	7,9837	10,825
11	$I_0^{(1)} = I_0^{(9)}$	0,5600	0,8450	1,1739	1,5401	1,9362	2,3547	2,7881
	$I_0^{(2)} = I_0^{(8)}$	0,6697	1,0949	1,6562	2,3702	3,2483	4,2953	5,5087
	$I_0^{(3)} = I_0^{(7)}$	0,7569	1,3036	2,0816	3,1458	4,5485	6,3342	8,5356
	$I_0^{(4)} = I_0^{(6)}$	0,8129	1,4422	2,3739	3,6983	5,5089	7,8955	10,936
	$I_0^{(5)}$	0,8323	1,4907	2,4781	3,8985	5,8631	8,4814	11,852
12	$I_0^{(1)} = I_0^{(10)}$	0,5124	0,7759	1,0822	1,4262	1,8021	2,2036	2,6242
	$I_0^{(2)} = I_0^{(9)}$	0,6079	0,9948	1,5081	2,1659	2,9831	3,9692	5,1284
	$I_0^{(3)} = I_0^{(8)}$	0,6873	1,1860	1,9008	2,8886	4,2074	5,9125	8,0519
	$I_0^{(4)} = I_0^{(7)}$	0,7442	1,3277	2,2027	3,4658	5,2244	7,5913	10,677
	$I_0^{(5)} = I_0^{(6)}$	0,7739	1,4032	2,3668	3,7865	5,8024	8,5670	12,236

Tabelle 18.6 Amplituden $I_0^{(n)}$ aller *inneren* Speiseströme mit $n = 1, 2, ..., N-1$ einer linearen äquidistanten Antennengruppe aus $N+1$ Elementen mit Dolph-Tschebyscheff-Belegung. Für die Amplituden aller *Randelemente* gilt: $I_0^{(0)} = I_0^{(N)} = 1$. Ungünstige Belegungen mit Randpeak sind grau hinterlegt.

Nebenkeulenniveau *SLL* in dB

$N+1$	Ströme	-15	-20	-25	-30	-35	-40	-45
14	$I_0^{(1)} = I_0^{(12)}$	0,4375	0,6655	0,9334	1,2379	1,5752	1,9410	2,3306
	$I_0^{(2)} = I_0^{(11)}$	0,5111	0,8359	1,2685	1,8274	2,5296	3,3899	4,4198
	$I_0^{(3)} = I_0^{(10)}$	0,5759	0,9931	1,5943	2,4336	3,5706	5,0683	6,9900
	$I_0^{(4)} = I_0^{(9)}$	0,6282	1,1245	1,8772	2,9818	4,5525	6,7204	9,6300
	$I_0^{(5)} = I_0^{(8)}$	0,6650	1,2190	2,0860	3,3979	5,3193	8,0482	11,813
	$I_0^{(6)} = I_0^{(7)}$	0,6839	1,2684	2,1969	3,6224	5,7400	8,7889	13,051
16	$I_0^{(1)} = I_0^{(14)}$	0,3813	0,5818	0,8188	1,0904	1,3939	1,7261	2,0840
	$I_0^{(2)} = I_0^{(13)}$	0,4394	0,7172	1,0870	1,5660	2,1710	2,9179	3,8212
	$I_0^{(3)} = I_0^{(12)}$	0,4924	0,8460	1,3553	2,0680	3,0392	4,3302	6,0063
	$I_0^{(4)} = I_0^{(11)}$	0,5379	0,9607	1,6031	2,5513	3,9118	5,8132	8,4048
	$I_0^{(5)} = I_0^{(10)}$	0,5740	1,0539	1,8105	2,9680	4,6884	7,1759	10,681
	$I_0^{(6)} = I_0^{(9)}$	0,5990	1,1196	1,9597	3,2743	5,2715	8,2220	12,467
	$I_0^{(7)} = I_0^{(8)}$	0,6118	1,1536	2,0378	3,4366	5,5844	8,7904	13,450
18	$I_0^{(1)} = I_0^{(16)}$	0,3377	0,5163	0,7284	0,9727	1,2473	1,5500	1,8784
	$I_0^{(2)} = I_0^{(15)}$	0,3847	0,6261	0,9469	1,3623	1,8879	2,5392	3,3311
	$I_0^{(3)} = I_0^{(14)}$	0,4284	0,7326	1,1690	1,7790	2,6115	3,7221	5,1726
	$I_0^{(4)} = I_0^{(13)}$	0,4674	0,8308	1,3817	2,1947	3,3647	5,0086	7,2670
	$I_0^{(5)} = I_0^{(12)}$	0,5004	0,9161	1,5718	2,5782	4,0827	6,2771	9,4033
	$I_0^{(6)} = I_0^{(11)}$	0,5262	0,9842	1,7271	2,8987	4,6977	7,3908	11,327
	$I_0^{(7)} = I_0^{(10)}$	0,5439	1,0317	1,8369	3,1292	5,1475	8,2198	12,784
	$I_0^{(8)} = I_0^{(9)}$	0,5530	1,0561	1,8938	3,2497	5,3852	8,6622	13,569
20	$I_0^{(1)} = I_0^{(18)}$	0,3030	0,4639	0,6555	0,8771	1,1271	1,4041	1,7062
	$I_0^{(2)} = I_0^{(17)}$	0,3416	0,5544	0,8364	1,2009	1,6620	2,2342	2,9320
	$I_0^{(3)} = I_0^{(16)}$	0,3781	0,6434	1,0221	1,5497	2,2689	3,2290	4,4861
	$I_0^{(4)} = I_0^{(15)}$	0,4115	0,7274	1,2039	1,9052	2,9136	4,3326	6,2884
	$I_0^{(5)} = I_0^{(14)}$	0,4409	0,8034	1,3731	2,2465	3,5537	5,4664	8,2057
	$I_0^{(6)} = I_0^{(13)}$	0,4655	0,8682	1,5209	2,5522	4,1421	6,5370	10,066
	$I_0^{(7)} = I_0^{(12)}$	0,4846	0,9193	1,6396	2,8022	4,6328	7,4476	11,680
	$I_0^{(8)} = I_0^{(11)}$	0,4976	0,9546	1,7225	2,9793	4,9852	8,1108	12,873
	$I_0^{(9)} = I_0^{(10)}$	0,5042	0,9726	1,7652	3,0712	5,1693	8,4603	13,506

Lange Dolph-Tschebyscheff-Arrays mit $N+1 \gg 1$ sollten daher stets auch eine **hohe** Neben-keulenunterdrückung SLS aufweisen [Han60]. Nach [Maas54] lassen sich störende Randpeaks in der Strombelegung vermeiden, wenn mit v aus (18.35) gilt:

$$\boxed{N < v^2 = \ln^2\left(R + \sqrt{R^2 - 1}\right)} \quad \text{mit} \quad R = 10^{SLS/20}, \tag{18.39}$$

was sofort aus (18.37) mit der Forderung $I_0^{(0)} = 1 < I_0^{(1)} \approx v^2/N$ erkennbar wird. Bei einer Nebenkeulenunterdrückung von z. B. $SLS = 20$ dB mit $R = 10$ führt (18.39) auf abgerundet $N+1 \leq 9$. Sofern (18.39) eingehalten wird, nehmen gemäß der Tabellen 18.5 und 18.6 die Speiseströme von innen nach außen umso schneller ab, je höher die gewünschte Nebenkeulen-unterdrückung SLS sein soll. Die äußeren Strahler tragen daher immer weniger zur Gesamt-strahlung bei, wodurch sich die wirksame Gruppenlänge verringert, was zwangsläufig zu einer Verbreiterung der Hauptkeule führt. Als **Optimalbelegung** ist die Speisung einer Antennen-gruppe nach Dolph-Tschebyscheff anfällig gegenüber kleinen Störungen der Amplituden und Phasen der Speiseströme, weswegen die praktisch erreichbaren Werte der Nebenkeulenunter-drückung oft deutlich schlechter als die theoretisch errechneten sind [Hei70]. Insbesondere haben nach [Maas53] die Stromamplituden der **Randstrahler** starken Einfluss auf die Regulie-rung des Nebenkeulenniveaus und müssen daher so genau wie möglich eingehalten werden, was in der Praxis nicht immer ganz einfach ist.

18.3.5 Berechnungsbeispiel

In folgender Übung 18.1 wollen wir eine lineare äquidistante Antennengruppe aus $N+1$ Ele-menten mit Dolph-Tschebyscheff-Belegung betrachten.

Übung 18.1: Entwurf eines Dolph-Tschebyscheff-Arrays

● Betrachten Sie wie in Bild 17.5 eine z-Linie aus äquidistanten isotropen Teilstrahlern mit *uniformer* Phase. Für diesen *Querstrahler* soll eine Dolph-Tschebyscheff-Belegung gefun-den werden, mit der alle Nebenkeulen der Gruppencharakteristik auf dem Niveau $SLL = -30$ dB liegen, außerdem soll die Halbwertsbreite $\Delta \vartheta_b = 6{,}1°$ betragen.

● **Lösung:**

Aus (18.24) folgt zunächst der **Welligkeitsfaktor**

$$R = 10^{-SLL/20} = 10^{30/20} = \sqrt{1000} = 31{,}62. \tag{18.40}$$

Nach einer numerischen Lösung von (18.28) mit $\Delta \vartheta_b = 6{,}1° \cdot \pi/180°$ finden wir den Pa-rameter $N = 10{,}996$, den wir zu $N = 11$ *aufrunden,* um die Vorgabe für $\Delta \vartheta_b$ nicht zu überschreiten. Die Gruppe muss also aus $N+1 = 12$ Teilstrahlern bestehen, womit wir $\psi = 0{,}2950$ und $\gamma = 1{,}072$ aus (18.26) und (18.27) bestimmen können. Schließlich erhal-ten wir aus (18.29) auch den optimalen gegenseitigen **Abstand** $d_b = d_b^{\text{opt}} = 0{,}8827 \, \lambda_0$ zweier benachbarter Gruppenelemente. Die **Dolph-Tschebyscheff-Belegung** mit $SLL = -30$ dB und 12 Elementen entnehmen wir direkt Tabelle 18.5:

$$I_0^{(0)} = I_0^{(11)} = 1{,}0000, \quad I_0^{(1)} = I_0^{(10)} = 1{,}4262, \quad I_0^{(2)} = I_0^{(9)} = 2{,}1659$$

$$I_0^{(3)} = I_0^{(8)} = 2{,}8886, \quad I_0^{(4)} = I_0^{(7)} = 3{,}4658, \quad I_0^{(5)} = I_0^{(6)} = 3{,}7865. \tag{18.41}$$

Bei der Anordnung der *gleichphasigen* Teilstrahler $(\delta = 0)$ entlang einer **z-Linie** gilt nach (18.13) $u = k_0\, d_b \cos\vartheta$ und die Abstrahlung wird unabhängig von φ, woraus wir aus (18.15) die *unnormierte* Gruppencharakteristik erhalten:

$$C_{\mathrm{Gr}}(\vartheta) = \left| \sum_{n=0}^{11} \left[I_0^{(n)}\, e^{\,jnu} \right] \right|, \tag{18.42}$$

deren Maximum (als Querstrahler) bei $\vartheta = \pi/2$, also bei $u = 0$, auftritt und sich damit gerade aus der Summe der (stets positiven) Stromamplituden ergibt:

$$\sum_{n=0}^{11} I_0^{(n)} = 29{,}466. \tag{18.43}$$

Damit erhalten wir die auf ihr Maximum **normierte Gruppencharakteristik:**

$$C_{\mathrm{Gr}}(\vartheta) = \frac{\left| \sum_{n=0}^{11} \left[I_0^{(n)}\, e^{\,jnk_0 d_b \cos\vartheta} \right] \right|}{\sum_{n=0}^{11} I_0^{(n)}} \qquad \text{mit } k_0\, d_b = 5{,}546, \tag{18.44}$$

die wir in Bild 18.9 im Vertikalschnitt $0° \le \vartheta \le 180°$ und als 3D-Charakteristik darstellen. Die querstrahlende z-Linie hat eine scheibenförmige Hauptkeule mit einem Maximum in der Ebene $\vartheta = 90°$ und einer **Halbwertsbreite** von $\Delta\vartheta_b = 6{,}1°$, was zusammen mit dem sich einstellenden Nebenkeulenniveau von $SLL = -30\ \mathrm{dB}$ die Zielvorgaben erfüllt.

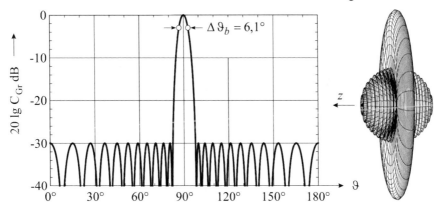

Bild 18.9 Gruppencharakteristik $C_{\mathrm{Gr}}(\vartheta)$ nach (18.44) einer äquidistanten *querstrahlenden* Gruppe (z-Linie) aus $N+1 = 12$ Teilstrahlern in gegenseitigem Abstand $d_b = d_b^{\mathrm{opt}} = 0{,}8827\,\lambda_0$ mit Dolph-Tschebyscheff-Belegung (18.41) für $SLL = -30\ \mathrm{dB}$ mit Richtfaktor $D_b = 18{,}0 \;\hat{=}\; 12{,}6\ \mathrm{dBi}$ und Nullwertsbreite $\Delta\vartheta_{0,b} = 16{,}3°$. Die links und rechts jeweils äußersten Nebenkeulen sind bereits die Flanken der beiden grating lobes, deren weiteres Anwachsen durch die optimale Wahl des Elementabstandes nach (18.29) verhindert wurde.

Im Gegensatz zur uniformen Belegung liegen die Nullstellen der Gruppencharakteristik eines Dolph-Tschebyscheff-Arrays nicht mehr äquidistant. Von besonderem Interesse ist dabei die *erste* Nullstelle, aus der die **Nullwertsbreite** folgt [Jas61]:

$$\boxed{\Delta\,\vartheta_{0,b} = 2\,\vartheta_{0,b} = 2\arcsin\left[\frac{2}{k_0\,d_b}\arccos\left(\frac{1}{\gamma}\cos\frac{\pi}{2\,N}\right)\right]}\quad (N+1\ \text{Elemente}),\qquad (18.45)$$

was mit $d_b = d_b^{\text{opt}} = 0{,}8827\,\lambda_0$ und $\gamma = 1{,}072$ bei $N = 11$ zu $\Delta\,\vartheta_{0,b} = 16{,}3°$ führt. Somit ist hier die Nullwertsbreite etwa 2,68 mal größer als die Halbwertsbreite $\Delta\,\vartheta_b = 6{,}1°$.

Schließlich wollen wir, ausgehend von (10.30) und mit $C_{\text{Gr}}(\vartheta)$ aus (18.44), noch den **Richtfaktor** D_b bestimmen, indem wir folgendes Integral numerisch auswerten:

$$D_b = \frac{4\,\pi}{2\,\pi\displaystyle\int\limits_{\vartheta=0}^{\pi} C_{\text{Gr}}^2(\vartheta)\sin\vartheta\,d\vartheta} = 18{,}0 \triangleq 12{,}6\ \text{dBi}\,.\quad \square \qquad (18.46)$$

18.3.6 Richtfaktor bei querstrahlenden Gruppen

Für den **Richtfaktor** D_b einer **querstrahlenden Gruppe** aus $N+1$ isotropen, äquidistant in gegenseitigem Abstand d_b angeordneten Strahlerelementen mit einer Dolph-Tschebyscheff-Belegung für den Welligkeitsfaktor $R = 10^{SLS/20}$ findet man in der Literatur verschiedene Näherungsformeln [Elli63, Drane68]. Wir halten uns im Folgenden an die Darstellung in [Stu13], wo der Richtfaktor als Funktion der Halbwertsbreite dargestellt wird (Bild 18.10):

$$\boxed{D_b = \frac{2\,R^2}{1 + R^2\,\Delta\,\vartheta_b}}\quad \text{mit } \Delta\,\vartheta_b \text{ aus (18.30) im Bogenmaß.}\qquad (18.47)$$

Mit den Zahlenwerten aus Übung 18.1, nämlich $R = \sqrt{1000}$ und $\Delta\,\vartheta_b = 6{,}1°$, erhalten wir

$$D_b = \frac{2\cdot 1000}{1 + 1000\ 6{,}1°\ \pi/180°} = 18{,}6 \triangleq 12{,}7\ \text{dBi}\,,\qquad (18.48)$$

was gut mit dem numerisch ermittelten Ergebnis (18.46) übereinstimmt. Mit $N \to \infty$ betrachten wir nun den **Grenzfall einer sehr langen Gruppe.** Dann geht nach (18.26) $\psi \to 0$ und auch die Halbwertsbreite $\Delta\,\vartheta_b$ wird wegen (18.30) unendlich klein, womit aus (18.47) folgt:

$$\boxed{D_b^{\max} = \lim_{N\to\infty} D_b = 2\,R^2}\qquad (18.49)$$

oder in logarithmischer Darstellung:

$$10\lg D_b^{\max}\ \text{dB} = 10\lg 2\ \text{dB} + 20\lg R\ \text{dB} = 3{,}01\,\text{dB} + SLS\,.\qquad (18.50)$$

Daher ist der **maximal mögliche Richtfaktor** eines Dolph-Tschebyscheff-Arrays gerade 3 dB höher als die Nebenkeulendämpfung. Falls man z. B. einen Richtfaktor von 23 dBi anstrebt, dann muss $SLS > 20\,\text{dB}$ sein – im Normalfall sogar noch höher, weil man niemals $N \to \infty$ erreichen kann. In der Praxis ist die Grenze (18.49) dennoch *unproblematisch* [Elli81]. Betrachten wir nämlich in Bild 18.10 die Kurve für den Parameter $SLS = 35\,\text{dB}$, dann sieht man, dass diese sich z. B. bei $\Delta\,\vartheta_b = 0{,}1°$ nur wenig von der gestrichelten Grenzgerade abgelöst hat. Nach (18.28) erreichen wir diesen *Punkt* erst mit einer langen Gruppe aus $N+1 = 650$ Elementen, die sich nach (18.29) im gegenseitigen Abstand von $d_b^{\text{opt}} = 0{,}9977\,\lambda_0$ befinden müssten.

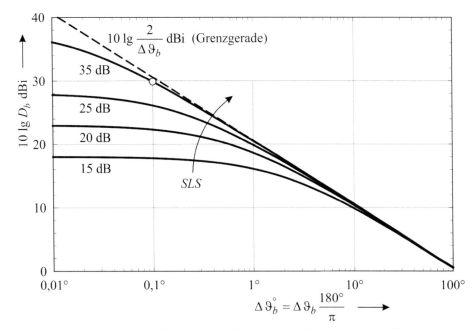

Bild 18.10 Richtfaktor $10\lg D_b$ dBi nach (18.47) einer äquidistanten _querstrahlenden_ Gruppe mit Dolph-Tschebyscheff-Belegung als Funktion der Halbwertsbreite $\Delta\vartheta_b^\circ = \Delta\vartheta_b\, 180°/\pi$ im _Gradmaß._ Die Kurvenschar im doppelt-logarithmischen Maßstab variiert über dem Parameter $SLS = 20\lg R$ dB . Der markierte Punkt bei $\Delta\vartheta_b^\circ = 0{,}1°$ auf der Kurve für den Parameter $SLS = 35$ dB liegt nur wenig unterhalb der Grenzgeraden (18.51). Sättigungseffekte beim Richtfaktor sind hier erst für $\Delta\vartheta_b^\circ < 0{,}1°$ spürbar.

Solange $R^2\,\Delta\vartheta_b \gg 1$ gilt (mit $\Delta\vartheta_b$ im Bogenmaß), sind also kaum Sättigungseffekte beim Richtfaktor spürbar, denn hier nähern sich wegen (18.47) _alle_ Kurven einer **Grenzgeraden** mit Steigung -1, die in Bild 18.10 gestrichelt eingetragen ist:

$$D_b = \frac{2}{\Delta\vartheta_b}. \tag{18.51}$$

Handelt es sich hingegen um eine sehr lange Antennengruppe mit kleiner Halbwertsbreite, dann kann $R^2\,\Delta\vartheta_b \ll 1$ werden und die Kurven entfernen sich von der Grenzgeraden nach unten und erreichen bei $\Delta\vartheta_b \to 0$ ihr **Sättigungsmaximum** $D_b^{max} = 2R^2$, was nach (18.50) gerade 3 dB oberhalb der Nebenkeulenunterdrückung SLS liegt.

Die **Grenzgerade** (18.51) hat nach Einsetzen von (18.30) folgende Darstellung:

$$D_b = \frac{2}{\Delta\vartheta_b} = \frac{1}{\arcsin\left(\dfrac{\psi}{k_0\, d_b}\right)} \tag{18.52}$$

mit

$$\psi = 2\arccos\left[\frac{\cosh\left(\dfrac{1}{N}\operatorname{arcosh}\left(R/\sqrt{2}\right)\right)}{\cosh\left(\dfrac{1}{N}\operatorname{arcosh}\left(R\right)\right)}\right] \tag{18.53}$$

aus (18.26). Bei ausreichend _langen_ Gruppen mit $N \gg 1$ kann man (18.52) in eine **Laurent-Reihe** nach _ungeraden_ Potenzen von $x = 1/N$ entwickeln:

$$D_b = a_{-1} x^{-1} + a_1 x^1 + a_3 x^3 + a_5 x^5 + \cdots. \tag{18.54}$$

Bei Berücksichtigung nur des _führenden_ Terms findet man den für $N \gg 1$ gültigen Grenzwert, gegen den der Richtfaktor eines Dolph-Tschebyscheff-Arrays aus $N+1$ Kugelstrahlern strebt, solange die Nebenbedingung $R^2 \Delta \vartheta_b \gg 1$ gilt und noch keine Sättigungseffekte auftreten:

$$\boxed{D_b = \alpha N \frac{d_b}{\lambda_0}}. \tag{18.55}$$

Der **Vorfaktor** α folgt aus dem Laurent-Koeffizienten a_{-1} und ist in Bild 18.11 dargestellt:

$$\alpha = \frac{\pi}{\sqrt{\operatorname{arcosh}^2(R) - \operatorname{arcosh}^2(R/\sqrt{2})}}. \tag{18.56}$$

Er hängt mit $R = 10^{SLS/20}$ von der Nebenkeulenunterdrückung SLS ab.

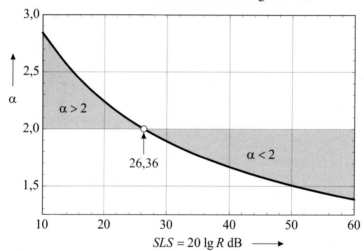

Bild 18.11 Vorfaktor α aus (18.56) für den Richtfaktor (18.55) eines querstrahlenden Dolph-Tschebyscheff-Arrays aus $N+1$ äquidistant angeordneten isotropen Strahlern

Wir wollen nun (18.55) mit dem Richtfaktor (17.65)

$$D = 2(N+1) \frac{d}{\lambda_0}, \tag{18.57}$$

einer querstrahlenden Gruppe aus ebenfalls $N+1$ in gleichem gegenseitigen Abstand $d = d_b$ angeordneten isotropen Teilstrahlern mit **uniformer Amplitudenbelegung** vergleichen und finden, dass für übereinstimmenden Richtfaktor $D_b = D$ die Bedingung $\alpha N = 2(N+1)$ erfüllt sein muss, d. h. es muss

$$\boxed{\alpha = 2 + \frac{2}{N}} \tag{18.58}$$

gelten, was für $N \to \infty$ gegen $\alpha = 2$ strebt. Verschiedene Vorfaktoren α zusammen mit den nach (18.56) berechneten zugehörigen Werten von R und SLS findet man in Tabelle 18.7.

Tabelle 18.7 Nebenkeulenunterdrückung SLS bei deren _Überschreitung_ ein Dolph-Tschebyscheff-Array aus $N+1$ isotropen Teilstrahlern (mit $N \gg 1$) einen _kleineren_ Richtfaktor aufweist als eine gleich lange Vergleichsantenne mit uniformer Belegung

N	10	16	25	40	100	$\rightarrow \infty$
α	2,200	2,125	2,080	2,050	2,020	2,000
R	11,11	13,78	15,85	17,49	19,38	20,80
SLS/dB	20,91	22,79	24,00	24,86	25,74	26,36

Überschreitet bei einem Dolph-Tschebyscheff-Array aus $N+1$ isotropen Teilstrahlern die Nebenkeulenunterdrückung den in Tabelle 18.7 angegebenen Wert SLS, dann hat diese Gruppenantenne einen _kleineren_ Richtfaktor als eine gleich lange Vergleichsantenne mit uniformer Belegung, was regelmäßig der Fall ist, sofern gemäß der Nebenbedingung (18.39) Randpeaks in der Belegung verhindert werden sollen. Umgekehrt folgt daraus, dass ein Dolph-Tschebyscheff-Array nur dann einen _höheren_ Richtfaktor als eine gleich lange Vergleichsantenne mit uniformer Belegung haben kann, wenn man Belegungsfunktionen mit Randüberhöhung zulässt.

18.3.7 Richtfaktor und Strombelegung

Das Phänomen einer Richtfaktor-Beschränkung wird bei Gruppen mit uniformer Amplitudenbelegung, wo die Nebenkeulen nach außen abfallen, _nicht_ beobachtet [Elli63], denn hier kann der Richtfaktor im Prinzip beliebig groß werden, sofern nur die Gruppe ausreichend ausgedehnt ist. So folgt der Richtfaktor einer querstrahlenden Gruppen aus N in gegenseitigem Abstand d angeordneten isotropen Teilstrahlern mit **uniformer Belegung** aus (17.65):

$$D = 2N \frac{d}{\lambda_0}, \tag{18.59}$$

was man mit Hilfe der Halbwertsbreite (17.38)

$$\Delta\vartheta = 0,8859 \frac{\lambda_0}{Nd} \tag{18.60}$$

wie folgt schreiben kann, wenn man die Umrechnung $\Delta\vartheta° = \Delta\vartheta \cdot 180°/\pi$ vornimmt:

$$\boxed{D = \frac{1,772}{\Delta\vartheta} = \frac{101,5}{\Delta\vartheta°}} \quad \text{(mit uniformer Belegung)}. \tag{18.61}$$

Mit schmaler werdender Hauptkeule kann im Grenzfall $\Delta\vartheta \rightarrow 0$ der Richtfaktor bei uniformer Belegung daher beliebig groß werden – im Gegensatz zu Dolph-Tschebyscheff Arrays, wo nach (18.47)

$$\boxed{D_b = \frac{2R^2}{1 + R^2 \Delta\vartheta_b}} \quad \text{(mit Dolph-Tschebyscheff-Belegung)} \tag{18.62}$$

ein Sättigungswert von

$$D_b^{\text{max}} = \lim_{\Delta\vartheta_b \rightarrow 0} D_b = 2R^2 \tag{18.63}$$

nicht überschritten werden kann. Im Folgenden wollen wir versuchen, eine physikalische Erklärung für diesen Effekt zu geben. Grundsätzlich ist der Richtfaktor einer Antenne nach (10.19)

$$D = 4\pi r^2 \frac{S_{max}}{P_S} \tag{18.64}$$

ein Maß für ihre Fähigkeit, eine bestimmte Strahlungsdichte in Hauptstrahlungsrichtung S_{max} mit einer möglichst _kleinen_ Strahlungsleistung P_S zu erzeugen, die sich wie $P_S = P_M + P_N$ aus zwei Anteilen zusammensetzt. Dabei ist die Hauptkeulenleistung $P_M = \varepsilon_M P_S$, die wir mit (10.33) definiert hatten, meist deutlich höher als die über die Nebenkeulen abgegebene Leistung $P_N = (1 - \varepsilon_M) P_S$. Ist nämlich die Beam Efficiency $\varepsilon_M \geq 0,8$, was nach Anhang C.7 bei den meisten Antennen gewährleistet ist, dann gilt:

$$\frac{P_M}{P_N} = \frac{\varepsilon_M}{1 - \varepsilon_M} \geq 4 , \tag{18.65}$$

womit sich (18.64) vereinfachen lässt:

$$D = 4\pi r^2 \frac{S_{max}}{P_M + P_N} \approx 4\pi r^2 \frac{S_{max}}{P_M} \quad \rightarrow \quad D^{max} \rightarrow \infty . \tag{18.66}$$

Wenn die Hauptkeulenleistung P_M gegen null geht und dabei stets größer als P_N bleibt, dann wächst der maximal mögliche Richtfaktor somit über alle Grenzen.

Völlig gegensätzlich zu (18.66) verhalten sich aber **Dolph-Tschebyscheff-Arrays,** bei denen alle Nebenkeulen _gleich hoch_ sind. Das ermöglicht zwar eine minimale Halbwertsbreite der Hauptkeule, ist aber gleichzeitig auch die Ursache für die Beschränkung $D_b^{max} = 2R^2 < \infty$, weil die Leistung P_N, die über die Nebenkeulen abgestrahlt wird, mit zunehmender Antennenlänge praktisch _konstant_ bleibt, während die Hauptkeulenleistung P_M immer _kleiner_ wird [Han60], was am Ende zu $P_M \ll P_N$ führen muss. Somit strebt der Richtfaktor für gegebene Strahlungsdichte S_{max} gegen einen Sättigungswert, weil der Nenner nicht mehr kleiner werden kann:

$$D_b = 4\pi r^2 \frac{S_{max}}{P_M + P_N} \quad \rightarrow \quad D_b^{max} = 4\pi r^2 \frac{S_{max}}{P_N} = 2R^2 . \tag{18.67}$$

18.3.8 Richtfaktor bei längsstrahlenden Gruppen

Nach [Safa95] gilt für Dolph-Tschebyscheff-Arrays folgender allgemeiner Zusammenhang:

> Bei gleicher Anzahl $N+1$ der Teilstrahler und bei gleichem Nebenkeulenniveau _SLL_ ist der Richtfaktor D_e einer **längsstrahlenden Gruppe** mit Elementen im Abstand d_e _genauso groß_[4] wie der Richtfaktor D_b der entsprechenden querstrahlenden Gruppe mit _doppeltem_ Elementabstand $d_b = 2 d_e$. Das gleiche hatten wir auch schon in Abschnitt 17.2.5 beobachtet.

Daraus folgt:

---

[4] Den _gleichen_ Richtfaktor für das _querstrahlende_ und das _längsstrahlende_ Dolph-Tschebyscheff-Array erhält man nicht nur bei Abständen $d_b = 2 d_e$, sondern auch dann, wenn beide Elementabstände gemäß $d_b = d_e = m \lambda_0 / 2$ mit $m = 1, 2, 3, \ldots$ _gleich groß_ als Vielfaches einer halben Wellenlänge gewählt werden [Safa95, Stu13].

$$\boxed{D_e(d_e) = D_b(d_b = 2\,d_e)}\,, \tag{18.68}$$

woraus wir mit (18.47) erhalten:

$$D_e(d_e) = \frac{2\,R^2}{1 + R^2\,\Delta\vartheta_b(d_b = 2\,d_e)}\,. \tag{18.69}$$

Es liegt nahe, den **Richtfaktor des Längsstrahlers** $D_e(d_e)$ mit *seiner eigenen* Halbwertsbreite $\Delta\vartheta_e(d_e)$ zu verknüpfen, was uns mit Hilfe von (18.33) gelingt:

$$\boxed{D_e = \frac{2\,R^2}{1 + R^2\,\Delta\vartheta_e^2/8}} \quad \text{mit } \Delta\vartheta_e \text{ aus (18.30) im Bogenmaß.} \tag{18.70}$$

Man vergleiche damit den Richtfaktor D_b des Querstrahlers aus (18.47).

Wir wollen, ausgehend von Übung 18.1, wo wir eine *querstrahlende* Gruppe betrachtet haben, nun die zugehörige *längsstrahlende* Gruppe untersuchen, die bei gleicher Anzahl $N+1=12$ der Teilstrahler und gleichem Nebenkeulenniveau $SLL = -30$ dB den gleichen Richtfaktor $D_e = D_b = 18{,}0$ aufweist. Dazu müssen wir gemäß $d_e = d_e^{\text{opt}} = d_b^{\text{opt}}/2 = 0{,}4414\,\lambda_0$ nur den Elementabstand halbieren, benutzen aber weiterhin die gleiche Dolph-Tschebyscheff-Belegung (18.41). Außerdem ändern wir den Phasengang $\delta = 0$ des Querstrahlers auf das neue Inkrement $\delta = k_0\,d_e = 2{,}773$, um Längsstrahlung der z-Linie in Richtung der negativen Gruppenachse (also in die *negative* z-Richtung bei $\vartheta = \pi$) zu erhalten. Aus (17.22) folgt somit

$$u = k_0\,d_e\,(1 + \cos\vartheta)\,, \tag{18.71}$$

was wir in (18.42) einsetzen können, um die neue Gruppencharakteristik $C_{\text{Gr}}(\vartheta)$ zu erhalten. Nach Normierung auf das Maximum erhalten wir:

$$\boxed{C_{\text{Gr}}(\vartheta) = \frac{\left|\displaystyle\sum_{n=0}^{11}\left[I_0^{(n)}\,e^{\,j\,n\,k_0\,d_e\,(1+\cos\vartheta)}\right]\right|}{\displaystyle\sum_{n=0}^{11} I_0^{(n)}}} \quad \text{mit } k_0\,d_e = 2{,}773\,, \tag{18.72}$$

was wir im Vertikalschnitt und auch als 3D-Charakteristik in Bild 18.12 darstellen. Man bekommt eine konusförmige Hauptkeule mit Rotationssymmetrie um die z-Achse.

Durch eine numerische Auswertung analog zu (18.46) können wir bestätigen, dass der **Richtfaktor** $D_e = 18{,}0 \,\hat{=}\, 12{,}6$ dBi tatsächlich der gleiche ist wie bei der querstrahlenden Gruppe. Die **Halbwertsbreite** $\Delta\vartheta_e = 53{,}3°$ folgt aus (18.30) mit $\psi = 0{,}2950$.

Schließlich wollen wir noch die **Nullwertsbreite des Dolph-Tschebyscheff Längsstrahlers** mit $N+1$ Elementen angeben. Man erhält sie unter Beachtung von (18.30) nach einer gleichlautenden Modifikation von (18.45):

$$\boxed{\Delta\vartheta_{0,e} = 2\,\vartheta_{0,e} = 2\arccos\left[1 - \frac{2}{k_0\,d_e}\arccos\left(\frac{1}{\gamma}\cos\frac{\pi}{2\,N}\right)\right]}\,, \tag{18.73}$$

was mit $d_e = d_e^{\text{opt}} = 0{,}4414\,\lambda_0$ und $\gamma = 1{,}072$ bei $N = 11$ zu $\Delta\vartheta_{0,e} = 88{,}6°$ führt. Somit ist hier die Nullwertsbreite nur etwa 1,66 mal größer als die Halbwertsbreite $\Delta\vartheta_e = 53{,}3°$.

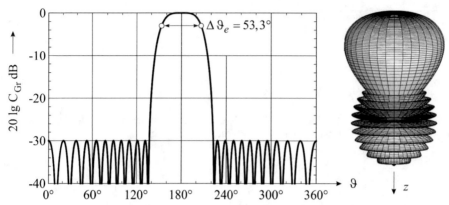

Bild 18.12 Gruppencharakteristik $C_{\mathrm{Gr}}(\vartheta)$ nach (18.44) einer äquidistanten *längsstrahlenden* Gruppe (z-Linie) aus $N+1 = 12$ Teilstrahlern in gegenseitigem Abstand $d_e = d_e^{\mathrm{opt}} = d_b^{\mathrm{opt}}/2 = 0,4414\,\lambda_0$ mit Dolph-Tschebyscheff-Belegung (18.41) für $SLL = -30\,\mathrm{dB}$. Bei gleichem Richtfaktor $D_e = 18,0 \triangleq 12,6\,\mathrm{dBi}$ ist die *konusförmige* Hauptkeule des Längsstrahlers mit ihrer Halbwertsbreite von $\Delta\vartheta_e = 53,3°$ viel breiter als die *scheibenförmige* Hauptkeule des Querstrahlers aus Bild 18.9 mit $\Delta\vartheta_b = 6,1°$. Der Nullwertswinkel beträgt $\Delta\vartheta_{0,e} = 88,6°$ anstelle von $\Delta\vartheta_{0,b} = 16,3°$.

18.3.9 Form der Hauptkeule

Allgemein hängt das **Verhältnis der Null- und Halbwertsbreite** $\Delta\vartheta_{0,b}/\Delta\vartheta_b$ bei einem Dolph-Tschebyscheff-Array stark von der Nebenkeulenunterdrückung ab. Für ausreichend *lange* Gruppen mit $N \gg 1$ gilt bei *Querstrahlern* unter Verwendung von (18.30) und (18.45):

$$\frac{\Delta\vartheta_{0,b}}{\Delta\vartheta_b} \approx \frac{2}{\psi}\arccos\left(\frac{1}{\gamma}\cos\frac{\pi}{2N}\right) \quad \text{mit } \psi \text{ aus (18.26) und } \gamma \text{ aus (18.27).} \tag{18.74}$$

Diesen Quotienten bezeichnen wir als **Beam Ratio** einer Gruppe aus $N+1$ Elementen und können ihn bei $N \to \infty$ im Bereich $10\,\mathrm{dB} \le SLS \le 60\,\mathrm{dB}$ näherungsweise mit einer simplen numerisch angepassten Formel als Funktion der Nebenkeulenunterdrückung ausdrücken:

$$\boxed{\frac{\Delta\vartheta_{0,b}}{\Delta\vartheta_b} \approx 1,91 + \frac{SLS}{39,5}}\,. \tag{18.75}$$

Bei *langen querstrahlenden* Gruppen mit **uniformer** Amplitudenbelegung liegt nach Anhang C.3 die erste Nebenkeule 13,3 dB unter der Hauptkeule. Zudem gilt nach (17.33) und (17.38):

$$\frac{\Delta\vartheta_0}{\Delta\vartheta} \approx 2,26 \quad (\text{bei } N \gg 1). \tag{18.76}$$

Setzt man nun den Wert $SLS = 13,3\,\mathrm{dB}$ in (18.75) ein, dann hat das querstrahlende Dolph-Tschebyscheff-Array nicht nur die gleiche Nebenkeulenunterdrückung sondern mit $\Delta\vartheta_{0,b}/\Delta\vartheta_b \approx 2,25$ praktisch auch das gleiche Beam Ratio wie das uniforme Array.

Auch bei einem *längsstrahlenden* Dolph-Tschebyscheff-Array hängt das Verhältnis $\Delta\vartheta_{0,e}/\Delta\vartheta_e$ stark von der Nebenkeulenunterdrückung ab. Für ausreichend *lange* Gruppen mit $N \gg 1$ gilt wegen (18.30) und (18.73):

$$\frac{\Delta\vartheta_{0,e}}{\Delta\vartheta_e} \approx \sqrt{\frac{2}{\psi}\arccos\left(\frac{1}{\gamma}\cos\frac{\pi}{2N}\right)} \approx \sqrt{\frac{\Delta\vartheta_{0,b}}{\Delta\vartheta_b}}, \tag{18.77}$$

was man bei $N \to \infty$ im Bereich $10\,\text{dB} \le SLS \le 50\,\text{dB}$ analog zu (18.75) wieder näherungsweise als Funktion der Nebenkeulenunterdrückung ausdrücken kann:

$$\boxed{\frac{\Delta\vartheta_{0,e}}{\Delta\vartheta_e} \approx 1,40 + \frac{SLS}{130}}. \tag{18.78}$$

Auch bei _langen längsstrahlenden_ Gruppen mit **uniformer** Amplitudenbelegung liegt die erste Nebenkeule 13,3 dB unter der Hauptkeule. Außerdem folgt hier aus (17.52):

$$\frac{\Delta\vartheta_0}{\Delta\vartheta} \approx 1,50 \quad (\text{bei } N \gg 1). \tag{18.79}$$

Setzt man nun den Wert $SLS = 13,3\,\text{dB}$ in (18.78) ein, dann hat auch das längsstrahlende Dolph-Tschebyscheff-Array nicht nur die gleiche Nebenkeulenunterdrückung sondern mit $\Delta\vartheta_{0,e}/\Delta\vartheta_e \approx 1,50$ auch wieder das gleiche Beam Ratio wie das uniforme Array.

18.4. Verdünnte Gruppen

Eine spezielle inhomogene Amplitudenbelegung ist die, dass man in einer _uniform_ angeregten Antennenzeile aus $N+1$ Elementen eine – oder mehrere – der _inneren_ Teilantennen weglässt. Die gesamte Länge der Antennenstandlinie bleibt dadurch unverändert. Der Einfluss der **Wegnahme** bzw. des **Funktionsausfalls** von ein, zwei oder drei inneren Antennenelementen einer Zeile aus $N+1 = 5$ Teilstrahlern soll im Folgenden untersucht werden. Dazu werden die _Horizontaldiagramme_ der Gruppencharakteristik einer _y-Dipolzeile_ aus 5 phasengleichen Kugelstrahlern mit uniformer Belegung in Tabelle 18.8 im _linearen_ Maßstab als Polardiagramme in der x-y-Ebene über dem Winkel φ aufgetragen. Es wurde jeweils ein Elementabstand von $a = \lambda_0/2$ angenommen, d. h. die Gruppencharakteristik lautet wie in (18.23)

$$\boxed{C_{Gr}^H(\varphi) = \left|\sum_{n=0}^{4}\left[I_0^{(n)}\,e^{jn\pi\sin\varphi}\right]\right|}. \tag{18.80}$$

Dabei werden der Reihe nach einzelne Speiseströme $I_0^{(n)} = 0$ gesetzt. Die nicht strahlenden Elemente sind symbolisch weiß dargestellt.

Das **Ergebnis der Gruppenausdünnung** entnehmen wir Tabelle 18.8. So erhält man bei _symmetrischer Verdünnung_ aufgrund des dann größeren Elementabstandes eine schmalere Hauptkeule mit schärferer Bündelung. Es kommt allerdings zur Bildung von grating lobes, weil immer mehr Hauptkeulen in den sichtbaren Bereich hineinwandern. Bei einem scharf bündelnden Einzelstrahler kann der Effekt solcher parasitären Hauptkeulen stark gemildert werden. Das Prinzip verdünnter Gruppen mit großen Elementabständen in Verbindung mit Hochgewinnantennen wird z. B. in der Radioastronomie bei der Konstruktion von **Interferometersystemen** ausgenutzt [Woh73]. Die _unsymmetrische Verdünnung_ liefert Diagramme mit aufgefüllten Nullstellen und ist deshalb für die Interferometer-Praxis kaum von Bedeutung.

Tabelle 18.8 Horizontaldiagramme $C_{Gr}^{H}(\varphi)$ nach (18.80) einer gleichphasigen Fünfergruppe (y-Zeile) mit Elementabstand $a = \lambda_0 / 2$ bei Ausfall einzelner Antennenelemente.

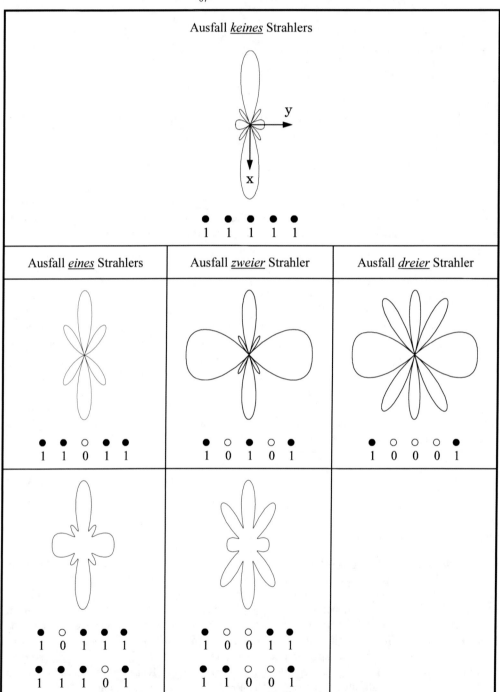

18.5 Ebene Gruppen

Die bisher betrachteten linearen Gruppenstrahler bündeln die Energie nur in _einer_ Ebene, während in der anderen die Bündelung durch die Charakteristik des Einzelelementes bestimmt wird. Betreibt man mehrere lineare Gruppen so nebeneinander, dass sie – wie in Bild 18.13 – eine ebene Fläche aufspannen, dann erhält man eine in _zwei_ Ebenen gebündelte Gruppencharakteristik. Die Erweiterung auf _räumliche_ Gruppen ergibt sich auf ähnliche Weise. Bei beliebig räumlicher Anordnung kann der Gruppenfaktor wieder mit (17.9) berechnet werden.

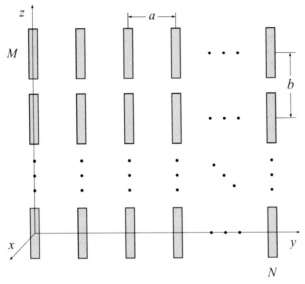

Bild 18.13 Zweidimensionale, bi-äquidistante Antennengruppe aus identischen Teilstrahlern mit horizontalem Elementabstand a und vertikalem Elementabstand b

Durch Multiplikation zweier linearer Gruppencharakteristiken erhält man die Charakteristik der ebenen Gruppe (**multiplikatives Gesetz** für Untergruppen[5]). Ist M die Anzahl der in z-Richtung und N die Anzahl der in y-Richtung angeordneten Einzelelemente, so wird die Charakteristik der ebenen Gruppe bei _gleicher_ Amplitude der Speiseströme aller $M \cdot N$ Elemente:

$$C_{\mathrm{Gr}}(\vartheta, \varphi) = \left| \frac{\sin\left(N\,u/2\right)}{N \sin\left(u/2\right)} \right| \cdot \left| \frac{\sin\left(M\,v/2\right)}{M \sin\left(v/2\right)} \right| \qquad (18.81)$$

mit den Abkürzungen

$$u = \delta_y + k_0\,a \sin\vartheta \sin\varphi \quad \text{und} \quad v = \delta_z + k_0\,b \cos\vartheta . \qquad (18.82)$$

Durch Wahl der Breite $(N-1)\,a$ und der Höhe $(M-1)\,b$ einer ebenen Gruppe können Horizontal- und Vertikaldiagramm _unabhängig_ voneinander festgelegt werden. Mit den Phasenverschiebungen δ_y innerhalb einer Zeile und δ_z zwischen den Zeilen kann weiterhin die Raumrichtung der Abstrahlung eingestellt werden. So strahlt eine ebene Gruppe _quer_ zu ihrer y-z-Ebene (mit einer Hauptkeule in der positiven und einer weiteren in der negativen x-Richtung), wenn alle Elemente phasengleich angeregt werden (z. B. mit $\delta_y = \delta_z = 0$). Dann gilt:

---

[5] **Räumliche Gruppen** haben noch einen _dritten_ Faktor, in dem $w = \delta_x + k_0\,c \sin\vartheta \cos\varphi$ vorkommt.

$$C_{\mathrm{Gr}}(\vartheta,\varphi) = \frac{1}{MN} \left| \frac{\sin\left(N\dfrac{\pi a}{\lambda_0}\sin\vartheta\sin\varphi\right)\sin\left(M\dfrac{\pi b}{\lambda_0}\cos\vartheta\right)}{\sin\left(\dfrac{\pi a}{\lambda_0}\sin\vartheta\sin\varphi\right)\sin\left(\dfrac{\pi b}{\lambda_0}\cos\vartheta\right)} \right|. \tag{18.83}$$

Der Flächenwirkungsgrad großer, querstrahlender Gruppen mit $N, M \gg 1$ und $\delta_y = \delta_z = 0$ ist für $a, b < \lambda_0$ gleich 1, wenn wir die zweite Hauptkeule durch einen Reflektor unterdrücken. Die Wirkfläche wird daher $A_W = A_{\mathrm{geo}} \approx MN\,ab$. Mit $D = 4\pi A_W / \lambda_0^2$ erhalten wir daraus:

$$\boxed{D = 4\pi MN\,ab / \lambda_0^2} \qquad \text{(für uniforme ebene Gruppe mit Reflektor).} \tag{18.84}$$

Mit den Halbwertsbreiten aus (17.38) folgt außerdem $D\,\Delta\varphi\,\Delta\vartheta \approx 32376$.

18.6 Antennen über Erde

Bisher wurde die Abstrahlung elektromagnetischer Wellen im unbegrenzten homogenen Raum betrachtet. Häufig wird zur Erhöhung der Richtwirkung in unmittelbarer Antennennähe ein ebener metallischer **Reflektor** angebracht. Bei Antennen, die sich auf der Erde befinden, wirkt die leitende **Erdoberfläche** in ähnlicher Weise. Mit guter Näherung kann man nämlich die Erde als einen unendlich guten Leiter ansehen. Man kann nun das aus der Elektrostatik bekannte **Spiegelungsprinzip** [Sim93] auch auf Antennen anwenden, die sich über einer ebenen, ideal leitenden Grenzfläche befinden. Es genügt, die Gesetzmäßigkeiten für elektrische und magnetische Elementarströme **J** bzw. **M** zu betrachten. Die Spiegelungsgesetze nach Tabelle 18.9 können sofort auf ausgedehnte Strahler übertragen werden.

Tabelle 18.9 Spiegelung von elektrischen und magnetischen Stromelementen an idealen elektrischen bzw. magnetischen Leitern

Aus Symmetriegründen ergibt die Kombination des ursprünglichen Stromelementes mit seinem Spiegelbild nur eine _senkrecht_ auf der Trennfläche stehende Feldkomponente. Für den häufigsten Fall eines elektrischen Dipols $\underline{\mathbf{J}}$ über einer elektrisch ideal leitenden Ebene ist in Bild 18.14 die Überlagerung der Teilfelder deutlich gemacht.

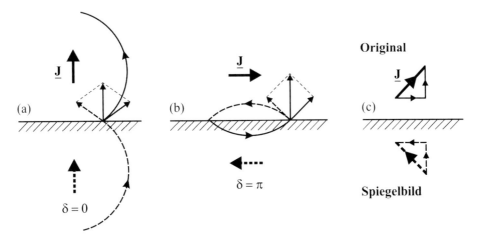

Bild 18.14 Spiegelung von elektrischen Stromelementen über ideal leitender Erde nach [Sim93]. Die Überlagerung der elektrischen Feldvektoren von Original und Spiegelbild sichert die Erfüllung der Randbedingung $\underline{\mathbf{E}}_{\text{tan}} = 0$.

a) Im Spiegelbild eines vertikalen Dipols fließt der Strom in _gleicher Phase_ $(\delta = 0)$.

b) Im Spiegelbild eines horizontalen Dipols fließt der Strom in _Gegenphase_ $(\delta = \pi)$.

c) Ein schräger Dipol muss in vertikale und horizontale _Anteile_ zerlegt werden.

In der fiktiven Ersatzanordnung mit Bildquellen ist der Raum wieder unbegrenzt homogen. Die Strahlungsfelder können damit unter Einbeziehung der Bildquellen als **Gruppenstrahler** berechnet werden. Das resultierende Feld beider Dipole ergibt nur in der Luft, also oberhalb der Grenzfläche, die wirkliche Feldstärke. Im Inneren des Leiters – also in der Erde – sind die sich ergebenden Feldstärken _fiktiver_ Natur, da das Innere eines idealen Leiters wegen des Skineffekts stets feldfrei ist.

Übung 18.2: Vertikaler Dipol über der Erde

- Bestimmen Sie die Strahlungscharakteristik eines _vertikalen Halbwellendipols_ über der Erde (Bild 18.15) in Abhängigkeit seines Abstandes h_E von der Erdoberfläche (x-y-Ebene).

- **Lösung:**

Die Strahlungscharakteristik eines vertikalen Halbwellendipols ist:

$$C_E(\vartheta) = \frac{\cos\left(\dfrac{\pi}{2}\cos\vartheta\right)}{\sin\vartheta} \, . \tag{18.85}$$

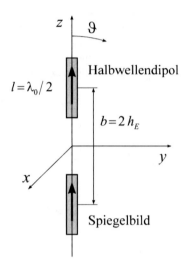

Bild 18.15 Gleichphasige Spiegelung eines vertikalen Halbwellendipols über ideal leitender Erde

Der Dipol und sein *gleichphasiges* Spiegelbild bilden eine Dipollinie entlang der z-Achse. Ihre Gruppencharakteristik kann wegen (17.17) wie folgt angegeben werden:

$$C_{Gr}(\vartheta) = \left| \frac{\sin(N\, u/2)}{N\, \sin(u/2)} \right| \tag{18.86}$$

mit $N = 2$ und $u = \delta + k_0\, b\, \cos\vartheta$. Bei Phasengleichheit gilt $\delta = 0$ und es wird:

$$C_{Gr}(\vartheta) = \left| \frac{\sin(k_0\, b\, \cos\vartheta)}{2\sin\left(\dfrac{k_0\, b}{2}\cos\vartheta\right)} \right| = \left| \cos\left(\frac{k_0\, b}{2}\cos\vartheta\right) \right|. \tag{18.87}$$

Die Charakteristik der gesamten Anordnung erhält man nun mit Hilfe des multiplikativen Gesetzes zu:

$$\boxed{C_{VD}(\vartheta) = C_E(\vartheta)\, C_{Gr}(\vartheta) = \frac{\cos\left(\dfrac{\pi}{2}\cos\vartheta\right)}{\sin\vartheta}\, \left| \cos(k_0\, h_E\, \cos\vartheta) \right|.} \tag{18.88}$$

● **Bemerkung:**
Aus geometrischen Gründen ist bei einem vertikalen Halbwellendipol mit $l = \lambda_0/2$ eine <u>Mindesthöhe</u> über Grund von $h_E = \lambda_0/4$ erforderlich. Für diesen Grenzfall erhalten wir aus (18.88) eine Gesamtcharakteristik von:

$$C_{VD}(\vartheta) = \frac{\cos^2\left(\dfrac{\pi}{2}\cos\vartheta\right)}{\sin\vartheta}, \tag{18.89}$$

die genau der Charakteristik eines *Ganzwellendipols* $\left(l = \lambda_0\right)$ im freien Raum entspricht.

● **Allgemein gilt der Zusammenhang:**

Ein _vertikaler_ Dipol mit _ungerader Halbwellenzahl_ $l = (2n-1)\lambda_0/2$, der sich im _Abstand_ $h_E = (2n-1)\lambda_0/4$ über ideal leitender Erde befindet, verhält sich – zusammen mit seinem gleichphasigen Spiegelbild – wie ein _doppelt_ so langer Dipol im freien Raum. Die gesamte Anordnung hat dann eine scheinbare Länge von $l = (2n-1)\lambda_0$ und daher die Charakteristik

$$C_{VD}(\vartheta) = \frac{\cos^2\left(\dfrac{2n-1}{2}\pi\cos\vartheta\right)}{\sin\vartheta} . \quad \Box \tag{18.90}$$

Auf analoge Weise erhält man die Strahlungscharakteristik eines _horizontalen Halbwellendipols_ über der Erde. Die geometrischen Verhältnisse sind in Bild 18.16 dargestellt.

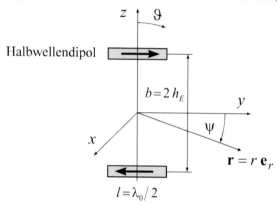

Bild 18.16 Gegenphasige Spiegelung eines horizontalen Halbwellendipols über ideal leitender Erde

Die Elementcharakteristik erhalten wir analog zu (18.85), nun aber mit dem Winkel ψ:

$$C_E(\psi) = \frac{\cos\left(\dfrac{\pi}{2}\cos\psi\right)}{\sin\psi} . \tag{18.91}$$

Um den Winkel ψ mit $0 \le \psi \le \pi$, der von der positiven y-Achse in Richtung des Aufpunktvektors **r** gemessen wird, zu bestimmen, bildet man das Skalarprodukt

$$\cos\psi = \mathbf{e}_y \cdot \mathbf{e}_r = \mathbf{e}_y \cdot \left(\mathbf{e}_x \sin\vartheta\cos\varphi + \mathbf{e}_y \sin\vartheta\sin\varphi + \mathbf{e}_z \cos\vartheta\right) = \sin\vartheta\sin\varphi , \tag{18.92}$$

woraus auch folgt (siehe auch Tabelle 10.1):

$$\sin\psi = \sqrt{1 - \sin^2\vartheta \, \sin^2\varphi} . \tag{18.93}$$

Damit wird die **Elementcharakteristik** eines _horizontalen Halbwellendipols_:

$$\boxed{C_E(\vartheta,\varphi) = \frac{\cos\left(\dfrac{\pi}{2}\sin\vartheta\sin\varphi\right)}{\sqrt{1 - \sin^2\vartheta \, \sin^2\varphi}}} . \tag{18.94}$$

Die Gruppencharakteristik des Dipols mit seinem *gegenphasigen* Spiegelbild erhält man aus:

$$C_{\mathrm{Gr}}(\vartheta) = \left| \frac{\sin(N\,u/2)}{N\,\sin(u/2)} \right| \tag{18.95}$$

mit $N = 2$ und $u = \delta + k_0\,b\,\cos\vartheta$ sowie $\delta = \pi$, d. h. es gilt:

$$C_{\mathrm{Gr}}(\vartheta) = \left| \frac{\sin(\pi + k_0\,b\,\cos\vartheta)}{2\sin\left(\dfrac{\pi}{2} + \dfrac{k_0\,b}{2}\cos\vartheta\right)} \right| = \left| \cos\left(\frac{\pi}{2} + \frac{k_0\,b}{2}\cos\vartheta\right) \right| = \left| \sin\left(\frac{k_0\,b}{2}\cos\vartheta\right) \right|. \tag{18.96}$$

Die Charakteristik der gesamten Anordnung erhält man wieder mit Hilfe des multiplikativen Gesetzes zu:

$$C_{\mathrm{HD}}(\vartheta, \varphi) = C_{\mathrm{E}}(\vartheta, \varphi)\,C_{\mathrm{Gr}}(\vartheta) = \frac{\cos\left(\dfrac{\pi}{2}\sin\vartheta\,\sin\varphi\right)}{\sqrt{1 - \sin^2\vartheta\,\sin^2\varphi}}\,\left| \sin(k_0\,h_E\,\cos\vartheta) \right|. \tag{18.97}$$

Für eine Höhe über Grund von $h_E = 0$ wird der elektrische Strom wegen $\kappa \to \infty$ *kurzgeschlossen,* d. h. Original und gegenphasiges Spiegelbild heben sich gegenseitig auf und bleiben daher wirkungslos. Die Abstrahlung wird dann zu null.

In Tabelle 18.10 sind für verschiedene Höhen h_E eines vertikalen bzw. horizontalen Halbwellendipols über dem ideal leitenden Erdboden die Strahlungsdiagramme im *Vertikalschnitt* nach folgenden Formeln aufgetragen:

$$C_{\mathrm{VD}}^{\mathrm{V}}(\vartheta) = \frac{\cos\left(\dfrac{\pi}{2}\cos\vartheta\right)}{\sin\vartheta}\,\left| \cos(k_0\,h_E\,\cos\vartheta) \right| \tag{18.98}$$

$$C_{\mathrm{HD}}^{\mathrm{V}}(\vartheta, \varphi = 0) = C_{\mathrm{Gr}} = \left| \sin(k_0\,h_E\,\cos\vartheta) \right| \tag{18.99}$$

$$C_{\mathrm{HD}}^{\mathrm{V}}(\vartheta, \varphi = \pi/2) = \frac{\cos\left(\dfrac{\pi}{2}\sin\vartheta\right)}{|\cos\vartheta|}\,\left| \sin(k_0\,h_E\,\cos\vartheta) \right|. \tag{18.100}$$

Für den **Kurzwellenbereich** sind *vertikale* Dipole mit Höhen $h_E \approx \lambda_0/2$ oder $h_E \geq 4\cdot\lambda_0$ zweckmäßig. Im zweiten Fall ist das Diagramm sehr vielzipflig, sodass die unerwünschten Bereiche mit Nullstrahlung – auch in Horizontnähe – ausreichend schmal sind. Für $h_E = \lambda_0/4$ strahlt der horizontale Halbwellendipol *senkrecht* zur reflektierenden Ebene, was gerne zum Bau einfacher **Richtantennen** ausgenutzt wird.

Tabelle 18.10 Vertikale Diagrammschnitte von Halbwellendipolen über idealer Erde

	Vertikaler Dipol ↑	Horizontaler Dipol → $\varphi = 0$ (H-Ebene)	$\varphi = \pi/2$ (E-Ebene)
$h_E = \lambda_0/8$	fiktiv		
$h_E = \lambda_0/4$			
$h_E = 3\lambda_0/8$			
$h_E = \lambda_0/2$			
$h_E = 5\lambda_0/8$			
$h_E = 3\lambda_0/4$			
$h_E = 7\lambda_0/8$			
$h_E = \lambda_0$			
$h_E = 4\lambda_0$			

Die Strahlungscharakteristik eines _horizontalen Halbwellendipols_ über der ideal leitenden Erde ist nicht rotationssymmetrisch, sondern hängt vom Azimutwinkel φ ab. Zur Verdeutlichung obiger Diagrammschnitte zeigt Tabelle 18.11 eine dreidimensionale Darstellung für einige Erdabstände h_E.

Tabelle 18.11 Dreidimensionale Strahlungscharakteristik von Halbwellendipolen über idealer Erde

vertikaler Dipol ↑ (rotationssymmetrisch)	horizontaler Dipol → (nicht rotationssymmetrisch)
$h_E = \lambda_0/4$	
$h_E = \lambda_0/2$	
$h_E = 3\lambda_0/4$	

18.7 Strahlungskopplung in ebenen Dipolgruppen

Bei der linearen Superposition (17.6) der Strahlungsfelder mehrerer Teilantennen haben wir bisher die gegenseitige Kopplung der Antennen vernachlässigt. Wir beschränken uns im Folgenden auf **ebene Gruppen,** die aus N gleichartigen, dünnen **Halbwellendipolen** mit zueinander parallelen Längsachsen und jeweils angepassten Generatoren aufgebaut sind (Bild 18.17).

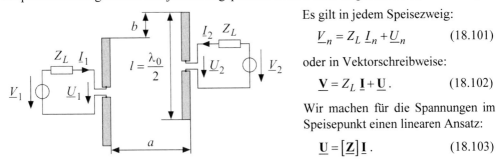

Es gilt in jedem Speisezweig:

$$\underline{V}_n = Z_L \, \underline{I}_n + \underline{U}_n \qquad (18.101)$$

oder in Vektorschreibweise:

$$\underline{\mathbf{V}} = Z_L \, \underline{\mathbf{I}} + \underline{\mathbf{U}} . \qquad (18.102)$$

Wir machen für die Spannungen im Speisepunkt einen linearen Ansatz:

$$\underline{\mathbf{U}} = [\underline{\mathbf{Z}}] \, \underline{\mathbf{I}} . \qquad (18.103)$$

Bild 18.17 Zwei mittengespeiste Halbwellendipole mit horizontalem und vertikalem Versatz a und b

In (18.103) berücksichtigen wir die Verkopplung der Dipole durch eine symmetrische **Impedanzmatrix,** deren Hauptdiagonalelemente alle gleich der (passiven) Eingangsimpedanz des _unverkoppelten_ Halbwellendipols $\underline{Z}_{nn} \cong (73{,}1 + j\,42{,}5)\,\Omega$ sind [Kra88, Bal05, LoLe88, Isk92]:

$$[\underline{\mathbf{Z}}] = \begin{bmatrix} \underline{Z}_{11} & \underline{Z}_{12} & \cdot & \cdot & \underline{Z}_{1N} \\ \underline{Z}_{21} & \underline{Z}_{22} & \cdot & \cdot & \cdot \\ \cdot & \cdot & \cdot & \cdot & \cdot \\ \cdot & \cdot & \cdot & \cdot & \cdot \\ \underline{Z}_{N1} & \cdot & \cdot & \cdot & \underline{Z}_{NN} \end{bmatrix} \text{ mit } \underline{\mathbf{V}} = \begin{pmatrix} \underline{V}_1 \\ \underline{V}_2 \\ \cdot \\ \cdot \\ \underline{V}_N \end{pmatrix}, \ \underline{\mathbf{U}} = \begin{pmatrix} \underline{U}_1 \\ \underline{U}_2 \\ \cdot \\ \cdot \\ \underline{U}_N \end{pmatrix} \text{ und } \underline{\mathbf{I}} = \begin{pmatrix} \underline{I}_1 \\ \underline{I}_2 \\ \cdot \\ \cdot \\ \underline{I}_N \end{pmatrix} . \qquad (18.104)$$

Nach Einsetzen von (18.103) in (18.102) erhalten wir die tatsächlichen **Speiseströme** aus einer Matrixinversion, wobei wir mit $[\mathbf{E}]$ die $(N \times N)$ – Einheitsmatrix bezeichnen:

$$\boxed{ \underline{\mathbf{I}} = \left[Z_L \, [\mathbf{E}] + [\underline{\mathbf{Z}}] \right]^{-1} \underline{\mathbf{V}} } . \qquad (18.105)$$

Die (aktiven) **Eingangsimpedanzen** der _verkoppelten_ Teilantennen folgen aus (18.103):

$$\boxed{ \underline{Z}_n = \frac{\underline{U}_n}{\underline{I}_n} = \sum_{m=1}^{N} \underline{Z}_{nm} \frac{\underline{I}_m}{\underline{I}_n} = \underline{Z}_{nn} + \sum_{\substack{m=1 \\ m \neq n}}^{N} \underline{Z}_{nm} \frac{\underline{I}_m}{\underline{I}_n} } \text{ mit } \underline{Z}_{nm} = R_{nm} + j\,X_{nm} \text{ und } \qquad (18.106)$$

$$\frac{8\pi R_{nm}}{Z_0} = -\cos(k_0 b)\left[-2\,\mathrm{Ci}(A) - 2\,\mathrm{Ci}(A') + \mathrm{Ci}(B) + \mathrm{Ci}(B') + \mathrm{Ci}(C) + \mathrm{Ci}(C') \right] + \\ + \sin(k_0 b)\left[2\,\mathrm{Si}(A) - 2\,\mathrm{Si}(A') - \mathrm{Si}(B) + \mathrm{Si}(B') - \mathrm{Si}(C) + \mathrm{Si}(C') \right] \qquad (18.107)$$

$$\frac{8\pi X_{nm}}{Z_0} = -\cos(k_0 b)\left[2\,\mathrm{Si}(A) + 2\,\mathrm{Si}(A') - \mathrm{Si}(B) - \mathrm{Si}(B') - \mathrm{Si}(C) - \mathrm{Si}(C') \right] + \\ + \sin(k_0 b)\left[2\,\mathrm{Ci}(A) - 2\,\mathrm{Ci}(A') - \mathrm{Ci}(B) + \mathrm{Ci}(B') - \mathrm{Ci}(C) + \mathrm{Ci}(C') \right] \qquad (18.108)$$

$$A = k_0 \left(\sqrt{a^2 + b^2} + b \right) \qquad A' = k_0 \left(\sqrt{a^2 + b^2} - b \right)$$

$$\text{mit} \quad B = k_0 \left[\sqrt{a^2 + (b-l)^2} + (b-l) \right] \qquad B' = k_0 \left[\sqrt{a^2 + (b-l)^2} - (b-l) \right] \tag{18.109}$$

$$C = k_0 \left[\sqrt{a^2 + (b+l)^2} + (b+l) \right] \qquad C' = k_0 \left[\sqrt{a^2 + (b+l)^2} - (b+l) \right].$$

Die Funktionen Integralsinus und -kosinus sind in Bild 16.11 dargestellt. Für $a = 0$ treten in (18.107) und (18.108) jeweils 3 singuläre Integralkosinus-Funktionen auf, die sich aber gegenseitig wegheben. Der Wirk- und der Blindanteil der Koppelimpedanz $\underline{Z}_{nm} = R_{nm} + j\,X_{nm}$ sind in Bild 18.18 als Funktion der Abstände a und b dargestellt – siehe auch [Ven15].

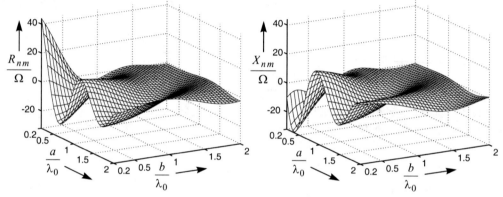

Bild 18.18 Real- und Imaginärteil der Koppelimpedanz zweier paralleler Halbwellendipole als Funktion der horizontalen und vertikalen Abstände a und b (siehe Bild 18.17); jeweils im Bereich $0,2\,\lambda_0$ bis $2\,\lambda_0$

Als **Beispiel** betrachten wir eine <u>äquidistante</u> Dipolzeile mit Elementabständen von jeweils $\lambda_0/2$ aus $N = 4$ Halbwellendipolen. Wir berechnen mit (18.105) die tatsächlichen Quellströme $\underline{I}$, die sich für $Z_L = 75\,\Omega$ bei einer <u>uniformen</u> Spannungsbelegung $\underline{V}$ einstellen:

$$\mathbf{I} = \begin{pmatrix} \underline{I}_1 \\ \underline{I}_2 \\ \underline{I}_3 \\ \underline{I}_4 \end{pmatrix} = \begin{bmatrix} \underline{\zeta}_1 & \underline{\zeta}_2 & \underline{\zeta}_3 & \underline{\zeta}_4 \\ \underline{\zeta}_2 & \underline{\zeta}_1 & \underline{\zeta}_2 & \underline{\zeta}_3 \\ \underline{\zeta}_3 & \underline{\zeta}_2 & \underline{\zeta}_1 & \underline{\zeta}_2 \\ \underline{\zeta}_4 & \underline{\zeta}_3 & \underline{\zeta}_2 & \underline{\zeta}_1 \end{bmatrix}^{-1} \begin{pmatrix} 1\,\text{V} \\ 1\,\text{V} \\ 1\,\text{V} \\ 1\,\text{V} \end{pmatrix} = 7{,}89\ \text{mA} \begin{pmatrix} 0{,}911\,e^{-j\,6{,}61°} \\ 1{,}000\,e^{-j\,1{,}05°} \\ 1{,}000\,e^{-j\,1{,}05°} \\ 0{,}911\,e^{-j\,6{,}61°} \end{pmatrix} \tag{18.110}$$

mit den Werten $\underline{\zeta}_1 = (148{,}1 + j\,42{,}5)\,\Omega$; $\underline{\zeta}_2 = (-12{,}5 - j\,29{,}9)\,\Omega$; $\underline{\zeta}_3 = (4{,}0 + j\,17{,}7)\,\Omega$ und $\underline{\zeta}_4 = (-1{,}9 - j\,12{,}3)\,\Omega$. Die Strombelegung $\underline{I}$ ist daher <u>nicht</u> uniform, was Auswirkungen auf die Richtcharakteristik (Bild 18.19) und die Eingangsimpedanzen hat. Aus (18.106) folgt:

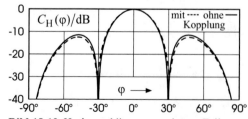

$$\underline{Z}_1 = \underline{Z}_4 = (63{,}2 + j\,16{,}0)\,\Omega$$
$$\underline{Z}_2 = \underline{Z}_3 = (51{,}8 + j\,2{,}3)\,\Omega.$$

Durch die zum Gruppenrand abfallende Belegung verbreitert sich die Hauptkeule und die Nebenzipfel sinken (gestrichelte Kurve). Man vergleiche das Diagramm ohne Kopplung.

Bild 18.19 Horizontaldiagramme einer y-Zeile aus 4 vertikalen $\lambda/2$ – Dipolen <u>mit</u> bzw. <u>ohne</u> Kopplung

18.8 Aufgaben

18.8.1 Ein längsstrahlendes Dolph-Tschebyscheff-Array habe eine Nebenkeulenunterdrückung von $SLS = 40$ dB und bestehe aus $N+1 = 20$ isotropen Einzelstrahlern. Wie groß ist der optimale Elementabstand d_e^{opt}, bei dem die Halbwertsbreite minimal wird, ohne dass grating lobes in Erscheinung treten? Bestimmen Sie für diesen Abstand die Halbwertsbreite, die Nullwertsbreite und den Richtfaktor der Gruppe.

18.8.2 Ein vertikaler Hertzscher Dipol befinde sich im Abstand a vor einem großen, ebenen, vertikalen Reflektor. Der Abstand des Dipols zur horizontalen Erde betrage b.

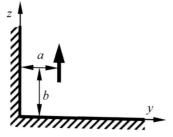

Berechnen Sie mit Hilfe der Spiegelungsmethode die Gesamtcharakteristik der Anordnung durch mehrfache Anwendung des multiplikativen Gesetzes.

In welche Raumrichtung (ϑ, φ) zeigt die Hauptkeule, falls $a = b = \lambda_0/4$ gilt?

Wie lautet für $a = b = \lambda_0/4$ das horizontale und das vertikale Richtdiagramm?

18.8.3 Eine lineare äquidistante Antennengruppe entlang der y-Achse bestehe aus $N+1$ identischen Teilstrahlern im gegenseitigen Abstand $a = \lambda_0/2$. Die Speiseströme seien gleichphasig und ihre Amplituden mit $n = 0, 1, 2, \ldots N$ binomialverteilt: $I_0^{(n)} = \binom{N}{n} I_0$. Finden Sie mit Hilfe des additiven Gesetzes die Gruppencharakteristik der Anordnung. Formen Sie das Ergebnis mit dem binomischen Lehrsatz in eine geschlossene Darstellung um. Zeigen Sie mit Hilfe der Eulerschen Formeln, dass $C_{Gr} = \cos^N(\frac{\pi}{2}\sin\vartheta\sin\varphi)$ gilt. Wie lautet dann das horizontale Richtdiagramm $C_{Gr}^{H}(\varphi)$? Zeigen Sie, dass für die Halbwertsbreite von $C_{Gr}^{H}(\varphi)$ gilt:

$$\Delta\varphi = 2\arcsin\left[\frac{2}{\pi}\arccos\left(0{,}5^{1/(2N)}\right)\right].$$

Lösungen:

18.8.1 $d_e^{\text{opt}} = 0{,}4562\,\lambda_0$, $\Delta\vartheta_e = 42{,}6°$, $\Delta\vartheta_{0,e} = 73{,}8°$ und $D_e = 28{,}9 \,\hat{=}\, 14{,}6$ dBi

18.8.2 $C_{\text{ges}} = \sin\vartheta\cdot\left|\sin(k_0\,a\,\sin\vartheta\sin\varphi)\right|\cdot\left|\cos(k_0\,b\,\cos\vartheta)\right|$ mit Maximum bei $\vartheta = \varphi = \pi/2$

$$C_H(\varphi) = \left|\sin\left(\frac{\pi}{2}\sin\varphi\right)\right| \quad \text{und} \quad C_V(\vartheta) = \sin\vartheta\cdot\sin\left(\frac{\pi}{2}\sin\vartheta\right)\cdot\cos\left(\frac{\pi}{2}\cos\vartheta\right)$$

18.8.3 $C_{Gr} \,\hat{=}\, \left|I_0\sum_{n=0}^{N}\binom{N}{n}e^{\,jn\pi\sin\vartheta\sin\varphi}\right| = \left|I_0\left(1 + e^{\,j\pi\sin\vartheta\sin\varphi}\right)^N\right|$ und $C_{Gr}^{H} = \cos^N\left(\frac{\pi}{2}\sin\varphi\right)$

19 Gruppenantennen III (Yagi-Uda-Antennen)

19.1 Zusammenfassung

Yagi-Uda-Antennen werden als Richtantennen meist bei Frequenzen von 10 MHz bis 2 GHz verwendet. Neben ihrem Einsatz beim terrestrischen Fernsehrundfunk sind sie auch im Bereich des VHF- und UHF-Amateurfunks sehr beliebt, da man sie aus einzelnen Dipoldrähten einfach aufbauen kann. In der Literatur [Viez76, Rot01, Bal05, ARRL07, Stu13] findet man eine große Anzahl funktionsfähiger Entwürfe, die für einen gewünschten Gewinn in einem bestimmten Frequenzbereich optimiert wurden. Bislang fehlte aber ein Algorithmus, mit dem man in einfacher Weise die Anzahl, Längen und Orte aller Dipole mit analytischen Formeln hätte ermitteln können. Im Folgenden wird nun erstmals ein grundlegendes Verfahren zur **<u>Synthese</u>** von Yagi-Uda-Antennen mit mindestens 4 Direktoren vorgestellt. Die so resultierende **<u>RFDn-Antenne</u>** besteht aus $N = n+2$ Elementen, nämlich einem Reflektor, einem Feeder und n Direktoren.

- Mit gegebener Wellenlänge $\lambda_0 = c_0/f$ und nach Auswahl eines (für alle Dipole gleichen) Drahtdurchmessers d erhält man den für eine RFDn-Antenne charakteristischen Parameter λ_0/d, der den für die meisten Anwendungen geeigneten Bereich $50 \leq \lambda_0/d \leq 1000$ nicht wesentlich verlassen darf. Weiß man schon, wie viele Direktoren $n \geq 4$ man verwenden möchte, dann kann die RFDn-Antenne mit Hilfe von Tabelle 19.1 bereits aufgebaut werden.

- Bei der numerischen Optimierung zeigte sich, dass die ersten 6 Elemente nichtäquidistant und alle weiteren in gleichbleibendem Abstand $a = 0,3\,\lambda_0$ anzuordnen sind (Tabelle 19.1).

- Jedes Element ist mit einer geometrischen Stufung (σ bzw. τ) kürzer als sein Vorgänger.

- Jede RFDn-Antenne ist über den Parameter λ_0/d in der Frequenz skalierbar. Sie darf auch verlängert $(n+1)$ oder verkürzt $(n-1)$ werden, wobei die Reststruktur unverändert bleibt.

- Eine RFD4-Antenne mit 6 Elementen (Reflektor, Feeder und 4 Direktoren) ist die kürzest mögliche Lösung. Ihre Boomlänge liegt nach (19.57) im Bereich $0,85 \leq L/\lambda_0 \leq 1,02$ (je nach dem Wert des Parameters λ_0/d), womit sich nach (19.58) ein realisierter Gewinn im Bereich $11,6 \leq g_R/\text{dBi} \leq 12,0$ erreichen lässt.

- Wird ein höherer realisierter Gewinn aus dem Bereich $12,2 \leq g_R/\text{dBi} \leq 19,5$ angestrebt, kann man die erforderliche Anzahl der Direktoren mit $5 \leq n \leq 35$ aus (19.54) und (19.56) mit $a = 0,3\,\lambda_0$ ermitteln. Die Boomlängen von RFD5- bis RFD35-Antennen variieren im Bereich $1,2 \leq L/\lambda_0 \leq 10,2$.

- Die Länge l_2 des aktiven Dipols (Tabelle 19.1) wird im Zusammenwirken mit allen anderen Dipolen auf Halbwellenresonanz ($X_E \approx 0$) mit einem Eingangswiderstand von $R_E \approx 28\,\Omega$ abgestimmt. Die Anpassung an eine Signalquelle (bzw. einen Empfänger) mit einem Innenwiderstand von $50\,\Omega$ kann über einen $\lambda/4$-Leitungstransformator erfolgen, der sich durch zwei parallel geschaltete $75\,\Omega$-Koaxialleitungen realisieren lässt.

- Der letzte Direktor als $(N = n+2)$-tes Element hat nach Tabelle 19.1 die Länge $l_N = l_{n+2} = \tau^{n-4}\,\sigma^4\,l_2$. Ist dieser mit $l_{n+2} < 0,3\,\lambda_0$ sehr kurz, wird eine Sättigung beim Gewinn spürbar, wie man am Beispiel von sehr langen RFD80-Antennen mit $L/\lambda_0 = 24$, die sich aus dickeren Dipolen mit $\lambda_0/d = 50$ zusammensetzen, sehen kann.

- Die relative 1-dB-Bandbreite B_r des realisierten Gewinns einer RFDn-Antenne liegt typisch im Bereich von etwa $4\,\%$ bis $7\,\%$. Sie hängt nach Bild 19.7 und 19.8 von der Dipoldicke und von der Boomlänge ab.

- Der Einfluss metallischer oder dielektrischer Trägerstäbe wird in Abschnitt 19.10 diskutiert.

© Springer Fachmedien Wiesbaden GmbH, ein Teil von Springer Nature 2022
K. W. Kark, *Antennen und Strahlungsfelder*,
https://doi.org/10.1007/978-3-658-38595-8_19

19.2 Grundlegende Eigenschaften

Im Gegensatz zu gewöhnlichen Antennengruppen, bei denen alle Elemente aktiv gespeist werden, betrachten wir in diesem Kapitel eine besondere Klasse **parasitärer Arrays,** bei denen nur ein einziges Element (der Feeder) direkt mit dem Generator verbunden ist, während alle anderen erst durch Nahfeldkopplung angeregt werden. Bei Anordnung N paralleler und gleich dicker Dipole entlang einer Zeile (analog zu Bild 17.4) gelangt man zur **Yagi-Uda-Antenne,** die als erste Richtantenne schon 1926 von S. Uda entwickelt [Uda26] und durch einen späteren englischsprachigen Artikel von H. Yagi [Yagi28] international bekannt gemacht wurde[1].

Schon in Abschnitt 17.2.4 haben wir gesehen, dass man zur Erhöhung der Richtwirkung eines primär erregten Dipols strahlungsgekoppelte Reflektor- und Direktordipole hinzufügen kann. In der Praxis benutzt man oft eine ganze Reihe von **Direktoren** (Wellenrichter) manchmal sogar mehrere Dutzend, während man sich meist auf einen **Reflektor** beschränkt und diesen zur Minderung der unerwünschten Rückstrahlung höchstens noch mit weiteren Stäben zu einer reflektierenden Wand ausbaut.

Die Yagi-Uda-Antenne wirkt als **Längsstrahler** und ist eine klassische Antennenform. Sie findet aufgrund ihres einfachen Aufbaus und ihrer hohen Richtwirkung (meist mit Gewinnen von 10 dBi bis 20 dBi) bis heute vielfältige Anwendungen im Kurzwellenbereich (3-30 MHz), bei den Ultrakurzwellen (30-300 MHz) und bei den Dezimeterwellen (300-3000 MHz). Ihr grundsätzlicher Aufbau ist in Bild 19.1 dargestellt. Die einfachste Yagi-Uda-Antenne besteht aus nur zwei Elementen (Feeder und Reflektor) und hat einen Gewinn um 6 dBi. Ergänzt man noch einen Direktor, sind schon 8,5 dBi möglich [Rot01, Matt10, Stu13].

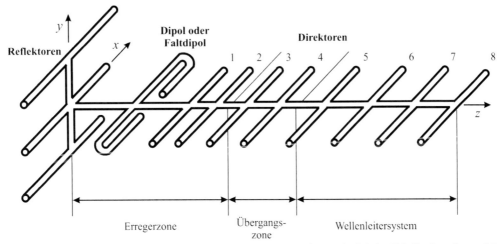

Bild 19.1   Yagi-Uda-Antenne, bestehend aus _einem_ aktiv gespeisten Dipol (oder Faltdipol) und parasitären Strahlerelementen gleicher Dicke für reflektierende und dirigierende Wirkung. Die Übergangszone erstreckt sich über die Direktoren drei und vier, an die sich das oft äquidistante Wellenleitersystem anschließt. Alle Strahler sind in ihrer Mitte – also am Ort des Spannungsminimums – auf einem Trägerstab (Boom) befestigt. Die Speiseleitung ist nicht dargestellt.

---

[1] Historisch korrekt müsste diese Antennenform eigentlich Uda-Yagi-Antenne heißen. Dennoch wird sie bis heute häufig nur Yagi-Antenne genannt, obwohl Yagi stets auf die Beiträge Udas hingewiesen hatte. Eine ausführliche Beschreibung der Historie findet man bei [Kra02, Rot01].

Eine Yagi-Uda-Antenne kann man in drei Wirkungszonen aufteilen:

- Die **Erregerzone** hat Einfluss auf die Bandbreite und den Eingangswiderstand der Antenne. Zur Erregerzone gehören das aktive Element und der Reflektor, der durch zusätzliche Stäbe zu einer reflektierenden Wand erweitert werden kann, sowie die ersten beiden Direktoren.

- Die **Übergangszone** umfasst die Direktoren drei und vier und dient zur optimalen Anpassung der Strahlung der Erregerzone an das nachfolgende Wellenleitersystem. Dieser Bereich muss so gestaltet werden, dass sich über der gesamten Antenne eine möglichst glatte Strombelegung einstellt. Sprünge im Stromprofil würden nämlich zu schlechten Richtdiagrammen mit hohen Nebenkeulen und reduziertem Gewinn führen [Stey99].

- Das aus mehr oder weniger zahlreichen Direktoren bestehende **Wellenleitersystem** wird häufig äquidistant ausgeführt und bestimmt wesentlich die Strahlungscharakteristik und somit den Gewinn der Antenne. Haben alle Direktoren des Wellenleitersystems gleiche Länge, dann kann der Gewinn durch Hinzunahme weiterer Elemente nicht beliebig gesteigert werden. Höhere Gewinne sind nur mit einer inhomogenen Yagi-Uda-Antenne erreichbar, bei der man jeden Direktor ein wenig kürzer als seinen direkten Vorgänger ausführt [Hoch77].

Die Längsausdehnung einer Yagi-Uda Antenne bezeichnet man als **Boomlänge** L und misst sie vom aktiven Dipol bis zum letzten Direktor des Wellenleitersystems. Der Reflektordipol wird für die Boomlänge _nicht_ mitgezählt. Nach [Rot01] spricht man bei $L < \lambda_0$ von einer Kurz-Yagi-Antenne. Dagegen erhält man bei $L > \lambda_0$ Lang-Yagi-Antennen, deren Entwurf aufgrund der Vielzahl ihrer Parameter mit mehr Aufwand als bei den kürzeren Bauformen verbunden ist.

19.3 Der Aufbau von Yagi-Uda-Antennen

19.3.1 Die Erregerzone

Zur Verwendung als **aktiven Strahler** verwenden wir hier stets einen Dipol in $\lambda/2$ – Grundwellenresonanz, da Oberwellenresonanzen bei ganzzahligen Vielfachen der Grundfrequenz in den Anwendungen kaum eine Rolle spielen. Ein unendlich dünner Halbwellendipol hat im freien Raum hat nach Bild 16.14 einen Eingangswiderstand von $R_E = 73{,}1\,\Omega$. Tatsächlich sinkt nach Abschnitt 16.2.4 der Eingangswiderstand eines realen Halbwellendipols und liegt – je nach seinem Drahtdurchmesser d – typisch im Bereich $60\,\Omega < R_E < 70\,\Omega$. In der Kombination eines solchen Feeders mit parasitären Strahlern zu einer Yagi-Uda-Antenne sinkt R_E durch gegenseitige Verkopplung analog zu Abschnitt 18.7 nochmals weiter ab. Insbesondere die Position des **Reflektordipols** hat großen Einfluss auf den Eingangswiderstand des aktiven Strahlers. Nach [Kin56] wird R_E bei sehr _kleinem_ Reflektorabstand von $\lambda_0/10$ recht niederohmig und kann dort sogar bis auf $10\,\Omega$ absinken, was hohe Ströme und starke Leiterverluste begünstigt [Rot01]. Andererseits kann man zwar mit einem _größeren_ Abstand von $\lambda_0/4$ in den zur Anpassung eigentlich günstigen Bereich von $50\,\Omega < R_E < 60\,\Omega$ gelangen, doch wäre ein solcher Reflektorabstand wieder etwas zu groß, weil damit die unerwünschte Rückstrahlung einer Yagi-Uda-Antenne in Richtung des Reflektors ansteigen würde. In der Konsequenz wählt man daher häufig _mittelgroße_ Abstände, die auch zu mittelgroßen Eingangswiderständen führen.

Auch die Position des **ersten Direktors** spielt eine wichtige Rolle. Befindet sich dieser nämlich sehr nahe am aktiven Halbwellendipol, dann kann R_E zwar wieder in Bereiche um $50\,\Omega$ angehoben werden – allerdings stellt sich dann ein Sprung in der Strombelegung ein, was ein schlechtes Richtdiagramm zur Folge hat [Stey99].

Einen guten **Kompromiss** zwischen Gewinn, Bandbreite und Richtdiagramm (gutes Vor-Rück-Verhältnis bei geringen Nebenkeulen) kann man bei Verwendung eines gestreckten Halbwellendipols als Feeder dadurch erreichen, dass man einen mittelgroßen Reflektorabstand von etwa $0,2\,\lambda_0$ wählt und den ersten Direktor etwa $0,14\,\lambda_0$ neben dem Feeder platziert. Der sich dann einstellende Eingangswiderstand von etwa $R_E = 28\,\Omega$ ermöglicht eine unkomplizierte Anpassung an einen Generator mit dem Innenwiderstand $R_i = 50\,\Omega$ mittels eines Viertelwellen-Transformators. Gemäß Abschnitt 7.2.3 muss dieser $\lambda/4$-Leitungstransformator dann einen Leitungswellenwiderstand von

$$Z_L = \sqrt{R_i\,R_E} = \sqrt{50\,\Omega \cdot 28\,\Omega} \approx 37,4\,\Omega \tag{19.1}$$

aufweisen, was man nach [Stey97] mit zwei parallel geschalteten $75\,\Omega$-Koaxialleitungen leicht erreichen kann.[2]

Die Länge des aktiv gespeisten Dipols wird auf Halbwellenresonanz abgestimmt, sodass mit $X_E = 0$ der Imaginärteil seiner Eingangsimpedanz verschwindet. Der in (16.83) beschriebene Verkürzungsfaktor V eines *solitären* Halbwellendipols, muss zur Anwendung auf den Feeder einer Yagi-Uda-Antenne allerdings ein wenig modifiziert werden. Die Strahlungskopplung mit den parasitären Elementen wirkt nämlich auch auf den Feeder zurück. Abhängig von der Dipoldicke liegt die **Resonanzlänge** dann meist im Bereich von $0,44\lambda_0$ bis $0,48\lambda_0$. Während der Reflektordipol ein paar Prozent *länger* auszuführen ist [Hock82], sind die Direktoren dagegen alle *kürzer* als das aktive Element.

19.3.2 Homogene Wellenleitersysteme

Bei den Direktoren des Wellenleitersystems liegen die Elementabstände meist im Bereich von $0,2\,\lambda_0$ bis $0,4\,\lambda_0$. Dabei hängt der maximal erreichbare Gewinn einer Yagi-Uda-Antenne nur von ihrer Boomlänge, aber nicht von den Elementabständen ab, sofern diese nicht größer als $0,3\,\lambda_0$ werden [Ehr59]. Wird die gleiche Boomlänge mit Abständen größer als $0,3\,\lambda_0$ realisiert, sinkt der maximal erreichbare Gewinn spürbar [Bal05]. Kürzere Elementabstände ermöglichen zwar höhere Bandbreiten [Shen72], benötigen aber auch deutlich mehr Direktoren um einen vorgegebenen Gewinn zu erreichen, was das Gewicht und die Kosten der Antenne erhöhen würde [Matt10], weswegen wir uns im Folgenden im *Wellenleitersystem* (also ab dem fünften Direktor) auf **äquidistante Elementabstände** von $0,3\,\lambda_0$ konzentrieren werden. Die ersten vier Direktoren hingegen, die sich in der *Erregerzone* bzw. in der *Übergangszone* befinden, dürfen und müssen sogar nichtäquidistant platziert werden, um die Anpassung an das Wellenleitersystem zu verbessern, wie wir im Folgenden noch sehen werden.

Durch Strahlungskopplung werden alle parasitären Dipole zum Mitschwingen angeregt. Bei einer Yagi-Uda-Antenne mit **homogenem Wellenleitersystem** (d. h. alle Direktoren sind gleich lang *und* äquidistant angeordnet) sollten nach [Ehr59] alle Direktorströme nahezu amplitudengleich schwingen und sich von Element zu Element eine gleichmäßige Phasenverschiebung einstellen. In [Thie69] wurde darauf hingewiesen, dass dies eigentlich nur näherungsweise stimmen kann. Tatsächlich breitet sich entlang des Wellenleitersystems nämlich eine **Oberflächenwelle** aus, die durch die diskrete Folge der Direktoren geführt wird (Bild 19.2). Die

---

[2] Zuweilen wird als aktiver Strahler auch ein **Faltdipol** verwendet, der gegenüber einem gestreckten Halbwellendipol einen *viermal* höheren Eingangswiderstand besitzt [Rot01]. Auch hier ist nach [Stey97] eine reflexionsarme Speisung mit üblichen Koaxialleitungen möglich.

Hauptaufgabe des Reflektors und der Direktoren ist es, diese Oberflächenwelle längs des Booms anzuregen und am Laufen zu halten, bei gleichzeitiger Unterdrückung der Rückwärtsstrahlung. Dennoch geht auch ein Teil der Energie in andere Richtungen verloren, wodurch die Amplitude des nächsten Direktorstroms zwangsläufig etwas kleiner ausfallen muss. In Bild 19.2 sind bei einer **RFD11-Yagi-Uda-Antenne** (siehe Abschnitt 19.6) mit einem Gewinn von 15,4 dBi die mittels [CST] gewonnenen zeitgemittelten **Energiestromlinien** im Nahfeld dargestellt. Deren Tangentenrichtung beschreibt an jedem Ort die Bewegung der Wirkenergie und stimmt mit der lokalen Richtung des reellen Poyntingvektors $\mathrm{Re}\{\underline{S}\}$ aus (10.50) überein.

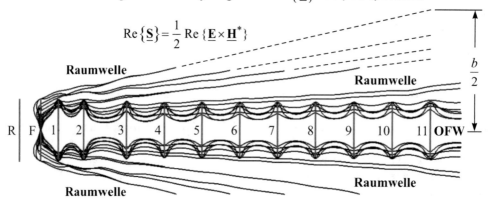

$$\mathrm{Re}\{\underline{S}\} = \frac{1}{2}\,\mathrm{Re}\,\{\underline{E}\times\underline{H}^*\}$$

Bild 19.2   Energiestromlinien im Nahfeld einer RFD11-Yagi-Uda-Antenne mit $\lambda_0/d = 200$, bestehend aus $N = 13$ Elementen: Reflektor (R), Feeder (F) und $n = 11$ Direktoren (D). Entlang der Direktoren mit einer Boomlänge $L = 3{,}09\,\lambda_0$ breitet sich eine Oberflächenwelle (OFW) mit *wellenförmigen* Energiepfaden aus. Alle Strömungslinien durchstoßen am Boomende die fast kreisförmige Wirkfläche A_W, die nach (19.2) einen Radius von $b/2 = 0{,}937\,\lambda_0$ aufweist.

Die Gesamtheit der Energiestromlinien formt ein räumliches Gebilde, dessen *Projektion* auf die Ebene der Dipolelemente in Bild 19.2 dargestellt ist. Es hat den Anschein, als würden sich einige der Linien schneiden – das ist aber nicht der Fall, da sie sich entweder *vor* oder *hinter* den anderen befinden. Man erkennt, dass alle Strahlungsenergie aus dem Fußpunkt des Feeders (F) stammt. Die ersten vier Direktoren formen die erwünschte **Oberflächenwelle,** die sich ab dem 5. Direktor stabilisiert hat und bis zum Boomende weiterläuft. Ein Teil der Strahlung wird auch schon in der Erreger- und in der Übergangszone an die **Raumwelle** abgegeben, während ein anderer Teil erst aus einer Art virtueller Apertur A_V am Boomende in den Freiraum austritt.[3] Diese fast kreisförmige **virtuelle Apertur,** deren Durchmesser mit steigender Boomlänge anwächst, hat eine nahezu ebene Phasenfront sowie eine nach außen hin abfallende Amplitudenbelegung. Der Rand der Apertur ist zwar unscharf, kann aber durch den 20-dB-Abfall in der Belegung definiert werden [Ehr59, Hei70].

---

[3] Die Gesamtheit der Direktoren wirkt als künstliches Dielektrikum [Hei70] und erinnert damit ein wenig an einen dielektrischen Stielstrahler, den wir in Abschnitt 28.3 noch behandeln werden. Doch im Gegensatz zu einer Leckwellenantenne, strahlt eine Yagi-Uda-Antenne nicht *kontinuierlich* längs des Booms ab, sondern nur an *diskreten* Orten (nämlich an den ersten Strahlerelementen und an der virtuellen Apertur am Boomende). Man kann die Yagi-Uda-Antenne darum auch als Slow-Wave-Antenne mit periodischen Störungen betrachten [Suti08].

Die virtuelle Apertur berücksichtigt allerdings nur Strahlungsbeiträge vom Boomende und berücksichtigt nicht jene Beiträge, die schon am Anfang der Direktorkette abgestrahlt wurden – sie ist mit $A_V < A_W$ daher stets kleiner als die nach (10.48) definierte **Wirkfläche** der *gesamten* Yagi-Uda-Antenne:

$$A_W = \frac{\lambda_0^2}{4\pi} \, G = \pi \, (b/2)^2 \, . \tag{19.2}$$

Auch die Wirkfläche A_W ist fast kreisförmig mit einen Radius von $b/2$. Bei einem Gewinn von $15,4$ dBi, d. h. mit $G = 34,7$ wird dieser Radius gerade $b/2 = 0,937 \, \lambda_0$ und ist in Bild 19.2 eingezeichnet. Siehe hierzu auch die Ausführungen in Abschnitt 19.4.

Bei ihrer Ausbreitung längs der Direktorreihe bewegt sich nach Bild 19.2 die Energie der Oberflächenwelle nicht geradlinig, sondern entlang *wellenförmiger* Bahnen aus. Jedes dort laufende Energiepaket macht also – im Vergleich zur Raumwelle – einen Umweg, was zu spürbaren Phasennacheilungen führt. Die **Phasengeschwindigkeit** v_p der Oberflächenwelle entlang des Wellenleitersystems ist daher stets *kleiner* als die Phasengeschwindigkeit c_0 der Raumwelle:

$$v_p = \omega/\beta < c_0 = \omega/k_0 \, , \tag{19.3}$$

woraus $\beta > k_0$ folgt. So bleibt die Oberflächenwelle gegenüber der schnelleren Freiraumwelle (die sich zunächst einmal aus den Strahlungsbeiträgen der ersten Dipolelemente zusammensetzt) spürbar zurück. Am Boomende tritt dann auch die Oberflächenwelle in den Freiraum aus. Die **gesamte Raumwelle** superponiert sich daher aus Beiträgen vom Anfang wie auch vom Ende des Booms. Bei großen Boomlängen kann es deshalb aufgrund der immer größeren Verzögerungen zu destruktiver Interferenz kommen, wodurch der Gewinn sogar wieder absinken kann [Ehr59]. Bei homogenen Wellenleitersystemen stößt man also mit zunehmender Boomlänge an eine Obergrenze des Gewinns, die bei etwa 16 dBi liegt und auch durch Hinzunahme weiterer Direktoren nicht überwunden werden kann. Vielmehr entsteht dann eine zweite (unerwünschte) Oberflächenwelle, die dann in Rückwärtsrichtung läuft und zu einer verstärkt ausgebildeten Rückwärtskeule führt [Thie69]. Ohne den Boom übermäßig zu verlängern, könnte man stattdessen an anderer Stelle auch noch 0,1 bis 0,3 dB hinzugewinnen, wenn man nämlich eine kleine Reflektorwand (ähnlich zu Bild 19.1) einsetzen würde [Hoch78, Matt10].

19.3.3 Inhomogene Wellenleitersysteme

Da alle Direktoren stets *kürzer* als $\lambda/2$ sein müssen, werden sie *unterhalb* ihrer Resonanzfrequenz angeregt. Nach Bild 16.3 kann ein solcher Direktor als leerlaufende Leitung mit einer Länge von $h < \lambda/4$ angesehen werden, deren Eingangsimpedanz $\underline{Z}_E = R_E + j \, X_E = \underline{U}/\underline{I}$ nach Abschnitt 7.2.3 mit $X_E < 0$ stets im *kapazitiven* Bereich liegt, d. h. der Strom $\underline{I}$ ist **voreilend**. Wenn man den Direktor daher noch etwas mehr verkürzt, bewegt sich seine Eingangsimpedanz um einen *zusätzlichen* Phasenwinkel δ noch weiter in den kapazitiven Bereich und die **Voreilung** der Speiseströme wird größer. Mit einer gleichmäßigen Verkürzung der Direktorfolge kann man also die entlang des Booms größer werdende **Phasennacheilung** der Oberflächenwelle gegenüber der Raumwelle zumindest teilweise wieder ausgleichen.

Dazu betrachten wir in Bild 19.3 zwei benachbarte Direktoren einer Lang-Yagi-Antenne, die sich in gegenseitigem Abstand a befinden sollen. Die Oberflächenwelle breitet sich nun entlang des Booms mit ihrer langsameren Phasengeschwindigkeit $v_p = \omega/\beta$ aus, während jeder

Direktor auch einen kleinen Beitrag zur Raumwelle aussendet, der sich in jeder beliebigen θ-Richtung mit der *größeren* Geschwindigkeit $c_0 = \omega/k_0$ ausbreitet.

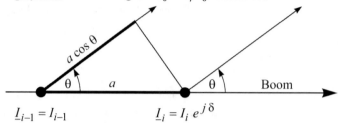

$$\underline{I}_{i-1} = I_{i-1} \qquad\qquad\qquad \underline{I}_i = I_i\, e^{j\,\delta}$$

Bild 19.3 Benachbartes Direktorpaar einer Yagi-Uda-Antenne in gegenseitigem Abstand a, deren Strahlungsbeiträge in Hauptstrahlungsrichtung bei $\theta = 0$ dann konstruktiv interferieren können, wenn der Strom im rechts liegenden Direktor eine *voreilende* Phase $\delta > 0$ aufweist.

Die Superposition beider Strahlungsbeiträge

$$\underline{\mathbf{E}} = \underline{\mathbf{E}}_{i-1} + \underline{\mathbf{E}}_i \propto I_{i-1}\, e^{-j\,k_0\,a\,\cos\theta} + I_i\, e^{j\,\delta}\, e^{-j\,\beta\,a} \tag{19.4}$$

interferiert im Fernfeld bei $\theta = 0$ dann konstruktiv, wenn wegen $\beta > k_0$ folgende Bedingung

$$-k_0\,a = \delta - \beta\,a \tag{19.5}$$

eingehalten wird. Durch die richtige Verkürzung des in Bild 19.3 weiter rechtsliegenden Direktors muss man bei seinem Strom die passende voreilende Phase von

$$\delta = (\beta - k_0)\,a = \omega\,(1/v_p - 1/c_0)\,a > 0 \tag{19.6}$$

einstellen, damit – im Vergleich zu homogenen Wellenleitersystemen – wieder größere Boomlängen ermöglicht werden. Für höhere Gewinne sollten bei Yagi-Uda-Antennen daher **inhomogene Wellenleitersysteme** eingesetzt werden, wobei man dort (d. h. nach Bild 19.1 ab dem *fünften* Direktor) jeden Direktor ein wenig kürzer als seinen direkten Vorgänger macht.[4]

Die Verkürzung der Direktoren entlang des Booms führt zwangsläufig zu einer inhomogenen (abnehmenden) Amplitudenbelegung der Direktorströme [Hoch77]. Als Beispiel betrachten wir zunächst eine **arithmetische Stufung,** bei der man jedes Folgeelement gemäß $l_i = l_{i-1} - \Delta l$ um den gleichen Betrag Δl verkürzt. Verbindet man die oberen Dipolenden durch eine Kurve, so entsteht bei äquidistanten Direktoren eine fallende Gerade. Irgendwann wird der letzte Direktor dann aber die Länge null haben. Dadurch ergibt sich eine maximal mögliche Boomlänge, was den erreichbaren Gewinn beschränkt. Eine bessere Alternative ist die **geometrische Stufung,** bei der man mit $l_i = \tau\, l_{i-1}$ die Länge jedes Folgeelements um den gleichen Faktor $\tau < 1$ reduziert, wodurch die Direktorlänge (bei endlich großen Boomlängen) niemals null werden kann.

Während man bei homogenen Wellenleitersystemen wegen möglicher destruktiver Interferenzen kaum über Boomlängen von $L = 6\,\lambda_0$ hinausgehen darf [Sti84] und damit Gewinne bis etwa 16 dBi erzielt, ermöglichen geometrisch gestufte Direktorlängen eine Überwindung dieser Grenze. Hier sind bei $L = 6\,\lambda_0$ schon knapp 18 dBi möglich, während man bei $L = 12\,\lambda_0$

---

[4] Man kann auch so argumentieren, dass sich durch die schrittweise Verkürzung der Direktoren die effektive Phasengeschwindigkeit entlang des Booms von Element zu Element etwas vergrößert, wodurch sich der Rückstand der Oberflächenwelle gegenüber der Raumwelle reduzieren lässt [Thie69] und somit wieder größere Boomlängen möglich werden.

gut 20 dBi erreichen kann. Bei Verdopplung der Boomlänge L steigt der Gewinn also um etwa 2,35 dB.[5] Diese Gewinnsteigerung von **2,35 dB/Oktave** zeigt bis zu $L = 24\,\lambda_0$ noch keine Sättigung – wie durch Simulationen von extrem langen RFD80-Antennen (siehe Abschnitt 19.6) mit Drahtdicken $\lambda_0/d = 200$ gezeigt werden konnte [CST]. Hier erscheint eine weitere Extrapolation in Richtung noch größerer Boomlängen sogar zulässig. Doch wie kurz darf ein Dipol letztendlich werden, damit er noch als Direktor wirkt? Es sollte auf ihm jedenfalls noch ein nennenswerter Strom fließen können, was bei der untersuchten RFD80-Antenne, deren 80. Direktor als 82. und gleichzeitig letztem Element der Antenne mit $\tau = 0,9978$ eine Länge von $l_N = l_{82} = 0,345\,\lambda_0$ besaß, noch gut erfüllt war. Bei einer RFD80-Antenne mit *dickeren* Drähten $(\lambda_0/d = 50)$ und daher *kleinerem* Verkürzungsfaktor V ist der letzte Direktor mit $\tau = 0,9965$ aus Tabelle 19.1 aber nur noch $l_N = l_{82} = 0,284\,\lambda_0$ lang (bei praktisch *gleichem* $L = 24\,\lambda_0$), weswegen hier der Gewinnzuwachs gegenüber einer halb so langen Anordnung nur noch **2,1 dB/Oktave** beträgt. Eine **Gewinnsättigung** ist dann spürbar, wenn die Direktoren mit $l_N < 0,3\,\lambda_0$ zu kurz geworden sind – die Boomlänge ist also nicht das alleinige Kriterium.

19.4 Gruppen aus Yagi-Uda-Antennen

Man kann (meist baugleiche) Yagi-Uda-Antennen auch übereinander oder nebeneinander zu gleichphasig gespeisten Gruppen zusammenschalten, wodurch sich der Gewinn beträchtlich steigern lässt. Voraussetzung dafür ist, dass sich ihre **Wirkflächen** nicht überlappen, sondern sich im Optimalfall gerade berühren. Theoretisch sollte sich bei Verdopplung der Wirkfläche ein **Stockungsgewinn** von 3 dB ergeben – praktisch sind aber nach [Hoch78] eher 2,5 dB realistisch. Wenn man davon ausgeht, dass die Hauptkeule einer typischen Yagi-Uda-Antenne nahezu rotationssymmetrisch ist, dann darf man eine kreisförmige Wirkfläche mit Durchmesser b annehmen, woraus sich der optimale **Stockungsabstand** b als Funktion der Wellenlänge und des Gewinns angeben lässt:

$$A_W = \frac{\lambda_0^2}{4\,\pi}\,G = \frac{\pi\,b^2}{4} \quad \Rightarrow \quad \boxed{b = \frac{\lambda_0}{\pi}\sqrt{G}}\,. \tag{19.7}$$

In [Hoch78] wurde bei $f = 432$ MHz eine Yagi-Uda-Antenne mit 21 Elementen entwickelt und ein Gewinn (bei Bezug auf einen Halbwellendipol) von $g = 15,5$ dBd gemessen. Nach Tabelle 16.5 entspricht dies $g = 17,65$ dBi, wenn wir stattdessen den isotropen Strahler als Vergleichsantenne heranziehen. Mit $G = 58,2$ und $\lambda_0 = 0,694$ m erhalten wir dann aus (19.7) den Stockungsabstand $b = 2,43\,\lambda_0 = 1,685$ m, der mit dem in [Hoch78] angegebenen Wert von 1,6 m gut übereinstimmt. Die Stockung kann in Gruppen zu 4 oder 8 oder auch 16 Yagi-Uda-Antennen fortgesetzt werden. Bei Gewinnen oberhalb von 30 dBi ist allerdings abzuwägen, ob man nicht einer Parabolantenne den Vorzug gibt, falls diese nicht zu schwer sein sollte.

Neben der Wahl der richtigen Abstände muss in einem Yagi-Uda-Array auf das **Speisenetzwerk** besonderes geachtet werden. Dabei spielen die Länge der Speiseleitungen für eine gleichphasige Belegung eine große Rolle. Außerdem müssen für die Anpassung an den Generator die Impedanztransformationen an allen Verzweigungspunkten des Speisenetzwerks berücksichtigt werden.

---

[5] Mit längsstrahlenden Antennengruppen kann man sogar 3 dB Gewinnerhöhung bei Verdopplung der Gruppenlänge erreichen, siehe (17.66). Allerdings müssen dort *alle* Elemente aktiv gespeist werden.

19.5 Optimierung von Yagi-Uda-Antennen

Generell kann man sagen, dass der maximale Gewinn, den eine Yagi-Uda-Antenne gegebener Boomlänge L haben kann, alleine von der optimal eingestellten **Phasengeschwindigkeit** v_p der Oberflächenwelle entlang ihres Wellenleitersystems abhängt – unabhängig davon, mit welchen Mitteln man das optimale v_p auch erreicht [Hei70].

Aufgrund der extrem vielfältigen Möglichkeiten, die Abstände, die Längen, die Dicken und auch die Anzahl der Direktordipole zu wählen, kann man mit vielen unterschiedlichen Geometrien den gewünschten Wert von v_p fast perfekt einstellen. Die von zahlreichen Parametern abhängende multidimensionale Zielfunktion ist daher stark zerklüftet und weist viele annähernd gleich hohe Extrema auf, was es zwar schwierig macht, das globale Optimum zu finden – andererseits kann man aber auch aus einer Vielzahl von Geometrien auswählen, die sich in ihren Antenneneigenschaften nur wenig unterscheiden.

Eine Geometrie, die nun maximalen Gewinn ermöglicht, liefert aber leider nicht die höchste Rückdämpfung und hat auch nicht die größte Bandbreite bei Anpassung und Diagrammstabilität. Maximaler Gewinn _und_ maximale Bandbreite können daher niemals gleichzeitig erreicht werden. Als guten Kompromiss kann man deshalb den **realisierten Gewinn**

$$\boxed{G_R = G\,(1-r^2)} \tag{19.8}$$

einer Yagi-Uda-Antenne betrachten, der dann besonders groß wird, wenn der Gewinn G groß und der Reflexionsfaktor r klein wird. Dazu betrachtet man in der numerischen Optimierung[6] die beiden Zielfunktionen Gewinn und Welligkeit als _gemeinsames_ Paar:

$$\textbf{Gewinn:}\ \boxed{G \to \max} \quad \text{und} \quad \textbf{Welligkeit:}\ \boxed{s = \frac{1+r}{1-r} \to \min} \tag{19.9}$$

und versucht diese in vielen kleinen Schritten zu maximieren bzw. zu minimieren. Der Quotienten G/s wird dann groß, wenn der realisierte Gewinn groß und der Reflexionsfaktor klein sind:

$$\frac{G}{s} = G\,\frac{1-r}{1+r} = G\,\frac{1-r^2}{(1+r)^2} = \frac{G_R}{(1+r)^2}\ . \tag{19.10}$$

Da die Eigenschaften von G und s _breitbandig_[7] vorliegen sollen, muss deren Optimierung simultan an _mehreren_ Frequenzen durchgeführt werden. Nach Abschnitt 19.3.1 soll der Feeder einen Eingangswiderstand von $28\,\Omega$ aufweisen, d. h. mit dem bei $X_E = 0$ sich einstellenden (frequenzabhängigen) Fußpunktswiderstand R_E gilt dann für den **Reflexionsfaktor:**

$$\boxed{r = \frac{R_E - 28\,\Omega}{R_E + 28\,\Omega}}\ . \tag{19.11}$$

---

[6] Lange Zeit wurden Yagi-Uda-Antennen ausschließlich auf experimentellem Wege weiterentwickelt. Heutzutage können bereits mit einem Personal Computer und einer leistungsfähigen Simulationssoftware [CST, 4NEC2] zusätzlich auch numerische Optimierungen durchgeführt werden.

[7] Die Bandbreite _alleine,_ könnte man um den Preis von einigen Dezibel Verlust beim Gewinn noch dadurch steigern [Kra02], dass man den Reflektordipol etwas verlängert (um die Rückstrahlung bei niedrigen Frequenzen zu verringern) und die Direktordipole etwas verkürzt (um die Vorwärtsstrahlung bei hohen Frequenzen zu erhöhen).

19.5.1 Zielfunktionen und erste Teilergebnisse

Der Begriff **Optimierung** beschreibt einen Vorgang, bei dem durch schrittweise Veränderung von relevanten Parametern eine Verbesserung des Ergebnisses eintritt und schließlich eine optimale Lösung gefunden wird [Kar00b]. Es gibt Optimierungsverfahren, die schnell konvergieren, aber Gefahr laufen, sich in lokale Extrema zu verirren (z. B.: Conjugated Gradient, Quasi-Newton, Simplex). Andere durchsuchen den Parameterraum gründlicher, brauchen dazu aber mehr Zeit (z. B.: Genetic Algorithms, Evolutionary Strategies, Simulated Annealing, Random Walk). Gleichermaßen schnelle und auch globale Konvergenz kann ein einzelnes Verfahren nicht garantieren.

Für Vielparametersysteme haben sich insbesondere **genetische Algorithmen** wegen ihrer (im Suchbereich) global konvergenten Eigenschaften besonders bewährt [Schö98] – allerdings erfordert die Optimierung von Lang-Yagi-Antennen mit großen Boomlängen dann auch entsprechend hohe Rechenzeiten. Gradientenverfahren (Hill Climbing Strategies) würden zwar schneller arbeiten, sind aber stark vom Startpunkt der Optimierung abhängig und bergen daher die Gefahr, in lokalen Extrema hängenzubleiben, weswegen wir im Folgenden genetischen Algorithmen den Vorzug geben.

Aufgrund der Ausführungen in Abschnitt 19.3.3 betrachten wir hier ausschließlich äquidistante Wellenleitersysteme mit geometrischer Stufung der Direktorlängen bei Abständen von $a = 0,3 \lambda_0$. **Ziel** unserer numerischen Optimierung von Yagi-Uda-Antennen ist es nicht, lediglich eine einzige funktionierende Antenne zu entwickeln, sondern es geht uns vielmehr darum, ein einfach anwendbares **analytisches Design** zu finden, das es möglich macht, aus den drei **Vorgaben**

- Bandmittenfrequenz $f = c_0 / \lambda_0 = (f_o + f_u)/2$ und
- realisierter Gewinn $G_R = G\,(1 - r^2)$ mit seiner
- relativen 1-dB-Bandbreite $B_r = (f_o - f_u)/f$

alle notwendigen **Parameter** einer weitgehend beliebigen Yagi-Uda-Antenne wie

- Anzahl N und Durchmesser d aller Elemente sowie
- Längen und Orte aller Elemente

aus einen bequemen Satz mathematischer Gleichungen abzuleiten. Am fertigen Design sollte man zudem die Boomlänge beliebig verlängern oder verkürzen können, ohne jedes Mal erneut optimieren zu müssen, sodass die grundsätzliche Funktion der Antenne erhalten bleibt. Um die Komplexität der Geometrie (und damit auch den numerischen Optimierungsaufwand) in Grenzen zu halten, seien alle Dipolelemente stets gleich dick mit Drahtdurchmessern im Bereich:

$$\boxed{\; 50 \le \frac{\lambda_0}{d} \le 1000 \;} . \tag{19.12}$$

Diese Wahl entspricht den in den Anwendungen üblichen Abmessungen von Halbwellendipolen und ist nach Bild 16.18 (wo wir den Verkürzungsfaktor diskutiert hatten) auch naheliegend.

Im **11-m-Band** des Kurzwellenfunks werden häufig Drahtdicken von $d = 12$ mm oder sogar Hohlrohre mit $d = 25,4$ mm verwendet. Mit $433 \le \lambda_0/d \le 917$ sind dort eher Kurz-Yagis mit wenigen Elementen $(3 \le N \le 7)$ gebräuchlich, damit die Boomlänge nicht überhandnimmt. Dadurch bleiben die erzielbaren Gewinne g von etwa 8,5 dBi bis 12,5 dBi natürlich begrenzt.

Dagegen bewegt man sich im **UHF-Band** des terrestrischen Rundfunks DVB-T2 im Frequenz-bereich $470\,\text{MHz} \leq f \leq 690\,\text{MHz}$. Bei Yagi-Uda-Dachantennen mit Elementdurchmessern von $d = 8\,\text{mm}$ gilt dann $54 \leq \lambda_0/d \leq 80$. Mit Boomlängen von z. B. $L = 6\,\lambda_0$ können hier Gewinne g von knapp 18 dBi erreicht werden.

Wir wollen bereits jetzt auf **sechs** Teilergebnisse der Optimierung hinweisen:

1) Man kann relative 1-dB-Bandbreiten $B_r = (f_0 - f_u)/f$ des realisierten Gewinns G_R von etwa 4 bis 7 Prozent erreichen. Für $B_r = 0,07$ sind die Dipoldurchmesser um $\lambda_0/d = 50$ zu wählen, während man bei $\lambda_0/d = 1000$ nur mit kleineren Werten um $B_r = 0,04$ rechnen kann.

2) Bei Veränderung der Boomlänge oszilliert B_r. Ein Direktor mehr oder weniger kann bei dickeren Dipolen durchaus schon zu Änderungen von $\Delta B_r = \pm 0,009$ führen (Bild 19.7).

3) Ein langer Boom (mit vielen Direktoren und hohem Gewinn) muss mit tendenziell kleinerer Bandbreite erkauft werden.

4) Die absolute 1-dB-Bandbreite $B = f_0 - f_u$ des realisierten Gewinns G_R einer Yagi-Uda-Antenne liegt fast *symmetrisch* um die Bandmittenfrequenz. Die obere bzw. untere Bandgrenze

$$f_0 = f\left(1 + \frac{B_r}{2}\right) \quad \text{bzw.} \quad f_u = f\left(1 - \frac{B_r}{2}\right) \tag{19.13}$$

markiert also den Bereich, innerhalb dessen der realisierte Gewinn um nicht mehr als 1 dB gegenüber der Bandmitte abgefallen ist. Man beachte, dass der größte realisierte Gewinn inner-halb von B nicht etwa an der Bandmittenfrequenz f auftritt, sondern sich immer erst etwas in Richtung höherer Frequenzen verschoben einstellt.

5) Mit Anhang E können wir den **realisierten Gewinn** auch logarithmisch ausdrücken:

$$\frac{g_R}{\text{dBi}} = \frac{g}{\text{dBi}} - \frac{IL}{\text{dB}}. \tag{19.14}$$

Dabei hängt die **Einfügungsdämpfung** (engl.: Insertion Loss) vom Reflexionsfaktor r im Speisepunkt ab:

$$IL/\text{dB} = -10\lg\left(1 - r^2\right) > 0. \tag{19.15}$$

Bei unserem Yagi-Uda-Design kann man *grob* davon ausgehen, dass sich der *an den Band-grenzen* (19.13) einstellende Abfall von g_R um 1 dB etwa je zur Hälfte durch den Abfall des Gewinns (um 0,5 dB) und durch Anpassungsverluste (nochmals 0,5 dB) zusammensetzt. Nach Anhang E entspricht dabei eine Einfügungsdämpfung von $IL = 0,51$ dB einer Welligkeit von $s = 2$ bzw. einem Reflexionsfaktor von $r = 1/3$. *Im Inneren des Frequenzbandes* beschreibt der Reflexionsfaktor eine breitbandig niedrige W- oder VW-förmige Kurve mit $s < 1,5$.

6) Verlässt man den Bereich der **1-dB-Bandbreite** des realisierten Gewinns, dann steigen die Reflexionsverluste stark an. Wenn man dies in Kauf nimmt, dann kann man durchaus noch innerhalb der **2-dB-Bandbreite**[8] des realisierten Gewinns mit stabilen Richtdiagrammen rech-nen, bevor diese dann bei noch größeren Abweichungen von der Bandmittenfrequenz schließ-lich zusammenbrechen. Die Mitte der 2-dB-Bandbreite liegt stets etwas *unterhalb* von f.

---

[8] Bei Yagi-Uda-Antennen ist die 2-dB-Bandbreite des realisierten Gewinns etwa um einen Faktor von 1,2 (bei dünneren Dipolen) bis 1,3 (bei dickeren Dipolen) größer als die zugehörige 1-dB-Bandbreite.

19.5.2 Zum analytischen Entwurf von Yagi-Uda-Antennen

Wir wollen zunächst vorausschicken, dass nach unserer **Notation** eine aus N Elementen bestehende Yagi-Uda-Antenne sich aus einem Reflektor, einem Feeder und $n = N - 2$ Direktoren zusammensetzt. Die Direktoren werden gemäß $i = 3, 4, 5, \ldots, N$ durchnummeriert. Den Ort des Reflektors wählen wir aus Gründen der Bequemlichkeit wie $z_1 = 0$, womit sich der Feeder am Ort $z_2 > 0$ befindet und die Direktoren an den stets positiven Orten $z_3, z_4, z_5, \ldots, z_N$.

Für die Optimierung wählen wir einen für alle N Elemente _gleichen_ Dipoldurchmesser d und entscheiden uns für eine Bandmittenfrequenz $f = c_0/\lambda_0$, womit das Verhältnis λ_0/d feststeht. In (19.12) haben wir vereinbart, dass dieses Verhältnis im Bereich $50 \le \lambda_0/d \le 1000$ liegen soll. Wir werden zeigen, dass die Eigenschaften unseres Yagi-Uda-Designs nicht von den Absolutwerten λ_0 und d, sondern immer nur vom **Verhältnis** λ_0/d abhängen, weswegen die Optimierungsfrequenz eigentlich nahezu beliebig gewählt werden kann. Somit kann unsere im Folgenden vorgestellte Yagi-Uda-Antenne skaliert werden, d. h. ein für $\lambda_0/d = 400$ gefundenes Design funktioniert bei $\lambda_0 = 3$ m mit $d = 7,5$ mm genauso gut wie bei $\lambda_0 = 10$ m mit $d = 2,5$ cm. Diese **Skalierbarkeit** ist eine besondere Stärke unseres analytischen Designs und bleibt solange erhalten, wie man nach (7.16) mit (7.7) von starker Stromverdrängung mit

$$d \ge 6\delta = \frac{6}{\sqrt{\pi f \mu \kappa}} = \frac{6}{\sqrt{\pi \mu \kappa c_0/\lambda_0}} \qquad (19.16)$$

und voll ausgebildetem Skineffekt ausgehen kann[9]. Am kritischsten sind dabei die niedrigen Frequenzen, bei denen Yagi-Uda-Antennen aber unpraktisch große Abmessungen annehmen würden, weswegen man im Amateurfunkbereich diese Antennenform meist erst bei $\lambda_0 < 20$ m einsetzen kann [Rot01]. Bei allen Frequenzen oberhalb von $f = 14$ MHz ist die Bedingung (19.16) mit **Aluminiumdrähten** ($\kappa = 36 \cdot 10^6$ S/m) des Durchmessers $d \ge 0,14$ mm oder bei Hohlrohren aus Aluminium mit Wandstärken von $t \ge 0,07$ mm immer erfüllt. Auch dielektrische Dipole mit einer oberflächlichen Metallisierung aus Aluminium von mindestens $70 \,\mu$m Dicke wären zulässig. Wenn man stattdessen Dipoldrähte aus **Edelstahl** ($\kappa = 1,4 \cdot 10^6$ S/m) einsetzt, müssen alle zuvor genannten Werte um den Faktor $\sqrt{36/1,4} = 5,1$ vergrößert werden.

Da die Geometrie unseres analytischen Yagi-Uda-Designs nur vom _Verhältnis_ λ_0/d abhängt, dürfen wir die Optimierungsfrequenz $f = c_0/\lambda_0$ frei wählen (z. B. 300 MHz) und untersuchen dann die Antenne bei ausreichend vielen Drahtdurchmessern d, sodass der Bereich $50 \le \lambda_0/d \le 1000$ gerade überdeckt wird:

$$\begin{array}{l} f = 300 \text{ MHz} \quad \rightarrow \quad \lambda_0 = 999,4 \text{ mm} \\ d = 1 \text{ mm}, 2 \text{ mm}, 4 \text{ mm}, 6 \text{ mm}, 8 \text{ mm}, 10 \text{ mm}, 12 \text{ mm}, 15 \text{ mm}, 20 \text{ mm}. \end{array} \qquad (19.17)$$

Wir streben für unser analytisches Yagi-Uda-Design einen möglichst _breitbandigen_ realisierten Gewinn (19.8) an, dessen relative 1-dB-Bandbreite B_r etwa 4 % bis 7 % betragen soll. Deshalb ist es wegen (19.13) sinnvoll, nicht nur die Bandmittenfrequenz $f = 300$ MHz, sondern simultan noch zwei weitere Frequenzen, nämlich $f = 295$ MHz sowie $f = 305$ MHz, in die Optimierung mit aufzunehmen.

---

[9] Die Erfüllung von (19.16) ist zwar in der Praxis unkritisch, dennoch sollte man nicht vergessen, dass bei der numerischen Simulation in [4NEC2] ideal leitfähige Drähte mit Skintiefe $\delta \rightarrow 0$ unterstellt werden.

Wir lassen also den genetischen Algorithmus, der in der Simulationssoftware [4NEC2] enthalten ist, die Zielfunktionen

Gewinn: $\boxed{G \to \max}$ und   **Welligkeit:** $\boxed{s = \dfrac{1+r}{1-r} \to \min}$ (19.18)

an _drei_ Frequenzen

$$\boxed{f = 295 \text{ MHz} \quad \text{und} \quad f = 300 \text{ MHz} \quad \text{und} \quad f = 305 \text{ MHz}}$$ (19.19)

gleichzeitig untersuchen. Und das Ganze machen wir _neunmal_ hintereinander, nämlich an allen Durchmessern d aus (19.17). Tatsächlich erhalten wir dann, wenn wir den Reflexionsfaktor der optimierten Antenne über der Frequenz als $r(f)$ auftragen, keine schmalbandige V-förmige Kurve (mit nur einem Minimum wie in Bild 7.11), sondern – wie erhofft – eine breitbandige **W-oder VW-förmige Kurve,** die zwei oder sogar drei Minima aufweist.

Bei der weiteren numerischen Optimierung von Lang-Yagi-Antennen (mit Boomlängen $L \geq 0,9\,\lambda_0$) gewinnt man recht bald folgende Erkenntnisse:

- Die ersten sechs Elemente, bestehend aus dem Reflektor, dem Feeder und den ersten vier Direktoren ($i = 3, 4, 5, 6$) bilden als **Erregerzone** und **Übergangszone** (Bild 19.1) eine zusammengehörige Einheit mit starker gegenseitiger Verkopplung. Dieser Block aus 6 Elementen muss _als Ganzes_ optimiert werden und seine Geometrie kann praktisch unabhängig von der Anzahl weiterer Direktoren im Wellenleitersystem _stabil_ gehalten werden. Es ist daher wenig hilfreich, zunächst nur einen Teilbereich (z. B. lediglich die ersten drei Elemente) zu optimieren und dann sukzessive weitere Dipole hinzuzufügen, weil dann die Positionen und die Längen der vorherigen nachjustiert werden müssten, um wieder ein neues Optimum zu finden.

- Das sich anschließende **Wellenleitersystem** bestehe aus äquidistant angeordneten Direktoren in gegenseitigem Abstand $a = 0,3\,\lambda_0$ (siehe Abschnitt 19.3.2). Außerdem entscheiden wir uns für eine geometrisch gestufte Längenabnahme $l_i = \tau\, l_{i-1}$ (mit $i = 7, 8, 9, \ldots, N$) ab dem 5. Direktor (siehe Abschnitt 19.3.3), wobei der optimale Progressionsfaktor $\tau < 1$ wiederum numerisch gefunden werden muss.

- Für ein universell verwendbares Design benötigt man die **Stabilität** der ersten sechs Elemente, die dann nicht mehr verändert werden brauchen, falls die ursprünglich für die Optimierung verwendete Boomlänge später verkürzt oder verlängert werden sollte. Deswegen wurden alle Optimierungen stets mit Lang-Yagi-Strukturen aus **22 Elementen** durchgeführt, von denen sich 16 im Wellenleitersystem befinden. Ohne Rücksicht auf die hohen Rechenzeiten (!) während der Optimierung, ist damit aber sichergestellt, dass sich eine optimal eingestellte Oberflächenwelle längs des langen Booms ausbreiten kann, ohne auf die Erreger- und Übergangszone rückzuwirken.

Wir wollen für unser **Standard-Lang-Yagi-Design** die bequeme Notation

$\boxed{\text{RFD20}}$ (19.20)

einführen, was andeuten soll, dass die Antenne neben dem Reflektor (R) und dem Feeder (F) auch noch 20 Direktoren (D) enthält – also aus 22 Dipolelementen besteht. Alle breitbandig optimierten RFD20-Antennen haben Boomlängen um $L = 5,7\,\lambda_0$ mit Gewinnen von etwa $g = 17,6 \text{ dBi}$. Das Wellenleitersystem mit im Abstand $a = 0,3\,\lambda_0$ äquidistant angeordneten Direktoren kann nach der Optimierung um einen oder auch gleich um mehrere Direktoren _ver-_

kürzt bzw. *verlängert* werden. Es darf sogar ganz verschwinden – nur die ersten 6 Elemente in der Erreger- und Übergangszone müssen unangetastet bleiben. Das kürzest mögliche Design ist also eine RFD4-Antenne, deren Boomlänge im Bereich $0,85\,\lambda_0 < L < 1,02\,\lambda_0$ liegt und aus 6 Elementen mit 4 Direktoren besteht. Eine RFD4-Antenne hat realisierte Gewinne von 11,6 dBi (bei $\lambda_0/d = 1000$) bis 12,0 dBi (bei $\lambda_0/d = 50$) mit einer Welligkeit (SWR) in Bandmitte von $s < 1,28$ bei einem Bezugswiderstand von $28\,\Omega$. Das Optimierungsproblem besteht daher im Auffinden von **12 Parametern:**

$$
\begin{array}{ll}
\text{5 Orte:} & z_2, z_3, z_4, z_5, z_6 \\
\text{6 Längen:} & l_1, l_2, l_3, l_4, l_5, l_6 \\
\text{1 Progressionsfaktor:} & \tau,
\end{array}
\tag{19.21}
$$

die nur *gemeinsam* gemäß der Zielforderungen (19.18) optimiert werden können. Das klingt nach sehr vielen Parametern – tatsächlich wird eine Yagi-Uda-Antenne aus 22 Dipolelementen gleicher Dicke, aber eigentlich durch 21 Orte (Abstände) und 22 Längen charakterisiert. Durch die Wahl eines äquidistanten Wellenleitersystems ($a = 0,3\,\lambda_0$) mit geometrischer Progression $l_i = \tau\, l_{i-1}$ ab dem 5. Direktor ($i \geq 7$) konnte der Optimierungsaufwand zur Bestimmung der ursprünglich 43 auf nunmehr nur noch 12 Parameter bereits stark reduziert werden. Man beachte, dass für eine gute Konvergenz von genetischen Algorithmen die Größe ihrer Population und die Anzahl der Generationen etwa das *dreifache* der Parameterzahl betragen sollte [Matt10]. Diesen Weg, die Komplexität des Optimierungsproblems durch Einführen sinnvoller **Restriktionen** noch weiter zu reduzieren, wollen wir auch im Folgenden konsequent weiterverfolgen.

19.6 Die RFD20-Standard-Lang-Yagi-Antenne

Im vorherigen Abschnitt 19.5.2 haben wir die RFD20-Antenne als unsere Standard-Lang-Yagi-Antenne mit 22 Elementen (von denen 20 als Direktoren wirken) bereits kurz beschrieben. Sie basiert auf einem äquidistanten Wellenleitersystem (mit $a = 0,3\,\lambda_0$), in dem die Direktoren mittels geometrischer Stufung verkürzt werden, und weist folgende **Stärken** auf:

- **Analytisches Design** mit Hilfe einfach anwendbarer Formeln.

- Alle Antenneneigenschaften hängen nur vom Verhältnis λ_0/d ab. Jedes Design kann somit sehr leicht in einen anderen **Frequenzbereich** portiert werden.

- Die **Antennenlänge** kann durch Wegnahme bzw. Hinzufügen einzelner Direktoren variiert werden. Damit lassen sich RFDn-Antennen ($n \geq 4$) mit praktisch beliebig großen Boomlängen $L > 0,9\,\lambda_0$ entwerfen. Die Anzahl aller Elemente ist dann $N = n + 2 \geq 6$.

- Die verwendete **28 Ohm-Technik** (Abschnitt 19.3.1) ermöglicht einen guten Kompromiss zwischen Gewinn, Bandbreite und Richtdiagramm.

19.6.1 Reduktion der Parameter durch Einführung von Restriktionen

Die Längen l_i der einzelnen Dipolelemente mit $1 \leq i \leq N$ und ihre gegenseitigen Abstände zeigt Bild 19.4. Ganz links an der Stelle $z_1 = 0$ befindet sich mit dem Reflektor der insgesamt längste Dipol, und direkt daneben an der Stelle $z_2 = dz_{21}$ liegt das aktiv gespeiste Element, der Feeder. Die Dipolorte hängen mit den Abständen in einfacher Weise zusammen. Beispielhaft gilt für den 1. Direktor und den Feeder $dz_{32} = z_3 - z_2$. In der Reihe aller Dipole von 1 bis N sind die Dipollängen streng monoton fallend.

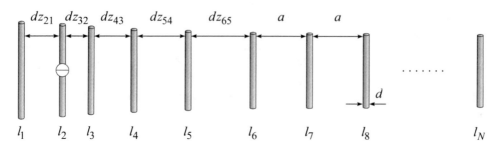

Bild 19.4 RFDn-Yagi-Uda-Antenne aus $N \geq 6$ Elementen gleicher Dicke d – nämlich dem Reflektor, dem Feeder und $n = N - 2 \geq 4$ Direktoren mit ihren zugehörigen Längen und gegenseitigen Abständen.

Nach einigen Versuchen mit der 12-Parameter-Optimierung (19.21) für verschiedene Dipoldicken (19.17) fällt sofort auf, dass bei einer im Sinne von (19.18) optimalen RFD20-Antenne nicht nur die Dipole im Wellenleitersystem ($i \geq 7$), sondern auch schon die davor liegenden 6 Dipole in der Erreger- und der Übergangszone, eine (andere) geometrische Stufung haben sollten. Man kann also das Problem, die 6 Längen l_1, l_2, l_3, l_4, l_5 und l_6 zu optimieren, auf ein einfacheres Problem mit 4 Unbekannten weniger zurückführen. Tatsächlich braucht man nur noch die optimale Feederlänge l_2 mit dem dazugehörigen Progressionsfaktor σ zu bestimmen, womit wir dann bei der **8-Parameter-Optimierung** angekommen sind:

$$
\begin{array}{ll}
\text{5 Orte:} & z_2, z_3, z_4, z_5, z_6 \\
\text{1 Länge:} & l_2 \\
\text{2 Progressionsfaktoren:} & \sigma, \tau.
\end{array}
\tag{19.22}
$$

Aus dem Progressionsfaktor σ folgen – in Verbindung mit der Länge l_2 des aktiven Dipols – sämtliche Dipollängen in der Erregerzone und in der Übergangszone:

$$
l_1 = \frac{l_2}{\sigma} \quad \text{und} \quad l_i = \sigma\, l_{i-1} \quad \text{für} \quad i = 3, 4, 5, 6\,,
\tag{19.23}
$$

während die geometrische Längenabnahme im Wellenleitersystem gemäß

$$
l_i = \tau\, l_{i-1} \quad \text{für} \quad i = 7, 8, 9, \dots, N
\tag{19.24}
$$

mit einem _anderen_ Progressionsfaktor τ voranschreitet. Durch das **Postulat** (19.23) einer geometrischen Stufung, die wir in den numerischen Ergebnissen der 12-Parameter-Optimierung mehr oder weniger deutlich erkennen konnten, schränken wir die in Abschnitt 19.5 beschriebene Lösungsmannigfaltigkeit des Optimierungsproblem deutlich ein und machen es dem genetischen Algorithmus leichter, ein Optimum zu finden. Die Gefahr, dass sich der Algorithmus bei anderen Werten von λ_0/d in _andere_ Extrema verirrt (also zwischen praktisch gleich guten Ergebnissen hin und her springt) und man kein strukturiertes Konstruktionsprinzip der RFD20-Antenne mehr erkennen kann, wird durch die geometrische Restriktion (19.23) erheblich verringert. Die mögliche Befürchtung, dass durch zu viele Restriktionen aber am Ende keine brauchbare Antenne mehr herauskommt, ist unbegründet – denn es gibt immer noch mehr als genug Freiheitsgrade für eine erfolgreiche Optimierung.

Man bestimmt nun aus der 8-Parameter-Optimierung die Werte von l_2, σ und τ für die neun verschiedenen Drahtdurchmesser aus (19.17) und stellt diese in Form dreier Kurven aus jeweils neun Stützpunkten über der logarithmisch geteilten **Abszisse** λ_0/d dar, für die man schließlich analytische Ausgleichskurven mit Hilfe der Methode der kleinsten Fehlerquadrate angeben kann. Diese gelten im untersuchten Bereich $50 \leq \lambda_0/d \leq 1000$. Die **Länge des aktiven Dipols** einer RFD20-Antenne ist daher wie folgt zu wählen:

$$l_2 = \left(1 - \frac{0,2203}{\ln(\lambda_0/d) - 1,945}\right) \frac{\lambda_0}{2}. \tag{19.25}$$

Man erkennt mit $l_2 = V \lambda_0/2$ darin sofort den Verkürzungsfaktor V, den man mit demjenigen eines solitären Halbwellendipols (16.83) vergleichen sollte. Die Unterschiede resultieren aus der strahlungsgekoppelten Rückwirkung der Gesamtheit aller anderen Dipole auf den Feeder.

Den **Progressionsfaktor** σ, mit dem sich nach (19.23) die Längen der ersten 6 Dipole bestimmen lassen, stellen wir im halblogarithmischen Maßstab durch eine steigende Gerade dar:

$$\sigma = 0,9216 + 0,008557 \ln(\lambda_0/d). \tag{19.26}$$

Der **Progressionsfaktor** τ, mit dem gemäß $l_i = \tau\, l_{i-1}$ für $i \geq 7$ die Direktorlängen im Wellenleitersystem ermittelt werden, verläuft (im halblogarithmischen Maßstab) wie eine nach unten offene quadratische Parabel mit einem Maximum von $\tau = 0,9979$ bei $\lambda_0/d = 217,8$:

$$\tau = 0,9810 + 0,006262 \ln(\lambda_0/d) - 0,0005816 \ln^2(\lambda_0/d). \tag{19.27}$$

Je nach dem Wert von λ_0/d aus dem untersuchten **Bereich** $50 \leq \lambda_0/d \leq 1000$ erhält man optimale RFD20-Antennen für $0,9551 < \sigma < 0,9807$. Mit $0,9965 < \tau < 0,9979$ schreitet die Progression im Wellenleitersystem hingegen wesentlicher *langsamer* voran. Innerhalb der ersten 6 Elemente verkürzt sich jeder Dipol *gleichmäßig* noch um etwa 1,9 % bis 4,5 %, während ab dem 7. Element die *gleichmäßige* Verkürzung mit 2,1 ‰ bis 3,5 ‰ viel kleiner sein muss, was ausreichend Spielraum für sehr große Boomlängen ermöglicht.

Die Gln. (19.25), (19.26) und (19.27) haben wir als Näherungskurven für jeweils neun Stützpunkte konstruiert, um die numerischen Ergebnisse der Optimierung anwenderfreundlich beschreiben zu können. Wir erheben diese Gleichungen für l_2, σ und τ nun zum **Postulat** und setzen im Folgenden deren exakte Gültigkeit für RFD20-Antennen voraus. Die Folge dieser neuen Exaktheit wird sein, dass man in den numerischen Daten der nun folgenden **5-Parameter-Optimierung:**

$$\text{5 Abstände:}\quad \begin{aligned} dz_{21} &= z_2 - z_1 \\ dz_{32} &= z_3 - z_2 \\ dz_{43} &= z_4 - z_3 \\ dz_{54} &= z_5 - z_4 \\ dz_{65} &= z_6 - z_5 \end{aligned} \quad \text{mit dem Ort des Reflektors bei } z_1 = 0, \tag{19.28}$$

in der wir von den **Orten** z_2, z_3, z_4, z_5 und z_6 zu den **Abständen** gewechselt sind, die geometrischen Zusammenhänge viel klarer erkennen kann. Die Betrachtung der Abstände anstelle der Orte reduziert einerseits den Zahlenraum der Lösungswerte, andererseits – und das ist für den Erfolg der Optimierung eine ganz entscheidende Erkenntnis – ändern sich nämlich bei Verschieben nur *eines* Dipolortes bereits *zwei* Abstände gleichzeitig (nämlich vor bzw. hinter dem verschobenen Dipol), was eine unerwünschte Unruhe in die Konfiguration der zu optimierenden Antenne hineinbringen würde. Wenn man stattdessen z. B. den Abstand dz_{21} zwischen Feeder und Reflektor ändert, bleiben alle anderen *Abstände* (in diesem Optimierungsschritt) erst einmal konstant. Die lokalen Umgebungen der anderen $N-2$ Dipole in Relation zu ihren

direkten Nachbarn werden daher nicht gleichzeitig verändert, was für die Konvergenzgeschwindigkeit des genetischen Algorithmus sehr förderlich ist, weil ein bereits erreichtes, schon
recht gutes Ergebnis nicht gleich wieder gestört wird.

Außerdem erreichen wir durch die Postulate (19.25), (19.26) und (19.27) eine erneute Reduktion der Lösungsmannigfaltigkeit und erleichtern dem genetischen Algorithmus wieder die Such-
arbeit, womit sich das genetische Rauschen deutlich verringern lässt. Mit dem Begriff des **genetischen Rauschens** meinen wir das störende Überwechseln auf ein ähnlich hohes „Plateau" der
multidimensionalen Zielfunktion bei erneutem Start der Optimierung mit leicht verändertem
Wert von λ_0/d .

Auf diese Weise wird jetzt nämlich ein weiterer Zusammenhang sichtbar, der etwas über den
räumlichen **Abstand** zwischen dem 4. Element (= 2. Direktor) und dem 2. Element (= Feeder)
einer RFD20-Antenne aussagt:

$$dz_{43} + dz_{32} = dz_{42} = z_4 - z_2 = \left[0,4687 - 0,02259 \ln (\lambda_0/d)\right] \lambda_0 \quad , \qquad (19.29)$$

der bei der Optimierung mit 8 oder gar 12 Parametern noch im genetischen Rauschen verbor-
gen war. Außerdem zeigt die 5-Parameter-Optimierung, dass auch

$$dz_{21} + dz_{54} = 0,5069 \, \lambda_0 \qquad\qquad\qquad (19.30)$$

gelten muss, um (19.18) optimal zu erfüllen. Diese beiden Beziehungen machen deutlich, dass
die Abstände und damit auch die Orte der ersten sechs Dipolelemente in sensibler Weise wech-
selseitig miteinander verknüpft sind. Aus (19.29) und (19.30) kann man mit $dz_{21} = z_2 - z_1$ und
$z_1 = 0$ auch schon den optimalen Ort des 5. Dipols (d. h. des 3. Direktors) ableiten:

$$z_5 = z_4 + dz_{54} = \cancel{z_2} + dz_{42} + 0,5069 \, \lambda_0 - \cancel{dz_{21}} \quad , \qquad (19.31)$$

woraus folgt:

$$z_5 = \left[0,9757 - 0,02259 \ln (\lambda_0/d)\right] \lambda_0 \quad . \qquad (19.32)$$

Nachdem wir mit der 5-Parameter-Optimierung nun bereits zwei Beziehungen zwischen den
Abständen gefunden haben (die wir künftig wieder als exakt postulieren wollen) gehen wir nun
zur **3-Parameter-Optimierung** über und suchen wieder für die _neun_ Werte λ_0/d aus (19.17)
nach den verbleibenden drei Abständen:

$$3 \text{ Abstände:} \quad \begin{aligned} dz_{21} &= z_2 - z_1 \\ dz_{32} &= z_3 - z_2 \\ dz_{65} &= z_6 - z_5 \quad , \end{aligned} \qquad (19.33)$$

deren numerisch gefundene Daten wir über der logarithmisch geteilten **Abszisse** λ_0/d darstellen und dafür angepasste Ausgleichskurven mit kleinstem quadratischem Fehler entwickeln:

$$\begin{aligned} dz_{32} &= \left[0,1817 - 0,008013 \ln (\lambda_0/d)\right] \lambda_0 \\ dz_{65} &= \left[0,4151 - 0,02136 \ln (\lambda_0/d)\right] \lambda_0 \quad . \end{aligned} \qquad (19.34)$$

Alle bisher gefundenen Abstände konnten mittels _fallender Geraden_ beschrieben werden. Nur
bei dz_{21} und wegen (19.30) auch bei dz_{54} ließ sich noch kein klarer Kurvenverlauf erkennen,
den wir aber in einem endgültig letzten Optimierungsschritt finden können, bei dem wir nun
auch (19.34) als exakt gültig annehmen wollen.

Das Ergebnis der **1-Parameter-Optimierung** für

$$\boxed{1 \text{ Abstand: } \quad dz_{21} = z_2 - z_1} \tag{19.35}$$

können wir sodann als eine nach oben offene *quadratische Parabel* mit einem *Minimum* von $dz_{21} = 0,1690 \, \lambda_0$ bei $\lambda_0/d = 173,6$ darstellen:

$$\boxed{dz_{21} = \left[0,7450 - 0,2234 \ln (\lambda_0/d) + 0,02166 \ln^2 (\lambda_0/d) \right] \lambda_0} \tag{19.36}$$

An den *Rändern* der Parabel gilt: $dz_{21} = 0,2025 \, \lambda_0$ (bei $\lambda_0/d = 50$) bzw. $dz_{21} = 0,2354 \, \lambda_0$ (bei $\lambda_0/d = 1000$). Die optimalen **Reflektorabstände** einer RFD20-Antenne liegen also im Bereich $0,1690 \, \lambda_0 \leq dz_{21} \leq 0,2354 \, \lambda_0$.

Dass gerade der Kurvenverlauf des Abstands dz_{21} bei allen vorherigen Optimierungen mit 12, 8, 5 und sogar mit nur 3 Parametern im genetischen Rauschen noch nicht klar erkennbar war, ist aufgrund seines im halblogarithmischen Maßstab *nichtlinearen* Kurvenverlaufs durchaus verständlich. Zudem reagiert die gesamte Yagi-Uda-Antenne gerade auf Änderungen beim Abstand dz_{21} zwischen Reflektor und Feeder sehr sensibel, was seine Optimierung nicht gerade erleichtert.

19.6.2 Zusammenfassung der Ergebnisse

Alle **Ergebnisse der RFD20-Optimierung** von Yagi-Uda-Antennen fassen wir in Tabelle 19.1 übersichtlich zusammen. Der Reflektordipol befindet sich stets am Ort $z_1 = 0$. Auch die **Boom-länge** einer RFDn-Antenne mit $N = n + 2 \geq 6$ Elementen kann man aus Tabelle 19.1 ableiten:

$$\boxed{\begin{aligned} L = z_N - z_2 &= z_6 + (N-6) \, a - z_2 = \\ &= (N-6) \, a + \left[0,6458 + 0,1794 \ln (\lambda_0/d) - 0,02166 \ln^2 (\lambda_0/d) \right] \lambda_0 . \end{aligned}} \tag{19.37}$$

Sie hängt im Wesentlichen von der Anzahl $n = N - 2$ der Direktoren ab und bestimmt den Gewinn der Antenne. Hingegen ist ihre Abhängigkeit von λ_0/d (also von der Dicke d der Dipole) nur schwach ausgeprägt. Eine mit $N = 6$ Elementen kürzest mögliche RFD4-Antenne hat nach (19.37) Boomlängen im Bereich $0,85 \leq L/\lambda_0 \leq 1,02$, wenn man die Drahtdicke den zulässigen Bereich $50 \leq \lambda_0/d \leq 1000$ überstreichen lässt.

Schlussbemerkung:

Erfahrung, Intuition und manchmal auch ein wenig Glück sind für die erfolgreiche Bearbeitung komplexer Fragestellungen eigentlich immer notwendige Voraussetzungen. So war auch der Weg zum analytischen Entwurf einer optimierten **RFD20-Yagi-Uda-Antenne** nicht ganz einfach zu finden. An vielen Kreuzungen hätte man auch in andere Richtungen abbiegen können – und vielleicht sogar ein weiteres brauchbares Konzept entdecken können. Vielparametersysteme haben nämlich oft völlig unterschiedlich aussehende Lösungen, deren Qualität dennoch vergleichbar sein kann. Als nicht ganz unkritisch gestaltete sich auch die Handhabung des genetischen Algorithmus zur Optimierung der Antennengeometrie – Populationsgröße, Generationenzahl, Kreuzungs- und Mutationsoperatoren müssen nämlich gut aufeinander abgestimmt sein. Das Ergebnis aller Bemühungen ist eine in Boomlänge und Frequenzbereich skalierbare **RFDn-Antenne** mit mindestens vier Direktoren ($n \geq 4$), deren Aufbau sich mit analytischen Designformeln einfach berechnen lässt (Tabelle 19.1).

Tabelle 19.1 RFD20-Lang-Yagi-Antennen, bei $N = 22$ Elementen mit [4NEC2] für Gewinn _und_ Anpassung an $R_E = 28\,\Omega$ optimiert. Die für alle Elemente gleichen Drahtdurchmesser d liegen im Bereich $50 \leq \lambda_0/d \leq 1000$. 16 der 20 Direktoren befinden sich im äquidistanten Wellenleitersystem $(7 \leq i \leq N)$.

Länge des Feeders (gestreckter Halbwellendipol)	$l_2 = \left(1 - \dfrac{0,2203}{\ln\,(\lambda_0/d) - 1,945}\right)\dfrac{\lambda_0}{2}$
Längenstufung $(1 \leq i \leq 6)$	$\sigma = 0,9216 + 0,008557\,\ln\,(\lambda_0/d)$
Länge des Reflektors	$l_1 = l_2/\sigma$
Länge des 1. Direktors	$l_3 = \sigma\, l_2$
Länge des 2. Direktors	$l_4 = \sigma^2\, l_2$
Länge des 3. Direktors	$l_5 = \sigma^3\, l_2$
Länge des 4. Direktors	$l_6 = \sigma^4\, l_2$
Längenstufung $(7 \leq i \leq N)$	$\tau = 0,9810 + 0,006262\,\ln\,(\lambda_0/d) - 0,0005816\,\ln^2(\lambda_0/d)$
Länge weiterer Direktoren	$l_i = \tau^{\,i-6}\, l_6$ (für $7 \leq i \leq N$)
Reflektorabstand	$dz_{21} = \left[0,7450 - 0,2234\,\ln\,(\lambda_0/d) + 0,02166\,\ln^2(\lambda_0/d)\right]\lambda_0$
Abstand des 1. Direktors	$dz_{32} = \left[0,1817 - 0,008013\,\ln\,(\lambda_0/d)\right]\lambda_0$
Abstand des 2. Direktors	$dz_{43} = \left[0,2870 - 0,01458\,\ln\,(\lambda_0/d)\right]\lambda_0$
Abstand des 3. Direktors	$dz_{54} = \left[-0,2380 + 0,2234\,\ln\,(\lambda_0/d) - 0,02166\,\ln^2(\lambda_0/d)\right]\lambda_0$
Abstand des 4. Direktors	$dz_{65} = \left[0,4151 - 0,02136\,\ln\,(\lambda_0/d)\right]\lambda_0$
Abstand weiterer Direktoren	$a = 0,3\,\lambda_0$
Ort des Feeders	$z_2 = dz_{21}$
Ort des 1. Direktors	$z_3 = \left[0,9267 - 0,2314\,\ln\,(\lambda_0/d) + 0,02166\,\ln^2(\lambda_0/d)\right]\lambda_0$
Ort des 2. Direktors	$z_4 = \left[1,2137 - 0,2460\,\ln\,(\lambda_0/d) + 0,02166\,\ln^2(\lambda_0/d)\right]\lambda_0$
Ort des 3. Direktors	$z_5 = \left[0,9757 - 0,02259\,\ln\,(\lambda_0/d)\right]\lambda_0$
Ort des 4. Direktors	$z_6 = \left[1,391 - 0,04395\,\ln\,(\lambda_0/d)\right]\lambda_0$
Ort weiterer Direktoren	$z_i = z_6 + (i-6)\,a$ (für $7 \leq i \leq N$)

Unsere beiden Optimierungsziele lauteten: maximaler Gewinn bei gleichzeitiger Anpassung an $R_E = 28\,\Omega$. Die auf diesem Weg gefundenen optimalen **Orte** z_i und **Abstände** der Dipolelemente in der nach Bild 19.1 bezeichneten Erregerzone ($i = 1, 2, 3$ und 4) sowie in der Übergangszone ($i = 5$ und 6) sind in den Bildern 19.5 und 19.6 grafisch dargestellt.

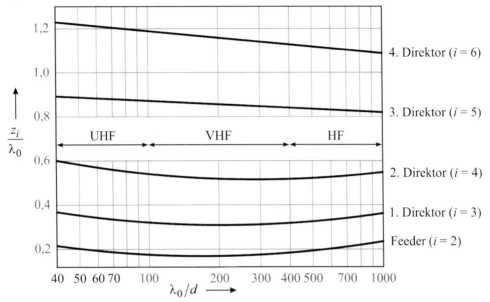

Bild 19.5 Optimierte **Orte** der ersten Dipolelemente ($i = 2, 3, 4, 5, 6$) einer RFD20-Yagi-Uda-Antenne, wobei sich der Reflektordipol am Ort $z_1 = 0$ befinde.

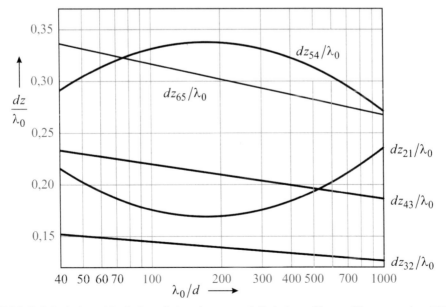

Bild 19.6 Optimierte **Abstände** zwischen den ersten 6 direkt benachbarten Elementen einer RFD20-Yagi-Uda-Antenne. Wegen $z_1 = 0$ gilt für den Reflektorabstand $dz_{21} = z_2 - z_1 = z_2$.

19.7 Gewinn und Bandbreite von RFDn-Yagi-Uda-Antennen

In Abschnitt 19.6 haben wir ein neues Design von Yagi-Uda-Antennen vorgestellt, das wir als **RFD20-Antenne** bezeichnet haben. Die RFD20-Antenne besteht aus einem Reflektor (R), dem aktiv gespeisten Feeder[10] (F) und $n = 20$ Direktoren (D) – sie enthält also insgesamt $N = n + 2 = 22$ Dipolelemente gleicher Dicke d, die wir mit $i = 1, 2, 3, \ldots, N$ durchnummerieren. Das Wellenleitersystem beginnt mit dem 7. Element (also dem 5. Direktor) und wird mit $a = 0,3\,\lambda_0$ äquidistant aufgebaut. Jedes Element ist nach Tabelle 19.1 mit einer geometrischen Stufung (σ bzw. τ) etwas kürzer als sein Vorgänger.

19.7.1 Realisierter Gewinn

An _neun_ Stützstellen (19.17) aus dem Bereich $50 \leq \lambda_0/d \leq 1000$ wurde die RFD20-Antenne hinsichtlich Gewinn und Anpassung an 28 Ohm numerisch mit genetischen Algorithmen breitbandig optimiert. Im Folgenden wollen wir das Standarddesign mit 20 Direktoren folgendermaßen abändern, indem wir _am Boomende_ einzelne Direktoren hinzufügen bzw. wegnehmen, womit wir die Boomlänge L und damit den Gewinn G der Antenne verändern können. Man erkennt dann schnell, dass solche **RFDn-Antennen** für $n \geq 4$ (also mit mindestens $N = 6$ Elementen) weiterhin hohen Gewinn und gute Anpassung an 28 Ohm aufweisen. Das kürzest mögliche Design ist also eine RFD4-Antenne, deren Boomlänge – je nach Drahtdicke – im Bereich $0,85\,\lambda_0 < L < 1,02\,\lambda_0$ liegt. Es wurden dann an _fünf_ Stützstellen

$$\boxed{\lambda_0/d = 50, 100, 200, 500 \text{ und } 1000}\,,\tag{19.38}$$

mit denen die logarithmisch geteilte Abszisse λ_0/d im Bereich $50 \leq \lambda_0/d \leq 1000$ gleichmäßig abgedeckt werden kann, umfangreiche Parameterstudien durchgeführt. Neben Gewinn, Welligkeit und Vor-Rück-Verhältnis wurden insbesondere der realisierte Gewinn G_R und seine relative 1-dB-Bandbreite B_r betrachtet und von $n = 4$ bis $n = 25$ untersucht. Die so konstruierten RFDn-Antennen reichen also von RFD4 bis RFD25. Somit wurden 22 unterschiedliche Boomlängen (etwa von $L = 0,9\,\lambda_0$ bis $L = 7,2\,\lambda_0$) für jeweils fünf Drahtdicken (19.38) untersucht – im Ganzen also 110 Konfigurationen, deren **realisierter Gewinn**

$$\boxed{G_R = G\,(1 - r^2)} \quad \text{bzw.} \quad \boxed{g_R = 10\,\lg G_R \text{ dBi}}\tag{19.39}$$

ein Maß für Gewinn _und_ Anpassung (hier an 28 Ohm) ist. Aus G_R folgt die tatsächlich realisierte Strahlungsdichte in Hauptstrahlungsrichtung. Bei einer RFDn-Yagi-Uda-Antenne hängt g_R von der bezogenen Boomlänge L/λ_0 sowie von λ_0/d ab. Folgende Ausgleichskurve nähert die numerischen Daten in Bandmitte mit kleinstem quadratischem Fehler am besten an:

$$\boxed{\frac{g_R}{\text{dBi}} = A + E\,\ln\frac{L}{\lambda_0}} \quad \text{(gültig an der \underline{\textit{Bandmittenfrequenz}} } f = c_0/\lambda_0 \text{).}\tag{19.40}$$

Dabei verwenden wir die nur _schwach_ von der Drahtdicke d abhängenden Abkürzungen

$$A = a_0 + a_1\,\ln\,(\lambda_0/d) + a_2\,\ln^2(\lambda_0/d) \quad \text{mit}$$
$$a_0 = 13,74 \qquad a_1 = -0,8530 \qquad a_2 = 0,08228 \tag{19.41}$$

und

---

[10] Als aktiv gespeistes Element verwenden wir einen gestreckten Dipol – keinen Faltdipol.

$$E = e_0 + e_1 \ln (\lambda_0/d) + e_2 \ln^2 (\lambda_0/d) \qquad \text{mit}$$
$$e_0 = 3,397 \qquad e_1 = 0,01982 \qquad e_2 = -0,003968\,. \tag{19.42}$$

Bei **Verdopplung der Boomlänge** wächst nach (19.40) der realisierte Gewinn um

$$\Delta g_R = E \ln 2 \text{ dB}\,, \tag{19.43}$$

was je nach der verwendeten Drahtdicke (λ_0/d) mit E aus (19.42) also **2,32 dB/Oktave** (bei dünneren Drähten) bis **2,37 dB/Oktave** (bei dickeren Drähten) bedeutet. Man beachte hierzu die Bemerkungen am Ende von Abschnitt 19.3.3.

Die Ausgleichskurve (19.40) für den realisierten Gewinn weicht in den meisten Fällen um weniger als $\pm 0,1$ dB von den numerisch gefundenen Daten aller 110 untersuchten RFDn-Antennen ab, d. h., wenn (19.40) einen realisierten Gewinn von z. B. 15 dBi vorhersagt, dann liegt der wirkliche Wert im Bereich $14,9$ dBi $< g_R < 15,1$ dBi . In sehr seltenen Fällen kann die Abweichung auch $\pm 0,2$ dB betragen. Nur bei den besonders kurzen **RFD4-Antennen,** wo gleich das ganze Wellenleitersystem weggelassen wird, ist die Abschätzung (19.40) etwas zu konservativ – tatsächlich ist hier der realisierte Gewinn sogar um etwa $0,35$ dB *größer*. Wegen dieses Sonderfalls müssen wir die Gewinnformel (19.40) noch ein wenig modifizieren:

$$\boxed{\begin{aligned} \frac{g_R}{\text{dBi}} &= A + E \ln \frac{L}{\lambda_0} && \text{für RFDn-Antennen mit } n \geq 5 \text{ Direktoren} \\[2mm] \frac{g_R}{\text{dBi}} &= 0,35 + A + E \ln \frac{L}{\lambda_0} && \text{für RFD4-Antennen mit } n = 4 \text{ Direktoren} . \end{aligned}} \tag{19.44}$$

Wenn man (19.40) für verschiedene Dipoldicken aus dem Bereich $50 \leq \lambda_0/d \leq 1000$ über der bezogenen Boomlänge $0,9 \leq L/\lambda_0 \leq 7,2$ in einer Kurvenschar aufträgt, sieht man, dass bei RFDn-Antennen der realisierte Gewinn g_R nur *schwach* von der Drahtdicke d abhängt. Mit $\lambda_0/d = 605$ kann man *eine* der vielen Gewinnkurven identifizieren, die sich etwa in der *Mitte* der Kurvenschar aufhält und von der alle anderen Kurven um maximal $\pm 0,1$ dB abweichen. Mit diesem Wert finden wir A und F aus (19.41) und (19.42), womit aus (19.40) folgt:

$$\boxed{\frac{g_R}{\text{dBi}} = 11,65 + 3,36 \ln \frac{L}{\lambda_0}} \qquad \text{(gültig für } n \geq 5 \text{ Direktoren)} . \tag{19.45}$$

Diese mittlere Gewinnkurve ist als eine von λ_0/d unabhängige **Näherung** leicht berechenbar, dennoch ausreichend präzise und steigt bei Verdopplung der Boomlänge um 2,33 dB.

19.7.2 Die 1-dB-Bandbreite des realisierten Gewinns

Ähnliche Auswertungen wie beim realisierten Gewinn an der Bandmittenfrequenz $f = c_0/\lambda_0$ kann man auch hinsichtlich der 1-dB-Bandbreite von g_R machen. Dabei hängt nach (19.13) die absolute 1-dB-Bandbreite B mit der relativen 1-dB-Bandbreite B_r wie folgt zusammen:

$$B = f_o - f_u = B_r f . \tag{19.46}$$

Das Auffinden einer analytischen Ausgleichskurve für B_r gestaltet sich schwieriger als beim Gewinn, da B_r in Abhängigkeit von der bezogenen Boomlänge L/λ_0 einerseits spürbar oszilliert[11] und mit zunehmendem L/λ_0 auch noch tendenziell abnimmt. Außerdem hängt B_r erwartungsgemäß vom Verhältnis λ_0/d ab – und zwar deutlich stärker als dies bei g_R der Fall ist. Bei dickeren Drähten und kleinerem Verhältnis $\lambda_0/d = 50$ kann man Werte bis zu $B_r = 0,07$ erreichen, während mit dünneren Drähten um $\lambda_0/d = 1000$ nur kleinere Bandbreiten um $B_r = 0,04$ möglich sind. Folgende Ausgleichskurve nähert die numerischen Daten der **1-dB-Bandbreite** des realisierten Gewinns mit kleinstem quadratischem Fehler am besten an:

$$\boxed{B_r = F - H\frac{L}{\lambda_0} + K\sin\left(P\frac{L}{\lambda_0}+Q\right)e^{-R\,L/\lambda_0}}. \tag{19.47}$$

Als Funktion der bezogenen Boomlänge L/λ_0 erkennen wir in (19.47) eine *fallende* Gerade mit Offset F und Steigung $-H$, der sich *additiv* eine exponentiell gedämpfte sinusförmige Schwingung mit Amplitude K, Frequenz P, Nullphase Q und Dämpfung R überlagert.

Die sechs Parameter F, H, K, P, Q und R können in *Potenzreihen* bis zum linearen, quadratischen bzw. kubischen Glied in $\ln(\lambda_0/d)$ entwickelt werden – noch höhere Potenzen sind zur Anpassung an die numerischen Daten jeweils nicht notwendig:

$$\begin{aligned}
F &= f_0 + f_1\ln(\lambda_0/d) + f_2\ln^2(\lambda_0/d) + f_3\ln^3(\lambda_0/d)\\
H &= h_0 + h_1\ln(\lambda_0/d)\\
K &= k_0 + k_1\ln(\lambda_0/d) + k_2\ln^2(\lambda_0/d)\\
P &= p_0 + p_1\ln(\lambda_0/d) + p_2\ln^2(\lambda_0/d)\\
Q &= q_0 + q_1\ln(\lambda_0/d) + q_2\ln^2(\lambda_0/d)\\
R &= r_0 + r_1\ln(\lambda_0/d) + r_2\ln^2(\lambda_0/d).
\end{aligned} \tag{19.48}$$

Die zur optimalen Anpassung der analytischen Näherung an die numerisch gefundenen Daten notwendigen 18 Zahlenwerte sind:

$$\begin{array}{llll}
f_0 = 0,2140 & f_1 = -0,07292 & f_2 = 0,01146 & f_3 = -0,0006524\\
h_0 = 0,001993 & h_1 = -0,0002290\\
k_0 = 0,05435 & k_1 = -0,01854 & k_2 = 0,001651\\
p_0 = 10,11 & p_1 = -1,037 & p_2 = 0,1043\\
q_0 = -7,486 & q_1 = 2,297 & q_2 = -0,1882\\
r_0 = 1,170 & r_1 = -0,4047 & r_2 = 0,03891.
\end{array} \tag{19.49}$$

Die Ausgleichskurven (19.47) für die relative 1-dB-Bandbreite des realisierten Gewinns beschreiben die numerisch gefundenen Daten aller 110 untersuchten RFDn-Antennen meist sehr genau – mit maximal möglichen Abweichungen von $\pm\,0,001$. Wenn man also mit (19.47) einen Wert von beispielsweise 0,05 errechnet hat, dann liegt der wirkliche Wert im Bereich $0,049 < B_r < 0,051$. In sehr seltenen Fällen kann der Fehler auch einmal $\pm\,0,002$ betragen.

Beispielhaft zeigt Bild 19.7 die **relativen 1-dB-Bandbreiten des realisierten Gewinns** von RFDn-Yagi-Uda-Antennen, die aus jeweils $N = n+2$ gleich dicken Dipolen mit $\lambda_0/d = 50$, $\lambda_0/d = 200$ bzw. $\lambda_0/d = 1000$ zusammengesetzt sind.

---

[11] Ein Direktor mehr oder weniger kann bei kleinem λ_0/d zu Änderungen von $\Delta B_r = \pm\,0,009$ führen.

Die Kreise markieren die mit [4NEC2] numerisch gefundenen Werte, während die oszillieren-den Ausgleichskurven mit (19.47) berechnet wurden. Die Darstellung zeigt RFD4-Antennen bis RFD25-Antennen für drei verschiedene Drahtdicken und überdeckt Boomlängen im Bereich von etwa $L = 0,9\,\lambda_0$ bis $L = 7,2\,\lambda_0$.

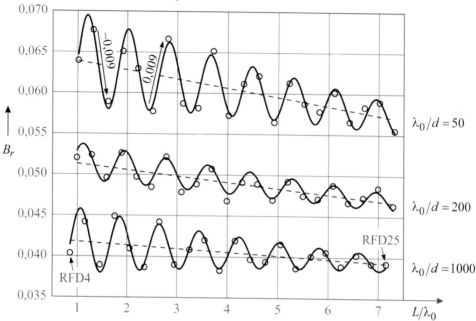

Bild 19.7 Relative 1-dB-Bandbreiten B_r des realisierten Gewinns g_R von RFDn-Yagi-Uda-Antennen für drei verschiedene Dipoldicken $\lambda_0/d = 50$, $\lambda_0/d = 200$ bzw. $\lambda_0/d = 1000$. Die mit [4NEC2] numerisch gefundenen *diskreten* Daten aus jeweils 22 Punkten (o) repräsentieren RFD4-Antennen bis RFD25-Antennen. Zusätzlich sind die angepassten *kontinuierlichen* Ausgleichskurven (19.47) dargestellt. Diese Kurven oszillieren um die gestrichelt gezeichneten fallenden Geraden $F - H\,L/\lambda_0$.

Die Ausgleichskurven vollführen in Bild 19.7 eine gedämpfte Schwingung um einen mittleren Wert, der als fallende Gerade $F - H\,L/\lambda_0$ in allen drei Fällen gestrichelt dargestellt ist. Die **Steigung** dieser fallenden Geraden wird bei Verwendung dünnerer Dipole flacher.

Bei mittlerer Dipoldicke ist die **Amplitude** K dieser Schwingung am kleinsten. Sie hat tat-sächlich bei $\lambda_0/d = 274$ ein Minimum von $K = 0,00232$. Bei dünneren und auch bei dickeren Dipolen hingegen, kann die Amplitude der Bandbreiteschwankungen zwei bis dreimal höher sein. Wenn auch bei mittlerer Dipoldicke die Amplitude K am kleinsten ist, so ist hier aber auch die **Dämpfung** R klein und erreicht bei $\lambda_0/d = 181$ ein Minimum von $R = 0,118$, wodurch die Schwingung hier nur langsam abnimmt. Bei dünneren und auch bei dickeren Dipo-len hingegen, kann die Dämpfung R doppelt so stark werden.

In folgendem Bild 19.8 ist die Abhängigkeit der relativen 1-dB-Bandbreite B_r des realisierten Gewinns g_R von der normierten Dipoldicke λ_0/d bei fester bezogener Boomlänge L/λ_0 dargestellt. Die Kurven erhält man im Prinzip aus Bild 19.7, indem man dort an den sechs an-gegebenen Orten L/λ_0 die oszillierende Kurvenschar vertikal schneidet. Benötigt man größere Bandbreiten, sollte man also Dipole mit größerem Drahtdurchmesser einsetzen.

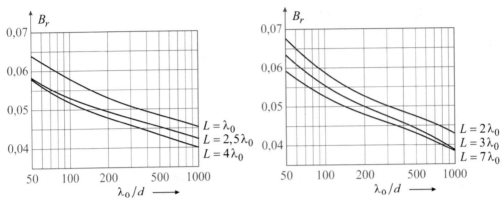

Bild 19.8 Relative 1-dB-Bandbreiten B_r des realisierten Gewinns g_R von RFDn-Yagi-Uda-Antennen für sechs verschiedene normierte Boomlängen L/λ_0 als Funktion der Dipoldicke λ_0/d. Die Kurven überdecken einen Bereich von $0,038 \leq B_r \leq 0,068$. Zur besseren Übersicht wurden nur solche Boomlängen für die Darstellung ausgewählt, deren Bandbreitekurven sich nicht schneiden.

19.8 Synthese von RFDn-Yagi-Uda-Antennen

Die im vorherigen Abschnitt 19.7 vorgestellten Designformeln für den realisierten Gewinn g_R und dessen relativer 1-dB-Bandbreite B_r wurden anhand der Optimierung von RFD4-Yagi-Uda-Antennen (mit 4 Direktoren) bis hin zu RFD25-Yagi-Uda-Antennen (mit 25 Direktoren) im Bereich $50 \leq \lambda_0/d \leq 1000$ gewonnen. Sie können aber durchaus auch zur Berechnung der Eigenschaften von noch etwas längeren RFDn-Antennen benutzt werden, solange $n \leq 35$ bleibt, wie Vergleiche mit Simulationen gezeigt haben [4NEC2]. Doch darüber hinaus (also bei mehr als 35 Direktoren) nimmt die **Genauigkeit der Designformeln** (19.44) und (19.47) erwartungsgemäß ab, was dann ab etwa $L = 10,2\,\lambda_0$ der Fall ist.

Dennoch können anhand der **Geometriedaten** aus Tabelle 19.1 sehr wohl RFDn-Antennen mit praktisch beliebiger Länge aufgebaut werden, die gut funktionieren und im Sinne von

$$\textbf{Gewinn:}\quad \boxed{G \to \text{max}} \quad \textbf{und} \quad \textbf{Welligkeit:}\quad \boxed{s = \frac{1+r}{1-r} \to \text{min}} \tag{19.50}$$

auch optimal sind. Aber eine präzise Vorhersage des zu erwartenden realisierten Gewinns von extrem langen RFDn-Antennen mitsamt der zugehörigen 1-dB-Bandbreite ist nur noch eingeschränkt möglich. Außerdem sollte man den untersuchten Bereich $50 \leq \lambda_0/d \leq 1000$ nicht wesentlich verlassen. Wenn man dies berücksichtigt, kann auf Basis der Gleichungen für den realisierten Gewinn und dessen relative 1-dB-Bandbreite

$$\boxed{\begin{aligned} \frac{g_R}{\text{dBi}} &= A + E \ln\frac{L}{\lambda_0} &&\text{für RFDn-Antennen mit } 5 \leq n \leq 35 \text{ Direktoren}\\[2mm] \frac{g_R}{\text{dBi}} &= 0,35 + A + E \ln\frac{L}{\lambda_0} &&\text{für RFD4-Antennen mit } n = 4 \text{ Direktoren.} \end{aligned}} \tag{19.51}$$

$$\boxed{B_r = F - H\frac{L}{\lambda_0} + K \sin\!\left(P\frac{L}{\lambda_0} + Q\right) e^{-R\,L/\lambda_0}} \tag{19.52}$$

eine **Synthese** von RFDn-Yagi-Uda-Antennen mit $4 \leq n \leq 35$ Direktoren, d. h. mit $N = n + 2$ Elemente (wenn man den Reflektor und den Feeder hinzuzählt), durchgeführt werden. Das gekoppelte Gleichungssystem (19.51) und (19.52) enthält die beiden Unbekannten L/λ_0 und λ_0/d, wobei die Abhängigkeit von λ_0/d nach Abschnitt 19.7 in den Parametern A, E, F, H, K, P, Q und R in komplizierter Weise enthalten ist. Natürlich wäre es möglich, nach Vorgabe von g_R und B_r die Wurzeln des gekoppelten Systems mit einer **numerischen Nullstellensuche** unmittelbar zu finden.

Wir wollen im Folgenden aber einen anderen Lösungsweg beschreiben, der einerseits mathematisch einfacher ist und dabei gleichzeitig sicherstellt, dass sich der Durchmesser d der Dipoldrähte in einem praktisch sinnvollen Bereich befindet – also weder zu dünn, noch zu dick ausfällt. Bei der **Auswahl der Drahtdicke** ist neben den Kosten vor allem die mechanische Stabilität bei Wind- und Eislast zu berücksichtigen. Je nach der angestrebten Bandmittenfrequenz $f = c_0/\lambda_0$, an der die Antenne eingesetzt werden soll, entnehmen wir Bild 19.5 die für die meisten Anwendungen *typischen* Bereiche:

Kurzwellen (HF mit 3-30 MHz): $400 \leq \lambda_0/d \leq 1000$

Ultrakurzwellen (VHF mit 30-300 MHz): $100 \leq \lambda_0/d \leq 400$ (19.53)

Dezimeterwellen (UHF mit 300-3000 MHz): $40 \leq \lambda_0/d \leq 100$,

die nicht streng gegeneinander abgegrenzt sind und sich durchaus auch überlappen können. Als **Startwert** unseres Entwurfs wählen wir nun einen Wert aus den in (19.53) angegebenen Intervallen. Zweckmäßigerweise sollte λ_0/d aber so gewählt werden, dass (bei bekannter Wellenlänge in Bandmitte $\lambda_0 = c_0/f$) der Drahtdurchmesser d einen ganzzahligen Wert in Millimetern annimmt. Meist gibt es für diese Wahl mehrere Möglichkeiten, die hinsichtlich des Gewinns der Antenne nahezu gleichwertig sind, aber spürbare Unterschiede in der Bandbreite aufweisen. Aus Bild 19.8 folgt nämlich, dass man bei gegebener Boomlänge L die relative 1-dB-Bandbreite B_r des realisierten Gewinns dadurch erhöhen kann, dass man dickere Dipole verwendet – den Quotienten λ_0/d also verkleinert.

Nachdem wir nun ein praxisgerechtes Verhältnis λ_0/d ausgewählt haben, ist nach Tabelle 19.1 bereits die **gesamte geometrische Konstruktion** der RFDn-Antenne vollständig bestimmt! *Alle* Dipolorte und Dipollängen hängen nämlich ausschließlich von diesem *einen* Quotienten λ_0/d ab. Verwendet man eine andere Drahtdicke d, dann müssen demnach wieder nach Tabelle 19.1 alle geometrischen Abmessungen der gesamten Antenne neu angepasst werden, damit diese wieder hinsichtlich (19.50) optimale Eigenschaften aufweist.

Mit dem gewählten λ_0/d geht es dann nur noch darum, mit Hilfe von (19.51) die zur Erreichung des Gewinnziels g_R notwendige Anzahl der Direktoren mit $4 \leq n \leq 35$ zu ermitteln.

Zu diesem Zweck geben wir den realisierten Gewinn g_R in Bandmitte als unser **erstes Syntheseziel** hinsichtlich der erwünschten Antenneneigenschaften vor. Diese Zielvorgabe muss so gewählt werden, dass der Gültigkeitsbereich von (19.51) nicht verlassen wird. Wir wollen mit $n \geq 5$ zunächst voraussetzen, dass die gesuchte RFDn-Antenne mindestens 5 Direktoren haben soll. Dann kann man mit der **Zielvorgabe** $12{,}2 \leq g_R/\text{dBi} \leq 19{,}5$ sicherstellen, dass die Lösung tatsächlich die notwendige Eigenschaft $1{,}2 \leq L/\lambda_0 \leq 10{,}2$ aufweist, womit gerade der zulässige Bereich von $5 \leq n \leq 35$ Direktoren abgedeckt werden kann. Nun können wir (19.51) unmittelbar nach L/λ_0 auflösen:

$$\frac{L}{\lambda_0} = \exp\left(\frac{g_R - A}{E}\right) \qquad \text{(gültig für } n \ge 5\text{)},\tag{19.54}$$

wobei wir die Werte von A und E aus (19.41) und (19.42) unter Verwendung des von uns gewählten Startwerts λ_0/d ermitteln müssen. Nach Gleichsetzen von (19.54) mit der **Boomlänge** (19.37)

$$\frac{L}{\lambda_0} = (n-4)\frac{a}{\lambda_0} + 0{,}6458 + 0{,}1794 \ln\frac{\lambda_0}{d} - 0{,}02166 \ln^2\frac{\lambda_0}{d},\tag{19.55}$$

wobei $a = 0{,}3\,\lambda_0$ den äquidistanten Abstand der Direktoren im Wellenleitersystem bezeichnet, finden wir schließlich die **Anzahl der benötigten Direktoren** n, die unsere RFDn-Antenne haben muss, um den gewünschten realisierten Gewinn g_R in Bandmitte zu erreichen:

$$n = 4 + \frac{\lambda_0}{a}\left[\frac{L}{\lambda_0} - 0{,}6458 - 0{,}1794 \ln\frac{\lambda_0}{d} + 0{,}02166 \ln^2\frac{\lambda_0}{d}\right]\tag{19.56}$$

mit der vorher schon bestimmten bezogenen Boomlänge L/λ_0 aus (19.54). Wie wir bereits in Zusammenhang mit (19.45) erwähnt haben, besitzt λ_0/d tatsächlich nur geringen Einfluss auf den Gewinn, weswegen die genaue Wahl des Startwerts recht unkritisch ist. Außerdem muss man bedenken, dass das Resultat (19.56) ohnehin noch auf eine *ganze* Zahl größer oder gleich 5 gerundet werden muss. Um die Zielvorgabe des realisierten Gewinns g_R in Bandmitte sicher zu erreichen, empfiehlt es sich, in der Regel *aufzurunden.* Mit diesem neuen gerundeten Wert für n muss die Boomlänge (19.55) erneut berechnet und damit ein wenig nachjustiert werden. Man beachte nochmals, dass n im Bereich $5 \le n \le 35$ liegen muss.

Der **Sonderfall einer RFD4-Yagi-Uda-Antenne** mit nur vier Direktoren ist besonders einfach zu handhaben. Wir setzen $n = 4$ und berechnen aus (19.55) zunächst die Boomlänge

$$\frac{L}{\lambda_0} = 0{,}6458 + 0{,}1794 \ln\frac{\lambda_0}{d} - 0{,}02166 \ln^2\frac{\lambda_0}{d},\tag{19.57}$$

die im Bereich $0{,}85 \le L/\lambda_0 \le 1{,}02$ liegen wird, falls wir die Drahtdicke d so wählen, dass der zulässige Bereich $50 \le \lambda_0/d \le 1000$ nicht verlassen wird. Mit dieser Boomlänge hat eine RFD4-Antenne dann nach (19.51) den realisierten Gewinn:

$$\frac{g_R}{\text{dBi}} = 0{,}35 + A + E \ln\frac{L}{\lambda_0}.\tag{19.58}$$

Eine RFD4-Antenne hat realisierte Gewinne von 11,6 dBi (bei $\lambda_0/d = 1000$) bis 12,0 dBi ($\lambda_0/d = 50$) mit einer Welligkeit (SWR) in Bandmitte von $s < 1{,}28$ bei einem Bezugswiderstand von $28\,\Omega$. Hingegen kann man bei einer RFD5-Antenne mit $n = 5$ bereits mit einem um etwa 0,5 dB bis 0,6 dB größeren realisierten Gewinn rechnen. Man fragt sich nun, wie sich dieser Anstieg bei Hinzunahme weiterer Direktoren fortsetzt? Für $6 \le n \le 35$ betrachten wir dazu die Differenz

$$\Delta g_R = g_R(n) - g_R(n-1),\tag{19.59}$$

mit der wir die Änderung des realisierten Gewinns mit jedem weiteren Direktor beschreiben können. Wenn wir nun g_R aus (19.51) in (19.59) einsetzen, erhalten wir:

$$\frac{\Delta g_R}{\mathrm{dB}} = A + E \ln \frac{L(n)}{\lambda_0} - \left(A + E \ln \frac{L(n-1)}{\lambda_0} \right) = E \ln \frac{L(n)}{L(n-1)} . \qquad (19.60)$$

Mit $L(n)$ aus (19.55) und E aus (19.42) sowie $a = 0,3 \lambda_0$ wird daraus:

$$\boxed{\frac{\Delta g_R}{\mathrm{dB}} = E \ln \frac{(n-4)\,a + L(4)}{(n-5)\,a + L(4)}} \qquad (\text{für } 6 \le n \le 35), \qquad (19.61)$$

wobei $L(4)$ die von λ_0/d anhängende Boomlänge einer RFD4-Antenne nach (19.57) bezeichnet. Im Sonderfall $n = 5$ gilt stattdessen:

$$\boxed{\frac{\Delta g_R}{\mathrm{dB}} = -0,35 + E \ln \frac{a + L(4)}{L(4)}} \qquad (\text{für } n = 5). \qquad (19.62)$$

Der **realisierte Gewinn pro Direktor** steigt nach Bild 19.9 kurz an, wird ab $n = 6$ mit jedem weiteren Direktor aber immer kleiner und beträgt bei $n = 35$ nur noch etwa 0,1 dB. Er hängt nur _gering_ von der Dipoldicke ab und ist beispielhaft für den Wert $\lambda_0/d = 500$ dargestellt. Man erkennt, dass die _ersten_ 4-5 weiteren Direktoren, die man einer RFD4-Antenne hinzufügt, den kräftigsten Gewinnanstieg verursachen – weitere Direktoren haben nur geringeren Effekt.

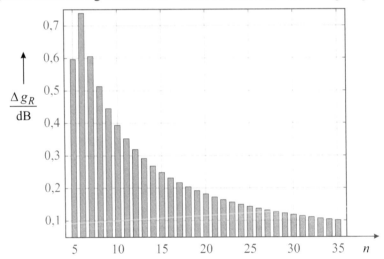

Bild 19.9 Realisierter Gewinn pro Direktor Δg_R von RFDn-Yagi-Uda-Antennen nach (19.61) und (19.62), dargestellt für $\lambda_0/d = 500$ im Bereich $5 \le n \le 35$. Wenn man z. B. an eine RFD4-Antenne weitere vier Direktoren hinzufügt, dann erhält man eine RFD8-Antenne, deren realisierter Gewinn kumulativ um $(0,596 + 0,738 + 0,605 + 0,513)$ dB $= 2,45$ dB angestiegen ist.

Das **zweite Syntheseziel** wird in vielen Fällen eine möglichst große relative 1-dB-Bandbreite B_r sein, innerhalb derer der realisierte Gewinn um höchstens 1 dB gegenüber seinem Wert g_R in Bandmitte abgefallen sein darf – eine größere Bandbreite erlaubt natürlich die Verwendung höherer **Bitraten.** Mit der nach (19.55) gegebenen Boomlänge L können wir analog zu Bild 19.8 die Bandbreite dadurch erhöhen, dass wir den Quotienten λ_0/d _kleiner_ machen. Dabei sollte man die Intervalle (19.53) nicht wesentlich verlassen und darauf achten, dass der Drahtdurchmesser d nicht unpraktisch groß wird. Außerdem sollte d wieder einen ganzzahligen Wert in Millimetern einnehmen, um eine handelsübliche Dicke sicherzustellen.

Mit diesem **endgültig festgelegten Wert** von λ_0/d, der die Bandbreite noch verbessert hat, kann nun die RFDn-Antenne mit den geometrischen Abmessungen nach Tabelle 19.1 und der aufgerundeten Anzahl n der Direktoren, die zuvor in (19.56) zur Erreichung des Gewinnziels bereits ermittelt wurde, aufgebaut werden. Ein typisches Entwurfsbeispiel zeigt Übung 19.1.

Übung 19.1: RFDn-Yagi-Uda-Empfangsantenne für das UHF-Band

- Zur Dachmontage soll eine RFDn-Yagi-Uda-Außenantenne mit einem realisierten Gewinn von $g_R = 12$ dBd $= 14{,}15$ dBi an der Bandmittenfrequenz $f = 600$ MHz entwickelt werden. Wie viele Direktoren n sind nötig, um g_R zu erreichen, und wie groß ist dann die 1-dB-Bandbreite des realisierten Gewinns?

- **Lösung:**

Wir gehen zunächst von Drähten den Dicke $d = 8$ mm aus, die wir für alle $N = n+2$ Dipolelemente gleichermaßen verwenden wollen. Mit der Wellenlänge an der Bandmittenfrequenz $\lambda_0 = c_0/f = 499{,}7$ mm erhält unser Design also den Startwert $\lambda_0/d = 62{,}46$. Um einen realisierten Gewinn von $g_R = 14{,}15$ dBi zu erhalten, ist nach (19.54) mit A und E aus (19.41) und (19.42) folgende **Boomlänge** erforderlich:

$$\frac{L}{\lambda_0} = \exp\left(\frac{g_R - A}{E}\right) = \exp\left(\frac{14{,}15 - 11{,}62}{3{,}411}\right) = 2{,}100\,, \tag{19.63}$$

woraus sich mit (19.56) und $a = 0{,}3\,\lambda_0$ die notwendige **Anzahl der Direktoren** ergibt:

$$n = 4 + \frac{1}{0{,}3}\left[2{,}100 - 0{,}6458 - 0{,}1794\ln 62{,}46 + 0{,}02166\ln^2 62{,}46\right] = 7{,}608\,, \tag{19.64}$$

was wir zu $n = 8$ *aufrunden* – ein Wert, der im zulässigen Bereich von $5 \le n \le 35$ liegt. Die Gewinnvorgabe lässt sich also mit einer **RFD8-Antenne** erfüllen. Wegen des Aufrundens hat sich die Boomlänge gegenüber (19.63) ein wenig *vergrößert* und muss mit (19.55) neu berechnet werden:

$$\frac{L}{\lambda_0} = (8 - 4)\,0{,}3 + 0{,}6458 + 0{,}1794\ln 62{,}46 - 0{,}02166\ln^2 62{,}46 = 2{,}218\,, \tag{19.65}$$

Wir überprüfen noch einmal mit (19.51) den **realisierten Gewinn:**

$$\frac{g_R}{\text{dBi}} = A + E\ln\frac{L}{\lambda_0} = 11{,}62 + 3{,}411\ln(2{,}218) = 14{,}3\,, \tag{19.66}$$

der, wie erwünscht, knapp oberhalb der Zielvorgabe von 14,15 dBi liegt. Mit $n = 7$ Direktoren hätte man nur 13,8 dBi erreichen können, wie der *vierte* Balken in Bild 19.9 zeigt.

Als nächstes verändern wir schrittweise den derzeitigen Wert von $\lambda_0/d = 62{,}46$, wobei weiterhin der Drahtdurchmesser d einen ganzzahligen Wert in Millimetern annehmen soll. Dabei behalten wir die Anzahl der Direktoren mit $n = 8$ *unverändert* bei. Durch die Verwendung dickerer Dipoldrähte können wir die nach (19.52) berechenbare 1-dB-Bandbreite B_r des realisierten Gewinns unserer RFD8-Antenne nämlich noch steigern (siehe Bild 19.8), ohne den bereits erreichten Gewinn und die Boomlänge wesentlich zu beeinflussen. Die zur Berechnung von (19.52) notwendigen Parameter F, H, K, P, Q und R sind abhängig von λ_0/d und folgen aus (19.48) und (19.49). Die Ergebnisse zeigt Tabelle 19.2.   □

Tabelle 19.2 Boomlänge, realisierter Gewinn und dessen relative 1-dB-Bandbreite einer RFD8-Yagi-Uda-Antenne für den UHF-Fernsehempfang bei $f = 600$ MHz

$d/$mm	λ_0/d	L/λ_0	$g_R/$dBi	B_r
5	99,93	2,213	14,26	0,055
6	83,28	2,216	14,29	0,057
7	71,38	2,217	14,31	0,059
8	62,46	2,218	14,34	0,060
9	55,52	2,217	14,36	0,062
10	49,97	2,217	14,38	0,063

In Übung 19.1 liegt mit $\lambda_0 = c_0/f = 499,7$ mm die Boomlänge – praktisch unabhängig von der Drahtdicke – bei etwa $L = 111$ cm. Die absolute 1-dB-Bandbreite des realisierten Gewinns finden wir mit (19.46):

$$B = f_0 - f_u = B_r\, f\,, \tag{19.67}$$

was bei einer Drahtdicke von $d = 10$ mm mit $f = 600$ MHz zu $B = 38$ MHz führt. Dieses **1-dB-Frequenzband** erstreckt sich nahezu *symmetrisch* um die Bandmittenfrequenz (Bild 19.10), womit diese RFD8-Antenne etwa von $f_u = 580$ MHz bis $f_0 = 618$ MHz genutzt werden kann. Nach Kapitel 9 können dann innerhalb dieser Bandbreite modulierte HF-Impulse mit einer Dauer von 52,6 ns verwendet werden, was einer **Bitrate** von $BR = 19$ MBit/s entspricht.

Verlässt man den Bereich der 1-dB-Bandbreite des realisierten Gewinns, dann steigen die Reflexionsverluste stark an. Wenn man dies in Kauf nimmt, dann kann man durchaus noch innerhalb der 2-dB-Bandbreite des realisierten Gewinns mit stabilen Richtdiagrammen rechnen, bevor diese dann bei noch größeren Abweichungen von der Designfrequenz f schließlich zusammenbrechen.

Für $\lambda_0/d = 50$ ist die **relative 2-dB-Bandbreite** einer RFD8-Antenne mit $B_r(2\text{ dB}) = 0,082$ etwa 1,3 mal größer als $B_r(1\text{ dB}) = 0,063$, was das nutzbare Frequenzband auf etwa $B(2\text{ dB}) = 49$ MHz erweitert, das sich (im Vergleich zur 1-dB-Bandbreite) etwas *unsymmetrischer* um die Designfrequenz $f = 600$ MHz gruppiert. So entsteht ein breiteres nutzbares **2-dB-Frequenzband** etwa von 572 MHz bis 621 MHz (Bild 19.10). Diese Erweiterung des Frequenzbandes macht sich bei *allen* RFDn-Antennen regelmäßig an der *unteren* Bandgrenze stärker bemerkbar.

19.9 Numerische Ergebnisse

Im vorherigen Abschnitt 19.8 haben wir in Übung 19.1 eine RFD8-Antenne mit 8 Direktoren für die Bandmittenfrequenz $f = c_0/\lambda_0 = 600$ MHz untersucht. Wenn alle 10 Dipole dieser Yagi-Uda-Antenne eine gleiche Dicke von $d = 10$ mm aufweisen, dann wird $\lambda_0/d = 50$ und nach Tabelle 19.2 stellt sich ein realisierter Gewinn in Bandmitte von $g_R = 14,4$ dBi mit einer 1-dB-Bandbreite von $B_r = 0,063$ ein. Außerdem ist mit $\lambda_0/d = 50$ auch schon die gesamte **geometrische Antennenkonstruktion** festgelegt und folgt unmittelbar aus Tabelle 19.1. Alle notwendigen Abmessungen sind in Tabelle 19.3 wiedergegeben.

Tabelle 19.3 Geometriedaten (gerundet auf ganze Millimeter) der RFD8-Yagi-Uda-Antenne aus Übung 19.1 mit Drahtdurchmessern von $d = 10$ mm bei $f = 600$ MHz Alle Abmessungen folgen mit $\lambda_0/d = 50$ direkt aus Tabelle 19.1. Die Progressionsfaktoren beider geometrischen Längenstufungen sind $\sigma = 0,9551$ und $\tau = 0,9966$.

Element	Länge in λ_0	Abstand in λ_0	Position in λ_0	Länge in mm	Abstand in mm	Position in mm
Reflektor	0,4649	–	0	232	–	0
Feeder	0,4440	0,2026	0,2026	222	101	101
1. Direktor	0,4240	0,1504	0,3529	212	75	176
2. Direktor	0,4050	0,2300	0,5829	202	115	291
3. Direktor	0,3868	0,3043	0,8872	193	152	443
4. Direktor	0,3694	0,3319	1,2191	185	166	609
5. Direktor	0,3681	0,3000	1,5191	184	150	759
6. Direktor	0,3669	0,3000	1,8191	183	150	909
7. Direktor	0,3656	0,3000	2,1191	183	150	1059
8. Direktor	0,3644	0,3000	2,4191	182	150	1209

Die Bilder 19.10 und 19.11 zeigen für die RFD8-Antenne aus Tabelle 19.3 den **Gewinn** g und den **Reflexionsfaktor** $20 \lg r$ dB im Fußpunkt des Feeders (bezogen auf 28 Ohm) als Funktion der Frequenz in logarithmischer Darstellung [4NEC2]. Aus beiden Angaben kann man nach (19.14) und (19.15) auch den **realisierten Gewinn** g_R errechnen:

$$g_R = g - 10 \lg \frac{1}{1-r^2}. \tag{19.68}$$

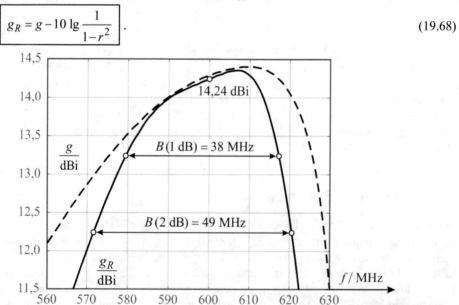

Bild 19.10 Gewinn (gestrichelt) und realisierter Gewinn (incl. 1-dB- bzw. 2-dB-Bandbreite) der RFD8-Antenne aus Tabelle 19.3. An der Designfrequenz $f = 600$ MHz gilt nach [4NEC2] $g_R = 14,24$ dBi.

Ausgehend von der Designfrequenz $f = 600\,\text{MHz}$, steigt die in Bild 19.10 *gestrichelt* darge-stellte Gewinnkurve zunächst noch etwas an, um dann nach Überschreiten eines Maximums schnell abzufallen. In Richtung niedrigerer Frequenzen erfolgt der Abfall hingegen weniger steil. Der aus den numerischen Daten [4NEC2] ermittelte realisierte Gewinn an der Designfre-quenz beträgt $g_R(600\,\text{MHz}) = 14{,}24\,\text{dBi}$ und wird durch unsere analytische Designformel (19.51) mit $g_R(600\,\text{MHz}) = 14{,}38\,\text{dBi}$ gut vorhergesagt (siehe Tabelle 19.2).

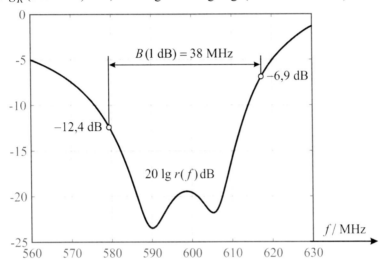

Bild 19.11 W-förmige Kurve des Reflexionsfaktors $20\lg r$ dB der RFD8-Antenne aus Tabelle 19.3 (bezogen auf 28 Ω). Die 1-dB-Bandbreite des realisierten Gewinns aus Bild 19.10 ist auch eingetragen.

An den **Bandgrenzen** f_u und f_o, wo der realisierte Gewinn um 1 Dezibel gegenüber seinem Wert an der Designfrequenz abgefallen ist, beträgt der Reflexionsfaktor $-12{,}4\,\text{dB}$ bzw. $-6{,}9\,\text{dB}$, was nach Anhang E einer Einfügungsdämpfung von $IL(f_u) = 0{,}3\,\text{dB}$ bzw. $IL(f_o) = 1{,}0\,\text{dB}$ entspricht. Dabei gilt der Zusammenhang (19.14):

$$\frac{g_R}{\text{dBi}} = \frac{g}{\text{dBi}} - \frac{IL}{\text{dB}}. \tag{19.69}$$

An der *oberen* Bandgrenze $f_o = 618\,\text{MHz}$ darf der 1-dB-Abfall des realisierten Gewinns prak-tisch alleine durch die Fehlanpassung mit $IL(f_o) = 1{,}0\,\text{dB}$ verursacht werden. Aufgrund der zunächst noch *ansteigenden* Gewinnkurve (in Bild 19.10 gestrichelt dargestellt) ist hier wegen $g(600\,\text{MHz}) \approx g(618\,\text{MHz})$ nämlich noch kein Gewinnverlust zu erwarten.

Hingegen ist an der *unteren* Bandgrenze $f_u = 580\,\text{MHz}$ der 1-dB-Abfall des realisierten Ge-winns (relativ zum Wert an der Designfrequenz $f = 600\,\text{MHz}$) mit $IL(f_u) = 0{,}3\,\text{dB}$ nur etwa zu einem Drittel durch Reflexionsverluste bedingt, während weitere 0,7 dB durch die nach links schon spürbar abfallende Gewinnkurve verursacht werden.

Im Inneren des Frequenzbandes beschreibt der Reflexionsfaktor in Bild 19.11 eine W-förmige Kurve und bleibt breitbandig unter $-19{,}45\,\text{dB}$. Somit hat die RFD8-Antenne aus Tabelle 19.3 dort eine *zentrale* Welligkeit von $s < 1{,}24$.

Als Alternative zum Reflexionsfaktor r betrachten wir in Bild 19.12 auch die **Eingangsimpe-danz** $\underline{Z}_E = R_E + j\,X_E$ der RFD8-Yagi-Uda-Antenne aus Tabelle 19.3 und zeigen R_E bzw. X_E im Frequenzbereich $560\,\text{MHz} \le f \le 630\,\text{MHz}$, der noch etwas über die nutzbare 2-dB-Bandbreite der Antenne hinausgeht. Im Bereich um die Designfrequenz von 590 MHz bis 610 MHz liegt X_E in der Nähe von Null mit einem Wendepunkt bei 598 MHz. Die Anpassung an 28 Ohm geht oberhalb von 610 MHz zunehmend verloren, weil der Realteil R_E abfällt und der Imaginärteil X_E ansteigt. Der Zusammenhang mit Bild 19.11 ergibt sich aus:

$$r = |\underline{r}| = \left| \frac{\underline{Z}_E - 28\,\Omega}{\underline{Z}_E + 28\,\Omega} \right| = \left| \frac{R_E + j\,X_E - 28\,\Omega}{R_E + j\,X_E + 28\,\Omega} \right| = \sqrt{\frac{(R_E - 28\,\Omega)^2 + X_E^2}{(R_E + 28\,\Omega)^2 + X_E^2}} \, . \tag{19.70}$$

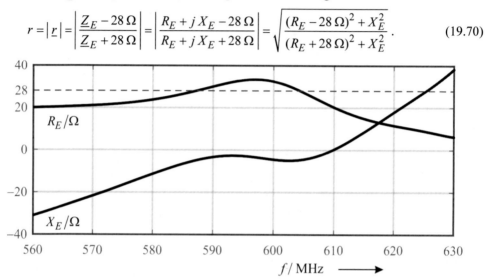

Bild 19.12 Realteil und Imaginärteil der Eingangsimpedanz nach [4NEC2] der RFD8-Yagi-Uda-Antenne aus Tabelle 19.3 mit $\lambda_0/d = 50$. Die nutzbare 1-dB-Bandbreite des realisierten Gewinns liegt im Bereich $580\,\text{MHz} \le f \le 618\,\text{MHz}$ und die 2-dB-Bandbreite im Bereich $572\,\text{MHz} \le f \le 621\,\text{MHz}$.

In Bild 19.13 sehen wir die sinusförmige **Strombelegung** aller 10 Elemente der RFD8-Yagi-Uda-Antenne aus Tabelle 19.3, dargestellt an der Designfrequenz $f = 600\,\text{MHz}$. Die stärksten Ströme fließen in der Erregerzone und zwar auf dem Feeder F und auf den ersten beiden Direktoren D_1 und D_2. Am Ende der Übergangszone, die nach Bild 19.1 aus den Direktoren D_3 und D_4 besteht, hat sich die Oberflächenwelle bereits voll ausgebildet. Diese wird durch die weiteren Direktoren bis zum Boomende geführt und dort aus der virtuellen Apertur abgestrahlt (siehe auch Bild 19.2). Das Stromprofil bleibt in der Wellenleiterzone (also ab dem Direktor D_5) nahezu konstant und schwankt nur ein wenig.

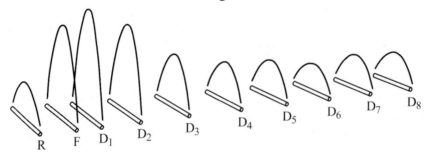

Bild 19.13 Glattes Stromprofil der RFD8-Yagi-Uda-Antenne aus Tabelle 19.3 bei $f = 600\,\text{MHz}$.

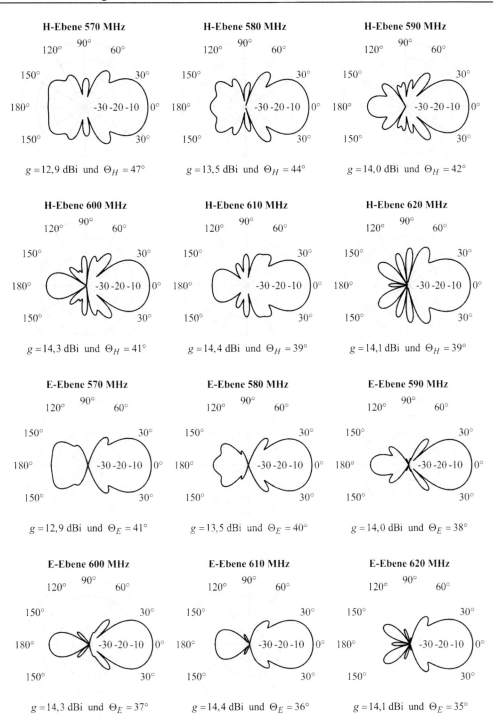

Bild 19.14 Hauptschnitte in H- und E-Ebene der Richtcharakteristik $-40\,\mathrm{dB} < 20\lg C\,\mathrm{dB} < 0\,\mathrm{dB}$ (normiert auf ihr jeweiliges Maximum) der RFD8-Antenne mit $\lambda_0/d = 50$ aus Tabelle 19.3 an verschiedenen Frequenzen im Bereich der 2-dB-Bandbreite mit ihren Gewinnen und zweiseitigen Halbwertsbreiten.

In Bild 19.14 sind für die RFD8-Antenne aus Tabelle 19.3 die auf ihr jeweiliges Maximum normierten **Richtdiagramme** in zwei orthogonalen Schnittebenen dargestellt [4NEC2]. Nach Bild 19.1 ist die H-Ebene identisch zur y-z-Ebene und die E-Ebene ist identisch zur x-z-Ebene.

In Bild 19.15 wurden die Diagrammschnitte aus Bild 19.14 für alle sechs Frequenzen von 570 MHz bis 620 MHz noch einmal übereinandergelegt, wodurch das breitbandige Strahlungsverhalten besonders deutlich zum Ausdruck kommt.

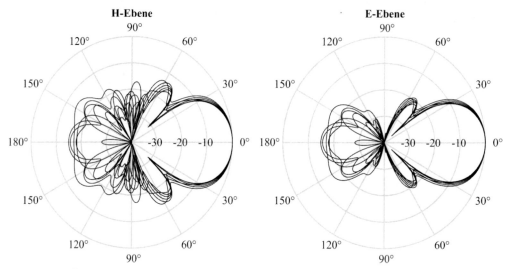

Bild 19.15 Überlagerung der Diagrammschnitte aus Bild 19.14 für alle sechs Frequenzen von 570 MHz bis 620 MHz sowohl in der H-Ebene als auch in der E-Ebene.

Die linke Hemisphäre mit $90° \leq \vartheta \leq 180°$ wird von der unerwünschten Rückstrahlung überdeckt, die relativ zur Vorwärtsstrahlung bei $\vartheta = 0°$ möglichst klein sein sollte. Dabei kann das **Front-to-Back-Ratio** $FBR = 20\lg\big(C(0°)/C(180°)\big)$ dB bei kleiner Rückwärtskeule durchaus größer als das **Front-to-Rear-Ratio** FRR sein, bei dem der Wert in Richtung der höchsten Nebenkeule der linken Hemisphäre anzusetzen ist. Das wird in Bild 19.14 bei $f = 620$ MHz deutlich sichtbar.

Die dreidimensionale **Richtcharakteristik** $20\lg C(\vartheta, \varphi)$ dB der RFD8-Antenne mit $\lambda_0/d = 50$ aus Tabelle 19.3 finden wir für $f = 600$ MHz in Bild 19.16. Ihren Vertikalschnitt (E-Ebene) und Horizontalschnitt (H-Ebene) haben wir schon in Bild 19.14 dargestellt.

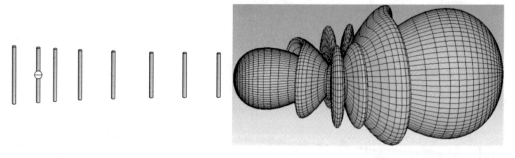

Bild 19.16 Richtcharakteristik $20\lg C(\vartheta, \varphi)$ dB im Dynamikbereich von 0 dB bis −40 dB der RFD8-Antenne mit $\lambda_0/d = 50$ aus Tabelle 19.3, dargestellt für die Frequenz $f = 600$ MHz [CST].

> Bei einer RFD8-Yagi-Uda-Antenne mit $\lambda_0/d = 50$ gilt
> innerhalb der 2-dB-Bandbreite ihres realisierten Gewinns g_R:

- Die **Rückwärtskeule** bei $\vartheta = 180°$ ist mindestens um 14,9 dB niedriger als die Haupt-keule bei $\vartheta = 0°$, d. h. das **Front-to-Back-Ratio** FBR ist größer als 14,9 dB.

- Das Niveau der ersten **Nebenkeule** SLL_H liegt in der H-Ebene um mindestens 13,4 dB niedriger als die Hauptkeule. In der E-Ebene liegt wegen der Elementcharakteristik der Einzelstrahler die erste Nebenkeule niedriger als in der H-Ebene ($SLL_E < SLL_H$) und überschreitet nicht das Niveau von $-19,2$ dB.

- Die **Hauptkeule** ist in der E-Ebene schmaler als in der H-Ebene ($\Theta_E < \Theta_H$).

- In der E-Ebene befindet sich für alle Frequenzen bei $\vartheta = 90°$ eine **Nullstelle.** Diese Nullstelle entsteht, weil kein Dipol in seiner Achsrichtung strahlen kann.

- Das **Gewinn-Hautkeulen-Produkt** $G\,\Theta_H\,\Theta_E$ liegt je nach Frequenz zwischen 35000 und 41000, wenn man hier wie üblich die zweiseitigen Halbwertsbreiten im Gradmaß einsetzt. Es ist spürbar größer als bei anderen Längsstrahlern (z. B. Helixantennen und Stielstrahlern) und liegt in der Größenordnung einer Reflektorantenne (s. Anhang C.7).

- Alle Antennenabmessungen hängen nur vom Verhältnis λ_0/d, was die Lösung **ska-lierbar** macht. Eine RFD8-Antenne hat bei $f = 600$ MHz und $d = 10$ mm die glei-chen Eigenschaften wie eine andere RFD8-Antene mit $d = 20$ mm bei $f = 300$ MHz.

> Numerische Simulationen von RFDn-Antennen mit $n \geq 4$, deren Dipoldicken aus dem Be-reich $50 \leq \lambda_0/d \leq 1000$ gewählt wurden, ergeben folgende weitere Erkenntnisse:

- Das **Front-to-Rear-Ratio** FRR als Maß für die Unterdrückung der höchsten Neben-keule innerhalb der rückwärtigen Hemisphäre ($90° \leq \vartheta \leq 180°$) beträgt mindestens 12 dB und steigt (oszillierend) mit der Anzahl der Direktoren.

- In der H-Ebene liegt die **erste Nebenkeule** um mindestens 12 dB unter der Hauptkeule. Die erste Nebenkeule in der E-Ebene liegt stets noch etwas tiefer.

- Bei langen RFDn-Antennen mit vielen Direktoren gilt näherungsweise $SLL_H \approx SLL_E$ und $\Theta_H \approx \Theta_E$, womit das Strahlungsdiagramm praktisch rotationssymmetrisch wird.

- Die abgestrahlte **Kreuzpolarisation** ist mit $XP \leq -15$ dB um mindestens 15 dB niedri-ger als die kopolare Strahlung[12] und wird mit zunehmender Anzahl der Direktoren klei-ner, weil sich dann die Hauptschnitte in H- und E-Ebene immer ähnlicher werden.

- Die **Halbwertsbreiten** in der H- bzw. der E-Ebene kann man auf einfache Weise ab-schätzen. An der Designfrequenz $f = c_0/\lambda_0$ gilt nach Bild 19.10 näherungsweise $G \approx G_R$ und mit g_R aus (19.51) folgt:

$$\boxed{\Theta_H \approx \Theta_E \approx \sqrt{\frac{38000}{10^{\,g_R/10}}}} \quad \text{(mit beiden Winkeln im Gradmaß).} \qquad (19.71)$$

---

[12] Der E-Vektor des kopolaren Signals liegt *parallel* zu den Dipolen. Mit einer **Kreuz-Yagi-Antenne,** die man analog zu Bild 17.18 aufbauen kann [Sti84], ist es auch möglich, *zirkulare* Polarisation zu erzeu-gen, die z. B. bei Verbindungen zwischen Bodenstationen und Satelliten benötigt wird.

19.10 Einfluss des Antennenträgers

Alle N Elemente einer Yagi-Uda-Antenne müssen in ihrer Mitte (also am Ort des Spannungs-minimums) an einen Trägerstab (Boom) montiert werden. Dabei werden meist Antennenträger mit quadratischem oder kreisrundem Querschnitt eingesetzt – in manchen Fällen kommen auch U- oder Doppel-T-Profile zum Einsatz. Sowohl die **Eingangsimpedanz** als auch die **Richtcharakteristik** der Antenne können durch die Anwesenheit eines Trägerstabs beeinflusst werden. Dabei ist neben dem Material und dem Durchmesser D des Trägerstabs auch die Art der Elementbefestigung und der Durchmesser d der Elemente von besonderer Bedeutung. So fragt man sich, ob die Abmessungen der computeroptimierten RFDn-Antennen nach Tabelle 19.1 unverändert übernommen werden dürfen?

Während man den aktiven Strahler nach Montage aller Elemente an den Trägerstab relativ unkritisch wieder an den erwünschten Eingangswiderstand von $28\,\Omega$ anpassen kann, ist der verstimmende Einfluss auf die elektrisch wirksame Länge der parasitären Elemente (Reflektor und Direktoren) im Allgemeinen kritischer. Generell wächst die **Verstimmung** der Dipollängen bei Annäherung der Elemente an den Trägerstab – sie erscheinen dann elektrisch verkürzt, was den Einsatzbereich der Antenne in Richtung höherer Frequenzen verschiebt. Dieser störende Verkürzungseffekt ist bei metallischen Trägerstäben stärker ausgeprägt als bei dielektrischen. Er wird am stärksten, wenn man einen leitend verbundenen metallischen Trägerstab verwendet, der von den Dipolelementen *durchdrungen* wird [Rot01].[13]

Durch eine mechanische **Verlängerung** der Dipolelemente kann die verkürzende Wirkung des Booms im Prinzip wieder ausgeglichen werden. Vorschläge zur Längenkorrektur (Boom Correction) findet man in [Viez76] und [Rot01]. Die dort experimentell ermittelten Daten legen (abhängig von D/λ_0) eine Verlängerung der Elemente teilweise um mehrere Prozent nahe. Die notwendigen Korrekturen hängen aber nicht alleine vom Trägerdurchmesser ab, sondern werden auch von der Ausführung der Dipolklemmhalterungen beeinflusst, weswegen die in [Viez76] und [Rot01] angegebenen Zahlenwerte nicht ganz vergleichbar sind und nur schwer interpretiert werden können.

Bei unseren optimierten **RFDn-Yagi-Uda-Antennen,** wo sich die Längenprogressionsfaktoren σ im Prozentbereich und τ sogar im Promillebereich bewegen, sollte man mit zusätzlichen Längenkorrekturen, verursacht durch die Anwesenheit des Booms, eher vorsichtig sein. Stattdessen ist eine andere Herangehensweise empfehlenswert – man kann nämlich auch alle Dipole in sicherer Entfernung vom Boom mittels einer ausreichend dicken **isolierenden Zwischenschicht** platzieren. Wie Simulationen mit [CST] für metallische Trägerstäbe zeigen, reduziert sich der realisierte Gewinn g_R nur noch um 0,1 dB bis 0,2 dB, wenn die Dipole etwa drei Viertel des Trägerdurchmesser vom Boom separiert werden. Bei dielektrischen Trägerstäben aus Fiberglas ist ein Verlust am realisierten Gewinn (im Vergleich zur Anordnung ohne Boom) bei gleichem Sicherheitsabstand nicht mehr erkennbar. Auch [Hoch78] berichtet, dass der Einfluss eines Metallbooms auf isolierte Elemente ab einem Abstand von D vernachlässigbar ist.

Nach Einfügen einer isolierenden Schicht (mittels Abstandshaltern) zwischen Boom und Dipolen, die etwa eine Dicke von $0,75\,D$ haben sollte, können somit die Abmessungen der computeroptimierten RFDn-Antennen nach Tabelle 19.1 unverändert übernommen werden, ohne dass sich an der Anpassung *und* am Strahlungsverhalten spürbare Änderungen ergeben.

---

[13] Sorgt man dafür, dass durch eine geeignete Isolation der durchdrungene Metallträger *keine* elektrisch leitende Verbindung zu den Elementen aufweist, ist die verkürzende Wirkung geringer.

19.11 Aufgaben

19.11.1 Für das 2-m-Band soll im Frequenzbereich $144\,\text{MHz} \leq f \leq 146\,\text{MHz}$ eine RFD4-Yagi-Uda-Antenne mit Anpassung an $28\,\Omega$ aufgebaut werden. Für alle 6 Dipolelemente (Reflektor, Feeder und 4 Direktoren) sollen Drähte mit dem Durchmesser $d = 7\,\text{mm}$ verwendet werden. Bestimmen Sie die Boomlänge, den realisierten Gewinn mit seiner 1-dB-Bandbreite und die Halbwertsbreiten.

19.11.2 Um welchen Betrag ließe sich der realisierte Gewinn aus Aufgabe 19.11.1 steigern, wenn man noch einen *fünften* Direktor im Abstand $a = 0,3\,\lambda_0$ hinzufügen würde?

19.11.3 Für das 12-cm-ISM-Band soll im Frequenzbereich $2,4\,\text{GHz} \leq f \leq 2,5\,\text{GHz}$ eine RFDn-Yagi-Uda-Antenne mit Anpassung an $28\,\Omega$ aufgebaut werden. Der realisierte Gewinn soll an der Bandmittenfrequenz den Wert $g_R = 18\,\text{dBi}$ aufweisen. Für alle $N = n + 2$ Dipolelemente (Reflektor, Feeder und n Direktoren) sollen Drähte mit dem Durchmesser $d = 3\,\text{mm}$ verwendet werden. Bestimmen Sie die notwendige Anzahl n der Direktoren und die daraus resultierende Boomlänge L. Wie groß wird die 1-dB-Bandbreite des realisierten Gewinns? Ermitteln Sie außerdem die Breite der Hauptkeule und die Länge des letzten Direktors.

Lösungen:

19.11.1 An der Bandmittenfrequenz $f = 145\,\text{MHz}$ gilt $\lambda_0/d = 295,36$, womit die Orte und Längen aller $N = 6$ Elemente aus Tabelle 19.1 bestimmt werden können. Aus (19.37) erhält man die Boomlänge $L = L(4) = 0,9656\,\lambda_0 = 199,6\,\text{cm}$. Aus (19.41) und (19.42) erhalten wir $A = 11,55$ und $E = 3,382$, womit der realisierte Gewinn mit $n = 4$ aus (19.44) folgt: $g_R/\text{dBi} = 0,35 + A + E\ln(L/\lambda_0) = 11,8$. Außerdem finden wir mit (19.47) die relative 1-dB-Bandbreite $B_r = 0,0504$ bzw. mit (19.46) die absolute 1-dB-Bandbreite $B = f_o - f_u = B_r\,f = 7,31\,\text{MHz}$, mit der sich das 2-m-Band problemlos abdecken lässt. Für die Halbwertsbreiten der Hauptkeule liefert (19.71) eine Abschätzung, wonach man etwa $\Theta_H \approx \Theta_E \approx 50°$ erwarten kann.

19.11.2 Aus (19.62) folgt ein Anstieg um

$$\frac{\Delta g_R}{\text{dB}} = -0,35 + E\ln\frac{a + L(4)}{L(4)} = 0,56\,,$$

bei geringfügiger Reduktion der Bandbreite auf $B_r = 0,0498$.

19.11.3 In Bandmitte bei $f = 2,45\,\text{GHz}$ gilt $\lambda_0/d = 40,788$. Aus (19.41) und (19.42) erhalten wir die Parameter $A = 11,71$ und $E = 3,416$, womit wir mit (19.54) eine *vorläufige* Boomlänge von $L = 6,308\,\lambda_0$ erhalten. Damit bestimmen wir aus (19.56) die notwendige Anzahl der Direktoren zu $n = 21,65$, die wir auf $n = 22$ aufrunden. Mit (19.55) erhalten wir die *endgültige* Boomlänge $L = 6,414\,\lambda_0 = 785\,\text{mm}$. Wir überprüfen noch einmal mit (19.51) den realisierten Gewinn und erhalten $g_R = 18,1\,\text{dBi}$, dessen (für das 12-cm-ISM-Band ausreichend große) relative 1-dB-Bandbreite wir mit $B_r = 0,059$ aus (19.47) ermitteln können. Die Halbwertsbreiten der Hauptkeule können mit (19.71) zu $\Theta_H \approx \Theta_E \approx 24°$ abgeschätzt werden. Der letzte (und kürzeste) Direktor hat nach Tabelle 19.1 eine Länge von $l_{24} = \tau^{18}\sigma^4 l_2$, was mit der Länge $l_2 = 0,4375\,\lambda_0$ des aktiven Dipols zu $l_{24} = 0,3376\,\lambda_0 = 41,3\,\text{mm}$ führt.

20 Breitbandantennen

In der Praxis bevorzugt man Antennen, deren elektrische Eigenschaften innerhalb eines gewissen Frequenzbandes konstant bleiben oder sich nur um ein geringes Maß verändern. Die notwendige Bandbreite ist durch das Fourier-Spektrum der zu übertragenden Signale vorgegeben. Insbesondere ist man an solchen Antennen interessiert, bei denen sowohl *Richtcharakteristik* und *Gewinn* als auch die *Eingangsimpedanz* breitbandiges Verhalten zeigen. Zusätzlich kann auch ein definiert festliegendes *Phasenzentrum* oder der Erhalt der *Polarisation* in einem gewünschten Frequenzbereich gefordert werden. Bei gleichzeitigem Betrieb einer Funkübertragungsstrecke auf mehreren Trägerfrequenzen (Frequenzmultiplex) ist zuweilen ein extrem breitbandiges Verhalten erforderlich, was die Entwicklung spezieller Breitbandantennen notwendig macht. An solche Antennen können folgende **Forderungen** gestellt werden:

- Die Ausdehnung der aktiv strahlenden Zone muss sich proportional zur Wellenlänge ändern.

- Die Winkelbeziehungen, welche die Antennenform bestimmen, müssen erhalten bleiben.

So kann man einzelne Teilstrahler verschiedener Länge verwenden oder Antennen als selbstähnliche Strukturen aufbauen. Eine andere Möglichkeit besteht darin, dass sich die Bauform der Antenne nur durch Winkel und nicht durch Streckenlängen definiert. Jede endlich große Antenne besitzt dennoch eine begrenzte Bandbreite, deren Ausweitung meist zu Lasten von Gewinn und Wirkungsgrad geht. Die **untere Frequenzgrenze** f_u wird durch ihre Maximalabmessung l bestimmt, wenn l in der Größenordnung etwa einer halben Wellenlänge liegt:

$$f_u \gtrsim \frac{c_0}{2l} \qquad (20.1)$$

während die **obere Frequenzgrenze** f_o durch die minimale Antennenabmessung (meist die Umgebung des Speisepunkts) festgelegt ist. Im Folgenden wollen wir von einer Breitbandantenne sprechen, wenn $B = f_o/f_u \geq 2$ gilt. Es ist üblich, eine **relative Bandbreite** zu definieren:

$$B_r = \frac{f_o - f_u}{f_m} \quad \text{mit der Mittenfrequenz} \quad f_m = \frac{f_o + f_u}{2}. \qquad (20.2)$$

20.1 Doppelkonusantenne

Die Doppelkonusantenne nach Bild 20.1 ist wegen ihres einfachen Aufbaus und ihrer guten Breitbandeigenschaften eine oft verwendete Rundstrahlantenne. Da ihre geometrischen Ränder als Koordinatenflächen des Kugelkoordinatensystems darstellbar sind, ist mit Hilfe der Methode der **Orthogonalentwicklung** (siehe Abschnitt 8.2.6) eine exakte Feldlösung möglich [Sche43, Sche52a]. Die Doppelkonusantenne besteht aus zwei achsengleichen kegelförmigen Hälften, die sich mit ihrer Spitze am Speisepunkt berühren. Die Wellenausbreitung erfolgt zwischen den Kegelhälften in radialer Richtung. Abgesehen von ihrer Länge $l = 2h$, die nach (20.1) das untere Bandende markiert, wird die Geometrie der Leitung nur durch die beiden Winkel ϑ_1 und ϑ_2 bestimmt. Praktische Realisierungen verwenden häufig die symmetrische Lage $\vartheta_2 = \pi - \vartheta_1$. Nach Bild 20.1 ist der Doppelkonus rotationssymmetrisch um die z-Achse. Er sei elektrisch ideal leitend und befinde sich im Vakuum.

© Springer Fachmedien Wiesbaden GmbH, ein Teil von Springer Nature 2022
K. W. Kark, *Antennen und Strahlungsfelder*,
https://doi.org/10.1007/978-3-658-38595-8_20

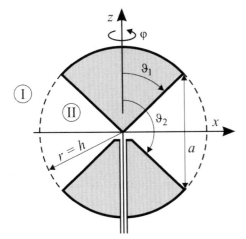

Im Ursprung des Kugelkoordinatensystems werde mit einer entlang der z-Achse verlaufenden koaxialen Leitung eine TEM-Welle eingekoppelt. Die Abweichung von der konischen Geometrie in der Umgebung des Speisepunkts soll vernachlässigt werden. Außerdem liegt die Speiseleitung – wie wir später noch sehen werden – in einer Nullrichtung der Antennenstrahlung und muss daher nicht in die Modellbildung mit einbezogen werden.

Bild 20.1 Symmetrischer Doppelkonus ($\vartheta_1 + \vartheta_2 = \pi$) mit Konuslänge h und Apertur $a = 2\,h\cos\vartheta_1$

20.1.1 Unendlich lange symmetrische Doppelkonusleitung

Der Doppelkonus ist ein _Zweileitersystem_ und kann daher – wie auch seine koaxiale Speiseleitung – eine TEM-Welle führen. Auf der unendlich langen symmetrischen Doppelkonusleitung lauten die Feldkomponenten einer nach außen laufenden TEM-Welle[1] [Stu13]:

$$\underline{E}_\vartheta = Z_0\,\underline{H}_\varphi = \frac{E_0}{k_0\,r\sin\vartheta}\,e^{-jk_0 r}\,. \tag{20.3}$$

Da beide Konusse Äquipotenzialflächen darstellen, erhält man für die Spannung dazwischen:

$$\underline{U}(r) = \int\limits_{\vartheta=\vartheta_1}^{\pi-\vartheta_1} \underline{E}_\vartheta\,r\,d\vartheta = \frac{E_0}{k_0}\,e^{-jk_0 r}\int\limits_{\vartheta=\vartheta_1}^{\pi-\vartheta_1}\frac{d\vartheta}{\sin\vartheta} =$$

$$= \frac{E_0}{k_0}\,e^{-jk_0 r}\,\ln\!\left(\tan\frac{\vartheta}{2}\right)\Bigg|_{\vartheta_1}^{\pi-\vartheta_1} = \frac{2\,E_0}{k_0}\,e^{-jk_0 r}\,\ln\!\left(\cot\frac{\vartheta_1}{2}\right) \tag{20.4}$$

und für den radialen Gesamtstrom entlang einer Konushälfte:

$$\underline{I}(r) = \int\limits_{\varphi=0}^{2\pi} \underline{H}_\varphi\,r\sin\vartheta\,d\varphi = \frac{2\pi\,E_0/Z_0}{k_0}\,e^{-jk_0 r}\,. \tag{20.5}$$

Aus dem Quotienten von (20.4) und (20.5) kann der **Leitungswellenwiderstand** einer unendlich langen Doppelkonusleitung berechnet werden, der gleichzeitig auch ihr **Eingangswiderstand** ist, da eine unendlich lange homogene Leitung stets reflexionsfrei ist. Die Reihenentwicklung in (20.6) gewährleistet für $\vartheta_1 \le 1$ einen Betrag des Restfehlers kleiner als 1 %:

$$\boxed{Z_L = \frac{\underline{U}(r)}{\underline{I}(r)} = \frac{Z_0}{\pi}\,\ln\!\left(\cot\frac{\vartheta_1}{2}\right) \approx 120\,\Omega\left[\ln\!\left(\frac{2}{\vartheta_1}\right) - \frac{\vartheta_1^2}{12}\right]}\quad \text{mit } 0 < \vartheta_1 < \pi/2\,. \tag{20.6}$$

---

[1] Für eine nach innen laufende TEM-Welle muss $e^{-jk_0 r}$ durch $e^{jk_0 r}$ ersetzt werden.

Bei einem schlanken Doppelkonus mit dem Öffnungswinkel $\vartheta_1 = 0,1 \hat{=} 5,73°$ wird $Z_L = 359\,\Omega$, während eine dickere Leitung mit $\vartheta_1 = 1$ auf $Z_L = 72,5\,\Omega$ führt. Aus dem Produkt von Spannung und Strom berechnen wir die transportierte **Wirkleistung** der TEM-Welle:

$$P_S = \frac{1}{2}\,\mathrm{Re}\left\{\underline{U}\,\underline{I}^*\right\} = \frac{2\,\pi\,\left|\underline{E}_0\right|^2}{Z_0\,k_0^2}\,\ln\left(\cot\frac{\vartheta_1}{2}\right). \tag{20.7}$$

Mit ihrer Strahlungsdichte

$$\underline{S}_r = \frac{1}{2}\left(\underline{\mathbf{E}}_\vartheta \times \underline{\mathbf{H}}_\varphi^*\right)\cdot \mathbf{e}_r = \frac{\left|\underline{E}_0\right|^2}{2\,Z_0\,k_0^2}\,\frac{1}{(r\sin\vartheta)^2} = S_r, \tag{20.8}$$

die an den Konuswänden bei $\vartheta = \vartheta_1$ und $\vartheta = \pi - \vartheta_1$ am größten ist, folgt nach (16.85) schließlich der richtungsabhängige **Richtfaktor** einer unendlich langen Doppelkonusleitung:

$$D(\vartheta) = C^2(\vartheta)\,D_{\max} = 4\,\pi\,r^2\,\frac{S_r}{P_s} = 4\,\pi\,r^2\,\frac{\dfrac{\left|\underline{E}_0\right|^2}{2\,Z_0\,k_0^2}\,\dfrac{1}{(r\sin\vartheta)^2}}{\dfrac{2\,\pi\,\left|\underline{E}_0\right|^2}{Z_0\,k_0^2}\,\ln\left(\cot\dfrac{\vartheta_1}{2}\right)} = \frac{1}{\sin^2\vartheta\,\ln\left(\cot\dfrac{\vartheta_1}{2}\right)}, \tag{20.9}$$

deren größter Wert am Konusrand ($\vartheta = \vartheta_1$) auftritt:

$$D_{\max} = \frac{1}{\sin^2\vartheta_1\,\ln\left(\cot\dfrac{\vartheta_1}{2}\right)}. \tag{20.10}$$

Nach Ableiten und Nullsetzen von (20.10) folgt die Bedingung für höchsten Richtfaktor

$$2\cos\vartheta_1\,\ln\left(\cot\frac{\vartheta_1}{2}\right) = 1, \tag{20.11}$$

aus der man numerisch $\vartheta_1 = 0,866 \hat{=} 49,6°$ ermittelt. Mit (20.10) wird also der maximale Richtfaktor einer unendlich langen Doppelkonusleitung $D_{\max} = 2,233 \hat{=} 3,49\,\mathrm{dBi}$. Aus (20.9) und (20.10) können wir schließlich noch die **Richtcharakteristik** bestimmen (mit $\vartheta_1 \le \vartheta \le \pi - \vartheta_1$):

$$C(\vartheta) = \frac{\sin\vartheta_1}{\sin\vartheta}. \tag{20.12}$$

Eine unendlich lange Antenne kann natürlich nicht realisiert werden. Sobald man zu Doppelkonusantennen endlicher Länge übergeht, ändern sich die Verhältnisse vollständig, weil dann durch Reflexionen in der Apertur höhere Wellentypen auf der Leitung angeregt werden, die sich der TEM-Welle überlagern. Das Strahlungsfeld im Freiraum können wir dann nach Art einer Fourier-Reihe durch die Überlagerung von Kugelwellen darstellen – wie wir im nächsten Abschnitt noch sehen werden.

20.1.2 Symmetrische Doppelkonusantenne endlicher Länge

Bricht man wie in Bild 20.1 eine symmetrische Doppelkonusleitung ($\vartheta_2 = \pi - \vartheta_1$) nach der radialen Länge $r = h$ ab, so entsteht eine Diskontinuität, an der die einfallende TEM-Welle reflektiert wird. Durch Beugungseffekte werden in der sphärisch gekrümmten Apertur auch höhere Wellentypen angeregt, die alle ausbreitungsfähig sind, weil es im Doppelkonus *keine Grenzfrequenz* gibt. Wegen der Rotationssymmetrie der Anordnung ($\partial/\partial\varphi = 0$) können ausschließlich rotationssymmetrische Eigenwellen entstehen. Tatsächlich werden nur E-Wellen angeregt, die ein *Feldstärkemaximum* in Aperturmitte bei $\vartheta = \pi/2$ aufweisen. Es kommen daher im Freiraum (Raumteil I mit $r \geq h$) nur E_{0n} – Wellen mit ungeradem $n = 1, 3, 5, \dots$ in Betracht, während im Konusinnenraum (Raumteil II mit $r \leq h$) nur $E_{0\,i}$ – Wellen mit geradem $i = 2, 4, 6, \dots$ angeregt werden [Dil90].

Die Doppelkonusleitung sei bezüglich der TEM-Welle, die man als E_{00}-Welle ansehen kann, reflexionsfrei an die koaxiale Speiseleitung angepasst – und zwar für auslaufende wie auch für einlaufende TEM-Wellen. Alle höheren $E_{0\,i}$ – Wellen, die nach innen auf den Speisepunkt zulaufen, werden dort total reflektiert, da sie in der Speiseleitung nicht ausbreitungsfähig sind. So folgt nach [Kar84a] mit ungeradem $n = 1, 3, 5, \dots$ der vollständige **Feldansatz** für den Freiraum (Raumteil I) und mit geradem $i = 2, 4, 6, \dots$ für den Konusinnenraum (Raumteil II):

$$\frac{\underline{E}_r^I}{\underline{E}_0} = j \sum_{n=1}^{\infty} \frac{n(n+1)}{(k_0 r)^2}\, \underline{a}_n\, P_n(\cos\vartheta)\, \underline{\hat{H}}_n^{(2)}(k_0 r)$$

$$\frac{\underline{E}_\vartheta^I}{\underline{E}_0} = j \sum_{n=1}^{\infty} \frac{\underline{a}_n}{k_0 r} \frac{\partial P_n(\cos\vartheta)}{\partial\vartheta} \frac{\partial\underline{\hat{H}}_n^{(2)}(k_0 r)}{\partial(k_0 r)} \qquad (20.13)$$

$$\frac{Z_0 \underline{H}_\varphi^I}{\underline{E}_0} = \sum_{n=1}^{\infty} \frac{\underline{a}_n}{k_0 r} \frac{\partial P_n(\cos\vartheta)}{\partial\vartheta} \underline{\hat{H}}_n^{(2)}(k_0 r)$$

$$\frac{\underline{E}_r^{II}}{\underline{E}_0} = j \sum_{i=2}^{\infty} \frac{\mu_i(\mu_i+1)}{(k_0 r)^2}\, \underline{b}_i \left[P_{\mu_i}(\cos\vartheta) + c_i\, Q_{\mu_i}(\cos\vartheta) \right] \hat{J}_{\mu_i}(k_0 r)$$

$$\frac{\underline{E}_\vartheta^{II}}{\underline{E}_0} = \frac{\underline{a}_0\, e^{-jk_0 r} + \underline{b}_0\, e^{jk_0 r}}{k_0 r \sin\vartheta} + j \sum_{i=2}^{\infty} \frac{\underline{b}_i}{k_0 r} \left[\frac{\partial P_{\mu_i}(\cos\vartheta)}{\partial\vartheta} + c_i \frac{\partial Q_{\mu_i}(\cos\vartheta)}{\partial\vartheta} \right] \frac{\partial\hat{J}_{\mu_i}(k_0 r)}{\partial(k_0 r)} \quad (20.14)$$

$$\frac{Z_0 \underline{H}_\varphi^{II}}{\underline{E}_0} = \frac{\underline{a}_0\, e^{-jk_0 r} - \underline{b}_0\, e^{jk_0 r}}{k_0 r \sin\vartheta} + \sum_{i=2}^{\infty} \frac{\underline{b}_i}{k_0 r} \left[\frac{\partial P_{\mu_i}(\cos\vartheta)}{\partial\vartheta} + c_i \frac{\partial Q_{\mu_i}(\cos\vartheta)}{\partial\vartheta} \right] \hat{J}_{\mu_i}(k_0 r) \, .$$

Zunächst wollen wir die in (20.13) und (20.14) auftretenden speziellen Funktionen erläutern. Mit $P_n(\cos\vartheta)$ bei $n = 1, 3, 5, \dots$ bezeichnen wir die *Legendre[2]-Polynome* [JEL66]:

$$P_1(\cos\vartheta) = \cos\vartheta$$
$$P_3(\cos\vartheta) = (3\cos\vartheta + 5\cos3\vartheta)/8 \qquad (20.15)$$
$$P_5(\cos\vartheta) = (30\cos\vartheta + 35\cos3\vartheta + 63\cos5\vartheta)/128\,,$$

während bei nicht ganzzahligem Index mit $P_{\mu_i}(\cos\vartheta)$ und $Q_{\mu_i}(\cos\vartheta)$ die *Kugelfunktionen erster bzw. zweiter Art* gemeint sind. Da $Q_n(\cos\vartheta)$ auf der z-Achse, also für $\vartheta = 0$ bzw. $\vartheta = \pi$ eine Singularität aufweist, werden im Freiraum nur Kugelfunktionen der ersten Art angesetzt,

---

[2] Adrien-Marie **Legendre** (1752-1833): frz. Mathematiker (Kugelfunktionen, Ausgleichsrechnung, Zahlentheorie)

die bei ganzzahligem $\mu = n$ in die Legendre-Polynome $P_n(\cos\vartheta)$ übergehen. Außerdem sind $\hat{J}_{\mu_i}(k_0 r)$ und $\hat{\underline{H}}_n^{(2)}(k_0 r)$ die *Riccati[3]-Besselfunktionen* bzw. die *Riccati-Hankelfunktionen[4] zweiter Art,* mit denen der radiale Wellenausbreitungsterm beschrieben wird. Die Riccati-Besselfunktionen können durch gewöhnliche Besselfunktionen ausgedrückt werden [Abr72]:

$$\hat{J}_{\mu_i}(k_0 r) = \sqrt{\pi k_0 r/2}\, J_{\mu_i+1/2}(k_0 r)\,. \tag{20.16}$$

Für Werte $k_0 r \ll \mu_i + 1/2$ folgt aus (20.16) mit Hilfe der *Gammafunktion[5]* [Pie77]

$$\Gamma(x>0) = \int_0^\infty t^{x-1} e^{-t} dt \ \text{ mit } \ \Gamma(x+1) = x\,\Gamma(x), \ \ \Gamma\left(\frac{1}{2}\right) = \sqrt{\pi} \ \text{ und } \ \Gamma(n) = (n-1)! \tag{20.17}$$

eine Darstellung für *kleine* Argumente:

$$\hat{J}_{\mu_i}(k_0 r) \approx \frac{\sqrt{\pi}}{\Gamma(\mu_i + 3/2)}\left(\frac{k_0 r}{2}\right)^{\mu_i+1}\left[1 - \frac{(k_0 r)^2}{2(2\mu_i+3)} + \frac{(k_0 r)^4}{8(2\mu_i+3)(2\mu_i+5)}\right], \tag{20.18}$$

während für *große* Argumente $k_0 r \gg \mu_i + 1/2$ folgende asymptotische Entwicklung gilt:

$$\hat{J}_{\mu_i}(k_0 r) \approx \sin\left(k_0 r - \mu_i\,\pi/2\right) - \frac{1-4\,(\mu_i+1/2)^2}{8 k_0 r}\,\cos\left(k_0 r - \mu_i\,\pi/2\right). \tag{20.19}$$

Die Riccati-Hankelfunktionen zweiter Art können auf trigonometrische Funktionen zurückgeführt werden, z. B. gilt für $n = 1,3,5,\ldots$ [Mor53, Arf85]:

$$\hat{\underline{H}}_1^{(2)}(k_0 r) = \left[-1 + \frac{j}{k_0 r}\right] e^{-j k_0 r}$$

$$\hat{\underline{H}}_3^{(2)}(k_0 r) = \left[1 - \frac{6 j}{k_0 r} - \frac{15}{(k_0 r)^2} + \frac{15 j}{(k_0 r)^3}\right] e^{-j k_0 r} \tag{20.20}$$

$$\hat{\underline{H}}_5^{(2)}(k_0 r) = \left[-1 + \frac{15 j}{k_0 r} + \frac{105}{(k_0 r)^2} - \frac{420 j}{(k_0 r)^3} - \frac{945}{(k_0 r)^4} + \frac{945 j}{(k_0 r)^5}\right] e^{-j k_0 r}\,.$$

Die Eigenwerte μ_i und die Konstanten c_i sind durch die Randbedingungen im Doppelkonus $\underline{E}_r^{II}(\vartheta = \vartheta_1) = 0$ und $\underline{E}_r^{II}(\vartheta = \vartheta_2) = 0$ mit $\vartheta_2 = \pi - \vartheta_1$ eindeutig festgelegt. Mit Hilfe von (20.14) folgen die **Eigenwertgleichungen:**

$$\boxed{P_{\mu_i}(\cos\vartheta_1)\,Q_{\mu_i}(\cos\vartheta_2) - P_{\mu_i}(\cos\vartheta_2)\,Q_{\mu_i}(\cos\vartheta_1) = 0 \ \text{ und } \ c_i = -\frac{P_{\mu_i}(\cos\vartheta_1)}{Q_{\mu_i}(\cos\vartheta_1)}}\,. \tag{20.21}$$

---

[3] Iacopo Francesco Graf **Riccati** (1676-1754): ital. Privatgelehrter (Geometrie, Astronomie, Differenzialgleichungen)

[4] Hermann **Hankel** (1839-1873): dt. Mathematiker (Zahlen- u. Funktionentheorie, Zylinderfunktionen)

[5] Die **Stirlingsche Formel** gibt für $x \gg 1$ eine asymptotische Darstellung der Gammafunktion [Lösch51]

$$\Gamma(x) \approx \sqrt{2\pi/x}\ x^x\,\exp\left(-x + \frac{1 - 1/(30\,x^2)}{12\,x}\right) \approx \sqrt{2\pi/x}\ x^x\,e^{-x}\left(1 + \frac{1}{12\,x} + \frac{1}{288\,x^2} - \frac{139}{51840\,x^3} - \cdots\right)$$

James **Stirling** (1692-1770): engl. Mathematiker (Differenzialrechnung, unendliche Reihen)

Die ersten sechs Lösungen von (20.21) wurden numerisch bestimmt und diejenigen mit gerader Nummerierung – also μ_2, μ_4 und μ_6 – sind als Funktion des oberen Konuswinkels ϑ_1 in Bild 20.2 dargestellt. Zum besseren Ablesen wurden zwei verschiedene Skalierungen verwendet.

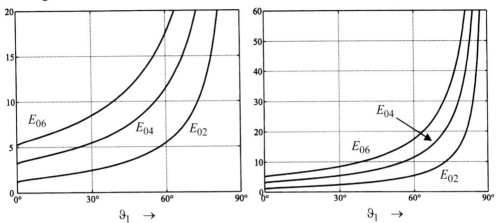

Bild 20.2 Eigenwerte μ_2, μ_4 und μ_6 der ersten drei geraden E_{0i}-Wellen im symmetrischen Doppelkonus

Für große Aperturen (also kleine Öffnungswinkel $\vartheta_1 \ll 1$) streben die Eigenwerte gegen das ganzzahlige (ungerade) Eigenwertspektrum des Freiraums:

$$\lim_{\vartheta_1 \to 0} \mu_i = i - 1 = 1, 3, 5, \ldots \tag{20.22}$$

Die E_{02}-Welle im Doppelkonus hat dann ungefähr den Eigenwert $\mu_2 = 1$. Bei kleinen Aperturen (also für $\pi/2 - \vartheta_1 \ll 1$, im Bogenmaß!) ist nach [Pie77] folgende Näherung möglich:

$$\boxed{\mu_i \approx \frac{-1 + \sqrt{1 + \left(\dfrac{2\,i\,\pi}{\vartheta_2 - \vartheta_1} \right)^2}}{2}} \quad \text{mit} \quad i = 2, 4, 6, \ldots . \tag{20.23}$$

Den größten Fehler zeigt dabei der erste Eigenwert μ_2. Für $\vartheta_1 > \pi/6$ liefert (20.23) Schätzwerte für μ_2 mit einem Fehler von höchstens 4,2 %. Alle weiteren Eigenwerte ($\mu_4, \mu_6, \mu_8 \ldots$) werden durch (20.23) erheblich genauer wiedergegeben.

Die Koeffizienten $\underline{a}_n$, $\underline{b}_0$ und $\underline{b}_i$ sind in (20.13) und (20.14) die komplexen Amplituden der angeregten Eigenmoden in den Raumteilen I und II, die durch die Methode der **Orthogonalentwicklung** bestimmt werden müssen, während $\underline{a}_0$ die Amplitude der anregenden TEM-Welle ist und z. B. mit $\underline{a}_0 = 1$ vorgegeben wird. Aus der Forderung der Stetigkeit aller Feldstärken in der Apertur bei $r = h$ gewinnt man nach Gleichsetzen der Reihen (20.13) und (20.14) und nach Ausnutzen der Orthogonalität der Eigenfunktionen ein unendlich großes Gleichungssystem für die unendlich vielen unbekannten Wellenamplituden. Zur numerischen Auswertung müssen die Reihen nach einer gewissen Anzahl von Termen abgebrochen werden. Wenn man im Doppelkonus die höchste Ordnung der E_{0i}-Wellen mit einer geraden Zahl i_E bezeichnet und im Freiraum die höchste Ordnung der E_{0n}-Wellen mit der ungeraden Zahl n_E benennt, dann erhält man numerisch verlässliche Ergebnisse, falls ungefähr

$$\boxed{\frac{1 + i_E}{n_E} \approx \frac{\vartheta_2 - \vartheta_1}{\pi}} \quad \to \quad i_E \approx \frac{\vartheta_2 - \vartheta_1}{\pi} n_E - 1 \tag{20.24}$$

gilt – vgl. (8.82). Unter der Voraussetzung (20.24) stimmen nämlich die Abstände der Nullstellen in ϑ - Richtung der jeweils höchsten noch mitgenommenen Eigenwelle beiderseits der Trennfläche bei $r = h$ ungefähr überein. Der Approximationsfehler nimmt natürlich mit steigender Modenanzahl ab, was durch eine Konvergenzstudie während der numerischen Auswertung überprüft werden muss. Zu beachten ist außerdem das **Gibbssche Phänomen** (siehe auch die Abschnitte 8.2.6, 16.2.3 und 17.2.5), das aufgrund der Singularität der zur Aperturkante quer liegenden Feldkomponente $\underline{E}_\vartheta$ auftritt und zu unphysikalischen Oszillationen der Orthogonalreihen an der Raumteilgrenze bei $r = h$ führen kann. Diese mathematischen Überschwinger können durch eine nachträgliche Wichtung (spektrale Taperung) der auszuwertenden Fourier-Reihen praktisch vollständig beseitigt werden, ohne die physikalische Korrektheit der Ergebnisse zu beeinflussen [Kar98a].

Übung 20.1: Hertzscher Dipol und E_{01}-Kugelwelle

- Zeigen Sie, dass die E_{01}-Kugelwelle des Freiraums mit dem Strahlungsfeld des Hertzschen Dipols exakt übereinstimmt.

- **Lösung:**

Wenn wir in (20.13) nur den ersten Reihenterm mit $n = 1$ betrachten, dann folgt unter Berücksichtigung von (20.15) und (20.20) mit $\underline{a}_1 = 1$:

$$\frac{\underline{E}_r^I}{\underline{E}_0} = \frac{2j}{(k_0 r)^2} \, P_1(\cos\vartheta) \, \hat{\underline{H}}_1^{(2)}(k_0 r) = \frac{2j\cos\vartheta}{(k_0 r)^2}\left(-1 + \frac{j}{k_0 r}\right) e^{-jk_0 r}$$

$$\frac{\underline{E}_\vartheta^I}{\underline{E}_0} = \frac{j}{k_0 r} \, \frac{dP_1(\cos\vartheta)}{d\vartheta} \, \frac{d\hat{\underline{H}}_1^{(2)}(k_0 r)}{d(k_0 r)} = \frac{-j\sin\vartheta}{k_0 r} \, \frac{d}{d(k_0 r)}\left[\left(-1+\frac{j}{k_0 r}\right) e^{-jk_0 r}\right] \tag{20.25}$$

$$\frac{Z_0\underline{H}_\varphi^I}{\underline{E}_0} = \frac{1}{k_0 r} \, \frac{dP_1(\cos\vartheta)}{d\vartheta} \, \hat{\underline{H}}_1^{(2)}(k_0 r) = -\frac{\sin\vartheta}{k_0 r}\left(-1 + \frac{j}{k_0 r}\right) e^{-jk_0 r} \, .$$

Man sieht leicht, dass (20.25) für $\underline{E}_0 = Z_0 \underline{H}_0$ völlig mit (15.22) übereinstimmt.   □

Nach (20.13) gilt für die Transversalfelder der n-ten Harmonischen des Freiraums:

$$\underline{E}_\vartheta^{(n)} \propto \frac{\partial P_n(\cos\vartheta)}{\partial\vartheta} \quad \text{und} \quad \underline{H}_\varphi^{(n)} \propto \frac{\partial P_n(\cos\vartheta)}{\partial\vartheta} \, . \tag{20.26}$$

Der aus beiden Komponenten zu bildende Poyntingvektor weist auf der z-Achse bei $\vartheta = 0$ und bei $\vartheta = \pi$ jeweils eine Nullstelle auf, da dort die Ableitung der Legendre-Polynome verschwindet. Die Doppelkonusantenne strahlt daher – wie auch die kreiszylindrische Linearantenne – nicht entlang ihrer Rotationsachse. Insbesondere für kleine Öffnungswinkel ϑ_1 stimmen die Strahlungsfelder der schlanken symmetrischen Doppelkonusantenne mit denen der schlanken Dipolantenne (Kapitel 16) sogar gut überein. Zur Berechnung der Fernfeld-Richtdiagramme benutzen wir (20.20) und finden für $k_0 r \to \infty$ aus (20.13) die Darstellung:

$$\underline{E}_\vartheta^I = Z_0 \underline{H}_\varphi^I = \underline{E}_0 \, \frac{e^{-jk_0 r}}{k_0 r} \sum_{m=1}^{\infty} (-1)^m \underline{a}_{2m-1} \, \frac{\partial P_{2m-1}(\cos\vartheta)}{\partial\vartheta} \, . \tag{20.27}$$

Die Hankelfunktionen haben im Fernfeld ein alternierendes Vorzeichen, was mit $m = 1, 2, 3, \ldots$ als $(-1)^m$ realisiert wird. Tatsächlich wird in (20.27) mit $n = 2m - 1 = 1, 3, 5, \ldots$ nur über die ungeraden Kugelwellen des Freiraums summiert, wie es bei symmetrischer Antenne sein muss.

Aus der Fernfelddarstellung (20.27) gewinnt man schließlich die noch nicht auf ihr Maximum normierte **Richtcharakteristik** der endlich langen Doppelkonusantenne:

$$C(\vartheta) \triangleq \left| \sum_{m=1}^{\infty} (-1)^m \underline{a}_{2m-1} \frac{\partial P_{2m-1}(\cos\vartheta)}{\partial\vartheta} \right|. \tag{20.28}$$

Die ersten drei Terme dieser Reihenentwicklung lauten unter Berücksichtigung von (20.15):

$$C(\vartheta) \triangleq \left| -\underline{a}_1 \frac{\partial P_1(\cos\vartheta)}{\partial\vartheta} + \underline{a}_3 \frac{\partial P_3(\cos\vartheta)}{\partial\vartheta} - \underline{a}_5 \frac{\partial P_5(\cos\vartheta)}{\partial\vartheta} \right| =$$

$$= \left| \underline{a}_1 \sin\vartheta - \frac{3\underline{a}_3}{8}(\sin\vartheta + 5\sin 3\vartheta) + \frac{15\underline{a}_5}{128}(2\sin\vartheta + 7\sin 3\vartheta + 21\sin 5\vartheta) \right|. \tag{20.29}$$

Man erkennt jetzt sehr leicht die Nullstellen in Achsenrichtung bei $\vartheta = 0$ und $\vartheta = \pi$ sowie die Formung der Charakteristik durch Überlagerung verschiedener **Multipole**[6] ungerader Ordnung: Bei $n = 1$ spricht man von der Dipolstrahlung, während der Beitrag mit $n = 3$ Oktupolstrahlung genannt wird. Allgemein spricht man von einem 2^n- Pol.

Als **Beispiel** betrachten wir in Bild 20.3 die Richtcharakteristik (20.28) einer symmetrischen Doppelkonusantenne der radialen Ausdehnung $h = 4,8\,\lambda_0$ mit dem Konuswinkel $\vartheta_1 = 70°$. Der höchste Modenindex im Freiraum ist $n_E = 59$, womit nach (20.24) $i_E = 12$ folgt.

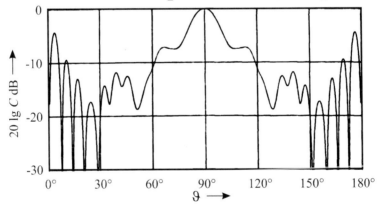

Bild 20.3 Symmetrischer Doppelkonus $(h = 4,8\,\lambda_0,\ \vartheta_1 = 70°)$, gespeist mit einer TEM-Welle [Kar84a]

Man findet in Bild 20.3 eine Halbwertsbreite von etwa 16,5°, einen Gewinn von 6,9 dBi und relativ hohe Nebenkeulen. Die Ablösung der elektrischen Feldlinien von einer kürzeren Doppelkonusantenne mit $h = \lambda_0$ (aber mit gleichen Öffnungswinkeln) zeigt Bild 20.4. Im Inneren dominiert die TEM-Welle, während bei der recht kleinen Apertur das Freiraumfeld sehr der bekannten Dipolstrahlung ähnelt (vgl. Abschnitt 15.1). Man beachte den stetigen Felddurchgang durch die Apertur. Die Fourier-Reihen wurden im Außenraum mit $n_E = 35$ und innen mit $i_E = 8$ ausgewertet.

---

[6] Ursprünglich steht der Begriff Multipol für eine bestimmte räumliche Anordnung elektrostatischer Punktladungen: Monopol $\triangleq 1$ Ladung, Dipol $\triangleq 2$ Ladungen, Quadrupol $\triangleq 4$ Ladungen, Oktupol $\triangleq 8$ Ladungen, Hexadekupol $\triangleq 16$ Ladungen, usw.

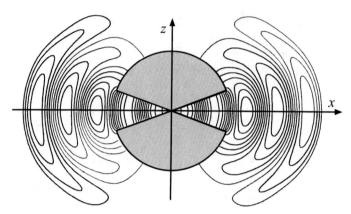

Bild 20.4 Symmetrischer Doppelkonus $(h = \lambda_0,\ \vartheta_1 = 70°)$, gespeist mit einer TEM-Welle [Kar84b]

Die Ausbreitung von Kugelwellen erfolgt ohne abrupte Grenzfrequenz. Man kann eher einen gleitenden Übergang vom Sperr- in den Durchlassbereich feststellen. Dazu wird in [Ung81] ein Grenzradius definiert, den wir in Übung 20.2 näher untersuchen wollen.

Übung 20.2: Wellenimpedanzen und Grenzradius

● Untersuchen Sie die Feldwellenimpedanzen der E_{0n} – Wellen des freien Raumes.

● **Lösung:**

Aus (20.13) entnehmen wir die transversalen Felder und bilden den Quotienten, woraus wir sofort die **Feldwellenimpedanzen** der E_{0n} – Freiraumwellen ableiten können:

$$
\underline{Z}_F^{E_{0n}} = \frac{\underline{E}_\vartheta^{(n)}}{\underline{H}_\varphi^{(n)}} = j\,Z_0\,\frac{\dfrac{\partial \hat{\underline{H}}_n^{(2)}(k_0 r)}{\partial(k_0 r)}}{\hat{\underline{H}}_n^{(2)}(k_0 r)} = j\,Z_0\left(\frac{\hat{\underline{H}}_{n-1}^{(2)}(k_0 r)}{\hat{\underline{H}}_n^{(2)}(k_0 r)} - \frac{n}{k_0 r}\right).
\tag{20.30}
$$

Wir geben das Ergebnis von (20.30) für $n = 1$ und $n = 3$ explizit an:

$$
\begin{aligned}
\frac{\underline{E}_\vartheta^{(1)}}{\underline{H}_\varphi^{(1)}} &= Z_0\left[1 + \frac{1}{j\,k_0\,r - (k_0\,r)^2}\right] \\[2mm]
\frac{\underline{E}_\vartheta^{(3)}}{\underline{H}_\varphi^{(3)}} &= Z_0\left[1 + \frac{45 + 30\,j\,k_0\,r - 6\,(k_0\,r)^2}{15\,j\,k_0\,r - 15\,(k_0\,r)^2 - 6\,j\,(k_0\,r)^3 + (k_0\,r)^4}\right].
\end{aligned}
\tag{20.31}
$$

In Tabelle 20.1 ist derjenige normierte Radius $k_0\,r_g$ angegeben, an dem Real- und Imaginärteil der Klammerausdrücke in (20.31) betragsgleich werden.

Tabelle 20.1 Normierter Grenzradius $k_0\,r_g \approx n$ der ersten E_{0n} – Kugelwellen des freien Raumes

n	1	2	3	4	5	6	7
$k_0\,r_g$	1	1,96956	2,94077	3,91468	4,89093	5,86912	6,84889

Für $k_0\,r < n$ überwiegt der Blindanteil der Feldwellenimpedanz (20.30), während für $k_0\,r > n$ ihr Wirkanteil dominiert. Der **Grenzradius** trennt den Bereich der Blindenergiespeicherung im Nahfeld von der die Antenne verlassenden Wirkenergie, die in das Fernfeld abgestrahlt wird. Für $n = 1$ erhält man den Grenzradius der Dipolstrahlung $k_0 r_g = 1$, den wir übrigens schon in Abschnitt 15.1 bestimmt hatten. In Bild 20.5 sehen wir – getrennt nach Betrag und Phase – die Kurven der normierten Feldwellenimpedanzen der ersten sieben E_{0n} – Freiraumwellen $(n = 1, 2, \ldots, 7)$.

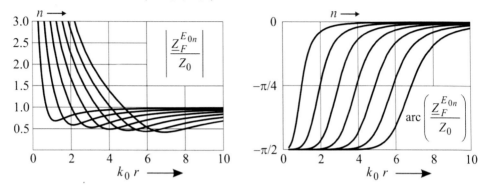

Bild 20.5 Darstellung von Betrag und Phase der normierten Feldwellenimpedanzen der E_{0n} – Freiraumwellen (20.30) für $n = 1, 2, \ldots, 7$ als Funktion des normierten Abstandes $k_0 r$ von der Antenne

Die Betragskurven zeigen am Grenzradius bei $k_0 r_g \approx n$ eine scharfe Biegung und steigen bei kleineren Abständen steil an. Die Feldstärken des Nahfeldes münden für $k_0 r \to 0$ in eine Singularität, wie die Entwicklung von (20.30) in eine Taylor-Reihe zeigt:

$$\frac{Z_F^{E_{0n}}}{j\,Z_0} = \frac{\hat{H}_{n-1}^{(2)}(k_0 r)}{\hat{H}_n^{(2)}(k_0 r)} - \frac{n}{k_0 r} \approx \frac{k_0 r}{2n-1} - \frac{n}{k_0 r}. \tag{20.32}$$

E- und H-Feld sind im Nahfeld nahezu um $\pi/2$ phasenverschoben, tragen praktisch nur zur Blindleistung bei und verursachen an der Antennenoberfläche spürbare Wärmeverluste. Am Grenzradius werden die Phasenwinkel gleich $-\pi/4$, während sie für größere Abstände gegen null gehen. Im Fernfeld kommt also nur noch Wirkleistung an. □

20.1.3 Näherungslösung bei kleinem Reflexionsfaktor

Für nicht zu kurze Konuslängen h dürfen wir annehmen, dass im Konusinnenraum die radiale elektrische Feldkomponente $\underline{E}_r^{II}$ im Vergleich zum Transversalfeld $\underline{E}_\vartheta^{II}$ nur einen unbedeutenden Beitrag liefert [Borg55]. Wenn wir daher im Konusinnenraum nur die TEM-Grundwelle berücksichtigen und alle höheren E_{0i} – Wellen vernachlässigen, können wir in der Trennfläche zwischen Raumteil I und Raumteil II (Bild 20.1) auch nur noch die Stetigkeit der <u>transversalen</u> Felder fordern. Aus (20.13) und (20.14) folgt daher für das **elektrische Feld** bei $r = h$ im Bereich der Aperturöffnung $\vartheta_1 \le \vartheta \le \pi - \vartheta_1$:

$$\frac{\underline{a}_0\, e^{-j k_0 h} + \underline{b}_0\, e^{j k_0 h}}{\sin \vartheta} = j \sum_{n=1}^{\infty} \underline{a}_n \frac{\partial P_n(\cos \vartheta)}{\partial \vartheta} \frac{\partial \hat{H}_n^{(2)}(k_0 h)}{\partial (k_0 h)}, \tag{20.33}$$

während auf den äußeren Kugelschalen bei $\vartheta \le \vartheta_1$ und $\vartheta \ge \pi - \vartheta_1$ das dort tangentiale E-Feld verschwinden muss – wie in diesem Winkelbereich natürlich auch im Inneren der Antenne:

$$0 = j \sum_{n=1}^{\infty} \underline{a}_n \frac{\partial P_n(\cos\vartheta)}{\partial\vartheta} \frac{\partial \hat{\underline{H}}_n^{(2)}(k_0 h)}{\partial(k_0 h)}. \tag{20.34}$$

Für das **magnetische Feld** stellen wir im Bereich der Apertur $\vartheta_1 \le \vartheta \le \pi - \vartheta_1$ auch eine Stetigkeitsforderung:

$$\frac{\underline{a}_0 e^{-jk_0 h} - \underline{b}_0 e^{jk_0 h}}{\sin\vartheta} = \sum_{n=1}^{\infty} \underline{a}_n \frac{\partial P_n(\cos\vartheta)}{\partial\vartheta} \hat{\underline{H}}_n^{(2)}(k_0 h). \tag{20.35}$$

Wir multiplizieren (20.33) und (20.34) mit $\sin\vartheta \, \partial P_m(\cos\vartheta)/\partial\vartheta$ und integrieren über alle ϑ:

$$\int_{\vartheta=0}^{\vartheta_1} 0 \, d\vartheta + \left(\underline{a}_0 e^{-jk_0 h} + \underline{b}_0 e^{jk_0 h}\right) \int_{\vartheta=\vartheta_1}^{\pi-\vartheta_1} \frac{\partial P_m(\cos\vartheta)}{\partial\vartheta} d\vartheta + \int_{\vartheta=\pi-\vartheta_1}^{\pi} 0 \, d\vartheta =$$

$$= j \sum_{n=1}^{\infty} \underline{a}_n \frac{\partial \hat{\underline{H}}_n^{(2)}(k_0 h)}{\partial(k_0 h)} \int_{\vartheta=0}^{\pi} \frac{\partial P_m(\cos\vartheta)}{\partial\vartheta} \frac{\partial P_n(\cos\vartheta)}{\partial\vartheta} \sin\vartheta \, d\vartheta. \tag{20.36}$$

Die **Orthogonalitätsrelation** der Ableitungen der Legendre-Polynome [JEL66] lautet unter Verwendung des Kronecker-Symbols δ_{mn}, das für $m = n$ den Wert eins annimmt und ansonsten gleich null wird:

$$\int_{\vartheta=0}^{\pi} \frac{\partial P_m(\cos\vartheta)}{\partial\vartheta} \frac{\partial P_n(\cos\vartheta)}{\partial\vartheta} \sin\vartheta \, d\vartheta = \delta_{mn} \frac{2n(n+1)}{2n+1} = \begin{cases} \dfrac{2n(n+1)}{2n+1} & \text{für } m=n \\[2mm] 0 & \text{sonst}. \end{cases} \tag{20.37}$$

Mit $P_n(-\cos\vartheta_1) - P_n(\cos\vartheta_1) = -2P_n(\cos\vartheta_1)$, falls $n = 1,3,5,\ldots$ ungerade ist [Hei70], erhalten wir aus (20.36) folgende Beziehung für die gesuchten $\underline{a}_n$:

$$\boxed{\left(\underline{a}_0 e^{-jk_0 h} + \underline{b}_0 e^{jk_0 h}\right) P_n(\cos\vartheta_1) = -j \, \underline{a}_n \frac{n(n+1)}{2n+1} \frac{\partial \hat{\underline{H}}_n^{(2)}(k_0 h)}{\partial(k_0 h)}}. \tag{20.38}$$

Die Magnetfeldgleichung (20.35) integrieren wir direkt – und zwar im Bereich $\vartheta_1 \le \vartheta \le \pi - \vartheta_1$:

$$\left(\underline{a}_0 e^{-jk_0 h} - \underline{b}_0 e^{jk_0 h}\right) \int_{\vartheta=\vartheta_1}^{\pi-\vartheta_1} \frac{d\vartheta}{\sin\vartheta} = \sum_{n=1}^{\infty} \underline{a}_n \hat{\underline{H}}_n^{(2)}(k_0 h) \int_{\vartheta=\vartheta_1}^{\pi-\vartheta_1} \frac{\partial P_n(\cos\vartheta)}{\partial\vartheta} d\vartheta, \tag{20.39}$$

woraus wir wieder für $n = 1,3,5,\ldots$ neben (20.38) eine zweite Bestimmungsgleichung erhalten:

$$\boxed{\left(\underline{a}_0 e^{-jk_0 h} - \underline{b}_0 e^{jk_0 h}\right) Z_L = -\frac{Z_0}{\pi} \sum_{n=1}^{\infty} \underline{a}_n \hat{\underline{H}}_n^{(2)}(k_0 h) P_n(\cos\vartheta_1)}. \tag{20.40}$$

Dabei haben wir als Abkürzung den Leitungswellenwiderstand (20.6) der TEM-Welle

$$Z_L = \frac{Z_0}{\pi} \ln\left(\cot\frac{\vartheta_1}{2}\right) \tag{20.41}$$

eingesetzt. Wir lösen nun (20.38) nach $\underline{a}_n$ auf und setzen das Ergebnis in (20.40) ein:

$$\frac{a_0 - b_0\, e^{2jk_0 h}}{a_0 + b_0\, e^{2jk_0 h}}\, Z_L = -j\,\frac{Z_0}{\pi}\sum_{n=1}^{\infty}\frac{2n+1}{n(n+1)}\frac{\hat{H}_n^{(2)}(k_0 h)}{\dfrac{\partial \hat{H}_n^{(2)}(k_0 h)}{\partial(k_0 h)}}\left[P_n(\cos\vartheta_1)\right]^2 . \tag{20.42}$$

Mit bekannten Mitteln der Leitungstheorie [Ung80], die wir in Abschnitt 7.2.2 behandelt haben, können wir mit dem Reflexionsfaktor im Speisepunkt $\underline{r}_E = \underline{b}_0/\underline{a}_0$ – wie in Bild 20.6 veranschaulicht – die linke Seite von (20.42) noch weiter umformen:

$$\frac{1-\underline{r}_E\, e^{2jk_0 h}}{1+\underline{r}_E\, e^{2jk_0 h}} = \frac{1-\underline{r}_A}{1+\underline{r}_A} = \frac{Z_L}{\underline{Z}_A} . \tag{20.43}$$

Dabei ist $\underline{r}_A$ der Aperturreflexionsfaktor und $\underline{Z}_A$ symbolisiert die Wirkung des freien Raums als Abschlussimpedanz der Konusleitung. Der Aperturreflexionsfaktor $\underline{r}_A$ drückt die Fehlanpassung des freien Raums an den Leitungswellenwiderstand Z_L der Doppelkonusleitung aus.

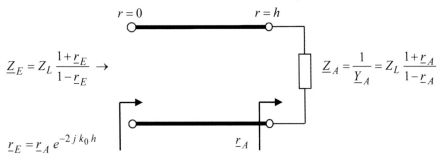

Bild 20.6 Transformation von Impedanzen und Reflexionsfaktoren auf der Doppelkonusleitung

Mit (20.43) erhalten wir aus (20.42) die **Abschlussadmittanz** in der Apertur bei $r = h$:

$$\underline{Y}_A = -j\,\frac{Z_0}{\pi Z_L^2}\sum_{n=1}^{\infty}\frac{2n+1}{n(n+1)}\frac{\hat{H}_n^{(2)}(k_0 h)}{\dfrac{\partial \hat{H}_n^{(2)}(k_0 h)}{\partial(k_0 h)}}\left[P_n(\cos\vartheta_1)\right]^2 . \tag{20.44}$$

Mit (20.30) können wir für (20.44) auch

$$\underline{Y}_A = \frac{Z_0^2}{\pi Z_L^2}\sum_{n=1}^{\infty}\frac{2n+1}{n(n+1)}\underline{Y}_F^{E_{0n}}(k_0 h)\left[P_n(\cos\vartheta_1)\right]^2 \tag{20.45}$$

schreiben. Die Abschlussadmittanz der Doppelkonusleitung entsteht nach (20.45) aus einer gewichteten Summe der Feldwellenadmittanzen aller E_{0n} – Freiraumwellen, also aus einer Art Parallelschaltung. Man beachte dazu die Darstellung des Verlaufs von $\underline{Z}_F^{E_{0n}}(k_0 r)$ in Bild 20.5 und die Darstellung für kleine Argumente (20.32), woraus man erkennt, dass für sehr kurze Leitungen die Reihe (20.45) etwa quadratisch konvergiert $\propto 1/n^2$, während für längere Leitungen nur noch lineare Konvergenz $\propto 1/n$ zu erwarten ist. Aus (20.43) folgt der **TEM-Reflexionsfaktor** $\underline{r}_E$ im Speisepunkt:

$$\boxed{\underline{r}_E = \underline{r}_A \, e^{-2jk_0 h} = \frac{1 - Z_L \underline{Y}_A}{1 + Z_L \underline{Y}_A} \, e^{-2jk_0 h}}.$$ (20.46)

Mit $\underline{Y}_A$ nach (20.44) und $\underline{r}_E$ aus (20.46) sind wegen (20.38) dann auch alle **Anregungs-koeffizienten** der E_{0n} – Freiraumwellen bekannt, wenn wir uns die Generatoramplitude z. B. mit $\underline{a}_0 = 1$ vorgeben:

$$\boxed{\underline{a}_n = j\,\frac{2n+1}{n(n+1)}\,\underline{a}_0 \, \frac{e^{-jk_0 h} + \underline{r}_E \, e^{jk_0 h}}{\dfrac{\partial \underline{\hat{H}}_n^{(2)}(k_0 h)}{\partial (k_0 h)}} \, P_n(\cos\vartheta_1)},$$ (20.47)

womit das Feldproblem – zumindest im Rahmen unserer Näherung – geschlossen gelöst wurde. Im **Fernfeld** bei $k_0 r \gg 1$ erhalten wir mit (20.27) und der Abkürzung

$$\hat{E} = j\,\underline{E}_0\,\underline{a}_0 \, \frac{e^{-jk_0 h} + \underline{r}_E \, e^{jk_0 h}}{2} \, \frac{e^{-jk_0 r}}{k_0 r}$$ (20.48)

schließlich bei Summation über alle $m = 1, 2, 3, \ldots$ mit $n = 2m-1 = 1, 3, 5, \ldots$:

$$\boxed{\underline{E}_\vartheta^I(\vartheta) = \hat{E} \sum_{m=1}^\infty \frac{(-1)^m (4m-1)}{m(2m-1)} \, \frac{P_{2m-1}(\cos\vartheta_1)\,\dfrac{\partial P_{2m-1}(\cos\vartheta)}{\partial\vartheta}}{\dfrac{\partial \underline{\hat{H}}_{2m-1}^{(2)}(k_0 h)}{\partial (k_0 h)}}}.$$ (20.49)

Mit diesen Ergebnissen können wir die Feldstärke an jedem Punkt des Raumes berechnen. Insbesondere erhalten wir analog zu (20.28) eine Näherung für die Richtcharakteristik $C(\vartheta)$ der Antenne. Die Vernachlässigung höherer Wellentypen auf der Konusleitung im Raumteil II ist nur dann gerechtfertigt, wenn der Aperturreflexionsfaktor der Grundwelle nicht zu groß ist. Im Vergleich mit der exakten Lösung [Kar84a] findet man tatsächlich gute Übereinstimmung, falls etwa $\left|\underline{r}_A\right| \leq 0,07$ bleibt. In diesen Fällen bestimmt die TEM-Welle praktisch alleine den Energieaustausch mit dem Freiraum, da ihre auf die Apertur einfallende Leistung dann mindestens zu $1 - \left|\underline{r}_A\right|^2 = 99,5\,\%$ abgestrahlt wird.

Ein mit der Näherungsmethode berechnetes **Beispiel** zeigt Bild 20.7. Die Konuslänge $h = 2\lambda_0$ führt bei einem Konuswinkel $\vartheta_1 = 50°$ wegen $a = 2h\cos\vartheta_1$ zu einer Aperturhöhe $a = 2,57\lambda_0$. Der Reflexionsfaktor der Grundwelle steigt bei kleinen und auch bei großen Konuswinkeln ϑ_1 steil an – am Designwinkel beträgt er $\left|\underline{r}_A\right| = 0,018$.

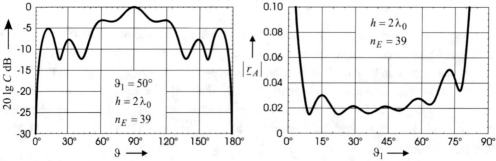

Bild 20.7 Doppelkonusantenne mit Richtdiagramm und Reflexionsfaktor der TEM-Welle

Im Vergleich mit Bild 20.3 zeigt sich ein ähnlicher Verlauf des Richtdiagramms, allerdings mit verbreiterter Hauptkeule und höherem Nebenkeulenpegel. Der Gewinn ist daher nur moderat und beträgt $G = 2,44$ bzw. $3,9$ dBi. Wir wollen schließlich für den <u>festen</u> Öffnungswinkel $\vartheta_1 = 50°$ die Frequenzabhängigkeit der **Eingangsimpedanz** im Speisepunkt bei $r = 0$ als Funktion der Konuslänge h/λ_0 untersuchen. Dazu konstruieren wir eine Ortskurve in der komplexen Ebene mit dem Parameter $0,1 \le h/\lambda_0 \le 2$. Aus Bild 20.6 folgt:

$$\underline{Z}_E = R_E + j X_E = Z_L \frac{1 + \underline{r}_A\, e^{-2 j\, k_0\, h}}{1 - \underline{r}_A\, e^{-2 j\, k_0\, h}} \,. \tag{20.50}$$

Damit nähert sich $\underline{Z}_E$ bei abnehmendem Reflexionsfaktor $\underline{r}_A \to 0$ dem Wellenwiderstand Z_L der Leitung an. Die Aperturhöhe wird wegen $a = 2h\cos\vartheta_1$ bei längeren Antennen nämlich größer, wodurch sich ein sanfterer Übergang der Konuswelle in den Freiraum ergibt. Bei kleinem Reflexionsfaktor wird fast die gesamte Quellenleistung abgestrahlt und der freie Raum wirkt wie ein reflexionsfreier Leitungsabschluss. Man erkennt in Bild 20.8 den sehr guten **Breitbandcharakter** einer Doppelkonusantenne, da sich die Ortskurve dem Anpassungspunkt spiralförmig immer mehr annähert (siehe auch [Gei94]). Ferner stellt sich das für Leitungen typische Transformationsverhalten ein, dass nämlich pro halber Wellenlänge der Anpassungspunkt einmal umrundet wird. Nach (20.1) wird mit $l = 2h$ die untere Frequenzgrenze

$$f_{\mathrm{u}} \gtrsim \frac{c_0}{2l} = \frac{c_0}{4h} \tag{20.51}$$

durch die Konuslänge h bestimmt. Nach [Küh64] sollte h etwa 20 % größer als ein Viertel der größten Betriebswellenlänge sein, d. h. es gilt:

$$\boxed{\frac{h}{\lambda_{\mathrm{u}}} = 0,3} \,. \tag{20.52}$$

Dieser Punkt ist in Bild 20.8 markiert. Die Anpassung ist dort bereits zufriedenstellend.

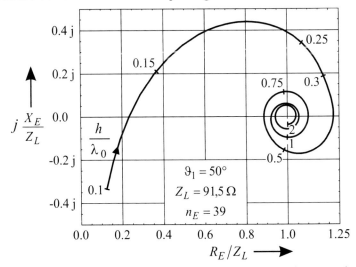

Bild 20.8 Komplexe – auf den Leitungswellenwiderstand Z_L normierte – Eingangsimpedanz $\underline{Z}_E = R_E + j X_E$ einer Doppelkonusantenne mit festem $\vartheta_1 = 50°$ als Funktion der Konuslänge h/λ_0

20.1.4 Doppelkonusantenne mit optimiertem Gewinn

Das Strahlungsverhalten einer Doppelkonusantenne hängt von ihrem Öffnungswinkel $0 < \vartheta_1 < \pi/2$ und ihrer radialen Länge h ab. Aus diesen beiden Werten errechnet man die Höhe der Apertur wie $a = 2h\cos\vartheta_1$. Verkleinert man nun bei <u>festem</u> h den Konuswinkel ϑ_1, dann wächst zwar die Aperturhöhe a und damit zunächst auch der Gewinn. Allerdings bewirkt – nach Bild 20.9 – die ebenfalls wachsende Abweichung $h - \rho$ eine ungleichmäßige Phasenbelegung in der Apertur und damit teilweise destruktive Interferenz, wodurch nach Überschreiten eines Maximums die Gewinnkurve für noch kleinere ϑ_1 wieder absinkt. Ähnlich wie bei einem

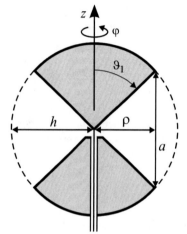

Sektorhorn in der E-Ebene (siehe (22.36)) hat sich als günstige Dimensionierung für hohen Richtfaktor

$$\boxed{a = \sqrt{2\lambda_0\rho}} \quad \text{(bei TEM-Anregung)} \qquad (20.53)$$

erwiesen. Anhand von Bild 20.9 oder auch mit (22.3) kann man zeigen, dass gilt:

$$\rho = \frac{a/2}{\tan\left(\dfrac{\pi}{2} - \vartheta_1\right)} = \frac{a}{2}\tan\vartheta_1 . \qquad (20.54)$$

Setzt man (20.54) in (20.53) ein, so kann für optimalen Richtfaktor auch gefordert werden:

$$\boxed{a = \lambda_0\tan\vartheta_1} . \qquad (20.55)$$

Bild 20.9 Symmetrischer Doppelkonus mit radialer Länge h, Aperturhöhe a und Aperturtiefe ρ

Umfangreiche Untersuchungen des Fernfeldes (20.49) haben gezeigt, dass der Richtfaktor – bei gegebener Bautiefe ρ – maximal wird, wenn der Gangunterschied $h - \rho$ zwischen Aperturmitte bei $\vartheta = \pi/2$ und Aperturkante bei $\vartheta = \vartheta_1$ etwa $\lambda_0/4$ beträgt, was durch (20.53) gerade sichergestellt wird. Den optimalen Konuswinkel finden wir dann mit (20.55) oder der Näherung:

$$\boxed{\vartheta_1 \approx \frac{\pi}{2} - \frac{1}{\sqrt{2\,h/\lambda_0}}} \quad \text{(gültig für } h/\lambda_0 \geq 3) . \qquad (20.56)$$

Für Aperturtiefen $\rho \geq 2\lambda_0$ gewinnen wir im Einklang mit [Jas61] folgende empirische Abschätzung für den zu erwartenden Gewinn einer Doppelkonusantenne, falls sie mit einer TEM-Welle angeregt wird und bei ihrem Aufbau (20.53) bzw. (20.55) berücksichtigt wurden:

$$\boxed{G \approx 2{,}36\sqrt{\frac{\rho}{\lambda_0}}} . \qquad (20.57)$$

Im logarithmischen Maßstab erhalten wir daraus (ebenfalls für $\rho \geq 2\lambda_0$):

$$\boxed{\frac{g}{\text{dBi}} \approx 3{,}73 + 5\lg\frac{\rho}{\lambda_0}} . \qquad (20.58)$$

Wegen der Rundstrahlung in der Äquatorebene sind nur mäßig große Gewinnwerte erreichbar. Für einen Gewinn von zum **Beispiel** $g = 9$ dBi folgt aus (20.58) zunächst die notwendige Aperturtiefe $\rho/\lambda_0 = 11{,}32$. Mit (20.53) wird die Aperturhöhe $a/\lambda_0 = 4{,}76$ und aus (20.55) erhalten wir den Konuswinkel $\vartheta_1 = 78{,}13°$. Schließlich folgt die radiale Länge $h/\lambda_0 = 11{,}57$.

Die große Hornlänge macht eine Summation von relativ vielen Freiraumwellen nötig, damit die Orthogonalreihen konvergieren. Im Vergleich mit dem Richtdiagramm einer deutlich kürzeren Antenne bei vergleichbarem Öffnungswinkel aus Bild 20.3 ($h = 4,8\lambda_0$, $\vartheta_1 = 70°$) zeigen sich in Bild 20.10 wesentlich geringere Nebenkeulen, was für den höheren Gewinn der optimierten Anordnung spricht. Der Reflexionsfaktor der Grundwelle steigt bei kleinen und auch bei großen Konuswinkeln ϑ_1 steil an. Am Designwinkel $\vartheta_1 = 78,13°$ beträgt er gerade $\left| \underline{r}_A \right| = 0,015$.

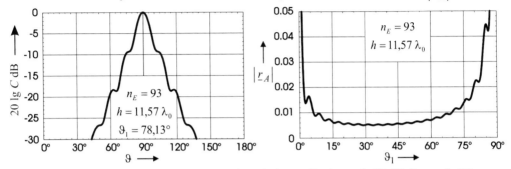

Bild 20.10 TEM erregte Doppelkonusantenne mit optimiertem Gewinn nach (20.58) für $g = 9$ dBi

Der tatsächliche Gewinn der Doppelkonusantenne aus Bild 20.10 kann mit (10.31) und (10.32) wie folgt berechnet werden:

$$G = \frac{4\pi}{2\pi \displaystyle\int\limits_{\vartheta = 0}^{\pi} C^2(\vartheta) \sin \vartheta \, d\vartheta} = 7,90 \,. \tag{20.59}$$

Nach einer numerischen Quadratur des Nenners in (20.59) erhalten wir $G = 7,90 \,\widehat{=}\, 8,98$ dBi, was mit dem erwünschten Wert von 9 dBi übereinstimmt. Man vergleiche das Richtdiagramm aus Bild 20.10 mit demjenigen eines Pyramidenhorns mit optimiertem Gewinn in Bild 22.9.

Doppelkonusantennen werden als **Breitbandantennen** bei Frequenzen oberhalb von etwa 50 MHz eingesetzt. Die Konuslänge wird dann nach (20.52) kleiner als 180 cm. Mit diesem Antennentyp lassen sich sehr hohe Bandbreiten von etwa 10:1 erzielen.

20.2 Logarithmisch-periodische Antenne

Während eine Yagi-Uda-Antenne (Kapitel 19) recht schmalbandig ist (relative Bandbreite $B_r < 10\,\%$), lassen sich aus Dipolen auch breitbandige Längsstrahler mit Bandbreiten bis $B = f_0/f_u \approx 6:1$ aufbauen. Vertreter einer solchen Breitbandantenne ist nach Bild 20.11 die **logarithmisch-periodische Dipolantenne** (LPDA), die an der Stelle des kleinsten Strahlers mit einer durchgängigen Speiseleitung gespeist wird. Aufgrund der speziellen Bauweise variieren ihre elektrischen Eigenschaften periodisch mit dem Logarithmus der Frequenz [Sti84].

Nach dem von der Yagi-Uda-Antenne bekannten Prinzip wirken bei einer LPDA diejenigen Elemente, die effektiv länger als $\lambda/2$ sind, als Reflektoren und diejenigen Elemente, die kürzer als $\lambda/2$ sind, als Direktoren. Es werden jedoch stets <u>alle</u> Elemente aktiv gespeist, weswegen keine parasitären (nur strahlungsgekoppelte) Elemente existieren. Die jeweilige Betriebsfrequenz bestimmt den „neutralen" Strahler der Antenne, der sich gerade auf $\lambda/2$-Resonanz befindet. Die Strahlungszone in dessen Umgebung wandert mit der Betriebsfrequenz längs der

Antennenachse (Bild 20.12). Die Halbwertsbreite einer logarithmisch-periodischen Antenne ist relativ groß, weil bei der jeweiligen Betriebsfrequenz nur wenige Elemente innerhalb der Strahlungszone zur Abstrahlung beitragen. Das Prinzip der Selbstähnlichkeit und der Wanderung der Strahlungszone auf der Antennenstruktur liegt den meisten Breitbandantennen zu Grunde.

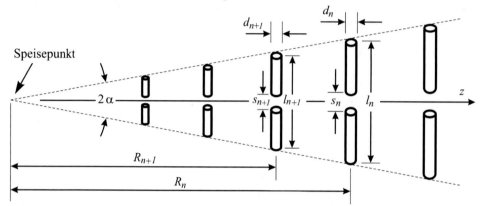

Bild 20.11 Breitbandige, längsstrahlende, logarithmisch-periodische Antenne [Bal05] aus aktiv gespeisten Einzelstrahlern verschiedener Länge, Dicke und Anordnung nach (20.60)

Es nehmen Länge und Abstand der Dipole untereinander in *gleich bleibendem Verhältnis* τ bei Annäherung an den Speisepunkt ab, d. h. es gilt (Strahlensatz):

$$\tau = \frac{l_{n+1}}{l_n} = \frac{R_{n+1}}{R_n} = \frac{s_{n+1}}{s_n} = \frac{d_{n+1}}{d_n} < 1 \,. \tag{20.60}$$

Neben dem **Skalierungsfaktor** τ definieren wir noch den **Abstandsfaktor:**

$$\sigma = \frac{R_n - R_{n+1}}{2\,l_n} > 0 \,. \tag{20.61}$$

Aus (20.60) folgt $R_n - R_{n+1} = (1-\tau)\,R_n$, weswegen wir mit $\tan\alpha = l_n/(2\,R_n)$ für (20.61) auch schreiben können:

$$\sigma = \frac{(1-\tau)\,R_n}{2\,l_n} = \frac{1-\tau}{4}\cot\alpha \,, \tag{20.62}$$

womit durch Wahl von τ und σ auch der **Steigungswinkel** α festgelegt ist:

$$\alpha = \arctan\frac{1-\tau}{4\,\sigma} \,. \tag{20.63}$$

Gebräuchliche Werte für Skalierungs- und Abstandsfaktor liegen im Bereich $0{,}78 \leq \tau \leq 0{,}97$ und $0{,}13 \leq \sigma \leq 0{,}19$. Das optimale σ für maximalen Gewinn bei gegebenem τ ist nach [Rot01]:

$$\boxed{\sigma = 0{,}258\,\tau - 0{,}066} \tag{20.64}$$

Ein zu großes σ macht sich durch Anstieg der Diagrammnebenkeulen bemerkbar. Unter Würdigung der Ergebnisse verschiedener Quellen [Car61, But76, Bal05, Kra88] können für den bei optimalem σ nach (20.64) zu erwartenden **Gewinn** $g = 10\lg G$ dBi folgende quadratische Näherungsformeln angegeben werden:

$$\boxed{g = 93{,}6\,\tau^2 - 132\,\tau + 51{,}9} \,, \qquad (g\ \text{in dBi}) \tag{20.65}$$

bzw. kann ein erwünschter Gewinn mit folgendem Skalierungsfaktor erzielt werden:

$$\boxed{\tau = -\frac{g^2}{321} + \frac{g}{12} + 0,407}\;. \qquad (g \text{ in dBi}) \qquad (20.66)$$

Mit $0,78 \le \tau \le 0,97$ sind nach (20.65) Gewinnwerte von etwa 6–12 dBi erreichbar. Zur Festlegung der Strahlerzahl definieren wir schließlich die **Strukturbandbreite** als Verhältnis der Baulängen vom längsten zum kürzesten Strahler:

$$B_s = l_1/l_N\;. \qquad (20.67)$$

Im Allgemeinen wählt man die Länge des längsten Dipols $l_1 \approx 0,54\,\lambda_u$, während der kürzeste eine Länge von etwa $l_N \approx \lambda_o/3$ aufweisen sollte [Rot01]. Die Anzahl N der Dipole ist aber nicht mehr frei wählbar, sondern ist durch die Geometrie der Antenne bereits festgelegt. Nach (20.60) gilt nämlich $l_N = \tau^{N-1}\,l_1$, womit wir die **Anzahl der Elemente** berechnen können:

$$\tau^{N-1} = \frac{l_N}{l_1} = \frac{1}{B_s} \quad \Rightarrow \quad \boxed{N = 1 - \frac{\ln B_s}{\ln \tau}} \quad (\text{auf ganze Zahl runden!}). \qquad (20.68)$$

Wegen des Rundens in (20.68), muss die Strukturbandbreite noch einmal **nachjustiert** werden, d. h. es gilt jetzt $B_s = \tau^{1-N}$. Die **Baulänge** L in z-Richtung ergibt sich nach Bild 20.11 aus:

$$\tan\alpha = \frac{(l_1 - l_N)/2}{L} \quad \Rightarrow \quad \boxed{L = \frac{l_1 - l_N}{2}\cot\alpha = \frac{l_1}{2}\left(1 - \frac{1}{B_s}\right)\cot\alpha}\;. \qquad (20.69)$$

Für hohen Gewinn muss nach (20.65) der Skalierungsfaktor τ groß sein, d. h. die geometrischen Eigenschaften der Antenne dürfen sich nur langsam ändern, was zwangsläufig zu kleinen Steigungswinkeln und großen Baulängen mit vielen Teilstrahlern führt. In der Praxis ist die effektiv nutzbare **Bandbreite** $B = f_o/f_u$ einer LPDA kleiner als die Strukturbandbreite [Dub77]

$$\boxed{B = \eta_B\, B_s = \frac{B_s}{1,1 + 30,8\,(1-\tau)\,\sigma}}\;. \qquad (20.70)$$

Sie wird nämlich durch die Anzahl $N_r = (\ln \eta_B)/(\ln \tau)$ resonanter Strahler in der strahlenden Zone begrenzt [Vit73]. Die Ausdehnung der strahlenden Zone erstreckt sich über alle Dipole, deren Speisestrompegel höchstens 10 dB kleiner ist als derjenige des Dipols mit Maximalstrom.

Logarithmisch-periodische Dipolantennen werden an der Stelle der kleinsten Strahlerlänge symmetrisch gespeist. Dazu sind zwei Varianten gebräuchlich:

- Mit einer durchgehenden Speiseleitung (die meist aus zwei parallelen Stäben aufgebaut wird) erreicht man ein Längsstrahlverhalten in Richtung der <u>längeren</u> Elemente.

- Durch Verdrehen der Speiseleitung wird jedem Nachbarelement eine zusätzliche Phasenverschiebung von 180° gegeben, um ein Strahlungsverhalten in „Rückwärtsrichtung" – also in Richtung der <u>kürzeren</u> Elemente – zu erzwingen.

Der reelle **Eingangswiderstand** R_E am Beginn der Speiseleitung liegt in der Größenordnung ihres Wellenwiderstandes Z_L, da die Speiseleitung durch die aktive Zone praktisch reflexionsfrei abgeschlossen wird. Zur Berechnung von R_E benötigen wir den Wellenwiderstand Z_D entlang eines jeden Halbwellendipols. Da dieser aber nicht konstant ist, findet man in [Sieg34, Zuh53] – abhängig vom Schlankheitsgrad l/d – einen über der Länge l gemittelten Wert:

$$Z_D = 120 \, \Omega \left(\ln \frac{l}{d} - 0{,}631 \right).$$ (20.71)

Mit einem mittleren Abstandsfaktor $\sigma' = \sigma / \sqrt{\tau}$ gibt [Car61] dann folgende Näherungsformel:

$$\overline{R}_E \cong \frac{Z_L}{\sqrt{1 + \dfrac{Z_L}{4 \, \sigma' \, Z_D}}}.$$ (20.72)

Der tatsächliche Eingangswiderstand R_E schwankt periodisch – in Abhängigkeit vom Logarithmus der Frequenz – um den Mittelwert $\overline{R}_E$. Bei einem Schlankheitsgrad $l/d = 125$ folgt zunächst $Z_D = 504 \, \Omega$. Mit $Z_L = 100 \, \Omega$ und den Werten von σ und τ aus Übung 20.3 folgt $\sigma' = 0{,}171$ und somit $\overline{R}_E = 88 \, \Omega$, was an koaxiale Zuleitungen leicht angepasst werden kann.

Übung 20.3: Entwurf einer logarithmisch-periodischen Antenne

- Bestimmen Sie die notwendigen Geometrieparameter für ein kompaktes Design einer LPDA mit einem Gewinn von 8 dBi im Frequenzbereich $200 \, \text{MHz} \le f \le 600 \, \text{MHz}$.

- **Lösung:**

Für einen angestrebten Gewinn von $g = 8$ dBi ist nach (20.66) ein Skalierungsfaktor

$$\tau = -g^2 / 321 + g/12 + 0{,}407 = 0{,}874$$ (20.73)

erforderlich, womit sich nach (20.64) mit $\sigma = 0{,}258 \, \tau - 0{,}066 = 0{,}160$ der optimale Abstandsfaktor ergibt. Schließlich folgt aus (20.63) mit $\alpha = \arctan \left((1 - \tau)/(4\sigma) \right) = 11{,}1°$ auch der Steigungswinkel. Bei gegebenem Bandbreitefaktor $B = 3$ ermitteln wir aus (20.70) den Wirkungsgrad $\eta_B = 58{,}1 \, \%$ und die Strukturbandbreite $B_s = B/\eta_B = 5{,}16$. Daraus erhalten wir mit (20.68) die gerundete Anzahl der Teilstrahler $N = 13$, die gerade um die Anzahl der aktiven Strahler $N_r = 4$ größer ist, als im Falle $\eta_B = 1$. Die nachjustierte Strukturbandbreite wird $B_s = 5{,}03$, woraus wegen $l_1 = 0{,}54 \, \lambda_u = 0{,}81$ m auch $l_N = l_1/B_s = 0{,}16$ m feststeht. Schließlich findet man nach (20.69) die gesamte Antennenlänge $L = 1{,}65$ m. Bei einem Schlankheitsgrad $l/d = 125$ hat der längste Dipol eine Dicke von $d_1 = 6{,}5$ mm und der kürzeste eine von $d_{13} = 1{,}3$ mm. Mit Hilfe der **Momentenmethode** [Poz02] können die numerischen Ergebnisse von Bild 20.12 gewonnen werden.

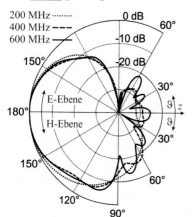

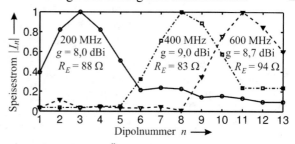

Dabei wurde eine Speiseleitung mit $Z_L = 100 \, \Omega$ vorausgesetzt. Sowohl die Richtdiagramme, als auch der Gewinn g und der Eingangswiderstand R_E verhalten sich breitbandig. Man beachte die Wanderung der aktiven Strahlungszone entlang der Antennenachse.   □

Bild 20.12 Richtdiagramme und Strombelegungen der LPDA aus Übung 20.3 mit $N = 13$ Dipolelementen

20.3 Spiral- und Fraktalantennen

Die Eingangsimpedanz selbstkomplementärer Strukturen ist nach (28.13) gleich $Z_0/2$ und damit unabhängig von der Frequenz. Aus zwei um $180°$ versetzten Armen, die man als Leiter oder als Schlitze in einer leitenden Ebene aufbaut, kann eine extrem breitbandige Antenne mit _Bandbreiten_ bis $20:1$ aufgebaut werden. Ihre Kontur ist durch vier logarithmische Spiralen gegeben (Bild 20.13), die einen Winkelbereich von $\Delta\varphi \approx 3\pi$ abdecken sollten [Stu13]. Damit sich ihre Arme nicht kreuzen, muss die Bedingung $e^{-a\pi} < K < 1$ eingehalten werden [Hei70].

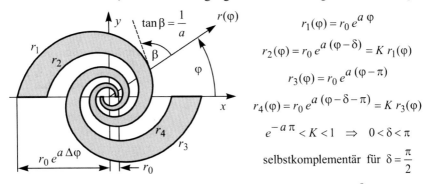

$$r_1(\varphi) = r_0\, e^{a\,\varphi}$$

$$r_2(\varphi) = r_0\, e^{a\,(\varphi - \delta)} = K\, r_1(\varphi)$$

$$r_3(\varphi) = r_0\, e^{a\,(\varphi - \pi)}$$

$$r_4(\varphi) = r_0\, e^{a\,(\varphi - \delta - \pi)} = K\, r_3(\varphi)$$

$$e^{-a\pi} < K < 1 \quad \Rightarrow \quad 0 < \delta < \pi$$

selbstkomplementär für $\delta = \dfrac{\pi}{2}$

Bild 20.13 Logarithmische Spiralantenne: $a = 1/4 \to \beta \approx 76°$, $\delta = \pi/2 \to K = e^{-a\delta} \approx 0{,}675$, $\Delta\varphi = 3\pi$

Bei logarithmischen Spiralantennen **(Gleichwinkelantennen)** ist der Winkel $\beta = \arctan(1/a)$, den die Tangente mit dem Radialstrahl einschließt, an jedem Punkt des Randes gleich groß [Sta94]. Die höchste Betriebsfrequenz f_o ist durch $\lambda_o/4 \approx r_0$ gegeben, während die niedrigste aus $\lambda_u/4 \approx r_0\, e^{a\,\Delta\varphi}$ folgt. Die nutzbare **Bandbreite** wird also:

$$\boxed{B = f_o/f_u \approx e^{a\,\Delta\varphi}} \qquad \text{(Mit den Werten aus Bild 20.13 folgt } B \approx 10{,}55.) \qquad (20.74)$$

Wie bei logarithmisch-periodischen Antennen wandert die Strahlungszone mit der Wellenlänge λ_0 entlang der Spiralarme [Rum57, Dys59]. Die Hauptstrahlung kommt aus einem Bereich, wo $2\pi r \approx \lambda_0$ gilt. Spiralantennen erzeugen Zirkularpolarisation entsprechend ihrer Windungsrichtung – in Bild 20.13 wird RHC in z-Richtung abgestrahlt und LHC in negative z-Richtung. Ihre meist geringen Gewinne von 2–3 dBi [Dub77] verbessert ein Reflektorschirm um weitere 3 dB.

Auf dem Prinzip der Selbstähnlichkeit sind auch **Fraktalantennen** aufgebaut. Hohe Frequenzen werden von kleinen Strahlerelementen und niedrige von den größeren abgestrahlt. Je nach Iterationsgrad m und fraktalem Teilerverhältnis $1/n$ können hohe Bandbreiten erreicht werden (Bild 20.14). Weiterführende Informationen findet man in [Wer99, Wer03, Bal08].

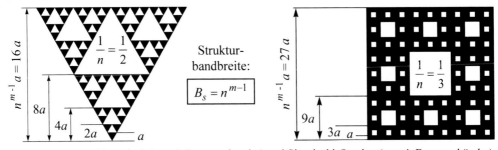

Bild 20.14 Sierpinski-Dreieck ($m = 5$ Frequenzbänder) und Sierpinski-Quadrat ($m = 4$ Frequenzbänder)

Eine **Multiband-Fraktalantenne** mit fünf Frequenzbändern – basierend auf einem Sierpinski-Dreieck mit $a = 5,85$ mm – wurde mit einem 3D-Gitterverfahren [CST] numerisch untersucht [Den07]. Die Patch-Elemente sind auf einem 0,762 mm dicken Substrat mit $\varepsilon_r = 2,5$ aufgebracht. Die Anregung erfolgt mit einer 50 Ω-Koaxialleitung, die durch eine elliptische Grundplatte geführt wird. Der **Eingangsreflexionsfaktor** $20 \lg|\underline{S}_{11}| \, \text{dB} = -RL$ in Bild 20.15 zeigt fünf schmalbandige Bereiche mit starker Abstrahlung (Tabelle 20.2). Die dort realisierte sehr gute Anpassung hängt stark von der geometrischen Ausgestaltung des Speisepunktes ab.

Tabelle 20.2 Resonanzen der Multiband-Antenne

m	$f_m/$GHz	f_m/f_{m-1}	RL/dB	$2^{5-m} a / \lambda_0^{(m)}$
1	0,62	–	24,7	0,193
2	1,65	2,67	21,1	0,269
3	3,47	2,10	19,7	0,271
4	6,70	1,93	33,4	0,261
5	13,16	1,96	23,9	0,257

Benachbarte **Resonanzfrequenzen** liegen (mit Ausnahme der Grundresonanz) etwa um einen Faktor 2 auseinander, was logarithmisch-periodisches Verhalten zur Folge hat. In Oberwellenresonanz $m \geq 2$ werden kleinere **Untergruppen** angeregt, deren Ausdehnung in z-Richtung jeweils etwa ein Viertel der Freiraumwellenlänge beträgt.

Die Schnitte von $\left|\underline{E}_\theta (\theta, \varphi)\right|$ sind in der H-Ebene bei $\theta = 90°$ und in den E-Ebenen bei $\varphi = 0°$ und $\varphi = 90°$ für die ersten drei Bänder dargestellt (siehe auch [Pue98, Pue00, Son03]).

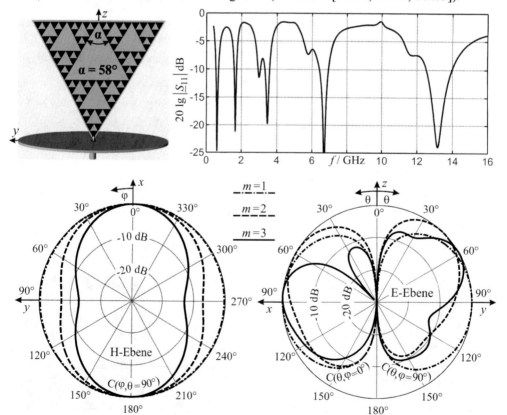

Bild 20.15 Multiband-Fraktalantenne: Geometrie, Anpassung und Richtdiagramme der ersten drei Bänder

20.4 Aufgaben

20.4.1 Berechnen Sie den reellen Eingangswiderstand einer unendlich langen symmetrischen Doppelkonusleitung für die Konuswinkel $\vartheta_1 = 20°, 45°$ und $70°$.

20.4.2 Die Doppelkonusantenne aus Bild 20.3 hat einen Gewinn von $g = 6,91$ dBi. Diesen Wert erhält man mittels numerischer Integration über ihr Richtdiagramm $C(\vartheta)$. Testen Sie mit diesem bekannten Gewinnwert die Verlässlichkeit der Faustformel (20.58).

20.4.3 Es soll eine logarithmisch-periodische Dipolantenne (LPDA) für UHF-Fernsehempfang mit Gewinn von $g = 11$ dBi im Frequenzbereich $f_u = 470$ MHz $\leq f \leq 862$ MHz $= f_o$ (Bandbreitefaktor $B = f_o/f_u = 1,834$) entwickelt werden. Gehen Sie dazu in folgenden Schritten vor.

Berechnen Sie den Skalierungsfaktor τ, den Abstandsfaktor σ und den Steigungswinkel α. Bestimmen Sie den Bandbreitewirkungsgrad η_B und die Strukturbandbreite B_s. Wie viele Dipole N sind daher nötig? Wie groß wird die nachjustierte Strukturbandbreite? Welche Baulänge haben der längste und der kürzeste Strahler? Welche Baulänge L nimmt die gesamte Antenne ein?

20.4.4 Wiederholen Sie den Entwurf der vorherigen Aufgabe 20.4.3, indem Sie anstelle einer LPDA jetzt eine logarithmische Spiralantenne zum UHF-Fernsehempfang verwenden.

Lösungen:

20.4.1 Mit $Z_L = \dfrac{Z_0}{\pi} \ln\left(\cot \dfrac{\vartheta_1}{2} \right)$ folgen die Werte $208\,\Omega$, $106\,\Omega$ und $42,7\,\Omega$.

20.4.2 Mit der radialen Ausdehnung $h = 4,8\,\lambda_0$ und dem Konuswinkel $\vartheta_1 = 70°$, die wir aus Bild 20.3 entnehmen, berechnen wir zunächst die Aperturtiefe $\rho = h \sin\vartheta_1 = 4,51\,\lambda_0$. Mit (20.58) folgt daraus die Abschätzung

$$g \approx \left(3,73 + 5\lg(\rho/\lambda_0) \right) \text{ dBi} = 7,00 \text{ dBi},$$

was dem wahren Wert von $6,91$ dBi sehr nahe kommt. Mit der Aperturhöhe $a = 2\,h \cos\vartheta_1 = 3,28\,\lambda_0$ und der Aperturtiefe $\rho = 4,51\,\lambda_0$ sind die beiden Voraussetzungen zur Anwendung der Faustformel (20.58) – nämlich $\rho \geq 2\lambda_0$ und $a \approx \sqrt{2\lambda_0\rho}$ – gut erfüllt, weswegen die hohe Genauigkeit durchaus zu erwarten war.

20.4.3 $\tau = 0,9467$, $\sigma = 0,1783$, $\alpha = 4,27°$

$\eta_B = 0,718$, $B_s = 2,554$, $N = 19$ (aufgerundet)

$B_s = \tau^{1-N} = 2,680$, $l_1 = 0,54\,\lambda_u = 34,4$ cm, $l_N = l_1/B_s = 12,8$ cm, $L = 144$ cm

20.4.4 Aus $B = f_o/f_u \approx e^{a\,\Delta\varphi}$ folgt mit $f_u = 470$ MHz und $f_o = 862$ MHz zunächst $B = 1,834$. Mit der Nebenbedingung $\Delta\varphi \approx 3\pi$ finden wir $a = 0,0644$, woraus wir den Gleichwinkel $\beta = \arctan(1/a) = 86,3°$ ermitteln können. Die kleinste Abmessung wird $r_0 \approx \lambda_0/4 = 8,7$ cm und der größte Durchmesser der Spiralantenne (entlang der x-Achse) ist $2B\,r_0 = 31,9$ cm, was etwa dem Wert $l_1 = 34,4$ cm bei der LPDA entspricht. Allerdings erreicht die Spiralantenne nicht den hohen Gewinn von 11 dBi der LPDA.

21 Aperturstrahler I (Hohlleiterantennen)

21.1 Prinzipien der Aperturstrahler

Die bisher behandelten Antennen bestanden aus linearen Leitern. Bei der Berechnung ihrer Strahlungsfelder sind wir in folgenden Schritten vorgegangen:

- Berechnung der Stromverteilung auf den linearen Leitern,
- Betrachtung der berechneten Stromverteilung als eingeprägte Quellen und
- Berechnung des Fernfeldes mittels Fourier-Transformation.

Wir haben also die *Ströme auf den Leitern* als die Quellen der Strahlung angesehen. Das ist im Grunde genommen nur eine Hilfsvorstellung, um auf möglichst einfache Weise die Berechnung der Strahlungsfelder zu ermöglichen. Die eigentliche *Quelle der Strahlung* bilden nicht die Leiter – in ihnen breitet sich bei $\kappa \to \infty$ nämlich gar keine Energie aus. Die Energie wandert vielmehr im Dielektrikum um die Leiter, denn nur hier hat der Poyntingsche Vektor nichtverschwindende Werte. Wir wollen als Beispiel einen $\lambda_0/10$-Monopol, der vertikal über der Erdoberfläche angeordnet ist, betrachten. Seine Speisung erfolge – wie in Bild 21.1 – mit einer Koaxialleitung. Man kann sich den Mechanismus der Abstrahlung mit Hilfe einer Darstellung des zeitgemittelten Energiestroms in der Umgebung der Vertikalantenne verdeutlichen. Die Wirkenergie fließt entlang der Strömungslinien aus dem Dielektrikum der koaxialen Speiseleitung in den freien Raum. Der Antennenstab wirkt dabei als Führung oder als Transformationsglied, um in das Strahlungsfeld überzuleiten; die Länge der Antenne bestimmt die Richtcharakteristik und den Reflexionsfaktor. Die eigentliche **Strahlungsquelle** ist nicht der Stab sondern die Öffnung des Wellenleiters.

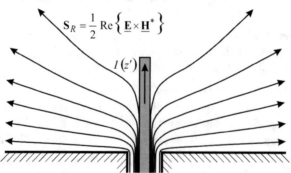

Bild 21.1 Energiestromlinien um eine kurze, vertikale $\lambda_0/10$-Stabantenne über idealer Erde nach [Lan72]

Im Prinzip würde bereits das offene Ende einer Koaxialleitung elektromagnetische Energie in den Raum abstrahlen. Solange jedoch der Außendurchmesser des Koaxialleiters klein gegenüber der Wellenlänge λ_0 ist, bleibt die Abstrahlung schwach und eine solche Anordnung ist als Antenne nicht geeignet. Die Verhältnisse ändern sich jedoch, sobald die Querschnittsdimensionen der Wellenleiterapertur in die Größenordnung der Wellenlänge λ_0 kommen oder größer sind. In Bild 21.2 ist das Verhältnis der abgestrahlten Leistung zur Leistung der einfallenden Generatorwelle über dem normierten Außendurchmesser $k_0 D = 2\pi D/\lambda_0$ einer leeren Koaxialleitung aufgetragen. Die Kurve wurde für $D/d = 7/2$ mit Formeln aus [Borg55] errechnet.

© Springer Fachmedien Wiesbaden GmbH, ein Teil von Springer Nature 2022
K. W. Kark, *Antennen und Strahlungsfelder*,
https://doi.org/10.1007/978-3-658-38595-8_21

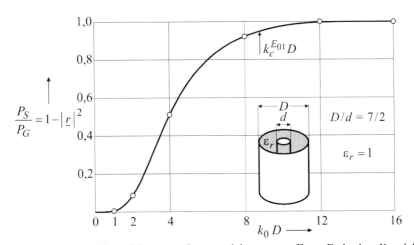

Bild 21.2 Verhältnis von Strahlungsleistung zu Generatorleistung am offenen Ende einer Koaxialleitung

Eine merkliche **Abstrahlung** tritt ab etwa $k_0 D = 2$ ein. Dort wird mit $D/\lambda_0 = 0{,}32$ bereits 8,5 % der auf das offene Leitungsende einfallenden Leistung in den Freiraum abgestrahlt. Sobald neben der TEM-Welle höhere Wellentypen angeregt werden, wird die Kurve ungültig. Das ist aber erst bei sehr starker Abstrahlung der Fall. Bei einer 7/2-Koaxialleitung wird die E_{01}-Welle als erster rotationssymmetrischer höherer Wellentyp nach (8.111) ausbreitungsfähig bei:

$$k_c^{E_{01}} D = \frac{2\pi D}{\lambda_c^{E_{01}}} \approx \frac{2\pi D}{1{,}02\,(D-d)} = \frac{2\pi}{1{,}02\,(1-d/D)} \approx 8{,}6 \; . \tag{21.1}$$

Nach dem **Huygensschen Prinzip** (siehe Abschnitt 14.6) kann man die Strahlungsfelder einer lokalisierten Quellstromverteilung im Außenraum einer die Quellen vollständig umschließenden Hüllfläche exakt berechnen, wenn auf der gesamten Hüllfläche die tangentialen elektrischen und magnetischen Feldstärken bekannt sind. Bei Aperturantennen sind diese Tangentialfelder meist nur auf einem Teil dieser Hülle – nämlich der Wellenleiterapertur – näherungsweise bekannt. Als Aperturfeld nimmt man das ungestörte Feld der Speisewelle an (Kirchhoffsche Randwerte, Physikalische Optik – PO). Reflexionen in der Apertur, Kantenbeugungseffekte und somit die Ströme auf der Außenseite des Wellenleiters werden dabei vernachlässigt, wodurch z.B. für die Koaxialleitung im Grundwellenbetrieb nach [Borg55] die Richtcharakteristik

$$C(\vartheta) \triangleq \frac{\left| J_0\!\left(\dfrac{k_0 d}{2}\sin\vartheta\right) - J_0\!\left(\dfrac{k_0 D}{2}\sin\vartheta\right) \right|}{\sin\vartheta} \qquad \text{(unnormiert)} \tag{21.2}$$

folgt. Wie man solche Strahlungsfelder herleitet, werden wir im Folgenden kennen lernen. Die Berechnung der Abstrahlung aus dem ungestörten Aperturfeld **(Aperturfeldmethode)**, ist eine gute Näherung für das wahre Strahlungsfeld, wenn folgende Bedingungen gelten.

- Die Apertur muss elektrisch groß sein. Meist reicht es aus, die **Bedingung** $k_0 D > 10$ zu erfüllen (Bild 14.17). Dann wird der Aperturreflexionsfaktor klein, Beugungseffekte an der Aperturkante bleiben vernachlässigbar und höhere Wellentypen werden nur gering angeregt.

- Der Aufpunkt **r** sollte mindestens im Fresnel-Gebiet – besser noch im Fernfeld – liegen.

Zunächst werden wir für *ebene* Aperturen die Strahlungsfelder bestimmen. Die Behandlung *gekrümmter* Aperturen, wie sie bei Hornstrahlern auftreten, erfolgt dann in Kapitel 22.

21.2 Ebene Apertur im freien Raum (Chu-Modell)

Wir betrachten das offene Ende eines luftgefüllten, geraden, zylindrischen Wellenleiters, in dem sich eine Welle entlang seiner z-Achse ausbreiten soll. Wegen (14.89) und (14.90) kann das gesuchte Strahlungsfeld durch folgende Vektorpotenziale dargestellt werden:

$$\underline{\mathbf{A}}(\mathbf{r}) = \frac{e^{-jk_0 r}}{4\pi r} \iint\limits_{A'} \underline{\mathbf{J}}_F(\mathbf{r}') e^{jk_0 \mathbf{e}_r \cdot \mathbf{r}'} dA' =$$

$$\underline{\mathbf{F}}(\mathbf{r}) = \frac{e^{-jk_0 r}}{4\pi r} \iint\limits_{A'} \underline{\mathbf{M}}_F(\mathbf{r}') e^{jk_0 \mathbf{e}_r \cdot \mathbf{r}'} dA'. \tag{21.3}$$

Die *äquivalenten Oberflächenstromdichten* in der Wellenleiterapertur A berechnet man nach (14.111) aus den tangentialen Komponenten $\underline{\mathbf{E}}_A$ und $\underline{\mathbf{H}}_A$ der ungestörten einfallenden Welle

$$\underline{\mathbf{J}}_F = \mathbf{n} \times \underline{\mathbf{H}}_A \quad \text{und} \quad \underline{\mathbf{M}}_F = -\mathbf{n} \times \underline{\mathbf{E}}_A, \tag{21.4}$$

wobei die *äußere* Flächennormale $\mathbf{n}(\mathbf{r}')$ am Integrationspunkt $\mathbf{r}'$ die Richtung der Wellenausbreitung angibt, wenn die Apertur als Fläche konstanter Phase gewählt wird. Meist gilt:

$$\mathbf{n}(\mathbf{r}') = \begin{cases} \mathbf{e}_z & \textit{bei zylindrischen Wellenleitern mit ebener Apertur} \\ \mathbf{e}_r(\mathbf{r}') & \textit{bei sphärischen Wellenleitern mit gekrümmter Apertur}. \end{cases} \tag{21.5}$$

Mit den Aperturstromdichten (21.4) und den Hilfsintegralen

$$\boxed{\begin{aligned} \underline{\mathbf{P}}(\mathbf{r}) &= \iint\limits_{A'} \underline{\mathbf{E}}_A(\mathbf{r}') e^{jk_0 \mathbf{e}_r \cdot \mathbf{r}'} dA' \\ \underline{\mathbf{Q}}(\mathbf{r}) &= \iint\limits_{A'} \underline{\mathbf{H}}_A(\mathbf{r}') e^{jk_0 \mathbf{e}_r \cdot \mathbf{r}'} dA' \end{aligned}} \tag{21.6}$$

folgt aus (21.3) für $\mathbf{n} = \mathbf{e}_z$ die Darstellung:

$$\underline{\mathbf{A}}(\mathbf{r}) = \frac{e^{-jk_0 r}}{4\pi r} \mathbf{e}_z \times \underline{\mathbf{Q}}(\mathbf{r}) \quad \text{und} \quad \underline{\mathbf{F}}(\mathbf{r}) = -\frac{e^{-jk_0 r}}{4\pi r} \mathbf{e}_z \times \underline{\mathbf{P}}(\mathbf{r}), \tag{21.7}$$

aus der wir mit (14.93) und $Z_0 = \sqrt{\mu_0/\varepsilon_0}$ die **Fernfelder** als Fourier-Transformierte <u>beider</u> Aperturstromdichten **(Chu-Modell)** ermitteln können [Stu13]:

$$\boxed{\begin{aligned} \underline{E}_\vartheta &= Z_0 \underline{H}_\varphi = jk_0 \frac{e^{-jk_0 r}}{4\pi r} \left[\underline{P}_x \cos\varphi + \underline{P}_y \sin\varphi - Z_0 \cos\vartheta \left(\underline{Q}_x \sin\varphi - \underline{Q}_y \cos\varphi \right) \right] \\ \underline{E}_\varphi &= -Z_0 \underline{H}_\vartheta = -jk_0 \frac{e^{-jk_0 r}}{4\pi r} \left[\cos\vartheta \left(\underline{P}_x \sin\varphi - \underline{P}_y \cos\varphi \right) + Z_0 \left(\underline{Q}_x \cos\varphi + \underline{Q}_y \sin\varphi \right) \right]. \end{aligned}} \tag{21.8}$$

In der Apertur stehen die tangentialen Feldkomponenten $\underline{\mathbf{E}}_A$ und $\underline{\mathbf{H}}_A$ stets senkrecht aufeinander. Bei Vernachlässigung höherer Wellen, was bei größeren Aperturabmessungen gerechtfertigt ist, gilt dann mit dem Feldwellenwiderstand $\underline{Z}_A$ der Grundwelle des Wellenleiters:

$$\underline{Z}_A \underline{\mathbf{H}}_A = \mathbf{e}_z \times \underline{\mathbf{E}}_A \quad \text{bzw.} \quad \underline{\mathbf{E}}_A = -\mathbf{e}_z \times \underline{Z}_A \underline{\mathbf{H}}_A. \tag{21.9}$$

So gelten mit $\underline{Y}_A = 1/\underline{Z}_A$ auch die Beziehungen:

$$\underline{\mathbf{P}}(\mathbf{r}) = -\underline{Z}_A \mathbf{e}_z \times \underline{\mathbf{Q}}(\mathbf{r})$$
$$\underline{\mathbf{Q}}(\mathbf{r}) = \underline{Y}_A \mathbf{e}_z \times \underline{\mathbf{P}}(\mathbf{r});$$

(21.10)

oder in kartesischen Komponenten:

$$\underline{P}_x = \underline{Z}_A \underline{Q}_y$$
$$\underline{P}_y = -\underline{Z}_A \underline{Q}_x .$$

(21.11)

Somit erhalten wir aus dem Chu-Modell (21.8) schließlich drei mögliche Darstellungen der Fernfelder einer ebenen, im freien Raum strahlenden Apertur (Tabelle 21.1).

Tabelle 21.1 Aperturmodelle zur Berechnung der Fernfelder einer ebenen Apertur im freien Raum

---

<u>Chu-Modell I</u> − für eine ebene Apertur im freien Raum

$$\underline{E}_\vartheta = Z_0 \underline{H}_\varphi = j k_0 \frac{e^{-j k_0 r}}{4\pi r} \left[\underline{P}_x \cos\varphi + \underline{P}_y \sin\varphi - Z_0 \cos\vartheta \left(\underline{Q}_x \sin\varphi - \underline{Q}_y \cos\varphi \right) \right]$$

$$\underline{E}_\varphi = -Z_0 \underline{H}_\vartheta = -j k_0 \frac{e^{-j k_0 r}}{4\pi r} \left[\cos\vartheta \left(\underline{P}_x \sin\varphi - \underline{P}_y \cos\varphi \right) + Z_0 \left(\underline{Q}_x \cos\varphi + \underline{Q}_y \sin\varphi \right) \right]$$

<u>Chu-Modell II</u> − mit Vernachlässigung höherer Wellentypen (E-Form)

$$\underline{E}_\vartheta = Z_0 \underline{H}_\varphi = j k_0 \frac{e^{-j k_0 r}}{2\pi r} \frac{1}{2} \left(1 + \frac{Z_0}{\underline{Z}_A} \cos\vartheta \right) \left(\underline{P}_x \cos\varphi + \underline{P}_y \sin\varphi \right)$$

$$\underline{E}_\varphi = -Z_0 \underline{H}_\vartheta = -j k_0 \frac{e^{-j k_0 r}}{2\pi r} \frac{1}{2} \left(\frac{Z_0}{\underline{Z}_A} + \cos\vartheta \right) \left(\underline{P}_x \sin\varphi - \underline{P}_y \cos\varphi \right)$$

<u>Chu-Modell III</u> − mit Vernachlässigung höherer Wellentypen (H-Form)

$$\underline{E}_\vartheta = Z_0 \underline{H}_\varphi = -j k_0 \frac{e^{-j k_0 r}}{2\pi r} \frac{1}{2} \left(1 + \frac{Z_0}{\underline{Z}_A} \cos\vartheta \right) \underline{Z}_A \left(\underline{Q}_x \sin\varphi - \underline{Q}_y \cos\varphi \right)$$

$$\underline{E}_\varphi = -Z_0 \underline{H}_\vartheta = -j k_0 \frac{e^{-j k_0 r}}{2\pi r} \frac{1}{2} \left(\frac{Z_0}{\underline{Z}_A} + \cos\vartheta \right) \underline{Z}_A \left(\underline{Q}_x \cos\varphi + \underline{Q}_y \sin\varphi \right)$$

In Wellenleitern, deren Querabmessungen _groß_ gegen die Wellenlänge sind, verhält sich das Aperturfeld − wegen der dann großen Abstände zu den metallischen Wänden − fast wie im freien Raum, d. h. für den Feldwellenwiderstand in einer solchen Struktur gilt angenähert:

$$\underline{Z}_A \approx Z_0 = \sqrt{\mu_0/\varepsilon_0} \approx 376{,}73\,\Omega .$$

(21.12)

Im Allgemeinen kann nach (8.97) der Feldwellenwiderstand von H_{mn}- bzw. E_{mn}-Hohlleiterwellen wie folgt angegeben werden:

$$\underline{Z}_A^H = \frac{\omega\,\mu_0}{\underline{k}_z} = \frac{k_0}{\underline{k}_z} Z_0 \quad \text{und} \quad \underline{Z}_A^E = \frac{\underline{k}_z}{\omega\,\varepsilon_0} = \frac{\underline{k}_z}{k_0} Z_0 .$$

(21.13)

Die Ausbreitungskonstante $\underline{k}_z$ besitzt im Rechteck- bzw. Rundhohlleiter folgende Werte:

$$\underline{k}_z = k_0 \sqrt{1 - \left(\frac{m\lambda_0}{2a}\right)^2 - \left(\frac{n\lambda_0}{2b}\right)^2} \quad \text{bzw.} \quad \underline{k}_z = k_0 \sqrt{1 - \frac{K_{mn}^2}{k_0^2}} \,. \tag{21.14}$$

Für die Anwendung der drei alternativen Formulierungen des **Chu-Aperturmodells** für den Freiraum, in die stets *beide* Aperturfelder $\underline{\mathbf{E}}_A$ und $\underline{\mathbf{H}}_A$ eingehen, gelten folgende Grundsätze:

- Sind die Felder $\underline{\mathbf{E}}_A(\mathbf{r}')$ und $\underline{\mathbf{H}}_A(\mathbf{r}')$ in der Apertur exakt bekannt (entweder durch strenge Lösung des Randwertproblems oder durch Messung) – was allerdings selten der Fall ist – so liefert das **Chu-Modell I** die genauesten Werte der Strahlungsfelder.

- Nimmt man als genäherte Aperturbelegung lediglich die ungestörten Felder der einfallenden Welle an, für die der Zusammenhang $\underline{Z}_A \underline{\mathbf{H}}_A = \mathbf{e}_z \times \underline{\mathbf{E}}_A$ exakt gilt, so ergeben alle drei Modelle dieselben Werte der Strahlungsfelder.

- Bei elektrisch *großer* Apertur mit charakteristischer Dimension $D > 1{,}6\lambda_0$ folgt $\underline{Z}_A \approx Z_0$ und man erhält in den beiden **Chu-Modellen II und III** jeweils den Kardioidfaktor $(1 + \cos\vartheta)/2$, d. h. ein Verschwinden der Strahlungsfelder in Rückwärtsrichtung $\vartheta = \pi$.

- Für elektrisch *kleine* Aperturen werden die Ergebnisse der Aperturfeldmethode zweifelhaft.

- Die *Genauigkeit* der Aperturfeldmethode nimmt mit größer werdendem Winkel ϑ ab und ist auf der z-Achse für $\vartheta = 0$ am höchsten.

Für eine ebene, rechteckige Apertur, die sich wie in Bild 21.3 im freien Raum befinden soll, berechnen wir in Übung 21.1 bei uniformer Amplituden- und Phasenbelegung die Richtcharakteristik $C(\vartheta, \varphi)$. Der Abstand r der Diagrammschnitte von der Antenne liege dabei im Fernfeld, sodass die Felddarstellungen im Fraunhofer-Gebiet verwendet werden können.

Übung 21.1: Fernfeld-Richtdiagramm einer rechteckigen Apertur

- Man berechne das Strahlungsfeld im Fraunhofer-Gebiet einer homogen belegten rechteckigen Apertur nach Bild 21.3.

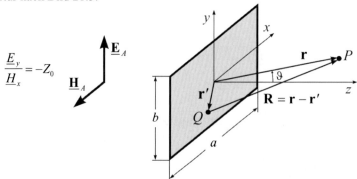

Bild 21.3 Homogen belegtes rechteckiges Flächenelement im freien Raum (Huygens-Quelle)

Die Apertur sei mit einer TEM-Welle $\underline{\mathbf{E}}_A(\mathbf{r}') = \underline{E}_0\,\mathbf{e}_y$ und $Z_0\,\underline{\mathbf{H}}_A(\mathbf{r}') = -\underline{E}_0\,\mathbf{e}_x$ belegt, die im zeitlichen Mittel eine Wirkleistung von $P = ab\,|\underline{E}_0|^2/(2Z_0)$ transportiert. Ein solches homogen belegtes Flächenelement wird als **Huygenssche Quelle** bezeichnet.

- **Lösung:**

Für $\mathbf{n}(\mathbf{r}') = \mathbf{e}_z$ erhält man im Halbraum $z > 0$ mit Hilfe des **Chu-Modells II** aus Tabelle 21.1 und mit $\underline{Z}_A = Z_0$ folgende Fernfeldkomponenten:

$$
\begin{aligned}
\underline{E}_\vartheta &= Z_0 \underline{H}_\varphi = j k_0 \frac{e^{-j k_0 r}}{4 \pi r} (1 + \cos\vartheta)\left(\underline{P}_x \cos\varphi + \underline{P}_y \sin\varphi\right) \\
\underline{E}_\varphi &= -Z_0 \underline{H}_\vartheta = -j k_0 \frac{e^{-j k_0 r}}{4 \pi r} (1 + \cos\vartheta)\left(\underline{P}_x \sin\varphi - \underline{P}_y \cos\varphi\right).
\end{aligned}
\tag{21.15}
$$

Dabei sind $\underline{P}_x$ und $\underline{P}_y$ die kartesischen Komponenten des Aperturfeldintegrals:

$$
\mathbf{\underline{P}}(\mathbf{r}) = \iint\limits_{A'} \mathbf{\underline{E}}_A(\mathbf{r}') e^{j k_0 \mathbf{e}_r \cdot \mathbf{r}'} \, dA' .
\tag{21.16}
$$

Aus $\mathbf{\underline{E}}_A(\mathbf{r}') = \underline{E}_0 \mathbf{e}_y$ folgt $\underline{P}_x = 0$ und mit $\mathbf{e}_r \cdot \mathbf{r}' = x' \sin\vartheta \cos\varphi + y' \sin\vartheta \sin\varphi$ wird:

$$
\underline{P}_y = \underline{E}_0 \int\limits_{x'=-\frac{a}{2}}^{\frac{a}{2}} \int\limits_{y'=-\frac{b}{2}}^{\frac{b}{2}} e^{j k_0 \left(x' \sin\vartheta \cos\varphi + y' \sin\vartheta \sin\varphi\right)} \, dx' dy' .
\tag{21.17}
$$

Das Doppelintegral (21.17) kann in zwei Einfachintegrale aufgespalten werden:

$$
\underline{P}_y = \underline{E}_0 \int\limits_{x'=-\frac{a}{2}}^{\frac{a}{2}} e^{j k_0 x' \sin\vartheta \cos\varphi} \, dx' \int\limits_{y'=-\frac{b}{2}}^{\frac{b}{2}} e^{j k_0 y' \sin\vartheta \sin\varphi} \, dy' ,
\tag{21.18}
$$

und man erhält nach elementarer Umformung:

$$
\underline{P}_y = a b \underline{E}_0 \frac{\sin\left(\frac{k_0 a}{2} \sin\vartheta \cos\varphi\right)}{\frac{k_0 a}{2} \sin\vartheta \cos\varphi} \frac{\sin\left(\frac{k_0 b}{2} \sin\vartheta \sin\varphi\right)}{\frac{k_0 b}{2} \sin\vartheta \sin\varphi} .
\tag{21.19}
$$

In (21.19) tritt – wie bei der Fourier-Transformation einer Konstanten üblich – die Funktion $\mathrm{si}(x) = \sin x / x$ auf. Die si-Funktion hat ihr Maximum bei $x = 0$, nämlich $\mathrm{si}(0) = 1$ (siehe Bild 16.9). Der elektrische Feldvektor im Fernfeld ist nach (21.15) mit $\underline{P}_x = 0$:

$$
\mathbf{\underline{E}} = j k_0 \frac{e^{-j k_0 r}}{4 \pi r} (1 + \cos\vartheta)\left(\mathbf{e}_\vartheta \sin\varphi + \mathbf{e}_\varphi \cos\varphi\right) \underline{P}_y
\tag{21.20}
$$

und kann mit (21.19) wie folgt geschrieben werden:

$$
\begin{aligned}
\mathbf{\underline{E}} &= j k_0 a b \underline{E}_0 \frac{e^{-j k_0 r}}{4 \pi r} (1 + \cos\vartheta)\left(\mathbf{e}_\vartheta \sin\varphi + \mathbf{e}_\varphi \cos\varphi\right) \cdot \\
&\quad \cdot \mathrm{si}\left(\frac{k_0 a}{2} \sin\vartheta \cos\varphi\right) \mathrm{si}\left(\frac{k_0 b}{2} \sin\vartheta \sin\varphi\right).
\end{aligned}
\tag{21.21}
$$

Das Maximum der Feldstärke (21.21) tritt bei $\vartheta = 0$ auf, d. h. es wird

$$\left|\underline{\mathbf{E}}\right|_{\max} = \left|\underline{E}_0\right| \frac{k_0\, a\, b}{2\,\pi\, r}. \tag{21.22}$$

Die zum linear in y-Richtung polarisierten Aperturfeld **kopolare** Fernfeldkomponente erhält man entsprechend (14.138) mit $\mathbf{e}_y = \mathbf{e}_r \sin\vartheta \sin\varphi + \mathbf{e}_\vartheta \cos\vartheta \sin\varphi + \mathbf{e}_\varphi \cos\varphi$ aus:

$$\underline{E}_{\mathrm{co}} = \underline{\mathbf{E}}\cdot\mathbf{e}_y(\vartheta = 0) = \underline{\mathbf{E}}\cdot\left(\mathbf{e}_\vartheta \sin\varphi + \mathbf{e}_\varphi \cos\varphi\right) \tag{21.23}$$

und mit $\mathbf{e}_x = \mathbf{e}_r \sin\vartheta \cos\varphi + \mathbf{e}_\vartheta \cos\vartheta \cos\varphi - \mathbf{e}_\varphi \sin\varphi$ erhält man die dazu orthogonale **kreuzpolare** Komponente wie in (14.139) aus:

$$\underline{E}_{\mathrm{xp}} = \underline{\mathbf{E}}\cdot\mathbf{e}_x(\vartheta = 0) = \underline{\mathbf{E}}\cdot\left(\mathbf{e}_\vartheta \cos\varphi - \mathbf{e}_\varphi \sin\varphi\right), \tag{21.24}$$

die mit (21.21) zu null wird. Das **Chu-Modell** für große Aperturen (mit $\underline{Z}_A \to Z_0$) im freien Raum führt stets zu einem Verschwinden der Kreuzpolarisation, falls die Aperturbelegung linear polarisiert ist. Mit (21.15), (21.23) und (21.24) folgt nämlich allgemein:

$$\boxed{\begin{aligned}
\underline{E}_{\mathrm{co}} &= \underline{E}_\vartheta \sin\varphi + \underline{E}_\varphi \cos\varphi = j\,k_0\,\frac{e^{-j\,k_0\,r}}{2\,\pi\,r}\,\frac{1+\cos\vartheta}{2}\,\underline{P}_y \\[2mm]
\underline{E}_{\mathrm{xp}} &= \underline{E}_\vartheta \cos\varphi - \underline{E}_\varphi \sin\varphi = j\,k_0\,\frac{e^{-j\,k_0\,r}}{2\,\pi\,r}\,\frac{1+\cos\vartheta}{2}\,\underline{P}_x\,.
\end{aligned}} \tag{21.25}$$

Damit strahlt die Huygens-Quelle wegen $\underline{P}_x = 0$ ein kreuzpolarisationsfreies Fernfeld mit $\underline{E}_{\mathrm{xp}} = 0$ ab, während für die Nutzpolarisation gilt:

$$\underline{E}_{\mathrm{co}} = j\,k_0\,a\,b\,\underline{E}_0\,\frac{e^{-j\,k_0\,r}}{2\,\pi\,r}\,\frac{1+\cos\vartheta}{2}\,\operatorname{si}\!\left(\frac{k_0\,a}{2}\sin\vartheta\cos\varphi\right)\operatorname{si}\!\left(\frac{k_0\,b}{2}\sin\vartheta\sin\varphi\right), \quad (21.26)$$

woraus wir die **kopolare Richtcharakteristik** $C_{\mathrm{co}}(\vartheta,\varphi) = \left|\underline{E}_{\mathrm{co}}\right|\big/\left|\underline{E}_{\mathrm{co}}\right|_{\max}$ ermitteln:

$$\boxed{\,C_{\mathrm{co}}(\vartheta,\varphi) = \frac{1+\cos\vartheta}{2}\left|\operatorname{si}\!\left(\frac{k_0\,a}{2}\sin\vartheta\cos\varphi\right)\operatorname{si}\!\left(\frac{k_0\,b}{2}\sin\vartheta\sin\varphi\right)\right|\,,} \tag{21.27}$$

die für $a = 8\lambda_0$ und $b = 4\lambda_0$ im Horizontalschnitt ($\varphi = 0$, **H-Ebene**) und im Vertikalschnitt ($\varphi = \pi/2$, **E-Ebene**) in Bild 21.4 dargestellt ist. Dabei gilt:

$$C_{\mathrm{co}}^{\mathrm{H}}(\vartheta) = \frac{1+\cos\vartheta}{2}\left|\operatorname{si}\!\left(\frac{k_0\,a}{2}\sin\vartheta\right)\right| \tag{21.28}$$

$$C_{\mathrm{co}}^{\mathrm{E}}(\vartheta) = \frac{1+\cos\vartheta}{2}\left|\operatorname{si}\!\left(\frac{k_0\,b}{2}\sin\vartheta\right)\right|\,. \tag{21.29}$$

In der rechten Diagrammhälfte ist für $0° \leq \vartheta \leq 90°$ der Horizontalschnitt $C_{\mathrm{co}}^{\mathrm{H}}$ in der **H-Ebene** und links der Vertikalschnitt $C_{\mathrm{co}}^{\mathrm{E}}$ in der **E-Ebene** im logarithmischen Maßstab dargestellt. Bei Flächenstrahlern, deren Fernfeld _zwei_ transversale elektrische Feldkomponenten aufweist, genügt die einfache Definition der Richtcharakteristik C, wie wir sie für Linearstrahler eingeführt hatten, nicht mehr. Das Strahlungsfeld muss hier vielmehr durch die ko- und die kreuzpolaren Charakteristiken C_{co} und C_{xp} beschrieben werden (siehe Abschnitt 14.7).

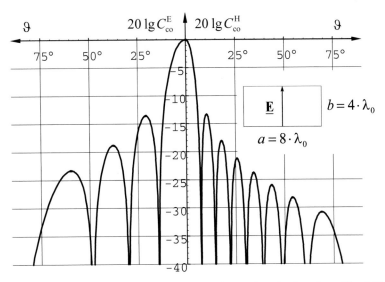

Bild 21.4 Vertikalschnitt (links) und Horizontalschnitt (rechts) der kopolaren Fernfeldcharakteristik (21.27) einer Huygens-Quelle

Für das Richtdiagramm in der **H-Ebene** (E-Ebene analog mit Vertauschung $a \leftrightarrow b$)

$$C_{co}^{H}(\vartheta) = \frac{1+\cos\vartheta}{2} \left| \mathrm{si}\left(\frac{k_0 \, a}{2} \sin\vartheta \right) \right| \tag{21.30}$$

können weitere charakteristische Daten angegeben werden:

- Die **Nullwertsbreite** folgt aus der ersten Nullstelle von $\sin\left(\dfrac{\pi a}{\lambda_0} \sin\vartheta \right)$, d. h. es gilt:

$$\boxed{\Theta_0 = 2\,\vartheta_0 = 2 \arcsin \frac{\lambda_0}{a} \approx \frac{2\lambda_0}{a} \triangleq \frac{114{,}6°}{a/\lambda_0}} \ , \tag{21.31}$$

- Unter Vernachlässigung des Kardioidfaktors, d. h. mit der Näherung $(1+\cos\vartheta)/2 \approx 1$ folgen aus (21.30) die **Halbwertsbreite** und die **10-dB-Breite** der si-förmigen Hauptkeule:

$$\boxed{\Theta = 2\,\vartheta_{1/2} \approx 2 \arcsin\left(0{,}443 \frac{\lambda_0}{a} \right) \approx 0{,}886 \frac{\lambda_0}{a} \triangleq \frac{50{,}8°}{a/\lambda_0}} \tag{21.32}$$

$$\boxed{\Theta_{10} = 2\,\vartheta_{1/10} \approx 2 \arcsin\left(0{,}738 \frac{\lambda_0}{a} \right) \approx 1{,}476 \frac{\lambda_0}{a} \triangleq \frac{84{,}6°}{a/\lambda_0}} \ . \tag{21.33}$$

- Für das Bild 21.4 mit $a = 8\lambda_0$ erhalten wir $\Theta_0 = 14{,}4°$, $\Theta = 6{,}3°$ und $\Theta_{10} = 10{,}6°$.

- Die Dämpfung der **ersten Nebenkeule** relativ zur Hauptkeule beträgt bei elektrisch _großer_ Apertur ca. 13,26 dB. Eine Näherung für diesen Wert erhält man aus der Forderung:

$$\sin\left(\pi(a/\lambda_0) \sin\vartheta \right) = \sin u = -1 \ . \tag{21.34}$$

Mit $\pi < u < 2\pi$, d. h. $u = 3\pi/2$ folgt daraus:

$$\left| \mathrm{si}\left(3\pi/2 \right) \right| = 2/(3\pi) = 0{,}212 \triangleq -13{,}46 \ \mathrm{dB} \ . \qquad \square \tag{21.35}$$

In Übung 21.1 haben wir die kopolaren Richtdiagramme einer Huygens-Quelle bestimmt. Unter einer **Huygens-Quelle** kann man sich eine lokal ebene, rechteckige Teilfläche aus einer größeren Wellenfront vorstellen. Nach dem Huygensschen Prinzip (Bild 14.10) sendet jeder Punkt einer Wellenfront Elementarwellen aus, deren Stärke vom Winkel ϑ, der relativ zur Ausbreitungsrichtung der Wellenfront gemessen wird, abhängt. Diese kardioidförmige **Elementarcharakteristik** $(1 + \cos\vartheta)/2$ wird in Ausbreitungsrichtung bei $\vartheta = 0$ maximal und nimmt in Schrägrichtung ab, weswegen man den Kardioidfaktor im Englischen als **„obliquity factor"** bezeichnet. Zur Berechnung der Halbwerts- und der 10-dB-Breite hatten wir den Kardioidfaktor bisher vernachlässigt – in Übung 21.2 wollen wir nun seine Auswirkungen berücksichtigen.

Übung 21.2: Halbwertsbreite unter Berücksichtigung des Kardioidfaktors

- Berechnen Sie die Halbwertsbreite einer homogen belegten Quadratapertur mit den Abmessungen $a = b = 2\lambda_0$.

- **Lösung:**

Die zunächst aus (21.32) resultierende Halbwertsbreite

$$\Theta = 2\,\vartheta_{1/2} \approx 2\arcsin\left(0{,}443\,\frac{\lambda_0}{2\,\lambda_0}\right) = 25{,}6° \tag{21.36}$$

ist nur annähernd korrekt, kann aber mit folgenden Überlegungen noch verbessert werden. Unter Berücksichtigung des Kardioidfaktors am vermeintlichen Halbwertswinkel $(1 + \cos\vartheta_{1/2})/2 = 0{,}9876$ liegt der dortige Pegel gar nicht bei $20\lg(1/\sqrt{2}) = -3{,}01\ \text{dB}$, sondern tatsächlich um $20\lg(0{,}9876) = -0{,}11\ \text{dB}$ niedriger. Von K.S. **Kelleher** stammt nun der Vorschlag, den Leistungspegel L der in Bild 21.4 *logarithmisch* dargestellten Hauptkeule durch eine Potenzfunktion mit dem Parameter p anzunähern [Jas61]:

$$\boxed{L = 20\lg C(\vartheta)\ \text{dB} \approx -10\left(\frac{\vartheta}{\vartheta_{1/10}}\right)^p\ \text{dB}}$$

Rechteckapertur ohne Phasenfehler:

$p = 2{,}4$ bei uniformer Belegung

$p = 2{,}2$ bei H_{10}-Kosinus-Belegung. $\tag{21.37}$

Für die Huygens-Quelle gilt also $p = 2{,}4$. Mit $\vartheta_{1/10}$ als 10-dB-Winkel weist die Näherung (21.37) einen absoluten Fehler von maximal 0,2 dB im Bereich $-12\ \text{dB} \leq L \leq 0\ \text{dB}$ auf. Man kann nun die Keulenbreiten Θ_1 und Θ_2, die zu verschiedenen Leistungspegeln (levels) L_1 und L_2 gehören, mit guter Genauigkeit ineinander umrechnen [Mil05]:

$$\boxed{\frac{\Theta_2}{\Theta_1} = \left(\frac{L_2}{L_1}\right)^{1/p}} \quad \text{(siehe auch Anhang C.8).} \tag{21.38}$$

Damit erfährt die alte **Halbwertsbreite** Θ_1 eine zwar kleine – aber spürbare – Korrektur:

$$\Theta_2 = \Theta_1\left(\frac{L_2}{L_1}\right)^{1/2,4} = 25{,}6°\left(\frac{3{,}01}{3{,}01 + 0{,}11}\right)^{1/2,4} = 25{,}2°, \tag{21.39}$$

die wir mit $\Theta_{10} = \Theta_2\,(10/3{,}01)^{1/2,4} = 1{,}65\,\Theta_2$ in eine **korrigierte 10-dB-Breite** umrechnen können – man vgl. (21.33). Die Korrektur fällt umso stärker aus, je mehr der Kardioidfaktor $(1 + \cos\vartheta)/2$ von eins abweicht. Das heißt, dass bei kleinen Aperturen mit entsprechend großen Keulenbreiten der Kardioidfaktor nicht mehr vernachlässigt werden darf. □

21.3 Ebene Apertur im unendlichen ebenen Schirm (E-Feld-Modell)

Im Gegensatz zur bisher behandelten Apertur im freien Raum (Chu-Modell) soll nun die Abstrahlung aus einem offenen Wellenleiter untersucht werden, dessen Apertur in einen unendlich ausgedehnten ebenen Schirmkragen eingebettet ist. Die Anordnung ist in Bild 21.5 dargestellt.

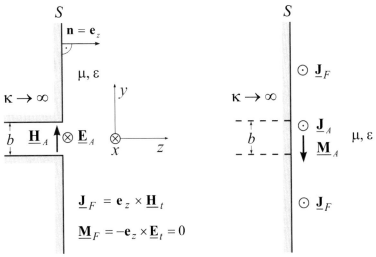

Bild 21.5 Offener Hohlleiter mit Schirm und sein Huygens-Äquivalent mit Oberflächenstromdichten

Aufgrund der Randbedingungen auf dem elektrisch ideal leitenden **Schirm** kann dort nur eine elektrische Flächenstromdichte $\underline{\mathbf{J}}_F$ fließen und es gilt $\underline{\mathbf{M}}_F = 0$. In der **Hohlleiteröffnung** existieren dagegen beide Arten der äquivalenten Flächenströme, d. h. dort muss man ansetzen:

$$\underline{\mathbf{J}}_A = \mathbf{e}_z \times \underline{\mathbf{H}}_A \quad \text{und} \quad \underline{\mathbf{M}}_A = -\mathbf{e}_z \times \underline{\mathbf{E}}_A. \tag{21.40}$$

Dabei werden für $\underline{\mathbf{E}}_A$ und $\underline{\mathbf{H}}_A$ näherungsweise die ungestörten Felder der einfallenden Welle eingesetzt. Die Felder im Halbraum $z > 0$ können nach dem Huygensschen Prinzip durch Integration der Flächenstromdichten über der unendlich ausgedehnte Ebene S, die sich im Unendlichen schließt, bestimmt werden. Besonders einfach wird diese Integration, wenn wir gemäß dem **Äquivalenztheorem** (Abschnitt 14.6) den gesamten Halbraum $z < 0$, der sowieso feldfrei ist, mit einem idealen elektrischen Leiter auffüllen. Dadurch erhalten wir eine äquivalente Ersatzanordnung, die im rechten Teil von Bild 21.5 wiedergegeben ist.

Die **Spiegelung** tangentialer elektrischer bzw. magnetischer Stromelemente $\underline{\mathbf{J}}_F$ und $\underline{\mathbf{M}}_F$ an ideal leitenden, unendlich ausgedehnten, ebenen Wänden haben wir bereits in Abschnitt 18.6 behandelt und wird in Bild 21.6 nochmals erläutert. Die Wirkung der tangentialen elektrischen Stromelemente $\underline{\mathbf{J}}_F$ und $\underline{\mathbf{J}}_A$, die wie in Bild 21.5 infinitesimal dicht vor einer *elektrisch ideal leitenden Ebene* liegen, hebt sich demnach wegen der gegenphasigen Spiegelbilder auf; während das tangentiale magnetische Stromelement $\underline{\mathbf{M}}_A$ durch die Spiegelung verdoppelt wird.

Zur Berechnung der Abstrahlung aus einem Wellenleiter mit metallischem Schirm muss demnach nur innerhalb der begrenzten Wellenleiterapertur über die doppelte äquivalente **magnetische** Flächenstromdichte $2\underline{\mathbf{M}}_A$ der einfallenden Welle integriert werden. Bei Verwendung eines magnetischen Schirmes wäre die Integration über die doppelte äquivalente **elektrische** Flächenstromdichte der einfallenden Welle auszuführen.

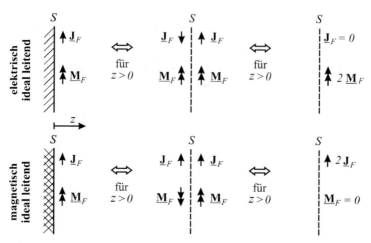

Bild 21.6 Zur Spiegelung elektrischer und magnetischer Flächenströme $\underline{\mathbf{J}}_F$ bzw. $\underline{\mathbf{M}}_F$ an ideal leitenden Wänden (nach [Stu13])

Nach Spiegelung und anschließendem Weglassen der metallischen Ebene kommt man zu folgendem Huygens-Äquivalent, das sich nun im freien Raum befindet (Bild 21.7). Es muss lediglich $2\underline{\mathbf{M}}_A$ über die begrenzte Aperturfläche A' integriert werden.

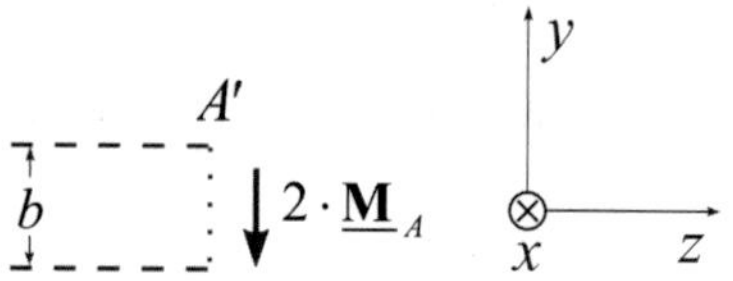

Bild 21.7 Integration der doppelten magnetischen Flächenstromdichte über die Apertur A'

Mit $\underline{\mathbf{M}}_A = -\mathbf{e}_z \times \underline{\mathbf{E}}_A$ und dem Aperturfeldintegral

$$\underline{\mathbf{P}}(\mathbf{r}) = \iint\limits_{A'} \underline{\mathbf{E}}_A(\mathbf{r}') e^{j k_0 \mathbf{e}_r \cdot \mathbf{r}'} dA' \tag{21.41}$$

erhalten wir schließlich das **E-Feld-Aperturmodell mit elektrischem Schirm** (gültig nur für $z > 0$), wenn wir in (21.8) alle P-Werte verdoppeln und die Q-Werte null setzen [Camp98]:

$$
\begin{aligned}
\underline{E}_\vartheta = Z_0 \underline{H}_\varphi &= j k_0 \frac{e^{-j k_0 r}}{2 \pi r} (\underline{P}_x \cos\varphi + \underline{P}_y \sin\varphi) \\
\underline{E}_\varphi = -Z_0 \underline{H}_\vartheta &= -j k_0 \frac{e^{-j k_0 r}}{2 \pi r} \cos\vartheta (\underline{P}_x \sin\varphi - \underline{P}_y \cos\varphi).
\end{aligned}
\tag{21.42}
$$

Chu-Modell II (21.15) und E-Feld-Modell (21.42) gehen für $\cos\vartheta \to 1$ ineinander über.

21.3.1 Hohlleiterstrahler

Wir wollen in Übung 21.3 die Aperturfeldformel (21.42) zur Berechnung der Abstrahlung aus dem offenen Ende eines rechteckigen Hohlleiters anwenden. Am Hohlleiter sei zur Verringerung rückwärts gerichteter Strahlungsanteile ein ebener Aperturschirm angebracht. Der Schirm sei so groß, dass er für die Rechnung als unendlich ausgedehnt angenommen werden kann.

- Man berechne das Strahlungsfeld eines mit der H_{10}-Welle erregten Rechteckhohlleiters, wobei für $a > b$ die H_{10}-Welle die Grundwelle in diesem Wellenleiter darstellt.

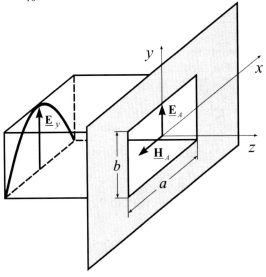

Bild 21.8 Offener Rechteckhohlleiter mit metallischem Schirm, gespeist von einer H_{10}-Welle

Die Hohlleiterapertur münde in einen unendlich großen Schirm, der als elektrisch ideal leitend angesehen werden kann, d. h. $\kappa \to \infty$. Im Halbraum $z > 0$ kann das Strahlungsfeld mit Hilfe von (21.42) gewonnen werden [Vog91].

- **Lösung:**

Das E-Feld der H_{10}-Welle eines Rechteckhohlleiters ist vertikal polarisiert und muss auf den Seitenwänden bei $x = \pm a/2$ verschwinden (siehe Abschnitt 8.2), d. h. es gilt bei $z = 0$

$$\underline{\mathbf{E}}_A(\mathbf{r}') = \mathbf{e}_y \, \underline{E}_0 \cos\frac{\pi x'}{a} \, . \tag{21.43}$$

Aus (21.41) folgt sofort $\underline{P}_x = 0$ und mit $\mathbf{e}_r \cdot \mathbf{r}' = x' \sin\vartheta \cos\varphi + y' \sin\vartheta \sin\varphi$ wird:

$$\underline{P}_y = \underline{E}_0 \int\limits_{x'=-\frac{a}{2}}^{\frac{a}{2}} \int\limits_{y'=-\frac{b}{2}}^{\frac{b}{2}} \cos\frac{\pi x'}{a} \, e^{j k_0 \left(x' \sin\vartheta \cos\varphi + y' \sin\vartheta \sin\varphi \right)} \, dx' \, dy' \, . \tag{21.44}$$

Das Doppelintegral (21.44) kann in zwei Einfachintegrale aufgespalten werden:

$$\underline{P}_y = \underline{E}_0 \int\limits_{x'=-\frac{a}{2}}^{\frac{a}{2}} \cos\frac{\pi x'}{a} e^{j k_0 x' \sin\vartheta \cos\varphi} \, dx' \int\limits_{y'=-\frac{b}{2}}^{\frac{b}{2}} e^{j k_0 y' \sin\vartheta \sin\varphi} \, dy' = \underline{E}_0 \, \underline{I}_{x'} \, \underline{I}_{y'} \, . \tag{21.45}$$

Das erste Teilintegral formen wir mit einer Eulerschen Formel etwas um:

$$\underline{I}_{x'} = \frac{1}{2} \int\limits_{x'=-\frac{a}{2}}^{\frac{a}{2}} \left(e^{j\pi x'/a} + e^{-j\pi x'/a} \right) e^{j k_0 x' \sin\vartheta \cos\varphi} \, dx' =$$

(21.46)

$$= \frac{1}{2} \int\limits_{x'=-\frac{a}{2}}^{\frac{a}{2}} e^{j x'(k_0 \sin\vartheta \cos\varphi + \pi/a)} dx' + \frac{1}{2} \int\limits_{x'=-\frac{a}{2}}^{\frac{a}{2}} e^{j x'(k_0 \sin\vartheta \cos\varphi - \pi/a)} dx'.$$

Die Durchführung der Integrationen in $\underline{I}_{x'}$ führt zu:

$$\underline{I}_{x'} = \frac{1}{2} \left. \frac{e^{j x'(k_0 \sin\vartheta \cos\varphi + \pi/a)}}{j(k_0 \sin\vartheta \cos\varphi + \pi/a)} \right|_{x'=-\frac{a}{2}}^{\frac{a}{2}} + \frac{1}{2} \left. \frac{e^{j x'(k_0 \sin\vartheta \cos\varphi - \pi/a)}}{j(k_0 \sin\vartheta \cos\varphi - \pi/a)} \right|_{x'=-\frac{a}{2}}^{\frac{a}{2}}$$

(21.47)

und damit:

$$\underline{I}_{x'} = \frac{\sin\left(\dfrac{k_0 a}{2} \sin\vartheta \cos\varphi + \dfrac{\pi}{2} \right)}{k_0 \sin\vartheta \cos\varphi + \pi/a} + \frac{\sin\left(\dfrac{k_0 a}{2} \sin\vartheta \cos\varphi - \dfrac{\pi}{2} \right)}{k_0 \sin\vartheta \cos\varphi - \pi/a},$$

(21.48)

was noch weiter umgeformt werden kann:

$$\underline{I}_{x'} = \cos\left(\frac{k_0 a}{2} \sin\vartheta \cos\varphi \right) \frac{k_0 \sin\vartheta \cos\varphi - \pi/a - k_0 \sin\vartheta \cos\varphi - \pi/a}{(k_0 \sin\vartheta \cos\varphi)^2 - (\pi/a)^2}.$$

(21.49)

Also gilt:

$$\underline{I}_{x'} = \cos\left(\frac{k_0 a}{2} \sin\vartheta \cos\varphi \right) \frac{2a/\pi}{1 - (k_0 a/\pi)^2 \sin^2\vartheta \cos^2\varphi}.$$

(21.50)

Für das zweite Teilintegral in (21.45) findet man auf ähnliche Weise:

$$\underline{I}_{y'} = \int\limits_{y'=-\frac{b}{2}}^{\frac{b}{2}} e^{j k_0 y' \sin\vartheta \sin\varphi} \, dy' = b \, \mathrm{si}\left(\frac{k_0 b}{2} \sin\vartheta \sin\varphi \right).$$

(21.51)

Damit kann man für das Aperturfeldintegral (21.45) nun schreiben:

$$\underline{P}_y = \underline{E}_0 \, \underline{I}_{x'} \, \underline{I}_{y'} = \frac{2ab}{\pi} \underline{E}_0 \frac{\cos\left(\dfrac{k_0 a}{2} \sin\vartheta \cos\varphi \right)}{1 - (k_0 a/\pi)^2 \sin^2\vartheta \cos^2\varphi} \, \mathrm{si}\left(\frac{k_0 b}{2} \sin\vartheta \sin\varphi \right).$$

(21.52)

Der elektrische Feldvektor im Fernfeld wird nach (21.42) mit $\underline{P}_x = 0$:

$$\mathbf{E} = j k_0 \frac{e^{-j k_0 r}}{2\pi r} \left(\mathbf{e}_\vartheta \sin\varphi + \mathbf{e}_\varphi \cos\vartheta \cos\varphi \right) \underline{P}_y$$

(21.53)

und mit $\underline{P}_y$ aus (21.52) erhalten wir schließlich:

$$\boxed{\begin{aligned}\underline{\mathbf{E}} = j\,k_0\,a\,b\,\underline{E}_0\,\frac{e^{-j\,k_0\,r}}{\pi^2\,r}\left(\mathbf{e}_\vartheta\sin\varphi + \mathbf{e}_\varphi\cos\vartheta\cos\varphi\right)\cdot\\[2mm]
\cdot\frac{\cos\left(\dfrac{k_0\,a}{2}\sin\vartheta\cos\varphi\right)}{1-\left(k_0\,a/\pi\right)^2\sin^2\vartheta\cos^2\varphi}\;\mathrm{si}\left(\frac{k_0\,b}{2}\sin\vartheta\sin\varphi\right).\end{aligned}} \tag{21.54}$$

Das Maximum des Betrags der Feldstärke tritt bei $\vartheta = 0$ auf, d. h. es gilt:

$$\left|\underline{\mathbf{E}}\right|_{\mathrm{max}} = \left|\underline{E}_0\right|\frac{k_0\,a\,b}{\pi^2\,r} = \left|\underline{E}_{\mathrm{co}}\right|_{\mathrm{max}}, \tag{21.55}$$

was auch gleichzeitig das Maximum des kopolaren Feldes (21.57) ist. Das Aperturfeld der H_{10}-Welle ist in y-Richtung linear polarisiert. Darum definieren wir die ko- und kreuzpolaren Komponenten wie in (21.23) und (21.24) und erhalten mit (21.42) nach kurzer Umformung mit Hilfe von $2\sin\varphi\cos\varphi = \sin(2\varphi)$ und $1-\cos\vartheta = 2\sin^2(\vartheta/2)$ eine Beziehung, die allgemein für das **E-Feld Aperturmodell mit elektrischem Schirm** gültig ist:

$$\boxed{\begin{aligned}\underline{E}_{\mathrm{co}} = j\,k_0\,\frac{e^{-j\,k_0\,r}}{2\,\pi\,r}\left[\underline{P}_y(\sin^2\varphi + \cos\vartheta\cos^2\varphi) + \underline{P}_x\sin(2\varphi)\sin^2(\vartheta/2)\right]\\[2mm]
\underline{E}_{\mathrm{xp}} = j\,k_0\,\frac{e^{-j\,k_0\,r}}{2\,\pi\,r}\left[\underline{P}_x(\cos^2\varphi + \cos\vartheta\sin^2\varphi) + \underline{P}_y\sin(2\varphi)\sin^2(\vartheta/2)\right].\end{aligned}} \tag{21.56}$$

In unserem Fall gilt $\underline{P}_x = 0$ und mit $\underline{P}_y$ aus (21.52) folgt daher

$$\begin{aligned}\underline{E}_{\mathrm{co}} = j\,k_0\,a\,b\,\underline{E}_0\,\frac{e^{-j\,k_0\,r}}{\pi^2\,r}\,(\sin^2\varphi + \cos\vartheta\cos^2\varphi)\cdot\\[2mm]
\cdot\frac{\cos\left(\dfrac{k_0\,a}{2}\sin\vartheta\cos\varphi\right)}{1-\left(k_0\,a/\pi\right)^2\sin^2\vartheta\cos^2\varphi}\;\mathrm{si}\left(\frac{k_0\,b}{2}\sin\vartheta\sin\varphi\right)\end{aligned} \tag{21.57}$$

bzw.

$$\begin{aligned}\underline{E}_{\mathrm{xp}} = j\,k_0\,a\,b\,\underline{E}_0\,\frac{e^{-j\,k_0\,r}}{\pi^2\,r}\,\sin(2\varphi)\sin^2\frac{\vartheta}{2}\cdot\\[2mm]
\cdot\frac{\cos\left(\dfrac{k_0\,a}{2}\sin\vartheta\cos\varphi\right)}{1-\left(k_0\,a/\pi\right)^2\sin^2\vartheta\cos^2\varphi}\;\mathrm{si}\left(\frac{k_0\,b}{2}\sin\vartheta\sin\varphi\right).\end{aligned} \tag{21.58}$$

Somit wird die **kopolare Richtcharakteristik** $C_{\mathrm{co}}(\vartheta,\varphi) = \left|\underline{E}_{\mathrm{co}}\right|/\left|\underline{E}_{\mathrm{co}}\right|_{\mathrm{max}}$, d. h. es gilt:

$$\boxed{C_{\mathrm{co}}(\vartheta,\varphi) = \left(\sin^2\varphi + \cos\vartheta\cos^2\varphi\right)\frac{\cos\left(\dfrac{k_0\,a}{2}\sin\vartheta\cos\varphi\right)}{1-\left(k_0\,a/\pi\right)^2\sin^2\vartheta\cos^2\varphi}\;\mathrm{si}\left(\frac{k_0\,b}{2}\sin\vartheta\sin\varphi\right).} \tag{21.59}$$

$C_{\text{co}}(\vartheta)$ wird für $a = 8\lambda_0$ und $b = 4\lambda_0$ im Horizontalschnitt ($\varphi = 0$, **H-Ebene**) und im Vertikalschnitt ($\varphi = \pi/2$, **E-Ebene**) in Bild 21.9 dargestellt. Dabei gilt:

$$C_{\text{co}}^{\text{H}}(\vartheta) = \cos\vartheta \left| \frac{\cos\left(\dfrac{k_0 a}{2}\sin\vartheta\right)}{1 - \left(k_0 a/\pi\right)^2 \sin^2\vartheta} \right| \tag{21.60}$$

$$C_{\text{co}}^{\text{E}}(\vartheta) = \left| \text{si}\left(\frac{k_0 b}{2}\sin\vartheta\right) \right|. \tag{21.61}$$

In der rechten Diagrammhälfte ist für $0° \leq \vartheta \leq 90°$ der Diagrammschnitt C_{co}^{H} in der **H-Ebene** und links der Schnitt C_{co}^{E} in der **E-Ebene** im logarithmischen Maßstab dargestellt.

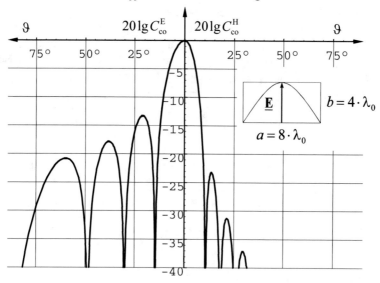

Bild 21.9 Vertikalschnitt (links) und Horizontalschnitt (rechts) der kopolaren Fernfeldcharakteristik (21.59) eines H_{10}-gespeisten offenen Rechteckhohlleiters mit Schirm (man vergleiche Bild 21.4)

Der Diagrammschnitt in der E-Ebene ist ähnlich demjenigen einer uniform ausgeleuchteten Apertur (Huygens-Quelle, Bild 21.4). In der H-Ebene verbreitert sich durch die kosinusförmige Belegung (21.43) die Hauptkeule, andererseits werden durch eine solche Aperturtaperung aber die Nebenkeulen deutlich kleiner. Dieser allgemeine Zusammenhang ist aus der Nachrichtentechnik bekannt: Das Fourier-Spektrum eines Rechteckimpulses hat eine schmale Hauptkeule, aber auch hohe Nebenkeulen. Glattere Impulse wie z. B. der $\cos^2$-Impuls oder der Gauß-Impuls haben im Spektralbereich eine breitere Hauptkeule, dafür aber wesentlich kleinere – oder gar keine – Nebenkeulen (Anhang F).

Die abgestrahlte **Kreuzpolarisation** $C_{\text{xp}}(\vartheta,\varphi) = \left|E_{\text{xp}}\right| \big/ \left|E_{\text{co}}\right|_{\max}$ wird:

$$C_{\text{xp}}(\vartheta,\varphi) = \left| \sin(2\varphi)\sin^2\frac{\vartheta}{2} \frac{\cos\left(\dfrac{k_0 a}{2}\sin\vartheta\cos\varphi\right)}{1 - \left(k_0 a/\pi\right)^2 \sin^2\vartheta\cos^2\varphi} \, \text{si}\left(\frac{k_0 b}{2}\sin\vartheta\sin\varphi\right) \right|. \tag{21.62}$$

Sie verschwindet in der E- und in der H-Ebene. In anderen Diagrammschnitten ist sie bei den gewählten Aperturabmessungen $a = 8\lambda_0$ und $b = 4\lambda_0$ um mindestens 50 dB niedriger als das Maximum der Kopolarisation. Innerhalb der 12-dB-Breite der Hauptkeule des kopolaren Diagramms wird das **Kreuzpolarisationsmaß** nach (14.144) nur $XP = -66\,\mathrm{dB}$. □

Bemerkung: Das E-Feld Aperturmodell mit elektrischem Schirm (21.42) und (21.56) liefert auch dann eine Kreuzpolarisation, wenn das Aperturfeld linear polarisiert ist – diese Tatsache wird durch Messungen gut bestätigt. Beim alternativen Chu-Modell im freien Raum (21.15) und (21.25) verschwindet hingegen bei linear polarisierter Belegung großer Aperturen (mit $\underline{Z}_A \to Z_0$) die kreuzpolare Abstrahlung, was sicherlich nicht korrekt ist. Der Vergleich mit Messungen [Rud86] belegt, dass die kopolaren Diagramme beider Modelle zwar sehr ähnlich sind, während bei der Kreuzpolarisation das Schirmmodell genauere Werte vorhersagt.

Zur Diskussion der Diagrammeigenschaften betrachten wir nur die H-Ebene (21.60), da die E-Ebene (21.61) im Bereich der Hauptkeule ($\cos\vartheta \approx 1$) nur unwesentlich von (21.29) abweicht. Die **Nullwertsbreite** des Richtdiagramms in der H-Ebene eines H_{10}-Hohlleiterstrahlers mit unendlichem Aperturflansch folgt daher mit $u = (k_0\,a/2)\sin\vartheta$ aus der ersten Nullstelle von:

$$C_{co}^{H}(\vartheta) = \cos\vartheta \, \frac{\left|\cos\left(\dfrac{k_0\,a}{2}\sin\vartheta\right)\right|}{\left|1 - (k_0\,a/\pi)^2 \sin^2\vartheta\right|} = \sqrt{1 - \frac{u^2}{(\pi a/\lambda_0)^2}} \, \left|\frac{\cos u}{1 - (2u/\pi)^2}\right| . \tag{21.63}$$

Bei $a/\lambda_0 \geq 3/2$ erhält man als <u>erste</u> Nullstelle $u = 3\pi/2$, woraus folgt:

$$\boxed{\Theta_0 = 2\,\vartheta_0 = 2\arcsin\frac{3\lambda_0}{2a} \approx \frac{3\lambda_0}{a} \triangleq \frac{171{,}9°}{a/\lambda_0}} . \tag{21.64}$$

Mit $\cos\vartheta \approx 1$ erhalten wir die **Halbwertsbreite** und die **10-dB-Breite** in der H-Ebene aus:

$$\boxed{\begin{aligned} \Theta &= 2\,\vartheta_{1/2} \approx 2\arcsin\left(0{,}595\,\frac{\lambda_0}{a}\right) \approx 1{,}189\,\frac{\lambda_0}{a} \triangleq \frac{68{,}1°}{a/\lambda_0} \\ \Theta_{10} &= 2\,\vartheta_{1/10} \approx 2\arcsin\left(1{,}019\,\frac{\lambda_0}{a}\right) \approx 2{,}039\,\frac{\lambda_0}{a} \triangleq \frac{116{,}8°}{a/\lambda_0} \end{aligned}} .$$

$$\underline{\text{Man beachte}} \text{ (21.38):}$$

$$\frac{\Theta}{\Theta_{10}} \approx \left(\frac{3{,}01}{10}\right)^{1/2{,}2} . \tag{21.65}$$

Die Dämpfung der **ersten Nebenkeule** gegenüber der Hauptkeule beträgt bei elektrisch *großer* Apertur in der H-Ebene ca. 23,1 dB. Das erste Nebenmaximum liegt bei der kosinusförmig belegten Apertur darum um fast 10 dB niedriger als bei der uniformen Belegung (21.35).

21.3.2 Richtfaktor und Flächenwirkungsgrad

Eine ausbreitungsfähige H_{10}-Welle transportiert nach Übung 8.2 durch den Querschnitt $a \cdot b$ eines Rechteckhohlleiters folgende Leistung:

$$P = \frac{ab|\underline{E}_0|^2}{4Z_A} . \tag{21.66}$$

Dabei ist Z_A der reelle Feldwellenwiderstand der ausbreitungsfähigen H_{10}-Welle:

$$Z_A = \frac{Z_0}{\sqrt{1 - (\pi/(k_0\,a))^2}} \approx Z_0 , \tag{21.67}$$

der bei großen Aperturabmessungen $a > 1,6\,\lambda_0$, (d. h. für $k_0\,a > 10$) gegen den Freiraumwert $Z_0 \approx 120\,\pi\,\Omega$ geht. Wenn man näherungsweise annimmt, dass die gesamte Leistung der auf die Apertur zulaufenden Hohlleiterwelle in den freien Raum reflexionsfrei abgestrahlt wird, so ist die Strahlungsleistung $P_S = P$ und man kann auf einfache Weise den Richtfaktor eines mit der H_{10}-Welle gespeisten Rechteckhohlleiterstrahlers bestimmen. Nach (10.19) folgt nämlich:

$$D = 4\pi r^2\,\frac{S_r(\vartheta,\varphi)_{\max}}{P_S} = 4\pi r^2\,\frac{|\underline{E}|^2_{\max}\big/(2Z_0)}{a\,b\,|\underline{E}_0|^2\big/(4Z_A)} = \frac{Z_A}{Z_0}\,8\pi r^2\,\frac{|\underline{E}|^2_{\max}}{a\,b\,|\underline{E}_0|^2}. \tag{21.68}$$

Mit $|\underline{E}|_{\max} = |\underline{E}_0|\,\dfrac{k_0\,a\,b}{\pi^2 r}$ nach (21.55) erhalten wir schließlich den **Richtfaktor:**

$$\boxed{D = \frac{Z_A}{Z_0}\,8\pi r^2\,\frac{|\underline{E}_0|^2\,\dfrac{k_0^2\,a^2\,b^2}{\pi^4 r^2}}{a\,b\,|\underline{E}_0|^2} = \frac{Z_A}{Z_0}\,\frac{32\,a\,b}{\pi\lambda_0^2} \approx \frac{32\,a\,b}{\pi\lambda_0^2}}. \tag{21.69}$$

Mit der bekannten Beziehung $D = 4\,\pi\,A_W/\lambda_0^2$ kann man auch die **Wirkfläche** des offenen Rechteckhohlleiters (bei H_{10}-Anregung) bestimmen:

$$\boxed{A_W = \frac{\lambda_0^2\,D}{4\pi} = \frac{\lambda_0^2}{4\pi}\,\frac{32\,a\,b}{\pi\lambda_0^2} \approx 0,8106\,a\,b = q\,A_{\text{geo}}}. \tag{21.70}$$

Der **Flächenwirkungsgrad** einer elektrisch _großen_ Rechteckapertur mit uniformer Belegung in der E-Ebene und kosinusförmiger Belegung in der H-Ebene (d. h. bei einer H_{10}-Welle) ist daher $q = 81,06\,\%$. Bei einer Kosinus-Taperung in der H- _und_ in der E-Ebene würde sich ein Flächenwirkungsgrad von $q = 0,8106^2 = 65,7\,\%$ einstellen. Diese Feldverteilung wird als **„balanced hybrid mode"** bezeichnet und in Rillenhörner (siehe Abschnitt 22.5.4) zur Reduktion der Diagrammnebenkeulen bei geringer Kreuzpolarisation eingesetzt [Cla84, Kar93]. Demgegenüber ist der Flächenwirkungsgrad einer in der gesamten Fläche uniform belegten Apertur – die wir weiterhin elektrisch groß voraussetzen – natürlich $q = 100\,\%$ (siehe Abschnitt 14.6.2).

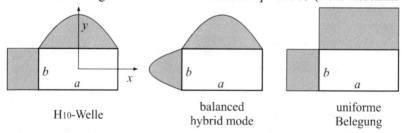

H_{10}-Welle | balanced hybrid mode | uniforme Belegung

Bild 21.10 Rechteckhohlleiter ($q = 81,1\,\%$), Rillenhorn ($q = 65,7\,\%$) und Huygens-Quelle ($q = 100\,\%$)

Der Richtfaktor eines **offenen Rundhohlleiters** (bei H_{11}-Anregung) folgt analog [Sil49]:

$$\boxed{D = \frac{2\,(k_0\,a)^2}{{j'_{11}}^2 - 1}}\quad \text{mit dem Flächenwirkungsgrad}\quad \boxed{q = \frac{2}{{j'_{11}}^2 - 1} \approx 0,8368}. \tag{21.71}$$

Bei den bisher behandelten ebenen Aperturen haben wir stets eine uniforme Phasenbelegung vorausgesetzt. In Kapitel 22 werden wir sphärisch gekrümmte Aperturen mit quadratischem Phasenfehler betrachten.

21.4 Aufgaben

21.4.1 Eine am Ende offene Koaxialleitung, die mit ihrer TEM-Welle betrieben wird, hat nach (21.2) die unnormierte Richtcharakteristik

$$C(\vartheta) \triangleq \frac{\left| J_0\left(\frac{k_0 d}{2}\sin\vartheta\right) - J_0\left(\frac{k_0 D}{2}\sin\vartheta\right) \right|}{\sin\vartheta}.$$

Welche einfachere Näherung für $C(\vartheta)$ kann man unter der Voraussetzung $k_0 D/2 \ll 1$ herleiten?

21.4.2 Ein rechteckiger Aperturstrahler mit den Abmessungen a und b, der sich im freien Raum befindet, wird von einer homogenen ebenen Welle angeregt. Für welche Abmessungen a und b, die möglichst klein zu wählen sind, hat der Aperturstrahler bei der Betriebsfrequenz $f = 10$ GHz folgendes Verhalten?

- Die erste Nullstelle der Horizontalcharakteristik (H-Ebene bei $\varphi = 0°$) soll bei $\vartheta_0 = 5,74°$ liegen.
- Ein Störsender, der aus der Richtung $\vartheta = 15°$ und $\varphi = 20°$ einfällt, soll ausgeblendet werden.
- Geben Sie die Wirkfläche in m^2 und den Gewinn in dBi des Aperturstrahlers an.

21.4.3 Wiederholen Sie den Entwurf der vorherigen Aufgabe 21.4.2, indem Sie als Aperturstrahler einen offenen Rechteckhohlleiter mit metallischem Schirm verwenden.

<u>Lösungen:</u>

21.4.1 Mit $k_0 D/2 \ll 1$ gilt auch $k_0 d/2 \ll 1$ und wir können beide Besselfunktionen durch ihre Reihenentwicklung für kleine Argumente $J_0(x) \approx 1 - x^2/4$ ersetzen (Anhang A.4):

$$C(\vartheta) \triangleq \frac{1 - \dfrac{\left(\dfrac{k_0 d}{2}\sin\vartheta\right)^2}{4} - 1 + \dfrac{\left(\dfrac{k_0 D}{2}\sin\vartheta\right)^2}{4}}{\sin\vartheta},$$

woraus sofort die normierte Richtcharakteristik $C(\vartheta) = \sin\vartheta$ folgt. Die mit $\pi D \ll \lambda_0$ niederfrequent angeregte Koaxialleitung strahlt daher wie ein Hertzscher Dipol.

21.4.2 Mit $\lambda_0 = 3$ cm erhalten wir aus $\Theta_0 = 2\vartheta_0 = 2\arcsin(\lambda_0/a)$ den Wert $a = 30$ cm.

Aus $(k_0 b)/2 \sin\vartheta \sin\varphi = \pi$ folgt $b = 33,9$ cm.

Die Wirkfläche wird $A_W = A_{geo} = a\,b = 0,102$ m^2 und der Gewinn ist $g = 31,5$ dBi.

21.4.3 Aus $\Theta_0 = 2\vartheta_0 = 2\arcsin(1,5\lambda_0/a)$ folgt jetzt $a = 45$ cm, während weiterhin $b = 33,9$ cm gilt. Die Wirkfläche wird jetzt $A_W = q\,A_{geo} = 0,81\,a\,b = 0,124$ m^2 und der Gewinn ist $g = 32,4$ dBi. Obwohl die Hauptkeulen aus 21.4.2 und 21.4.3 gleiche Nullwertsbreiten besitzen, hat der Hohlleiterstrahler wegen seiner abfallenden Belegung, welche die Nebenkeulen in der H-Ebene stark verkleinert, einen etwas höheren Gewinn.

22 Aperturstrahler II (Hornantennen)

22.1 Bauformen

Nach Bild 21.2 wirkt bei Aperturweiten $k_0 D > 2$ das offene Ende eines Wellenleiters nicht mehr wie ein idealer Leerlauf mit einem Reflexionsfaktor von $r = 1$, sondern es wird ein Teil der ankommenden Leistung abgestrahlt. Der Aperturreflexionsfaktor kann bei elektrisch großen Aperturen mit $k_0 D > 10$ in gröbster Näherung (5.30) wie folgt abgeschätzt werden:

$$r = \frac{Z_0 - Z_A}{Z_0 + Z_A} \quad \text{mit} \quad Z_0 = \sqrt{\mu_0/\varepsilon_0} \approx 376{,}73\,\Omega. \tag{22.1}$$

Nun hat ein mit der H_{10}-Welle gespeister Rechteckhohlleiter den Feldwellenwiderstand (21.67)

$$Z_A = \frac{Z_0}{\sqrt{1 - \left(\pi/(k_0 a)\right)^2}}, \tag{22.2}$$

der für große Aperturweiten gegen den Freiraumwert Z_0 strebt. Eine gute Anpassung stellt sich erst bei $k_0 a > 10$ ein. Bei Rechteckhohlleitern im Grundwellenbetrieb gilt $3{,}9 < k_0 a < 6$. Eine größere Apertur erhält man z. B. mit einem **Pyramidenhorn,** das eine trichterförmige allmähliche Querschnittsaufweitung besitzt (Bild 22.1(a)). Dadurch wird eine reflexionsarme Umwandlung der Leitungswelle in eine Raumwelle mit einer Bandbreite von $B = f_o/f_u = 3$ möglich.

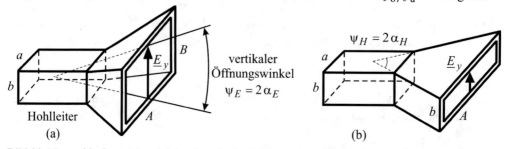

Bild 22.1 Pyramidenhorn (a) und Sektorhorn in der H-Ebene (b), gespeist durch einen Rechteckhohlleiter

Durch die Aufweitung des Hohlleiterquerschnittes $a \cdot b \Rightarrow A \cdot B$ wird die Aperturfläche vergrößert, was auch eine schärfere Bündelung und eine Erhöhung des Gewinns zur Folge hat. Wenn sich der Trichter nur in _einer_ Ebene erweitert, spricht man von einem **Sektorhorn,** das den Grenzfall eines Pyramidenhorns darstellt, falls einer der beiden Öffnungswinkel null wird. Bild 22.1(b) zeigt mit $\psi_E = 0$ das Sektorhorn in der H-Ebene (bezogen auf die magnetischen Feldkomponenten der H_{10}-Speisewelle), in dem sich zylindrische Wellen _ohne Grenzfrequenz_ ausbreiten. Zunächst betrachten wir das Sektorhorn in der E-Ebene (Bild 22.2 mit $\psi_H = 0$).

22.2 Sektorhorn

Der Sonderfall eines mit der H_{10}-Welle angeregten Trichters rechteckigen Querschnitts, der sich nur in der E-Ebene linear erweitert $b \Rightarrow B$, wird **Sektorhorn** in der E-Ebene genannt. In Bild 22.2 sieht man, dass in der H-Ebene Hohlleiterbreite und Aperturbreite gleich a bleiben.

© Springer Fachmedien Wiesbaden GmbH, ein Teil von Springer Nature 2022
K. W. Kark, _Antennen und Strahlungsfelder_,
https://doi.org/10.1007/978-3-658-38595-8_22

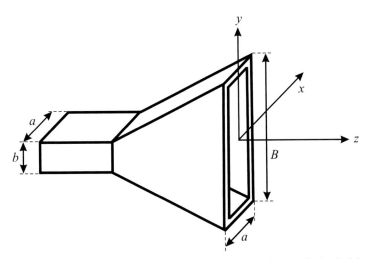

Bild 22.2 Sektorhorn mit Aufweitung in der E-Ebene, gespeist durch eine vertikal polarisierte H_{10}-Welle

Das Feldbild in der Hornapertur entspricht näherungsweise demjenigen der aus dem Hohlleiter einfallenden H_{10}-Welle. Da elektrische Feldlinien aber stets _senkrecht_ auf den Trichterwänden stehen müssen, werden nun zylinderförmige Wellen angeregt, die in der E-Ebene kreisförmig gekrümmte Phasenfronten aufweisen und die _Grenzfrequenz_ der H_{10}-Hohlleiterwelle besitzen.

Im Freiraum außerhalb des Horns breiten sich Kugelwellen aus, die von einem Punkt auszugehen scheinen, den man das **Phasenzentrum** der Antenne nennt. Bei einer symmetrisch und gleichphasig belegten Apertur liegt das Phasenzentrum in ihrem Mittelpunkt. Mit größeren Öffnungswinkeln verlagert sich das Phasenzentrum vom Mittelpunkt der Aperturebene in das Trichterinnere in Richtung Apex [Wood80]. Beim Pyramidenhorn existiert ein eindeutiges Phasenzentrum nur dann, wenn die Phasenzentren in der E- und der H-Ebene zusammenfallen.

In Bild 22.3 ist der Vertikalschnitt in der E-Ebene eines Sektorhorns dargestellt. Der gestrichelte Kreisbogen zeigt eine elektrische Feldlinie und damit eine Phasenfront der Hornwelle.

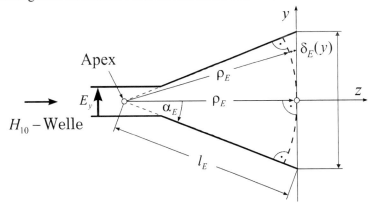

Bild 22.3 Zylindrische Phasenfront im Sektorhorn mit nacheilender Phase $k_0 \delta_E(y)$ am Trichterrand

Zwischen axialer Länge ρ_E und Kantenlänge $l_E > \rho_E$ gelten folgende Zusammenhänge:

$$l_E = \sqrt{\rho_E^2 + (B/2)^2} \quad \text{sowie} \quad l_E = \frac{B/2}{\sin\alpha_E} \quad \text{und} \quad \rho_E = \frac{B/2}{\tan\alpha_E} \,. \tag{22.3}$$

Die ebene Apertur wird wegen der gekrümmten Phasenfront mit nach außen hin *nacheilender* Phase entsprechend $\exp(-j k_0 \delta_E(y))$ angeregt. Den **Gangunterschied** $\delta_E(y)$ erhält man in Abhängigkeit von der Lage y mit $-B/2 \le y \le B/2$ aus der Beziehung:

$$\left[\rho_E + \delta_E(y)\right]^2 = \rho_E^2 + y^2 \quad \Rightarrow \quad \boxed{\delta_E(y) = \sqrt{\rho_E^2 + y^2} - \rho_E} \ . \tag{22.4}$$

Bei <u>schlanken</u> Hornstrahlern mit $\tan^2 \alpha_E \ll 1$ bzw. $y^2 \ll \rho_E^2$ kann man die Wurzel entwickeln

$$\delta_E(y) = \rho_E \left(\sqrt{1 + \frac{y^2}{\rho_E^2}} - 1\right) \approx \rho_E \left(1 + \frac{y^2}{2\rho_E^2} - 1\right) \quad \Rightarrow \quad \boxed{\delta_E(y) \approx \frac{y^2}{2\rho_E}} \ , \tag{22.5}$$

weswegen man auch von einem (bezüglich y) **quadratischen Phasenfehler** spricht. Der Gangunterschied ist am Hornrand maximal. Ausgedrückt durch die *exakte* Wurzelfunktion, wird er

$$\delta_{max}^E = \delta_E\left(y = \pm B/2\right) = \rho_E \left(\sqrt{1 + \frac{B^2}{4\rho_E^2}} - 1\right) = \rho_E \left(\sqrt{1 + \tan^2 \alpha_E} - 1\right). \tag{22.6}$$

Mit Hilfe der Beziehungen $\sqrt{1 + \tan^2 \alpha_E} = 1/\cos \alpha_E$ und $\rho_E = \dfrac{B/2}{\tan \alpha_E}$ folgt:

$$\delta_{max}^E = \frac{B/2}{\tan \alpha_E}\left(\frac{1}{\cos \alpha_E} - 1\right) = \frac{B}{2}\frac{1 - \cos \alpha_E}{\sin \alpha_E} \ . \tag{22.7}$$

Mit $1 - \cos \alpha_E = 2 \sin^2(\alpha_E/2)$ und $\sin \alpha_E = 2 \sin(\alpha_E/2)\cos(\alpha_E/2)$ erhält man schließlich:

$$\delta_{max}^E = \frac{B}{2}\frac{2 \sin^2 \dfrac{\alpha_E}{2}}{2 \sin \dfrac{\alpha_E}{2} \cos \dfrac{\alpha_E}{2}} \quad \Rightarrow \quad \boxed{\delta_{max}^E = \frac{B}{2}\tan \frac{\alpha_E}{2} \approx \frac{B^2}{8 \rho_E}} \ . \tag{22.8}$$

Die **quadratische Näherung** in (22.8) ist mit $\tan \alpha_E = B/(2\rho_E)$ nur dann zulässig, wenn

$$\tan \frac{\alpha_E}{2} \approx \frac{1}{2}\tan \alpha_E \tag{22.9}$$

gilt, also etwa für $\alpha_E < 30°$ (siehe Abschnitt 22.3). Der Gewinn, der bei Hornstrahlern von der Direktivität kaum abweicht, sinkt bei **E-Sektorhörnern** schnell ab, wenn der Gangunterschied δ_{max}^E zwischen Zentrums- und Randstrahl größer als etwa $0{,}26\lambda_0 \,\hat{=}\, 94°$ wird, weil sich dann destruktive Interferenz immer stärker bemerkbar macht[1]. Wenn wir hingegen fordern

$$\delta_{max}^E = \frac{B}{2}\tan \frac{\alpha_E}{2} \le \frac{\lambda_0}{16} \,\hat{=}\, 22{,}5° \ , \tag{22.10}$$

dann kann die Krümmung der Wellenfront vernachlässigt werden und ein Gewinnverlust durch leicht ungleichmäßige Phasenbelegung der Apertur ist kaum spürbar. Für kleine Argumente gilt (im Bogenmaß) $\tan \alpha_E \approx \alpha_E$ und damit $B\alpha_E/4 \le \lambda_0/16$. Bei kleinen **Steigungswinkeln**

$$\boxed{\alpha_E \le 2 \arctan \frac{\lambda_0}{8B} \approx \frac{\lambda_0}{4B}} \tag{22.11}$$

---

[1] Bei **H-Sektorhörnern** wird destruktive Interferenz – wegen der kosinusförmigen Taperung in der H-Ebene – erst ab größeren Gangunterschieden δ_{max}^H von etwa $0{,}40\lambda_0 \,\hat{=}\, 143°$ spürbar.

können wir daher in guter Näherung von einer ungestörten H_{10}-Welle mit uniformer Phasenbelegung in der Hornapertur ausgehen, deren Abstrahlungsverhalten uns aber aus Kapitel 21 bereits bekannt ist. Insbesondere können wir den _Gewinn_ mit Hilfe von (21.69) berechnen. Der _Flächenwirkungsgrad_ eines Sektorhorns kann daher maximal $q = 81\%$ werden.

Der nach (22.11) maximal zulässige **Steigungswinkel** α_E, für den wir die Krümmung der Wellenfront vernachlässigen dürfen, ist in Bild 22.4 im Gradmaß über der normierten Aperturabmessung B/λ_0 dargestellt.

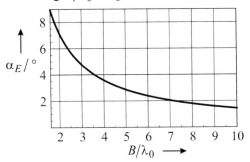

Bei nahezu ebener Phasenfront kann die Abstrahlung des E-Sektorhorns mit der **Aperturfeldmethode** unter Ansatz des ungestörten Aperturfeldes der H_{10}-Speisewelle erfolgen (Kapitel 21). Für ausreichende Genauigkeit darf die Apertur aber nicht zu klein werden. Nach Bild 14.17 müssen wir $B > 1{,}6\lambda_0$ fordern, woraus $\alpha_E < 9°$ folgt.

Bild 22.4 Maximal zulässiger Steigungswinkel α_E eines Sektorhorns mit vernachlässigbarem quadratischem Phasenfehler – Darstellung im Gradmaß nach (22.11)

Wenn wir den Gewinn eines Sektorhorns mit (21.69) bzw. (22.13) ermitteln wollen, darf das Horn also nur einen _kleinen_ Steigungswinkel α_E aufweisen, damit der quadratische Phasenfehler klein bleibt. Das bedeutet aber, dass mit (22.3) und (22.11) die Anordnung wegen

$$\boxed{l_E = \frac{B/2}{\sin\alpha_E} \approx \frac{B}{2\alpha_E} \geq \frac{2B^2}{\lambda_0}} \qquad \text{(vgl. \textbf{Fernfeldabstand} in Abschnitt 14.3.2)} \qquad (22.12)$$

eine unpraktisch große Baulänge haben wird, wie wir in folgender Übung noch sehen werden.

Übung 22.1:   Dimensionierung eines Sektorhorns in der E-Ebene

- Ein Sektorhorn in der E-Ebene werde mit der H_{10}-Welle eines Rechteckhohlleiters angeregt. Der Steigungswinkel α_E sei klein, sodass quadratische Phasenfehler vernachlässigt werden dürfen.

- Bestimmen Sie die notwendige Abmessung B, damit das Horn bei $a = 2\lambda_0$ eine Direktivität von $10\lg D_E = 23\,\text{dBi}$ besitzt.

- Wie groß ist dann der maximal zulässige Steigungswinkel α_E?

- Welche minimale Baulänge l_E hat dieser Hornstrahler?

- **Lösung:**

  Nach (21.69) ist die Direktivität einer H_{10} – belegten Rechteckapertur der Fläche $a\,B$:

$$D = \frac{1}{\sqrt{1-\lambda_0^2/(4a^2)}}\,\frac{32\,a\,B}{\pi\lambda_0^2} \approx \frac{32\,a\,B}{\pi\lambda_0^2}, \qquad (22.13)$$

wobei a als Abmessung in der H-Ebene und B in der E-Ebene angesehen wird. Bei einem geforderten Wert von $D_E = D \approx 200$ gilt für $a = 2\lambda_0$:

$$\frac{B}{\lambda_0} \approx \frac{200\,\pi}{32 \cdot 2} \approx 9{,}82 \,. \tag{22.14}$$

Den *maximal* zulässigen Steigungswinkel bestimmen wir aus (22.11):

$$\alpha_E = 2 \arctan \frac{\lambda_0}{8B} \approx 2 \arctan \frac{1}{8 \cdot 9{,}82} \approx 1{,}46° \,, \tag{22.15}$$

woraus mit (22.12) als *minimal* notwendige Baulänge folgt:

$$l_E = \frac{B/2}{\sin \alpha_E} \approx \frac{4{,}91\lambda_0}{\sin 1{,}46°} \approx 193\lambda_0 \,. \tag{22.16}$$

Für $f = 10\,\mathrm{GHz}$ gilt $\lambda_0 \approx 3\,\mathrm{cm}$; die geometrischen Abmessungen sind daher:

$$a = 2\lambda_0 = 6\,\mathrm{cm} \quad \text{und} \quad B = 9{,}82\lambda_0 = 29{,}5\,\mathrm{cm} \quad \text{sowie} \quad l_E = 193\lambda_0 = 5{,}78\,\mathrm{m} \,. \tag{22.17}$$

Eine Baulänge von $5{,}78\,\mathrm{m}$ ist aber aus konstruktiven Gründen inakzeptabel. Kompaktere Lösungen sind nur möglich, wenn wir quadratische Phasenfehler in der Apertur zulassen. □

22.3 Gültigkeitsgrenzen der quadratischen Näherung

Grundsätzlich kann das Strahlungsfeld von ebenen Aperturbelegungen dann gut vorhergesagt werden, solange die Apertur ausreichend groß ist. So sollte nach Bild 14.17 die Aperturweite $B > 1{,}6\lambda_0$ betragen. Bei gekrümmten Phasenfronten – wie sie in Hornstrahlern auftreten – ist die Phasenbelegung der Apertur nicht mehr uniform, sondern es stellt sich nach (22.4) eine zum Hornrand bei $y = B/2$ anwachsende nacheilende Phase entsprechend $\exp\!\left(-j\,k_0\,\delta_E(y)\right)$ ein. Der auf die Wellenlänge normierte maximale Gangunterschied zwischen Aperturmitte und Hornrand ist dann in der **quadratischen Näherung** (22.8)

$$s = \frac{\delta_{max}^E}{\lambda_0} = \frac{B^2}{8\,\lambda_0\,\rho_E} \,. \tag{22.18}$$

Wegen (22.3) gilt $B/(2\rho_E) = \tan \alpha_E$. Dies setzen wir in (22.18) ein und erhalten:

$$\tan \alpha_E = 4\,s\,\lambda_0 / B \,. \tag{22.19}$$

Die quadratische Näherung des Phasenfehlers ist wegen (22.9) nur bei $\boxed{\alpha_E < 30°}$ zulässig, womit wir folgende Forderung aufstellen können:

$$\tan \alpha_E = 4\,s\,\lambda_0 / B < \tan 30° = 0{,}577 \,. \tag{22.20}$$

Je nach Größe des normierten Gangunterschieds s muss daher die Aperturweite die Bedingung

$$\frac{B}{\lambda_0} > \frac{4\,s}{0{,}5774} = 6{,}93\,s \tag{22.21}$$

erfüllen. Natürlich muss auch weiterhin $B > 1{,}6\lambda_0$ gelten. Erst ab $s = 0{,}231$ stellt (22.21) die restriktivere Forderung dar. Die korrekte Anwendung der quadratischen Phasennäherung setzt also bei allen Hornstrahlern eine **mindestens vorliegende Aperturweite** voraus:

$$\frac{B}{\lambda_0} > \begin{cases} 1{,}6 & \text{für } s < 0{,}231 \\ 6{,}93\,s & \text{für } s > 0{,}231 \end{cases} \,. \tag{22.22}$$

22.4 Pyramidenhorn

22.4.1 Direktivität und Flächenwirkungsgrad

Betrachtet man die Aufweitung eines rechteckigen Querschnitts in <u>zwei</u> zueinander orthogonalen Ebenen, dann entsteht kein Sektorhorn, sondern ein Pyramidenhorn (siehe Bild 22.1), dessen Längsschnitt durch die H-Ebene in Bild 22.5 dargestellt ist.

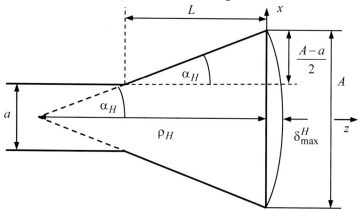

Bild 22.5 Längsschnitt durch die H-Ebene eines Pyramidenhorns mit maximalem Gangunterschied $\delta_{\max}^H$

Aus Bild 22.5 folgt $\tan\alpha_H = (A-a)/(2L) = A/(2\rho_H)$ und $\tan\alpha_E = (B-b)/(2L) = B/(2\rho_E)$ in der zur H-Ebene orthogonalen E-Ebene. Für ein *realisierbares* Pyramidenhorn muss die **Knicklänge** L zwischen Hohlleitereinmündung und Apertur in beiden Ebenen gleich sein, damit der Speisehohlleiter mit den Hornwänden verbunden werden kann, d. h. es muss gelten:

$$\boxed{2L = \frac{A-a}{\tan\alpha_H} = \frac{B-b}{\tan\alpha_E}} \quad \text{bzw.} \quad \boxed{L = \rho_H\left(1 - a/A\right) = \rho_E\left(1 - b/B\right)} . \tag{22.23}$$

Im Pyramidenhorn stellt sich eine in <u>zwei</u> Ebenen gekrümmte Phasenfront ein, deren Abweichung von der ebenen Apertur in beiden Hauptschnitten durch die Gangunterschiede

$$\delta_H(x) = \sqrt{\rho_H^2 + x^2} - \rho_H \approx \frac{x^2}{2\rho_H} \quad \text{und} \quad \delta_E(y) = \sqrt{\rho_E^2 + y^2} - \rho_E \approx \frac{y^2}{2\rho_E} \tag{22.24}$$

ausgedrückt werden kann, siehe (22.5). Für **flache Steigungswinkel** $\alpha_H, \alpha_E < 30°$ erhält man also den bereits vom Sektorhorn bekannten <u>quadratischen</u> Phasenfehler, der sich nun aus <u>zwei</u> Beiträgen additiv zusammensetzt:

$$\phi(x,y) = -k_0\left(\delta_H(x) + \delta_E(y)\right) \approx -k_0\left(\frac{x^2}{2\rho_H} + \frac{y^2}{2\rho_E}\right) . \tag{22.25}$$

In der ebenen Hornapertur mit $-A/2 \leq x \leq A/2$ und $-B/2 \leq y \leq B/2$ stellt sich damit näherungsweise folgende **Feldverteilung** ein:

$$\underline{\mathbf{E}}_A(x,y) = \underline{E}_0\,\mathbf{e}_y \cos\frac{\pi x}{A}\, e^{-j k_0\left(\frac{x^2}{2\rho_H} + \frac{y^2}{2\rho_E}\right)}, \tag{22.26}$$

falls das Pyramidenhorn mit einer H_{10}-Welle gespeist wird (Bild 22.1). Das Strahlungsfeld gewinnt man analog zur Berechnung der Abstrahlung einer Huygens-Quelle im freien Raum mit

Hilfe des **Chu-Modells II** aus Tabelle 21.1. Wegen der quadratischen Näherung beim Phasenfehler lässt sich eine geschlossene Lösung finden, in der die **Fresnelschen Integrale** auftreten:

$$C(x) = \int_0^x \cos \frac{\pi \tau^2}{2}\, d\tau \quad \text{und} \quad S(x) = \int_0^x \sin \frac{\pi \tau^2}{2}\, d\tau, \tag{22.27}$$

die man komplex zusammenfassen kann: $\underline{F}(x) = C(x) - j\, S(x) = \int_0^x e^{-j\frac{\pi}{2}\tau^2}\, d\tau$.

Man kann die Fresnelschen Integrale – wie in Bild 22.6 – anschaulich als Projektionen einer räumlichen Spirale auf die drei Koordinatenebenen darstellen. Die parametrische Darstellung $F(C,S)$ wird als Cornuspirale[2] bezeichnet [JEL66, Spa87].

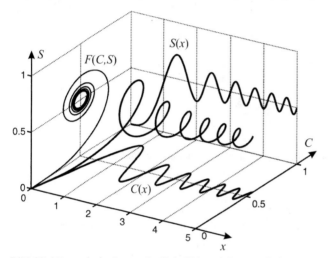

Für <u>kleine</u> Argumente x gelten folgende Reihenentwicklungen:

$$C(x) \approx x\left(1 - \frac{\pi^2}{40} x^4\right)$$

$$S(x) \approx \frac{\pi}{6} x^3 \left(1 - \frac{\pi^2}{56} x^4\right).$$

Für <u>große</u> x erhält man asymptotisch:

$$C(x) \approx \frac{1}{2} + \frac{1}{\pi x} \sin\left(\frac{\pi}{2} x^2\right)$$

$$S(x) \approx \frac{1}{2} - \frac{1}{\pi x} \cos\left(\frac{\pi}{2} x^2\right).$$

Bild 22.6 Fresnelsche Integrale $C(x)$, $S(x)$ und Cornuspirale $F(C,S)$

Unter Umgehung der längeren Herleitung [Zuh53, LoLe88, Bal05, Stu13] wollen wir hier nicht das gesamte Strahlungsfeld sondern nur die **Direktivität** eines Pyramidenhorns diskutieren, wobei die Sektorhörner in der E- und in der H-Ebene als Grenzfälle eines Pyramidenhorns betrachtet werden können. Im Vergleich zur Direktivität $D = 32\,a\,b/(\pi\lambda_0^2)$ der H_{10}-belegten Apertur eines offenen Rechteckhohlleiters, wo <u>kein</u> Phasenfehler auftritt, gilt:

$$\boxed{D_E = \frac{32\,a\,B}{\pi\lambda_0^2} K_E(w)} \qquad \text{\textbf{E-Sektorhorn}} \tag{22.28}$$

$$\boxed{D_H = \frac{32\,A\,b}{\pi\lambda_0^2} K_H(p)} \qquad \text{\textbf{H-Sektorhorn.}} \tag{22.29}$$

Die *Korrekturfaktoren* nach [Sche52b]

$$K_E(w) = \frac{C^2(w) + S^2(w)}{w^2} \le 1 \tag{22.30}$$

---

[2] Alfred **Cornu** (1841-1902): frz. Physiker (Optik, Interferenz, Fresnelsche Beugung, Spektralanalyse, Akustik, Elastomechanik, Elektrizitätslehre)

$$K_H(p) = \frac{\pi^2}{16} \frac{[C(u)-C(v)]^2 + [S(u)-S(v)]^2}{p^2} \le 1 \qquad (22.31)$$

berücksichtigen den quadratischen Phasenfehler in der Hornapertur und sind in Bild 22.7 grafisch dargestellt. Zur kompakteren Darstellung haben wir folgende *Abkürzungen* verwendet:

$$w = B\Big/\sqrt{2\lambda_0 \rho_E}\,, \quad p = A\Big/\sqrt{2\lambda_0 \rho_H} \quad \text{mit} \quad u = \frac{1}{2p}+p \quad \text{und} \quad v = \frac{1}{2p}-p\,. \qquad (22.32)$$

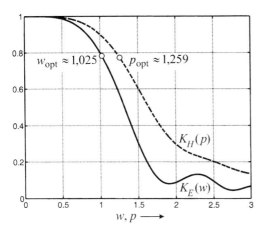

$w_{\text{opt}} \approx 1{,}025$ $p_{\text{opt}} \approx 1{,}259$

$K_H(p)$

$K_E(w)$

In der Praxis nimmt man zugunsten einer möglichst kurzen Baulänge $\rho_{E,H}$ eine ungleichmäßige Phasenbelegung in der Apertur in Kauf. Der Maximalgewinn bei gegebener Baulänge wird nach (22.35) und (22.38) dann erreicht, wenn die Korrekturfaktoren gerade

$$\boxed{K_E(w_{\text{opt}}) = 0{,}782}\quad \text{und} \quad \boxed{K_H(p_{\text{opt}}) = 0{,}772}$$

betragen. Ein Pyramidenhorn verliert dann

$$\boxed{10\lg\big(K_E(w_{\text{opt}})\,K_H(p_{\text{opt}})\big) = -2{,}19 \text{ dB}}$$

an Gewinn im Vergleich zu einer gleich großen Rechteckapertur *ohne* Phasenfehler.

Bild 22.7 Korrekturfaktoren $K_E(w)$ und $K_H(p)$ aufgrund quadratischer Phasenfehler in E- bzw. H-Ebene

Substituiert man in (22.28) beim E-Sektorhorn $a \to A$ und in (22.29) beim H-Sektorhorn $b \to B$, dann gilt für das **Pyramidenhorn** [Sche52b]:

$$\boxed{D_P = \frac{\pi\lambda_0^2}{32\,AB}\,D_E\,D_H = \frac{32\,AB}{\pi\lambda_0^2}\,K_E(w)\,K_H(p)}\,. \qquad (22.33)$$

Beim **E-Sektorhorn** wollen wir bei gegebener Aperturbreite a und gegebener Hornlänge ρ_E fragen, bei welcher Aperturhöhe B der Richtfaktor D_E maximal wird. Wir formen daher (22.28) ein wenig um und erhalten eine Formel, die in Bild 22.8 als Kurvenschar dargestellt ist:

$$\frac{\lambda_0}{a}\,D_E = \frac{32}{\pi}\sqrt{\frac{2\rho_E}{\lambda_0}}\,\frac{C^2(w)+S^2(w)}{w} \qquad (a,\rho_E \text{ fest})\,. \qquad (22.34)$$

Das Maximum dieser Funktion finden wir aus

$$\frac{d}{dw}\,\frac{C^2(w)+S^2(w)}{w} = 0 \quad \Rightarrow \quad w_{\text{opt}} = 1{,}02455 \quad \Rightarrow \quad K_E(w_{\text{opt}}) = 0{,}782046\,. \qquad (22.35)$$

Beim optimalen E-Sektorhorn (mit Maximalgewinn bei fester Baulänge ρ_E) erhalten wir mit (22.32) seine vertikale Abmessung und aus (22.8) den Gangunterschied am Hornrand:

$$\boxed{B_{\text{opt}} = \sqrt{2{,}099\,\lambda_0\,\rho_E}} \quad \Rightarrow \quad \boxed{\delta_{\text{max}}^E = \frac{B_{\text{opt}}^2}{8\rho_E} = 0{,}2624\lambda_0 \,\hat{=}\, 94{,}47^\circ}\,. \qquad (22.36)$$

Beim **H-Sektorhorn** gehen wir analog vor und erhalten die zweite Kurvenschar von Bild 22.8:

$$\frac{\lambda_0}{b} D_H = 2\pi \sqrt{\frac{2\rho_H}{\lambda_0} \frac{[C(u)-C(v)]^2 + [S(u)-S(v)]^2}{p}} \qquad (b, \rho_H \text{ fest}), \qquad (22.37)$$

deren Maxima sich mit $u(p)$ und $v(p)$ aus (22.32) wie folgt bestimmen lassen:

$$\frac{d}{dp} \frac{[C(u)-C(v)]^2 + [S(u)-S(v)]^2}{p} = 0 \Rightarrow p_{\text{opt}} = 1,25933 \Rightarrow K_H(p_{\text{opt}}) = 0,772269, \quad (22.38)$$

woraus schließlich folgt:

$$\boxed{A_{\text{opt}} = \sqrt{3,172\lambda_0\rho_H}} \quad \Rightarrow \quad \boxed{\delta^H_{\text{max}} = \frac{A^2_{\text{opt}}}{8\rho_H} = 0,3965\lambda_0 \triangleq 142,7°}. \qquad (22.39)$$

Beim optimalen H-Sektorhorn darf der Gangunterschied am Hornrand deutlich größer als beim E-Sektorhorn sein, was an der kosinusförmigen Belegung in der H-Ebene liegt.

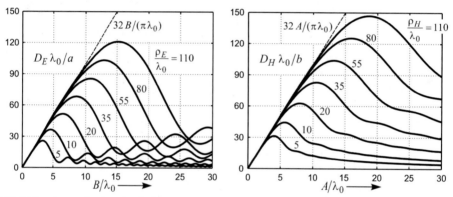

Bild 22.8 Normierter Gewinn des E- bzw. H-Sektorhorns als Funktion von (B, ρ_E) bzw. (A, ρ_H)

Vergrößert man bei <u>fester</u> Hornlänge die Steigungswinkel $\alpha_{E,H}$, dann wachsen die Aperturfläche und zunächst auch der Gewinn. Die zunehmenden Phasenfehler in der Apertur führen aber dazu, dass nach Überschreiten eines Maximums (an den Optimalwerten B_{opt} bzw. A_{opt}) die Gewinnkurven durch destruktive Interferenz wieder steil abfallen. Man kann nun leicht den **Flächenwirkungsgrad** solcher Optimalhörner ermitteln. Wir erhalten ihn durch Multiplikation des Flächenwirkungsgrads $q = 8/\pi^2$ der H_{10}-belegten Rechteckapertur ohne Phasenfehler (21.70) mit den optimalen Werten K_E bzw. K_H aus Bild 22.7:

$$\boxed{q_E = qK_E = 63,39\%} \quad \boxed{q_H = qK_H = 62,60\%} \quad \boxed{q_P = qK_EK_H = 48,95\%}. \qquad (22.40)$$

Für den erreichbaren **Maximalgewinn** eines Pyramidenhorns erhalten wir daher:

$$D_P = \frac{4\pi}{\lambda_0^2} A_W = \frac{4\pi}{\lambda_0^2} q_P A_{\text{opt}} B_{\text{opt}} \quad \text{bzw.} \quad 10 \lg D_P = \left(7,89 + 10 \lg \frac{A_{\text{opt}} B_{\text{opt}}}{\lambda_0^2}\right) \text{dBi}. \quad (22.41)$$

Nach Einsetzen von q_p und der optimalen Aperturabmessungen (22.36) und (22.39) folgt:

$$\boxed{D_P = 6,152 \frac{A_{\text{opt}} B_{\text{opt}}}{\lambda_0^2} = \frac{15,87}{\lambda_0} \sqrt{\rho_H \rho_E}}. \qquad (22.42)$$

22.4.2 Aperturabmessungen

Den auf die Wellenlänge normierten maximalen Gangunterschied $s = \delta_{max}/\lambda_0$ zwischen Aperturmitte und Hornrand erhalten wir aus (22.18). Bei Pyramidenhörnern mir Maximalgewinn bei gegebener Baulänge ρ_E bzw. ρ_H – sogenannten **Optimalhörnern** – gilt nach (22.36) und (22.39) in der E- bzw. in der H-Ebene:

$$s = \begin{cases} \dfrac{\delta_{max}^E}{\lambda_0} = \dfrac{B_{opt}^2}{8\,\lambda_0\,\rho_E} = 0,2624 \\[4mm] \dfrac{\delta_{max}^H}{\lambda_0} = \dfrac{A_{opt}^2}{8\,\lambda_0\,\rho_H} = 0,3965\,. \end{cases} \tag{22.43}$$

Da die in (22.25) benutzte quadratische Näherung des Phasenfehlers nur für Steigungswinkel $\alpha_E, \alpha_H < 30°$ zulässig ist, gilt der in Abschnitt 22.4.1 dargestellte Entwurf von Optimalhörnern wegen (22.22) nur unter folgenden Bedingungen:

Pyramidenhorn: $\boxed{A > 2,7\,\lambda_0 \quad \text{und} \quad B > 1,8\,\lambda_0}$ $\qquad$ (22.44)

E-Sektorhorn: $\boxed{a > 1,6\,\lambda_0 \quad \text{und} \quad B > 1,8\,\lambda_0}$ $\qquad$ (22.45)

H- Sektorhorn: $\boxed{A > 2,7\,\lambda_0 \quad \text{und} \quad b > 1,6\,\lambda_0}$. $\qquad$ (22.46)

Wegen (22.42) und (22.44) sind die Gewinne von optimalen Pyramidenhörnern, die bei $\alpha < 30°$ mit quadratischem Phasenfehler angenähert werden können, stets größer als 14,8 dBi.

Bei Hornstrahlern mit Steigungswinkeln $\alpha > 30°$ muss der nach (22.4) *exakte* Gangunterschied

$$\begin{aligned} \delta_E(y) &= \sqrt{\rho_E^2 + y^2} - \rho_E \\[2mm] \delta_H(x) &= \sqrt{\rho_H^2 + x^2} - \rho_H \end{aligned} \tag{22.47}$$

im Ansatz des Aperturfeldes berücksichtigt werden – eine quadratische Näherung wie in (22.26) wäre hier nicht mehr zulässig. Die Aperturfeldintegrale können dann nur noch numerisch berechnet werden [May93], d. h. es gibt keine geschlossene Darstellung mehr.

22.4.3 Breite der Hauptkeule

Bei ausreichend *großen* Aperturen, bei denen man Beugungseffekte an der Aperturkante vernachlässigen kann, ist die Keulenbreite in einer Schnittebene *unabhängig* von der Aperturabmessung in der anderen Ebene. Eine Verkopplung beider Ebenen findet dann nicht statt.

Für Pyramidenhörner mit Steigungswinkeln $\alpha_E, \alpha_H < 30°$, die bei gegebener Baulänge $\rho_{E,H}$ einen optimalen Gewinn besitzen, kann man mit B_{opt} und A_{opt} aus (22.43) folgende **Halbwertsbreiten** (als Maß für die *zweiseitige* Breite der Hauptkeule) angeben [Mil05, Orfa10]:

$$\boxed{\begin{aligned} \Theta_E &= 2\arcsin\left(0,474\,\frac{\lambda_0}{B_{opt}}\right) \doteq 54,3°\,\frac{\lambda_0}{B_{opt}} \qquad \text{(E-Ebene)} \\[4mm] \Theta_H &= 2\arcsin\left(0,693\,\frac{\lambda_0}{A_{opt}}\right) \doteq 79,4°\,\frac{\lambda_0}{A_{opt}} \qquad \text{(H-Ebene)}. \end{aligned}} \tag{22.48}$$

Für $B_{opt}/A_{opt} = 0,684$ werden beide Halbwertsbreiten identisch.

Pyramidenhörner kann man wie in Bild 24.5 zur Anstrahlung des **Subreflektors von Zwei-spiegelantennen** verwenden. Dabei benutzt man häufig solche Hörner, deren Primärdiagramm an der kreisförmigen Kante des Subreflektors, die vom Speisehorn unter dem (zweiseitigen) Aspektwinkel θ_s gesehen wird, einen Randabfall (edge taper) von etwa $ET = -10$ dB auf-weist. Die (zweiseitigen) **10-dB-Breiten** von optimalen Pyramidenhörnern mit Maximalgewinn (also für $\delta_{max}^E = 0,2624\,\lambda_0$ und $\delta_{max}^H = 0,3965\,\lambda_0$) findet man aus [Mil05] durch Interpolation der dortigen Tafeln[3]:

$$
\begin{aligned}
\Theta_{E,10} &= 2\arcsin\left(1{,}505\,\frac{\lambda_0}{B_{opt}}\right) \doteq 172{,}5°\,\frac{\lambda_0}{B_{opt}} \qquad \text{(E-Ebene)} \\[2mm]
\Theta_{H,10} &= 2\arcsin\left(1{,}485\,\frac{\lambda_0}{A_{opt}}\right) \doteq 170{,}2°\,\frac{\lambda_0}{A_{opt}} \qquad \text{(H-Ebene)}.
\end{aligned}
\tag{22.49}
$$

Für $B_{opt}/A_{opt} = 1,013$ werden beide 10-dB-Breiten _identisch_ und die Kante des Subreflektors wird dann nahezu rotationssymmetrisch angestrahlt. Die Diagramme in der E- und in der H-Ebene werden bei dieser Bauweise sehr ähnlich, was zu einer niedrigen Kreuzpolarisation führt, weswegen ein Pyramidenhorn mit quadratischem Querschnitt sich sehr gut zur Anwendung bei **Zirkularpolarisation** eignet.

Soll wie in Bild 24.1 (a) ein **Rotationsparaboloid** direkt mit einem Pyramidenhorn gespeist werden, dann braucht das Horn ein sehr breites Primärdiagramm, was nur bei kleinen Apertur-abmessungen möglich ist. Die Anwendung der Aperturfeldmethode ist hier aber nicht mehr erlaubt, da die Abstrahlung des Horns wesentlich von der nun stärkeren Beugung an seiner Aperturkante bestimmt wird. Auf der Basis von gemessenen 10-dB-Breiten zahlreicher kleiner **Pyramidenhörner** mit _flachen Steigungswinkeln_ und _geringen Phasenfehlern_ ($\delta_{max} < \lambda_0/8$) findet man in [Sil49] zwei empirische Formeln[4], die auch in [Mil05, Vol07] zitiert werden:

$$
\begin{aligned}
\Theta_{E,10} &\approx 88°\,\frac{\lambda_0}{B} \qquad \text{für} \quad \frac{B}{\lambda_0} < 2,5 \\[2mm]
\Theta_{H,10} &\approx 31° + 79°\,\frac{\lambda_0}{A} \qquad \text{für} \quad \frac{A}{\lambda_0} < 3,0.
\end{aligned}
\tag{22.50}
$$

Ein direkt gespeister Reflektor mit $F/D = 0,44$ benötigt nach (24.9) einen Primärstrahler mit 10-dB-Breiten von $\Theta_{E,10} = \Theta_{H,10} = 2\theta_0 = 118,4°$, was man mit einem schlanken Pyramiden-horn mit $B = 0,74\,\lambda_0$ und $A = 0,9\,\lambda_0$ realisieren kann. Als Feeder einsetzbar wäre auch ein **offener Rundhohlleiter.** Mit einem Durchmesser etwas kleiner als λ_0 besitzt er eine nahezu rotationssymmetrische Hauptkeule [Col85]. Mit Hilfe von Simulationsrechnungen [CST] findet man folgende Beziehung, die z. B. für $2a = 0,9\,\lambda_0$ zu 10-dB-Breiten von jeweils $118,6°$ führt:

$$
\Theta_{E,10} \approx \Theta_{H,10} \approx 37,5° + 73°\,\frac{\lambda_0}{2a} \qquad \text{gültig für } 0,84 \le \frac{2a}{\lambda_0} \le 0,96.
\tag{22.51}
$$

---

[3] Wegen (22.44) muss $A_{opt} > 2,7\,\lambda_0$ gelten, weswegen man (22.49) nur für Werte $\theta_s \approx \Theta_{H,10} < 66,7°$ verwenden kann, was für übliche Spiegelaufbauten normalerweise ausreicht (siehe Bild 24.7).

[4] Treten in der Apertur des Pyramidenhorns größere Phasenfehler auf, darf (22.50) nur als erster Gro-bentwurf verstanden werden, mit dem die wahren 10-dB-Breiten kleinerer Hörner nur überschlägig ab-geschätzt werden können. Eine genauere Analyse erfordert numerische Methoden der Feldberechnung.

22.4.4 Berechnungsbeispiele

Als Anwendung der oben dargestellten Entwurfsmethode optimaler Pyramidenhörner, die – unter der Nebenbedingung $\alpha_E, \alpha_H < 30°$ – bei gegebener Baulänge einen maximalen Gewinn aufweisen, betrachten wir folgendes Beispiel.

Übung 22.2: Dimensionierung eines Pyramidenhorns mit Maximalgewinn

- Ein Pyramidenhorn werde bei einer Wellenlänge von $\lambda_0 = 3$ cm mit der H_{10}-Welle eines Rechteckhohlleiters mit den Abmessungen $a = 0{,}7\,\lambda_0$ und $b = 0{,}35\,\lambda_0$ angeregt. Man bestimme die notwendigen Abmessungen, sodass sich ein optimales Pyramidenhorn mit Maximalgewinn $D_P = 200$ – also 23,01 dBi – einstellt (vgl. Übung 22.1).

- **Lösung:**

Wegen der Realisierungsbedingung (22.23), d. h. wegen $L = \rho_H\left(1 - a/A\right) = \rho_E\left(1 - b/B\right)$, können in (22.42) die Werte von A und B nicht unabhängig voneinander gewählt werden. Wir formen die **Realisierungsbedingung** zunächst noch etwas um:

$$\frac{\rho_H}{\rho_E} = \frac{1 - b/B}{1 - a/A} \quad \Rightarrow \quad \frac{\rho_H/A^2}{\rho_E/B^2} = \frac{B(B-b)}{A(A-a)}. \tag{22.52}$$

Beim optimalen Pyramidenhorn (mit Maximalgewinn bei gegebener Baulänge) ist nach (22.36) nun $B^2/\rho_E = 8\,\delta_{max}^E$ und nach (22.39) gilt $A^2/\rho_H = 8\,\delta_{max}^H$. Damit erhalten wir

$$\boxed{\frac{B(B-b)}{A(A-a)} = \frac{\delta_{max}^E}{\delta_{max}^H} = \frac{0{,}2624}{0{,}3965} = 0{,}6619} . \tag{22.53}$$

Mit (22.42) erhalten wir noch eine zweite Gleichung, die *simultan* erfüllt werden muss:

$$\boxed{AB = \frac{\lambda_0^2\, D_P}{6{,}152}} . \tag{22.54}$$

Da a, b, λ_0 und D_P gegeben sind, kann das gekoppelte Gleichungssystem (22.53) und (22.54) mit einer numerischen Iteration nach A und B aufgelöst werden. Als *Startlösung* eignet sich $A_0 = B_0 = \lambda_0 \sqrt{D_P/6{,}152}$. So erhält man alle gesuchten Abmessungen aus:

$$\rho_E = B^2/(2{,}099\,\lambda_0) \quad \Rightarrow \quad l_E = \sqrt{\rho_E^2 + (B/2)^2} \tag{22.55}$$

$$\rho_H = A^2/(3{,}172\,\lambda_0) \quad \Rightarrow \quad l_H = \sqrt{\rho_H^2 + (A/2)^2} . \tag{22.56}$$

Die (gleich großen!) Knicklängen des Pyramidenhorns folgen aus $L_H = \rho_H\left(1 - a/A\right)$ und $L_E = \rho_E\left(1 - b/B\right)$, woraus wir schließlich auch die Steigungswinkel ermitteln können:

$$\tan\alpha_E = (B - b)/(2L_E) \quad \text{und} \quad \tan\alpha_H = (A - a)/(2L_H) . \tag{22.57}$$

Tabelle 22.1 Geometriedaten für das gesuchte optimale Pyramidenhorn

$B = 15{,}26$ cm	$\rho_E = 36{,}96$ cm	$l_E = 37{,}74$ cm	$L_E = 34{,}42$ cm	$\alpha_E = 11{,}66°$
$A = 19{,}18$ cm	$\rho_H = 38{,}65$ cm	$l_H = 39{,}82$ cm	$L_H = 34{,}42$ cm	$\alpha_H = 13{,}93°$

Die Knicklängen des Pyramidenhorns werden identisch (Tabelle 22.1), was eine praktische Realisierbarkeit garantiert. Der optimierte Entwurf – bei *gleichem* Gewinn aber *mit* Phasenfehlern in der Aperturbelegung – ist wesentlich kürzer als das E-Sektorhorn aus Übung 22.1, in der noch eine möglichst uniforme Phasenbelegung der Apertur gefordert wurde. □

Schließlich wollen wir noch die Richtdiagramme in der E- und der H-Ebene des Pyramidenhorns aus Übung 22.2 ermitteln. Unser Entwurf erfolgte zweckmäßig mit analytischen Formeln. Alternativ kann man die Strahlungsfelder auch durch eine **numerische Integration** des elektrischen Aperturfeldes gewinnen [Dia96]. Für den Phasenfehler kann dann anstelle der in (22.26) benutzten quadratischen Approximation $\delta_H(x) + \delta_E(y) \approx x^2/(2\rho_H) + y^2/(2\rho_E)$ sogar der exakte Wert eingesetzt werden, was die Genauigkeit der Ergebnisse noch geringfügig steigert:

$$\delta_H(x) + \delta_E(y) = \sqrt{\rho_H^2 + x^2} - \rho_H + \sqrt{\rho_E^2 + y^2} - \rho_E . \tag{22.58}$$

Nach (22.48) erwarten wir *Halbwertsbreiten* von $\Theta_E = 2\arcsin\left(0{,}474\lambda_0/B\right) = 10{,}7°$ und $\Theta_H = 2\arcsin\left(0{,}693\lambda_0/A\right) = 12{,}4°$. Aus (22.49) folgen die *10-dB-Breiten* $\Theta_{E,10} = 34{,}4°$ und $\Theta_{H,10} = 26{,}9°$. Der *Gewinn* soll 23,01 dBi und der *Flächenwirkungsgrad* 48,95 % betragen. Der Vergleich mit den numerischen Daten von Bild 22.9 zeigt, dass die quadratische Näherung des Phasenfehlers, die wir in den analytischen Rechnungen benutzt haben, zulässig war.

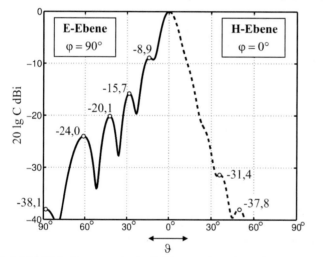

numerische Daten:

Gewinn: 23,05 dBi

$q_P = 49{,}41\%$

E-Ebene:

$\Theta_E = 10{,}6°, \quad \Theta_{E,10} = 34{,}0°$

1. Nebenkeule:

−8,9 dB bei $\vartheta = 14{,}2°$

H-Ebene

$\Theta_H = 12{,}3°, \quad \Theta_{H,10} = 26{,}4°$

1. deutliche Nebenkeule (Schultern ausgelassen):

−31,4 dB bei $\vartheta = 36{,}3°$

Bild 22.9 Richtdiagramme in der E-Ebene und H-Ebene des Pyramidenhorns aus Übung 22.2

Die Hauptkeule ist fast rotationssymmetrisch. Man beachte, dass die Halbwertsbreiten im Pyramidenhorn größer als beim offenen Rechteckhohlleiter gleicher Abmessungen sind. Es fällt auf, dass in der E-Ebene höhere Nebenkeulen als in der H-Ebene auftreten, was durch die kosinusförmige Amplitudenbelegung in der H-Ebene bedingt ist. Weil man den Gewinn von Pyramidenhörnern mit analytischen Formeln relativ genau berechnen kann (Fehler < 0,1 dBi), werden sie oft als **Eichnormale** (standard gain horns) zur Messung des Gewinns einer anderen Testantenne eingesetzt.

Die Seiten- und Rückwärtsstrahlung von Pyramidenhörnern ist gering und hat ihre Ursache in der Beugung der Felder an den Aperturkanten (siehe Abschnitt 6.8) und den dadurch angeregten Oberflächenströmen auf der Hornaußenwand. Durch Belegung des Aperturrandes mit Absorbermaterialien kann dieser Störeffekt abgeschwächt werden.

Der nutzbare Frequenzbereich eines Pyramidenhorns wird durch den Querschnitt des H_{10}-Speisehohlleiters bestimmt. Bei symmetrischem Aufbau tritt als erster höherer Wellentyp die H_{30}-Welle auf, d. h. es steht ein **Frequenzband** von $B = f_o/f_u = 3$ zur Verfügung:

$$\boxed{f_c^{H_{10}} = \frac{c_0}{2a} < f < \frac{3c_0}{2a} = f_c^{H_{30}}}. \tag{22.59}$$

Außer dem Gewinn und der Hauptkeulenbreite ändert sich in diesem Bereich das Strahlungsverhalten kaum – insbesondere bleiben die Nebenkeulen und auch die Reflexionen klein. Wegen praktischer Beschränkungen bei der Baulänge sind die erzielbaren Gewinne bei Hornstrahlern begrenzt. Ihre Hauptanwendungen liegen im Frequenzbereich über 1 GHz entweder zur direkten Abstrahlung oder als Primärstrahler in Verbindung mit Linsen- oder Spiegelantennen.

22.5 Kegelhorn und Rillenhorn

22.5.1 Phasenfehler in der ebenen Hornapertur

Wie beim Pyramidenhorn kann das Strahlungsverhalten eines Kegelhorns (Bild 22.10), in dem sich sphärische Wellen ohne Grenzfrequenz ausbreiten, in erster Näherung als Strahlung eines offenen Hohlleiters berechnet werden. Hornstrahler mit hohem Gewinn benötigen eine große Apertur, was zu großen Baulängen ρ_K oder großen Steigungswinkeln α_K führt. Zugunsten einer kompakten Bauform haben in der Praxis viele Hornstrahler Steigungswinkel im Bereich $10° \leq \alpha_K \leq 30°$, wodurch zwangsläufig eine ungleichmäßige Phasenbelegung in der ebenen Hornapertur folgt. In zweiter Näherung kann im Kegelhorn eine H_{11}-Rundhohlleiterwelle angesetzt werden, die von einem Phasenfehler überlagert ist (man beachte hierzu Abschnitt 22.2).

Zur Untersuchung des Einflusses solcher Phasenfehler ϕ bei kreisförmigen Aperturen betrachten wir zunächst ein Kegelhorn, das nach Bild 22.10 eine Länge ρ_K aufweist, gemessen vom Apex bis zur Mitte der ebenen Apertur.

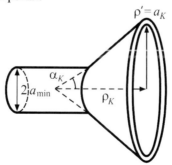

Bild 22.10 Kegelhorn mit Kreisquerschnitt (Aperturdurchmesser $D = 2a_K$, Baulänge ρ_K)

Die (nacheilende) Abweichung von einer uniformen Phasenbelegung lässt sich nach (22.4) wie folgt ausdrücken:

$$\phi(\rho') = -k_0\,\delta_K(\rho') = -k_0\left(\sqrt{\rho_K^2 + \rho'^2} - \rho_K\right). \tag{22.60}$$

Bei $\rho'^2 \ll \rho_K^2$ kann die Wurzel entwickelt werden, woraus der übliche **quadratische Phasenfehler** $\phi(\rho') \approx -k_0\,\rho'^2/(2\rho_K)$ folgt, den man nach (22.9) für $\alpha_K < 30°$ verwenden darf.

22.5.2 Aperturbelegung im Kegelhorn

Die elektrischen Feldlinien in der Apertur eines glattwandigen **Kegelhorns,** das mit der H_{11}-Welle eines Rundhohlleiters (Tabelle 8.3) gespeist wird, verlaufen nicht geradlinig, sondern gekrümmt, da sie senkrecht auf der elektrisch leitenden Wand stehen müssen.

Aus (8.94) entnehmen wir die transversalen elektrischen Felder $\underline{E}_\rho$ und $\underline{E}_\varphi$ einer H_{11}-Welle im **Rundhohlleiter** mit Querschnittsradius a_K, die wir mit Beziehungen aus Tabelle 2.5 in eine kartesische Darstellung überführen können [Col85]:

$$\underline{E}_x = \underline{E}_0\, J_2(K\rho)\sin(2\varphi)\, e^{-j\beta z}$$
$$\underline{E}_y = \underline{E}_0\left[J_0(K\rho) - J_2(K\rho)\cos(2\varphi)\right] e^{-j\beta z} \tag{22.61}$$

mit den Abkürzungen

$$K = \frac{j'_{11}}{a_K} \approx \frac{1,8412}{a_K} \quad \text{und} \quad \beta = \sqrt{k_0^2 - K^2}\,. \tag{22.62}$$

Legt man die Ebene $z = 0$ in die Aperturmitte und ergänzt den sphärischen Phasenfehler (in quadratischer Näherung), so lautet mit $0 \le \rho' \le a_K$ die **Aperturbelegung des Kegelhorns,** wobei wir die radiale Hornlänge mit ρ_K bezeichnen:

$$\underline{E}_x(\rho',\varphi') = \underline{E}_0\, J_2(K\rho')\sin(2\varphi')\, e^{-j\,k_0\frac{\rho'^2}{2\rho_K}}$$
$$\underline{E}_y(\rho',\varphi') = \underline{E}_0\left[J_0(K\rho') - J_2(K\rho')\cos(2\varphi')\right] e^{-j\,k_0\frac{\rho'^2}{2\rho_K}}\,. \tag{22.63}$$

Weil das Aperturfeld im **Kegelhorn** nicht durch eine einzige kartesische Komponente dargestellt werden kann, kommt es zu relativ hohen Werten der abgestrahlten Kreuzpolarisation (aus Bild 22.15 folgt $XP \approx -17,5\,\mathrm{dB}$).

22.5.3 Wandimpedanz-Modell des Rillenhorns

Die exakte Analyse von Rillenhörnern ist sehr aufwändig – man findet umfangreiche Detailinformationen z. B. in [Love76] und [Cla84]. Einerseits kann das Beugungsproblem jeder einzelnen Rille mit Hilfe einer Orthogonalentwicklung (siehe Abschnitt 8.2.6) analytisch gelöst werden, andererseits kann die gesamte Struktur mit 3D-Gitterverfahren numerisch simuliert werden. Die Haupteigenschaften von Rillenhohlleitern lassen sich aber mit Hilfe eines quasihomogenen, anisotropen **Wandimpedanz-Modells,** bei dem Rillen und Stege eine periodische Struktur bilden [Pie77], in guter Näherung durch analytische Formeln beschreiben.

So werden zur Reduktion der Kreuzpolarisation im Rillenhorn **Radialrillen** der Breite b mit einer typischen Tiefe d von etwa $\lambda_0/4$ eingesetzt. Jede Rille verhält sich wie ein am Rillengrund kurzgeschlossener Viertelwellen-Transformator mit unendlicher Eingangsimpedanz. Die Rillenoberfläche wirkt somit wie eine magnetisch leitende Wand (Leerlauf), die elektrische Feldlinien abstößt. Zwei benachbarte Rillen sind durch einen dünnen **Steg** der Breite t voneinander getrennt (Bild 22.11). Diese Stege wirken als elektrisch leitende Wände (Kurzschluss).

Eine günstige Dimensionierung für b und t mit **geringer Kreuzpolarisation** stellt sich ein, wenn man 5 bis 10 Rillen pro Wellenlänge λ_0 verwendet [Erb88, Gran05], d. h. wenn gilt:

$$\boxed{5 \leq \frac{\lambda_0}{b+t} \leq 10} \ . \tag{22.64}$$

Außerdem sollten folgende Bedingungen eingehalten werden [Cla84, Gran05]:

$$\boxed{0,1 \leq \frac{t}{b} \leq 0,5} \quad \Leftrightarrow \quad \boxed{0,67 \leq \frac{b}{b+t} \leq 0,91} \ . \tag{22.65}$$

Bei numerischen Untersuchungen zeigt sich [Cla84], dass die notwendige **Rillentiefe** d für geringe Kreuzpolarisation nicht exakt $\lambda_0/4$ betragen sollte, sondern von drei Größen abhängt:

  I.   bei kleinen lokalen Hornradien $k_0\,a$ müssen die Rillen nach (22.68) dort tiefer sein,

 II.   kleinere Werte von t/b erfordern ebenfalls tiefere Rillen [Cla84] und

III.   auch bei größeren Steigungswinkeln α_R müssen die Rillen tiefer sein (Abschnitt 22.6).

Im Folgenden betrachten wir den Einfluss von $k_0\,a$ auf die lokale Rillentiefe. Anschaulich kann man sich jede Rille als eine am Rillengrund elektrisch kurzgeschlossene Stichleitung vorstellen. Ist deren Tiefe $d = \lambda_0/4$, dann stellt sich an ihrer Vorderseite gemäß (22.67) eine unendlich große Eingangsimpedanz ein – also ein Leerlauf. Eine genauere Modenanalyse solcher Stichleitungen zeigt [Nar73, Jam81], dass deren Eingangsimpedanz $\underline{Z}_E$ nicht nur von der Rillentiefe d, sondern auch vom lokalen Innenradius a des **Rillenhohlleiters** abhängt:

$$\underline{Z}_E = -\frac{\underline{E}_z}{\underline{H}_\varphi} = j\,X_E = j\,Z_0\,\frac{J_1\big(k_0\,(a+d)\big)\,N_1\big(k_0\,a\big) - J_1\big(k_0\,a\big)\,N_1\big(k_0\,(a+d)\big)}{N_1\big(k_0\,(a+d)\big)\,J_1'\big(k_0\,a\big) - N_1'\big(k_0\,a\big)\,J_1\big(k_0\,(a+d)\big)} \ . \tag{22.66}$$

Im Grenzfall $k_0\,a \to \infty$ wird der Rillenhohlleiter zu einer **Kamm-Bandleitung** [Mah06]:

$$\underline{Z}_E(k_0\,a \gg 1) \approx j\,Z_0\,\frac{1}{\cot(k_0\,d) + 1/(2\,k_0\,a)} \quad \text{und} \quad \underline{Z}_E(k_0\,a \to \infty) = j\,Z_0\,\tan(k_0\,d)\ . \tag{22.67}$$

Wegen (22.64) kann man die Wand eines Rillenhorns näherungsweise als *quasihomogen* betrachten und erhält aus der Eingangsimpedanz $\underline{Z}_E$ einer einzelnen Rille durch Mittelung mit ihrem benachbarten Kurzschlusssteg die gemittelte **Wandimpedanz** [Pie77]

$$\underline{Z}_W = \frac{b \cdot \underline{Z}_E + t \cdot 0}{b+t} = \frac{b}{b+t}\,\underline{Z}_E \ .$$

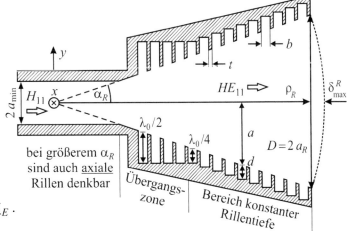

Bild 22.11 Prinzipskizze eines Rillenhorns mit <u>radialen</u> Rillen. In der Übergangszone wechselt die Wandimpedanz allmählich vom Kurzschluss zum Leerlauf, wodurch die Anpassung verbessert wird. Die jeweilige Rillentiefe d hängt nach (22.68) vom lokalen Hornradius a ab.

Die Leerlaufbedingung $X_E \to \infty$ erfüllen wir durch Verschwinden des Nenners in (22.66). Die aus dieser Eigenwertgleichung numerisch gefundenen Rillentiefen d können durch eine einfache Beziehung [Gran05] mit einem relativen Fehler, der für $k_0\,a \geq 2$ kleiner als $0,2\,\%$ bleibt, angenähert werden:

$$\boxed{d \approx \frac{\lambda_0}{4}\exp\left[\frac{1}{2,114\,(k_0\,a)^{1,134}}\right]}\,,\tag{22.68}$$

was erst für <u>große</u> $k_0\,a$ zu $d = \lambda_0/4$ führt, während bei kleinen Querschnitten spürbar tiefere Rillen benötigt werden – z. B. erhält man für $k_0\,a = 3$ den Wert $d = 0,286\,\lambda_0$.

22.5.4 Aperturbelegung im Rillenhorn

Mit Hilfe des Wandimpedanz-Modells kann nicht nur eine Aussage über die notwendige Rillentiefe (22.68) gemacht werden, sondern man erhält auch eine Näherungslösung für die sich einstellende Hornwelle. Im Rillenhorn wird sie HE_{11}-Welle genannt und hat sechs Feldkomponenten. Die HE_{11}-Welle entsteht nach (22.66) bei $X_E \to \infty$ und wird als **balanced hybrid mode** bezeichnet [Cla84], weil ihre Längsfeldstärken sich wie

$$\boxed{\left|\underline{E}_z/\underline{H}_z\right| = Z_0 = \sqrt{\mu_0/\varepsilon_0}}\tag{22.69}$$

verhalten. Außerdem besitzt die HE_{11}-Welle ein praktisch *linear* polarisiertes Aperturfeld, weswegen die Berechnung ihrer Abstrahlung einfacher als bei der H_{11}-Welle des Kegelhorns wird. Für die HE_{11}-Welle im Rillenhorn kann man bei **Steigungswinkeln** von $\alpha_R < 30°$ nach [Nar70] unter Einschluss eines quadratischen Phasenfehlers in guter Näherung schreiben:

$$\boxed{\underline{E}_x = 0}\quad \text{und}\quad \boxed{\underline{E}_y(\rho') = \underline{E}_0\,J_0\big(j_{01}\,\rho'/a_R\big)\,e^{-j\,k_0\frac{\rho'^2}{2\,\rho_R}}}\quad \text{mit } j_{01} \approx 2,4048\,.\tag{22.70}$$

Wegen $J_0\big(j_{01}\,\rho'/a_R\big) \approx \cos\big(0,5\,\pi\,\rho'/a_R\big)$ entspricht das radiale Verhalten in etwa einem Kosinus-Taper. Die transversalen E-Linien verlaufen nahezu <u>geradlinig,</u> biegen erst unmittelbar vor der Wand in die Längsrichtung um und werden schließlich zu einem longitudinalen $\underline{E}_z$.

Eine reflexionsarme und stabile Umwandlung der H_{11}-Rundhohlleiterwelle in die HE_{11}-Welle des Rillenhorns geschieht in einer Übergangszone (Konverter) aus typisch 4 bis 7 Rillen linear <u>abnehmender</u> Tiefe (Bild 22.11). Die erste Rille wirkt dabei wie ein $\lambda_0/2$-Transformator. Dadurch wechselt die Wandimpedanz allmählich vom Kurzschluss zum Leerlauf, wodurch sich die Anpassung verbessern lässt. Danach folgt der eigentliche Hornbereich mit nahezu konstanter Rillentiefe d nach (22.68). Das gesamte Rillenhorn hat bei kleinen Steigungswinkeln von $\alpha_R < 30°$ typisch eine Länge von $\rho_R > 3\lambda_0$. Aus dem gewählten Steigungswinkel α_R folgt der Aperturradius $a_R = \rho_R \tan\alpha_R$, der letztendlich den Gewinn und die Keulenbreite bestimmt.

22.5.5 Integration der Aperturfelder des Rillenhorns

Wir analysieren das Rillenhorn mit dem **E-Feld-Aperturmodell mit elektrischem Schirm** (21.56), das zur Vorhersage der Kreuzpolarisation besser als die <u>Chu-Modelle</u> geeignet ist:

$$\begin{aligned}
\underline{E}_{\mathrm{co}} &= j\,k_0\,\frac{e^{-j\,k_0\,r}}{2\,\pi\,r}\left[\underline{P}_y(\sin^2\varphi + \cos\vartheta\,\cos^2\varphi) + \underline{P}_x\sin(2\varphi)\sin^2\big(\vartheta/2\big)\right]\\[2mm]
\underline{E}_{\mathrm{xp}} &= j\,k_0\,\frac{e^{-j\,k_0\,r}}{2\,\pi\,r}\left[\underline{P}_x(\cos^2\varphi + \cos\vartheta\,\sin^2\varphi) + \underline{P}_y\sin(2\varphi)\sin^2\big(\vartheta/2\big)\right].
\end{aligned}\tag{22.71}$$

Aus (22.70) folgt zunächst $\underline{E}_x = 0$, weswegen wir auch $\underline{P}_x = 0$ setzen dürfen. Zur Bestimmung von $\underline{P}_y$ setzen wir $\underline{E}_y$ aus (22.70) in das Aperturfeldintegral (21.41) ein. Mit dem Skalarprodukt $\mathbf{e}_r \cdot \mathbf{r}' = \rho' \sin \vartheta \cos(\varphi - \varphi')$ (siehe Übung 14.7) und mit $dA' = \rho' d\rho' d\varphi'$ folgt dann

$$\underline{P}_y(\vartheta, \varphi) = \underline{E}_0 \int_{\rho'=0}^{a_R} \rho' J_0\left(\frac{j_{01}\rho'}{a_R}\right) e^{-j k_0 \frac{\rho'^2}{2\rho_R}} \left[\int_{\varphi'=0}^{2\pi} e^{j k_0 \rho' \sin \vartheta \cos(\varphi - \varphi')} d\varphi' \right] d\rho'. \quad (22.72)$$

Das Integral über φ' hat die geschlossene Darstellung (14.122), woraus mit den **Abkürzungen** $u = \rho'/a_R$ und $p = k_0 a_R \sin \vartheta$ sowie $a_R^2/(2\rho_R) = \delta_{max}^R = s\lambda_0$ schließlich folgt:

$$\boxed{\underline{P}_y = 2\pi a_R^2 \underline{E}_0 e^{-j2\pi s} \underline{I}_0} \quad (22.73)$$

mit dem Integral

$$\boxed{\underline{I}_0(p(\vartheta), s) = \int_{u=0}^{1} u J_0(j_{01} u) J_0(p u) e^{j 2\pi s (1-u^2)} du}. \quad (22.74)$$

Bei verschwindendem Phasenfehler $(s = 0)$ hat dieses Integral eine geschlossene Lösung und führt zum Strahlungsfeld eines HE_{11}-Rillenhohlleiters mit einem Richtfaktor wie in (22.92).

Bei endlicher Hornlänge ρ_R wird $s \neq 0$ und es bietet sich nach [Nar70] folgende **Näherungslösung** der Integration (22.74) an. Wir ersetzen dazu für $0 \leq u \leq 1$ die erste dortige Besselfunktion durch eine Ausgleichskurve 4. Ordnung:

$$J_0(j_{01} u) \approx a_0 + a_2 u^2 + a_4 u^4 \quad \text{mit} \quad \begin{aligned} a_0 &= 0{,}99843 \\ a_2 &= -1{,}4123 \\ a_4 &= 0{,}41862, \end{aligned} \quad (22.75)$$

womit (22.74) in drei **Teilintegrale** $\underline{M}_{10}$, $\underline{M}_{30}$ und $\underline{M}_{50}$ zerfällt:

$$\boxed{\underline{I}_0 = a_0 \underline{M}_{10} + a_2 \underline{M}_{30} + a_4 \underline{M}_{50}}. \quad (22.76)$$

Wir geben exemplarisch nur das erste Teilintegral an – die beiden anderen ($\underline{M}_{30}$ und $\underline{M}_{50}$) findet man in Anhang A.10:

$$\boxed{\underline{M}_{10} = \int_{u=0}^{1} u J_0(p u) e^{j 2\pi s (1-u^2)} du = \frac{U_1(4\pi s, p) + j U_2(4\pi s, p)}{4\pi s}}. \quad (22.77)$$

Alle drei M-Integrale können entweder direkt oder nach ein- bzw. zweimaliger partieller Integration durch **Lommelsche Funktionen** $U_n(w, z)$ mit <u>einem</u> Index und <u>zwei</u> Argumenten ausgedrückt werden [Kark06]. Detaillierte Informationen zu den Lommelschen Funktionen, die als Reihe über Besselfunktionen darstellbar sind, findet man in [Lom86, Walk04, Wat06, Born93, Miel98, Kor02] und in Anhang A.10. Mehrere Hilfsintegrale, die während der etwas mühsamen Rechnung benötigt werden, haben nur dann eine geschlossene Darstellung, wenn die Ausgleichskurve für $J_0(j_{01} u)$ lediglich <u>geradzahlige</u> Potenzen enthält. Das Aperturfeldintegral (22.74) liegt – unter Zuhilfenahme der M-Integrale – somit in <u>geschlossener</u> Form vor:

Mit diesem Ergebnis für $\underline{I}_0$ ist nach (22.73) auch $\underline{P}_y$ bekannt, womit wir schließlich aus (22.71) mit $\underline{P}_x = 0$ das Strahlungsfeld und damit auch die **Richtdiagramme** eines Rillenhorns erhalten. In Bild 22.15 findet man ein Berechnungsbeispiel.

$$
\boxed{
\begin{aligned}
\underline{E}_{co} &= j\,\underline{E}_0\,(k_0\,a_R)^2\,\frac{e^{-j\,k_0\,r}}{k_0\,r}\,e^{-j\,2\,\pi\,s}\,\underline{L}_0(\vartheta)\,(\sin^2\varphi + \cos\vartheta\,\cos^2\varphi) \\[2mm]
\underline{E}_{xp} &= j\,\underline{E}_0\,(k_0\,a_R)^2\,\frac{e^{-j\,k_0\,r}}{k_0\,r}\,e^{-j\,2\,\pi\,s}\,\underline{L}_0(\vartheta)\,\sin(2\varphi)\,\sin^2(\vartheta/2).
\end{aligned}
}
\tag{22.78}
$$

In Vertikalschnitt bei $\varphi = \pi/2$ (E-Ebene), im Horizontalschnitt bei $\varphi = 0$ (H-Ebene) finden wir somit die **Richtdiagramme:**

$$
\begin{aligned}
C_{co}^{E}(\vartheta) &= \frac{\left|\underline{L}_0(\vartheta)\right|}{\left|\underline{L}_0(\vartheta)\right|_{max}} \\[3mm]
C_{co}^{H}(\vartheta) &\doteq \cos\vartheta\,\frac{\left|\underline{L}_0(\vartheta)\right|}{\left|\underline{L}_0(\vartheta)\right|_{max}},
\end{aligned}
\tag{22.79}
$$

die für $\vartheta < 30°$ um weniger als 1,25 dB voneinander abweichen. Das Rillenhorn hat somit ein nahezu axialsymmetrisches Strahlungsfeld mit sehr geringer **Kreuzpolarisation:**

$$
C_{xp}(\vartheta, \varphi = 45°) = \frac{\left|\underline{L}_0(\vartheta)\right|}{\left|\underline{L}_0(\vartheta)\right|_{max}}\,\sin^2(\vartheta/2) = \frac{C_{co}^{E}(\vartheta) - C_{co}^{H}(\vartheta)}{2}.
\tag{22.80}
$$

22.5.6 Keulenbreiten des Rillenhorns

In Bild 22.12 sind über der normierten Abszisse $p = k_0\,a_R\,\sin\vartheta$ **universelle Richtdiagramme** $C_{co}^{E}(p)$ eines HE_{11}-Rillenhorns dargestellt, die man nach (22.79) in erster Näherung auch für die H-Ebene verwenden kann. Als Scharparameter dient der auf die Wellenlänge normierte maximale Gangunterschied $s = \delta_{max}^{R}/\lambda_0$ zwischen Aperturmitte und Hornrand, der in äquidistanten Schritten $\Delta s = 0,1$ zwischen 0 und 1 variiert.

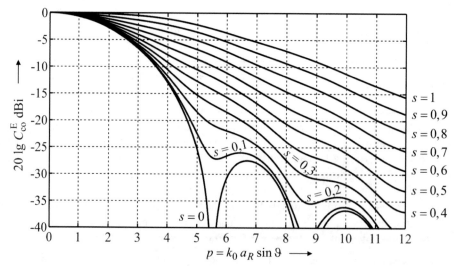

Bild 22.12 Universelle Richtdiagramme $C_{co}^{E}(p)$ eines HE_{11}-Rillenhorns im Vertikalschnitt bei $\varphi = \pi/2$ über der Abszisse $p = k_0\,a_R\,\sin\vartheta$ mit Scharparameter $s = \delta_{max}^{R}/\lambda_0$

Für die Anwendungen interessant sind die (einseitigen) Halbwertswinkel $\vartheta_{1/2}^E$ und 10-dB-Winkel $\vartheta_{1/10}^E$, für die man (aus Bild 22.12) in Abhängigkeit vom normierten Gangunterschied $s = \delta_{max}^R / \lambda_0$ folgende im Bereich $0 \le s \le 0,8$ gültige Näherungsbeziehungen finden kann:

$$\boxed{\begin{aligned} k_0\, a_R \sin \vartheta_{1/2}^E &= 2,02 + 1,35\, s - 5,44\, s^2 + 7,70\, s^3 + 0,114\, s^4 \\ k_0\, a_R \sin \vartheta_{1/10}^E &= 3,66 - 1,21\, s + 6,13\, s^2 + 2,73\, s^3 - 1,85\, s^4. \end{aligned}} \tag{22.81}$$

Falls die Näherung $\sin \vartheta \approx \vartheta$ zulässig ist, können für die (zweiseitigen) Keulenbreiten folgende Beziehungen angegeben werden:

$$\boxed{\begin{aligned} \Theta_E &= 2\, \vartheta_{1/2}^E \approx \frac{\lambda_0}{2\, a_R}\frac{2}{\pi}\left(2,02 + 1,35\, s - 5,44\, s^2 + 7,70\, s^3 + 0,114\, s^4\right) \\ \Theta_{E,10} &= 2\, \vartheta_{1/10}^E \approx \frac{\lambda_0}{2\, a_R}\frac{2}{\pi}\left(3,66 - 1,21\, s + 6,13\, s^2 + 2,73\, s^3 - 1,85\, s^4\right). \end{aligned}} \tag{22.82}$$

Als **Spezialfälle** betrachten wir einerseits mit $s = 0$ einen HE_{11}-Rillenhohlleiter mit verschwindendem Steigungswinkel ($\alpha_R = 0$):

$$\begin{aligned} \Theta_E(s=0) &= 2 \arcsin\left(0,66\, \frac{\lambda_0}{2\, a_R}\right) \approx 1,32\, \frac{\lambda_0}{2\, a_R} \triangleq \frac{76°}{2\, a_R / \lambda_0} \\ \Theta_{E,10}(s=0) &= 2 \arcsin\left(1,15\, \frac{\lambda_0}{2\, a_R}\right) \approx 2,29\, \frac{\lambda_0}{2\, a_R} \triangleq \frac{131°}{2\, a_R / \lambda_0} \end{aligned} \tag{22.83}$$

und andererseits ein HE_{11}-Rillenhorn mit $s = 0,4884$:

$$\begin{aligned} \Theta_E(s=0,4884) &= 2 \arcsin\left(0,74\, \frac{\lambda_0}{2\, a_R}\right) \approx 1,48\, \frac{\lambda_0}{2\, a_R} \triangleq \frac{85°}{2\, a_R / \lambda_0} \\ \Theta_{E,10}(s=0,4884) &= 2 \arcsin\left(1,50\, \frac{\lambda_0}{2\, a_R}\right) \approx 3,00\, \frac{\lambda_0}{2\, a_R} \triangleq \frac{172°}{2\, a_R / \lambda_0}. \end{aligned} \tag{22.84}$$

Der Wert $s = 0,4884$ führt nach Abschnitt 22.5.7 zu einem Rillenhorn, das bei gegebener Baulänge ρ_R maximalen Richtfaktor besitzt.

Übung 22.3: Keulenbreiten eines Rillenhorns in der H-Ebene

- Die Hauptschnitte eines Rillenhorns sind nach (22.79) sehr ähnlich zueinander. Finden Sie bei einem Rillenhorn mit Maximalgewinn ($s = 0,4884$) für einen normierten Aperturradius $a_R / \lambda_0 = 3,466$ die Keulenbreiten in der H-Ebene, wenn diejenigen in der E-Ebene durch (22.84) bereits gegeben sind. Man kann sich dabei an der Übung 21.2 orientieren.

- **Lösung:**

  In der E-Ebene erhalten wir zunächst aus (22.84)

$$\begin{aligned} \Theta_E &= 2\, \vartheta_{1/2}^E \approx 2 \arcsin \frac{0,74}{2 \cdot 3,466} = 12,3° \\ \Theta_{E,10} &= 2\, \vartheta_{1/10}^E \approx 2 \arcsin \frac{1,50}{2 \cdot 3,466} = 25,0°. \end{aligned} \tag{22.85}$$

In der H-Ebene muss nun der cos-Faktor aus (22.79) berücksichtigt werden, der jeweils $\cos\vartheta_{1/2}^E = 0,994$ bzw. $\cos\vartheta_{1/10}^E = 0,976$ beträgt. Die Pegel in der H-Ebene liegen also an diesen beiden Winkeln im Vergleich zur E-Ebene um $20\lg(0,994) = -0,05$ dB bzw. um $20\lg(0,976) = -0,21$ dB niedriger.

Mit der **Kelleher-Beziehung** (21.38):

$$\frac{\Theta_2}{\Theta_1} = \left(\frac{L_2}{L_1}\right)^{1/p} \tag{22.86}$$

kann man die Keulenbreiten Θ_1 und Θ_2, die zu verschiedenen Leistungspegeln (levels) L_1 und L_2 gehören, mit guter Genauigkeit ineinander umrechnen. Setzt man in (22.86) Halbwertsbreite und 10-dB-Breite ein, dann erhält man die für ein Rillenhorn gültigen Parameterwerte $p(s)$ in Abhängigkeit vom normierten Gangunterschied $s = \delta_{\max}^R / \lambda_0$:

$$p(s) = \frac{\ln(10/3,01)}{\ln\left(\Theta_{E,10}(s)/\Theta_E(s)\right)} \qquad \text{(siehe Anhang C.8).} \tag{22.87}$$

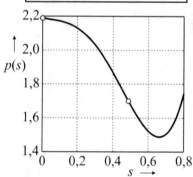

Obwohl die Beziehungen (22.82) für sich alleine betrachtet ausreichend präzise sind, verstärken sich in (22.87) deren Ungenauigkeiten derart ungünstig, dass man dort besser die exakten Werte Θ_E und $\Theta_{E,10}$ aus Bild 22.12 einsetzt. Die so gewonnene exakte Kurve (Bild 22.13) für $p(s)$ kann im Bereich $0 \le s \le 0,8$ wie folgt approximiert werden:

$$p(s) = 2,19 - 0,25\,s + 1,95\,s^2 - 13,8\,s^3 + 13,6\,s^4.$$

Bild 22.13 Parameter $p(s)$ aus (22.87) zur Nachbildung des Verlaufs der Hauptkeule eines Rillenhorns nach (22.86) als Funktion des normierten Gangunterschieds $s = \delta_{\max}^R / \lambda_0$

Beim optimalen Rillenhorn[5] mit $s = 0,4884$ folgt aus Bild 22.13 der Wert $p = 1,70$. Damit erhalten wir die gesuchte **Halbwertsbreite** in der H-Ebene:

$$\Theta_H = \Theta_E \left(\frac{3,01}{3,01 + 0,05}\right)^{1/1,70} = 12,3° \cdot 0,99 = 12,2° \tag{22.88}$$

und die **10-dB-Breite** in der H-Ebene:

$$\Theta_{H,10} = \Theta_{E,10} \left(\frac{10}{10 + 0,21}\right)^{1/1,70} = 25,0° \cdot 0,99 = 24,7°. \tag{22.89}$$

Die 3-dB-Breite und auch die 10-dB-Breite sind in der H-Ebene also um 1 % kleiner als in der E-Ebene, somit besitzt das Rillenhorn eine nahezu rotationssymmetrische Hauptkeule. □

---

[5] Beim Rillenhohlleiter mit $s = 0$ folgt aus Bild 22.13 $p = 2,19$, also praktisch der gleiche Wert, den wir in (21.65) auch für eine Rechteckapertur mit kosinusförmiger Belegung angegeben hatten.

22.5.7 Direktivität von Rillenhorn und Kegelhorn

Nach längeren Umformungen können auch die **Richtfaktoren** D_R eines HE_{11}-Rillenhorns und D_K eines H_{11}-Kegelhorns in geschlossener Form über Lommelsche Funktionen ausgedrückt werden [Nar70, Nar71, Kar06]. Beide Richtfaktoren nehmen (bei <u>fester</u> Hornlänge $\rho_{R,K}$) mit wachsendem Phasenfehler $|\phi_{max}| = 2\pi s$ bis zu einem Maximum zu und fallen danach wieder ab (Bild 22.14).

$$
\begin{aligned}
D_R &= \frac{2\,\rho_R}{\lambda_0}\,\frac{U_1^2(4\pi s, j_{01}) + U_2^2(4\pi s, j_{01})}{s\,J_1^2(j_{01})} \qquad \text{maximal bei } s = \frac{a_R^2}{2\,\lambda_0\,\rho_R} = 0,4884 \\[4mm]
D_K &= \frac{\rho_K}{\lambda_0}\,\frac{j_{11}^{'\,2}}{j_{11}^{'\,2}-1}\,\frac{U_1^2(4\pi s, j_{11}') + U_2^2(4\pi s, j_{11}')}{s\,J_1^2(j_{11}')} \qquad \text{maximal bei } s = \frac{a_K^2}{2\,\lambda_0\,\rho_K} = 0,3908
\end{aligned}
\tag{22.90}
$$

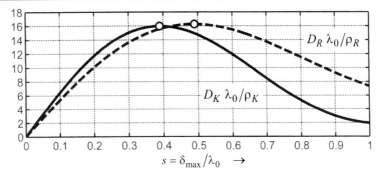

Bild 22.14 Normierter Richtfaktor eines HE_{11}-Rillenhorns bzw. H_{11}-Kegelhorns als Funktion des normierten Phasenfehlers $s = \delta_{max}/\lambda_0$ am Rand der Hornapertur

Die Maxima beider Kurven in Bild 22.14 liegen bei $s = 0,4884$ bzw. $s = 0,3908$. Ähnlich wie in (22.42) hängt der **Maximalgewinn** eines Hornstrahlers nur von seiner axialen Baulänge ab:

$$
D_P = 15,87\,\frac{\sqrt{\rho_H\,\rho_E}}{\lambda_0}, \quad D_R = 16,26\,\frac{\rho_R}{\lambda_0} \quad \text{und} \quad D_K = 15,97\,\frac{\rho_K}{\lambda_0},
\tag{22.91}
$$

wobei alle drei Vorfaktoren sehr ähnliche Zahlenwerte aufweisen.

Bei $(s \to 0)$ geht ein Hornstrahler in seinen zugehörigen, geradlinigen, offenen Hohlleiter über. Den Richtfaktor eines **offenen Hohlleiters** kann man exakt bestimmen. In unseren beiden Fällen werden Flächenwirkungsgrade von 69,2 % bzw. 83,7 % erreicht – siehe auch (21.71):

$$
\begin{aligned}
D &= \frac{4}{j_{01}^{'\,2}}\,(k_0\,a_R)^2 \approx 0,6917\,(k_0\,a_R)^2 \qquad \text{Rillenhohlleiter mit } HE_{11} - \text{Welle} \\[4mm]
D &= \frac{2}{j_{11}^{'\,2}-1}\,(k_0\,a_K)^2 \approx 0,8368\,(k_0\,a_K)^2 \qquad \text{Rundhohlleiter mit } H_{11} - \text{Welle.}
\end{aligned}
\tag{22.92}
$$

Der gewinnmindernde Einfluss einer gekrümmten Phasenfront in der Hornapertur führt zu einem quadratischen Phasenfehler und kann wie in (22.28) bzw. (22.29) durch einen **Korrekturfaktor** berücksichtigt werden. So lassen sich die Formeln (22.90) für den Richtfaktor eines HE_{11}-Rillenhorns bzw. H_{11}-Kegelhorns mit $\rho_{R,K} = a_{R,K}^2 \big/ (2\,s\,\lambda_0)$ noch umformen:

$$D_R = \frac{4}{j_{01}^2} (k_0\, a_R)^2\, K_R(s) \quad \text{und} \quad D_K = \frac{2}{{j_{11}'}^2 - 1} (k_0\, a_K)^2\, K_K(s) \tag{22.93}$$

mit den Korrekturfaktoren (die stets kleiner gleich eins bleiben):

$$K_R(s) = \left(\frac{j_{01}}{4\pi s\, J_1(j_{01})}\right)^2 \left[U_1^2(4\pi s, j_{01}) + U_2^2(4\pi s, j_{01})\right]$$

$$K_K(s) = \left(\frac{j_{11}'}{4\pi s\, J_1(j_{11}')}\right)^2 \left[U_1^2(4\pi s, j_{11}') + U_2^2(4\pi s, j_{11}')\right]. \tag{22.94}$$

Bei Hörnern mit Maximalgewinn gilt $K_R(0,4884) = 0,6097$ und $K_K(0,3908) = 0,6185$, was dem Produkt $K_E(w_{\text{opt}})\, K_H(p_{\text{opt}}) = 0,6039$ beim Pyramidenhorn entspricht (Bild 22.7).

Schließlich wollen wir noch die **Flächenwirkungsgrade** als Funktion des normierten Phasenfehlers $s = \delta_{\max}/\lambda_0$ angeben. Mit (22.93) schreiben wir für Rillen- bzw. Kegelhorn

$$D_R = q_R (k_0\, a_R)^2 \quad \text{bzw.} \quad D_K = q_K (k_0\, a_K)^2. \tag{22.95}$$

Numerisch bestimmte Ausgleichskurven – für die (22.94) ausgewertet wurde – sind

$$q_R(s) = \frac{4}{j_{01}^2} K_R(s) \approx 0,6917 - 1,628\, s^2 + 1,034\, s^3 \quad \text{(für } 0 \le s \le 1\text{)} \tag{22.96}$$

und (ebenfalls gültig für $0 \le s \le 1$)

$$q_K(s) = \frac{2}{{j_{11}'}^2 - 1} K_K(s) \approx 0,8368 - 0,112\, s - 2,539\, s^2 + 1,853\, s^3. \tag{22.97}$$

22.5.8 Optimale Bauweise

Wie beim Pyramidenhorn gibt es auch beim Rillen- und Kegelhorn optimale Abmessungen, damit bei gegebener Baulänge ρ der Richtfaktor maximal wird. Das ist nach (22.90) jeweils bei einem bestimmten Phasenfehler der Fall. Einige Ergebnisse aus [Kark06] zeigt Tabelle 22.2. Die quadratische Näherung des Phasenfehlers ist nur für große Aperturen nach (22.22) erlaubt.

Tabelle 22.2 Geometriedaten für Optimalhörner fester Baulänge ρ, die maximalen Richtfaktor aufweisen

$\alpha_R, \alpha_K < 30°$	**Rillenhorn** $(2a_R > 3,4\lambda_0)$	**Kegelhorn** $(2a_K > 2,7\lambda_0)$
Gangunterschied am Hornrand	$\delta_{\max}^R = \dfrac{a_R^2}{2\rho_R} = 0,4884\lambda_0 \triangleq 175,8°$	$\delta_{\max}^K = \dfrac{a_K^2}{2\rho_K} = 0,3908\lambda_0 \triangleq 140,7°$
Aperturdurchmesser	$2\,a_R = \sqrt{3,907\,\lambda_0\,\rho_R}$	$2\,a_K = \sqrt{3,127\,\lambda_0\,\rho_K}$
Steigungswinkel	$\tan\alpha_R = \dfrac{a_R}{\rho_R} = \sqrt{\dfrac{0,9767\lambda_0}{\rho_R}}$	$\tan\alpha_K = \dfrac{a_K}{\rho_K} = \sqrt{\dfrac{0,7816\lambda_0}{\rho_K}}$
Flächenwirkungsgrad	$q_R = 42,17\ \%$	$q_K = 51,76\ \%$

$\alpha_R, \alpha_K < 30°$	**Rillenhorn** $(2a_R > 3,4\lambda_0)$	**Kegelhorn** $(2a_K > 2,7\lambda_0)$
Richtfaktor siehe (23.16)	$\dfrac{10\lg D_R}{\mathrm{dBi}} = 6,19 + 20\lg\dfrac{2a_R}{\lambda_0}$	$\dfrac{10\lg D_K}{\mathrm{dBi}} = 7,08 + 20\lg\dfrac{2a_K}{\lambda_0}$
Halbwertsbreite	$\Theta_E = 2\arcsin\left(0,740\,\lambda_0/(2a_R)\right)$ $\Theta_H = \Theta_E$	$\Theta_E = 2\arcsin\left(0,567\,\lambda_0/(2a_K)\right)$ $\Theta_H = 2\arcsin\left(0,665\,\lambda_0/(2a_K)\right)$
10-dB-Breite	$\Theta_{E,10} = 2\arcsin\left(1,500\,\lambda_0/(2a_R)\right)$ $\Theta_{H,10} = \Theta_{E,10}$	$\Theta_{E,10} = 2\arcsin\left(1,584\,\lambda_0/(2a_K)\right)$ $\Theta_{H,10} = 2\arcsin\left(1,230\,\lambda_0/(2a_K)\right)$

Im direkten Vergleich zu Übung 22.2 zeigt Bild 22.15 die Strahlungsdiagramme von Optimal-hörnern nach Tabelle 22.2, bei denen ein Richtfaktor von $D_R = D_K = 200$ gefordert wurde.

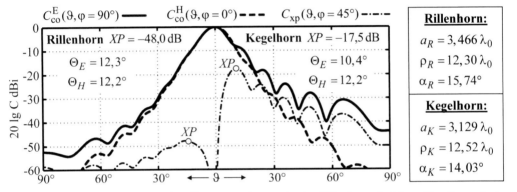

Bild 22.15 Ko- und kreuzpolare Richtdiagramme eines optimalen Rillenhorns ($\leftarrow$) bzw. Kegelhorns ($\rightarrow$)

Das **Kreuzpolarisationsmaß** XP hängt beim Kegelhorn für $a_K \geq 1,5\,\lambda_0$ kaum von der Aper-turgröße ab, während es im Rillenhorn mit wachsendem a_R immer kleiner wird. Bei Breit-bandanwendungen – aber fester Rillentiefe – kann in Rillenhörnern die gewünschte HE_{11}-Welle nicht mehr exakt angeregt werden. Realistisch erreicht man dann $XP \leq -35$ dB (Bild 22.20).

Alle sechs Richtdiagramme – berechnet nach dem **E-Feld-Aperturmodell** (22.71) – der opti-malen Rillen- und Kegelhörner aus Bild 22.15 (mit einem Richtfaktor von $D = 200$ bei mini-maler axialer Baulänge $\rho_{R,K}$) werden in Bild 22.16 noch einmal als *fett* gedruckte Kurven dargestellt. Zusätzlich sieht man die etwas *dünner* gezeichneten Ergebnisse einer numerischen Simulation mit einem 3D-Gitterverfahren [CST].

Für die numerische Simulation des Rillenhorns wurde ein **CAD-Modell** entworfen. Die Spei-sung beider Hörner erfolgte mit einem Standard C104-Rundhohlleiter (siehe Tabelle 8.10) mit Radius $k_0\,a_{\min} = 2,21$, der sich im H_{11}-Grundwellenbetrieb befand. Im Fall des Rillenhorns schloss sich an den Speisehohlleiter eine Übergangszone (Konverter) aus 4 Rillen an, deren erste eine Tiefe von $\lambda_0/2$ hatte. Nach diesem Anpassungstransformator hatte der Hohlleiter bereits einen Radius von $k_0\,a = 4,02$. Hier setzte nun die erste von insgesamt 72 Rillen kon-stanter Tiefe $d = \lambda_0/4$ an. Für diese homogene Rillenstruktur wurden folgende Werte gewählt:

$$\frac{\lambda_0}{b+t} = 7 \quad \text{und} \quad \frac{t}{b} = 0,18 \,. \tag{22.98}$$

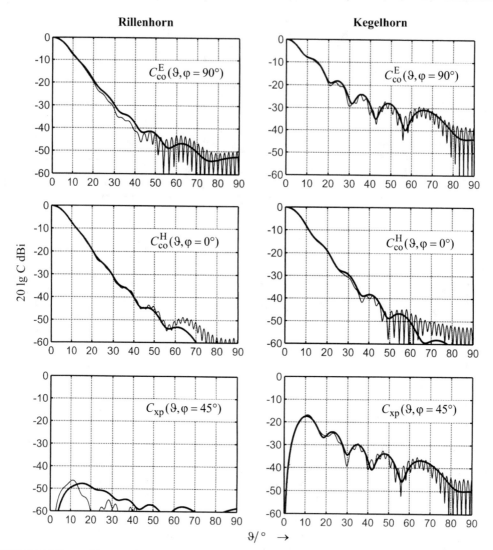

Bild 22.16 Ko- und kreuzpolare Richtdiagramme (analytische Näherung fett und numerische Simulation dünn) eines optimalen Rillenhorns bzw. Kegelhorns – Abmessungen siehe Bild 22.15

Die hohe Genauigkeit der Näherungsrechnungen kann bis zu einem Winkel von etwa $\vartheta = 60°$ bestätigt werden, was typisch für **Aperturfeldmethoden** ist. Auch die Kreuzpolarisation wird mit dem E-Feld-Aperturmodell (mit elektrischem Schirm) gut vorhergesagt. Die **Feinstruktur** der genaueren – aber viel aufwändigeren – numerischen Simulation resultiert aus Reflexions- und Beugungseffekten an der Apertur, die mit der physikalisch optischen Näherung natürlich nicht gefunden werden. Der Reflexionsfaktor im Speisehohlleiter ist $20 \lg |\underline{S}_{11}| \, dB = -21,9 \, dB$.

22.6 Skalarhorn

Mit Hilfe der Aperturfeldmethode und haben wir bisher Rillenhörner mit **Steigungswinkeln** von $\alpha_R < 30°$ untersucht, deren Phasenfehler in der ebenen Hornapertur noch durch die quadratische Näherung $\phi(\rho') \approx -k_0\,\rho'^2/(2\rho_R)$ beschrieben werden konnten. Für Rillenhörner mit größeren Steigungswinkeln im Bereich $30° < \alpha_R < 70°$ existiert kein analytisches Näherungsverfahren mehr. Hier ist man auf numerische Simulationen oder das Experiment angewiesen. Auf diesem Wege findet man folgende interessante Eigenschaften [Sim66, Cla84]:

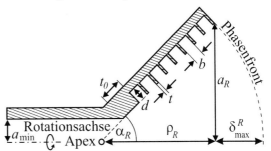

- Die kopolaren Strahlungsdiagramme hängen dominant vom **Steigungswinkel** α_R ab, während Aperturdurchmesser $2\,a_R$ bzw. Hornlänge ρ_R nur geringen Einfluss haben.

- Das **Phasenzentrum** bleibt breitbandig im Apex lokalisiert und die Beugung an der Aperturkante spielt nur eine geringe Rolle. Praktisch nutzbare **Bandbreiten** liegen im Bereich von etwa $B = f_0/f_u = 1{,}5$.

Bild 22.17 Breitband-Rillenhorn mit Steigungswinkel $30° < \alpha_R < 70°$ und Stegen <u>senkrecht</u> zur Wand

- Bei größeren Steigungswinkeln α_R werden die Rillen nicht mehr senkrecht zur Längsachse des Horns, sondern senkrecht zur Wand ausgeführt (Bild 22.17). Die **effektiv wirksame Rillentiefe** d_{eff} wird dadurch kleiner als die geometrische. Nach [Cla84] gilt ungefähr:

$$\boxed{d_{\mathrm{eff}} \approx 0{,}8\,d}\ . \tag{22.99}$$

- Solange die **Eingangsimpedanz** der Rillen dem Betrage nach hoch bleibt, wird die HE_{11}-Welle (balanced hybrid mode) von der Hornwand abgestoßen. Eine EH_{11}-Oberflächenwelle mit ihren störenden Oberflächenströmen kann dann erst gar nicht angeregt werden. Eine hohe Eingangsimpedanz erfordert, dass d_{eff} nicht mehr als 15-20 % von $\lambda_0/4$ abweicht.

- Die **Kreuzpolarisation** ist $XP < -30$ dB , bei größeren Aperturen sogar unter -40 dB. Die kopolaren Diagramme in E- und H-Ebene sind symmetrisch (daher der Name Skalarhorn).

Der Richtfaktor von Weitwinkel-Rillenhörnern erreicht bei einem Aperturdurchmesser von

$$\boxed{k_0\,a_R = 493/\alpha_R} \tag{22.100}$$

sein Maximum [Cla84], wobei der Steigungswinkel α_R im Gradmaß einzusetzen ist. Der zugehörige **maximale Richtfaktor** ist dann

$$\boxed{D_R = \left(250/\alpha_R\right)^2}\ . \tag{22.101}$$

Mit $D_R = 4\pi\,A_W/\lambda_0^2 = q_R\,(k_0\,a_R)^2$ erhalten wir den **Flächenwirkungsgrad** des Skalarhorns

$$q_R = D_R/(k_0\,a_R)^2 = \left(250/493\right)^2 = 25{,}7\ \% \ . \tag{22.102}$$

Die Weitwinkelanordnung mit $30° < \alpha_R < 70°$ verursacht größere Phasenfehler. So folgt aus (22.8) mit (22.100) der normierte Gangunterschied am Hornrand[6]

$$s = \frac{\delta_{\max}^R}{\lambda_0} = \frac{a_R}{\lambda_0}\,\tan\frac{\alpha_R}{2} = \frac{493}{2\,\pi\,\alpha_R}\,\tan\frac{\alpha_R}{2} > 0{,}7\ . \tag{22.103}$$

---

[6] Für $\alpha_R = 30°$ wird nach (22.103) der normierte Gangunterschied am Hornrand $s = 0{,}7$. Bei diesem Steigungswinkel ist auch (22.96) gerade noch anwendbar, woraus $q_R = 24{,}9\ \%$ folgt.

Die kopolaren **Keulenbreiten** des Designs (22.100) liegen bei [Rud86, Mil05]:

$$\Theta_E = \Theta_H = 0,735\,\alpha_R \qquad \Theta_{E,10} = \Theta_{H,10} = 1,515\,\alpha_R \qquad (22.104)$$

$$\Theta_{E,15} = \Theta_{H,15} = 1,934\,\alpha_R \qquad \Theta_{E,20} = \Theta_{H,20} = 2,300\,\alpha_R\,. \qquad (22.105)$$

Wie beim Rillenhorn mit Radialrillen und kleinen Steigungswinkeln $\alpha_R < 30°$ (Übung 22.3) gibt es auch beim Skalarhorn mit Rillen senkrecht zur Wand und $30° < \alpha_R < 70°$ eine **Kelleh-er-Beziehung** zwischen den Keulenbreiten an den verschiedenen Leistungspegeln:

$$\boxed{\frac{\Theta_E}{\Theta_{E,x}} = \left(\frac{3,01}{x}\right)^{1/p}} \qquad (x = \text{Pegel in dB})\,. \qquad (22.106)$$

Beim Skalarhorn ist der Parameter $p = 1,66$, wie man mit Hilfe von (22.104) und (22.105) leicht nachprüfen kann (siehe Anhang C.8).

Übung 22.4:   Entwurf eines breitbandigen Skalarhorns

- Ein direkt gespeister Rotationsparaboloid mit schwacher Krümmung (für geringe Kreuzpolarisation) habe ein Verhältnis von Brennweite zu Aperturdurchmesser von $F/D = 0,8155$. Nach (24.9) erfordert dieser Reflektor einen Primärstrahler, dessen 10-dB-Breiten $\Theta_{E,10} = \Theta_{H,10} = 2\,\theta_0 = 68,17°$ betragen. Nach (22.104) kann dies durch ein Skalarhorn mit einem Steigungswinkel von $\alpha_R = 45,0°$ realisiert werden. Welche Aperturgröße muss das Skalarhorn bei $f_u = 8$ GHz aufweisen und welcher Gewinn ist zu erwarten?

- **Lösung:**

Nach (22.100) erhalten wir mit $\lambda_u = c_0/f_u = 37,47$ mm den notwendigen Aperturradius

$$\frac{2\,\pi\,a_R}{\lambda_u} = \frac{493}{\alpha_R} \quad \Rightarrow \quad \frac{a_R}{\lambda_u} = 1,744 \quad \Rightarrow \quad a_R = 65,34 \text{ mm}\,, \qquad (22.107)$$

während der Gewinn bei $f_u = 8$ GHz aus (22.101) folgt:

$$D_R = \left(250/\alpha_R\right)^2 \quad \Rightarrow \quad D_R = 30,86 \,\,\hat{=}\,\, 14,9 \text{ dBi}\,. \quad \square \qquad (22.108)$$

Im Folgenden wollen wir die **Breitbandigkeit des Skalarhorns** aus Übung 22.4 mit einem Steigungswinkel von $\alpha_R = 45,0°$ numerisch überprüfen. Als untere Betriebsfrequenz wählen wir $f_u = 8$ GHz und als obere $f_o = 16$ GHz. Die vom lokalen Hornradius a abhängende Rillentiefe wird unter Beachtung von (22.68) und (22.99) auf die **Bandmitte** bei $f_m = c_0/\lambda_m = (f_u + f_o)/2 = 12$ GHz abgestimmt. Mit $\lambda_m = 24,98$ mm gilt also:

$$d = \frac{d_{\text{eff}}}{0,8} = 1,25\,\frac{\lambda_m}{4}\,\exp\left[\frac{1}{2,114\,(2\,\pi a/\lambda_m)^{1,134}}\right]\,. \qquad (22.109)$$

Der Radius des speisenden Rundhohlleiters sei gemäß [Gran05, Abba09]

$$a_{\min} = (3\,\lambda_m)/(2\,\pi) = 11,93 \text{ mm}\,. \qquad (22.110)$$

Damit ist auf der Speiseleitung wegen (8.103)

$$f_c^{H_{11}} = \frac{c_0\,j_{11}'}{2\,\pi\,a_{\min}} = f_m\,\frac{j_{11}'}{3} = 7,365 \text{ GHz} = \frac{f_u}{1,086} \qquad (22.111)$$

die H_{11}-Grundwelle gut ausbreitungsfähig. Im Geometriemodell verwenden wir nach (22.64) an der Bandmitte bei $f_\mathrm{m} = 12\ \mathrm{GHz}$ sieben Rillen pro Wellenlänge

$$\boxed{\frac{\lambda_\mathrm{m}}{b+t} = 7} \quad \Rightarrow \quad b+t = 3{,}569\ \mathrm{mm} \qquad (22.112)$$

und nach (22.65) ein Verhältnis von Steg- zu Rillenbreite wie

$$\boxed{\frac{t}{b} = 0{,}5} \quad \Rightarrow \quad b = 2{,}379\ \mathrm{mm}\ \text{ und }\ t = 1{,}190\ \mathrm{mm}\,. \qquad (22.113)$$

Mit einem 3D-Gitterverfahren [CST] wurde ein Rillen-hornmodell aus 20 Rillen erstellt (Bild 22.18). Die Tiefe der ersten drei Rillen wurde nach (22.109) gewählt. Ab der dritten Rille wurde bis zur Apertur mit einer konstanten **Rillentiefe** von $d = 8{,}424\ \mathrm{mm}$ gerechnet.

Die Anpassung konnte mit einer glattwandigen Kegel-hornsektion der Mantellänge $t_0 = 1{,}748\,b = 4{,}159\ \mathrm{mm}$ verbessert werden. Dieser glattwandige Bereich muss noch _vor_ Beginn der ersten Rille liegen (Bild 22.17) und sollte länger als eine Rillenbreite b sein [Abba09].

Bild 22.18 CAD-Modell eines Skalarhorns mit halbem Öffnungswinkel $\alpha_R = 45{,}0°$ und 20 Rillen

Das Stehwellenverhältnis auf der Speiseleitung (Bild 22.19) bleibt im gesamten Frequenzbereich kleiner als $s = 2$ und liegt im Intervall $9{,}79\ \mathrm{GHz} \le f \le 15{,}31\ \mathrm{GHz}$ unterhalb von 1,22 (was einem Gesamtreflexionsfaktor $20\lg r$ dB von weniger als -20 dB entspricht).

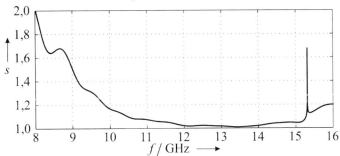

Bild 22.19 Stehwellenverhältnis s im Speisehohlleiter des Skalarhorns aus Bild 22.18 berechnet mit (22.115). Man beachte den Peak an der Grenzfrequenz der E_{11}-Welle, siehe (22.114).

Die einfallende H_{11}-Welle führt einerseits zu einer reflektierten H_{11}-Welle und außerdem zu einer reflektierten E_{11}-Welle, welche die Grenzfrequenz

$$f_c^{E_{11}} = \frac{c_0\, j_{11}}{2\,\pi\, a_\mathrm{min}} = f_\mathrm{m}\,\frac{j_{11}}{3} = 15{,}33\ \mathrm{GHz} = 0{,}958\, f_\mathrm{o} \qquad (22.114)$$

besitzt. Da keine anderen Wellentypen im Frequenzbereich $f_\mathrm{u} \le f \le f_\mathrm{o}$ nennenswerte Leistung aufweisen, berechnet sich das **Stehwellenverhältnis** auf der Speiseleitung wie folgt:

$$s = \frac{1+r}{1-r} \quad \text{mit} \quad r = \sqrt{\left|\underline{S}_{11}^{H_{11}}\right|^2 + \left|\underline{S}_{11}^{E_{11}}\right|^2}\,. \qquad (22.115)$$

In Bild 22.20 sind weitere Ergebnisse der numerischen Simulation [CST] dargestellt. Man beachte, dass nur die Kreuzpolarisation und die 10-dB-Breiten **breitbandiges Verhalten** zeigen, während Richtfaktor und Halbwertsbreiten eine spürbare Frequenzabhängigkeit aufweisen.

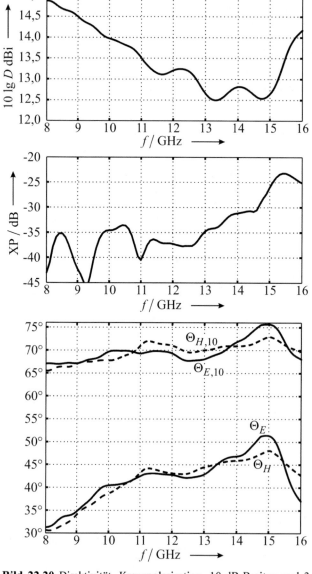

Die mit der Frequenz zunehmenden Phasenfehler in der Apertur des Skalarhorns führen im Intervall $8{,}0\,\text{GHz} \le f \le 14{,}6\,\text{GHz}$ zu einem Verlauf von ungefähr $D \propto 1/f$. Bei Verdoppelung der Frequenz sinkt der **Richtfaktor** also um 3 dB. Das Maximum von 14,9 dBi liegt bei $f_\text{u} = 8\,\text{GHz}$.

Die **Kreuzpolarisation** bleibt im Bereich von 8,0 GHz bis etwa 14,6 GHz kleiner als $-30\,\text{dB}$, meist sogar unter $-35\,\text{dB}$.

Die **10-dB-Breiten** sind im Bereich $8{,}0\,\text{GHz} \le f \le 14{,}6\,\text{GHz}$ recht stabil und schwanken zwischen 65,5° und 74,8°.

Die **Halbwertsbreiten** zeigen entsprechend der Beziehung $D\,\Theta_E\,\Theta_H = \text{const.}$ eine stärkere Frequenzabhängigkeit und wachsen etwa mit der Wurzel aus der Frequenz an.

Bild 22.20 Direktivität, Kreuzpolarisation, 10-dB-Breiten und 3-dB-Breiten im Skalarhorn aus Übung 22.4 (mit Steigungswinkel $\alpha = 45°$)

Die an der unteren Frequenz $f_\text{u} = 8\,\text{GHz}$ nach (22.104) berechneten Keulenbreiten von $\Theta_{E,10} = 68{,}2°$ und $\Theta_E = 33{,}1°$ werden durch die numerische Simulation gut bestätigt.

Der **Nutzungsbereich** dieses Skalarhorns, in dem *gleichzeitig* gute Anpassung, niedrige Kreuzpolarisation und stabile 10-dB-Breiten vorliegen, ist $9{,}8\,\text{GHz} \le f \le 14{,}6\,\text{GHz}$. Das Frequenzverhältnis beträgt also $B = 1{,}5 : 1$. Mit der Mittenfrequenz von 12,2 GHz wird $B_r = 39{,}3\,\%$.

22.7 Aufgaben

22.7.1 Vergleichen Sie zwei optimale Sektorhörner mit Maximalgewinn, die sich in der E-Ebene bzw. in der H-Ebene weiten. Sie werden jeweils von einem Rechteckhohlleiter mit Seitenverhältnis $a/b = 2,25$ gespeist. Es gelte $q_E = q_H = 0,63$. Welches der beiden Hörner hat die kürzere Knicklänge, falls *gleicher* Richtfaktor $D_E = D_H$ vorliegt?

22.7.2 Wie groß werden die Knicklängen des Rillenhorns und des Kegelhorns aus Bild 22.15? Gehen Sie von einem Einsatz im X-Band bei $\lambda_0 = 3\,\text{cm}$ aus.

22.7.3 Berechnen Sie ausgehend von der Aperturbelegung eines Kegelhorns (22.63) die Aperturfeldintegrale $\underline{P}_x$ und $\underline{P}_y$ gemäß (21.41). Benutzen Sie die Abkürzungen $u = \rho'/a_K$ und $p = k_0\,a_K \sin\vartheta$ sowie $a_K^2 \big/ (2\,\rho_K) = \delta_{\text{max}}^K = s\lambda_0$.

22.7.4 Überlegen Sie sich analog zu (22.74) eine Näherungslösung für die Integrale $\underline{I}_0$ und $\underline{I}_2$, die in der Lösung der Aufgabe 22.7.3 aufgetreten sind.

Lösungen:

22.7.1 Mit $D_E = (4\pi/\lambda_0^2)\,q_E\,a\,B$ und $\rho_E = B^2/(8 \cdot 0,2624\,\lambda_0)$ sowie $L_E = \rho_E\,(1 - b/B)$ folgt:

$$L_E = \frac{D_E^2}{8 \cdot 0,2624\,\lambda_0\left((4\pi/\lambda_0^2)\,q_E\,a\right)^2}\left(1 - \frac{(4\pi/\lambda_0^2)\,q_E\,a\,b}{D_E}\right).$$ Mit einer analogen Formel

für L_H sowie mit $D_E/q_E = D_H/q_H$ folgt: $\dfrac{L_H}{L_E} = \dfrac{0,2624}{0,3965}\dfrac{a^2}{b^2} = \dfrac{0,2624}{0,3965}\,2,25^2 = 3,4$.

22.7.2 Nach Tabelle 8.10 wählen wir als Speiseleitung einen Rundhohlleiter (C104) mit einem Radius von $a = 1,0122\,\text{cm}$. Analog zu (22.23) folgen die gesuchten Knicklängen aus $L_R = \rho_R\left(1 - a/a_R\right) = 33,3\,\text{cm}$ und $L_K = \rho_K\left(1 - a/a_K\right) = 33,5\,\text{cm}$.

22.7.3 $\underline{P}_x(\vartheta,\varphi) = -2\,\pi\,a_K^2\,\underline{E}_0\,e^{-j\,2\,\pi\,s}\,\sin(2\varphi)\,\underline{I}_2(\vartheta)$ und

$$\underline{P}_y(\vartheta,\varphi) = 2\,\pi\,a_K^2\,\underline{E}_0\,e^{-j\,2\,\pi\,s}\left[\underline{I}_0(\vartheta) + \cos(2\varphi)\,\underline{I}_2(\vartheta)\right]$$ mit den Hilfsintegralen

$$\underline{I}_0 = \int_{u=0}^{1} u\,J_0(j_{11}'\,u)\,J_0(p\,u)\,e^{j\,2\,\pi\,s(1-u^2)}\,du, \quad \underline{I}_2 = \int_{u=0}^{1} u\,J_2(j_{11}'\,u)\,J_2(p\,u)\,e^{j\,2\,\pi\,s(1-u^2)}\,du$$

22.7.4 Mit einer Ausgleichskurve vierter Ordnung im Bereich $0 \le u \le 1$ jeweils für

$$\begin{aligned}J_0(j_{11}'\,u) &\approx b_0 + b_2\,u^2 + b_4\,u^4 \\ J_2(j_{11}'\,u) &\approx c_0 + c_2\,u^2 + c_4\,u^4\end{aligned}$$ mit

$b_0 = 0,99966$		$c_0 = 0,00025$
$b_2 = -0,84036$	sowie	$c_2 = 0,41843$
$b_4 = 0,15777$		$c_4 = -0,10343$

können die gesuchten Integrale auf Lommelsche Funktionen zurückgeführt werden [Kar06]. In diesem Zusammenhang nützliche Integrale findet man in Anhang A.10. Numerische Ergebnisse zeigt Bild 22.15.

23 Aperturstrahler III (Linsenantennen)

23.1 Konvexe Verzögerungslinse

Dielektrische Linsen kompensieren die Laufzeitunterschiede in der Belegung der ebenen Apertur eines Hornstrahlers dadurch, dass sie die achsennahe Strahlung gegenüber den Randstrahlen verzögern. Eine solche **konvexe Verzögerungslinse** ist in Bild 23.1 dargestellt.

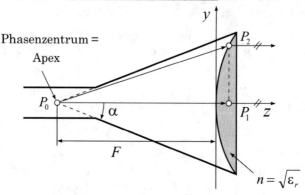

Bild 23.1 Dielektrische Verzögerungslinse (Rotationshyperboloid) in der Apertur eines Kegelhorns

Der Abstand der Linse vom Hornapex sei F und die Phasengeschwindigkeit in der Linse ist

$$v_p = c = c_0 \big/ \sqrt{\varepsilon_r} = c_0 \big/ n \,, \tag{23.1}$$

wobei mit $n = \sqrt{\varepsilon_r} > 1$ der Brechungsindex bezeichnet wird. Nach dem Linsendurchgang sollen sich alle gebrochenen Strahlen achsenparallel und phasengleich ausbreiten. Wir betrachten dazu einen Punkt $P_1(z, y = 0)$ auf der Symmetrieachse der Linse und einen zweiten $P_2(z, y)$, der bei gleichem z auf dem inneren Linsenrand liegen soll. Für gleiche Laufzeit des Mittelstrahls $\overline{P_0 P_1}$ und eines beliebigen anderen $\overline{P_0 P_2}$ fordert man:

$$\frac{F}{c_0} + \frac{z}{c} = \frac{\sqrt{(F+z)^2 + y^2}}{c_0} \quad \Rightarrow \quad (F + nz)^2 = (F+z)^2 + y^2 \,. \tag{23.2}$$

Nach Ausführen der Quadrate und Zusammenfassung erhält man für $z \geq 0$ und $n > 1$:

$$\boxed{z^2(n^2 - 1) + 2zF(n-1) - y^2 = 0} \,. \tag{23.3}$$

Das ist die Gleichung einer *Hyperbel*, aus der man für gegebenes y die **Linsenkontur** $z(y)$ bestimmen kann, um eine uniforme Phasenbelegung in der ebenen Apertur zu erzeugen. Die Oberfläche der gewölbten Seite der Linse ist also ein **Rotationshyperboloid.** Mit dieser Kontur kann eine *sphärische* Phasenfront in eine *ebene* Phasenfront umgewandelt werden.

Übung 23.1: Dimensionierung einer Linsenantenne

- Zur Korrektur des sphärischen Phasenfehlers eines Kegelhorns mit Steigungswinkel α soll in dessen Apertur mit Durchmesser D eine rotationssymmetrische Linse eingebaut werden. Ihre konvexe Vorderkontur sei hyperbelförmig; die Hinterkontur sei plan (Bild 23.2).

© Springer Fachmedien Wiesbaden GmbH, ein Teil von Springer Nature 2022
K. W. Kark, *Antennen und Strahlungsfelder*,
https://doi.org/10.1007/978-3-658-38595-8_23

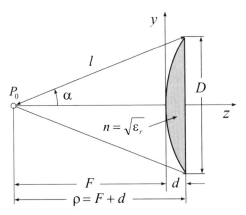

Bild 23.2 Bestimmung der maximalen Dicke d einer dielektrischen Verzögerungslinse im Kegelhorn

- Nehmen Sie an, dass der Apexabstand F bekannt sei und bestimmen Sie für ein vorhandenes Linsenmaterial mit Brechungsindex n die erforderliche maximale Dicke d der Linse.

- **Lösung:**

  Die gesuchte Linsendicke d bestimmt man aus der Linsengleichung (23.3):

  $$z^2 (n^2 - 1) + 2 z F (n-1) - y^2 = 0 , \tag{23.4}$$

  wenn man sie für einen Punkt auf dem Linsenrand auswertet. Man erhält an den Randpunkten $P(z = d, y = \pm D/2)$ den Zusammenhang:

  $$d^2 (n^2 - 1) + 2 d F (n-1) - \frac{D^2}{4} = 0 , \tag{23.5}$$

  d. h.

  $$d^2 + 2 d \frac{F}{n+1} - \frac{D^2}{4(n^2-1)} = 0 . \tag{23.6}$$

  Durch Auflösen der quadratischen Gleichung (23.6) nach der Linsendicke

  $$d = -\frac{F}{n+1} {\scriptstyle (-)}^{+} \sqrt{\left(\frac{F}{n+1}\right)^2 + \frac{D^2}{4(n^2-1)}} > 0 , \tag{23.7}$$

  wobei nur ein <u>positives</u> d sinnvoll ist, findet man:

  $$d = \frac{1}{n+1} \left[\sqrt{F^2 + \frac{D^2(n+1)}{4(n-1)}} - F \right] . \tag{23.8}$$

  Bezogen auf den Linsendurchmesser D erhält man die normierte Dicke:

  $$\boxed{\frac{d}{D} = \frac{1}{n+1} \left[\sqrt{\left(\frac{F}{D}\right)^2 + \frac{1}{4}\frac{n+1}{n-1}} - \frac{F}{D} \right] ,} \tag{23.9}$$

  die in Bild 23.3 für verschiedene F/D-Werte über dem Brechungsindex $n = \sqrt{\varepsilon_r}$ aufgetragen ist.

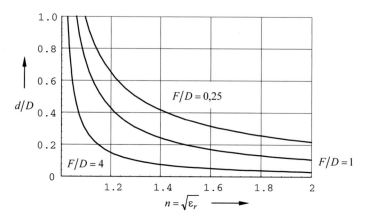

Bild 23.3 Normierte Dicke einer Linsenantenne als Funktion vom Brechungsindex n und von F/D

Im Allgemeinen ist der notwendige Apexabstand F gar nicht bekannt, dafür aber die Summe $\rho = F + d$, die sich aus der axialen Hornlänge ρ ergibt. Mit $F = \rho - d$ folgt aus (23.5):

$$d^2 (n^2 - 1) + 2 d (\rho - d) (n - 1) - \frac{D^2}{4} = 0 . \tag{23.10}$$

So erhält man eine neue Bestimmungsgleichung für die gesuchte Linsendicke d:

$$d^2 (n - 1)^2 + 2 d \rho (n - 1) - \frac{D^2}{4} = 0 , \tag{23.11}$$

nun aber als Funktion von ρ anstelle von F, die man noch weiter umformt:

$$d^2 + 2 d \frac{\rho}{n - 1} - \frac{D^2}{4 (n - 1)^2} = 0 . \tag{23.12}$$

Die Lösung von (23.12) liefert die **Linsendicke** d in Abhängigkeit von der Hornlänge ρ:

$$d = \frac{1}{n - 1} \left[\sqrt{\rho^2 + D^2/4} - \rho \right] > 0 . \tag{23.13}$$

Mit der Hornmantellänge $l = \sqrt{\rho^2 + D^2/4}$ folgt noch einfacher:

$$\boxed{d = \frac{l - \rho}{n - 1}} \quad \text{bzw.} \quad \boxed{d = \frac{1}{n - 1} \frac{D}{2} \tan \frac{\alpha}{2}} , \quad \text{wobei (22.7) verwendet wurde.} \tag{23.14}$$

Die Größe $l - \rho$ ist der Gangunterschied, der am Hornrand bei _nicht_ vorhandener Linse auftritt. Mit (23.14) finden wir den für die Linsengleichung (23.3) nötigen **Apexabstand:**

$$\boxed{F = \rho - d = \frac{n \rho - l}{n - 1}} , \quad \text{der positiv sein muss, also gilt:} \quad \boxed{n = \sqrt{\varepsilon_r} > l/\rho} . \quad \square \tag{23.15}$$

Für den Aufbau von **Mikrowellenlinsen** sind die aus der Optik bekannten Dielektrika ungeeignet, da wegen der größeren Durchmesser solche Linsen zu schwer und zu teuer würden. Man verwendet eher leichte dielektrische Materialien mit geringen Verlusten. Typische Verlustfaktoren sind $\tan \delta \leq 10^{-3}$, wobei die relative Permittivität meist im Bereich $\varepsilon_r \leq 3$ liegt (Anhang D). Linsenantennen werden für spezielle Aufgabenstellungen eingesetzt, die kleine Antennenabmessungen erfordern [Kar94]. In ihren elektrischen Eigenschaften und in den Kosten sind sie im Allgemeinen den **Reflektorantennen** unterlegen.

23.2 Aperturlinse im optimalen Kegelhorn

In Abschnitt 22.5 haben wir uns ausführlich mit **optimalen Kegelhornantennen** beschäftigt, die bei gegebener axialer Baulänge ρ einen maximalen Gewinn aufweisen. Die dazu notwendigen geometrischen Abmessungen findet man in Tabelle 22.2. Ein solches Optimalhorn – mit einem Phasenfehler von 140,7° am Hornrand – hat demnach einen Gewinn von

$$\boxed{\frac{10\lg G}{\mathrm{dBi}} = 7,08 + 20\lg\frac{2a}{\lambda_0}} \quad \text{(gültig für } a > 1,35\,\lambda_0\text{),} \tag{23.16}$$

falls der Durchmesser der Hornapertur wie

$$D = 2a = \sqrt{3,127\lambda_0\,\rho} \tag{23.17}$$

gewählt wurde. Im Folgenden interessieren wir uns für die Frage, um welchen Wert sich der Gewinn (23.16) noch steigern lässt, wenn in das optimale Kegelhorn eine dielektrische Hyperbellinse nach Bild 23.2 eingesetzt wird. Durch passende Verzögerung der achsennahen Strahlung wird die ursprünglich sphärische Phasenfront in eine ebene Phasenfront umgewandelt und so der Phasenfehler über der gesamten Apertur kompensiert. Die Aperturbelegung entspricht dann – mit Ausnahme des Bereichs unmittelbar an der Aperturkante – derjenigen eines H_{11}-Rundhohlleiters. Nach (21.71) sollte sich also folgender Gewinn erreichen lassen:

$$\boxed{\frac{10\lg G}{\mathrm{dBi}} = \frac{10\lg\left[0,8368\,(k_0\,a)^2\right]}{\mathrm{dBi}} = 9,17 + 20\lg\frac{2a}{\lambda_0}} \quad \text{(gültig für } a > 0,8\,\lambda_0\text{),} \tag{23.18}$$

das sind 2,09 dB mehr als ohne Linse. Die Gewinnabschätzungen (23.16) und (23.18) dürfen nur bei ausreichend großen Aperturradien (siehe Bild 14.17 und Tabelle 22.2) verwendet werden. Mit Hilfe eines numerischen 3D-Gitterverfahrens [CST] wurde (23.18) für Optimalhörner _mit_ dielektrischer Aperturlinse sowie (23.16) für _leere_ Optimalhörner überprüft (Bild 23.4).

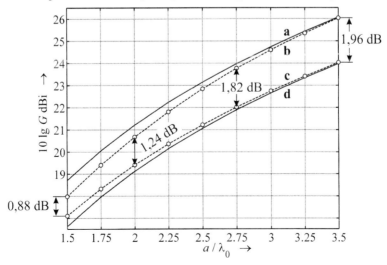

Bild 23.4 Kurve **a**: Asymptotischer Gewinn eines offenen Rundhohlleiters nach (23.18), Kurve **b**: Gewinn eines Kegelhorns (23.17) _mit_ dielektrischer Aperturlinse [CST], Kurve **c**: Gewinn eines _leeren_ Kegelhorns (23.17) [CST], Kurve **d**: Asymptotischer Gewinn eines Kegelhorns nach (23.16).

In Bild 23.4 wird deutlich, dass die für *große* Aperturen hergeleiteten Gewinnformeln (23.16) und (23.18) asymptotisch korrekt sind. Die numerischen Vergleichsergebnisse sind mit Markern (o) dargestellt und durch gestrichelte Linien verbunden. Der wahre Gewinn eines leeren Kegelhorns mit Geometrie (23.17) ist immer etwas höher (Kurve **c**) als die Abschätzung (23.16) erwarten lässt. Durch den Einbau einer dielektrischen Aperturlinse (Kurve **b**) kann der Gewinn eines Kegelhorns *großer* Apertur tatsächlich um bis zu 2,09 dB gesteigert werden – bei kleineren Aperturen fällt die mögliche Verbesserung spürbar geringer aus.

Die **verbesserten Gewinnwerte** (Kurve **b** in Bild 23.4) stellen sich bei optimalen Kegelhornantennen gegebenen Aperturdurchmessers $2a$ aber nur für ganz bestimmte Linsenmaterialien mit jeweiligem Brechungsindex $n = \sqrt{\varepsilon_r}$ ein. Die optimalen Werte von ε_r sind in Bild 23.5 dargestellt und wurden durch umfangreiche numerische Untersuchungen ermittelt [Zim10].

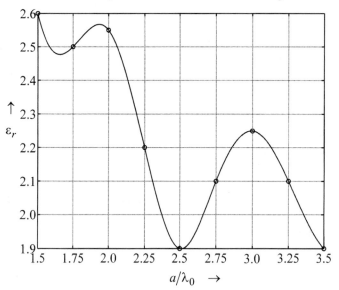

Bild 23.5 Optimale relative Permittivität ε_r einer Linse im Kegelhorn mit Maximalgewinn [Zim10]

Mit den in der Praxis üblichen Linsenmaterialien Teflon ($\varepsilon_r = 2,1$), Paraffin ($\varepsilon_r = 2,25$) und Polystyrol ($\varepsilon_r = 2,55$) lässt sich der notwendige Bereich gut abdecken.

23.2.1 Einfluss des Linsenmaterials

Wir wollen nun die Frage klären, warum es gerade diejenigen Werte von ε_r aus Bild 23.5 sind, die besonders hohe Gewinne ermöglichen. Es gibt schließlich – je nach Brechungsindex $n = \sqrt{\varepsilon_r}$ – viele mögliche **Linsen mit Hyperbelkontur,** die eine sphärische in eine ebene Phasenfront umwandeln können und auf den ersten Blick gleichwertig erscheinen.

Tatsächlich hat der Brechungsindex starken Einfluss auf die Linsendicke d, den Linsenrandwinkel γ sowie die Krümmung der Linsenvorderseite, was in zwei Beispielen für einen Aperturdurchmesser des optimalen Kegelhorns von $2a = 3\lambda_0$ in Bild 23.6 gezeigt wird. Der Steigungswinkel eines solchen Optimalhorns beträgt nach Tabelle 22.2 dann

$$\alpha = \arctan \frac{0,7816}{a/\lambda_0} = 27,5° .\tag{23.19}$$

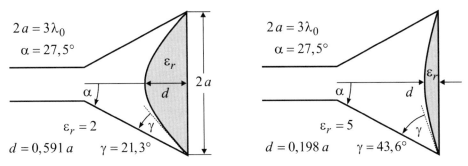

Bild 23.6 Einfluss vom Brechungsindex $n = \sqrt{\varepsilon_r}$ auf die Gestalt der Korrekturlinse eines Kegelhorns

Welcher **Brechungsindex** $n = \sqrt{\varepsilon_r}$ nun günstig ist, hängt von folgenden Gesichtspunkten ab:

1) Polarisationsverluste im Dielektrikum schwächen das Aperturfeld.

2) Reflexionsverluste an beiden Linsenkonturen schwächen das Aperturfeld.

3) Mehrfachreflexionen innerhalb der Linse stören das Aperturfeld.

4) Mehrfachreflexionen zwischen Linse und Kegelhornrand stören das Aperturfeld.

Eine Korrektionslinse hat also neben dem *positiven* Effekt, eine ebene Phasenfront zu erzeugen, auch die genannten vier *negativen* Auswirkungen. Damit wird klar, dass ein Kegelhorn mit Linse nicht ganz den Gewinn eines leeren Rundhohlleiters gleicher Aperturgröße erreichen kann.

Kleine Werte von ε_r führen zu dicken, schweren und stark gekrümmten Linsen (Bild 23.6). Dadurch ergeben sich kleine Linsenrandwinkel γ, die dazu führen, dass Mehrfachreflexionen zwischen Linse und Kegelhornrand sich in Vorwärtsrichtung als starke Phasenfehler in den äußeren Aperturbereichen bemerkbar machen. Ist bei *großen* Werten von ε_r der Linsenrandwinkel γ hingegen größer, laufen die Mehrfachreflexionen eher in Rückwärtsrichtung und das Aperturfeld wird weniger gestört. Näheres zum Zusammenhang $\gamma(n)$ bietet Aufgabe 23.5.2.

Andererseits verursachen *große* Werte von ε_r spürbare Reflexionsverluste. Für die durch den Einbau einer Linse bedingte **Einfügungsdämpfung** (insertion loss *IL*, siehe Anhang E) gibt [Jas61] eine Näherungsformel, bei der die Wahl des Linsenmaterials Berücksichtigung findet:

$$IL = -10\lg\left|\underline{S}_{21}\right|^2 \text{ dB} = -10\lg\left(1 - \left|\underline{S}_{11}\right|^2\right) \text{ dB} \approx 8{,}69 \cdot \frac{(n-1)^2}{(n+1)^2} \text{ dB}. \qquad (23.20)$$

Folgende empirisch gewonnene Abschätzung

$$\boxed{IL \approx \frac{13{,}5}{a/\lambda_0} \cdot \frac{(n-1)^2}{(n+1)^2} \text{ dB}} \qquad (23.21)$$

stimmt mit den Daten, die aus umfangreichen numerischen Untersuchungen [CST] im Bereich $n \le 1{,}7$ und $1{,}5 \le a/\lambda_0 \le 3{,}5$ ermittelt wurden, besser überein.

Am besten wäre es also, kleine Werte von ε_r und große Werte von γ zu haben, was sich bei kleinen Aperturen leider gegenseitig ausschließt. Erst bei $a/\lambda_0 > 2{,}75$ wird der Linsenrandwinkel $\gamma > 45°$ und gleichzeitig $\varepsilon_r < 2{,}25$. Damit erklärt sich nachträglich, warum in Bild 23.4 erst bei *größeren* Aperturen die Abstände der Kurven **b** und **c** gegen 2,09 dB streben.

23.2.2 Berechnungsbeispiel

Wir betrachten nun nach Bild 23.2 eine dielektrische Verzögerungslinse mit hyperbelförmiger Vorderkontur und ebener Rückseite. Ihre **Vorderkontur** $z(y)$ erhalten wir aus (23.3):

$$z(y) = \frac{F}{n+1}\left(-1 + \sqrt{1 + \frac{n+1}{n-1}\frac{y^2}{F^2}}\right). \tag{23.22}$$

Mit dem Apexabstand F aus (23.15) folgt

$$\boxed{z(y) = \frac{n\rho - l}{n^2 - 1}\left(-1 + \sqrt{1 + \frac{n^2 - 1}{(n\rho - l)^2}y^2}\right)} \quad \text{mit} \quad -\frac{D}{2} = -a \leq y \leq a = \frac{D}{2}. \tag{23.23}$$

Die Geometrie der Korrekturlinse hängt also von den Abmessungen ρ und $l = \sqrt{\rho^2 + a^2}$ des zugehörigen Kegelhorns und ihrem Brechungsindex $n = \sqrt{\varepsilon_r} > l/\rho$ ab. Als **Beispiel** betrachten wir bei $\lambda_0 = 29{,}98$ mm ein Kegelhorn mit Aperturdurchmesser $D = 2a = 5{,}5\lambda_0 = 164{,}9$ mm, dessen Geometrie nach Tabelle 22.2 für maximalen Gewinn optimiert wurde. Als Speiseleitung wird ein für $f = 10$ GHz geeigneter C 104-Rundhohlleiter eingesetzt, der nach Tabelle 8.10 einen Innendurchmesser von $20{,}244$ mm besitzt. Wir wollen untersuchen, wie sich die Richtdiagramme und der Richtfaktor verbessern lassen, wenn wir zur Korrektur der Phasenfehler in der Apertur des Horns eine dielektrische Linse mit der Vorderkontur (23.23) einsetzen. Nach Tabelle 22.2 hat das optimale Kegelhorn folgende **Abmessungen:**

$$\rho = 4a^2/(3{,}127\lambda_0) = 290{,}1 \text{ mm} \quad \text{und} \quad l = \sqrt{\rho^2 + a^2} = 301{,}5 \text{ mm}. \tag{23.24}$$

Der Steigungswinkel ist $\alpha = \arctan(a/\rho) = 15{,}9°$, der Gewinn des leeren Horns (noch ohne Linse) beträgt $22{,}01$ dBi (Bild 23.4) und der Linsenrandwinkel (Bild 23.6) ist $\gamma = 44{,}8°$.

Mit [CST] sind die in Bild 23.7 dargestellten – stark schwankenden – Kurven des **Gewinns** G und des **realisierten Gewinns** $G_R = G(1 - |\underline{S}_{11}|^2)$ für ein Kegelhorn mit Geometrie nach (23.24) als Funktion von ε_r ermittelt worden. Beim realisierten Gewinn geht zusätzlich zur Aperturbelegung auch noch die Anpassung in die Bewertung mit ein (siehe Anhang E).

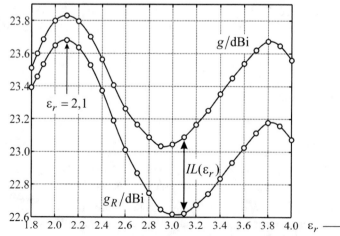

Bild 23.7 Gewinn bei $f = 10$ GHz eines nach Tabelle 22.2 optimalen Kegelhorns mit Aperturdurchmesser $D = 2a = 5{,}5\lambda_0$ als Funktion der relativen Permittivität ε_r seiner Korrekturlinse

Beide Kurven in Bild 23.7 haben ihr Maximum bei $\varepsilon_r = 2,1$, was hier die Wahl von Teflon als Linsenmaterial nahelegt. Bei größeren Werten von ε_r verursachen die dort stärkeren Reflexionsverluste eine steigende **Einfügungsdämpfung** $IL(\varepsilon_r)$, weshalb sich beide Kurven voneinander entfernen. Für $\varepsilon_r = 2,1$ folgt die Einfügungsdämpfung aus (23.21):

$$IL \approx \frac{13,5}{a/\lambda_0} \cdot \frac{\left(\sqrt{\varepsilon_r}-1\right)^2}{\left(\sqrt{\varepsilon_r}+1\right)^2} \text{ dB} = \frac{13,5}{2,75} \cdot \frac{(\sqrt{2,1}-1)^2}{(\sqrt{2,1}+1)^2} \text{ dB} = 0,17 \text{ dB}. \tag{23.25}$$

Durch eine reflexionsmindernde Beschichtung der äußeren, ebenen Linsenseite kann diese Einfügungsdämpfung verringert werden. Ein $\lambda/4$–Transformator zwischen Linse ($n = \sqrt{2,1}$) und Luft ($n_0 = 1$) scheidet hier aus, da er wegen $n_1 = \sqrt{n\,n_0}$ ein sehr ungewöhnliches Material mit $\varepsilon_{r1} = 1,45$ benötigen würde. Alternativ kann man die Anpassungsverluste auch mit einer passend gewählten zylindrischen Verlängerung der Linse <u>gleichen</u> Materials ε_r reduzieren.

Für ein <u>leeres</u> Kegelhorn gegebener Baulänge $\rho = 290,1 \text{ mm}$, das nach (23.24) bei $f = 10 \text{ GHz}$ einen Aperturdurchmesser von $D = 2\,a = 5,5\,\lambda_0 = 164,9 \text{ mm}$ aufweisen muss, um seinen maximalen Gewinn von 22,01 dBi zu erreichen, sind in Bild 23.8 die kopolaren **Richtdiagramme** in der E- und der H-Ebene als <u>gestrichelte</u> Kurven dargestellt. Die <u>durchgezogenen</u> Kurven zeigen die Richtdiagramme, die sich nach dem Einbau einer Hyperbellinse mit $\varepsilon_r = 2,1$ einstellen. Der Gewinnanstieg um 1,82 dB auf einen Wert von 23,83 dBi (siehe auch Bild 23.4) wird durch ein deutliches Absenken der Nebenkeulen erreicht – als Folge der nun gleichphasigen Aperturbelegung. Das Kegelhorn <u>mit Linse</u> strahlt somit nahezu wie ein offener H_{11}-Rundhohlleiter (man vergleiche die fast identischen Werte aus Tabelle C.4).

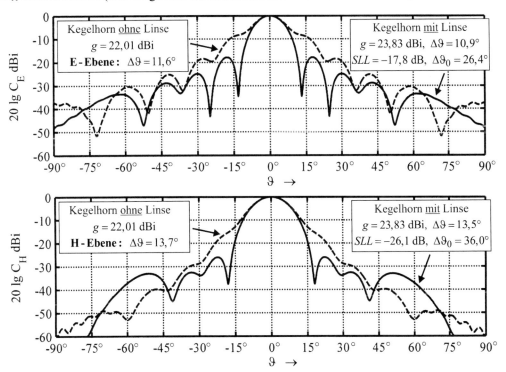

Bild 23.8 Kopolare Kegelhorndiagramme [CST] für $D = 5,5\,\lambda_0$ und $\rho = 9,674\,\lambda_0$ bei $f = 10$ GHz

23.3 Konkave Beschleunigungslinse

Zur Kompensation von Laufzeitunterschieden in der Belegung einer ebenen Apertur kann man
– anstelle der Verzögerung der achsennahen Strahlung – auch versuchen, die randnahe Strahlung zu beschleunigen. Das ist natürlich nicht mit dielektrischen Linsen möglich, sondern erfordert ein künstliches Linsenmedium, das man im Allgemeinen aus äquidistanten, parallelen
Metallplatten im gegenseitigen Abstand a aufbaut (Bild 23.9).

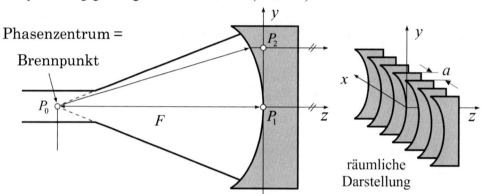

Bild 23.9 Metallplattenmedium zur Beschleunigung der randnahen Strahlung eines E-plane Sektorhorns

Die für $z \leq 0$ gültige Linsengleichung erhält man aus (23.3) nach Multiplikation mit -1 :

$$z^2 (1-n^2) + 2\,z\,F\,(1-n) + y^2 = 0$$ (23.26)

Sie führt bei $n < 1$ auf eine **elliptische Vorderkontur.** Falls der elektrische Feldvektor **parallel** zu den Metallplatten – mit gegenseitigem Abstand a – orientiert ist, ergibt sich eine Feldverteilung, die derjenigen einer H_{10}-Hohlleiterwelle entspricht. Aus der Phasengeschwindigkeit
einer H_{10}-Welle im luftgefüllten Hohlleiter

$$v_p = \frac{c_0}{\sqrt{1 - \left(\dfrac{\pi}{k_0\,a}\right)^2}},$$ (23.27)

die aus (8.50) folgt, erhält man den Brechungsindex des Metallplattenmediums:

$$n(\lambda_0) = \frac{c_0}{v_p} = \sqrt{1 - \left(\frac{\lambda_0}{2\,a}\right)^2} < 1 \quad \text{mit } \lambda_0/2 < a < \lambda_0,$$ (23.28)

sodass keine höheren Wellen im Hohlleiterbereich auftreten. Es wird in der dünneren Linsen-
mitte weniger stark beschleunigt als in den längeren Hohlleiterstücken am Linsenrand. Die
sphärische Phasenfront am Eingang der Beschleunigungslinse wird somit in eine ebene Phasenfront umgewandelt. Ein Metallplattenmedium ist nur für **Polarisationen parallel zu den Platten** brauchbar, weil bei orthogonaler Polarisationsrichtung gar keine Linsenwirkung auftritt.

Man beachte, dass der Brechungsindex (23.28) relativ stark frequenzabhängig ist, sodass eine
Metallplattenlinse nur schmalbandig einsetzbar ist. Einen günstigen Bereich von (23.28) erreicht man, wenn der Plattenabstand wie $\lambda_0/a = 1{,}6$ gewählt wird, woraus sich $n = 0{,}6$ ergibt.

23.4 Luneburg-Linse

Die Luneburg-Linse ist eine Verzögerungslinse und besteht aus einer inhomogenen dielektrischen Kugel vom Radius a, deren Brechungsindex n in radialer Richtung r variiert [Lun64]:

$$n(r) = \sqrt{2 - (r/a)^2} \quad \text{mit} \quad 1 \le n \le \sqrt{2} \, . \tag{23.29}$$

Aufgrund kontinuierlicher Strahlbrechung in der inhomogenen Linse wird ein Strahlenbündel, das an einem beliebigen Punkt F der Kugeloberfläche bei $r = a$ eingespeist wird, die Linse auf der gegenüber liegenden Seite als Gruppe _paralleler_ Strahlen verlassen (Bild 23.10). Beim Einsatz als Empfangsantenne wird eine einfallende ebene Welle im Brennpunkt F gebündelt.

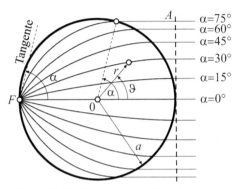

Der Strahlengang für einen Startwinkel α kann nach [Col69] wie folgt beschrieben werden:

$$r^2 \left[\sin^2 \vartheta + \sin^2 (\vartheta - \alpha) \right] = a^2 \sin^2 \alpha \tag{23.30}$$

Die Phasenverzögerung _aller_ Strahlen vom Brennpunkt F bis in die Aperturebene A ist $k_0 \, a (1 + \pi/2)$, was eine _gleichphasige_ Erregung der Apertur sichert. Die Amplitudenbelegung hängt von der Charakteristik $C(\vartheta)$ des Primärstrahlers ab und beträgt $C(\vartheta)/\sqrt{\cos \vartheta}$. Für eine optimale Ausnutzung der Apertur muss der Primärstrahler eine breite Hauptkeule besitzen und sein Phasenzentrum muss auf der Linsenoberfläche liegen [Hei70, Elli81].

Bild 23.10 Strahlengang einer Luneburg-Linse (fälschlicherweise auch als Luneberg-Linse bezeichnet) mit Erreger im Brennpunkt F

Wegen ihrer sphärischen Symmetrie ermöglicht die Luneburg-Linse eine _verzerrungsfreie_ **Schwenkung** des Primärdiagramms in jede beliebige Richtung, falls die Speiseantenne auf der Kugeloberfläche mechanisch verschoben wird. Eine trägheitslose Strahlschwenkung lässt sich mit fest installierten Teilstrahlern, zwischen denen elektronisch umgeschaltet wird, realisieren.

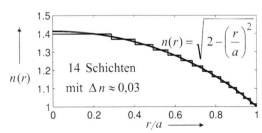

Da die Herstellung inhomogener Dielektrika mit kontinuierlich variierender Permittivität schwierig ist, baut man eine Luneburg-Linse meist aus konzentrischen, jeweils homogenen **Kugelschalen** auf. Der stetige Gradientenübergang $n(r)$ wird dann durch eine diskrete Treppenkurve (Bild 23.11) gleicher Stufenhöhe Δn approximiert. Man sollte mindestens zehn Schichten verwenden [Col69].

Bild 23.11 Brechungsindex über dem Radius und Annäherung durch ein Stufenprofil

Alternativ kann der Aufbau auch durch ein künstliches Dielektrikum [Kra88] erfolgen, das man z. B. durch Einlagerung von elektrisch kleinen Metallkugeln in einer homogenen dielektrischen Kugel erhält (siehe auch Bild 5.7). Die Anzahl der Kugeln pro Volumeneinheit wird dann so gewählt, dass sich näherungsweise der Brechungsindexverlauf (23.29) einstellt.

Luneburg-Linsen, die im Frequenzbereich über 10 GHz bei Radien $a \ge 10\,\lambda_0$ eingesetzt werden, haben Nebenkeulendämpfungen um 17 dB und hohe Flächenwirkungsgrade $0,6 < q < 0,9$.

23.5 Aufgaben

23.5.1 Der Brechungsindex eines Metallplattenmediums ist von der Wellenlänge abhängig:

$$n(\lambda_0) = \sqrt{1 - \left(\frac{\lambda_0}{2a}\right)^2} .$$

Zeichnen Sie die Kurve $n(\lambda_0/a)$ im Intervall $1 < \lambda_0/a < 2$ und suchen Sie einen Bereich geringerer Dispersion, in dem die Kurve flacher verläuft und der durch $|dn/d\lambda_0| < 1$ charakterisiert sei.

23.5.2 Ein bei $\lambda_0 = 3$ cm mit der H_{11}-Welle angeregtes Kegelhorn hat nach Tabelle 22.2 bei fester Baulänge ρ den größten Gewinn, falls der Aperturdurchmesser $D = \sqrt{3{,}127\lambda_0\rho}$ beträgt. In die Apertur eines solchen Kegelhorns mit Durchmesser $D = 2a = 4\lambda_0$ soll eine konvexe Verzögerungslinse aus Polystyrol ($\varepsilon_r = 2{,}55$) wie in Bild 23.2 eingesetzt werden. Berechnen Sie die Baulänge ρ und den Steigungswinkel α des Horns sowie die notwendige Dicke d der Linse. Um wie viel steigt der Gewinn des Horns nach dem Einbau der Linse an? Wie groß ist dann die Einfügungsdämpfung und welche Halbwertsbreiten stellen sich ein? Man kann zeigen, dass der in Bild 23.6 definierte Linsenrandwinkel γ sich aus folgender Beziehung berechnen lässt:

$$\tan(\alpha + \gamma) = \frac{n - \cos\alpha}{\sin\alpha} .$$

Wie groß wird γ, falls der Brechungsindex $n = \sqrt{2{,}55}$ ist?

Lösungen:

23.5.1

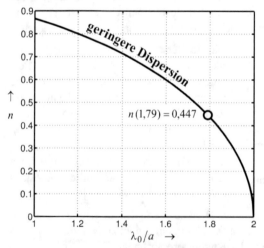

$n(1{,}79) = 0{,}447$

Um $|dn/d\lambda_0| < 1$ zu erreichen, muss $\lambda_0/a < 4/\sqrt{5} = 1{,}79$ gewählt werden.

In der Praxis hat sich ein Design mit $\lambda_0/a < 1{,}6$ durchgesetzt, bei dem sich dann $n > 0{,}6$ einstellt (vgl. Bild 8.10).

23.5.2

Aus $D = \sqrt{3{,}127\lambda_0\rho}$ folgt $\rho = 15{,}35$ cm

und es wird $\alpha = \arctan\dfrac{D/2}{\rho} = 21{,}3°$.

Weiter gilt $d = \dfrac{D/2}{\sqrt{\varepsilon_r - 1}}\tan\dfrac{\alpha}{2} = 1{,}89$ cm.

Aus den Bildern 23.4 und 23.5 folgt, dass bei $a = 2\lambda_0$ mit einem Gewinnanstieg von 1,24 dB zu rechnen ist.

Mit (23.21) können wir die zu erwartende Einfügungsdämpfung mit $IL = 0{,}36$ dB abschätzen.

Aus Tabelle C.4 folgen schließlich die Halbwertsbreiten in der E-Ebene $\Theta_E = 59{,}0° \lambda_0/D = 14{,}8°$ und in der H-Ebene $\Theta_H = 74{,}3° \lambda_0/D = 18{,}6°$.

Der Linsenrandwinkel ist $\gamma = 40{,}0°$.

24 Aperturstrahler IV (Reflektorantennen)

24.1 Bauformen

Neben der Verwendung von Linsenantennen gibt es noch eine weitere Möglichkeit, *sphärische* Phasenfronten in *ebene* Phasenfronten umzuwandeln. Dazu muss die Primärwelle eines Hornstrahlers an einem **Parabolspiegel** umgelenkt werden. Ein solcher Reflektor kann aus einer massiven Metallfläche oder aus einem Drahtgitter mit – im Vergleich zur Wellenlänge – kleinen Öffnungen bestehen.

Anders als bei einer Linsenantenne ist bei einer Spiegelantenne die strahlende Apertur gegenüber den Abmessungen des Primärstrahlers meist deutlich größer, wodurch neben der Phasenkorrektur auch noch sehr hohe Gewinnwerte erzielt werden können. Einige wichtige Ausführungsformen zeigt Bild 24.1.

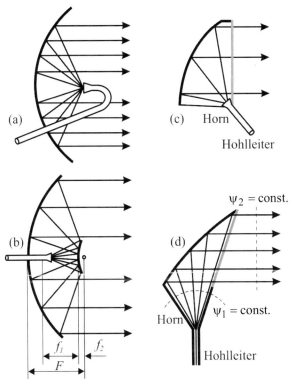

Bild 24.1 Reflektorantennen in verschiedenen Bauformen nach [Ung94] (a) Parabolantenne, (b) Cassegrain-Antenne, (c) Muschelantenne und (d) Hornparabolantenne

a) Die einfachste Reflektorantenne besteht aus einem **Rotationsparaboloid** und wird im Brennpunkt mit einem relativ kleinen Horn als Primärstrahler angeregt. Nachteile dieser Anordnung sind der lange Speisehohlleiter, die Aperturabschattung durch den Erreger und die mögliche Überstrahlung des Reflektors (*spillover*) infolge einer zu breiten Charakteristik des Primärstrahlers.

© Springer Fachmedien Wiesbaden GmbH, ein Teil von Springer Nature 2022
K. W. Kark, *Antennen und Strahlungsfelder*,
https://doi.org/10.1007/978-3-658-38595-8_24

b) Zur gleichmäßigeren Ausleuchtung des Reflektors verwendet man Systeme mit großen Brennweiten, die sich leichter mit Mehrspiegelantennen realisieren lassen. In der **Casse-grain-Antenne**[1] wird der Hauptreflektor erst nach Umlenkung an einem konvexen, hyperbolischen Subreflektor angestrahlt. Die sphärische Phasenfront des Primärstrahlers bleibt nach der ersten Reflexion sphärisch, während sie durch Umlenkung am Hauptreflektor in eine ebene Phasenfront umgewandelt wird. Die effektive Brennweite F_{eff} ist deutlich länger als die Brennweite F des Hauptreflektors:

$$\boxed{F_{eff} = \frac{f_1}{f_2} F}\ .$$ (24.1)

Spiegelantennen mit Subreflektor werden meist im Satellitenfunk und in der Radioastronomie verwendet, wo es auf sehr hohe Bündelung und sehr geringe Überstrahlung des Hauptreflektors ankommt. Man erreicht Flächenwirkungsgrade bis $q = 85\,\%$.

c) Zur Minderung der stark frequenzabhängigen Rückwirkung des Subreflektors auf den Erreger verwendet man in der breitbandigen Richtfunktechnik meist offset-gespeiste **Muschelantennen.** Dadurch wird auch die Abschattung der Apertur durch den Subreflektor und seine Haltestützen vermieden. Der Parabolspiegel wird nicht mehr rotationssymmetrisch ausgeführt, sondern aus einer parabolischen Fläche wird nur ein Teil ausgeschnitten. Mit Muschelantennen können Flächenwirkungsgrade bis $q = 60\,\%$ erzielt werden.

d) Noch bessere breitbandige Anpassung – bei allerdings größerer Baulänge – erreicht man mit einer **Hornparabolantenne.** In ihr weitet sich der Speisehohlleiter zu einem Horn auf, das sich bis zu einem Reflektor fortsetzt. Durch die Reflexion wird – wie bei allen Reflektorantennen – eine sphärische in eine ebene Phasenfront umgewandelt. Es können Reflexionsfaktoren kleiner als $1\,\%$ bei Flächenwirkungsgraden bis $q = 70\,\%$ erzielt werden. Beim praktischen Einsatz in Richtfunkstrecken ist die Aperturfläche von Hornparabol- und Muschelantenne durch eine $\lambda/2$ dicke Kunststoffplatte wetterfest abgeschlossen, sodass Regen und Vereisung nicht stören. Auf dem Prinzip der $\lambda/2$-Transformation beruhen auch die sogenannten Radome (engl.: Radar Dome), welche als Wetterschutz oder windschnittige Verkleidung Antennen umgeben. Wenn ihre Wand nicht absorbiert und gerade $\lambda/2$ dick ist, sind sie für die Antennenstrahlung vollkommen transparent – siehe (6.169).

Reflektorantennen mit Durchmesser D haben nach (10.53) und (10.56) einen **Gewinn** von etwa

$$\boxed{G \approx q\left(\frac{\pi D}{\lambda_0}\right)^2 \approx q\left(10,48\,\frac{f}{GHz}\,\frac{D}{m}\right)^2}\ .$$ (24.2)

Dabei ist $q = A_W / A_{geo}$ der Flächenwirkungsgrad, der als Verhältnis der Antennenwirkfläche zur Aperturfläche $A_{geo} = \pi D^2/4$ definiert wird und stets im Bereich $0 < q \leq 1$ liegen muss. Er hängt in komplizierter Weise von verschiedenen geometrischen und elektrischen Parametern der Reflektorantenne ab (siehe Abschnitt 24.7). Typische Gewinnwerte von Richtfunkantennen liegen im Bereich zwischen 30 und 50 dBi, während bei Bodenstationen für die Satellitenkommunikation über 60 dBi erreicht werden können. Aus vielen in der Literatur angegebenen Belegungen (Bild 24.2) kann im Bereich $0,4 \leq q \leq 0,9$ folgende empirische Formel für die **Halbwertsbreite** einer Parabolantenne gewonnen werden:

---

[1] Laurent **Cassegrain** (1629-1693): frz. Priester und Naturforscher, der 1672 ein optisches Teleskop mit Haupt- und Subreflektor vorschlug

$$\Delta\vartheta \approx 62{,}8° \frac{\lambda_0}{D\sqrt{q}} \approx \frac{1}{\sqrt{q}} \frac{18{,}8°}{\dfrac{f}{GHz}\dfrac{D}{m}} \, .$$

(24.3)

Die Formel (24.3) wurde nach Bild 24.2 aus den Stützpunkten (o) als Ausgleichskurve bei minimalem quadratischem Fehler ermittelt und gilt zunächst nur für eine bestimmte Klasse von idealisierten Reflektorantennen – nämlich für rotationssymmetrische Parabolantennen mit einem Randabfall der Belegung von 12 dB. Sie kann aber – wie ein Vergleich mit den Tabellen 24.3 und 24.4 zeigt – mit hoher Genauigkeit auch für andere Belegungen verwendet werden.

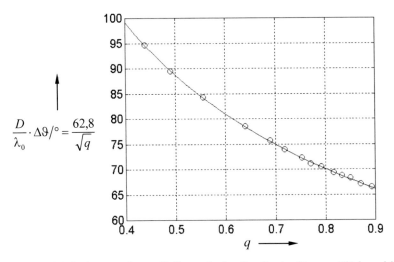

Bild 24.2 Abhängigkeit der normierten Halbwertsbreite (im Gradmaß) vom Flächenwirkungsgrad bei einer Parabolantenne mit rotationssymmetrischer Belegung und 12 dB Randabfall

Gewinn G und Halbwertsbreite $\Delta\vartheta°$ (3-dB-Breite der Hauptkeule im Gradmaß) einer idealisierten Parabolantenne hängen bei rotationssymmetrischer Belegung und ca. 12 dB Randabfall nach (24.2) und (24.3) daher wie folgt zusammen (siehe auch Anhang C.7):

$$G\left(\Delta\vartheta°\right)^2 \approx 38900 \, .$$

(24.4)

Die meisten Antennen haben **<u>Gewinn-Hauptkeulen-Produkte</u>** von (siehe Abschnitt 10.3.3)

$$\boxed{G\left(\Delta\vartheta°\right)^2 \geq 26000} \, .$$

(24.5)

Als konservative Abschätzung kann daher zunächst angenommen werden, dass eine Antenne mit einer Halbwertsbreite von $\Delta\vartheta = 1°$ einen Gewinn von $G \geq 26000$ aufweist. Im logarithmischen Maßstab erhält man $g \geq 10\lg 26000 \approx 44{,}1\,\text{dBi}$ (siehe auch [Ste64] und Übung 26.3).

Zur Berechnung der Abstrahlung einer Reflektorantenne muss zunächst das Aperturfeld des Erregerhorns bekannt sein. Die Weglänge von der Hornapertur über den Reflektor zur Apertur des Paraboloids entspricht bezüglich der Abmessungen des Erregers meist der Fernfelddistanz. In guter Näherung kann deshalb die Feldverteilung in der Hauptapertur direkt aus der Fernfeldcharakteristik des Erregers berechnet werden. Im zweiten Schritt ergeben sich die Fernfelder der gesamten Anordnung dann aus den allgemeinen Flächenstrahlerformeln (Physikalische Optik – **PO**), die wir in Kapitel 21 über Hohlleiterantennen bereits besprochen haben.

24.2 Rotationsparaboloid mit direkter Speisung

Die einfachste Reflektorantenne besteht aus einem metallischen Rotationsparaboloid, in dessen Brennpunkt sich als Primärstrahler eine kleine Hornantenne oder ein offener Hohlleiter befindet. Der Primärstrahler strahlt mit seiner Hauptkeule in das Zentrum des Reflektors – also in Richtung des Scheitelpunkts der Parabel, die den Längsschnitt des Rotationsparaboloids bildet.

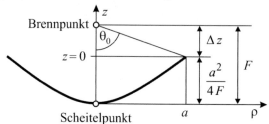

Bild 24.3 Direkt gespeiste Reflektorantenne mit Aspektwinkel θ_0 (siehe auch Abschnitt 22.4.3)

Wenn wir wie in Bild 24.3 den Koordinatenursprung $z = 0$ in die Aperturebene legen, dann lautet die Parabelgleichung in Scheitelform:

$$\rho^2 = 4F\left(\frac{a^2}{4F} + z\right) \quad \text{mit} \quad 0 \leq \rho \leq a \quad \text{und} \quad -\frac{a^2}{4F} \leq z \leq 0 . \tag{24.6}$$

Der im Brennpunkt befindliche Primärstrahler sieht die Kante des Reflektors unter dem (einseitigen) Aspektwinkel θ_0, den man aus

$$\tan\theta_0 = \frac{a}{\Delta z} = \frac{a}{F - a^2/(4F)} \tag{24.7}$$

ermitteln kann. Mit dem Aperturdurchmesser $D = 2a$ und der trigonometrischen Beziehung

$$\tan\theta_0 = \frac{2\tan(\theta_0/2)}{1 - \tan^2(\theta_0/2)} \tag{24.8}$$

kann man (24.7) in eine bequemere Form bringen:

$$\tan\frac{\theta_0}{2} = \left(4\frac{F}{D}\right)^{-1} . \tag{24.9}$$

Befindet sich der Brennpunkt direkt in der Aperturebene, dann gilt $\theta_0 = \pi/2$ und $F/D = 1/4$. Typische Werte des F/D–Verhältnisses liegen im Bereich $0,25 \leq F/D \leq 0,8$. Bei größeren Werten ist der Reflektor schwächer gekrümmt, was zu einer Reduktion der Kreuzpolarisation führt. Zur gleichmäßigen Ausleuchtung des Reflektors mit geringer Überstrahlung werden häufig (zweiseitige) 10-dB-Breiten des Primärstrahlers in E- und H-Ebene angestrebt, welche die Bedingung $\Theta_{E,10} = \Theta_{H,10} = 2\theta_0$ möglichst gut erfüllen (siehe Tabelle 24.1 und Übung 22.4).

Tabelle 24.1 Einseitige und zweiseitige Aspektwinkel der Reflektorkante als Funktion von F/D

F/D	0,30	0,35	0,40	0,45	0,50	0,55	0,60	0,70	0,80
θ_0	79,6°	71,1°	64,0°	58,1°	53,1°	48,9°	45,2°	39,3°	34,7°
$2\theta_0$	159,2°	142,2°	128,0°	116,2°	106,3°	97,8°	90,5°	78,6°	69,4°

24.3 Mehrspiegelantennen

Mehrspiegelsysteme bestehen meist aus einem **Hauptreflektor**, einem **Hilfsreflektor** und einem **Primärstrahler**, der über eine Speiseleitung mit Sender oder Empfänger verbunden ist. Die Reflektorkontur besitzt im Allgemeinen die Form einer Kegelschnittkurve und hat die Aufgabe, ein paralleles Strahlenbündel zu erzeugen. Der Primärstrahler befindet sich im Brennpunkt F_1 des Antennensystems und bestimmt wesentliche elektrische Eigenschaften der Antenne und somit des Gesamtsystems (Bild 24.4). Moderne digitale Systeme sehen den Betrieb mit zwei orthogonalen Polarisationen im _Polarisations-Multiplex_ vor. Als Primärstrahler wird dann ein sogenanntes Rillenhorn eingesetzt, das wegen seiner wesentlich besseren Kreuzpolarisationseigenschaften einem Pyramidenhorn vorgezogen wird. In der Praxis lassen sich damit zwischen den Polarisationsebenen Entkopplungswerte von 30 bis 40 dB erreichen. Zweispiegelantennen können nach dem Cassegrain-Prinzip oder dem Gregory-Prinzip[2] aufgebaut werden.

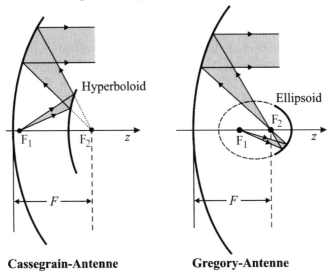

Cassegrain-Antenne   **Gregory-Antenne**

Bild 24.4 Zentral gespeiste Zweispiegelantennen mit Haupt- und Hilfsreflektor nach [Col85]

Bei Parabolantennen nach dem **Cassegrain**-Prinzip ist im Brennpunkt eines rotationsparabolisch geformten Hauptreflektors das Erregersystem angeordnet. Die von einem Primärstrahler ausgehenden Wellen treffen auf den konvex gekrümmten, hyperbolischen Subreflektor und dann erst auf den Hauptreflektor, der sie bündelt und sowohl parallel als auch phasengleich in Richtung seiner Hauptachse abstrahlt [Dra98]. Nach dem **Gregory**-Prinzip wird ein Paraboloid von einem im Brennpunkt angebrachten Primärstrahler über einen konkav gekrümmten, elliptischen Hilfsreflektor angestrahlt. Die bei Parabolantennen auftretende Rückwirkung der reflektierten Wellen auf den Strahler – bedingt durch die Abschattung des Strahlengangs durch den Subreflektor – lässt sich durch **Offset-Speisung** vermeiden. Dort wird als Hauptreflektor nur ein außerhalb der Rotationsachse liegender Teil der Paraboloidfläche verwendet und das gesamte Speisesystem liegt somit neben der strahlenden Apertur.

---

[2] James **Gregory** (1638-1675): schott. Mathematiker und Astronom, der 1663 das Spiegelteleskop erfand, das 1668 erstmals erfolgreich von Newton aufgebaut wurde. Isaac **Newton** (1643-1727): engl. Physiker, Mathematiker und Astronom, der als Begründer der klassischen theoretischen Physik gilt. Mechanik, Gravitation, Strömungslehre, Akustik, Optik, Infinitesimalrechnung, Interpolationsverfahren.

24.4 Entwurf einer Cassegrain-Antenne

Bei der aus der Optik bekannten, im Allgemeinen rotationssymmetrischen Cassegrain-Antenne wird das primäre Strahlungsfeld einer Hornantenne an einem konvexen, hyperbolischen Subreflektor umgelenkt (Bild 24.5). Das Phasenzentrum des Speisehorns ist im reellen Brennpunkt F_1 des Hyperboloids angeordnet, wobei die von ihm ausgehende Strahlung nach der Reflexion am Subreflektor vom virtuellen Brennpunkt F_2 des Hyperboloids, der auch gleichzeitig Brennpunkt des Paraboloids ist, auszugehen scheint. Dieser Effekt beruht auf der bekannten Tatsache, dass die Tangente an einer Hyperbel nämlich gleichzeitig Winkelhalbierende desjenigen Winkels ist, der aus den beiden Brennpunktstrahlen durch F_1 und F_2 gebildet wird.

Man erzielt auf dem – im Vergleich zum Subreflektor – deutlich größeren parabolischen Hauptreflektor eine im Allgemeinen nach außen *abfallende* Belegung, mit der man hohe Nebenkeulendämpfungen erreichen kann (siehe Abschnitt 24.7). Von der möglichst gleichmäßigen Ausleuchtung des Hauptspiegels und der Aperturabschattung sowie Beugung durch den Subreflektor und dessen Stützen wird die Qualität der gesamten Anordnung wesentlich beeinflusst. Durch die Faltung des Strahlengangs lassen sich mit Mehrspiegelsystemen große effektive Brennweiten $F_{eff} = M F$ bei trotzdem kompakter Bauweise erzielen. Dabei wird

$$M = \frac{f_1}{f_2} = \frac{\tan \dfrac{\theta_m}{4}}{\tan \dfrac{\theta_s}{4}} > 1 \qquad\qquad (24.10)$$

als **Vergrößerungsfaktor** bezeichnet [Gei94] und errechnet sich aus dem Verhältnis der jeweiligen Abstände des Subreflektorscheitels S von den beiden Hyperbelbrennpunkten F_1 und F_2. Wegen der Parabeleigenschaft des Hauptreflektors gilt (24.9), woraus mit $\theta_m = 2\theta_0$ folgt:

$$\tan \frac{\theta_m}{4} = \frac{D}{4 F}. \qquad\qquad (24.11)$$

Bei gegebenem M finden wir aus (24.10) mit (24.11) den zweiseitigen Aspektwinkel θ_s:

$$\tan \frac{\theta_s}{4} = \frac{D}{4 F M}, \qquad\qquad (24.12)$$

unter dem das Speisehorn den Subreflektor sieht. Für eine gleichmäßige Ausleuchtung des Subreflektors muss die Nullwertsbreite des Primärstrahlers natürlich größer als θ_s sein, was einen Aperturdurchmesser des Primärstrahlers erfahrungsgemäß in der Nähe von

$$\frac{A}{\lambda_0} \approx 2 M \frac{F}{D} \qquad\qquad (24.13)$$

erforderlich macht. Damit das Speisehorn die Apertur des Hauptreflektors nicht noch stärker abschattet als es der Subreflektor schon alleine tut, darf das Horn nicht in den Strahl hineinragen, der die Kante des Subreflektors trifft (Bild 24.5). Nach [Col69] muss dafür folgende Bedingung eingehalten werden:

$$2 c \geq \frac{A F}{d} \left[1 - \frac{d^2}{16 F^2} \right]_{d \ll 4F} \approx \frac{A F}{d}. \qquad\qquad (24.14)$$

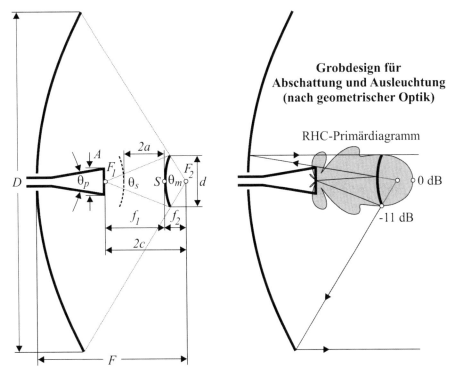

Bild 24.5 Cassegrain-Zweispiegelantenne mit Speisung durch ein quadratisches $(2,5\,\lambda_0 \times 2,5\,\lambda_0)$ Pyramidenhorn mit Öffnungswinkel $\theta_p = 20°$. Die Hauptkeule des zirkular polarisierten Primärdiagramms (RHC) beleuchtet den hyperbolischen Subreflektor mit einem Randabfall von -11 dB. Die am Subreflektor reflektierte Welle ist LHC-polarisiert, wodurch die Rückwirkung auf den Primärstrahler gering bleibt.

Die Hornapertur darf also nicht zu nah vor dem Subreflektor liegen, allerdings auch nicht zu weit entfernt, da die Vorbeistrahlung am Subreflektor sonst zunehmend größer wird. Im Entwurfsprozess muss hier ein Optimum gefunden werden. Die noch verbleibende **Überstrahlung** sowohl des Sub- als auch des Hauptreflektors kann durch Anbringung eines absorbierenden zylindrischen Kragens gemildert werden.

Cassegrain-Antennen werden überwiegend in Satellitenfunkstrecken sowie in der Radioastronomie eingesetzt. Die Auslegung solcher Funksysteme verlangt in einem bestimmten Frequenzbereich einen notwendigen **Gewinn** der beteiligten Antennen, damit am Empfangsort ein minimaler Störabstand nicht unterschritten wird. Zunächst kann aus diesem Gewinnwert G der erforderliche, auf die Wellenlänge normierte Durchmesser

$$\frac{D}{\lambda_0} = \frac{\sqrt{G/q}}{\pi} = \frac{\sqrt{2\,G}}{\pi} \tag{24.15}$$

des Hauptreflektors ermittelt werden. Der tatsächliche Flächenwirkungsgrad der fertigen Antenne ist zu Beginn der Synthese natürlich noch unbekannt und wird daher zunächst konservativ mit $q = 0{,}5$ abgeschätzt. Es ist zu erwarten, dass nach Optimierung der Antennenanordnung sich für q ein noch etwas größerer Wert einstellen wird, was zu einem ebenfalls etwas vergrößerten Gewinn führt, den man als willkommene Sicherheitsreserve in der Systemauslegung ansehen kann. Das F/D-Verhältnis wird meist nach konstruktiven Gesichtspunkten gewählt, sodass die **Bautiefe** der Antenne ein vertretbares Maß nicht überschreitet. Der weitere Antennenentwurf erfolgt in mehreren Iterationsschritten, in denen verschiedene geometrische Parameter optimal eingestellt werden müssen. Zur Beurteilung der Qualität der jeweiligen Konfiguration können Flächenwirkungsgrad, Gewinn, Halbwertsbreiten, Nebenkeulendämpfung und Kreuzpolarisation herangezogen werden. Der gesamte Entwicklungsprozess ist in Bild 24.6 schematisch dargestellt.

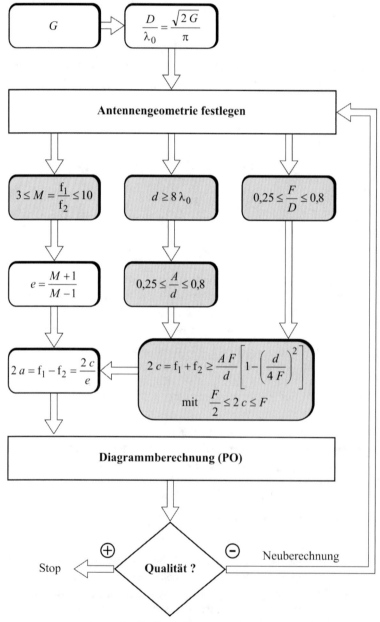

Bild 24.6 Iterativer Entwicklungsprozess einer Cassegrain-Antenne. Die grauen Felder enthalten Optimierungsparameter mit praxisnahen Wertebereichen.

Ein typisches Entwurfsbeispiel, das mit einer modifizierten PO-Software nach [Dia96] berechnet wurde, zeigt Bild 24.7. Beide Diagrammschnitte liegen in der Ebene $\varphi = 90°$.

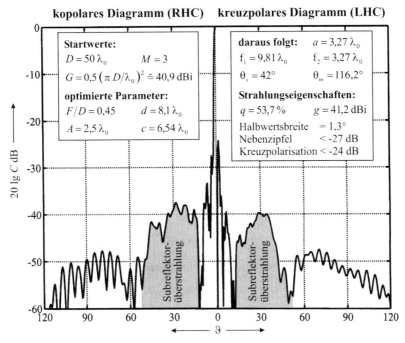

Bild 24.7 Kopolares (links) und kreuzpolares (rechts) Richtdiagramm einer Cassegrain-Antenne, gespeist durch ein zirkular (RHC) polarisiertes, quadratisches Pyramidenhorn mit Öffnungswinkel $\theta_p = 20°$ und Aperturkante $A = 2,5\lambda_0$.

Durch Abweichung der Reflektorkontur von der Parabolform (Bild 24.8) kann ein gewünschtes Strahlungsverhalten eingestellt werden. Zur Synthese der Reflektorkontur verfolgt man sehr viele Einzelstrahlen (Geometrische Optik – **GO**) und verschafft man sich dadurch die Aperturbelegung nach Betrag und Phase, um damit mittels **PO** die Abstrahlung zu ermitteln. Für geänderte Reflektorkontur wiederholt man die Analyse bis zur gewünschten Optimalform.

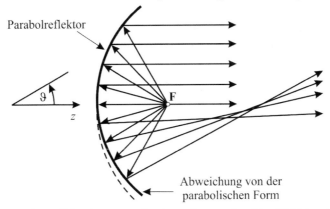

Bild 24.8 Optimierung der Reflektorkontur zur Synthese einer gewünschten Richtcharakteristik

24.5 Gewinnverlust durch Aperturabschattung

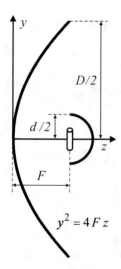

$$y^2 = 4Fz$$

Zur Abschätzung des Flächenwirkungsgrads und damit des Gewinns einer rotationssymmetrischen Reflektorantenne mit parabelförmigem Querschnitt wollen wir annehmen, dass sich im Brennpunktsabstand $F \gg \lambda_0$ des Reflektors ein senkrecht zur Rotationsachse orientierter <u>Hertzscher Dipolstrahler</u> befindet, der nach (10.28) selbst einen Gewinn von $3/2$ aufweist. Wegen der großen Weglängen können die Oberflächenströme auf dem Reflektor aus den Fernfeldern des Primärstrahlers berechnet werden. Die Querschnittskontur des Reflektors wird mit $y^2 = 4Fz$ beschrieben.

Mit den Abmessungen aus Bild 24.9 kann der Gesamtgewinn der ganzen Antenne nach [Zuh53] – unter Vernachlässigung der Rückwirkung auf den Dipol – näherungsweise wie folgt angegeben werden:

$$G = \frac{3}{2} \frac{(4\pi F)^2}{\lambda_0^2} \frac{D^4}{\left(16F^2 + D^2\right)^2} = \frac{24F^2 D^2}{\left(16F^2 + D^2\right)^2} \left(\frac{\pi D}{\lambda_0}\right)^2 . \quad (24.16)$$

Bild 24.9 Rotationsparaboloid mit Durchmesser D und Brennweite F (mit Dipol und Subreflektor)

Aus (10.53) folgt allgemein $G = q\left(\pi D/\lambda_0\right)^2$ und mit der Abkürzung $x = D/(4F)$ erhalten wir bei Vergleich mit (24.16) den gesuchten **Flächenwirkungsgrad** bei Dipolspeisung:

$$\boxed{q_d(x) = \frac{3}{2} \frac{x^2}{(1+x^2)^2}} \qquad \text{(\underline{ohne} Hilfsreflektor)}. \qquad (24.17)$$

Man kann leicht zeigen, dass (24.17) für $x = 1$ das Maximum $q_d(1) = 3/8$ einnimmt. Mit dem so gefundenen Optimalwert $F/D = 0{,}25$ muss der Brennpunkt und damit auch der Hertzsche Dipol wegen $y(z = F) = 2F = D/2$ genau in der Aperturebene liegen[3]. Da nun der Hertzsche Dipol ein Rundstrahler ist, deckt der Reflektor nur die linke Hemisphäre der Primärstrahlung ab, was bedeutet, dass offenbar auch nur die Hälfte der Quellenleistung ausgenutzt wird. Mit einem sphärischen Hilfsreflektor – in geeignetem, möglichst nahem Abstand rechts des Dipols – können die durch den Brennpunkt zurückreflektierten Strahlen doch noch ausgenutzt werden. So würde sich der Flächenwirkungsgrad theoretisch verdoppeln. Durch die abschattende Wirkung des Hilfsreflektors (mit Durchmesser d) steht die Aperturfläche tatsächlich aber nicht mehr voll zur Verfügung und man findet nach [Zuh53] mit $x = D/(4F)$ einen **Gewinn** von

$$G = 2 \cdot \frac{3}{2} \frac{(4\pi F)^2}{\lambda_0^2} \left(\frac{16F^2}{16F^2 + d^2} - \frac{16F^2}{16F^2 + D^2}\right)^2 =$$

$$= \frac{3}{x^2} \left(\frac{1}{1 + (xd/D)^2} - \frac{1}{1 + x^2}\right)^2 \left(\frac{\pi D}{\lambda_0}\right)^2 , \qquad (24.18)$$

der für $d = 0$ doppelt so groß wie (24.16) wird. Aus (24.18) folgt sofort der **Flächenwirkungsgrad** der Parabolantenne bei Dipolspeisung mit Hilfsreflektor:

---

[3] Diese Aussage gilt <u>nicht</u> mehr bei Verwendung einer stärker bündelnden Primärquelle (Hornstrahler), wo eher flachere Spiegel mit längeren Brennweiten und $x = D/(4F) < 1$ bevorzugt werden.

$$q_r(x,\alpha) = \frac{3}{x^2}\left(\frac{1}{1+\alpha^2\,x^2} - \frac{1}{1+x^2}\right)^2 \qquad (\underline{\text{mit}}\ \text{Hilfsreflektor}). \tag{24.19}$$

Der Wert von q_r hängt außer von $x = D/(4F)$ auch vom Grad der Abschattung $\alpha = d/D$ ab. Wir suchen daher den optimalen Wert $x(\alpha)$, bei dem (24.19) ein Maximum einnimmt (siehe Bild 24.10). Nach Ableiten und Nullsetzen folgt:

$$\frac{\partial q_r}{\partial x} = -\frac{6(1-\alpha^2)^2\,x\left(3\alpha^2\,x^4 + (\alpha^2+1)\,x^2 - 1\right)}{(1+\alpha^2\,x^2)^3\,(1+x^2)^3} = 0\,. \tag{24.20}$$

Für das optimale x ist also die biquadratische Gleichung

$$3\alpha^2\,x^4 + (\alpha^2+1)\,x^2 - 1 = 0 \tag{24.21}$$

zu lösen. Nur eine der vier Wurzeln von (24.21) führt zu einer positiv reellen Lösung:

$$x = \sqrt{-1-\alpha^2+\sqrt{1+14\alpha^2+\alpha^4}}\,\Big/\left(\alpha\,\sqrt{6}\right) \approx 1 - 2\alpha^2 + 12\alpha^4\,, \tag{24.22}$$

die wir für kleine α in eine Taylor-Reihe entwickeln können, woraus wir erkennen, dass das optimale x jetzt _kleiner_ als eins sein muss. Nach Einsetzen von (24.22) in (24.19) erhalten wir:

$$q_r = \frac{3}{8}\,\frac{1-33\alpha^2-33\alpha^4+\alpha^6+\left(1+14\alpha^2+\alpha^4\right)^{3/2}}{(1-\alpha^2)^2} \approx \frac{3}{4} - 3\alpha^2 + 9\alpha^4\,. \tag{24.23}$$

Es wird also nicht der doppelte Wert der Anordnung ohne Hilfsreflektor erreicht. Für $\alpha = d/D \le 0,32$ bleibt q_r im Bereich $0,51 \le q_r \le 0,75$. Für den typischen Wert $\alpha = 0,2$ folgt $x = 0,935$ und $q_r = 0,642$. Tatsächlich kommt es bei der Reflektorlösung zu starker Rückwirkung auf den Erregerdipol, weswegen der optimistische Wert aus (24.23) nicht ganz erreicht werden kann [Küh64]. Trotz der stark idealisierenden Annahmen wird klar, warum in der Praxis kaum höhere Werte als $q_r \approx 2/3$ machbar sind.

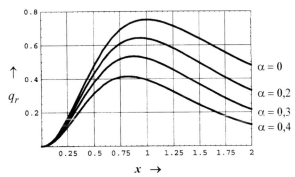

Bild 24.9 Kurvenschar $q_r(x,\alpha)$ nach (24.19) mit nach links wanderndem Maximum ($x = D/(4F)$, $\alpha = d/D$)

24.6 Gewinnverlust durch Fehler der Oberflächenkontur

Abweichungen der Reflektoroberfläche von der Sollkontur machen sich im Allgemeinen durch Reduktion des Antennengewinns und Anstieg der Nebenkeulen bemerkbar (Bild 24.11). Reflektortoleranzen wirken in der Apertur im Wesentlichen als Phasenfehler. Die Größe der Diagrammstörung hängt nicht nur von der Fehleramplitude, sondern auch von der Fehlerform bzw. der Art der Fehlerverteilung über der Reflektorfläche ab [Kar91a]. Falls **statistische** Oberflächenkonturfehler mit Normalverteilung einen quadratischen Mittelwert ε (Effektivwert, rms-

Wert) von höchstens $\lambda_0/50$ haben (*Rayleigh-Kriterium* [Rud86, LoLe88]), bewirken sie eine moderate Nebenkeulenanhebung in einem breiten Winkelbereich des Richtdiagramms. Ganz anders wirken sich **systematische** Reflektordeformationen bzw. auch Verkippung oder Verschiebung des Subreflektors aus. Man erhält hier eine starke Nebenkeulenanhebung in eng begrenzten Winkelbereichen. Die Amplitude einer periodischen Reflektorstörung (z. B. hervorgerufen durch Paneelbauweise) darf höchstens $\lambda_0/100$ betragen, damit die Diagrammstörungen akzeptabel bleiben. In Bild 24.11 erkennt man, wie statistische Störungen der Reflektorkontur zu einem Auffüllen der Diagrammnullstellen und damit zu einem rauschartigen „Sumpf" fernab der Hauptkeule führen – ein im Allgemeinen tolerierbarer Effekt. Periodische Konturfehler wirken systematisch und verstärken sich durch konstruktive Interferenz in bestimmten Raumrichtungen, weswegen an sie schärfere Toleranzforderungen zu richten sind.

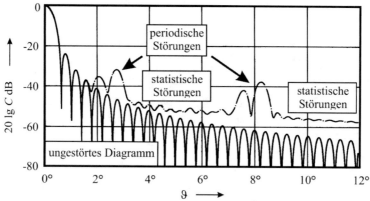

Bild 24.11 Kombination von gaußverteilten ($\varepsilon = \lambda_0/100$) und zwei periodischen Fehlern mit Amplituden $\lambda_0/30$ und $\lambda_0/57$ des Hauptreflektors einer offset-Gregory-Antenne [$D = 142\lambda_0$, $F/D = 0{,}378$]

Durch Streuung an Oberflächenrauhigkeiten geht der Hauptkeule Energie verloren und der Nebenkeulenpegel steigt. Der Einfluss normalverteilter Reflektortoleranzen mit einem Effektivwert ε auf den **Antennengewinn** kann nach [Ruz66] wie folgt beschrieben werden:

$$G(\varepsilon) = G_0 \, e^{-(4\,\pi\,\kappa\,\varepsilon/\lambda_0)^2} = q \left(\frac{\pi D}{\lambda_0}\right)^2 e^{-(4\,\pi\,\kappa\,\varepsilon/\lambda_0)^2} \tag{24.24}$$

mit dem Korrekturfaktor

$$\kappa = \frac{4F}{D}\sqrt{\ln\left[1+\left(\frac{D}{4F}\right)^2\right]}\,, \tag{24.25}$$

der die Krümmung des Hauptreflektorparaboloids beschreibt und in Bild 24.12 dargestellt ist. Der mögliche Wertebereich von κ ist $0 \leq \kappa \leq 1$. Bei sehr flachen Reflektoren mit $(4F/D)^2 \gg 1$, d. h. $F/D \geq 1$, gilt angenähert $\kappa \approx 1$ wegen $\ln(1+x) \approx x$. Typische Werte liegen im Bereich $0{,}25 \leq F/D \leq 0{,}8$; dort ist dann $0{,}83 \leq \kappa \leq 0{,}98$. Je nach Strahlungscharakteristik des Erregers gibt es ein **optimales Verhältnis** der Brennweite F zum Aperturdurchmesser D. Wird F/D zu klein gewählt – das bedeutet zu große Krümmung des Spiegels – dann wird die Apertur ungleichmäßig belegt und damit der Flächenwirkungsgrad q vermindert. Dagegen wird bei flachem Spiegel (F/D groß) der am Spiegel vorbeigehende Energieanteil zu groß. Man spricht dann von Überstrahlung oder „spillover".

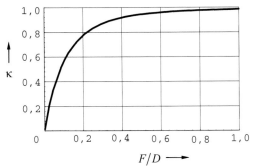

Bild 24.12 Korrekturfaktor κ zur Berechnung des Gewinnverlusts nach (24.24) bei normalverteilten Fehlern der Reflektorkontur in Abhängigkeit von der Reflektorkrümmung

Übung 24.1: Maximalgewinn bei gestörter Reflektorkontur

- Bestimmen Sie diejenige Wellenlänge λ_0, bei der eine Reflektorantenne mit statistischen Oberflächenkonturfehlern ihren größten Gewinn G_{max} einnimmt. Geben Sie diesen maximal möglichen Gewinn als Funktion von D/ε an.

- **Lösung:**

Der Gewinn einer Reflektorantenne mit statistischen Konturfehlern beträgt nach (24.24):

$$G = q \left(\frac{\pi D}{\lambda_0} \right)^2 e^{-\left(4\,\pi\,\kappa\,\varepsilon/\lambda_0 \right)^2} . \tag{24.26}$$

Dabei sind D der Reflektordurchmesser und ε ist der Effektivwert der statistischen Störung. Der Gewinn G wird maximal, wenn gilt:

$$\frac{\partial G}{\partial \lambda_0} = 0 . \tag{24.27}$$

Nach Ausführen der Differenziation folgt:

$$q\,(\pi D)^2 \left[-\frac{2}{\lambda_0^3} + \frac{1}{\lambda_0^2} \frac{2\left(4\,\pi\,\kappa\,\varepsilon\right)^2}{\lambda_0^3} \right] e^{-\left(4\,\pi\,\kappa\,\varepsilon/\lambda_0 \right)^2} = 0 , \tag{24.28}$$

d. h. den maximalen Gewinn erhält man für:

$$\boxed{\lambda_0^{max} = 4\,\pi\,\kappa\,\varepsilon} . \tag{24.29}$$

Der Gewinn bei dieser Wellenlänge wird nach (24.26):

$$G_{max} = q \left(\frac{\pi D}{\lambda_0^{max}} \right)^2 e^{-1} \approx 0{,}368\, q \left(\frac{\pi D}{\lambda_0^{max}} \right)^2 , \tag{24.30}$$

er ist also um 4,3 dB kleiner als bei einem ungestörten Reflektor. Setzt man noch den Wert für λ_0^{max} ein, so erhält man schließlich

$$\boxed{G_{max} = q \left(\frac{\pi D}{4\,\pi\,\kappa\,\varepsilon} \right)^2 e^{-1} = \frac{q}{43{,}5} \left(\frac{D}{\kappa\,\varepsilon} \right)^2} . \qquad \square \tag{24.31}$$

Der maximal erreichbare Gewinn hängt also nach (24.31) von der **Fertigungspräzision** D/ε ab. Mit steigender Frequenz f nimmt der Gewinn einer Reflektorantenne zunächst quadratisch mit der Frequenz zu, bevor der exponentielle Toleranzeffekt zum Tragen kommt und eine schnelle Gewinnverschlechterung eintritt. Mit der Abkürzung

$$x = \frac{\lambda_0^{max}}{\lambda_0} = \frac{4\pi\kappa\varepsilon}{\lambda_0} = \frac{4\pi\kappa\varepsilon}{c_0}\,f \tag{24.32}$$

findet man den auf sein Maximum normierten Gewinn:

$$\frac{G}{G_{max}} = \left(\frac{\lambda_0^{max}}{\lambda_0}\right)^2 e^{1-\left(\lambda_0^{max}/\lambda_0\right)^2} = x^2\,e^{1-x^2}\,. \tag{24.33}$$

Diese Funktion ist in Bild 24.13 im halblogarithmischen Maßstab dargestellt. Mit $x = \lambda_0^{max}/\lambda_0$ gilt ferner:

$$\boxed{G = G_{max}\,x^2\,e^{1-x^2} = G_0\,e^{-x^2}}\,. \tag{24.34}$$

Wenn es für maximalen Gewinn bei vorhandenen Oberflächentoleranzen auch günstig wäre $\lambda_0 \approx \lambda_0^{max}$ (also $x = 1$) zu wählen, so erhält man nur dann ein schwach gestörtes Richtdiagramm mit mäßiger Erhöhung der Nebenkeulen, wenn die <u>Forderung</u> $\varepsilon \leq \lambda_0/50$ eingehalten wird. Es darf also die Betriebswellenlänge λ_0 einen Wert von $50\,\varepsilon$ nicht unterschreiten:

$$\lambda_0 \geq 50\,\varepsilon = \frac{50}{4\pi\kappa}\,\lambda_0^{max}\,. \tag{24.35}$$

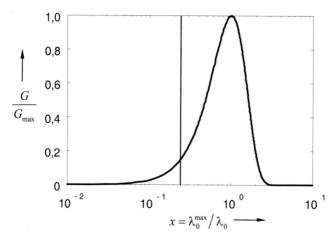

Bild 24.13 Quadratischer Gewinnanstieg über der Frequenz und exponentieller Abfall durch normalverteilte Fehler der Reflektorkontur

Bei typischen Reflektoren gilt $\kappa \approx 0,9$ und es folgt die Nebenbedingung $\lambda_0 \geq 4,42\,\lambda_0^{max}$, d. h.

$$\boxed{x = \frac{\lambda_0^{max}}{\lambda_0} \leq 0,226}\,. \tag{24.36}$$

Die Grenze $x = 0,226$ ist in Bild 24.13 mit eingetragen. Der in der Praxis **größtmögliche Gewinn** – ohne übermäßige Diagrammdegradationen – ist daher:

$$\boxed{G = e^{-x^2} G_0 \approx 0{,}95\, G_0}\,. \tag{24.37}$$

Durch statistische Oberflächenkonturfehler wird bei Einhaltung der Nebenbedingung $\varepsilon \le \lambda_0/50$ der Gewinn daher um etwa 0,22 dB kleiner. Dieser Verlust muss in der Praxis zur Berechnung der Leistungspegel in Funkübertragungssystemen berücksichtigt werden. Um mit einer realen Reflektorantenne mindestens 95 % des bei der Wellenlänge λ_0 theoretisch erwarteten Gewinns zu erhalten, muss also der quadratische Mittelwert ε ihrer Oberflächenrauhigkeiten die Bedingung $\varepsilon \le \lambda_0/50$ erfüllen. Die **Fertigungspräzision** muss dann

$$\boxed{D/\varepsilon \ge 50\, D/\lambda_0} \tag{24.38}$$

sein. In Tabelle 24.2 sind die **Oberflächengüten** der Hauptreflektoren einiger bekannter Teleskope für radioastronomische Anwendungen zusammengestellt. Dabei ist $\lambda_0^{max} = 4\pi\kappa\varepsilon$ diejenige Wellenlänge, für die der Gewinn des Reflektors maximal wird. Zur Berechnung wurde $\kappa = 0{,}9$ angenommen. Wegen der Forderung $\varepsilon \le \lambda_0/50$ nutzt man die Teleskope im Allgemeinen nur bis zu einer Frequenz von $f = 0{,}226\, f^{max} \approx f^{max}/4$.

Tabelle 24.2 Oberflächengüten einiger großer Radioteleskope (siehe Übung 26.3)

Standort	D/m	ε/mm	D/ε	$f^{max} = c_0/\lambda_0^{max}$	$0{,}226\, f^{max}$
Caltech	10,4	0,026	400 000	1020 GHz	231 GHz
NRAO Arizona	11,0	0,050	220 000	530 GHz	120 GHz
NRL Big Dish	15,0	0,760	20 000	35 GHz	8 GHz
Westerbork	25,0	0,417	60 000	63 GHz	14 GHz
Raisting	25,0	0,250	100 000	106 GHz	24 GHz
Chilbolton	25,0	0,500	50 000	53 GHz	12 GHz
Haystack	36,0	0,240	150 000	110 GHz	25 GHz
Goldstone	64,0	0,640	100 000	41 GHz	9,4 GHz
Effelsberg	100,0	0,500	200 000	55 GHz	12 GHz
Green Bank	100,0	0,100	1 000 000	248 GHz	56 GHz
Arecibo	305,0	1,386	220 000	19 GHz	4,3 GHz

24.7 Gewinnverlust durch inhomogene Amplitudenbelegung

Zur Unterdrückung der Nebenkeulen verwendet man bei Reflektorantennen generell eine zum Rand der Apertur bei $\rho' = a = D/2$ abfallende Belegung. In Übung 14.7 hatten wir die Richtcharakteristik einer homogen belegten Kreisapertur bestimmt, was wir nun durch den Ansatz

$$\underline{\Phi}(r,\vartheta) = \frac{e^{-jk_0 r}}{2r} \int\limits_{\rho'=0}^{a} \underline{Q}(\rho')\, J_0\big(k_0\,\rho'\sin\vartheta\big)\, \rho'\, d\rho' \quad \text{(unabhängig von }\varphi) \tag{24.39}$$

verallgemeinern wollen. Beim Vergleich mit der Fernfelddarstellung in Tabelle 14.9 stellen wir fest, dass in (24.39) – bei uniformer Phase – eine neue **Amplituden-Belegungsfunktion**

$$\underline{Q}(\rho') = b + c\left[1 - \big(\rho'/a\big)^2\right]^p \quad \text{(mit reellem } p \ge 0) \tag{24.40}$$

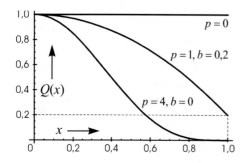

hinzugekommen ist, die von den drei Parametern b, c und p abhängt. Für ein Maximum in Aperturmitte $Q(0) = 1$ muss $b + c = 1$ gelten. Am Rand des Reflektorspiegels bei $\rho' = a$ stellt sich für $p > 0$ der Sockelbetrag $Q(a) = b$ ein, während wir für $p = 0$ wieder die homogene Belegung erhalten. In Bild 24.14 sind einige ausgewählte Kurven (24.40) dargestellt.

Bild 24.14 Parabolische Belegungen mit Sockel b für eine ebene Kreisapertur $(D = 2\,a)$

Mit Hilfe der Substitution $x = \rho'/a$ und dem Hilfsintegral [Sil49, Gra81]

$$\int\limits_{x=0}^{1} x\left(1-x^2\right)^p J_0\left(k_0\,a\,x\sin\vartheta\right) dx = 2^p\,\Gamma(p+1)\,\frac{J_{p+1}\left(k_0\,a\sin\vartheta\right)}{\left(k_0\,a\sin\vartheta\right)^{p+1}} \tag{24.41}$$

kann (24.39) berechnet werden. Für *ganzzahlige* $p = 0,1,2,\ldots$ gilt $\Gamma(p+1) = p!$. Es wird also

$$\underline{\Phi}(r,u) = \frac{e^{-j\,k_0\,r}}{2\,r}\,a^2\left[b\,\frac{J_1(u)}{u} + c\,2^p\,\Gamma(p+1)\,\frac{J_{p+1}(u)}{u^{p+1}}\right] \quad \text{mit } u = k_0\,a\sin\vartheta, \quad (24.42)$$

woraus wir wie in Tabelle 14.9 die **Richtcharakteristik** der Kreisapertur berechnen können:

$$C(u) \triangleq \left| b\,\frac{J_1(u)}{u} + c\,2^p\,\Gamma(p+1)\,\frac{J_{p+1}(u)}{u^{p+1}} \right|, \tag{24.43}$$

deren Hauptmaximum immer bei $u = 0$ liegt. Mit einer Näherung der Besselfunktionen für kleine Argumente aus Bild 8.18 finden wir den Normierungsfaktor $\left(b + c/(p+1)\right)/2$ und es gilt:

$$\boxed{C(u) = \frac{2}{b + c/(p+1)}\left| b\,\frac{J_1(u)}{u} + c\,2^p\,\Gamma(p+1)\,\frac{J_{p+1}(u)}{u^{p+1}} \right|} \quad \text{mit } u = k_0\,a\sin\vartheta. \quad (24.44)$$

In den Tabellen 24.3 und 24.4 werten wir (24.44) für verschiedene Parameter (b,c,p) hinsichtlich Halbwertsbreite, Nullwertsbreite, Nebenkeulenpegel und Flächenwirkungsgrad aus. Bild 24.15 zeigt den Verlauf des *Flächenwirkungsgrads* und die Abhängigkeit des Pegels der *höchsten* (nicht immer der ersten!) *Nebenkeule* vom Parameter p für drei Sockelwerte b.

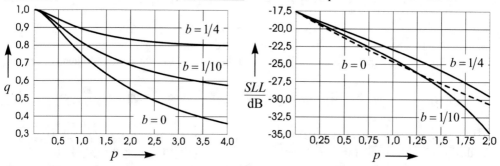

Bild 24.15 Flächenwirkungsgrad q und Pegel der höchsten Nebenkeule SLL (= side lobe level) als Funktion des Polynom-Parameters $p \geq 0$ für verschiedene Sockelbeträge b nach (24.40) mit $c = 1 - b$

Tabelle 24.3 Richtdiagramme (24.44) einer ebenen Kreisapertur $k_0 D \gg 1$ <u>ohne</u> Sockel ($b = 0, c = 1$) mit Halbwertsbreite, Nullwertsbreite, Pegel der höchsten Nebenkeule und Flächenwirkungsgrad

p	$C(\vartheta)$	$\Delta\vartheta$	$\Delta\vartheta_0$	SLL/dB	q
0	$\left\| 2\dfrac{J_1(u)}{u} \right\|$	$1{,}029\dfrac{\lambda_0}{D} \triangleq 59{,}0°\dfrac{\lambda_0}{D}$	$2{,}439\dfrac{\lambda_0}{D} \triangleq 139{,}8°\dfrac{\lambda_0}{D}$	$-17{,}57$	$1{,}000$
1	$\left\| 8\dfrac{J_2(u)}{u^2} \right\|$	$1{,}270\dfrac{\lambda_0}{D} \triangleq 72{,}7°\dfrac{\lambda_0}{D}$	$3{,}269\dfrac{\lambda_0}{D} \triangleq 187{,}3°\dfrac{\lambda_0}{D}$	$-24{,}64$	$0{,}750$
2	$\left\| 48\dfrac{J_3(u)}{u^3} \right\|$	$1{,}473\dfrac{\lambda_0}{D} \triangleq 84{,}4°\dfrac{\lambda_0}{D}$	$4{,}062\dfrac{\lambda_0}{D} \triangleq 232{,}7°\dfrac{\lambda_0}{D}$	$-30{,}61$	$0{,}556$
3	$\left\| 384\dfrac{J_4(u)}{u^4} \right\|$	$1{,}651\dfrac{\lambda_0}{D} \triangleq 94{,}6°\dfrac{\lambda_0}{D}$	$4{,}831\dfrac{\lambda_0}{D} \triangleq 276{,}8°\dfrac{\lambda_0}{D}$	$-35{,}96$	$0{,}437$
4	$\left\| 3840\dfrac{J_5(u)}{u^5} \right\|$	$1{,}813\dfrac{\lambda_0}{D} \triangleq 103{,}9°\dfrac{\lambda_0}{D}$	$5{,}584\dfrac{\lambda_0}{D} \triangleq 319{,}9°\dfrac{\lambda_0}{D}$	$-40{,}91$	$0{,}360$

Tabelle 24.4 Belegung einer ebenen Kreisapertur $k_0 D \gg 1$ <u>mit</u> Sockel b und $c = 1 - b$ für $p = 1$ und 2 mit Halbwertsbreite, Nullwertsbreite, Pegel der höchsten Nebenkeule und Flächenwirkungsgrad

$ET = 20\lg b\ \mathrm{dB}$		$p = 1$				$p = 2$			
ET/dB	b	$\dfrac{\Delta\vartheta D}{\lambda_0}$	$\dfrac{\Delta\vartheta_0 D}{\lambda_0}$	SLL/dB	q	$\dfrac{\Delta\vartheta D}{\lambda_0}$	$\dfrac{\Delta\vartheta_0 D}{\lambda_0}$	SLL/dB	q
-6	$0{,}501$	$1{,}095$	$2{,}684$	$-20{,}59$	$0{,}965$	$1{,}105$	$2{,}760$	$-22{,}51$	$0{,}953$
-8	$0{,}398$	$1{,}117$	$2{,}766$	$-21{,}50$	$0{,}942$	$1{,}135$	$2{,}900$	$-24{,}68$	$0{,}918$
-10	$0{,}316$	$1{,}137$	$2{,}843$	$-22{,}28$	$0{,}918$	$1{,}166$	$3{,}053$	$-27{,}05$	$0{,}877$
-12	$0{,}251$	$1{,}157$	$2{,}913$	$-22{,}92$	$0{,}893$	$1{,}199$	$3{,}215$	$-29{,}48$	$0{,}834$
-14	$0{,}200$	$1{,}174$	$2{,}976$	$-23{,}43$	$0{,}871$	$1{,}231$	$3{,}377$	$-31{,}74$	$0{,}793$
-16	$0{,}158$	$1{,}190$	$3{,}030$	$-23{,}80$	$0{,}850$	$1{,}262$	$3{,}529$	$-33{,}49$	$0{,}754$
-18	$0{,}126$	$1{,}203$	$3{,}075$	$-24{,}08$	$0{,}833$	$1{,}291$	$3{,}658$	$-34{,}47$	$0{,}719$
-20	$0{,}100$	$1{,}215$	$3{,}113$	$-24{,}27$	$0{,}818$	$1{,}319$	$3{,}761$	$-34{,}72$	$0{,}690$
-22	$0{,}079$	$1{,}225$	$3{,}143$	$-24{,}39$	$0{,}805$	$1{,}343$	$3{,}838$	$-34{,}47$	$0{,}665$

Der Sockelbetrag b bestimmt den Pegel ($ET =$ edge taper), mit dem die Aperturkante angestrahlt wird, während die Rate, mit der die Belegung nach außen abfällt, vom Parameter p abhängt. Bei gleichem Randabfall ET wird mit größeren Werten von p die Hauptkeule breiter, während die Nebenkeulen und der Flächenwirkungsgrad sinken. Bei $p = 2$ wird für $ET = -20$ dB das niedrigste Nebenkeulenniveau ($SLL =$ side lobe level) erreicht. Für noch größeren Randabfall steigen die Nebenkeulen bei $p = 2$ wieder bis zum Wert $-30{,}61$ der Belegung ohne Sockel an.

24.8 Aufgaben

24.8.1 Die sphärische Phasenfront einer
Punktquelle soll durch einen Reflektor
in eine ebene Welle – mit uniformer
Phasenbelegung – transformiert werden. Zeigen Sie, dass für die Forderung gleicher Weglängen

$$L_1 + L_2 = 2F$$

die Reflektorkontur eine Parabel mit

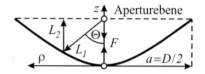

Brennweite F sein muss. Durch Reflexion entsteht ein Bündel achsenparalleler
Strahlen, die in Vorwärtsrichtung konstruktiv interferieren.

24.8.2 Bei einer Rotationsparaboloidantenne liege ihr Brennpunkt direkt in der Aperturebene –
es gelte also $F/D = 1/4$. Sie werde mit einem isotropen Primärstrahler angeregt. Zeigen
Sie, dass in der phasengleich angeregten Apertur sich eine ungleichförmige Amplitudenbelegung $(1 + \cos\Theta)/2$ einstellt. Wegen $0 \le \Theta \le \pi/2$ beträgt die Amplitude am
Aperturrand nur noch die Hälfte des Zentralwerts. Der edge taper ist daher $ET = -6$ dB.

24.8.3 Zeigen Sie, dass die ungleichförmige Amplitudenbelegung der vorherigen Aufgabe
(Rotationsparaboloid mit isotropem Primärstahler) wie folgt geschrieben werden kann:

$$\frac{1 + \cos\Theta}{2} = \frac{1}{1 + \rho^2/(4F^2)} .$$

Berechnen Sie damit für $F/D = 1/4$ den Flächenwirkungsgrad q der Reflektorantenne.

Lösungen:

24.8.1 Aus $L_2 = L_1 \cos\Theta$ folgt sofort $L_1(1 + \cos\Theta) = 2F$ oder $L_1 = 2F/(1 + \cos\Theta)$. Das ist
die Gleichung einer Parabel in Polarkoordinaten (L_1, Θ) mit dem Parameter $p = 2F$.
Mit $z = \rho^2/(4F)$ kann diese Parabel auch in Scheitelform beschrieben werden.

24.8.2 Die Abnahme der Amplitude zum Rand der Apertur hin rührt daher, dass sich auf dem
Weg L_1 vom Primärstrahler zum Reflektor eine Kugelwelle ausbreitet, deren Amplitude
wie $1/L_1$ kleiner wird. Nach der Reflexion erleidet die ebene Welle bis zur Apertur keine weitere Schwächung mehr. Aus der vorherigen Aufgabe entnehmen wir
$1/L_1 = (1 + \cos\Theta)/(2F)$, woraus – nach Normierung auf das Maximum bei $\Theta = 0$ – sofort die Behauptung folgt.

24.8.3 Wegen $\rho = L_1 \sin\Theta$ und $2F = L_1(1 + \cos\Theta)$ folgt nach kurzer Umformung die Behauptung. Mit Hilfe von (24.39) und $Q(\rho') = 1/(1 + \rho'^2/(4F^2))$ erhalten wir außerdem

$$\underline{\Phi}(r, \vartheta) = \frac{e^{-j k_0 r}}{2r} \int\limits_{\rho'=0}^{a} \frac{\rho'}{1 + \rho'^2/(4F^2)} J_0(k_0 \rho' \sin\vartheta)\, d\rho' \quad \text{mit} \quad a = 2F.$$

Da das Integral nicht geschlossen lösbar ist, bestimmt man durch eine numerische Quadratur zunächst die Richtcharakteristik und daraus den Flächenwirkungsgrad $q = 0,956$
des Reflektors mit isotropem Primärstrahler. Einen recht genauen Schätzwert für q hätten wir auch aus Tabelle 24.4 für den edge taper $ET = -6$ dB ablesen können. Stärker
bündelnde Primärstrahler reduzieren zwar die Überstrahlung (spillover), leuchten die
Apertur aber weniger gleichmäßig aus und führen dann zu noch kleineren Werten von q.

25 Schwarzer Strahler

25.1 Schwarzkörperstrahlung und das Plancksche Strahlungsgesetz

Die Sonne gewinnt ihre Energie im Wesentlichen aus der Fusion von Wasserstoff zu Helium. Dabei emittiert sie neben geladenen Teilchen des Sonnenwindes und Neutrinos ein sehr breitbandiges elektromagnetisches Spektrum, das in ihren äußeren Schichten – der Photosphäre – entsteht. Dieses **kontinuierliche Spektrum** kann – unter Vernachlässigung von Fraunhoferschen Absorptionslinien – näherungsweise als Strahlung eines kugelförmigen Schwarzen Körpers approximiert werden.

Der Begriff **Schwarzer Körper** wurde 1860 von G. Kirchhoff geprägt und beschreibt ein Modellobjekt, das alle von außen einfallende Strahlung vollständig absorbiert. Gleichzeitig gibt ein Schwarzer Körper eine charakteristische Wärmestrahlung (Hohlraumstrahlung) ab, die allein von seiner Temperatur T (gemessen in Kelvin) abhängt. Die Schwarzkörperstrahlung ist unpolarisiert und wird im **Planckschen Strahlungsgesetz**[1] aus dem Jahre 1900 [Pla01, Pla07, Mer59, Joos89] durch eine auf die Wellenlänge bezogene spektrale Strahldichte beschrieben[2]:

$$\boxed{L_\lambda(\lambda, T) = \frac{dL}{d\lambda} = \frac{d^3\Phi}{d\lambda \, \cos\vartheta \, dA \, d\Omega} = \frac{2\,h\,c^2}{\lambda^5} \frac{1}{e^{\frac{h\,c}{\lambda\,k\,T}} - 1}} \quad (\text{in } \mathrm{W\,m^{-2}\,sr^{-1}\,m^{-1}}). \quad (25.1)$$

Dabei bezeichnet $d\Phi$ diejenige Strahlungsleistung in Watt, die vom projizierten Oberflächenelement $\cos\vartheta \, dA$ eines Schwarzen Körpers im Wellenlängenintervall zwischen λ und $\lambda + d\lambda$ in den Raumwinkelbereich $d\Omega = \sin\vartheta \, d\vartheta \, d\varphi$ abgegeben wird (Bild 25.1).

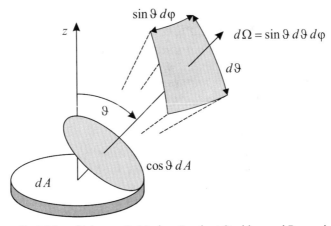

Bild 25.1 Wirksame Projektionsfläche $\cos\vartheta \, dA$ eines Lambert-Strahlers und Raumwinkelbereich $d\Omega$

---

[1] Max Karl Ernst Ludwig **Planck** (1858-1947): dt. Physiker (Thermodynamik, Quantentheorie, Metalloptik, Relativitätstheorie, Nobelpreis f. Physik 1918)

[2] Die Abkürzungen sind: das Plancksche Wirkungsquantum $h = 6{,}62607 \cdot 10^{-34} \, \mathrm{Ws^2}$, die Boltzmann-Konstante $k = 1{,}38065 \cdot 10^{-23} \, \mathrm{Ws/K}$ und die Lichtgeschwindigkeit $c = 2{,}99792 \cdot 10^8 \, \mathrm{m/s}$.

© Springer Fachmedien Wiesbaden GmbH, ein Teil von Springer Nature 2022
K. W. Kark, *Antennen und Strahlungsfelder*,
https://doi.org/10.1007/978-3-658-38595-8_25

Der Faktor $\cos\vartheta$ in (25.1) berücksichtigt, dass die in eine bestimmte Richtung ϑ (als Winkel relativ zur Flächennormalen) abgegebene Strahlungsleistung $d\Phi$ rein geometrisch von der in Abstrahlrichtung wirksamen *Projektion* des strahlenden Flächenelementes dA abhängt. Senkrecht zur Fläche – also für $\vartheta = 0$ – ist die Ausstrahlung damit maximal.

Bei der Definition der spektralen Strahldichte L_λ wird mit der Division durch den Faktor $\cos\vartheta$ dieser geometrische Effekt heraus gerechnet, sodass nur noch die Oberflächeneigenschaften der Strahlungsquelle eine Richtungsabhängigkeit hervorrufen könnten, was bei einem diffus strahlenden Schwarzen Körper, der auch **Lambert-Strahler**[3] genannt wird, aber nicht der Fall ist. Wenn wir $L_\lambda \cos\vartheta$ über den Halbraum $z \geq 0$ integrieren, dann erhalten wir die nach *außen* von einem Schwarzen Körper abgegebene **spektrale spezifische Ausstrahlung:**

$$M_\lambda = \iint L_\lambda \cos\vartheta\, d\Omega = L_\lambda \int_{\varphi=0}^{2\pi} \int_{\vartheta=0}^{\pi/2} \cos\vartheta \sin\vartheta\, d\vartheta\, d\varphi =$$

$$= 2\pi L_\lambda \int_{\vartheta=0}^{\pi/2} \frac{1}{2}\sin(2\vartheta)\, d\vartheta = 2\pi L_\lambda \left.\frac{-\cos(2\vartheta)}{4}\right|_{\vartheta=0}^{\pi/2} = 2\pi L_\lambda \frac{-\cos\pi + 1}{4} = \pi L_\lambda .$$

$$(25.2)$$

Der Schwarze Körper als Lambert-Strahler „sieht" wegen seines geometrisch bedingten $\cos\vartheta$ – Faktors nicht den gesamten *Halbraum* mit $\Omega = 2\pi$, sondern nur den kleineren Raumwinkel $\Omega = \pi$, d. h. M_λ fällt um einen Faktor 2 kleiner aus als bei isotroper Abstrahlung:

$$\boxed{M_\lambda(\lambda, T) = \frac{dM}{d\lambda} = \frac{d^2\Phi}{d\lambda\, dA} = \frac{2\pi h c^2}{\lambda^5} \frac{1}{e^{\frac{hc}{\lambda k T}} - 1}} \quad (\text{in } \mathrm{W\,m^{-2}\,m^{-1}}). \qquad (25.3)$$

Bemerkung I (Lambert-Strahler und Huygens-Quelle):

Der geometrisch bedingte $\cos\vartheta$ – Faktor des Lambert-Strahlers stimmt im Bereich $0 \leq \vartheta \leq \pi/4$ sehr gut mit der *leistungsbezogenen* Charakteristik $C^2(\vartheta) = (1 + \cos\vartheta)^2/4 \approx \cos\vartheta$ einer infinitesimalen Huygens-Quelle überein, die wir aus (21.27) mit $k_0 a \to 0$ und $k_0 b \to 0$ erhalten. Zum Kardioidfaktor von Elementarwellen siehe auch Abschnitt 14.6.1 und Übung 21.2.

Bemerkung II (Hohlraumstrahlung):

Ein Schwarzer Körper kann im Labor durch einen isolierten Hohlraum, in dessen Wand sich eine kleine Öffnung befindet, näherungsweise realisiert werden. Alle durch die kleine Apertur eindringende Strahlungsenergie bleibt im Inneren des ansonsten geschlossenen Hohlraums praktisch gefangen, wodurch dieser nahezu wie ein idealer *Absorber* wirkt. Andererseits verhält sich seine Aperturöffnung aber auch als *Strahlungsquelle,* falls man den Hohlraum in seinem Inneren wie eine Art Ofen beheizt. Die spektrale Verteilung der durch seine Apertur abgegebenen Wärmestrahlung hängt tatsächlich nur von der absoluten Temperatur T des Ofens ab. Bei niedriger Temperatur liegt die Strahlung vorwiegend im Infrarotbereich. Steigt die Temperatur, so leuchtet die Apertur zuerst schwach rötlich und glüht dann immer heller und heller. Dabei wechselt sie ihre Farbe von Rot über Orange, Gelb, Weiß und Blau bis nach Violett.

---

[3] Johann Heinrich **Lambert** (1728-1777): schweiz.-els. Mathematiker, Physiker und Astronom (Photometrie, Geodäsie, Philosophie)

In Bild 25.2 ist der Verlauf der auf die Wellenlänge bezogenen Strahlungsfunktion $M_\lambda(\lambda, T)$ nach (25.3) für verschiedene Temperaturen dargestellt.

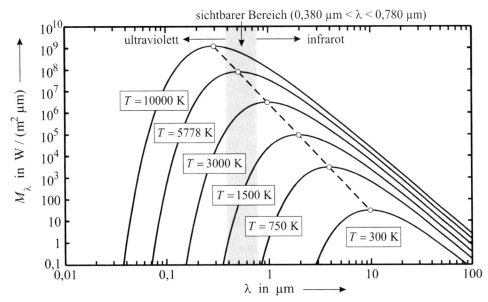

Bild 25.2 Spektrale spezifische Ausstrahlung $M_\lambda(\lambda, T)$ eines Schwarzen Körpers, der die absolute Temperatur T aufweist, in Abhängigkeit von der Wellenlänge λ in doppelt-logarithmischem Maßstab. Für große λ nähern sich die Kurven einer Geraden mit Steigung -4. Die Maxima der Planckschen Kurven sind durch eine gestrichelte Gerade mit Steigung -5 verbunden.

Bemerkung III (Frequenzdarstellung):

Mit Hilfe des inversen Zusammenhangs $\lambda = c/\nu$, aus dem

$$c\, d\lambda = -\lambda^2 d\nu \tag{25.4}$$

resultiert, kann man die spektrale spezifische Ausstrahlung anstelle auf die Wellenlänge λ auch auf die Frequenz ν beziehen. Mit

$$M_\lambda(\lambda, T)\, d\lambda = -M_\nu(\nu, T)\, d\nu \tag{25.5}$$

folgt aus (25.3)

$$\boxed{M_\nu(\nu, T) = \frac{d^2\Phi}{d\nu\, dA} = \frac{2\pi h \nu^3}{c^2}\frac{1}{e^{\frac{h\nu}{kT}} - 1}} \quad (\text{in } W\, m^{-2}\, Hz^{-1} = 10^{26}\, Jy). \tag{25.6}$$

Aufgrund der invertierten Abszisse erscheinen die Kurven von $M_\nu(\nu, T)$ und $M_\lambda(\lambda, T)$ gegeneinander verzerrt. Dennoch sind die *Flächen* unter beiden Kurven – nämlich die über alle Harmonischen superponierten Leistungsbeiträge (siehe Abschnitt 25.3) – identisch, d. h. es gilt:

$$M = \frac{d\Phi}{dA} = \int\limits_{\lambda = 0}^{\infty} M_\lambda(\lambda, T)\, d\lambda = -\int\limits_{\nu = \infty}^{0} M_\nu(\nu, T)\, d\nu = \int\limits_{\nu = 0}^{\infty} M_\nu(\nu, T)\, d\nu. \tag{25.7}$$

Bemerkung IV (Grenzfälle):

Das Plancksche Strahlungsgesetz (25.6) kann in zwei Grenzfällen vereinfacht werden (Bild 25.3). Bei niedrigen Frequenzen mit $h\nu \ll kT$ gilt mit $e^x \approx 1 + x$ näherungsweise das **Rayleigh-Jeans-Gesetz,** das im Jahre 1900 von J.W. Rayleigh[4] noch mit einem falschen Vorfaktor angegeben wurde und fünf Jahre später durch J.H. Jeans[5] korrigiert werden konnte:

$$M_\nu(\nu, T) = \frac{2\pi\nu^2}{c^2} kT \quad \text{bzw.} \quad L_\nu(\nu, T) = \frac{2\nu^2}{c^2} kT. \tag{25.8}$$

In dieser Näherung tritt das Plancksche Wirkungsquantum nicht mehr auf. Die unzulässige Anwendung von (25.8) auch bei hohen Frequenzen führt zur sogenannten Ultraviolett-Katastrophe, bei der die Gesamtstrahlung, integriert über die ganze Frequenzachse, gegen unendlich gehen würde. Eine korrekte Beschreibung bei hohen Frequenzen mit $h\nu \gg kT$ liefert hingegen das **Wiensche Strahlungsgesetz**[6] aus dem Jahre 1896:

$$M_\nu(\nu, T) = \frac{2\pi h\nu^3}{c^2} e^{-\frac{h\nu}{kT}} \quad \text{bzw.} \quad L_\nu(\nu, T) = \frac{2h\nu^3}{c^2} e^{-\frac{h\nu}{kT}}. \tag{25.9}$$

M. Planck schuf durch eine geschickte Interpolation zwischen beiden Grenzfällen, die er erst nachträglich theoretisch untermauern konnte, das für *alle* Frequenzen gültige Strahlungsgesetz.

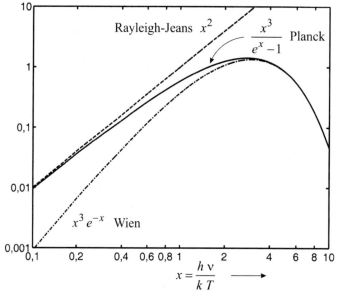

Der Betrag des **relativen Fehlers** der Näherungen bleibt kleiner als 5 Prozent für:

$x < 0{,}1$ (Rayleigh-Jeans)

$x > 3{,}0$ (Wien)

Bild 25.3 Plancksche Strahlungsfunktion (25.6) und ihre Grenzfälle (25.8) bzw. (25.9) in doppelt-logarithmischem Maßstab über der normierten Abszisse $x = h\nu/(kT)$

---

[4] John William Strutt, Lord **Rayleigh** (1842-1919): engl. Physiker (Schwingungs- und Wellenlehre, Hydro- und Gasdynamik, Elektrodynamik, Wärmestrahlung, Lichtstreuung, Nobelpreis f. Physik 1904)

[5] James Hopwood **Jeans** (1877-1946): engl. Physiker, Astronom und Mathematiker (Thermodynamik, kinetische Gastheorie, Quantenmechanik, Astrophysik, Kosmologie)

[6] Wilhelm Carl Werner **Wien** (1864-1928): dt. Physiker (Thermodynamik, Beugung, Interferenz, Strahlungsgesetze, Nobelpreis f. Physik 1911)

25.2 Das Wiensche Verschiebungsgesetz

Bei höherer Temperatur gibt ein Schwarzer Strahlers eine größere Energiemenge ab und gleichzeitig verschiebt sich das Maximum seiner Strahlungskurve $M_\lambda(\lambda, T)$ in Richtung kürzerer Wellenlängen (Bild 25.2). Diese Gesetzmäßigkeit war schon 1894, also vor Aufstellung des Planckschen Strahlungsgesetzes (1900), bekannt und wird als Wiensches Verschiebungsgesetz bezeichnet. Wir wollen in folgender Übung die Abszisse λ_P am Maximum (peak) der spektralen spezifischen Ausstrahlung mit Hilfe der Bedingung $\partial M_\lambda / \partial \lambda = 0$ herleiten.

Übung 25.1: Das Maximum der Schwarzkörperstrahlung

- Finden Sie die Wellenlänge λ_P, an der die Plancksche Strahlungskurve

$$M_\lambda(\lambda, T) = \frac{2\pi h c^2}{\lambda^5} \frac{1}{e^{\frac{hc}{\lambda k T}} - 1} \tag{25.10}$$

ihr Maximum einnimmt.

- **Lösung:**

Zunächst bilden wir die Ableitung

$$\frac{\partial M_\lambda(\lambda, T)}{\partial \lambda} = 2\pi h c^2 \left[-5\lambda^{-6} (e^{\frac{hc}{\lambda k T}} - 1)^{-1} + \lambda^{-5} \frac{hc}{kT} \lambda^{-2} e^{\frac{hc}{\lambda k T}} (e^{\frac{hc}{\lambda k T}} - 1)^{-2} \right] \tag{25.11}$$

und setzen diese gleich Null. Damit erhalten wir:

$$-5 \frac{\lambda k T}{hc} (e^{\frac{hc}{\lambda k T}} - 1) + e^{\frac{hc}{\lambda k T}} = 0. \tag{25.12}$$

Mit der dimensionslosen Abkürzung $x = hc/(\lambda k T)$ folgt daraus die transzendente Gleichung

$$\frac{x e^x}{e^x - 1} = 5, \tag{25.13}$$

deren einzige reelle Wurzel $x = 4{,}96511$ ist, woraus wir die Wellenlänge am Maximum der Schwarzkörperstrahlung als Funktion der Temperatur erhalten (Peak-Wellenlänge):

$$\boxed{\lambda_P = \frac{hc}{4{,}96511\, k T}}. \tag{25.14}$$

Diese Beziehung wird **Wiensches Verschiebungsgesetz** genannt [Joos89], das sich nach Einsetzen der Konstanten auf folgende Gestalt bringen lässt:

$$\boxed{\lambda_P T = 2897{,}77\, \mu\text{m} \cdot \text{K}}. \tag{25.15}$$

Mit steigender Temperatur verschiebt sich demnach die Stelle maximaler Emission zu kürzeren Wellenlängen hin. In Bild 25.2 wurden die Maxima der verschiedenen Kurven wegen $M_\lambda(\lambda_P) \propto \lambda_P^{-5}$ durch eine fallende Gerade mit der Steigung -5 verbunden. $\square$

Auch die auf die *Frequenz* bezogene Strahlungskurve

$$M_\nu(\nu, T) = \frac{d^2\Phi}{d\nu\, dA} = \frac{2\pi h \nu^3}{c^2} \frac{1}{e^{\frac{h\nu}{kT}} - 1} \tag{25.16}$$

hat ein Maximum, dessen Abszisse wir ν_P nennen wollen (Herleitung in Aufgabe 25.9.3). Infolge der Maßstabsverzerrung $\lambda = c/\nu$ liegt dieser Wert ν_P aber *nicht* an der Stelle c/λ_P, sondern es gilt [Schm89]:

$$\boxed{\nu_P = 2,82144 \frac{kT}{h} = 0,568253 \frac{c}{\lambda_P}} \,. \tag{25.17}$$

Mit Hilfe von Spektrometermessungen *oberhalb* der Erdatmosphäre hat man für die Sonne einen Wert von $\lambda_P = 0,5015\,\mu\text{m}$ ermittelt, woraus man mit (25.15) die **effektive Oberflächentemperatur der Sonne** zu $T = 5778\,\text{K}$ errechnen kann. Grundsätzlich versteht man unter der Effektivtemperatur eines Sternes diejenige Temperatur eines modellhaften Schwarzen Körpers, die den gemessenen Verlauf des kontinuierlichen Sternenspektrums am besten wiedergibt.

In der Astronomie werden Sterne in verschiedene Spektralklassen eingeteilt (O, B, A, F, G, K, M), die sich durch ihre Temperaturen und ihre sichtbaren Farben unterscheiden. Während ein heißer O-Stern bei 50000 K im sichtbaren Spektrum blau erscheint und kalte M-Sterne bei 3000 K rot leuchten, strahlt die Sonne als G-Stern mit 5778 K im gelben Spektralbereich.

25.3 Das Stefan-Boltzmann-Gesetz

Wenn man die auf die Wellenlänge bezogene spektrale spezifische Ausstrahlung $M_\lambda(\lambda, T)$ nach (25.3) über alle Wellenlängen integriert, dann erhält man die **spezifische Ausstrahlung** $M(T)$. Man beachte hierzu (25.7). Dabei gibt $M(T)$ an, welche Strahlungsleistung von einem Quadratmeter der Oberfläche eines Schwarzen Körpers, der sich auf der absoluten Temperatur T (gemessen in Kelvin) befindet, über alle Wellenlängen in den Halbraum abgegeben wird:

$$\boxed{M(T) = \frac{d\Phi}{dA} = \int_{\lambda=0}^{\infty} M_\lambda(\lambda, T)\, d\lambda = \int_{\lambda=0}^{\infty} \frac{2\pi h c^2}{\lambda^5} \frac{1}{e^{\frac{hc}{\lambda kT}} - 1}\, d\lambda} \quad (\text{in } \text{W m}^{-2}) \,. \tag{25.18}$$

Zur bequemeren Integration benutzen wir die dimensionslose Variable

$$x = \frac{hc}{\lambda kT} \quad \Rightarrow \quad d\lambda = -\frac{hc}{kT} \frac{dx}{x^2} \,, \tag{25.19}$$

womit wir folgende Darstellung erhalten:

$$M(T) = \frac{d\Phi}{dA} = \frac{2\pi k^4 T^4}{h^3 c^2} \int_{x=0}^{\infty} \frac{x^3}{e^x - 1}\, dx \,. \tag{25.20}$$

Das bestimmte Integral hat den Wert $\pi^4/15$. Mit der **Stefan-Boltzmann-Konstanten**

$$\boxed{\sigma = \frac{2\pi^5 k^4}{15\, h^3 c^2} = 5,67037 \cdot 10^{-8} \,\text{W m}^{-2}\,\text{K}^{-4}} \tag{25.21}$$

ergibt sich schließlich für die spezifische Ausstrahlung das **Stefan-Boltzmann-Gesetz:**

$$M(T) = \frac{d\Phi}{dA} = \sigma T^4 \quad \text{(in } W\,m^{-2}\text{)}, \tag{25.22}$$

nach dem die pro m^2 eines Schwarzen Körpers in den Halbraum abgegebene Strahlungsleistung mit der _vierten_ Potenz seiner absoluten Temperatur ansteigt. Bei _hoher_ Temperatur kann man Konvektion und Wärmeleitung gegenüber der viel stärkeren Wärmestrahlung vernachlässigen.

Das Stefan-Boltzmann-Gesetz wurde 1879 von J. Stefan[7] experimentell entdeckt und 1884 von L. Boltzmann[8] mit Mitteln der Thermodynamik und der Maxwellschen Elektrodynamik theoretisch begründet. Stefan konnte damit als erster die Temperatur der **Sonne** ermitteln [Stef79]. Mit dem heutigen Wert von $T = 5778$ K folgt aus (25.22)

$$M = \frac{d\Phi}{dA} = 63{,}2 \cdot 10^6 \text{ W}\,m^{-2} \,, \tag{25.23}$$

d. h. pro Quadratmeter ihrer Oberfläche gibt die Sonne über das gesamte elektromagnetische Spektrum eine Strahlungsleistung von etwa 63,2 Megawatt ab.

25.4 Die spektrale Verteilung der Planckschen Strahlungsfunktion

25.4.1 Darstellung mit normiertem Argument

Zur bequemeren Diskussion der Planckschen Strahlungsfunktion wechseln wir zunächst in eine normierte Darstellung. Gleichgültig, ob wir von der auf die Frequenz bezogenen Strahlungsfunktion $M_\nu(\nu, T)\,d\nu$ oder von der auf die Wellenlänge bezogenen $M_\lambda(\lambda, T)\,d\lambda$ ausgehen, erhalten wir mit der dimensionslos normierten _Frequenzachse_ $x = h\nu/(kT) = hc/(\lambda kT)$ und der Stefan-Boltzmann-Konstanten σ aus (25.21) in beiden Fällen folgende Darstellung:

$$M_x(x, T)\,dx = \sigma T^4 f(x)\,dx \quad \text{mit} \quad x = h\nu/(kT) \tag{25.24}$$

und der dimensionslosen Strahlungsfunktion

$$f(x) = \frac{15}{\pi^4} \frac{x^3}{e^x - 1}. \tag{25.25}$$

Bei invertiertem Argument $\xi = 1/x = \lambda kT/(hc)$ mit $dx = -x^2 d\xi$ wird die Abszisse ξ nun der _Wellenlänge_ proportional, woraus eine alternative Darstellung folgt:

$$M_\xi(\xi, T)\,d\xi = \sigma T^4 g(\xi)\,d\xi \quad \text{mit} \quad \xi = \lambda kT/(hc) \tag{25.26}$$

und der dimensionslosen Strahlungsfunktion

$$g(\xi) = \frac{15}{\pi^4} \frac{\xi^{-5}}{e^{1/\xi} - 1}. \tag{25.27}$$

---

[7] Josef **Stefan** (1835-1893): österr. Physiker und Mathematiker slowenischer Muttersprache (kinetische Gastheorie, Strahlungsgesetze, Hydrodynamik, Elektrizitätstheorie)

[8] Ludwig Eduard **Boltzmann** (1844-1906): österr. Physiker und Mathematiker (statistische Mechanik, Thermodynamik, kinetische Gastheorie, Entropie, Strahlungsgesetze)

Nach Integration jeweils über den vollen Spektralbereich erhalten wir in beiden Fällen wieder das Stefan-Boltzmann-Gesetz (25.22):

$$M(T) = \frac{d\Phi}{dA} = \int\limits_{x=0}^{\infty} M_x(x,T)\,dx = \int\limits_{\xi=0}^{\infty} M_\xi(\xi,T)\,d\xi = \sigma\,T^4\,, \tag{25.28}$$

weil beide auftretenden Integrale folgende **Normierungsbedingung** erfüllen:

$$\int\limits_{x=0}^{\infty} f(x)\,dx = \frac{15}{\pi^4} \int\limits_{x=0}^{\infty} \frac{x^3}{e^x - 1}\,dx = 1 \tag{25.29}$$

und

$$\int\limits_{\xi=0}^{\infty} g(\xi)\,d\xi = \frac{15}{\pi^4} \int\limits_{\xi=0}^{\infty} \frac{\xi^{-5}}{e^{1/\xi} - 1}\,d\xi = 1\,. \tag{25.30}$$

25.4.2 Quantile der Planckschen Strahlungsfunktion

Wenn wir in Anlehnung an Begriffe aus der Stochastik $f(x)$ und $g(\xi)$ als Wahrscheinlichkeitsdichten [Sachs97] interpretieren, dann können wir mit $x = h\,\nu/(k\,T)$ und $\xi = \lambda\,k\,T/(h\,c)$ für $0 \le \alpha \le 1$ aus folgenden Integralen

$$\boxed{F(x_\alpha) = \alpha = \int\limits_{x=0}^{x_\alpha} f(x)\,dx = \frac{15}{\pi^4} \int\limits_{x=0}^{x_\alpha} \frac{x^3}{e^x - 1}\,dx} \tag{25.31}$$

und

$$\boxed{G(\xi_\alpha) = \alpha = \int\limits_{\xi=0}^{\xi_\alpha} g(\xi)\,d\xi = \frac{15}{\pi^4} \int\limits_{\xi=0}^{\xi_\alpha} \frac{\xi^{-5}}{e^{1/\xi} - 1}\,d\xi} \tag{25.32}$$

die **Quantile** x_α und ξ_α der Ordnung α bestimmen. Dabei können $F(x_\alpha)$ und $G(\xi_\alpha)$ als die zu den Dichten gehörenden Verteilungsfunktionen angesehen werden.

Unterhalb des α-Quantils x_α liegen alle Leistungsbeiträge, die ein Schwarzer Strahler pro Quadratmeter seiner Oberfläche im *Frequenzbereich*

$$0 \le \nu \le x_\alpha\,\frac{k\,T}{h} \tag{25.33}$$

abgibt. Entsprechend bezeichnet das α-Quantil ξ_α denjenigen *Wellenlängenbereich*

$$0 \le \lambda \le \xi_\alpha\,\frac{h\,c}{k\,T} \tag{25.34}$$

der für $\alpha \cdot 100\,\%$ der gesamten Strahlungsleistung verantwortlich ist. **Spezielle Quantile** sind das untere Quartil mit $\alpha = 0,25$, der Median mit $\alpha = 0,5$ und das obere Quartil mit $\alpha = 0,75$.

Durch den Inter-Quartilabstand $x_{0,75} - x_{0,25}$ definieren wir z. B. denjenigen Abszissenbereich, in dem genau die Hälfte der Leistung abgestrahlt wird. Analog wird im Bereich $x_{0,95} - x_{0,05}$ gerade 90 % der Strahlungsleistung abgegeben.

25.4.3 Universelle Strahlungskurven

In folgendem Bild 25.4 sind die dimensionslosen Strahlungsfunktionen

$$f(x) = \frac{15}{\pi^4} \frac{x^3}{e^x - 1} \quad \text{und} \quad g(\xi) = \frac{15}{\pi^4} \frac{\xi^{-5}}{e^{1/\xi} - 1} \tag{25.35}$$

über den normierten Abszissen $x = h\,\nu/(kT)$ und $\xi = \lambda\,kT/(h\,c)$ aufgetragen – zu $g(\xi)$ siehe auch [Mer59, JEL66, Kra86]. Die Flächen unter beiden Kurven sind wegen (25.29) und (25.30) normiert und gleich Eins. In den *grauen* Bereichen wird jeweils die *Hälfte* der gesamten Strahlungsleistung abgegeben.

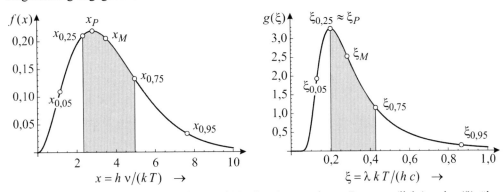

Bild 25.4 Plancksche Strahlungsfunktionen $f(x)$ über der normierten Frequenz (links) und $g(\xi)$ über der normierten Wellenlänge (rechts) aufgetragen

Die **Maxima** liegen an den Abszissen $x_P = 2{,}82144$ bzw. $\xi_P = 1/4{,}96511 = 0{,}201405$ und haben die Werte $f(x_P) = 0{,}218886$ und $g(\xi_P) = 3{,}26480$.

Die für verschiedene Ordnungen α aus (25.31) und (25.32) numerisch bestimmten **Quantile** sind in Tabelle 25.1 dargestellt. Wegen der zueinander inversen Abszissen $\xi = 1/x$ gilt mit $0 \le \alpha \le 1$ folgender Zusammenhang: $\xi_\alpha = 1/x_{1-\alpha}$.

Tabelle 25.1 Quantile der Ordnung α der normierten Strahlungsfunktionen $f(x)$ und $g(\xi)$

α	0,05	0,25	0,50	0,75	0,95
x_α	1,15475	2,34019	3,50302	4,96553	7,63494
ξ_α	0,130977	0,201389	0,285468	0,427316	0,865988

Spezielle Werte sind der **Median** (als Zentralwert der Verteilung)

$$x_M = x_{0,5} = 3{,}50302 \quad \text{und} \quad \xi_M = \xi_{0,5} = 0{,}285468 \tag{25.36}$$

und die **relativen Bandbreiten** (bezogen auf den Median), innerhalb derer die Hälfte bzw. 90 % der gesamten Strahlungsleistung abgegeben wird:

$$\frac{x_{0,75} - x_{0,25}}{x_{0,5}} = 0{,}749451 \qquad \frac{\xi_{0,75} - \xi_{0,25}}{\xi_{0,5}} = 0{,}791430$$

$$\text{und}$$

$$\frac{x_{0,95} - x_{0,05}}{x_{0,5}} = 1{,}84989 \qquad \frac{\xi_{0,95} - \xi_{0,05}}{\xi_{0,5}} = 2{,}57476. \tag{25.37}$$

Bemerkenswert ist die Beobachtung, dass der Ort des Maximums von $g(\xi)$ fast mit dem unteren Quartil zusammenfällt, d.h. es gilt:

$$\xi_P \approx \xi_{0,25} \,. \tag{25.38}$$

Wenn wir mit (25.33) wieder in Frequenzen zurückrechnen, gilt für den Median:

$$\boxed{\nu_M = x_M \frac{kT}{h} = 72,9911 \text{ GHz } \frac{T}{K}} \,. \tag{25.39}$$

Analog folgt aus (25.34) die zentrale Wellenlänge:

$$\boxed{\lambda_M = \xi_M \frac{hc}{kT} = 4107,25 \text{ µm } \frac{K}{T}} \,. \tag{25.40}$$

Im Gegensatz zu den Peak-Werten, die sich nach (25.17) verhalten, können die Mediane direkt ineinander umgerechnet werden:

$$\nu_M \, \lambda_M = c \,. \tag{25.41}$$

Übung 25.2: Die Strahlung der Sonne

- Das Spektrum der solaren Schwarzkörperstrahlung bei $T = 5778$ K ist in Bild 25.2 dargestellt. Bestimmen Sie die Medianwerte ν_M und λ_M sowie den Anteil der extraterrestrischen Solarstrahlung, der im sichtbaren Spektralbereich liegt.

- **Lösung:**

  Mit (25.39) und (25.40) finden wir die **Zentralwerte** der Solarstrahlung:

  $$\begin{aligned} \nu_M &= 421,7 \text{ THz} \\ \lambda_M &= 710,8 \text{ nm} \,. \end{aligned} \tag{25.42}$$

  Die **Peak-Werte** folgen hingegen aus (25.14) und (25.17):

  $$\begin{aligned} \nu_P &= 339,7 \text{ THz } \; \triangleq \; 882,6 \text{ nm} \\ \lambda_P &= 501,5 \text{ nm}. \end{aligned} \tag{25.43}$$

  Der **sichtbare Bereich** bei hell-adaptiertem Auge liegt zwischen $\lambda_1 = 380$ nm und $\lambda_2 = 780$ nm. In normierter Schreibweise folgt daraus für $T = 5778$ K:

  $$\xi_1 = \frac{\lambda_1 kT}{hc} = 0,152605 \quad \text{und} \quad \xi_2 = \frac{\lambda_2 kT}{hc} = 0,313241 \,. \tag{25.44}$$

  Mit einer numerischen Integralauswertung von (25.32) erhalten wir

  $$\frac{15}{\pi^4} \int\limits_{\xi=0}^{\xi_1} \frac{\xi^{-5}}{e^{1/\xi}-1} \, d\xi = 0,100 \quad \text{bzw.} \quad \frac{15}{\pi^4} \int\limits_{\xi=0}^{\xi_2} \frac{\xi^{-5}}{e^{1/\xi}-1} \, d\xi = 0,565 \,. \tag{25.45}$$

  Das bedeutet, dass die Sonne etwa 10 % ihrer gesamten Strahlungsleistung als **Ultraviolettstrahlung** im Bereich kurzer Wellenlängen abgibt. Weitere 43,5 % (nämlich $1 - 0,565$) liegen als **Infrarotstrahlung** im Bereich langer Wellenlängen. Für den dazwischen liegenden **sichtbaren Bereich** verbleiben somit 46,5 % (nämlich $0,565 - 0,100$). □

25.5 Radiometrische und photometrische Größen

Unsere bisherigen Untersuchungen befassten sich mit objektiven Größen der Strahlungsphysik (z. B. L, M und Φ), die man **radiometrische Größen** nennt. In der **Photometrie** beschränkt man sich nun auf den für das menschliche Auge sichtbaren Spektralanteil im Bereich $\lambda_1 = 380 \text{ nm} < \lambda < 780 \text{ nm} = \lambda_2$ und betrachtet den subjektiven Helligkeitseindruck eines Beobachters. Jeder radiometrischen Größe kann auf diese Weise eine durch den Empfänger (das Auge) bewertete photometrische Größe zugeordnet werden (Tabelle 25.2).

Tabelle 25.2 Radiometrische und photometrische (lichttechnische) Größen [Ped05]

Radiometrische Größen			Photometrische Größen (Index v = visuell)		
Name	Formel	Einheit	Name	Formel	Einheit
Strahlungs-leistung	Φ	W	Lichtstrom	Φ_v	Lumen, lm = cd sr
Strahlungs-intensität	$I = \dfrac{d\Phi}{d\Omega}$	W sr^{-1}	Lichtstärke	$I_v = \dfrac{d\Phi_v}{d\Omega}$	Candela, cd
Spez. Ausstrah-lung von der Sendefläche	$M = \dfrac{d\Phi}{dA}$	W m^{-2}	Spez. Lichtaus-strahlung von der Sendefläche	$M_v = \dfrac{d\Phi_v}{dA}$	lm m^{-2}
Bestrahlungs-stärke auf der Empfangsfläche	$E = \dfrac{d\Phi}{dA}$	W m^{-2}	Beleuchtungs-stärke auf der Empfangsfläche	$E_v = \dfrac{d\Phi_v}{dA}$	Lux, lx = lm m^{-2}
Strahldichte	$L = \dfrac{dI}{\cos\vartheta \, dA}$	$\text{W sr}^{-1} \text{m}^{-2}$	Leuchtdichte	$L_v = \dfrac{dI_v}{\cos\vartheta \, dA}$	cd m^{-2}

Die Definition der SI-Basiseinheit Candela ist historisch bedingt und lehnt sich an die Lichtstärke einer Haushaltskerze an. So hat ein Punktstrahler, der **monochromatisches Licht** bei der Wellenlänge $\lambda_m = 555 \text{ nm}$ mit einer Strahlungsleistung von $\Phi = 18{,}4 \text{ mW}$ aussendet, definitionsgemäß die mit hell-adaptiertem Auge subjektiv empfundene Lichtstärke $I_v = 1 \text{ cd}$. Bei isotroper Abstrahlung gibt diese Quelle dann einen Lichtstrom von $\Phi_v = 4\pi I_v = 12{,}57 \text{ lm}$ ab. Aus der Zuordnung $18{,}4 \text{ mW} \stackrel{\wedge}{=} 12{,}57 \text{ lm}$ kann das **photometrische Strahlungsäquivalent**

$$K_m = \frac{12{,}57 \text{ lm}}{18{,}4 \text{ mW}} = 683 \frac{\text{lm}}{\text{W}} \tag{25.46}$$

für Tageslichtsehen[9] berechnet werden. Die **Lichtausbeute** einer monochromatischen Quelle

$$\boxed{K(\lambda) = \frac{\Phi_v}{\Phi} = K_m \, V(\lambda) \leq K_m} \qquad (\text{in lm W}^{-1} = \text{Lumen/Watt}) \tag{25.47}$$

gibt dann an, welcher Anteil der Strahlungsleistung Φ für das hell-adaptierte Auge als Lichtstrom Φ_v sichtbar wird. Dabei ist $V(\lambda)$ die spektrale Empfindlichkeit des Auges bei Tage.

---

[9] Beim Nachtsehen ist das photometrische Strahlungsäquivalent $K'_m = 1699 \text{ lm/W}$ [Ped05]. Die Lichtausbeute folgt dann aus $K'(\lambda) = K'_m \, V'(\lambda)$ mit der Nachtempfindlichkeit des Auges $V'(\lambda)$ [Kühl07].

Die **spektrale Empfindlichkeit** $V(\lambda)$ des menschlichen Auges hat Bandpasscharakter und kann empirisch mit Hilfe von Flickermessungen ermittelt werden. Dabei müssen Beobachter den von der Leuchtdichte einer Lichtquelle abhängenden subjektiven Helligkeitseindruck bewerten. Die Amplitude der Quelle wird mit Frequenzen zwischen 15 Hz und 25 Hz sinus- oder rechteckförmig moduliert. Beim **Tagessehen** mit Leuchtdichten größer als $10\,\mathrm{cd}/\mathrm{m}^2$ sind im Wesentlichen die im Zentrum der Netzhaut stärker vertretenen farbempfindlichen 6 Millionen Zapfen für die Hellempfindung verantwortlich. Darum wird nur innerhalb eines 2° breiten Bereiches des zentralen Gesichtsfeldes gemessen. Das Maximum der $V(\lambda)$-Kurve bei helladaptierten Auge liegt im gelbgrünen Bereich bei $\lambda_m = 555\,\mathrm{nm}$ mit $V(\lambda_m) = 1$. Bei keiner anderen Wellenlänge wird eine in das Auge einfallende monochromatische Strahlungsleistung heller wahrgenommen. Dort wird die Lichtausbeute mit $K(\lambda_m) = K_m = 683\,\mathrm{lm\,W}^{-1}$ maximal.

Beim **Nachtsehen** unterhalb von $0,01\,\mathrm{cd}/\mathrm{m}^2$ werden Lichtreize durch die nur noch helldunkel-empfindlichen 120 Millionen Stäbchen verarbeitet, die außerhalb des Netzhautzentrums stärker vertreten sind. Deshalb wird dort in einem 10° breiten Gesichtsfeld gemessen. Im Vergleich zum Tagessehen ermittelt man eine deutlich zu kürzeren Wellenlängen verschobene spektrale Empfindlichkeit $V'(\lambda)$ mit einem Maximum im blaugrünen Bereich bei 507 nm.

Zapfen und Stäbchen können als **dielektrische Stielstrahler** angesehen werden und bilden bei optischen Frequenzen eine enorm große Gruppenantenne (siehe Abschnitt 28.3).

Historie: Mit den von der Commission Internationale de l'Éclairage (CIE) veröffentlichten Werten für die spektrale Tagesempfindlichkeit [CIE24] wurde ein **Standardbeobachter** $V(\lambda)$ definiert, der bis heute noch als Basis für Anwendungen in der Lichttechnik Verwendung findet. Spätere Untersuchungen zeigten allerdings, dass bei Wellenlängen $\lambda < 460\,\mathrm{nm}$ die Empfindlichkeitskurve $V(\lambda)$ etwas zu niedrig angesetzt worden war. So wurde in [CIE88] eine modifizierte Version $V_M(\lambda)$ angegeben, die auf Arbeiten von [Judd51, Vos78] basiert und den offiziellen Standard $V(\lambda)$ insbesondere bei Schmalbandanwendungen im violetten Spektralbereich ergänzen soll. Neuere Erkenntnisse [Sha05] legen eine weitere Modifikation $V^*(\lambda)$ nahe.

Die von der CIE in den Jahren 1924 und 1988 vorgeschlagenen Tagesempfindlichkeiten $V(\lambda)$ und $V_M(\lambda)$ sind gemeinsam mit der in [CIE51] angegebenen Nachtempfindlichkeit $V'(\lambda)$ in Bild 25.5 dargestellt. Tabellierte Daten sind in [Schu06, UCL] verfügbar.

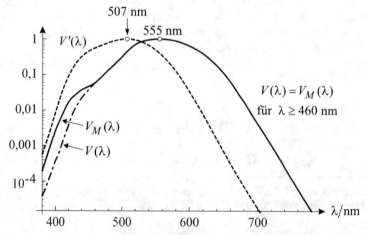

Bild 25.5 Spektrale Nachtempfindlichkeit $V'(\lambda)$ und Tagesempfindlichkeiten $V(\lambda)$ bzw. $V_M(\lambda)$ des menschlichen Auges: Darstellung mit tabellierten Daten der Auflösung 1 nm aus [UCL]

Im Folgenden werden wir stets die spektrale Tagesempfindlichkeit $V(\lambda)$ des **genormten Standardbeobachters** verwenden. Ist die Strahlung nicht monochromatisch, sondern breitbandig verteilt, dann benötigen wir für die Lichtausbeute anstelle (25.47) eine integrale Definition:

$$K = \frac{\Phi_v}{\Phi} = \frac{K_m \int\limits_{\lambda_1}^{\lambda_2} V(\lambda)\,\Phi_\lambda(\lambda)\,d\lambda}{\int\limits_{0}^{\infty} \Phi_\lambda(\lambda)\,d\lambda} \tag{25.48}$$

mit den Wellenlängen $\lambda_1 = 380$ nm und $\lambda_2 = 780$ nm, die den Bereich des sichtbaren Spektrums begrenzen, und dem photometrischen Strahlungsäquivalent $K_m = 683$ lm/W.

Das Arbeiten mit den tabellierten Werten der spektralen Hell-Empfindlichkeit ist etwas umständlich. Zur bequemeren Ausführung der Integration (25.48) wollen wir deshalb die diskreten Stützwerte $V(\lambda_i)$ durch eine kontinuierliche **Ausgleichskurve** (mit kleinstem quadratischem Fehler) in Form einer *asymmetrischen Gaußfunktion* ersetzen[10]. Als Datenbasis wurden die Werte aus [UCL] in einer Auflösung von 5 nm benutzt. An der Wellenlänge $\lambda_m = 555$ nm liegt die höchste spektrale Empfindlichkeit vor und die Kurve nimmt dort ihr Maximum $V(\lambda_m) = 1$ ein. Im blauvioletten Spektralbereich bildet sich bei $V(\lambda)$ eine deutlich sichtbare Schulter aus (siehe Bild 25.6). Diese wurde durch eine *dritte Gaußfunktion* mit Maximum bei $\lambda_3 = 462$ nm und dem Gewichtsfaktor 0,046 berücksichtigt:

$$V(\lambda) = \begin{cases} e^{-357\left(\frac{\lambda_m-\lambda}{\lambda_m}\right)^{2,5}} + 0,046\, e^{-275\left(\frac{\lambda_3-\lambda}{\lambda_3}\right)^2} & \text{für } \lambda_1 \le \lambda \le \lambda_m \\[2ex] e^{-97,4\left(\frac{\lambda-\lambda_m}{\lambda_m}\right)^{2,14}} & \text{für } \lambda_m \le \lambda \le \lambda_2 \end{cases} . \tag{25.49}$$

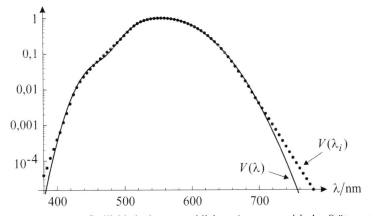

Bild 25.6 Spektrale Tagesempfindlichkeit des menschlichen Auges: empirische Stützwerte $V(\lambda_i)$ mit Auflösung 5 nm aus [UCL] und zugehörige Ausgleichskurve $V(\lambda)$ nach (25.49)

---

[10] Ähnliche Ausgleichskurven, bei denen etwas andere Ansatzfunktionen verwendet wurden, findet man in [Agra96, Agra10].

Wegen $M_\lambda = d\Phi_\lambda/dA$ kann nun unter Verwendung der universellen Strahlungsfunktion $g(\xi)$ aus (25.27) die **Lichtausbeute eines Schwarzen Strahlers** in Abhängigkeit von seiner absoluten Temperatur T sehr kompakt formuliert werden – dabei gilt $\xi(T) = \lambda\,kT/(h\,c)$:

$$K(T) = K_m \int_{\xi_1}^{\xi_2} V(\xi)\,g(\xi)\,d\xi \quad . \tag{25.50}$$

Mit der Lichtausbeute direkt verknüpft ist der **optische Wirkungsgrad** [Haf02]:

$$\eta(T) = \frac{K(T)}{K_m} \quad , \tag{25.51}$$

der angibt welcher Anteil der gesamten Strahlungsleistung eines Schwarzen Körpers als Sinneswahrnehmung vom Auge verarbeitet werden kann.

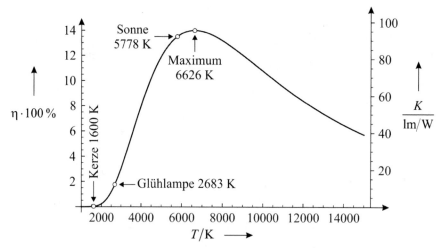

Bild 25.7 Optischer Wirkungsgrad $\eta(T)$ und Lichtausbeute $K(T)$ für den Standardbeobachter $V(\lambda)$ aus Bild 25.6 in Abhängigkeit von der absoluten Temperatur T eines *Schwarzen Strahlers*

Im optimalen Fall bei einer Temperatur von 6626 K erreicht die Kurve ihr **Maximum.** Dort beträgt der optische Wirkungsgrad $\eta = 14{,}0\,\%$, woraus die höchstmögliche Lichtausbeute eines *Schwarzen Strahlers* zu $K = 95{,}6\ \mathrm{lm/W}$ folgt, was sich mit Ergebnissen aus der Literatur deckt [Agra96].

Übung 25.3: Die Strahlung einer Glühlampe bzw. einer Kerze

- Glühlampen geben ein kontinuierliches Spektrum ab, das als Strahlung eines Schwarzen Körpers angesehen werden kann. Die Glühwendel einer solchen Glühlampe bestehe aus einem dünnen Wolframfaden mit Schmelzpunkt 3695 K. Bei Betrieb an 230 V habe der Faden einen Durchmesser von $2\,r = 50\ \mu\mathrm{m}$ und eine Länge von $l = 13\ \mathrm{cm}$.

  Wenn diese Glühlampe eine gesamte Strahlungsleistung von $\Phi = 60\ \mathrm{W}$ abgibt, wie heiß wird dann ihr Faden?

  Welche Lichtausbeute und welcher optische Wirkungsgrad sind zu erwarten?

- **Lösung:**

Die Mantelfläche des zylindrischen Drahtes ist:

$$A = 2 \pi r l = 2{,}04204 \cdot 10^{-5} \text{ m}^2 , \tag{25.52}$$

womit wir eine spezifische Ausstrahlung von

$$M = \frac{\Phi}{A} = \frac{60 \text{ W}}{2{,}04204 \cdot 10^{-5} \text{ m}^2} = 2{,}93825 \cdot 10^6 \frac{\text{W}}{\text{m}^2} \tag{25.53}$$

erhalten. Aus dem Stefan-Boltzmann-Gesetz (25.22) folgt somit die Temperatur:

$$T = \sqrt[4]{\frac{M}{\sigma}} = \sqrt[4]{\frac{2{,}93825 \cdot 10^6 \text{ W m}^{-2}}{5{,}67037 \cdot 10^{-8} \text{ W m}^{-2} \text{ K}^{-4}}} = 2683 \text{ K} . \tag{25.54}$$

Nach Auswertung des Integrals (25.50) für $T = 2683$ K erhalten wir die **Lichtausbeute**[11]:

$$K = \frac{\Phi_{\mathrm{v}}}{\Phi} = 11{,}97 \frac{\text{lm}}{\text{W}} , \tag{25.55}$$

woraus sich ein Lichtstrom von $\Phi_{\mathrm{v}} = K \Phi = 718$ lm ergibt. Bei Annahme einer isotropen Abstrahlung in den Raumwinkel $\Omega = 4 \pi$ erhalten wir mit $I_{\mathrm{v}} = \Phi_{\mathrm{v}}/\Omega$ eine Lichtstärke von $I_{\mathrm{v}} = 57{,}2$ cd. Schließlich folgt aus (25.51) noch der **optische Wirkungsgrad:**

$$\eta = \frac{K}{K_m} = 1{,}75 \text{ \%} . \tag{25.56}$$

Wenn die Glühlampe ihre gesamte Strahlung monofrequent bei 555 nm aussenden würde, hätte sie einen Lichtstrom von $\Phi_{\mathrm{v}} = K_m \Phi = (683 \text{ lm}/\text{W}) \, 60 \text{ W} = 40980$ lm. Durch ihre breitbandige Abstrahlung werden hingegen nur 718 lm erreicht. Der Wirkungsgrad einer Glühlampe ist aus beleuchtungstechnischer Sicht mit $\eta = 1{,}75 \text{ \%}$ daher sehr gering.

Zum Vergleich betrachten wir eine **Haushaltskerze** mit der Flammentemperatur $T = 1600$ K. Sie besitzt nach (25.50) eine Lichtausbeute von $K = 0{,}1811 \text{ lm}/\text{W}$ und nach (25.51) einen optischen Wirkungsgrad von gerade einmal $\eta = K/K_m = 0{,}0265 \text{ \%}$. Nimmt man an, dass eine Standardkerze die Lichtstärke $I_{\mathrm{v}} = 1$ cd isotrop abgibt, dann folgt daraus ein Lichtstrom von $\Phi_{\mathrm{v}} = 4 \pi I_{\mathrm{v}} = 12{,}57$ lm bzw. eine Strahlungsleistung von $\Phi = \Phi_{\mathrm{v}}/K = 69{,}39$ W. Bei ähnlich großer Strahlungsleistung benötigt man daher etwa 57 Standardkerzen, um die gleiche Lichtstärke wie bei einer 60 W Glühlampe zu erhalten.

Mit einer effektiven Oberfläche der Kerzenflamme von $A = 1{,}867 \text{ cm}^2$ hätte man ihre Strahlungsleistung von $\Phi = 69{,}39$ W auch aus dem Stefan-Boltzmann-Gesetz $\Phi = A \sigma T^4$ ableiten können. Bezieht man die Lichtstärke der Kerze auf die abstrahlende Fläche, so erhält man nach Tabelle 25.2 ihre Leuchtdichte $L_{\mathrm{v}} = I_{\mathrm{v}}/A = 5356 \text{ cd m}^{-2}$, die von einem Beobachter als Helligkeit des Strahlers empfunden wird. □

---

[11] Die **Lichtausbeute** einer *Glühlampe* der Strahlungsleistung $\Phi = 60$ W liegt also bei $K = 12 \text{ lm}/\text{W}$. Bei *Halogenlampen* darf die Glühwendel etwas heißer werden, was eine höhere Lichtausbeute von $K = 17 \text{ lm}/\text{W}$ ermöglicht. Neben diesen Schwarzen Strahlern gibt es auch Lichtquellen wie Leuchtstofflampen und Leuchtdioden (LED), die schmalbandige Resonanzen im Spektrum aufweisen. Mit *Leuchtstofflampen* können 70 lm/W und bei *LED* 100 lm/W erreicht werden, während mit *Hochleistungs-Leuchtdioden* sogar schon 300 lm/W realisiert wurden. Die **optischen Wirkungsgrade** aller fünf hier genannten Leuchtmittel liegen dann etwa bei 1,8%, 2,5%, 10,2%, 14,6 % und 43,8%.

25.6 Beleuchtungsstärke

Wie in Abschnitt 10.3.3 betrachten wir in Bild 25.8 eine Lichtquelle mit einer einzigen rotationssymmetrischen Hauptkeule $(\partial/\partial\varphi = 0)$.

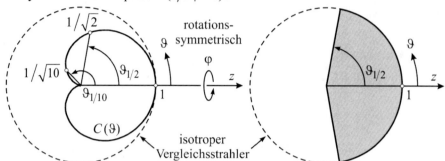

Bild 25.8 Typische Richtcharakteristik $C(\vartheta)$ mit Halbwertswinkel $\vartheta_{1/2}$ und 10-dB-Winkel $\vartheta_{1/10}$ sowie rechts daneben eine Näherungsfunktion, bei der wir uniforme Strahlung innerhalb der Halbwertsbreite $\Delta\vartheta = 2\,\vartheta_{1/2}$ und keine Strahlung außerhalb dieses Bereichs annehmen wollen.

Als bequeme Näherung wollen wir annehmen, dass die Strahlung innerhalb der zweiseitigen Halbwertsbreite $\Delta\vartheta = 2\,\vartheta_{1/2}$ der Hauptkeule uniform verteilt sei. Ferner wollen wir alle Strahlung außerhalb dieses Bereiches vernachlässigen. Die Richtcharakteristik werde also durch

$$C(\vartheta) \approx \begin{cases} 1 & \text{für } 0 \le \vartheta \le \vartheta_{1/2} \\ 0 & \text{für } \vartheta_{1/2} < \vartheta \le \pi \end{cases} \tag{25.57}$$

approximiert und sei weiterhin vom Winkel φ unabhängig. Mit dem einseitigen Halbwertswinkel $\vartheta_{1/2} = \Delta\vartheta/2$ strahlt diese Lichtquelle nach (10.31) dann in den äquivalenten Raumwinkel

$$\Omega = \int\limits_{\varphi=0}^{2\pi} \int\limits_{\vartheta=0}^{\vartheta_{1/2}=\Delta\vartheta/2} \sin\vartheta\, d\vartheta\, d\varphi = 2\pi\left(1-\cos\frac{\Delta\vartheta}{2}\right) = 4\pi\sin^2\left(\frac{\Delta\vartheta}{4}\right). \tag{25.58}$$

Man vergleiche (25.58) mit der Beziehung (10.34). Die Phasenfront besitzt die Form einer Kugelkalotte und hat im Abstand r die Fläche

$$A = r^2\,\Omega. \tag{25.59}$$

Ausgehend vom **Lichtstrom** Φ_v – gemessen in Lumen – den die Lichtquelle abgibt, erhalten wir mit den Beziehungen aus Tabelle 25.2 die **Beleuchtungsstärke**

$$\boxed{E_v = \frac{\Phi_v}{A} = \frac{\Phi_v}{r^2\,\Omega}} \tag{25.60}$$

innerhalb der Phasenfront im Abstand r. Die Beleuchtungsstärke E_v hat die Einheit Lux und nimmt quadratisch mit dem Abstand zur Lichtquelle ab. Hingegen wird E_v größer, falls die Quelle stärker gebündelt sendet – also ihren Lichtstrom Φ_v in einen kleineren Raumwinkelbereich Ω schickt.

Als Beispiel betrachten wir noch einmal die Glühlampe aus Übung 25.3. Bei einer gesamten Strahlungsleistung von $\Phi = 60$ W hatten wir ihren Lichtstrom zu $\Phi_v = 718$ lm bestimmt.

Übung 25.4: Die Beleuchtungsstärke einer Glühlampe

- Eine Glühlampe mit der Strahlungsleistung $\Phi = 60$ W gibt nach Übung 25.3 in den gesamten umgebenden Raum einen Lichtstrom von $\Phi_v = 718$ lm ab. Eine Halogenlampe könnte aufgrund ihrer höheren Lichtausbeute den gleichen Lichtstrom bereits mit $\Phi = 42$ W erzeugen. Welche Beleuchtungsstärke E_v kann in einem Abstand zur Lichtquelle von $r = 0,5$ m erzielt werden? Vernachlässigen Sie – der Einfachheit halber – zunächst die Einflüsse eines Lampenschirms.

- **Lösung:**

Eine Glühlampe bzw. Halogenlampe strahlt mit $\Omega = 4\,\pi$ nahezu isotrop, was einer Halbwertsbreite von $\Delta\vartheta = 2\,\pi \hat{=} 360°$ entspräche. Der unvermeidliche Lampensockel verringert allerdings ein wenig die Rückstrahlung. Daher wollen wir die Halbwertsbreite des Strahlungsfeldes mit $\Delta\vartheta = 340°$ etwas kleiner annehmen, woraus sich mit (25.58) ein minimal kleinerer **äquivalenter Raumwinkel** ergibt:

$$\Omega = 4\,\pi \sin^2\left(\frac{\Delta\vartheta}{4}\right) = 4\,\pi \sin^2(85°) = 4\,\pi \cdot 0,9924 = 12,47 \,. \tag{25.61}$$

Die **Lichtstärke** in Hauptstrahlungsrichtung wird nach Tabelle 25.2

$$I_v = \frac{\Phi_v}{\Omega} = \frac{718}{12,47} \text{ cd} = 57,6 \text{ cd} \,. \tag{25.62}$$

Am Halbwertswinkel $\vartheta_{1/2} = 170°$ werden noch 28,8 cd und am 10-dB-Winkel nur 5,8 cd erreicht. Die **Beleuchtungsstärke** in Hauptstrahlungsrichtung bei $r = 0,5$ m ist schließlich

$$\boxed{E_v = \frac{\Phi_v}{r^2\,\Omega} = \frac{718}{0,5^2 \cdot 12,47} \text{ lx} = 230 \text{ lx}} \,. \quad \square \tag{25.63}$$

Mit einem kegelförmigen **Lampenschirm**, der mit $\Delta\vartheta = 120°$ die Rückstrahlung vermindert und den äquivalenten Raumwinkel auf $\Omega = 4\,\pi \sin^2(30°) = 3,14$ begrenzt, wäre die Beleuchtungsstärke bei $r = 0,5$ m mit $E_v = 914$ lx fast viermal höher. Bei einem Einsatz als **Schreibtischlampe** wäre im Zentrum der beleuchteten Fläche die Mindestanforderung $E_v \geq 500$ lx zur Beleuchtung von Büroarbeitsplätzen gut erfüllt. Am Halbwertswinkel wären es immerhin noch $E_v = 457$ lx. Alle Beleuchtungsstärken für $r = 0,5$ m und $r = 1,0$ m findet man in Bild 25.9.

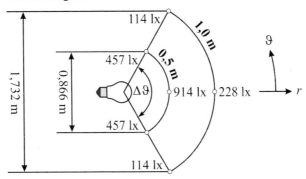

Bild 25.9 Ausleuchtgebiet einer Lichtquelle mit dem Lichtstrom $\Phi_v = 718$ lm und der Halbwertsbreite $\Delta\vartheta = 2\,\vartheta_{1/2} = 120°$ in Abhängigkeit vom Abstand r und vom Winkel ϑ

25.7 Die Solarkonstante

Die sichtbare Sonnenoberfläche wird **Photosphäre** genannt. Mit ihr definiert man [Kra86] den Radius der Sonne zu $R_\odot = 695,8 \cdot 10^3$ km . Die Photosphäre besitzt nach Abschnitt 25.2 eine effektive Oberflächentemperatur von $T = 5778$ K und emittiert ein kontinuierliches Schwarzkörperspektrum. Jeder Quadratmeter ihrer Oberfläche gibt nach (25.23) über das gesamte elektromagnetische Spektrum eine Strahlungsleistung von etwa 63,2 Megawatt ab. Die insgesamt von der Sonne gelieferte **Strahlungsleistung** Φ (ihre sogenannte Leuchtkraft) erhalten wir somit unter Annahme eines kugelsymmetrischen Strahlungsfeldes aus

$$\Phi = M \, 4 \, \pi \, R_\odot^2 = 63,2 \cdot 10^6 \, \frac{W}{m^2} \, 4 \, \pi \, (695,8 \cdot 10^6 \ m)^2 = 3,845 \cdot 10^{26} \ W \,. \tag{25.64}$$

Die Erde bewegt sich nahezu kreisförmig mit dem Bahnradius $a = 149,6 \cdot 10^6$ km um die Sonne [Voi80]. Den oberen Rand der Erdatmosphäre erreicht daher eine Bestrahlungsstärke von

$$\boxed{S = \frac{\Phi}{4 \, \pi \, a^2} = \frac{3,845 \cdot 10^{26} \ W}{4 \, \pi \, (149,6 \cdot 10^9 \ m)^2} = 1367 \ \frac{W}{m^2}} \,, \tag{25.65}$$

die als **extraterrestrische Solarkonstante** bezeichnet wird. Der Wert von $S = 1367$ W$/$m^2 ist als derzeitiger Jahresmittelwert zu verstehen und schwankt wegen der Exzentrizität der Erdbahn im Jahreslauf um etwa $\pm 3,4$ %. Außerdem ist die Bestrahlungsstärke in geringem Maße ($\pm 0,05$ %) vom Sonnenfleckenzyklus mit einer mittleren Periode von ca. 11 Jahren abhängig.

Die Mesopause ist der obere Rand der Erdatmosphäre und bildet in 80 km Höhe die Grenze zum Weltraum. Die um die Atmosphäre erweiterte kreisförmige Projektionsfläche der Erde wird von folgender einfallender solarer Strahlungsleistung getroffen (siehe Abschnitt 5.2.4):

$$P = S \, \pi \, R_E^2 = S \, \pi \, (6371 \ km + 80 \ km)^2 = 1,787 \cdot 10^{17} \ W \,. \tag{25.66}$$

Die Nachtseite der Erde bleibt dunkel und die beleuchtete Tagseite hat die Form einer Halbkugel. Dieser geometrische Effekt bewirkt, dass bei Bezug auf die *gesamte* Erdoberfläche im zeitlichen und räumlichen Mittel nur eine reduzierte Bestrahlungsstärke von

$$\frac{P}{4 \, \pi \, R_E^2} = S \, \frac{\pi \, R_E^2}{4 \, \pi \, R_E^2} = \frac{S}{4} = 342 \ \frac{W}{m^2} \tag{25.67}$$

wirksam wird. Der Wert (25.67) repräsentiert die ortsunabhängige und zeitgemittelte Bestrahlungsstärke auf einer *lokal horizontalen Fläche* an jedem beliebigen Punkt der Erde, falls wir die Wirkung der Atmosphäre außer Acht lassen.

Nach Satellitenmessungen werden allerdings etwa 30,6 Prozent[12] der einfallenden solaren Strahlungsleistung an der Atmosphäre (Luftmoleküle, Wolken, Staub) und der Erdoberfläche (Meere, Festland, Eis) wieder in den Weltraum zurück geworfen. Für den Wärmehaushalt der Erde ist also im zeitlichen und räumlichen Mittel nur eine **effektive Bestrahlungsstärke** von

$$\boxed{S_{\text{eff}} = \left(1 - |\underline{r}|^2 \right) \frac{S}{4} = 237 \ \frac{W}{m^2}} \tag{25.68}$$

anzusetzen, die der Erde als äußere Wärmequelle zur Verfügung steht.

---

[12] Der Wert $|\underline{r}|^2 = 0,306$ ist das räumliche und spektrale Mittel der planetarischen Albedo der Erde.

25.8 Anwendungen in der Photovoltaik

Die mittlere Einstrahlung $S_{\text{eff}} = 237 \, \text{W}/\text{m}^2$ aus (25.68) verteilt sich – abhängig vom geographischen Ort und der dort typisch vorherrschenden Bewölkung – sehr ungleichmäßig. Während in den Tropen und Subtropen **Jahresdurchschnittswerte** bis $285 \, \text{W}/\text{m}^2$ anzutreffen sind, kann man in Mitteleuropa als mittlere Bestrahlungsstärke auf eine lokal horizontale Fläche nur mit etwa $100 - 135 \, \text{W}/\text{m}^2$ rechnen. Diese Bestrahlungsstärken werden als **Globalstrahlungs-werte** bezeichnet und setzen sich aus der direkten Sonnenstrahlung und der diffusen Streustrahlung des Himmels, die aus unterschiedlichen Richtungen kommt, zusammen. In Mitteleuropa dominiert im Winter der Diffusstrahlungsanteil, während im Sommer Diffus- und Direktstrahlung ungefähr gleich groß werden.

Neben den Jahresdurchschnittswerten ist auch der Momentanwert der Globalstrahlung an einem bestimmten Ort von Interesse. Die Momentanwerte haben einen ausgeprägten Tagesgang und hängen von der Jahreszeit ab. In der Mittagssonne können in Deutschland im Sommer Globalstrahlungswerte bis $1000 \, \text{W}/\text{m}^2$ erreicht werden, während bei starker Bewölkung im Winter Mittagswerte unter $100 \, \text{W}/\text{m}^2$ möglich sind.

Die kumulierte **solare Energiemenge,** die pro Jahr auf einer lokal horizontalen Fläche von einem Quadratmeter an einem Ort in Deutschland mit einem Jahresmittelwert der Globalstrahlung von z. B. $114 \, \text{W}/\text{m}^2$ zur Verfügung steht, ergibt sich aus:

$$E_{\text{sol}} = 114 \, \frac{\text{W}}{\text{m}^2} \cdot 365{,}25 \cdot 24 \, \text{h} = 999 \, \frac{\text{kWh}}{\text{m}^2} \, , \tag{25.69}$$

woraus pro Tag ein mittlerer Wert von $2{,}74 \, \text{kWh}/\text{m}^2$ folgt. Mit einer *geneigten* Empfangsfläche, deren Flächennormale dem Tagesgang der Sonne in Azimut und Elevation *nachgeführt* wird, kann der direkte Strahlungsanteil besser ausgenutzt und das solare Strahlungsangebot E_{sol} vergrößert werden. In Deutschland sind damit Steigerungen um etwa 25–30 % möglich.

Übung 25.5: Erzeugung elektrischer Energie mit einer Photovoltaik-Anlage

- Mit Hilfe des inneren Photoeffekts können Solarzellen einfallende Sonnenenergie direkt in elektrische Energie umwandeln. Wie viele Quadratmeter an Solarmodulen benötigt man in Deutschland, um hier eine **elektrische Jahresenergiemenge** von 999 kWh zu erzeugen?

- **Lösung:**

  Der gesamte Wirkungsgrad η einer Photovoltaik-Anlage hängt von der Temperatur und vom Verschmutzungsgrad ihrer Solarmodule ab. Außerdem gibt es Verluste in Wechselrichtern und Leitungen sowie Alterungseffekte. So folgt ein realer Wert von ca. $\eta = 10 \, \%$. Mit der solaren Energiemenge (25.69) erhält man daher den **elektrischen Ertrag**

  $$E_{\text{el}} = \eta \, E_{\text{sol}} = 0{,}1 \cdot 999 \, \frac{\text{kWh}}{\text{m}^2} = 99{,}9 \, \frac{\text{kWh}}{\text{m}^2} \, . \tag{25.70}$$

  Mit $A = 10 \, \text{m}^2$ *horizontaler*[13] Modulfläche kann man also pro Jahr 999 kWh erzeugen. In der sommerlichen Mittagssonne mit Globalstrahlung $1000 \, \text{W}/\text{m}^2$ hat dann diese Anlage eine **elektrische Spitzenleistung** von $\hat{P} = \eta \, A \, 1000 \, \text{W}/\text{m}^2 = 1 \, \text{kWp}$ (Kilowatt Peak). □

---

[13] Bei Dachmontage in Richtung Süden mit 30°–35° Neigung würden schon ca. 8 m² Fläche ausreichen.

25.9 Aufgaben

25.9.1 Welche Temperatur hat eine kreisförmige Herdplatte mit Durchmesser $d = 20$ cm, wenn Sie ein gesamte Strahlungsleistung von $\Phi = 100$ W abgibt?

25.9.2 Berechnen Sie die Strahlungsbilanz einer ruhenden, unbekleideten Person mit 1,9 m^2 Körperoberfläche, die sich in einem geschlossenen Raum bei 20° C aufhält. Gehen Sie davon aus, dass die menschliche Haut eine Oberflächentemperatur von 30° C aufweist.

25.9.3 Finden Sie die Frequenz ν_P, an der die frequenzbezogene Plancksche Strahlungskurve

$$M_\nu(\nu, T) = \frac{dP}{d\nu\, dA} = \frac{2\pi h \nu^3}{c^2} \frac{1}{e^{\frac{h\nu}{kT}} - 1}$$

ihr Maximum einnimmt.

25.9.4 Der weltweite Primärenergieverbrauch lag im Jahre 2019 bei $584 \cdot 10^{18}$ J. Das entspricht $162 \cdot 10^{12}$ kWh. Welche Fläche benötigt eine Photovoltaikanlage, um eine elektrische Energiemenge dieser Größe zu erzeugen? Rechnen Sie mit $S_{\text{eff}} = 237$ W/m^2.

Lösungen:

25.9.1 Aus $\Phi = \dfrac{\pi d^2}{4} \sigma T^4$ folgt $T = 487$ K, d. h. 214° C.

25.9.2 Mit $T_1 = 303$ K verliert die Person $\Phi_1 = A \sigma T_1^4 = 908$ W an Strahlungswärme. Aus der kälteren Umgebung mit $T_2 = 293$ K nimmt sie allerdings nur $\Phi_2 = A \sigma T_2^4 = 794$ W wieder auf. Somit bleibt ein Netto-Strahlungsverlust von $\Delta\Phi = \Phi_1 - \Phi_2 = 114$ W, der durch die Nahrungsaufnahme wieder gedeckt werden muss, d. h. es muss pro Tag eine Energiemenge von $E = 9850$ kJ zugeführt werden, das entspricht 2353 kcal.

25.9.3 Aus der Bedingung $\partial M_\nu(\nu, T)/\partial\nu = 0$ erhalten wir zunächst:

$$\frac{2\pi h}{c^2} \left(3\nu^2 \left(e^{\frac{h\nu}{kT}} - 1\right)^{-1} - \nu^3 \frac{h}{kT} e^{\frac{h\nu}{kT}} \left(e^{\frac{h\nu}{kT}} - 1\right)^{-2} \right) = 0.$$

Mit der dimensionslosen Abkürzung $x = (h\nu)/(kT)$ können wir daraus folgende transzendente Gleichung ableiten:

$$\frac{x e^x}{e^x - 1} = 3$$

mit der einzig reellen Lösung $x_P = 2{,}82144$, aus der sofort die Peak-Frequenz folgt:

$$\nu_P = 2{,}82144 \frac{kT}{h} \quad \text{bzw.} \quad \nu_P/T = 58{,}7893\,\text{GHz K}^{-1}.$$

25.9.4 Analog zu Übung 25.5 gilt $E_{\text{el}} = \eta\, E_{\text{sol}} = 208$ kWh/m^2, woraus $A = 782 \cdot 10^3$ km^2 folgt – eine Fläche, die etwa 2,2-mal größer als Deutschland ist.

26 Thermisches Rauschen

26.1 Grundlagen

Der Begriff des Rauschens stammt eigentlich aus der Hörakustik und wird heute gleichbedeutend für Störungen jedweder Art verwendet, die sich einem Nutzsignal überlagern. Im Gegensatz zu den störenden Auswirkungen des Rauschens in der Nachrichten-Übertragungstechnik können Rauschsignale bei der Erderkundung oder in der Radioastronomie auch nützliche Informationen enthalten, wodurch Rückschlüsse auf die Natur der Rauschquelle möglich werden.

Die **Ursachen** des elektrischen Rauschens sind Schwankungserscheinungen des Ladungstransports in elektronischen Bauelementen. So wird das thermische Rauschen in elektrisch leitenden festen Körpern durch die bei der absoluten Temperatur $T > 0$ K stets vorhandenen Schwingungen der Gitteratome erzeugt, die ihre Bewegungsenergie auf freie Leitungselektronen übertragen. Diese führen daher eine unregelmäßige, von Stößen unterbrochene, Bewegung aus, wodurch an den offenen Enden eines Leiters mit dem Widerstand R eine unregelmäßig schwankende Leerlauf-Rauschspannung $u_r(t)$ als kontinuierliches reelles Zufallssignal entsteht. Bei Kurzschluss der Leiterenden fließt entsprechend ein Kurzschluss-Rauschstrom, der sich je nach Wahl der Zählpfeilrichtungen wie folgt aus der Leerlauf-Rauschspannung ergibt:

$$i_r(t) = \pm \frac{u_r(t)}{R}. \tag{26.1}$$

Eine beispielhafte Darstellung eines numerisch mit Hilfe eines Zufallszahlengenerators erzeugten **Rauschsignals** finden wir in Bild 26.1.

Bild 26.1 Typische Leerlaufspannung $u_r(t)$ eines rauschenden Widerstands mit $\overline{u_r(t)} = 0$

Das thermische Rauschen ist ein Effekt, der aus der Gleichverteilung der Energie auf alle Freiheitsgrade eines sich selbst überlassenen physikalischen Systems folgt. Für die Ladungsträgerbewegung, d. h. den elektrischen Strom in einem solchen Leiter sind alle Raumrichtungen gleich wahrscheinlich. Es gilt deshalb für die zeitlichen Mittelwerte der Rauschgrößen:

$$\overline{u_r(t)} = 0 \quad \text{und} \quad \overline{i_r(t)} = 0. \tag{26.2}$$

Dagegen sind ihre quadratischen Mittelwerte $\overline{u_r^2(t)}$ und $\overline{i_r^2(t)}$ von null verschieden. Ein eigentlich passiver Ohmscher Widerstand R kann somit auch als **Rauschgenerator** aufgefasst werden und gibt als solcher eine Wirkleistung ab, die mit zunehmender Umgebungstemperatur T, auf der sich der Widerstand befindet, ansteigt.

© Springer Fachmedien Wiesbaden GmbH, ein Teil von Springer Nature 2022
K. W. Kark, *Antennen und Strahlungsfelder*,
https://doi.org/10.1007/978-3-658-38595-8_26

26.2 Rauschleistungsdichte

26.2.1 Nyquist-Formel

Bei einem periodischen Sinussignal ist seine Leistung auf eine diskrete Frequenz konzentriert. Bei einem Rauschsignal hingegen ist die Leistung bei einer einzelnen Frequenz immer gleich null und erst innerhalb einer endlichen Bandbreite $B = \Delta f = f_2 - f_1$ kann auch eine endliche Rauschleistung gemessen werden. Die spektrale Verteilung eines Rauschsignals, die von der absoluten Temperatur T der Rauschquelle abhängt, beschreibt man mit Hilfe des einseitigen **Rauschleistungs-Dichtespektrums** $w(f, T)$, mit dem man die innerhalb des Frequenzbandes von f_1 bis f_2 verfügbare Rauschleistung wie folgt erhält:

$$P_r(T) = \int_{f_1}^{f_2} w(f, T)\, df = N(T) \qquad \text{mit} \quad N = \text{Noise Power.} \tag{26.3}$$

Hierbei kann $w(f, T)\, df$ als Teilleistung in einem schmalen Frequenzband der Breite df aufgefasst werden. Die Summe über alle Teilleistungen, im Grenzfall $df \to 0$ entsprechend das Integral, ergibt die Rauschleistung $P_r(T)$. Die insgesamt über alle Frequenzen $0 \le f < \infty$ verfügbare Rauschleistung $P_r^\infty(T)$ eines thermisch rauschenden Widerstands R wird dann:

$$P_r^\infty(T) = \int_0^\infty w(f, T)\, df . \tag{26.4}$$

Auf Basis der klassischen statistischen Thermodynamik konnte **Johnson**[1] [John28] zunächst nur eine Näherung

$$w(T) \approx kT \qquad (\text{in } \text{W Hz}^{-1}). \tag{26.5}$$

für die Rauschleistungsdichte angeben, die unabhängig von der Frequenz war. Ein konstanter Integrand führt in (26.4) aber dazu, dass die verfügbare Rauschleistung scheinbar unendlich groß wird. Diese sogenannte **Ultraviolett-Katastrophe** kann nur dann verhindert werden, wenn die Rauschleistungsdichte $w(f, T)$ zu hohen Frequenzen ausreichend schnell abfällt. Genauso wie Planck das ältere Rayleigh-Jeans-Gesetz (25.8) durch quantenmechanische Korrekturen verbessert hatte, gelang es **Nyquist**[2] die Probleme der Johnson-Formel (26.5) zu beseitigen. In Anlehnung an das Plancksche Strahlungsgesetz eines Schwarzen Körpers (25.6) gilt nämlich nach [Nyq28, Hof97]:

$$w(f, T) = \frac{hf}{e^{(hf)/(kT)} - 1} \qquad (\text{in } \text{W Hz}^{-1}). \tag{26.6}$$

Hierbei ist $h = 6,62607 \cdot 10^{-34}$ Ws^2 das Plancksche Wirkungsquantum und die Boltzmann-Konstante ist $k = 1,38065 \cdot 10^{-23}$ Ws/K. Die absolute Temperatur ist T und f die Frequenz.

---

[1] John Bertrand **Johnson** (1887-1970): schwed.-amerik. Ingenieur und Physiker (thermisches Rauschen, Vakuumröhren, Feldeffekt-Transistor)

[2] Harry **Nyquist** (1889-1967): schwed.-amerik. Ingenieur (thermisches Rauschen, Abtasttheorem, Informationstheorie, Regelungstechnik)

Die **Rauschleistungsdichte** (26.6) eines rauschenden Widerstands R ist im gesamten Frequenzbereich unabhängig von R und hängt neben der Frequenz f nur von der Temperatur T ab, auf der sich der Widerstand physikalisch befindet. Eine *normierte* Darstellung

$$\frac{w(f,T)}{kT} = y(x) = \frac{x}{e^x - 1} \tag{26.7}$$

über der *logarithmischen* Abszisse $x = (hf)/(kT)$ findet man in Bild 26.2. Die Funktion $y(x)$ ist bei kleinen Werten von x praktisch konstant gleich eins und fällt bei $x = 0,1$ auf den Wert $y = 0,9508$ ab. Man kann also im Intervall $0 \le x \le 0,1$ mit einem relativen Fehler, der kleiner als 5 % bleibt, der Einfachheit halber $y \approx 1$ setzen. Etwa ab $x = 0,1$ fällt die Kurve dann steil ab und kann für $x \ge 3$ mit einem relativen Fehler von ebenfalls maximal 5 % näherungsweise durch $y \approx x\,e^{-x}$ ersetzt werden.

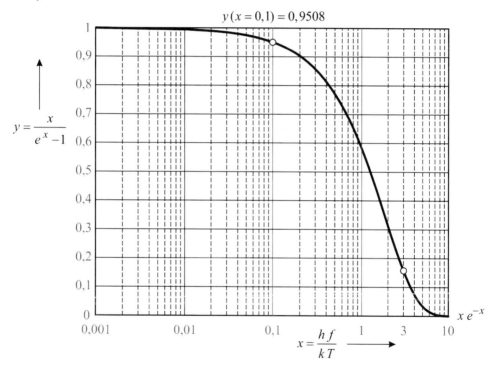

Bild 26.2 Normiertes Rauschleistungs-Dichtespektrum $y = w(f,T)/(kT)$ nach (26.7)

Im thermodynamischen Gleichgewicht besitzt jedes freie Elektron nach [Som88] eine mittlere Energie von $\tfrac{1}{2}kT$. Bei Leitungselektronen, die mit dem periodischen Coulomb-Potenzial der Ionen im metallischen Kristallgitter wechselwirken, gilt diese Annahme einer kräftefreien Bewegung zwar nur näherungsweise, dennoch liefert sie eine Erklärung für den steilen Abfall der Nyquist-Rauschleistungsdichte in Bild 26.2. Die beschränkte **Elektronenenergie** von $\tfrac{1}{2}kT$ setzt der **Photonenenergie** hf nämlich eine natürliche Grenze und so ist es nicht verwunderlich, dass Frequenzen von $hf \gg kT/2$ (also $x \gg 0,5$) kaum noch angeregt werden.

Die insgesamt über alle Frequenzen $0 \le f < \infty$ **verfügbare Rauschleistung** $P_r^\infty(T)$ eines thermisch rauschenden Widerstands R kann nach (26.4) durch Ausführen der Integration

$$P_r^\infty(T) = \int_0^\infty w(f,T)\,df = \int_0^\infty \frac{hf}{e^{(hf)/(kT)}-1}\,df \tag{26.8}$$

mit der Substitution $x = (hf)/(kT)$ exakt bestimmt werden:

$$P_r^\infty(T) = \frac{(kT)^2}{h} \int_0^\infty \frac{x}{e^x - 1}\,dx = \frac{(kT)^2}{h}\frac{\pi^2}{6}\,. \tag{26.9}$$

In Form einer zugeschnittenen Größengleichung kann man auch schreiben:

$$\boxed{\frac{P_r^\infty(T)}{\text{pW}} = 0{,}4732\left(\frac{T}{\text{K}}\right)^2}\,. \tag{26.10}$$

Beispielsweise ergibt sich für $T = 290\,\text{K}$ ein Wert von $P_r^\infty = 3{,}98\cdot10^{-8}\,\text{W} = 39{,}8\,\text{nW}$. Dieser rechnerisch ermittelte Wert hat allerdings keine praktische Bedeutung, da ein über alle Frequenzen konstanter Widerstandswert R nicht realisierbar ist.

26.2.2 Weißes und farbiges Rauschen

Für den Quotienten $x = (hf)/(kT)$ kann man nach Einsetzen der Zahlenwerte von h und k eine zugeschnittene Größengleichung gewinnen:

$$x = \frac{hf}{kT} \approx 0{,}04799\cdot\frac{f/\text{GHz}}{T/\text{K}}\,. \tag{26.11}$$

Beispielsweise erhalten wir bei $f = 604\,\text{GHz}$ und $T = 290\,\text{K}$ einen Wert von $x = 0{,}1$. Bei Systemen der Mikrowellentechnik kann man also – außer bei extrem tiefen Temperaturen (siehe Tabelle 26.1) – von $x \ll 1$ ausgehen. Dann ist die Näherung

$$e^{(hf)/(kT)} \approx 1 + \frac{hf}{kT} \quad \text{(Taylor-Reihe mit Abbruch nach dem linearen Glied)} \tag{26.12}$$

zulässig. Man kann _hier_ also die **Nyquist-Formel** durch die **Johnson-Formel** ersetzen:

$$w(f,T) = \frac{hf}{e^{(hf)/(kT)}-1} \approx \frac{hf}{1+\dfrac{hf}{kT}-1} = kT = w(T)\,. \tag{26.13}$$

Die Rauschleistungsdichte des thermischen Rauschens ist somit im technisch interessierenden Frequenzbereich praktisch konstant. Frequenzunabhängiges Rauschen wird in Anlehnung an das breitbandig weiße Sonnenlicht häufig als **weißes Rauschen** bezeichnet. Unter der Voraussetzung $x = (hf)/(kT) \le 0{,}1$ gibt ein Ohmscher Widerstand nach (26.3) im Frequenzbereich $f_1 \le f \le f_2$ mit der Bandbreite $B = f_2 - f_1$ somit folgende Rauschleistung ab:

$$\boxed{P_r(T) = \int_{f_1}^{f_2} w(f,T)\,df \approx \int_{f_1}^{f_2} kT\,df = kT(f_2 - f_1) = kTB}\,. \tag{26.14}$$

Falls wir uns _nicht_ im praktisch konstanten Bereich der Kurve in Bild 26.2 befinden, sondern weiter rechts auf der Abszisse – also bei $x \geq 0{,}1$ – dann darf die Johnson-Näherung nicht benutz werden und wir müssen die kompliziertere Nyquist-Formel integrieren[3]:

$$P_r(T) = \int\limits_{f_1}^{f_2} \frac{h\,f}{e^{(h\,f)/(k\,T)} - 1}\, df \,. \tag{26.15}$$

Dieses Integral besitzt jedoch keine Stammfunktion.

Bei **Schmalbandsystemen** kann man aber annehmen, dass der Integrand im engen Integrationsbereich näherungsweise konstant ist, sich also in dem betrachteten Frequenzbereich $f_1 \leq f \leq f_2$ wieder **lokal weiß** verhält. Den Wert des Integranden bestimmt man dann an der Mittenfrequenz $f_\mathrm{m} = (f_1 + f_2)/2$ des Bandes und erhält somit folgende Näherung [Bäc99]:

$$\boxed{P_r(T) = \int\limits_{f_1}^{f_2} \frac{h\,f}{e^{(h\,f)/(k\,T)} - 1}\, df \approx w(x)\, k\, T\, B} \tag{26.16}$$

mit $B = f_2 - f_1$ und der **Gewichtsfunktion**

$$w(x) = \frac{x}{e^x - 1} \quad \text{und} \quad x = \frac{h\,(f_1 + f_2)/2}{k\,T}\,. \tag{26.17}$$

Zahlenbeispiele für die Gewichtsfunktion $w(x)$ findet man in Tabelle 26.1.

Tabelle 26.1 Gewichtsfunktion zur Berechnung der Rauschleistung (26.16) in Schmalbandsystemen

Bandmittenfrequenz $f_\mathrm{m} = (f_1 + f_2)/2$	T	$x = 0{,}04799 \cdot \dfrac{f_\mathrm{m}/\mathrm{GHz}}{T/\mathrm{K}}$	$w(x)$
150 GHz (Mikrowellen)	290 K (Raumtemperatur)	0,0248	0,988
	77,3 K (flüss. Stickstoff)	0,0931	0,954
	4,2 K (flüss. Helium)	1,71	0,377
229 THz (Infrarot)	290 K (Raumtemperatur)	37,9	$1{,}32 \cdot 10^{-15}$

Im Mikrowellenbereich kann durch Abkühlung der Systemkomponenten mit flüssigem Stickstoff oder sogar mit flüssigem Helium eine bemerkenswerte Reduktion der Rauschleistung $P_r(T) \approx w(x)\, k\, T\, B$ erreicht werden. Es wird nicht nur die Umgebungstemperatur T kleiner, sondern auch der Gewichtsfaktor $w(x)$ verringert sich. Bei optischen Systemen – z. B. Glasfaserleitungen – ist eine Kühlungsmaßnahme dagegen nicht sinnvoll, da hier das thermische Rauschen bereits bei Zimmertemperatur praktisch null ist.

Im nächsten Abschnitt werden wir uns mit rauschenden **Zweipolen** beschäftigen. Das Rauschen von Vierpolschaltungen – sogenannten Zweitoren – kann ohne besondere Schwierigkeiten in Form einer Ersatzschaltung auf das Zweipolrauschen zurückgeführt werden [Lan81, Schi90, Zin95, Hof97]. Die wichtigsten Formeln zu rauschenden **Zweitoren** sind in Anhang H zusammengestellt.

---

[3] Für $x = (h\,f)/(k\,T) \geq 0{,}1$ ist die Rauschleistungsdichte nicht mehr konstant über der Frequenz, weswegen man hier von **farbigem Rauschen** spricht.

26.3 Zweipolrauschen

26.3.1 Widerstandsrauschen

Für den Rest des Kapitels werden wir stets von **weißem Rauschen** mit $P_r(T) = kTB$ ausgehen, was für $x = (hf)/(kT) \leq 0{,}1$ gerechtfertigt ist. Dazu betrachten wir einen thermisch rauschenden Widerstand, der einerseits als passives Bauelement die Ohmsche Eigenschaft R besitzt, andererseits aber auch als Generator wirkt, der eine **verfügbare Rauschleistung** von $P_r(T) = kTB$ bereitstellt. Dabei ist T die Umgebungstemperatur, auf der sich der Widerstand physikalisch befindet und B ist die Nutzbandbreite[4] der nachgelagerten Schaltung.

Nun ist ein thermisch rauschender Widerstand R aber kein Standardbauelement der Schaltungstechnik. Deswegen wollen wir stattdessen eine klemmenäquivalente Ersatzschaltung angeben, die wir als **Spannungs-** bzw. **Stromersatzschaltbild** in Bild 26.3 darstellen. Dabei vereinbaren wir, dass rauschende Bauelemente grau hinterlegt dargestellt werden sollen.

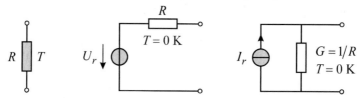

Bild 26.3 Ein auf der Umgebungstemperatur T befindlicher thermisch rauschender Ohmscher Widerstand R als Generator für weißes Rauschen und seine Ersatzschaltungen in Form einer Spannungsquelle bzw. einer Stromquelle, wobei wir U_r und $I_r = U_r/R$ im Folgenden noch bestimmen werden.

Die beiden Ersatzschaltungen aus Bild 26.3 ordnen die *aktive* Eigenschaft der Rauschquelle einer fiktiven Spannungs- bzw. Stromquelle zu, während die *passive* Eigenschaft durch einen Ersatzwiderstand R bzw. einen Leitwert G repräsentiert wird, die in unserem Modell nun nicht mehr rauschen sollen und sich fiktiv auf null Kelvin befinden. Durch diese Aufteilung befinden wir uns wieder im üblichen Rahmen der Schaltungstechnik, wo passive Bauelemente durch Generatoren gespeist werden.

Die tatsächlich **abgegebene Rauschleistung** kann höchstens gleich der verfügbaren Rauschleistung $P_r(T) = kTB$ werden – nämlich dann, wenn der Betriebsfall der **Leistungsanpassung** vorliegt, was aber bei den meisten Schaltungen ohnehin gegeben ist und wir im Folgenden auch so annehmen werden[5]. Der Eingangswiderstand der nachgelagerten Schaltung sei also auch gleich R, womit sich die Quellenspannung U_r nun in zwei gleiche Hälften aufteilt (Bild 26.4).

Man beachte, dass wir im Moment noch davon ausgehen, dass die nachgelagerte Schaltung in ihrem Inneren kein eigenes zusätzliches Rauschen erzeugt. Somit enthält unser Netzwerk bislang nur eine einzige Rauschquelle. Diese Einschränkung werden wir aber bald fallenlassen. Der **Effektivwert** der Rauschspannung ergibt sich aus

$$P_r(T) = kTB = \frac{(U_r/2)^2}{R} \quad \text{und} \quad U_r^2 = \overline{u_r^2(t)}. \tag{26.18}$$

---

[4] Der Widerstand R rauscht nach Bild 26.2 natürlich auch *außerhalb* der Bandbreite B, jedoch dringt in die nachgelagerte Schaltung nur der Anteil *innerhalb* von B ein.

[5] Zur Behandlung von fehlangepassten Schaltungen sei auf [Schi90] verwiesen.

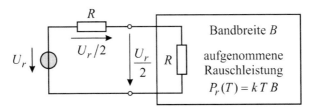

Bild 26.4 Um der (nicht dargestellten) Nutzsignalquelle ein Maximum an Signalleistung zu entziehen, passt man die Eingangsimpedanz der nachgelagerten Schaltung an die Quelle an (siehe Bild 10.8). Somit liegt auch für die Rauschquelle Leistungsanpassung vor, wodurch diese an die nachgelagerte Schaltung auch ihre gesamte innerhalb der Bandbreite B verfügbare Rauschleistung $P_r(T) = kTB$ abgeben kann.

Aus (26.18) erhalten wir schließlich die Werte [Zwi15]

$$\boxed{U_r = \sqrt{4\,R\,k\,T\,B}} \qquad \text{bzw.} \qquad \boxed{I_r = \frac{U_r}{R} = \sqrt{\frac{4\,k\,T\,B}{R}} = \sqrt{4\,G\,k\,T\,B}} \qquad (26.19)$$

für die **Leerlauf-Rauschspannung** bzw. den **Kurzschluss-Rauschstrom** aus Bild 26.3. Mit

$$\boxed{w_u = U_r^2/B = 4\,k\,T\,R} \qquad \text{bzw.} \qquad \boxed{w_i = I_r^2/B = 4\,k\,T\,G} \qquad (26.20)$$

definieren wir noch die spannungs- bzw. strombezogenen **spektralen Leistungsdichten** [Zin95], die mit der Johnson-Rauschleistungsdichte $w = kT$ aus (26.13) eng zusammenhängen.

26.3.2 Netzwerke aus Ohmschen Widerständen

Wir wollen nun in Bild 26.5 die **Reihenschaltung** (Serienschaltung) zweier thermisch rauschender Widerstände R_1 und R_2 betrachten.

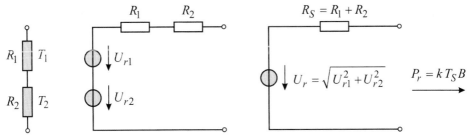

Bild 26.5 Reihenschaltung zweier thermisch rauschender Widerstände R_1 und R_2, die sich auf verschiedenen Umgebungstemperaturen T_1 und T_2 befinden dürfen, und deren Ersatzschaltungen.

Die Rauschspannungen $u_{r1}(t)$ und $u_{r2}(t)$ seien *unkorreliert.* Nach dem **Parsevalschen Theorem**[6] [Wer00] addieren sich deswegen ihre zugehörigen Effektivwerte U_{r1} und U_{r2} *quadratisch.* Allgemein gilt daher für die Reihenschaltung von n unkorrelierten Rauschquellen:

$$U_r^2 = \sum_{i=1}^{n} U_{ri}^2 \,. \qquad (26.21)$$

---

[6] Marc-Antoine **Parseval des Chênes** (1755-1836): frz. Mathematiker (Differentialgln., Fourier-Reihen)

Hierbei ist U_{ri} der Effektivwert der jeweiligen Einzelrauschspannung eines Widerstandes R_i bei seiner Umgebungstemperatur T_i. Nach (26.19) gilt:

$$U_{ri} = \sqrt{4\,R_i\,k\,T_i\,B}\,. \quad \text{Damit folgt aus (26.21):} \tag{26.22}$$

$$U_r^2 = 4\,k\,B\sum_{i=1}^{n} R_i\,T_i = 4\,k\,B\,R_S\,T_S \quad \text{mit} \quad R_S = \sum_{i=1}^{n} R_i\,. \tag{26.23}$$

In (26.23) haben wir den Serienwiderstand R_S und die **Gesamtrauschtemperatur** T_S der Serienschaltung eingeführt, woraus sofort folgt:

$$\boxed{T_S = \frac{\displaystyle\sum_{i=1}^{n} R_i\,T_i}{R_S}}\,. \tag{26.24}$$

Man beachte, dass T_S _nicht_ als physikalische Umgebungstemperatur eines der n verschiedenen Widerstände aufgefasst werden darf. Vielmehr muss man sich darunter eine fiktive Ersatzgröße vorstellen, mit der diejenige Temperatur beschrieben wird, auf der sich ein Ersatzwiderstand R_S befinden müsste, damit dieser die gleiche Rauschleistung P_r abgibt, wie die tatsächlich vorhandene Serienschaltung (Bild 26.5). Aus (26.24) folgt z. B. für $n = 2$:

$$\boxed{P_r = k\,T_S\,B = \frac{R_1}{R_1 + R_2}\,P_{r1} + \frac{R_2}{R_1 + R_2}\,P_{r2}}\,, \tag{26.25}$$

was im Sonderfall $T_1 = T_2$ zu $P_r = P_{r1} = P_{r2} = k\,T_1\,B$ wird. _Zwei_ Widerstände, die sich auf _gleicher_ Temperatur befinden, geben kombiniert die gleiche Rauschleistung ab wie nur _einer._

Ähnliche Überlegungen gelten auch für die **Parallelschaltung** aus zwei thermisch rauschenden Leitwerten G_1 und G_2. Die zugehörigen Ersatzschaltungen sind in Bild 26.6 dargestellt. Dabei wurde als Ersatzgröße der Parallelleitwert $G_P = G_1 + G_2$ benutzt.

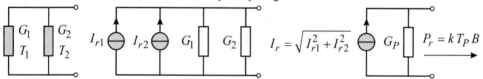

Bild 26.6 Parallelschaltung zweier thermisch rauschender Leitwerte G_1 und G_2, die sich auf verschiedenen Umgebungstemperaturen T_1 und T_2 befinden dürfen, und deren Ersatzschaltungen.

Allgemein gilt analog zu (26.21) für die Parallelschaltung von n unkorrelierten Rauschquellen:

$$I_r^2 = \sum_{i=1}^{n} I_{ri}^2\,. \tag{26.26}$$

Hierbei ist I_{ri} der Effektivwert des jeweiligen Einzelrauschstroms des Leitwerts G_i bei seiner Umgebungstemperatur T_i, nämlich:

$$I_{ri} = \sqrt{4\,G_i\,k\,T_i\,B}\,. \tag{26.27}$$

Somit gilt:

$$I_r^2 = 4\,k\,B \sum_{i=1}^{n} G_i\,T_i = 4\,k\,B\,G_P\,T_P \quad \text{mit} \quad G_P = \sum_{i=1}^{n} G_i\,. \tag{26.28}$$

Dabei ist G_P der Parallelleitwert und

$$\boxed{T_P = \frac{\displaystyle\sum_{i=1}^{n} G_i\,T_i}{G_P}}\,. \tag{26.29}$$

die **Gesamtrauschtemperatur** der Parallelschaltung. Wie T_S bei der Serienschaltung ist auch T_P eine fiktive Ersatzgröße, mit der diejenige Temperatur beschrieben wird, auf der sich ein Ersatzleitwert G_P befinden müsste, damit dieser die *gleiche* Rauschleistung $P_r = k\,T_P\,B$ abgibt, wie die tatsächlich vorhandene Parallelschaltung aus Bild 26.6.

Die Gesamtrauschtemperatur T von Zweipol-Netzwerken[7] wird auch als **äquivalente** oder **effektive Rauschtemperatur** bezeichnet. Sie ist im Allgemeinen *nicht* identisch mit irgendeiner in der Schaltung physikalisch (körperlich) existenten Temperatur. Sie ist lediglich ein Maß für die an den Zweipolklemmen wirksame Johnson-Rauschleistungsdichte weißen Rauschens:

$$w(T) = k\,T\,. \tag{26.30}$$

Tatsächlich können rauschartige Störungen auch **nichtthermische Ursachen** haben. So können z. B. durch die Körnigkeit des Widerstandsmaterials, durch mikrophysikalische Prozesse an pn-Übergängen von Halbleiterbauelementen oder auch durch von außen aufgenommenes Antennenrauschen weitere Beiträge entstehen, die nicht von der Umgebungstemperatur abhängen.

Übung 26.1: Gesamtrauschtemperatur eines Ohmschen Netzwerks

- Bestimmen Sie die Gesamtrauschtemperatur T des Ohmschen Netzwerk aus Bild 26.7, das sich aus den Ohmschen Widerständen R_1, R_2 und R_3 mit den jeweiligen Einzelrauschtemperaturen T_1, T_2 und T_3 zusammensetzt.

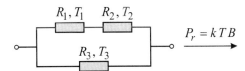

Bild 26.7 Serien-Parallelschaltung dreier thermisch rauschender Widerstände, die sich auf verschiedenen Umgebungstemperaturen T_1, T_2 und T_3 befinden dürfen.

- **Lösung:**

  Die Serienschaltung im *oberen* Zweig hat einen Serienwiderstand von $R_S = R_1 + R_2$. Mit (26.24) erhalten wir zunächst die Rauschtemperatur dieses Zweiges:

$$T_S = \frac{R_1\,T_1 + R_2\,T_2}{R_1 + R_2}\,. \tag{26.31}$$

---

[7] Bei Serienschaltungen ermitteln wir $T = T_S$ nach (26.24) und bei Parallelschaltungen gilt entsprechend $T = T_P$ nach (26.29).

Die _Parallelschaltung_ von R_S und R_3 hat nun nach (26.29) eine Rauschtemperatur von

$$T_P = \frac{G_S T_S + G_3 T_3}{G_S + G_3}, \qquad (26.32)$$

die gleich der gesuchten Gesamtrauschtemperatur ist:

$$T = T_P = \frac{\dfrac{1}{R_1 + R_2} \dfrac{R_1 T_1 + R_2 T_2}{R_1 + R_2} + \dfrac{1}{R_3} T_3}{\dfrac{1}{R_1 + R_2} + \dfrac{1}{R_3}}, \qquad (26.33)$$

was wir noch etwas umformen können:

$$\boxed{T = \frac{R_3 \dfrac{R_1 T_1 + R_2 T_2}{R_1 + R_2} + (R_1 + R_2) T_3}{R_1 + R_2 + R_3}}. \qquad (26.34)$$

Im Sonderfall $T_1 = T_2 = T_3 = T_0$ muss natürlich wieder $T = T_0$ werden.   □

26.3.3 Rauschen komplexer Impedanzen (Filterschaltungen)

Bisher haben wir rein Ohmsche Netzwerke aus reellen Widerständen oder Leitwerten betrachtet. Praktische Schaltungen enthalten aber auch induktive oder kapazitive Bauelemente. Dazu betrachten wir in Bild 26.8 eine Ohmsche Rauschquelle, die in einer LC - Schaltung verbaut sei. Man beachte, dass die Rauschleistung alleine im Widerstand R erzeugt wird und nicht in den Reaktanzelementen L und C, denn diese können ausschließlich Blindleistung umsetzen.

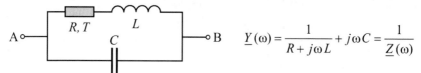

$$\underline{Y}(\omega) = \frac{1}{R + j\omega L} + j\omega C = \frac{1}{\underline{Z}(\omega)}$$

Bild 26.8 Rauschender Ohmscher Widerstand R als Teil einer komplexen Impedanz $\underline{Z}(\omega)$. Dabei sei T die lokale Umgebungstemperatur des Widerstands. Die Temperaturen auf denen sich die Induktivität L bzw. die Kapazität C befinden, mögen von T abweichen – werden aber für unsere Rauschbetrachtungen nicht benötigt, da Reaktanzen grundsätzlich verlustfrei sind und daher gar kein Rauschen erzeugen.

Die **Impedanz** der gesamten RLC - Schaltung aus Bild 26.8 sowie deren Realteil sind:

$$\underline{Z}(\omega) = \frac{R + j\omega L}{1 - \omega^2 L C + j\omega R C} \quad \text{mit} \quad \text{Re}\{\underline{Z}(\omega)\} = \frac{R}{(1 - \omega^2 L C)^2 + (\omega R C)^2}. \qquad (26.35)$$

In Bild 26.9 ersetzen wir nun den rauschenden Widerstand durch seine Ersatzspannungsquelle mit der spektralen Leistungsdichte $w_u = 4\,kT\,R$ nach (26.20) und betrachten das RLC - Glied als **Tiefpassfilter zweiter Ordnung** mit seiner Spannungs-Übertragungsfunktion

$$\underline{H}(\omega) = \frac{\dfrac{1}{j\omega C}}{R + j\omega L + \dfrac{1}{j\omega C}} = \frac{1}{1 - \omega^2 L C + j\omega R C}. \qquad (26.36)$$

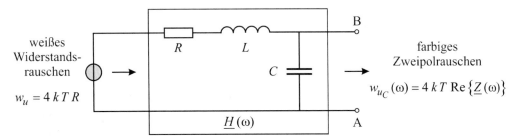

Bild 26.9 Das _weiße_ Widerstandsrauschen wird durch Tiefpassfilterung zu _farbigem_ Zweipolrauschen.

Mit dem Widerstandsrauschen $w_u = 4\,k\,T\,R$ erhalten wir die spannungsbezogene **spektrale Leistungsdichte** am Kondensator:

$$w_{u_C}(\omega) = w_u \left| \underline{H}(\omega) \right|^2 = 4\,k\,T \, \frac{R}{(1 - \omega^2 L C)^2 + (\omega R C)^2}\,, \tag{26.37}$$

die wir wegen (26.35) auch wie folgt schreiben können:

$$\boxed{w_{u_C}(\omega) = 4\,k\,T\,\mathrm{Re}\{\underline{Z}(\omega)\}}\,. \tag{26.38}$$

Die spektrale Leistungsdichte $w_{u_C}(\omega)$ hängt offensichtlich von der Frequenz ab. Ursache dafür ist die Filterwirkung der Reaktanzelemente L und C. Im Gegensatz zu einem Ohmschen Widerstand, dessen spektrale Leistungsdichte $w_u = 4\,k\,T\,R$ unabhängig von der Frequenz ist, agiert eine komplexe Impedanz als Rauschgenerator für **farbiges Rauschen.** Sofern es sich um ein rein reaktives Netzwerk mit $\mathrm{Re}\{\underline{Z}(\omega)\} = 0$ handelt, wird überhaupt kein Rauschen erzeugt.

Die Beziehung (26.38) gilt nicht nur für die hier betrachtete RLC-Schaltung, sondern ganz allgemein für jede beliebige Impedanz $\underline{Z}(\omega) = 1/\underline{Y}(\omega)$. Daher können wir mit $\omega = 2\,\pi\,f$ die **Effektivwerte** U_r ihrer Ersatzspannungsquelle bzw. I_r der klemmenäquivalenten Ersatzstromquelle analog zu (26.20) ermitteln [Mei68]:

$$\boxed{U_r^2 = \frac{4\,k\,T}{2\,\pi} \int_{\omega_1}^{\omega_2} \mathrm{Re}\{\underline{Z}(\omega)\}\,d\omega} \quad \text{bzw.} \quad \boxed{I_r^2 = \frac{4\,k\,T}{2\,\pi} \int_{\omega_1}^{\omega_2} \mathrm{Re}\{\underline{Y}(\omega)\}\,d\omega}\,. \tag{26.39}$$

Die zugehörigen Ersatzschaltungen sind in Bild 26.10 dargestellt.

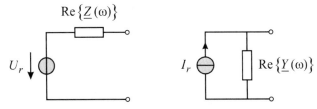

Bild 26.10 Ersatzspannungsquelle einer thermisch rauschenden komplexen Impedanz $\underline{Z}(\omega)$ mit frequenzabhängigem Ohmschen Innenwiderstand $\mathrm{Re}\{\underline{Z}(\omega)\}$ und dem Effektivwert U_r des farbigen Rauschens nach (26.39). Außerdem ist noch die klemmenäquivalente Ersatzstromquelle dargestellt. Man vergleiche die Darstellung mit Bild 26.3.

Mit der Resonanzfrequenz $\omega_0 = 1/\sqrt{LC}$ und der Güte $Q = \omega_0 L/R$ folgt aus (26.37) für die spannungsbezogene spektrale Leistungsdichte am **Kondensator:**

$$w_{u_C}(\omega) = \frac{4\,k\,T\,R}{(\omega\,R\,C)^2 \left[1 + Q^2 \left(\dfrac{\omega}{\omega_0} - \dfrac{\omega_0}{\omega}\right)^2\right]}\,. \tag{26.40}$$

In der Regel liegen schwach bedämpfte Schwingkreise vor. Dort dürfen wir mit $Q \gg 1$ eine **hohe Güte** voraussetzen, weswegen $w_{u_C}(\omega)$ nur in der Umgebung der Resonanzfrequenz – also für $\omega \approx \omega_0$ – große Werte erreichen kann. Dort ist nach [Vog91] folgende **Näherung** für die sogenannte Doppelverstimmung v möglich:

$$v = \frac{\omega}{\omega_0} - \frac{\omega_0}{\omega} = \frac{\omega^2 - \omega_0^2}{\omega\,\omega_0} = \frac{(\omega + \omega_0)\,(\omega - \omega_0)}{\omega\,\omega_0} \approx \frac{2\,(\omega - \omega_0)}{\omega_0}\,. \tag{26.41}$$

Mit $\omega_0 R\,C = 1/Q$ erhalten wir dann – im Rahmen der Näherung – aus (26.40) den Ausdruck

$$w_{u_C}(\omega) = \frac{4\,k\,T\,R\,Q^2}{1 + \left(\dfrac{2\,Q\,(\omega - \omega_0)}{\omega_0}\right)^2} \quad \text{mit} \quad w_{u_C}(\omega_0) = Q^2\,w_u\,. \tag{26.42}$$

Mit der Substitution $x = 2\,Q\,(\omega - \omega_0)/\omega_0$ folgt daraus der **Effektivwert** U_r durch Integration:

$$U_r^2 = \frac{1}{2\,\pi} \int_{\omega_1}^{\omega_2} w_{u_C}(\omega)\,d\omega = \frac{k\,T\,\omega_0\,R\,Q}{\pi} \int_{x_1}^{x_2} \frac{dx}{1 + x^2} = \frac{k\,T}{\pi\,C}\,\big[\arctan x\big]_{x_1}^{x_2}\,, \tag{26.43}$$

wobei wir die Beziehung $\omega_0\,R\,Q = 1/C$ benutzt haben. Liegt die Filterbandbreite $\Delta\omega = 2\,\pi\,B$ **symmetrisch** zur Resonanzfrequenz ω_0, dann gilt:

$$U_r^2 = \frac{k\,T}{\pi\,C}\left[\arctan\left(2\,Q\,\frac{\omega_0 + \dfrac{\Delta\omega}{2} - \omega_0}{\omega_0}\right) - \arctan\left(2\,Q\,\frac{\omega_0 - \dfrac{\Delta\omega}{2} - \omega_0}{\omega_0}\right)\right]\,, \tag{26.44}$$

was wir noch zusammenfassen können:

$$\boxed{U_r^2 = \frac{2\,k\,T}{\pi\,C}\,\arctan\left(Q\,\frac{\Delta\omega}{\omega_0}\right) = \frac{2\,k\,T}{\pi\,C}\,\arctan\left(\Delta\omega\,\frac{L}{R}\right)}\,. \tag{26.45}$$

Innerhalb der **3 dB - Bandbreite** $\Delta\omega = R/L$ wird

$$\boxed{U_r^2 = \frac{k\,T}{2\,C}}\,. \tag{26.46}$$

Über **alle Frequenzen** $0 \le \omega < \infty$ erhalten wir hingegen aus (26.43):

$$U_r^2 = \frac{k\,T}{\pi\,C}\,\big[\arctan(\infty) - \arctan(-2\,Q)\big]\,, \tag{26.47}$$

was für große Güten mit $Q \gg 1$ zu dem doppelten Wert wie in (26.46) führt:

$$\boxed{U_r^2 = \frac{k\,T}{C}}\,. \quad \text{(siehe hierzu Aufgabe 26.5.1)} \tag{26.48}$$

Daraus folgt die im **Kondensator** über alle Frequenzen $0 \le \omega < \infty$ im zeitlichen Mittel gespeicherte **elektrische Rauschenergie:**

$$\boxed{W_e = \frac{1}{2} C U_r^2 = \frac{1}{2} k T} \, , \tag{26.49}$$

die exakt so groß ist wie die mittlere Energie eines thermodynamischen Systems mit *einem* Freiheitsgrad [Mül90].

Das Spektrum eines **Spulenstroms** erhalten wir mit einer ähnlichen Herleitung. Dazu starten wir mit der strombezogenen **spektralen Leistungsdichte** an der Spule aus Bild 26.9:

$$w_{i_L}(\omega) = (\omega C)^2 \, w_{u_C}(\omega) = 4 \, k T R \, \frac{(\omega C)^2}{(1 - \omega^2 L C)^2 + (\omega R C)^2} \, , \tag{26.50}$$

mit $w_{i_L}(\omega_0) = w_u / R^2$. Aus (26.50) folgt analog zu (26.43) – wieder unter der Voraussetzung eines Schwingkreises hoher Güte $Q \gg 1$ – für den **Effektivwert** I_r des Spulenstroms:

$$I_r^2 = \frac{1}{2\pi} \int_{\omega_1}^{\omega_2} w_{i_L}(\omega) \, d\omega = (\omega_0 C)^2 \, U_r^2 = \frac{C}{L} U_r^2 \, , \tag{26.51}$$

was wir direkt auf die Beziehungen (26.43) bis (26.48) anwenden können. Beispielsweise folgt aus (26.48) die über alle Frequenzen $0 \le \omega < \infty$ in einer **Spule** im zeitlichen Mittel gespeicherte **magnetische Rauschenergie:**

$$\boxed{W_m = \frac{1}{2} L I_r^2 = \frac{1}{2} k T} \, . \tag{26.52}$$

Das ist der gleiche Wert, den wir in (26.49) auch schon für einen Kondensator gefunden hatten. Es sei darauf hingewiesen, dass die Beziehung $W_e = W_m = \frac{1}{2} k T$ – ungeachtet der Tatsache, dass sie unter der Bedingung $Q \gg 1$ hergeleitet wurde – durchaus auch für *beliebige* Kondensatoren und Spulen gilt, also nicht nur dann, wenn sich diese Bauelemente in einem Schwingkreis hoher Güte Q befinden.

Außerdem ist bemerkenswert, dass $W_e = W_m = \frac{1}{2} k T$ *unabhängig* vom Wert R des Widerstands ist – insbesondere deswegen, weil die Rauschenergie doch gerade in R erzeugt wurde. Die tiefere Ursache dafür ist natürlich die ebenfalls von R unabhängige Nyquist-Rauschleistungsdichte (26.6).

Außerdem soll noch einmal unterstrichen werden, dass es sich bei T um die **Umgebungstemperatur** des Verlustwiderstands R handelt, die – wie in der Unterschrift zu Bild 26.8 bereits erwähnt wurde – durchaus von den Umgebungstemperaturen der Kapazität C und der Induktivität L abweichen kann, sofern es sich bei R um einen in der Schaltung wirklich vorhandenen separat verdrahteten Widerstand handelt.

Nun gibt es aber keine *idealen* Kapazitäten und Induktivitäten, sondern nur *reale* Spulen mit der Impedanz $\underline{Z}_L(\omega) = R_L + j \omega L$ und *reale* Kondensatoren mit der Admittanz $\underline{Y}_C(\omega) = G_C + j \omega C$. So werden wir uns in der Praxis unter dem Verlustwiderstand R eines Schwingkreises eher ein Ersatzelement vorstellen dürfen, dass sich aus der Kombination der Bahnstromverluste der Spule und der Polarisationsverluste des Kondensators zusammensetzt. Es müssen dann also *zwei* Rauschquellen mit vielleicht unterschiedlichen Temperaturen T_L und T_C kombiniert werden, wie wir das in ähnlicher Weise schon in Abschnitt 26.3.2 getan haben.

26.4 Antennenrauschen

Am Ausgang einer Empfangsantenne wird bereits an ihren unbeschalteten Klemmen eine Rauschspannung U_r beobachtet. Selbst wenn wir die Antenne als verlustlos voraussetzen und außerdem die ganze Empfangsanlage bei einer Temperatur in der Nähe des absoluten Nullpunktes $T \approx 0$ K betreiben, würde das Rauschsignal trotzdem nicht verschwinden. Somit kann die gemessene Rauschleistung P_r nur noch von einer äußeren Strahlung herrühren, welche die Antenne aus ihrer Umgebung aufnimmt. Mit Hilfe der Messgröße P_r definiert man nun analog zur Terminologie bei weißem Rauschen (26.14) die sogenannte **Antennenrauschtemperatur**

$$\boxed{T_A = \frac{P_r}{k\,B}}\,. \tag{26.53}$$

Dabei ist T_A eine Ersatzgröße, auf die ein thermisch rauschender Widerstand erwärmt werden müsste, damit er die gleiche Rauschleistung $P_r = k\,T_A\,B$ liefert wie von der Antenne tatsächlich empfangen wird – mit B als Bandbreite des Systems Antenne-Empfänger. Die Antennenrauschtemperatur T_A hängt nach (26.64) sowohl von der Strahlungstemperatur T der Umgebung als auch von der Richtcharakteristik der Empfangsantenne ab. Sie darf bei der Systemplanung nur dann vernachlässigt werden, falls sie mit $T_A \ll T_1$ viel kleiner als die Rauschtemperatur T_1 des Empfängers bleibt (Bild 13.8). Nach [Zin95] haben gekühlte Empfänger ein Eigenrauschen von nur $12\,\text{K} \leq T_1 \leq 60$ K, während Röhren- und Halbleiterverstärker bis 1000 K aufweisen können.

Die aufgenommene Störleistung P_r setzt sich aus künstlichen und natürlichen Anteilen zusammen. **Künstliche Störungen** (engl.: Man-made Noise) entstehen durch den Betrieb von Maschinen, Geräten und Anlagen in technischen Systemen. Dazu gehören breitbandige pulsartige Störungen, die durch Schaltpulse oder Zündfunken angeregt werden. Den Hauptteil bilden aber schmalbandige Störungen, hervorgerufen durch Hochspannungsleitungen, Radar-, Richtfunk-, Satelliten- und Mobilfunksysteme. Durch geeignete Frequenzwahl sowie mit Filter- und Abschirmmaßnahmen lassen sich die Auswirkungen von Man-made Noise auf ein Übertragungssystem weitgehend unterdrücken. Die Untersuchung von künstlichen Störungen gehört in das Gebiet der Elektromagnetischen Verträglichkeit (EMV). Weitere Informationen dazu findet man z. B. in [Sto19].

Zu den **natürlichen Strahlungsquellen** (Bild 26.11) zählen die thermische Strahlung der **Erdoberfläche** bei $T \approx T_0 = 290$ K und die Vorgänge in der **Atmosphäre** wie z. B. Gewitter oder die Strahlung von atmosphärischem Wasserdampf H_2O und molekularem Sauerstoff O_2. Hinzu kommt noch das **kosmische** Rauschen, das wir im Folgenden näher aufschlüsseln werden. Dazu gehören das galaktische Rauschen, dessen Hauptanteil vom Zentrum der Milchstraße [Nest19] und von einzelnen, intensiv strahlenden Radiosternen herrührt, und die Störstrahlung, die durch interstellare Materie und Vorgänge in den Sternen und der Sonne entsteht.

Von allen natürlichen Rauschquellen ist die **Sonne** mit großem Abstand die stärkste. Im Fall *ruhiger* Sonne gilt ungefähr $T = 2\cdot10^6$ K bei $f = 100\,\text{MHz}$ und $T = 2\cdot10^5$ K bei $f = 1\,\text{GHz}$. Bis $f = 100\,\text{GHz}$ fällt T dann auf etwa 6000 K ab. Die Kurve in Bild 26.11 beschreibt nach Messwerten aus [Gid63] das solare Spektrum in einem *mittleren* Aktivitätsbereich des etwa 11-jährigen Sonnenfleckenzyklus und kann durch folgende Formel angenähert werden [Har88]:

$$T \approx \frac{2\cdot10^5\,\text{K}}{f/\text{GHz}}\,. \tag{26.54}$$

Die Kurve des solaren Rauschens in Bild 26.11 basiert auf Mikrowellen-Messungen [Gid63] mit einer Empfangsantenne, deren Hauptkeule direkt auf die Sonne ausgerichtet ist und eine schmale Halbwertsbreite von $\Delta\vartheta \leq 0,5°$ aufweist, damit diese kleiner als die von der Erde aus sichtbare Winkelausdehnung der Sonnenscheibe bleibt. Bei *starker* Sonnenaktivität kann die Rauschtemperatur der Sonne über einige Stunden um den Faktor 10 und über einige Sekunden sogar um den Faktor 10^4 höher als in Bild 26.11 liegen. Die Rauschtemperatur des **Mondes** ist viel kleiner als die der Sonne und liegt zwischen 120 K und 400 K, wobei der monatliche Mondzyklus die Schwankungen verursacht [Har88]. Wie beim solaren Rauschen ist auch das Rauschen des Mondes nur bei stark bündelnden Antennen, die direkt auf den Himmelskörper ausgerichtet sind, von Bedeutung. Beim Empfang über die Nebenkeulen sinkt T nach Tabelle 24.4 um mehr als 20 dB ab – das ist weniger als 1 % des Wertes bei Hauptkeulenempfang.

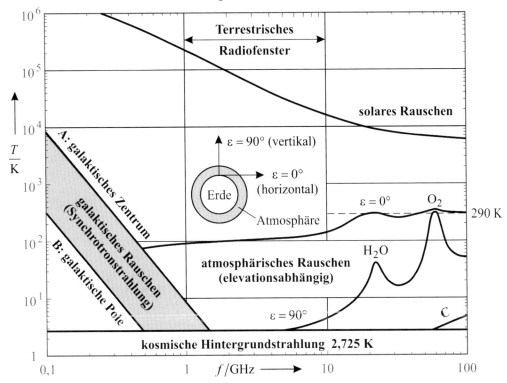

Bild 26.11 Bestandteile des natürlichen Antennenrauschens: Dargestellt sind der Hauptteil des galaktischen Rauschens (Kurven A und B nach [ITU03]), der auf Synchrotroneffekten basiert, die kosmische Hintergrundstrahlung bei $T_{CMB} = 2,725$ K, das Quantenrauschen $T = hf/k$ oberhalb von 56,8 GHz (Kurve C), das solare Rauschen [Gid63] sowie die Rauschbeiträge der Atmosphäre [Har88], die mit flacher werdendem Elevationswinkel ε zunehmen. Bei bodennahen Antennen mit geringer Elevation ist das Antennenrauschen meist identisch zur Wärmestrahlung $T_0 = 290$ K des Erdbodens, d. h. $T_A \approx T_0$.

Im Gegensatz dazu ist das **galaktische Rauschen** großräumig über den Himmel verteilt und hat thermische sowie nichtthermische Ursachen. Der dominante Beitrag ist nichtthermischer Natur und wird durch **Synchrotronstrahlung** in interstellaren Gasen verursacht. Diese Strahlung konzentriert sich in Richtung des dichteren galaktischen Zentrums (Kurve A in Bild 26.11) und wird schwächer in Richtung der galaktischen Pole, wo man in den dünneren intergalaktischen

Raum hinausblickt (Kurve B). Ursache der Synchrotronstrahlung sind elektrische Ladungsträger, die in starken Magnetfeldern auf Kreisbahnen beschleunigt werden, wobei sie ein breitbandiges Spektrum abgeben (Bild 12.4). Für hohe Frequenzen fällt dieses nach [Voi80] wie $f^{-\alpha}$ ab mit $2,4 \le \alpha \le 2,9$. Oberhalb von 1 GHz wird diese Strahlung dann vernachlässigbar klein. Neben der Synchrotronstrahlung gibt es noch weitere Beiträge zum kosmischen Rauschen, von denen wir drei erwähnen wollen.

1) Etwa 380000 Jahre nach dem Urknall hatte sich der heiße Urkosmos soweit abgekühlt, dass die Bildung neutraler Atome durch Rekombination von Protonen und Elektronen möglich wurde. Während das zuvor vorhandene ionisierte Plasma aufgrund der Vielzahl seiner freien Ladungsträger noch jede Lichtausbreitung verhindert hatte, ließ das neutrale Gas nun eine freie Wellenausbreitung zu. Der Übergang vom Plasma zum atomaren Zustand hängt von Druck, Teilchendichte und Temperatur ab. Zur Bildung von Wasserstoff und Helium geht man bei den damaligen Verhältnissen von etwa $T = 3000$ K aus. Das Spektrum dieser Wärmestrahlung, dessen Maximum nach Bild 25.2 im Infrarotbereich lag, hat sich während der Expansion des Universums und der damit einhergehenden Dehnung der Raumzeit zu größeren Wellenlängen hin verschoben [Sing07]. Heute – 13,8 Milliarden Jahre nach dem Urknall – kann die **kosmische Hintergrundstrahlung** (Cosmic Microwave Background – CMB) mit Satelliten nahezu isotrop empfangen werden (siehe Aufgabe 26.5.2). Die Messdaten zeigen, dass ihr Spektrum identisch dem eines Schwarzen Körpers ist, dem man aktuell eine Temperatur von $T_{CMB} = 2,725$ K zuordnen kann (Bild 26.11). Dabei stellt sich nach (25.17) ein spektrales Maximum von etwa $f_P = 2,821\, k\, T_{CMB}/h = 160$ GHz im Mikrowellenbereich ein. Die kosmische Hintergrundstrahlung gilt als ein wichtiger Beleg für die Urknall-Hypothese und wurde bereits 1948 von Alpher, Gamow und Herman aus theoretischen Erwägungen vorhergesagt. 1964 gelangen Penzias[8] und Wilson[9] durch eine glückliche Zufallsentdeckung – ohne Kenntnis der Vorhersage – die experimentelle Bestätigung.

2) Das interstellare Medium setzt sich überwiegend aus Wolken molekularen Wasserstoffs H_2 und aus Staubwolken zusammen, die sich auf einer Temperatur von 20 K $\le T \le 50$ K befinden. Dadurch emittieren diese eine breitbandige **Wärmestrahlung** mit einem Frequenzmaximum, das nach (25.17) allerdings erst bei einigen Terahertz liegt, weswegen diese Störung für Mikrowellenanwendungen unkritisch ist.

3) Im Mikrowellenbereich hingegen – aber nur extrem schmalbandig – emittiert der neutrale atomare Wasserstoff eine nichtthermische Strahlung, die bei einer Wellenlänge von $\lambda = 21,1061$ cm liegt, was einer Frequenz von $f = 1420,41$ MHz entspricht. Diese **21 cm - Linie** entsteht durch einen Hyperfeinstrukturübergang des Wasserstoffatoms im Grundzustand, bei dem sich der Spin seines Hüllelektrons umkehren kann [Voi80]. In der Radioastronomie benutzt man diese Strahlung sehr häufig zur Abbildung von Raumbereichen, die durch Staubwolken verdeckt sind. Durch Streu- und Absorptionseffekte kann von dort nämlich kaum sichtbares Licht zu uns gelangen, während Mikrowellensignale leichter transmittieren können, die dadurch eine bessere Durchmusterung der Milchstraße ermöglichen.

---

[8] Arnold Allan **Penzias** (*1933): dt.-amerik. Astrophysiker (Arbeiten zur Radioastronomie und zur Entstehung der chemischen Elemente, Nobelpreis f. Physik 1978 für die Entdeckung der kosmischen Mikrowellen-Hintergrundstrahlung)

[9] Robert Woodrow **Wilson** (*1936): amerik. Astrophysiker (Mikrowellenspektroskopie interstellarer Materie, Nobelpreis f. Physik 1978 für die Entdeckung der kosmischen Mikrowellen-Hintergrundstrahlung)

Das von einer Empfangsantenne aufgenommene **Rauschen der Atmosphäre** variiert mit ihrem Elevationswinkel ε. Steht ein Satellit z. B. im Zenit, dann muss die Hauptkeule der Bodenstationsantenne mit $\varepsilon = 90°$ vertikal ausgerichtet werden und die Weglänge durch die unteren – besonders dichten – Atmosphärenschichten wird hier minimal. Befindet sich der Satellit hingegen nur wenig über dem Horizont, dann muss mit $\varepsilon \approx 0°$ die Antenne nahezu horizontal ausgerichtet werden. Dadurch verlängert sich der Anteil des Signalpfades, der sich in dichterer Atmosphäre befindet, wodurch die Antenne deutlich mehr Rauschen aufnehmen wird. In den Kurven [Har88] des Bilds 26.11 erkennt man zwei deutlich ausgeprägte Peaks – die Wasserdampf-Resonanz bei $f = 22,235\ \mathrm{GHz}$ und die Sauerstoff-Resonanz bei $f = 60\ \mathrm{GHz}$.

Zur Nachrichtenübertragung mittels elektromagnetischer Wellen oder in der Radartechnik prägt sich in Bild 26.11 ein besonders günstiger Frequenzbereich heraus, in dem die Störbeeinflussung durch natürliche Rauschquellen sehr klein ist. Er liegt etwa zwischen $1\ \mathrm{GHz}$ und $10\ \mathrm{GHz}$. Man bezeichnet ihn als **Terrestrisches Radiofenster.** Zu niedrigeren Frequenzen wird dieser Bereich durch die Synchrotronstrahlung des galaktischen Rauschens begrenzt, während in Richtung höherer Frequenzen das atmosphärische Rauschen spürbar zunimmt.

Wenn wir Funkkommunikation *außerhalb* der Erdatmosphäre betrachten (z. B. von einem Satelliten zu einer interplanetaren Raumsonde) wird der rauscharme Frequenzbereich zu höheren Frequenzen erst durch das Quantenrauschen (Kurve C in Bild 26.11) begrenzt, was erst bei $56,8\ \mathrm{GHz}$ größer als die kosmische Hintergrundstrahlung wird. Hier spricht man dann vom **Extraterrestrischen Radiofenster,** das sich etwa von $1\ \mathrm{GHz}$ bis $60\ \mathrm{GHz}$ erstreckt [Kra86].

Übung 26.2: Quantenrauschen

● Elektromagnetische Strahlung besteht aus einzelnen Photonen, von denen jedes Photon eine Energie von $E_{\mathrm{Photon}} = hf$ besitzt. Ein Photon ist dabei die kleinstmögliche Lichtmenge bei einer bestimmten Frequenz f. Eine Wolke aus n Photonen enthält daher eine Gesamtenergie von $E_n = nhf$. Diese kann sich bei Veränderung der Photonenanzahl nur in diskreten Schritten $\Delta E = hf$ ändern. Diskutieren Sie das dadurch erzeugte Quantisierungsrauschen.

● **Lösung:**

Mit zunehmender Anzahl der Photonen durchläuft die Gesamtenergie eine Treppenkurve mit der Stufenhöhe $\Delta E = hf$, wodurch sich ein maximaler **Quantisierungsfehler** von

$$\frac{\Delta E}{2} = \frac{1}{2}hf \tag{26.55}$$

einstellt. Diesem Fehler superponiert sich nach [Pla11] noch die gleich große **Nullpunktsenergie des Quantenvakuums** $E_0 = \tfrac{1}{2}hf$, womit wir insgesamt die Energieunsicherheit

$$E = \frac{\Delta E}{2} + E_0 = hf \tag{26.56}$$

erhalten [Mor77]. Bei der Messung einer Rauschquelle mit der Strahlungstemperatur $T \geq 0$ wird ein Messsystem der Bandbreite B innerhalb der Zeitdauer $\tau = 1/B$ daher eine Rauschleistung P_r empfangen, die *mindestens* so groß wie

$$P = \frac{E}{\tau} = hfB \tag{26.57}$$

sein muss. Da wir nach (26.53) für die aufgenommene Rauschleistung auch $P_r = k T_A B$ schreiben dürfen, folgt aus $P_r \geq P = h f B$ sofort auch:

$$\boxed{T_A \geq \frac{h f}{k}} \ . \tag{26.58}$$

Das Gleichheitszeichen gilt für eine nichtrauschende Quelle mit $T = 0$. Die Grenzgerade $h f / k$ ist in Bild 26.11 als Kurve C dargestellt. Somit kann die Antennenrauschtemperatur T_A nicht kleiner als das **Quantenrauschen** werden [Wils09]. Diese Tatsache steht in engem Zusammenhang mit der Heisenbergschen[10] Unschärferelation.   □

Wir wollen noch eine Berechnungsvorschrift für die Antennenrauschtemperatur angeben. Sie folgt direkt aus dem für weißes Rauschen bei $x = (h f)/(k T) \leq 0,1$ gültigen **Rayleigh-Jeans-Gesetz** (25.8) für die auf die Frequenz bezogene **spektrale Strahldichte**

$$L_\nu(\nu, T) = \frac{d^3\Phi}{\cos\vartheta \, dA \, d\Omega \, d\nu} = \frac{2\,\nu^2}{c^2} \, k T \qquad (\text{in } \mathrm{W\,m^{-2}\,sr^{-1}\,Hz^{-1}}) , \tag{26.59}$$

wobei (wie in der Radiometrie üblich) $\nu = f$ die Frequenzvariable bezeichnet. Dabei sei T diejenige Temperatur, auf der sich die Strahlungsquelle physikalisch (körperlich) befinde. Für $x \leq 0,1$ und mit $c = \lambda\,\nu$ erhalten wir aus (26.59) die **Strahldichte** der Strahlungsquelle – diese beschreibt analog zu Bild 25.1 diejenige Wärmestrahlungsleistung $d\Phi$, die vom projizierten Flächenelement $\cos\vartheta \, dA$ eines Schwarzen Strahlers innerhalb der Bandbreite $B = f_2 - f_1$ in den Raumwinkelbereich $d\Omega = \sin\vartheta \, d\vartheta \, d\varphi$ abgegebenen wird [Mei68, Zin95]:

$$L = \frac{d^2\Phi}{\cos\vartheta \, dA \, d\Omega} = \frac{2 \, k T B}{\lambda^2} \qquad (\text{in } \mathrm{W\,m^{-2}\,sr^{-1}}) . \tag{26.60}$$

Wir drehen jetzt unsere Blickrichtung um und betrachten stattdessen wie in Bild 26.12 die von einer *reflexionsfrei angepassten* Empfangsantenne aus dem Raumwinkelbereich $d\Omega$ aufgenommene Rauschleistung $dP_r = A_W L \, d\Omega$. Mit der richtungsabhängigen Wirkfläche $A_W(\vartheta, \varphi)$, die im Antennenfall den Faktor $\cos\vartheta \, dA$ ersetzt [Kra86], ist die gesamte aufgenommene **Rauschleistung** P_r mit $0 \leq \alpha \leq 1$ ein Teil der einfallenden Strahlungsleistung P_{ein}:

$$P_r = \alpha \, P_{ein} = \alpha \oiint\limits_\Omega A_W(\vartheta, \varphi) \, \frac{2 \, k T(\vartheta, \varphi) B}{\lambda^2} \, d\Omega \ . \tag{26.61}$$

Dabei ist $T(\vartheta, \varphi)$ die von der Raumrichtung abhängige physikalische Temperatur der Antennenumgebung. Wenn die einfallende Wärmestrahlung *vollständig unpolarisiert* ist und die Antenne nur *eine* bestimmte Vorzugspolarisation aufnehmen kann, die wir das kopolare bzw. das kreuzpolare Signal nennen (siehe hierzu Tabelle 10.2), dann nimmt der Faktor vor dem Integral in (26.61) den Wert $\alpha = \frac{1}{2}$ ein. Falls die Strahlung hingegen *teilweise polarisiert* ist, wird nach [Kra86] der Vorfaktor des Integrals im Bereich $0 \leq \alpha \leq 1$ liegen. Ist der Empfang *zweier* orthogonaler Polarisationen möglich, dann wird in der einen Polarisationslage eine Rauschleistung von $\alpha \, P_{ein}$ und in der anderen $(1 - \alpha) P_{ein}$ aufgenommen. Als Summe beider Kanäle ist dann die gesamte von einer angepassten Antenne aufgenommene Rauschleistung wieder identisch zur gesamten einfallenden Strahlungsleistung P_{ein}.

---

[10] Werner Karl **Heisenberg** (1901-1976): dt. Physiker (Begründer der Matrizenmechanik bzw. Quantenmechanik, Unschärferelation, Nobelpreis f. Physik 1932)

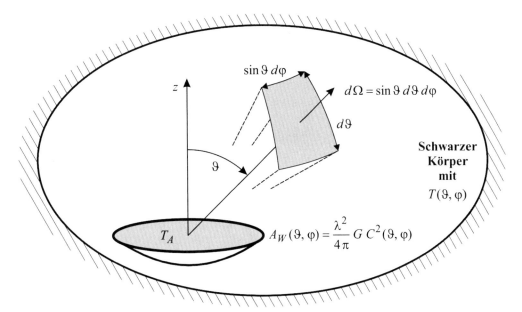

Bild 26.12 Eine angepasste Empfangsantenne mit ihrer richtungsabhängigen Wirkfläche $A_W(\vartheta, \varphi)$ befinde sich im Inneren eines Schwarzen Körpers, der als Modell für die Antennenumgebung (Erdoberfläche, Atmosphäre, Weltraum) dienen soll. Dabei sei $T(\vartheta, \varphi)$ die von der Raumrichtung abhängige physikalische Temperatur des Hintergrundes und T_A ist die Antennenrauschtemperatur nach (26.62).

Im Folgenden wollen wir von einer vollständig unpolarisierten Wärmestrahlung mit $\alpha = \frac{1}{2}$ ausgehen. Nach Vergleich mit (26.53) erhalten wir die **Antennenrauschtemperatur** des kopolaren sowie auch des kreuzpolaren Kanals:

$$\boxed{T_A = \frac{1}{\lambda^2} \oiint_\Omega A_W(\vartheta, \varphi)\, T(\vartheta, \varphi)\, d\Omega} \quad \text{mit } d\Omega = \sin\vartheta\, d\vartheta\, d\varphi. \tag{26.62}$$

Wegen des Reziprozitätsgesetzes (10.48)

$$A_W(\vartheta, \varphi) = \frac{\lambda^2}{4\pi} G(\vartheta, \varphi) \tag{26.63}$$

kann man die Wirkfläche auch durch den Antennengewinn ausdrücken und somit gilt alternativ:

$$\boxed{T_A(\vartheta_0, \varphi_0) = \frac{1}{4\pi} \oiint_\Omega G(\vartheta - \vartheta_0, \varphi - \varphi_0)\, T(\vartheta, \varphi)\, d\Omega} \quad \text{mit } d\Omega = \sin\vartheta\, d\vartheta\, d\varphi. \tag{26.64}$$

Die **Antennenrauschtemperatur** ergibt sich also als der mit dem Antennengewinn gewichtete Mittelwert über die Hintergrundtemperaturen aller Raumrichtungen [Dijk68]. Dabei hängt T_A offensichtlich von der Ausrichtung (ϑ_0, φ_0) der Antenne im Raume ab. (26.64) ist eigentlich ein Faltungsintegral [Wils09] – meist wird aber $\vartheta_0 = \varphi_0 = 0$ gesetzt. Ein starker Störer, der über die Nebenkeulen empfangen wird, kann einen ebenso signifikanten Beitrag zum Antennenrauschen verursachen wie ein schwacher Störer, der sich in Hauptkeulenrichtung befindet.

Den **richtungsabhängigen Gewinn** einer Antenne definiert man als Produkt ihres Gewinns G in Hauptstrahlungsrichtung mit dem Quadrat ihrer Richtcharakteristik $G(\vartheta, \varphi) = G\, C^2(\vartheta, \varphi)$, woraus wir bei verlustlosen Antennen mit $D = G$ aus (10.30) sofort erhalten:

$$\oiint_{\Omega} G(\vartheta, \varphi)\, d\Omega = 4\pi \,. \tag{26.65}$$

Wir wollen nun **vier Sonderfälle** untersuchen. Im ersten Fall sei die Antenne *isotrop* und habe den richtungsunabhängigen Gewinn $G(\vartheta, \varphi) = 1$. Hier kann (26.64) vereinfacht werden:

$$\boxed{T_A = \frac{1}{4\pi} \oiint_{\Omega} T(\vartheta, \varphi)\, d\Omega} \quad \textbf{(Fall I).} \tag{26.66}$$

Dann nehmen wir im zweiten Sonderfall an, dass die Hintergrundtemperatur *in allen Richtungen* mit $T(\vartheta, \varphi) = T$ die gleiche sei. Dann gilt nach (26.64):

$$T_A = \frac{T}{4\pi} \oiint_{\Omega} G(\vartheta, \varphi)\, d\Omega \,, \tag{26.67}$$

woraus mit (26.65) sofort folgt:

$$\boxed{T_A = T} \quad \textbf{(Fall II).} \tag{26.68}$$

Eine Variante von Fall II erhalten wir unter der Annahme, dass die Messung mit einer Hochgewinnantenne mit einer *kleinen* Main Beam Area Ω_M durchgeführt wird. Nach (10.33) gilt

$$\Omega_M = \int_{\varphi=0}^{2\pi} \int_{\vartheta=0}^{\vartheta_0} C^2(\vartheta, \varphi) \sin\vartheta\, d\vartheta\, d\varphi \,. \tag{26.69}$$

Dabei bezeichnet ϑ_0 in (26.69) den Nullwertswinkel der Antennenhauptkeule. Nun soll sich das in einem *großen* Winkelbereich $\Omega_H \gg \Omega_M$ vorhandene Hintergrundrauschen im Bereich der schmalen Hauptkeule nur wenig ändern und bleibe dort mit $T(\vartheta, \varphi) = T$ praktisch konstant (Bild 26.13, links). Dann erhalten wir aus (26.64) unter Vernachlässigung aller Leistungsanteile, die über die Nebenkeulen empfangen werden, folgende Näherung [Kra86]:

$$T_A = \frac{1}{4\pi} \int_{\varphi=0}^{2\pi} \int_{\vartheta=0}^{\vartheta_0} G\, C^2(\vartheta, \varphi)\, T \sin\vartheta\, d\vartheta\, d\varphi \,. \tag{26.70}$$

Mit dem äquivalenten Raumwinkel (total Beam Area) aus (10.32)

$$\Omega = \frac{4\pi}{G} \quad \text{(siehe Übung 26.3)} \tag{26.71}$$

und (26.69) kann (26.70) noch kompakter formuliert werden:

$$\boxed{T_A = \frac{\Omega_M}{\Omega} T = \varepsilon_M T} \quad \textbf{(Fall III).} \tag{26.72}$$

Dabei sei T die praktisch konstante Rauschtemperatur des Hintergrunds in Hauptkeulenrichtung. Der Quotient $\varepsilon_M = \Omega_M / \Omega$ wird als Beam Efficiency bezeichnet. Er hängt vom Antennentyp ab (Anhang C.7) und liegt bei den meisten Antennen im Bereich $0{,}6 \le \varepsilon_M \le 1$. Bei einer parabolischen Reflektorantenne gilt z. B. $\varepsilon_M = 0{,}96$. Mit einer stark bündelnden Antenne können auf diese Weise hochaufgelöste Durchmusterungen des Himmels im Radiobereich durchgeführt werden. Man beachte den Unterschied zwischen (26.68) und (26.72).

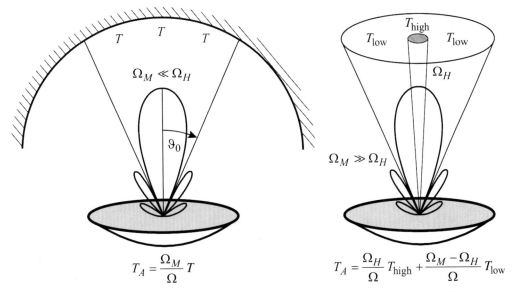

$$T_A = \frac{\Omega_M}{\Omega} T \qquad\qquad T_A = \frac{\Omega_H}{\Omega} T_{high} + \frac{\Omega_M - \Omega_H}{\Omega} T_{low}$$

Bild 26.13 Richtantenne mit einer Main Beam Area Ω_M, die im **Fall III** mit $\Omega_M \ll \Omega_H$ _klein_ gegenüber dem Winkelbereich Ω_H der Rauschquelle ist bzw. im **Fall IV** mit $\Omega_M \gg \Omega_H$ deutlich _größer._

Übung 26.3: Äquivalenter Raumwinkel

- Die NRL „Big Dish Antenna" kann nach Tabelle 24.2 bei Frequenzen $f \le f_{max} = 35$ GHz betrieben werden. Sie habe nach [May58] einen Randabfall von $ET = -15$ dB, woraus sich mit Tabelle 24.4 eine Halbwertsbreite von $\Delta\vartheta = 1,182\, \lambda/D$ ergibt. Wie groß ist der äquivalente Raumwinkel Ω dieser Antenne, wenn sie einen Durchmesser von $D = 15$ m aufweist und bei $\lambda = 3,15$ cm betrieben wird?

- **Lösung:**

Aus der Halbwertsbreite

$$\Delta\vartheta = 1,182 \frac{\lambda}{D} = 1,182 \frac{0,0315}{15} = 0,002482 \text{rad} \,\hat{=}\, 0,1422° \tag{26.73}$$

folgt nach (10.36) der _vorsichtig_ mit $\varepsilon_M/k_p = 0,52$ abgeschätzte Gewinn des Reflektors:

$$G_0 = \frac{\varepsilon_M}{k_p} \frac{52525}{(\Delta\vartheta°)^2} = 0,52 \frac{52525}{0,1422^2} = 1,350 \cdot 10^6 = q\left(\frac{\pi D}{\lambda}\right)^2, \tag{26.74}$$

was einem Flächenwirkungsgrad von $q = 0,560$ entspricht. Aufgrund statistischer Oberflächenfehler (Tabelle 24.2) reduziert sich nach (24.34) der Gewinn auf

$$G = G_0\, e^{-x^2} = 0,9287\, G_0 = 1,254 \cdot 10^6 \quad \text{mit} \quad x = \frac{c/f_{max}}{\lambda} = 0,2719, \tag{26.75}$$

d. h. es wird im logarithmischen Maßstab $g = 10 \lg G$ dBi $= 61,0$ dBi. Aus (26.71) folgt schließlich der äquivalente Raumwinkel:

$$\Omega = \frac{4\pi}{G} = \frac{4\pi}{1,254 \cdot 10^6} = 1,002 \cdot 10^{-5} \text{ sr} \,\hat{=}\, 0,03289 \text{ Grad}^2. \quad \square \tag{26.76}$$

Am Ende betrachten wir noch einen vierten Spezialfall, der in die Radioastronomie eine große Rolle spielt. Erstreckt sich nämlich die Rauschquelle T_{high} nur über einen wesentlich kleineren Raumwinkelbereich als die Antennenhauptkeule (Bild 26.13, rechts), dann gilt $\Omega_H \ll \Omega_M$ und wir erhalten, ausgehend von (26.72), das Gesamtrauschen nun als Summe *zweier* Beiträge:

$$\boxed{T_A = \frac{\Omega_H}{\Omega} T_{high} + \frac{\Omega_M - \Omega_H}{\Omega} T_{low}} \quad \textbf{(Fall IV).} \tag{26.77}$$

Dabei ist $T_{low} \ll T_{high}$ die deutlich schwächere Rauschumgebung (siehe Bild 26.11), in die der stärkere Rauscher eingebettet ist. Diese Methode kann z. B. zur Messung der Wärmestrahlung von Planeten angewendet werden. Dabei ergibt sich ein günstiger Beobachtungszeitraum, wenn der Planet – von der Erde aus betrachtet – in Opposition zur Sonne steht. Dann ist seine Entfernung zur Erde nämlich besonders klein und daher sein scheinbarer Durchmesser am Himmel recht groß. So erscheint Mars als kreisrundes Scheibchen mit einem Durchmesser zwischen $14''$ und $26''$ (Bogensekunden), wenn er sich in Opposition zur Sonne befindet. Die Schwankungen werden durch die unterschiedlichen Exzentrizitäten von Erd- und Marsbahn verursacht.

In Übung 26.4 wollen wir von der Perihel-Opposition des Jahres 1956 ausgehen, wo der scheinbare Marsdurchmesser $24,6''$ betrug. Mit dem damals größten Radioteleskop der Welt, der „Big Dish Antenna" aus Übung 26.3, beobachtete man wie der Planet Mars durch die Hauptkeule der Antennencharakteristik wanderte [May58] und führte an Mars (sowie auch an Jupiter und Venus) die ersten planetaren Rauschmessungen im Mikrowellenbereich durch.

Übung 26.4: Radiometrische Planetenbeobachtung

- Mit der Reflektorantenne aus Übung 26.3 wurde 1956 durch Rauschmessungen bei der Wellenlänge $\lambda = 3{,}15$ cm beobachtet, wie der Planet Mars durch die Hauptkeule der Antennencharakteristik wanderte. Durch die Differenz zweier Messungen (einmal *mit* und einmal *ohne* die Rauschquelle) erhalten wir nach Aufgabe 26.5.3:

$$\boxed{\Delta T_A = T_A^{mit} - T_A^{ohne} = \frac{\Omega_H}{\Omega}\left(T_{Mars} - T_{CMB}\right)} \quad \text{mit } T_{CMB} = 2{,}725\,\text{K} . \tag{26.78}$$

Wenn die beim Marsdurchgang bei größter Erdnähe gemessene Antennenrauschtemperatur nach [May58] um $\Delta T_A = 0{,}24$ K anstieg (im Vergleich zum Himmelshintergrund ohne Mars), wie groß war dann die durchschnittliche Oberflächentemperatur der sonnenbeschienenen Vorderseite des Mars?

- **Lösung:**

Zunächst bestimmen wir den Raumwinkelbereich der Strahlungsquelle als Fläche eines Kreises mit dem Durchmesser $24,6''$:

$$\Omega_H = \frac{\pi}{4}\left(\frac{24{,}6}{3600}\right)^2 \text{Grad}^2 = 3{,}667 \cdot 10^{-5}\,\text{Grad}^2 . \tag{26.79}$$

Mit dem äquivalenten Raumwinkel $\Omega = 0{,}03289\,\text{Grad}^2$ der Empfangsantenne nach (26.76) erhalten wir aus (26.78) die durchschnittliche Oberflächentemperatur auf Mars:

$$\boxed{T_{Mars} = \frac{\Omega}{\Omega_H}\Delta T_A + T_{CMB}} = \frac{3{,}289 \cdot 10^{-2}}{3{,}667 \cdot 10^{-5}} \cdot 0{,}24\,\text{K} + 2{,}725\,\text{K} = 218\,\text{K} = -55°\text{C}. \;\; \square \tag{26.80}$$

26.5 Aufgaben

26.5.1 Ein ungeladener und daher eigentlich spannungsloser Kondensator mit der Kapazität $C = 1\,\text{nF}$ befinde sich auf Zimmertemperatur $T = T_0 = 290\,\text{K}$. Aufgrund thermodynamischer Schwankungen seiner Ladungsmenge stellt sich dennoch eine Rauschspannung ein. Bestimmen Sie mit Hilfe von (26.48) deren Effektivwert U_r. Wie viele Elektronen sind nötig, um diese Spannung zu erzeugen?

26.5.2 Die kosmische Mikrowellen-Hintergrundstrahlung hat eine äquivalente Rauschtemperatur von $T_{CMB} = 2,725\,\text{K}$. Wie viele Photonen pro cm^3 entsprechen diesem Wert?

26.5.3 Leiten Sie die Beziehung (26.78) her.

<u>Lösungen:</u>

26.5.1 Mit $U_r = \sqrt{kT/C}$ folgt $U_r = 2\,\mu\text{V}$. Wir erhalten die nötige Ladungsmenge aus

$$Q = C U_r = C\sqrt{\frac{kT}{C}} = \sqrt{kTC} = 2 \cdot 10^{-15}\,\text{As},$$

was gerade 12489 Elektronen entspricht. Je kleiner die Kapazität des Kondensators ist, desto weniger Elektronen sind bereits ausreichend, um beträchtliche Rauschspannungen zu erzeugen. So können bei $C = 1\,\text{pF}$ nur 395 Elektronen schon $U_r = 63\,\mu\text{V}$ bewirken. Das signalunabhängige kTC - Rauschen tritt in der Praxis beim Rücksetzen von Photodioden in elektronischen Bildsensoren als störendes Bildrauschen in Erscheinung.

26.5.2 Nach [Schw06] hängt die im Volumen V eines Photonengases enthaltene Anzahl

$$N = 0,244\,V\left(\frac{kT}{\hbar c_0}\right)^3 \quad \text{mit} \quad \hbar = \frac{h}{2\pi}$$

der Photonen von der dritten Potenz der Temperatur T ab. Bei der kosmischen Mikrowellen-Hintergrundstrahlung mit $T = T_{CMB} = 2,725\,\text{K}$ erhalten wir daraus $N = 411$ Photonen. Tatsächlich wird etwa 1 % des Rauschens eines senderlosen Fernsehkanals von der Hintergrundstrahlung verursacht, was auch deren technische Bedeutung betont.

26.5.3 Die erste Messung *ohne* Mars erfasst nach (26.72) nur das atmosphärische Rauschen (ATM) und die kosmische Hintergrundstrahlung (CMB). Mit $T_{low} = T_{ATM} + T_{CMB}$ gilt:

$$T_A^{ohne} = \frac{\Omega_M}{\Omega}\,T_{low}.$$

Bei der zweiten Messung nach (26.77) steht Mars im Zentrum der Antennenhauptkeule:

$$T_A^{mit} = \frac{\Omega_H}{\Omega}\,T_{high} + \frac{\Omega_M - \Omega_H}{\Omega}\,T_{low} \quad \text{mit} \quad T_{high} = T_{Mars} + T_{ATM}.$$

Bildet man nun die Differenz $\Delta T_A = T_A^{mit} - T_A^{ohne}$, dann heben sich die Einflüsse der Atmosphäre heraus und man erhält mit $T_{CMB} = 2,725\,\text{K}$:

$$\Delta T_A = \frac{\Omega_H}{\Omega}\left(T_{Mars} - T_{CMB}\right).$$

27 Streifenleitungsantennen

27.1 Grundlegende Entwurfsrichtlinien

Antennen in **Streifenleitungstechnik** haben nur eine geringe Bauhöhe und werden dort einge-setzt, wo Größe, Gewicht und Kosten eine wesentliche Rolle spielen – z. B. in **Anwendungen** der Luft- und Raumfahrttechnik, in Mobiltelefonen oder in WLAN-Baugruppen. Einhergehend mit der Miniaturisierung von Mikrowellenschaltungen in Streifenleitungstechnik im **Frequenz-bereich** von 100 MHz bis 100 GHz werden Antennen benötigt, die diesen Techniken angepasst sind. Durch die Möglichkeit eines einheitlichen Entwurfs der Mikrowellenschaltung, des Spei-senetzwerkes und der Antenne auf einem gemeinsamen Substrat erhält man eine integrierte Einheit, die verschiedene **Vorteile** gegenüber klassischen Aufbauten aufweist:

- hoher Miniaturisierungsgrad, Reproduzierbarkeit und automatisierte Massenfertigung
- mechanische Belastbarkeit durch Vibration und Stoß (dadurch hohe Zuverlässigkeit).

Demgegenüber haben planare Strukturen aber auch einige **Nachteile:**

- geringer Wirkungsgrad durch Verluste im Substrat, wodurch Strahlungsleistung und Gewinn begrenzt werden und
- kleine relative Bandbreite (siehe Bild 27.13).

Für die Wellenausbreitung auf **Mikrostreifenleitungen** kann keine geschlossene Lösung ange-ben werden. Man benutzt deshalb empirische Näherungsformeln, die aus den statischen Feldern abgeleitet und für höhere Frequenzen verallgemeinert werden. Die Entwicklung einer Streifen-leitungsantenne oder einer verkoppelten Gruppe aus Einzelelementen ist daher recht aufwändig.

27.1.1 Bauformen und Einspeisung

Eine planare Antenne besteht wie in Bild 27.1 aus einzelnen Grundelementen – kleinen Plätt-chen, die man im Englischen als „*patches*" bezeichnet. Über einem dielektrischen **Substrat** mit relativer Permittivität ε_r, das von einer metallischen Grundplatte begrenzt wird, ist eine eben-falls metallische Struktur der Dicke t angeordnet. Übliche **Metallisierungsdicken** sind $t = 8, 17, 35$ und $70\,\mu m$. Wir werden im Folgenden $t = 0$ annehmen. Korrekturen für $t > 0$ findet man in [Hof83, Rog03]. Die Längsabmessung L wird so gewählt, dass sich längs des Patch-Elementes **Halbwellenresonanz** und eine reelle Eingangsimpedanz $\underline{Z}_E = R_E$ einstellt.

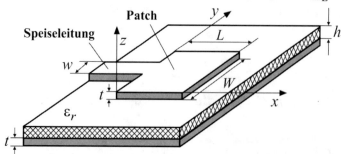

Bild 27.1 Rechteckiges Patch-Element einer Planarantenne mit Speiseleitung nach [Zin95]

© Springer Fachmedien Wiesbaden GmbH, ein Teil von Springer Nature 2022
K. W. Kark, *Antennen und Strahlungsfelder*,
https://doi.org/10.1007/978-3-658-38595-8_27

Das **Patch-Element** ist typisch von rechteckiger oder kreisrunder Form; zuweilen werden auch rautenförmige, dreieckige oder ringförmige Elemente eingesetzt. Für die **Anregung** eines Patch-Elementes gibt es verschiedene Möglichkeiten:

a) mit einer *Koaxialleitung* von unten durch die Grundplatte,

b) direkte Einspeisung mit einer *Mikrostreifenleitung,*

c) *elektrodynamische* Ankopplung zur Reduktion parasitärer Abstrahlung oder

d) *Aperturkopplung* durch Schlitze in einer Zwischenmetallisierung.

Die vier genannten Varianten sind in Bild 27.2 dargestellt. Durch geeignete Wahl des **Speisepunktes** (x_s, y_s) kann oft eine gute Anpassung an die Speiseleitung erzielt werden und ein zusätzliches Anpassungsnetzwerk ist vielfach nicht mehr erforderlich.

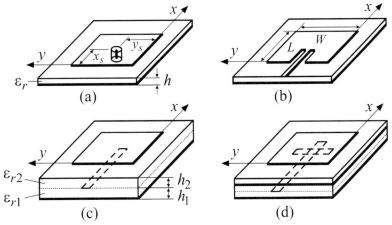

Bild 27.2 Verschiedene Möglichkeiten der Anregung von Streifenleitungsantennen nach [Spl91]

27.1.2 Mikrostreifenleitungen und rechteckige Patch-Elemente

Mikrostreifenleitungen besitzen in Form ihres Substrats und des umgebenden Luftraums ein quergeschichtetes Dielektrikum und können daher keine reine TEM-Welle führen. Die longitudinalen Feldkomponenten E_x und H_x der **hybriden quasi-TEM-Welle** werden bei höheren Frequenzen zunehmend stärker und müssen bei einer dynamischen Analyse berücksichtigt werden. Wir halten uns im Folgenden an die Angaben der einschlägigen Literatur, insbesondere kann zur Vertiefung [Garg01, Zür95, Jan92, Hof83, Bahl80] empfohlen werden.

Ein rechteckiges Patch-Element kann als – an allen vier Seiten offene – Mikrostreifenleitung der Länge L und der Breite W betrachtet werden. Die Streufelder bei $y = 0$, W berücksichtigen wir mit $u = W/h$ näherungsweise durch eine **effektive relative Permittivität** [Hof83]

$$\varepsilon_{r,\text{eff}}^{(0)} = \frac{\varepsilon_r + 1}{2} + \frac{\varepsilon_r - 1}{2}\left(1 + \frac{10}{u}\right)^{-ab(u,\varepsilon_r)} \quad \text{(statische Näherung).} \tag{27.1}$$

Da die Feldlinien sowohl im Substrat als auch im Luftraum verlaufen, wirkt auf die Welle eine mittlere Permittivität, die nur Werte aus folgendem Intervall annehmen kann:

$$\frac{\varepsilon_r + 1}{2} \leq \varepsilon_{r,\text{eff}}^{(0)} \leq \varepsilon_r \,. \tag{27.2}$$

Der Exponent $ab(u,\varepsilon_r)=a(u)\,b(\varepsilon_r)$ wurde in [Ham80] durch Funktionalapproximation an numerisch ermittelte Ergebnisse mit einem relativen Fehler $< 0,2\,\%$ in $\varepsilon_{r,\text{eff}}^{(0)}$ konstruiert:

$$a(u)=1+\frac{1}{49}\ln\left[\frac{u^4+(u/52)^2}{u^4+0,432}\right]+\frac{1}{18,7}\ln\left[1+\left(\frac{u}{18,1}\right)^3\right]$$

$$b(\varepsilon_r)=0,564\left(\frac{\varepsilon_r-0,9}{\varepsilon_r+3}\right)^{0,053}.$$

(27.3)

Anders als bei Patch-Elementen, wo normalerweise $u=W/h\gg1$ gilt, können bei Mikrostreifenleitungen auch Werte $u=w/h\ll1$ auftreten. Für $u\to0$ verliert (27.3) aber ihre Gültigkeit, weswegen man dort besser folgende empirisch gewonnene Darstellung benutzt:

$$\boxed{ab(u,\varepsilon_r)=0,559+\frac{u}{570}-\frac{1}{10,3\,\varepsilon_r}}\qquad\text{(gültig für }0\le u\le100\text{ und }1\le\varepsilon_r\le128\text{).}\quad(27.4)$$

(27.4) bleibt auch für $u\to0$ gültig und liefert für $u\ge1$ fast die gleichen Werte wie (27.3). Die Kurven (27.1) mit (27.4) sind in Bild 27.3 in Abhängigkeit vom Parameter ε_r dargestellt.

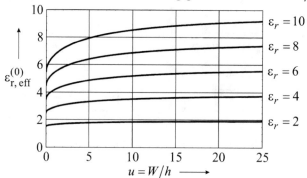

Bild 27.3 Effektive relative Permittivität für ein Patch der Breite W auf einem Substrat der Höhe h

Die Näherung (27.1) resultiert aus einer **elektrostatischen Feldlösung** der Laplace-Gleichung $\Delta\Phi=0$ und unterstellt auf der Mikrostreifenleitung eine quasi-TEM-Welle. Anstelle der in Wahrheit geschichteten Struktur wird eine Ersatzstruktur mit identischen Leiterabmessungen aber mit homogenem Dielektrikum $\varepsilon_{r,\text{eff}}^{(0)}$ betrachtet, die beide die gleiche Kapazität haben. Die **Höhenlinien des Potenzialgebirges** $\Phi(y,z)$ beider Anordnungen zeigt Bild 27.4.

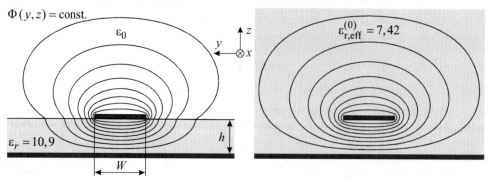

Bild 27.4 Homogenes Ersatzmodell einer Mikrostreifenleitung mit $\varepsilon_r=10,9$ und $u=W/h=1,25$

Das jeweilige elektrische Feld folgt aus $\mathbf{E} = -\text{grad}\,\Phi$. Insbesondere im wichtigen Bereich _unter_ dem Streifen, wo sich lokal die Feldenergie konzentriert, sind beide Feldlösungen nahezu identisch.

Mit den Abkürzungen $Z_0 = \sqrt{\mu_0/\varepsilon_0}$ und $u = W/h$ wird der Leitungswellenwiderstand auf einem Patch der Breite W nach diesem statischen Modell [Ham80]:

$$Z_L^{(0)} = \frac{Z_0}{2\pi\sqrt{\varepsilon_{r,\text{eff}}^{(0)}}} \ln\left[\frac{F(u)}{u} + \sqrt{1 + \frac{4}{u^2}} \right]$$

Für _großes_ $u = W/h$ verhält sich die Mikrostreifenleitung wie eine gleichmäßig mit ε_r gefüllte **Bandleitung** (Bild 4.7): (27.5)

$$\text{mit} \quad F(u) = 6 + (2\pi - 6)\exp\left[-\left(\frac{30,666}{u} \right)^{0,7528} \right].$$

$$\lim_{u \to \infty} Z_L^{(0)} = \frac{Z_0}{\sqrt{\varepsilon_r}}\frac{1}{u} = \frac{Z_0}{\sqrt{\varepsilon_r}}\frac{h}{W}. \quad (27.6)$$

Bei Erhöhung der Frequenz konzentrieren sich die Felder stärker im Substrat, was zu einem Anstieg der **effektiven relativen Permittivität** führt (siehe Bild 27.8) und mit dem _dynamischen_ Dispersionsmodell von Getsinger [Get73] beschrieben werden kann:

$$\varepsilon_{r,\text{eff}} = \varepsilon_r - \frac{\varepsilon_r - \varepsilon_{r,\text{eff}}^{(0)}}{1 + P} \quad \Rightarrow \quad \lambda_{\text{eff}} = \frac{\lambda_0}{\sqrt{\varepsilon_{r,\text{eff}}}}. \quad (27.7)$$

Dabei ist P ein **Füllfaktor,** der die frequenzabhängige Konzentration der Felder im Substrat beschreibt und für den es verschiedene Berechnungsmodelle gibt [Hof83]. Der Vergleich mit Messungen im Bereich von $0 \le h/\lambda_0 \le 0,13$ [Deib87] zeigt, dass die Darstellung aus [Kir82]

$$P = P_1 P_2 \left[(0,1844 + P_3 P_4) P_5 \right]^{1,5763} \quad (27.8)$$

insbesondere bei _höheren_ Frequenzen genauere Vorhersagen liefert als das einfachere Modell aus [Ham80]. Für $0,1 \le u \le 100$ und $1 \le \varepsilon_r \le 20$ bleibt der relative Fehler in $\varepsilon_{r,\text{eff}}$ bei [Kir82] unter $0,6\,\%$. Zur Bestimmung von P werden mit $u = W/h$ folgende Hilfsgrößen benötigt:

$$P_1 = 0,27488 + u\left[0,6315 + 0,525\,(1 + 0,0157\,P_5)^{-20} \right] - 0,065683\,e^{-8,7513\,u}$$

$$P_2 = 0,33622\left[1 - e^{-0,03442\,\varepsilon_r} \right]$$

$$P_3 = 0,0363\,e^{-4,6\,u}\left[1 - e^{-(P_5/38,7)^{4,97}} \right] \quad (27.9)$$

$$P_4 = 1 + 2,751\left[1 - e^{-(\varepsilon_r/15,916)^8} \right]$$

$$P_5 = 299,79\,\frac{h}{\lambda_0}.$$

Mit dem frequenzabhängigen $\varepsilon_{r,\text{eff}}$ aus (27.7) kann nun auch der dynamische **Leitungswellenwiderstand** bestimmt werden [Ham80, Rog03]:

$$Z_L = Z_L^{(0)}\sqrt{\frac{\varepsilon_{r,\text{eff}}^{(0)}}{\varepsilon_{r,\text{eff}}}\frac{\varepsilon_{r,\text{eff}} - 1}{\varepsilon_{r,\text{eff}}^{(0)} - 1}}. \quad (27.10)$$

Die Streufelder bei $x = 0, L$ verlängern die wirksame Leitungslänge *jeweils* um ΔL [Ham81]:

$$\Delta L = \frac{h}{2\pi} \frac{u + 0{,}366}{u + 0{,}556} \left[0{,}28 + \frac{\varepsilon_r + 1}{\varepsilon_r} \left(0{,}274 + \ln\left(u + 2{,}518\right)\right) \right]. \tag{27.11}$$

Mit (27.7), (27.11) und $L_{\text{eff}} = L + 2\Delta L = \lambda_{\text{eff}}/2$ findet man die geometrische Patchlänge L, bei der sich elektrische **Halbwellenresonanz** einstellt:

$$\boxed{L = L_{\text{eff}} - 2\Delta L = \frac{\lambda_{\text{eff}}}{2} - 2\Delta L = \frac{\lambda_0}{2\sqrt{\varepsilon_{\text{r,eff}}}} - 2\Delta L}. \tag{27.12}$$

Wie bei Linearantennen, muss daher auch bei Planarantennen die elektrisch verlängernde Wirkung einer kapazitiven Endbelastung durch geometrische Verkürzung kompensiert werden.

Zur Berechnung der Patchlänge L muss *vorher* die Patchbreite W bekannt sein, die man z. B. mit (27.17) ermitteln kann. Falls man im Entwurf aber ein bestimmtes **Kantenverhältnis** $\alpha = W/L$ anstrebt, kann folgende empirisch gefundene Startnäherung benutzt werden:

$$\boxed{W = \alpha\, L = \alpha \left(\frac{\lambda_0}{2\sqrt{\varepsilon_r}} - \frac{1{,}09 + 0{,}69\,\alpha}{\sqrt{\varepsilon_r + 2{,}5}}\, h \right)} \quad \begin{array}{l} \text{(gültig für } 0{,}5 \leq \alpha \leq 2 \text{ und} \\ 0{,}01 \leq h\sqrt{\varepsilon_r}/\lambda_0 \leq 0{,}13). \end{array} \tag{27.13}$$

Speziell für $\varepsilon_r = 2{,}2$ und $\alpha = 1{,}56$ folgt daraus die Näherung [Kara96]:

$$L = \frac{\lambda_0}{2\sqrt{\varepsilon_r}} - h. \tag{27.14}$$

Nicht nur die effektive Länge eines Patch-Elementes vergrößert sich, auch die effektive Breite ist größer als die geometrische Breite [Hof83]. Der statische Grenzfall lautet

$$W_{\text{eff}}^{(0)} = \frac{Z_0\, h}{Z_L^{(0)}\sqrt{\varepsilon_{\text{r,eff}}^{(0)}}}. \tag{27.15}$$

Bei Erhöhung der Frequenz verringert sich die **effektive Breite:**

$$\boxed{W_{\text{eff}} = W + \frac{W_{\text{eff}}^{(0)} - W}{1 + (f/f_p)^2}} \quad \text{mit} \quad f_p = \frac{Z_L^{(0)}}{2\,\mu_0\, h}. \tag{27.16}$$

Ein *resonantes* Strahlungsverhalten und eine *reelle* Eingangsimpedanz mit $X_E = 0$ im Bereich von $\underline{Z}_E = R_E = 50\,\Omega$ kann man bei Streifenleitungsantennen dann erreichen, wenn die Patchbreite etwa wie

$$\boxed{W = \sqrt{\frac{h\lambda_0}{\sqrt{\varepsilon_r}}} \left[\ln\left(\frac{\lambda_0}{h\sqrt{\varepsilon_r}}\right) - 1 \right]} \quad \text{(gültig im Bereich } 0{,}01 \leq h\sqrt{\varepsilon_r}/\lambda_0 \leq 0{,}13). \tag{27.17}$$

gewählt wird [Kara96, Garg01]. Die Lage eines **koaxialen Einspeisepunktes** (x_s, y_s) wie in Bild 27.5 bestimmt man dann aus folgenden Formeln:

$$\boxed{x_s = \frac{\lambda_{\text{eff}}}{2\pi} \arccos\sqrt{2\,G_r\, R_E} - \Delta L \quad \text{und} \quad y_s = \frac{W}{2}} \tag{27.18}$$

mit dem Strahlungsleitwert G_r eines verkoppelten Endschlitzes nach (27.97). Die gleich großen Strahlungsleitwerte beider Endschlitze transformieren sich über Leitungen mit dem Leitungswellenwiderstand Z_L der effektiven Länge $x_s + \Delta L$ bzw. $L - x_s + \Delta L$ zum Speisepunkt, wo sie dann als Parallelschaltung anliegen. Mit dem Abstand x_s des Einspeisepunktes von der Patchkante wie in (27.18) wird gerade der gewünschte Eingangswiderstand von R_E realisiert.

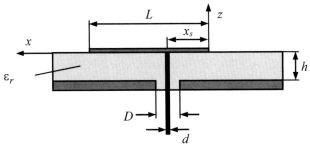

Bild 27.5 Koaxiale Einspeisung durch die Grundplatte hindurch mit Speisepunkt bei x_s nach [Mül02]

Resonante Patch-Elemente mit **reeller Eingangsimpedanz** ($X_E = 0$) erfordern allerdings Substrate, deren Höhe _nicht zu groß_ werden darf. Bei $\varepsilon_r = 2{,}55$ muss $h/\lambda_0 \leq 0{,}11$ und bei $\varepsilon_r = 12{,}8$ muss $h/\lambda_0 \leq 0{,}08$ eingehalten werden [Poz83], ansonsten stellt sich keine Resonanz mehr ein und die Eingangsimpedanz bleibt beständig induktiv, d. h. dann gilt $X_E > 0$.

Übung 27.1: Rechteckiges Patch-Element

- Es soll ein rechteckiges Patch-Element mit Halbwellenresonanz bei $f_0 = 10$ GHz entwickelt werden. Als Substrat steht ein RT/Duroid 5880 mit $\varepsilon_r = 2{,}2$ und $h = 0{,}787$ mm zur Verfügung. Bestimmen Sie die Abmessungen L und W sowie die Lage des Speisepunktes (x_s, y_s), damit die Streifenleitungsantenne – wie in Bild 27.5 – an eine koaxiale Speiseleitung mit einem Leitungswellenwiderstand von $50\,\Omega$ angepasst betrieben werden kann.

- **Lösung:**

  Mit $\lambda_0 = 29{,}98$ mm folgt aus (27.17) eine notwendige Breite von $W = 8{,}96$ mm. Aus (27.1) erhalten wir zunächst die statische Näherung $\varepsilon_{r,\mathrm{eff}}^{(0)} = 2{,}03$. Mit $P = 0{,}355$ aus (27.8) folgt der dynamische Wert $\varepsilon_{r,\mathrm{eff}} = 2{,}07$ und damit $\lambda_{\mathrm{eff}} = \lambda_0 / \sqrt{\varepsilon_{r,\mathrm{eff}}} = 20{,}82$ mm. Die mechanisch notwendige Verkürzung durch den Endeffekt ermitteln wir aus (27.11) zu $\Delta L = 0{,}56$ mm. Die Länge des Patch-Elementes folgt mit $L = \lambda_{\mathrm{eff}}/2 - 2\Delta L = 9{,}30$ mm aus (27.12). Zur Berechnung der Strahlungsfelder in Abschnitt 27.6 sind die elektrisch effektiv wirksamen Abmessungen $L_{\mathrm{eff}} = 10{,}41$ mm und $W_{\mathrm{eff}} = 10{,}07$ mm von Bedeutung.

  Den Ort der koaxialen Einspeisung ermitteln wir aus (27.18). Mit $G_r = 1{,}474 \cdot 10^{-3}/\Omega$ nach (27.100) erhalten wir $x_s = 3{,}35$ mm und $y_s = 4{,}48$ mm.

  Mit den Daten $\varepsilon_r = 2{,}2$, $h/\lambda_0 = 0{,}0263$, $L_{\mathrm{eff}}/\lambda_0 = 0{,}3473$ und $W_{\mathrm{eff}}/\lambda_0 = 0{,}3358$ hat unser Patch-Element nach (27.68) eine relative Anpassungsbandbreite am Niveau $20\lg|\underline{S}_{11}|$ dB $= -9{,}54$ dB von $B_r = 2{,}74\,\%$. Bei numerischen **Nachuntersuchungen** [CST], die mit genau den Abmessungen unseres Entwurfs durchgeführt wurden, zeigte sich, dass für einen Eingangswiderstand von $R_E = 50\,\Omega$ der Einspeisepunkt mit $x_s = 3{,}20$ mm noch geringfügig verschoben werden musste. Die numerisch ermittelte Resonanzfrequenz lag dann bei $f_0 = 10{,}03$ GHz mit $B_r = 2{,}82\,\%$. □

27.2 Parasitäre Oberflächenwellen auf einlagigen Substraten

Neben der Grundwelle der Mikrostreifenleitung, die sich als geführte Welle entlang des metallischen Streifens ausbreitet und deren Eigenschaften wir in Abschnitt 27.1.2 diskutiert haben, sind auch noch *parasitäre* Oberflächenwellen möglich, die sich entlang der Grenzschicht zwischen Substrat und Luft in jede beliebige Richtung ausbreiten können. Solche Oberflächenwellen können der Grundwelle der Mikrostreifenleitung durch gegenseitige Verkopplung einen spürbaren Energieanteil entziehen – insbesondere wenn sich mit zunehmender Frequenz die Oberflächenwellen immer mehr im Substrat konzentrieren und die Verkopplung dadurch stärker wird. Außerdem können sich Oberflächenwellen durch unerwünschte Verkopplungen der Elemente innerhalb eines Patch-Arrays sowie durch Abstrahlung an den Substratkanten störend bemerkbar machen.

Oberflächenwellen bilden sich bei kartesischen Trennflächen als sogenannte **Längsschnittwellen** aus [Pie77], die *quer* zur Schichtung (Bild 27.6) nur *eine* Feldkomponente aufweisen – also im Allgemeinen aus *fünf* Feldkomponenten bestehen. Bei $H_z = 0$ nennt man sie TM_n–Wellen oder LSE_n–Wellen und bei $E_z = 0$ heißen sie TE_n–Wellen oder LSH_n–Wellen.

27.2.1 Eigenwertgleichungen und Grenzfrequenzen

Wir betrachten eine geschichtete Struktur mit elektrisch ideal leitender Grundplatte bei $z = 0$, die in der x-y-Ebene unendlich ausgedehnt sei. Das unten liegende Substrat wollen wir als Raumteil ① und den darüber befindlichen Luftraum als Raumteil ② bezeichnen (Bild 27.6).

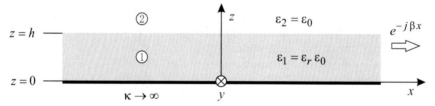

Bild 27.6 Dielektrisches Substrat der Höhe h mit elektrisch ideal leitender Grundplatte $(\kappa \to \infty)$ als Wellenleiter für Oberflächenwellen, die sich in die positive x-Richtung ausbreiten

Aufgrund der Stetigkeit in der Trennfläche bei $z = h$ müssen die Felder in beiden Raumteilen jeweils die gleiche Abhängigkeit von x bzw. von y aufweisen [Pie77]. Wir wollen annehmen, dass sich die Oberflächenwellen mit $k_x = \beta$ wie $e^{-j\beta x}$ in die positive x-Richtung ausbreiten und die Felder im Luftraum mit $k_{z2} = -j\alpha$ wie $e^{-\alpha z}$ abfallen.[1] Analog zu (8.13) gelten in den Raumteilen ① und ② folgende **Separationsgleichungen:**

$$\boxed{\beta^2 + k_y^2 + k_{z1}^2 = \varepsilon_r k_0^2} \quad \text{und} \quad \boxed{\beta^2 + k_y^2 - \alpha^2 = k_0^2}. \tag{27.19}$$

Da in y-Richtung keine Randbedingungen vorliegen, wollen wir uns auf den Spezialfall $k_y = 0$ beschränken, wodurch mit $\partial/\partial y = 0$ die gesuchten Felder unabhängig von y werden. Unter dieser Voraussetzung hat jede Oberflächenwelle tatsächlich nur noch *drei* Feldkomponenten. Bei TM_n–Wellen sind dies die Felder (E_x, E_z, H_y), während sich TE_n–Wellen aus (H_x, H_z, E_y) zusammen setzen. Da die quasi-TEM-Welle der Mikrostreifenleitung ein *verti-*

---

[1] Man vergleiche hierzu die evaneszenten Felder (6.72) von Grenzschichtwellen, wie wir sie auch bei der Behandlung der Totalreflexion gefunden hatten.

kal polarisiertes E_z besitzt, kann sie leicht mit TM_n –Wellen koppeln. Dagegen können die in Quadratur liegenden Felder der TE_n –Wellen nur schwer angeregt werden [Ven70]. Mit $k_y = 0$ erhält man aus (27.19) die Eigenwerte in z-Richtung innerhalb einer Phasenfront:

$$k_{z1} = \sqrt{\varepsilon_r \, k_0^2 - \beta^2} \quad \text{und} \quad \alpha = j\,k_{z2} = \sqrt{\beta^2 - k_0^2} \; . \tag{27.20}$$

Aus der Stetigkeit der Felder in der Trennfläche bei $z = h$ kann man unter Berücksichtigung der Randbedingung bei $z = 0$ folgende **Eigenwertgleichungen** herleiten [Jam79, Poz05]:

$$TM_n: \quad \tan(k_{z1}\,h) = \varepsilon_r \frac{\alpha}{k_{z1}} \quad \Rightarrow \quad \boxed{\tan\left(\sqrt{\varepsilon_r \, k_0^2 - \beta^2}\; h\right) = \varepsilon_r \frac{\sqrt{\beta^2 - k_0^2}}{\sqrt{\varepsilon_r \, k_0^2 - \beta^2}}} \tag{27.21}$$

$$TE_n: \quad \cot(k_{z1}\,h) = -\frac{\alpha}{k_{z1}} \quad \Rightarrow \quad \boxed{\cot\left(\sqrt{\varepsilon_r \, k_0^2 - \beta^2}\; h\right) = -\frac{\sqrt{\beta^2 - k_0^2}}{\sqrt{\varepsilon_r \, k_0^2 - \beta^2}}} \; . \tag{27.22}$$

Beide Eigenwertgleichungen haben jeweils _endlich viele_ reelle Lösungen für β, die allesamt im Bereich $k_0 \leq \beta \leq k_0 \sqrt{\varepsilon_r}$ liegen und nur noch _numerisch_ (siehe Bilder 27.7 und 27.8) oder _näherungsweise_ (siehe Übung 27.2) bestimmt werden können. Eine Bedingung für die Grenzfrequenzen der zugehörigen Oberflächenwellen erhalten wir, wenn wir für die Phasenkonstante ihren kleinstmöglichen Wert also $\beta = k_0 = k_c$ einsetzen:

$$\tan\left(k_c\,h\sqrt{\varepsilon_r - 1}\right) = 0 \quad \text{bei } TM_n - \text{Wellen}$$
$$\cot\left(k_c\,h\sqrt{\varepsilon_r - 1}\right) = 0 \quad \text{bei } TE_n - \text{Wellen.} \tag{27.23}$$

Mit $f_c = k_c\,c_0/(2\,\pi)$ folgen daraus die gesuchten **Grenzfrequenzen**

$$\boxed{f_c = \frac{n\,c_0}{4\,h\sqrt{\varepsilon_r - 1}}} \quad \begin{cases} TM_n - \text{Wellen mit } n = 0, 2, 4, \ldots & (LSE_n - \text{Wellen}) \\ TE_n - \text{Wellen mit } n = 1, 3, 5, \ldots & (LSH_n - \text{Wellen),} \end{cases} \tag{27.24}$$

an denen in aufsteigender Reihenfolge die Oberflächenwellen $TM_0, TE_1, TM_2, TE_3, TM_4, \ldots$ ausbreitungsfähig werden [Poz05]. Dabei haben TM_n –Wellen nur geradzahlige Indizes, während TE_n –Wellen nur mit ungeradzahligem Index auftreten. Deren niedrigster Vertreter ist die TE_1 –Welle – durch geeignete Substratwahl kann man dafür sorgen, dass sie noch unterhalb ihres Cutoffs bleibt und so keine störende Wirkung entfalten kann:

$$\boxed{\frac{h}{\lambda_0} < \frac{1}{4\sqrt{\varepsilon_r - 1}}} \; . \tag{27.25}$$

Viel problematischer als die TE_1 –Welle ist aber die TM_0 –Welle. Einerseits hat die TM_0 –Welle mit $f_c = 0$ (bei unendlich ausgedehntem Substrat) keine Grenzfrequenz. Andererseits kann sie wegen der gleichen Polarisation von der quasi-TEM-Welle der Mikrostreifenleitung leicht Energie abziehen und diese schwächen. Die Koppelverluste steigen mit zunehmender normierter Substratdicke h/λ_0 stark an und können – insbesondere bei großen ε_r – die nutzbare Bandbreite stark einschränken.

Zur weiteren Untersuchung dieser Koppelverluste in Abschnitt 27.4.2 werden wir eine Näherungslösung der Eigenwertgleichung (27.21) benötigen, die wir in Übung 27.2 bereitstellen wollen.

Übung 27.2: **Ausbreitungskonstante der TM$_0$-Oberflächenwelle**

- Die Eigenwertgleichung (27.21) hat keine geschlossene Lösung, kann aber für *dünne* Substrate mit $k_0 h \sqrt{\varepsilon_r - 1} \le \pi/4$, die in der Praxis meist verwendet werden, näherungsweise gelöst werden. Wir wollen mit Hilfe eines **bikubischen Ansatzes**

$$x_0 = \frac{\beta}{k_0} = 1 + \sum_{i=1}^{3} c_i (k_0 h)^{2i} = 1 + c_1 (k_0 h)^2 + c_2 (k_0 h)^4 + c_3 (k_0 h)^6 \qquad (27.26)$$

eine Näherung der normierten Phasenkonstanten der TM$_0$ – Welle bestimmen.

- **Lösung:**

Zunächst bringen wir (27.21) mit $x_0 = \beta/k_0$ in eine normierte Darstellung [Per85]:

$$\tan\left(k_0 h \sqrt{\varepsilon_r - x_0^2} \right) = \varepsilon_r \frac{\sqrt{x_0^2 - 1}}{\sqrt{\varepsilon_r - x_0^2}} , \qquad (27.27)$$

in die wir die Ansatzfunktion (27.26) einsetzen:

$$\tan\left(k_0 h \sqrt{\varepsilon_r - \left(1 + \sum_{i=1}^{3} c_i (k_0 h)^{2i}\right)^2} \right) - \varepsilon_r \frac{\sqrt{\left(1 + \sum_{i=1}^{3} c_i (k_0 h)^{2i}\right)^2 - 1}}{\sqrt{\varepsilon_r - \left(1 + \sum_{i=1}^{3} c_i (k_0 h)^{2i}\right)^2}} = 0 . \qquad (27.28)$$

Wir entwickeln die Wurzelfunktionen und die Tangensfunktion nun in Taylor-Reihen um den Punkt $k_0 h = 0$ und können damit das Problem in eine **Polynomgleichung** überführen, von der wir nur die *ersten drei* Terme behalten:

$$a \, k_0 h + b (k_0 h)^3 + c (k_0 h)^5 = 0 . \qquad (27.29)$$

Für nichttriviale Lösungen müssen wir fordern, dass alle Koeffizienten a, b und c des Polynoms verschwinden. Damit gewinnen wir drei Bedingungen für die gesuchten Koeffizienten c_i unseres Ansatzes:

$$a = 0 \quad \Rightarrow \quad c_1 = \frac{(\varepsilon_r - 1)^2}{2 \, \varepsilon_r^2}$$

$$b = 0 \quad \Rightarrow \quad c_2 = \frac{(\varepsilon_r - 1)^3}{24 \, \varepsilon_r^4} \left(8 \, \varepsilon_r^2 - 3 \, \varepsilon_r - 21 \right) \qquad (27.30)$$

$$c = 0 \quad \Rightarrow \quad c_3 = \frac{(\varepsilon_r - 1)^4}{720 \, \varepsilon_r^6} \left(136 \, \varepsilon_r^4 - 120 \, \varepsilon_r^3 - 1035 \, \varepsilon_r^2 + 270 \, \varepsilon_r + 1485 \right)$$

Die **Phasenkonstante** der TM$_0$ – Welle kann also durch folgende **bikubische Näherung**

$$\boxed{x_0 = \frac{\beta}{k_0} = 1 + c_1 (k_0 h)^2 + c_2 (k_0 h)^4 + c_3 (k_0 h)^6} \qquad (27.31)$$

ausgedrückt werden – gültig für $k_0 h \sqrt{\varepsilon_r - 1} \le \pi/4$, wie wir gleich noch zeigen werden. □

Wir wollen nun die **Genauigkeit** der bikubischen Näherung (27.31) für die normierte Ausbreitungskonstante $x_0 = \beta/k_0$ der TM_0 – Oberflächenwelle durch Vergleich mit einer exakten numerischen Lösung der Eigenwertgleichung (27.27) abschätzen (siehe Bild 27.7).

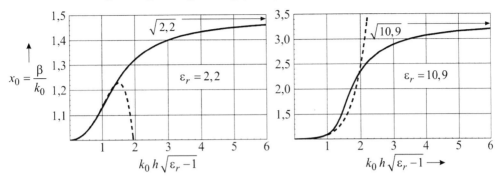

Bild 27.7 Normierte Ausbreitungskonstante $x_0 = \beta/k_0$ der TM_0–Oberflächenwelle: bikubische Näherung (27.31) als gestrichelte Kurven und exakte numerische Lösungen von (27.27) für $\varepsilon_r = 2,2$ (links) und $\varepsilon_r = 10,9$ (rechts). Die Näherungslösungen (27.31) sind mit einem relativen Fehler von maximal 1 % bis mindestens $k_0 h\sqrt{\varepsilon_r - 1} = \pi/4$ gültig.

Als **Anwendbarkeitsgrenze** von (27.31) definieren wir denjenigen Wert von $k_0 h\sqrt{\varepsilon_r - 1}$, bei dem der relative Fehler der Näherung gerade 1 % beträgt (siehe Tabelle 27.1).

Tabelle 27.1 Anwendbarkeitsgrenze der Näherung (27.31) mit einem relativen Fehler von maximal 1 %

$\varepsilon_r = 2,2$	$\varepsilon_r = 10,9$
$k_0 h\sqrt{\varepsilon_r - 1} \leq 1,45$	$k_0 h\sqrt{\varepsilon_r - 1} \leq 1,00$
$\dfrac{h}{\lambda_0}\sqrt{\varepsilon_r} \leq 0,31$	$\dfrac{h}{\lambda_0}\sqrt{\varepsilon_r} \leq 0,16$
$\dfrac{h}{\lambda_0} \leq 0,21$	$\dfrac{h}{\lambda_0} \leq 0,05$

Eine konservative Abschätzung – mit Sicherheitsreserven – für die Gültigkeit von (27.31) ist:

$$\boxed{k_0 h\sqrt{\varepsilon_r - 1} \leq \pi/4 \approx 0,8}\,. \tag{27.32}$$

Der führende Term unserer Reihenentwicklung (27.31)

$$x_0 = \frac{\beta}{k_0} = 1 + \frac{(\varepsilon_r - 1)^2}{2\,\varepsilon_r^2}(k_0 h)^2 \tag{27.33}$$

kann auch direkt aus (27.27) unter Verwendung der beiden Näherungen

$$\sqrt{\varepsilon_r - x_0^2} \approx \sqrt{\varepsilon_r - 1} \quad \text{und} \quad \tan\!\left(k_0 h\sqrt{\varepsilon_r - 1}\right) \approx k_0 h\sqrt{\varepsilon_r - 1} \tag{27.34}$$

hergeleitet werden. Man findet ihn als **quadratische Näherung** vielfach in der Literatur [Mos82, Ito89, Jam89, Poz90, Jac91b, Garg01]. Sein zulässiger Anwendungsbereich (mit maximal 1 % relativem Fehler in x_0) ist kleiner und etwa durch $k_0 h\sqrt{\varepsilon_r - 1} \leq \pi/8 \approx 0,4$ gegeben.

27.2.2 Synchrone Verkopplung

Bevor wir in Abschnitt 27.4 den Energieverlust der quasi-TEM-Welle der Mikrostreifenleitung an die TM_0–Oberflächenwelle ausführlich untersuchen werden, wollen wir zunächst das Dispersionsverhalten beider Wellentypen noch näher betrachten. Der Energieverlust steigt nämlich mit wachsender Frequenz und wird an der **synchronen Koppelfrequenz** $f_{syn}^{TM_0}$, bei der beide Wellentypen die gleiche Phasengeschwindigkeit v_p und mit $\lambda_x = v_p / f = 2\,\pi/\beta$ auch die gleiche Wellenlänge besitzen, so stark, dass die Schaltung funktionsunfähig wird.

Am kritischsten sind _sehr schmale_ Streifenleitungen, denn dort ist die synchrone Koppelfrequenz besonders niedrig. Im Grenzfall $u = w/h \to 0$ gilt [Ven70, Hof83]:

$$\lim_{u \to 0} f_{syn}^{TM_0} = f_{syn,\,min}^{TM_0} = \frac{c_0 \arctan \varepsilon_r}{\pi h \sqrt{2\,(\varepsilon_r - 1)}} \quad . \tag{27.35}$$

Mit (27.24) folgt, dass $f_{syn,\,min}^{TM_0} > f_c^{TE_1}$ sein kann, falls $\varepsilon_r > 2,018$ wird. Bei der Frequenz

$$\lim_{u \to 0} f_{syn}^{TE_1} = f_{syn,\,min}^{TE_1} = \frac{3\,c_0}{4\,h \sqrt{2\,(\varepsilon_r - 1)}} \quad . \tag{27.36}$$

breitet sich auch die TE_1–Welle langsam genug aus, dass auch sie – wieder bei gleichem v_p – mit der quasi-TEM-Welle der Mikrostreifenleitung synchron koppeln kann [Ven70, Hof83].

Der Grenzfall $u = w/h \to 0$ spielt in der Schaltungspraxis allerdings kaum eine Rolle. Die sich für $u > 0$ tatsächlich einstellenden synchronen Koppelfrequenzen $f_{syn}^{TM_0} = c_0 / \lambda_{syn}^{TM_0}$, an denen die quasi-TEM-Welle und die TM_0–Oberflächenwelle gleiche Wellenlänge besitzen, liegen spürbar höher und können für $\varepsilon_r = 2,2$ aus Bild 27.8 ermittelt werden. Beispielsweise gilt für $u = 0,1$ bereits $f_{syn}^{TM_0} = 2\,f_{syn,\,min}^{TM_0}$.

Für $\varepsilon_r = 10,9$ und $u = 0,1$ würde man $f_{syn}^{TM_0} = 1,7\,f_{syn,\,min}^{TM_0}$ erhalten. Praktische Schaltungen muss man weit unterhalb ihrer synchronen Koppelfrequenz betreiben.

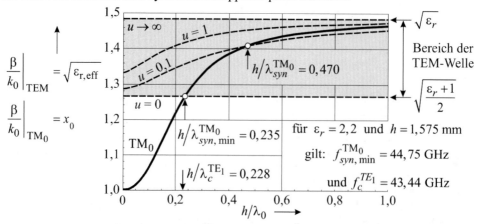

Bild 27.8 Dispersionsdiagramme $\sqrt{\varepsilon_{r,eff}}$ nach (27.7) der quasi-TEM-Welle der Mikrostreifenleitung (für 4 verschiedene Werte von $u = w/h$ als gestrichelte Kurven dargestellt) und Dispersionsdiagramm x_0 aus der _exakten_ numerischen Lösung von (27.27) für die TM0–Oberflächenwelle (Substrat mit $\varepsilon_r = 2,2$). Im Übrigen ist die _Näherungslösung_ (27.31) laut Tabelle 27.1 nur bis $h/\lambda_0 = 0,21$ gültig und daher zur Bestimmung der Schnittpunkte ungeeignet.

27.2.3 Feldbilder

Die TM_0–Oberflächenwelle besitzt die Feldkomponenten E_x, E_z und H_y. Aus den Höhenlinien der Potenzialfunktion $H_y(x,z,t)$ kann man die **elektrischen Feldlinien** bei $t - T/4$ konstruieren[2]. Die dazu nötige Felddarstellung kann aus [Mroz03] abgeleitet werden:

$$H_y^{TM_0}(x,z,t) = H_0 \cos(\omega t - \beta x) \begin{cases} \cos(k_{z1} z) & \text{für} \quad 0 \leq z \leq h \\ \cos(k_{z1} h)\, e^{-\alpha(z-h)} & \text{für} \quad z \geq h \end{cases} \qquad (27.37)$$

Zur Berechnung der Eigenwerte β, k_{z1} und α beachte man die Ausführungen in Abschnitt 27.2.1. Analog setzt sich die TE_1–Oberflächenwelle aus den Feldkomponenten H_x, H_z und E_y zusammen. Die Höhenlinien der Potenzialfunktion $E_y(x,z,t)$ mit

$$E_y^{TE_1}(x,z,t) = E_0 \cos(\omega t - \beta x) \begin{cases} \sin(k_{z1} z) & \text{für} \quad 0 \leq z \leq h \\ \sin(k_{z1} h)\, e^{-\alpha(z-h)} & \text{für} \quad z \geq h \end{cases} \qquad (27.38)$$

ergeben die zugehörigen **magnetischen Feldlinien** zum Zeitpunkt $t + T/4$. Für ein Substrat mit $\varepsilon_r = 2,2$ und $h = 1,575$ mm sind in Bild 27.9 die elektrischen bzw. magnetischen Feldlinien beider Oberflächenwellen dargestellt, für deren Potenzialfunktionen $t = T/4$ gewählt wurde.

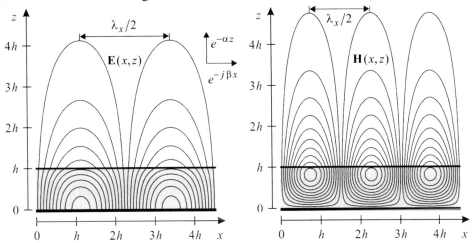

Bild 27.9 Momentanbilder der *elektrischen Feldlinien* der TM_0 – Welle bei $f = 35$ GHz zum Zeitpunkt $t = 0$ und der *magnetischen Feldlinien* der TE_1 – Welle zum Zeitpunkt $t = T/2$ (was $t = 0$ entspricht, weil wir die Pfeile weggelassen haben) bei $f = 58$ GHz (Substrate mit $\varepsilon_r = 2,2$ und $h = 1,575$ mm, Wellenausbreitung in die positive x-Richtung). Man beachte den *Knick* der E-Linien bei $z = h$.

Die in den Feldlinienbildern sichtbaren **Wellenlängen** $\lambda_x = 2\,\pi/\beta$ in Richtung der Wellenausbreitung folgen aus einer numerischen Lösung der Eigenwertgleichungen (27.21) und (27.22):

$$TM_0(35\,\text{GHz}): \quad \frac{h}{\lambda_0} = 0,184 \quad \Rightarrow \quad \frac{\beta}{k_0} = 1,193 \quad \Rightarrow \quad \lambda_x = 7,18\,\text{mm} = 4,56\,h \qquad (27.39)$$

$$TE_1(58\,\text{GHz}): \quad \frac{h}{\lambda_0} = 0,305 \quad \Rightarrow \quad \frac{\beta}{k_0} = 1,079 \quad \Rightarrow \quad \lambda_x = 4,79\,\text{mm} = 3,04\,h. \qquad (27.40)$$

---

[2] Dass man Feldlinien als Höhenlinien einer Potenzialfunktion zeichnen kann, haben wir schon beim Hertzschen Dipol in Abschnitt 15.1.1 gesehen. Man beachte dazu auch die Bemerkungen bei Bild 5.14.

27.3 Parasitäre Oberflächenwellen auf zweilagigen Substraten

Nun betrachten wir den Fall einer zweischichtigen dielektrischen Struktur auf einer elektrisch ideal leitenden Grundplatte, der bei elektrodynamischer Ankopplung des Patch-Elementes nach Bild 27.2 (c) auftritt. Das unten liegende Substrat sei der Raumteil ① und das darüber angeordnete Superstrat wollen wir als Raumteil ② bezeichnen. Darüber befindet sich der umgebende Luftraum ③ (Bild 27.10). Die gesamte Struktur sei in der x-y-Ebene unendlich ausgedehnt.

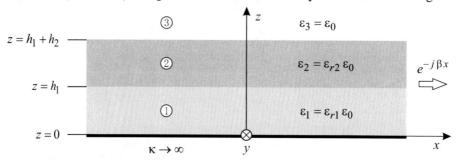

Bild 27.10 Dielektrisches Substrat der Höhe h_1 auf elektrisch ideal leitender Grundplatte ($\kappa \to \infty$), über dem ein dielektrisches Superstrat der Höhe h_2 angeordnet ist (für Feldbilder siehe [Mroz03])

Die Grenzfrequenzen, an denen die TM_n – Oberflächenwellen ausbreitungsfähig werden, erhält man aus folgender **Eigenwertgleichung** [Bar90]:

$$\frac{\sqrt{\varepsilon_{r1}-1}}{\varepsilon_{r1}} \tan\left(k_c\, h_1 \sqrt{\varepsilon_{r1}-1}\right) + \frac{\sqrt{\varepsilon_{r2}-1}}{\varepsilon_{r2}} \tan\left(k_c\, h_2 \sqrt{\varepsilon_{r2}-1}\right) = 0 \quad . \tag{27.41}$$

Die TM_0 – Welle hat somit wie beim einlagigen Substrat keine Grenzfrequenz und ist ab $k_c = 0$ ausbreitungsfähig. Entsprechend (27.33) kann man auch für zweilagige Substrate eine Näherung der normierten **Phasenkonstanten** der TM_0 – Welle angeben [Ito89, Bar90]:

$$x_0 = \frac{\beta}{k_0} = 1 + \frac{1}{2} \left[\frac{\varepsilon_{r2}\,(\varepsilon_{r1}-1)\, k_0\, h_1 + \varepsilon_{r1}\,(\varepsilon_{r2}-1)\, k_0\, h_2}{\varepsilon_{r1}\,\varepsilon_{r2}} \right]^2 \tag{27.42}$$

Bei TE_n –Wellen gilt eine andere **Eigenwertgleichung:**

$$\tan\left(k_c\, h_1 \sqrt{\varepsilon_{r1}-1}\right) \tan\left(k_c\, h_2 \sqrt{\varepsilon_{r2}-1}\right) = \sqrt{\frac{\varepsilon_{r1}-1}{\varepsilon_{r2}-1}} \quad . \tag{27.43}$$

Unter der Bedingung – man vergleiche (27.25) –

$$\frac{h_1 + h_2}{\lambda_0} < \frac{1}{4\sqrt{\max(\varepsilon_{r1},\varepsilon_{r2})-1}} \tag{27.44}$$

ist keine dieser TE_n –Wellen ausbreitungsfähig [Ito89] und die einzig verbleibende Oberflächenwelle ist die TM_0 – Welle. Im Sonderfall **einlagiger Substrate,** der sich für $\varepsilon_{r1} = \varepsilon_{r2} = \varepsilon_r$ und $h_1 + h_2 = h$ einstellt, vereinfachen sich die Eigenwertgleichungen erheblich und man erhält mit $f_c = k_c\, c_0/(2\,\pi)$ wieder die bereits bekannten Grenzfrequenzen (27.24) aus

$$TM_n:\ \sin\left(k_c\, h \sqrt{\varepsilon_r - 1}\right) = 0 \qquad \text{bzw.} \qquad TE_n:\ \cos\left(k_c\, h \sqrt{\varepsilon_r - 1}\right) = 0 \quad . \tag{27.45}$$

27.4 Leistungsbetrachtungen

Bereits bei Frequenzen weit unterhalb der synchronen Koppelfrequenz $f_{syn}^{TM_0}$ (siehe Abschnitt 27.2.2) ist der Energieverlust der quasi-TEM-Welle der Mikrostreifenleitung durch Verkopplung mit der TM_0–Oberflächenwelle deutlich spürbar. Zur Beschreibung dieser Koppelverluste benutzt [Jam89] das Verhältnis der Leistung P_{TM_0}, die in Form der TM_0–Oberflächenwelle an das Substrat gebunden bleibt, und der in den Raum abgegebenen Strahlungsleistung P_S:

$$q = \frac{P_{TM_0}}{P_S},\qquad(27.46)$$

womit man den sogenannten **Strahlungswirkungsgrad** definieren kann:

$$\boxed{\eta = \frac{1}{1+q} = \frac{P_S}{P_S + P_{TM_0}}}.\qquad(27.47)$$

Bei der Definition von η wurden in der Summe des Nenners die Polarisationsverluste P_ε und die Wandstromverluste P_κ vernachlässigt, weil bereits P_{TM_0} den dominierenden Verlustmechanismus darstellt. Tatsächlich bleibt der Einfluss von Oberflächenwellen noch unkritisch, falls $q \leq 0,25$ gilt [Wood81], d. h. für den Strahlungswirkungsgrad ist dann $\eta \geq 0,8$ zu fordern.

Die Berechnung von P_S und P_{TM_0} ist aufwändig. Im Folgenden wollen wir für diese beiden Leistungen Näherungslösungen angeben. Dabei werden wir das strahlende Patch-Element näherungsweise durch einen Hertzschen Dipol ersetzen und annehmen, dass sich dadurch der Quotient (27.47) nur unwesentlich ändert.

27.4.1 Leistung der Raumwelle

Man kann die Strahlungsleistung P_S eines Patch-Elementes z. B. aus den elektrischen Strömen auf seiner Oberfläche ermitteln [Jac91b]. Diese Oberflächenströme (siehe Bild 27.11)

$$\underline{\mathbf{J}}_F(x) = \underline{J}_F\, \mathbf{e}_x \cos\frac{\pi x}{L_{\text{eff}}}\qquad(27.48)$$

fließen entlang der resonanten Dimension der Antenne (hier also in x-Richtung) und haben in Patchmitte bei $x = 0$ ein Maximum. Näherungsweise darf man sie kosinusförmig und unabhängig von y annehmen. Die effektive Resonanzlänge L_{eff} kann man aus (27.12) ermitteln.

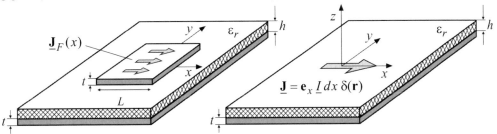

Bild 27.11 Rechteckiges Patch-Element mit Oberflächenströmen $\underline{\mathbf{J}}_F(x)$ und das Ersatzmodell eines Hertzschen Dipols in x-Richtung. Die Metallisierungsdicke sei mit $t \to 0$ vernachlässigbar.

Die Gesamtheit aller Ströme auf der rechteckigen Oberfläche eines Patch-Elementes kann man sich als Superposition von unendlich vielen – infinitesimal kleinen – Hertzschen Dipolen in x-Richtung vorstellen (Bild 27.11). Für die Strahlungsfelder eines *einzelnen* in x-Richtung orientierten horizontalen elektrischen Dipols (HED) **im freien Raum** bei $z = 0$ folgt (Übung 14.5):

$$\mathbf{E}_{\text{HED}} = \underline{E}_0 \frac{e^{-jk_0 r}}{4\pi k_0 r} \left(\mathbf{e}_\vartheta \cos\vartheta \cos\varphi - \mathbf{e}_\varphi \sin\varphi \right) \quad \text{mit} \quad \boxed{\underline{E}_0 = -j k_0^2 Z_0 \underline{I}\, dx} \, . \tag{27.49}$$

Die Wirkung einer unendlich ausgedehnten, dielektrisch beschichteten, metallischen Grundplatte unterhalb des Dipols bei $z = -h$ beschreibt man mit Hilfe zweier Reflexionsfaktoren

$$\underline{A}(\vartheta) = \frac{2\sqrt{\varepsilon_r - \sin^2\vartheta}}{\sqrt{\varepsilon_r - \sin^2\vartheta} - j\,\varepsilon_r \cos\vartheta \cot\left(k_0 h \sqrt{\varepsilon_r - \sin^2\vartheta} \right)}$$

$$\underline{B}(\vartheta) = \frac{2\cos\vartheta}{\cos\vartheta - j\sqrt{\varepsilon_r - \sin^2\vartheta} \cot\left(k_0 h \sqrt{\varepsilon_r - \sin^2\vartheta} \right)} \, , \tag{27.50}$$

mit denen jeweils die ϑ– bzw. die φ– Komponente aus (27.49) zu multiplizieren ist [Mos82, Jac91a]. Somit erhalten wir die Strahlungsfelder eines horizontalen Hertzschen Dipols, der sich bei $z = 0$ direkt **auf der Oberfläche eines geerdeten Substrats** der Dicke h befindet:

$$\mathbf{E} = \underline{E}_\vartheta \mathbf{e}_\vartheta + \underline{E}_\varphi \mathbf{e}_\varphi = \underline{E}_0 \frac{e^{-jk_0 r}}{4\pi k_0 r} \left(\mathbf{e}_\vartheta \underline{A}(\vartheta) \cos\vartheta \cos\varphi - \mathbf{e}_\varphi \underline{B}(\vartheta) \sin\varphi \right). \tag{27.51}$$

Die Antenne kann wegen ihrer unendlich ausgedehnten Grundplatte nur in die obere Hemisphäre mit $0 \le \vartheta \le \pi/2$ abstrahlen, weswegen ihre Strahlungsleistung wie folgt zu berechnen ist:

$$P_S = \frac{1}{2 Z_0} \int\limits_{\varphi=0}^{2\pi} \int\limits_{\vartheta=0}^{\pi/2} \left(\left| \underline{E}_\vartheta \right|^2 + \left| \underline{E}_\varphi \right|^2 \right) r^2 \sin\vartheta \, d\vartheta \, d\varphi \, . \tag{27.52}$$

Da dieses Integral keine geschlossene Lösung hat, bleibt neben einer numerischen Quadratur nur die Suche nach einer Näherungslösung. So können wir *für dünne Substrate* den Integranden z. B. in eine Taylor-Reihe nach Potenzen von $k_0 h$ bis zum **quadratischen** Glied $(k_0 h)^2$ entwickeln. Die Integration ist geschlossen ausführbar und wir erhalten [Poz90, Jac91b, Mil05]:

$$\boxed{ P_S = \frac{P_0}{3\pi} p_1 (k_0 h)^2 } \tag{27.53}$$

mit den Abkürzungen

$$\boxed{ P_0 = \frac{|E_0|^2}{2 k_0^2 Z_0} } \quad \text{und} \quad \boxed{ p_1 = 1 - \frac{1}{\varepsilon_r} + \frac{2}{5\,\varepsilon_r^2} } \, . \tag{27.54}$$

Durch den Vergleich mit einer numerischen Quadratur von (27.52) findet man, dass die Näherung (27.53) bei dünnen Substraten mit $k_0 h \sqrt{\varepsilon_r - 1} \le 0{,}55$ einen relativen Fehler von höchstens 7 % aufweist, falls $1{,}7 \le \varepsilon_r \le 23$ gilt. Für größere Genauigkeitsansprüche erweitern wir die Reihendarstellung der **Strahlungsleistung** P_S um höhere Potenzen von $k_0 h$:

$$P_S = \frac{P_0}{3\pi} \left[p_1 (k_0 h)^2 + p_2 (k_0 h)^4 + p_3 (k_0 h)^6 \right].$$ (27.55)

Für die Parameter p_2 und p_3 setzen wir eine Laurentreihe mit jeweils vier Termen an. Deren Entwicklungskoeffizienten bestimmen wir dann so, dass die **bikubische** Näherung (27.55) mit dem Ergebnis einer numerischen Quadratur von (27.52) im erweiterten Bereich $k_0 h \sqrt{\varepsilon_r - 1} \le 0,8$ gemäß einer Gaußschen Ausgleichsrechnung optimal übereinstimmt:

$$
\begin{aligned}
p_2 &= \frac{155}{417\,\varepsilon_r} + \frac{397}{1357} - \frac{551}{1582}\,\varepsilon_r + \frac{425}{20341}\,\varepsilon_r^2 \\
p_3 &= \frac{2218}{1465} - \frac{615}{281}\,\varepsilon_r + \frac{1402}{1839}\,\varepsilon_r^2 - \frac{24}{5455}\,\varepsilon_r^3.
\end{aligned}
$$ (27.56)

Die so gefundene Näherung (27.55) für die Strahlungsleistung eines horizontalen Hertzschen Dipols, der sich direkt auf der Oberfläche eines geerdeten Substrats befindet, hat für Substrate mit $1,7 \le \varepsilon_r \le 23$ und $k_0 h \sqrt{\varepsilon_r - 1} \le 0,8$ nunmehr einen relativen Fehler von höchstens $4,2\,\%$, was gegenüber (27.53) eine deutliche Verbesserung darstellt.

27.4.2 Leistung der TM$_0$–Oberflächenwelle

Ein horizontaler – in x-Richtung orientierter – Hertzscher Dipol, der sich direkt auf der Oberfläche eines geerdeten Substrats ε_r der Dicke h befindet (Bild 27.11), regt neben der Raumwelle auch stets eine TM$_0$–Oberflächenwelle mit den Feldkomponenten E_x, E_z und H_y an, deren elektrische Feldlinien bereits in Bild 27.9 dargestellt wurden. Diese TM$_0$–Oberflächenwelle ist an das unendlich ausgedehnte Substrat gebundenen und erhält vom Hertzschen Dipol die Leistung [Per85, Poz90, Mil05]:

$$P_{TM_0} = \frac{P_0}{4} \frac{\varepsilon_r (x_0^2 - 1)}{\varepsilon_r \left(\dfrac{1}{\sqrt{x_0^2 - 1}} + \dfrac{\sqrt{x_0^2 - 1}}{\varepsilon_r - x_0^2} \right) + k_0 h \left(1 + \dfrac{\varepsilon_r^2 (x_0^2 - 1)}{\varepsilon_r - x_0^2} \right)}.$$ (27.57)

Dabei ist P_0 die Abkürzung aus (27.54) und $x_0 = \beta / k_0$ ist die normierte Phasenkonstante der TM$_0$–Welle. Der Ausdruck (27.57) für die Leistung der TM$_0$–Oberflächenwelle ist exakt, sofern auch ihr exakter Eigenwert $x_0 = \beta / k_0$ eingesetzt wird. Mit der in Übung 27.2 gefundenen Näherung (27.31) für x_0, kann P_{TM_0} für Substrate bis $k_0 h \sqrt{\varepsilon_r - 1} = 0,8$ zuverlässig bestimmt werden.

Bei noch dünneren Substraten mit $k_0 h \sqrt{\varepsilon_r - 1} \le 0,4$ ist sogar nur der führende Term einer Taylor-Reihe von (27.57) ausreichend [Jam89, Poz90, Jac91b]:

$$P_{TM_0} = \frac{P_0}{4} \frac{(\varepsilon_r - 1)^3}{\varepsilon_r^3} (k_0 h)^3,$$ (27.58)

zu dessen Bestimmung man vorher x_0 aus (27.33) in (27.57) eingesetzt haben muss.

27.4.3 Strahlungswirkungsgrad

Mit der Strahlungsleistung P_S der Raumwelle und der Leistung P_{TM_0} der TM_0–Oberflächenwelle, die beide von einem horizontalen Hertzschen Dipol, der sich direkt auf der Oberfläche eines geerdeten Substrats ε_r der Dicke h befindet, angeregt werden, kann jetzt mit (27.46) und (27.47) der **Strahlungswirkungsgrad** bestimmt werden:

$$\eta = \frac{1}{1+q} = \frac{P_S}{P_S + P_{TM_0}} \ . \tag{27.59}$$

In **erster Näherung** (anwendbar für $k_0 h \sqrt{\varepsilon_r - 1} \le 0,4$) folgt mit (27.53) und (27.58):

$$\boxed{q = \frac{P_{TM_0}}{P_S} = \frac{3\pi}{4\varepsilon_r} \frac{(\varepsilon_r - 1)^3}{\varepsilon_r (\varepsilon_r - 1) + \frac{2}{5}} k_0 h} \ . \tag{27.60}$$

Bei dünnen Substraten bleibt also wegen $q \propto h/\lambda_0$ der Einfluss der Oberflächenwellen klein.

Für **höhere Genauigkeit** (anwendbar bis $k_0 h \sqrt{\varepsilon_r - 1} = 0,8$) müssen P_S aus (27.55) und P_{TM_0} aus (27.57) in q eingesetzt werden, wobei $x_0 = \beta/k_0$ aus (27.31) zu verwenden ist.

$$\boxed{q = \frac{3\pi}{4} \frac{\dfrac{\varepsilon_r (x_0^2 - 1)}{\varepsilon_r \left(\dfrac{1}{\sqrt{x_0^2 - 1}} + \dfrac{\sqrt{x_0^2 - 1}}{\varepsilon_r - x_0^2} \right) + k_0 h \left(1 + \dfrac{\varepsilon_r^2 (x_0^2 - 1)}{\varepsilon_r - x_0^2} \right)}}{p_1 (k_0 h)^2 + p_2 (k_0 h)^4 + p_3 (k_0 h)^6}} \ . \tag{27.61}$$

Der **Energieverlust** der Grundwelle der Mikrostreifenleitung durch Verkopplung mit der TM_0–Oberflächenwelle

$$-10 \lg \eta \ \mathrm{dB} = -10 \lg \frac{1}{1+q} \ \mathrm{dB} = 10 \lg (1+q) \ \mathrm{dB} \tag{27.62}$$

ist für q aus (27.61) als Funktion von ε_r und h/λ_0 im Bereich von $\varepsilon_r = 2,2$ bis $\varepsilon_r = 10,9$ in Bild 27.12 dargestellt.

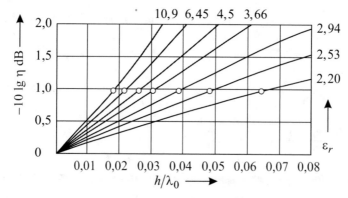

Bild 27.12 Energieverlust (in Dezibel) der quasi-TEM-Welle einer Mikrostreifenleitung durch Verkopplung mit der TM_0 – Oberflächenwelle (Punkte markieren die Werte $\eta = 0,8$, d.h. 0,97 dB)

Der Energieverlust bleibt nach [Wood81] bei Strahlungswirkungsgraden $\eta \geq 0,8$ vernachlässigbar klein. Dann gilt $-10 \lg \eta \, \text{dB} \leq 0,97 \, \text{dB}$. Dieses Kriterium wird dann erfüllt, falls das Substrat maximal folgende Dicke aufweist:

$$\boxed{\frac{h}{\lambda_0} = \frac{1}{a\,(\varepsilon_r - b)} + \frac{1}{c}} \tag{27.63}$$

mit den an die Punkte in Bild 27.12 angepassten Parametern $a = 29,1$, $b = 1,51$ und $c = 68,8$. Für $\varepsilon_r = 2,2$ ist demnach ein Bereich von $h \leq 0,064 \, \lambda_0$ zulässig.

Wir haben das Verhältnis $q = P_{TM_0}/P_S$ und damit den Strahlungswirkungsgrad η mit Hilfe eines **Hertzschen Dipols** als Strahlungsquelle bestimmt. Betrachten wir stattdessen nach Bild 27.11 die Anregung mit einer **rechteckigen Planarantenne,** dann darf man nach [Jac91b] näherungsweise annehmen, dass sich etwa der gleiche Strahlungswirkungsgrad einstellen wird.

27.5 Bandbreite

Die Bandbreite einer mit $L_{\text{eff}} = \lambda_{\text{eff}}/2$ in Halbwellenresonanz betriebenen Patch-Antenne wird im Wesentlichen durch die starke Frequenzabhängigkeit ihrer Eingangsimpedanz begrenzt und beträgt meist nur wenige Prozent der Resonanzfrequenz. Die Veränderung der Richtcharakteristik erfolgt dagegen eher moderat [Jam89, Pues89]. Wenn man von Anpassung bei der Resonanzfrequenz f_0 ausgeht, womit meist ein Reflexionsfaktor von $|\underline{S}_{11}(f_0)| \leq 0,1$ gemeint ist, dann bewirkt ein Abweichen von der Resonanzfrequenz nach oben (f_o) bzw. nach unten (f_u) eine zunehmende Fehlanpassung, die zu einer Welligkeit auf der Speiseleitung führt. Das maximale **Stehwellenverhältnis** s (engl.: Voltage standing Wave Ratio[3]) mit

$$\text{VSWR}\,(f_o) = \frac{1 + |\underline{S}_{11}(f_o)|}{1 - |\underline{S}_{11}(f_o)|} = \text{VSWR}\,(f_u) = \frac{1 + |\underline{S}_{11}(f_u)|}{1 - |\underline{S}_{11}(f_u)|} = s \,, \tag{27.64}$$

das noch vertretbar ist, begrenzt die nutzbare relative Bandbreite der Antenne [Bahl80, Mil05]:

$$\boxed{B_r = \frac{f_o - f_u}{f_0} = \frac{s - 1}{Q \, \sqrt{s}}} \quad \text{mit} \quad \boxed{\frac{B_{r2}}{B_{r1}} = \frac{s_2 - 1}{s_1 - 1} \sqrt{\frac{s_1}{s_2}}} \,. \tag{27.65}$$

Allgemein hängt die Bandbreite (27.65) eines resonanten Systems also nicht nur von der noch zulässigen Welligkeit s sondern auch vom Gütefaktor Q des Systems ab, den man an der Resonanzfrequenz $(\omega_0 = 2\,\pi\,f_0)$ wie folgt definiert [Garg01]:

$$Q = \omega_0 \, \frac{\text{gespeicherte el. und magn. Gesamtenergie}}{\text{gesamte Verlustleistung}} = \omega_0 \, \frac{W_e + W_m}{P_S + P_{TM_0} + P_\varepsilon + P_\kappa} \,. \tag{27.66}$$

Bei hoher Güte verläuft die Resonanzkurve steil und die Bandbreite bleibt daher gering. Bei Patch-Antennen setzt sich die gesamte Verlustleistung aus vier Beiträgen zusammen [Garg01]. Dabei sind die Polarisationsverluste P_ε und die Wandstromverluste P_κ meist vernachlässigbar klein. In guter Näherung folgt der Gütefaktor dann aus folgender Beziehung:

---

[3] Eine VSWR-Tabelle befindet sich im Anhang E – siehe auch (7.45). Zum Beispiel wird bei $s = 2$ der Betrag des Eingangsreflexionsfaktors $|\underline{S}_{11}|$ an den Bandgrenzen f_o bzw. f_u gleich $1/3$, woraus eine Rückflussdämpfung (Return Loss) von $\text{RL} = -20 \lg |\underline{S}_{11}| \, \text{dB} = 9,54 \, \text{dB}$ folgt.

$$Q = \omega_0 \, \frac{W_e + W_m}{P_S + P_{TM_0}} \, . \tag{27.67}$$

Mit Hilfe der Beziehungen (27.65) und (27.67) wurde in [Jac91b, Mil05] die **relative Band-breite** B_r bei $s = 2$ für ein rechteckiges Patch-Element der effektiven Breite W_{eff} und der resonanten Länge L_{eff} berechnet:

$$B_r = \frac{f_o - f_u}{f_0} = \frac{1}{Q\sqrt{2}} = \frac{16}{3\sqrt{2}} \, \frac{p_1}{\varepsilon_r} \, \frac{h}{\lambda_0} \, (1 + q) \, p \, \frac{W_{eff}}{L_{eff}} \tag{27.68}$$

mit p_1 aus (27.54), q aus (27.61) und dem Parameter

$$p = 1 - 0{,}3278 \left(\frac{W_{eff}}{\lambda_0} \right)^2 + 0{,}0635 \left(\frac{W_{eff}}{\lambda_0} \right)^4 - 0{,}3609 \left(\frac{L_{eff}}{\lambda_0} \right)^2 , \tag{27.69}$$

der näherungsweise berücksichtigt, dass ein Patch-Element eine andere Strahlungsleistung abgibt als ein auf dem gleichen Substrat befindlicher horizontaler Hertzscher Dipol. Man beachte, dass die Bandbreite (27.68) eines rechteckigen Patch-Elements proportional zu den Quotienten h/ε_r und W_{eff}/L_{eff} verläuft.

Für ein resonantes Patch-Element, dessen Breite W nach (27.17) bemessen wurde, zeigt Bild 27.13 mehrere **Bandbreitekurven** – berechnet mit (27.68) für $s = 2$ – die für eine erste Orientierung recht nützlich sind. Die Darstellung überdeckt den Bereich $1{,}7 \leq \varepsilon_r \leq 10{,}9$, in dem übliche Substrate sich befinden. Man beachte, dass die Kurven nur im Bereich $h\sqrt{\varepsilon_r}/\lambda_0 \leq 0{,}12$ dargestellt werden, da die Näherung (27.68) sonst ihre Gültigkeit verliert.

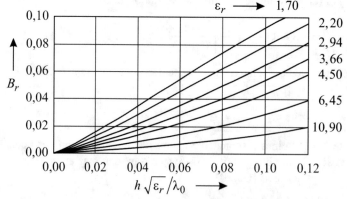

Bild 27.13 zeigt für $s = 2$ die relative Bandbreite B_r auf dem Level (Anhang E)

$$20 \lg |\underline{S}_{11}| \, \mathrm{dB} = -9{,}54 \, \mathrm{dB} \, .$$

Man kann sie nach (27.65) auf B_{r2} z. B. bei -20 dB mit $s_2 = 11/9$ umrechnen:

$$\frac{B_{r2}}{B_r} = \frac{s_2 - 1}{\sqrt{s_2}} \sqrt{2} = 0{,}284 \, .$$

Bild 27.13 Relative Bandbreite B_r nach (27.68) eines rechteckigen Patch-Elementes mit $|\underline{S}_{11}| < 1/3$

Bei der **Auswahl des Substrates** muss man sich für ein Material ε_r und für eine Dicke h entscheiden. Eine hohe Permittivität führt zwar zu kompakteren Abmessungen, reduziert allerdings auch die Bandbreite (Bild 27.13) und den Richtfaktor (Bild 27.19). Ein dickes Substrat ermöglicht zwar größere Bandbreiten, erhöht aber auch das Gewicht und verstärkt den Energieverlust durch Oberflächenwellen. Die optimale Substratwahl ist somit stets ein Kompromiss. Eine gewünschte Bandbreite von z. B. 4 % lässt sich mit verschiedenen Substraten realisieren. Nach Bild 27.12 hat aber die Lösung mit der *kleineren Permittivität* ε_r den besseren Strahlungswirkungsgrad und nach Bild 27.19 auch noch den höheren Gewinn, weswegen man in der Praxis kleine ε_r – Werte bevorzugt.

27.6 Analyse mit Hilfe des Cavity-Modells

Im Folgenden wollen wir gemäß Tabelle 27.2 drei verschiedene Anordnungen der rechteckigen Planarantenne betrachten, die sich durch ihr Strahlungsverhalten unterscheiden.

Tabelle 27.2 Verschiedene Anordnungen eines rechteckigen Patch-Elementes auf der Trägerstruktur

Substrat **und** Grund-platte abgeschnitten	Substrat abgeschnitten und Grundplatte unendlich groß	Substrat **und** Grundplatte unendlich ausgedehnt
①	②	③

Zunächst untersuchen wir den Fall ①, bei dem Substrat <u>und</u> Grundplatte gemeinsam abge-schnitten und daher endlich groß sind. Ist die metallische Grundplatte jedoch unendlich ausge-dehnt, so wirkt sie als spiegelnder Reflektor, was wir im Fall ② betrachten werden. Schließlich setzen wir das Patch-Element auf ein unendlich ausgedehntes Substrat, das sich auf einer eben-falls unendlich ausgedehnten Grundplatte befinden soll (Fall ③).

27.6.1 Patch mit abgeschnittenem Substrat (Fall ①)

Die Strahlung einer Patch-Antenne kann über die elektrischen Ströme auf ihrer Oberseite (Ab-schnitt 27.4.1) oder über die äquivalenten magnetischen Ströme in ihren seitlichen Schlitzen berechnet werden [Carv81]. Für ein <u>resonantes</u> Patch mit $L_{\text{eff}} = 0,5\,\lambda_0 \big/ \sqrt{\varepsilon_{\text{r,eff}}}$ liefern beide Modelle exakt gleiche Ergebnisse [Jac91a]. Für andere Patchlängen stimmen beide Modelle in der H-Ebene noch exakt überein, während in anderen Schnittebenen Abweichungen auftreten.

Im Folgenden werden wir das Modell mit äquivalenten **magnetischen Aperturströmen** benut-zen und führen bei einem rechteckigen Patch-Element (für kreisförmige Patch-Elemente siehe Abschnitt 27.8) ein kartesisches Koordinatensystem ein, dessen Ursprung nicht mehr wie in Bild 27.1 in einer <u>Ecke</u> des Elementes liegt, sondern <u>unter</u> dem Patch im <u>Zentrum</u> des quader-förmigen Volumens $V = W\,L\,h$ (siehe Bild 27.14). Für die folgenden Herleitungen verwenden wir Ergebnisse aus Kapitel 8 (Rechteckhohlleiter), Kapitel 14 (Huygenssches Prinzip), Kapitel 17+18 (Gruppenantennen) und Kapitel 21 (Aperturstrahler).

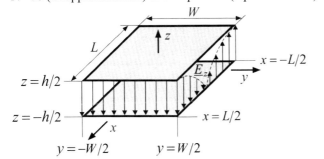
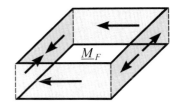

magnetische Flächenstromdichten der E_{10}-Welle in den vier Schlitzen

Bild 27.14 Hohlraumresonator, der mit einem homogenen Dielektrikum der Permittivität $\varepsilon_r\,\varepsilon_0$ gefüllt ist, mit zwei elektrischen Wänden (oben und unten) und vier magnetischen Wänden (seitliche Schlitze)

Wir setzen voraus, dass Patch, Substrat ε_r und Grundplatte gleiche Ausdehnung WL besitzen. Der unter dem Patch-Element liegende quaderförmige Hohlraum **(cavity)** strahlt seitlich aus vier flachen Schlitzen der Höhe h, die sich bei $x = \pm L/2$ und $y = \pm W/2$ befinden, in den umgebenden freien Raum hinaus [Bäc99]. Tatsächlich wirksam sind dabei die effektive Länge L_{eff} und effektive Breite W_{eff} des Patch-Elements (siehe Abschnitt 27.1.2).

Im Folgenden wollen wir sämtliche Verluste in den Leitern und im Substrat vernachlässigen. Außerdem hängen wegen der geringen Substrathöhe $h \ll \lambda_0 / \sqrt{\varepsilon_r}$ die Felder des Hohlraums praktisch nicht von der vertikalen Koordinate z ab. Unter Annahme einer magnetischen Wand als Randbedingung in den vier Schlitzebenen erhält die vertikale elektrische Feldstärke als Lösung der Helmholtz-Gleichung (3.91) dann folgende Form:

$$\underline{E}_z = \underline{E}_0 \cos \frac{m\,\pi\left(x + L_{\text{eff}}/2\right)}{L_{\text{eff}}} \cos \frac{n\,\pi\left(y + W_{\text{eff}}/2\right)}{W_{\text{eff}}} \quad \text{mit} \tag{27.70}$$

$$\frac{\partial \underline{E}_z}{\partial x} = 0 \ \text{für} \ x = \pm L_{\text{eff}}/2 \quad \text{und} \quad \frac{\partial \underline{E}_z}{\partial y} = 0 \ \text{für} \ y = \pm W_{\text{eff}}/2. \tag{27.71}$$

Uns interessiert die einfachste Wellenform, die sich bei Halbwellenresonanz einstellt und als E_{10}-**Grundwelle** bezeichnet wird, falls $L_{\text{eff}} \geq W_{\text{eff}}$ gilt. Mit $m = 1$ und $n = 0$ folgt aus (27.70)

$$\underline{E}_z = -\underline{E}_0 \sin \frac{\pi x}{L_{\text{eff}}}. \tag{27.72}$$

Nach dem Huygensschen Prinzip (14.111) ersetzen wir die elektrischen Aperturfelder durch äquivalente magnetische **Flächenstromdichten** $\underline{\mathbf{M}}_F = \underline{\mathbf{E}} \times \mathbf{n}$, die nun im unbegrenzten homogenen Raum strahlen. Mit $\mathbf{n}$ als jeweils äußerer Flächennormale folgt in allen vier Schlitzen:

$$\underline{\mathbf{M}}_F(x = -L_{\text{eff}}/2) = \underline{E}_0\,\mathbf{e}_z \times (-\mathbf{e}_x) = -\underline{E}_0\,\mathbf{e}_y$$

$$\underline{\mathbf{M}}_F(x = L_{\text{eff}}/2) = -\underline{E}_0\,\mathbf{e}_z \times \mathbf{e}_x = -\underline{E}_0\,\mathbf{e}_y$$

$$\underline{\mathbf{M}}_F(y = -W_{\text{eff}}/2) = -\underline{E}_0\,\mathbf{e}_z \times (-\mathbf{e}_y) \sin \frac{\pi x}{L_{\text{eff}}} = -\underline{E}_0\,\mathbf{e}_x \sin \frac{\pi x}{L_{\text{eff}}} \tag{27.73}$$

$$\underline{\mathbf{M}}_F(y = W_{\text{eff}}/2) = -\underline{E}_0\,\mathbf{e}_z \times \mathbf{e}_y \sin \frac{\pi x}{L_{\text{eff}}} = \underline{E}_0\,\mathbf{e}_x \sin \frac{\pi x}{L_{\text{eff}}}.$$

Die Schlitze bei $x = \pm L_{\text{eff}}/2$ strahlen gleichphasig, während die Schlitze bei $y = \pm W_{\text{eff}}/2$ gegenphasig strahlen (Bild 27.14). Wir können daher die vier Schlitze zu zwei Gruppen aus je zwei Teilelementen zusammenfassen und berücksichtigen ihre kombinierte Wirkung durch zwei Gruppenfaktoren. Für die Berechnung der Fernfelder orientieren wir uns an Tabelle 14.7. Für den Einzelschlitz bei $x = L_{\text{eff}}/2$ folgt so das **elektrische Vektorpotenzial** aus:

$$\underline{F}_y = -\underline{E}_0 \frac{e^{-jk_0 r}}{4\pi r} \int\limits_{y' = -W_{\text{eff}}/2}^{W_{\text{eff}}/2} e^{jk_0 y' \sin \vartheta \sin \varphi} \, dy' \int\limits_{z' = -h/2}^{h/2} e^{jk_0 z' \cos \vartheta} \, dz', \tag{27.74}$$

während für den anderen Schlitz bei $y = W_{\text{eff}}/2$ gilt:

$$\underline{F}_x = \underline{E}_0 \frac{e^{-jk_0 r}}{4\pi r} \int\limits_{x' = -L_{\text{eff}}/2}^{L_{\text{eff}}/2} \sin \frac{\pi x'}{L_{\text{eff}}} e^{jk_0 x' \sin \vartheta \cos \varphi} \, dx' \int\limits_{z' = -h/2}^{h/2} e^{jk_0 z' \cos \vartheta} \, dz'. \tag{27.75}$$

Die Auswertung der Integrale (27.74) und (27.75) führt – analog zu Übung 21.3 – auf

$$\underline{F}_y = -\underline{E}_0 \frac{e^{-jk_0 r}}{4\pi r} W_{\text{eff}} h \frac{\sin Y}{Y} \frac{\sin Z}{Z}$$

$$\underline{F}_x = \underline{E}_0 \frac{e^{-jk_0 r}}{4\pi r} 4j L_{\text{eff}} h \frac{X \cos X}{\pi^2 - (2X)^2} \frac{\sin Z}{Z}$$

$$\text{mit} \quad \begin{aligned} X &= (k_0 L_{\text{eff}}/2) \sin\vartheta \cos\varphi \\ Y &= (k_0 W_{\text{eff}}/2) \sin\vartheta \sin\varphi \\ Z &= (k_0 h/2) \cos\vartheta. \end{aligned} \quad (27.76)$$

Wir fassen zwei sich gegenüberliegende Schlitze zu einer Zweiergruppe zusammen (Kapitel 17+18). Für die gleichphasige Gruppe entlang der x-Achse im Abstand L_{eff} und die gegenphasige Gruppe entlang der y-Achse im Abstand W_{eff} finden wir die **Gruppenfaktoren** [Ram93]

$$F_1 = 2\cos\left[(k_0 L_{\text{eff}}/2)\sin\vartheta\cos\varphi\right] = 2\cos X$$

$$F_2 = 2\cos\frac{-\pi + k_0 W_{\text{eff}}\sin\vartheta\sin\varphi}{2} = 2\sin Y. \quad (27.77)$$

Nun multiplizieren wir (27.76) mit dem jeweiligen Gruppenfaktor (27.77)

$$\underline{F}_y F_1 = -\underline{E}_0 \frac{e^{-jk_0 r}}{2\pi r} W_{\text{eff}} h \cos X \frac{\sin Y}{Y} \frac{\sin Z}{Z}$$

$$\underline{F}_x F_2 = j\underline{E}_0 \frac{e^{-jk_0 r}}{2\pi r} L_{\text{eff}} h \frac{4X\cos X}{\pi^2 - (2X)^2} \sin Y \frac{\sin Z}{Z} \quad (27.78)$$

und erhalten mit Tabelle 14.7 die **Fernfelder einer rechteckigen Streifenleitungsantenne:**

$$\boxed{\underline{E}_\oplus = \underline{E}_\vartheta\, \mathbf{e}_\vartheta + \underline{E}_\varphi\, \mathbf{e}_\varphi} \quad \text{mit} \quad \begin{aligned} \underline{E}_\vartheta &= Z_0 \underline{H}_\varphi = -jk_0(-\underline{F}_x F_2 \sin\varphi + \underline{F}_y F_1 \cos\varphi) \\ \underline{E}_\varphi &= -Z_0 \underline{H}_\vartheta = jk_0\cos\vartheta(\underline{F}_x F_2 \cos\varphi + \underline{F}_y F_1 \sin\varphi). \end{aligned} \quad (27.79)$$

Nach Einsetzen von (27.78) in (27.79) folgt schließlich **bei abgeschnittenem Substrat und abgeschnittener Grundplatte** (Fall ①):

$$\underline{E}_\vartheta = jk_0 h \underline{E}_0 \frac{e^{-jk_0 r}}{2\pi r} \left(\frac{4j L_{\text{eff}} X}{\pi^2 - (2X)^2} \sin\varphi + \frac{W_{\text{eff}}}{Y} \cos\varphi \right) \cos X \sin Y \frac{\sin Z}{Z}$$

$$\underline{E}_\varphi = jk_0 h \underline{E}_0 \frac{e^{-jk_0 r}}{2\pi r} \cos\vartheta \left(\frac{4j L_{\text{eff}} X}{\pi^2 - (2X)^2} \cos\varphi - \frac{W_{\text{eff}}}{Y} \sin\varphi \right) \cos X \sin Y \frac{\sin Z}{Z}. \quad (27.80)$$

Im Vertikalschnitt in der **E-Ebene** bei $\varphi = 0$ mit $Y = 0$ und $X = (k_0 L_{\text{eff}}/2)\sin\vartheta$ gilt:

$$\underline{E}_\vartheta = jW_{\text{eff}} h \underline{E}_0 \frac{e^{-jk_0 r}}{\lambda_0 r} \cos\left[(k_0 L_{\text{eff}}/2)\sin\vartheta\right] \frac{\sin\left[(k_0 h/2)\cos\vartheta\right]}{(k_0 h/2)\cos\vartheta} \quad (27.81)$$

$$\underline{E}_\varphi = 0.$$

Analog erhalten wir in der **H-Ebene** bei $\varphi = \pi/2$ mit $X = 0$ und $Y = (k_0 W_{\text{eff}}/2)\sin\vartheta$:

$$\underline{E}_\vartheta = 0$$

$$\underline{E}_\varphi = -jW_{\text{eff}} h \underline{E}_0 \frac{e^{-jk_0 r}}{\lambda_0 r} \cos\vartheta \frac{\sin\left[(k_0 W_{\text{eff}}/2)\sin\vartheta\right]}{(k_0 W_{\text{eff}}/2)\sin\vartheta} \frac{\sin\left[(k_0 h/2)\cos\vartheta\right]}{(k_0 h/2)\cos\vartheta}. \quad (27.82)$$

Die beiden Hauptstrahlungsrichtungen liegen bei $\vartheta = 0$ und $\vartheta = \pi$, also senkrecht zur Oberfläche des Patch-Elementes. Es fällt auf, dass die gegenphasigen Schlitze bei $y = \pm W_{\text{eff}}/2$ in den Hauptschnitten keinen Strahlungsbeitrag liefern. Auch in anderen φ -Ebenen bleibt dieser Beitrag im Bereich um die Hauptkeulen relativ klein, da dort $|X| \ll \pi L_{\text{eff}}/\lambda_0 \approx 0,5\ldots 1$ gilt. Darum werden sie als **non-radiating slots** bezeichnet und meist vernachlässigt. Den dominanten Strahlungsbeitrag liefern die beiden gleichphasigen Schlitze bei $x = \pm L_{\text{eff}}/2$, die man daher auch **radiating slots** nennt. Ein breites Patch-Element mit großem W_{eff} führt zu einer stärkeren Abstrahlung. Ähnlich wirkt sich eine Vergrößerung der Substrathöhe h aus. Man beachte dabei aber die maximale Dicke (27.63) und den Einfluss von h auf die Bandbreite nach Bild 27.13.

27.6.2 Grundplatte und Substrat mit unendlicher Ausdehnung (Fälle ②+③)

In den bisherigen Rechnungen wurde lediglich ein homogen mit einem Dielektrikum der relativen Permittivität ε_r gefüllter (endlich großer) Hohlraumresonator betrachtet (Fall ①). Im Folgenden wollen wir zunächst die Wirkung einer in x- und y-Richtung unendlich ausgedehnten Grundplatte bei $z = -h/2$ beschreiben (Fall ②) und in einem weiteren Schritt auch den Effekt eines unendlich ausgedehnten Substrats berücksichtigen (Fall ③), siehe Tabelle 27.2. Wir positionieren zunächst also das Patch-Element wie bisher auf einem *abgeschnittenen* Substrat ε_r der Ausdehnung $W L$, an dessen Unterseite sich nun eine *unendlich ausgedehnte* metallische Grundplatte anschließt (Fall ②). Die Wirkung dieser Grundplatte berücksichtigen wir durch **Spiegelung** der originalen Schlitzströme und Einführung eines weiteren Gruppenfaktors.

Ein horizontales magnetisches Stromelement, dessen Schwerpunkt im Abstand $h/2$ vor der Wand liegt, hat nach Tabelle 18.9 ein *gleichphasiges* Spiegelbild und nach (17.11) den Gruppenfaktor für ein **abgeschnittenes Substrat mit unendlich ausgedehnter Grundplatte**:

$$\boxed{F_② = 2\cos\left(\frac{k_0\,h}{2}\cos\vartheta\right)\exp\left(-j\,\frac{k_0\,h}{2}\cos\vartheta\right)}.\tag{27.83}$$

Bei *dünnen* Substraten mit $k_0\,h/2 \ll 1$ ist die Näherung $F_② \approx 2$ zulässig [Bal05]. Der Phasenfaktor in (27.83) rührt daher, dass der Gruppenschwerpunkt sich bei dem in Bild 27.14 gewählten Koordinatensystem nicht bei $z = 0$, sondern bei $z = -h/2$ befindet.

Auch bei unendlich ausgedehntem Substrat (Fall ③) kann das Spiegelungsverfahren angewandt werden. In [Per85, Jac91b] findet man für die Spiegelung **elektrischer** Stromelemente, die sich auf der Oberfläche des Substrats befinden, die Approximation einer strengen Feldlösung (die durch Sommerfeld-Integrale darstellbar ist und mit Hilfe der Sattelpunktmethode asymptotisch ausgewertet wird). Die auf diese Weise resultierenden Gruppenfaktoren (27.50) haben wir zur Bestimmung der Bandbreite von Patch-Elementen bereits in Abschnitt 27.4.1 benutzt.

Gruppenfaktoren, die sich zur Spiegelung **magnetischer** Stromelemente eignen, findet man in [Jac91a, Bha94, Vol07]. Man benötigt wie in (27.50) *zwei* Gruppenfaktoren, da für $\varepsilon_r > 1$ die Polarisation eine Rolle spielt. Für Quellen auf der Oberfläche des Substrats bei $z = h/2$ gilt:

$$C(\vartheta) = \frac{2\,\varepsilon_r\cos\vartheta}{\varepsilon_r\cos\vartheta + j\sqrt{\varepsilon_r - \sin^2\vartheta}\,\tan\left(k_0 h\sqrt{\varepsilon_r - \sin^2\vartheta}\right)}\;\exp\left(j\,\frac{k_0\,h}{2}\cos\vartheta\right)$$

$$D(\vartheta) = \frac{2\sqrt{\varepsilon_r - \sin^2\vartheta}}{\sqrt{\varepsilon_r - \sin^2\vartheta} + j\cos\vartheta\,\tan\left(k_0 h\sqrt{\varepsilon_r - \sin^2\vartheta}\right)}\;\exp\left(j\,\frac{k_0\,h}{2}\cos\vartheta\right).$$

$$\tag{27.84}$$

Tatsächlich befindet sich der Schwerpunkt der magnetischen Quellen $\underline{\mathbf{M}}_F$ nach Bild 27.14 nicht auf der Oberfläche des Substrats bei $z = h/2$ sondern genau in Substratmitte bei $z = 0$. In [Jac85] wird gezeigt, wie man elektrische Quellen $\underline{\mathbf{J}}_F$ von der Oberfläche in die Tiefe des Substrats mit Hilfe eines Korrekturfaktors verlagern kann. Die gleiche Methode kann auch bei magnetischen Quellen $\underline{\mathbf{M}}_F$ benutzt werden [Jac91a, Bha92], womit man die Gruppenfaktoren

$$\underline{F}_\vartheta^{\circledS} = \underline{C}(\vartheta) \, \frac{\cos\left(\dfrac{k_0 h}{2} \sqrt{\varepsilon_r - \sin^2 \vartheta} \right)}{\cos\left(k_0 h \sqrt{\varepsilon_r - \sin^2 \vartheta} \right)} \quad \text{und} \quad \underline{F}_\varphi^{\circledS} = \underline{D}(\vartheta) \, \frac{\cos\left(\dfrac{k_0 h}{2} \sqrt{\varepsilon_r - \sin^2 \vartheta} \right)}{\cos\left(k_0 h \sqrt{\varepsilon_r - \sin^2 \vartheta} \right)} \quad (27.85)$$

für **Grundplatte und Substrat mit unendlicher Ausdehnung** erhält. Für $\varepsilon_r \to 1$ gehen diese natürlich wieder in den Spezialfall (27.83) des abgeschnittenen Substrats über:

$$\lim_{\varepsilon_r \to 1} \underline{F}_\vartheta^{\circledS} = \lim_{\varepsilon_r \to 1} \underline{F}_\varphi^{\circledS} = \underline{F}_{\circled2} \,. \tag{27.86}$$

Das gesamte Strahlungsfeld für die Fälle ② und ③ erhält man mit (27.79) schließlich aus

$$\begin{aligned} \underline{\mathbf{E}}_{\circled2} &= \underline{F}_{\circled2} \, \underline{\mathbf{E}}_{\circled1} = \underline{F}_{\circled2} \, \underline{E}_\vartheta \, \mathbf{e}_\vartheta + \underline{F}_{\circled2} \, \underline{E}_\varphi \, \mathbf{e}_\varphi \\ \underline{\mathbf{E}}_{\circled3} &= \underline{F}_\vartheta^{\circledS} \, \underline{E}_\vartheta \, \mathbf{e}_\vartheta + \underline{F}_\varphi^{\circledS} \, \underline{E}_\varphi \, \mathbf{e}_\varphi \end{aligned} \qquad \text{(siehe Tabelle 27.3).} \tag{27.87}$$

27.6.3 Kopolare und kreuzpolare Abstrahlung in den Fällen ① und ③

Die zur linear in x-Richtung polarisierten Anregung **kopolare** Fernfeldkomponente für den Fall ① erhält man nach Tabelle 14.10 mit $\mathbf{e}_x = \mathbf{e}_r \sin\vartheta \cos\varphi + \mathbf{e}_\vartheta \cos\vartheta \cos\varphi - \mathbf{e}_\varphi \sin\varphi$ aus:

$$\underline{E}_{\text{co}}^{\circled1} = \underline{\mathbf{E}}_{\circled1} \cdot \mathbf{e}_x(\vartheta = 0) = \underline{E}_\vartheta \cos\varphi - \underline{E}_\varphi \sin\varphi \tag{27.88}$$

und mit $\mathbf{e}_y = \mathbf{e}_r \sin\vartheta \sin\varphi + \mathbf{e}_\vartheta \cos\vartheta \sin\varphi + \mathbf{e}_\varphi \cos\varphi$ folgt (ebenfalls nach Tabelle 14.10) die dazu orthogonale **kreuzpolare** Komponente:

$$\underline{E}_{\text{xp}}^{\circled1} = \underline{\mathbf{E}}_{\circled1} \cdot \mathbf{e}_y(\vartheta = 0) = \underline{E}_\vartheta \sin\varphi + \underline{E}_\varphi \cos\varphi \,. \tag{27.89}$$

Indem wir in (27.88) die Fernfeldkomponenten $\underline{E}_\vartheta$ und $\underline{E}_\varphi$ aus (27.80) einsetzen, gewinnen wir das kopolare Fernfeld im Fall ①, das analytisch noch recht übersichtlich darstellbar ist:

$$\frac{\underline{E}_{\text{co}}^{\circled1}}{j k_0 h \, \underline{E}_0 \, \dfrac{e^{-j k_0 r}}{2\pi r}} = \left[\frac{4\,j\,L_{\text{eff}}\,X}{\pi^2 - (2X)^2} \sin\varphi \cos\varphi\,(1 - \cos\vartheta) + \right. \\ \left. + \frac{W_{\text{eff}}}{Y} \left(\cos^2\varphi + \cos\vartheta \sin^2\varphi \right) \right] \cos X \sin Y \, \frac{\sin Z}{Z} \,. \tag{27.90}$$

Die Hauptstrahlungsrichtung $\vartheta = 0$ liefert folgenden Maximalwert, den man für übliche Substratdicken im Bereich $h/\lambda_0 \leq 0{,}15$ noch etwas vereinfachen kann:

$$\left| \underline{E}_{\text{co}}^{\circled1} \right|_{\text{max}} = \frac{W_{\text{eff}} \, |\underline{E}_0|}{\pi r} \sin\left| \frac{k_0 h}{2} \right| \approx \frac{W_{\text{eff}} \, h}{\lambda_0} \frac{|\underline{E}_0|}{r} \,. \tag{27.91}$$

Schließlich erhalten wir die **kopolare Richtcharakteristik:**

$$C_{\text{co}}^{\circled1}(\vartheta, \varphi) = |\underline{E}_{\text{co}}^{\circled1}| \Big/ |\underline{E}_{\text{co}}^{\circled1}|_{\text{max}} \,. \tag{27.92}$$

Analog folgen aus (27.89) mit (27.80) das kreuzpolare Fernfeld im Fall ①

$$\frac{E_{\mathrm{xp}}^{①}}{j k_0 h \underline{E}_0 \dfrac{e^{-j k_0 r}}{2\pi r}} = \left[\frac{4 j L_{\mathrm{eff}} X}{\pi^2 - (2X)^2} \left(\sin^2 \varphi + \cos \vartheta \cos^2 \varphi \right) + \frac{W_{\mathrm{eff}}}{Y} \sin \varphi \cos \varphi \left(1 - \cos \vartheta \right) \right] \cos X \sin Y \frac{\sin Z}{Z} \tag{27.93}$$

und die **kreuzpolare Richtcharakteristik**

$$C_{\mathrm{xp}}^{①}(\vartheta, \varphi) = |\underline{E}_{\mathrm{xp}}^{①}| \big/ |\underline{E}_{\mathrm{co}}^{①}|_{\max} . \tag{27.94}$$

Für die Praxis wichtiger ist der Fall ③ mit ausgedehntem Substrat (Tabelle 27.2). Umfangreiche empirische Untersuchungen im Bereich $0,02 \le h\sqrt{\varepsilon_r}/\lambda_0 \le 0,12$ haben gezeigt [Sau12], dass hier innerhalb der 12-dB-Breite der Hauptkeule des kopolaren Diagramms das **Kreuzpolarisationsmaß** nach (14.144) typisch im Bereich $-18\,\mathrm{dB} \le XP \le -8\,\mathrm{dB}$ liegt (Bild 27.15).

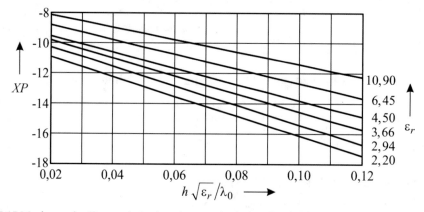

Bild 27.15 Maximum der Kreuzpolarisation eines quadratischen Patch-Elements ($W = L$) im Fall ③

Richtcharakteristiken eines quadratischen Patch-Elements im Fall ③ mit ausgedehntem Substrat zeigt Bild 27.16 für $0° \le \vartheta \le 90°$. Die vier identischen Hauptkeulen der Kreuzpolarisation liegen weder in der E-Ebene noch in der H-Ebene, sondern in der Umgebung von $\varphi = \pm45°$ bzw. $\varphi = \pm135°$. Ihre horizontnahen Maxima sind meist im Bereich $66° \le \vartheta \le 87°$ lokalisiert.

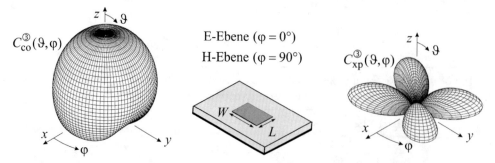

Bild 27.16 Ko- und kreuzpolare Richtcharakteristik für ein quadratisches Patch-Element im Fall ③ mit $W = L = 9,28\,\mathrm{mm}$ bei $f_0 = 10\,\mathrm{GHz}$ auf einem Substrat mit $\varepsilon_r = 2,2$ und $h = 0,787\,\mathrm{mm}$

27.6.4 Weitere numerische Ergebnisse

Wir sind nun in der Lage, **drei** unterschiedliche Anordnungen des Patch-Elements nach Tabelle 27.3 zu berechnen. Dabei müssen die Feldstärken $\underline{E}_\vartheta$ und $\underline{E}_\varphi$ aus (27.80) gegebenenfalls mit den Spiegelungsfaktoren $\underline{F}_②$ aus (27.83) bzw. $\underline{F}_\vartheta^③$ und $\underline{F}_\varphi^③$ aus (27.85) multipliziert werden. Die zugehörigen Richtcharakteristiken bestimmt man danach aus der Gesamtfeldstärke. Im Fall ① sind Substrat <u>und</u> Grundplatte gemeinsam abgeschnitten, sodass hier die Planarantenne _zwei_ identische Hauptkeulen besitzt (was den Richtfaktor reduziert). Die Halbwertsbreiten – berechnet für die Daten aus Übung 27.1 – sind nur gering von der jeweiligen Anordnung abhängig.

Tabelle 27.3 Verschiedene Anordnungen eines rechteckigen Patch-Elementes auf der Trägerstruktur

Substrat <u>und</u> Grundplatte abgeschnitten	Substrat abgeschnitten und Grundplatte unendlich groß	Substrat <u>und</u> Grundplatte unendlich ausgedehnt
①	②	③
$C_① \triangleq \sqrt{\left\|\underline{E}_\vartheta\right\|^2 + \left\|\underline{E}_\varphi\right\|^2}$	$C_② \triangleq \sqrt{\left\|\underline{F}_② \underline{E}_\vartheta\right\|^2 + \left\|\underline{F}_② \underline{E}_\varphi\right\|^2}$	$C_③ \triangleq \sqrt{\left\|\underline{F}_\vartheta^③ \underline{E}_\vartheta\right\|^2 + \left\|\underline{F}_\varphi^③ \underline{E}_\varphi\right\|^2}$
$\Theta_E = 92{,}2°$, $\Theta_H = 80{,}3°$ $D = 2{,}53 \triangleq 4{,}0 \text{ dBi}$	$\Theta_E = 92{,}5°$, $\Theta_H = 80{,}5°$ $D = 5{,}04 \triangleq 7{,}0 \text{ dBi}$	$\Theta_E = 91{,}0°$, $\Theta_H = 80{,}5°$ $D = 5{,}39 \triangleq 7{,}3 \text{ dBi}$

Für den Entwurf einer rechteckigen Planarantenne auf einem unendlich ausgedehnten Substrat mit unendlich ausgedehnter Grundplatte (Fall ③) zeigt Bild 27.17 die Hauptschnitte der Charakteristik $C_③$ mit ihren Halbwertsbreiten in der E- und der H-Ebene (Daten aus Übung 27.1).

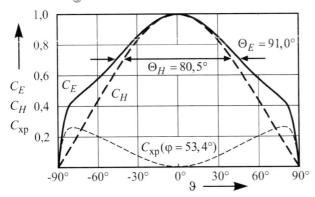

$f_0 = 10 \text{ GHz}$

$\varepsilon_r = 2{,}2$ und $h = 0{,}787 \text{ mm}$

$W_{\text{eff}} = 10{,}07 \text{ mm}$

$L_{\text{eff}} = 10{,}41 \text{ mm}$

$D = 5{,}39 \triangleq 7{,}3 \text{ dBi}$

maximale Kreuzpolarisation von $0{,}26 \Rightarrow XP = -11{,}7 \text{ dB}$

Bild 27.17 Diagrammschnitte (Fall ③) in E-Ebene ($\varphi = 0$) und in H-Ebene (gestrichelt, $\varphi = \pi/2$)

Eine **vierte** Möglichkeit der Patchanordnung zeigt Bild 27.18. Grundplatte und Substrat sind nun jeweils um den Faktor p größer als das Patch. Durch Kantenbeugungseffekte, die man z. B. mit Hilfe der Geometrischen Beugungstheorie **GTD** berechnen kann [Hua83, Lier83, Will90], schwankt der Richtfaktor und geht bei $p \to \infty$ asymptotisch gegen 7,2 dBi. Dieser numerische Grenzwert [CST] stimmt mit den 7,3 dBi unserer analytischen Rechnung (Fall ③) gut überein.

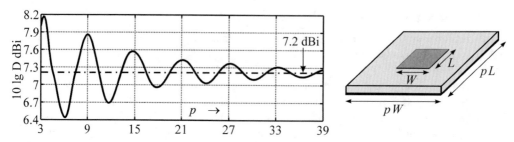

Bild 27.18 Auswirkung der endlichen Ausdehnung von Grundplatte <u>und</u> Substrat auf den Richtfaktor einer rechteckigen Patch-Antenne mit Abmessungen aus Übung 27.1 (Simulation mit [CST])

27.6.5 Strahlungsleistung, Strahlungsleitwerte und Richtfaktor im Fall ②

Bei Planarantennen werden in der Literatur mit dem Begriff **Strahlungsleitwert** verschiedene Größen bezeichnet. Da sich die Antennenapertur aus *vier* Schlitzen zusammensetzt, kann man nämlich jedem einzelnen Schlitz einen eigenen Strahlungsleitwert zuordnen. Außerdem macht es einen Unterschied, ob man einen Einzelschlitz isoliert betrachtet oder die Strahlungskopplung mit den anderen Schlitzen berücksichtigt. Grundsätzlich koppeln hier nur gegenüberliegende Schlitze. Die beiden radiating slots sind also über den Gruppenfaktor $F_1 = 2\cos X$ miteinander verkoppelt. Ebenso sind auch die beiden non-radiating slots über ihren Gruppenfaktor $F_2 = 2\sin Y$ miteinander verkoppelt. Wir betrachten nun den Fall ② aus Tabelle 27.3.

Zunächst bestimmen wir die **Strahlungsleistung,** die von der *gesamten* Streifenleitungsantenne aus <u>allen vier</u> Schlitzen in die obere Hemisphäre abgegeben wird. Mit $\underline{U}_0 = h\underline{E}_0$ erhalten wir:

$$P_S = \frac{4}{2Z_0} \int\limits_{\varphi=0}^{\pi/2} \int\limits_{\vartheta=0}^{\pi/2} \left(\left|\underline{F}_{②}\,\underline{E}_{\vartheta}\right|^2 + \left|\underline{F}_{②}\,\underline{E}_{\varphi}\right|^2 \right) r^2 \sin\vartheta \; d\vartheta \; d\varphi = 0{,}5\left|\underline{U}_0\right|^2 G_S \,. \tag{27.95}$$

Die Integration (27.95) wollen wir numerisch ausführen und finden mit den Daten aus Übung 27.1 den Wert $G_S = 2{,}956 \cdot 10^{-3}/\Omega$. Dieser **Gesamtstrahlungsleitwert** G_S mit der Einheit A/V sollte bei spannungsgespeisten[4] Antennen für eine hohe Leistungsabgabe möglichst groß werden. Er setzt sich bei der rechteckigen Planarantenne aus <u>vier</u> Beiträgen zusammen. Jeder einzelne Beitrag ist dabei einem der <u>vier</u> Schlitze zugeordnet:

$$\boxed{G_S = 2\,(G_r + G_n)} \,. \tag{27.96}$$

Dabei berücksichtigt G_r die Wirkung <u>eines</u> der beiden radiating slots bei $x = \pm L/2$. Während $G_n \ll G_r$ für den meist vernachlässigten Beitrag <u>eines</u> der beiden non-radiating slots bei $y = \pm W/2$ steht. Im Folgenden wollen wir uns nur noch mit dem dominanten Beitrag G_r befassen, d. h. wir setzen näherungsweise $G_S \approx 2\,G_r$.

Den Strahlungsleitwert G_r eines der beiden miteinander verkoppelten radiating slots kann man in zwei Beiträge aufspalten – nämlich den Selbst- und den Koppelleitwert:

$$\boxed{G_r = G_r^{(s)} + G_r^{(k)}} \,. \tag{27.97}$$

In [Fang10] findet man mit $Z_0 = \sqrt{\mu_0/\varepsilon_0}$ und $u = k_0 W_{\text{eff}}$ folgende Darstellung

---

[4] Bei stromgespeisten Antennen (wie z. B. dem Halbwellendipol) gilt hingegen $P_S = 0{,}5\left|\underline{I}_0\right|^2 R_S$, weswegen es dort auf einen möglichst hohen Strahlungswiderstand ankommt.

$$G_r^{(s)} = \frac{1}{\pi Z_0} \left[u \operatorname{Si}(u) + \cos(u) - 2 + \frac{\sin(u)}{u} \right] \tag{27.98}$$

für den **Selbstleitwert** <u>eines</u> der beiden gleichphasig strahlenden Schlitze bei $x = \pm L/2$. Zu seiner Herleitung wird die Verkopplung mit seinem Gegenüber vernachlässigt, d. h. es wird einfach der Gruppenfaktor $F_1 = 1$ gesetzt. Dabei bezeichnet $\operatorname{Si}(u)$ den Integralsinus nach (15.58). Mit den Daten aus Übung 27.1 erhält man aus (27.98) <u>den</u> Wert $G_r^{(s)} = 1{,}166 \cdot 10^{-3}/\Omega$. Der **Koppelleitwert** wird mit der Abkürzung $v = k_0\, L_{\mathrm{eff}} = \pi / \sqrt{\varepsilon_{\mathrm{r,eff}}}$ in [Lier83] wie

$$G_r^{(k)} = \frac{3}{2}\, G_r^{(s)} \left[\frac{\cos(v)}{v^2} - \frac{\sin(v)}{v^3} + \frac{\sin(v)}{v} \right] \tag{27.99}$$

angegeben. Die ursprünglich in [Lier83] verwendete Notation mit sphärischen Besselfunktionen wurde in (27.99) durch eine Darstellung mit trigonometrischen Funktionen ersetzt. Mit den Daten aus Übung 27.1 erhält man aus (27.99) den Wert $G_r^{(k)} = 0{,}308 \cdot 10^{-3}/\Omega$. Aus (27.97) folgt schließlich der Strahlungsleitwert <u>eines</u> verkoppelten radiating slots:

$$G_r = G_r^{(s)} + G_r^{(k)} \approx (1{,}166 + 0{,}308) \cdot 10^{-3}/\Omega = 1{,}474 \cdot 10^{-3}/\Omega\ . \tag{27.100}$$

Mit der Näherung $G_S \approx 2\, G_r$, wobei die Beiträge der beiden non-radiating slots vernachlässigt werden, kann der Gesamtstrahlungsleitwert zu $G_S \approx 2{,}948 \cdot 10^{-3}/\Omega$ abgeschätzt werden, was mit dem exakten Ergebnis unserer Quadratur aus (27.95) sehr gut übereinstimmt. Mit Kenntnis von $G_r = G_r^{(s)} + G_r^{(k)}$ kann nach [Rud86] schließlich noch der **Richtfaktor** bestimmt werden:

$$D = \frac{8\,\pi}{Z_0\, G_r}\, (W_{\mathrm{eff}}/\lambda_0)^2\ . \tag{27.101}$$

Nach Einsetzen von (27.97) bis (27.99) in (27.101) erhalten wir mit den Abkürzungen $u = k_0\, W_{\mathrm{eff}}$ für die Patchbreite und $v = k_0\, L_{\mathrm{eff}} = \pi / \sqrt{\varepsilon_{\mathrm{r,eff}}}$ für die resonante Patchlänge:

$$D = 2\, u^2 \left(u \operatorname{Si}(u) + \cos(u) - 2 + \frac{\sin(u)}{u} \right)^{-1} \left(1 + \frac{3}{2} \left[\frac{\cos(v)}{v^2} - \frac{\sin(v)}{v^3} + \frac{\sin(v)}{v} \right] \right)^{-1}\ . \tag{27.102}$$

Im folgenden Bild 27.19 ist der Ausdruck (27.102) für den **Richtfaktor** $10\lg D$ dBi eines <u>quadratischen</u> Patch-Elementes (nach Fall ② aus Tabelle 27.3) mit $u = v = \pi / \sqrt{\varepsilon_{\mathrm{r,eff}}}$ als Funktion seiner effektiven relativen Permittivität $\varepsilon_{\mathrm{r,eff}}$ nach (27.7) dargestellt.

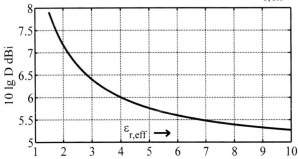

Hohe Richtfaktoren erhält man bei *kleinen* Permittivitäten, weil dort die strahlenden Schlitze wegen der geringeren dielektrischen Verkürzung noch recht breit ausfallen. Zur Auswirkung der Permittivität des Substrats auf die Bandbreite einer Patch-Antenne findet man Näheres in Bild 27.13.

Bild 27.19 Richtfaktor (27.102) einer quadratischen Patch-Antenne mit $k_0\, W_{\mathrm{eff}} = k_0\, L_{\mathrm{eff}} = \pi / \sqrt{\varepsilon_{\mathrm{r,eff}}}$

27.7 Gruppenantennen in Streifenleitungstechnik

Für höhere Richtwirkung können mehrere planare Einzelstrahler zu **Gruppen** kombiniert werden. Die Speisung der einzelnen Strahlerelemente, deren gegenseitige Abstände meist im Bereich $\lambda_0/4 < a < \lambda_0$ liegen, kann nach Bild 27.20 entweder schmalbandig mit einer durchgehenden Speiseleitung (*Serienspeisung*) oder breitbandig durch ein Speisenetzwerk (*Parallelspeisung*) erfolgen.

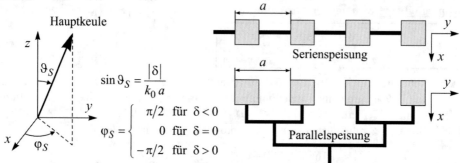

Bild 27.20 Schmal- und breitbandige Anregung einer linearen Gruppe aus $N = 4$ Patch-Elementen

Bei der Serienspeisung beeinflusst die Phasendifferenz δ zweier benachbarter Elemente die Richtung der Hauptkeule. Die parallel gespeiste Gruppe, die bei gleichen Leitungslängen eine phasengleiche Anregung aller Elemente realisiert, wirkt wegen $\delta = 0$ zunächst als Querstrahler mit den Schwenkwinkeln $\vartheta_S = \varphi_S = 0$. Durch zusätzlich zwischengeschaltete Phasenschieber kann auch hier eine elektronische **Strahlschwenkung** erreicht werden (siehe Abschnitt 18.1). Um grating lobes zu vermeiden, darf in einer Antennengruppe aus N Elementen der Elementabstand a – abhängig vom gewünschten maximalen Schwenkwinkel $0 \le \vartheta_S < \pi/2$ – nicht zu groß werden. Mit (17.26) können wir daher folgende Bedingung aufstellen:

$$\boxed{\frac{a}{\lambda_0} \le \left(1 - \frac{1}{N}\right) \frac{1}{1 + \sin\vartheta_S}} \, . \qquad (27.103)$$

Wir erhalten eine **zweidimensionale Gruppe,** wenn wir jeweils N Elemente bei äquidistantem Abstand a in Zeilen parallel zur y-Achse aufreihen und aus jeweils M Elementen bei äquidistantem Abstand b Spalten parallel zur x-Achse bilden. So entsteht ein rechteckiges Feld aus M Zeilen und N Spalten. Unter Vernachlässigung der wechselseitigen Verkopplung aller Patch-Elemente (für genauere numerische Methoden siehe [Spl91, Garg01]), erhalten wir mit dem multiplikativen Gesetz (17.1) und den Gruppenfaktoren (18.81) die angenäherte Richtcharakteristik einer zweidimensionalen, planaren Antennengruppe aus $M \cdot N$ Elementen (Bild 18.13):

$$\boxed{C_{\text{ges}} = C_\circledthree \, C_{\text{Gr}} = C_\circledthree \left|\frac{\sin(N\,u/2)}{N\sin(u/2)}\right| \cdot \left|\frac{\sin(M\,v/2)}{M\sin(v/2)}\right|} \, . \qquad (27.104)$$

Wir setzen linearen Phasengang in x- wie auch in y-Richtung und eine mit uniformer Amplitude gespeiste Gruppe voraus. In (27.104) bezeichnet $C_\circledthree$ die Charakteristik des einzelnen Patch-Elementes nach Fall ③ aus Bild 27.17. Für Gruppen in der x-y-Ebene gilt nach (17.9):

$$u = \delta_y + k_0\,a\,\sin\vartheta\,\sin\varphi$$
$$v = \delta_x + k_0\,b\,\sin\vartheta\,\cos\varphi \, . \qquad (27.105)$$

Das Maximum der Gruppencharakteristik – und näherungsweise auch das Maximum der Gesamtcharakteristik[5] – können wir aus der Bedingung $u = v = 0$ finden:

$$\boxed{\tan\varphi_S = \frac{b\,\delta_y}{a\,\delta_x}} \quad \text{und} \quad \boxed{\sin\vartheta_S = \frac{-\delta_x}{k_0\,b\cos\varphi_S} = \frac{-\delta_y}{k_0\,a\sin\varphi_S}}. \tag{27.106}$$

Mit den Daten und der zugehörigen Einzelcharakteristik $C_{\circled{3}}$ aus Bild 27.17 sind für $N = 10$, $M = 5$ und $\delta_x = \delta_y = 0$ die Vertikalschnitte der Gesamtcharakteristik (27.104) in der H-Ebene ($\varphi = \pi/2$) und in der E-Ebene ($\varphi = 0$) in Bild 27.21 dargestellt. Mit $a = b = 0,6\lambda_0$ seien alle Elemente äquidistant angeordnet. Der Richtfaktor der gesamten Gruppe beträgt nun $23,6$ dBi.

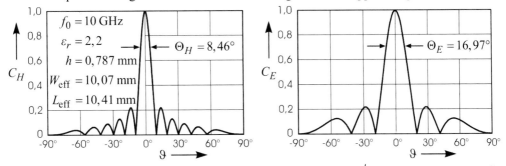

Bild 27.21 Diagrammschnitte und Halbwertsbreiten in der H-Ebene ($\varphi = \pi/2$) und der E-Ebene ($\varphi = 0$) für eine uniform gespeiste, äquidistante, planare Antennengruppe mit Einzelelementen nach Bild 27.17

Das **Speisenetzwerk** von parallel gespeisten Gruppen hat den Nachteil, dass an Leitungsknicken und Verzweigungen Abstrahlung auftritt, die sich dem gewünschten Strahlungsfeld der Patches überlagert. Aufwändigere Realisierungen bauen deshalb das Speisenetzwerk in einer separaten Ebene auf. Die Anregung geschieht dann mittels **Aperturkopplung** durch Schlitze in einer Zwischenmetallisierung. Für ein einzelnes Patch-Element ist das Prinzip in Bild 27.22 dargestellt.

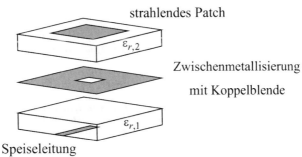

Bild 27.22 Aperturankopplung zur Reduktion des störenden Einflusses der Speiseleitung

Mehrschichtige Strukturen mit aperturgekoppelter Patch-Anregung erfordern zwar einen komplexeren Aufbau, haben aber durch die Entkopplung des Speisenetzwerks von den Strahlerelementen keine parasitäre Abstrahlung mehr und dadurch wesentliche Vorteile gegenüber der direkten Speisung. Insbesondere erhält man eine bessere Nebenkeulenunterdrückung, eine Reduktion der Kreuzpolarisation und eine Vergrößerung der Bandbreite.

---

[5] Diese Näherung gilt für schwach bündelnde Einzelelemente und $N, M \gg 1$.

27.8 Aufgaben

27.8.1 Es soll ein rechteckiges Patch-Element mit Halbwellenresonanz bei $f_0 = 18$ GHz entwickelt werden. Wie dick darf ein RT/Duroid 6002 Substrat ($\varepsilon_r = 2{,}94$) nach (27.63) maximal werden, damit der Strahlungswirkungsgrad η mindestens 80 % beträgt?

Gehen Sie analog zur Übung 27.1 vor und bestimmen Sie Bandbreite, Kreuzpolarisation und Richtfaktor der Patch-Antenne.

27.8.2 Eine planare Antenne aus einem kreisförmigen Einzelpatch mit Radius a über einem Substrat der Höhe h mit relativer Permittivität ε_r werde mit der E_{11}-Grundwelle in Halbwellenresonanz $2 a_{\text{eff}} = \lambda_{\text{eff}}/2$ angeregt. Den Bereich unter dem Patch betrachten wir als offenen kreiszylindrischen Resonator, für den wir im Cavity-Modell eine magnetische zylindrische Außenwand annehmen dürfen. Die Streufelder am Rand des kreisförmigen Patches führen zu einem vergrößerten effektiven Patchradius $a \to a_{\text{eff}}$, woraus auch die Resonanzfrequenz f_0 der Antenne folgt [Der79, Siw95, Garg01]:

$$a_{\text{eff}} = a \sqrt{1 + \frac{2h}{\pi a \varepsilon_r}\left(1{,}7726 + \ln\frac{\pi a}{2h}\right)} \quad \text{mit} \quad f_0 = \frac{c_0 \, j'_{11}}{2\pi a_{\text{eff}}\sqrt{\varepsilon_r}} = \alpha \, \frac{c_0}{2\pi a}.$$

Mit den Abkürzungen (siehe auch [Ver02])

$$\gamma = \frac{\pi}{2\sqrt{\varepsilon_r}}\frac{a}{a_{\text{eff}}} \quad \text{und} \quad \alpha = \frac{2\gamma}{\pi}\, j'_{11} = \frac{1{,}84118}{\sqrt{\varepsilon_r}}\frac{a}{a_{\text{eff}}} \quad \text{mit} \quad 0 < \alpha < j'_{11}$$

findet man in [Mah03] eine exakte Darstellung der Direktivität einer Kreispatch-Antenne, für die wir eine zur numerischen Auswertung günstigere Darstellung angeben:

$$D = \frac{\alpha^3}{\alpha J_0(2\alpha) + (\alpha^2 - 1)\displaystyle\sum_{n=0}^{\infty} J_{2n+1}(2\alpha)} \qquad \text{mit} \quad \sum_{n=0}^{\infty} J_{2n+1}(2\alpha) = \frac{1}{2}\int_0^{2\alpha} J_0(x)\,dx.$$

Für $\alpha = 1$ gilt $D = \left[J_0(2)\right]^{-1} = 4{,}46646$ und es folgt $10\lg D = 6{,}5$ dBi.

Gegen welchen Grenzwert strebt D, falls $\alpha \to 0$ gilt? Die Besselreihe konvergiert sehr schnell. Welches D erhalten Sie für $\alpha = 1{,}2$ bei Summation bis einschließlich $n = 2$?

Lösungen:

27.8.1 Für $\lambda_0 = 16{,}66$ mm muss $h \le 0{,}642$ mm bleiben. Mit $h = 0{,}508$ mm als Standarddicke wird nach (27.60) der Strahlungswirkungsgrad $\eta = 81{,}4$ %, während die genauere Darstellung (27.61) auf $\eta = 83{,}8$ % führt. Wie in Übung 27.1 (nur hier mit anderen Werten für f_0, ε_r und h) finden wir die Patchbreite $W = 4{,}33$ mm und die effektive relative Permittivität $\varepsilon_{r,\text{eff}} = 2{,}71$ sowie die Länge des nahezu quadratischen Patch-Elementes $L = 4{,}45$ mm. Mit den elektrisch effektiv wirksamen Abmessungen $L_{\text{eff}}/\lambda_0 = 0{,}3038$ und $W_{\text{eff}}/\lambda_0 = 0{,}2992$ hat unser Patch-Element nach (27.68) eine relative Bandbreite von $B_r = 2{,}98$ %, innerhalb derer das Stehwellenverhältnis auf der Speiseleitung kleiner als $s = 2$ bleibt. Aus Bild 27.15 folgt bei ausgedehntem Substrat das Kreuzpolarisationsmaß zu $XP = -12{,}3$ dB. Außerdem wird der Richtfaktor $D = 4{,}994 \,\hat{=}\, 6{,}98$ dBi.

27.8.2 $D \approx 3 + 6\,\alpha^2/5 \to 3$ und $D_2(\alpha = 1{,}2) = 5{,}29724$ mit $D_\infty(\alpha = 1{,}2) = 5{,}29292$

28 Spezielle Antennenformen

28.1 Schlitzantenne

Als Alternative zu metallischen Antennen, deren Strahlungsfeld aus der Stromverteilung auf ihrer Oberfläche bestimmt werden kann, können auch Öffnungen oder Schlitze in einer metallischen Wand als Strahlungsquelle wirken. Wie bei Flächenstrahlern üblich, kann das Strahlungsfeld – aufgrund des **Huygensschen Prinzips** – aus dem Aperturfeld der einfallenden Welle näherungsweise bestimmt werden. Während die Apertur eines am Ende offenen Hohlleiters oder Hornstrahlers in beiden Dimensionen in der Größenordnung der Wellenlänge liegt (Kapitel 21+22), ist das bei einem Schlitzstrahler nur in einer Dimension der Fall (Bild 28.1).

In der Optik betrachtet man mit Hilfe der skalaren Kirchhoffschen Beugungstheorie die Streuung von Licht an absorbierenden Schirmen, vernachlässigt dabei aber die Polarisation des einfallenden Lichtstrahls, wodurch man nur das skalare **Babinetsche Prinzip** formulieren kann (Abschnitt 14.6). Eine Erweiterung auf die Streuung von Vektorfeldern an metallischen Schirmen unter Berücksichtigung ihrer Polarisation stammt aus [Boo46]. Anhand dieses vektoriellen Babinetschen Prinzips wollen wir die Wirkungsweise einer Schlitzantenne erläutern.

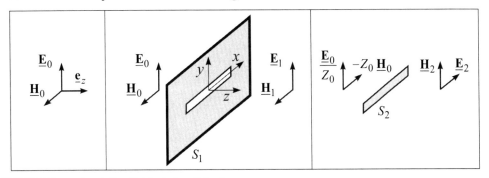

Bild 28.1 Zum vektoriellen Babinetschen Prinzip

Wir betrachten dazu nach Bild 28.1 zunächst eine TEM-Welle mit $Z_0 \underline{\mathbf{H}}_0 = \mathbf{e}_z \times \underline{\mathbf{E}}_0$, die sich im freien Raum mit den Feldstärken

$$\underline{\mathbf{E}}_1^i = \underline{\mathbf{E}}_0 \quad \text{und} \quad \underline{\mathbf{H}}_1^i = \underline{\mathbf{H}}_0 \tag{28.1}$$

in die positive z-Richtung ausbreiten soll. Dann stellen wir derselben TEM-Welle einen geschlitzten metallischen Schirm S_1 (der unendlich ausgedehnt sei) in den Weg. Das Gesamtfeld $(\underline{\mathbf{E}}_1, \underline{\mathbf{H}}_1)$ rechts der Platte für $z > 0$ können wir uns aus einer Überlagerung der einfallenden Welle $(\underline{\mathbf{E}}_1^i, \underline{\mathbf{H}}_1^i)$ und einem vom Schirm angeregten Streufeld $(\underline{\mathbf{E}}_1^s, \underline{\mathbf{H}}_1^s)$ entstanden denken:

$$\underline{\mathbf{E}}_1 = \underline{\mathbf{E}}_1^i + \underline{\mathbf{E}}_1^s \quad \text{und} \quad \underline{\mathbf{H}}_1 = \underline{\mathbf{H}}_1^i + \underline{\mathbf{H}}_1^s \quad (\text{für } z > 0). \tag{28.2}$$

Links der Platte für $z < 0$ überlagern sich die einfallende Welle $(\underline{\mathbf{E}}_1^i, \underline{\mathbf{H}}_1^i)$, ein vom Schirm angeregtes Beugungsfeld $(\underline{\mathbf{E}}_1^d, \underline{\mathbf{H}}_1^d)$ und ein Reflexionsbeitrag $(\underline{\mathbf{E}}_1^r, \underline{\mathbf{H}}_1^r)$, der von einem Schirm ohne Schlitz herrühren würde:

$$\underline{\mathbf{E}}_1 = \underline{\mathbf{E}}_1^i + \underline{\mathbf{E}}_1^d + \underline{\mathbf{E}}_1^r \quad \text{und} \quad \underline{\mathbf{H}}_1 = \underline{\mathbf{H}}_1^i + \underline{\mathbf{H}}_1^d + \underline{\mathbf{H}}_1^r \quad (\text{für } z < 0). \tag{28.3}$$

© Springer Fachmedien Wiesbaden GmbH, ein Teil von Springer Nature 2022
K. W. Kark, *Antennen und Strahlungsfelder*,
https://doi.org/10.1007/978-3-658-38595-8_28

Wir betrachten nun eine duale Quelle mit um $90°$ gekippter Linearpolarisation. Sie geht aus der vorherigen mittels der *Fitzgeraldschen Transformation* $\underline{\mathbf{E}}_0 \rightarrow \underline{\mathbf{E}}_0/Z_0$ und $\underline{\mathbf{H}}_0 \rightarrow -Z_0\,\underline{\mathbf{H}}_0$ hervor (siehe Abschnitt 14.2.2). Die Felder der jetzt einfallenden Welle sind

$$\underline{\mathbf{E}}_2^i = -Z_0\,\underline{\mathbf{H}}_0 \quad \text{und} \quad \underline{\mathbf{H}}_2^i = \underline{\mathbf{E}}_0/Z_0 \ . \tag{28.4}$$

Außerdem ersetzen wir den unendlich ausgedehnten Schirm S_1 durch sein komplementäres Gegenstück S_2, das ihn zu einer geschlossenen Fläche ergänzen würde. Dann entstehen sowohl rechts als auch links von S_2 die Feldstärken $(\underline{\mathbf{E}}_2, \underline{\mathbf{H}}_2)$, für die ebenfalls eine Superposition der Form (28.2) möglich ist:

$$\underline{\mathbf{E}}_2 = \underline{\mathbf{E}}_2^i + \underline{\mathbf{E}}_2^s \quad \text{und} \quad \underline{\mathbf{H}}_2 = \underline{\mathbf{H}}_2^i + \underline{\mathbf{H}}_2^s \quad \text{(für alle } z) . \tag{28.5}$$

Man kann $(\underline{\mathbf{E}}_2, \underline{\mathbf{H}}_2)$ wegen des vektoriellen Babinetschen Prinzips [LoLe88, Zin95] auf die Feldstärken $(\underline{\mathbf{E}}_1, \underline{\mathbf{H}}_1)$ des komplementären Schirms mit dualer Quelle zurückführen:

$$\underline{\mathbf{E}}_1 + Z_0\,\underline{\mathbf{H}}_2 = \underline{\mathbf{E}}_0 \quad \text{und} \quad \underline{\mathbf{H}}_1 - \frac{\underline{\mathbf{E}}_2}{Z_0} = \underline{\mathbf{H}}_0 \quad \text{(für } z > 0) \tag{28.6}$$

$$\underline{\mathbf{E}}_1 - Z_0\,\underline{\mathbf{H}}_2 = \underline{\mathbf{E}}_1^r \quad \text{und} \quad \underline{\mathbf{H}}_1 + \frac{\underline{\mathbf{E}}_2}{Z_0} = \underline{\mathbf{H}}_1^r \quad \text{(für } z < 0) . \tag{28.7}$$

Nach Einsetzen von (28.1) bis (28.5) in (28.6) und (28.7) erhalten wir für $z > 0$:

$$\begin{aligned} \underline{\mathbf{E}}_1^i + \underline{\mathbf{E}}_1^s + Z_0\left(\underline{\mathbf{H}}_2^i + \underline{\mathbf{H}}_2^s\right) = \underline{\mathbf{E}}_0 \\ \underline{\mathbf{H}}_1^i + \underline{\mathbf{H}}_1^s - \frac{\underline{\mathbf{E}}_2^i + \underline{\mathbf{E}}_2^s}{Z_0} = \underline{\mathbf{H}}_0 \end{aligned} \Rightarrow \boxed{\begin{aligned} \underline{\mathbf{E}}_1^s + Z_0\,\underline{\mathbf{H}}_2^s = -\underline{\mathbf{E}}_0 \\ \underline{\mathbf{H}}_1^s - \frac{\underline{\mathbf{E}}_2^s}{Z_0} = -\underline{\mathbf{H}}_0 \end{aligned}} . \tag{28.8}$$

Für $z < 0$ gilt entsprechend:

$$\begin{aligned} \underline{\mathbf{E}}_1^i + \underline{\mathbf{E}}_1^d + \underline{\mathbf{E}}_1^r - Z_0\left(\underline{\mathbf{H}}_2^i + \underline{\mathbf{H}}_2^s\right) = \underline{\mathbf{E}}_1^r \\ \underline{\mathbf{H}}_1^i + \underline{\mathbf{H}}_1^d + \underline{\mathbf{H}}_1^r + \frac{\underline{\mathbf{E}}_2^i + \underline{\mathbf{E}}_2^s}{Z_0} = \underline{\mathbf{H}}_1^r \end{aligned} \Rightarrow \boxed{\begin{aligned} \underline{\mathbf{E}}_1^d - Z_0\,\underline{\mathbf{H}}_2^s = 0 \\ \underline{\mathbf{H}}_1^d + \frac{\underline{\mathbf{E}}_2^s}{Z_0} = 0 \end{aligned}} . \tag{28.9}$$

Werden die passiven Schirme S_1 und S_2 nicht durch äußere TEM-Wellen erregt, sondern sind sie selbst die aktiven Strahler, können wir mit $\underline{\mathbf{E}}_0 = 0$ und $\underline{\mathbf{H}}_0 = 0$ für die *Vorwärtsstreuung* im Bereich $z > 0$ auch schreiben:

$$\boxed{\underline{\mathbf{E}}_1^s = -Z_0\,\underline{\mathbf{H}}_2^s} \quad \text{und} \quad \boxed{\underline{\mathbf{H}}_1^s = \frac{\underline{\mathbf{E}}_2^s}{Z_0}} . \tag{28.10}$$

Die Aussparung in einer metallischen Wand erzeugt daher ein elektromagnetisches Feld, das sich dual zu dem Feld eines komplementären Strahlers verhält, der durch Vertauschen von Metall und Loch aus der ursprünglichen Wand entsteht[1]. Das vektorielle Babinetsche Prinzip erlaubt daher die elegante Berechnung der Felder von Schlitzstrahlern mit Hilfe komplementärer Formen. Der offene Schlitzstrahler (Index 1) kann so nach (28.10) auf einen formgleichen massiven Dipolstrahler (Index 2) zurückgeführt werden. Schlitzstrahler werden meist in ihrem

---

[1] In der Optik erzeugt ein photographisches Negativ das gleiche Beugungsmuster wie sein Positiv.

Zentrum durch eine Koaxialleitung gespeist. In diesem Fall kann man eine allgemeine Beziehung zwischen der Eingangsimpedanz $\underline{Z}_s$ des Schlitzes und der Eingangsimpedanz $\underline{Z}_d$ des komplementären – ebenfalls zentralgespeisten – Dipols angeben [Hei70, Kra88]:

$$\boxed{\underline{Z}_s\,\underline{Z}_d = Z_0^2/4}\,. \tag{28.11}$$

Zur Gültigkeit von (28.11) müssen sich der Schlitz in einem unendlich großen Schirm und sein komplementärer Dipol im freien Raum befinden. So kann nach (28.11) aus der Eingangsimpedanz $\underline{Z}_d = (73,1 + j\,42,5)\,\Omega$ eines schlanken Halbwellendipols (siehe Abschnitt 14.2.3) die Eingangsimpedanz eines schmalen Halbwellenschlitzes berechnet werden:

$$\underline{Z}_s = \frac{Z_0^2}{4\underline{Z}_d} = \frac{Z_0^2}{4\underline{Z}_d} = \frac{377^2}{4\,(73,1 + j\,42,5)}\,\Omega = (363 - j\,211)\,\Omega\,. \tag{28.12}$$

Die Beziehung (28.11) gilt allgemein für alle komplementären Flächen und ist nicht auf Dipolformen beschränkt. Stimmt eine Fläche in Form und Größe mit ihrer komplementären Fläche überein, dann wird sie selbstkomplementär genannt und wegen $\underline{Z}_s = \underline{Z}_d$ folgt aus (28.11):

$$\boxed{\underline{Z}_s = \underline{Z}_d = Z_0/2 \approx 188,4\,\Omega}\,, \tag{28.13}$$

gleichgültig wie die selbstkomplementäre Struktur auch aussieht. Es ist bemerkenswert, dass die reellen Eingangsimpedanzen (28.13) nicht von der Frequenz abhängen. Selbstkomplementäre Strukturen sind daher sehr gut als **Breitbandantennen** geeignet (Abschnitt 20.3). In Bild 28.2 ist z. B. eine schachbrettartige Anordnung aus 36 Feldern dargestellt. Wenn man weiße und schwarze Flächen vertauscht, geht die Struktur – um 90° gedreht – in sich selbst über.

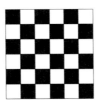

Bild 28.2 Schachbrettmuster als selbstkomplementäre Antennenstruktur

Eine Schlitzantenne ist breitbandig, wenn ihr komplementärer Massivstrahler auch breitbandig ist. In der Praxis baut man konforme Schlitzantennen häufig in gekrümmte Flächen bei Flugzeugen oder Fahrzeugen ein, wo eine hervorstehende Dipolantenne stören würde.

Eine Möglichkeit zum Aufbau robuster **Antennengruppen** für Radaranwendungen besteht darin, schmale Schlitze in der Wand von Hohlleitern anzubringen, die von einer vorbeilaufenden Hohlleiterwelle angeregt werden. Aus dem Dualitätsprinzip (28.10) folgt, dass ein Schlitz in einer metallischen Wand nur dann strahlt, wenn in ihm ein elektrisches Feld *quer* zu seiner Längsrichtung erzeugt wird. Das ist aber nur dann der Fall, wenn der Schlitz ursprünglich vorhandene Wandströme schneidet, die sich in ihm als Verschiebungsströme fortsetzen können [Sil49]. Die Wandstromdichten $\mathbf{J}_F = \mathbf{n} \times \underline{\mathbf{H}}$ erhält man nach Tabelle 3.3 aus dem Magnetfeld der Hohlleiterwelle. Bei einem mit seiner H_{10}-Grundwelle betriebenen Rechteckhohlleiter gilt wegen (8.64) für die obere Breitseite bei $y = b$ und die rechte Schmalseite bei $x = 0$:

$$\underline{\mathbf{J}}_F^{oben} = -\mathbf{e}_y \times \underline{\mathbf{H}} = \underline{H}_0\left(\mathbf{e}_z\,\frac{j\,k_z}{\pi/a}\sin\frac{\pi x}{a} - \mathbf{e}_x\cos\frac{\pi x}{a}\right)e^{-j\,\underline{k}_z z} \tag{28.14}$$

$$\underline{\mathbf{J}}_F^{rechts} = \mathbf{e}_x \times \underline{\mathbf{H}} = -\mathbf{e}_y\,\underline{H}_0\,e^{-j\,\underline{k}_z z}\,.$$

In der Mitte der breiten Seite bei $x = a/2$ fließen nur Längsströme, während auf der gesamten Schmalseite ausschließlich Querströme in y-Richtung vorhanden sind. Bei Speisung mit der H_{10}-Welle erfolgt bei den Schlitzlagen aus Bild 28.3 daher keine Abstrahlung.

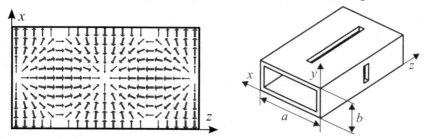

Bild 28.3 Wandströme in der Breitseite eines H_{10}-Rechteckhohlleiters und Schlitze ohne Abstrahlung

In der <u>Breitseite</u> kommen außerhalb der Symmetrieebene liegende Längsschlitze oder auch Querschlitze in Betracht (Bild 28.4). Die Stärke der abgestrahlten Leistung P_s kann durch ihre Lage x_1 bzw. x_2 und durch ihre Anzahl N kontrolliert werden. Für Zirkularpolarisation kombiniert man zwei orthogonal gekreuzte Schlitze an Orten $x = x_1 = x_2$, wo nach (28.14) $\underline{J}_{F,x}$ und $\underline{J}_{F,z}$ betragsgleich werden. Mit $\underline{k}_z = (k_0^2 - \pi^2/a^2)^{1/2}$ folgen diese Orte aus:

$$\cot\frac{\pi x}{a} = \pm\sqrt{\left(\frac{2a}{\lambda_0}\right)^2 - 1}\,. \qquad \text{(Eine Lösung ist RHC und die andere ist LHC.)} \qquad (28.15)$$

In der <u>Schmalseite</u> verwendet man unter einem Winkel α schräg gestellte Schlitze. Der Richtfaktor uniformer gleichphasiger Schlitzarrays wird $D \propto N$ (siehe (17.65)).

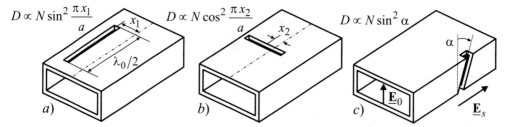

$$D \propto N \sin^2\frac{\pi x_1}{a} \qquad D \propto N \cos^2\frac{\pi x_2}{a} \qquad D \propto N \sin^2\alpha$$

a)   b)   c)

Bild 28.4 Verschobene Längs- und Querschlitze in der Breitseite sowie Schrägschlitz in der Seitenwand

Eine hintereinander angeordnete Sequenz von Schlitzen in einem Hohlleiter wirkt als querstrahlende **Gruppenantenne,** falls alle Schlitze <u>gleichphasig</u> erregt werden. Bei Speisung durch die fortlaufende Hohlleiterwelle müssten für gleiche Phase die Schlitze einen Längsabstand von einer Hohlleiterwellenlänge $\lambda_L > \lambda_0$ aufweisen, was aber nach Tabelle 17.2 zu parasitären Hauptkeulen (grating lobes) führen würde. Darum nimmt man $\lambda_L/2$ als Längsabstand und ordnet die Schlitze so an, dass beim jeweils nächsten eine zusätzliche Phasendrehung von π auftritt. Bei Schlitzen des Typs a) erreicht man dies durch wechselseitige Lage der Schlitze zur Mittellinie $(\pm x_1)$, während im Fall c) eine wechselseitige Verkippung $(\pm\alpha)$ nötig wird. Die Strahlungseigenschaften von Schlitzen des Typs c) werden breitbandiger, wenn man bei gegebener Schlitzanzahl N ihre Neigung wie folgt wählt [Mei68]:

$$\sin^2\alpha \approx \frac{1,22}{2N+1}\,. \qquad (28.16)$$

28.2 Wendel- oder Helixantenne

Helixantennen bestehen aus einem wendelförmig aufgewickelten langen Draht, der meist koaxial gespeist wird [Sen55]. Zur Verminderung der Rückstrahlung orientiert man die Antennenachse senkrecht auf einem reflektierenden Schirm [Kra02] mit $a \geq 0,8\lambda_0$ und $b \approx a/2$ (Bild 28.5). Der Anfang der ersten Windung sollte ca. $\lambda_0/8$ vom Reflektor entfernt liegen [Jas61]. Helixantennen erzielen recht hohe Gewinnwerte (bis 20 dBi), sind aber trotzdem breitbandig.

Bild 28.5 Geometrieparameter einer axial gespeisten Wendelantenne mit Längsstrahlung in z-Richtung

Eine Wendelantenne mit N Windungen wird durch folgende Geometrieparameter beschrieben:

D	Durchmesser der Wendel (von Leitermitte zu Leitermitte),
$U = \pi D$	Umfang der Wendel,
g	Windungsabstand oder Ganghöhe (von Leitermitte zu Leitermitte),
$\alpha = \arctan(g/U)$	Steigungswinkel,
$l^2 = U^2 + g^2$	gestreckte Länge einer Windung: $l = U/\cos\alpha = g/\sin\alpha$,
$L = N g$	Achsenlänge der Wendel und
d	Durchmesser des Leitungsdrahts $\left(0,006\lambda_0 \leq d \leq 0,05\lambda_0\right)$.

Im Grenzfall $\alpha \to 0$ geht die Wendelantenne in die gewöhnliche Rahmen- oder Schleifenantenne über (Abschnitte 15.2+15.3) und für $\alpha \to 90°$ erhält man die gestreckte Linearantenne (Kapitel 14). Für andere Winkel $0 < \alpha < 90°$ sind nach Tabelle 28.1 drei verschiedene **Betriebsarten** möglich [Kra88]. Bei kleinem Umfang $U \ll \lambda_0$ strahlt die Wendelantenne *quer* zu ihrer Längsachse (**I**). Sie wirkt dann wie die Kombination eines magnetischen Dipols (15.43) des Umfangs U mit einem elektrischen Dipol (15.22) der Länge g. Für $U^2 = 2\lambda_0 g$ wird $\underline{E}_\varphi = \pm j\underline{E}_\vartheta$ und man erhält in alle Richtungen (außer $\vartheta = 0, \pi$) Zirkularpolarisation [Whe47].

Die **Hauptbetriebsart** (**II**) liegt im Bereich $0,75\lambda_0 \leq U \leq 1,25\lambda_0$ mit zirkular polarisierter Längsstrahlung in Achsrichtung [Mac59]. Die Drehrichtung der Polarisation ist identisch zur Wicklungsrichtung der Wendel. Bei einer Ganghöhe in der Größenordnung von $\lambda_0/4$, können sich die Strahlungsbeiträge zweier benachbarter Wendelelemente in Vorwärtsrichtung konstruktiv überlagern bei gleichzeitiger Auslöschung einer Rückwärtskeule. Wenn wir die N verschiedenen Windungen einer Wendelantenne als Einzelstrahler einer längsstrahlenden Gruppe betrachten, können die dortigen Ergebnisse auf die Wendelantenne übertragen werden. Bei Ganghöhen in der Größenordnung von λ_0 wandern parasitäre Hauptkeulen (grating lobes) in das Richtdiagramm ein (Tabelle 17.3) und wir erhalten Betriebsart (**III**) mit vier Hauptkeulen.

Tabelle 28.1 Betriebsarten einer Wendelantenne nach [Kra88] mit Richtdiagrammen (schematisch)

Querstrahlung (I)	Längsstrahlung (II)	Längs- und Querstrahlung (III)
$U \approx 0{,}1 \lambda_0$	$U \approx \lambda_0$	$U \approx 1{,}75 \lambda_0$
$g \approx 0{,}005 \lambda_0$	$g \approx 0{,}25 \lambda_0$	$g \approx \lambda_0$
$\alpha \approx 3°$	$\alpha \approx 14°$	$\alpha \approx 30°$

Die **Richtcharakteristik** der besonders wichtigen axialen Mode (II) erhalten wir für $0 \leq \vartheta \leq \pi$ näherungsweise aus dem Produkt der Gruppencharakteristik einer längsstrahlenden z-Linie (Abschnitt 17.2.1) mit der Einzelcharakteristik (15.69) einer Rahmenantenne vom Umfang einer Wellenlänge, für die man im Bereich der Hauptkeule nach (15.74) $\cos \vartheta$ setzen darf:

$$C(\vartheta) \triangleq \left| \frac{\sin(N\,u/2)}{N \sin(u/2)} \cos \vartheta \right| \quad \text{mit } u = \delta + k_0\, g \cos \vartheta. \tag{28.17}$$

Die Phasennacheilung $\delta = -\omega\, t_0$ ergibt sich aus der Laufzeit $t_0 = l/v_p$ entlang einer gestreckten Windungslänge l. Nach [Kra02] kann die **Phasengeschwindigkeit** der axialen Mode mit

$$\boxed{v_p = c_0 \frac{k_0\, l}{k_0\, g + 2\pi + \pi/N}} \tag{28.18}$$

abgeschätzt werden, woraus $\delta = -\left(k_0\, g + 2\pi + \pi/N\right) \triangleq -\left(k_0\, g + \pi/N\right)$ folgt. Dieser Phasengang entspricht völlig der **Hansen-Woodyard Bedingung** (17.67), die von der Wendelantenne auf natürliche Weise realisiert wird. In der speziellen Art der Frequenzabhängigkeit der Phasengeschwindigkeit sind die guten Breitbandeigenschaften der Wendelantenne begründet, da sich v_p in einem größeren Frequenzbereich automatisch so einstellt, dass die einzelnen Windungen in Achsrichtung konstruktiv interferieren [Hei70]. Aus dem stets negativen

$$u(\vartheta) = -2\pi \left[\frac{g}{\lambda_0} (1 - \cos \vartheta) + \frac{1}{2N} \right] < 0 \tag{28.19}$$

erhalten wir in Hautstrahlungsrichtung bei $\vartheta = 0$ den Wert $u = -\pi/N$, d.h. aus (28.17) folgt:

$$\boxed{C(\vartheta) = \left| \frac{\sin(N\,u/2)}{\sin(u/2)} \cos \vartheta \right| \cdot \sin \frac{\pi}{2N}} \quad \text{(siehe auch Aufgabe 28.4.1).} \tag{28.20}$$

Der Gewinn einer Wendelantenne in axialer Mode (II) steigt nach [Kin80] etwa wie $f^{\sqrt{N}}$ an, um bei der Wellenlänge λ_P ein Maximum G_P (**peak gain**) zu erreichen. Danach fällt der Gewinn wie $f^{-3\sqrt{N}}$ steil ab. Für $5 \leq N \leq 35$ finden wir diesen **maximalen Gewinn** bei

$$\boxed{\frac{U}{\lambda_P} = 1{,}20 - \frac{N}{245}}$$ (Näherung nach einer Kurve aus [Kin80]).   (28.21)

Für Windungszahlen $5 \le N \le 35$ können im Bereich $0{,}75 \le U/\lambda_0 \le 1{,}25$ bei Steigungswinkeln $11{,}5° \le \alpha \le 14{,}5°$ die Näherungen aus Tabelle 28.2 für Maximalgewinn in Achsrichtung, Halbwertsbreite, Eingangswiderstand im Speisepunkt und Achsenverhältnis benutzt werden.

Tabelle 28.2 Eigenschaften der Wendelantenne in axialer Betriebsart (II) nach [Kin80] und [Kra02]

Maximalgewinn und Halbwertsbreite: Bei der Helixantenne ist das Produkt $$G_P (\Delta\vartheta_P)^2 \approx \frac{13000 - 145N}{(\tan\alpha)^{0{,}6}}$$ keine Konstante, sondern hängt von Windungszahl und Steigungswinkel ab!	$$G_P \approx 8{,}3 \left(\frac{U}{\lambda_P}\right)^{\sqrt{N+2}-1} \left(\frac{N\,g}{\lambda_P}\right)^{0{,}8} \left(\frac{\tan 12{,}5°}{\tan\alpha}\right)^{\sqrt{N}/2}$$ $$\Delta\vartheta \approx \frac{61{,}5° \left(2N/(N+5)\right)^{0{,}6}}{(U/\lambda_0)^{\sqrt{N}/4} (N\,g/\lambda_0)^{0{,}7}} \left(\frac{\tan\alpha}{\tan 12{,}5°}\right)^{\sqrt{N}/4}$$
Eingangswiderstand im Speisepunkt (bei axialer Speisung)	$$R_E \approx \frac{140U}{\lambda_0}\,\Omega \quad \text{für} \quad \lambda_0 \ge \lambda_P = \frac{U}{1{,}20 - N/245}$$
Achsenverhältnis der Polarisationsellipse bei $\vartheta = 0$	$$AR = \left|\underline{E}_\varphi\right|/\left|\underline{E}_\vartheta\right| = 1 + \frac{1}{2N}$$

Bei konstanter Achslänge $L = N\,g$ wird der Maximalgewinn G_P einer Wendelantenne mit fallendem Steigungswinkel α zwar größer, doch sinkt dann auch die nutzbare Bandbreite. Einen guten Kompromiss erhält man bei $\alpha = 14°$ [Jas61]. Für diesen Steigungswinkel und $U = 29{,}98$ cm sowie $N = 10$ zeigt Bild 28.6 die Frequenzabhängigkeit des Richtdiagramms in der Schnittebene $\varphi = 90°$, die orthogonal zur Einspeiseebene orientiert ist. Nach (28.21) wird für $N = 10$ Windungen der Gewinn bei $U/\lambda_P = 1{,}16$ maximal. Nach Tabelle 28.2 gilt dort $G_P = 23$ und $\Delta\vartheta_P = 34°$, was durch die numerische Simulation gut bestätigt wird.

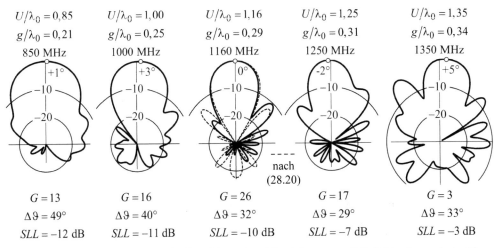

$U/\lambda_0 = 0{,}85$	$U/\lambda_0 = 1{,}00$	$U/\lambda_0 = 1{,}16$	$U/\lambda_0 = 1{,}25$	$U/\lambda_0 = 1{,}35$
$g/\lambda_0 = 0{,}21$	$g/\lambda_0 = 0{,}25$	$g/\lambda_0 = 0{,}29$	$g/\lambda_0 = 0{,}31$	$g/\lambda_0 = 0{,}34$
850 MHz	1000 MHz	1160 MHz	1250 MHz	1350 MHz
$G = 13$	$G = 16$	$G = 26$	$G = 17$	$G = 3$
$\Delta\vartheta = 49°$	$\Delta\vartheta = 40°$	$\Delta\vartheta = 32°$	$\Delta\vartheta = 29°$	$\Delta\vartheta = 33°$
$SLL = -12$ dB	$SLL = -11$ dB	$SLL = -10$ dB	$SLL = -7$ dB	$SLL = -3$ dB

Bild 28.6 Richtdiagramme der RHC-Abstrahlung einer Wendelantenne mit Reflektor (numerische Simulation mit der Momentenmethode) mit $U = 29{,}98$ cm, $\alpha = 14°$ und $N = 10$. Der Dynamikbereich beträgt 30 dB. Der Maximalgewinn wird bei $f = 1160$ MHz erreicht – dort gilt $G (\Delta\vartheta)^2 \approx 26600$.

Die gestrichelte Kurve in Bild 28.6 (bei $f = 1160$ MHz) zeigt die Näherungslösung (28.20), in der zwar kein Reflektorschirm berücksichtigt ist – dennoch ist die Übereinstimmung recht gut.

Übung 28.1: Entwurf einer Wendelantenne

- Eine Wendelantenne mit Steigungswinkel $\alpha = 14°$ soll bei $f_P = 1160$ MHz einen Maximalgewinn von 13,7 dBi aufweisen. Bestimmen Sie die notwendige Windungszahl N, die Abmessungen U und L sowie die nutzbare Bandbreite in der Hauptbetriebsart II.

- **Lösung:**

  Mit der Beziehung für den Maximalgewinn (anwendbar für $5 \le N \le 35$)

  $$G_P \approx 8,3 \left(\frac{U}{\lambda_P} \right)^{\sqrt{N+2}-1} \left(\frac{N\,g}{\lambda_P} \right)^{0,8} \left(\frac{\tan 12,5°}{\tan \alpha} \right)^{\sqrt{N}/2} \tag{28.22}$$

  ist wegen (28.21) und mit $g = U \tan \alpha$ die notwendige Windungszahl N bereits festgelegt. Eine gute **Näherungslösung** von (28.22) für $\alpha = 14°$ im Bereich $13 \le G_P \le 46$ ist

  $$\boxed{N \approx 34,3 - 5,1 \sqrt{46,0 - G_P}} \ , \tag{28.23}$$

  woraus mit $G_P = 10^{1,37} = 23,4$ sofort $N = 10$ folgt. Mit $\lambda_P = c_0/f_P = 25,9$ cm folgen

  $$U = \lambda_P \left(1,20 - \frac{N}{245} \right) = 30,0 \text{ cm} \quad \text{und} \quad L = N\,g = N\,U \tan \alpha = 74,8 \text{ cm}. \tag{28.24}$$

  Eine axiale Abstrahlung (II) stellt sich erst ab der *festen* unteren Grenze $U/\lambda_u = 0,75$ ein, während die obere (variable) **Stabilitätsgrenze** durch die empirisch gewonnene Formel

  $$\boxed{\frac{U}{\lambda_o} = \frac{U}{\lambda_P} \left(1 + \frac{0,30}{\sqrt{N}} \right) = \left(1,20 - \frac{N}{245} \right) \left(1 + \frac{0,30}{\sqrt{N}} \right)} \quad \text{(für } 5 \le N \le 35 \text{)} \tag{28.25}$$

  dargestellt werden kann. Für $N = 10$ gilt dann $U/\lambda_o = 1,27$. Mit dem Frequenzverhältnis $f_o/f_u = 1,27/0,75 = 1,69$ wird die nutzbare relative Bandbreite nach der Definition (20.2) $B_r = 51\%$, wodurch sich eine moderate Breitbandigkeit ergibt. Beim letzten Diagramm aus Bild 28.6 ist bei $f = 1350$ MHz die axiale Mode bereits zerfallen.   □

Die Kombination von M Wendelantennen in einer Gruppe liefert (unter Vernachlässigung der Kopplung) den Gewinn $M\,G$. Den optimalen **Elementabstand** b/λ_0 erhält man aus der Forderung, dass sich die (kreisförmigen) Wirkflächen der Einzelelemente nicht überlappen sollen:

$$\boxed{A_W = \frac{\lambda_0^2}{4\,\pi}\,G \overset{!}{=} \frac{\pi\,b^2}{4} \ \Rightarrow \ \frac{b}{\lambda_0} = \frac{\sqrt{G}}{\pi}} \quad \begin{array}{l}\text{gilt nur für } \textbf{Längsstrahler} \text{ (Yagi,}\\ \text{Helix, Stielstrahler) mit } \textit{kleinen}\\ \text{Querabmessungen [Jas61, Kra02].}\end{array} \tag{28.26}$$

Sind die Wendeln gegensinnig gewickelt, kann ein solcher Gruppenstrahler Linearpolarisation erzeugen. Falsch drehende Zirkularpolarisation kann von einer Wendelantenne nicht empfangen werden. Die **Eingangsimpedanz** einer Wendelantenne ist unterhalb ihres Maximalgewinns (also für $0,75 \le U/\lambda_0 \le U/\lambda_P$) nur schwach veränderlich, für höhere Frequenzen oszilliert sie dann stark. Durch eine konische Aufweitung des Wendelumfangs U kann – bei gleichzeitiger Vergrößerung der Ganghöhe g – die Bandbreite stark erhöht werden (bis 5:1). Bei konstantem $\alpha = \arctan(g/U)$ erhält man dadurch **konische Spiralantennen** [Kra88]. Eine weitere Bauform ist die **quadrifilare Helix** aus 4 Teilwendeln in Phasenquadratur [Kilg69, Bal08].

28.3 Dielektrische Oberflächenwellenantenne

Bei Millimeterwellen treten in metallischen Hohlleitern Ohmsche Verluste von mehr als $0,5\,\mathrm{dB/m}$ auf (siehe Tabellen 8.6 und 8.10). Als dämpfungsärmere Alternative kann man auch offene **dielektrische Wellenleiter** einsetzen. Einfach zu fertigen sind homogene, kreiszylindrische, dielektrische Stäbe mit Durchmesser d, auf denen sich entlang der Grenzfläche zur umgebenden Luft eine fortschreitende **Oberflächenwelle** ausbildet. Nach [Rud86] sollte $d > \lambda_0/10$ sein. Bei Anregung mit einem H_{11}-Rundhohlleiter stellt sich als Grundwelle der Stableitung eine hybride HE_{11}-Stabwelle mit $f_c^{HE_{11}} = 0$ und sechs Feldkomponenten ein [Küh64]. Für

$$\frac{d}{\lambda_0} < \frac{j_{01}}{\pi\sqrt{\varepsilon_r-1}} = \frac{0,7655}{\sqrt{\varepsilon_r-1}} \qquad (28.27)$$

ist sie der einzige ausbreitungsfähige Wellentyp [Bal89]. Am Stabende wird die geführte Welle sowohl reflektiert als auch abgestrahlt, wodurch eine einfache längsstrahlende Antenne entsteht. Durch eine kontinuierliche Verkleinerung des Stabquerschnittes[2] $A = \pi\,d^2/4$ von

$$A_{\max} \approx \frac{\lambda_0^2}{4\,(\varepsilon_r-1)} \qquad \text{auf} \qquad A_{\min} \approx \frac{\lambda_0^2}{10\,(\varepsilon_r-1)} \qquad (28.28)$$

erhält man einen **Stielstrahler** (Bild 28.7) mit verbesserter Anpassung an den Freiraum, wodurch auch Nebenkeulen und Rückwärtsstrahlung sinken [Mall43, Mall49, Kie53]. Die gleichmäßige Querschnittsänderung führt zu einer seitlichen Abstrahlung entlang der gesamten Antennenlänge, weshalb man auch von einer **Leckwellenantenne** spricht (engl.: leaky Wave).

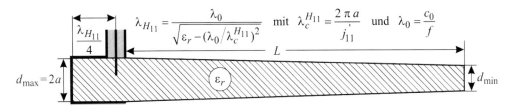

Bild 28.7 Konischer Stielstrahler der Länge L mit Anregung durch einen kurzen Rundhohlleiter

Die Hauptstrahlungsrichtung eines Stielstrahlers fällt mit seiner Längsachse zusammen. Für Stablängen im Bereich $2\lambda_0 \leq L \leq 7\lambda_0$ kann man bei optimaler Dimensionierung nach (28.28) folgende Werte für Gewinn und Halbwertsbreite erwarten [Küh64, And05, Vol07]:

$$\boxed{G \approx \frac{7\,L}{\lambda_0}} \qquad \text{und} \qquad \boxed{\Delta\vartheta \approx 65°\sqrt{\frac{\lambda_0}{L}}} \qquad \text{mit} \quad G\,(\Delta\vartheta)^2 \approx 29600\,, \qquad (28.29)$$

was etwa den Eigenschaften eines **Hansen-Woodyard-Längsstrahlers** entspricht (siehe Tabelle C.2). Mit $\varepsilon_r = 3$ folgt aus (28.28) $U_{\min} = \pi\,d_{\min} = 0,79\,\lambda_0$ und $U_{\max} = \pi\,d_{\max} = 1,25\,\lambda_0$. Der Stabilitätsbereich (28.25) einer längsstrahlenden **Wendelantenne** ist ähnlich ausgedehnt. Wenn wir in Tabelle 28.2 U/λ_P nach (28.21) einsetzen, erhalten wir mit $L \approx N\,g$ ein Verhalten analog zu (28.29). Stielstrahler und Wendelantenne haben – bei entsprechender Dimensionierung – daher vergleichbare Strahlungseigenschaften. Man beachte allerdings, dass der Stielstrahler linear polarisiert abstrahlt, während die Wendelantenne Zirkularpolarisation abgibt.

---

[2] Die Beziehungen (28.28) sind für kreisförmige und auch rechteckige Querschnitte anwendbar [LoLe88].

Übung 28.2: Entwurf eines dielektrischen Stielstrahlers

- Bei der Frequenz $f = 30$ GHz (d.h. $\lambda_0 = 9,993$ mm) soll ein Stielstrahler aus Quarzglas ($\varepsilon_r = 3,78$) mit einem Gewinn von $g = 10 \lg 22,2$ dBi $= 13,5$ dBi aufgebaut werden.

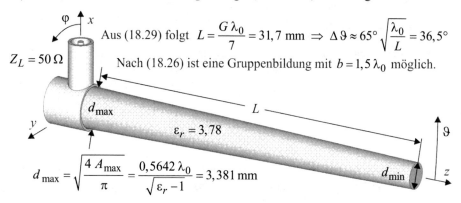

Aus (18.29) folgt $L = \dfrac{G \lambda_0}{7} = 31,7$ mm $\Rightarrow \Delta \vartheta \approx 65° \sqrt{\dfrac{\lambda_0}{L}} = 36,5°$

Nach (18.26) ist eine Gruppenbildung mit $b = 1,5 \lambda_0$ möglich.

$$d_{max} = \sqrt{\frac{4 A_{max}}{\pi}} = \frac{0,5642 \lambda_0}{\sqrt{\varepsilon_r - 1}} = 3,381 \text{ mm}$$

Bild 28.8 Konischer Stielstrahler mit koaxialer Speisung (semi-rigid cable). Der Rundhohlleiter umschließt den Stielstrahler und sollte zur breitbandigen Anpassung möglichst kurz sein.

- **Lösung:**

Wir starten nach (28.28) mit $d_{max} = 3,381$ mm. Ein Standard-Rundhohlleiter (C 580) hat nach Tabelle 8.10 den Innendurchmesser $3,581$ mm, sodass wir d_{max} auf diesen Wert nachjustieren, woraus d_{min} nach (28.28) zu $d_{max} \sqrt{0,4} = 2,265$ mm folgt. Numerische Simulationen mit einem 3D-Gitterverfahren [CST] zeigt Bild 28.9. Position und Länge des koaxialen Einkoppelstiftes konnten so optimiert werden, dass im Frequenzbereich von 26 bis 32 GHz der **Reflexionsfaktor** kleiner als -20 dB bleibt. Die **relative Bandbreite** $B_r = (32 - 26)/29 = 21\%$ ist kleiner als bei einer vergleichbaren Helixantenne ($\approx 50\%$). Die **Nebenkeulen** liegen in der E-Ebene typisch um 2 bis 3 dB höher als in der H-Ebene. An der Entwurfsfrequenz (30 GHz) werden die Zielforderungen (28.29) gut erfüllt.

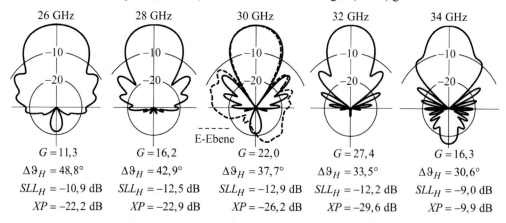

26 GHz	28 GHz	30 GHz	32 GHz	34 GHz
$G = 11,3$	$G = 16,2$	$G = 22,0$	$G = 27,4$	$G = 16,3$
$\Delta\vartheta_H = 48,8°$	$\Delta\vartheta_H = 42,9°$	$\Delta\vartheta_H = 37,7°$	$\Delta\vartheta_H = 33,5°$	$\Delta\vartheta_H = 30,6°$
$SLL_H = -10,9$ dB	$SLL_H = -12,5$ dB	$SLL_H = -12,9$ dB	$SLL_H = -12,2$ dB	$SLL_H = -9,0$ dB
$XP = -22,2$ dB	$XP = -22,9$ dB	$XP = -26,2$ dB	$XP = -29,6$ dB	$XP = -9,9$ dB

Bild 28.9 Kopolare Richtdiagramme (bis -30 dB) in der H-Ebene ($\varphi = 90°$) des konischen Stielstrahlers aus Bild 28.8. Bei $f = 30$ GHz ist das kopolare Diagramm in der E-Ebene ($\varphi = 0°$) gestrichelt ergänzt – mit $\Delta\vartheta_E = 35,9°$ gilt dort $G \Delta\vartheta_E \Delta\vartheta_H \approx 29800$. Bei 34 GHz zerfällt das kopolare Diagramm, d.h. der Gewinn bricht ein und das Kreuzpolarisationsmaß XP nach (14.144) steigt.□

Um höhere Gewinnwerte zu erhalten, können dielektrische Stielstrahler in Gruppen kombiniert werden [Mall43, Mall49]. Der optimale Elementabstand hängt vom Gewinn des Einzelstrahlers ab. Mit (28.26) wird gewährleistet, dass sich die – als kreisrund angenommenen – Wirkflächen der Gruppenelemente gerade nicht überlappen, wodurch es zu keinen spürbaren Verkopplungen innerhalb der Gruppe kommt. Beispielsweise hat eine Gruppe aus vier Stielstrahlern, die in einem quadratischen Array (Bild 28.10) amplituden- und phasengleich gespeist werden, eine viermal größere Wirkfläche und somit einen um 6 dB höheren Gewinn als der Einzelstrahler. Mit den Zahlenwerten aus Übung 28.2 folgt für $f = 30$ GHz der optimale Elementabstand:

$$\boxed{b = \frac{\lambda_0}{\pi}\sqrt{G} = \frac{9{,}993 \text{ mm}}{\pi}\sqrt{22{,}0} = 14{,}9 \text{ mm}} \ . \tag{28.30}$$

Mit einer numerischen Simulation [CST] konnte gezeigt werden, dass tatsächlich für $b = 16{,}1$ mm der Gesamtgewinn ein Maximum von 19,4 dBi (anstelle von 13,4 dBi beim Einzelstrahler) einnimmt. Der optimale Elementabstand wird damit durch (28.30) gut vorhergesagt. Die kleine Abweichung kann damit erklärt werden, dass die Wirkflächen der Gruppenelemente doch nicht ganz kreisförmig sind (siehe Bild 28.9: $\Delta\vartheta_H = 37{,}7°$ und $\Delta\vartheta_E = 35{,}9°$).

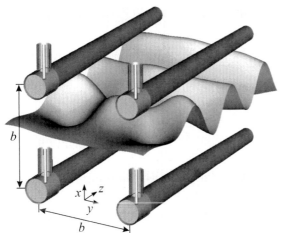

Der Gruppengewinn steigt gegenüber dem Gewinn des Einzelstrahlers um 6 dB, d.h. es gilt nun:

$$g = 19{,}4 \text{ dBi}$$
$$G = 87{,}1.$$

Weitere Gruppeneigenschaften sind:

$$\Delta\vartheta_H = 16{,}6°$$
$$\Delta\vartheta_E = 16{,}3°$$
$$SLL_H = -10{,}8 \text{ dB}$$
$$SLL_E = -11{,}2 \text{ dB}$$
$$XP = -33{,}3 \text{ dB}.$$

Bild 28.10 Uniform gespeiste quadratische Gruppe bestehend aus vier konischen Stielstrahlern mit den Daten aus Übung 28.2 ($d_{max} = 3{,}581$ mm) und Elementabstand $b = 16{,}1$ mm bei $f = 30$ GHz. Dargestellt ist die vertikal polarisierte elektrische Feldstärke $E_x(y,z)$ als Gebirge über der H-Ebene.

Interessant ist ein Vergleich der Stielstrahlergruppe aus Bild 28.10 mit einem optimalen Kegelhorn aus Tabelle 22.2 – beide realisieren bei $f = 30$ GHz den gleichen Gewinn von 19,4 dBi.

Tabelle 28.4 Das Kegelhorn ist bei gleichem Gewinn breiter und länger als die Stielstrahlergruppe.

$\lambda_0 = 9{,}993$ mm	(2×2)-Array aus 4 Stielstrahlern	optimales Kegelhorn
größte Querabmessungen	$(\sqrt{2}\,b + d_{max})/\lambda_0 = 2{,}64$	$2\,a_K/\lambda_0 = 4{,}13$
Baulänge	$L/\lambda_0 = 3{,}17$	$\rho_K/\lambda_0 = 5{,}46$
$\Delta\vartheta_H$	16,6°	18,5°
$\Delta\vartheta_E$	16,3°	15,8°
$G\,\Delta\vartheta_H\,\Delta\vartheta_E$	23600	25400

28.4 Aufgaben

28.4.1 Die Richtcharakteristik einer Wendelantenne mit N Windungen hat in axialer Betriebsart ihr Hauptmaximum bei $\vartheta = 0$ und lautet angenähert:

$$C(\vartheta) = \frac{1}{A} \left| \frac{\sin(N\,u/2)}{N \sin(u/2)} \cos\vartheta \right| \quad \text{mit} \quad u(\vartheta) = -2\pi \left[\frac{g}{\lambda_0}(1-\cos\vartheta) + \frac{1}{2N} \right] < 0 \,.$$

Bestimmen Sie den Normierungsfaktor A und leiten Sie folgende Faustformel für die **Nullwertsbreite** einer Wendelantenne in axialer Betriebsart her:

$$\Delta\vartheta_0 = 2 \arccos\left(1 - \frac{\lambda_0}{2\,N\,g} \right) \approx \frac{115°}{\sqrt{N\,g/\lambda_0}} \,.$$

Wie groß ist $\Delta\vartheta_0$ bei $N=10$ und $g/\lambda_0 = 0,29$ (Daten aus Bild 28.6)?

28.4.2 Betrachten Sie eine Wendelantenne mit Steigungswinkel $\alpha = 14°$. Wie viele Windungen N werden benötigt, damit sie bei $f_P = 5,8\,\text{GHz}$, d. h. $\lambda_P = c_0/f_P = 51,7\,\text{mm}$ einen Maximalgewinn von 16 dBi besitzt?

Vergleichen Sie die axiale Baulänge dieser Wendel mit der notwendigen Baulänge eines konischen Stielstrahlers, der den gleichen Gewinn aufweisen soll.

Wie unterscheiden sich die Halbwertsbreiten beider Antennen?

Lösungen:

28.4.1 $A = \dfrac{1}{N \sin(\pi/(2N))}$ und $\Delta\vartheta_0 = 68°$

28.4.2 Aus (28.23) erhalten wir mit $G_P = 39,8$ die notwendige Windungszahl:

$$N = 34,3 - 5,1\sqrt{46,0 - 39,8} = 21,6 \,.$$

Der Gewinn G_P wird nach (28.21) aber nur dann erreicht, wenn der Wendelumfang

$$U = \left(1,20 - (N/245) \right)\lambda_P = 57,5\,\text{mm}$$

beträgt. Damit folgt die Ganghöhe der Wendel zu $g = U \tan\alpha = 14,3\,\text{mm} = 0,28\,\lambda_P$, womit auch die axiale Baulänge $L = N\,g = 309,5\,\text{mm}$ feststeht. Ein Stielstrahler wäre nach (28.29) bei gleichem Gewinn mit $L = G_P\,\lambda_P/7 = 293,9\,\text{mm}$ nur wenig kürzer gewesen. Aus Tabelle 28.2 erhalten wir schließlich die Halbwertsbreite der Wendelantenne:

$$\Delta\vartheta_P = \sqrt{\frac{13000 - 145\,N}{G_P\,(\tan\alpha)^{0,6}}} = 23,9° \,,$$

während der vergleichbare Stielstrahler nach (28.29) auf folgenden Wert kommt:

$$\Delta\vartheta = 65°\sqrt{\frac{\lambda_P}{L}} = 65°\sqrt{\frac{7}{G_P}} = 27,3° \,.$$

Anhang A Mathematische Formeln

A.1 Konstanten

$$\pi = 3{,}1415\,92653\,58979 \qquad e = 2{,}7182\,81828\,45905 \qquad C = \ln\gamma = 0{,}5772\,15664\,90153$$

$$j_{11}' = 1{,}8411\,83781\,34066 \qquad j_{01} = 2{,}4048\,25557\,69577 \qquad j_{21}' = 3{,}0542\,36928\,22714$$

$$j_{11} = 3{,}8317\,05970\,20751 \qquad j_{01}' = 3{,}8317\,05970\,20751 \qquad j_{31}' = 4{,}2011\,88941\,21053$$

A.2 Trigonometrische Beziehungen

$$\cos^2 x + \sin^2 x = 1$$
$$\cosh^2 x - \sinh^2 x = 1$$
$$\cos(x \pm y) = \cos x \cos y \mp \sin x \sin y$$
$$\sin(x \pm y) = \sin x \cos y \pm \cos x \sin y$$

$$\tan(x \pm y) = \frac{\tan x \pm \tan y}{1 \mp \tan x \tan y}$$

$$\coth(x \pm y) = \frac{1 \pm \coth x \coth y}{\coth x \pm \coth y}$$

$$\operatorname{arcoth} x = \frac{1}{2}\ln\frac{x+1}{x-1} \quad (\text{für } x^2 > 1)$$

$$e^{\pm jx} = \cos x \pm j \sin x$$

$$\cos x + \cos y = 2\cos\frac{x+y}{2}\cos\frac{x-y}{2}$$
$$2\cos\alpha\cos\beta = \cos(\alpha-\beta) + \cos(\alpha+\beta)$$
$$2\sin\alpha\sin\beta = \cos(\alpha-\beta) - \cos(\alpha+\beta)$$
$$2\sin\alpha\cos\beta = \sin(\alpha-\beta) + \sin(\alpha+\beta)$$

$$\cos^2\frac{x}{2} = \frac{1+\cos x}{2}$$

$$\sin^2\frac{x}{2} = \frac{1-\cos x}{2}$$

$$\sin(2x) = 2\sin x \cos x$$

$$\cos(2x) = \cos^2 x - \sin^2 x$$

$$a\sin(x+\alpha) + b\sin(x+\beta) = \sqrt{a^2 + b^2 + 2ab\cos(\beta-\alpha)}\;\sin\left(x + \arctan\frac{a\sin\alpha + b\sin\beta}{a\cos\alpha + b\cos\beta}\right)$$

A.3 Funktionen mit komplexem Argument $\underline{z} = x + jy$

$$\sin\underline{z} = \sin x \cosh y + j\cos x \sinh y \qquad\qquad \cos\underline{z} = \cos x \cosh y - j\sin x \sinh y$$

$$\sinh\underline{z} = \sinh x \cos y + j\cosh x \sin y \qquad\qquad \cosh\underline{z} = \cosh x \cos y + j\sinh x \sin y$$

$$\tan\underline{z} = \frac{\sin 2x + j\sinh 2y}{\cos 2x + \cosh 2y} \qquad\qquad \cot\underline{z} = \frac{\sin 2x - j\sinh 2y}{\cosh 2y - \cos 2x}$$

$$\tanh\underline{z} = \frac{\sinh 2x + j\sin 2y}{\cosh 2x + \cos 2y} \qquad\qquad \coth\underline{z} = \frac{\sinh 2x - j\sin 2y}{\cosh 2x - \cos 2y}$$

$$\sqrt{\underline{z}} = \pm\frac{1}{\sqrt{2}}\left(\sqrt{x + \sqrt{x^2 + y^2}} + j\,\operatorname{sgn}(y)\sqrt{-x + \sqrt{x^2 + y^2}}\right) \quad \text{mit}\quad \operatorname{sgn}(y) = \begin{cases} -1 & \text{für } y < 0 \\ 0 & \text{für } y = 0 \\ 1 & \text{für } y > 0 \end{cases}$$

© Springer Fachmedien Wiesbaden GmbH, ein Teil von Springer Nature 2022
K. W. Kark, *Antennen und Strahlungsfelder*,
https://doi.org/10.1007/978-3-658-38595-8

A.4 Reihenentwicklungen für kleine Argumente $|x| \ll 1$

$$(1+x)^p \approx 1 + px + p(p-1)\frac{x^2}{2}, \quad |px| \ll 1$$

$$\sin x \approx x - \frac{x^3}{6} + \frac{x^5}{120}$$

$$\cos x \approx 1 - \frac{x^2}{2} + \frac{x^4}{24}$$

$$\tan x \approx x + \frac{x^3}{3} + \frac{2x^5}{15}$$

$$\cot x \approx \frac{1}{x} - \frac{x}{3} - \frac{x^3}{45} - \frac{2x^5}{945}$$

$$e^x \approx 1 + x + \frac{x^2}{2} + \frac{x^3}{6} + \frac{x^4}{24}$$

$$\ln(1+x) \approx x - \frac{x^2}{2} + \frac{x^3}{3} - \frac{x^4}{4}$$

$$\mathrm{Si}(x) \approx x - \frac{x^3}{18} + \frac{x^5}{600}$$

$$\mathrm{Ci}(x) \approx \ln(\gamma x) - \frac{x^2}{4} + \frac{x^4}{96} - \frac{x^6}{4320}$$

$$S(x) \approx \frac{\pi}{6} x^3 - \frac{\pi^3}{336} x^7$$

$$C(x) \approx x - \frac{\pi^2}{40} x^5$$

$$J_0(x) \approx 1 - \frac{x^2}{4} + \frac{x^4}{64}$$

$$J_m(x) \approx \frac{1}{m!}\left(\frac{x}{2}\right)^m \left(1 - \frac{x^2}{4(m+1)}\right)$$

$$N_0(x) \approx \frac{2}{\pi} J_0(x) \ln \frac{\gamma x}{2}$$

$$N_m(x) \approx -\frac{(m-1)!}{\pi}\left(\frac{2}{x}\right)^m$$

$$j_0(x) \approx 1 - \frac{x^2}{6} + \frac{x^4}{120}$$

$$j_m(x) \approx \frac{x^m}{1\cdot 3\cdot 5 \cdots (2m+1)}\left(1 - \frac{x^2}{2(2m+3)}\right)$$

$$n_0(x) \approx -\frac{1}{x} + \frac{x}{2} + \frac{x^3}{24}$$

$$n_m(x) \approx -\frac{1\cdot 3\cdot 5 \cdots (2m-1)}{x^{m+1}}\left(1 + \frac{x^2}{2(2m-1)}\right)$$

$$\arcsin x \approx x + \frac{x^3}{6} + \frac{3x^5}{40} \qquad \arctan x \approx x - \frac{x^3}{3} + \frac{x^5}{5} \qquad \arccos(1-x) \approx \sqrt{2x}\left(1 + \frac{x}{12} + \frac{3x^2}{160}\right)$$

$$\sinh x \approx x + \frac{x^3}{6} + \frac{x^5}{120} \qquad \cosh x \approx 1 + \frac{x^2}{2} + \frac{x^4}{24} \qquad \coth x \approx \frac{1}{x} + \frac{x}{3} - \frac{x^3}{45} + \frac{2x^5}{945}$$

A.5 Asymptotische Darstellungen für große Argumente $x \gg 1, m$

$$J_m(x) \approx \sqrt{\frac{2}{\pi x}}\left[\cos\left(x - \frac{m\pi}{2} - \frac{\pi}{4}\right) + \frac{1-4m^2}{8x}\sin\left(x - \frac{m\pi}{2} - \frac{\pi}{4}\right)\right]$$

$$N_m(x) \approx \sqrt{\frac{2}{\pi x}}\left[\sin\left(x - \frac{m\pi}{2} - \frac{\pi}{4}\right) - \frac{1-4m^2}{8x}\cos\left(x - \frac{m\pi}{2} - \frac{\pi}{4}\right)\right]$$

$$j_m(x) \approx \frac{1}{x}\sin\left(x - \frac{m\pi}{2}\right) + \frac{m(m+1)}{2x^2}\cos\left(x - \frac{m\pi}{2}\right)$$

$$n_m(x) \approx -\frac{1}{x}\cos\left(x - \frac{m\pi}{2}\right) + \frac{m(m+1)}{2x^2}\sin\left(x - \frac{m\pi}{2}\right)$$

$$\underline{h}_m^{(1)}(x) \approx (-j)^{m+1}\frac{e^{jx}}{x}\left(1 + j\frac{m(m+1)}{2x}\right) \qquad \underline{h}_m^{(2)}(x) \approx j^{m+1}\frac{e^{-jx}}{x}\left(1 - j\frac{m(m+1)}{2x}\right)$$

$$\mathrm{Si}(x) \approx \frac{\pi}{2} - \frac{\cos x}{x} - \frac{\sin x}{x^2}$$

$$S(x) \approx \frac{1}{2} - \frac{1}{\pi x} \cos\left(\frac{\pi}{2} x^2\right)$$

$$\mathrm{Ci}(x) \approx \frac{\sin x}{x} - \frac{\cos x}{x^2} - 2\frac{\sin x}{x^3}$$

$$C(x) \approx \frac{1}{2} + \frac{1}{\pi x} \sin\left(\frac{\pi}{2} x^2\right)$$

$$\mathrm{arcoth}\, x \approx \frac{1}{x} + \frac{1}{3 x^3} + \frac{1}{5 x^5} + \frac{1}{7 x^7}$$

$$\Gamma(x) \approx \sqrt{2\pi/x}\; x^x \exp\left(-x + \frac{1 - 1/(30\,x^2)}{12\,x}\right) \approx \sqrt{2\pi/x}\; x^x\, e^{-x}\left(1 + \frac{1}{12\,x} + \frac{1}{288\,x^2} - \frac{139}{51840\,x^3}\right)$$

A.6 Zylinderfunktionen und sphärische Zylinderfunktionen

$$J_m(x) = \sum_{k=0}^{\infty} \frac{(-1)^k}{k!\,\Gamma(m+1+k)} \left(\frac{x}{2}\right)^{m+2k}$$

$$J_m(-x) = (-1)^m J_m(x)$$

$$J'_m(x) = -\frac{m}{x} J_m(x) + J_{m-1}(x)$$

$$J_{-m}(x) = (-1)^m J_m(x)$$

$$= \frac{m}{x} J_m(x) - J_{m+1}(x)$$

$$J_{m+1}(x) + J_{m-1}(x) = \frac{2m}{x} J_m(x)$$

$$= \frac{1}{2}\left(J_{m-1}(x) - J_{m+1}(x)\right)$$

$$\underline{H}_m^{(1)}(x) = J_m(x) + j\,N_m(x) \quad \text{und} \quad \underline{H}_m^{(2)}(x) = J_m(x) - j\,N_m(x)$$

$$j_m(x) = \sqrt{\frac{\pi}{2x}}\, J_{m+1/2}(x) = \frac{1}{x}\,\hat{J}_m(x)$$

$$n_m(x) = \sqrt{\frac{\pi}{2x}}\, N_{m+1/2}(x) = \frac{1}{x}\,\hat{N}_m(x)$$

$$j_0(x) = \frac{\sin x}{x}$$

$$n_0(x) = -\frac{\cos x}{x}$$

$$j_1(x) = \frac{\sin x}{x^2} - \frac{\cos x}{x}$$

$$n_1(x) = -\frac{\cos x}{x^2} - \frac{\sin x}{x}$$

$$j_2(x) = \left(\frac{3}{x^3} - \frac{1}{x}\right)\sin x - \frac{3}{x^2}\cos x$$

$$n_2(x) = \left(\frac{1}{x} - \frac{3}{x^3}\right)\cos x - \frac{3}{x^2}\sin x$$

$$j_3(x) = \left(\frac{15}{x^4} - \frac{6}{x^2}\right)\sin x + \left(\frac{1}{x} - \frac{15}{x^3}\right)\cos x$$

$$n_3(x) = \left(\frac{6}{x^2} - \frac{15}{x^4}\right)\cos x + \left(\frac{1}{x} - \frac{15}{x^3}\right)\sin x$$

$$\underline{h}_m^{(1)}(x) = j_m(x) + j\,n_m(x) = \frac{1}{x}\,\hat{\underline{H}}_m^{(1)}(x) \quad \text{und} \quad \underline{h}_m^{(2)}(x) = j_m(x) - j\,n_m(x) = \frac{1}{x}\,\hat{\underline{H}}_m^{(2)}(x)$$

$$\underline{h}_0^{(2)}(x) = j\,\frac{e^{-jx}}{x}$$

$$\underline{h}_1^{(2)}(x) = -\frac{e^{-jx}}{x}\left(1 - \frac{j}{x}\right)$$

$$\underline{h}_2^{(2)}(x) = -j\,\frac{e^{-jx}}{x}\left(1 - \frac{3j}{x} - \frac{3}{x^2}\right)$$

$$\underline{h}_3^{(2)}(x) = \frac{e^{-jx}}{x}\left(1 - \frac{6j}{x} - \frac{15}{x^2} + \frac{15j}{x^3}\right)$$

A.7 Modifizierte Besselfunktionen 1. Art mit ganzzahligem Index

$$I_m(\underline{z}) = \sum_{k=0}^{\infty} \frac{1}{k!\,\Gamma(m+1+k)} \left(\frac{\underline{z}}{2}\right)^{m+2k} \qquad\qquad I_m(\underline{z}) = j^m J_m(-j\,\underline{z})$$

$$I_m(-\underline{z}) = (-1)^m I_m(\underline{z}) \qquad\qquad I_m(j\,\underline{z}) = j^m J_m(\underline{z})$$

$$I_{-m}(\underline{z}) = I_m(\underline{z}) \qquad\qquad I'_m(\underline{z}) = -\frac{m}{\underline{z}} I_m(\underline{z}) + I_{m-1}(\underline{z})$$

$$I_{m-1}(\underline{z}) - I_{m+1}(\underline{z}) = \frac{2m}{\underline{z}} I_m(\underline{z}) \qquad\qquad = \frac{m}{\underline{z}} I_m(\underline{z}) + I_{m+1}(\underline{z})$$

$$\int \underline{z}^{m+1} I_m(\underline{z})\,d\underline{z} = \underline{z}^{m+1} I_{m+1}(\underline{z}) \qquad\qquad = \frac{1}{2}\left(I_{m-1}(\underline{z}) + I_{m+1}(\underline{z})\right)$$

$$\int \underline{z}\, I_0(\underline{z})\,d\underline{z} = \underline{z}\, I_1(\underline{z}) \qquad\qquad I'_0(\underline{z}) = I_1(\underline{z})$$

$$I_0\big((1+j)\,x\big) = \mathrm{ber}_0\left(x\sqrt{2}\right) + j\,\mathrm{bei}_0\left(x\sqrt{2}\right) \qquad I_1\big((1+j)\,x\big) = \mathrm{bei}_1\left(x\sqrt{2}\right) - j\,\mathrm{ber}_1\left(x\sqrt{2}\right)$$

kleine Argumente
$$I_0(\underline{z}) = 1 + \frac{\underline{z}^2}{4} + \frac{\underline{z}^4}{64} + \frac{\underline{z}^6}{2304} + \frac{\underline{z}^8}{147456} + \cdots$$

$$I_1(\underline{z}) = \frac{\underline{z}}{2}\left(1 + \frac{\underline{z}^2}{8} + \frac{\underline{z}^4}{192} + \frac{\underline{z}^6}{9216} + \frac{\underline{z}^8}{737280} + \cdots\right)$$

$$\frac{\underline{z}}{2}\frac{I_0(\underline{z})}{I_1(\underline{z})} = 1 + \frac{\underline{z}^2}{8} - \frac{\underline{z}^4}{192} + \frac{\underline{z}^6}{3072} - \frac{\underline{z}^8}{46080} + \cdots$$

große Argumente
$$I_0(\underline{z}) = \frac{e^{\underline{z}}}{\sqrt{2\pi\underline{z}}}\left(1 + \frac{1}{8\underline{z}} + \frac{9}{128\underline{z}^2} + \frac{75}{1024\underline{z}^3} + \frac{3675}{32768\underline{z}^4} + \frac{59535}{262144\underline{z}^5} + \cdots\right)$$

$$I_1(\underline{z}) = \frac{e^{\underline{z}}}{\sqrt{2\pi\underline{z}}}\left(1 - \frac{3}{8\underline{z}} - \frac{15}{128\underline{z}^2} - \frac{105}{1024\underline{z}^3} - \frac{4725}{32768\underline{z}^4} - \frac{72765}{262144\underline{z}^5} - \cdots\right)$$

$$\frac{I_0(\underline{z})}{I_1(\underline{z})} = 1 + \frac{1}{2\underline{z}} + \frac{3}{8\underline{z}^2} + \frac{3}{8\underline{z}^3} + \frac{63}{128\underline{z}^4} + \frac{27}{32\underline{z}^5} + \cdots$$

A.8 Modifizierte Besselfunktionen 2. Art mit reellem Index

werden auch als **MacDonaldsche** Funktionen oder **Bassetsche** Funktionen bezeichnet:

$$K_\nu(x) = \frac{\pi}{2} \frac{I_{-\nu}(x) - I_\nu(x)}{\sin(\nu\pi)} \quad \text{mit} \quad K_{-\nu}(x) = K_\nu(x) \quad \text{und} \quad K_{\nu+1}(x) - K_{\nu-1}(x) = \frac{2\nu}{x} K_\nu(x)$$

$$K'_\nu(x) = -\frac{\nu}{x} K_\nu(x) - K_{\nu-1}(x) = \frac{\nu}{x} K_\nu(x) - K_{\nu+1}(x) = -\frac{1}{2}\left(K_{\nu-1}(x) + K_{\nu+1}(x)\right)$$

$$K_\nu(x \ll 1) \approx 2^{\nu-1}\,\Gamma(\nu)\,x^{-\nu} \quad \text{und} \quad K_0(x \ll 1) \approx -\ln\frac{\gamma x}{2}$$

$$K_\nu(x \gg 1) \approx \sqrt{\frac{\pi}{2x}}\,e^{-x}\left[1 + \frac{\mu-1}{8x} + \frac{(\mu-1)(\mu-9)}{2!(8x)^2} + \frac{(\mu-1)(\mu-9)(\mu-25)}{3!(8x)^3} + \cdots\right] \quad \text{mit} \quad \mu = 4\nu^2$$

Für das Spektrum der Synchrotronstrahlung $F(x) = x \int\limits_{x}^{\infty} K_{5/3}(\xi)\,d\xi$

benötigt man folgenden Spezialfall (mit rel. Fehler < 1,1 %):

$$K_{5/3}(x) \approx \begin{cases} x^{-5/3}\left[\dfrac{1519}{1060} - \dfrac{2221}{4133}x^2 + \dfrac{775}{2041}x^{10/3} - \dfrac{292}{1449}x^4\right] & \text{für} \quad 0 < x \le 0,8 \\[2ex] \dfrac{629}{573} - \dfrac{3163}{1361}(x-1) + \dfrac{893}{276}(x-1)^2 - \dfrac{1811}{459}(x-1)^3 & \text{für} \quad 0,8 \le x \le 1,21 \\[2ex] \sqrt{\dfrac{\pi}{2x}}\,e^{-x}\left[1 + \dfrac{91}{72x} + \dfrac{288}{1727x^2} - \dfrac{279}{2891x^2}\right] & \text{für} \quad x \ge 1,21 \end{cases}$$

A.9 Legendre-Polynome $P_n(\cos\vartheta)$ und ihre Ableitungen

$$P_0(\cos\vartheta) = 1 \qquad\qquad \frac{\partial P_0(\cos\vartheta)}{\partial\vartheta} = 0$$

$$P_1(\cos\vartheta) = \cos\vartheta \qquad\qquad \frac{\partial P_1(\cos\vartheta)}{\partial\vartheta} = -\sin\vartheta$$

$$P_2(\cos\vartheta) = \frac{1 + 3\cos 2\vartheta}{4} \qquad\qquad \frac{\partial P_2(\cos\vartheta)}{\partial\vartheta} = -\frac{3\sin 2\vartheta}{2}$$

$$P_3(\cos\vartheta) = \frac{3\cos\vartheta + 5\cos 3\vartheta}{8} \qquad\qquad \frac{\partial P_3(\cos\vartheta)}{\partial\vartheta} = -\frac{3\sin\vartheta + 15\sin 3\vartheta}{8}$$

$$P_4(\cos\vartheta) = \frac{9 + 20\cos 2\vartheta + 35\cos 4\vartheta}{64} \qquad\qquad \frac{\partial P_4(\cos\vartheta)}{\partial\vartheta} = -\frac{10\sin 2\vartheta + 35\sin 4\vartheta}{16}$$

$$P_5(\cos\vartheta) = \frac{30\cos\vartheta + 35\cos 3\vartheta + 63\cos 5\vartheta}{128} \qquad \frac{\partial P_5(\cos\vartheta)}{\partial\vartheta} = -\frac{30\sin\vartheta + 105\sin 3\vartheta + 315\sin 5\vartheta}{128}$$

A.10 Lommelsche Funktionen mit einem Index und 2 Argumenten

Reihendarstellung:
$$U_n(w,z) = \sum_{m=0}^{\infty} (-1)^m \left(\frac{w}{z}\right)^{n+2m} J_{n+2m}(z) \qquad \text{für } n = 0,1,2,3,\dots$$

Rekursionsformeln:
$$U_n(w,z) + U_{n+2}(w,z) = \left(\frac{w}{z}\right)^n J_n(z)$$

$$U_n(w,z) - U_{n+4}(w,z) = \left(\frac{w}{z}\right)^n J_n(z) - \left(\frac{w}{z}\right)^{n+2} J_{n+2}(z)$$

Integraldarstellung:
$$U_n(w,z) + j\,U_{n+1}(w,z) = \frac{w^n}{z^{n-1}} \int_{u=0}^{1} u^n J_{n-1}(zu)\, e^{j\,w\,(1-u^2)/2}\, du$$

Nützliche Integrale:
$$\underline{M}_{mn} = \int_{u=0}^{1} u^m J_n(zu)\, e^{j\,w\,(1-u^2)/2}\, du \qquad \text{mit } m = 1,3,5 \text{ und } n = 0,2$$

Spezialfälle:

$U_n(0,z) = 0$

$U_0(w,0) = \cos(w/2)$

$U_1(w,0) = \sin(w/2)$

$U_2(w,0) = 1 - \cos(w/2)$

$U_0(z,z) = \dfrac{J_0(z) + \cos z}{2}$

$U_1(z,z) = \dfrac{\sin z}{2}$

$U_2(z,z) = \dfrac{J_0(z) - \cos z}{2}$

$$\underline{M}_{10} = \frac{U_1(w,z) + j\,U_2(w,z)}{w}$$

$$\underline{M}_{30} = \frac{2\,J_2(z)}{z^2} + \left(2j - \frac{z^2}{w}\right) \frac{U_3(w,z) + j\,U_4(w,z)}{w^2}$$

$$\underline{M}_{50} = \frac{8\,J_3(z)}{z^3} + \frac{j\,J_4(z)}{w} - j \left[\left(4j - \frac{z^2}{w}\right)^2 + 8\right] \frac{U_4(w,z) + j\,U_5(w,z)}{w^3}$$

$$\underline{M}_{12} = \frac{2}{z^2} \left[e^{j\,w/2} - J_0(z) - \left(2j + \frac{z^2}{w}\right) \frac{U_1(w,z) + j\,U_2(w,z)}{2} \right]$$

$$\underline{M}_{32} = z^2\, \frac{U_3(w,z) + j\,U_4(w,z)}{w^3}$$

$$\underline{M}_{52} = -\frac{j\,J_4(z)}{w} - j\,z^2 \left(6j - \frac{z^2}{w}\right) \frac{U_4(w,z) + j\,U_5(w,z)}{w^4}$$

Darstellung der Lommelschen Funktionen $U_1(w,z)$ und $U_2(w,z)$ im Bereich $0 \le w, z \le 30$

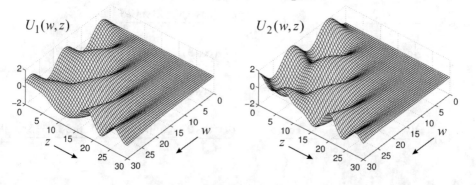

A.11 Nützliche Integrale und Entwicklungen

$$\int_0^\pi \sin^n \vartheta \, d\vartheta = \sqrt{\pi} \, \frac{\Gamma\big((n+1)/2\big)}{\Gamma\big((n+2)/2\big)} \quad (\text{für } n > -1)$$

$$\int_0^\pi \frac{\sin \vartheta \, d\vartheta}{(1-\beta \cos \vartheta)^5} = 2 \, \frac{1+\beta^2}{(1-\beta^2)^4}$$

$$\int_0^\pi \frac{\sin \vartheta \, d\vartheta}{(1-\beta \cos \vartheta)^3} = \frac{2}{(1-\beta^2)^2}$$

$$\int_0^\pi \frac{\cos \vartheta \sin \vartheta \, d\vartheta}{(1-\beta \cos \vartheta)^5} = \frac{2\beta}{3} \, \frac{5+\beta^2}{(1-\beta^2)^4}$$

$$\int_0^\pi \frac{\cos^2 \vartheta \sin \vartheta \, d\vartheta}{(1-\beta \cos \vartheta)^5} = \frac{2}{3} \, \frac{1+5\beta^2}{(1-\beta^2)^4}$$

$$\int x \, J_0(x) \, dx = x \, J_1(x)$$

$$\int x^3 J_0(x) \, dx = x^3 J_2'(x)$$

$$\int x^5 J_0(x) \, dx = x^3 (8-x^2) \, J_3(x)$$

$$\int x^7 J_0(x) \, dx = x^5 \Big[(12-x^2) \, J_4'(x) - 2 \, x \, J_4(x) \Big]$$

$$\int_0^{\pi/2} \frac{J_1^2(\alpha \sin \vartheta)}{\sin \vartheta} \, d\vartheta = \frac{1}{2} - \frac{J_1(2\alpha)}{2\alpha}$$

$$\int x \, J_m^2(\alpha x) \, dx = \frac{x^2}{2} \left[J_m'^2(\alpha x) + \left(1 - \frac{m^2}{(\alpha x)^2} \right) J_m^2(\alpha x) \right]$$

$$(\beta^2 - \alpha^2) \int x \, J_m(\alpha x) \, J_m(\beta x) \, dx = x \Big[\alpha \, J_m(\beta x) \, J_m'(\alpha x) - \beta \, J_m(\alpha x) \, J_m'(\beta x) \Big] \quad (\text{für } \alpha \neq \beta)$$

$$\int_{-\pi}^\pi e^{j(m\varphi + x \cos \varphi)} \, d\varphi = 2\pi \, j^m J_m(x)$$

$$\int_{-\pi}^\pi e^{\pm j\varphi} \, e^{jm(\varphi - x \sin \varphi)} \, d\varphi = 2\pi \, J_{m\pm 1}(mx)$$

$$\int_{\vartheta=0}^\pi \big[P_n(\cos \vartheta) \big]^2 \sin \vartheta \, d\vartheta = \frac{2}{2n+1}$$

$$\int_{\vartheta=0}^\pi \left[\frac{\partial P_n(\cos \vartheta)}{\partial \vartheta} \right]^2 \sin \vartheta \, d\vartheta = \frac{2n(n+1)}{2n+1}$$

$$J_m(j_{mn} + \varepsilon) \approx \varepsilon \, J_{m+1}(j_{mn}) \left[-1 + \frac{\varepsilon}{2 \, j_{mn}} \right] = \varepsilon \, J_{m-1}(j_{mn}) \left[1 - \frac{\varepsilon}{2 \, j_{mn}} \right] \quad \text{für} \quad |\varepsilon| \ll 1$$

$$J_m'(j_{mn}' + \varepsilon) \approx \varepsilon \, J_m(j_{mn}') \left[-1 + \frac{m^2}{j_{mn}'^2} + \frac{\varepsilon}{2 \, j_{mn}'} \left(1 - \frac{3m^2}{j_{mn}'^2} \right) \right] \quad \text{für} \quad |\varepsilon| \ll 1$$

A.12 Krummlinige orthogonale Koordinatensysteme (x_1, x_2, x_3)

Ortsvektor:
$$\mathbf{r} = x(x1, x2, x3)\,\mathbf{e}_x + y(x1, x2, x3)\,\mathbf{e}_y + z(x1, x2, x3)\,\mathbf{e}_z$$

Vektorfeld:
$$\mathbf{A} = A_1\,\mathbf{e}_1 + A_2\,\mathbf{e}_2 + A_3\,\mathbf{e}_3$$

Metrikkoeffizienten:
$$h_i = \sqrt{\left(\frac{\partial x}{\partial x_i}\right)^2 + \left(\frac{\partial y}{\partial x_i}\right)^2 + \left(\frac{\partial z}{\partial x_i}\right)^2} \quad \text{mit } i = 1, 2, 3$$

Einheitsvektoren:
$$\mathbf{e}_i = \frac{1}{h_i}\frac{\partial \mathbf{r}}{\partial x_i} = \frac{1}{h_i}\left(\frac{\partial x}{\partial x_i}\mathbf{e}_x + \frac{\partial y}{\partial x_i}\mathbf{e}_y + \frac{\partial z}{\partial x_i}\mathbf{e}_z\right)$$

Wegelement:
$$d\mathbf{s} = \sum_{i=1}^{3} \mathbf{e}_i\,h_i\,dx_i$$

Volumenelement:
$$dV = h_1\,h_2\,h_3\,dx_1\,dx_2\,dx_3$$

Gradient:
$$\operatorname{grad}\Phi = \sum_{i=1}^{3}\frac{\mathbf{e}_i}{h_i}\frac{\partial \Phi}{\partial x_i}$$

Divergenz:
$$\operatorname{div}\mathbf{A} = \frac{1}{h_1\,h_2\,h_3}\sum_{i=1}^{3}\frac{\partial}{\partial x_i}\left(\frac{h_1\,h_2\,h_3}{h_i}A_i\right)$$

Rotation[1]:
$$\operatorname{rot}\mathbf{A} = \frac{1}{h_1\,h_2\,h_3}\sum_{i=1}^{3}\mathbf{e}_i\,h_i\left[\frac{\partial(h_k A_k)}{\partial x_j} - \frac{\partial(h_j A_j)}{\partial x_k}\right]$$

Laplace-Operator[1]:
$$\Delta\Phi = \operatorname{div}\operatorname{grad}\Phi = \frac{1}{h_1\,h_2\,h_3}\sum_{i=1}^{3}\frac{\partial}{\partial x_i}\left(\frac{h_1\,h_2\,h_3}{h_i^2}\frac{\partial \Phi}{\partial x_i}\right)$$

$$\nabla^2\mathbf{A} = \operatorname{grad}\operatorname{div}\mathbf{A} - \operatorname{rot}\operatorname{rot}\mathbf{A} =$$

$$= \sum_{i=1}^{3}\mathbf{e}_i\frac{1}{h_i}\frac{\partial}{\partial x_i}\left[\frac{1}{h_1\,h_2\,h_3}\sum_{j=1}^{3}\frac{\partial}{\partial x_j}\left(\frac{h_1\,h_2\,h_3}{h_j}A_j\right)\right] +$$

$$+ \frac{1}{h_1\,h_2\,h_3}\sum_{i=1}^{3}\mathbf{e}_i\,h_i\frac{\partial}{\partial x_k}\left[\frac{h_j^2}{h_1\,h_2\,h_3}\left(\frac{\partial(h_i A_i)}{\partial x_k} - \frac{\partial(h_k A_k)}{\partial x_i}\right)\right] -$$

$$- \frac{1}{h_1\,h_2\,h_3}\sum_{i=1}^{3}\mathbf{e}_i\,h_i\frac{\partial}{\partial x_j}\left[\frac{h_k^2}{h_1\,h_2\,h_3}\left(\frac{\partial(h_j A_j)}{\partial x_i} - \frac{\partial(h_i A_i)}{\partial x_j}\right)\right]$$

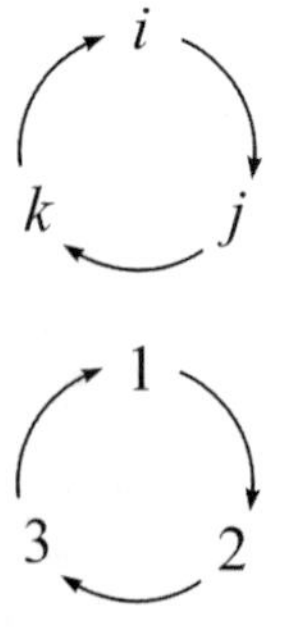

Bild A.1 Zyklische Vertauschung

---

[1] Bei der Bildung der Rotationen stellt i, j und k eine zyklische Vertauschung (Bild A.1) der Indizes 1, 2 und 3 dar, d. h. es gilt: $ijk = 123, 231, 312$.

Die Herleitung obiger Formeln findet man z. B. in [Str07, Mo61b, Pie77, Tai97, Ril02].

Anhang B Elektrotechnische Formeln

B.1 Abkürzungen

Lichtgeschwindigkeit $\quad c = 1/\sqrt{\mu\,\varepsilon}$

Kreisfrequenz $\quad \omega = 2\,\pi\,f$

Wellenzahl $\quad k = \omega/c$

Ausbreitungskonstante $\quad \gamma = \alpha + j\,\beta$

Phasenkonstante $\quad \beta = 2\,\pi/\lambda$

Phasengeschwindigkeit $\quad v_p = \omega/\beta = \lambda\,f$

Gruppengeschwindigkeit $\quad v_g = d\omega/d\beta$

kompl. Permittivität $\quad \underline{\varepsilon} = \varepsilon' - j\,\varepsilon'' - j\,\kappa/\omega$

diel. Verlustfaktor $\quad \tan\delta_\varepsilon = (\varepsilon'' + \kappa/\omega)/\varepsilon'$

Feldwellenimpedanz $\quad \underline{Z} = \sqrt{\mu/\underline{\varepsilon}}$

metall. Eindringtiefe $\quad \delta = 1/\sqrt{\pi\,f\,\mu\,\kappa}$

B.2 Grundgleichungen

Maxwellsche Gln. $\quad \operatorname{rot}\mathbf{H} = \partial\mathbf{D}/\partial t + \mathbf{J}$

$\operatorname{rot}\mathbf{E} = -\partial\mathbf{B}/\partial t$

$\operatorname{div}\mathbf{D} = \rho$

$\operatorname{div}\mathbf{B} = 0$

Materialgln. $\quad \mathbf{D} = \varepsilon\,\mathbf{E}, \quad \mathbf{H} = \mathbf{B}/\mu$

Ohmsches Gesetz $\quad \mathbf{J}_L = \kappa\,\mathbf{E}$

Kontinuitätsgl. $\quad \partial\rho/\partial t + \operatorname{div}\mathbf{J} = 0$

Wellengleichung $\quad \nabla^2\mathbf{E} - \dfrac{1}{c^2}\dfrac{\partial^2\mathbf{E}}{\partial t^2} = 0$

Helmholtz-Gl. $\quad \nabla^2\underline{\mathbf{E}} + k^2\,\underline{\mathbf{E}} = 0$

B.3 Vektorpotenziale

magn. $\quad \underline{\mathbf{A}}(\mathbf{r}) = \iiint\limits_{V'} \underline{\mathbf{J}}(\mathbf{r}')\,\dfrac{e^{-j\,k\,|\mathbf{r}-\mathbf{r}'|}}{4\,\pi\,|\mathbf{r}-\mathbf{r}'|}\,dV'$

elektr. $\quad \underline{\mathbf{F}}(\mathbf{r}) = \iiint\limits_{V'} \underline{\mathbf{M}}(\mathbf{r}')\,\dfrac{e^{-j\,k\,|\mathbf{r}-\mathbf{r}'|}}{4\,\pi\,|\mathbf{r}-\mathbf{r}'|}\,dV'$

$\underline{\mathbf{H}} = \operatorname{rot}\underline{\mathbf{A}} + \dfrac{1}{j\,\omega\,\mu}\,(\operatorname{grad}\operatorname{div}\underline{\mathbf{F}} + k^2\,\underline{\mathbf{F}})$

$\underline{\mathbf{E}} = -\operatorname{rot}\underline{\mathbf{F}} + \dfrac{1}{j\,\omega\,\varepsilon}\,(\operatorname{grad}\operatorname{div}\underline{\mathbf{A}} + k^2\,\underline{\mathbf{A}})$

B.4 Feldgrößen

Lorentzkraft $\quad \mathbf{F} = q\,(\mathbf{E} + \mathbf{v}\times\mathbf{B})$

Energiedichte $\quad w = \dfrac{1}{2}\,(\mathbf{E}\cdot\mathbf{D} + \mathbf{H}\cdot\mathbf{B})$

Poyntingvektor $\quad \mathbf{S} = \mathbf{E}\times\mathbf{H}$

Impulsdichte $\quad \mathbf{p}_V = \mathbf{D}\times\mathbf{B} = \mathbf{S}/c^2$

Strahlungsdruck $\quad p_s = -\mathbf{n}\cdot\mathbf{S}/c$

Wirkleistung $\quad P = \operatorname{Re}\iint\limits_{A} \dfrac{\underline{\mathbf{E}}\times\underline{\mathbf{H}}^*}{2}\cdot d\mathbf{A}$

B.5 Verschiedenes

bewegte Masse $\quad m = m_0\Big/\sqrt{1 - v^2/c_0^2}$

relativist. Impuls $\quad \mathbf{p} = m\,\mathbf{v}$

relativist. Energie $\quad E = m\,c_0^2$

$E^2 = m_0^2\,c_0^4 + (\mathbf{p}\cdot\mathbf{p})\,c_0^2$

Photonenenergie $\quad E = h\,f = \hbar\,\omega$

Photonenimpuls $\quad p = h/\lambda = \hbar\,k$

© Springer Fachmedien Wiesbaden GmbH, ein Teil von Springer Nature 2022
K. W. Kark, *Antennen und Strahlungsfelder*,
https://doi.org/10.1007/978-3-658-38595-8

Anhang C Formeln zum Antennendesign

C.1 Schlanke Dipolantennen im Freiraum mit Mittelpunktspeisung

Tabelle C.1 $P_S = R_S \left|\underline{I}_{max}\right|^2 / 2 = R_E \left|\underline{I}_0\right|^2 / 2$	Stromverteilung $I(z)$ mit	Richt-faktor D	3 dB-Breite $\Delta\vartheta$	Strahlungs-widerstand R_S/Ω	Eingangs-widerstand R_E/Ω
Hertzscher Dipol $l \ll \lambda_0/4$	$\underline{I}_{max} = \underline{I}_0$	1,50	90,0°	$789\,\dfrac{l^2}{\lambda_0^2}$	$789\,\dfrac{l^2}{\lambda_0^2}$
kurzer Dipol $l \ll \lambda_0/4$	$\underline{I}_{max} = \underline{I}_0$	1,50	90,0°	$197\,\dfrac{l^2}{\lambda_0^2}$	$197\,\dfrac{l^2}{\lambda_0^2}$
Halbwellendipol $l = \lambda_0/2$	$\underline{I}_{max} = \hat{\underline{I}} = \underline{I}_0$	1,64	78,1°	73,1	73,1
Ganzwellendipol $l = \lambda_0$	$\underline{I}_{max} = \hat{\underline{I}}$, $\underline{I}_0 \to 0$	2,41	47,8°	199	$\to \infty$

C.2 Gruppencharakteristik linearer Antennengruppen

Antennenzeile aus N im gegenseitigen Abstand a äquidistant angeordneten baugleichen Einzelelementen mit uniformer Amplitudenbelegung und linearem Phasengang δ

Tabelle C.2	Phase δ	Richt-faktor D	Halbwertsbreite $\Delta\varphi$	Nullwertsbreite $\Delta\varphi_0$
Querstrahler $a \le \lambda_0\left(1-1/(2N)\right)$	0	$2\,\dfrac{N a}{\lambda_0}$	$2\arcsin\left(\dfrac{\lambda_0}{N a}\dfrac{1{,}392}{\pi}\right)$	$2\arcsin\left(\dfrac{\lambda_0}{N a}\right)$
Längsstrahler $a \le 0{,}5\lambda_0\left(1-1/(2N)\right)$	$k_0 a$	$4\,\dfrac{N a}{\lambda_0}$	$2\arccos\left(1-\dfrac{\lambda_0}{N a}\dfrac{1{,}392}{\pi}\right)$	$2\arccos\left(1-\dfrac{\lambda_0}{N a}\right)$
Hansen-Woodyard-Längsstrahler $a = 0{,}25\lambda_0\left(1-1/N\right)$	$k_0 a + \dfrac{\pi}{N}$	$7{,}3\,\dfrac{N a}{\lambda_0}$	$2\arccos\left(1-\dfrac{\lambda_0}{N a}\,0{,}1408\right)$	$2\arccos\left(1-\dfrac{\lambda_0}{2N a}\right)$

© Springer Fachmedien Wiesbaden GmbH, ein Teil von Springer Nature 2022
K. W. Kark, *Antennen und Strahlungsfelder*,
https://doi.org/10.1007/978-3-658-38595-8

C.3 Strahlung einer linearen Belegung bzw. einer Rechteckapertur

Tabelle C.3 Phase uniform, $k_0\,a \gg 1$	Amplitudenbelegung $E(x)$ mit $|x| \le a/2$	Halbwerts- breite $\Delta\vartheta$	Nullwerts- breite $\Delta\vartheta_0$	Niveau der 1. Nebenkeule SLL
uniforme Belegung	$1{\uparrow}E(x)$ 0 ___ 0 $-a/2$ $a/2$	$\dfrac{50,8°}{a/\lambda_0}$	$\dfrac{114,6°}{a/\lambda_0}$	$-13,3$ dB
Kosinus-Belegung $E(x) = \cos(\pi x/a)$	$1{\uparrow}E(x)$ 0 ___ 0 $-a/2$ $a/2$	$\dfrac{68,1°}{a/\lambda_0}$	$\dfrac{171,9°}{a/\lambda_0}$	$-23,1$ dB

C.4 Strahlung einer Kreisapertur vom Durchmesser $D = 2a$

Tabelle C.4 Phase uniform, $k_0\,D \gg 1$	Amplitudenbelegung $E(\rho)$ mit $\rho \le a = D/2$	Halbwerts- breite $\Delta\vartheta$	Nullwerts- breite $\Delta\vartheta_0$	Niveau der 1. Nebenkeule SLL
uniforme Belegung	$1{\uparrow}E(\rho)$ 0 ___ 0 $-a$ a	$\dfrac{59,0°}{D/\lambda_0}$	$\dfrac{139,8°}{D/\lambda_0}$	$-17,6$ dB
E-Ebene der H_{11}-Welle	$\rho\,E_\rho(\rho) = J_1(j_{11}'\,\rho/a)$	$\dfrac{74,4°}{D/\lambda_0}$	$\dfrac{194,5°}{D/\lambda_0}$	$-26,1$ dB
H-Ebene der H_{11}-Welle	$E_\varphi(\rho) = J_1'(j_{11}'\,\rho/a)$			
quadratische Belegung $E(\rho) = 1 - \rho^2/a^2$	$1{\uparrow}E(\rho)$ 0 ___ 0 $-a$ a	$\dfrac{72,7°}{D/\lambda_0}$	$\dfrac{187,3°}{D/\lambda_0}$	$-24,6$ dB

C.5 Ausbreitungskonstanten von Hohlleiterwellen

H_{10}-Welle im **Rechteckhohlleiter** mit Wandstromverlusten ($\kappa < \infty$) aus [Col91]:

$$\underline{k}_z = \beta - j\alpha = \sqrt{k^2 - k_c^2 + (1-j)\frac{\delta}{a}\left(2k_c^2 + \frac{a}{b}k^2\right)} \qquad \text{mit } k_c = \pi/a \,.$$

H_{11}-Welle im **Rundhohlleiter** mit Wandstromverlusten ($\kappa < \infty$) aus [Scha56]:

$$\underline{k}_z = \beta - j\alpha = \sqrt{k^2 - k_c^2 + (1-j)\frac{\delta}{a}\left(k_c^2 + \frac{k^2}{(j_{11}')^2 - 1}\right)} \qquad \text{mit } k_c = j_{11}'/a \approx 1{,}841/a \,.$$

Beide Formeln gelten im Frequenzbereich $0 < \omega < \infty$, solange nur $\delta = \sqrt{2/(\omega\mu\kappa)} \ll a$ bleibt.

C.6 Hornstrahler mit Maximalgewinn bei fester Baulänge

Tabelle C.5 $a, b > 1{,}6\lambda_0$ und $\alpha < 30°$	Gangunterschied δ am Hornrand	Halbwerts- breite Θ_H	Halbwerts- breite Θ_E	Flächenwir- kungsgrad q
E-Sektorhorn $\quad(B > 1{,}8\lambda_0)$	$0{,}2624\,\lambda_0$	$68{,}1°\lambda_0/a$	$54{,}3°\lambda_0/B$	$0{,}6339$
H-Sektorhorn $\quad(A > 2{,}7\lambda_0)$	$0{,}3965\,\lambda_0$	$79{,}4°\lambda_0/A$	$50{,}8°\lambda_0/b$	$0{,}6260$
Kegelhorn $\qquad(D > 2{,}7\lambda_0)$	$0{,}3908\,\lambda_0$	$76{,}2°\lambda_0/D$	$65{,}0°\lambda_0/D$	$0{,}5176$
Kreisrillenhorn $(D > 3{,}4\lambda_0)$	$0{,}4884\,\lambda_0$	$85{,}0°\lambda_0/D$	$85{,}0°\lambda_0/D$	$0{,}4217$

C.7 Beam efficiency und pattern factor elektrisch <u>großer</u> Antennen

Tabelle C.6 $a, b, A, B, D, Na, Ng \gg 1/k_0$		$G\,\overset{\circ}{\Theta}_H\,\overset{\circ}{\Theta}_E$	$\dfrac{\varepsilon_M}{k_p}$	Winkel ϑ_0 für Ω_M in (9.33)	beam efficiency $\varepsilon_M = \Omega_M/\Omega$	pattern factor k_p
ebene Kreisaperturen	**uniform belegt**	34200	$0{,}65$	$1{,}22\lambda_0/D$	$0{,}84$	$1{,}29$
	H_{11}-Belegung	36200	$0{,}69$	$1{,}46\lambda_0/D$	$0{,}91$	$1{,}32$
	Rillenhohlleiter	38900	$0{,}74$	$1{,}71\lambda_0/D$	$0{,}98$	$1{,}32$
ebene Recht- eckaperturen	**uniform belegt**	32400	$0{,}62$	$1{,}00\lambda_0/a$	$0{,}82$	$1{,}32$
	H_{10}-Belegung	35200	$0{,}67$	$1{,}25\lambda_0/a$	$0{,}90$	$1{,}34$
	Rillenhohlleiter	38300	$0{,}73$	$1{,}50\lambda_0/a$	$0{,}99$	$1{,}36$
Hornstrahler mit Maximalgewinn	**H-Sektorhorn**	31700	$0{,}60$	$1{,}50\lambda_0/A$	$0{,}94$	$1{,}56$
	E-Sektorhorn	29500	$0{,}56$	$1{,}00\lambda_0/B$	$0{,}83$	$1{,}47$
	Pyramidenhorn	26500	$0{,}50$	$1{,}50\lambda_0/A$	$0{,}82$	$1{,}63$
	Kegelhorn	25300	$0{,}48$	$1{,}46\lambda_0/D$	$0{,}81$	$1{,}69$
	Kreisrillenhorn	29900	$0{,}57$	$1{,}71\lambda_0/D$	$0{,}87$	$1{,}52$
lineare Antennengruppen	**Querstrahler**	37400	$0{,}71$	$\lambda_0/(Na)$	$0{,}92$	$1{,}29$
	Längsstrahler	48400	$0{,}92$	$\sqrt{2\lambda_0/(Na)}$	$0{,}91$	$0{,}99$
	Hansen-Woodyard-Längsstrahler	27200	$0{,}52$	$\sqrt{\lambda_0/(Na)}$	$0{,}58$	$1{,}12$
andere	**Parabolantenne mit 12 dB Randabfall**	38900	$0{,}74$	$1{,}46\lambda_0/D$	$0{,}96$	$1{,}30$
	Helixantenne (peak gain, $N=10$, $\alpha=14°$)	26600	$0{,}51$	$\sqrt{\lambda_0/(Ng)}$	$0{,}67$	$1{,}32$

Hinweis: In der Spalte "Winkel ϑ_0" gilt bei den ebenen Rechteckaperturen die Bedingung *für* $a = b$.

C.8 Näherung für den Hauptkeulenverlauf verschiedener Antennen

Nach K.S. Kelleher [Jas61] kann der Leistungspegel L der in folgendem Bild *logarithmisch* dargestellten Hauptkeule durch eine Potenzfunktion mit dem Parameter p angenähert werden:

$$\boxed{L = 20 \lg C(\vartheta) \text{ dB} \approx -10 \left(\frac{\vartheta}{\vartheta_{1/10}}\right)^p \text{ dB}}$$

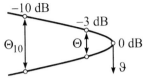

Dabei ist $\vartheta_{1/10} = \Theta_{10}/2$ der einseitige 10-dB-Winkel. Die Näherung funktioniert, solange die Hauptkeule bei Niveaus oberhalb von -10 dB keine Schulter (also keinen Wendepunkt) besitzt. Der Exponent p hängt vom Antennentyp ab und wird so bestimmt, dass die Näherungskurve sowohl bei $\vartheta_{1/10}$ als auch beim 3-dB-Winkel $\vartheta_{1/2} = \Theta/2$ den korrekten Wert trifft:

$$10 \left(\frac{\vartheta}{\vartheta_{1/10}}\right)^p = 3{,}01 \left(\frac{\vartheta}{\vartheta_{1/2}}\right)^p \quad \Rightarrow \quad \boxed{p = \frac{1{,}20}{\ln (\Theta_{10}/\Theta)}} \quad \text{typisch: } 1{,}6 \le p \le 2{,}4 \ .$$

Für verschiedene Antennenformen findet man den Kelleher-Faktor p in Tabelle C.7.

Tabelle C.7 $a, b, A, D \gg 1/k_0$		H-Ebene			E-Ebene		
		Θ_H	$\Theta_{H,10}$	p_H	Θ_E	$\Theta_{E,10}$	p_E
ebene Kreisaperturen	uniform belegt	$59{,}0°\frac{\lambda_0}{D}$	$99{,}6°\frac{\lambda_0}{D}$	$2{,}3$	$59{,}0°\frac{\lambda_0}{D}$	$99{,}6°\frac{\lambda_0}{D}$	$2{,}3$
	H_{11}-Belegung	$74{,}4°\frac{\lambda_0}{D}$	$128°\frac{\lambda_0}{D}$	$2{,}2$	$59{,}0°\frac{\lambda_0}{D}$	$99{,}6°\frac{\lambda_0}{D}$	$2{,}3$
	Rillenhohlleiter	$76{,}0°\frac{\lambda_0}{D}$	$131°\frac{\lambda_0}{D}$	$2{,}2$	$76{,}0°\frac{\lambda_0}{D}$	$131°\frac{\lambda_0}{D}$	$2{,}2$
ebene Rechteckaperturen	uniform belegt	$50{,}8°\frac{\lambda_0}{a}$	$84{,}6°\frac{\lambda_0}{a}$	$2{,}4$	$50{,}8°\frac{\lambda_0}{b}$	$84{,}6°\frac{\lambda_0}{b}$	$2{,}4$
	H_{10}-Belegung	$68{,}1°\frac{\lambda_0}{a}$	$117°\frac{\lambda_0}{a}$	$2{,}2$	$50{,}8°\frac{\lambda_0}{b}$	$84{,}6°\frac{\lambda_0}{b}$	$2{,}4$
Hornstrahler mit Maximalgewinn	H-Sektorhorn	$79{,}4°\frac{\lambda_0}{A}$	$170°\frac{\lambda_0}{A}$	$1{,}6$	$50{,}8°\frac{\lambda_0}{b}$	$84{,}6°\frac{\lambda_0}{b}$	$2{,}4$
	E-Sektorhorn	$68{,}1°\frac{\lambda_0}{a}$	$117°\frac{\lambda_0}{a}$	$2{,}2$	Schulter bei -9 dB		
	Kegelhorn	$76{,}2°\frac{\lambda_0}{D}$	$141°\frac{\lambda_0}{D}$	$2{,}0$	Wendepunkt bei -8 dB		
	Kreisrillenhorn	$85{,}0°\frac{\lambda_0}{D}$	$172°\frac{\lambda_0}{D}$	$1{,}7$	$85{,}0°\frac{\lambda_0}{D}$	$172°\frac{\lambda_0}{D}$	$1{,}7$
Parabolantenne ($ET = -10$ dB)		$65{,}5°\frac{\lambda_0}{D}$	$118°\frac{\lambda_0}{D}$	$2{,}0$	$65{,}5°\frac{\lambda_0}{D}$	$118°\frac{\lambda_0}{D}$	$2{,}0$

C.9 Gruppenantennen mit Dolph-Tschebyscheff-Belegung

Folgende Formeln gelten für lineare Gruppen mit äquidistanten Elementabständen d aus $N+1$ isotropen Teilstrahlern mit Dolph-Tschebyscheff-Amplitudenbelegung für eine gleichmäßige Nebenkeulenunterdrückung von $SLS = 20\lg R$ dB . Wir benötigen dabei die **Hilfsgrößen:**

$$\psi = 2\arccos\left[\frac{1}{\gamma}\cosh\left(\frac{1}{N}\operatorname{arcosh}\left(R/\sqrt{2}\right)\right)\right] \quad \text{und} \quad \gamma = \cosh\left(\frac{1}{N}\operatorname{arcosh}(R)\right).$$

Tabelle C.8 Eigenschaften der Dolph-Tschebyscheff-Belegung

querstrahlende Gruppe mit Elementabständen $d = d_b$ und uniformer Phase $\delta = 0$	längsstrahlende Gruppe mit Elementabständen $d = d_e$ und linearem Phasengang $\delta = \pm k_0\, d_e$
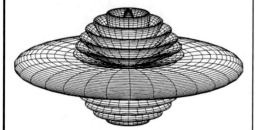	

	Richtfaktor	
$D_b \approx \dfrac{2R^2}{1 + R^2\,\Delta\vartheta_b}$		$D_e \approx \dfrac{2R^2}{1 + R^2\,\Delta\vartheta_e^2/8}$

	Halbwertsbreite	
$\Delta\vartheta_b = 2\arcsin\left(\dfrac{\psi}{k_0 d_b}\right)$		$\Delta\vartheta_e = 2\arccos\left(1 - \dfrac{\psi}{k_0 d_e}\right)$

Nullwertsbreite

$$\Delta\vartheta_{0,b} = 2\arcsin\left[\frac{2}{k_0 d_b}\arccos\left(\frac{1}{\gamma}\cos\frac{\pi}{2N}\right)\right] \qquad \Delta\vartheta_{0,e} = 2\arccos\left[1 - \frac{2}{k_0 d_e}\arccos\left(\frac{1}{\gamma}\cos\frac{\pi}{2N}\right)\right]$$

Beam Ratio ($N \gg 1$ und 10 dB $\le SLS \le 50$ dB)

$$\frac{\Delta\vartheta_{0,b}}{\Delta\vartheta_b} \approx \frac{2}{\psi}\arccos\left(\frac{1}{\gamma}\cos\frac{\pi}{2N}\right) \qquad\qquad \frac{\Delta\vartheta_{0,e}}{\Delta\vartheta_e} \approx \sqrt{\frac{2}{\psi}\arccos\left(\frac{1}{\gamma}\cos\frac{\pi}{2N}\right)}$$

$$\frac{\Delta\vartheta_{0,b}}{\Delta\vartheta_b} \approx 1{,}91 + \frac{SLS}{39{,}5} \qquad\qquad\qquad \frac{\Delta\vartheta_{0,e}}{\Delta\vartheta_e} \approx 1{,}40 + \frac{SLS}{130}$$

optimaler Elementabstand für schmalste Hauptkeule (ohne grating lobes)

$$d_b \le d_b^{\text{opt}} = \lambda_0\left(1 - \frac{\arccos(1/\gamma)}{\pi}\right) \qquad\qquad d_e \le d_e^{\text{opt}} = \frac{\lambda_0}{2}\left(1 - \frac{\arccos(1/\gamma)}{\pi}\right)$$

Anhang D Eigenschaften ausgewählter Materialien

Tabelle D.1 Relative Permittivität und Verlustfaktor (300 K, 3 GHz)

Material [Hip95]	ε_r	$\tan\delta_\varepsilon$	Material [Kom12]	ε_r	$\tan\delta_\varepsilon$
Aluminiumoxid (Al_2O_3)	9,80	0,0002	Paraffin	2,25	0,0002
Bakelit	3,70	0,0438	Plexiglas	2,60	0,0057
Berylliumoxid (BeO)	4,20	0,0005	Polyamid (Nylon 6,10)	2,84	0,0120
Beton (trocken)	4,94	0,1400	Polyester	2,95	0,0070
Bitumen (Asphalt)	2,55	0,0200	Polyethylen	2,26	0,0006
Blut	58,00	0,2700	Polystyrol	2,55	0,0003
Eiweiß	35,00	0,5000	Quarzglas	3,78	0,0001
Epoxidharz	3,60	0,0400	Rexolite 1422	2,53	0,0001
Sand (trocken)	4,00	0,0030	Rexolite 2200	2,62	0,0004
Erdboden (trocken)	8,00	0,0075	Rohacell	1,07	0,0008
Erdboden (nass)	20,00	0,0300	RT/duroid 5880	2,20	0,0009
Ferrit (Ni Fe_2O_4)	12,70	0,0037	RT/duroid 5870	2,33	0,0012
Fettgewebe	5,50	0,2100	RT/duroid 6002	2,94	0,0012
Fiberglas (FR-4)	4,27	0,0207	RO 4350B	3,66	0,0031
Galliumarsenid	12,90	0,0004	RT/duroid 6006	6,45	0,0027
Glaskeramik	6,00	0,0050	RT/duroid 6010	10,90	0,0023
Hartpapier, Pertinax (FR-2)	5,00	0,0500	Silikon	3,80	0,0050
Holz (Balsaholz)	1,22	0,1000	Styrodur, Styropor	1,03	0,0001
Holz (Mahagoni)	1,88	0,0250	Teflon	2,10	0,0002
Kevlar	4,10	0,0200	dest. Wasser (17°C)	78,50	0,1790
Muskelgewebe	49,00	0,3300	Salzwasser (17°C/3,5%)	84,30	0,4840
Neopren	4,00	0,0339	Süßwassereis (−10°C)	3,20	0,0003
Papier	2,70	0,0560	Salzwassereis (−10°C)	3,80	0,0600

$\kappa_\varepsilon = \omega\,\varepsilon_0\,\varepsilon_r \tan\delta_\varepsilon$

für 10 GHz

Tabelle D.2 Elektrische Leitfähigkeit von Metallen (bei 300 K)

Material	$\kappa / (10^6\,\mathrm{S/m})$	Material	$\kappa / (10^6\,\mathrm{S/m})$
Aluminium (Al)	36	Messing (Cu/Zn)	15
Blei (Pb)	5	Molybdän (Mo)	19
Calcium (Ca)	26	Natrium (Na)	22
Chrom (Cr)	8	Nickel (Ni)	15
Kobalt (Co)	17	Palladium (Pd)	9
Eisen (Fe)	10	Platin (Pt)	10
Gold (Au)	44	Quecksilber (Hg)	1
Iridium (Ir)	19	Silber (Ag)	63
Kalium (K)	14	Titan (Ti)	2
Kupfer (Cu)	58	Vanadium (V)	4
Lötzinn (Sn/Pb)	7	Zink (Zn)	17
Magnesium (Mg)	22	Zinn (Sn)	10

© Springer Fachmedien Wiesbaden GmbH, ein Teil von Springer Nature 2022
K. W. Kark, *Antennen und Strahlungsfelder*,
https://doi.org/10.1007/978-3-658-38595-8

Anhang E Streuparameter

E.1 Streumatrix

Die **Streuvariablen** folgen aus (7.31). Sie sind leistungsnormiert und haben die Einheit $\sqrt{W}$:

$$\underline{a}(z) = \frac{U_h}{\sqrt{Z_L}}\, e^{-\gamma z} = \frac{U(z) + Z_L\, I(z)}{2\sqrt{Z_L}}$$

Die **Wirkleistungsbilanz** an der Stelle z folgt aus den komplexen Amplituden $\underline{a}$ und $\underline{b}$:

$$\underline{b}(z) = \frac{U_r}{\sqrt{Z_L}}\, e^{\gamma z} = \frac{U(z) - Z_L\, I(z)}{2\sqrt{Z_L}}.$$

$$P_h - P_r = \frac{1}{2}\left(|\underline{a}|^2 - |\underline{b}|^2\right).$$

Bei linearen Zweitoren kann man die vom Zweitor weglaufenden Wellen $\underline{b}_1$ und $\underline{b}_2$ durch die auf das Zweitor zulaufenden Wellen $\underline{a}_1$ und $\underline{a}_2$ ausdrücken. Sie hängen über die **Streuparameter** $\underline{S}_{ij}$, die in der **Streumatrix** $[\underline{S}]$ auftreten, miteinander zusammen:

$$\begin{pmatrix} \underline{b}_1 \\ \underline{b}_2 \end{pmatrix} = \begin{bmatrix} \underline{S}_{11} & \underline{S}_{12} \\ \underline{S}_{21} & \underline{S}_{22} \end{bmatrix} \begin{pmatrix} \underline{a}_1 \\ \underline{a}_2 \end{pmatrix}.$$

Auf der Hauptdiagonalen stehen die **Reflexionsfaktoren** $\underline{S}_{11}$ und $\underline{S}_{22}$. Die S-Parameter $\underline{S}_{12}$ und $\underline{S}_{21}$ bezeichnen **Transmissionsfaktoren.**

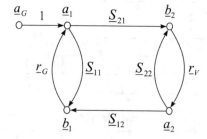

Bei Fehlanpassung am Verbraucher $\underline{a}_2 = \underline{r}_V\, \underline{b}_2$ folgt der **Eingangsreflexionsfaktor** aus

$$\underline{r}_1 = \frac{\underline{b}_1}{\underline{a}_1} = \underline{S}_{11} + \underline{r}_V\, \frac{\underline{S}_{12}\, \underline{S}_{21}}{1 - \underline{S}_{22}\, \underline{r}_V}.$$

Bei Fehlanpassung am Generator wird

$$\underline{a}_1 = \underline{a}_G + \underline{r}_G\, \underline{b}_1.$$

Spezielle Eigenschaften des Zweitors zeigen sich in besonderen **Symmetrien der Streumatrix.**

Tabelle E.1 In wichtigen Spezialfällen gelten für die S-Parameter folgende Regeln [Vog91, Gus11]:

Übertragungssymmetrie (Reziprozität)	$[\underline{S}] = [\underline{S}]^T \;\Rightarrow\; \underline{S}_{12} = \underline{S}_{21}$
Struktursymmetrie	$\underline{S}_{12} = \underline{S}_{21}$ und $\underline{S}_{11} = \underline{S}_{22}$
allseitige Anpassung	$\underline{S}_{11} = \underline{S}_{22} = 0$
Rückwirkungsfreiheit (Unilateralität)	$\underline{S}_{12} = 0$ und $\underline{S}_{21} \neq 0$
Verlustlosigkeit bei Passivität (Unitarität)	$[\underline{S}]^T [\underline{S}]^* = [1] \;\Rightarrow\; \underline{S}_{12}^*\, \underline{S}_{11} + \underline{S}_{22}^*\, \underline{S}_{21} = 0$ und $\;\;\; \mid\underline{S}_{11}\mid^2 + \mid\underline{S}_{21}\mid^2 = 1$ sowie $\mid\underline{S}_{22}\mid^2 + \mid\underline{S}_{12}\mid^2 = 1$

© Springer Fachmedien Wiesbaden GmbH, ein Teil von Springer Nature 2022
K. W. Kark, *Antennen und Strahlungsfelder*,
https://doi.org/10.1007/978-3-658-38595-8

E.2 Reflexion, Transmission und Welligkeit

Mit der **Rückflussdämpfung** (Return Loss)

$$RL = -20 \lg |\underline{S}_{11}| \text{ dB}$$

und der **Einfügungsdämpfung** (Insertion Loss)

$$IL = -20 \lg |\underline{S}_{21}| \text{ dB}$$

können wir bei reziproken, verlustlosen und passiven Zweitoren, bei denen

$$|\underline{S}_{21}| = |\underline{S}_{12}| = d \quad \text{und} \quad |\underline{S}_{11}| = |\underline{S}_{22}| = r \quad \text{mit} \quad d = \sqrt{1 - r^2}$$

gilt, folgende Tabelle aufstellen. Zusätzlich findet man dort auch den **Welligkeitsfaktor** s.

Mit der Einfügungsdämpfung IL folgt der Gewinnverlust bei fehlangepassten Antennen zu:

realisierter Gewinn $\quad G_R = G(1 - r^2) = G\, d^2 \quad \Rightarrow \quad g_R/\text{dBi} = g/\text{dBi} - IL/\text{dB}$.

Tabelle E.2 Umrechnung von Reflexions-, Transmissionsfaktor und Welligkeit (linear und logarithmisch)

Reflexions-faktor r	Return Loss $\dfrac{RL}{\text{dB}} = -20 \lg r$	Transmis-sionsfaktor $d = \sqrt{1 - r^2}$	Insertion Loss $\dfrac{IL}{\text{dB}} = -20 \lg d$	Welligkeit $s = \dfrac{1+r}{1-r}$	Logarithmische Welligkeit $\dfrac{VSWR}{\text{dB}} = 20 \lg s$
1,000	0,00	0,000	∞	∞	∞
0,980	0,18	0,200	13,98	97,99	39,82
0,949	0,46	0,316	10,00	37,97	31,59
0,943	0,51	0,333	9,54	33,97	30,62
0,917	0,76	0,400	7,96	22,96	27,22
0,866	1,25	0,500	6,02	13,93	22,88
0,800	1,94	0,600	4,44	9,000	19,08
0,707	3,01	0,707	3,01	5,828	15,31
0,600	4,44	0,800	1,94	4,000	12,04
0,500	6,02	0,866	1,25	3,000	9,54
0,400	7,96	0,917	0,76	2,333	7,36
0,333	9,54	0,943	0,51	2,000	6,02
0,316	10,00	0,949	0,46	1,925	5,69
0,200	13,98	0,980	0,18	1,500	3,52
0,100	20,00	0,995	0,04	1,222	1,74
0,050	26,02	0,999	0,01	1,105	0,87
0,000	∞	1,000	0,00	1,000	0,00

Eine ähnlich strukturierte Tabelle findet man auch in [Thu98].

Anhang F Integral-Transformationen

Tabelle F.1 Ausgewählte Korrespondenzen der Laplace-Transformation

Originalfunktion $\begin{cases} f(t) & \text{für} \quad t \geq 0 \\ 0 & \text{für} \quad t < 0 \end{cases}$ ○———●	Bildfunktion $\underline{F}(p) = \int\limits_{t=0}^{\infty} f(t)\, e^{-pt} dt$
Linearität: $\quad k_1\, f_1(t) + k_2\, f_2(t)$	$k_1\, \underline{F}_1(p) + k_2\, \underline{F}_2(p)$
Verschiebung: $\quad f(t - t_0)$	$e^{-p t_0}\, \underline{F}(p) \quad$ mit $\quad t_0 \geq 0$
Dämpfung: $\quad f(t)\, e^{p_0 t}$	$\underline{F}(p - p_0)$
Ähnlichkeit: $\quad f(\alpha t)$	$\dfrac{1}{\alpha}\, \underline{F}\left(\dfrac{p}{\alpha}\right) \quad$ mit $\quad \alpha > 0$
Differenziation: $\ f'(t) = \dfrac{d}{dt} f(t)$	$p\, \underline{F}(p) - f(0_+)$
Integration: $\quad \int\limits_0^t f(\tau)\, d\tau$	$\dfrac{1}{p}\, \underline{F}(p)$
$\delta(t)$	1
1	$\dfrac{1}{p}$
t	$\dfrac{1}{p^2}$
$\sin(at)$	$\dfrac{a}{p^2 + a^2}$
$\cos(at)$	$\dfrac{p}{p^2 + a^2}$
$\cos^2(at)$	$\dfrac{p^2 + 2a^2}{p\,(p^2 + 4a^2)}$
$\mathrm{erfc}\left(\dfrac{\zeta}{2\sqrt{t}}\right)$	$\dfrac{e^{-\zeta\sqrt{p}}}{p} \quad$ mit $\quad \zeta \geq 0$
$e^{a\zeta}\, e^{a^2 t}\, \mathrm{erfc}\left(a\sqrt{t} + \dfrac{\zeta}{2\sqrt{t}}\right)$	$\dfrac{e^{-\zeta\sqrt{p}}}{\sqrt{p}\,(a + \sqrt{p})} \quad$ mit $\quad \zeta \geq 0$
Anfangswert-Theorem: $\ f(0_+) = \lim\limits_{p \to \infty} p\, \underline{F}(p)$	
Endwert-Theorem: $\ f(\infty) = \lim\limits_{p \to 0} p\, \underline{F}(p)$	

© Springer Fachmedien Wiesbaden GmbH, ein Teil von Springer Nature 2022
K. W. Kark, *Antennen und Strahlungsfelder*,
https://doi.org/10.1007/978-3-658-38595-8

Tabelle F.2 Ausgewählte Korrespondenzen der Fourier-Transformation

Zeitfunktion $f(t)$	○—●	**Spektrum** $\underline{F}(\omega) = \int\limits_{t=-\infty}^{\infty} f(t)\, e^{-j\omega t}\, dt$
Linearität: $\quad k_1 f_1(t) + k_2 f_2(t)$		$k_1 \underline{F}_1(\omega) + k_2 \underline{F}_2(\omega)$
Verschiebung: $\quad f(t - t_0)$		$\underline{F}(\omega)\, e^{-j\omega t_0}$
$\qquad\qquad f(t)\, e^{j\omega_0 t}$		$\underline{F}(\omega - \omega_0)$
Modulation: $\quad f(t)\cos(\omega_0 t)$		$\dfrac{1}{2}\left[\underline{F}(\omega - \omega_0) + \underline{F}(\omega + \omega_0)\right]$
Ähnlichkeit: $\quad f(\underline{\alpha}\, t)$ mit $\underline{\alpha} = \alpha_R + j\alpha_I$ und $\alpha_R \neq 0$		$\dfrac{\mathrm{sgn}(\alpha_R)}{\underline{\alpha}}\, F\!\left(\dfrac{\omega}{\underline{\alpha}}\right)$
Differenziation: $\quad f'(t) = \dfrac{d}{dt} f(t)$		$j\omega\, \underline{F}(\omega)$
Faltung: $\quad f_1(t) * f_2(t) = \int\limits_{-\infty}^{\infty} f_1(\tau)\, f_2(t - \tau)\, d\tau$		$\underline{F}_1(\omega)\, \underline{F}_2(\omega)$
Diracstoß: $\quad \delta(t)$		1
Konstante: $\quad 1$		$2\pi\, \delta(\omega)$
Sprung: (von 0 auf 1 bei $t = 0$) $\quad \sigma(t) = \dfrac{1}{2}\left(\mathrm{sgn}(t) + 1\right)$		$\dfrac{1}{j\omega} + \pi\, \delta(\omega)$
Rechteck: (Höhe 1, Breite τ) $\quad \Pi_\tau(t) = \sigma(t + \tau/2) - \sigma(t - \tau/2)$		$\tau\, \mathrm{si}\, \dfrac{\omega\tau}{2}$
Dreieck: (Höhe τ, Breite 2τ) $\quad \tau\, \Lambda_{2\tau}(t) = \Pi_\tau(t) * \Pi_\tau(t)$		$\tau^2\, \mathrm{si}^2\, \dfrac{\omega\tau}{2}$
Kosinus: (Höhe 1, Breite τ) $\quad \Pi_\tau(t)\cos\dfrac{\pi t}{\tau}$		$\dfrac{2\tau/\pi}{1 - (\omega\tau/\pi)^2}\cos\dfrac{\omega\tau}{2}$
Kosinusquadrat: (Höhe 1, Breite τ) $\quad \Pi_\tau(t)\cos^2\dfrac{\pi t}{\tau}$		$\dfrac{\tau}{2}\dfrac{\mathrm{si}(\omega\tau/2)}{1 - (\omega\tau/(2\pi))^2}$
Exponentiell: $e^{-a|t|}$ mit $a > 0$		$\dfrac{2a}{\omega^2 + a^2}$
Gauß: $\quad e^{-\pi(t/\tau)^2}$		$\tau\, e^{-(\omega\tau)^2/(4\pi)}$
Parsevalsches Theorem: (Energiesatz)		$\int\limits_{-\infty}^{\infty} |f(t)|^2\, dt = \dfrac{1}{2\pi}\int\limits_{-\infty}^{\infty} |\underline{F}(\omega)|^2\, d\omega$

Anhang G Aberration und Doppler-Effekt

Tabelle G.1 Beziehungen der relativistischen Elektrodynamik im Vakuum mit dem Lorentz Faktor $\gamma = (1-\beta^2)^{-1/2}$ und der normierten Geschwindigkeit $\beta = v/c_0$. Es gilt $\mathbf{e}_z = \mathbf{e}_{z'}$.

Wechsel des Bezugssystems **(Einweg-Problem)** **primäres Aberrationsgesetz**	**Echo-Effekt in der Radartechnik** **(Zweiwege-Problem)** **Echo-Aberrationsgesetz**
$$\tan\frac{\theta_i'}{2} = \sqrt{\frac{1+\beta}{1-\beta}}\,\tan\frac{\theta_i}{2}$$	$$\tan\frac{\theta_r}{2} = \frac{1+\beta}{1-\beta}\,\tan\frac{\theta_i}{2}$$

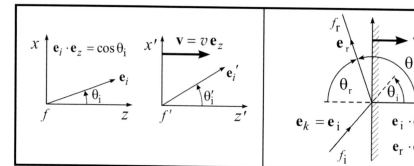

Wechsel des Bezugssystems **(Einweg-Problem)** **primärer Doppler-Effekt**	**Echo-Effekt in der Radartechnik** **(Zweiwege-Problem)** **Echo-Doppler-Effekt**
Doppler-Effekt bei **beliebiger** Bewegungsrichtung	
$$f' = f\,\frac{1-\beta\cos\theta_i}{\sqrt{1-\beta^2}}$$	$$f_r(\theta_i) = f_i\,\frac{1-2\beta\cos\theta_i+\beta^2}{1-\beta^2}$$
longitudinaler Doppler-Effekt $(\theta_i = 0)$	
$$f' = f\,\sqrt{\frac{1-\beta}{1+\beta}}$$	$$f_r(0) = f_i\,\frac{1-\beta}{1+\beta}$$
transversaler Doppler-Effekt $(\theta_i = \pi/2)$	
$$f' = f\,\frac{1}{\sqrt{1-\beta^2}}$$	$$f_r(\pi/2) = f_i\,\frac{1+\beta^2}{1-\beta^2}$$

© Springer Fachmedien Wiesbaden GmbH, ein Teil von Springer Nature 2022
K. W. Kark, *Antennen und Strahlungsfelder*,
https://doi.org/10.1007/978-3-658-38595-8

Anhang H Rauschen in Zweitorschaltungen

Die am Ausgang des Zweitors zugeführte Zusatzrauschleistung N_Z kann dem Zweipolrauschen der Quelle zugeschlagen werden, ohne dass sich die Ausgangsrauschleistung N_2 ändert.

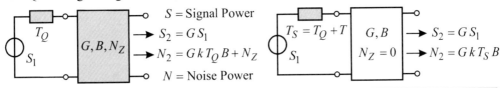

S = Signal Power
$S_2 = G S_1$
$N_2 = G k T_Q B + N_Z$
N = Noise Power

$T_S = T_Q + T$ G, B $S_2 = G S_1$
S_1 $N_Z = 0$ $N_2 = G k T_S B$

Verstärker mit Leistungsverstärkung $G > 1$, Bandbreite B und Zusatzrauschleistung N_Z

Rauschfaktor: $\quad F = \dfrac{S_1/N_1}{S_2/N_2} = \dfrac{N_2}{G N_1} = 1 + \dfrac{N_Z}{G N_1} > 1 \quad$ (abhängig vom Quellenrauschen)

Zusatzrauschfaktor: $\quad F_Z = F - 1 = N_Z / (G N_1) \qquad$ Rauschzahl: $\quad F' = 10 \lg F \text{ dB}$

Norm-Eingangsrauschen ($T_0 = 290 \text{ K}$): $\quad N_1 = k T_0 B \quad$ mit $\quad F(T_0) = 1 + \dfrac{N_Z}{G k T_0 B}$

beliebiges Quellenrauschen: $\qquad N_1 = k T_Q B \quad$ mit $\quad F(T_Q) = 1 + \dfrac{N_Z}{G k T_Q B}$

Umrechnung: $\qquad\qquad\qquad F(T_Q) = 1 + \big(F(T_0) - 1\big) T_0 / T_Q$

Rauschtemperatur des Zweitors: $\quad T = \dfrac{N_Z}{G k B} = \big(F(T_0) - 1\big) T_0 = \big(F(T_Q) - 1\big) T_Q$
(als innere Zweitoreigenschaft)

Systemrauschtemperatur: $\qquad\qquad T_S = T_Q + T \quad$ (eingangsbezogen)

Dämpfungsglied auf Umgebungstemperatur T_U mit Verlustfaktor $L = 1/G > 1$

thermisches Gleichgewicht: $\quad T_Q = T_U \;\Rightarrow\; N_2 = N_1 \;\Rightarrow\; F(T_U) = L$

Rauschtemperatur: $\qquad\qquad T = (L - 1) T_U \quad$ (unabhängig vom Quellenrauschen)

allgemeiner Fall ($T_Q \neq T_U$): $\quad F(T_Q) = 1 + T/T_Q = 1 + (L-1) T_U / T_Q \;\Rightarrow\; N_2 = F(T_Q) N_1 / L$

Kettenschaltung von Zweitoren nach der Friisschen Formel mit $T_i = \big(F_i(T_0) - 1\big) T_0$

Systemrauschtemperatur: $\quad T_S = T_Q + T_{ges} = T_Q + T_1 + \dfrac{T_2}{G_1} + \dfrac{T_3}{G_1 G_2} + \;\ldots\; + \dfrac{T_n}{G_1 G_2 \ldots G_{n-1}}$
(eingangsbezogen)

$F_{ges}(T_Q) = 1 + \dfrac{T_{ges}}{T_Q} = 1 + \left(F_1(T_0) - 1 + \dfrac{F_2(T_0) - 1}{G_1} + \dfrac{F_3(T_0) - 1}{G_1 G_2} + \;\ldots\; + \dfrac{F_n(T_0) - 1}{G_1 G_2 \ldots G_{n-1}} \right) \dfrac{T_0}{T_Q}$

Rauschmaß zum Entscheiden der Reihenfolge: $\quad M_1 = \dfrac{F_1(T_0) - 1}{1 - 1/G_1} < \dfrac{F_2(T_0) - 1}{1 - 1/G_2} = M_2$
(kleinstes Rauschmaß zuerst)

Demodulator (ohne Eigenrauschen, $N_Z = 0$) mit Bandbreitenkompression ($B_2 < B_1$)

$S_2/N_2 = (1 + S_1/N_1)^\beta - 1 \quad$ mit Spreizfaktor $\quad \beta = B_1/B_2 > 1$

© Springer Fachmedien Wiesbaden GmbH, ein Teil von Springer Nature 2022
K. W. Kark, *Antennen und Strahlungsfelder*,
https://doi.org/10.1007/978-3-658-38595-8

Anhang I Antennenanlagen der Flugsicherung

Die folgenden Abbildungen dürfen hier mit freundlicher Genehmigung der DFS Deutsche Flugsicherung GmbH, Langen/Hessen wiedergegeben werden. Sie stammen aus dem Fotoarchiv von Herrn Hans-Jürgen Koch (DFS), der sie mir auf Vermittlung von Herrn Franz Dapper (DFS) freundlicherweise zur Verfügung stellte. Beiden danke ich für ihre Unterstützung.

DFS-Anlage am Flughafen Bremen: Bodenstation mit drei zirkular polarisierten Kreuzdipolen für ein satellitengestütztes Anflugverfahren	
DFS-Anlage am Flughafen München: Instrumentenlandesystem mit Gleitwegsendeantenne	

© Springer Fachmedien Wiesbaden GmbH, ein Teil von Springer Nature 2022
K. W. Kark, *Antennen und Strahlungsfelder*,
https://doi.org/10.1007/978-3-658-38595-8

DFS-Anlage am Flughafen Düsseldorf: Instrumentenlandesystem mit Landekursantenne	
DFS-Navigationsanlage am Flughafen Frankfurt: Doppler-Drehfunkfeuer	
DFS-Navigationsanlage am Flughafen Frankfurt: Doppler-Drehfunkfeuer, Blick unter das Radom	

DFS-Navigationsanlage am Flughafen Kempten: Doppler-UKW-Drehfunkfeuer mit Entfernungsmessausrüstung	
DFS-Anlage am Flughafen Stuttgart: VHF Großbasis-Doppler-Peilantenne	
DFS-Sprechfunkstation auf der Neunkircher Höhe: VHF-Peilantenne mit erweitertem Blitzschutz	

DFS-Radarstation in
Boostedt:

SRE-LL Mittelbereichs-
radar für das L-Band:
Doppelantenne mit Primär-
spiegeln, die eine Größe
von 14,5m x 9m aufweisen.
Die konvex geformten
Hilfsbleche verhindern ein
Übersprechen zwischen
beiden Teilantennen.

DFS-Radarstation am
Flughafen Bremen:

SRE-LL Mittelbereichs-
radar für das L-Band:
Durch die Verwendung von
zwei in entgegengesetzte
Richtungen weisenden
Hauptkeulen wird die gleiche Datenerneuerungsrate
erreicht, wie wenn sich nur
eine Antenne mit doppelter
Umdrehungszahl drehen
würde.

DFS-Radarstation am
Flughafen Nordholz:

Mittelbereichsradar:
Hohlleitersystem des
Primärradars

DFS-Radarstation am
Flughafen Frankfurt:

Radar für
Bodenbewegungskontrolle

DFS-Radarstation auf der
Neunkircher Höhe:

Mittelbereichsradaranlage:
Rückseite der Richtfunkan-
tenne

DFS-Radarstation auf der Neunkircher Höhe: Mittelbereichsradaranlage	
Wasserkuppe: ehemalige militärische Radarstation mit Radom	
DFS-Radarstation am Flughafen Dresden: Flughafenradar: Antenne mit Sekundärantenne und Primärspiegel	

DFS-Radarstation auf dem Brocken:

Monopuls-Sekundärradar (unter Radom)

DFS-Radarstation auf dem Auersberg:

Mittelbereichsradar: Radarantenne mit einem Primärspiegel und einer Sekundärantenne

DFS-Radarstation auf dem Auersberg: Mittelbereichsradar: Klystroneinheit der Sendeanlage des Primärradars	
DFS-Sprechfunk- und Radarstation Götzenhain: Monopuls-Sekundärradar (links), und Antennenmasten der Sprechfunk-Sendestelle	

DFS-Sprechfunkstation in
Bremen-Brinkum:

Antennenmasten der
Sprechfunk-Sendestelle

DFS-Sprechfunkstation auf
der Wasserkuppe:

Antennen der Sprechfunk-
Sende- und Empfangsstelle

Station auf der Wasserkuppe (DFS und Telekom): Richtfunkantennen und Mobilfunkantennen	
DFS-Anlage am Flughafen Saarbrücken (Staffelkopf): Antennenmasten der Sprechfunk-Sendestelle (links im Bild)	

Luftwaffenmuseum auf dem ehem. Flugplatz Berlin-Gatow: Flughafenradar der Bundeswehr	
Luftwaffenmuseum auf dem ehem. Flugplatz Berlin-Gatow: Präzisionsanflugradar der Bundeswehr	
Luftwaffenmuseum auf dem ehem. Flugplatz Berlin-Gatow: Flakortungsgerät „Würzburg Riese"	

Englische Übersetzungen wichtiger Fachbegriffe

Achsenverhältnis ....axial ratio
Antenne..antenna, aerial
Antennenrauschtemperatur ....
.... antenna noise temperature
Antennentechnik....................antenna engineering
Antennenträger .... antenna boom
Antennenwirkungsgrad.............antenna efficiency
Äquivalente isotrope Strahlungsleistung ....
.................equivalent isotropically radiated power
Äquivalenter Raumwinkel ....
.........................total beam area, solid beam angle
Augendiagramm.................................... eye pattern
Ausbreitungskonstante.........propagation constant

Bandbreite ....bandwidth
Beleuchtungsstärke .... illuminance
Bestrahlungsstärke .... irradiance
Beugung.. diffraction
Blindleistung............................... reactive power
Brechung... refraction

Dämpfungskonstant ....attenuation constant
Direktor...director element
Doppelkonusantenne ....biconical antenna
Durchlassbereich................................... pass band

Eindringtiefe.. skin depth
Einfügungsdämpfung.......................insertion loss
Eingangsimpedanz..................... input impedance
Eingangsleistung....................................input power
Empfangsleistung..........................received power
Energieerhaltung................conservation of energy
Energiestromdichte .... energy flux density

Fernfeld .... far field
Fernfeldabstand ....far-field distance
Flächenwirkungsgrad............... aperture efficiency

Gewinn...gain
Grenzfrequenz............................cutoff frequency
Grenzwinkel.................................... critical angle
Gruppenantenne .... array antenna
Gruppencharakteristik.........................array factor

Halbwertsbreite ....half-power beamwidth
Hauptkeule..................................... main lobe
Hochpassfilter ....high-pass filter
Höhenlinie....................................contour line
Hohlraumresonator .... cavity resonator
Horizontaldiagramm ....horizontal pattern

Intersymbolstörung ....inter-symbol interference

Kegelhorn.......................................conical horn
Kondensator... capacitor
Kopolarisation ....co-polarization
Koppelimpedanz......................mutual impedance
Kreuzdipol .... turnstile antenna
Kreuzpolarisation..................... cross-polarization
Kugelstrahler ....isotropically emitting body

Längsstrahlende Gruppe................. end-fire array
Laufzeit............................ transit time, delay time

Leckwellenantenne ....leaky-wave antenna
Leuchtdichte ....luminance
Lichtausbeute............................luminous efficacy
Lichtstärke ....luminous intensity
Lichtstrom .... luminous power
Lichtwellenleiter....................... optical waveguide

Mikrowellentechnik........ microwave engineering
Materialgleichung................constitutive equation
Multiplikatives Gesetz...
.... principle of pattern multiplication

Nahfeld..near field
Nebenkeule.......................... side lobe, minor lobe
Nebenkeulendämpfung........ side lobe suppression
Nebenkeulenniveau .... side lobe level
Nullwertsbreite ...... beamwidth between first nulls

Oberflächenwellenantenne .surface-wave antenna
Optischer Wirkungsgrad.........luminous efficiency
Orthogonalentwicklung ....mode matching

Parasitäre Hauptkeule........................grating lobe
Peilantenne .... direction finder antenna
Phasenfehler .... phase error
Phasengesteuerte Gruppenantenne ....
....phased array antenna
Phasenkonstante ....phase constant
Pyramidenhorn ....pyramidal horn

Quantenrauschen...........................quantum noise
Quantisierungsfehler..................quantization error
Querstrahlende Gruppe.................broadside array

Rahmenantenne................................loop antenna
Randabfall ....edge taper
Randbedingung...................... boundary condition
Randwertproblem .... boundary-value problem
Raumladungsdichte .... space charge density
Raumwinkel der Hauptkeule .... main beam area
Rauschfaktor.......................................noise facture
Rauschleistung.....................................noise power
Rauschmaß ....noise measure
Rauschtemperatur ....noise temperature
Rauschzahl .... noise figure
Realisierter Gewinn...........................realized gain
Rechteckhohlleiter .... rectangular waveguide
Reflexionsfaktor ....reflection coefficient
Richtantenne............................directional antenna
Richtcharakteristik....................directional pattern
Richtfaktor..directivity
Richtfunkstrecke...........................radio-relay link
Richtfunktechnik ..... directional radio engineering
Rillenhorn ....corrugated horn
Rückflussdämpfung .... return loss
Rückwärtskeule ....back lobe
Rundfunk....................broadcast, radio, wireless
Rundhohlleiter........................circular waveguide

Schlitzantenne ....slot antenna
Schwarzer Körper ....black body
Schwarzkörperstrahlung .... black-body radiation

© Springer Fachmedien Wiesbaden GmbH, ein Teil von Springer Nature 2022
K. W. Kark, *Antennen und Strahlungsfelder*,
https://doi.org/10.1007/978-3-658-38595-8

Schwund .... fading
Sektorhorn...sectoral horn
Signalleistung.................................... signal power
Spannungsbauch .... voltage antinode
Spannungsknoten............................. voltage node
Speiseleitung........................... feeder, supply line
Speisenetzwerk.......... beam-forming feed network
Spektrale Nachtempfindlichkeit.........................
....................scotopic spectral luminous efficiency
Spektrale Tagesempfindlichkeit..........................
..................photopic spectral luminous efficiency
Spezifische Ausstrahlung........radiation emittance
Sperrbereich......................stop band, cutoff range
Spezifische Lichtausstrahlung luminous emittance
Spiralantenne .... spiral antenna
Sprungtemperatur................transition temperature
Spule.. coil
Stetigkeitsbedingung............. continuity condition
Stichleitung...stub
Stielstrahler......................... dielectric rod antenna
Strahldichte..radiance
Strahlungsdruck .... radiation pressure
Strahlungsintensität....................radiation intensity
Strahlungskeule.............................. radiation lobe
Strahlungsleistung........................ radiation power
Strahlungswiderstand..............radiation resistance
Strombelegung.........................current distribution
Stromverdrängung................. current displacement
Supraleitung............................. superconductivity

Tiefpassfilter....................................low-pass filter

Überstrahlung ....spillover

Verkürzungsfaktor ... wavelength reduction factor
Verlustleistung..................................... power loss
Verlustwiderstand ....loss resistance
Verschiebungsstrom............. displacement current
Vertikaldiagramm .... elevation pattern
Vor-Rück-Verhältnis................ front-to-back ratio

Wanderwellenantenne..
.... travelling wave antenna, beverage antenna
Wärmestrahlung......................... thermal radiation
Wellenausbreitung .... wave propagation
Wellenwiderstand........... characteristic impedance
Wellenzahl .... wave number
Welligkeit................................standing wave ratio
Wendelantenne................................. helix antenna
Widerstand ....resistor
Wirkfläche...........effective aperture, effective area
Wirkleistung...................................effective power
Wirksame Antennenlänge effective antenna length
Wirkungsquantum.....................quantum of action

Zusatzrauschfaktor................. excess noise factor
Zusatzrauschleistung.............. excess noise power

Literaturverzeichnis

Die unmittelbar nachfolgende Liste enthält allgemeine Grundlagenliteratur – bekannte und bewährte Lehrbücher, die im Text an mehreren Stellen zitiert werden. Anschließend findet man eine kapitelweise Aufzählung der jeweiligen Spezialliteratur, die als Quelle verwendet wurde und als Ergänzung empfohlen werden kann.

Mathematische Formelsammlungen und Software

[Abr72]   Abramowitz, M.; Stegun, I.A.: *Handbook of Mathematical Functions*, Dover Publications, New York 1972.

[Bow58]   Bowman, F.: *Introduction to Bessel Functions*, Dover Publications, New York 1958.

[Bron79] Bronstein, I.N.; Semendjajew, K.A.: *Taschenbuch der Mathematik*, Harri Deutsch, Thun 1979.

[CST]   *CST MICROWAVE STUDIO® – 3D electromagnetic simulation of high frequency components*. CST Computer Simulation Technology, Darmstadt.

[Gra81]   Gradstein, I.S.; Ryshik, I.M.: *Summen-, Produkt- und Integraltafeln*, Harri Deutsch, Thun 1981.

[JEL66]   Jahnke-Emde-Lösch: *Tafeln höherer Funktionen*, Teubner, Stuttgart/Wiesbaden 1966.

[Mag48]   Magnus, W.; Oberhettinger, F.: *Formeln und Sätze für die Speziellen Funktionen der Mathematischen Physik*, Springer, Berlin 1948.

[NIST10] Olver, F.W.J.; Lozier, D.W.; Boisvert, R.F.; Clark, C.W.: *NIST Handbook of Mathematical Functions*, Cambridge Univ. Press, Cambridge 2010.

[Pös56]   Pöschl, K.: *Mathematische Methoden in der Hochfrequenztechnik*, Springer, Berlin 1956.

[Pou99]   Poularikas, A.D.: *The Transforms and Applications Handbook*, CRC Press, Boca Raton 1999.

[Spa87]   Spanier, J.; Oldham, K.B.: *An Atlas of Functions*, Hemisphere, Washington 1987.

[Weit03] Weisstein, E.W.: *CRC Concise Encyclopedia of Mathematics*, Chapman & Hall, London 2003.

[4NEC2]   Voors, A.: *4NEC2 – NEC Based Antenna Modeler and Optimizer*. Simulation Software for Wire and Plate Antennas.

Allgemeine Grundlagen (zitiert in <u>mehreren</u> Kapiteln)

[Arf85]   Arfken, G.: *Mathematical Methods for Physicists*, Academic Press, San Diego 1985.

[Bäc99]   Bächtold, W.: *Mikrowellentechnik*, Vieweg, Braunschweig/Wiesbaden 1999.

[Bal05]   Balanis, C.A.: *Antenna Theory – Analysis and Design*, John Wiley, Hoboken 2005.

[Bal08]   Balanis, C.A.: *Modern Antenna Handbook*, John Wiley, Hoboken 2008.

[Bal89]   Balanis, C.A.: *Advanced Engineering Electromagnetics*, John Wiley, New York 1989.

[Borg55] Borgnis, F.E.; Papas, C.H.: *Randwertprobleme der Mikrowellenphysik*, Springer, Berlin 1955.

[Born85] Born, M.: *Optik*, Springer, Berlin 1985.

[Born93] Born, M.; Wolf, E.: *Principles of Optics*, Pergamon Press, Oxford 1993.

[Bra86]   Bracewell, R.N.: *The Fourier Transform and its Applications*, McGraw-Hill, New York 1986.

[Che90]   Cheng, D.K.: *Field and Wave Electromagnetics*, Addison-Wesley, Reading 1990.

[Cla84]   Clarricoats, P.J.B.; Olver, A.D.: *Corrugated Horns for Microwave Antennas*, Peter Peregrinus, London 1984.

[Col69]   Collin, R.E.; Zucker, F.J.: *Antenna Theory*, McGraw-Hill, New York 1969.

[Col85]   Collin, R.E.: *Antennas and Radiowave Propagation*, McGraw-Hill, New York 1985.

[Col91]   Collin, R.E.: *Field theory of guided waves*, IEEE Press, New York 1991.

© Springer Fachmedien Wiesbaden GmbH, ein Teil von Springer Nature 2022
K. W. Kark, *Antennen und Strahlungsfelder*,
https://doi.org/10.1007/978-3-658-38595-8

[Dia96]   Diaz, L.; Milligan, T.A.: *Antenna Engineering Using Physical Optics*, Artech House, Boston 1996.

[Ein05]   Einstein, A.: *Zur Elektrodynamik bewegter Körper*, Annalen der Physik 17 (1905), 891–921.

[Elli81] Elliott, R.S.: *Antenna Theory and Design*, Prentice-Hall, Englewood Cliffs 1981.

[Fel94]   Felsen, L.B.; Marcuvitz, N.: *Radiation and Scattering of Waves*, IEEE Press, New York 1994.

[Fey91]   Feynman, R.P.; Leighton, R.B.; Sands, M.: *Vorlesungen über Physik (Band I: Mechanik, Strahlung, Wärme und Band II: Elektromagnetismus)*, Oldenbourg, München 1991.

[Gei94]   Geißler, R.; Kammerloher, W.; Schneider, H.W.: *Berechnungs- und Entwurfsverfahren der Hochfrequenztechnik 2*, Vieweg, Braunschweig/Wiesbaden 1994.

[Göb99]   Göbel, J.: *Kommunikationstechnik – Grundlagen und Anwendungen*, Hüthig, Heidelberg 1999.

[Gus11]   Gustrau, F.: *Hochfrequenztechnik*, Hanser, München 2011.

[Hec89]   Hecht, E.: *Optik*, Addison-Wesley, Bonn 1989.

[Hei70]   Heilmann, A.: *Antennen*, Bibliographisches Institut, Mannheim 1970.

[Hen07]   Henke, H.: *Elektromagnetische Felder*, Springer, Berlin 2007.

[Heu05]   Heuermann, H.: *Hochfrequenztechnik*, Vieweg, Wiesbaden 2005.

[Isk92]   Iskander, M.F.: *Electromagnetic Fields & Waves*, Prentice Hall, Englewood Cliffs 1992.

[Jac02]   Jackson, J.D.: *Klassische Elektrodynamik*, De Gruyter, Berlin 2002.

[Jan92]   Janssen, W.: *Streifenleiter und Hohlleiter*, Hüthig, Heidelberg 1992.

[Jas61]   Jasik, H.: *Antenna Engineering Handbook*, McGraw-Hill, New York 1961.

[Joos89] Joos, G.: *Lehrbuch der Theoretischen Physik*, Aula, Wiesbaden 1989.

[Kin56]   King, R.W.P.: *Theory of Linear Antennas*, Harvard Univ. Press, Cambridge 1956.

[Kra86]   Kraus, J.D.: *Radio Astronomy*, 2. Aufl., Cygnus-Quasar Books, Durham 1986.

[Kra88]   Kraus, J.D.: *Antennas*, McGraw-Hill, New York 1988.

[Kra02]   Kraus, J.D.; Marhefka, R.J.: *Antennas*, McGraw-Hill, New York 2002.

[Küh64]   Kühn, R.: *Mikrowellenantennen*, VEB Verlag Technik, Berlin 1964.

[Küp05]   Küpfmüller, K.; Mathis, W.; Reibiger, A.: *Theoretische Elektrotechnik*, Springer, Berlin 2005.

[Lan72]   Landstorfer, F.; Liska, H.; Meinke, H.; Müller, B.: *Energieströmung in elektromagnetischen Wellenfeldern*, NTZ 5 (1972), 225-231.

[Lang96] Langkau, R.; Lindström, G.; Scobel, W.: *Elektromagnetische Wellen*, Vieweg, Braunschweig/Wiesbaden 1996.

[Leh06]   Lehner, G.: *Elektromagnetische Feldtheorie*, Springer, Berlin 2006.

[Leu05]   Leuchtmann, P.: *Einführung in die elektromagnetische Feldtheorie*, Pearson, München 2005.

[LoLe88] Lo, Y.T.; Lee, S.W.: *Antenna Handbook*, Van Nostrand Reinhold, New York 1988.

[Lor95]   Lorrain, P.; Corson, D.R.; Lorrain, F.: *Elektromagnetische Felder und Wellen*, De Gruyter, Berlin 1995.

[Mah06]   Mahmoud, S.F.: *Electromagnetic Waveguides: Theory and Applications*, IET Electromagnetic Wave Series 32, London 2006.

[Mei68]   Meinke, H.; Gundlach, F.W.: *Taschenbuch der Hochfrequenztechnik*, Springer, Berlin 1968.

[Mil05]   Milligan, T.A.: *Modern Antenna Design*, John Wiley, Hoboken 2005.

[Mit71]   Mittra, R.; Lee, S.W.: *Analytical Techniques in the Theory of Guided Waves*, MacMillan, New York 1971.

[Mo61b]   Moon, P.; Spencer, D.E.: *Field Theory for Engineers*, van Nostrand, New York 1961.

[Mor53]   Morse, P.M.; Feshbach, H.: *Methods of Theoretical Physics*, McGraw Hill, New York 1953.

[Mot86]   Mott, H.: *Polarization in Antennas and Radar*, John Wiley, New York 1986.

[Pau81]   Pauli, W.: *Theory of Relativity*, Dover Publications, New York 1981.

[Ped05]   Pedrotti, F.; Pedrotti, L.; Bausch, W.; Schmidt, H.: *Optik für Ingenieure*, Springer, Berlin 2005.

[Peh12]   Pehl, E.: *Mikrowellentechnik*, VDE Verlag, Berlin 2012.

[Pie77]   Piefke, G.: *Feldtheorie*, B.I.-Wissenschaftsverlag, Mannheim 1977.

[Poz05]   Pozar, D.M.: *Microwave Engineering*, John Wiley, Hoboken 2005.

[Pur89]   Purcell, E.M.: *Elektrizität und Magnetismus*, Berkeley Physik Kurs Bd. 2, Vieweg, Braunschweig/Wiesbaden 1989.

[Ram93]   Ramo, S.; Whinnery, J.R.; Van Duzer, T.: *Fields and Waves in Communication Electronics*, John Wiley, New York 1993.

[Reb99]   Rebhan, E.: *Theoretische Physik, Band 1*, Spektrum, Heidelberg 1999.

[Rot01]   Rothammel, K.; Krischke, A.: *Antennenbuch*, DARC Verlag, Baunatal 2001.

[Rud86]   Rudge, A.W.; Milne, K.; Olver, A.D.; Knight, P.: *The Handbook of Antenna Design Vol. 1 and 2*, Peter Peregrinus, London 1986.

[Sau73]   Sauter, F: *Becker/Sauter – Theorie der Elektrizität Bd.1*, Teubner, Stuttgart/Wiesbaden 1973.

[Sche52b] Schelkunoff, S.A.; Friis, H.T.: *Antennas – Theory and Practice*, John Wiley, New York 1952.

[Schw98] Schwinger, J.; DeRaad, L.L.; Milton, K.A.; Tsai, W.: *Classical Electrodynamics*, Westview Press, Boulder 1998.

[Sil49]   Silver, S.: *Microwave Antenna Theory and Design*, McGraw-Hill, New York 1949.

[Sim93]   Simonyi, K.: *Theoretische Elektrotechnik*, Barth, Leipzig 1993.

[Som77]   Sommerfeld, A.: *Elektrodynamik*, Harri Deutsch, Thun 1977.

[Som78]   Sommerfeld, A.: *Optik*, Harri Deutsch, Thun 1978.

[Stei82] Steinbuch, K.; Rupprecht, W.: *Nachrichtentechnik – Band II Nachrichtenübertragung*, Springer, Berlin 1982.

[Sti84]   Stirner, E.: *Antennen*, Hüthig, Heidelberg 1984.

[Str07]   Stratton, J.A.: *Electromagnetic Theory*, IEEE Press, New York 2007.

[Stu13]   Stutzman, W.L.; Thiele, G.A.: *Antenna Theory and Design*, John Wiley, Hoboken 2013.

[Thu98]   Thumm, M.; Wiesbeck, W.; Kern, S.: *Hochfrequenzmesstechnik*, Teubner, Stuttgart/Wiesbaden 1998.

[Ung80]   Unger, H.-G.: *Elektromagnetische Wellen auf Leitungen*, Hüthig, Heidelberg 1980.

[Ung94]   Unger, H.-G.: *Hochfrequenztechnik in Funk und Radar*, Teubner, Stuttgart/Wiesbaden 1994.

[Van91]   Van Bladel, J.: *Singular Electromagnetic Fields and Sources*, Clarendon Press, Oxford 1991.

[Vog91]   Voges, E.: *Hochfrequenztechnik*, Hüthig, Heidelberg 1991.

[Voi80]   Voigt, H.H.: *Abriß der Astronomie*, B.I.-Wissenschaftsverlag, Mannheim 1980.

[Vol07]   Volakis, J.L.; Johnson, R.C.; Jasik, H.: *Antenna Engineering Handbook*, 4. Aufl., McGraw-Hill, New York 2007.

[Wun89]   Wunsch, G.; Schulz, H.-G.: *Elektromagnetische Felder*, VEB Verlag Technik, Berlin 1989.

[Zim00]   Zimmer, G.: *Hochfrequenztechnik - Lineare Modelle*, Springer, Berlin 2000.

[Zin95]   Zinke, O.; Brunswig, H.: *Lehrbuch der Hochfrequenztechnik*, Springer, Berlin 1995.

[Zuh53]   Zuhrt, H.: *Elektromagnetische Strahlungsfelder*, Springer, Berlin 1953.

Kap. 1   Einleitung

[Phi89]   Philippow, E.: *Grundlagen der Elektrotechnik*, Hüthig, Heidelberg 1989.

[Sie92]   Siemens AG: *Digitale Nachrichtenübertragung, Teil 4*, Siemens AG, Berlin 1992.

Kap. 2   Mathematische Grundlagen

[Blu82]   Blume, S.: *Theorie elektromagnetischer Felder*, Hüthig, Heidelberg 1982.

[Schr09] Schroeder, D.: *Vektor- und Tensorpraxis*, Harri Deutsch, Frankfurt am Main 2009.

[Schw90] Schwab, A.J.: *Begriffswelt der Feldtheorie*, Springer, Berlin 1990.

[Some98] Someda, C.G.: *Electromagnetic Waves*, Chapman & Hall, London 1998.

[Spi77]   Spiegel, M.R.: *Schaum–Vektoranalysis*, McGraw-Hill, Düsseldorf 1977.

[Stra03] Strassacker, G.; Süsse, R.: *Rotation, Divergenz und Gradient*, Teubner, Wiesbaden 2003.

[Wol68]   Wolff, I.: *Grundlagen und Anwendungen der Maxwellschen Theorie*, B.I.-Wissenschaftsverlag, Mannheim 1968.

Kap. 3   Grundlagen der Elektrodynamik

[Cha89]   Chang, K.: *Handbook of Microwave and Optical Components (Vol. 1)*, John Wiley, New York 1989.

[Ina11]   Inan, U.S.; Marshall, R.A.: *Numerical Electromagnetics: The FDTD Method*, Cambridge Univ. Press, Cambridge 2011.

[Käs91]   Käs, G.; Pauli, P.: *Mikrowellentechnik*, Franzis, München 1991.

[Kli03]   Klingbeil, H.: *Elektromagnetische Feldtheorie*, Teubner, Wiesbaden 2003.

[LaLi90]   Landau, L.D.; Lifschitz, E.M.: *Elektrodynamik der Kontinua*. Harri Deutsch, Thun 1990.

[Lieb91]   Liebe, H.J.; Hufford, G.A.; Manabe, T.: *A Model for the Complex Permittivity of Water at Frequencies below 1 THz*, Int. J. Infrared and Millimeter Waves 12 (1991), 659-675.

[Mei65]   Meinke, H.H.: *Einführung in die Elektrotechnik höherer Frequenzen (Erster Band: Bauelemente und Stromkreise)*, Springer, Berlin 1965.

[Pol49]   Polder, D.: *On the Theory of Ferromagn. Resonance*, Phil. Mag. 40 (1949), 99-115.

[Schi75]   Schilling, H.: *Elektromagnetische Felder und Wellen*, Harri Deutsch, Zürich 1975.

[Weis83]   v. Weiss, A.: *Die elektromagnet. Felder*, Vieweg, Braunschweig/Wiesbaden 1983.

Kap. 4   Ebene Wellen

[Borg41]   Borgnis, F.E.: *Die Fortpflanzungsgeschwindigkeit der Energie monochromatischer elektromagnetischer Wellen in dielektrischen Medien*, Zeitschrift für Physik A: Hadrons and Nuclei 117 (1941), 642-650.

[Buck90]   Buckel, W.: *Supraleitung*, VCH-Verlag, Weinheim 1990.

[Edm84]   Edminster, J.A.: *Schaum–Elektromagnetismus*, McGraw-Hill, Hamburg 1984.

[Grei91]   Greiner, W.: *Klassische Elektrodynamik*, Harri Deutsch, Frankfurt am Main 1991.

[Hin88]   Hinken, J.: *Supraleiter-Elektronik*, Springer, Berlin 1988.

[Kar99]   Kark, K.W.: *Wie schnell ist schnell? Geschwindigkeitsdefinitionen bei der Übertragung von Signalen*, Frequenz 53 (1999), 226-232.

[Kar00a]   Kark, K.W.: *Zum Tunneleffekt in Cutoff-Bereichen von Hohlleitern*, Kleinheubacher Berichte 43 (2000), 411-419.

[Kar05]   Kark, K.W.: *Superluminal Photonic Tunneling in Inhomogeneous Waveguides*, Frequenz 59 (2005), 51-58.

[Par01]   Parnadi, I.W.W.: *Kennwert-Schätzung aus Georadar-Transmissionsdaten*, Dissertation, Technische Universität Bergakademie Freiberg, Fakultät für Geowissenschaften, Geotechnik und Bergbau 2001.

[Saw95]   Sawaritzki, N.W.: *Supraleitung*, Harri Deutsch, Thun,1995.

[Som92]   Sommerfeld, A.: *Mechanik der deformierbaren Medien*, Harri Deutsch, Thun 1992.

Kap. 5   Reflexion und Brechung I (Grundlagen)

[Det03]   Detlefsen, J.; Siart, U.: *Grundlagen der Hochfrequenztechnik*, Oldenbourg, München 2003.

[Kra91]   Kraus, J.D.: *Electromagnetics*, McGraw-Hill, New York 1991.

[Pen04]   Pendry, J.B.; Smith, D.R.: *Reversing Light with Negative Refraction*, Physics Today 57 (Juni 2004), 37-43.

[Res18]   Resag, J.: *Feynman und die Physik*, Springer, Berlin 2018.

[Rus70]   Rusch, W.V.T.; Potter, P.D.: *Analysis of Reflector Antennas*, Academic Press, New York 1970.

[Sal07]   Saleh, B.E.A.; Teich, M.C.: *Fundamentals of Photonics*, Wiley, Hoboken 2007.

Kap. 6 Reflexion und Brechung II (Anwendungen)

[Als10]   Alsamman, A.; Azzam, R.M.A.: *Difference between the Second-Brewster and Pseudo-Brewster Angles when Polarized Light is Reflected at a Dielectric-Conductor Interface*, J. Opt. Soc. Am. A 27 (2010), 1156-1161.

[Art48]   Artmann, K.: *Berechnung der Seitenversetzung des totalreflektierten Strahles*, Annalen der Physik 437 (1948), 87–102.

[Azz83]   Azzam, R.M.A.: *Explicit Equations for the Second Brewster Angle of an Interface Between a Transparent and an Absorbing Medium*, J. Opt. Soc. Am. 73 (1983), 1211-1212.

[Berg04]   Bergmann, L.; Schaefer, C.: *Lehrbuch der Experimentalphysik Bd.3 Optik*, De Gruyter, Berlin 2004.

[Cha12]   Chang Chien, J.-R.; Liu, C.-C.; Wu, C.-J.; Wu, P.-Y.; Li, C.-C.: *Design Analysis of a Beam Splitter Based on the Frustrated Total Internal Reflection*, Progress in Electromagnetics Research PIER-124 (2012), 71-83.

[Ina16]   Inan, U.S.; Inan, A.S.; Said, R.K.: *Engineering Electromagnetics and Waves*, Pearson, Boston 2016.

[Geng98]   Geng, N.; Wiesbeck, W.: *Planungsmethoden für die Mobilkommunikation*, Springer, Berlin 1998.

[Gha78]   Ghatak, A.K.; Thyagarajan, K.: *Contemporary Optics*, Plenum Press, New York 1978.

[Goos43]   Goos, F.; Hänchen, H.: *Über das Eindringen des totalreflektierten Lichtes in das dünnere Medium*, Annalen der Physik 435 (1943), 383–392.

[Goos47]   Goos, F.; Hänchen, H.: *Ein neuer und fundamentaler Versuch zur Totalreflexion*, Annalen der Physik 436 (1947), 333–346.

[Goos49]   Goos, F.; Lindberg-Hänchen, H.: *Neumessung des Strahlversetzungseffektes bei Totalreflexion*, Annalen der Physik 440 (1949), 251–252.

[Kim86]   Kim, S.Y.; Vedam, K.: *Analytic Solution of the Pseudo-Brewster Angle*, J. Opt. Soc. Am. A 3 (1986), 1772-1773.

[Lot68]   Lotsch, H.K.V.: *Reflection and Refraction of a Beam of Light at a Plane Interface*, J. Opt. Soc. Am. 58 (1968), 551-561.

[Ren64]   Renard, R.H.: *Total Reflection: A New Evaluation of the Goos-Hänchen Shift*, J. Opt. Soc. Am. 54 (1964), 1190-1197.

[Yang96]   Yang, C.-F.; Ko, C.-J.; Wu, B.-C.: *A Free Space Approach for Extracting the Equivalent Dielectric Constants of the Walls in Buildings*, IEEE AP-S Internat. Symp. Digest (1996), 1036-1039.

[Zhu86]   Zhu, S.; Yu, A.W.; Hawley, D.; Roy, R.: *Frustrated Total Internal Reflection: A Demonstration and Review*, Am. J. Phys. 54 (1986), 601-607.

Kap. 7 TEM-Wellen auf Leitungen

[Böge02]   Böge, W.: *Vieweg Handbuch Elektrotechnik*, Vieweg, Braunschweig/Wiesbaden 2002.

[Geo15]   Download von GeoDataZone: http://www.geodz.com/ unter dem Stichwort „elektrische Leitfähigkeit".

[Hölz66]   Hölzler, E.; Thierbach, D.: *Nachrichtenübertragung – Grundlagen und Technik*, Springer, Berlin 1966.

[Kad57]   Kaden, H.: *Impulse und Schaltvorgänge in der Nachrichtentechnik*, Oldenbourg, München 1957.

[Kole02]   Koledintseva, M.Y.; Rozanov, K.N.; Orlandi, A.; Drewniak, J.L.: *Extraction of Lorentzian and Debye Parameters of Dielectric and Magnetic Dispersive Materials for FDTD Modeling*, Journal of Electrical Engineering 53 (2002), 97-100.

[Küp74]   Küpfmüller, K.: *Die Systemtheorie der elektrischen Nachrichtenübertragung*, Hirzel, Stuttgart 1974.

[Strau12]   Strauß, F.: *Grundkurs Hochfrequenztechnik*, Vieweg+Teubner, Wiesbaden 2012.

[Stre28]   Strecker, K.: *Hilfsbuch für die Elektrotechnik – Schwachstromausgabe Band 1+2*, 10. Aufl.,
           Springer, Berlin 1928.
[Vilb60]   Vilbig, F.: *Lehrbuch der Hochfrequenztechnik – Band 1*, 5. Aufl., Akademische Verlagsge-
           sellschaft Geest & Portig, Leipzig 1960.

Kap. 8   Wellenleiter

[Esh04]   Eshrah, I.A.; Yakovlev, A.B.; Kishk, A.A.; Glisson, A.W.; Hanson, G.W.: *The TE₀₀ Wave-
           guide Mode – The Complete Story*, IEEE Ant. Prop. Mag. 46 (Okt. 2004), 33-41.
[Kar87a]   Kark, K.W.: *Störungstheoretische Berechnung elektromagnetischer Eigenwellen im torus-
           förmigen Hohlleiter*, Kleinheubacher Berichte 30 (1987), 449-464.
[Kar87b]   Kark, K.W.: *Theoretische Untersuchungen zur Ausbreitung elektromagnetischer Wellen in
           schwach inhomogenen Hohlleitern*, Dissertation D17, TU Darmstadt,
           Fakultät für Elektrotechnik 1987.
[Kar88]   Kark, K.W.: *Modenanalyse in toroidalen Taperhohlleitern*, ntz Archiv 10 (1988), 3-11.
[Kar91b]   Kark, K.W.: *Perturbation Analysis of Electromagnetic Eigenmodes in Toroidal Waveguides*,
           IEEE Trans. Microwave Theory Techn. MTT-39 (1991), 631-637.
[Kar96]   Kark, K.W.: Ein *Trickfilm zur Wellenausbreitung in verzweigten Hohlleitern*, Kleinheubacher
           Berichte 39 (1996), 217-226.
[Kar98a]   Kark, K.W.: *Konvergenz und Wichtung von Orthogonalreihen bei Beugungsproblemen*,
           Frequenz 52 (1998), 14-20.
[Kar98b]   Kark, K.W.: *Finite Elemente Lösung von Eigenwellen in Hohlleitern mit geschichteter aniso-
           troper Füllung*, Kleinheubacher Berichte 41 (1998), 535-541.
[Kar05]   Kark, K.W.: *Superluminal Photonic Tunneling in Inhomogeneous Waveguides*, Frequenz 59
           (2005), 51-58.
[Lew75]   Lewin, L.: *Theory of waveguides*, Butterworth, London 1975.
[Mar93]   Marcuvitz, N.: *Waveguide handbook*, Peter Peregrinus, London 1993.
[Mat80]   Matthaei, G.L.; Young, L.; Jones, E.M.T.: *Microwave Filters, Impedance-Matching Networks
           and Coupling Structures*, Artech House, Norwood 1980.
[Mei66]   Meinke, H.H.: *Einführung in die Elektrotechnik höherer Frequenzen (Zweiter Band: Elekt-
           romagnetische Felder und Wellen)*, Springer, Berlin 1966.
[Mo61a]   Moon, P.; Spencer, D.E.: *Field Theory Handbook*, Springer, Berlin 1961.
[Raus62]   Rauskolb, R.: *Fortpflanzungskonstante und Feldwellenwiderstand von Hohlleitern in der
           Umgebung der Grenzfrequenz und bei tiefen Frequenzen*. Int. J. Electron. Commun. (AEÜ)
           16 (1962), 427-435.
[Rus03]   Russer, P.: *Electromagnetics, Microwave Circuit Design and Antenna Design for Communi-
           cations Engineering*, Artech House, Boston 2003.

Kap. 9   Dispersion in Hohlleitern

[Bör89]   Börner, M.; Trommer G.: *Lichtwellenleiter*, Teubner, Stuttgart 1989.
[Brü11]   Brückner, V.: *Elemente optischer Netze*, Vieweg+Teubner, Wiesbaden 2011.
[Dvo94]   Dvorak, S.L.: *Exact, Closed-Form Expressions for Transient Fields in Homogeneously Filled
           Waveguides*, IEEE Trans. Microwave Theory Techn. MTT-42 (1994), 2164-2170.
[Fett96]   Fettweis, A.: *Elemente nachrichtentechnischer Systeme*, Teubner, Stuttgart 1996.
[Hölz82]   Hölzler, E.; Holzwarth, H.: *Pulstechnik –Band I Grundlagen*, Springer, Berlin 1982.
[Huf06]   Hufschmid, M.: *Information und Kommunikation*, Teubner, Wiesbaden 2006.
[Kar99]   Kark, K.W.: *Wie schnell ist schnell? Geschwindigkeitsdefinitionen bei der Übertragung von
           Signalen*, Frequenz 53 (1999), 226-232.
[Kar05]   Kark, K.W.: *Superluminal Photonic Tunneling in Inhomogeneous Waveguides*, Frequenz 59
           (2005), 51-58.
[Nock04]   Nocker, R.: *Digitale Kommunikationssysteme 1*, Vieweg, Wiesbaden 2004.

[Unb80]   Unbehauen, R.: *Systemtheorie – Eine Darstellung für Ingenieure*, Oldenbourg, München
            1980.
[Ung84]   Unger, H.-G.: *Optische Nachrichtentechnik Teil1: Optische Wellenleiter*, Hüthig, Heidelberg
            1984.

Kap. 10 Grundbegriffe der Antennentechnik

[Don13]   Donnevert, J.: *Digitalrichtfunk*, Springer Vieweg, Wiesbaden 2013.
[Kra50]   Kraus, J.D.: *Antennas*, McGraw-Hill, New York 1950.
[Rüd08]   Rüdenberg, R.: *Der Empfang elektrischer Wellen in der drahtlosen Telegraphie*, Annalen der
            Physik, 4. Folge Bd. 330 (1908), 446–466.
[Stu98]   Stutzman, W.L.: *Estimating Directivity and Gain of Antennas*, IEEE Ant. Prop. Mag. 40
            (Aug. 1998), 7-11.
[Thi10]   Thiel, D.V.: *Reciprocity*, IEEE Ant. Prop. Mag. 52 (Dez. 2010), 144.

Kap. 11 Relativistische Elektrodynamik I (Grundlagen)

[Grei92]   Greiner, W.: *Spezielle Relativitätstheorie*, Harri Deutsch, Frankfurt am Main 1992.
[Kli03]   Klingbeil, H.: *Elektromagnetische Feldtheorie*, Teubner, Wiesbaden 2003.
[Lau21]   Laue v., M.: *Die Relativitätstheorie*, Vieweg, Braunschweig/Wiesbaden 1921.
[Mel78]   Melcher, H.: *Relativitätstheorie in elementarer Darstellung*, Aulis, Köln 1978.

Kap. 12 Relativistische Elektrodynamik II (Strahlung)

[Bra97]   Brandt, S.; Dahmen, H.D.: *Elektrodynamik*, 3. Aufl., Springer, Berlin 1997.
[DESY09]   Lohrmann, E.; Söding, P.: *Von schnellen Teilchen und hellem Licht (50 Jahre Deutsches
            Elektronen-Synchrotron DESY)*, Wiley-VCH, Weinheim 2009.
[Eld47]   Elder, F.R.; Gurewitsch, A.M.; Langmuir, R.V.; Pollock, H.C.: *A 70-MeV Synchrotron*,
            J. Appl. Phys. 18 (1947), 810-818.
[Fli94]   Fliessbach, T.: *Elektrodynamik*, B.I.-Wissenschaftsverlag, Mannheim 1994.
[Fou13]   Fouka, M.; Ouichaoui, S.: *Analytical fits to the synchrotron functions*, Research in Astrono-
            my and Astrophysics 13 (2013), 680-686.
[Hea95]   Heald, M.A.; Marion, J.B.: *Classical Electromagnetic Radiation*, Saunders College Publish-
            ing, Fort Worth 1995.
[Iwan53]   Iwanenko, D.; Sokolow, A.: *Klassische Feldtheorie*, Akademie Verlag, Berlin 1953.
[LaLi97]   Landau, L.D.; Lifschitz, E.M.: *Klassische Feldtheorie*, Harri Deutsch, Thun 1997.
[Mac00]   MacLeod, A.J.: *Accurate and efficient computation of synchrotron radiation functions*,
            Nuclear Instruments and Methods in Physics Research, Section A, 443 (2000), 540-545.
[Pan62]   Panofsky, W.K.; Phillips, M.: *Classical Electricity and Magnetism*, Addison-Wesley, Read-
            ing 1962.
[Poll83]   Pollock, H.C.: *The discovery of synchrotron radiation*, Am. J. Phys. 51 (1983), 278-280.
[Str10]   Straessner, A.: *Electroweak Physics at LEP and LHC*, Springer, Berlin 2010.
[Wied03]   Wiedemann, H.: *Synchrotron Radiation*, Springer, Berlin 2003.
[Will96]   Wille, K.: *Physik der Teilchenbeschleuniger und Synchrotronstrahlungsquellen*, Teubner,
            Stuttgart/Wiesbaden 1996.

Kap. 13 Relativistische Elektrodynamik III (Radartechnik)

[Blad07]   van Bladel, J.G.: *Electromagnetic Fields*, IEEE Press, New York 2007.
[Born69]   Born, M.: *Die Relativitätstheorie Einsteins*, Springer, Berlin 1969.
[Gill65]   Gill, T.P.: *The Doppler Effect*, Logos Press and Academic Press, London 1965.
[Hul81]   Hulst van de, H.C.: *Light Scattering by Small Particles*, Dover Publications, New York 1981.

[King92]   Kingsley, S.P.; Quegan, S.: *Understanding Radar Systems*, McGraw-Hill, London 1992.

[Knott04]   Knott, E.F.; Shaeffer, J.F.; Tuley, M.T.: *Radar Cross Section*, SciTech, Raleigh 2004.

[Mie08]   Mie, G.: *Beiträge zur Optik trüber Medien, speziell kolloidaler Metallösungen*, Annalen der Physik 25 (1908), 377–445.

[Ollen80]   Ollendorf, F.: *Reflexion und Brechung Hertzscher Wellen an bewegten Schichten*, Archiv für Elektrotechnik 62 (1980), 207-218.

[Ray71]   Lord Rayleigh (Strutt, J.W.): *On the Scattering of Light by Small Particles*, Phil. Mag. (4) 41 (1871), 447-454.

[Skol80]   Skolnik, M.I.: *Introduction to Radar Systems*, McGraw-Hill, New York 1980.

[Skol90]   Skolnik, M.I.: *Radar Handbook*, McGraw-Hill, New York 1990.

[Sröd05]   Schröder, U.E.: *Spezielle Relativitätstheorie*, Harri Deutsch, Frankfurt 2005.

[Swat15]   Swathi, N.; Ranga Rao, K.S.; Sasibhushana Rao, G.; Usha Rani, N.; Sharma, N.: *Radar RCS estimation of a Perfectly Conducting Sphere obtained from a Spherical Polar Scattering Geometry*, International Conference on Electrical, Electronics, Signals, Communication and Optimization - EESCO (2015) at Vignan Engineering College, Duvvada, Visakhapatnam.

Kap. 14 Grundbegriffe von Strahlungsfeldern

[Col92]   Collin, R.E.: *Foundations for microwave engineering*, McGraw-Hill, New York 1992.

[Dil87]   Dill, R.: *Systematische Untersuchung der Eigenschaften von Kegelstrukturen als Mikrowellenantennen mit Hilfe der Orthogonalentwicklung*, Dissertation D17, TU Darmstadt, Fakultät für Elektrotechnik 1987.

[Fra48]   Franz, W.: *Zur Formulierung des Huygensschen Prinzips*, Z. Naturforschg. 3a (1948), 500-506.

[Gei92]   Geisel, J.; Muth, K.-H.; Heinrich, W.: *The Behavior of the Electromagnetic Field at Edges of Media with Finite Conductivity*, IEEE Trans. Microwave Theory Techn. MTT-40 (1992), 158-161.

[Har61]   Harrington, R.F.: *Time-Harmonic Electrom. Fields*, McGraw-Hill, New York 1961.

[Hur76]   Hurd, R.A.: *The Edge Condition in Electromagnetics*, IEEE Trans. Ant. Prop. AP-24 (1976), 70-73.

[Jeli87]   Jelitto, R.J.: *Theoretische Physik 3: Elektrodynamik*, Aula, Wiesbaden 1987.

[Knott74]   Knott, E.F.; Senior, T.B.A.: *How Far is Far?*, IEEE Trans. Ant. Prop. AP-22 (1974), 732-734.

[Koch60]   Koch, G.F.: *Die verschiedenen Ansätze des Kirchhoffschen Prinzips und ihre Anwendungen auf die Beugungsdiagramme bei elektromagnetischen Wellen*. Int. J. Electron. Commun. (AEÜ) 14 (1960), 77-98 und 132-153.

[Krö90]   Kröger, R.; Unbehauen, R.: *Elektrodynamik*, Teubner, Stuttgart/Wiesbaden 1990.

[Lar03]   Larmor, J.: *On the Mathematical Expression of the Principle of Huygens*, Proceedings of the London Math. Soc. 1 (1903), 1-13.

[Lud73]   Ludwig, A.C.: *The Definition of Cross Polarization*, IEEE Trans. Ant. Prop. AP-21 (1973), 116-119.

[Mah05]   Mahony, J.D.: *A Note on the Directivity of a Uniformly Excited Circular Aperture in an Infinite Ground Plane*, IEEE Ant. Prop. Mag. 47 (Nov. 2005), 87-89.

[Meix72]   Meixner, J.: *The Behavior of Electromagnetic Fields at Edges*, IEEE Trans. Ant. Prop. AP-20 (1972), 442-446.

[Nol93]   Nolting, W.: *Grundkurs Theoretische Physik 3: Elektrodynamik*, Zimmermann-Neufang, Ulmen 1993.

[Ren00]   Rengarajan, S.R.; Rahmat-Samii, Y.: *The Field Equivalence Principle – Illustration of the Establishment of the Non-Intuitive Null Fields*, IEEE Ant. Prop. Mag. 42 (Aug. 2000), 122-128.

[Schr85]   Schroth, A.; Stein, V.: *Moderne numerische Verfahren zur Lösung von Antennen- und Streu-problemen*, Oldenbourg, München 1985.

[Stra93]   Strassacker, G.; Strassacker, P.: *Analytische und numerische Methoden der Feldberechnung*, Teubner, Stuttgart/Wiesbaden 1993.

[Tai72]   Tai, C.-T.: *Kirchhoff Theory: Scalar, Vector or Dyadic?*, IEEE Trans. Ant. Prop. AP-20 (1972), 114-115.

Kap. 15 Elementardipole und Rahmenantennen

[Bar39]   Barrow, W.L.; Chu, L.J.: *Theory of the Electromagnetic Horn*, Proceedings of the IRE 27 (1939), 5-18.

[Her96]   Hertz, H.: *Über sehr schnelle elektrische Schwingungen*, Ostwalds Klassiker der exakten Wissenschaften, Band 251, Harri Deutsch, Thun 1996.

[Kar84b]   Kark, K.W.: *Erstellen eines FORTRAN-Programmes zum Zeichnen von Feldbildern*, Diplom-arbeit Nr. 1318 am Institut für Hochfrequenztechnik, TU Darmstadt 1984.

[Kar90]   Kark, K.W.; Dill, R.: *A General Theory on the Graphical Representation of Antenna Radia-tion Fields*, IEEE Trans. Ant. Prop. AP-38 (1990), 160-165.

[Möl58]   Möll, G: *Feldbilder des Hertzschen Dipols*, Diplomarbeit am Institut für fernmeldetechnische Geräte und Anlagen, TU Darmstadt 1958.

[Peu98]   Peuse, T.: *Das Strahlungsfeld des Hertzsschen Dipols als Videoanimation*, Diplomarbeit am Institut für Nachrichtentechnik, Hochschule Ravensburg-Weingarten 1998.

[Wer96]   Werner, D.H.: *An Exact Integration Procedure for Vector Potentials of Thin Circular Loop Antennas*, IEEE Trans. Ant. Prop. AP-44 (1996), 157-165.

Kap. 16 Lineare Antennen

[Ber40]   Bergmann, L.; Lassen, H.: *Ausstrahlung, Ausbreitung und Aufnahme elektromagnetischer Wellen*, Springer, Berlin 1940.

[Wein03]   Weiner, M.M.: *Monopole Antennas*, Dekker, New York 2003.

Kap. 17 Gruppenantennen I (Grundlagen)

[Frü75]   Früchting, H.; Brinkmann, K.-D.: *Nahfelduntersuchungen an einer phasengesteuerten Anten-ne aus mehreren Bandleitungen mit angesetztem ebenen Schirm*, NTZ 28 (1975), 122-127.

[Han38]   Hansen, W.W.; Woodyard, J.R.: *A New Principle in Directional Antenna Design*, Proceed-ings of the IRE 26 (1938), 333-345.

[Han90]   Hansen, R.C.: *Moment Methods in Antennas and Scattering*, Artech House, Boston 1990.

[Kar98a]   Kark, K.W.: *Konvergenz und Wichtung von Orthogonalreihen bei Beugungsproblemen*, Frequenz 52 (1998), 14-20.

[Salv09]   Salvia, V.K.: *Antenna and Wave Propagation*, Laxmi Publications, New Dehli 2009.

Kap. 18 Gruppenantennen II (Anwendungen)

[Bres80]   Bressler, A.D.: *A New Algorithm for Calculating the Current Distribution of Dolph-Chebyshev Arrays*, IEEE Trans. Ant. Prop. AP-28 (1980), 951-952.

[Dolph46] Dolph, C.L.: *A Current Distribution for Broadside Arrays which Optimizes the Relationship between Beam Width and Side-Lobe Level*, Proceedings of the IRE 34 (1946), 335-348.

[Drane68] Drane, C.J., Jr.: *Useful Approximations for the Directivity and Beamwidth of Large Scanning Dolph-Chebyshev Arrays*, Proceedings of the IEEE 56 (1968), 1779-1787.

[Elli63]   Elliott, R.S.: *Beamwidth and Directivity of Large Scanning Antennas*, Microwave Journal 6 (1963), 53-60.

[Han60]   Hansen, R.C.: *Gain Limitations of Large Antennas*, IRE Trans. Ant. Prop. AP-8 (1960), 490-495.

[Han98]   Hansen, R.C.: *Phased Array Antennas*, John Wiley, New York 1998.

[Maas53]   van der Maas, G.J.: *A Simplified Calculation for Dolph-Tchebycheff Arrays*, J. Appl. Phys. 24 (1953), 1250.

[Maas54]   van der Maas, G.J.: *A Simplified Calculation for Dolph-Tchebycheff Arrays*, J. Appl. Phys. 25 (1954), 121-124.

[Maas56]   van der Maas, G.J.: Note on a *Simplified Calculation for Dolph-Tchebycheff Arrays*, J. Appl. Phys. 27 (1956), 962-963.

[Safa94]   Safaai-Jazi, A.: *A New Formulation of the Design of Chebyshev Arrays*, IEEE Trans. Ant. Prop. AP-42 (1994), 439-443.

[Safa95]   Safaai-Jazi, A.: *Directivity of Chebyshev Arrays with Arbitrary Element Spacing*, Electronics Letters 31 (1995), 772-774.

[Ven15]   Vendik, O.G.; Kozlov, D.S.: *A Novel Method for the Mutual Coupling Calculation between Antenna Array Radiators*, IEEE Ant. Prop. Mag. 57 (Dez. 2015), 16-21.

[Woh73]   Wohlleben, R.; Mattes, H.: *Interferometrie in Radioastronomie und Radartechnik*, Vogel, Würzburg 1973.

Kap. 19   Gruppenantennen III (Yagi-Uda-Antennen)

[ARRL07]   The ARRL Antenna Book, American Radio Relay League, Newington 2007.

[Ehr59]   Ehrenspeck, H.W.; Poehler, H.: *A New Method for Obtaining Maximum Gain from Yagi Antennas*, IRE Trans. Ant. Prop. AP-7 (1959), 379-386.

[Hoch77]   Hoch, G.: *Wirkungsweise und optimale Dimensionierung von Yagi-Antennen*, UKW-Berichte 17 (1977), 27-36.

[Hoch78]   Hoch, G.: *Mehr Gewinn mit Yagi-Antennen*, UKW-Berichte 18 (1978), 2-9.

[Hock82]   Hock, A.; Pauli, P.: *Antennentechnik*, Expert, Grafenau 1982.

[Kar00b]   Kark, K.W.: *Mit genetischen Algorithmen optimierte Synthese zweidimensionaler Antennengruppen*, ITG-Diskussionssitzung „Antennen für mobile Systeme 2000", Starnberg, 12.-13. Oktober 2000, 133-136.

[Matt10]   Mattes, R.: *Numerische Simulation und Optimierung von Yagi-Uda-Antennen*, Bachelorarbeit am Institut für Nachrichtentechnik, Hochschule Ravensburg-Weingarten 2010.

[Schö98]   Schönenberger, H.; Kark, K.W.: *Optimierung von Gruppenantennen mit Hilfe von genetischen Algorithmen*, ITG-Fachtagung „Antennen 1998", München, 21.-24. April 1998, ITG-Fachbericht Nr. 149, 135-140.

[Shen72]   Shen, L.-C.: *Directivity and Bandwidth of Single-Band and Double-Band Yagi Arrays*, IEEE Trans. Ant. Prop. AP-20 (1972), 778-780.

[Stey97]   Steyer, M.: *Hochleistungsyagis für das 2-m-Band in 28-Ω-Technik*, Funkamateur 46 (1997), 72-75.

[Stey99]   Steyer, M.: *Konstruktionsprinzipien für UKW-Hochgewinn-Yagiantennen*, Funkamateur 48 (1999), 212-215 und 311-313.

[Suti08]   Sutinjo, A.; Okoniewski, M.; Johnston, R.H.: *Radiation from Fast and Slow Traveling Waves*, IEEE Ant. Prop. Mag. 50 (Aug. 2008), 175-181.

[Thie69]   Thiele, G.: *Analysis of Yagi-Uda-Type Antennas*, IEEE Trans. Ant. Prop. AP-17 (1969), 24-31.

[Uda26]   Uda, S.: *Wireless Beam of Short Electric Waves*, J. IEE (Japan), 273-282 (1926) und 1209-1219 (1927).

[Viez76]   Viezbicke, P.P.: *Yagi Antenna Design*, NBS – National Bureau of Standards: Technical Note 688, U.S. Government Printing Office, Washington D.C. (1976).

[Yagi28] Yagi, H.: *Beam Transmission of Ultra Short Waves*, Proceedings of the IRE 26 (1928), 715-741. Auch: Proceedings of the IEEE 72 (1984), 634-645 und Proceedings of the IEEE 85 (1997), 1864-1874.

Kap. 20 Breitbandantennen

[But76] Butson, P.C.; Thompson, G.T.: *A Note on the Calculation of the Gain of Log-Periodic Dipole Antennas*, IEEE Trans. Ant. Prop. AP-24 (1976), 105-106.

[Car61] Carrel, R.: *The Design of Log-Periodic Dipole Antennas*, IRE International Convention Record, part 1 (1961), 61-75.

[Den07] Denninger, A.: *Analyse von fraktalen Breitbandantennen*, Diplomarbeit am Institut für Nachrichtentechnik, Hochschule Ravensburg-Weingarten 2007.

[Dil90] Dill, R.; Kark, K.W.: *Ein Beitrag zum Abstrahlungsmechanismus von Doppelkonusantennen*, Frequenz 44 (1990), 36-41.

[Dub77] Dubost, G.; Zisler, S.: *Breitband-Antennen*, Oldenbourg, München 1977.

[Dys59] Dyson, J.D.: *The Equiangular Spiral Antenna*, IRE Trans. Ant. Prop. AP-7 (1959), 181-187.

[Kar84a] Kark, K.W.: *Theoretische Untersuchung von Kegelhorn- und Doppelkonusantennen mit Hilfe der Orthogonalentwicklung*, Studienarbeit Nr. 1296 am Institut für Hochfrequenztechnik, TU Darmstadt 1984.

[Kar84b] Kark, K.W.: *Erstellen eines FORTRAN-Programmes zum Zeichnen von Feldbildern*, Diplomarbeit Nr. 1318 am Institut für Hochfrequenztechnik, TU Darmstadt 1984.

[Kar98a] Kark, K.W.: *Konvergenz und Wichtung von Orthogonalreihen bei Beugungsproblemen*, Frequenz 52 (1998), 14-20.

[Lösch51] Lösch, F.; Schoblik, F.: *Die Fakultät (Gammafunktion) und verwandte Funktionen*, Teubner, Leipzig 1951.

[Poz02] Pozar, D.M.: *PCAAD Software Package*, Antenna Design Associates, Leverett 2002.

[Pue98] Puente Baliarda, C.; Romeu, J.; Pous, R.; Cardama, A.: *On the Behavior of the Sierpinski Multiband Fractal Antenna*, IEEE Trans. Ant. Prop. AP-46 (1998), 517-524.

[Pue00] Puente Baliarda, C.; Borja Borau, C.; Navarro Rodero, M.; Romeu Robert, J.: *An Iterative Model for Fractal Antennas: Application to the Sierpinski Gasket Antenna*, IEEE Trans. Ant. Prop. AP-48 (2000), 713-719.

[Rum57] Rumsey, V.H.: *Frequency Independent Antennas*, IRE National Convention Record (1957), 114-118.

[Sche43] Schelkunoff, S.A.: *Electromagnetic Waves*, Van Nostrand, New York 1943.

[Sche52a] Schelkunoff, S.A.: *Advanced Antenna Theory*, John Wiley, New York 1952.

[Sieg34] Siegel, E.; Labus, J.: *Scheinwiderstand von Antennen*, Z. Hochfrequenztechnik und Elektroakustik 43 (1934), 166-172.

[Son03] Song, C.T.P.; Hall, P.S.; Ghafouri-Shiraz, H.: *Perturbed Sierpinski Multiband Fractal Antenna with Improved Feeding Technique*, IEEE Trans. Ant. Prop. AP-51 (2003), 1011-1017.

[Sta94] Staelin, D.H.; Morgenthaler, A.W.; Kong, J.A.: *Electromagnetic Waves*, Prentice-Hall, Englewood Cliffs 1994.

[Ung81] Unger, H.-G.: *Elektromagnetische Theorie für die Hochfrequenztechnik*, Hüthig, Heidelberg 1981.

[Vit73] De Vito, G.; Stracca, G.B.: *Comments on the Design of Log-Periodic Dipole Antennas*, IEEE Trans. Ant. Prop. AP-21 (1973), 303-308.

[Wer99] Werner, D.H.; Haupt, R.L.; Werner, P.J.: *Fractal Antenna Engineering: The Theory and Design of Fractal Antenna Arrays*, IEEE Ant. Prop. Mag. 41 (Okt. 1999), 37-59.

[Wer03] Werner, D.H.; Ganguly, S.: *An Overview of Fractal Antenna Engineering Research*, IEEE Ant. Prop. Mag. 45 (Feb. 2003), 38-57.

Kap. 21 Aperturstrahler I (Hohlleiterantennen)

[Camp98] Campo, M.A.; del Rey, F.J.; Besada, J.L.; de Haro L.: *SABOR: Description of the Methods applied for a Fast Analysis of Horn and Reflector Antennas*, IEEE Ant. Prop. Mag. 40 (Aug. 1998), 95-108.

[Kar93]   Kark, K.W.: *Strahlungseigenschaften des rechteckigen Rillenhorns*, Frequenz 47 (1993), 90-96.

Kap. 22 Aperturstrahler II (Hornantennen)

[Abba09] Abbas-Azimi, M.; Mazlumi, F.; Behnia, F.: *Design of Broadband Constant-Beamwidth Conical Corrugated-Horn Antennas*, IEEE Ant. Prop. Mag. 51 (Oct. 2009), 109-114.

[Erb88]   Erb, R.: *Systematische Untersuchung mathematischer Modelle zur Berechnung rotationssymmetrischer Rillenhornstrahler*, Dissertation D17, TU Darmstadt, Fakultät für Elektrotechnik 1988.

[Gran05] Granet, C.; James, G.L.: *Design of Corrugated Horns: A Primer*, IEEE Ant. Prop. Mag. 47 (Jul. 2005), 76-84.

[Jam81]   James, G.L.: *Analysis and Design of TE$_{11}$-to-HE$_{11}$ Corrugated Cylindrical Waveguide Mode Converters*, IEEE Trans. Microwave Theory Techn. MTT -29 (1981), 1059-1066.

[Kar06]   Kark, K.W.: *Analytisches Näherungsverfahren zur Berechnung der Abstrahlung von Kegelhorn- und Rillenhornantennen mit Hilfe Lommelscher Funktionen*, unveröffentlichte Forschungsarbeit, Hochschule Ravensburg-Weingarten 2006.

[Kor02]   Korenev, B.G.: *Bessel Functions and their Applications*, Taylor & Francis, London 2002.

[Lom86]   Lommel, E.: *Beugungserscheinungen einer kreisrunden Öffnung und geradlinig begrenzter Schirme*, Abh. d. k. bayer. Akad. Wiss. 15 (1886), 229-328 und 529-664.

[Love76] Love, A.W.: *Electromagnetic Horn Antennas*, IEEE Press, New York 1976.

[May93]   Maybell, M.J.; Simon, P.S.: *Pyramidal Horn Gain Calculation with Improved Accuracy*, IEEE Trans. Ant. Prop. AP-41 (1993), 884-889.

[Miel98] Mielenz, K.D.: *Algorithms for Fresnel Diffraction at Rectangular and Circular Apertures*, J. Res. Natl. Inst. Stand. Technol. 103 (1998), 497-509.

[Nar70]   Narasimhan, M.S.; Rao, B.V.: *Diffraction by Wide-Flare-Angle Corrugated Conical Horns*, Electron. Lett. 6 (1970), 469-471.

[Nar71]   Narasimhan, M.S.; Rao, B.V.: *Modes in a Conical Horn: New Approach*, Proceedings of the IEE 118 (1971), 287-292.

[Nar73]   Narasimhan, M.S.: *Corrugated Conical Horns with Arbitrary Corrugation Depth*, The Radio and Electronic Engineer 43 (1973), 344-348.

[Orfa10] Orfanidis, S.J.: *Electromagnetic Waves and Antennas*, Rutgers Univ., Piscataway, 2010, E-Book Download: http://www.ece.rutgers.edu/~orfanidi/ewa/

[Sim66]   Simmons, A.J.; Kay, A.F.: *The Scalar Feed – A High-Performance Feed for Large Paraboloid Reflectors*, IEE Conf. Publ. 21 (1966): Design and Construction of Large Steerable Aerials, 213-217.

[Walk04] Walker, J.: *The Analytical Theory of Light*, Cambridge Univ. Press, Cambridge 1904.

[Wat06]   Watson, G.N. *Theory of Bessel Functions*, Cambridge Univ. Press, Cambridge 2006.

[Wood80] Wood, P.J,: *Reflector Antenna Analysis and Design*, Peter Peregrinus, London 1980.

Kap. 23 Aperturstrahler III (Linsenantennen)

[Kar94] Kark, K.W.: *Linsenantennen mit asymmetrisch geformten Diagrammen*, ITG-Fachtagung „Antennen 1994", Dresden, 12.-15. April 1994, ITG-Fachbericht Nr. 128, 181-186.

[Lun64] Luneburg, R.K.: *Mathematical Theory of Optics*, Univ. of California Press, Berkeley 1964.

[Zim10] Zimmermann, M.: *Numerische Untersuchungen zur Optimierung von Hornantennen mit Hilfe dielektrischer Linsen*, Projektarbeit am Institut für Nachrichtentechnik, Hochschule Ravensburg-Weingarten 2010.

Kap. 24 Aperturstrahler IV (Reflektorantennen)

[Dra98] Drabowitch, S.; Papiernik, A.; Griffiths, H.; Encinas, J.; Smith, B.L.: *Modern Antennas*, Chapman & Hall, London 1998.

[Kar91a] Kark, K.W.: *Oberflächenkonturfehler bei Reflektorantennen*, Kleinheubacher Berichte 34 (1991), 257-266.

[Ruz66] Ruze, J.: *Antenna Tolerance Theory – A Review*, Proceedings of the IEEE 54 (1966), 633-640.

[Ste64] Stegen, R.J.: *The Gain-Beamwidth Product of an Antenna*, IEEE Trans. Ant. Prop. AP-12 (1964), 505-506.

Kap. 25 Schwarzer Strahler

[Agra96] Agrawal, D.C.; Leff, H.S.; Menon, V.J.: *Efficiency and Efficacy of Incandescent Lamps*, Am. J. Phys. 64 (1996), 649-654.

[Agra10] Agrawal, D.C.: *Solar Luminous Constant versus Lunar Luminous Constant*, Lat. Am. J. Phys. Educ. 4 (2010), 325-328.

[CIE24] Commission Internationale de l'Éclairage: Proceedings, Cambridge Univ. Press, Cambridge 1926 und 1931.

[CIE51] Commission Internationale de l'Éclairage: Proceedings of the 12th Session of the CIE, Vol. 3, 32-40, Stockholm 1951.

[CIE88] Commission Internationale de l'Éclairage: *2° Spectral Luminous Efficiency Function for Photopic Vision*, CIE 86–1990, Vienna, 1990.

[Haf02] Haferkorn, H.: *Optik*, Wiley-VCH, Weinheim 2002.

[Judd51] Judd, D.B.: *Report of U.S. Secretariat Committee on Colorimetry and Artificial Daylight*, Proceedings of the 12th Session of the CIE, Vol. 1, Part 7, pp. 11, Stockholm 1951.

[Kühl07] Kühlke, D.: *Optik*, Harri Deutsch, Frankfurt am Main 2007.

[Mer59] Merritt, T.P.; Hall, F.F.: *Blackbody Radiation*, Proceedings of the IRE 47 (1959), 1435-1441.

[Pla01] Planck, M.: *Über das Gesetz der Energieverteilung im Normalspektrum*, Annalen der Physik, 4. Folge Bd. 309 (1901), 553–563.

[Pla07] Planck, M.: *Die Ableitung der Strahlungsgesetze*, Ostwalds Klassiker der exakten Wissenschaften, Band 206, Harri Deutsch, Thun 2007.

[Sachs97] Sachs, L.: *Angewandte Statistik*, Springer, Berlin 1997.

[Schm89] Schmutzer, E.: *Grundlagen der Theoretischen Physik, Teil II*, B.I.-Wissenschaftsverlag, Mannheim 1989.

[Schu06] Schubert, E.F.: *Light-Emitting Diodes*, Cambridge Univ. Press, Cambridge 2006.

[Sha05] Sharpe, L.T.; Stockman, A.; Jagla, W.; Jägle, H.: *A luminous efficiency function, V*(λ), for daylight adaptation*, Journal of Vision 5 (2005), 948-968.

[Stef79] Stefan, J.: *Über die Beziehung zwischen der Wärmestrahlung und der Temperatur*, Sitzungsberichte der mathematisch-naturwissenschaftlichen Classe der kaiserlichen Akademie der Wissenschaften, 79. Band, II. Abteilung (1879), 391–428.

[UCL]   Download vom University College London: http://www.cvrl.org/ unter dem Stichwort „lumi-
            nous efficiency".
[Vos78]   Vos, J.J.: *Colorimetric and Photometric Properties of a 2-deg Fundamental Observer*,
            Color Res. Appl. 3 (1978), 125-128.

Kap. 26 Thermisches Rauschen

[Dijk68]   Dijk, J.; Jeuken, M.; Maanders, E.J.: *Antenna Noise Temperature*, Proceedings of the IEE 115
            (1968), 1403-1410.
[Gid63]   Giddis, A.R.: *Effect of the Sun upon Antenna Temperature*, WDL Technical Report E320,
            Philco Corporation, Palo Alto 1963.
[Har88]   Hartl, P.: *Fernwirktechnik der Raumfahrt – Telemetrie, Telekommando, Bahnvermessung*,
            Springer, Berlin 1988.
[Hof97]   Hoffmann, M.H.W.: *Hochfrequenztechnik – Ein systemtheoretischer Zugang*, Springer, Ber-
            lin 1997.
[ITU03]   International Telecommunication Union: *Recommendation ITU-R P.372-8 Radio Noise*, Genf
            2003.
[John28]   Johnson, J.B.: *Thermal Agitation of Electricity in Conductors*, Physical Review 32 (1928),
            97-109.
[Lan81]   Landstorfer, F.; Graf, H.: *Rauschprobleme in der Nachrichtentechnik*, Oldenbourg, München
            1981.
[May58]   Mayer, C.H.; McCullough, T.P.; Sloanaker, R.M.: *Measurements of Planetary Radiation at
            Centimeter Wavelengths*, Proceedings of the IRE 46 (1958), 260-266.
[Mor77]   Morrison, P.; Billingham, J.; Wolfe, J.: *The Search for Extraterrestial Intelligence – SETI*,
            NASA SP-419, 1977.
[Mül90]   Müller, R.: *Rauschen*, Springer, Berlin 1990.
[Nest19]   Nesti, R.: *1933: Radio Signals from Sagittarius*, IEEE Ant. Prop. Mag. 61 (Aug. 2019), 109-
            115.
[Nyq28]   Nyquist, H.: *Thermal Agitation of Electric Charge in Conductors*, Physical Review 32
            (1928), 110-113.
[Pla11]   Planck, M.: *Eine neue Strahlungshypothese*, Verhandlungen der Deutschen Physikalischen
            Gesellschaft, Band 13, 1911.
[Schi90]   Schiek, B.; Siweris, H.J.: *Rauschen in Hochfrequenzschaltungen*, Hüthig, Heidelberg 1990.
[Schw06]   Schwabl, F.: *Statistische Mechanik*, Springer, Berlin 2006.
[Sing07]   Singh, S.: *Big Bang*, Deutscher Taschenbuchverlag, München 2007.
[Som88]   Sommerfeld, A.: *Thermodynamik und Statistik*, Harri Deutsch, Thun 1988.
[Sto19]   Stotz, D.: *Elektromagnetische Verträglichkeit in der Praxis*, Springer Vieweg, Berlin 2019.
[Wer00]   Werner, M.: *Signale und Systeme*, Vieweg, Braunschweig/Wiesbaden 2000.
[Wils09]   Wilson, T.L.; Rohlfs, K.; Hüttemeister, S.: *Tools of Radio Astronomy*, Springer, Berlin 2009.
[Zwi15]   Zwick, A.; Zwick, J.; Nguyen, X.P.: *Signal- und Rauschanalyse mit Quellenverschiebung*,
            Springer Vieweg, Berlin 2015.

Kap. 27 Streifenleitungsantennen

[Bahl80]   Bahl, I.; Bhartia, P.: *Microstrip Antennas*, Artech House, Norwood 1980.
[Bar90]   Barlatey, L.; Mosig, J.R.; Sphicopoulos, T.: *Analysis of Stacked Microstrip Patches with a
            Mixed Potential Integral Equation*, IEEE Trans. Ant. Prop. AP-38 (1990), 608-615.
[Bha92]   Bhattacharyya, A.K.: *Radiation Efficiency and the Gain of a Source Inside a Two-Layered
            Grounded Dielectric Structure*, Microwave and Optical Technology Letters 5 (1992), 439-
            441.
[Bha94]   Bhattacharyya, A.K.: *Electromagnetic Fields in Multilayered Structures*, Artech House,
            Norwood 1994.

[Carv81]   Carver, K.R.; Mink, J.W.: *Microstrip Antenna Technology*, IEEE Trans. Ant. Prop. AP-29 (1981), 2-24.

[Deib87]   Deibele, S.; Beyer, J.B.: *Measurements of Microstrip Effective Relative Permittivities*, IEEE Trans. Microwave Theory Techn. MTT-35 (1987), 535-538.

[Der79]   Derneryd, A.G.: *Analysis of the Microstrip Disk Antenna Element*, IEEE Trans. Ant. Prop. AP-27 (1979), 660-664.

[Fang10]   Fang, D.G.: *Antenna Theory and Microstrip Antennas*, CRC Press, Boca Raton 2010.

[Garg01]   Garg, R.; Bhartia, P.; Bahl, I.; Ittipiboon, A.: *Microstrip Antenna Design Handbook*, Artech House, Boston 2001.

[Get73]   Getsinger, W.J.: *Microstrip Dispersion Model*, IEEE Trans. Microwave Theory Techn. MTT-21 (1973), 34-39.

[Ham80]   Hammerstad, E.; Jensen, O.: *Accurate Models for Microstrip Computer-Aided Design*, IEEE MTT-S Internat. Microwave Symp. Digest (1980), 407-409.

[Ham81]   Hammerstad, E.: *Computer-Aided Design of Microstrip Couplers with Accurate Discontinuity Models*, IEEE MTT-S Internat. Microwave Symp. Digest (1981), 54-56.

[Hof83]   Hoffmann, R.K.: *Integrierte Mikrowellenschaltungen*, Springer, Berlin 1983.

[Hua83]   Huang, J.: *The Finite Ground Plane Effect on the Microstrip Antenna Radiation Pattern*, IEEE Trans. Ant. Prop. AP-31 (1983), 649-653.

[Ito89]   Itoh, T.: *Numerical Techniques for Microwave and Millimeter-Wave Passive Structures*, John Wiley, New York 1989.

[Jac85]   Jackson, D.R.; Alexopoulos, N.G.: *Gain Enhancement Methods for Printed Circuit Antennas*, IEEE Trans. Ant. Prop. AP-33 (1985), 976-987.

[Jac91a]   Jackson, D.R.; Williams, J.T.: *A Comparison of CAD Models for Radiation from Rectangular Microstrip Patches*, Int. J. Microw. Millimet. Wave Comput. Aided Eng. 1 (1991), 236-248.

[Jac91b]   Jackson, D.R.; Alexopoulos, N.G.: *Simple Approximate Formulas for Input Resistance, Bandwidth and Efficiency of a Resonant Rectangular Patch*, IEEE Trans. Ant. Prop. AP-39 (1991), 407-410.

[Jam79]   James, J.R.; Henderson, A.: *High-Frequency Behaviour of Microstrip Open-Circuit Terminations*, IEE J. Microwaves Optics Acoustics MOA-3 (1979), 205-218.

[Jam89]   James, J.R.; Hall, P.S.: *Handbook of Microstrip Antennas*, Peter Peregrinus, London 1989.

[Kara96]   Kara, M.: *Formulas for the Computation of the Physical Properties of Rectangular Microstrip Antenna Elements with Various Substrate Thicknesses*, Microwave and Opt. Technol. Lett. 12 (1996), 234-239.

[Kir82]   Kirschning, M.; Jansen, R.H.: *Accurate Model for Effective Dielectric Constant with Validity up to Millimeter-Wave Frequencies*, Electronics Letters 18 (1982), 272-273.

[Lier83]   Lier, E.; Jakobsen, K.R.: *Rectangular Microstrip Patch Antennas with Infinite and Finite Ground Plane Dimensions*, IEEE Trans. Ant. Prop. AP-31 (1983), 978-984.

[Mah03]   Mahony, J.D.: *Circular Microstrip-Patch Directivity Revisited: An Easily Computable Exact Expression*, IEEE Ant. Prop. Mag. 45 (Mrz. 2003), 120-122.

[Mos82]   Mosig, J.R.; Gardiol, F.E.: *A Dynamic Radiation Model for Microstrip Structures*, in: Advances in Electronics and Electron Physics 59, Academic Press, New York 1982.

[Mroz03]   Mrozynski, G.: *Elektromagnetische Feldtheorie – Eine Aufgabensammlung*, Teubner, Wiesbaden 2003.

[Mül02]   Müller, C.: *Numerische Berechnung phasengesteuerter Gruppenantennen*, Diplomarbeit am Institut für Nachrichtentechnik, Hochschule Ravensburg-Weingarten 2002.

[Per85]   Perlmutter, P.; Shtrikman, S.; Treves, D.: *Electric Surface Current Model for the Analysis of Microstrip Antennas with Application to Rectangular Elements*, IEEE Trans. Ant. Prop. AP-33 (1985), 301-311.

[Poz83]   Pozar, D.M.: *Considerations for Millimeter Wave Printed Antennas*, IEEE Trans. Ant. Prop. AP-31 (1983), 740-747.

[Poz90]   Pozar, D.M.: *Rigorous Closed-Form Expressions for the Surface Wave Loss of Printed Antennas*, Electronics Letters 26 (1990), 954-956.

[Pues89] Pues, H.F.; Van de Capelle, A.R.: *An Impedance-Matching Technique for Increasing the Bandwidth of Microstrip Antennas*, IEEE Trans. Ant. Prop. AP-37 (1989), 1345-1354.

[Rog03]   *Width and Effective Dielectric Constant Equations for Design of Microstrip Transmissions Lines*. http://www.rogerscorp.com/documents/780/acm/Design-Data-for-Microstip-Transmission-Lines-on-RT-duroid-Laminates.aspx. Rogers Corporation.

[Sau12]   Sauter, M.: *Untersuchung des Längen-zu-Breiten-Verhältnisses von Patch-Antennen*, unveröffentlichte Forschungsarbeit, Hochschule Ravensburg-Weingarten 2012.

[Siw95]   Siwiak, K.: *Radiowave Propagation and Antennas for Personal Communications*, Artech House, Boston 1995.

[Spl91]   Splitt, G.: *Effiziente Rechenverfahren zur Analyse von komplexen Einzel- und Gruppenantennen in Streifenleitungstechnik*, Dissertation, Universität GH Wuppertal, Fachbereich Elektrotechnik 1991.

[Ven70]   Vendelin, G.D.: *Limitations on Stripline Q*, Microwave Journal 13 (1970), 63-69.

[Ver02]   Verma, K.; Nasimuddin: *Simple Expressions for the Directivity of a Circular Microstrip Antenna*, IEEE Ant. Prop. Mag. 44 (Okt. 2002), 91-95.

[Will90] Williams, J.T.; Delgado, H.J.; Long, S.A.: *An Antenna Pattern Measurement Technique for Eliminating the Fields Scattered from the Edges of a Finite Ground Plane*, IEEE Trans. Ant. Prop. AP-38 (1990), 1815-1822.

[Wood81] Wood, C.: *Analysis of Microstrip Circular Patch Antennas*, Proceedings of the IEE 128H (1981), 69-76.

[Zür95]   Zürcher, J.F.; Gardiol, F.: *Broadband Patch Antennas*, Artech House, Boston 1995.

Kap. 28   Spezielle Antennenformen

[And05]   Ando, T.; Ohba, I.; Numata, S.; Yamauchi, J.; Nakano, H.: *Linearly and Curvilinearly Tapered Cylindrical-Dielectric-Rod Antennas*, IEEE Trans. Ant. Prop. AP-53 (2005), 2827-2833.

[Boo46]   Booker, H.G.: *Slot Aerials and their Relation to Complementary Wire Aerials*, J. Inst. Electr. Engrs. 93 (1946), Part III a, 620-626.

[Kie53]   Kiely, D.G.: *Dielectric Aerials*, Methuen, London 1953.

[Kilg69] Kilgus, C.C.: *Resonant Quadrifilar Helix*, IEEE Trans. Ant. Prop. AP-17 (1969), 349-351.

[Kin80]   King, H.E.; Wong, J.L.: *Characteristics of 1 to 8 Wavelength Uniform Helical Antennas*, IEEE Trans. Ant. Prop. AP-28 (1980), 291-296.

[Mac59]   Maclean, T.S.M.; Kouyoumjian, R.G.: *The Bandwidth of Helical Antennas*, IRE Trans. Ant. Prop. AP-7 (1959), 379-386.

[Mall43] Mallach, P.: *Dielektrische Richtstrahler für dm- und cm-Wellen*. In: Ausgewählte Fragen über Theorie und Technik von Antennen. Arbeitsbesprechung „Antennen" der ZWB Berlin-Adlershof (1943), Heft 2, 132-169.

[Mall49] Mallach, P.: *Dielektrische Richtstrahler*, NTZ 2 (1949), 33-39; NTZ 3 (1950), 325-328.

[Sen55]   Sensiper, S.: *Electromagnetic Wave Propagation on Helical Structures (A Review and Survey of Recent Progress)*, Proceedings of the IRE 43 (1955), 149-161.

[Whe47]   Wheeler, H.A.: *A Helical Antenna for Circular Polarization*, Proceedings of the IRE. 35 (1947), 1484-1488.

Anhang A

[Ril02] Riley, K.F.; Hobson, M.P.; Bence, S.J.: *Mathematical Methods for Physics and Engineering*, Cambridge Univ. Press, Cambridge 2002.

[Tai97] Tai, C.-T.: *Generalized Vector and Dyadic Analysis*, IEEE Press, New York 1997.

Anhang C

[Scha56] Schaffeld, W.; Bayer, H.: *Über das Verhalten elektromagnetischer Wellen in kreiszylindrischen Hohlleitern im Bereich der Grenzfrequenz unter Berücksichtigung der endlichen Wandleitfähigkeit*. Int. J. Electron. Commun. (AEÜ) 10 (1956), 89-97.

Anhang D

[Hip95] Hippel von, A.: *Dielectric Materials and Applications*, Artech House, Boston 1995.

[Kom12] Komarov, V.V.: *Handbook of Dielectric and Thermal Properties of Materials at Microwave Frequencies*, Artech House, Boston 2012.

Anhang F

[Krüg02] Krüger, K.-E.: *Transformationen – Grundlagen und Anwendungen in der Nachrichtentechnik*, Vieweg, Braunschweig/Wiesbaden 2002.

[Web03] Weber, H.: *Laplace-Transformation für Ingenieure der Elektrotechnik*, Teubner, Stuttgart/Wiesbaden 2003.

Sachwortverzeichnis

© Springer Fachmedien Wiesbaden GmbH, ein Teil von Springer Nature 2022
K. W. Kark, *Antennen und Strahlungsfelder*,
https://doi.org/10.1007/978-3-658-38595-8

Personenverzeichnis

© Springer Fachmedien Wiesbaden GmbH, ein Teil von Springer Nature 2022
K. W. Kark, *Antennen und Strahlungsfelder*,
https://doi.org/10.1007/978-3-658-38595-8

Printed in the United States
by Baker & Taylor Publisher Services